现代数学基础丛书·典藏版　73

调和分析及其在偏微分方程中的应用

（第二版）

苗长兴　著

科学出版社
北　京

内 容 简 介

本书内容涉及调和分析的经典理论，特别是与偏微分方程研究密切相关的方法与技巧. 例如：C-Z 奇异积分算子、Littlewood-Paley 理论、抽象插值方法、可微函数空间的调和分析刻画等. 同时着力于用调和分析的方法研究偏微分方程. 为此，详细讨论了振荡积分理论、Fourier 限制型估计及相应的 Strichartz 估计、Keel-Tao 端点时空估计等. 借助于调和分析的现代理论与方法，研究了波动及色散方程的 Cauchy 问题的适定性、低正则性与散射性理论. 第二版对一些内容进行了增删，诸如：增加了发展型方程的调和分析方法的研究背景、非线性 Klein-Gordon 方程的低正则性，删除了波动方程的散射性. 重新改写了一些章节，增加了许多注记，以反映这一领域的最新进展. 本书的特色是将调和分析的现代方法与偏微分方程研究有机的结合起来，可以帮助读者很快进入这一领域研究的前沿.

本书可供理工科大学数学系、应用数学系的高年级学生、研究生、教师以及相关的科学工作者阅读参考.

图书在版编目(CIP)数据

调和分析及其在偏微分方程中的应用 / 苗长兴著. —2 版.
北京：科学出版社，2004
(现代数学基础丛书·典藏版；73)
ISBN 978-7-03-012665-8

Ⅰ.调… Ⅱ.苗… Ⅲ.偏微分方程—实用调和分析 Ⅳ.O241.86
中国版本图书馆 CIP 数据核字（2004）第 000086 号

责任编辑：吕 虹 / 责任校对：钟 洋
责任印制：赵 博 / 封面设计：陈 敬

科学出版社 出版
北京东黄城根北街 16 号
邮政编码：100717
http://www sciencep com
固安县铭成印刷有限公司印刷
科学出版社发行 各地新华书店经销
*
1999 年 10 月第 一 版 开本：720×1000 1/16
2025 年 6 月印 刷 印张：40
字数：758 000
定价：238.00 元
(如有印装质量问题，我社负责调换)

《现代数学基础丛书》序

对于数学研究与培养青年数学人才而言，书籍与期刊起着特殊重要的作用．许多成就卓越的数学家在青年时代都曾钻研或参考过一些优秀书籍，从中汲取营养，获得教益．

20 世纪 70 年代后期，我国的数学研究与数学书刊的出版由于文化大革命的浩劫已经破坏与中断了十余年，而在这期间国际上数学研究却在迅猛地发展着．1978 年以后，我国青年学子重新获得了学习、钻研与深造的机会．当时他们的参考书籍大多还是 50 年代甚至更早期的著述．据此，科学出版社陆续推出了多套数学丛书，其中《纯粹数学与应用数学专著》丛书与《现代数学基础丛书》更为突出，前者出版约 40 卷，后者则逾 80 卷．它们质量甚高，影响颇大，对我国数学研究、交流与人才培养发挥了显著效用．

《现代数学基础丛书》的宗旨是面向大学数学专业的高年级学生、研究生以及青年学者，针对一些重要的数学领域与研究方向，作较系统的介绍．既注意该领域的基础知识，又反映其新发展，力求深入浅出，简明扼要，注重创新．

近年来，数学在各门科学、高新技术、经济、管理等方面取得了更加广泛与深入的应用，还形成了一些交叉学科．我们希望这套丛书的内容由基础数学拓展到应用数学、计算数学以及数学交叉学科的各个领域．

这套丛书得到了许多数学家长期的大力支持，编辑人员也为其付出了艰辛的劳动．它获得了广大读者的喜爱．我们诚挚地希望大家更加关心与支持它的发展，使它越办越好，为我国数学研究与教育水平的进一步提高作出贡献．

杨　乐

2003 年 8 月

第二版序言

本书第一版出版以来，得到了众多数学前辈与同行的厚爱，许许多多的读者给作者来信，以不同的方式提出了这样或那样的建议. 鉴于近几年相关领域产生了一些新的研究进展，萌生了修订本书的念头. 修改的原则是既保持原有的风格，又增加一些新的进展 (有些用注记方式，以不增加篇幅), 同时去掉一些繁琐且非基本的内容，以便更好地突出主题.

第二版的主要变动是：增加了第十章“发展型方程的调和分析方法背景” (原来的章次顺延); 增加了第十三章的第四节“非线性 Klein-Gordon 方程的低正则性”，同时去掉了原有的“非线性波动方程的散射性理论”一节；重新改写了第十一章的第五节与第十二章的第三、四节. 当然，更多的、更费力的改动是在各个章节的字里行间，除了修改第一版中的打印错误外，全书增加了许多注记，以反映这一领域的最新进展. 例如：在讲解线性发展方程解的时空估计，用注记形式介绍了 Keel-Tao 的端点时空估计等.

在这一版的修订过程中，作者的博士生张晓轶、叶耀军、朱佑彬、原保全、徐桂香、王月山及中国工程物理研究院研究生部的博士生吕永强、霍朝辉、沈彩霞、阎伟等参加了作者主持的偏微分方程的现代方法讨论班，为本书的校对做了许多有益的工作，在此表示感谢.

另外，需要指出的是，本书的排版软件采用的是美国数学会的 AMSTEX 格式，用于中文排版受到软件自身的许多限制，投入了大量的精力，但仍有不尽人意之处，在此对参与此工作的各方人士一并表示感谢.

一本好书应该对青年数学工作者与青年数学家有所影响与帮助，作者正是基于这一理念从事修订工作的. 当然，要达到这一目标，或许还要经过多次努力才能实现，但作者会一如既往地追求这一目标.

本书第二版得到国家自然科学基金委员会数学天元基金、国家重点基础研究发展规划项目：核心数学“ 973 ”及中国工程物理研究院科学技术基金的资助.

作者于北京

2003 年 5 月

第一版序言

调和分析或 Fourier 分析的起源可追溯到 Euler, Fourier 等著名数学家的研究，之后，经历了近 200 年的发展，已成为数学的核心学科之一．它的方法几乎渗透到数学的所有领域，鉴于它的思想和方法来源于分析的许多领域，调和分析在数学的许多领域中有着广泛的应用，特别是对偏微分方程、代数数论而言尤为如此．本书主要介绍调和分析的基本内容、基本技巧以及它在偏微分方程中的应用．

众所周知，调和分析中建立的许多分析工具诸如算子插值方法、极大函数方法、球调和函数理论、位势理论和一般可微函数空间等是研究偏微分方程的必备工具．经典的 Calderón-Zygmund 奇异积分算子在双曲方程组的应用、第二代 Calderón-Zygmund 奇异积分算子在拟微分算子的作用、BMO 空间在研究椭圆型偏微分方程的解的正则性等诸方面都充分体现了调和分析在偏微分方程研究中的巨大作用．近 20 年来，随着调和分析理论的发展和逐步完善，它在偏微分方程中的应用显得尤为突出．这主要表现在两方面，其一是它在研究椭圆型方程边值问题中的应用．当区域是 Lip 边界时， E.M.Stein 及其学派解决了二阶椭圆型方程边值问题 L^p 估计以及解的正则性问题，这方面的工作可见 E.M.Stein 等的文章或 C.E.Kenig 的 “ Harmonic Analysis Techniques for Second Order Elliptic Boundary Value Problem ” 一书．其二是它在研究发展型方程的定解问题中的作用．以振荡积分估计及位势估计为基础，建立线性发展方程解的 $L^p - L^q$ 估计以及相应的时空估计，此为研究非线性发展型方程提供新的工作空间．可以毫不夸张地讲，时空估计方法和非线性项的分数阶求导估计使非线性发展型方程的研究进入一个崭新的阶段．例如：借助于时空估计方法和非线性项分数阶求导估计，可以建立许多非线性色散波方程 (非线性 Schrödinger 方程、 KdV 方程、 BO 方程等) 的 Cauchy 问题在低阶 Sobolev 空间中的适定性理论． W.A. Strauss 借助于时空估计，将非线性色散波方程和非线性波方程的经典解的散射性理论扩充到能量解的散射性理论，建立了非线性 Schrödinger 方程和非线性波动方程能量小解的散射性理论．在适当的条件下， Brenner 获得了非线性 Klein-Gordon 方程 Cauchy 问题能量解的散射性理论，而 Ginibre 和 Velo 建立了非线性 Schrödinger 方程能量解的散射性理论．利用时空估计和非线性项的时空估计，5 次波动方程 Cauchy 问题能量解的适定性的建立以及耦合 Klein-Gordon-Maxwell 方程 Cauchy 问题能量解的适定性的建立等都充分证明了调和分析方法在现代偏微分方程研究中的主导作用. 本书主要包含 Fourier 变换、平移不变算子理论、球调和函数的理论及其应用、算子插值理论、极大函数理论及 BMO 空间、奇异积分理论及其应用、Littlewood-Paley 理论、位势 Banach 空间及一般可微函数空间、振荡积分估计、线性发展方程解的时空估计、色散波方程 (组) 的 Cauchy 问题及散射性理论、经典波动方程的 Cauchy 问题及散射性理论等. 本书的调和分析部分以基本内容、基本技巧为主线, 特别是与现代偏微分方程研究联系密切的方法和技巧. 在偏微分方程的应用方面, 重点研究非线性发展方程的调和分析技巧和方法. 而椭圆型方程的调和分析方法可见 Kenig 的专著. 当然, 这里我们借助于乘子理论和 Hörmander 空间给出了算子半群与解析半群的乘子刻画, 这对偏微分方程的半群方法也有重要作用. 需要说明的是, 本书中许多定理的证明是由作者重新给出, 限于作者所识, 不妥之处在所难免, 希望诸位同仁批评指正, 以便再版时予以纠正.

在本书的写作过程中, 得到了周毓麟院士的热情关心和极大的帮助, 周先生提供了自己多年积累的资料, 并对本书的内容和选材提出了很好的建议. 周民强教授是作者调和分析的引路人, 1986 年作者聆听周民强先生的调和分析入门课程, 他精辟的讲解给作者留下了深刻的印象, 并且影响了作者日后的学习和研究. 国外著名的数学家 L. Hörmander, T.Kato, W.Wahl, J.Ginibre, N.Hayashi, Y.Tsutsumi 等给作者提供了他们的文章和许多有价值的资料, 有些问题和他们进行了有益的讨论. 郭柏灵教授始终对本书的写作予以热情的帮助, 在他的关心和支持下, 本书的部分内容作为博士生教材, 在中国工程物理研究院研究生部使用多次, 先后参加听课的有: 丁时进副教授、黄海洋副教授、胡越副教授、邢家省博士、韩永前博士、鲁百年博士、元荣博士、蒋慕蓉博士、杜先云博士等, 他们给作者提出许多宝贵的意见. 所有这些对本书的形成都起到了极大的推动作用, 在此致以诚挚的感谢.

张恭庆院士、丁伟岳院士对本书的写作予以热情鼓励和支持, 作者深表感谢. 借此机会, 作者对丁夏畦院士、孙和生教授、符鸿源教授、沈隆钧教授、叶其孝教授、王靖华教授、陈国旺教授、白凤图教授、顾永耕教授等表示深深的感谢, 他们在作者的成长过程中给予许多真诚的帮助. 与此同时, 作者对同行江松教授等表示谢意, 他们对作者从事本书的写作给予了热情的关心和支持. 本书的排版录入均由作者之妻刘晓岚女士完成, 科学出版社的编审吕虹女士等做了大量的编辑工作, 作者对她们的辛勤劳动表示由衷的感谢.

本书得到国家自然科学基金委员会优秀科研成果专著出版基金的资助.

作者 1999 年于北京

目　录

第一章 Fourier 变换

Fourier 变换是调和分析的核心问题和基本工具，它既有初等的运算，又蕴含许多高深的技巧和方法，可以说它是许多方法的生长点．本章的主旨是讨论 $L^p(\mathbb{R}^n)$ 上的 Fourier 变换．§1.1 讨论卷积运算及其性质，特别是由卷积派生的正则化原理、点态收敛等，为建立 $L^p(1 < p < \infty)$ 上的 Fourier 变换提供了工具．§1.2 讨论 L^1 上的 Fourier 变换及其性质，通过 Abel 或 Gauss-Weierstrass 求和法，获得了 Fourier 反演公式，从而完整地建立了 L^1 上的 Fourier 变换的理论．借助于 L^1 上的 Fourier 变换与 Banach 延拓定理，§1.3 给出 L^2 上的 Fourier 变换的定义．进而，注意到 Fourier 变换是 L^2 上的酉算子，可以获得 L^2 上的 Fourier 反演公式及 Plancherel 恒等式等优美的性质．自然，也就建立了 $L^p(1 < p < 2)$ 上的 Fourier 变换的理论．当 $p > 2$ 时，是否能定义 L^p 函数的 Fourier 变换？这需要在更高层次上讨论 Fourier 变换来回答这一问题 ($L^p \subset \mathcal{S}'$)．为此，§1.4 借助于速降函数空间 $\mathcal{S}$ 上的 Fourier 变换，将 Fourier 变换的定义推广到缓增广义函数空间 $\mathcal{S}'$．这里使用了欧氏空间的平移结构、伸缩变换、广义函数理论等分析工具．

§1.1 卷　　积

本节我们来讨论函数的卷积．卷积运算是现代分析中的基本运算，它在 Fourier 变换、函数逼近以及偏微分方程中起着重要的作用．为讨论方便，先引入一些通用的记号．$\mathbb{R}^n$ 表示 n 维欧氏空间，$x = (x_1, x_2, \cdots, x_n) \in \mathbb{R}^n$ 表示 $\mathbb{R}^n$ 中的元素，$x \cdot y = \sum_{i=1}^{n} x_i y_i$ 表示欧氏内积，相应的 $|x| = \sqrt{x \cdot x}$ 是由欧氏内积诱导的欧氏范数．$L^p = L^p(\mathbb{R}^n), 1 \le p \le \infty$ 表示通常的 Lebesgue 空间，对任意的 $f \in L^p(\mathbb{R}^n)$，$\|f\|_p$ 表示通常的 L^p 范数．$C_0(\mathbb{R}^n)$ 表示集合 $\{f(x) \mid f(x) \in C(\mathbb{R}^n), \text{且} \lim_{|x|\to\infty} f(x) = 0\}$ 在 L^∞ 范数下所构成的空间．若 $A \subset \mathbb{R}^n$，通常用 $\mathrm{mes}(A)$ 和 $\mathrm{diam}(A)$ 分别表示 A 的测度和直径．$\mathcal{F}$（或 $\hat{\ }$）和 $\mathcal{F}^{-1}$（或 $\check{\ }$）分别表示 Fourier 变换及 Fourier 逆变换，而 $\mathcal{S}$ 和 $\mathcal{S}'$ 分别表示 Schwartz 速降函数空间和 Schwartz 缓增广义函数空间．

定义 1.1 设 $f(x), g(x)$ 是 $\mathbb{R}^n$ 上的两个 Lebesgue 可测函数，若 $f(x-y) \cdot g(y)$ 对几乎处处的 x 是 y 的可积函数，则称

$$f * g(x) = \int_{\mathbb{R}^n} f(x-y) g(y) dy \tag{1.1}$$

是 f 与 g 之卷积．

直接验算，卷积具有如下性质 (假设式中出现积分存在):

(i) $f * g = g * f$.

(ii) $(f * g) * h = f * (g * h)$.

(iii) $\tau_z(f * g) = \tau_z f * g = f * \tau_z g$.

(iv) $\text{supp}\,(f * g) \subset \text{supp}\, f + \text{supp}\, g$. 这里 $\tau_z f(x) = f(x - z)$.

定理 1.1 (Young 不等式) 设 $1 \le p \le \infty$, $f \in L^p(\mathbb{R}^n)$, $g \in L^1(\mathbb{R}^n)$, 则 $h = f * g$ 几乎处处存在且有

$$\|f * g\|_p \le \|f\|_p \|g\|_1. \tag{1.2}$$

证明 当 $1 \le p < \infty$ 时，利用 Minkowski 不等式，可见

$$\begin{aligned}\|f * g\|_p &\le \int_{\mathbb{R}^n} \left(\int_{\mathbb{R}^n} |f(x-y)|^p |g(y)|^p dx \right)^{\frac{1}{p}} dy \\ &\le \int_{\mathbb{R}^n} |g(y)| \cdot \left(\int_{\mathbb{R}^n} |f(x-y)|^p dx \right)^{\frac{1}{p}} dy = \|f\|_p \cdot \|g\|_1,\end{aligned}$$

而当 $p = \infty$ 时，(1.2) 是显然的，于是 Young 不等式 (1.2) 成立. 这里用到了 Minkowski 不等式，一般地可表示为:

引理 1.2 (Minkowski 不等式) 设 $1 \le p \le \infty$, 则有

$$\left(\int_{\mathbb{R}^m} \left| \int_{\mathbb{R}^n} f(x,y) dy \right|^p dx \right)^{\frac{1}{p}} \le \int_{\mathbb{R}^n} \left(\int_{\mathbb{R}^m} |f(x,y)|^p dx \right)^{\frac{1}{p}} dy. \tag{1.3}$$

证明 当 $p = \infty$ 时，(1.3) 显然成立. 下面证明 $1 \le p < \infty$ 的情形. 记 $F(x) = \int_{\mathbb{R}^n} f(x,y) dy$, 注意到积分交换次序，有

$$\begin{aligned}\|F(x)\|_p &= \sup_{\|\phi\|_{p'}=1} \int_{\mathbb{R}^m} F \cdot \phi dx \\ &= \sup_{\|\phi\|_{p'}=1} \int_{\mathbb{R}^n} \int_{\mathbb{R}^m} f(x,y) \phi(x) dx dy \\ &\le \sup_{\|\phi\|_{p'}=1} \int_{\mathbb{R}^n} \left(\int_{\mathbb{R}^m} |f|^p dx \right)^{\frac{1}{p}} \|\phi\|_{p'} dy \\ &\le \int_{\mathbb{R}^n} \left(\int_{\mathbb{R}^m} |f|^p dx \right)^{\frac{1}{p}} dy.\end{aligned}$$

从而， Minkowski 不等式 (1.3) 得证.

注记 1.1 由 Young 不等式及卷积的基本性质，容易看出:

(a) $f, g \in L^1 \Rightarrow f * g \in L^1$. 于是， L^1 中的函数在加法、数乘、卷积意义下构成了一个 Banach 代数. 然而，一般地由 $f \in L^1$, $g \in L^1$ 无法推出 $f \cdot g \in L^1$, 故 L^1 在通常乘法意义下不是 Banach 代数.

(b) $f * g$ 继承了 f, g 中每一个函数的优良性质，例如：若 f 可微，则 $\Rightarrow f * g$ 可微. 它实际上开辟了用光滑函数逼近一般函数的方法.

(c) Fourier 变换将卷积变成乘积，将乘积变成卷积.

(d) $\forall k(x) \in L^1, k(x)$ 决定了 K: $L^p(\mathbb{R}^n) \longrightarrow L^p(\mathbb{R}^n)$ 的有界线性算子，即

$$Kf = k(x) * f,$$

且 $\|K\| = \|k\|_1$, 这里 $1 \le p \le \infty$.

正则化原理 首先引入 L^1 伸缩函数簇的概念：

定义 1.2 对 $\phi(x) \in L^1(\mathbb{R}^n)$, 记

$$\phi_\varepsilon(x) = \varepsilon^{-n}\phi\left(\frac{x}{\varepsilon}\right), \qquad \varepsilon > 0, \tag{1.4}$$

称 $\{\phi_\varepsilon(x)\}_{\varepsilon>0}$ 是 $\phi(x)$ 的伸缩函数簇.

易见， $\int_{\mathbb{R}^n} \phi_\varepsilon(x)dx = \int_{\mathbb{R}^n} \phi(x)dx$. 如： $\phi(x) = \chi_{|x|\le 1}(x)$ 是集合 $\{x : |x| \le 1\}$ 上的特征函数，那么，

$$\phi_\varepsilon(x) = \frac{1}{\varepsilon^n}\chi_{|x|\le\varepsilon}(x),$$

进而，

$$\lim_{\varepsilon\to 0} \phi_\varepsilon(x) = \frac{\omega_{n-1}}{n}\delta(x),$$

这里 $\delta(x)$ 表示 Dirac 函数， ω_{n-1} 是 n 维空间中单位球的表面积.

定理 1.3 设 $\phi(x) \in L^1(\mathbb{R}^n)$, 且 $\displaystyle\int_{\mathbb{R}^n} \phi dx = a$.

(1) 若 $f \in L^p(\mathbb{R}^n)$,$1 \le p < \infty$ 或 $f \in C_0 \subset L^\infty(\mathbb{R}^n)$, 则有

$$f * \phi_\varepsilon \xrightarrow{L^p} af(x), \qquad \varepsilon \to 0; \tag{1.5}$$

$$f * \phi_\varepsilon \xrightarrow{L^\infty} af, \qquad \varepsilon \to 0, \quad f \in C_0 \subset L^\infty(\mathbb{R}^n). \tag{1.6}$$

(2) 若 $f \in L^\infty(\mathbb{R}^n)$ 且 $f(x)$ 在开集 V 上一致连续，则

$$f * \phi_\varepsilon \xrightarrow{1} af, \quad \varepsilon \to 0, \quad x \in V. \tag{1.7}$$

证明 (1) 注意到

$$f * \phi_\varepsilon - af = \int_{\mathbb{R}^n} (f(x-y) - f(x))\phi_\varepsilon(y)dy,$$

由 Minkowski 不等式 (1.3), 得

$$\begin{aligned}\|f*\phi_\varepsilon-af\|_p&=\left(\int_{\mathbb{R}^n}\left|\int_{\mathbb{R}^n}(f(x-y)-f(x))\phi_\varepsilon(y)dy\right|^p dx\right)^{\frac{1}{p}}\\&\le\int_{\mathbb{R}^n}\left(\int_{\mathbb{R}^n}|f(x-y)-f(x)|^p dx\right)^{\frac{1}{p}}|\phi_\varepsilon(y)|dy\\&=\int_{\mathbb{R}^n}\left(\int_{\mathbb{R}^n}|f(x-\varepsilon y)-f(x)|^p dx\right)^{\frac{1}{p}}|\phi(y)|dy.\end{aligned}\tag{1.8}$$

注意到

$$\left(\int_{\mathbb{R}^n}|f(x-\varepsilon y)-f(x)|^p dx\right)^{\frac{1}{p}}\le 2\|f\|_p<\infty,$$

以及 L^p 空间函数的整体连续性

$$\lim_{|h|\to 0}\|f(x+h)-f(x)\|_p=0,\quad \forall f\in L^p(\mathbb{R}^n).\tag{1.9}$$

对 (1.8) 式利用 Lebesgue 控制收敛定理，就得

$$\|f*\phi_\varepsilon-af\|_p\longrightarrow 0,\qquad \varepsilon\to 0\quad (1\le p<\infty).$$

另一方面，当 $p=\infty$, $f\in C_0\subset L^\infty$, 因而 $\|f(x)\|_\infty<\infty$, 由 Lebesgue 控制收敛定理可得

$$\|f*\phi_\varepsilon-af\|_\infty\le\left\|\int_{\mathbb{R}^n}|f(x-\varepsilon y)-f(x)||\phi(y)|dy\right\|_\infty\longrightarrow 0,\quad \varepsilon\to 0.$$

(2) 对 $\forall\delta>0$, 取充分大的闭集 W, 使得 $\int_{\mathbb{R}^n\setminus W}|\phi(x)|dx\le\delta$. 于是,

$$\begin{aligned}\sup_{x\in V}|f*\phi_\varepsilon-af|\le&\sup_{x\in V,y\in W}|f(x-\varepsilon y)-f(x)|\int_W|\phi|dx\\&+2\|f\|_\infty\delta.\end{aligned}\tag{1.10}$$

故当 $\varepsilon\to 0$ 时，由 δ 的任意性，就得 (1.7).

注记 1.2 (a) 在定理 1.3 中，若 $a=1$, 就是所谓 L^p 正则化原理，特别地，当 $a=0$, (1.5) 和 (1.6) 仍然成立.

(b) 设 $f\in L^p(\mathbb{R}^n)$, $1\le p<\infty$. 记 $\omega_{p,f}(h)=(\int_{\mathbb{R}^n}|f(x+h)-f(x)|^p dx)^{\frac{1}{p}}$, 那么

$$\lim_{|h|\to 0}\omega_{p,f}(h)=0.\tag{1.11}$$

事实上，由于 $C_c(\mathbb{R}^n)$ 稠于 $L^p(\mathbb{R}^n)$, 因此，对 $\forall\varepsilon>0$ 存在 $g\in C_c(\mathbb{R}^n)$ 使得

$$\|f-g\|_p<\frac{\varepsilon}{3}.$$

另一方面，由 $g(x)$ 的一致连续性，可取 h 充分小，使得

$$|g(h+x)-g(x)|\leq\frac{1}{\operatorname{mes}(B_{\operatorname{diam}(\operatorname{supp}g)+1}(0))}\cdot\frac{\varepsilon}{3}.$$

这样，当 $|h|\leq 1$ 充分小时，据上面两式易见

$$\begin{aligned}\omega_{p,f}(h)\leq&\|f(x+h)-g(x+h)\|_p+\|g(x)-f(x)\|_p\\&+\left(\int_{\mathbb{R}^n}|g(x+h)-g(x)|^p dx\right)^{\frac{1}{p}}\\<&\frac{2}{3}\varepsilon+\frac{\varepsilon\operatorname{mes}(\operatorname{supp}g(x)\vee\operatorname{supp}g(x+h))}{3\operatorname{mes}(B_{\operatorname{diam}(\operatorname{supp}g)+1}(0))}<\varepsilon.\end{aligned}\tag{1.12}$$

推论 1.4 设 $f\in L^p(\mathbb{R}^n)$, $1\leq p<\infty$, 或 $f\in C_0\subset L^\infty(\mathbb{R}^n)$, 则存在 $\{g_\varepsilon\}_{\varepsilon>0}\subset C_c^\infty$, 使得

$$\lim_{\varepsilon\to 0}g_\varepsilon\overset{L^p}{=\!=}f,\qquad f\in L^p(\mathbb{R}^n),\quad 1\leq p<\infty,$$

$$\lim_{\varepsilon\to 0}g_\varepsilon\overset{L^\infty}{=\!=}f,\qquad \forall f\in C_0\subset L^\infty.$$

证明 (i) 若 $f(x)\in L^p(\mathbb{R}^n)$ 具有紧支集，取 $C_c^\infty(\mathbb{R}^n)$ 函数 $\rho(x)$ 满足

$$\rho(x)=\begin{cases}C_n e^{\frac{1}{|x|^2-1}}, & |x|<1\\ 0, & |x|\geq 1,\end{cases}\tag{1.13}$$

且 $\int_{\mathbb{R}^n}\rho(x)dx=1$. 于是， $g_\varepsilon=f*\rho_\varepsilon(x)\in C_c^\infty$ 并且

$$\|g_\varepsilon-f\|_p\longrightarrow 0,\qquad \varepsilon\to 0.$$

(ii) 对 $f\in L^p(\mathbb{R}^n)$ $(1\leq p<\infty)$ 以及 $\forall\delta>0$, 存在紧支集函数 $g\in L^p$ 使得

$$\|f-g\|_p<\frac{\delta}{2},$$

于是，取 $g_\varepsilon=g*\rho_\varepsilon\in C_c^\infty(\mathbb{R}^n)$, 当 ε 充分小时，由 (i) 可见

$$\|f-g_\varepsilon\|_p\leq\|f-g\|_p+\|g-g_\varepsilon\|_p<\frac{\delta}{2}+\frac{\delta}{2}=\delta.$$

(iii) 类似地，读者可证明 $f\in C_0\subset L^\infty$ 的情形.

点态收敛 上面介绍了 L^p 意义的逼近问题，在适当条件下，这些逼近在点态意义下也是收敛的.

命题 1.5 设 $\phi \in L^1(\mathbb{R}^n)$ 且 $\int_{\mathbb{R}^n} \phi dx = 1$. 记

$$\psi(x) = \sup_{|y| \geq |x|} |\phi(y)|,$$

并设 $\psi(x) \in L^1(\mathbb{R}^n)$, 则 $\psi(x)$ 满足如下性质:

(i) $\psi(x)$ 是径向函数 $(|x| = |y| \Rightarrow \psi(x) = \psi(y))$.

(ii) 对 $|x| = r, \psi_0(r) = \psi(x)$ 是 r 的非增函数.

(iii) 当 $|x| \to 0$ 或 $|x| \to \infty$ 时, 有 $|x|^n \psi(x) \to 0$, 特别地, 存在常数 A, 使得

$$|x|^n \psi(x) \leq A, \quad 0 < |x| < \infty. \tag{1.14}$$

(iv) 设 $\chi_\eta(x)$ 是集合 $\{x: |x| \geq \eta\}$ 上的特征函数, 则对 $0 < \eta < \infty$ 及 $1 \leq p \leq \infty$ 有

$$\lim_{\varepsilon \to 0} \|\chi_\eta \psi_\varepsilon\|_{p'} = 0, \tag{1.15}$$

这里 $1/p + 1/p' = 1$.

证明 (i),(ii) 是显然的. 下面证明 (iii). 用 Σ_{n-1} 表示 $\mathbb{R}^n$ 中单位球面, ω_{n-1} 表示球面面积. 考虑

$$\begin{aligned}\int_{\frac{r}{2}<|x|<r} \psi(x)dx &= \int_{\Sigma_{n-1}} d\sigma \int_{\frac{r}{2}}^{r} \psi_0(\rho)\rho^{n-1}d\rho \\ &\geq \omega_{n-1}\psi_0(r)\frac{r^n}{n}(1-2^{-n})\end{aligned}$$

据 $\psi(x) \in L^1(\mathbb{R}^n)$ 可知

$$\lim_{|x|\to 0} |x|^n \psi(x) = 0, \qquad \lim_{|x|\to\infty} |x|^n \psi(x) = 0,$$

且存在常数 $A > 0$ 使得 (1.14) 成立.

(iv) 考察

$$\begin{aligned}\|\chi_\eta \psi_\varepsilon\|_{p'}^{p'} &= \int_{|x|\geq\eta} \psi_\varepsilon^{p'}(x)dx = \int_{|x|\geq\eta} \psi_\varepsilon(x)\psi_\varepsilon^{p'-1}(x)dx \\ &\leq \left[\varepsilon^{-n}\psi_0\left(\frac{\eta}{\varepsilon}\right)\right]^{\frac{p'}{p}} \int_{|x|>\eta} \psi_\varepsilon(x)dx,\end{aligned} \tag{1.16}$$

这里用到 $p' - 1 = \frac{p'}{p}$ 以及 (ii). 根据 $\psi(x) \in L^1$ 和 (iii) 即知

$$\varepsilon^{-n}\psi_0\left(\frac{\eta}{\varepsilon}\right) = \left[\frac{\eta^n}{\varepsilon^n}\psi_0\left(\frac{\eta}{\varepsilon}\right)\right] \cdot \frac{1}{\eta^n} \to 0, \quad \varepsilon \to 0.$$

从而推得 (iv).

定理 1.6 设 $\phi \in L^1(\mathbb{R}^n)$, $\int_{\mathbb{R}^n} \phi dx = 1$. 令 $\psi(x) = \sup\limits_{|y|\geq|x|} |\phi(y)|$, 若 $\psi(x) \in L^1(\mathbb{R}^n)$, 那么，对 $\forall f \in L^p(\mathbb{R}^n)$, $1 \leq p \leq \infty$, 就有

$$\lim_{\varepsilon\to 0} f * \phi_\varepsilon(x) = f(x), \quad \forall x \in L_f, \tag{1.17}$$

其中 L_f 表示 $f(x)$ 的 Lebesgue 点集.

证明 注意到

$$L_f = \left\{x: \quad \lim_{r\to 0} \frac{1}{r^n} \int_{|y|\leq r} |f(x-y) - f(x)|dy = 0\right\}, \tag{1.18}$$

给定 $x \in L_f$ 和任意 $\delta > 0$, 可取 $\eta > 0$, 使得当 $0 < r \leq \eta$ 时，有

$$r^{-n} \int_{|y|\leq r} |f(x-y) - f(x)|dy < \delta. \tag{1.19}$$

利用极坐标可推出 (1.19) 等价于

$$r^{-n} \int_0^r \int_{\Sigma_{n-1}} |f(x-s\sigma) - f(x)|s^{n-1} d\sigma ds < \delta. \tag{1.20}$$

令 $g(s) = \int_{\Sigma_{n-1}} |f(x-s\sigma) - f(x)|d\sigma$, $G(r) = \int_0^r g(s)s^{n-1}ds$ 以及 $\Delta_x(r) = r^{-n}G(r)$, 则 (1.20) 等价于

$$r^{-n}G(r) = \Delta_x(r) < \delta, \qquad 0 < r \leq \eta. \tag{1.21}$$

考察

$$f * \phi_\varepsilon - f = \int_{\mathbb{R}^n} [f(x-y) - f(x)]\phi_\varepsilon(y)dy = \int_{|y|\leq\eta} + \int_{|y|>\eta} = I_1 + I_2. \tag{1.22}$$

先来估计 I_1. 利用极坐标及命题 1.5 有

$$\begin{aligned}
|I_1| \leq &\int_0^\eta \int_{\Sigma_{n-1}} |f(x-r\sigma) - f(x)|r^{n-1}\varepsilon^{-n}\psi_0\left(\frac{r}{\varepsilon}\right)d\sigma dr \\
= &\int_0^\eta g(r)r^{n-1}\varepsilon^{-n}\psi_0\left(\frac{r}{\varepsilon}\right)dr \\
=& G(r)\varepsilon^{-n}\psi_0\left(\frac{r}{\varepsilon}\right)\Big|_0^\eta - \int_0^\eta G(r)d\left(\varepsilon^{-n}\psi_0\left(\frac{r}{\varepsilon}\right)\right) \\
=& r^{-n}G(r)\left(\frac{r}{\varepsilon}\right)^n \psi_0\left(\frac{r}{\varepsilon}\right)\Big|_0^\eta - \int_0^{\frac{\eta}{\epsilon}} G(\varepsilon s)\varepsilon^{-n}d\psi_0(s) \\
\leq& A\delta - \int_0^{\frac{\eta}{\epsilon}} \delta s^n d\psi_0(s) \leq A\delta - \delta \int_0^\infty s^n d\psi_0(s) \\
=& A\delta + \delta\int_0^\infty ns^{n-1}\psi_0(s)ds = A\delta + \frac{n\delta}{\omega_{n-1}}\int_{\mathbb{R}^n} \psi(x)dx \\
=& \delta\left(A + \frac{n}{\omega_{n-1}}\int_{\mathbb{R}^n}\psi(x)dx\right) = \delta\bar{A}_1,
\end{aligned} \tag{1.23}$$

这里用到 $\phi(x) \le \psi(x)$, 分部积分及 $\psi_0(s)$ 的单调下降性质. 其次, 利用 Hölder 不等式，有

$$\begin{aligned}|I_2| \le & \int_{|y|>\eta} |f(x-y)|\psi_\varepsilon(y)dy + |f(x)|\int_{|y|>\eta}\psi_\varepsilon(y)dy \\ \le & \|f(x)\|_p \left(\int_{\mathbb{R}^n} |\chi_\eta \psi_\varepsilon(y)|^{p'}dx\right)^{\frac{1}{p'}} + |f(x)|\int_{|y|>\eta} \varepsilon^{-n}\psi\left(\frac{y}{\varepsilon}\right)dy \\ \le & \|f\|_p \cdot \|\chi_\eta\psi_\varepsilon(y)\|_{p'} + |f(x)|\int_{|y|\ge\frac{\eta}{\varepsilon}} \psi(y)dy \to 0, \quad \varepsilon\to 0,\end{aligned} \tag{1.24}$$

这里用到了 (1.15) 及 $\psi(y)$ 的可积性.

注记 1.3 在定理 1.6 中，若 $\int_{\mathbb{R}^n}\phi(x)dx = a$, 那么

$$f*\phi_\varepsilon \xrightarrow{\text{a.e.}} af(x), \quad \varepsilon\to 0, \quad 1\le p\le\infty, \tag{1.25}$$

特别地，当 $a=0$, (1.25) 仍然成立.

§1.2 Fourier 变换的 L^1 理论

定义 2.1 设 $f\in L^1(\mathbb{R}^n)$, 称

$$\mathcal{F}f(x) = \hat{f}(x) = \int_{\mathbb{R}^n} f(y)e^{-2\pi i x\cdot y}dy \tag{2.1}$$

是 f 的 Fourier 变换.

我们首先来讨论 $L^1(\mathbb{R}^n)$ 函数 Fourier 变换的基本性质.

定理 2.1 (1) 映射 $\mathcal{F}$: $f\to\hat{f}$ 是 $L^1(\mathbb{R}^n)$ 到 $L^\infty(\mathbb{R}^n)$ 的有界线性算子.

(2) 若 $f(y)\in L^1(\mathbb{R}^n)$, 则 $\hat{f}$ 是一致连续的.

证明 $\mathcal{F}$ 关于 f 的线性性是显然的. 与此同时，有

$$\|\hat{f}\|_\infty = \left\|\int_{\mathbb{R}^n} f(y)e^{-2\pi i x\cdot y}dy\right\|_\infty \le \|f(y)\|_1, \tag{2.2}$$

从而 (1) 成立. 下面证明 (2). 对 $\forall\varepsilon>0$, 由 $f(y)\in L^1(\mathbb{R}^n)$, 存在 N, 当 $|y|\ge N$ 时,

$$\int_{|y|\ge N}|f|dx < \frac{\varepsilon}{3}.$$

于是

$$|\hat{f}(x_1)-\hat{f}(x_2)|=\left|\int_{\mathbb{R}^n}(f(y)e^{-2\pi i x_1\cdot y}-f(y)e^{-2\pi x_2\cdot y})dy\right|$$

$$\leq 2\int_{|y|\geq N}|f(y)|dy+\left|\int_{|y|\leq N}f(y)(e^{-2\pi i x_1\cdot y}-e^{-2\pi i x_2\cdot y})dy\right|$$

$$<\frac{2}{3}\varepsilon+2\pi\int_{|y|\leq N}|f(y)||y||x_1-x_2|\cdot\left|e^{-2\pi i\xi y}\right|dy$$

$$<\frac{2}{3}\varepsilon+2\pi N\int_{\mathbb{R}^n}|f(y)|dy\cdot|x_1-x_2|.$$

这样，只要取 $|x_1-x_2|<\frac{\varepsilon}{6\pi N\|f\|_1}$，就得 $|\hat{f}(x_1)-\hat{f}(x_2)|<\varepsilon$. 从而 $\hat{f}$ 一致连续.

定理 2.2 (Riemann-Lebesgue 定理) 若 $f(y)\in L^1(\mathbb{R}^n)$, 则当 $|x|\to\infty$ 时, $\hat{f}(x)\to 0$.

证明 对 $f(x)=\chi_{[a,b]}(x)$, 记 $S_{ij}(x)=\{1\leq i\leq n,\ 1\leq j\leq n$; 用 n_i 表示 $x_i\neq 0$ 的 i 个数，用 n_j 表示 $x_j=0$ 的 j 个数， $1\leq n_i\leq n,\ 0\leq n_j\leq n-1$, 且 $n_i+n_j=n\}$, 直接验算

$$\int_{\mathbb{R}^n}\chi_{[a,b]}e^{-2\pi i x\cdot y}dy=\int_{a_1}^{b_1}e^{-2\pi i x_1\cdot y_1}dy_1\cdots\int_{a_n}^{b_n}e^{-2\pi i x_n\cdot y_n}dy_n$$

$$=\prod_{i,j\in S_{ij}(x)}\frac{e^{-2\pi i x_i a_i}-e^{-2\pi i x_i b_i}}{2\pi i x_i}\cdot(b_j-a_j)\to 0,\quad |x|\to\infty.$$

自然, 对于任意的简单函数 f, 当 $|x|\to\infty$ 时, $\hat{f}(x)\to 0$. 最后, 若 $f\in L^1(\mathbb{R}^n)$, 对 $\forall\varepsilon>0$, 存在简单函数 g, 使 $\|f-g\|_1<\varepsilon/3$. 于是

$$|\hat{f}|\leq|\hat{f}-\hat{g}|+|\hat{g}|\leq\|f-g\|_1+|\hat{g}|<\frac{\varepsilon}{3}+|\hat{g}|.$$

从而， $\hat{f}(x)\to 0,\ |x|\to+\infty$.

注记 2.1 此定理说明 $f\in L^1(\mathbb{R}^n)\Rightarrow\hat{f}\in C_0(\mathbb{R}^n)$. 问题: 如果 $g\in C_0(\mathbb{R}^n)$, 是否有 $f\in L^1(\mathbb{R}^n)$, 使得 $\hat{f}(x)=g(x)$? 回答是否定的.

断言 设 $g\in C_0(\mathbb{R})$ 是函数 $f\in L^1(\mathbb{R})$ 的 Fourier 变换，且 g 是奇函数，则对任意 $e<b<\infty$, 必有

$$\left|\int_e^b g(x)/xdx\right|=\left|\int_e^b\hat{f}(x)/xdx\right|\leq A,\tag{2.3}$$

其中 A 是不依赖于 b 的常数. 事实上，注意到 $g(x)=\hat{f}(x)$ 是奇函数，容易看出

$$\hat{f}(x)=\int_{-\infty}^{+\infty}f(y)\cos(2\pi xy)dy-i\int_{-\infty}^{+\infty}f(y)\sin(2\pi xy)dy$$

$$=-i\int_{-\infty}^{+\infty}f(y)\sin(2\pi xy)dy,$$

因此

$$\begin{aligned}\int_e^b \frac{\hat{f}(x)}{x}dx =& -i\int_e^b\int_{-\infty}^{+\infty}\frac{1}{x}f(y)\sin(2\pi xy)dydx\\ =& -i\int_{-\infty}^{+\infty}f(y)\left(\int_e^b\frac{\sin(2\pi xy)}{x}dx\right)dy\\ =& -i\int_{-\infty}^{+\infty}f(y)\int_{2\pi ey}^{2\pi by}\frac{\sin z}{z}dzdy. \end{aligned}\tag{2.4}$$

因为 $\int_{-\infty}^{+\infty}\frac{\sin z}{z}dz$ 收敛，所以

$$\left|\int_{2\pi ey}^{2\pi by}\frac{\sin z}{z}dz\right| \le B, \quad \forall\ e < b \le \infty.$$

于是

$$\left|\int_e^b\frac{\hat{f}(x)}{x}dx\right| \le B\int_{-\infty}^{+\infty}|f(y)|dy < \infty, \qquad \forall\ e < b \le \infty. \tag{2.5}$$

另一方面，取

$$g(x) = \begin{cases} \operatorname{sgn}x/\ln|x|, & |x| \ge e,\\ x/e, & |x| \le e. \end{cases}\tag{2.6}$$

易见 $g(x) \in C_0$. 假若存在 $f(y) \in L^1(\mathbb{R})$ 使得 $\hat{f}(x) = g(x)$, 那么,

$$\int_e^b\frac{\hat{f}(x)}{x}dx = \int_e^b\frac{g(x)}{x}dx = \int_e^b\frac{1}{x\ln x}dx \to \infty \quad (b\to\infty). \tag{2.7}$$

此与 (2.3) 相矛盾，从而证明这一断言.

类似于 $L^1(\mathbb{R}^n)$ 函数的 Fourier 变换，可对有限 Borel 测度定义其 Fourier 变换. 设 μ 是 $\mathbb{R}^n$ 上的有限 Borel 测度，令

$$\hat{\mu}(x) = \int_{\mathbb{R}^n} e^{-2\pi i x\cdot y}d\mu(y), \tag{2.8}$$

称 $\hat{\mu}$ 是 Borel 测度 μ 的 Fourier 变换. 在定理 2.1 中，用 $\bigvee_{-\infty}^{\infty}(\mu)$ 代替 $\|\mu\|_1$, 相应结果自然成立. 同理，卷积亦可很容易推广到 Borel 测度上.

定义 2.2 设 $\mu(x)$ 是 $\mathbb{R}^n$ 上有限 Borel 测度，称

$$h(x) = f*\mu = \int_{\mathbb{R}^n} f(x-y)d\mu(y) \tag{2.9}$$

是函数 $f(x)$ 与 Borel 测度 μ 的卷积. 于是有相应的 Young 不等式

$$\|h(x)\|_p \le \|f(x)\|_p \bigvee_{-\infty}^{\infty}(\mu), \tag{2.10}$$

这里 $\bigvee_{-\infty}^{\infty}(\mu)$ 表示测度 $\mu(x)$ 的全变差.

定理 2.3 若 $f,g\in L^1(\mathbb{R}^n)$, 则 $(f*g)\hat{}=\hat{f}\cdot\hat{g}$.

证明 直接验算, 就得

$$\begin{aligned}\int_{\mathbb{R}^n} e^{-2\pi ix\cdot y}\cdot f*g(y)dy=&\int_{\mathbb{R}^n}\int_{\mathbb{R}^n} e^{-2\pi ix\cdot y}f(y-z)g(z)dzdy\\=&\int_{\mathbb{R}^n}\int_{\mathbb{R}^n} e^{-2\pi ix\cdot y}f(y-z)dyg(z)dz\\=&\int_{\mathbb{R}^n}\int_{\mathbb{R}^n} e^{-2\pi ix\cdot y}f(y)dye^{-2\pi ix\cdot z}g(z)dz\\=&\hat{f}(x)\cdot\hat{g}(x).\end{aligned}$$

命题 2.4 若 $f(x)\in L^1(\mathbb{R}^n)$, $\tau_h f=f(x-h)$, $\delta_a f(x)=f(ax)$, $a>0$, 则

$$(\tau_h f)\hat{}(x)=e^{-2\pi ih\cdot x}\hat{f}(x), \tag{2.11}$$

$$(e^{2\pi ih\cdot y}f)\hat{}(x)=\tau_h\hat{f}(x)=\hat{f}(x-h), \tag{2.12}$$

$$(\delta_a f)\hat{}(x)=a^{-n}\hat{f}(a^{-1}x), \tag{2.13}$$

$$\frac{\hat{f}(x+h)-\hat{f}(x)}{|h|}=\left(\frac{e^{-2\pi ih\cdot y}-1}{|h|}f\right)\hat{}(x), \tag{2.14}$$

$$\left(\frac{f(y+h)-f(y)}{|h|}\right)\hat{}(x)=\frac{e^{2\pi ih\cdot x}-1}{|h|}\hat{f}(x). \tag{2.15}$$

证明 直接演算

$$(\tau_h f)\hat{}(x)=\int_{\mathbb{R}^n} e^{-2\pi ix\cdot y}f(y-h)dy=e^{-2\pi ix\cdot h}\hat{f}(x),$$

$$(e^{2\pi ih\cdot y}f(y))\hat{}(x)=\int_{\mathbb{R}^n} e^{-2\pi i(x-h)\cdot y}f(y)dy=\hat{f}(x-h)=\tau_h\hat{f}(x),$$

$$\begin{aligned}(\delta_a f)\hat{}(x)=&\int_{\mathbb{R}^n} e^{-2\pi ix\cdot y}f(ay)dy=a^{-n}\int_{\mathbb{R}^n} e^{-2\pi i\frac{x}{a}\cdot ay}f(ay)day\\=&a^{-n}\int_{\mathbb{R}^n} e^{-2\pi i\frac{x}{a}\cdot y}f(y)dy=a^{-n}\hat{f}\left(\frac{x}{a}\right),\end{aligned}$$

故由上面三式就推知 (2.11), (2.12) 及 (2.13) 成立. 进而, 利用 (2.12), (2.11) 及 Fourier 变换的线性性就得

$$\frac{\hat{f}(x+h)-\hat{f}(x)}{|h|}=\frac{\tau_{-h}\hat{f}(x)-\hat{f}(x)}{|h|}=\left(\frac{e^{-2\pi ih\cdot y}-1}{|h|}f(y)\right)\hat{}(x),$$

$$\left(\frac{f(y+h)-f(y)}{|h|}\right)\hat{}(x)=\frac{(\tau_{-h}f)\hat{}(x)-\hat{f}(x)}{|h|}=\frac{e^{2\pi ih\cdot x}-1}{|h|}\hat{f}(x),$$

由此推知 (2.14) 和 (2.15) 成立. 作为 (2.14) 与 (2.15) 的直接结果, 就得微分与 Fourier 变换之间的基本关系. 为精确陈述起见, 引入 L^p 可导概念:

定义 2.3 若 $f\in L^p(\mathbb{R}^n)$, 且存在 $g\in L^p(\mathbb{R}^n)$, 使得当 $h_k\to 0$ 时, 有

$$\left(\int_{\mathbb{R}^n}\left|\frac{f(x+h_k)-f(x)}{h_k}-g(x)\right|^p dx\right)^{\frac{1}{p}}\to 0,$$

就称 f 依 L^p 范数关于 x_k 可导, 且记 $\dfrac{\partial f}{\partial x_k}=g(x)$.

定理 2.5 设 $f\in L^1(\mathbb{R}^n)$, $x_kf(x)\in L^1(\mathbb{R}^n)$, 这里 x_k 是 x 的第 k 个坐标函数, 则 $\hat{f}$ 关于 x_k 可微且

$$\frac{\partial\hat{f}}{\partial x_k}=(-2\pi iy_kf(y))\hat{}(x).\tag{2.16}$$

证明 考虑 $h=(0,\cdots,h_k,0,\cdots,0)$, 当 $h_k\to 0$ 时, 由命题 2.4 和 Lebesgue 控制收敛定理, 有

$$\frac{\hat{f}(x+h)-\hat{f}(x)}{|h|}=\left(\frac{e^{-2\pi ih_ky_k}-1}{h_k}f\right)\hat{}(x)\longrightarrow(-2\pi iy_kf)\hat{}(x).$$

这意味着: 在不计常数的意义下, 第 k 个坐标乘以函数 Fourier 变换等于该函数的 Fourier 变换对第 k 个变量求导. 反之, 我们可以得到相反结果, 即函数的偏导数 Fourier 变换等于相应的坐标函数乘以此函数的 Fourier 变换.

定理 2.6 若 $f\in L^1(\mathbb{R}^n)$, g 是 f 依 L^1 范数关于 x_k 的偏导数, 则

$$\hat{g}(x)=2\pi ix_k\hat{f}(x)=\left(\frac{\partial f}{\partial y_k}\right)\hat{}(x).\tag{2.17}$$

证明 记 $h=(0,\cdots,0,h_k,0,\cdots,0)$, 利用命题 2.4 和定理 1.1 容易看出, 对 $\forall x\in\mathbb{R}^n$, 当 $h_k\to 0$ 时, 有

$$\begin{aligned}\left|\hat{g}(x)-\frac{e^{2\pi ih\cdot x}-1}{h_k}\hat{f}(x)\right|&=\left|\left(g(y)-\frac{f(y+h)-f(y)}{h_k}\right)\hat{}(x)\right|\\&\le\int_{\mathbb{R}^n}\left|g(y)-\frac{f(y+h_k)-f(y)}{h_k}\right|dy\to 0.\end{aligned}$$

从而, $\hat{g}(x)=2\pi ix_k\hat{f}(x)$.

推论 2.7 设 $P(x)$ 是多元多项式函数, $\alpha=(\alpha_1,\cdots,\alpha_n)$ 是 n 重指标, $\partial^\alpha=\partial_{x_1}^{\alpha_1}\cdots\partial_{x_n}^{\alpha_n}$, 则

(1) 若 f, $P(-2\pi ix)f(x)\in L^1(\mathbb{R}^n)$, 则

$$P(\partial)\hat{f}(x)=(P(-2\pi iy)f(y))\hat{}(x), \tag{2.18}$$

即 $\hat{f}(x)$ 可进行求导运算 $P(\partial)$.

(2) 若 $f\in L^1(\mathbb{R}^n)$, 且在 L^1 模下 $P(\partial)f\in L^1(\mathbb{R}^n)$, 则

$$(P(\partial)f(y))\hat{}(x)=P(2\pi ix)\hat{f}(x). \tag{2.19}$$

注记 2.2 (i) 在广义导数意义下, 对任意广义函数 $f(x)\in\mathcal{S}$ 总有关系式

$$P(\partial)\hat{f}(x)=(P(-2\pi iy)f(y))\hat{}(x),$$

$$(P(\partial)f(y))\hat{}(x)=P(2\pi ix)\hat{f}(x).$$

(ii) 这充分体现了 Fourier 变换在处理 $\mathbb{R}^n$ 上 Cauchy 问题时, 可以将偏微分方程转化为常微分方程的精神本质.

$L^1(\mathbb{R}^n)$ 中 Fourier 变换的反演问题

对 $f(x)\in L^1(\mathbb{R}^n)$, 其 Fourier 变换 $\hat{f}(x)$ 不一定属于 L^1, 所以, 一般来讲, 积分

$$\int_{\mathbb{R}^n}\hat{f}(x)e^{2\pi ix\cdot y}dx$$

不一定存在, 这就给反演问题带来了困难. 下面就来寻求适当的方法和条件来解决这一问题. 为此, 首先引入 Φ 求和法, 特别是 Abel 求和法以及 Gauss 求和法, 借此及 L^p 正则性原理和点态收敛定理来解决 L^1 中 Fourier 变换的反演问题.

定义 2.4 设 $\Phi(x)\in C_0(\mathbb{R}^n)$ 且 $\Phi(0)=1$, 对于函数 $F(x)$ 及 $\varepsilon>0$, 称

$$M_{\varepsilon,\Phi}(F)=\int_{\mathbb{R}^n}F(x)\Phi(\varepsilon x)dx \tag{2.20}$$

是积分 $\int_{\mathbb{R}^n}F(x)dx$ 的 Φ 平均. 若

$$\lim_{\varepsilon\to0}M_{\varepsilon,\Phi}(F)=\ell, \tag{2.21}$$

则称积分 $\int_{\mathbb{R}^n}F(x)dx$ 是 Φ 可求和的, 并称 $\int_{\mathbb{R}^n}F(x)dx$ 关于 Φ 的平均和是 ℓ.

若取 $\Phi(x)=e^{-|x|}$, 那么,

$$A_\varepsilon(F)=M_{\varepsilon,\Phi}(F)=\int_{\mathbb{R}^n}F(x)e^{-\varepsilon|x|}dx \tag{2.22}$$

就称为积分 $\int_{\mathbb{R}^n} F(x)dx$ 的 Abel 平均. 若

$$\lim_{\varepsilon\to 0} A_\varepsilon(F) = A_0, \tag{2.23}$$

则称积分 $\int_{\mathbb{R}^n} F(x)dx$ 是 Abel 可求和的, 并且它的 Abel 和是 A_0.

若取 $\Phi(x) = e^{-|x|^2}$, 那么

$$G_\varepsilon(F) = M_{\sqrt{\varepsilon},\Phi}(F) = \int_{\mathbb{R}^n} F(x)e^{-\varepsilon|x|^2}dx \tag{2.24}$$

就称为积分 $\int_{\mathbb{R}^n} F(x)dx$ 的 Gauss-Weierstrass 平均. 若

$$\lim_{\varepsilon\to 0} G_\varepsilon(F) = G_0, \tag{2.25}$$

则称积分 $\int_{\mathbb{R}^n} F(x)dx$ 是 Gauss 可求和的, 并且积分 $\int_{\mathbb{R}^n} F(x)dx$ 的 Gauss-Weierstrass 的和是 G_0.

注记 2.3 (i) 若 $F(x) \in L^1(\mathbb{R}^n)$, 则由控制收敛定理

$$A_\varepsilon(F) = \int_{\mathbb{R}^n} F(x)e^{-\varepsilon|x|}dx \to \int_{\mathbb{R}^n} F(x)dx, \quad \varepsilon \to 0, \tag{2.26}$$

$$G_\varepsilon(F) = \int_{\mathbb{R}^n} F(x)e^{-\varepsilon|x|^2}dx \to \int_{\mathbb{R}^n} F(x)dx, \quad \varepsilon \to 0. \tag{2.27}$$

(ii) 即使 $F(x) \notin L^1(\mathbb{R}^n)$, $\int_{\mathbb{R}^n} F(x)dx$ 的 Abel 平均、 Gauss-Weierstrass 平均也可以存在. 例如 $F(x) \notin L^1(\mathbb{R}^n)$ 且 $F(x)$ 有界, 则 $\forall\varepsilon > 0$, A_ε, $G_\varepsilon < \infty$.

(iii) 即使 $F(x) \notin L^1(\mathbb{R}^n)$, $\lim\limits_{\varepsilon\to 0} A_\varepsilon(F)$ 和 $\lim\limits_{\varepsilon\to 0} G_\varepsilon(F)$ 也可以存在. 例如 $F(x) = \sin x/x$.

(iv) 利用求和法来处理 Fourier 变换的反演思想: 记 $\hat{\Phi}(x) = \phi(x)$, 那么, $\widehat{\Phi(\varepsilon x)} = \varepsilon^{-n}\phi(x/\varepsilon)$. 考察 $\int_{\mathbb{R}^n} \hat{f}(x)e^{2\pi iy\cdot x}dx$ 关于 Φ 的可求和性, 利用 Fourier 变换的性质可见

$$\int_{\mathbb{R}^n} \hat{f}(x)e^{2\pi iy\cdot x}\Phi(\varepsilon x)dx = \int_{\mathbb{R}^n} f(x)\phi_\varepsilon(x-y)dx. \tag{2.28}$$

在一定意义下, 若能证明

$$\int_{\mathbb{R}^n} \hat{f}(x)e^{2\pi iy\cdot x}\Phi(\varepsilon x)dx \xrightarrow{a.e.} \int_{\mathbb{R}^n} \hat{f}(x)e^{2\pi iy\cdot x}dx, \quad \varepsilon \to 0,$$

$$\int_{\mathbb{R}^n} f(x)\phi_\varepsilon(x-y)dx \xrightarrow{a.e.} f(y), \quad \varepsilon \to 0,$$

就立刻得到 $L^1(\mathbb{R}^n)$ 函数的 Fourier 变换的反演公式.

先来计算一些具体的 Fourier 积分. 利用

$$\int_{\mathbb{R}^n} e^{-2\pi i x\cdot y} e^{-4\pi^2|x|^2} dx = 2^{-n}\pi^{-\frac{n}{2}} e^{-\frac{|y|^2}{4}}, \tag{2.29}$$

容易推得如下结论:

定理 2.8 对 $\forall \alpha > 0$ 有

$$\int_{\mathbb{R}^n} e^{-\pi\alpha|y|^2} e^{-2\pi i x\cdot y} dy = \alpha^{-\frac{n}{2}} e^{\frac{-\pi|x|^2}{\alpha}}. \tag{2.30}$$

证明 $\frac{\sqrt{\alpha}}{2\sqrt{\pi}} y = z$, 即 $y = \frac{2\sqrt{\pi}}{\sqrt{\alpha}} z$, 从而

$$\begin{aligned}\int_{\mathbb{R}^n} e^{-\pi\alpha|y|^2} e^{-2\pi i x\cdot y} dy &= \int_{\mathbb{R}^n} e^{-4\pi^2|z|^2} e^{-2\pi i \frac{2\sqrt{\pi}}{\sqrt{\alpha}} x\cdot z} dz \cdot \left(\frac{2\sqrt{\pi}}{\sqrt{\alpha}}\right)^n \\ &= 2^{-n}\pi^{-\frac{n}{2}} e^{-\frac{\pi}{\alpha}|x|^2} \cdot \left(\frac{2\sqrt{\pi}}{\sqrt{\alpha}}\right)^n = \alpha^{-\frac{n}{2}} e^{-\frac{\pi}{\alpha}|x|^2}.\end{aligned}$$

定理 2.9 对 $\forall \alpha > 0$, 有

$$\int_{\mathbb{R}^n} e^{-2\pi|y|\alpha} e^{-2\pi i x\cdot y} dy = C_n \frac{\alpha}{(\alpha^2 + |x|^2)^{\frac{(n+1)}{2}}}, \tag{2.31}$$

其中 $C_n = \Gamma(\frac{n+1}{2}) \Big/ \pi^{\frac{n+1}{2}}$.

证明 只需要对 $\alpha = 1$ 来证明

$$\int_{\mathbb{R}^n} e^{-2\pi|y|} e^{-2\pi i x\cdot y} dy = \frac{C_n}{(1 + |x|^2)^{\frac{n+1}{2}}} \tag{2.32}$$

即可. 事实上, 作 $z = \alpha y$ 有

$$\int_{\mathbb{R}^n} e^{-2\pi\alpha|y|} e^{-2\pi i x\cdot y} dy = \int_{\mathbb{R}^n} e^{-2\pi|z|} e^{-2\pi i \frac{x}{\alpha}\cdot z} dz \cdot (\alpha^{-n}) = \frac{C_n \alpha}{(|\alpha|^2 + |x|^2)^{\frac{n+1}{2}}}.$$

其次, 注意利用

$$e^{-\beta} = \frac{1}{\sqrt{\pi}} \int_0^\infty \frac{e^{-u}}{\sqrt{u}} e^{-\beta^2/4u} du, \tag{2.33}$$

于是

$$\begin{aligned}&\int_{\mathbb{R}^n} e^{-2\pi|y|} e^{-2\pi i x\cdot y} dy = \int_{\mathbb{R}^n} \left[\int_0^\infty \frac{e^{-u}}{\sqrt{\pi u}} e^{-\frac{4\pi^2|y|^2}{4u}} du\right] e^{-2\pi i x\cdot y} dy \\ =&\frac{1}{\sqrt{\pi}} \int_0^\infty \int_{\mathbb{R}^n} e^{-\frac{4\pi^2|y|^2}{4u}} e^{-2\pi i x\cdot y} dy \frac{e^{-u}}{\sqrt{u}} du \\ =&\int_0^\infty \frac{e^{-u}}{\sqrt{\pi u}} \left(\frac{\pi}{u}\right)^{-\frac{n}{2}} \cdot e^{-u|x|^2} du = \pi^{-\frac{n+1}{2}} \int_0^\infty e^{-(1+|x|^2)u} \cdot u^{\frac{n-1}{2}} du \\ =&\pi^{-\frac{n+1}{2}} \frac{1}{(1+|x|^2)^{\frac{n+1}{2}}} \cdot \int_0^\infty e^{-s} s^{\frac{n-1}{2}} ds = \frac{\Gamma(\frac{n+1}{2})}{\pi^{\frac{n+1}{2}}} \cdot \frac{1}{(1+|x|^2)^{\frac{n+1}{2}}}.\end{aligned}$$

因此，(2.31) 得证.

下面来证明 (2.33). 事实上，取 $\Gamma_R=\{z=x\colon -R\le x\le R\}\cup\{z=Re^{i\theta}\colon 0\le\theta\le\pi\}$, 则

$$\begin{aligned}\int_{\Gamma_R}\frac{e^{i\beta z}}{1+z^2}dz=&\int_{-R}^{R}\frac{e^{ix\beta}}{1+x^2}dx+\int_0^{\pi}\frac{e^{i\beta Re^{\theta i}}}{1+R^2e^{2\theta i}}iRe^{i\theta}d\theta\\ =&2\int_0^R\frac{\cos x\beta}{1+x^2}dx+\int_0^{\pi}\frac{e^{i\beta R\cos\theta-\beta R\sin\theta}}{1+R^2e^{2\theta i}}d\theta\overset{R\to\infty}{\longrightarrow}2\int_0^{\infty}\frac{\cos x\beta}{1+x^2}dx,\end{aligned}$$

这里 $\beta>0$. 另一方面，利用留数定理

$$\int_{\Gamma_R}\frac{e^{i\beta z}}{1+z^2}dz=2\pi i\cdot\frac{e^{i\beta z}}{z+i}\,|_{z=+i}=\pi e^{-\beta},$$

推出

$$e^{-\beta}=\frac{2}{\pi}\int_0^{\infty}\frac{\cos\beta x}{1+x^2}dx,\qquad \beta>0. \tag{2.34}$$

注意到

$$\frac{1}{1+x^2}=\int_0^{\infty}e^{-(1+x^2)u}du,$$

因而，利用 (2.30) 可见

$$\begin{aligned}e^{-\beta}=&\frac{2}{\pi}\int_0^{\infty}\frac{\cos\beta x}{1+x^2}dx=\frac{2}{\pi}\int_0^{\infty}\cos\beta x\int_0^{\infty}e^{-u}e^{-ux^2}dudx\\ =&\frac{2}{\pi}\int_0^{\infty}e^{-u}\int_0^{\infty}e^{-ux^2}\cos\beta xdxdu\\ =&\frac{2}{\pi}\int_0^{\infty}e^{-u}\left(\frac{1}{2}\int_{-\infty}^{\infty}e^{-ux^2}e^{i\beta x}dx\right)du\\ =&\frac{2}{\pi}\int_0^{\infty}e^{-u}\cdot\pi\int_{-\infty}^{+\infty}e^{-4\pi^2uy^2}e^{-2\pi i\beta y}dydu\\ =&\frac{2}{\pi}\int_0^{\infty}e^{-u}\cdot\pi(4u\pi)^{-\frac{1}{2}}\cdot e^{-\frac{\pi|\beta|^2}{4u\pi}}du\\ =&\frac{2}{\pi}\int_0^{\infty}e^{-u}\left(\frac{1}{2}\sqrt{\frac{\pi}{u}}e^{-\frac{\beta^2}{4u}}\right)du=\frac{1}{\sqrt{\pi}}\int_0^{\infty}\frac{1}{\sqrt{u}}e^{-u-\frac{\beta^2}{4u}}du.\end{aligned}$$

故 (2.33) 得证.

记

$$W(x,\alpha)=\mathcal{F}(e^{-4\pi^2\alpha|y|^2})=(4\pi\alpha)^{-\frac{n}{2}}e^{-\frac{|x|^2}{4\alpha}}, \tag{2.35}$$

$$P(x,\alpha)=\mathcal{F}(e^{-2\pi\alpha|y|})=\frac{C_n\alpha}{(\alpha^2+|x|^2)^{\frac{n+1}{2}}}, \tag{2.36}$$

通常称 $W(x,\alpha)$, $P(x,\alpha)$ 分别是 Weierstrass 核与 Poisson 核.

定理 2.10 (乘法公式) 若 $f(x), g(x) \in L^1(\mathbb{R}^n)$, 则

$$\int_{\mathbb{R}^n} \hat{f}(x)g(x)dx = \int_{\mathbb{R}^n} f(x)\hat{g}(x)dx. \tag{2.37}$$

证明 (2.37) 是 Fubini 定理的直接结果. 事实上

$$\begin{aligned}\int_{\mathbb{R}^n} \hat{f}(x)g(x)dx &= \int_{\mathbb{R}^n}\left(\int_{\mathbb{R}^n} f(y)e^{-2\pi i y\cdot x}dy\right)g(x)dx\\ &= \int_{\mathbb{R}^n}\left(\int_{\mathbb{R}^n} g(x)e^{-2\pi i y\cdot x}dx\right)f(y)dy\\ &= \int_{\mathbb{R}^n} \hat{g}(y)f(y)dy.\end{aligned}$$

现设 $\hat{\Phi}(x)=\phi(x)$, $\phi_\varepsilon(x)=\varepsilon^{-n}\phi(\frac{x}{\varepsilon})$, 那么 $\widehat{\delta_\varepsilon\Phi}(x)=\varepsilon^{-n}\phi(\frac{x}{\varepsilon})=\phi_\varepsilon(x)$, 故

$$(e^{2\pi i y\cdot x}\cdot\delta_\varepsilon\Phi(y))\hat{}=\phi_\varepsilon(x-y). \tag{2.38}$$

特别地, 我们有

$$\phi_\varepsilon(x)=W(x,\varepsilon^2), \qquad \Phi(x)=e^{-4\pi^2|x|^2}, \tag{2.39}$$

$$\phi_\varepsilon(x)=P(x,\varepsilon), \qquad \Phi(x)=e^{-2\pi|x|}. \tag{2.40}$$

根据乘法公式, 就有如下基本定理:

定理 2.11 设 $f,\Phi\in L^1(\mathbb{R}^n)$, 且 $\phi=\hat{\Phi}$, 则对一切 $\varepsilon>0$ 有

$$\int_{\mathbb{R}^n}\hat{f}(x)e^{2\pi i y\cdot x}\Phi(\varepsilon x)dx=\int_{\mathbb{R}^n}f(x)\phi_\varepsilon(x-y)dx.$$

特别有

$$\int_{\mathbb{R}^n}\hat{f}(x)e^{2\pi i y\cdot x}e^{-2\pi\varepsilon|x|}dx=\int_{\mathbb{R}^n}f(x)P(x-y,\varepsilon)dx, \quad \forall\varepsilon>0,$$

$$\int_{\mathbb{R}^n}\hat{f}(x)e^{2\pi i y\cdot x}e^{-4\pi^2\alpha|x|^2}dx=\int_{\mathbb{R}^n}f(x)W(x-y,\alpha)dx, \quad \alpha=\varepsilon^2>0.$$

现在来研究 L^1 函数的 Fourier 变换的反演问题. 对于一般的 Φ 求和法 (包含 Abel 求和法与 Gauss 求和法), 只要 $\Phi(x)$ 满足

$$\hat{\Phi}(x)=\phi(x), \quad \phi(x)\in L^1 \text{ 且 } \int_{\mathbb{R}^n}\phi dx=1. \tag{2.41}$$

积分 $\int_{\mathbb{R}^n}\hat{f}(x)e^{2\pi iy\cdot x}dx$ 关于 Φ 可求和的，且当 $\varepsilon\to 0$ 时，有

$$\int_{\mathbb{R}^n}\hat{f}(x)e^{2\pi iy\cdot x}\Phi(\varepsilon x)dx=\int_{\mathbb{R}^n}f(x)\phi_\varepsilon(x-y)dx\xrightarrow{L^1}f(y).\tag{2.42}$$

首先验证 Poisson 和 Gauss-Weierstrass 核满足条件 (2.41). 显然

$$\Phi_g=e^{-4\pi^2|x|^2},\hat{\Phi}_g=W(y,1)=(4\pi)^{-\frac{n}{2}}e^{-\frac{|y|^2}{4}}\in L^1(\mathbb{R}^n),$$

$$\Phi_p=e^{-2\pi|x|},\hat{\Phi}_p=P(y,1)=C_n/(1+|y|^2)^{-\frac{n+1}{2}}\in L^1(\mathbb{R}^n).$$

因此，仅需证明

$$\int_{\mathbb{R}^n}W(x,\alpha)dx=\int_{\mathbb{R}^n}W(x,1)dx=1,\tag{2.43}$$

$$\int_{\mathbb{R}^n}P(x,\varepsilon)dx=\int_{\mathbb{R}^n}P(x,1)dx=1\tag{2.44}$$

即可. 事实上，由 $\int_{-\infty}^{+\infty}e^{-\frac{x^2}{4}}dx=2\sqrt{\pi}$, 有

$$\int_{\mathbb{R}^n}(4\pi)^{-\frac{n}{2}}e^{-\frac{|x|^2}{4}}dx=(4\pi)^{-\frac{n}{2}}\cdot\prod_{j=1}^n\int_{-\infty}^{+\infty}e^{-\frac{x_j^2}{4}}dx_j=1.$$

于是 (2.43) 得证. 下面来证 (2.44). 注意到

$$C_n^{-1}=\pi^{\frac{n+1}{2}}\Big/\Gamma\left(\frac{n+1}{2}\right)$$

是 $\mathbb{R}^{n+1}$ 中单位球面 Σ_n 的面积 ω_n 的 1/2, 于是仅需证明

$$\int_{\mathbb{R}^n}\frac{dx}{(1+|x|^2)^{\frac{n+1}{2}}}=\frac{\omega_n}{2}.$$

利用极坐标变换易见

$$\begin{aligned}\int_{\mathbb{R}^n}\frac{dx}{(1+|x|^2)^{\frac{n+1}{2}}}=&\int_0^\infty\int_{\Sigma_{n-1}}\frac{1}{(1+r^2)^{\frac{n+1}{2}}}d\sigma r^{n-1}dr\\=&\omega_{n-1}\int_0^\infty\frac{r^{n-1}}{(1+r^2)^{\frac{n-1}{2}}}d\arctan r\\=&\omega_{n-1}\int_0^{\frac{\pi}{2}}\sin^{n-1}\theta d\theta,\end{aligned}\tag{2.45}$$

这里用到 $\theta=\arctan r$ 的变换，而 $\omega_{n-1}\sin^{n-1}\theta$ 是 $x_n=\cos\theta$ 去截 Σ_n 而得到的以 $\sin\theta$ 为半径的球面面积，从而

$$\omega_{n-1}\int_0^{\frac{\pi}{2}}\sin^{n-1}\theta d\theta=\frac{\omega_n}{2}.\tag{2.46}$$

由卷积的正则性定理和定理 2.11 可得：

定理 2.12 设 Φ, $\phi=\hat{\Phi}\in L^1(\mathbb{R}^n)$, 且 $\int_{\mathbb{R}^n}\phi(x)dx=1$, 那么，对任意的 $f(x)\in L^1(\mathbb{R}^n)$, $\int_{\mathbb{R}^n}\hat{f}(y)e^{2\pi iy\cdot x}\,dy$ 的 Φ 平均按 L^1 范数收敛于 $f(x)$, 特别，它的 Abel 平均及 Gauss 平均按 L^1 范数收敛于 $f(x)$.

进而，作为点态收敛定理 1.6 及 Possion 核， Gauss-Weierstrass 核的性质的直接结果，我们有

定理 2.13 $\forall f\in L^p(\mathbb{R}^n)$, $1\le p\le\infty$, 那么

$$\int_{\mathbb{R}^n}f(y)P(x-y,\varepsilon)dy\xrightarrow{a.e.}f(x),\qquad\varepsilon\to 0,\tag{2.47}$$

$$\int_{\mathbb{R}^n}f(y)W(x-y,\alpha)dy\xrightarrow{a.e.}f(x),\qquad\alpha\to 0.\tag{2.48}$$

推论 2.14 如果 $f,\hat{f}\in L^1(\mathbb{R}^n)$, 则对几乎一切 x, 有

$$f(x)=\int_{\mathbb{R}^n}\hat{f}(y)e^{2\pi ix\cdot y}dy.\tag{2.49}$$

证明 考虑 $\int_{\mathbb{R}^n}\hat{f}(y)e^{2\pi iy\cdot x}dy$ 的 Gauss 平均

$$\int_{\mathbb{R}^n}\hat{f}(y)e^{2\pi iy\cdot x}e^{-4\pi^2\alpha|y|^2}dy=\int_{\mathbb{R}^n}W(x-y,\alpha)f(y)dy,\tag{2.50}$$

一方面，由 (2.48) 推知，当 $\alpha\to 0$ 时， $\int_{\mathbb{R}^n}W(x-y,\alpha)f(y)dy$ 几乎处处收敛于 $f(x)$. 另一方面，由 $\hat{f}(x)\in L^1(\mathbb{R}^n)$ 及控制收敛定理可见

$$\int_{\mathbb{R}^n}\hat{f}(y)e^{2\pi iy\cdot x}e^{-4\pi^2\alpha|y|^2}dy\longrightarrow\int_{\mathbb{R}^n}\hat{f}(y)e^{2\pi ix\cdot y}dy,\quad\alpha\to 0.\tag{2.51}$$

因此 Fourier 反演公式 (2.49) 成立.

应用 2.1 证明

$$\int_{\mathbb{R}^n}P(x,\varepsilon)dx=1.\tag{2.52}$$

注意到 $e^{-2\pi\varepsilon|x|}$, $P(x,\varepsilon)\in L^1(\mathbb{R}^n)$, 则有

$$e^{-2\pi\varepsilon|x|}=\int_{\mathbb{R}^n}P(y,\varepsilon)e^{2\pi ix\cdot y}dy,\tag{2.53}$$

因此，取 $|x|=0$ 即得 (2.52).

应用 2.2(惟一性定理) 若 $f_1,f_2\in L^1(\mathbb{R}^n)$, 且对 $x\in\mathbb{R}^n$, 若 $\hat{f}_1(x)=\hat{f}_2(x)$, 则

$$f_1(y)=f_2(y),\qquad\text{对 a.e. }y\in\mathbb{R}^n.\tag{2.54}$$

证明 令 $F=f_1-f_2$, 那么 $\hat{F}=\hat{f}_1-\hat{f}_2=0$, 对 $F(x)$ 利用 Fourier 反演公式 (2.49) 得

$$F(x)=\int_{\mathbb{R}^n}\hat{F}e^{2\pi ix\cdot y}dy=0, \qquad 对\ \text{a.e. } x\in\mathbb{R}^n, \tag{2.55}$$

从而 (2.54) 成立.

推论 2.15 若 $f\in L^1(\mathbb{R}^n)$, $\hat{f}\geq 0$, 若 f 在 0 点连续, 则 $\hat{f}\in L^1(\mathbb{R}^n)$ 且对几乎处处 $x\in\mathbb{R}^n$ 有

$$f(x)=\int_{\mathbb{R}^n}\hat{f}(y)e^{2\pi ix\cdot y}dy, \tag{2.56}$$

特别地,

$$f(0)=\int_{\mathbb{R}^n}\hat{f}(y)dy=\int_{\mathbb{R}^n}\hat{f}(x)dx, \tag{2.57}$$

证明 若 $x\in L_f$, 当 $\varepsilon\to 0$ 时, 有关系式

$$\int_{\mathbb{R}^n}\hat{f}(y)e^{-2\pi\varepsilon|y|}e^{2\pi ix\cdot y}dy=P(x,\varepsilon)*f(x)\longrightarrow f(x). \tag{2.58}$$

因此, 若 f 在 $x=0$ 连续, 则有

$$\lim_{\varepsilon\to 0}\int_{\mathbb{R}^n}\hat{f}(y)e^{-2\pi\varepsilon|y|}dy=f(0).$$

由 $\hat{f}\geq 0$, 利用 Fatou 定理可知 $\hat{f}(x)\in L^1(\mathbb{R}^n)$ 由推论 2.14. 对几乎所有 $x\in\mathbb{R}^n$, Fourier 反演公式 (2.49) 成立. 当然在 $f(x)$ 的连续点 x 亦有 (2.49). 特别 (2.57) 成立. 作为此推论的应用, 直接有

推论 2.16 (1) $\displaystyle\int_{\mathbb{R}^n}W(x,\alpha)e^{2\pi iy\cdot x}dx=e^{-4\pi^2\alpha|y|^2}$.

(2) $\displaystyle\int_{\mathbb{R}^n}P(x,\alpha)e^{2\pi iy\cdot x}dx=e^{-2\pi\alpha|y|}, \forall\alpha>0$.

进而, 直接验算 Weierstrass 核, Poisson 核有如下半群性质

(3) $\displaystyle W(x,\alpha_1+\alpha_2)=\int_{\mathbb{R}^n}W(x-y,\alpha_1)W(y,\alpha_2)dy$.

(4) $\displaystyle P(x,\alpha_1+\alpha_2)=\int_{\mathbb{R}^n}P(x-y,\alpha_1)P(y,\alpha_2)dy$.

证明 对下面两式

$$e^{-4\pi^2(\alpha_1+\alpha_2)|y|^2}=e^{-4\pi^2\alpha_1|y|^2}\cdot e^{-4\pi^2\alpha_2|y|^2},$$

$$e^{-2\pi(\alpha_1+\alpha_2)|y|}=e^{-2\pi\alpha_2|y|}\cdot e^{-2\pi\alpha_1|y|}$$

的两边取 Fourier 变换即得 (3) (4).

应用 2.3

$$u_t - \Delta u = 0, \quad u(0) = \phi(x). \tag{2.59}$$

对 (2.59) 取 Fourier 变换，可见

$$\hat{u}_t = (2\pi i)^2 |y|^2 \hat{u}, \quad \hat{u}(0) = \hat{\phi}(y). \tag{2.60}$$

解 (2.60) 就得 $\hat{u} = e^{-4\pi^2|y|^2 t}\hat{\phi}$. 于是,

$$u = \mathcal{F}^{-1} e^{-4\pi^2|y|^2 t} * \phi = W(-x,t) * \phi = W(x,t) * \phi \triangleq S(t)\phi. \tag{2.61}$$

进而，直接计算

$$\begin{aligned} S(t_1+t_2)\phi &= W(x,t_1+t_2) * \phi = W(x,t_1) * W(x,t_2) * \phi \\ &= W(x,t_1) * (W(x,t_2) * \phi) = W(x,t_1) * S(t_2)\phi \\ &= S(t_1)S(t_2)\phi \end{aligned}$$

即 $S(t_1+t_2) = S(t_1)S(t_2)$.

§1.3 Fourier 变换的 L^2 理论与 Plancherel 定理

在 Fourier 变换的 L^1 理论中，我们得到了如下 Fourier 变换反演结果：

(i) $f, \hat{f} \in L^1$, 那么对几乎处处 $x \in \mathbb{R}^n$, 有

$$f(x) = \int_{\mathbb{R}^n} \hat{f}(y) e^{2\pi i x\cdot y} dy. \tag{3.1}$$

(ii) $f \in L^1(\mathbb{R}^n), \hat{f} \geq 0$, 若 $f(x)$ 在 $x = 0$ 点连续，那么对几乎处处 $x \in \mathbb{R}^n$, (3.1) 成立，且有

$$f(0) = \int_{\mathbb{R}^n} \hat{f}(x) dx. \tag{3.2}$$

问题 对于 L^2 中的函数 f 是否可进行 Fourier 变换？若能进行 Fourier 变换，反演公式是否成立？从表面来看，似乎不易直接给出肯定的回答，主要症结在于

$$f \in L^2(\mathbb{R}^n) \nRightarrow f \in L^1(\mathbb{R}^n). \tag{3.3}$$

然而，利用 L^1–Fourier 变换理论及 Hahn-Banach 延拓定理，可以建立 $L^2(\mathbb{R}^n)$ 上 Fourier 变换，并获得完善的反演公式. 实际上， Fourier 变换是 L^2 到自身上的等距线性算子.

L^2–**Fourier 变换的基本思想**: 首先对 L^2 稠密子集 $L^1 \cap L^2$ 上定义 Fourier 变换，然后利用延拓定理来定义 L^2 上的 Fourier 变换，进而建立 L^2–Fourier 变换的完备理论.

定理 3.1 设 $f \in L^1 \cap L^2$, 则 $\|\hat{f}\|_2 = \|f\|_2$.

证明 令 $g(x) = \overline{f(-x)}$, 自然 $g(x) \in L^1 \cap L^2$. 利用卷积算子的性质有 $h = f * g \in L^1(\mathbb{R}^n)$ 且

$$\begin{aligned}\hat{g} &= \int_{\mathbb{R}^n} e^{-2\pi i x\cdot y} g(y)dy = \int_{\mathbb{R}^n} e^{-2\pi i x\cdot y}\overline{f(-y)}dy\\ &= \overline{\int_{\mathbb{R}^n} e^{2\pi i x\cdot y} f(-y)dy} = \overline{\int_{\mathbb{R}^n} e^{-2\pi i x\cdot y} f(y)dy} = \overline{\hat{f}(x)},\end{aligned}$$

从而

$$\hat{h} = \hat{f}\cdot\hat{g} = |\hat{f}|^2 \geq 0. \tag{3.4}$$

因为 $h(x) = f * g$ 在 $\mathbb{R}^n$ 一致连续，自然在 $x = 0$ 点连续. 故根据 L^1 函数的 Fourier 反演定理 (推论 2.15) 有

$$h(x) = \int_{\mathbb{R}^n} e^{2\pi i x\cdot y}\hat{h}(y)dy,$$

特别地

$$h(0) = \int_{\mathbb{R}^n} \hat{h}(y)dy = \int_{\mathbb{R}^n} |\hat{f}|^2 dx. \tag{3.5}$$

另一方面

$$h(0) = \int_{\mathbb{R}^n} g(-y)f(y)dy = \int_{\mathbb{R}^n} |f|^2 dx, \tag{3.6}$$

而 (3.5), (3.6) 意味着 $\|f\|_2 = \|\hat{f}\|_2$, 于是定理 3.1 成立.

注记 3.1 (i) Fourier 变换 $\hat{}$ 定义了 $L^1 \cap L^2 \to L^2(\mathbb{R}^n)$ 上的有界线性算子，因此，存在 $L^2(\mathbb{R}^n)$ 上的惟一有界扩张 $\mathcal{F}$ 仍记

$$\mathcal{F}f = \hat{f}, \qquad \forall f \in L^2(\mathbb{R}^n), \tag{3.7}$$

且 $\|\mathcal{F}\| = 1$, 称 $\mathcal{F}$ 就是 $L^2(\mathbb{R}^n)$ 上 Fourier 变换.

(ii) $\forall f \in L^2(\mathbb{R}^n)$, 直观上来定义 $\hat{f}$: 任取 $\{h_k\} \subset L^2 \cap L^1$, 且在 L^2 中有 $h_k \to f (k \to \infty)$. 因 $\{h_k\}$ 是 $L^2(\mathbb{R}^n)$ 中 Cauchy 列，而 $\hat{}$ 是 $L^2(\mathbb{R}^n)$ 到 $L^2(\mathbb{R}^n)$ 的等距算子，从而 $\{\hat{h}_k\}$ 亦是 $L^2(\mathbb{R}^n)$ 中的收敛列，记它在 $L^2(\mathbb{R}^n)$ 中极限函数为 $\hat{f}$, 即

$$\lim_{k\to\infty} \hat{h}_k \overset{L^2}{=\!=} \hat{f}, \tag{3.8}$$

我们就定义 $\mathcal{F}f=\hat{f}$ 就是 f 在 $L^2(\mathbb{R}^n)$ 上 Fourier 变换. 特别地, $\{h_k\}$ 可取为

$$h_k=\begin{cases} f, & |x|\le k; \\ 0, & |x|>k. \end{cases} \tag{3.9}$$

定义 3.1 设 T 是 Hilbert 空间 X 到 X 上的等距线性算子, 即

$$\|Tx\|_X=\|x\|_X, \qquad \text{对} \quad \forall x\in X. \tag{3.10}$$

此处 $\|\cdot\|_X$ 是 Hilbert 空间 X 上的内积 $(\cdot,\cdot)$ 所诱导的范数, 如果 $\mathcal{R}(T)=X$, 称 T 是 X 上的酉算子.

注记 3.2 (i) (3.10) 等价于对 $\forall x,y\in X$, 有 $(Tx,Ty)=(x,y)$.

(ii) T 是 Hilbert 空间 X 上酉算子的充要条件是 $T^{-1}=T^*$.

定理 3.2 Fourier 变换 $\mathcal{F}$ 是 $L^2(\mathbb{R}^n)$ 上的酉算子.

证明 因为 $\mathcal{F}$ 是 L^2 上等距线性算子, 仅需证明 $\mathcal{F}$ 是到上的. 注意到 L^2 闭且 $\mathcal{F}$ 是 L^2 上的等距算子, 可知 $\mathcal{R}(\mathcal{F})$ 是 $L^2(\mathbb{R}^n)$ 的闭子空间. 若 $\mathcal{R}(\mathcal{F})\ne L^2(\mathbb{R}^n)$, 则存在 $g\in L^2(\mathbb{R}^n)\setminus\mathcal{R}(\mathcal{F})$, 且 $\|g\|_2\ne 0$ 使得

$$\langle g,\mathcal{F}f\rangle=0, \quad \Longrightarrow \langle \hat{g},f\rangle=0, \quad \forall f\in L^2.$$

取 $f=\hat{g}\in L^2$, 从而推得 $\|\hat{g}\|=0$, 故 $g=0$. 此出矛盾.

定理 3.3 对一切 $f\in L^2(\mathbb{R}^n)$, 令 $\mathcal{F}^{-1}f=\mathcal{F}f(-x)$, 则 $\mathcal{F}^{-1}$ 是 $\mathcal{F}$ 的 Fourier 逆变换.

证明 仅需证明

$$\mathcal{F}^{-1}\hat{f}=f, \tag{3.11}$$

对 $\forall g\in L^2(\mathbb{R}^n)$, 考虑

$$\begin{aligned}\langle\mathcal{F}^{-1}\hat{f},g\rangle&=\int_{\mathbb{R}^n}\mathcal{F}^{-1}\hat{f}\cdot\overline{g}(x)dx=\int_{\mathbb{R}^n}\mathcal{F}\hat{f}(-x)\overline{g}(x)dx\\&=\int_{\mathbb{R}^n}\int_{\mathbb{R}^n}e^{2\pi iy\cdot x}\overline{g}(x)dx\hat{f}(y)dy\\&=\int_{\mathbb{R}^n}\overline{\hat{g}}\hat{f}dx=\langle\hat{f},\hat{g}\rangle=\langle f,g\rangle,\end{aligned}$$

从而 (3.11) 成立.

总结前面结论, 有如下 Plancherel 定理:

命题 3.4 对 $\forall f,\ g\in L^2(\mathbb{R}^n)$, 有:

(1) $\langle\mathcal{F}f,\mathcal{F}g\rangle=\langle\mathcal{F}^{-1}f,\mathcal{F}^{-1}g\rangle=\langle f,g\rangle$.

(2) $\mathcal{F}\mathcal{F}^{-1}f=\mathcal{F}^{-1}\mathcal{F}f=f$.

(3) $\langle f, \mathcal{F}g\rangle = \langle \mathcal{F}^{-1}f, g\rangle$.

(4) $\int_{\mathbb{R}^n} \hat{f}(x)g(x)dx = \int_{\mathbb{R}^n} f(x)\hat{g}(x)dx$.

注记 3.3 (i) 对 $\forall f \in L^2(\mathbb{R}^n)$, 根据 Plancherel 定理，有

$$f(x) = \mathcal{F}^{-1}\hat{f}(x) = \mathcal{F}\hat{f}(-x) = \int_{\mathbb{R}^n} e^{2\pi i x\cdot y}\hat{f}(y)dy,$$

因而 L^2 中 Fourier 反演公式是非常简单而且完美.

(ii) Abel, Gauss 等求和方法在 L^2 的 Fourier 变换理论中仍然有效. 以 Gauss 求和方法来说明. 由点态收敛定理 1.6 及卷积的正则性定理

$$\int_{\mathbb{R}^n} \hat{f}(y)e^{2\pi i y\cdot x}e^{-4\pi^2\alpha|y|^2}dy = \int_{\mathbb{R}^n} W(x-y,\alpha)f(y)dy \xrightarrow{a.e.} f(x), \tag{3.12}$$

$$\int_{\mathbb{R}^n} \hat{f}(y)e^{2\pi i y\cdot x}e^{-4\pi^2\alpha|y|^2}dy = \int_{\mathbb{R}^n} W(x-y,\alpha)f(y)dy \xrightarrow{L^2} f(x), \tag{3.13}$$

这里 $\alpha \to 0$. 另一方面，当 $\hat{f}(y) \in L^1 \cap L^2$ 时，由控制收敛定理，

$$\int_{\mathbb{R}^n} \hat{f}(y)e^{2\pi i y\cdot x}e^{-4\pi^2\alpha|y|^2}dy \xrightarrow{a.e.} \int_{\mathbb{R}^n} \hat{f}(y)e^{2\pi i y\cdot x}dy, \quad \alpha \to 0. \tag{3.14}$$

从而

$$f(x) = \int_{\mathbb{R}^n} e^{2\pi i x\cdot y}\hat{f}(y)dy, \qquad \forall \hat{f}(y) \in L^1 \cap L^2. \tag{3.15}$$

若 $\hat{f} \in L^2$, 取

$$\hat{f}_k = \begin{cases} \hat{f}, & |x| \le k; \\ 0, & |x| > k. \end{cases} \tag{3.16}$$

故 $\hat{f}_k \in L^2 \cap L^1$. 记 $f_k(x) = \int_{\mathbb{R}^n} e^{2\pi i x\cdot y}\hat{f}_k(y)dy$, 那么，据 Lebesgue 控制收敛定理得知

$$\lim_{k\to\infty} f_k(x) \overset{L^2}{=} \int_{\mathbb{R}^n} e^{2\pi i x\cdot y}\hat{f}(y)dy = \tilde{f}(x). \tag{3.17}$$

下面证 $f(x) = \tilde{f}(x)$. 任取 $g(x) \in L^2 \cap L^1$, 有

$$\begin{aligned}(g, \tilde{f}) &= \int_{\mathbb{R}^n} g(y)\overline{\int_{\mathbb{R}^n} e^{2\pi i x\cdot y}\hat{f}(x)dx}dy, \\ &= \int_{\mathbb{R}^n}\left(\int_{\mathbb{R}^n} e^{-2\pi i x\cdot y}g(y)dy\right)\overline{\hat{f}}(x)dx \\ &= (\mathcal{F}g, \hat{f}) = (g, f),\end{aligned} \tag{3.18}$$

故 $f(x) = \tilde{f}(x)$. 所以 L^2 上的 Fourier 反演公式成立.

L^p $(1<p<2)$ 上的 Fourier 变换

我们知道，当 $1<p<2$ 时， $L^p=(L^1,L^2)_\theta$. 因此，很容易根据 $L^1(\mathbb{R}^n)$,$L^2(\mathbb{R}^n)$ 上的 Fourier 变换来建立 $L^p(1<p<2)$ 上的 Fourier 变换. 注意到 $L^p\subset L^1+L^2$, 而

$$L^1+L^2=\{f\mid f=f_1+f_2,f_1\in L^1,f_2\in L^2\},\tag{3.19}$$

这样我们可以定义 $L^p(\mathbb{R}^n)$ $(1<p<2)$ 上的 Fourier 变换如下：

定义 3.2 对 $\forall f\in L^p(\mathbb{R}^n)$, $1<p<2$, 自然有

$$f=f_1+f_2,\qquad f_1\in L^1,\quad f_2\in L^2,\tag{3.20}$$

称 $\hat{f}=\hat{f}_1+\hat{f}_2$ 是 $f(x)$ 的 Fourier 变换.

注记 3.4 f 的分解是不惟一的，那么 $\hat{f}$ 的定义是否依赖于 f 的分解？我们来说明 $\hat{f}$ 不依赖它的分解. 事实上，设 $f\in L^p(\mathbb{R}^n)(1<p<2)$, 若

$$f=f_1+f_2=g_1+g_2,\quad f_1,\quad g_1\in L^1(\mathbb{R}^n),\quad f_2,\quad g_2\in L^2(\mathbb{R}^n),$$

就有 $f_1-g_1\in L^1(\mathbb{R}^n)$, $g_2-f_2\in L^2(\mathbb{R}^n)$. 故

$$f_1-g_1=g_2-f_2\in L^1\cap L^2,\tag{3.21}$$

此意味着 $\hat{f}_1-\hat{g}_1=\hat{g}_2-\hat{f}_2$, 从而 $\hat{f}_1+\hat{f}_2=\hat{g}_1+\hat{g}_2$.

同样，根据注记 3.3, $L^p(\mathbb{R}^n)$ $(1<p<2)$ 上的 Fourier 变换的反演问题同样可以用 Abel 平均或 Gauss 平均的办法来解决.

定理 3.5 若 $f\in L^1(\mathbb{R}^n)$, $g\in L^p(\mathbb{R}^n)$, $1\le p\le 2$, 则 $h=f*g\in L^p(\mathbb{R}^n)$ 且对几乎处处 x 有

$$\hat{h}=\hat{f}\cdot\hat{g}.\tag{3.22}$$

证明 由 Young 不等式， $h\in L^p(\mathbb{R}^n)$ $(1\le p\le 2)$. 故根据 f 的 Fourier 变换，直接验算就得 (3.22).

§1.4 缓增广义函数及其 Fourier 变换

到目前为止，讲述广义函数的最佳的方法仍是 Schwartz 的局部凸空间理论，故在讨论缓增广义函数之前，利用局部凸空间术语，阐述一般广义函数论中的一些基本概念和基本结论，作为很好的练习，读者可给出详细的证明.

定义 4.1 设 E 是 K 上向量空间，若存在 E 的拓扑使得映射

$$\begin{cases}(x,y)\in E\times E\longrightarrow x+y\in E,\\(\lambda,x)\in K\times E\longrightarrow \lambda x\in E\end{cases}\tag{4.1}$$

是连续的, 则称此拓扑是向量空间 E 的相容拓扑. 一个装配有相容拓扑的向量空间称为是拓扑向量空间 (TVS).

注记 4.1 TVS 的拓扑可用局部邻域基来刻画, 所谓 x_0 点的局部邻域基是指: 存在 $\{U_\alpha, \alpha \in I\}$ (这里 I 是指标集) 满足:

(i) $x_0 \in U_\alpha, \quad \alpha \in I$;

(ii) 设 $\alpha_1, \alpha_2 \in I$, 则一定存在 $\alpha_3 \in I$ 使得 $U_{\alpha_3} \subset U_{\alpha_1} \cap U_{\alpha_2}$;

(iii) 设 V 是 x_0 的一个邻域, 则存在 $\alpha \in I$ 使得 $U_\alpha \subset V$.

另一方面, 由于平移变换

$$\tau_y: \quad x \longrightarrow y + x, \qquad y \in E \text{ 固定}$$

和相似变换

$$\delta_\lambda: \quad x \longrightarrow \lambda x, \qquad \lambda \neq 0$$

是 TVS E 上同胚映射, 因此我们只需知道原点的局部邻域基就行了.

定义 4.2 可用半范数簇刻画局部邻域基的拓扑向量空间 E 就称是局部凸空间 (LCS).

注记 4.2 (i) 称拓扑向量空间 E 上的一个映射 $p: E \to \mathbb{R}_+$ 是半范数, 如果它满足:

(1) $p(x+y) \leq p(x) + p(y), \qquad \forall x, y \in E$;

(2) $p(\lambda x) = |\lambda| p(x), \qquad \forall x \in E, \quad \forall \lambda \in K$.

进而, 若 $p(x)$ 还满足 $p(x) = 0$ 当且仅当 $x = 0$, 我们就称 p 是范数.

(ii) LCS 的具体定义　设 $(p_i)_{i \in I}$ 是拓扑向量空间 E 的一族半范数, 对每一个 $x_0 \in E$, 正实数 ε, 以及 I 的有限子集 F, 定义 $V(x_0, \varepsilon, F) = \{x \in E : p_i(x - x_0) < \varepsilon, i \in F\}$. 显然集 $V(x_0, \varepsilon, F)$ 是对应于半范 $p_i (i \in F)$ 的以 x_0 为中心、以 ε 为半径的球之交.

当 ε 遍历所有正实数集, F 遍历 I 中所有有限子集, 由集 $V(x_0, \varepsilon, F)$ 所组成的集族就给出了 x_0 点的局部邻域基, 它和 E 的向量空间结构相容. 装备有这一拓扑的向量空间 E, 就称为局部凸拓扑向量空间 (LCS).

命题 4.1 设 E 是拓扑向量空间. 则下列条件等价:

(1) E 是局部凸.

(2) 存在原点的局部凸邻域基.

(3) 存在原点的局部吸收平衡凸邻域基.

注记 4.3 命题 4.1 的证明详见 [BN]. 这里对用到的几个概念说明如下:

(i) 设 A 是 K 上向量空间 E 的子集, 如果给定两点 $x, y \in A$, 线段 $\alpha x + \beta y$ 含在 A 内, 这里 $\alpha, \beta \in \mathbb{R}_+$, 并且 $\alpha + \beta = 1$, 称 A 是凸集. 与此同时, 向量空间 E 中包含 $B \subset E$ 的最小凸子集称为 B 的凸包.

(ii) 设 A 是 K 上向量空间 E 的子集, 如果对所有的 $\lambda \in K$, $|\lambda| \leq 1$, 都有 $\lambda A \subset A$, 就称 A 是平衡的. 进而, 设 F 是 K 上向量空间 E 的子集, 向量空间 E 中包含 F 的最小凸平衡子集 $\Gamma_b(F)$ 称为 F 是平衡凸包.

(iii) 设 V 是向量空间 E 的子集，如果对给定的 $x \in E$, 存在实数 $\lambda > 0$, 使得 $\lambda x \subset V$ 就称 V 是吸收集. 例如 $V = \{-1, 0, 1\}$ 就是实数集 $\mathbb{R}$ 的吸收集.

定义 4.3 一个 Hausdorff 局部凸的可度量化完备空间称为 Fréchet 空间.

注记 4.4 (i) 设 E 是 LCS, 其拓扑是由一族半范数 $(p_i)_{i \in I}$ 定义的，容易证明 E 是 Hausdorff 空间的充要条件是：对于 E 中任意两点 $x \neq y$, 存在一个半范数 p_k 使得 $p_k(x) \neq p_k(y)$.

(ii) Fréchet 空间本质上就是其拓扑是由可数半范数 $(p_i)_{i \in \mathbb{N}}$ 所确定的完备的局部凸 Hausdorff 空间. 例如：取 Ω 是 $\mathbb{R}^n$ 中的开集，在 Ω 中取一列单调上升的闭集 $\{K_j\}_{j \in \mathbb{N}}$, 使得 $\Omega = \cup_{j \in \mathbb{N}} K_j$, 定义半范数列 $(p_{K_j})_{j \in \mathbb{N}}$ 如下：

$$p_{K_j}(f) = \sup_{x \in K_j} |f(x)|, \qquad f(x) \in C(\Omega). \tag{4.2}$$

那么 $C(\Omega)$ 在 (4.2) 的拓扑 (通常称为自然拓扑) 意义下就是一个 Fréchet 空间.

定义 4.4 设 $(E_j)_{j \in \mathbb{N}}$ 是一列单调增加的局部凸空间，使得对任何 j, 恒等映射 $E_j \to E_{j+1}$ 是连续的. 设

$$E = \bigcup_{j=1}^{\infty} E_j, \tag{4.3}$$

在 E 上定义如下拓扑，它使得对每个 $j = 1, 2, \cdots$, 恒等映射 $E_j \to E$ 是连续的最强的局部凸拓扑，称这一拓扑为由子空间 E_j 所确定的诱导极限拓扑. 装配这一拓扑的空间 E 就称为空间 $(E_j)_{j \in \mathbb{N}}$ 的诱导极限.

注记 4.5 (i) 诱导极限 E 内的凸集 V 是 0 点的一个邻域，其充要条件是对任意 $j = 1, 2, \cdots$, 每一个交 $V \cap E_j$ 是 E_j 中 0 点的邻域. 进而，通过取所有的凸包 $V = \Gamma(\cup_{j=1}^{\infty} V_j)$, 就得到 E 中在原点的局部邻域基，其中 V_j 遍历 E_j 中 0 点的邻域基， $j = 0, 1, \cdots$.

(ii) 设 E 是 $(E_j)_{j \in \mathbb{N}}$ 的诱导极限，并设 F 是任意的局部凸空间，线性映射 $u{:}E \to F$ 连续的充要条件：是对任意 $j = 1, 2, \cdots$, u 的限制 u_j 是 $E_j \to F$ 内的连续映射.

命题 4.2 设向量空间 E 是一列单增的局部凸空间 $(E_j)_{j \in \mathbb{N}}$ 之和，使得

(1) 对任何 j, 恒等映射 $E_j \to E_{j+1}$ 是连续的；

(2) 对任何 j,E_j 上由 E_{j+1} 导出的拓扑与 E_j 上拓扑是一致的；

(3) 对任何 j,E_j 是 E_{j+1} 的闭子空间.

则 (i)E 的诱导极限拓扑导出每一个 E_j 上的原有拓扑. (ii) 子集 A 在诱导极限 E 内是有界的当且仅当存在一个指标 j, 使得 A 含在 E_j 内并且在 E_j 有界.

定义 4.5 一个 Hausdorff 局部凸空间，如果它的每一个有界子集都是相对紧集，就称这一空间是 Montel 空间.

注记 4.6 (i) 若拓扑空间 E 的子集 A 的闭包是紧集，就称 A 是相对紧集.

(ii) Montel 空间是自反空间. 进而， Montel 空间的诱导极限空间仍然 Montel 空间.

下面我们给出两类正则的局部凸空间，由此导出广义函数空间的定义.

$C^\infty(\Omega)$ 空间

设开集 $\Omega\subset\mathbb{R}^n$, $(K_j)_{j=1,2,\cdots}$ 是 Ω 中一列单调递增的紧子集，并且 $\Omega=\cup_{j=1}^\infty K_j$. 在 $C^\infty(\Omega)$ 上定义半范数

$$p_{m,j}(\phi)=\sup_{\substack{x\in K_j\\|\alpha|\le m}}|\partial^\alpha\phi(x)|,\quad m=0,1,\cdots,\quad j=1,2,\cdots,\tag{4.4}$$

容易验证, 可列半范数 $(p_{m,j})_{m=0,1,\cdots,j=1,2,\cdots}$ 定义了 $C^\infty(\Omega)$ 上的局部凸 Hausdorff 拓扑，称此拓扑为 $C^\infty(\Omega)$ 的自然拓扑.

关于局部凸 Hausdorff 拓扑空间 $C^\infty(\Omega)$, 容易验证有下面结果:

命题 4.3 (1) $C^\infty(\Omega)$ 是一个 Fréchet 空间.

(2) $C^\infty(\Omega)$ 是一个 Montel 空间，因而 $C^\infty(\Omega)$ 是一个自反的空间.

(3) $C^\infty(\Omega)$ 的子集 A 是一个有界集当且仅当对任意整数 $m\ge 0$ 和一紧集 $K\subset\Omega$, 存在常数 $C>0$ 使得

$$\sup_{x\in K}|\partial^\alpha\phi(x)|\le C,\quad\forall|\alpha|\le m,\quad\forall\phi\in A.$$

注记 4.7 (i) 若 $\Omega=\mathbb{R}^n$, 通常记 $\mathcal{E}=C^\infty(\mathbb{R}^n)$, 此时命题 4.3 仍然成立.

(ii) $C^m(\Omega)$ 上的局部凸 Hausdorff 拓扑. 类似的，定义

$$p_{m,j}(\phi)=\sup_{\substack{x\in K_j\\|\alpha|\le m}}|\partial^\alpha\phi(x)|,\quad j\in\mathbb{N},\tag{4.5}$$

可列半范数 $(p_{m,j})_{j=1,2,\cdots}$, 是 $C^m(\Omega)$ 上的局部凸 Hausdorff 拓扑. 容易看出 $C^m(\Omega)$ 在自然拓扑 (4.5) 下是一个 Fréchet 空间，然而，它不是一个 Montel 空间.

$C_c^\infty(\Omega)$ 空间

设开集 $\Omega\subset\mathbb{R}^n$, 取紧集 $K\subset\Omega$, 则 $C_c^\infty(\Omega,K)$ 是 $C_c^\infty(\Omega)$ 中支集包含在 K 内的所有函数的集合，考虑 $C^\infty(\Omega)$ 的遗传拓扑,

$$p_m(\phi)=\sup_{\substack{x\in K\\|\alpha|\le m}}|\partial^\alpha\phi(x)|,\qquad m\in\mathbb{N},\tag{4.6}$$

在自然拓扑 (4.6) 下， $C_c^\infty(\Omega, K)$ 是 Fréchet 空间.

设开集 $\Omega \subset \mathbb{R}^n$, $(K_j)_{j=1,2,\cdots}$ 是 Ω 中一列单调递增的紧子集，并且 $\Omega = \cup_{j=1}^\infty K_j$. 容易看出， Fréchet 空间 $C_c^\infty(\Omega, K_j)$ 满足命题 4.2 的条件，于是定义 $C_c^\infty(\Omega)$ 的局部凸 Hausdorff 拓扑是 $C_c^\infty(\Omega, K_j)$ 上的诱导极限拓扑. 作为命题 4.2 的推论，我们知道在空间 $C_c^\infty(\Omega, K_j)$ 上，由诱导极限拓扑所导出的拓扑与 $C^\infty(\Omega)$ 的遗传拓扑是一致的. 进而，还可以证明， $C_c^\infty(\Omega)$ 上的诱导极限拓扑与序列 $(K_j)_{j\in\mathbb{N}}$ 的选取无关.

关于局部凸 Hausdorff 拓扑空间 $C_c^\infty(\Omega)$, 容易验证有下面结果：

命题 4.4 (1) 序列 $\{\phi_j(x)\}_{j\in\mathbb{N}}$ 在 $C_c^\infty(\Omega)$ 中收敛 0 当且仅当存在一个紧集 $K \subset \Omega$, 使得

(i) 对 $\forall j \in \mathbb{N}$, 总有 $\text{supp}\phi_j \subset K$;

(ii) 对任意 n 重指标 $\alpha = (\alpha_1, \cdots, \alpha_n)$, 序列 $\partial^\alpha \phi_j(x)$ 在 K 上一致收敛于 0.

(2) $C_c^\infty(\Omega)$ 是一个 Montel 空间，因而， $C_c^\infty(\Omega)$ 是一个自反的空间.

(3) $C_c^\infty(\Omega)$ 的子集 A 是一个有界集，当且仅当存在一个紧集 $K \subset \Omega$ ，使得

(i) $\forall \phi(x) \in A$, 总有 $\text{supp}\phi \subset K$;

(ii) 对任意整数 $\alpha = (\alpha_1, \cdots, \alpha_n)$, 存在常数 $C_\alpha > 0$, 满足

$$|\partial^\alpha \phi(x)| \le C_\alpha, \quad \forall x \in K, \quad \forall \phi \in A.$$

注记 4.8 (i) 若 $\Omega = \mathbb{R}^n$, 通常记 $\mathcal{D} = C_c^\infty(\mathbb{R}^n)$, 此时命题 4.4 仍然成立.

(ii) $C_c^\infty(\Omega)$ 是一个完备空间，然而， $C_c^\infty(\Omega)$ 不可度量化，因此 $C_c^\infty(\Omega)$ 不是 Fréchet 空间.

(iii) 类似地， $C_c^m(\Omega, K)$ 上的局部凸 Hausdorff 拓扑定义为

$$p_m(\phi) = \sup_{\substack{x\in K \\ |\alpha|\le m}} |\partial^\alpha \phi(x)|,$$

它是 $C^m(\Omega)$ 上的局部凸 Hausdorff 拓扑遗传拓扑. 定义 $C_c^m(\Omega)$ 的局部凸 Hausdorff 拓扑是 $C_c^m(\Omega, K_j)$ 上的诱导极限拓扑，这里 $(K_j)_{j=1,2,\cdots}$ 是 Ω 中一列单调增加的紧子集，并且 $\Omega = \cup_{j=1}^\infty K_j$. 容易看出尽管 $C_c^m(\Omega)$ 是一个完备空间，然而， $C_c^m(\Omega)$ 既不是 Fréchet 空间，也非 Montel 空间. 同时，可证明 $C_c^m(\Omega)$ 不是自反空间.

广义函数空间 $\mathcal{D}'$

定义 4.6 称 $\mathcal{D}$ 上的连续线性泛函是广义函数， $\mathcal{D}$ 上的全体广义函数所构成向量空间记为 $\mathcal{D}'$, 它是 $\mathcal{D}$ 的拓扑对偶.

在 $\mathcal{D}'$ 上可以建立许多与向量空间相容的拓扑，最重要是弱拓扑和强拓扑. $\mathcal{D}'$ 上弱拓扑是局部凸拓扑，它是由与 $\mathcal{D}$ 中的元素相联系的一族半范数

$$p_\phi(T) = |\langle T, \phi \rangle|, \quad \phi(x) \in \mathcal{D}, \quad T \in \mathcal{D}'. \tag{4.7}$$

另外，$\mathcal{D}'$ 上强拓扑是局部凸拓扑，它是由与 $\mathcal{D}$ 的有界集之极集相联系的一族半范数所定义，即设 B 是 $\mathcal{D}$ 上的有界集，$\mathcal{D}'$ 中的集合

$$B^0 = \{x' \in \mathcal{D}': \quad |\langle x', x\rangle| \le 1, \quad \forall x \in B\} \tag{4.8}$$

称为 B 的极集. 容易证明

$$p_{B^0}(x') = \inf\{\lambda \ge 0, \quad x' \in \lambda B^0\} \tag{4.9}$$

是 $\mathcal{D}'$ 中的半范数. 若记 $\mathcal{A}$ 是 $\mathcal{D}$ 中所有有界集所组成的集合，则半范数族 $(p_{A^0})_{A\in\mathcal{A}}$ 就给出了 $\mathcal{D}'$ 上的 Hausdorff 局部凸拓扑，它自然是 $\mathcal{D}'$ 的强拓扑.

关于广义函数弱拓扑和强拓扑，有如下广义函数序列收敛判别准则：

命题 4.5 (1) $\mathcal{D}'$ 上的元素序列 (T_j) 弱收敛 0 当且仅当对每个 $\phi \in \mathcal{D}$，数列 $\{\langle T_j, \phi\rangle\}$ 收敛于 0.

(2) $\mathcal{D}'$ 上的元素序列 $\{T_j\}$ 强收敛 0 当且仅当数列 $\{\langle T_j, \phi\rangle\}$ 在 $\mathcal{D}$ 的每一个有界集上一致收敛于 0.

如何判别线性泛函 T 是广义函数，有下面的判别准则：

命题 4.6 (1) 线性泛函 $T \in \mathcal{D}'$ 当且仅当对每个紧集 $K \subset \mathbb{R}^n$, 存在常数 $C > 0$ 和整数 $m \ge 0$ 使得

$$|\langle T, \phi\rangle| \le C \sup_{\substack{x\in\mathbb{R}^n\\ |\alpha|\le m}} |\partial^\alpha \phi(x)|, \quad \forall \phi \in C_c^\infty(\mathbb{R}^n, K). \tag{4.10}$$

(2) 线性泛函 $T \in \mathcal{D}'$ 当且仅当对 $\mathcal{D}$ 上的每一个收敛于 0 的序列 $(\phi_j(x))$，数列 $(\langle T, \phi_j\rangle)$ 收敛于 0.

具紧支集的广义函数空间 $\mathcal{E}'$

定义 4.7 称 $\mathcal{E}$ 上的连续线性泛函所构成向量空间是具紧支集的广义函数空间，记为 $\mathcal{E}'$, 它是 $\mathcal{E}$ 的拓扑对偶.

因为恒等映射 $\mathcal{D} \to \mathcal{E}$ 是连续的，故 $\mathcal{E}'$ 的每一个元素都是广义函数，不仅如此，可以证明它们还是具紧支集的广义函数. 与 $\mathcal{D}'$ 上广义函数空间类似，可以建立 $\mathcal{E}'$ 弱拓扑和强拓扑. 关于强拓扑，有如下广义函数序列收敛判别准则：

命题 4.7 $\mathcal{E}'$ 上的元素序列 $\{T_j\}$ 强收敛于 0 当且仅当数列 $\{\langle T_j, \phi\rangle\}$ 在 $\mathcal{E}$ 的每一个有界集上一致收敛于 0.

判别线性泛函 $T \in \mathcal{E}'$, 有下面的判别准则：

命题 4.8 线性泛函 $T \in \mathcal{E}'$ 当且仅当存在一个常数 $C > 0$, 整数 $m \ge 0$ 以及一个紧集 $K \in \mathbb{R}^n$, 使得

$$|\langle T, \phi\rangle| \le C \sup_{\substack{x\in\mathbb{R}^n\\ |\alpha|\le m}} |\partial^\alpha \phi(x)|, \qquad \forall \phi \in C^\infty(\mathbb{R}^n, K). \tag{4.11}$$

广义函数空间 $\mathcal{E}'$ 与 $\mathcal{D}'$ 之间的关系：

命题 4.9 (1) $\mathcal{E}' \subset \mathcal{D}'$ 且单位映射关于强拓扑是连续的.
(2) $\mathcal{E}'$ 中每一个元素都是具紧支集的广义函数.

注记 4.9 关于广义函数，还有很多其它概念，例如：
(i) 广义函数的支集. 设 A 是 $\mathbb{R}^n$ 的一个开子集，$T \in \mathcal{D}'$, 若

$$\langle T, \phi \rangle = 0, \quad \forall \phi(x) \in C_c^\infty(A), \tag{4.12}$$

就称广义函数 T 在 A 上是 0. 因此，我们定义 T 的支集 supp$T$ 是 $\mathbb{R}^n$ 内满足 $\{x \in \mathbb{R}^n : \quad T = 0\}$ 的最大开集的余集.

(ii) 广义函数的可求任意阶导数. 设 $\alpha = (\alpha_1, \alpha_2, \cdots, \alpha_n)$ 是任意的 n 重指标，若 $T \in \mathcal{D}'$, 定义 ∂^α 如下：

$$\langle \partial^\alpha T, \phi \rangle = (-1)^{|\alpha|} \langle T, \partial^\alpha \phi \rangle, \quad \forall \phi \in \mathcal{D}. \tag{4.13}$$

进而，可以证明 ∂^α 在强拓扑下是 $\mathcal{D}'$ 到 $\mathcal{D}'$ 的一个连续线性算子.

(iii) 广义函数的正则空间. 设 V 是 $\mathbb{R}^n$ 上一个拓扑向量空间，若 (1) $\mathcal{D} \subset V \subset \mathcal{D}'$ 且是连续的嵌入，这里 $\mathcal{D}'$ 上装配着强拓扑；(2) $\mathcal{D}$ 在 V 内稠密. 我们就称 V 是广义函数空间 $\mathcal{D}'$ 的正则空间.

(iv) 广义函数的局部结构 .

(1) 设 $T \in \mathcal{D}'$, $W \subset \mathbb{R}^n$ 是一个相对紧集，则广义函数 T 在 W 上，等于一个具有紧支集的连续函数的导数，而这个连续函数的紧支集含在 $\overline{W}$ 的任意一个开邻域内.

(2) 每一个广义函数 $T \in \mathcal{E}'$ 可以表示为 (但并非惟一)

$$T = \sum_{|\alpha| \le m} \partial^\alpha f_\alpha, \qquad x \in \mathbb{R}^n, \tag{4.14}$$

其中 f_α 都是具有紧支集的连续函数，它们的紧支集是在 T 的紧支集 supp$T$ 的某个任意的邻域内.

Schwartz 速降函数空间和缓增广义函数空间 $\mathcal{S}'$

下面具体讨论缓增广义函数空间 $\mathcal{S}'$ 及其上面的 Fourier 变换. 为此先来考察缓增广义函数空间 $\mathcal{S}'$ 的共轭空间 $\mathcal{S}$ 即 Schwartz 速降函数空间. 引入 Schwartz 速降函数空间的动因是寻找这样空间 $\mathcal{S}$ 使得在其内满足：

(1) 可以进行任意阶求导运算.

(2) $\mathcal{S}$ 中的元素与多项式相乘是封闭的. 这样可确保

$$P(\partial)\hat{f} = (P(-2\pi i y)f)\hat{}\,(x), \qquad (P(\partial)f)\hat{}\,(x) = P(2\pi i x)\hat{f}(x)$$

仍然在这一空间 $\mathcal{S}$ 中. 自然，我们定义

$$\mathcal{S} = \{\phi; \quad \phi \in C^\infty(\mathbb{R}^n), \sup_{x \in \mathbb{R}^n} |x^\alpha D^\beta \phi| < \infty, \quad \forall \alpha,\ \beta \in \mathbb{N}^n\}.$$

容易验证，在通常的加法和数乘意义下，$\mathcal{S}$ 是一个向量空间. 进而可见，$\mathcal{S}$ 定义中不等式条件与下面诸条件之一

$$\sup_{x\in\mathbb{R}^n} |(1+|x|^2)^{k/2}\partial^\alpha\phi(x)| < \infty, \qquad \forall k>0,\ \alpha\in\mathbb{N}^n, \tag{4.15}$$

$$\lim_{|x|\to\infty} |x^\alpha\partial^\beta\phi(x)| = 0, \quad \forall\alpha,\beta\in\mathbb{N}^n \tag{4.16}$$

等价.

例 4.1 取 $\delta>0$, 令

$$\phi_1(x)=e^{-\delta|x|^2}, \qquad \phi_2(x)=e^{-\delta|x|}.$$

显然 $\phi_1(x)\in\mathcal{S}$, $\phi_2(x)\notin\mathcal{S}$.

例 4.2 $\mathcal{D}$ 是 $\mathcal{S}$ 的向量子空间.

命题 4.10 设 $P(x)$, $Q(x)$ 是任意的常系数多元多项式，则下面诸条件是等价的：

(1) $\phi\in\mathcal{S}$.

(2) $P(x)Q(\partial)\phi(x)\in\mathcal{S}$.

(3) $Q(\partial)(P(x)\phi)\in\mathcal{S}$.

证明 (1) $\Rightarrow$ (2). 本质上 $P(x)Q(\partial)\phi$ 是形如 $x^{\tilde\alpha}\partial^{\tilde\beta}\phi(x)$ 的有限线性组合. 因此，对任意 $\alpha,\beta\in\mathbb{N}^n$, $x^\alpha\partial^\beta(x^{\tilde\alpha}\partial^{\tilde\beta}\phi(x))$ 仍就是形如 $x^{\tilde\alpha}\partial^{\tilde\beta}\phi(x)$ 的有限线性组合，由此可见 $P(x)Q(\partial)\phi\in\mathcal{S}$.

(2)$\Rightarrow$(3). 由广义 Leibniz 公式

$$Q(\partial)(P(x)\phi(x))=\sum_\alpha\frac{1}{\alpha!}\partial^\alpha P(x)Q^{(\alpha)}(\partial)\phi(x),$$

容易看出 $Q(\partial)(P(x)\phi)\in\mathcal{S}$.

(3)$\Rightarrow$(1). 取 $Q(\partial)=I$, $P(x)=1$, 即得结果.

注记 4.10 若 $P(x)$,$Q(x)$ 是任意多元多项式，$\phi\in\mathcal{S}$, 则有

$$\begin{cases} P(\partial)\phi\in\mathcal{S}, & P(x)\phi\in\mathcal{S};\\ P(\partial)(Q(x)\phi)\in\mathcal{S}, & Q(x)(P(\partial)\phi)\in\mathcal{S}.\end{cases}$$

$\mathcal{S}$ 上的局部凸拓扑

定义 4.8 在 $\mathcal{S}(\mathbb{R}^n)$ 上引入半范数

$$\rho_{\alpha,\beta}(\phi)=\sup_{x\in\mathbb{R}^n}|x^\alpha\partial^\beta\phi(x)|, \quad \alpha,\beta\in\mathbb{N}^n \tag{4.17}$$

或

$$\rho_{k,m}(\phi)=\sup_{\substack{x\in\mathbb{R}^n\\|\beta|\le m}}|(1+|x|^2)^{k/2}\partial^\beta\phi(x)|, \quad k,m\in\mathbb{N}. \tag{4.18}$$

它是可列半范数簇, 它定义了 $\mathcal{S}$ 上的 Hausdorff 局部凸拓扑, 通常称 Hausdorff 局部凸拓扑空间 $\mathcal{S}$ 为 Schwartz 速降函数空间.

容易看出, $\mathcal{S}$ 是一个可度量化的度量空间. 事实上, 若将半范数排列为 $p_1, \cdots, p_m, \cdots$, 那么

$$d = \sum_{k=1}^{\infty} 2^{-k} \frac{p_k}{p_k + 1} \tag{4.19}$$

就是 $\mathcal{S}$ 上的一个度量.

定理 4.11 $\mathcal{S}$ 是一个 Fréchet 空间.

证明 显然 $\mathcal{S}$ 在 d 下是度量空间. 仅需证 $\mathcal{S}$ 中 Cauchy 列均是收敛列且极限函数仍属于 $\mathcal{S}$, 即证明: 若 ϕ 是 $\mathcal{S}$ 中 Cauchy 序列 $\{\phi_j\}$ 的极限函数, 我们来证明 $\phi \in \mathcal{S}$. 事实上, 对任意 $\alpha, \beta \in \mathbb{N}^n$, 考察

$$\sup_{x \in \mathbb{R}^n} |x^\alpha \partial^\beta \phi| \le \sup_{x \in \mathbb{R}^n} |x^\alpha \partial^\beta (\phi_j - \phi)| + \sup_{x \in \mathbb{R}^n} |x^\alpha \partial^\beta \phi_j|.$$

于是, 当 j 充分大时, 即存在 $j_0 > 0$, 当 $j \ge j_0$ 时, 有

$$\sup_{x \in \mathbb{R}^n} |x^\alpha \partial^\beta (\phi_j - \phi)| \le d(\phi_j, \phi) < 1.$$

因此

$$\sup_{x \in \mathbb{R}^n} |x^\alpha \partial^\beta \phi| \le 1 + \sup_{x \in \mathbb{R}^n} |x^\alpha \partial^\beta \phi_{j_0+1}| < \infty,$$

即 $\phi \in \mathcal{S}$.

定理 4.12 $\mathcal{S}$ 是一个 Montel 空间, 自然, $\mathcal{S}$ 是一个自反空间.

证明 设 B 是 $\mathcal{S}$ 的一个有界集, 由于 $\mathcal{S} \subset \mathcal{E}$, 从而 B 亦是 $\mathcal{E}$ 中有界集, 而 $\mathcal{E}$ 是一个 Montel 空间, 故 B 是 $\mathcal{E}$ 中的相对紧集. 欲证 B 是 $\mathcal{S}$ 中的相对紧集, 只要证明对 $(\phi_j)_{j=1,2,\cdots} \subset B$, 若 $\phi_j \xrightarrow{\mathcal{E}} \phi(x)$, 那么 $\phi \in \mathcal{S}$ 并且 $\phi_j \xrightarrow{\mathcal{S}} \phi$ 即可.

事实上, 由 B 在 S 中有界, 对 $\forall k \in N$, $\beta \in \mathbb{N}^n$, 存在常数 $C_{k,\beta}$ 使

$$\sup_{x \in \mathbb{R}^n} |(1 + |x|^2)^{(k+1)/2} \partial^\beta f(x)| \le C_{k,\beta}, \qquad \forall f \in B, \tag{4.20}$$

这意味着对 $\forall \varepsilon > 0$, 存在常数 $M > 0$, 使得

$$|(1 + |x|^2)^{k/2} \partial^\beta f(x)| < \varepsilon, \quad r = |x| > M, \quad f \in B. \tag{4.21}$$

因此, 由 $(\phi_j)_{j=1,2,\cdots} \subset B$ 及在 $\mathcal{E}$ 中 $\phi_j \to \phi$, 故

$$|(1 + |x|^2)^{k/2} \partial^\beta \phi| \le \varepsilon, \qquad |r| > M, \tag{4.22}$$

而在 $|x| \le M$ 上总有

$$|(1 + |x|^2)^{k/2} \partial^\beta \phi| \le C,$$

从而 $\phi \in S$.

另一方面, 因 $\phi_j \xrightarrow{\mathcal{E}} \phi\ (j \to \infty)$, 所以 $\partial^\beta \phi_j$ 在 $\{x \in \mathbb{R}^n : |x| \le M\}$ 上一致收敛于 $\partial^\beta \phi$. 这表明, 对上述 $\varepsilon > 0$, 总能够找到一个 J_0, 使得当 $j \ge J_0$ 时, 有

$$(1+|x|^2)^{k/2}|\partial^\beta \phi_j(x) - \partial^\beta \phi(x)| < \varepsilon, \qquad |x| \le M. \tag{4.23}$$

综上可见

$$\begin{aligned}
&\sup_{x\in\mathbb{R}^n}(1+|x|^2)^{k/2}|\partial^\beta \phi_j - \partial^\beta \phi(x)| \\
\le &\sup_{|x|>M}(1+|x|^2)^{k/2}(|\partial^\beta \phi_j| + |\partial^\beta \phi|) \\
&+ \sup_{|x|\le M}(1+|x|^2)^{k/2}(|\partial^\beta \phi_j - \partial^\beta \phi|) \\
<&2\varepsilon + \varepsilon = 3\varepsilon,
\end{aligned}$$

即 $\phi_j \xrightarrow{\mathcal{S}} \phi,\quad j \to \infty$. 作为 Montel 空间的直接结果, 可见 $\mathcal{S}$ 是一个自反空间.

定理 4.13 $\mathcal{S}$ 中的序列 $\{\phi_j\}$ 在 $\mathcal{S}$ 拓扑下收敛于 0 等价于下面的条件之一成立.

(1) $\forall \alpha, \beta \in \mathbb{N}^n$ 有

$$x^\alpha \partial^\beta \phi_j(x) \xrightarrow{1} 0, \qquad j \to \infty, \quad x \in \mathbb{R}^n;$$

(2) 对所有常系数多项式 $P(x)$ 与所有常系数偏微分算子 $Q(\partial)$, 有

$$P(x)Q(\partial)\phi_j \xrightarrow{1} 0, \qquad j \longrightarrow +\infty, \qquad x \in \mathbb{R}^n;$$

(3) 对上面 $P(x)$, $Q(\partial)$ 有

$$Q(\partial)(P(x)\phi_j(x)) \xrightarrow{1} 0, \qquad j \to \infty, \quad x \in \mathbb{R}^n.$$

证明 由 $\mathcal{S}$ 中局部凸拓扑的定义, $\phi_j \xrightarrow{S} 0,\quad j \to \infty$, 此意味着, 对任意多重指标 α, β, 总有

$$\sup_{x\in\mathbb{R}^n} |x^\alpha \partial^\beta \phi_j(x)| \to 0,$$

从而推出 (1).

(1)⇒(2). 注意到 $P(x)Q(\partial)\phi_j$ 可表示成形如 $x^\alpha \partial^\beta \phi_j(x)$ 的有限线性结合, 从而推得 (1)⇒(2).

(2)⇒(3). 由广义 Leibniz 法则, 有

$$Q(\partial)(P(x)\phi_j) = \sum_\alpha \frac{1}{\alpha!}\partial^\alpha P(x) Q^{(\alpha)}(\partial)\phi_j(x),$$

由此即推得 (2)⇒(3).

(3)⇒ ϕ_j 在 $\mathcal{S}$ 中收敛于 0. 容易从命题 4.10 及 $\mathcal{S}$ 中的凸拓扑的定义得到.

定理 4.14 $\mathcal{D}\hookrightarrow\mathcal{S}\hookrightarrow\mathcal{E}$, 这里 $\hookrightarrow$ 表示连续嵌入.

证明 第一步先证 $\mathcal{D}$ 稠于 $\mathcal{E}$, 自然就有 $\mathcal{S}$ 稠于 $\mathcal{E}$. 取一列单调上升的闭集 $\{K_j\}_{j\in\mathbb{N}}$ 使得

$$\mathbb{R}^n=\bigcup_{j=1}^{\infty}K_j,$$

设 $\eta_j\in\mathcal{D}$, 且在 K_j 的 ε 的邻域上, $\eta_j=1$. 这样, 对 $\forall\phi(x)\in\mathcal{E}$, 令 $\phi_j=\eta_j\phi(x)\in\mathcal{D}$, 易见

$$\phi_j\xrightarrow{\mathcal{E}}\phi(x),\quad j\to\infty. \tag{4.24}$$

事实上, 对任意的紧集 $K\subset\mathbb{R}^n$, 注意到 $\{K_j\}$ 单调增加趋向 $\mathbb{R}^n$, 故总存在 $j_0>0$, 使得当 $j\geq j_0$ 时, 有 $K\subset K_j$ 且在其上 $\phi_j=\phi(x)$, 自然有

$$\phi_j\xrightarrow{1}\phi(x),\qquad x\in K,\quad j\to\infty,$$

从而 (4.24) 成立.

第二步来证 $\mathcal{D}$ 稠于 $\mathcal{S}$. 取 $\eta_j\in C_c^{\infty}(\mathbb{R}^n)$ 是在以原点为中心, j 为半径的闭球上恒等于 1, 而在 $j+1$ 为半径的球外恒等于 0, 那么, 对 $\forall\phi\in\mathcal{S}$, 构造 $\phi_j(x)=\eta_j(x)\phi\in\mathcal{D}$, 于是, 根据 $\mathcal{S}$ 中局部凸拓扑的定义和广义 Leibniz 公式, 易见 $\phi_j(x)$ 在 $\mathcal{S}$ 中收敛于 $\phi(x)$.

第三步来证嵌入 $\mathcal{D}\hookrightarrow\mathcal{S}$ 是连续的. 由于 $\mathcal{D}$ 是由 $C_c^{\infty}(\mathbb{R}^n,K_j)$, $j\in\mathbb{N}$ 的诱导极限拓扑, 故仅需证明对任意紧子集 K, $C_c^{\infty}(\mathbb{R}^n,K)\hookrightarrow\mathcal{S}$ 是连续. 换言之, 对 $C_c^{\infty}(\mathbb{R}^n,K)$ 中收敛于 0 的任意序列 $\{\phi_j\}$ 有 $\phi_j\xrightarrow{\mathcal{S}}0$ $(j\to\infty)$. 事实上, 对 $\forall\varepsilon>0$ 及 $\forall\alpha,\beta\in\mathbb{N}^n$, 因为 $\phi_j\xrightarrow{C_c^{\infty}(\mathbb{R}^n,K)}0,\quad j\to\infty$, 从而 $\mathrm{supp}\phi_j\subset K$ 且

$$\partial^{\tilde{\beta}}\phi_j\xrightarrow{1}0,\qquad\forall\tilde{\beta}\in\mathbb{N}^n,\quad x\in K.$$

于是, 对上述给定 β, 存在 $j_0>0$, 当 $j>j_0$ 时有

$$\sup_{x\in\mathbb{R}^n}|\partial^{\beta}\phi_j|<\frac{\varepsilon}{(\mathrm{diam}K+\mathrm{dist}(0,K))^{|\alpha|}}.$$

从而, 取 $j_0=N_0$, 当 $j>N_0$ 有 $\sup_{x\in\mathbb{R}^n}|x^{\alpha}\partial^{\beta}\phi_j|<\varepsilon$.

第四步来证嵌入 $\mathcal{S}\hookrightarrow\mathcal{E}$ 是连续的. 对任意 $\phi_j\xrightarrow{\mathcal{S}}0(j\to\infty)$, 证明 $\forall\beta\in\mathbb{N}^n$ 及紧集 $K\in\mathbb{R}^n$, 有

$$|\partial^{\beta}\phi_j|\xrightarrow{1}0,\quad x\in K,\quad j\to\infty. \tag{4.25}$$

事实上, 由 $\phi_j\in\mathcal{S}$, $\phi_j\xrightarrow{\mathcal{S}}0$ $(j\to\infty)$, 对上述 β 及 $\alpha=0$ 就有

$$\sup_{x\in\mathbb{R}^n}|\partial^{\beta}\phi|\to0,\quad j\to\infty,$$

由此即得 (4.25). 由上面的定理可见

推论 4.15 $\mathcal{E}' \hookrightarrow \mathcal{S}' \hookrightarrow \mathcal{D}'$, 这里 $\hookrightarrow$ 表示连续嵌入.

容易看出, $\mathcal{S} \hookrightarrow \mathcal{D}'$ 是连续嵌入, 于是 $\mathcal{S}$ 是广义函数空间 $\mathcal{D}'$ 的一个正则化空间.

定义 4.9 称 $\mathcal{S}'$ 是缓增广义函数空间.

现来考虑 $\mathcal{S}$ 上的一些性质, 然后将其推广到缓增广义函数空间 $\mathcal{S}'$.

定理 4.16 $\mathcal{F}$ 是 $\mathcal{S} \to \mathcal{S}$ 的有界线性算子.

证明 (1) $\mathcal{F}$ 的线性性是显然的.

(2) 对 $\forall\, \alpha, \beta \in \mathbb{N}^n$, 注意到

$$(2\pi iy)^\alpha \partial^\beta \hat{f}(y) = (\partial^\alpha(-2\pi ix)^\beta f(x))\hat{}(y), \tag{4.26}$$

$$\sup_{x\in\mathbb{R}^n} |(2\pi iy)^\alpha \partial^\beta \hat{f}(y)| \le \int_{\mathbb{R}^n} |\partial_x^\alpha[(2\pi ix)^\beta f(x)]|dx < \infty, \forall \alpha, \beta \in \mathbb{N}^n.$$

从而, $\mathcal{F}$: $\mathcal{S} \to \mathcal{S}$.

(3) 最后来证 $\mathcal{F}$: $\mathcal{S} \to \mathcal{S}$ 的连续性. 对 $\forall\alpha$, $\beta \in \mathbb{N}^n$,

$$\begin{aligned}\sup_{y\in\mathbb{R}^n} |(2\pi y)^\alpha \partial^\beta \hat{f}(y)| &\le \int_{\mathbb{R}^n} \frac{(1+|x|^2)^n \partial_x^\alpha[(2\pi ix)^\beta f(x)]}{(1+|x|^2)^n} dx \\ &\le C \sup_{x\in\mathbb{R}^n} |(1+|x|^2)^n \partial_x^\alpha[(2\pi ix)^\beta f(x)]| \\ &\le C \sum_{\substack{|\tilde\beta|\le|\beta|+2n,\\ |\tilde\alpha|\le|\alpha|}} \sup_{x\in\mathbb{R}^n} |x^{\tilde\beta} \partial_x^{\tilde\alpha} f(x)|,\end{aligned}$$

从而 $\mathcal{F}$ 是连续的.

定理 4.17 $\mathcal{S}$ 在其局部凸拓扑下有如下结果:

(1) 映射 $\phi(x) \to x^\alpha \partial^\beta \phi(x)$ 是连续的;

(2) 若 $\phi \in \mathcal{S}$, 则 $\lim_{h\to 0} \tau_h \phi = \phi$;

(3) 设 $\phi \in \mathcal{S}, h = (0, 0, \cdots, h_i, \cdots, 0)$ 位于 $\mathbb{R}^n$ 第 i 个坐标轴上, 则当 $|h| \to 0$ 时, 差商 $[\phi - \tau_h \phi]/h_i \to (\partial\phi)/(\partial x_i)$;

(4) Fourier 变换是 $\mathcal{S}$ 到自身的同胚;

(5) $\mathcal{S}$ 是可分空间.

证明 (1) 是定理 4.13 的直接结果.

(2) 对 $\forall\alpha$, $\beta \in \mathbb{N}^n$, 考虑

$$|x^\alpha \partial^\beta (\tau_h \phi - \phi)| \le |x^\alpha \partial^\beta (\phi(x-h) - \phi(x)| \le \left| x^\alpha \partial^\beta \sum_{i=1}^n \partial_{x_i} \phi \cdot h_i \right|,$$

故

$$\sup_{x\in\mathbb{R}^n}|x^\alpha\partial^\beta(\tau_h\phi-\phi)|\le C\sup_{x\in\mathbb{R}^n}|x^\alpha\partial^{\widetilde{\beta}}\phi|\cdot|h|\to 0,\qquad h\to 0,$$

其中 $|\widetilde{\beta}|=|\beta|+1$.

(3) 对 $\forall\phi\in\mathcal{S}$ 及 $\alpha,\beta\in\mathbb{N}^n$, 考虑

$$\begin{aligned}\sup_{x\in\mathbb{R}^n}\left|x^\alpha\partial^\beta\left(\frac{\phi-\tau_h\phi}{h_i}-\frac{\partial\phi}{\partial x_i}\right)\right|&\le\sup_{x\in\mathbb{R}^n}\left|x^\alpha\partial^\beta\frac{\partial^2\phi}{\partial x_i^2}\cdot\theta h_i\right|\\&\le\sup_{x\in\mathbb{R}^n}|x^\alpha\partial^{\tilde{\beta}}\phi|\cdot|h_i|\to 0,\quad h_i\to 0,\end{aligned}$$

其中 $|\widetilde{\beta}|=|\beta|+2$.

(4) 因为 $\mathcal{F}$:$\phi\to\hat{\phi}(x)$ 是 $\mathcal{S}$ 到自身的有界线性映射, 所以 $\mathcal{F}^{-1}$: $\phi\to\hat{\phi}(-x)$ 是 $\mathcal{S}$ 到 $\mathcal{S}$ 的有界线性映射. 直接验算, 对 $\forall f\in\mathcal{S}$, 有

$$\mathcal{F}^{-1}\mathcal{F}f=f.\tag{4.27}$$

说明 $\mathcal{F}$ 是 $\mathcal{S}$ 到 $\mathcal{S}$ 的同胚.

(5) 注意到 $\mathcal{D}\hookrightarrow\mathcal{S}$ 且 $C_c^\infty(\mathbb{R}^n)$ 稠于 $\mathcal{S}$, 故利用 $C_c^\infty(\mathbb{R}^n)$ 的可分性, 即得 $\mathcal{S}$ 是可分的.

定理 4.18 $\phi,\psi\in\mathcal{S}$, 则 $\phi*\psi\in\mathcal{S}$.

证明 由定理 4.16 及广义函数 Leibniz 法则知 $\hat{\phi}\cdot\hat{\psi}\in\mathcal{S}$, 而 $\widehat{\phi*\psi}=\hat{\phi}\cdot\hat{\psi}\in\mathcal{S}$, 从而 $\phi*\psi=\mathcal{F}^{-1}(\hat{\phi}\cdot\hat{\psi})\in\mathcal{S}$.

下面列举一些缓增广义函数的例子:

例 4.3 $L^p\subset\mathcal{S}'$, 这里 $1\le p\le\infty$.

证明 任取 $f\in L^p$, 定义 $\mathcal{S}$ 上算子如下

$$L_f(\phi)=\int_{\mathbb{R}^n}f\phi(x)dx,\quad\forall\phi\in\mathcal{S},\tag{4.28}$$

易见 L_f 是 $\mathcal{S}$ 上的线性算子. 其次, 由 Hölder 不等式以及

$$\begin{aligned}\|\phi\|_q^q&\le\int_{|x|\le 1}|\phi|^q dx+\int_{|x|\ge 1}|\phi|^q dx\\&\le\|\phi\|_\infty^q\left(\int_{|x|\le 1}dx\right)+\sup_{x\in\mathbb{R}^n}|x|^{2nq}|\phi(x)|^q\left(\int_{|x|\ge 1}|x|^{-2qn}dx\right)\\&\le C\sup_{x\in\mathbb{R}^n}|(1+|x|^2)^n\phi(x)|^q,\quad 1\le q\le\infty.\end{aligned}$$

容易看出

$$|L_f(\phi)|\le\|f\|_p\|\phi\|_{p'}\le C\|f\|_p\sup_{x\in\mathbb{R}^n}|(1+|x|^2)^n\phi(x)|.$$

故 L_f 是 $\mathcal{S}$ 到自身的有界线性算子，在等距同构的意义下，有 $f \in \mathcal{S}'$, 从而 $L^p \subset \mathcal{S}'$.

例 4.4 μ 是 $\mathbb{R}^n$ 上有限的 Borel 测度，那么 $\mu \in \mathcal{S}'$.

证明 定义

$$L_\mu \phi = \int_{\mathbb{R}^n} \phi d\mu(x), \quad \forall \phi \in \mathcal{S}, \tag{4.29}$$

注意到 $\mu(\mathbb{R}^n) < \infty$, 类似于例 4.3 的证明，有

$$|L_\mu(\phi)| \le \|\phi\|_{L^\infty} \mu(\mathbb{R}^n) \le C \sup_{x \in \mathbb{R}^n} |\phi(x)|.$$

由此，在等距同构的意义下有 $\mu \in \mathcal{S}'$.

例 4.5 多项式函数 $P(x) \in \mathcal{S}'$.

证明 设多项式 $P(x)$ 的阶数是 m. 定义

$$L_{P(x)}(\phi) = \int_{\mathbb{R}^n} P(x)\phi(x)dx, \qquad \forall \phi \in \mathcal{S}. \tag{4.30}$$

类似于例 4.3 的证明，有

$$\begin{aligned}|L_{P(x)}(\phi)| &= \int_{\mathbb{R}^n} \frac{1}{(1+|x|^2)^n} \cdot (1+|x|^2)^n P(x)\phi dx \\ &\le C \sup_{\mathbb{R}^n} |(1+|x|^2)^{n+m}\phi(x)|.\end{aligned}$$

由此，在等距同构的意义下有 $P(x) \in \mathcal{S}'$.

例 4.6 $f(x)$ 是缓增 L^p 函数，若它满足：f 是可测函数且存在正数 k 使得

$$f(x)(1+|x|^2)^{-k} \in L^p(\mathbb{R}^n),\ 1 \le p \le \infty,$$

特别当 $p = \infty$ 时，称 f 是缓增函数. 那么有 $f(x) \in \mathcal{S}'$.

证明 定义

$$L_f \phi = \int_{\mathbb{R}^n} f(x)\phi(x)dx, \quad \forall \phi \in \mathcal{S}. \tag{4.31}$$

类似于例 4.3 的证明，有

$$\begin{aligned}|L_f \phi| &\le \left\| \frac{f(x)}{(1+|x|^2)^k} \right\|_p \cdot \|(1+|x|^2)^k \phi\|_{p'} \\ &\le C \sup_{\mathbb{R}^n} |(1+|x|^2)^{n+k}\phi(x)|.\end{aligned}$$

在等距同构的意义下 $f(x) \in \mathcal{S}'$.

例 4.7 μ 是缓增 Borel 测度，如果满足：μ 是 Borel 测度且存在 $k > 0$, 使得

$$\int_{\mathbb{R}^n} (1+|x|^2)^{-k} d\mu(x) < \infty,$$

那么 $\mu \in \mathcal{S}'$.

证明 定义 $L_\mu \phi = \int_{\mathbb{R}^n} \phi(x) d\mu(x)$, 对 $\forall \phi \in \mathcal{S}$ 有

$$\begin{aligned}|L_\mu \phi| &\le \int (1+|x|^2)^{-k} d\mu(x) \cdot \sup_{x\in\mathbb{R}^n} |(1+|x|^2)^k \phi| \\ &\le C \sup_{x\in\mathbb{R}^n} |(1+|x|^2)^k \phi|,\end{aligned}$$

从而, 缓增 μ 测度属于 $\mathcal{S}'$.

例 4.8 对任意一点 $x_0 \in \mathbb{R}^n$, $\forall \beta \in \mathbb{N}^n$, 定义

$$L(\phi) = \partial^\beta \phi(x_0), \quad \forall \phi \in \mathcal{S} \tag{4.32}$$

所确定的广义函数属于 $\mathcal{S}'$. 事实上,

$$|L(\phi)| \le |\partial^\beta \phi(x_0)| \le C \sup_{x\in\mathbb{R}^n} |\partial^\beta \phi|.$$

从而 (4.32) 所确定的广义函数属于 $\mathcal{S}'$. 特别地, 当 $\beta = 0$ 时, (4.32) 所确定的缓增广义函数就是 δ 函数.

例 4.3(或更一般地说, 例 4.5) 确定的缓增广义函数称作函数. 类似地, 例 4.4 和例 4.7 确定的广义函数称作测度. 在这些情况下, 我们把 L_f 和 L_μ 改写作 f 和 μ, 这些函数和测度可以看作是嵌入 $\mathcal{S}'$ 中的. 因为如果赋予 $\mathcal{S}'$ 一个使线性泛函 $\mathcal{L} \to \mathcal{L}(\phi)$ $(\forall \phi \in \mathcal{S})$ 连续的最弱拓扑, 易知

$$L^p(\mathbb{R}^n) \hookrightarrow \mathcal{S}', \quad 1 \le p \le \infty,$$

这里 $\hookrightarrow$ 表示连续嵌入. 对 $\mathbb{R}^n$ 上所有有限 Borel 测度空间 (它是具有范数 $\|\mu\| = \int_{\mathbb{R}^n} d|\mu|$ 的 Banach 空间) 也是如此.

定理 4.19 $\mathcal{S}$ 上线性泛函 L 是缓增广义函数 $\Longleftrightarrow$ 存在常数 C 与整数 m, l 使得对一切 $\phi \in \mathcal{S}$ 有

$$|L(\phi)| \le C \sum_{|\alpha|\le l, |\beta| \le m} \rho_{\alpha,\beta}(\phi), \tag{4.33}$$

这里 $\rho_{\alpha,\beta}(\phi) = \sup_{x\in\mathbb{R}^n} |x^\alpha D^\beta \phi|$.

证明 充分性是显然的. 下面仅需证明必要性. 根据 $\mathcal{S}$ 上局部凸拓扑的定义, 对 $\forall \varepsilon > 0$ 和 $\tilde{m}, \tilde{l}$, 集合

$$N_{\varepsilon,\tilde{m},\tilde{l}} = \left\{ \phi : \sum_{|\alpha|\le \tilde{l}, |\beta|\le \tilde{m}} \rho_{\alpha,\beta}(\phi) < \varepsilon \right\} \tag{4.34}$$

构成了 $\mathcal{S}$ 中原点的邻域基. 由 L 的连续性, 存在一个邻域 $N_{\varepsilon,m,l}$, 使得对一切 $\phi \in N_{\varepsilon,m,l}$ 有 $|L(\phi)| \le 1$. 因此, $\forall \phi \in \mathcal{S}$, 可令 $\|\phi\| = \sum_{|\alpha|\le m, |\beta| \le l} \rho_{\alpha,\beta}(\phi)$. 于是, 若 $0 < \tilde{\varepsilon} < \varepsilon$, 则有 $\psi = (\tilde{\varepsilon}/\|\phi\|)\phi \in N_{\varepsilon,m,l}$. 从而

$$L(\psi) < 1, \qquad L(\phi) \le \widetilde{\varepsilon}^{-1} \|\phi\|,$$

进而取 $C=1/\tilde{\varepsilon}$ 即得 (4.33).

缓增广义函数空间上的分析运算：其思想均是通过速降函数空间 $\mathcal{S}$ 的分析运算进行自然延拓而得到的.

(1) 缓增广义函数与 $\mathcal{S}$ 上函数的卷积.

对 $\forall u\in\mathcal{S}$, $\psi\in\mathcal{S}$ 以及 $\phi\in\mathcal{S}$, 直接验算可见

$$\int_{\mathbb{R}^n} u*\phi(x)\psi(x)dx=\int_{\mathbb{R}^n} u\tilde{\phi}*\psi dx, \tag{4.35}$$

这里 $\tilde{\phi}(x)=\phi(-x)$ 表示反射. 在线性泛函观点下,

$$u*\phi(\psi)=u(\tilde{\phi}*\psi). \tag{4.36}$$

推而广之，若取 u 是 $\mathcal{S}'$ 中元素，(4.36) 左边确定了一个数，且关于 ψ 是连续的. 由此推知 $u*\phi$ 是 $\mathcal{S}'$ 上元素，即 $u*\phi$ 定义缓增广义函数与 $\mathcal{S}$ 上函数的卷积.

进而，对 $u\in\mathcal{S}'$, $\phi\in\mathcal{S}$ 及 $\psi\in\mathcal{S}$, 有

$$(u*\phi)*\psi=u*(\phi*\psi). \tag{4.37}$$

事实上，对 $\forall f\in\mathcal{S}$, 由上面的定义，易见

$$u*(\phi*\psi)(f)=u(\widetilde{\phi*\psi}*f), \tag{4.38}$$

$$(u*\phi)*\psi(f)=u*\phi(\tilde{\psi}*f)=u*(\tilde{\phi}*(\tilde{\psi}*f))=u*(\tilde{\phi}*\tilde{\psi}*f). \tag{4.39}$$

注意到

$$\begin{aligned}\int\tilde{\phi}(x-y)\tilde{\psi}(y)dy&=\int_{\mathbb{R}^n}\phi(y-x)\psi(-y)dy\\&=\int_{\mathbb{R}^n}\phi(-y-x)\psi(y)dy=\widetilde{\phi*\psi}(x),\end{aligned} \tag{4.40}$$

即 $\widetilde{\phi*\psi}=\tilde{\phi}*\tilde{\psi}$. 从而 (4.37) 成立.

类似于缓增广义函数卷积运算，容易推广其它运算如下：

(2) 反射：　对 $u\in\mathcal{S}'$, $\phi\in\mathcal{S}$, 定义 u 的反射 $\tilde{u}$ 为

$$\tilde{u}(\phi)=u(\tilde{\phi}). \tag{4.41}$$

(3) 平移：　对 $u\in\mathcal{S}'$, $\phi\in\mathcal{S}$, 定义 u 的平移 $\tau_h u$ 为

$$\tau_h u(\phi)=u(\tau_{-h}\phi),\quad h=(h_1,\cdots,h_n)\in\mathbb{R}^n. \tag{4.42}$$

(4) 微分运算：　对 $u\in\mathcal{S}'$, $\phi\in\mathcal{S}$, 定义 u 的微分运算 $\partial^\alpha u$ 为

$$\partial^\alpha u(\phi)=(-1)^{|\alpha|}u(\partial^\alpha\phi),\quad \alpha=(\alpha_1,\cdots,\alpha_n)\in\mathbb{N}^n. \tag{4.43}$$

(5) Fourier 变换　对 $u\in\mathcal{S}'$, $\phi\in\mathcal{S}$, 定义 u 的 Fourier 变换 $\mathcal{F}u$ 为

$$\mathcal{F}u(\phi)=u(\mathcal{F}\phi). \tag{4.44}$$

定义 4.10　设 O_m 是满足下面条件的集合:

$$\{\phi\in C^\infty\mid\forall\alpha\in\mathbb{N}^n,\exists\text{多项式}P_\alpha,\text{使得}|\partial^\alpha\phi(x)|\le|P_\alpha(x)|,\forall x\in\mathbb{R}^n\},$$

称 O_m 是缓增 C^∞ 函数空间.

定理 4.20　若 $u\in\mathcal{S}'$, $\phi\in\mathcal{S}$, 则 $u*\phi$ 是一个函数 f, 它在 $x\in\mathbb{R}^n$ 的值是

$$f(x)=u(\tau_x\widetilde{\phi}).$$

此外, $f\in O_m$.

证明　先证 f 是 C^∞ 函数, 取 $h=(0,\cdots,0,h_j,\cdots,0,\cdots)$, 由 u 的线性性可见, 对 $\forall\tilde{\phi}\in\mathcal{S}$,

$$\frac{f(x+h)-f(x)}{h}=u\left(\frac{\tau_{h+x}\tilde{\phi}-\tau_x\tilde{\phi}}{h}\right)\xrightarrow{h_j\to0}u\left(-\tau_x\frac{\partial\widetilde{\phi}}{\partial x_j}\right), \tag{4.45}$$

从而 $\frac{\partial f}{\partial x_j}=(-1)u(\tau_x\frac{\partial\tilde{\phi}}{\partial x_j})$. 推而广之, 可见

$$\partial^\beta f=(-1)^{|\beta|}u(\tau_x\partial^\beta\tilde{\phi}). \tag{4.46}$$

因 $\partial^\beta\tilde{\phi}\in\mathcal{S}$, 故 (4.46) 意味着: f 缓增推出其各阶导数也是缓增. 下面仅需证明 f 缓增. 事实上, 根据定理 4.9, 存在 $C>0$ 和整数 l, m 使得

$$|f(x)|=|u(\tau_x\widetilde{\phi})|\le C\sum_{\substack{|\alpha|\le l\\|\beta|\le m}}\rho_{\alpha,\beta}(\tau_x\widetilde{\phi}), \tag{4.47}$$

而

$$\rho_{\alpha,\beta}(\tau_x\tilde{\phi})=\sup_{\omega\in\mathbb{R}^n}|\omega^\alpha(\partial^\beta\tilde{\phi})(\omega-x)|=\sup_{\omega\in\mathbb{R}^n}|(x+\omega)^\alpha\partial^\beta\widetilde{\phi}(\omega)|. \tag{4.48}$$

由此推知 f 是缓增的.

下面来证 $u*\phi=f$, 为此, 只需证明

$$u*\phi(\psi)=\int_{\mathbb{R}^n}\psi f(t)dt,\qquad\forall\psi\in\mathcal{S}. \tag{4.49}$$

注意到 u 的线性性，容易验证

$$\begin{aligned}u*\phi(\psi)&=u(\widetilde{\phi}*\psi)=u\int_{\mathbb{R}^n}\widetilde{\phi}(x-t)\psi(t)dt\\&=u\int_{\mathbb{R}^n}\tau_t\widetilde{\phi}(x)\psi(t)dt=\int_{\mathbb{R}^n}u(\tau_t\widetilde{\phi})\psi(t)dt\\&=\int_{\mathbb{R}^n}f(t)\psi(t)dt,\qquad\forall\psi\in\mathcal{S}.\end{aligned}$$

由此推知 (4.49), 这就证明了定理 4.20. 最后，我们给出著名的 Paley-Wiener-Schwartz 定理，详细证明见 [H2].

定理 4.21 (1) $\varphi(z)\in\mathcal{S}$ 且 $\text{supp}\mathcal{F}\varphi\subset\{y;\quad|y|\le b\}$ 的充要条件是：$\varphi(z)$ 是一个 n 复变量的全纯函数且对任意的 $\varepsilon>0$ 和 $\lambda>0$, 存在 $C_{\varepsilon,\lambda}$ 使得

$$|\varphi(z)|\le C_{\varepsilon,\lambda}(1+|x|)^{-\lambda}e^{(b+\varepsilon)|y|},\quad z=x+iy,\quad x,y\in\mathbb{R}^n.$$

(2) $\varphi(z)\in\mathcal{S}'$ 且 $\text{supp}\mathcal{F}\varphi\subset\{y;\quad|y|\le b\}$ 的充要条件是：$\varphi(z)$ 是一个 n 复变量的全纯函数且对任意的 $\varepsilon>0$ 以及某个合适的 $\lambda\in\mathbb{R}$, 存在 $C_{\varepsilon,\lambda}$ 使得

$$|\varphi(z)|\le C_{\varepsilon,\lambda}(1+|x|)^{\lambda}e^{(b+\varepsilon)|y|},\quad z=x+iy,\quad x,y\in\mathbb{R}^n.$$

思考与练习

1. 验证 $\tau_h(g*f)=\tau_hg*f=g*\tau_hf$.

2. 设 $f\in L^p,g\in L^{p'},\frac{1}{p}+\frac{1}{p'}=1$, 证明 $f*g\in L^\infty$ 且是一致连续的. (提示：当 $1\le p<\infty$ 时，$\|\tau_h(f*g)-f*g\|_\infty=\|(\tau_hf-f)*g\|_\infty\le\|\tau_hf-f\|_{L^p}\|g\|_{p'},p=\infty$, 用 g 代替 f 位置.)

3. 设 $|\phi(x)|\le\frac{C}{(|x|+1)^{n+\varepsilon}},\int\phi(x)dx=1$, 那么对 $\forall f\in L^p,1\le p\le\infty$, 证明

$$\phi_\varepsilon*f\to f(x),\qquad\forall x\in L_f.$$

4 (Urysohn 引理). 设 $K\subset\mathbb{R}^n$ 紧，U 是含 K 的开集，证明存在 $f\in C_c^\infty(\mathbb{R}^n)$ 满足：
(i) $0\le f\le1,x\in\mathbb{R}^n$, 且 $f\equiv1,x\in K$;
(ii) $\text{supp}f\subset U$.

5. 设 $\phi\in L^1(\mathbb{R}^n),\int_{\mathbb{R}^n}\phi(x)dx=0$, 则对 $f\in L^p,1\le p<\infty$ 或 $f\in C_0$ 有

$$\|f*\phi_\varepsilon\|_p\to0,\qquad\varepsilon\to0.$$

6. $e^{-\beta}=\frac{1}{\sqrt{\pi}}\int_0^\infty\frac{e^{-u}}{\sqrt{u}}e^{-\frac{\beta^2}{4u}}du$.

7. 计算 Poisson 核与 Weierstrass 核，并说明

$$\psi(x)=\sup_{|y|\geq|x|}|\phi(y)|=\phi(x).$$

8. 形式证明如下公式：

$$(2\pi iy)^{\alpha}\partial^{\beta}\hat{f}(y)=(\partial^{\alpha}(-2\pi ix)^{\beta}f(x))\hat{}.$$

9. 利用 Fourier 变换求解上半平面上 Laplace 方程的第一边值问题，并证明关于垂直边界的坐标生成一个半群.

10. 设 $P=P(\partial)$ 是微分算子，证明广义 Leibniz 公式：

$$P(\partial)(uv)=\sum_{\alpha}\frac{1}{\alpha!}\partial^{\alpha}uP^{(\alpha)}(\partial)v.$$

11. 设 $0<a<A$, 记 B_A 和 B_{A-a} 分别是以 A, $A-a$ 为半径，原点为心的球，则存在 $\phi\in C_c^{\infty}(\mathbb{R}^n)$ 使得

(i) $\text{supp}\phi\subset B_A$;

(ii) $\phi(x)=1$, 对 $x\in B_{A-a}$;

(iii) 对 $\forall\alpha\in\mathbb{N}^n$, 有 $|\partial^{\alpha}\phi(x)|\leq C(\alpha,n)a^{-|\alpha|}$.

12. (i) 证明：T 是 Hilbert 空间 X 上酉算子的充要条件是 $T^{-1}=T^*$.

(ii) 设 T 是 Hilbert 空间 X 等距算子的充要条件是对 $\forall x,y\in X$, 有 $(Tx,Ty)=(x,y)$.

13. 设 $1<p<2$, 证明 $L^1\cap L^2\subset L^p\subset L^1+L^2$.

14. 证明 $\mathcal{S}$ 在局部凸拓扑下是可分 Fréchet 空间.

15. $\mathcal{F}$: $\mathcal{S}'\to\mathcal{S}'$ 的同胚映射 (在 $\mathcal{S}'$ 的局部凸拓扑意义下).

16. 证明 $f\in L^p(\mathbb{R}^n)$ $(1\leq p\leq 2)$ 的 Fourier 变换定义与 L^p 是 $\mathcal{S}'$ 的子空间的 Fourier 的定义一样.

17. 设 $\phi\in O_m$ 则下面条件等价：

(i) $\forall\alpha\in\mathbb{N}^n$, 存在 $P_{\alpha}(x)$ 有

$$|\partial^{\alpha}\phi(x)|\leq P_{\alpha}(x),\quad\forall x\in\mathbb{R}^n.$$

(ii) $\forall f\in\mathcal{S}$, 那么 $f\phi\in\mathcal{S}$.

(iii) $\forall\alpha\in\mathbb{N}^n$ 和 $f\in\mathcal{S}$, 有 $\partial^{\alpha}\phi\cdot f$ 在 $\mathbb{R}^n$ 中有界.

18. 对 $\forall f\in\mathcal{S}$ 及 $\alpha\in\mathbb{N}^n$, 定义 O_m 上局部凸拓扑为

$$r_{f,\alpha}(\phi)=\sup_{x\in\mathbb{R}^n}|f(x)\partial^{\alpha}\phi(x)|.$$

证明在此拓扑下 O_m 是完备的空间且下面的连续嵌入关系

$$\mathcal{S} \hookrightarrow O_m \hookrightarrow \mathcal{S}'(\mathbb{R}^n).$$

19. 证明 (Peetre 不等式): 对 $\forall t \in \mathbb{R}$ 有

$$\left[\frac{1+|\xi|^2}{1+|\eta|^2}\right]^t \leq 2^{|t|}(1+|\xi-\eta|^2)^{|t|},$$

其中 $\xi, \eta \in \mathbb{R}^n$.

20. 证明命题 4.5 和命题 4.6.

21. 证明局部凸空间 $C_c(\Omega)$ 和局部凸空间 $C(\Omega)$ 都不是 Montel 空间.

22. 证明局部凸空间 $C_c(\Omega)$ 不自反，同时也非 Fréchet 空间.

23 证明 Paley-Wiener-Schwartz 定理.

第二章　平移不变算子理论及其应用

§2.1　平移不变算子的刻画

先引入几个记号： $L_0^\infty(\mathbb{R}^n)=\{f(x);\quad f\in L^\infty(\mathbb{R}^n)$ 且 $\lim\limits_{|x|\to\infty}|f(x)|=0\}$, $C_0(\mathbb{R}^n)=\{f:\quad \mathcal{S}(\mathbb{R}^n)$ 在 $L^\infty(\mathbb{R}^n)$ 模意义下的完备化空间 $\}$. $\mathcal{M}=\{\mu:\mu$ 是满足 $\int_{\mathbb{R}^n}|d\mu|<\infty$ 的 Borel 测度 $\}$.

定义 1.1　设 $1\le p,q\le\infty$, 称 $L^p(\mathbb{R}^n)$ 到 $L^q(\mathbb{R}^n)$ 上的有界线性算子 A 是平移不变算子，如果它满足

$$\tau_h A=A\tau_h,\qquad \forall h=(h_1,\cdots,h_n)\in\mathbb{R}^n. \tag{1.1}$$

例 1.1　对任意的 $1\le p,q\le\infty$, $A=0$ 是 $L^p(\mathbb{R}^n)$ 到 $L^q(\mathbb{R}^n)$ 上的平移不变算子，自然它是平凡的平移不变算子. 然而，并非对任意的 $1\le p,q\le\infty$, 都存在从 $L^p(\mathbb{R}^n)$ 到 $L^q(\mathbb{R}^n)$ 的非平凡平移不变算子.

定理 1.1　如果 A 是 $L^p(\mathbb{R}^n)$ 到 $L^q(\mathbb{R}^n)$ 的平移不变算子，则有：
(1) 当 $q<p<\infty$ 时，则 $A=0$;
(2) 当 $q<p=\infty$ 时，则 $A\,|_{L_0^\infty}=0$.
证明　我们断言

$$\|u+\tau_h u\|_p\overset{h\to\infty}{\longrightarrow}2^{1/p}\|u\|_p,\quad p<\infty,\quad u\in L^p(\mathbb{R}^n), \tag{1.2}$$

$$\|u+\tau_h u\|_\infty\overset{h\to\infty}{\longrightarrow}\|u\|_\infty,\quad u\in L_0^\infty(\mathbb{R}^n). \tag{1.3}$$

事实上，对 $\forall\varepsilon>0$, 根据 $C_c(\mathbb{R}^n)$ 稠于 $L^p(\mathbb{R}^n)$, 故有分解 $u=v+\omega$, 使得 v 具有紧支集且 $\|\omega\|_p<\varepsilon$. 因此，存在 $N_0>0$, 当 $|h|\ge N_0$, v 与 $\tau_h v$ 的支集互不相交，于是

$$\|v+\tau_h v\|_p=2^{1/p}\|v\|_p,\quad |h|\ge N_0. \tag{1.4}$$

由三角不等式可见

$$\big|\|v\|_p-\|u\|_p\big|\le\|u-v\|_p<\varepsilon,$$

$$\begin{aligned}\big|\|v+\tau_h v\|_p-\|u+\tau_h u\|_p\big|&\le\|u-v+\tau_h u-\tau_h v\|_p\\&\le\|u-v\|_p+\|\tau_h u-\tau_h v\|_p<2\varepsilon.\end{aligned}$$

这两个不等式等价于

$$2^{1/p}\|v\|_p - 2^{1/p}\varepsilon < 2^{1/p}\|u\|_p < 2^{1/p}\|v\|_p + 2^{1/p}\varepsilon,$$

$$\|v+\tau_h v\|_p - 2\varepsilon < \|u+\tau_h u\|_p < \|v+\tau_h v\|_p + 2\varepsilon.$$

因此

$$\big|\|u+\tau_h u\|_p - 2^{1/p}\|u\|_p\big| < 4\varepsilon. \tag{1.5}$$

同理可处理 $p=\infty, u\in L_0^\infty(\mathbb{R}^n)$ 的情形.

由题设条件，对 $q<p<\infty$, 有

$$\|Au\|_q \le \|A\|\cdot\|u\|_p, \quad \forall u\in L^p(\mathbb{R}^n). \tag{1.6}$$

由 A 的平移不变的性质，有

$$\|Au+\tau_h Au\|_q = \|A(u+\tau_h u)\|_q \le \|A\|\cdot\|u+\tau_h u\|_p, \tag{1.7}$$

今取 $h\to\infty$, 那么

$$2^{1/q}\|Au\|_q \le 2^{1/p}\|A\|\cdot\|u\|_p,$$

故得

$$\|Au\|_q \le 2^{1/p-1/q}\|A\|\cdot\|u\|_p, \quad \forall u\in L^p(\mathbb{R}^n). \tag{1.8}$$

另一方面，注意到 $\|A\|$ 是 A 满足

$$\|Au\|_q \le C\|u\|_p, \qquad \forall u\in L^p(\mathbb{R}^n) \tag{1.9}$$

中最小的常数 C. 由此，当 $q<p<\infty$ 时， (1.8) 式与 $\|A\|$ 的定义相矛盾. 同理可证 (2) 亦然.

根据定理 1.1 的结论，在下面的讨论中，我们总是在 $p\le q$ 的情形下进行.

定理 1.2 设 A 是 $L^p(\mathbb{R}^n)$ 到 $L^q(\mathbb{R}^n)$ 的平移不变算子，则存在惟一缓增分布 $T\in\mathcal{S}'(\mathbb{R}^n)$, 使得

$$Au = T*u, \qquad \forall u\in\mathcal{S}(\mathbb{R}^n). \tag{1.10}$$

为证明定理 1.2, 先来证明一个预备引理.

引理 1.3 设 $1\le p\le\infty$, 若 $f\in L^p(\mathbb{R}^n)$ 且 f 在 L^p 意义下具有小于或等于 $n+1$ 阶导数，则 f 几乎处处等于一个连续函数 g 且满足

$$|g(x)| \le C\sum_{|\alpha|\le n+1}\|\partial^\alpha f\|_p, \quad x\in\mathbb{R}^n, \tag{1.11}$$

此处 C 仅依赖于 n 与 p.

证明 它本质上就是 Sobolev 嵌入定理. 现用 Fourier 变换给出一个直接证明. 令 $x=(x_1,\cdots,x_n)\in\mathbb{R}^n$, 则存在 C' 使得

$$(1+|x|^2)^{\frac{n+1}{2}}\le C'\sum_{|\alpha|\le n+1}|x^\alpha|. \tag{1.12}$$

先来考虑 $p=1$ 的情形:

$$\begin{aligned}|\hat{f}(x)|\le&C'(1+|x|^2)^{-\frac{n+1}{2}}\sum_{|\alpha|\le n+1}|x^\alpha||\hat{f}(x)|\\=&C'(1+|x|^2)^{-\frac{n+1}{2}}\sum_{|\alpha|\le n+1}|(2\pi)^{-|\alpha|}\widehat{\partial^\alpha f}(x)|\\\le&C''(1+|x|^2)^{-\frac{n+1}{2}}\sum_{|\alpha|\le n+1}\|\partial^\alpha f\|_1,\end{aligned}$$

因此,

$$\|\hat{f}\|_1\le C\sum_{|\alpha|\le n+1}\|\partial^\alpha f\|_1<\infty, \tag{1.13}$$

这里 $C=C''\int_{\mathbb{R}^n}(1+|x|^2)^{-\frac{n+1}{2}}dx$. 由 Fourier 变换 L^1 理论 (见第一章推论 2.14) 得知 Fourier 反演公式

$$f(x)=\int_{\mathbb{R}^n}e^{2\pi ix\cdot y}\hat{f}(y)dy,\quad x\in L_f$$

成立. 因此, 存在连续函数 g, 满足

$$g(x)=f(x),\quad \text{对 a.e. } x\in\mathbb{R}^n, \tag{1.14}$$

且

$$|g(x)|\le\|f\|_\infty\le\|\hat{f}\|_1\le C\sum_{|\alpha|\le n+1}\|D^\alpha f\|_1. \tag{1.15}$$

其次, 考虑 $p>1$ 的情形: 取 $\phi\in C_c^\infty(\mathbb{R}^n)$ 满足 $\text{supp}\phi\subset\{x:|x|<2\}$ 且 $\phi(x)\equiv1,|x|\le1$. 显然, $f\phi\in L^1(\mathbb{R}^n)$. 于是, 存在连续函数 $h(x)$ 使得对 a.e.$x\in\mathbb{R}^n$ 有 $h(x)=f(x)\phi(x)$ 且

$$|h(0)|\le C_1\sum_{|\alpha|\le n+1}\|\partial^\alpha(\phi f)\|_1, \tag{1.16}$$

由广义 Leibiniz 求导法则, 就得

$$\partial^\alpha(\phi f)=\sum_{\mu+\nu=\alpha}\frac{\alpha!}{\mu!\nu!}\partial^\mu f\partial^\nu\phi. \tag{1.17}$$

进而

$$\begin{aligned}\|\partial^\alpha(\phi f)\|_1 &\le \int_{|x|\le 2}\sum_{\mu+\nu=\alpha} C^{\mu\nu}|\partial^\mu f||\partial^\nu\phi|dx\\ &\le \sum_{\mu+\nu=\alpha} C^{\mu\nu}\sup_{|x|<2}|\partial^\nu\phi|\cdot\int_{|x|\le 2}|\partial^\mu f|dx\\ &\le C_2\sum_{|\mu|\le|\alpha|}\|\partial^\mu f\|_p,\end{aligned}\tag{1.18}$$

此处用到 Hölder 不等式. 故 (1.16) 和 (1.18) 就意味着

$$|h(0)|\le C\sum_{|\alpha|\le n+1}\|\partial^\alpha f\|_p.\tag{1.19}$$

注意到, 在 $|x|\le 1$ 上, $f\equiv\phi f$, 故在以 O 为心, 1 为半径的球 $B_1(0)$ 上, f 几乎处处等于一个连续函数 h 且满足 (1.19). 自然, 对 $\forall x\in\mathbb{R}^n$, 用 $f\tau_x\phi$ 来代替 $f\phi$, 容易看出, 存在与 f 几乎处处相等的连续函数 g 且满足 (1.11), 从而引理 1.3 成立.

定理 1.2 的证明 我们断言

$$\partial^\alpha Au = A\partial^\alpha u,\quad \forall u\in\mathcal{S}(\mathbb{R}^n).\tag{1.20}$$

事实上, 设 $h=(0,\cdots,h_j,0,\cdots,0)$, 因为 A 是平移不变算子, 自然有

$$\frac{\tau_h Au-Au}{h_j}=A\left(\frac{\tau_h u-u}{h_j}\right),\qquad \forall u\in\mathcal{S}(\mathbb{R}^n).\tag{1.21}$$

因为

$$\frac{\tau_h u-u}{h_j}\longrightarrow -\frac{\partial u}{\partial x_j},\qquad h_j\to 0$$

且 $\mathcal{S}(\mathbb{R}^n)\hookrightarrow L^q(\mathbb{R}^n)$. 所以 $\frac{\partial}{\partial x_j}Au$ 在 $L^q(\mathbb{R}^n)$ 中存在且在 L^q 意义下满足

$$-\frac{\partial}{\partial x_j}Au=-A\frac{\partial u}{\partial x_j}.\tag{1.22}$$

同理, 对任意 n 重指标 $\alpha=(\alpha_1,\cdots,\alpha_n)$, 有上面断言 (1.20) 成立.

由 Sobolev 嵌入定理 ($Au\in W^{n+1,q}(\mathbb{R}^n)$), 存在连续函数 g_u 使得

$$g_u(x)\overset{\text{a.e}}{=\!=}Au,\quad x\in\mathbb{R}^n,\tag{1.23}$$

并且

$$\begin{aligned}|g_u(0)|&\le C\sum_{|\alpha|\le n+1}\|\partial^\alpha Au\|_q=C\sum_{|\alpha|\le n+1}\|A\partial^\alpha u\|_q\\ &\le C\|A\|\sum_{|\alpha|\le n+1}\|\partial^\alpha u\|_p.\end{aligned}\tag{1.24}$$

这意味着 $u \to g_u(0)$ 确定了 $\mathcal{S}(\mathbb{R}^n)$ 上的一个连续线性泛函 $T_1 u = g_u(0)$. 我们断言, $T = \widetilde{T_1}$ 就是我们所要找的线性泛函.

事实上, 对 $\forall u \in \mathcal{S}(\mathbb{R}^n)$, 因为缓增广义函数 T 与速降函数 u 的卷积是 C^∞ 缓增函数 (见第一章的定理 4.20), 可得

$$\begin{aligned}(T*u)(x) &= T(\tau_x\widetilde{u}) = T(\widetilde{\tau_{-x}u}) = \widetilde{T}(\tau_{-x}u) = T_1(\tau_{-x}u)\\ &= A(\tau_{-x}u)(0) = \tau_{-x}(Au)(0) = (Au)(x).\end{aligned} \tag{1.25}$$

注记 1.1 由定理 1.2, 容易看出如下事实:

(i) $p<\infty$, 由于 $\mathcal{S}(\mathbb{R}^n)$ 稠于 $L^p(\mathbb{R}^n)$, 故 A 的定义域可以扩张成 $L^p(\mathbb{R}^n)$ 上并且具有 $Au = T*u$ 的形式.

(ii) $p=\infty$, $q=\infty$, 则上面确定缓增广义函数正好是有界测度, 此情形将在下一节具体表出.

注记 1.2 事实上, 定理 1.2 的证明仅需如下 Sobolev 嵌入定理的局部形式就足够了.

Sobolev 嵌入定理的局部形式 设 $\partial^\alpha f \in L^p_{\rm loc}$, $|\alpha| \le n$, 且 f 几乎处处连续, 则存在常数 C 使得

$$|f(x)| \le C\sum_{|\alpha|\le n}\left(\int_{|y-x|\le 1}|\partial^\alpha f|^p dy\right)^{1/p}. \tag{1.26}$$

§2.2 L_p^q 空间与 Hörmander 空间 $\mathcal{M}_p^q$

定义 2.1 记 L_p^q 是集合 $\{T\in\mathcal{S}'(\mathbb{R}^n);\quad \|T*\phi\|_q \le C\|\phi\|_p, \forall\phi\in\mathcal{S}(\mathbb{R}^n)\}$ 所构成的向量空间, 在其上定义范数为

$$L_p^q(T) = \sup_{\phi\in\mathcal{S}(\mathbb{R}^n)}\frac{\|T*\phi\|_q}{\|\phi\|_p}, \quad \phi\ne 0. \tag{2.1}$$

易见 L_p^q 等距同构于 (L^p, L^q) 的闭子空间, 自然它是一个 Banach 空间. 此处 (L^p, L^q) 是指全体从 $L^p(\mathbb{R}^n)$ 到 $L^q(\mathbb{R}^n)$ 的有界线性算子构成的 Banach 空间.

我们知道, $\mathcal{F}$ 是 $\mathcal{S}(\mathbb{R}^n)\to\mathcal{S}(\mathbb{R}^n)$ 以及 $\mathcal{S}'(\mathbb{R}^n)\to\mathcal{S}'(\mathbb{R}^n)$ 上的同构映射, 因此, 映射

$$\phi \to T*\phi, \qquad \forall\phi\in\mathcal{S}(\mathbb{R}^n) \tag{2.2}$$

可以改写成

$$\phi\to\mathcal{F}^{-1}(\hat{T}\mathcal{F}\phi), \qquad \forall\phi\in\mathcal{S}(\mathbb{R}^n). \tag{2.3}$$

于是, 我们就可引入 Hörmander 空间 $\mathcal{M}_p^q$ 的概念:

定义 2.2 $\mathcal{M}_p^q = \mathcal{F}L_p^q$, $\forall \hat{T} \in \mathcal{M}_p^q$, 其范数定义为

$$\mathcal{M}_p^q(\hat{T}) = L_p^q(T), \ \forall \hat{T} \in \mathcal{M}_p^q. \tag{2.4}$$

通常称 $\mathcal{M}_p^q$ 中的元素是 (p,q) 型乘子.

定理 2.1 设 T 是非零的缓增广义函数, $\mathbb{R}^2$ 中使得 $T \in L_{\frac{1}{x}}^{\frac{1}{y}}$ 的点集是 ▲ 的凸子集, 并且它关于 $x+y=1$ 对称. 这里

$$▲ = \{(x,y) \mid \quad 0 \le x \le 1, \quad 0 \le y \le 1, \quad y \le x\},$$

进而, 在此集合上 $\ln L_{\frac{1}{x}}^{\frac{1}{y}}(T)$ 是 (x,y) 的关于 $x+y=1$ 对称的凸函数.

证明 显然, 由定理 1.1 可见 $T \in L_{\frac{1}{x}}^{\frac{1}{y}}$ 的集合恰是 ▲ 的凸子集 (见图 2.1).

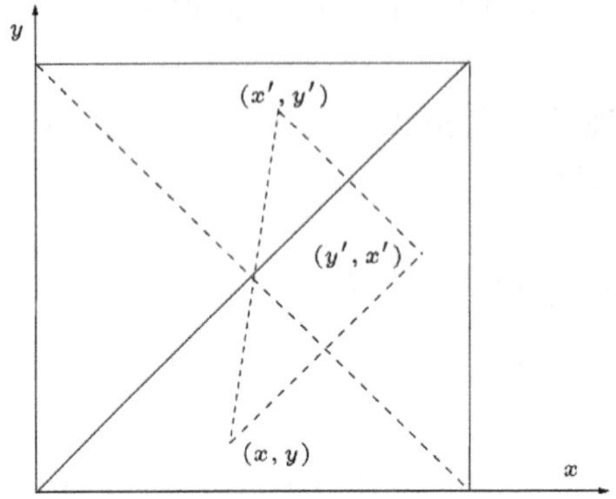

图 2.1 凸集 ▲

下面先来证明对称性, 即

$$L_{\frac{1}{x}}^{\frac{1}{y}} = L_{\frac{1}{y'}}^{\frac{1}{x'}}, \tag{2.5}$$

这里 $x+x'=y+y'=1$. 对任意的 $T \in L_{\frac{1}{x}}^{\frac{1}{y}}$, 按定义有

$$\|T * \phi\|_{\frac{1}{y}} \le L_{\frac{1}{x}}^{\frac{1}{y}}(T) \|\phi\|_{\frac{1}{x}}, \quad \forall \phi \in \mathcal{S}(\mathbb{R}^n).$$

由第一章定理 4.20, 对 $\forall \phi,\ \psi \in \mathcal{S}(\mathbb{R}^n)$, 考虑

$$|T * \phi * \psi(0)| \le \|T * \phi\|_{\frac{1}{y}} \|\psi\|_{\frac{1}{y'}} \le L_{\frac{1}{x}}^{\frac{1}{y}}(T) \|\psi\|_{\frac{1}{y'}} \|\phi\|_{\frac{1}{x}}, \tag{2.6}$$

注意到 $T * \phi * \psi(0) = T * \psi * \phi(0)$ 及 Hölder 逆不等式可见

$$\|T * \psi\|_{\frac{1}{x'}} \le L_{\frac{1}{x}}^{\frac{1}{y}}(T) \|\psi\|_{\frac{1}{y'}}, \qquad \forall \psi \in \mathcal{S}(\mathbb{R}^n). \tag{2.7}$$

从而， $L_{\frac{1}{x}}^{\frac{1}{y}} \subset L_{\frac{1}{y'}}^{\frac{1}{x'}}$ 且

$$L_{\frac{1}{y'}}^{\frac{1}{x'}}(T) \le L_{\frac{1}{x}}^{\frac{1}{y}}(T). \tag{2.8}$$

同理，调换证明次序即得 $L_{\frac{1}{y'}}^{\frac{1}{x'}} \subset L_{\frac{1}{x}}^{\frac{1}{y}}$ 及

$$L_{\frac{1}{x}}^{\frac{1}{y}}(T) \le L_{\frac{1}{y'}}^{\frac{1}{x'}}(T). \tag{2.9}$$

综上讨论知 $L_{\frac{1}{y'}}^{\frac{1}{x'}} = L_{\frac{1}{x}}^{\frac{1}{y}}$ 且

$$L_{\frac{1}{x}}^{\frac{1}{y}}(T) = L_{\frac{1}{y'}}^{\frac{1}{x'}}(T). \tag{2.10}$$

其次，证明函数 $\ln L_{\frac{1}{x}}^{\frac{1}{y}}(T)$ 是 (x,y) 的关于 $x+y=1$ 对称的凸函数. 显然，由 $(x_1,y_1)\in\blacktriangle$, $(x_2,y_2)\in\blacktriangle \Rightarrow (x_\theta,y_\theta)\in\blacktriangle$, 这里

$$x_\theta = \theta x_1 + (1-\theta)x_2, \quad y_\theta = \theta y_1 + (1-\theta)y_2, \quad 0\le\theta\le 1. \tag{2.11}$$

设 $T\in L_{\frac{1}{x_1}}^{\frac{1}{y_1}}$, $T\in L_{\frac{1}{x_2}}^{\frac{1}{y_2}}$, 由 M.Riesz 插值定理 (见第四章), 容易推得 $T\in L_{\frac{1}{x_\theta}}^{\frac{1}{y_\theta}}$ 且

$$\|T\|_{L_{\frac{1}{x_\theta}}^{\frac{1}{y_\theta}}} \le (L_{\frac{1}{x_1}}^{\frac{1}{y_1}}(T))^\theta (L_{\frac{1}{x_2}}^{\frac{1}{y_2}}(T))^{1-\theta},$$

于是

$$\ln(L_{\frac{1}{x_\theta}}^{\frac{1}{y_\theta}}(T)) \le \theta\ln(L_{\frac{1}{x_1}}^{\frac{1}{y_1}}(T)) + (1-\theta)\ln(L_{\frac{1}{x_2}}^{\frac{1}{y_2}}(T)). \tag{2.12}$$

故定理 2.1 得证.

定理 2.2 (1) $L_p^\infty = L_1^{p'} = L^{p'}(\mathbb{R}^n), \quad p<\infty$;

(2) $L_\infty^\infty = L_1^1 = \mathcal{M}(\mathbb{R}^n)$, 这里 $\mathcal{M}=\mathcal{M}(\mathbb{R}^n)$ 是 $\mathbb{R}^n$ 上有限的 Borel 测度空间.

证明 (1) 由定理 2.1, 仅需证明 $L_p^\infty = L^{p'}(\mathbb{R}^n)$. 事实上， $\forall T\in L_p^\infty(\mathbb{R}^n)$, 有

$$\|T*\phi\|_\infty \le L_p^\infty(T)\|\phi\|_p, \qquad \forall\phi\in L^p(\mathbb{R}^n).$$

由 Hölder 不等式亦有

$$\|T\|_{p'} \le L_p^\infty(T), \tag{2.13}$$

从而 $L_p^\infty \subset L^{p'}(\mathbb{R}^n)$.

另一方面，设 $T\in L^{p'}(\mathbb{R}^n)$, 则 $\forall\phi\in\mathcal{S}(\mathbb{R}^n)$ 有 $\|T*\phi\|_\infty \le \|T\|_{p'}\|\phi\|_p$, 即

$$L_p^\infty(T) \le \|T\|_{p'}. \tag{2.14}$$

此意味着 $L^{p'}(\mathbb{R}^n)\subset L_p^\infty$, 从而 (1) 得证.

(2) 由定理 2.1, 仅需证明 $L_1^1=\mathcal{M}$. 设 $u\in\mathcal{M}$ 是有限的 Borel 测度，根据测度形式的 Young 不等式

$$\|u*\phi\|_1\le\bigvee_{\mathbb{R}^n}(u)\|\phi\|_1,$$

这里 $\bigvee_{\mathbb{R}^n}(u)$ 表示测度 u 的全变差. 因此，$L_1^1(u)\le\bigvee_{\mathbb{R}^n}(u)<\infty$, 从而 $\mathcal{M}\subset L_1^1$.

下面证明 $L_1^1\subset\mathcal{M}$. 设 $u\in L_1^1$, 则 $B\phi=u*\phi$ 是 $L^1(\mathbb{R}^n)\to L^1(\mathbb{R}^n)$ 有界线性算子. 我们考虑 $L^1(\mathbb{R}^n)$ 中的函数类

$$\overline{A}=\{u_\varepsilon=u*W(\cdot,\varepsilon),\quad \varepsilon>0\},$$

这里 $W(x,\varepsilon)=(4\pi\varepsilon)^{-\frac{n}{2}}e^{-\frac{|x|^2}{4\varepsilon}}$. 利用 Gauss 核的性质可见

$$\|u_\varepsilon\|_1\le L_1^1(u)\|W(\cdot,\varepsilon)\|_1=L_1^1(u)<\infty,$$

即 u_ε 的 $L^1(\mathbb{R}^n)$ 范数关于 ε 一致有界. 因为对 $\forall f\in L^1(\mathbb{R}^n)$ 及 $F\subset\mathbb{R}^n$ 可测，定义 $\mu_f(F)=\int_F f(x)dx$, 这就是说 f 对应着 $\mathbb{R}^n$ 上 Borel 测度 μ_f, 且 $|\mu_f|\le\|f\|_1$. 在等距同构的意义下可视 $f=\mu_f$, 故有 $L^1(\mathbb{R}^n)$ 连续嵌入 $\mathcal{M}$.

另一方面，$\mathcal{M}(\mathbb{R}^n)=C_0(\mathbb{R}^n)^*$ 且 $C_0(\mathbb{R}^n)$ 是可分空间. 因此 $\mathcal{M}(\mathbb{R}^n)$ 上的有界闭集 $\overline{A}$ 是弱 * 紧致的. 于是，可找到 $\mu\in\mathcal{M}$ 及子序列 $\{\varepsilon_k\}$ 使得当 $k\longrightarrow\infty$ 时，u_{ε_k} 弱 * 收敛于 μ. 也就是说，对 $\forall\phi\in C_0(\mathbb{R}^n)$, 有

$$\lim_{k\to\infty}\int_{\mathbb{R}^n}\phi(x)u_{\varepsilon_k}(x)dx=\int_{\mathbb{R}^n}\phi(x)d\mu(x),\tag{2.15}$$

下面我们将证明 $\mu=u$. 为此目的，必须证明：对一切 $\psi\in\mathcal{S}(\mathbb{R}^n)$ 有

$$u(\psi)=\int_{\mathbb{R}^n}\psi(x)d\mu(x).\tag{2.16}$$

现设

$$\psi_\varepsilon(x)=\int_{\mathbb{R}^n}\psi(x-y)W(y,\varepsilon)dy,\tag{2.17}$$

对任意多重指标 α, 有

$$\partial^\alpha\psi_\varepsilon(x)=\int_{\mathbb{R}^n}\partial^\alpha\psi(x-y)W(y,\varepsilon)dy.$$

依照卷积的正则化原理及 Sobolev 嵌入定理有

$$\partial^\alpha\psi_\varepsilon(x)\xrightarrow{1}\partial^\alpha\psi(x),\qquad x\in\mathbb{R}^n,\tag{2.18}$$

从而当 $\varepsilon \to 0$ 时， $\psi_\varepsilon \xrightarrow{\mathcal{S}(\mathbb{R}^n)} \psi$. 由此推得

$$u(\psi_\varepsilon) \to u(\psi), \qquad u \in L_1^1. \tag{2.19}$$

注意到 $W(x,\varepsilon) = \widetilde{W}(x,\varepsilon)$ 及 $u \in L_1^1 \hookrightarrow \mathcal{S}'(\mathbb{R}^n)$, 从而

$$\begin{aligned} u(\psi_\varepsilon) &= u(W(\cdot,\varepsilon) * \psi) = u * \widetilde{W}(\cdot,\varepsilon)(\psi) \\ &= u * W(\cdot,\varepsilon)(\psi) = \int_{\mathbb{R}^n} \psi u_\varepsilon(x) dx, \end{aligned} \tag{2.20}$$

这样，取 $\varepsilon = \varepsilon_k$ 并令 $k \to \infty$, 由 (2.15) 和 (2.19) 即得 (2.16) 且

$$\int_{\mathbb{R}^n} |d\mu(x)| = L_1^1(u). \tag{2.21}$$

推论 2.3 对任意的 $(x,y) \in \blacktriangle$, $T \in L_{\frac{1}{x}}^{\frac{1}{y}}$ 的充要条件是 $T \in L^1(\mathbb{R}^n) \cap L^\infty(\mathbb{R}^n)$.

证明 先证充分性. $T \in L^1(\mathbb{R}^n) \cap L^\infty(\mathbb{R}^n)$, 因为 $L^1(\mathbb{R}^n) \hookrightarrow \mathcal{M}$ 及 $L^\infty(\mathbb{R}^n) = L_1^\infty$, 此意味着

$$T \in L_p^q, \qquad \left(\frac{1}{p}, \frac{1}{q}\right) = (1,1), \quad (0,0), \quad (1,0),$$

故由 M.Riesz 插值定理可见 $T \in L_{\frac{1}{x}}^{\frac{1}{y}}$, $(x,y) \in \blacktriangle$.

再证必要性. 设 T 是一个平移不变算子，且

$$\|T\varphi\|_\infty \le A\|\varphi\|_\infty, \quad \varphi \in C_c,$$

那么， $\varphi \longrightarrow T\varphi(0)$ 是一个测度 $d\mu$, 满足 $\mu(\mathbb{R}^n) \le A$ 且

$$T\varphi = \mu * \varphi, \qquad \varphi \in C_c.$$

进而，由假设条件推知，对任意的 $\varphi \in C_c$, 有 $\|T\varphi\|_\infty \le B\|\varphi\|_1$. 换言之

$$\|\mu * \varphi\|_\infty \le B\|\varphi\|_1, \quad \varphi \in C_c.$$

今取非负函数 $\varphi(x) \in C_c$ 且 $\int \varphi dx = 1$. 记 $\varphi_\epsilon(x) = \varphi(\frac{x}{\epsilon})\epsilon^{-n}$, 因此, $|\mu * \varphi_\epsilon| \le B$, $\epsilon > 0$. 因为

$$\mu * \varphi_\epsilon \xrightarrow{\mathcal{S}'(\mathbb{R}^n)} \mu, \qquad \epsilon \to 0,$$

以及 $L^\infty(\mathbb{R}^n)$ 中的单位球是弱 * 紧集，从而推得它在 $\mathcal{S}'(\mathbb{R}^n)$ 中是紧的且满足

$$\mu \in L^\infty(\mathbb{R}^n), \qquad |\mu| \le B.$$

综上推知 $T\in L^1(\mathbb{R}^n)\cap L^\infty(\mathbb{R}^n)$.

推论 2.4 设 $p\le q$, $\frac{1}{p}-\frac{1}{q}=1-\frac{1}{a}$, 则 $L^a(\mathbb{R}^n)\hookrightarrow L_p^q$ 且满足估计

$$L_p^q(f)\le \|f\|_a. \tag{2.22}$$

当 $a=1$ 时，$L^1(\mathbb{R}^n)$ 可用 $\mathcal{M}$ 来代替，相应的 L^1 模用 f 的有界变差来代替.

证明 由定理 2.2 知

$$L^\infty_{(\frac{a}{a-1})}=L_1^a=L^a. \tag{2.23}$$

根据 M.Riesz 插值定理可见

$$L_p^q(f)\le (L^\infty_{\frac{a}{a-1}}(f))^\theta(L_1^a(f))^{(1-\theta)}=\|f\|_{L^a}, \tag{2.24}$$

这里

$$\begin{cases}\frac{1}{p}=\theta\frac{a-1}{a}+(1-\theta),\\ \frac{1}{q}=\theta\frac{1}{\infty}+(1-\theta)\frac{1}{a}.\end{cases}$$

此恰等价于 $\frac{1}{p}-\frac{1}{q}=1-\frac{1}{a}$.

当 $a=1$ 时，$L^1(\mathbb{R}^n)$ 用 $\mathcal{M}$ 来代替，相应的结论仍然成立. 即 $L_p^q(f)\le\|f\|_{\mathcal{M}}$.

注记 2.1 推论 2.4 恰是 Young 不等式的推广 . 事实上，设 $f\in L_p^q$, 对任意的 $\phi\in L^p(\mathbb{R}^n)$, 我们有

$$\|f*\phi\|_q\le L_p^q(f)\|\phi\|_p, \tag{2.25}$$

当 p,q 满足 $p\le q$ 及 $\frac{1}{p}-\frac{1}{q}=1-\frac{1}{a}$ 时，由 (2.22) 即推得 Young 不等式

$$\|f*\phi\|_q\le\|f\|_a\cdot\|\phi\|_p. \tag{2.26}$$

定理 2.5 $\mathcal{M}_2^2=L^\infty(\mathbb{R}^n)$.

证明 设 $\hat{T}\in\mathcal{M}_2^2$, 自然有 $T\in L_2^2$. 于是

$$T*u\in L^2(\mathbb{R}^n),\quad \forall u\in\mathcal{S}(\mathbb{R}^n).$$

由 Fourier 变换的 L^2 理论易见 $\widehat{T*u}=\hat{T}\hat{u}\in L^2$. 直接估计

$$\begin{aligned}\|\hat{T}\hat{u}\|_2=\|\widehat{T*u}\|_2=\|T*u\|_2\le L_2^2(T)\|u\|_2\\ =\mathcal{M}_2^2(\hat{T})\|\hat{u}\|_2,\quad \forall\hat{u}\in\mathcal{S}(\mathbb{R}^n).\end{aligned} \tag{2.27}$$

由 $\hat{u}\in\mathcal{S}(\mathbb{R}^n)$ 任意性及 $C_c^\infty(\mathbb{R}^n)\hookrightarrow\mathcal{S}(\mathbb{R}^n)$, 可知 $\hat{T}\in L^2_{\rm loc}(\mathbb{R}^n)$, 从而推得

$$\|\hat{T}\|_\infty\le\mathcal{M}_2^2(\hat{T}). \tag{2.28}$$

另一方面，设 $\|\hat{T}(\xi)\|_\infty \le C$, 由 Parsavel 恒等式可得

$$\|T*u\|_2 = \|\hat{T}\cdot\hat{u}\|_2 \le \|\hat{T}\|_\infty \cdot \|\hat{u}\|_2, \quad \forall \hat{u}\in\mathcal{S}(\mathbb{R}^n). \tag{2.29}$$

因此，

$$L_2^2(T) = \mathcal{M}_2^2(\hat{T}) \le \|\hat{T}\|_\infty < \infty, \qquad \forall \hat{T}\in L^\infty(\mathbb{R}^n). \tag{2.30}$$

故 $L^\infty(\mathbb{R}^n) = \mathcal{M}_2^2$.

推论 2.6 设 $1\le p\le\infty$, 则有 $\mathcal{M}_p^p \hookrightarrow L^\infty(\mathbb{R}^n)$ 且

$$\|f\|_\infty \le \mathcal{M}_p^p(f), \quad \forall f\in\mathcal{M}_p^p. \tag{2.31}$$

证明 对 $\forall\hat{T}\in\mathcal{M}_p^p$, 自然有 $\hat{T}\in\mathcal{M}_{p'}^{p'}$, 即

$$\|T*u\|_p \le L_p^p(T)\|u\|_p = \mathcal{M}_p^p(\hat{T})\|u\|_p, \quad \forall u\in\mathcal{S}(\mathbb{R}^n),$$

$$\|T*u\|_{p'} \le \mathcal{M}_{p'}^{p'}(\hat{T})\|u\|_{p'}, \qquad \forall u\in\mathcal{S}(\mathbb{R}^n).$$

利用 M.Riesz 插值定理，得

$$\|T*u\|_2 \le \mathcal{M}_p^p(\hat{T})^{\frac{1}{2}}\cdot\mathcal{M}_{p'}^{p'}(\hat{T})^{\frac{1}{2}}\|u\|_2 = \mathcal{M}_p^p(\hat{T})\|u\|_2, \tag{2.32}$$

从而

$$L_2^2(T) = \mathcal{M}_2^2(\hat{T}) \le \mathcal{M}_p^p(\hat{T}). \tag{2.33}$$

证毕.

定理 2.7

$$\mathcal{M}_p^q \hookrightarrow L_{\rm loc}^p(\mathbb{R}^n), \quad p\ge 2, \tag{2.34}$$

$$\mathcal{M}_p^q \hookrightarrow L_{\rm loc}^{q'}(\mathbb{R}^n), \quad q\le 2. \tag{2.35}$$

证明 易见 (2.35) 蕴含 (2.34). 事实上，当 $p\ge 2$ 时，就有 $p'\le 2$. 故 (2.35) 就意味着

$$\mathcal{M}_p^q = \mathcal{M}_{q'}^{p'} \hookrightarrow L_{\rm loc}^{(p')'}(\mathbb{R}^n) = L_{\rm loc}^p(\mathbb{R}^n), \qquad p\ge 2. \tag{2.36}$$

下面证明 (2.35). 对 $\hat{T}\in\mathcal{M}_p^q$, $q\le 2$, 对 $\forall\hat{u}\in\mathcal{S}(\mathbb{R}^n)$, 有

$$\|\hat{T}\cdot\hat{u}\|_{q'} = \|\mathcal{F}(T*u)\|_{q'} \le \|T*u\|_q < \mathcal{M}_p^q(\hat{T})\|u\|_p < \infty.$$

根据 $\hat{u}\in\mathcal{S}(\mathbb{R}^n)$ 的任意性，可取 $\hat{u}$ 是任意紧集上特征函数光滑化，即可说明 $\hat{T}\in L_{\rm loc}^{q'}(\mathbb{R}^n)$.

注记 2.2 当 $p\ge 2$ 或 $q\le 2$ 时，由 (2.34),(2.35) 及有限域上的 Sobolev 定理即推知 $\mathcal{M}_p^q \hookrightarrow L_{\rm loc}^2$.

定理 2.8 设 $2\le p\le q\le r$ 或 $p\le q\le r\le 2$, 则对 $\forall f\in\mathcal{M}_p^q$, $g\in\mathcal{M}_q^r$, 则 $f\cdot g\in\mathcal{M}_p^r$ 且

$$\mathcal{M}_p^r(fg)\le\mathcal{M}_p^q(f)\mathcal{M}_q^r(g),\quad \forall f\in\mathcal{M}_p^q,\forall g\in\mathcal{M}_q^r. \tag{2.37}$$

证明 按 $\mathcal{M}_p^q$ 定义及定理条件, 有

$$\|\mathcal{F}^{-1}(f\mathcal{F}\phi)\|_q\le\mathcal{M}_p^q(f)\|\phi\|_p,\quad \forall\phi\in L^p(\mathbb{R}^n), \tag{2.38}$$

$$\|\mathcal{F}^{-1}(g\mathcal{F}\psi)\|_r\le\mathcal{M}_q^r(f)\|\psi\|_q,\quad \forall\psi\in L^q(\mathbb{R}^n). \tag{2.39}$$

取 $\psi=\mathcal{F}^{-1}(f\mathcal{F}\phi)\in L^q(\mathbb{R}^n)$, 就有

$$\begin{aligned}\|\mathcal{F}^{-1}g\mathcal{F}(\mathcal{F}^{-1}f\mathcal{F}\phi)\|_r&\le\mathcal{M}_q^r(g)\|\mathcal{F}^{-1}f\mathcal{F}\phi\|_q\\&\le\mathcal{M}_q^r(g)\mathcal{M}_p^q(f)\|\phi\|_p,\quad\forall\phi\in L^p(\mathbb{R}^n),\end{aligned}$$

从而 $fg\in\mathcal{M}_p^r$ 且有 (2.37). 于是就有如下直接结论:

推论 2.9 $\mathcal{M}_p^p$ 关于逐点乘法和加法构成了赋范环.

注记 2.3 (i) $\mathcal{M}_p^p$ 关于乘法, 加法满足通常运算规律 (除可交换性, 逆元存在外), 因此, $\mathcal{M}_p^p$ 是一个赋范环, 亦称是赋范代数.

(ii) 因 $\mathcal{M}_p^p$ 完备, 故 $\mathcal{M}_p^p$ 是一个 Banach 代数.

(iii) $\mathcal{M}_1^1=\mathcal{M}_\infty^\infty=\mathcal{F}L_1^1=\mathcal{F}L_\infty^\infty$ 正好是全体 Borel 有限测度的 Fourier-Stieltjes 变换所构成的 Banach 代数.

(iv) 在定理 2.8 的证明中, 用到了条件 $2\le p\le q\le r$ 或 $p\le q\le r\le 2$ 的条件. 事实上, 当 $p<2<q$ 时, $f\in\mathcal{M}_p^q$ 可能是一个正阶分布 (即不是一个测度), 在此情形下, 算子 $\mathcal{F}^{-1}(f\mathcal{F}\phi)$ 仅能对 $\phi\in\mathcal{S}(\mathbb{R}^n)$ 有定义, 否则

$$\|\mathcal{F}^{-1}(f\mathcal{F}\phi)\|_q=\|\mathcal{F}^{-1}f*\phi\|_q\le\|f\|_{L_p^q}\|\phi\|_p,\quad\forall\phi\in L^p,$$

从而

$$\mathcal{F}^{-1}f\in L^r,\quad r=\left(1-\frac{1}{p}+\frac{1}{q}\right)^{-1}>1. \tag{2.40}$$

此与 f 是一个正阶分布相矛盾.

定理 2.10 设 $f\in\mathcal{M}_p^q$, $g\in\mathcal{S}(\mathbb{R}^n)$, 则有

$$gf\in\mathcal{M}_r^q,\qquad r\le p, \tag{2.41}$$

$$gf\in\mathcal{M}_p^s,\qquad s\ge q. \tag{2.42}$$

证明 (2.41) 意味着 (2.42). 事实上,

$$\mathcal{M}_p^s=\mathcal{M}_{s'}^{p'}. \tag{2.43}$$

由 $s \geq q$ 得知 $s' \leq q'$, 因此，对 $\forall f \in \mathcal{M}_p^q = \mathcal{M}_{q'}^{p'}$, 由 (2.41) 可见

$$gf \in \mathcal{M}_{s'}^{p'} = \mathcal{M}_p^s. \tag{2.44}$$

下面证明 (2.41). 记 $f = \hat{T}_f$, $g = \hat{T}_g \in \mathcal{S}(\mathbb{R}^n)$, 从而 $T_g \in \mathcal{S}(\mathbb{R}^n)$. 对 $u \in \mathcal{S}(\mathbb{R}^n)$, 有

$$\begin{aligned}\|(T_f * T_g) * u\|_q = \|T_f * (T_g * u)\|_q &\leq \mathcal{M}_p^q(f)\|T_g * u\|_p \\ &\leq \mathcal{M}_p^q(f)\|T_g\|_a\|u\|_r,\end{aligned} \tag{2.45}$$

这里 $\frac{1}{p} = \frac{1}{r} + \frac{1}{a} - 1$. 从而 $gf \in \mathcal{M}_r^q$ 且有相应估计式

$$\mathcal{M}_r^q(fg) \leq \mathcal{M}_p^q(f)\|\mathcal{F}^{-1}g\|_a. \tag{2.46}$$

注记 2.4 这里没有对 $p \leq q$ 有过多的要求，即使在 $p < 2 < q$ 下，下面的证明仍可以进行. 因为它作用的元素 $T_g * u$ 仍属于 $\mathcal{S}(\mathbb{R}^n)$, 并不要求定义域从 $\mathcal{S}(\mathbb{R}^n)$ 到 $L^p(\mathbb{R}^n)$ 的扩张.

下面来考虑当 $p < 2 < q$ 时，空间 $\mathcal{M}_p^q$ 的刻画. 在利用 Fourier 变换研究微分方程时，我们常用

$$\mathcal{F}f(x) = \hat{f}(x) = (2\pi)^{-\frac{n}{2}} \int_{\mathbb{R}^n} e^{-ix\cdot y} f(y)dy \tag{2.47}$$

来代替原来的 Fourier 变换

$$\mathcal{F}f(x) = \hat{f}(x) = \int_{\mathbb{R}^n} e^{-2\pi ix\cdot y} f(y)dy. \tag{2.48}$$

容易验证，在 (2.47) 意义下 Fourier 变换 $\mathcal{F}$ 与 (2.48) 所定义的 Fourier 变换是完全等价的. 在对微分算子 $Q(\partial)$ 进行 Fourier 变换时，用 (2.47) 定义的 Fourier 变换，有 $\mathcal{F}Q(\partial) = Q(ix)$. 而在 (2.48) 定义的 Fourier 变换下，有 $\mathcal{F}Q(\partial) = Q(2\pi ix)$. 故用 (2.47) 定义的 Fourier 变换，就没有常数 2π 了. 特别，记 $D = i^{-1}\partial$, 那么 $\mathcal{F}Q(D) = Q(x)$. 这样，(2.47) 定义的 Fourier 变换就建立了微分算子 $Q(D)$ 与函数 $Q(x)$ 之间的恰当对应.

引理 2.11 设 $u_0(x) \in \mathcal{S}(\mathbb{R}^n)$ 定义 $\hat{u}(\xi, t) = \hat{u}_0(\xi)e^{it|\xi|^2}$, 则有估计

$$\|u\|_p \leq C_p|t|^{n(\frac{1}{p}-\frac{1}{2})}, \qquad p > 2, \tag{2.49}$$

其中 C_p 是常数.

证明 若 $u(t, x)$ 是 Schrödinger 方程

$$\begin{cases} iu_t - \Delta u = 0, \\ u(x, 0) = u_0(x) \end{cases} \tag{2.50}$$

的解，由能量守恒律可见

$$\|\hat{u}(t,\xi)\|_2 = \|u(t,x)\|_2 = \|u_0(x)\|_2. \tag{2.51}$$

另一方面，利用 Fourier 变换直接求解 (2.50), 即得

$$u(t,x) = \frac{1}{(4\pi it)^{\frac{n}{2}}} \int_{\mathbb{R}^n} e^{-\frac{|x-y|^2}{4it}} u_0(y)dy, \tag{2.52}$$

从而

$$|u(t,x)| \le C_1|t|^{-\frac{n}{2}}. \tag{2.53}$$

这样，由 (2.51) 和 (2.53) 可得

$$\int_{\mathbb{R}^n} |u|^p dx \le (C_1|t|^{-\frac{n}{2}})^{p-2} \int |u_0|^2 dx = C_p^p |t|^{n(1-\frac{p}{2})}, \tag{2.54}$$

两边开 p 次方就得 (2.49).

定理 2.12 设 $p < 2 < q$, 则存在元素 $f \in \mathcal{M}_p^q$ 使得 f 是一个正阶分布 (即 f 不是一个测度).

证明 采用反证法：对 $\forall f \in \mathcal{M}_p^q$, 假设 f 均是一个测度，定义

$$\mathcal{A}: \qquad f \in \mathcal{M}_p^q \longrightarrow f_{|\xi|\le 1} \in \mathcal{M}_{|\xi|\le 1} \tag{2.55}$$

是从 $\mathcal{M}_p^q$ 到单位球上的有界测度空间的闭映射. 由闭图像定理知 $\mathcal{A}$ 是连续的，特别,

$$\int_{|\xi|\le 1} |f| d\xi \le C\mathcal{M}_p^q(f). \tag{2.56}$$

现取 $u_0(x) \in \mathcal{S}(\mathbb{R}^n)$ 满足 $\hat{u}_0(0) \ne 0$, $u(t,x) = \mathcal{F}^{-1}(e^{it|\xi|^2}\hat{u}_0(\xi))$. 令 $f = \hat{u}(t,x)$, 代入 (2.56), 可见

$$0 < \int_{|\xi|\le 1} |\hat{u}_0(\xi)| d\xi = \int_{|\xi|\le 1} |\hat{u}(t,x)| d\xi \le C\mathcal{M}_p^q(\hat{u}). \tag{2.57}$$

另一方面，由 (2.49) 、推论 2.4 可知

$$L_{l'}^{\infty}(u(x,t)) = L_1^l(u(x,t)) \le \|u(t,x)\|_l \le C|t|^{n(\frac{1}{l}-\frac{1}{2})}, \quad l > 2, \tag{2.58}$$

从而

$$\mathcal{M}_{l'}^{\infty}(\hat{u}(t,x)) = \mathcal{M}_1^l(\hat{u}(x,t)) \le C|t|^{(\frac{1}{l}-\frac{1}{2})n}, \quad l > 2. \tag{2.59}$$

注意到

$$\mathcal{M}_2^2(\hat{u}(t,x)) = \|\hat{u}_0\|_\infty, \tag{2.60}$$

对任意的 $p<2<q$, 存在 $2<l<\infty$, 使得 $(\frac{1}{p},\frac{1}{q})$ 属于以 $(\frac{1}{2},\frac{1}{2})$, $(1,\frac{1}{l})$, $(\frac{1}{l'},0)$ 为顶点的三角形的内部. 由定理 2.1 及 M.Riesz 插值定理, 推得

$$\mathcal{M}_p^q(\hat{u}(t,x)) \to 0, \quad t\to\infty.$$

此与 (2.57) 相矛盾.

推论 2.13 当 $p>2$ 时, 存在函数 $u\in L^p(\mathbb{R}^n)$ 使得 $\hat{u}$ 是一个正阶分布 (不是通常测度).

证明 因为 $\mathcal{M}_1^p=\mathcal{F}L^p(\mathbb{R}^n)$, 故对 $\mathcal{M}_1^p$ 利用定理 2.12 就得此结果.

当 $1<p\le 2\le q<\infty$ 时, 利用下面 Paley 不等式, 给出 $\mathcal{M}_q^p$ 的一个刻画, 即可测函数 f 满足什么条件, 才有 $f\in\mathcal{M}_p^q$.

定理 2.14(Paley 不等式) 设 $\phi\ge 0$ 是满足 $m\{\xi;\phi(\xi)\ge s\}\le C/s$ 的可测函数, 则对任意 $1<p\le 2$ 有

$$\left(\int|\hat{u}/\phi|^p\phi^2 d\xi\right)^{\frac{1}{p}}\le C_p\|u\|_p, \quad \forall u\in L^p(\mathbb{R}^n), \tag{2.61}$$

这里 C_p 是依赖于 p 和 C 的常数.

证明 当 $\phi=0$ 时, 上式显然成立. 当 $p=2$ 时, (2.61) 正好是 Parseval 不等式.

对一般的情形, 令 $d\mu(\xi)=\phi(\xi)^2d\xi$, $Tu=\hat{u}/\phi$, 则有

$$\mu\{\xi;\quad \phi(\xi)\le\sigma\}\le 2C\sigma, \tag{2.62}$$

事实上, 注意到 $m(s)=m\{\xi:\phi(\xi)\ge s\}$, 我们有

$$\begin{aligned}&\mu\{\xi;\phi(\xi)\le\sigma\}=\int_{\{\xi:\phi(\xi)\le\sigma\}}d\mu=\int_{\{\xi:\phi(\xi)\le\sigma\}}\phi^2(\xi)d\xi\\&=\int_0^\sigma s^2d(-m(s))=2\int_0^\sigma sm(s)ds+\lim_{s\to 0}s^2m(s)-\sigma^2m(\sigma)\\&\le 2C\sigma.\end{aligned}\tag{2.63}$$

因此, 对 $\forall u\in L^1(\mathbb{R}^n)$, 由 (2.62) 可推得

$$\mu\{\xi;|Tu(\xi)|\ge s\}=\mu\left\{\xi;\quad \phi\le\frac{\|\hat{u}\|_\infty}{s}\right\}\le 2C\frac{\|u\|_1}{s}, \tag{2.64}$$

此说明 $Tu=\hat{u}/\phi$ 是弱 (1,1) 型算子.

另一方面, 由

$$\int_{\mathbb{R}^n}|\hat{u}|^2/\phi^2d\mu=\int_{\mathbb{R}^n}|\hat{u}|^2/\phi^2\cdot\phi^2d\xi=\int_{\mathbb{R}^n}|\hat{u}|^2dx<\infty, \tag{2.65}$$

即 $Tu = \hat{u}/\phi$ 是强 (2,2) 型算子. 由 Marcinkiewicz 插值定理就得到 (2.61).

推论 2.15 设 $\phi \geq 0$ 满足

$$m\{\xi; \phi(\xi) \geq s\} \leq C/s, \tag{2.66}$$

则

$$\left(\int |\hat{u}\phi^{(\frac{1}{r}-\frac{1}{p'})}|^r d\xi\right)^{\frac{1}{r}} \leq C_p\|u\|_p, \quad \forall u \in L^p(\mathbb{R}^n), \tag{2.67}$$

这里 $1 < p \leq r \leq p' < \infty$.

证明 由 Hausdorff-Young 定理可见

$$\|\hat{u}\|_{p'} \leq \|u\|_p, \quad 1 \leq p \leq 2,$$

此对应着 (2.67) 在 $r = p'$ 的情形. 而 Paley 不等式

$$\left(\int |\frac{\hat{u}}{\phi}|^p \phi^2 d\xi\right)^{\frac{1}{p}} \leq C_p\|u\|_p, \qquad 1 < p \leq 2,$$

则是对应着 (2.67) 在 $r = p$ 的情形, 于是由插值定理就得 (2.67).

定理 2.16 设 f 是可测函数, 且满足

$$m\{\xi; |f(\xi)| \geq s\} \leq C/s^b, \quad 1 < b < \infty, \tag{2.68}$$

则 $f \in \mathcal{M}_p^q$, 这里

$$1 < p \leq 2 \leq q < \infty, \quad \frac{1}{p} - \frac{1}{q} = \frac{1}{b}. \tag{2.69}$$

证明 我们无妨假设 $p \leq q'$, 否则我们有 $q' \leq (p')' = p$, 注意到 $\mathcal{M}_p^q = \mathcal{M}_{q'}^{p'}$, 这样用 $\mathcal{M}_{q'}^{p'}$ 来代替 $\mathcal{M}_p^q$ 就行了, 因类似于 (2.69) 的条件

$$1 < q' \leq 2 \leq p' < \infty, \quad \frac{1}{q'} - \frac{1}{p'} = \frac{1}{b}$$

仍然成立.

令 $\phi = |f|^b$, $r = q'$, 则条件 (2.68) 等价于

$$m\{\xi; |\phi| \geq s\} \leq C/s, \tag{2.70}$$

且满足推论 2.15 条件 $1 < p \leq q' \leq q < \infty$. 对 $\forall u \in L^p(\mathbb{R}^n)$, 我们有

$$\begin{aligned}\left(\int_{\mathbb{R}^n} |\hat{u}\phi^{(\frac{1}{r}-\frac{1}{p'})}|^r d\xi\right)^{\frac{1}{r}} &= \left(\int_{\mathbb{R}^n} |\hat{u}\phi^{(\frac{1}{q'}-\frac{1}{p'})}|^{q'} d\xi\right)^{\frac{1}{q'}} \\ &= \left(\int_{\mathbb{R}^n} |\hat{u}\phi^{\frac{1}{b}}|^{q'} d\xi\right)^{\frac{1}{q'}} \leq C_p\|u\|_p,\end{aligned}$$

即

$$\|\hat{u}f\|_{q'} \leq C_p\|u\|_p, \qquad \forall u \in L^p(\mathbb{R}^n). \tag{2.71}$$

现记 T_f 是满足 $\hat{T}_f = f$ 的分布, 因此, 对 $\forall u \in \mathcal{S}(\mathbb{R}^n)$, 由 Hausdorff-Young 不等式可得

$$\|T_f * u\|_q \leq \|f\hat{u}\|_{q'} \leq C_p\|u\|_p, \qquad \forall q' \leq 2. \tag{2.72}$$

因此, $T_f \in L_p^q$, 即 $f \in \mathcal{M}_p^q$.

定理 2.16 说明, 当 $p \leq 2 \leq q$ 时, 我们可给出可测函数 $f \in \mathcal{M}_p^q$ 的一个充分条件 (绝对值的界). 对其它的 p, q 值, 没有类似的结果.

§2.3 应用举例：算子半群的乘子刻画

引理 3.1 设 $u(t,x)$ 是 Schrödinger 方程

$$iu_t - \Delta u = 0, \qquad u(0,x) = u_0(x) \tag{3.1}$$

的解, 则解算子对应的乘子 $e^{i|\xi|^2 t} \in \mathcal{M}_p^p$ 的充分必要条件是 $p = 2$.

证明 显然, $e^{i|\xi|^2 t} \in L^\infty(\mathbb{R}^n) = \mathcal{M}_2^2$. 另一方面, 注意到

$$u = \mathcal{F}^{-1}(e^{i|\xi|^2 t}\hat{u}_0) = \mathcal{F}^{-1}e^{i|\xi|^2 t} * u_0(x), \tag{3.2}$$

自然有

$$u_0(x) = \mathcal{F}^{-1}e^{-i|\xi|^2 t} * u(t,x). \tag{3.3}$$

利用反证法. 假设 $p \neq 2$, 因为 $\mathcal{M}_p^p = \mathcal{M}_{p'}^{p'}$, 故无妨假设 $p > 2$. 取 $u_0(x) \in \mathcal{S}(\mathbb{R}^n)$ 且 $u_0(x) > 0$, 由引理 2.11, 当 $t \to \infty$ 时, 有

$$\|u_0\|_p \leq \mathcal{M}_p^p(e^{-i|\xi|^2 t})\|u\|_p \leq \mathcal{M}_p^p(e^{-i|\xi|^2 t})|t|^{n(\frac{1}{p}-\frac{1}{2})}\|u_0\|_2 \to 0,$$

此与 $u_0(x) > 0$ 相矛盾, 故 $p = 2$.

注记 3.1

$$e^{iA|\xi|^2} \in \mathcal{M}_p^p \Longleftrightarrow p = 2, \quad A \neq 0. \tag{3.4}$$

事实上, 利用本章习题 9, 作映射坐标变换 $\xi \longmapsto (t/A)^{\frac{1}{2}}\xi$, 那么

$$e^{iA|\xi|^2} \longmapsto e^{it|\xi|^2}, \tag{3.5}$$

从而

$$e^{iA|\xi|^2} \in \mathcal{M}_p^p \Longleftrightarrow p = 2.$$

引理 3.2 设 $A(\xi)$ 是一个实的二次型，若

$$e^{iA} \in \mathcal{M}_p^p \quad (p \neq 2),$$

则 $A(\xi) \equiv 0$.

证明 假设 $A \neq 0$, 在合适的坐标变换下有

$$A(\xi) = a_1\xi_1^2 + \cdots + a_n\xi_n^2 \quad (a_1 \neq 0). \tag{3.6}$$

由于 $\mathcal{M}_p^q$ 在坐标变换下不变，故无妨假设

$$|a_1| > \sum_{j\geq 2} |a_j|. \tag{3.7}$$

记 $(k_1, \cdots, k_n)$ 是 $(1, \cdots, n)$ 的一个置换，相应的记为

$$A_k(\xi) = a_1\xi_{k_1}^2 + \cdots + a_n\xi_{k_n}^2, \tag{3.8}$$

因此 $e^{iA} \in \mathcal{M}_p^p \Rightarrow e^{iA_k} \in \mathcal{M}_p^p$. 因 $\mathcal{M}_p^p$ 是一个 Banach 代数，所以

$$\prod_k e^{A_k i} = \exp(\sum_k A_k i) = e^{a|\xi|^2 i} \in \mathcal{M}_p^p, \tag{3.9}$$

这里 $a = \sum A_k = (n-1)!(a_1 + a_2 + \cdots + a_n)$. 因此 (3.9) 与引理 3.1 相矛盾. 从而 $A = 0$.

引理 3.3 $\mathcal{M}_p^q$ 与 L_p^q 中的单位球是 $\mathcal{S}'(\mathbb{R}^n)$ 中的闭集.

证明 注意到 $\mathcal{F}$ 是 $L_p^q \longrightarrow \mathcal{M}_p^q$ 之间的等距同构映射，它将 L_p^q 中的单位球映射到 $\mathcal{M}_p^q$ 中的单位球. 因此，仅需证明 L_p^q 中的单位球是 $\mathcal{S}'(\mathbb{R}^n)$ 中的闭集即可. 依定义， L_p^q 中的单位球是指

$$B_{L_p^q} = \{T; T \in \mathcal{S}'(\mathbb{R}^n)\text{且}|T * u * v(0)| \leq \|u\|_p\|v\|_{q'}, \quad \forall u, v \in \mathcal{S}(\mathbb{R}^n)\}.$$

而 $T * u * v$ 是 $\mathcal{S}'(\mathbb{R}^n)$ 上的连续线性形式，从而， $B_{L_p^q}$ 是 $\mathcal{S}'(\mathbb{R}^n)$ 中的闭集.

定理 3.4 设 f 是属于 C^2 的实值函数，若存在数列 $\{t_k\}_{k=1}^\infty$ 满足

$$t_k \to +\infty, \quad e^{it_k f} \in \mathcal{M}_p^p \quad (p \neq 2), \tag{3.10}$$

且

$$\mathcal{M}_p^p(e^{it_k f}) < C, \qquad k = 1, 2, \cdots, \tag{3.11}$$

这里 C 是常数，则 f 是线性函数.

证明 注意到，当 $f(\xi) = a + 2\pi\langle h, \xi\rangle$ 是线性函数，那么

$$e^{itf} = e^{ita} \cdot e^{i2\pi\langle h,\xi\rangle t} = e^{ita}e^{i2\pi\langle ht,\xi\rangle} = e^{ita}\mathcal{F}\delta(x - ht), \tag{3.12}$$

从而 $\mathcal{M}_p^p(e^{itf}) = 1$, $p = 1, 2, \infty$.

由插值定理可见 $\forall 1 \leq p \leq \infty$,

$$\mathcal{M}_p^p(e^{itf}) = 1, \qquad \forall 1 \leq p \leq \infty. \tag{3.13}$$

下面仅需证明 $f''(x)=0$. 由于 $\mathcal{M}_p^p$ 在坐标平移下不变，那么仅需证明 $f''(0)=0$. 因为 $f\in C^2$, 利用 Taylor 不等式有

$$f(\xi)=a+\langle h,\xi\rangle+A(\xi)+o(|\xi|^2),\qquad |\xi|\to 0, \tag{3.14}$$

这里 a 是实数， h 是实向量， A 是实的二次型. 令 $g(\xi)=f(\xi)-a-\langle h,\xi\rangle$, 由于 $\mathcal{M}_p^p$ 是一个赋范代数，因此， $f(\xi)$ 与 $g(\xi)$ 满足相同的条件，然而，此时 g 可以写成

$$g(\xi)=A(\xi)+o(|\xi|^2). \tag{3.15}$$

令

$$g_k(\xi)=t_k g(\xi/t_k^{\frac{1}{2}}),$$

则当 $t_k\to\infty$ 时，有

$$g_k(\xi)\xrightarrow{1}A(\xi),\quad \xi\in\Omega\subset\mathbb{R}^n,\quad \Omega\text{是紧集}. \tag{3.16}$$

因此，利用定理条件并注意到 $\mathcal{M}_p^p$ 是赋范代数，(将定理条件中 f 用 g 来换) 有

$$\mathcal{M}_p^p(e^{ig_k})\le C. \tag{3.17}$$

利用 $\mathcal{M}_p^p$ 的单位球是闭集知 $e^{iA}\in\mathcal{M}_p^p$, 从而 $A=0$. 于是由 $f''(0)=0$ 推得

$$f(\xi)=a+b\xi.$$

有前面的讨论，我们有如下算子半群的乘子刻画.

定理 3.5 设 $Q(\xi)$ 是 $\mathbb{R}^n$ 上的实值连续函数， $\varphi(x)\in L^p(\mathbb{R}^n)$, 考虑如下一般线性发展方程的 Cauchy 问题

$$\begin{cases} u_t-Q(\partial)u=0,\\ u(0)=\varphi(x),\end{cases} \tag{3.18}$$

那么我们有如下结论：

(1) 设 $1\le p<\infty$, $t\in\mathbb{R}^+$

$$u(t)=S(t)\varphi(x)=\mathcal{F}^{-1}e^{Q(i\xi)t}\mathcal{F}\varphi(x)$$

在 L^p 中适定的充要条件是 $e^{Q(i\xi)t}\in\mathcal{M}_p^p$. 换言之，算子 $Q(\partial)$ 在 L^p 或 $W^{s,p}$ 中生成 C_0 半群的充要条件是 $e^{Q(i\xi)t}\in\mathcal{M}_p^p$.

(2) 设 $1\le p<\infty$, $t\in\mathbb{R}$,

$$u(t)=S(t)\varphi(x)=\mathcal{F}^{-1}e^{Q(i\xi)t}\mathcal{F}\varphi(x)$$

在 $L^p(\mathbb{R}^n)$ 中适定的充要条件是 $e^{Q(i\xi)t}\in\mathcal{M}_p^p$. 换言之，算子 $Q(\partial)$ 在 L^p 或 $W^{s,p}$ 中生成 C_0 群的充要条件是 $e^{Q(i\xi)t}\in\mathcal{M}_p^p$.

(3) 设 $1 \le p < \infty$, $t \in \mathbb{R}^+$, 进而设 $Q(\xi)$ 是 $\mathbb{R}^n$ 上光滑的实值连续函数，算子 $Q(\partial)$ 在 L^p 或 $W^{s,p}$ 中生成解析半群的充要条件是存在角形区域

$$\blacktriangleleft = \{z = \xi + i\eta;\quad \xi \in \mathbb{R}^+,\quad \frac{\eta}{\xi} \le a,\quad 0 \le a < 1\text{是一固定常数}\}$$

使得 $e^{Q(i\xi)z} \in \mathcal{M}_p^p$.

注记 3.2 当 $Q(\xi)$ 是强椭圆多项式时，算子 $Q(\partial)$ 所对应的乘子 $e^{Q(i\xi)t}$ 满足定理 3.5 的情形 (3). 因此， $Q(\partial)$ 在 $L^p(\mathbb{R}^n)$ 或 $W^{m,p}$ 中生成解析半群 $e^{Q(\partial)t}$, 这里 $1 \le p < \infty$.

注记 3.3 由定理 3.4, 容易看出， KdV 方程对应乘子 $e^{i\xi^3 t} \in \mathcal{M}_p^p$ 的充分必要条件是 $p = 2$. 从而，由定理 3.5, 算子 ∂^3 仅在 L^2 或 H^s 型的空间中生成 C_0- 算子群. 因此，研究 KdV 方程的合适空间是 H^s 型的空间.

注记 3.4 所有的阶数大于 2 的多项式 $Q(\xi)$ 对应的色散波方程的 Cauchy 问题是

$$iu_t + Q(D)u = 0,\quad u(x,0) = \phi(x),\quad D_x = i^{-1}\partial_x.$$

它对应的解是

$$u = \mathcal{F}^{-1}e^{-iQ(\xi)t} * \phi(x) = \mathcal{F}^{-1}(e^{-iQ(\xi)t}\mathcal{F}\phi),$$

它对应的乘子 $e^{-iQ(\xi)t} \in \mathcal{M}_p^p$ 的充分必要条件是 $p = 2$. 因此，研究一般色散波方程的工作空间是 H^s 型的空间.

注记 3.5 经典的波动方程或 Klein-Gordon 方程所对应的乘子形如 $e^{i|\xi|t}$ 或 $e^{it\sqrt{1+|\xi|^2}}$, 与一般的色散波方程类似，它们属于 $\mathcal{M}_p^p$ 的充分必要条件是 $p = 2$. 因此，研究经典波方程的工作空间是 H^s 型的空间，参见本书的最后四章.

思考与练习

1. 设 T 是缓增广义函数，设 $T, \Delta T \in L^2(\mathbb{R}^n)$ (或 $T, \Delta T \in L^2_{\mathrm{loc}}(\mathbb{R}^n)$), 证明：

$$\frac{\partial^2 T}{\partial x_j \partial x_i} \in L^2(\mathbb{R}^n) \quad\text{或}\quad \frac{\partial^2 T}{\partial x_i \partial x_j} \in L^2_{\mathrm{loc}}(\mathbb{R}^n).$$

2. 证明注记 1.2 中 Sobolev 嵌入定理的局部形式，进而证明定理 1.2.

3. 若 $f \in L^p(\mathbb{R}^n), 1 < p \le \infty$ 看作缓增广义函数 (在广义函数意义下总可求导), 于是

$$\frac{\partial f}{\partial x_k} \in L^p(\mathbb{R}^n),\quad (k = 1, \cdots, n) \Longleftrightarrow \|\tau_h f - f\|_p = O(h).$$

而当 $p=1$ 时，其所有导数存在并且是有限 Borel 测度的充分必要条件是

$$\|\tau_h f - f\|_1 = O(h).$$

4. 证明 $p>2$, 存在 $f\in L^p(\mathbb{R}^n)$, 其 Fourier 变换不是一个函数.

5. 如果 A 是 $L^\infty(\mathbb{R}^n)$ 到 $L^q(\mathbb{R}^n)$ 的平移不变算子，当 $q<\infty$ 时，则 $A\,|_{L_0^\infty}=0$.

6. 证明存在 $\phi\in C_c^\infty$ 且 $\mathrm{supp}\phi\subset\{\xi:\ \frac{1}{2}<|\xi|<2\}$ 使得

$$\sum_{-\infty}^{\infty}\phi(2^{-j}\xi)=1,\qquad \xi\neq 0.$$

7(Hardy-Littlewood 定理). 设 p,q,a 满足

$$\frac{1}{p}-\frac{1}{q}=1-\frac{1}{a},\qquad 1<p<q<\infty, a>1.$$

$k(x)$ 是一个局部可积函数，且满足 $|k(x)|\le C|x|^{-\frac{n}{a}}$. 则 $k\in L_p^q$.

8 (Mihlin-Hörmander 定理). 设 $f\in L^\infty(\mathbb{R}^n)$ 且

$$\int\limits_{\frac{1}{2}R\le|\xi|\le 2R}|D^\alpha f|^2d\xi\le B^2R^{n-2|\alpha|},\quad 0<R<\infty,\quad |\alpha|\le\lambda,$$

此处 B 是常数， λ 是大于 $\frac{n}{2}$ 的最小整数，则 $f\in\mathcal{M}_p^p$, $1<p<\infty$.

9. 设 $\xi\to a(\xi)$ 是 $\mathbb{R}^n\to\mathbb{R}^m$ 到上的映射，若 $f(x)$ 是 $\mathbb{R}^m$ 函数，则

$$(a^f)(\xi)=f(a(\xi)),\quad \xi\in\mathbb{R}^n$$

是 $\mathbb{R}^n$ 上函数，证明

(i) 若 $a(\xi)$ 是仿射映射

$$a(\xi)_j=a_{j0}+\sum_{k=1}^n a_{jk}\xi_k,\qquad j=1,2,\cdots,m,$$

则 a^* 是 $\mathcal{M}_p^p(m)\to\mathcal{M}_p^p(n)$ 上的等距同态映射.

(ii) 若 $n=m$, 则 a^* 还是到上的，即 a^* 是等距同构.

10. 设 a 是 $\mathbb{R}^n\to\mathbb{R}^m$ 上 C^2 函数，设 a^* 映射 $\mathcal{M}_p^p(m)\to\mathcal{M}_p^p(n)$, 且 $p\neq 2$ 则 a 是仿射的且是到上的.

证明思路 易见 a^* 是闭映射，由闭图像定理可见

$$a^* : \mathcal{M}_p^p(m) \longmapsto \mathcal{M}_p^p(n)$$

是连续的映射. 若 l 是线性函数，易见

$$\|e^{itl}\|_{\mathcal{M}_p^p(m)} = 1, \qquad \forall t \in \mathbb{R}.$$

由连续性假设

$$\|e^{ita^*l}\|_{\mathcal{M}_p^p(n)} < \infty, \qquad \forall t \in \mathbb{R},$$

由定理 3.3 可见 a^*l 是线性函数. 现令 l 分别是 m 个坐标函数，那么 $a(\xi)_j$ 是 ξ 的线性函数. 从而 a 是仿射的. 如果 a 不是到上的，那么 a 的值域就是空集，于是，对任意的 $f(x)$ 均属于 $\mathcal{M}_p^q$, 这是不可能的.

第三章　球调和函数及其应用

在第一章里，我们已看到了 Fourier 变换与伸缩变换、平移变换之间的关系，现在回过头考虑 Fourier 变换与正交变换 (在几何上称为旋转变换) 之间的关系. 即 Fourier 变换与旋转变换是可以交换的. 利用这一个性质，可得到 $L^2(\mathbb{R}^n)$ 的直和分解，并且在 Fourier 变换作用下仍然保持这种直和分解 (将 $L^2(\mathbb{R}^n)$ 分解成在 Fourier 变换下不变的子空间的直和). 需要指出的是，在每一个子空间上， Fourier 变换等价于一个古典的 Bessel 变换. 这种分解是通过极坐标来实现的. 因为径向函数在 Fourier 变换下保持不变. 因此，实现 $L^2(\mathbb{R}^n)$ 的直和分解就归结于如何建立单位球面上的 L^2 函数空间的直和分解，通过齐次调和多项式在球面上的限制，就可实现单位球面上的 L^2 函数空间的直和分解. 与此同时，在实现单位球面上的 L^2 函数空间的直和分解的过程中，引入了球调和函数、带调和函数以及刻画它们的一些分析方法，它们在其它数学领域有着很重要的应用. 例如：利用球调和函数可以求解 Laplace 方程的边值问题；通过带调和函数的刻画可得到各种特殊多项式等. 本章均将给出较详细的阐述.

§3.1　$L^2(\mathbb{R}^n)$ 的直和分解

本节我们旨在 $\mathbb{R}^n$ 上建立 $L^2(\mathbb{R}^n)$ 的直交分解，然后分析 Fourier 变换在每一个子空间上的作用，从而导出 Bessel 函数和球调和函数的基本性质.

我们首先考虑 $n=1$ 的情形：对 $\forall f(x)\in L^2(\mathbb{R})$, $f(x)$ 有如下分解

$$f(x)=\frac{f(x)+f(-x)}{2}+\frac{f(x)-f(-x)}{2}=f_e(x)+f_o(x), \tag{1.1}$$

这里 $f_e(x)$ 及 $f_o(x)$ 分别表示 $f(x)$ 的偶部和奇部. 容易看出，奇函数子空间与偶函数子空间在 Fourier 变换下均是不变子空间，并且彼此正交，其正交和恰是整个 $L^2(\mathbb{R})$.

如何将这一事实推广到高维空间呢？在高维情形下，偶部相当于径向部分，即：给出 $\mathbb{R}^n$ 上局部可积函数 $f(x)$, 定义其径向部分 $\phi(x)$ 如下

$$\phi(x)=\frac{1}{\omega_{n-1}}\int_{\Sigma_{n-1}}f(r\sigma)d\sigma, \tag{1.2}$$

这里 $r=|x|,\sigma=\frac{x}{|x|}$ (当 $x\neq 0$), 而 ω_{n-1} 是 $\mathbb{R}^n$ 中单位球 Σ_{n-1} 的面积. 显然 $\phi(x)$ 是一个径向函数 (仅依赖于 $|x|=r$), 特别，当 $n=1$ 时， $\phi=f_e$.

先来回忆一下正交变换定义. 称 ρ 是 $\mathbb{R}^n$ 上正交变换, 如果对 $\mathbb{R}^n$ 上的任意 x, y 有

$$\rho x \cdot \rho y = x \cdot y. \tag{1.3}$$

有时也称 ρ 是旋转变换. 易见正交变换 ρ 具有如下简单性质:

(i) $|\det(\rho)| = 1$, 其中 $\det(\rho)$ 表示 ρ 对应的矩阵的行列式.

(ii) $\rho^{-1} = \rho^*$, 这里 ρ^* 表示正交变换 ρ 的转置变换.

(iii) $|\rho x| = |x|$.

(iv) ρ^{-1} 是正交变换.

由于我们采用极坐标来研究 $L^2(\mathbb{R}^n)$ 的直交分解, 径向函数的出现是自然的, 关于径向函数, 我们有

命题 1.1 $\mathbb{R}^n$ 上函数 $f(x)$ 是径向函数的充分必要条件是对一切 $x \in \mathbb{R}^n$ 和 $\mathbb{R}^n$ 上的正交变换 ρ 有 $f(\rho x) = f(x)$.

证明 先证必要性. 对 $\forall x \in \mathbb{R}^n$ 和正交变换 ρ, 有 $|\rho x| = |x|$. 从而 $f(\rho x) = f(x)$.

再证充分性. 对 $\forall x, y \in \mathbb{R}^n$, 满足 $|x| = |y|$. 则存在旋转变换 ρ 使得 $y = \rho x$, 于是

$$f(x) = f(\rho x) = f(y).$$

定理 1.2 Fourier 变换 $\mathcal{F}$ 与正交变换是可以交换的.

证明 设 ρ 是一个正交变换, R_ρ 是由正交变换 ρ 诱导的将函数 f 映射成函数 g 的变换, 即

$$g(x) = R_\rho f(x) = f(\rho x). \tag{1.4}$$

我们来证明

$$\mathcal{F}R_\rho = R_\rho \mathcal{F}. \tag{1.5}$$

事实上, 对 $\forall f \in L^1(\mathbb{R}^n)$, 考虑

$$\begin{aligned}\mathcal{F}(R_\rho f)(x) &= \int_{\mathbb{R}^n} e^{-2\pi i x\cdot y} f(\rho y)dy = \int_{\mathbb{R}^n} e^{-2\pi i x\cdot \rho^{-1}y} f(y)d\rho^{-1}y \\ &= \int_{\mathbb{R}^n} e^{-2\pi i x\cdot \rho^* y} f(y)dy = \int_{\mathbb{R}^n} e^{-2\pi i \rho x\cdot y} f(y)dy \\ &= \mathcal{F}f(\rho x) = R_\rho(\mathcal{F}f)(x).\end{aligned}$$

由 $f(x)$ 的任意性得知 (1.5) 成立.

推论 1.3 设 $f(x)$ 是 $L^1(\mathbb{R}^n)$ 中的径向函数, 则 $\hat{f}(x)$ 亦然.

证明 对 $\forall |x| = |y|$, 则存在正交变换 ρ 使 $\rho x = y$. 直接验证

$$\begin{aligned}\mathcal{F}f(y) =& (\mathcal{F}f)(\rho x) = \int_{\mathbb{R}^n} e^{-2\pi i \rho x\cdot y} f(y)dy = \int_{\mathbb{R}^n} e^{-2\pi i x\cdot \rho^* y} f(y)dy \\ =& \int_{\mathbb{R}^n} e^{-2\pi i x\cdot \eta} f(\rho\eta)d\rho\eta = \int_{\mathbb{R}^n} e^{-2\pi i x\cdot \eta} f(\eta)d\eta = (\mathcal{F}f)(x).\end{aligned} \tag{1.6}$$

因此，径向函数的 Fourier 变换仍然是径向函数.

注记 1.1 根据第一章的 Fourier 变换 L^2 理论，上述结果容易推广到 $L^2(\mathbb{R}^n)$ 上，这样我们就可以获得 $L^2(\mathbb{R}^n)$ 的一个正交分解，即

$$L^2(\mathbb{R}^n) = \mathcal{D}_0 \oplus \mathcal{D}_0^{\perp}, \tag{1.7}$$

其中 $\mathcal{D}_0$ 是与径向函数几乎处处相等的 $L^2(\mathbb{R}^n)$ 函数所构成，而 $\mathcal{D}_0^{\perp}$ 是其正交补.

注意到 Fourier 变换是 $L^2(\mathbb{R}^n)$ 上的同构映射且在 $\mathcal{D}_0$ 上的作用保持不变，由 Plancherel 定理可见分解式 (1.7) 在 Fourier 变换下保持不变. 现在的问题是如何用已知的结果来刻画 $\mathcal{D}_0^{\perp}$？Fourier 变换在 $\mathcal{D}_0^{\perp}$ 上的作用具有什么性质？为说明问题起见，我们先在 $\mathbb{R}^2$ 中讨论这一问题.

任取 $f \in L^2(\mathbb{R}^2)$, 依照标准记号，(x, y) 可以用复数 $z = x + iy = re^{i\theta}$ 来表示. 由 Fubini 定理，对几乎所有 r, 函数 $f(re^{i\theta})$ 关于 θ 是 $[0, 2\pi]$ 上的平方可积函数. 因此，由 Fourier 级数的 L^2 理论，易见

$$f(re^{i\theta}) \sim \sum_{k=-\infty}^{\infty} f_k(r) e^{ik\theta}, \tag{1.8}$$

且在 $L^2[0, 2\pi]$ 上满足

$$\sum_{k=-n}^{n} f_k(r) e^{ik\theta} \xrightarrow{L^2} f(re^{i\theta}), \quad n \to \infty, \quad \text{对 a.e.} r \in \mathbb{R}^+, \tag{1.9}$$

$$\sum_{-\infty}^{\infty} |f_k(r)|^2 = (2\pi)^{-1} \int_0^{2\pi} |f(re^{i\theta})|^2 d\theta, \quad \text{对 a.e.} r \in \mathbb{R}^+. \tag{1.10}$$

因此，由 Lebesgue 单调收敛定理有

$$\begin{aligned}\lim_{n\to\infty} \int_0^{\infty} \sum_{k=-n}^{n} |f_k(r)|^2 r dr &= \frac{1}{2\pi} \int_0^{\infty} \int_0^{2\pi} |f(re^{i\theta})|^2 d\theta r dr \\ &= \frac{1}{2\pi} \|f\|_2^2.\end{aligned}$$

现令 $g_k = f_k(r) e^{ik\theta}$, $k = 0, \pm 1, \pm 2, \cdots$, 利用 (1.8) 及 Lebesgue 控制收敛定理，我们就有

$$\begin{aligned}&\lim_{n\to\infty} \int_{\mathbb{R}^2} |f(z) - \sum_{k=-n}^{n} g_k(z)|^2 dz \\ &= \lim_{n\to\infty} \int_0^{\infty} \int_0^{2\pi} |f(re^{i\theta}) - \sum_{k=-n}^{n} f_k(r) e^{ik\theta}|^2 r d\theta dr \\ &= \int_0^{\infty} \lim_{n\to\infty} \int_0^{2\pi} |f(re^{i\theta}) - \sum_{k=-n}^{n} f_k(r) e^{i\theta k}|^2 d\theta r dr = 0.\end{aligned} \tag{1.11}$$

于是，由指数函数 $e^{ikx}(k=0,\pm1,\pm2,\cdots)$ 的正交性，可知 $L^2(\mathbb{R}^2)$ 有如下直交分解

$$L^2(\mathbb{R}^2)=\sum_{k=-\infty}^{\infty}\oplus\mathcal{D}_k, \tag{1.12}$$

其中 $\mathcal{D}_k=\{g(z)\in L^2(\mathbb{R}^2)\mid g(z)\overset{\text{a.e.}}{=\!=}f(r)e^{ik\theta},f(r)$ 可测且 $\int_0^\infty|f(r)|^2rdr<\infty\}$. 这样，对照前面的分解，$\mathcal{D}_0$ 是径向函数所构成空间，$\mathcal{D}_0^\perp$ 可表示为

$$\mathcal{D}_0^\perp=\sum_{k\neq0}\oplus\mathcal{D}_k. \tag{1.13}$$

命题 1.4 $\mathcal{F}$ 是 $\mathcal{D}_k\to\mathcal{D}_k$ 上的同构等距映射.

证明 先来证明 $\mathcal{F}$ 是 $\mathcal{D}_k(k=\pm1,\pm2,\cdots)$ 到自身的映射. 设 $g\in\mathcal{D}_k\cap L^1(\mathbb{R}^2)$, 对固定 ϕ, 令

$$h(z)=g(e^{i\phi}z),$$

则对几乎处处 z, 由 $\mathcal{D}_k$ 中元素的结构，可见

$$h(z)=g(e^{i\phi}z)=e^{ik\phi}g(z). \tag{1.14}$$

另一方面，$e^{i\phi}$ 是 $\mathbb{R}^2$ 中的一个旋转，它与 Fourier 变换是可交换的，于是对一切 ω 和 ϕ 有

$$\hat{g}(e^{i\phi}\omega)=\hat{h}(\omega)=e^{ik\phi}\hat{g}(\omega). \tag{1.15}$$

因此，当取 $\omega=r\geq0$ 时，就得 $\hat{g}\in\mathcal{D}_k$. 由于 $\mathcal{D}_k\cap L^1(\mathbb{R}^2)$ 是 $\mathcal{D}_k$ 的稠密的闭子空间，从而 $\mathcal{F}$ 将 $\mathcal{D}_k$ 映射到自身，再利用 Plancherel 定理可知，$\mathcal{F}$ 还是映上的，从而说明 $\mathcal{F}:\mathcal{D}_k\to\mathcal{D}_k$ 上的等距同构.

下面的结论就是刻画 Fourier 变换在 $\mathcal{D}_k$ 的作用，即 Fourier 变换在 $\mathcal{D}_k$ 的作用等价于一个古典的 Bessel 变换.

定理 1.5 设 $f\in L^1(\mathbb{R}^2)$ 且 $f(z)=f_0(r)e^{ik\theta}$, 这里 $z=re^{i\theta}$, 则

$$\hat{f}(\omega)=F_0(R)e^{ik\phi}, \tag{1.16}$$

其中 $\omega=Re^{i\phi}$,

$$\begin{aligned}F_0(R)&=2\pi i^k\int_0^\infty f_0(r)J_{-k}(2\pi Rr)rdr\\&=2\pi(-i)^k\int_0^\infty f_0(r)J_k(2\pi Rr)rdr.\end{aligned} \tag{1.17}$$

证明 设 $f\in\mathcal{D}_k\cap L^1(\mathbb{R}^2)$, 则对几乎一切 $z=re^{i\theta}$, 有

$$f(z)=f_0(r)e^{ik\theta}.$$

则 $\hat{f}(\omega) \in \mathcal{D}_k$, 按 $\mathcal{D}_k$ 的定义，对几乎所有 $\omega = Re^{i\phi}$, 自然有表示式 (1.16). 下面我们用 $f_0(r)$ 来给出 $F_0(R)$ 的表示式. 由于 $f(x)$ 可积，令 $\omega = Re^{i_0} = R$ $(i_0 = 2\pi li)$, 我们有

$$
\begin{aligned}
F_0(R) = \hat{f}(Re^{i_0}) &= \int_{\mathbb{R}^2} e^{-2\pi i Re^{i_0}\cdot y} f(y)dy \\
&= \int_0^{\infty} f_0(r)(\int_0^{2\pi} e^{-2\pi i Re^{i_0}\cdot re^{i\theta}} e^{ik\theta} d\theta) rdr \\
&= \int_0^{\infty} f_0(r) \int_0^{2\pi} e^{-2\pi i Rr\cos\theta} e^{ik\theta} d\theta rdr \\
&= (-i)^k 2\pi \int_0^{\infty} f_0(r) \{\frac{1}{2\pi}\int_0^{2\pi} e^{2\pi i Rr\sin\theta} e^{-ik\theta} d\theta\} rdr.
\end{aligned} \tag{1.18}
$$

最后一步用到 $\widetilde{\theta} = 2\pi - \theta$, 然后再利用 $\theta = \frac{\pi}{2} + \widetilde{\theta}$ 即可. 在 $F_0(R)$ 的表示式 (1.18) 中，关于 θ 的积分的那个因子恰好是 Bessel 函数 $J_k(t)$, 即

$$
J_k(t) = \frac{1}{2\pi}\int_0^{2\pi} e^{it\sin\theta} e^{-ik\theta} d\theta, \tag{1.19}
$$

这里 $k = 0, \pm1, \pm2, \cdots$. 经过 $\theta = \pi - \tilde{\theta}$ 变换，容易看出

$$
J_k(t) = (-1)^k J_{-k}(t). \tag{1.20}
$$

最后，由 $L^1(\mathbb{R}^n) \cap \mathcal{D}_k$ 是 $\mathcal{D}_k$ 的稠密空间，故对平方可积函数，定理 1.5 的结果仍是正确的.

§3.2 球调和函数

先引入一些基本的概念. 用 $\mathcal{P}_k$ 表示 $\mathbb{R}^n$ 上全体 k 阶齐次多项式所构成的线性空间， $\mathcal{A}_k \subset \mathcal{P}_k$ 是全体调和的 k 阶齐次多项式所构成的空间. $P_k(x) \in \mathcal{A}_k$ 在单位球面 Σ_{n-1} 的限制 $Y_k(x) = P_k(\frac{x}{|x|})$ $(x \neq 0)$ 称为是 k 次球调和函数，全体 k 阶球调和函数 $\{Y_k(x)\}_k$ 所构成的线性空间记为 $\mathcal{H}_k$, 球调和函数亦称为球面调和函数.

本节的主旨是，对 $n \geq 3$, 类似于 $n = 2$ 的情形，建立形如

$$
L^2(\mathbb{R}^n) = \sum_{k=-\infty}^{\infty} \oplus \mathcal{D}_k, \tag{2.1}
$$

的直和分解. 这里 $\mathcal{D}_k$ 是由径向函数与 k 阶球调和函数相乘所张成的 $L^2(\mathbb{R}^n)$ 的子空间，它关于 Fourier 变换保持不变. 本质上，这里球调和函数代替了 $\{e^{ik\theta}\}$ 的角色.

为了更好地了解球调和函数的引入，我们重新回到 $n=2$ 的情形，说明 $e^{ik\theta}$ 就是相应的球调和函数．考察三角函数

$$S(\theta)=\sum_{k=-\infty}^{\infty}C_ke^{ik\theta}$$

的对称部分和序列

$$S_n(\theta)=\sum_{k=-n}^{n}C_ke^{ik\theta}=C_0+\sum_{k=1}^{n}(C_ke^{ik\theta}+C_{-k}e^{-ik\theta}).$$

当 $C_k=\bar{C}_{-k}$ 时，这个和式是实值的．此时， $S_n(\theta)$ 恰是多项式

$$u_n(z)=\mathrm{Re}\left[C_0+2\sum_{k=1}^{n}C_kz^k\right]\quad(z=re^{i\theta})\tag{2.2}$$

在单位球 Σ_1 上的限制．由于

$$q_k(z)=\mathrm{Re}(2C_kz^k)=C_kz^k+\bar{C}_k\bar{z}^k=C_k(x+iy)^k+\bar{C}_k(x-iy)^k,$$

$$\frac{\partial^2q_k(z)}{\partial x^2}+\frac{\partial^2q_k(z)}{\partial y^2}=0.$$

从而 $q_k(z)$ 是 k 阶齐次实调和多项式．这同时说明 $u_n(z)$ 是调和多项式．故 $S_n(\theta)$ 是实调和多项式 $u_n(z)$ 在 Σ_1 上的限制．

容易看出

$$Y^{(k)}(e^{i\theta})=C_ke^{ik\theta}+\bar{C}_ke^{-ik\theta}=a_k\cos k\theta+b_k\sin k\theta,$$
$$C_k=\frac{a_k-ib_k}{2},\tag{2.3}$$

正好是齐次多项式 $q_k(z)=q_k(re^{i\theta})$ 在单位球面 $|z|=1$ 上的限制．由于每一个实 $L^2(\Sigma_1)$ 函数可以表示成 Fourier 级数 (在 L^2 范数意义下)，且每一项正好是这样的限制．由此推得 $L^2(\Sigma_1)$ 就是这些函数 $Y^{(k)},k=0,1,2,\cdots$，所张成的空间的闭包 (这里用到 $C_k=\overline{C}_{-k}\Rightarrow\overline{C}_k=C_{-k}$).

命题 2.1

$$\dim\mathcal{P}_k=C_{n+k-1}^{k}=C_{n+k-1}^{n-1}=\frac{(n+k-1)!}{(n-1)!k!}.\tag{2.4}$$

证明 $\mathcal{P}_k$ 是 $\mathbb{R}^n$ 上一切复系数的 k 阶齐次多项式

$$\sum_{|\alpha|=k}C_\alpha x^\alpha$$

所构成，这里 $\alpha=(\alpha_1,\cdots,\alpha_n)$ 是 n 重指标， $x^\alpha=x_1^{\alpha_1}\cdots x_n^{\alpha_n}$, 显然，单项式 $x^\alpha(|\alpha|=k)$ 是 $\mathcal{P}_k$ 的基底，其个数可以这样计算：

把 k 个黑球排成一行，将其分数 n 组，使得每一组黑球个数分别是 $\alpha_1,\alpha_2,\cdots,\alpha_n$ 个，为使之易区分开来，拿 $n-1$ 个白球 $\circ$ 使得各组分开

$$\bigcirc_{\alpha_1}\circ\bigcirc_{\alpha_2}\circ\cdots\circ\bigcirc_{\alpha_n},$$

其中 $\bigcirc_{\alpha_j}$ 表示 α_j 个黑球. 于是，满足 $|\alpha|=k$ 的个数就相当于在 $k+n-1$ 个黑球中，每次将其中的 $(n-1)$ 个黑球涂成白球的涂法的个数，即

$$\dim\mathcal{P}_k=C_{n+k-1}^{n-1}.$$

命题 2.2 设 $P,Q\in\mathcal{P}_k$ 定义

$$\langle P,Q\rangle=P(\partial)\overline{Q}(x).\tag{2.5}$$

则 $\langle\cdot,\cdot\rangle$ 是 $\mathcal{P}_k$ 上内积，且是 Hermite 对称的共轭双线性形式.

证明 因为 P, Q 均系 k 阶齐次多项式，所以 $\langle P,Q\rangle$ 是一个常数，此外，$\langle P,Q\rangle$ 关于第一个变量是线性的，关于第二个变量是共轭线性的. 下面尚需证明，

(i) $\langle P,P\rangle\geq 0$, 且等号成立的充要条件是 $P(x)\equiv 0$.

(ii) $\langle P,Q\rangle$ 是 Hermite 对称的，即 $\langle P,Q\rangle=\overline{\langle Q,P\rangle}$.

直接验算，

$$\frac{\partial^{\alpha_1}}{\partial x_1^{\alpha_1}}\cdots\frac{\partial^{\alpha_n}}{\partial x_n^{\alpha_n}}\left(x_1^{\beta_1}\cdots x_n^{\beta_n}\right)=0,\quad \alpha\neq\beta.$$

$$\frac{\partial^{\alpha_1}}{\partial x_1^{\alpha_1}}\cdots\frac{\partial^{\alpha_n}}{\partial x_n^{\alpha_n}}(x_1^{\alpha_1}\cdots x_n^{\alpha_n})=\alpha!=\prod_{j=1}^n\alpha_j!,\quad \alpha=\beta.$$

若 $P(x)=\sum_{|\alpha|=k}C_\alpha x^\alpha$, 则有

$$\langle P(x),P(x)\rangle=\sum_{|\alpha|=k}|C_\alpha|^2\alpha!\geq 0,$$

进而推知 $\langle P(x),P(x)\rangle=0$ 的充要条件是 $C_\alpha=0$. 此就得 (i).

同样地

$$\begin{aligned}\langle P(x),Q(x)\rangle&=\langle\sum_{|\alpha|=k}a_\alpha x^\alpha,\sum_{|\beta|=k}b_\beta x^\beta\rangle=\sum_{|\alpha|=k}\alpha!a_\alpha\overline{b}_\alpha\\&=\overline{\sum_{|\alpha|=k}\alpha!\overline{a}_\alpha b_\alpha}=\overline{\langle\sum_{|\beta|=k}b_\beta x^\beta,\sum_{|\alpha|=k}a_\alpha x^\alpha\rangle}\\&=\overline{\langle Q(x),P(x)\rangle}.\end{aligned}\tag{2.6}$$

从而，命题 2.2 证毕.

定理 2.3 若 $P(x)\in\mathcal{P}_k$, $\ell=[k/2]$, 则

$$P(x)=P_0(x)+|x|^2P_1(x)+\cdots+|x|^{2l}P_l(x), \tag{2.7}$$

其中 $P_j\in\mathcal{A}_{k-2j}, j=0,1,2,\cdots,\ell$.

证明 因 $k\leq 1$ 阶的多项式总是调和的，故无妨假设 $k\geq 2$. 考虑线性映射： $\varphi:\mathcal{P}_k\to\mathcal{P}_{k-2}$

$$\varphi(P)=\Delta P,\quad \forall P\in\mathcal{P}_k,$$

这里 Δ 是 Laplace 算子，我们先证明 φ 是到上的映射. 如若不然，可找到一个非零 $Q\in\mathcal{P}_{k-2}$, 使得 Q 与 $\varphi(\mathcal{P}_k)$ 正交，即 $\forall P\in\mathcal{P}_k$, 有

$$\overline{\langle\Delta P,Q\rangle}=\langle Q,\Delta P\rangle=0.$$

特别，取 $P(x)=|x|^2Q(x)$, 上式意味着

$$0=\langle Q,\Delta P\rangle=Q(\partial)\overline{\Delta P}=\Delta Q(\partial)\overline{P}=P(\partial)\overline{P}=\langle P,P\rangle,$$

说明 $P\equiv 0$, 这与 $Q\neq 0$ 相矛盾.

我们断言

$$\mathcal{P}_k=\mathcal{A}_k\oplus|x|^2\mathcal{P}_{k-2}, \tag{2.8}$$

这里

$$|x|^2\mathcal{P}_{j-2}=\{P(x)\in\mathcal{P}_j;\ P(x)=|x|^2Q(x),Q(x)\in\mathcal{P}_{j-2}\}. \tag{2.9}$$

由于 φ: $\mathcal{P}_k\to P_{k-2}$ 是到上的映射，而映射 $Q(x)\to|x|^2Q(x)$ 是从 $\mathcal{P}_{k-2}$ 到 $\mathcal{P}_k$ 上的单射，从而知

$$\mathcal{P}_k=\ker(\varphi)\oplus|x|^2\mathcal{P}_{k-2}. \tag{2.10}$$

对 $\forall P\in\mathcal{P}_k$, $Q\in\mathcal{P}_{k-2}$, $\langle P(x),|x|^2Q(x)\rangle=\overline{\langle|x|^2Q(x),P(x)\rangle}=0$ 的充要条件是

$$\Delta Q(\partial)\overline{P}(x)=Q(\partial)\overline{\Delta P(x)}=0,\quad \forall Q(x)\in\mathcal{P}_{k-2}.$$

于是

$$\Delta P(x)=0.$$

这可说明 $P(x)\in\ker\varphi$ 且直和分解 (2.8) 成立. 现在对 $\mathcal{P}_{k-2}$ 等进行同样的分解， …… 归纳可得

$$\mathcal{P}_k=\mathcal{A}_k\oplus|x|^2\mathcal{A}_{k-2}\oplus\cdots\oplus|x|^{2l}\mathcal{A}_{k-2l},\quad \ell=[k/2]. \tag{2.11}$$

从而，对任意 $P(x)\in\mathcal{P}_k$, 就推得分解 (2.7).

推论 2.4 任一 n 元多项式在单位球面 Σ_{n-1} 上的限制，均可表示一些调和多项式在 Σ_{n-1} 上的限制的和.

命题 2.5 $\mathcal{A}_k$ 与 $\mathcal{H}_k$ 同构，且 $\dim\mathcal{H}_k = \dim\mathcal{A}_k = C_{n+k-1}^k - C_{n+k-3}^{k-2}$.

证明 定义限制映射

$$r : P(x) \to P(\frac{x}{|x|}), \quad \forall |x| \neq 0. \tag{2.12}$$

由 Laplace 方程的 Dirichlet 问题的惟一性定理， r 是一对一的映射，其逆映射是

$$Y(x') \longrightarrow |x|^k Y(\frac{x}{|x|}), \quad x' = \frac{x}{|x|}, \quad x \neq 0. \tag{2.13}$$

从而 $\mathcal{A}_k$ 与 $\mathcal{H}_k$ 同构，进而有

$$\begin{aligned} \dim\mathcal{H}_k = \dim\mathcal{A}_k &= \dim\mathcal{P}_k - \dim\mathcal{P}_{k-2} = C_{n+k-1}^k - C_{n+k-3}^{k-2} \\ &= \frac{(2k+n-2)(n+k-3)!}{(n-2)!k!}. \end{aligned} \tag{2.14}$$

注记 2.1 (i) 当 $n=1$ 时， Σ_0 仅由 $\{-1,1\}$ 构成， $\mathcal{A}_0 = \{1\}, \mathcal{A}_1 = \{x\}$; 当 $k \geq 2, \mathcal{A}_k = \{0\}$, 于是

$$\mathcal{H}_0 = \{2^{\frac{1}{2}}\}, \quad \mathcal{H}_1 = \{2^{\frac{1}{2}}\mathrm{sgn}x\}.$$

(ii) 当 $n=2$ 时， $\dim\mathcal{A}_k = \dim\mathcal{H}_k = C_{k+1}^k - C_{k-1}^{k-2} = 2$, 如前的讨论， $\mathcal{A}_k$ 的基底是 $\{(x_1+ix_2)^k, (x_1-ix_2)^k\}$, 它在单位圆上的限制 $\{\cos k\theta, \sin k\theta\}$ 就是 $\mathcal{H}_k$ 的基底.

(iii) 当 $n \geq 3$ 时，有

(a) $\dim\mathcal{H}_0 = \dim\mathcal{A}_0 = d_0 = 1$, 非零常数是就是 $\mathcal{A}_0$ 基底.

(b) $\dim\mathcal{H}_1 = \dim\mathcal{A}_1 = d_1 = n$, 而 n 个坐标函数 $\{x_j\}$ $(j=1,\cdots,n)$ 恰好是 $\mathcal{A}_k$ 的基底.

(c) 当 $k \geq 2$ 时， $\dim\mathcal{H}_k = d_k = C_{n+k-1}^k - C_{n+k-3}^{k-2}$, 特别，当 $n=3$ 时， $\dim\mathcal{H}_k = d_k = 2k+1$.

推论 2.6 $\cup_{k=0}^{\infty}\mathcal{H}_k$ 中的元素的一切有限线性组合所构成的集合 $\mathcal{H}$ 满足

(1) 在 $C(\Sigma_{n-1})$ 中稠密 (在 L^∞ 范数意义下).

(2) 在 $L^2(\Sigma_{n-1})$ 中稠密.

证明 易见 (1) 蕴含 (2). 事实上，因连续函数在 $L^2(\Sigma_{n-1})$ 中稠密，因此，对任意给定 $\varepsilon > 0$ 和 $f \in L^2(\Sigma_{n-1})$, 取一连续函数 g 使之满足

$$\|f-g\|_{L^2(\Sigma_{n-1})} < \frac{\varepsilon}{2}.$$

由 (1) 知，存在 $\cup_{k=0}^{\infty}\mathcal{H}_k$ 中元素的有限线性组合 h 使得

$$\|g-h\|_{L^\infty} \leq \frac{\varepsilon}{2\sqrt{\omega_{n-1}}},$$

从而

$$\|f-h\|_{L^2} \le \|f-g\|_{L^2} + \|g-h\|_{L^2} < \frac{\varepsilon}{2} + \sqrt{\omega_{n-1}}\|g-h\|_{L^\infty} < \varepsilon.$$

另一方面，(1) 是下面 Weierstrass 定理的直接结果.

Weierstrass 逼近定理 设 S 是 $\mathbb{R}^n$ 中紧子集，则多项式在 S 上限制在 $C(S)$ 中按一致收敛范数稠密.

Weierstrass 逼近定理的证明 给定 $f \in C(S)$，可把 f 拓展成 $\mathbb{R}^n$ 上具有紧支集的连续函数，取 Weierstrass 核 $W(x,t)$，根据卷积的正则化原理，可找到 $t>0$ 使得

$$\sup_{x\in S} |f * W(x,t) - f(x)| < \frac{\varepsilon}{2}, \tag{2.15}$$

其中

$$f * W(x,t) = (4\pi t)^{-\frac{n}{2}} \int_{\mathbb{R}^n} f(y) \exp\left(\frac{-|x-y|^2}{4t}\right) dy. \tag{2.16}$$

由于 $f \in C_c(\mathbb{R}^n)$，从而知 $f * W(x,t)$ 是 x 的整函数，因此，可找到一个多项式 P(即 $f * W(x,t)$ 的泰勒级数的部分和) 使得

$$\sup_{x\in S} |f * W(x,t) - P(x)| < \frac{\varepsilon}{2}. \tag{2.17}$$

于是，由 (2.15) 和 (2.17) 即得 Weierstrass 逼近定理.

定理 2.7 $L^2(\Sigma_{n-1}) = \oplus_0^\infty \mathcal{H}_k$.

证明 由推论 2.6 知，所有 $\mathcal{H}_k$ 所张成线性空间在 $L^2(\Sigma_{n-1})$ 中稠密，下仅需证明 $\forall j \ne k$, $\mathcal{H}_j \perp \mathcal{H}_k$.

任取 $Y^{(k)} \in \mathcal{H}_k, Y^{(j)} \in \mathcal{H}_j$，则有

$$P_k(x) = Y^{(k)}\left(\frac{x}{|x|}\right) \cdot |x|^k \in \mathcal{A}_k, \quad P_j(x) = Y^{(j)}\left(\frac{x}{|x|}\right)|x|^j \in \mathcal{A}_j.$$

特别，当 $k=0$ 时，定义 $P_0(x) = Y^{(0)}(x)$= 常数. 对 $P_k(x)$, $P_j(x)$，利用 Green 公式和 Euler 引理就得

$$\begin{aligned} 0 &= \int_{|x|\le 1} (P_k \overline{\Delta P_j} - \overline{P_j}\Delta P_k) dx = \int_{\Sigma_{n-1}} \left(P_k \frac{\overline{\partial P_j}}{\partial \nu} - \overline{P_j}\frac{\partial P_k}{\partial \nu}\right) d\sigma \\ &= \int_{\Sigma_{n-1}} \left(P_k \sum_{i=1}^n x_i \frac{\overline{\partial P_j}}{\partial x_i} - \overline{P_j}\sum_{i=1}^n x_i \frac{\partial P_k}{\partial x_i}\right) d\sigma \\ &= (j-k)\int_{\Sigma_{n-1}} Y^k \overline{Y^j} d\sigma, \end{aligned} \tag{2.18}$$

这里 ν 是 Σ_{n-1} 的法向量. 于是，$\mathcal{H}_j \perp \mathcal{H}_k$. 在 $\mathcal{H}_k$ 上引入内积

$$(f,g) = \int_{\Sigma_{n-1}} f(x)\bar{g}(x) d\sigma, \quad f,g \in \mathcal{H}_k, \tag{2.19}$$

则 $\mathcal{H}_k$ 就是 $L^2(\Sigma_{n-1})$ 的闭子空间.

现记 $\{Y_1^{(k)},\cdots,Y_{a_k}^{(k)}\}$ 是 $\mathcal{H}_k$ 的一组正交基,这里 $a_k=\dim\mathcal{P}_k-\dim\mathcal{P}_{k-2}=d_k-d_{k-2}$. 显然, $\cup_{k=0}^{\infty}\{Y_1^{(k)},\cdots,Y_{a_k}^{(k)}\}$ 构成了 $L^2(\Sigma_{n-1})$ 的正交基. 事实上, 若存在 $f\neq 0$ 与所有这些元素正交, 则当 h 是 $\cup_{k=0}^{\infty}\mathcal{H}_k$ 中有限元素的线性组合时, 应有

$$\|f-h\|_{L^2(\Sigma_{n-1})}^2=\|f\|_2^2-(f,h)-(h,f)+\|h\|_2^2=\|f\|_2^2+\|h\|_2^2>0.$$

这是不可能的, 因为 $\bigcup_{k=0}^{\infty}\{Y_1^{(k)},\cdots,Y_{a_k}^{(k)}\}$ 的有限线性组合稠于 $L^2(\Sigma_{n-1})$, 由此推知 $\cup_{k=0}^{\infty}\{Y_1^{(k)}\cdots Y_{a_k}^{(k)}\}$ 是 $L^2(\Sigma_{n-1})$ 的正交基, 即对 $\forall f(x)\in L^2(\Sigma_{n-1})$, 存在表示式

$$f(x)=\sum_{k=0}^{\infty}Y^{(k)}(x),\quad x\in\Sigma_{n-1},\tag{2.20}$$

其中右端的部分和序列依 $L^2(\Sigma_{n-1})$ 范数收敛于 $f(x)$ 且 $Y^{(k)}\in\mathcal{H}_k$. 特别, 应注意到

$$Y^{(k)}(x)=b_1^{(k)}Y_1^{(k)}(x)+\cdots+b_{a_k}^{(k)}Y_{a_k}^{(k)}(x),\tag{2.21}$$

$$b_j^{(k)}=(f,Y_j^{(k)}),\quad j=1,2,\cdots,a_k.\tag{2.22}$$

例 2.1 当 $n=2$, $a_k=2$ 时, 分解式 (2.21) 就是 f 的 Fourier 级数. 此时

$$Y_1^{(k)}(e^{i\theta})=\frac{1}{\sqrt{\pi}}\cos k\theta,\tag{2.23}$$

$$Y_2^{(k)}(e^{i\theta})=\frac{1}{\sqrt{\pi}}\sin k\theta,\tag{2.24}$$

就构成了 $\mathcal{H}_k$ 的一个完全正交基.

例 2.2 在 Fourier 级数理论中, 函数 $Y_1^{(k)}$ 起着很重要作用, 例如, 可积的周期函数 $f(x)$ 的 Fourier 级数的 Abel 平均

$$u(r,\theta)=\sum_{k=-\infty}^{\infty}C_kr^{|k|}e^{ik\theta},\qquad 0\le r<1,\tag{2.25}$$

可以用 $Y_1^{(k)}$ 简单地表示出来. 事实上, $C_k=\frac{1}{2\pi}\int_0^{2\pi}e^{-ik\phi}f(\phi)d\phi$, 故其 Able

平均 $u(r,\theta)$ 是

$$
\begin{aligned}
u(r,\theta) &= \sum_{k=-\infty}^{\infty} \frac{1}{2\pi}\int_0^{2\pi} e^{-ik\phi} f(\phi)d\phi r^{|k|} e^{ik\theta} \\
&= \frac{1}{2\pi}\int_0^{2\pi} \sum_{k=-\infty}^{\infty} r^{|k|} f(\phi) e^{ik(\theta-\phi)} d\phi \\
&= \frac{1}{2\pi}\int_0^{2\pi} f(\phi)[1+\sum_{k=1}^{\infty} r^k e^{ik(\theta-\phi)} + \sum_{k=-\infty}^{-1} r^{|k|} e^{ik(\theta-\phi)}]d\phi \\
&= \frac{1}{2\pi}\int_0^{2\pi} f(\phi)[1+2\sum_{k=1}^{\infty} r^k \cos k(\theta-\phi)]d\phi \\
&= \int_0^{2\pi} f(\phi)\frac{1}{\pi}[\frac{1}{2}+\sum_{k=1}^{\infty} r^k \cos k(\theta-\phi)]d\phi. \qquad (2.26)
\end{aligned}
$$

另一方面, 单位球上的 Poisson 核是 $P(s,x)=\frac{1}{\omega_{n-1}}\frac{1-|x|^2}{|x-s|^n}$, 这里 $r=|x|<1, |s|=1$. 若记 x 与 s 的夹角是 γ, 则当 $n=2$ 时, 有

$$
P(s,x)=P(r,\gamma)=\frac{1}{2\pi}\cdot\frac{1-r^2}{|x|^2-2x\cdot s+|s|^2}=\frac{1}{2\pi}\cdot\frac{1-r^2}{r^2-2r\cos\gamma+1}. \qquad (2.27)
$$

若用 θ 表示 s 与 x 轴夹角, ϕ 表示 x 与 x 轴夹角, 则

$$
P(s,x)=P(r,\theta-\phi)=\frac{1}{2\pi}\cdot\frac{1-r^2}{r^2-2r\cos(\theta-\phi)+1}, \qquad (2.28)
$$

即 Poisson 核可用球调和函数 $Y_1^k(e^{i\theta})=\frac{1}{\sqrt{\pi}}\cos k\theta$ 简单表出

$$
\begin{aligned}
P(s,x)=P(r,\theta-\phi) &= \frac{1}{2\pi}\cdot\frac{1-r^2}{r^2-2r\cos\gamma+1} \\
&= \frac{1}{\pi}[\frac{1}{2}+\sum_{k=1}^{\infty} r^k\cos k(\theta-\phi)]. \qquad (2.29)
\end{aligned}
$$

注记 2.2 (i) **Abel 平均** 称 $\sum_{k=1}^{\infty} r^k a_k$ 是数项级数 $\sum_{k=1}^{\infty} a_k$ 的 r 次 Abel 平均.

(ii) 和 $u(x)=\int_{\Sigma_{n-1}} P(x,s)f(s)ds$ 与 $f(x)$ 的 Fourier 级数的 Abel 平均 $u=\sum_{k=-\infty}^{\infty} C_k r^{|k|} e^{ik\theta}$ 都是

$$
\begin{cases}
\Delta u=0, & x\in B_1, \\
u=f, & x\in\Sigma_{n-1}
\end{cases}
$$

的解，根据 Dirichlet 问题解的惟一性知 (2.29) 成立.

对于高维的情形，仍然有相类似的结果，下面将对 $n \geq 3$ 的情形进行详细的讨论.

定义 2.1 对每一个 $x' \in \Sigma_{n-1}$, 考虑 $\mathcal{H}_k$ 上线性泛函 L 如下

$$L(Y) = Y(x'), \qquad Y \in \mathcal{H}_k. \tag{2.30}$$

因 $\mathcal{H}_k$ 是有限维 Hilbert 的空间，必存在惟一 $Z_{x'}^{(k)}(t') \in \mathcal{H}_k$, 使得

$$L(Y) = Y(x') = (Y(t'), Z_{x'}^{(k)}(t')), \quad t' \in \Sigma_{n-1}, \tag{2.31}$$

称函数 $Z_{x'}^{k}(t')$ 是具有极点 x' 的带调和函数.

关于带调和函数，有如下简单的性质:

引理 2.8 设 $x', t' \in \Sigma_{n-1}$, $\{Y_1, \cdots, Y_{a_k}\}$ 是 $\mathcal{H}_k$ 的正交基，则

(a) $Z_{x'}^{(k)}(t') = \sum\limits_{m=1}^{a_k} \overline{Y_m(x')} Y_m(t')$.

(b) $Z_{x'}^{(k)}(t')$ 是实值的，且 $Z_{x'}^{(k)}(t') = Z_{t'}^{(k)}(x')$.

(c) 若 ρ 表示一个旋转，则 $Z_{\rho x'}^{(k)}(\rho t') = Z_{x'}^{(k)}(t')$.

(d) 对一切 $x' \in \Sigma_{n-1}$, 有 $Z_{x'}^{(k)}(x') = a_k \omega_{n-1}^{-1}$.

(e) 对一切 $x' \in \Sigma_{n-1}$, $\sum\limits_{m=1}^{a_k} |Y_m(x')|^2 = a_k \omega_{n-1}^{-1}$ 与 $\mathcal{H}_k$ 的正交基选取无关.

(f) 对一切 $x', t' \in \Sigma_{n-1}$, $|Z_{t'}^{(k)}(x')| \leq a_k \omega_{n-1}^{-1}$.

证明 (a) 由于 $\{Y_1, \cdots, Y_{a_k}\}$ 是 $\mathcal{H}_k$ 的正交基，因此我们有

$$Z_{x'}^{(k)}(t') = \sum_{m=1}^{a_k} (Z_{x'}^{(k)}, Y_m) Y_m(t'). \tag{2.32}$$

根据带调和函数的定义，有

$$(Z_{x'}^{(k)}, Y_m) = \int_{\Sigma_{n-1}} \overline{Y_m(t')} Z_{x'}^{(k)}(t') d\sigma = \overline{Y_m(x')}, \tag{2.33}$$

将 (2.33) 代入 (2.32) 即得 (a).

(b) 由于 $\dim \mathcal{H}_k$ 与 $\mathcal{H}_k$ 是由实值函数或复值函数组成的无关，故可取 (a) 中的正交基均系实值函数，从而，$Z_{x'}^{(k)}(t')$ 是实值的，由 (a) 可知 $Z_{x'}^{(k)}(t') = Z_{t'}^{(k)}(x')$.

(c) 令 $\omega' = \rho t'$, 那么对 $Y \in \mathcal{H}_k$, 有

$$\begin{aligned}&\int_{\Sigma_{n-1}} Z_{\rho x'}^{(k)}(\rho t') Y(t') d\sigma = \int_{\Sigma_{n-1}} Z_{\rho x'}^{(k)}(\omega') Y(\rho^{-1}\omega') d\sigma \\ =& Y(\rho^{-1}(\rho x')) = Y(x') = \int_{\Sigma_{n-1}} Z_{x'}^{(k)}(t) Y(t') d\sigma.\end{aligned} \tag{2.34}$$

由线性泛函表示惟一性可见 $Z_{\rho x'}^{(k)}(\rho t') = Z_{x'}^{(k)}(t')$.

(d) 与 (e) 设 $x'_1, x'_2 \in \Sigma_{n-1}$ 总可以找到一个旋转 ρ 使得

$$x'_2 = \rho x'_1.$$

由 (c) 推知

$$Z_{x'_2}^{(k)}(x'_2) = Z_{\rho x'_1}^{(k)}(\rho x'_1) = Z_{x'_1}^{(k)}(x'_1).$$

因此， $Z_{x'}^{(k)}(x')$ 是一个常数，由 (a) 知此常数 C 就是

$$C = Z_{x'}^{(k)}(x') = \sum_{m=1}^{a_k} |Y_m(x')|^2, \tag{2.35}$$

此处 $Y_1, \cdots, Y_{a_k}$ 是 $\mathcal{H}_k$ 的任意标准正交基. 从而

$$\begin{aligned} a_k &= \sum_{m=1}^{a_k} \int_{\Sigma_{n-1}} |Y_m(x')|^2 d\sigma = \int_{\Sigma_{n-1}} \sum_{m=1}^{a_k} |Y_m(x')|^2 d\sigma \\ &= C \int_{\Sigma_{n-1}} d\sigma = C\omega_{n-1}. \end{aligned} \tag{2.36}$$

于是就得 $C = a_k \omega_{n-1}^{-1}$, 这样就证明了 (d) 及 (e).

(f) 根据带调和函数定义，有

$$Z_{t'}^{(k)}(x') = \int_{\Sigma_{n-1}} Z_{t'}^{(k)}(\omega') Z_{x'}^{(k)}(\omega') d\sigma, \tag{2.37}$$

这里取 $Y = Z_{t'}^{(k)}(w')$.

另一方面，设 $(Y_1, \cdots, Y_{a_k})$ 是 $\mathcal{H}_k$ 的一标准正交基，从而由 (a) 可见对 $u' \in \Sigma_{n-1}$, 有

$$\begin{aligned} \|Z_{u'}^{(k)}\|_2^2 &= \int_{\Sigma_{n-1}} |Z_{u'}^{(k)}(\omega')|^2 d\sigma = \int_{\Sigma_{n-1}} \left| \sum_{m=1}^{a_k} Y_m(u') Y_m(\omega') \right|^2 d\sigma \\ &= \sum_{m=1}^{a_k} \int_{\Sigma_{n-1}} |Y_m(u')|^2 |Y_m(\omega')|^2 d\sigma \\ &= \sum_{m=1}^{a_k} |Y_m(u')|^2 = a_k \omega_{n-1}^{-1}. \end{aligned} \tag{2.38}$$

于是，利用 (2.38) 及 Schwartz 不等式知

$$\begin{aligned} |Z_{t'}^{(k)}(x')| &= \left| \int_{\Sigma_{n-1}} Z_{t'}^{(k)}(\omega') Z_{x'}^{(k)}(\omega') d\sigma \right| \\ &\le \|Z_{t'}^{(k)}\|_2 \cdot \|Z_{x'}^{(k)}\|_2 = a_k \omega_{n-1}^{-1}. \end{aligned}$$

证毕.

我们知道, 当 $n=2$ 时, 直接证明 $Z_\theta^{(k)}(\phi)=\pi^{-1}\cos k(\theta-\phi)$, $Z_\theta^{(0)}(\phi)=\frac{1}{\pi}$, 此时 Poisson 核 $P(x,s)=\frac{1}{2\pi}\cdot\frac{1-|x|^2}{|x-s|^2}=\frac{1}{2\pi}\cdot\frac{1-r^2}{1-2r\cos(\theta-\phi)+r^2}$ 可用带状调和函数

$$P(r,\theta-\phi)=\frac{1}{\pi}\left\{\frac{1}{2}+\sum_{k=1}^{\infty}r^k\cos k(\theta-\phi)\right\}$$

来表示. 当 $n\geq 3$ 时, 是否有类似的结论? 回答是肯定的. 众所周知, $\mathbb{R}^n$ 中单位球上 Poisson 核是

$$P(t',x)=\frac{1}{\omega_{n-1}}\cdot\frac{1-|x|^2}{|x-t'|^n},\qquad 0\leq |x|<1=|t'|. \tag{2.39}$$

定理 2.9 设 $x=rx', r=|x|<1$, 则对一切 $t'\in\Sigma_{n-1}$, 有

$$P(t',x)=\sum_{k=0}^{\infty}r^kZ_{x'}^{(k)}(t')=\sum_{k=0}^{\infty}r^kZ_{t'}^{(k)}(x'). \tag{2.40}$$

证明 注意到 $a_k=\frac{(2k+n-2)(n+k-3)!}{(n-2)!k!}=O(k^{n-2})$ $(k\to\infty)$ 及 $|Z_{t'}^{(k)}(x')|\leq a_k\omega_{n-1}^{-1}$, 从而推知下面级数

$$q(t',x)=\sum_{k=0}^{\infty}r^kZ_{t'}^{(k)}(x') \tag{2.41}$$

在每一个闭域 $\{x\in\mathbb{R}^n, |x|\leq r_0<1\}$ 中一致收敛. 现设

$$u(t')=\sum_{j=1}^{m}Y_j(t'),\quad t'\in\Sigma_{n-1},\quad Y_j(t')\in\mathcal{H}_j, \tag{2.42}$$

则 $u(x)=\sum_{j=1}^{m}|x|^jY_j\left(\frac{x}{|x|}\right)$ 是 $x\in\mathbb{R}^n$ 上的调和函数. 由 Dirichelt 问题惟一性, 可知

$$\sum_{j=1}^{m}|x|^jY_j(x')=u(x)=\int_{\Sigma_{n-1}}u(t')P(t',x)d\sigma,\quad x',t'\in\Sigma_{n-1} \tag{2.43}$$

在 $|x|\leq 1$ 上连续, 在 $|x|<1$ 中调和且在边界 $|x|=1$ 上等于 $u(x')$.

另一方面，根据带调和函数的定义及 $\{Y_j\}$ 与 $Z_{t'}^{(k)}(x')(k \neq j)$ 的正交性有

$$\int_{\Sigma_{n-1}} u(t')q(t',x)d\sigma = \sum_{j=1}^{m} \int_{\Sigma_{n-1}} Y_j(t')q(t',x)d\sigma$$
$$= \sum_{j=1}^{m} \left\{ \sum_{k=1}^{\infty} |x|^k \int_{\Sigma_{n-1}} Y_j(t') Z_{t'}^{(k)}(x')d\sigma \right\}$$
$$= \sum_{j=1}^{m} |x|^j Y_j(x') = u(x). \tag{2.44}$$

于是，对于球调和函数的一切有限线性组合，均有

$$\int_{\Sigma_{n-1}} [P(t',x) - q(t',x)]u(t')d\sigma = 0. \tag{2.45}$$

由球调和函数的线性组合在 $L^2(\Sigma_{n-1})$ 中稠密且 $P(t',x)$, $q(t',x)$ 都均是 t' 的连续函数，从而推得 $P(t',x) = q(t',x)$.

带调和函数的几何刻画

定义 2.2　设 $e \in \Sigma_{n-1}$, 垂直于 e 与原点连线的超平面与单位球面 Σ_{n-1} 的相交部分，就称为 Σ_{n-1} 的正交于 e 的平行截形. 每一个平行截形皆是 $n-1$ 维空间中半径为 $0 \leq r \leq 1$ 的球面，它们的并恰是 Σ_{n-1}.

设 ρ 是保持 e 不变的旋转，则有

$$Z_e^{(k)}(x') = Z_{\rho e}^{(k)}(\rho x') = Z_e^{(k)}(\rho x'). \tag{2.46}$$

显然，ρ 将正交于 e 的每一个平行截形映射到它自身 (见图 2.1).

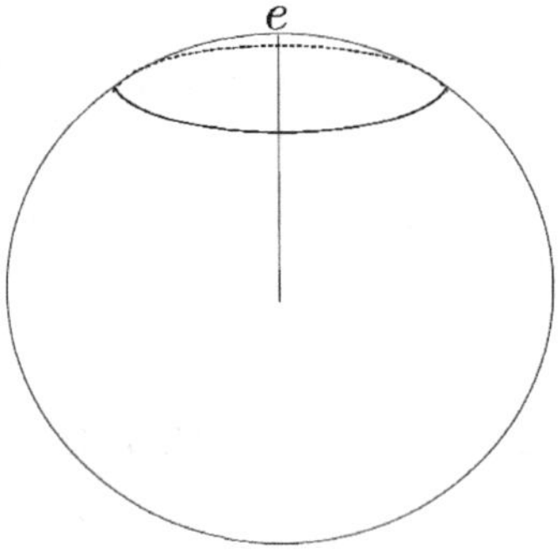

图 2.1

另一方面，对正交于 e 的平行截形中的任意两个点 x_1', x_2', 总存在正交变换 ρ, 使得 $x_2' = \rho x_1'$, 且 ρ 保持 e 不变，从而以 e 为极的带形调和函数在垂直于 e 平行截形上取一定值，即

$$Z_e^{(k)}(x') = C, \quad x' \in L_e. \tag{2.47}$$

反过来，若函数 $Y \in \mathcal{H}_k$ 满足：在保持 e 不变的所有旋转变换下亦保持不变，是否有 $Y = CZ_e^{(k)}(x)$? 回答是肯定的. 为证明此结论，先证明如下引理

引理 2.10 设 $P(x)$ 是 $\mathbb{R}^n(n \geq 1)$ 上多项式，它对一切旋转 ρ 和 $x \in \mathbb{R}^n$ 满足 $P(\rho x) = P(x)$, 则存在常数 $C_0, C_1, \cdots, C_m$, 使得

$$P(x) = \sum_{k=0}^{m} C_k(x_1^2 + x_2^2 + \cdots + x_n^2)^k. \tag{2.48}$$

证明 我们总可以记 $P(x) = \sum_{l=0}^{j} P_l(x)$, 其中 P_l 是 l 阶齐次多项式. 那么，对于任一 $\varepsilon > 0$ 和每一个旋转 ρ, 有

$$\sum_{l=0}^{j} \varepsilon^l P_l(x) = P(\varepsilon x) = P(\varepsilon \rho x) = \sum_{l=0}^{j} \varepsilon^l P_l(\rho x),$$

自然有

$$P_l(\rho x) = P_l(x), \quad l = 0, 1, 2, \cdots, j.$$

现令 $F(x) = |x|^{-l} P_l(x)$ 则 $F(x)$ 是 0 次齐次函数，它关于旋转变换群是不变的 (即对一切旋转 ρ, $F(\rho x) = F(x)$), 这就推得 F 是常数，即 $F(x) = C_l'$. 于是

$$P_l(x) = C_l' |x|^l.$$

注意到 $P_l(x)$ 是多项式，故在 $C_l' \neq 0$ 时， l 一定是偶数 (否则， $|x|^l$ 就不是多项式函数), 于是就有

$$P(x) = \sum_{k=0}^{m} C_k |x|^{2k},$$

其中 $C_k = C_k'$, $k = 0, 1, 2, \cdots, m$, m 是不超过 $j/2$ 的最大整数.

定理 2.11 设 e 是 Σ_{n-1} 的一点，则 $Y \in \mathcal{H}_k$ 在 Σ_{n-1} 的正交于 e 的平行截形上是常数，当且仅当存在常数 C 使得 $Y = CZ_e^{(k)}$.

证明 充分性是显然的，下面仅需证明必要性. 假设 $Y \in \mathcal{H}_k$ 在 Σ_{n-1} 的正交于 e 的平行截形上是常数，现记 $e_1 = (1, 0, \cdots, 0)$, 则存在旋转 τ 使得 $e = \tau e_1$. 于是，取值为 $W(x') = Y(\tau x')$ 的球调和函数在正交于 e_1 的平行截形上是常数，若能证明 $W = CZ_{e_1}^{(k)}$, 由带状调和函数的旋转性质可得

$$Y(y') = W(\tau^{-1} y') = CZ_{e_1}^{(k)}(\tau^{-1} y') = CZ_{\tau e_1}^{(k)}(\tau \tau^{-1} y') = CZ_e^{(k)}(y'). \tag{2.49}$$

现来证明 $W(x') = CZ_{e_1}^{(k)}(x')$. 设 $x \neq 0$, $P(x) = |x|^k W(\frac{x}{|x|})$, $P(0) = 0$, 则当 ρ 是使 e_1 不动的旋转时，对一切 $x \in \mathbb{R}^n$, 有 $P(\rho x) = P(x)$, 并且所有形如 $x_1^m, m = 0, 1, 2, \cdots$, 的多项式也是在 ρ 的作用下不变的，因此，若记

$$P(x) = \sum_{j=0}^{k} x_1^{k-j} P_j(x_2, x_3, \cdots, x_n), \tag{2.50}$$

则知 $P_0, P_1, \cdots, P_k$ 在 ρ 的作用下保持不变，这里

$$\rho(x_1, x_2, \cdots, x_n) = (x_1', x_2', \cdots, x_n').$$

用此方法，取遍一切使 x_1 保持不变的旋转，就得到 $\mathbb{R}^{n-1}$ 上的一切旋转. 由引理 2.10 可知，当 j 是奇数时， $P_j(x_2, \cdots, x_n) = 0$, 当 j 是偶数时，$P_j = C_j(x_2^2 + \cdots + x_n^2)^{\frac{j}{2}}$. 令 $R(x) = (x_2^2 + \cdots + x_n^2)^{\frac{1}{2}}$, 就有

$$P(x) = C_0 x_1^k + C_2 x_1^{k-2} R^2 + \cdots + C_{2l} x_1^{k-2l} R^{2l}. \tag{2.51}$$

因为 $W \in \mathcal{H}_k$, 故 $P(x) \in \mathcal{A}_k$, 从而 $\Delta P(x) = 0$, 直接计算

$$0 = \Delta P(x) = \sum_{j=0}^{l-1} [C_{2j}\alpha_j + C_{2(j+1)}\beta_j] x_1^{k-2(j+1)} R^{2j},$$

其中 $\alpha_j = (k-2j)(k-2j-1)$, $\beta_j = 2(j+1)(n+2j-1)$. 由 $(x_1, \cdots, x_n)$ 任意性可推得

$$C_{2(j+1)} = -\frac{\alpha_j}{\beta_j} \cdot C_{2j}, \quad j = 0, 1, \cdots, l-1.$$

这就是讲，一切系数 $C_0, C_2, \cdots, C_{2l}$ 都是由 C_0 完全确定，因此，任意两个形如 (2.51) 的调和多项式一定互为常数倍. 此说明任何 k 阶齐次多项式，它在 Σ_{n-1} 的正交于 e_1 的平行截形上的限制若是常数的话，就一定具有 (2.51) 的形式. 另一方面， $Z_{e_1}^{(k)}(\frac{x}{|x|})|x|^k$ 具有这一性质且是调和的，从而

$$P(x') = W(x') = CZ_{e_1}^{(k)}(x'). \tag{2.52}$$

推论 2.12 假设对一切 $x', y' \in \Sigma_{n-1}$, 定义 $F_{y'}(x')$ 满足

(a) 对每一个 $y' \in \Sigma_{n-1}, F_{y'}$ 是 k 阶球调和函数;

(b) 若 ρ 是一个旋转变换，且 $F_{\rho y'}(\rho x') = F_{y'}(x')$,

则存在一个常数 C 使得

$$F_{y'}(x') = CZ_{y'}^{(k)}(x'), \qquad \forall x', y' \in \Sigma_{n-1}. \tag{2.53}$$

证明 在 Σ_{n-1} 中固定 y', 并设 ρ 是保持 y' 不变的旋转，则对一切 $x' \in \Sigma_{n-1}$ 有

$$F_{y'}(x') = F_{\rho y'}(\rho x') = F_{y'}(\rho x'), \tag{2.54}$$

这意味着， F_y 是球调和函数，且在 Σ_{n-1} 的正交于 y' 的平行截形上是常数. 因此，由定理 2.11 知，存在 $C(y')$ 使得

$$F_{y'}(x') = C(y')Z_{y'}^{(k)}(x').$$

下仅需证明 $C(y')$=const. 对 $\forall y_1', y_2' \in \Sigma_{n-1}$ 总可以找到一个旋转 σ 使得 $\sigma y_1' = y_2'$, 于是

$$C(y_2')Z_{y_2'}^{(k)}(\sigma x') = F_{y_2'}(\sigma x') = F_{\sigma y_1'}(\sigma x') = F_{y_1'}(x') = C(y_1')Z_{y_1'}^{(k)}(x'). \tag{2.55}$$

由引理 (2.8) 的 (c) 推得

$$Z_{y_1'}^{(k)}(x') = Z_{\sigma y_1'}^{(k)}(\sigma x') = Z_{y_2'}^{(k)}(\sigma x'),$$

从而 $C(y_1') = C(y_2')$.

带调和函数的母函数刻画

带调和函数可以用超球多项式 (即 Gegenbauer 多项式) $P_k^\lambda(t)$ 来刻画, 而超球多项式可用母函数来定义, 如果我们记

$$(1-2rt+r^2)^{-\lambda} = \sum_{k=0}^{\infty} P_k^\lambda(t) r^k, \tag{2.56}$$

这里 $0 \le |r| < 1$, $|t| \le 1,\lambda > 0$. 系数多项式 $P_k^\lambda(t)$ 就称为 k 阶 λ- 超球多项式. 对超球多项式 P_k^λ, 有如下一些最基本的性质.

命题 2.13 $P_k^\lambda(t)$ 满足如下性质:
(i) $P_0^\lambda(t) = 1$.
(ii) $\frac{d}{dt}P_k^\lambda(t) = 2\lambda P_{k-1}^{\lambda+1}(t)$, $k \ge 1$.
(iii) $P_k^\lambda(t)$ 是 t 的 k 阶多项式.
(iv) 多项式 $P_k^\lambda(t)$, $k = 0, 1, \cdots$ 的张成子空间稠于 $C[-1, 1]$.
(v) $P_k^\lambda(-t) = (-1)^k P_k^\lambda(t)$, $k \ge 0$.

证明 (i) 令 $r = 0$, 由 (2.56) 可见 $P_0^\lambda(t) \equiv 1$.
(ii) 考察

$$\begin{aligned} 2r\lambda \sum_{k=0}^{\infty} P_k^{\lambda+1}(t) r^k &= 2r\lambda(1-2rt+r^2)^{-\lambda-1} \\ =&\frac{d}{dt}(1-2rt+r^2)^{-\lambda} = \sum_{k=0}^{\infty} r^k \frac{d}{dt} P_k^\lambda(t), \end{aligned}$$

对照两边同阶项的系数可见

$$\frac{d}{dt}P_k^\lambda(t) = 2\lambda P_{k-1}^{\lambda+1}(t), \quad k \ge 1.$$

(iii) 由 (i),(ii), 可见 $\frac{d}{dt}P_1^\lambda(t) = 2\lambda$, 此意味着 $P_1^\lambda(t)$ 是 t 的一阶多项式, 归纳可见 $P_k^\lambda(t)$ 恰是 t 的 k 阶多项式.

(iv) 由 (iii) 知 $1, t, \cdots, t^k$ 可以用 $P_0^\lambda(t), P_1^\lambda(t), \cdots, P_k^\lambda(t)$ 的有限线性组合表出，于是由 Weierstrass 逼近定理就知结果成立.

(v) 由于

$$\sum_{k=0}^{\infty} P_k^\lambda(-t) r^k = (1+2rt+r^2)^{-\lambda} = \sum_{k=0}^{\infty} P_k^\lambda(t)(-r)^k,$$

我们即知

$$P_k^\lambda(-t) = (-1)^k P_k^\lambda(t), \quad k \geq 0.$$

定理 2.14 若 $n > 2$, $\lambda = \frac{n-2}{2}$, $k = 0, 1, 2\cdots$, 则存在常数 $C_{k,n}$, 使得对一切 x', $y' \in \Sigma_{n-1}$ 有

$$Z_{y'}^{(k)}(x') = C_{k,n} P_k^\lambda(x' \cdot y'). \tag{2.57}$$

证明 对 $y' \in \Sigma_{n-1}$, 构造

$$F_{y'}(x) = |x|^k P_k^\lambda(x \cdot y'/|x|), \quad \forall x \in \mathbb{R}^n, \quad x \neq 0.$$

若证明 $F_{y'}(x')$ 满足推论 2.12 的条件即可得到本定理结果. 由超球函数 P_k^λ 的性质 (iii) 或 (v), $P_k^\lambda(t)$ 一定是具有如下形式

$$P_k^\lambda(t) = \begin{cases} \sum\limits_{j=0}^{m} d_{2j} t^{2j}, & k = 2m; \\ \sum\limits_{j=0}^{m} d_{2j+1} t^{2j+1}, & k = 2m+1. \end{cases}$$

于是

$$|x|^k P_k^\lambda\left(\frac{x \cdot y'}{|x|}\right) = \begin{cases} \sum\limits_{j=0}^{m} d_{2j} |x|^{2(m-j)} (x \cdot y')^{2j}, & k = 2m; \\ \sum\limits_{j=0}^{m} d_{2j+1} |x|^{2(m-j)} (x \cdot y')^{2j+1}, & k = 2m+1. \end{cases} \tag{2.58}$$

无论 k 的奇偶性如何， $F_{y'}(x)$ 都是非零 k 阶齐次多项式.

若 ρ 是一个旋转，则 $(\rho x, \rho y) = (x, y)$. 故对一切 $x', y' \in \Sigma_{n-1}$, 有

$$F_{\rho y'}(\rho x') = P_k^\lambda(\rho x' \cdot \rho y') = P_k^\lambda(x' \cdot y') = F_{y'}(x').$$

于是，剩下的是仅需证明 $F_{y'}(x)$ 是调和的. 事实上，我们知道 $|x - x_0|^{2-n}$ 是区域 $\mathbb{R}^n - \{x_0\}$ 上的调和函数，特别地，对于 $s \neq 0$ 和固定 $y' \in \Sigma_{n-1}$,

$$\begin{aligned} s^{2-n}|x - \frac{y'}{s}|^{2-n} &= [1 - 2s|x|(\frac{x}{|x|} \cdot y') + (s|x|)^2]^{-\lambda} \\ &= \sum_{k=0}^{\infty} s^k |x|^k P_k^\lambda(\frac{x}{|x|} \cdot y'), \quad \lambda = \frac{n-2}{2} \end{aligned} \tag{2.59}$$

在区域 $\mathcal{R} = \mathcal{R}_s = \{x \in \mathbb{R}^n; 0 < |x| < \frac{1}{s}\}$ 上是调和函数，从而推得每一个系数

$$F_{y'}(x) = |x|^k P_k^\lambda\left(\frac{x \cdot y'}{|x|}\right) \tag{2.60}$$

是 x 的调和函数. 事实上，对 (2.59) 两边在以 x 为中心含在 $\mathcal{R}_s$ 内的球上取平均值定理而得到. 由于 (2.59) 的左边满足平均值公式，从而每一个系数 $F_{y'}(x)$ 满足平均值公式，由此推得每一个系数 $F_{y'}(x)$ 是调和函数.

定理 2.15 超球多项式 $P_k^{\frac{n-2}{2}}(t)$, $k = 0, 1, 2, \cdots$, 关于内积

$$\langle f, g\rangle = \int_{-1}^1 f(t)g(t)(1-t^2)^{\frac{n-3}{2}}dt, \quad f, g \in P_k^{\frac{n-2}{2}}(t), \tag{2.61}$$

组成了 $L^2([-1,1];(1-t^2)^{\frac{n-3}{2}}dt)$ 的完备正交基.

证明 由命题 2.13 的 (iv), 仅需证明 $P_k^{\frac{n-2}{2}}(t)$, $k = 0,1,2,\cdots$, 是相互正交的，现设 $e = (1, 0, \cdots, 0)$, 对 $\forall x' \in \Sigma_{n-1}$, 定义 $\theta \in [0, \pi]$ 使得 $e \cdot x' = \cos\theta$. 为了计算 Σ_{n-1} 上积分，先在正交于 e 的一个平行截形 $L_\theta = \{x' \in \Sigma_{n-1}; e \cdot x' = \cos\theta\}$ 积分，然后对 θ 求积，即

$$\begin{aligned} 0 &= \int_{\Sigma_{n-1}} Z_e^{(l)}(x')Z_e^{(k)}(x')dx' \\ &= \int_0^\pi C_{l,n}C_{k,n}P_l^{\frac{n-2}{2}}(\cos\theta)P_k^{\frac{n-2}{2}}(\cos\theta)\omega_{n-2}(\sin\theta)^{n-2}d\theta \\ &= \omega_{n-2}C_{l,n}C_{k,n}\int_{-1}^1 P_l^{\frac{n-2}{2}}(t)P_k^{\frac{n-2}{2}}(t)(1-t^2)^{\frac{n-3}{2}}dt, \quad k \neq l. \end{aligned} \tag{2.62}$$

这就证明了定理 2.15.

注记 2.3 (i) 对 $\lambda \neq \frac{n-2}{2}$, 球超多项式 $P_k^\lambda(t)$ $(k = 0, 1, 2, \cdots)$ 仍能在 $L^2[-1,1]$ 的某个加权空间中生成一个完备正交基.

(ii) $\lambda = \frac{n-2}{2}$, $P_k^\lambda(t)$ 对应着 k 次 Gegenbauer 多项式，特别，当 $n=3$ 时，$P_k^{\frac{1}{2}}(t)$ 正好是 k 次 Legendre(勒让德) 多项式，当 $n=2$ 时，$P_k^0(t)$ 恰好是常数乘以 Chebyshev(契比谢夫) 多项式.

现在回头来考虑 $L^2(\mathbb{R}^n)$ 的直交分解.

定理 2.16 在下述意义下，直交分解

$$L^2(\mathbb{R}^n) = \sum_{k=0}^\infty \oplus \mathcal{D}_k$$

成立，这里

(a) 每个子空间 $\mathcal{D}_k$ 闭.

(b) $\mathcal{D}_k$ 互相正交.

(c) 每一个 $f\in L^2(\mathbb{R}^n)$ 都是 $\mathcal{D}_k$ 中元素的有限线性组合的极限, 且 Fourier 变换将 $\mathcal{D}_k$ 映射到自身.

证明 因 $\dim\mathcal{H}_k=\dim\mathcal{A}_k=a_k$, 故可记 $P_1,\cdots,P_{a_k}$ 是 $\mathcal{H}_k$ 的标准完备正交基 (内积沿用 $L^2(\Sigma_{n-1})$ 内积), 那么, $\mathcal{D}_k$ 中的元素 f 都可以写作 $\sum\limits_{j=1}^{a_k} f_j(r)P_j(x)$ 且

$$
\begin{aligned}
\int_{\mathbb{R}^n}|f(x)|^2dx&=\int_0^\infty\int_{\Sigma_{n-1}}\sum_{j=1}^{a_k}|f_j(r)|^2r^{2k}P_j^2(x')d\sigma r^{n-1}dr\\
&=\sum_{j=1}^{a_k}\int_0^\infty|f_j(r)|^2r^{2k+n-1}dr.
\end{aligned}
\tag{2.63}
$$

由此推得 (a) 成立.

$\mathcal{D}_k$ 中相互正交的性质可从球调和函数的正交性和对极坐标的一次积分而得到. 下面证明完全性 (c), 即当 $f\in L^2(\mathbb{R}^n)$ 与所有 $\mathcal{D}_k$ 函数正交时, $f=0$, a.e.$x\in\mathbb{R}^n$. 然而由球调和函数的完全性可知, 这样的函数在以原点为心的球面上必定几乎处处是 0, 从而

$$
f\overset{\text{a.e.}}{=\!=}0,\quad x\in\mathbb{R}^n.
$$

最后, 我们来证明 $\mathcal{D}_k$ 在 Fourier 变换下保持不变. 为此, 我们只需考虑形如

$$
f(u)=f_0(\rho)P(u)=\rho^k\cdot f_0(\rho)Y(u')\in L^1(\mathbb{R}^n)\cap L^2(\mathbb{R}^n),\tag{2.64}
$$

其中 $Y\in\mathcal{H}_k$, $\rho=|u|$, $u=\rho u'$. 由于这些函数的线性组合稠于 $\mathcal{D}_k$, 所以只需证明 $\hat{f}\in\mathcal{D}_k$ 就说明 $\mathcal{D}_k$ 在 Fourier 变换下保持不变.

令 $r=|x|$, $x=rx'$, 考虑

$$
\begin{aligned}
\hat{f}(x)&=\int_{\mathbb{R}^n}e^{-2\pi ix\cdot u}f(u)du\\
&=\int_0^\infty f_0(\rho)\rho^{k+n-1}\int_{\Sigma_{n-1}}e^{-2\pi ir\rho x'\cdot u'}Y(u')d\sigma(u')d\rho.
\end{aligned}
\tag{2.65}
$$

若能证明存在一个 $[0,\infty)$ 上函数 φ, 对 $s\geq 0$ 有

$$
\int_{\Sigma_{n-1}}e^{-2\pi isx'\cdot u'}Y(u')d\sigma(u')=\varphi(s)Y(x'),\tag{2.66}
$$

那么

$$
\hat{f}(x)=\left(\int_0^\infty f_0(\rho)\varphi(r)\rho^{k+n-1}d\rho\right)Y(x'),\tag{2.67}
$$

即 $\hat{f} \in \mathcal{D}_k$.

注意到 $Z_{u'}^{(k)}(v') = Z_{v'}^{(k)}(u')$ 及带调和函数定义，有

$$\begin{aligned}
&\int_{\Sigma_{n-1}} e^{-2\pi i s x' \cdot u'} Y(u') d\sigma(u') \\
=&\int_{\Sigma_{n-1}} e^{-2\pi i s x' \cdot u'} \left(\int_{\Sigma_{n-1}} Y(v') Z_{u'}^{(k)}(v') dv' \right) d\sigma(u') \\
=&\int_{\Sigma_{n-1}} Y(v') \left\{ \int_{\Sigma_{n-1}} e^{-2\pi i s x' \cdot u'} Z_{v'}^{(k)}(u') d\sigma(u') \right\} d\sigma(v'). \qquad (2.68)
\end{aligned}$$

若用 $F_{x'}(v')$ 表示上式中大括号中的表示式，那么，应用 Fubini 定理及球调和函数的正交性知 $F_{x'} \perp \mathcal{H}_j (j \neq k)$ 再利用 $L^2(\Sigma_{n-1})$ 上函数的直交分解定理推得 $F_{x'}(v') \in \mathcal{H}_k$.

另一方面，对任意旋转变换 σ, 有

$$\begin{aligned}
F_{\sigma x'}(\sigma v') &= \int_{\Sigma_{n-1}} e^{-2\pi i s \sigma x' \cdot u'} Z_{\sigma v'}^{(k)}(u') d\sigma(u') \\
&= \int_{\Sigma_{n-1}} e^{-2\pi i s x' \cdot \sigma^{-1} u'} Z_{\sigma v'}^{(k)}(u') d\sigma(u') \\
&= \int_{\Sigma_{n-1}} e^{-2\pi i s x' \cdot w'} Z_{\sigma v'}^{(k)}(w') d\sigma(w') = F_{x'}(v'). \qquad (2.69)
\end{aligned}$$

由推论 2.12 知，存在常数 $C = \varphi(s)$, 使得 $\forall x', v' \in \Sigma_{n-1}$ 有，

$$F_{x'}(v') = C Z_{x'}^{(k)}(v'). \qquad (2.70)$$

从而，由 (2.66) 式可见

$$\begin{aligned}
&\int_{\Sigma_{n-1}} e^{-2\pi i s x' \cdot u'} Y(u') d\sigma(u') = \int_{\Sigma_{n-1}} Y(v') F_{x'}(v') d\sigma(v') \\
=&\int_{\Sigma_{n-1}} Y(v') \varphi(s) Z_{x'}^{(k)}(v') d\sigma(v') = \varphi(s) Y(x'). \qquad (2.71)
\end{aligned}$$

§3.3 球调和函数在 Laplace 方程中的应用

由带调和函数的母函数刻画理论 (见定理 2.14), 对任意 $x, y \in \Sigma_{n-1}$, 有

$$Z_x^{(k)}(y) = C_{k,n} P_k^{\frac{n-2}{2}}(x \cdot y), \quad \forall x, y \in \Sigma_{n-1}, \qquad (3.1)$$

这里 $P_k^{\frac{n-2}{2}}(t)$ 称是 k 阶 $\frac{n-2}{2}$- 超球多项式. 为简单起见，记 $F_k(x\cdot y)=C_{k,n}P_k^{\frac{n-2}{2}}(x\cdot y)$. 如何利用球调和函数来求解 Dirichlet 问题、Neumann 问题是本节的主要议题.

记 π_k 是 $L^2(\Sigma_{n-1})$ 到 $\mathcal{H}_k$ 上的正交投影，根据带调和函数的理论，我们可得 π_k 的表示公式.

命题 3.1　设 $f(x)\in L^2(\Sigma_{n-1})$, 则

$$\pi_k f(x)=\int_{\Sigma_{n-1}} f(y)F_k(x\cdot y)dy,\quad x\in\Sigma_{n-1}. \tag{3.2}$$

证明　直接分解有

$$f(x)=\pi_k f(x)+g(x),\qquad g\perp\mathcal{H}_k.$$

注意到 $(g,Z_x^{(k)})=0$. 于是，由带调和函数的定义，就得

$$(3.2)\text{ 的右端}=(f(y),Z_x^{(k)}(y))=(\pi_k f(y),Z_x^{(k)}(y))=\pi_k f(x).$$

考虑如下 Dirichlet 问题

$$\begin{cases}\Delta u=0, & x\in B,\\ u(x)=f, & x\in\Sigma_{n-1},\end{cases} \tag{3.3}$$

这里 B 是以原点为心的单位圆. 若 $f\in\mathcal{H}_k$, 则 $u(x)=|x|^k f(\frac{x}{|x|})$, $x\in B$ 就是 (3.3) 的惟一解. 对任意的 $f\in L^2(\Sigma_{n-1})$, 有如下结论：

定理 3.2　(1) 设 $f\in L^2(\Sigma_{n-1})$, 则 (3.3) 的解可由

$$u(rx)=\sum_{k=0}^{\infty} r^k\pi_k f(x),\quad x\in\Sigma_{n-1},\quad 0\le r\le 1 \tag{3.4}$$

给出. 对每一个固定 $r\le 1$, 此级数在 $L^2(\Sigma_{n-1})$ 中收敛. 对 $x\in\Sigma_{n-1}$, $r\le r_0<1$, 级数关于 $y=rx$ 一致收敛.

(2) 对于 B 上的 Poisson 核

$$P(x,y)=\frac{1}{\omega_{n-1}}\frac{1-|x|^2}{|x-y|^n}, \tag{3.5}$$

有展开形式

$$P(rx,y)=\sum_{k=0}^{\infty} r^k F_k(x\cdot y),\qquad x,y\in\Sigma_{n-1},\quad 0\le r<1, \tag{3.6}$$

且对 $x, y \in \Sigma_{n-1}$, $r \le r_0 < 1$, (3.6) 中的级数一致收敛.

证明 (1) 由分解定理 2.7, $L^2(\Sigma_{n-1}) = \oplus_0^\infty \mathcal{H}_k$, 从而

$$f(x) = \sum_{k=0}^{\infty} \pi_k f(x), \qquad x \in \Sigma_{n-1}$$

在 $L^2(\Sigma_{n-1})$ 中成立. 因此, 当 $r \le 1$ 时, 级数 $\sum\limits_{k=0}^{\infty} r^k \pi_k f$ 在 $L^2(\Sigma_{n-1})$ 模下收敛. 进而, 当 $r \to 1$ 时, $\sum\limits_{k=0}^{\infty} r^k \pi_k f$ 收敛于 f. 此外, 当 $r \le r_0 < 1$ 时,

$$\begin{aligned}\sum_{k=0}^{\infty} |r^k \pi_k f| &\le \sum_{k=0}^{\infty} r_0^k |(f, Z_x^{(k)})| \le \|f\|_2 \sum_{k=0}^{\infty} r_0^k \|Z_x^{(k)}\|_2 \\ &\le \|f\|_2 \sum_{k=0}^{\infty} r_0^k \left(\frac{a_k}{\omega_{n-1}}\right)^{\frac{1}{2}} \le C\|f\|_2 \sum_{k=0}^{\infty} r_0^k k^{\frac{n-2}{2}} < \infty,\end{aligned}$$

这里用到 $a_k = O(k^{n-2})$ 、带调和函数的性质及命题 3.1 的直交分解. 因此, 此级数是绝对一致收敛的. 另一方面, 由于 $\pi_k f \in \mathcal{H}_k$, 从而 $r^k \pi_k f \in \mathcal{A}_k$. 注意到调和函数序列一致收敛于调和函数的性质, 容易推得 $\sum\limits_{k=0}^{\infty} r^k \pi_k f(x)$ 是调和的, 它恰好就是问题 (3.3) 的惟一解.

(2) 当 $r \le r_0 < 1$ 时, 由 $F_k(x \cdot y)$ 的表示式可知

$$\sum_{k=0}^{\infty} |r^k F_k(x \cdot y)| = \sum_{k=0}^{\infty} r^k |Z_x^{(k)}(y)| \le \sum_{k=0}^{\infty} \left| r_0^k \left(\frac{a_k}{\omega_{n-1}}\right) \right| \le C \sum_{k=0}^{\infty} r_0^k k^{n-2} < \infty.$$

因此, 对任意 $x \in \Sigma_{n-1}$ 及 $r < 1$, 级数 $\sum_{k=0}^{\infty} r^k F_k(x \cdot y)$ 绝对一致收敛于 $y \in \Sigma_{n-1}$ 的某个连续函数. 欲证明 (2), 只需证明: 对每一个 $x \in \Sigma_{n-1}$, $r < 1$ 及 $f \in C(\Sigma_{n-1})$ 有

$$\int_{\Sigma_{n-1}} f(y) P(rx, y) dy = \int_{\Sigma_{n-1}} \sum_{k=0}^{\infty} r^k F_k(x \cdot y) f(y) dy \tag{3.7}$$

即可. 注意到

$$\pi_k f(x) = \int_{\Sigma_{n-1}} f(y) F_k(x \cdot y) dy$$

及 $\sum\limits_{k=0}^{\infty} r^k F_k(x \cdot y)$ 的一致收敛性, 就能推得

$$u(rx) = \sum_{k=0}^{\infty} r^k \pi_k f(x) = \int_{\Sigma_{n-1}} f(y) \sum_{k=0}^{\infty} r^k F_k(x \cdot y) dy.$$

由 Dirichlet 问题惟一性就得 (3.7), 从而 (b) 得证.

下面利用同样的技巧，来讨论非齐次 Laplace 方程的 Dirichlet 问题

$$\begin{cases} \Delta u = h, & x \in B, \\ u = 0, & x \in \Sigma_{n-1}, \end{cases} \tag{3.8}$$

这里的思想是寻求 $L^2(B)$ 的完备正交基，且要求此正交基在边值为 0. 为便于讨论，约定 $Y(x) \in \mathcal{H}_k(\Sigma_{n-1})$ 有在 $\mathbb{R}^n \backslash \{0\}$ 的自然延拓 $Y(x) = Y(\frac{x}{|x|})$，这样 $Y(x)$ 在 $\mathbb{R}^n \backslash \{0\}$ 就有意义.

引理 3.3 设 $F(x) = f(|x|) = f(r)$, 则

$$\Delta F(x) = f''(r) + \frac{n-1}{r} f'(r). \tag{3.9}$$

证明

$$\begin{aligned} \Delta F &= \sum_{j=1}^{n} \partial_j [f'(r) \cdot \frac{x_j}{r}] = \sum_{j=1}^{n} \left[f''(r) \frac{x_j^2}{r^2} + f'(r) \frac{1}{r} - f'(r) \frac{x_j^2}{r^3} \right] \\ &= f''(r) + \frac{n-1}{r} f'(r). \end{aligned}$$

引理 3.4 若 $Y(x) \in \mathcal{H}_k$, 记 $r = |x|$, 那么

$$\Delta Y = -k(n+k-2) r^{-2} Y(x). \tag{3.10}$$

证明 因为 $P(x) = |x|^k Y(\frac{x}{|x|}) = r^k Y(x)$ 是调和函数，故

$$\begin{aligned} 0 = \Delta(r^k Y(x)) &= \Delta r^k \cdot Y(x) + 2 \sum \partial_j r^k \cdot \partial_j Y + r^k \Delta Y \\ &= \left[k(k-1) r^{k-2} + \frac{n-1}{r} \cdot k r^{k-1} \right] Y(x) + r^k \Delta Y \\ &\quad + 2k r^{k-2} \sum x_j \partial_j Y \\ &= k(k+n-2) r^{k-2} Y + r^k \Delta Y. \end{aligned}$$

从而推得 (3.10) 成立.

注记 3.1 因 $Y \in \mathcal{H}_k$ 与 r 无关，故 $\frac{\partial Y}{\partial r} = 0$. 由方向导数的定义可知

$$0 = \frac{\partial Y}{\partial r} = \sum_{j=1}^{n} \frac{x_j}{r} \partial_j Y = \frac{1}{r} \sum_{j=1}^{n} x_j \frac{\partial Y}{\partial x_j}. \tag{3.11}$$

从而推知 $\sum_{j=1}^{n} x_j \frac{\partial Y}{\partial x_j} = 0$.

引理 3.5 设 $Y(x) \in \mathcal{H}_k$, $F(x) = f(|x|) = f(r)$, 则

$$\Delta(FY)(x) = [f''(r) + \frac{n-1}{r} f'(r) - \frac{k(n+k-2)}{r^2} f(r)] Y(x). \tag{3.12}$$

证明

$$\begin{aligned}\Delta(FY) &= \Delta F \cdot Y + 2\sum_j \partial_j F \partial_j Y + \Delta Y \cdot F \\ &= [f''(r) + \frac{n-1}{r} f'(r) - \frac{k(n+k-2)}{r^2} f(r)] Y(x).\end{aligned}$$

基本思路 考虑

$$\begin{cases} \Delta u = -\lambda^2 u, & x \in B, \\ u(x) = 0, & x \in \Sigma_{n-1}. \end{cases} \tag{3.13}$$

设 $\lambda_1^2 \leq \lambda_2^2 \leq \cdots$, 是 (3.13) 的特征值，它对应的特征函数是 $V_1(x), V_2(x), \cdots$ 生成 $L^2(B)$ 的正交基，则 $h(x)$ 可分解为

$$h(x) = \sum_{k=1}^{\infty} h_k V_k(x).$$

于是，形式计算可见

$$u(x) = -\sum_{k=1}^{\infty} h_k (\frac{1}{\lambda_k})^2 V_k(x)$$

就是 (3.8) 的解．下面我们就来实现这一过程．

因为 $-\Delta$ 是正算子，它的特征值均是大于 0 的，故 (3.13) 的写法是合理的．设 (3.13) 有形如

$$u(x) = f(r) Y_k(x), \qquad r = |x|, \quad Y_k(x) \in \mathcal{H}_k$$

的解，则 (3.13) 就转化成

$$\begin{cases} f''(r) + \frac{n-1}{r} f'(r) + [\lambda^2 - \frac{k(n+k-2)}{r^2}] f(r) = 0, \\ f(1) = 0. \end{cases} \tag{3.14}$$

同时，要求 $r^{-k} f(r)$ 在 $x = 0$ 处光滑，这是因为在表示式

$$u(x) = f(r) Y_k(x) = r^{-k} f(r) \cdot r^k Y_k(x)$$

中，$r^kY_k(x)$ 是 k 阶调和多项式，而 $r^{-k}f(r)$ 是径向部分，由椭圆型方程

$$(\Delta+\lambda^2)u=0$$

的分布解必是 C^∞ 解，我们知道 $r^{-k}f(r)$ 自然是在 $x=0$ 处光滑．下面仅需求解 (3.14)，它本质是一个 Bessel 方程．事实上，令 $\rho=\lambda r$, $\tilde{f}(r)=f(\frac{r}{\lambda})$, 则

$$\tilde{f}(\rho)=f(r),\qquad \tilde{f}'(\rho)=\lambda^{-1}f'(r).$$

于是 (3.14) 就等价于

$$\begin{cases}\tilde{f}''(\rho)+\dfrac{n-1}{\rho}\tilde{f}'(\rho)+\left[1-\dfrac{k(n+k-2)}{\rho^2}\right]\tilde{f}(\rho)=0,\\ \tilde{f}(\lambda)=0.\end{cases}$$

现令 $g(\rho)=\rho^{\frac{n-2}{2}}\tilde{f}(\rho)$, 于是

$$[\rho^{\frac{2-n}{2}}g(\rho)]''+\frac{n-1}{\rho}[\rho^{\frac{2-n}{2}}g(\rho)]'+\left[1-\frac{k(n+k-2)}{\rho^2}\right]\rho^{\frac{2-n}{2}}g(\rho)=0,$$

简化上式，就知 (3.14) 等价于

$$\begin{cases}g''(\rho)+\dfrac{1}{\rho}g'(\rho)+\left[1-\dfrac{(k+\frac{n-2}{2})^2}{\rho^2}\right]g(\rho)=0,\\ g(\lambda)=0.\end{cases}\tag{3.15}$$

上述两个变换的复合变换相当于

$$f(r)=\rho^{\frac{2-n}{2}}g(\rho),\qquad \rho=\lambda r.$$

而 (3.15) 即为标准的 $k+\frac{n-2}{2}$ 阶 Bessel 方程．注意到 $\rho=0$ 是正则奇异点．因此，它在 $\rho=0$ 处的性态正则解必是 $k+\frac{n-2}{2}$ 阶 Bessel 函数 $J_{k+\frac{n-2}{2}}(\rho)$ 的常数倍，其中

$$J_\alpha(t)=\sum_{j=0}^{\infty}\frac{(-1)^j}{j!\Gamma(\alpha+1+j)}(\frac{t}{2})^{\alpha+2j}\tag{3.16}$$

是 α 阶的第一类 Bessel 函数，因此，代回到原来的变量就可以看出

$$f(r)=Cr^{\frac{2-n}{2}}J_{k+\frac{n-2}{2}}(\lambda r)=Cr^k\sum_{j=0}^{\infty}\frac{(-1)^j}{j!\Gamma(\frac{n}{2}+k+j)}(\frac{\lambda r}{2})^{2j},\tag{3.17}$$

因此，$r^{-k}f(r)$ 在 $r=0$ 处解析并且满足边界条件 $f(1)=0$ (这等价于 $J_{\frac{n-2}{2}+k}(\lambda)=0$).

先回忆 Bessel 函数的基本结论. 设 $\lambda_k^1, \lambda_k^2, \cdots$ 是 $J_{k+\frac{n-2}{2}}(\lambda)$ 的依上升次序排列的正零点, 又记

$$C_k^l = \sqrt{2}|J'_{k+\frac{n-2}{2}}(\lambda_k^l)|^{-1}, \quad k=0,1,\cdots, \quad l=1,2,\cdots, \tag{3.18}$$

则

$$\{C_k^l J_{\frac{n-2}{2}+k}(\lambda_k^l r) \mid \quad k=0,1,\cdots, \quad l=1,2,\cdots,\}, \tag{3.19}$$

构成了 $L^2(0,1)$ 关于测度 rdr 的规范正交基. 这里用到

$$\int_0^1 J^2_{\frac{n-2}{2}+k}(\lambda_k^l r) r dr = \frac{1}{2}[J'_{\frac{n-2}{2}+k}(\lambda_k^l)]^2.$$

若令

$$g_k^l(r) = C_k^l r^{\frac{2-n}{2}} J_{k+\frac{n-2}{2}}(\lambda_k^l r),$$

那么, $\{g_k^l(r)\}_{l=1}^{\infty}$ 是 $L^2(0,1)$ 关于测度 $r^{n-1}dr$ 的规范正交基. 再设 $Y_k^1, \cdots, Y_k^{a_k}$ 是 $\mathcal{H}_k$ 的规范正交基, 记

$$F_k^{lm}(x) = g_k^l(|x|) Y_k^m(x), \quad k \in \mathbb{N} \cup \{0\}, \quad l \in \mathbb{N}, \quad m = 1, \cdots, a_k, \tag{3.20}$$

就有如下结果:

定理 3.6 $\{F_k^{lm}(x);\ k \geq 0,\ l \geq 1,\ 0 \leq m \leq a_k\}$ 是 $L^2(B)$ 的规范正交基, 并且

$$\Delta F_k^{lm} = -(\lambda_k^l)^2 F_k^{lm}.$$

同时, 当 $x \in \Sigma_{n-1}$ 时, $F_k^{lm}(x) = 0$.

证明 由 $F_k^{lm}(x)$ 的构造, 可见, 当 $x \in \Sigma_{n-1}$ 时, $F_k^{lm}(x) = 0$. 下面来证明 $\{F_k^{lm}\}$ 的规范性, 注意到 $\{Y_k^m(x)\}$ 的规范性可知

$$\begin{aligned}\int_B F_k^{lm} \bar{F}_{k'}^{l'm'} dx &= \int_0^1 g_k^l(r) \bar{g}_{k'}^{l'}(r) r^{n-1} dr \cdot \int_{\Sigma_{n-1}} Y_k^m(x) \overline{Y_{k'}^{m'}(x)} d\sigma(x) \\ &= \delta_{mm'} \cdot \delta_{k'k} \cdot \delta_{ll'},\end{aligned} \tag{3.21}$$

从而 $\{F_k^{lm}\}$ 是规范正交函数簇. 下证明其完备性. 设 $h \in L^2(B)$ 与一切 $F_k^{lm}(x)$ 正交, 因此

$$\int_0^1 \int_{\Sigma_{n-1}} g_k^l(r) Y_k^m(x) \bar{h}(rx) r^{n-1} d\sigma(x) dr = 0 \tag{3.22}$$

成立, 交换积分次序有

$$\int_{\Sigma_{n-1}} \int_0^1 g_k^l(r) \bar{h}(rx) r^{n-1} dr \cdot Y_k^m(x) d\sigma(x) = 0.$$

由于 $\{Y_k^m(x)\}$ 构成 $L^2(\Sigma_{n-1})$ 的完备正交基，从而

$$\int_0^1 g_k^l(r)\bar{h}(rx)r^{n-1}dr \overset{\text{a.e.}}{=\!=} 0, \qquad x\in\Sigma_{n-1}. \tag{3.23}$$

由 $\{g_k^l(r)\}$ 在 $L^2(r^{n-1}dr)$ 中是完备正交基，可见

$$h(rx) \overset{\text{a.e.}}{=\!=} 0, \qquad x\in\Sigma_{n-1}, \quad r\in\mathbb{R}^+,$$

即

$$h(x) \overset{\text{a.e.}}{=\!=} 0, \qquad x\in B.$$

下面来考虑 Dirichlet 问题 (3.8). $\forall h(x)\in L^2(B)$, 根据定理 3.6 知，$\{F_k^{lm}(x)\}$ 是 $L^2(B)$ 的规范正交基. 故有分解

$$h(x)=\sum a_k^{lm}F_k^{lm}(x).$$

于是，取

$$u(x)=-\sum a_k^{lm}(\lambda_k^l)^{-2}F_k^{lm}(x), \tag{3.24}$$

就是 (3.8) 的解.

注记 3.2 (i) 由于 λ_k^l 与原点的距离有正的下界，因此 (3.24) 中的级数在 $L^2(B)$ 是收敛. 进而，由 L^2 理论，推出 $u\in H^2(B)$. 由 C^α 理论，若 $h(x)\in C^\alpha(\bar{B})$, $\alpha>0$, 则 $u\in C^{2+\alpha}(B)$, 即 $u(x)$ 是 (3.8) 的经典解.

(ii) 类同于 Dirichlet 问题，球 B 上 Neumann 问题

$$\begin{cases}\Delta u=h, & x\in B,\\ \frac{\partial u}{\partial r}=0, & x\in\Sigma_{n-1}, \quad r=\vec{n}\end{cases} \tag{3.25}$$

仍然可用球调和函数方法来求解. 此时特征问题 (3.14) 中边界条件 $f(1)=0$ 变成 $f'(1)=0$, 通过变量代换化成标准的 Bessel 方程 (3.15) 时，相应的边界条件对应着

$$\frac{1}{2}(2-n)J_{k+\frac{n-2}{2}}(\lambda)+\lambda J'_{k+\frac{n-2}{2}}(\lambda)=0. \tag{3.26}$$

记 $\widetilde{\lambda}_k^1,\widetilde{\lambda}_k^2,\cdots$, 是 (3.26) 按上升次序排列的正解. 同时，令

$$\widetilde{C}_k^l=(2\widetilde{\lambda}_k^l)^2[((\widetilde{\lambda}_k^l)^2-\gamma^2)J_\gamma(\widetilde{\lambda}_k^l)^2+(\widetilde{\lambda}_k^l)^2J'_\gamma(\widetilde{\lambda}_k^l)^2]^{-\frac{1}{2}},$$

其中 $\gamma=k+\frac{n-2}{2}$. 那么，至少当 $k>0$ 时，$\{\widetilde{C}_k^lJ_\gamma(\widetilde{\lambda}_k^lx)\}_{l=1}^\infty$ 是 $L^2(0,1)$ 关于测度 rdr 的规范正交基. 若 $k=0$, 我们又必须将对应于特征值 $\lambda=0$ 的特征函数 $\sqrt{n}r^{\frac{n-2}{2}}$ 包含进去，这样就得到 $L^2(B)$ 的一组规范正交基

$$\{F_k^{lm}=g_k^l(|x|)Y_k^m(x), \quad k\geq 0,\ l\geq 1,\ 0\leq m\leq a_k\},$$

其中 $g_k^l(|x|) = \widetilde{C}_k^l r^{\frac{2-n}{2}} J_{k+\frac{n-2}{2}}(\widetilde{\lambda}_k^l r)$ 是 $\{g_k^l\}_{l=1}^{\infty}$ 关于测度 $r^{n-1}dr$ 的完备正交基. 类同于 Dirichlet 问题讨论，容易得到 (3.25) 的解 $u(x)$. 需要指出的是这里要求 $h(x)$ 满足下面的必要条件

$$\int_B h(x)dx = 0,$$

即 $h(x)$ 展开式中对于特征值 $\lambda = 0$ 的分量是 0, 这一事实由 Green 公式

$$\int_B h(x)dx = \int_B \Delta u(x)dx = \int_{\Sigma_{n-1}} \frac{\partial u}{\partial n} d\sigma(x) = 0$$

所确定.

§3.4 空间 $\mathcal{D}_k$ 上的 Fourier 变换

业已证明，径向函数 Fourier 变换仍然是径向函数，进而当 $n=2$ 时，

$$F_0(R) = 2\pi \int_0^{\infty} f_0(r) J_0(2\pi Rr) r dr. \tag{4.1}$$

这一关系式很容易推广到 $n>2$ 情形. 类同于 $n=2$ 时的情形，公式中仍然包含相应的 Bessel 函数 $J_{\frac{n-2}{2}}(x)$. 然而，当 $n \neq$ 偶数时， $\frac{n-2}{2}$ 不是整数，此时 $J_{\frac{n-2}{2}}$ 就不能用第一节中引入的

$$J_k(t) = \frac{1}{2\pi} \int_0^{2\pi} e^{it\sin\theta} e^{-ik\theta} d\theta, \quad k = 0, \pm 1, \pm 2, \cdots \tag{4.2}$$

来刻画，这就需要对 Bessel 函数 $J_k(t)$ 进行推广，自然要求这种推广形式蕴含以前的情形. 为此，我们首先建立 Bessel 函数的 Poisson 表示式.

引理 4.1 若 k 是非负整数，则

$$J_k = \frac{(\frac{t}{2})^k}{\Gamma(\frac{2k+1}{2})\Gamma(\frac{1}{2})} \int_{-1}^{1} e^{its}(1-s^2)^{\frac{(2k-1)}{2}} ds. \tag{4.3}$$

证明 定义

$$J_k^*(t) = \frac{(\frac{t}{2})^k}{\Gamma(\frac{2k+1}{2})\Gamma(\frac{1}{2})} \int_{-1}^{1} e^{its}(1-s^2)^{\frac{(2k-1)}{2}} ds.$$

由 $J_0(t)$ 的定义，并作变量代替 $s = \sin\theta$

$$\begin{aligned} J_0^*(t) &= \frac{1}{\Gamma(\frac{1}{2})^2}\left[\int_0^1 e^{its}(1-s^2)^{-\frac{1}{2}} ds + \int_{-1}^{0} e^{its}(1-s^2)^{-\frac{1}{2}} ds\right] \\ &= \frac{1}{\pi}\left[\int_0^{\frac{\pi}{2}} e^{it\sin\theta} d\theta + \int_{\frac{3\pi}{2}}^{2\pi} e^{it\sin\theta} d\theta\right] = \frac{1}{2\pi}\int_0^{2\pi} e^{it\sin\theta} d\theta, \end{aligned}$$

从而有 $J_0^*(t)=J_0(t)$. 因此，若能证明 $\{J_k\}$ 与 $\{J_k^*\}$ 均满足相同的递推公式

$$\frac{d}{dt}(t^{-k}G_k(t))=-t^{-k}G_{k+1}(t),\quad t\neq 0;\ k=0,1,2,\cdots \tag{4.4}$$

即得引理 4.1. 直接计算

$$\begin{aligned}
&\frac{d}{dt}(t^{-k}J_k(t))=-t^{-k}\{\frac{k}{t}J_k(t)-J_k'(t)\}\\
=&-t^{-k}\left\{\frac{k}{2\pi t}\int_0^{2\pi}e^{it\sin\theta}e^{-ik\theta}d\theta-\frac{1}{2\pi}\int_0^{2\pi}\left(\frac{d}{dt}e^{it\sin\theta}\right)e^{-ik\theta}d\theta\right\}\\
=&-\frac{t^{-k}}{2\pi}\int_0^{2\pi}\left\{i\frac{d}{d\theta}[e^{it\sin\theta}e^{-ik\theta}/t]+\cos\theta e^{it\sin\theta}e^{-ik\theta}-i\sin\theta e^{it\sin\theta}e^{-ik\theta}\right\}d\theta\\
=&-\frac{t^{-k}}{2\pi}\int_0^{2\pi}e^{it\sin\theta}e^{-i(k+1)\theta}d\theta=-t^{-k}J_{k+1}(t).
\end{aligned}$$

另一方面，利用 $\frac{2k+1}{2}\Gamma(\frac{2k+1}{2})=\Gamma(\frac{2k+3}{2})$, 直接计算，就得

$$\begin{aligned}
\frac{d}{dt}(t^{-k}J_k^*(t))&=\frac{i}{2^k\Gamma(\frac{2k+1}{2})\Gamma(\frac{1}{2})}\int_{-1}^1 e^{its}(1-s^2)^{\frac{2k-1}{2}}sds\\
&=\frac{-1}{2^k\Gamma(\frac{2k+1}{2})\Gamma(\frac{1}{2})}\frac{2}{2k+1}\cdot\frac{t}{2}\int_{-1}^1 e^{its}(1-s^2)^{\frac{2k+1}{2}}ds\\
&=\frac{-(t)^{-k}}{\Gamma(\frac{2k+3}{2})\Gamma(\frac{1}{2})}\left(\frac{t}{2}\right)^{k+1}\int_{-1}^1 e^{its}(1-s^2)^{\frac{2k+1}{2}}ds\\
&=-t^{-k}J_{k+1}^*(t),
\end{aligned}$$

这里用到了分部积分公式. 综合上面两式得知 Bessel 函数的 Poisson 表示式 (4.3) 成立.

注记 4.1 对一切实数 $k>-\frac{1}{2}$, k 阶 Bessel 函数

$$J_k(t)=\frac{(t/2)^k}{\Gamma(\frac{2k+1}{2})\Gamma(\frac{1}{2})}\int_{-1}^1 e^{its}(1-s^2)^{\frac{2k-1}{2}}ds,\quad t>0$$

都是确定函数 (右端是收敛的积分), 这自然比前面定义 Bessel 函数要广泛.

定理 4.2 设 $f\in L^1(\mathbb{R}^n)$ 是径向函数， $n\geq 2$, 记 $f(x)=f_0(|x|)=f(r)$, 则 $\hat{f}(x)$ 是径向函数，并且对 $\forall x\in\mathbb{R}^n$ 有 $\hat{f}(x)=F_0(|x|)$, 这里

$$F_0(|x|)=F_0(r)=2\pi r^{-\frac{n-2}{2}}\int_0^\infty f_0(s)J_{\frac{n-2}{2}}(2\pi rs)s^{\frac{n}{2}}ds. \tag{4.5}$$

证明 因 $f(x)=f_0(|x|)\in L^1(\mathbb{R}^n)$, 故

$$\int_0^\infty f_0(r)r^{n-1}dr<\infty.$$

于是，由推论 1.3 知 $\hat{f}(x)$ 是径向函数. 因而，对一切 $x\in\mathbb{R}^n$, 总可记 $\hat{f}(x)=F_0(r)=F(|x|)$. 若记 $r=|x|$, $x=rx'$, $s=|u|$, $u=su'$, 这里 $x',u'\in\Sigma_{n-1}$. 我们有

$$F_0(r)=\hat{f}(x)=\int_0^\infty f_0(s)\int_{\Sigma_{n-1}}e^{-2\pi irs(x'\cdot u')}du's^{n-1}ds. \tag{4.6}$$

先来计算 Σ_{n-1} 上面积分. 先在正交于 x' 的平行截形

$$L_\theta=\{u'\mid u'\in\Sigma_{n-1},\ x'\cdot u'=\cos\theta\}$$

上积分，得到了 θ 的一个函数，进而对 θ 从 0 到 π 积分. 由于带调和函数 $e^{-2\pi irs(x'\cdot u')}=e^{-2\pi irs\cos\theta}$ 在 L_θ 是常数, 且平行截形的测度是 $\omega_{n-2}(\sin\theta)^{n-2}$, 由 Bessel 函数定义，就得

$$\begin{aligned}\int_{\Sigma_{n-1}}e^{-2\pi irs(x'\cdot u')}du'&=\int_0^\pi e^{-2\pi irs\cos\theta}\omega_{n-2}(\sin\theta)^{n-2}d\theta\\&=\omega_{n-2}\int_{-1}^1 e^{2\pi irs\xi}(1-\xi^2)^{\frac{n-3}{2}}d\xi\\&=\omega_{n-2}\cdot(\pi rs)^{-\frac{n-2}{2}}\Gamma\left(\frac{n-1}{2}\right)\Gamma\left(\frac{1}{2}\right)J_{\frac{n-2}{2}}(2\pi rs)\\&=2\pi(rs)^{-\frac{n-2}{2}}J_{\frac{n-2}{2}}(2\pi rs),\end{aligned} \tag{4.7}$$

这里用到

$$\omega_{n-2}=2\pi^{\frac{n-1}{2}}/\Gamma\left(\frac{n-1}{2}\right),\quad \Gamma\left(\frac{1}{2}\right)=\pi^{\frac{1}{2}}. \tag{4.8}$$

从而将 (4.7) 代入 (4.6) 即得 (4.5).

定理 4.2 表明， Fourier 变换将 $\mathcal{D}_0$ 变到 $\mathcal{D}_0$. 这里的假设条件 $f(x)\in L^1(\mathbb{R}^n)$ 的用途是保证证明过程中出现积分有定义，注意到 $L^1\cap L^2$ 稠于 L^2, 故对 $f(x)\in L^2(\mathbb{R}^n)$ 相应的结果仍然成立. 当 $k\geq 1$ 时， Fourier 变换在 $\mathcal{D}_k$ 上是如何作用的呢？在讨论这一问题之前，先考察一类重要函数的 Fourier 变换.

定理 4.3 设 $f(u)=e^{-\pi|u|^2}P(u)$, $u\in\mathbb{R}^n$, $P(u)\in\mathcal{A}_k$ 是 k 阶齐次调和多项式，则 $\hat{f}(v)=i^{-k}f(v)$, $v\in\mathbb{R}^n$.

证明 对固定 $y\in\mathbb{R}^n$, 由极坐标变换可见

$$\int_{\mathbb{R}^n}e^{-\pi|u|^2}P(u+y)du=\int_0^\infty r^{n-1}e^{-\pi r^2}\left\{\int_{\Sigma_{n-1}}P(y+ru')d\sigma(u')\right\}dr. \tag{4.9}$$

注意到 $P(x)$ 是调和函数，故 $P(x)$ 满足平均值定理，即

$$P(y)=\frac{1}{\omega_{n-1}}\int_{\Sigma_{n-1}}P(y+ru')d\sigma(u'). \tag{4.10}$$

将 (4.10) 代入 (4.9), 直接计算，就有

$$\begin{aligned}\int_{\mathbb{R}^n} e^{-\pi|u|^2}P(u+y)du &= P(y)\int_0^\infty r^{n-1}e^{-\pi r^2}\omega_{n-1}dr\\ &= P(y)\int_0^\infty r^{n-1}e^{-\pi r^2}\left\{\int_{\Sigma_{n-1}}d\sigma(u')\right\}dr\\ &= P(y)\int_{\mathbb{R}^n}e^{-\pi|x|^2}dx = P(y).\end{aligned} \tag{4.11}$$

显然，多项式 $P(y)=P(y_1,\cdots,y_n)$ 可解析延拓到 $\mathbb{C}_n$ 上，于是，对任意的 $z=x+iy=(x_1+iy_1,\cdots,x_n+iy_n)\in\mathbb{C}_n$ 有

$$\int_{\mathbb{R}^n} e^{-\pi|u|^2}P(u+z)du = P(z). \tag{4.12}$$

特别，当 $z=-iv$ 时，由 P 的齐次性得

$$\int_{\mathbb{R}^n} e^{-\pi|u|^2}P(u-iv)du = P(-iv) = (-i)^kP(v). \tag{4.13}$$

进而，由卷积的性质，可见

$$\begin{aligned}(-i)^kP(v) &= \int_{\mathbb{R}^n} e^{-\pi|u|^2}P(u-iv)du = \int_{\mathbb{R}^n} e^{-\pi u\cdot u}P(u-iv)du\\ &= \int_{\mathbb{R}^n} e^{-\pi(u+iv)^2}P(u)du.\end{aligned} \tag{4.14}$$

注意到 $(u+iv)^2=\sum\limits_{j=1}^n(u_j^2+2iu_jv_j-v_j^2)$, 整理 (4.14) 即得

$$\hat{f}(v) = i^{-k}f(v), \quad v\in\mathbb{R}^n.$$

注记 4.2 利用 Fourier 变换的伸缩性质，函数

$$g(x)=e^{-\pi|\alpha x|^2}P(x)=\alpha^{-k}f(\alpha x), \quad \alpha>0,\ x\in\mathbb{R}^n,$$

的 Fourier 变换是

$$\hat{g}(x)=\alpha^{-k}\widehat{\delta_a f(y)}=\alpha^{-k}\alpha^{-n}\hat{f}(\alpha^{-1}x)=\alpha^{-n-2k}i^{-k}e^{-\pi\frac{|x|^2}{\alpha^2}}P(x). \tag{4.15}$$

另一方面，考察 $\mathbb{R}^{n+2k}$ 上形如

$$h(x)=e^{-\pi|\alpha x|^2}, \qquad x\in\mathbb{R}^{n+2k},$$

的径向函数，其 Fourier 变换是

$$\hat{h}(x) = \alpha^{-n-2k} e^{\frac{-\pi|x|^2}{\alpha^2}}. \tag{4.16}$$

下面利用 (4.15),(4.16) 来研究 $\mathcal{D}_k$ 上 Fourier 变换的表征. 记 $E_m = L^2(0,\infty;\ r^{m-1}dr)$. $W = \{e^{-\varepsilon r^2} \mid \varepsilon \in \mathbb{R}^+\}$ 的有限线性组合所构成的空间，我们有如下结果：

命题 4.4 W 稠于 E_{n+2k}, 这里 $k \geq 1$.

证明 采用反证法. 如若不然，则能找到某一个非零函数 $b(r) \in E_{n+2k}$, 使得对一切 $\phi(x) \in W$ 有

$$\int_0^\infty \phi(r) b(r) r^{n+2k-1} dr = 0.$$

特别，对一切 $\varepsilon > 0$ 有

$$\int_0^\infty e^{-\varepsilon r^2} b(r) r^{n+2k-1} dr = 0. \tag{4.17}$$

现设 $\Phi(s) = \int_0^s e^{-\varepsilon r^2} b(r) r^{n+2k-1} dr\ (s \geq 0)$. 那么，令 $\varepsilon = m+1$, 其中 m 是整数. 利用分部积分公式， (4.17) 就是

$$0 = \int_0^\infty e^{-mr^2} \Phi'(r) dr = 2m \int_0^\infty r e^{-mr^2} \Phi(r) dr. \tag{4.18}$$

作变量代替 $u = e^{-r^2}$, (4.18) 等价于

$$0 = -m \int_0^\infty e^{-(m-1)r^2} \Phi(r) de^{-r^2} = m \int_0^1 u^{m-1} \Phi\left(\sqrt{\ln \frac{1}{u}}\right) du,$$

这里 $m = 0, 1, \cdots$. 由于多项式函数在 $C[0,1]$ 中稠密，所以 $\forall u \in C[0,1]$ 有

$$\Phi\left(\sqrt{\ln \frac{1}{u}}\right) = 0. \tag{4.19}$$

此式意味着 $\forall r \in (0, \infty)$ 有

$$\Phi'(r) = e^{-\varepsilon r^2} b(r) r^{n+2k-1} = 0.$$

故有 $b(r) \overset{\text{a.e.}}{=} 0$, 此与假设矛盾.

设 $P(x)$ 是 k 阶非零的球体调和函数 (即 $\mathcal{A}_k$ 中元素), 通常记

$$\|P\|_\Sigma = \left(\int_{\Sigma_{n-1}} P^2(x') d\sigma(x') \right)^{\frac{1}{2}}.$$

取 $m=n+2k$, 对 $\phi(|x|)\in E_{n+2k}$, $P(x)\in\mathcal{A}_k$, 考虑函数 $g(x)=\phi(|x|)P(x)$, 容易看出

$$\|g\|_2^2=\int_{\mathbb{R}^n}|\phi(|x|)P(x)|^2dx=\int_0^\infty\phi(r)^2r^{n+2k-1}dr\|P\|_{\Sigma_{n-1}}^2<\infty. \tag{4.20}$$

于是, $g(x)\in L^2(\mathbb{R}^n)$. 由 Plancherel 定理知 $\|g\|_2=\|\hat{g}\|_2$. 由定理 2.16 知, 存在 $\Psi(|x|)$ 使得

$$\hat{g}(x)=\Psi(|x|)P(x),\quad 对\ \text{a.e.}\quad x\in\mathbb{R}^n. \tag{4.21}$$

于是 $\|\Psi\|_{E_{n+2k}}=\|\phi\|_{E_{n+2k}}$. 这样, 我们可以定义 E_{n+2k} 到自身的等距映射 T_k^n:

$$T_k^n\phi(x)=\Psi(x). \tag{4.22}$$

另一方面, 由定理 4.2 知对 $\mathbb{R}^{n+2k}$ 上径向函数 $h(x)=\phi(|x|)$, $x\in\mathbb{R}^n$, 可以定义 E_{n+2k} 到自身的另一个有界线性算子 T_0^{n+2k} 如下:

$$\begin{aligned}T_0^{n+2k}h(x)&=T_0^{n+2k}\phi(|x|)=\hat{h}(x)\\&=2\pi|x|^{-\frac{n+2k-2}{2}}\int_0^\infty\phi(|x|)J_{\frac{n+2k-2}{2}}(2\pi|x|s)s^{\frac{n+2k}{2}}ds,\end{aligned} \tag{4.23}$$

由 Plancheral 定理知 T_0^{n+2k} 也是等距算子, 比较 (4.15),(4.16), 就有如下情形:

(i) 取 $\phi(x)=e^{-\epsilon r^2}$, 由 (4.15) 可见

$$\begin{aligned}\hat{g}(x)&=\widehat{e^{-\epsilon r^2}P(x)}=\widehat{e^{-\pi\frac{\epsilon}{\pi}|x|^2}P}(x)\\&=i^{-k}\left(\sqrt{\frac{\epsilon}{\pi}}\right)^{-n-2k}e^{-\frac{\pi^2|x|^2}{\epsilon}}P(x),\end{aligned}$$

其中 $P(x)\in\mathcal{A}_k$. 于是,

$$T_k^n\phi(x)=i^{-k}\left(\sqrt{\frac{\epsilon}{\pi}}\right)^{-n-2k}e^{-\frac{\pi^2|x|^2}{\epsilon}}. \tag{4.24}$$

(ii) 由 $\phi(x)$ 是径向函数, 由 (4.16) 知

$$\hat{\phi}(x)=\widehat{e^{-\pi\frac{\epsilon}{\pi}|x|^2}}=\left(\sqrt{\frac{\epsilon}{\pi}}\right)^{-n-2k}e^{-\frac{\pi^2|x|^2}{\epsilon}},$$

即

$$T_0^{n+2k}\phi(x)=\left(\sqrt{\frac{\epsilon}{\pi}}\right)^{-n-2k}e^{-\frac{\pi^2|x|^2}{\epsilon}}. \tag{4.25}$$

于是，由 (4.24),(4.25) 足见 $\forall\epsilon>0$, $T_0^{n+2k}e^{-\epsilon|x|^2}=i^kT_k^ne^{-\epsilon|x|^2}$, 由命题 4.4, 对任意 $\phi\in E_{2k+n}$ 有

$$T_0^{n+2k}\phi=i^kT_k^n\phi. \tag{4.26}$$

于是，我们很容易推得：

定理 4.5 设 $n\geq 2$, $f(x)=f_0(|x|)P(x)\in L^1(\mathbb{R}^n)\cap L^2(\mathbb{R}^n)$, 其中 $P(x)\in\mathcal{A}_k$ 是 k 阶齐次调和多项式. 则 $\hat{f}(x)=F_0(|x|)P(x)$, 这里

$$F_0(r)=2\pi i^{-k}r^{-\frac{n+2k-2}{2}}\int_0^\infty f_0(s)J_{\frac{n+2k-2}{2}}(2\pi rs)r^{\frac{n+2k}{2}}ds. \tag{4.27}$$

证明 因为 $\hat{f}(x)=T_k^nf_0(|x|)P(x)=F_0(|x|)P(x)$, $h(x)=f_0(|x|)$ 作为 E_{n+2k} 上的径向函数， $\hat{f}_0(|x|)=T_0^{n+2k}f_0(|x|)$ 有如下表示

$$\hat{f}_0(|x|)=2\pi|x|^{-\frac{n+2k-2}{2}}\int_0^\infty f(|x|)J_{\frac{n+2k-2}{2}}(2\pi|x|s)s^{\frac{n+2k}{2}}ds.$$

利用 $T_k^nf_0(|x|)=i^{-k}T_0^{n+2k}f_0(|x|)$, 从而

$$F_0(|x|)=T_k^nf_0(|x|)=2\pi i^{-k}r^{-\frac{n+2k-2}{2}}\int_0^\infty f_0(s)J_{\frac{n+2k-2}{2}}(2\pi rs)s^{\frac{n+2k}{2}}ds.$$

注记 4.3 上面定理意味着 $\mathcal{D}_k$ 中形如 $f_0(|x|)P(x)$ $(P(x)\in\mathcal{A}_k)$ 的 Fourier 变换，可由径向函数 $h(y)=f_0(|y|)(y\in\mathbb{R}^n)$ 的 Fourier 变换来表示，而 $\mathcal{D}_k$ 是由所有这些元素张成的子空间，由此即得 $\mathcal{D}_k$ 的 Fourier 变换的表征.

下面借助于 (4.27) 来研究 Bessel 函数性质. 由 Bessel 函数的表达式 (4.3)

$$J_m(r)=\frac{(\frac{r}{2})^m}{\Gamma(\frac{2m+1}{2})\Gamma(\frac{1}{2})}\int_{-1}^1e^{isr}(1-s^2)^{\frac{2m-1}{2}}ds.$$

容易看出，当 $r\to 0$ 时， $J_m(r)=O(r^m)$. 当 $r\to\infty$ 时， $J_k(r)$ 有什么样的行为呢？

引理 4.6

$$J_m(r)=\sqrt{\frac{2}{r\pi}}\cos(r-\frac{m\pi}{2}-\frac{\pi}{4})+O(r^{-\frac{3}{2}}),\quad r\to\infty, \tag{4.28}$$

特别有

$$J_m(r)=O(r^{-\frac{1}{2}}),\quad r\to+\infty. \tag{4.29}$$

证明 依照上面 Bessel 函数 $J_m(t)$ 的定义，仅需要估计

$$I=\int_{-1}^1e^{irs}(1-s^2)^{m-\frac{1}{2}}ds.$$

为此，我们考虑复平面去掉射线 $(-\infty,-1),(1,\infty)$ 后的单连通区域. 在此区域中，选取 $f(z)=(1-z^2)^{m-\frac{1}{2}}$ 的一个分支，使之在 $[-1,1]$ 上是实值的且非负的. 在以 $[-1,1]$ 为底，高为 $a>0$ 的矩形上考虑函数

$$e^{irz}(1-z^2)^{m-\frac{1}{2}}=e^{ir(x+iy)}[1-(x+yi)^2]^{m-\frac{1}{2}}$$

的积分，根据 Cauchy 积分定理可见

$$\begin{aligned}0=&\int_0^a e^{ir(1+iy)}(y^2-2iy)^{m-\frac{1}{2}}diy+\int_{-1}^1 e^{irx}(1-x^2)^{m-\frac{1}{2}}dx\\&+\int_a^0 e^{ir(iy-1)}(y^2+2iy)^{m-\frac{1}{2}}diy+\varepsilon(a),\end{aligned}$$

其中

$$\begin{aligned}\varepsilon(a)&=\int_{-1}^1 e^{ir(x+ai)}(1-(x+ia)^2)^{m-\frac{1}{2}}dx\\&=\int_{-1}^1 e^{irx-ra}(1+a^2-x^2-2xai)^{m-\frac{1}{2}}dx\to 0\quad(a\to+\infty).\end{aligned}$$

于是

$$\begin{aligned}-iI=&\int_0^\infty e^{ir(iy-1)}(y^2+2iy)^{m-\frac{1}{2}}dy\\&-\int_0^\infty e^{ir(iy+1)}(y^2-2iy)^{m-\frac{1}{2}}dy=I_1-I_2.\end{aligned}\tag{4.30}$$

因为

$$(y^2\pm 2iy)^{m-\frac{1}{2}}=\begin{cases}y^{m-\frac{1}{2}}(\pm 2i)^{m-\frac{1}{2}}+O(y^{m+\frac{1}{2}}), & 0\le y\le 1,\\ y^{m-\frac{1}{2}}(\pm 2i)^{m-\frac{1}{2}}+O(y^{2m-1}), & 1\le y<\infty.\end{cases}$$

于是

$$\begin{aligned}I_1=&e^{-ir}\int_0^\infty e^{-ry}(2i)^{m-\frac{1}{2}}y^{2m-1}dy+O\left(\int_0^1 e^{-ry}y^{m+\frac{1}{2}}dy\right)\\&+O\left(\int_1^\infty e^{-ry}y^{2m-1}dy\right).\end{aligned}\tag{4.31}$$

(4.31) 中第一项是

$$(2i)^{m-\frac{1}{2}}\Gamma\left(m-\frac{1}{2}\right)e^{-ir}/r^{m+\frac{1}{2}},$$

而当 $r \to \infty$ 时，(4.31) 中第二项等价于 $O(r^{-m-\frac{3}{2}})$, 第三项相当于 $O(e^{-r})$, 类似地有

$$I_2 = (-2i)^{m-\frac{1}{2}}\Gamma\left(m+\frac{1}{2}\right)e^{ir}/r^{m+\frac{1}{2}} + O(r^{-m-\frac{3}{2}}) \quad (r \to \infty). \tag{4.32}$$

从而

$$\begin{aligned} J_m(r) &= \frac{(\frac{r}{2})^m}{\Gamma(\frac{1}{2}+m)\Gamma(\frac{1}{2})} i(I_1 - I_2) \\ &= \sqrt{\frac{2}{\pi r}}\cos\left(r - \frac{m\pi}{2} - \frac{\pi}{4}\right) + O(r^{-\frac{3}{2}}), \quad r \to \infty. \end{aligned}$$

§3.5 球调和函数在奇异积分算子中的应用

众所周知，许多偏微分方程的解可利用卷积算子表出，其形式为 $K * f$, 这里 $K(x)$ 是一个固定的函数或缓增广义函数.

例 5.1 考虑上半空间上的 Dirichlet 问题

$$\begin{cases} \Delta u = 0, & (x_1, x_2, \cdots, x_n, y) \in \mathbb{R}^n \times \mathbb{R}_+, \\ u(x,0) = f(x) \in L^p(\mathbb{R}^n), \quad 1 \le p < \infty, & x \in \mathbb{R}^n, \end{cases} \tag{5.1}$$

则

$$u(x,y) = \mathcal{F}^{-1}e^{-2\pi|x|y} * f = (K * f)(x,y), \quad y > 0 \tag{5.2}$$

就是 (5.1) 的惟一解，这里 $K(x,y) = C_n y/(|x|^2+y^2)^{\frac{n+1}{2}}$, 卷积 $*$ 是对 $x \in \mathbb{R}^n$ 所取的. 特别，在缓增广义函数意义下，有

$$\widehat{K * f} = e^{-2\pi y|x|}\hat{f}(x). \tag{5.3}$$

例 5.2 考虑如下抛物型方程的 Cauchy 问题

$$\begin{cases} u_t - \Delta u = 0, & x = (x_1, x_2, \cdots, x_n) \in \mathbb{R}^n, \\ u(0) = f(x) \in L^p(\mathbb{R}^n), & 1 \le p < \infty, \end{cases} \tag{5.4}$$

则

$$u = \mathcal{F}^{-1}(e^{-4\pi^2|\xi|^2 t}\hat{f}) = (G * f)(x,t), \quad G(x,t) = (4\pi t)^{-\frac{n}{2}}e^{-\frac{|x|^2}{4t}} \tag{5.5}$$

就是 (5.4) 的惟一解，在缓增广义函数意义下，总有

$$\widehat{G * f} = e^{-4\pi^2|y|^2 t}\cdot\hat{f}(y). \tag{5.6}$$

例 5.3 考虑自由 Schrödinger 方程的 Cauchy 问题

$$\begin{cases} iu_t + \Delta u = 0, & (x_1, x_2, \cdots, x_n) \in \mathbb{R}^n, \\ u(0) = \varphi(x), & \varphi(x) \in L^2(\mathbb{R}^n), \end{cases} \tag{5.7}$$

则

$$u = \mathcal{F}^{-1}(e^{-4\pi^2 i|\xi|^2 t}) * \varphi = (S * \varphi)(x,t), \quad S(x,t) = (4\pi ti)^{-\frac{n}{2}} e^{i\frac{|x|^2}{4t}} \tag{5.8}$$

就是 (5.7) 的惟一解，在缓增广义函数意义下，总有

$$\widehat{S * \varphi} = e^{-4\pi^2 i|x|^2 t} \cdot \hat{\varphi}(x).$$

显然，上述三类方程对应乘子满足

$$e^{-2\pi|x|y} \in \mathcal{M}_p, \quad e^{-4\pi^2|x|^2 t} \in \mathcal{M}_p \quad (1 \le p \le \infty),$$

$$e^{-4\pi^2 i|x|^2 t} \in \mathcal{M}_2.$$

利用 (5.2),(5.5) 及 (5.8), 对上述三类方程对应的解满足

$$\lim_{y\to 0} \|u - f\|_p = \lim_{y\to 0} \|K * f - f\|_p = 0, \quad 1 \le p < \infty,$$

$$\lim_{t\to 0} \|u - f\|_p = \lim_{t\to 0} \|G * f - f\|_p = 0, \quad 1 \le p < \infty,$$

$$\lim_{t\to 0} \|u - f\|_2 = \lim_{t\to 0} \|S * f - f\|_2 = 0.$$

然而，由第二章的结论，当 $p \ne 2$ 时， $e^{-4\pi^2 i|x|^2 t} \notin \mathcal{M}_p$. 故自由 Schrödinger 方程所对应的解算子在一般的 $L^p(p \ne 2)$ 空间中不能生成强连续半群.

注意到上述三类问题的核函数 (关于 x) 及其对应的乘子均是径向函数. 那么当核函数是径向函数或径向函数乘以球调和函数的乘积时，它对应的 Fourier 变换是否仍具有相同的形式？

先考察形如 $P(x)/|x|^\beta$ 为核的函数 Fourier 变换，其中 $P(x) \in \mathcal{A}_k$ 是 k 阶齐次调和多项式， β 是复数. 事实上，令

$$K(x) = \frac{P(x)}{|x|^\beta}, \qquad \mathrm{Re}\beta < n + k, \tag{5.9}$$

这里 Reβ 表示 β 的实部. 显然 $K(x) \in L^1_{loc}(\mathbb{R}^n)$, 若取 $l = \frac{n+1}{2} + \frac{k}{2}$, 则有

$$\frac{K(x)}{(1+|x|^2)^l} \in L^1(\mathbb{R}^n), \tag{5.10}$$

从而推得 $K(x)$ 是缓增 L^1 函数，自然 $K(x)$ 亦是缓增广义函数．于是 $\hat{K}(x)$ 是缓增广义函数．下面的定理表明，当 β 在某个范围中时， $\hat{K}(x)$ 是缓增函数，并可以给出其具体表示公式．

定理 5.1 设 α 是满足 $0<\mathrm{Re}\alpha<n$ 的复数， $P(x)$ 是 $\mathbb{R}^n$ 上 k 阶调和多项式，若 $K(x)=P(x)/|x|^{n+k-\alpha}$, 则 $\hat{K}(y)=\gamma P(y)/|y|^{k+\alpha}$, 其中

$$\gamma=\gamma_{k,\alpha}=i^{-k}\pi^{\frac{n}{2}-\alpha}\Gamma\left(\frac{k+\alpha}{2}\right)/\Gamma\left(\frac{n+k-\alpha}{2}\right).$$

证明 记

$$K_1(x)=\begin{cases}K(x), & |x|\le 1,\\ 0, & |x|>1,\end{cases}\qquad K_2(x)=K(x)-K_1(x).$$

于是 $K_1(x)\in L^1(\mathbb{R}^n)$. 若进而假设 $0<\mathrm{Re}\alpha<\frac{n}{2}$, 则 $K_2(x)\in L^2(\mathbb{R}^n)$. 根据广义函数的 Fourier 变换的定义知

$$\hat{K}(x)=\hat{K}_1(x)+\hat{K}_2(x).$$

由于 $L^1(\mathbb{R}^n)\cap L^2(\mathbb{R}^n)$ 稠于 $L^1(\mathbb{R}^n)$ 及 $L^2(\mathbb{R}^n)$, 于是，利用定理 2.16 的 (c) 知 $\hat{K}_1$, $\hat{K}_2$ 一定具有

$$\hat{K}_1(x)=f_1(|x|)P(x),\quad \hat{K}_2(x)=f_2(|x|)P(x),\tag{5.11}$$

从而

$$\hat{K}(x)=f(|x|)P(x),\qquad f(|x|)=f_1(|x|)+f_2(|x|).\tag{5.12}$$

若 $K(x)\in L^1(\mathbb{R}^n)\cap L^2(\mathbb{R}^n)$, 由定理 4.5 可见

$$\begin{aligned}f(|x|)=f(r)&=2\pi i^{-k}r^{-\frac{n+2k-2}{2}}\int_0^\infty s^{-n-k+\alpha}J_{\frac{n+2k-2}{2}}(2\pi rs)s^{\frac{n+2k}{2}}ds\\&=2\pi i^{-k}r^{-\frac{n+2k-2}{2}}r^{\frac{n}{2}-\alpha-1}\int_0^\infty \tau^{-n-k+\alpha}J_{\frac{n+2k-2}{2}}(2\pi\tau)\tau^{\frac{n+2k}{2}}d\tau\\&=2\pi i^{-k}r^{-k-\alpha}\int_0^\infty \tau^{-\frac{n}{2}+\alpha}J_{\frac{n+2k-2}{2}}(2\pi\tau)d\tau.\end{aligned}$$

然而，一般来讲 $K(x)\notin L^1(\mathbb{R}^n)\cap L^2(\mathbb{R}^n)$. 故不能利用定理 4.5 来得到 $f(|x|)$ 的具体表示式．若能证明

$$f(\delta r)=\delta^{-k-\alpha}f(r),\tag{5.13}$$

则对一切 $\xi>0$, 注意到 (5.13), 就可推知

$$F(\xi)=\int_0^\xi f(r)dr=\int_0^1 f(s\xi)\xi ds=F(1)\xi^{1-\alpha-k},\tag{5.14}$$

进而有

$$f(r)=F'(r)=\gamma r^{-k-\alpha}. \tag{5.15}$$

这表明在 $0<\mathrm{Re}(\alpha)<\frac{n}{2}$ 条件下, 对几乎所有 $y\in\mathbb{R}^n$, 有 $\hat{K}(y)=\gamma P(y)/|y|^{k+\alpha}$.
下仅需证 (5.13). 取试验函数 $\varphi\in\mathcal{S}$, 根据缓增广义函数 Fourier 变换的定义有

$$\int_{\mathbb{R}^n}K(x)\hat{\varphi}(x)dx=\int_{\mathbb{R}^n}\hat{K}(x)\varphi(x)dx. \tag{5.16}$$

于是，左端令 $x=\delta u$, 右端令 $x=\delta^{-1}v$, 则

$$\delta^n\int_{\mathbb{R}^n}K(\delta u)\hat{\varphi}(\delta u)du=\delta^{-n}\int_{\mathbb{R}^n}\hat{K}(\delta^{-1}v)\varphi(\delta^{-1}v)dv.$$

注意到 $K(\delta u)=\delta^{\alpha-n}K(u)$, 从而

$$\delta^{\alpha}\int_{\mathbb{R}^n}K(u)\hat{\varphi}(\delta u)du=\delta^{-n}\int_{\mathbb{R}^n}\hat{K}(\delta^{-1}v)\varphi(\delta^{-1}v)dv. \tag{5.17}$$

另一方面，记 $\psi(v)=\varphi(\delta^{-1}v)$, 那么 $\hat{\psi}(u)=\delta^n\hat{\varphi}(\delta u)$, $u\in\mathbb{R}^n$, 则 (5.17) 就等价于

$$\begin{aligned}\delta^{-\alpha}\int_{\mathbb{R}^n}\hat{K}(\delta^{-1}v)\varphi(\delta^{-1}v)dv=&\delta^n\int_{\mathbb{R}^n}K(u)\hat{\varphi}(\delta u)du=\int_{\mathbb{R}^n}K(u)\hat{\psi}(u)du\\ =&\int_{\mathbb{R}^n}\hat{K}(u)\psi(u)du=\int_{\mathbb{R}^n}\hat{K}(v)\varphi(\delta^{-1}v)dv.\end{aligned} \tag{5.18}$$

因此，对几乎处处的 $v\in\mathbb{R}^n$, 有 $\hat{K}(v)=\delta^{-\alpha}\hat{K}(\delta^{-1}v)$. 于是

$$f(|v|)P(v)=\delta^{-\alpha}f(\delta^{-1}|v|)P(\delta^{-1}v)=\delta^{-\alpha-k}f(\delta^{-1}|v|)P(v),$$

即

$$f(\delta^{-1}|v|)=\delta^{\alpha+k}f(|v|),$$

从而得 (5.13).

下面来确定 γ 的值. 取 $\varphi=e^{-\pi|x|^2}P(x)\in\mathcal{S}$, 由定理 4.3 知 $\hat{\varphi}(y)=i^{-k}\varphi(y)$.
因此，(5.16) 意味着

$$i^{-k}\int_{\mathbb{R}^n}e^{-\pi|y|^2}P(y)\{P(y)/|y|^{k+n-\alpha}\}dy=\gamma\int_{\mathbb{R}^n}e^{-\pi|y|^2}P(y)\{P(y)/|y|^{k+\alpha}\}dy. \tag{5.19}$$

利用极坐标变换，消去 $\int_{\Sigma_{n-1}}[P(y')]^2d\sigma(y')$, 可得

$$i^{-k}\int_0^{\infty}r^{\alpha+k-1}e^{-\pi r^2}dr=\gamma\int_0^{\infty}r^{k+n-\alpha-1}e^{-\pi r^2}dr, \tag{5.20}$$

注意到

$$2\int_0^\infty e^{-\pi y^2}y^\beta dy=\Gamma\left(\frac{\beta+1}{2}\right)\pi^{-(\frac{\beta+1}{2})}, \tag{5.21}$$

由 (5.20) 与 (5.21) 即得

$$\gamma=i^{-k}\pi^{\frac{n}{2}-\alpha}\Gamma\left(\frac{k+\alpha}{2}\right)/\Gamma\left(\frac{n+k-\alpha}{2}\right). \tag{5.22}$$

最后，来将上面的结果扩展到 $0<\mathrm{Re}(\alpha)<n$ 上．我们知道，当 $0<\mathrm{Re}\alpha<\frac{n}{2}$ 时，$\forall\varphi\in\mathcal{S}$ 有

$$\int_{\mathbb{R}^n}P(x)/|x|^{n+k-\alpha}\cdot\hat{\varphi}(x)dx=\gamma_{k,\alpha}\int_{\mathbb{R}^n}\frac{P(x)}{|x|^{k+\alpha}}\varphi(x)dx. \tag{5.23}$$

容易看出，(5.23) 的两边积分在 $0<\mathrm{Re}\alpha<n$ 的带状区域内分别确定了 α 的一个解析函数 (这里用到 $\varphi\in\mathcal{S}$)，而由 (5.22) 知，$\gamma_{k,\alpha}$ 也是 α 的解析函数，因此 (5.23) 对于 $0<\mathrm{Re}\alpha<n$ 必成立．于是，利用广义函数 Fourier 变换定义即得定理的证明．

我们知道，$K(x)=P(x)/|x|^{n+k}$，($P(x)$ 是 k 阶调和多项式) 对应着一个奇异积分算子的核函数，它正好对应着定理 5.1 在 $\alpha=0$ 时的情形．如何计算 $K(x)=P(x)/|x|^{n+k}$ 的 Fourier 变换呢？我们的思路是通过证明当 $\alpha\to0$ 时，定理 5.1 中 $\hat{K}_\alpha$ 满足

$$\hat{K}_\alpha\to\hat{K}(y)=i^{-k}\pi^{\frac{n}{2}}\left\{\Gamma\left(\frac{k}{2}\right)/\Gamma\left(\frac{n+k}{2}\right)\right\}P(y)/|y|^k,\quad\alpha\to0 \tag{5.24}$$

来得到 $\hat{K}(x)$．注意到 $K(x)$ 在 $x=0$ 时恰是不可去奇点，所以，无法用通常函数来刻画 $K(x)$．然而，$K(x)$ 可对应于一个缓增广义函数，即 $\forall\varphi\in\mathcal{S}$，$K(x)$ 对应于缓增广义函数 L 是

$$L(\varphi)=\lim_{\varepsilon\to0}\int_{0<\varepsilon<|y|}K(y)\varphi(y)dy. \tag{5.25}$$

下面证明 $L\in\mathcal{S}'$．注意到

$$K_2(y)=\begin{cases}0, & |y|\le1,\\ K(y), & |y|>1\end{cases}$$

是缓增函数，我们仅需证明 $\lim_{\varepsilon\to0}\int_{\varepsilon\le|y|<1}K(y)\varphi(y)dy$ 极限存在且定义了 $\mathcal{S}'$ 上的缓增广义函数．事实上，利用 $k\ge1$ 及球调和函数基的正交性，可见

$$\int_{\varepsilon\le|y|<1}K(y)dy=\int_\varepsilon^1 r^{-1}\left\{\int_{\Sigma_{n-1}}P(y')dy'\right\}dr=0, \tag{5.26}$$

于是

$$\int_{\varepsilon\le|y|<1}K(y)\varphi(y)dy=\int_{\varepsilon\le|y|<1}K(y)[\varphi(y)-\varphi(0)]dy,\tag{5.27}$$

而 $|\varphi(y)-\varphi(0)|\le\sup_{|v|\le1}|\nabla\varphi(v)|\cdot|y|$. 令 $y=|y|y'$, 就有

$$|K(y)[\varphi(y)-\varphi(0)]|\le\left\{\sup_{v\in\mathbb{R}^n}|\nabla\varphi(v)|\right\}\cdot\frac{P(y')}{|y|^{n-1}}.\tag{5.28}$$

此说明 $K(y)[\varphi(y)-\varphi(0)]$ 是局部可积的，并且利用 (5.27),(5.28) 就有

$$\begin{aligned}\left|\lim_{\varepsilon\to0}\int_{\varepsilon\le|y|\le1}K(y)\varphi(y)dy\right|\le&\sup_{v\in\mathbb{R}^n}|\nabla\varphi(v)|\cdot\int_{|y|\le1}\frac{P(y')}{|y|^{n-1}}dy\\\le&C\sup_{v\in\mathbb{R}^n}|\nabla\varphi(v)|.\end{aligned}\tag{5.29}$$

因此，利用缓增广义函数刻画性定理 (见第一章定理 4.19) 推得 L 是缓增广义函数.

定义 5.1 称由极限 (5.25) 得到的广义函数为主值广义函数，记作

$$L(\varphi)=\text{P.V.}\int_{\mathbb{R}^n}K(y)\varphi(y)dy,\quad\forall\varphi\in\mathcal{S}.\tag{5.30}$$

通常仍用 $K(x)$ 表示该广义函数 L.

下面的定理说明，由 $K(x)=P(x)/|x|^{n+k}$ 定义的主值广义函数的 Fourier 变换 $\hat{K}(x)$ 也具有与 $K(x)$ 相类似的形式，即

定理 5.2 设 $P(x)$ 是 $\mathbb{R}^n$ 上 k 阶齐次调和多项式，若 $K(x)=\frac{P(x)}{|x|^{n+k}}$, 则

$$\hat{K}(y)=\{i^{-k}\pi^{\frac{n}{2}}\Gamma(\frac{k}{2})/\Gamma(\frac{n+k}{2})\}P(y)/|y|^k=\gamma_{k,0}P(y)/|y|^k.\tag{5.31}$$

证明 我们仅需证明，对 $\forall\varphi\in\mathcal{S}$, 有

$$\gamma_{k,0}\int_{\mathbb{R}^n}\frac{P(y)}{|y|^k}\varphi(y)dy=\text{P.V.}\int_{\mathbb{R}^n}\frac{P(y)}{|y|^{n+k}}\hat{\varphi}(y)dy.\tag{5.32}$$

由定理 5.1 知，对 $\forall 0<\alpha<n$ 有

$$\gamma_{k,\alpha}\int_{\mathbb{R}^n}\frac{P(y)}{|y|^{\alpha+k}}\varphi(y)dy=\int_{\mathbb{R}^n}\frac{P(y)}{|y|^{n+k-\alpha}}\hat{\varphi}(y)dy.\tag{5.33}$$

注意到 $P(y)/|y|^k$ 是 0 次齐式，故取 $\alpha\to0$, (5.33) 左端就收敛于 (5.32) 的左边. 于是，仅需证明

$$\lim_{\alpha\to0}\int_{\mathbb{R}^n}\frac{P(y)}{|y|^{n+k-\alpha}}\hat{\varphi}(y)dy=\text{P.V.}\int_{\mathbb{R}^n}\frac{P(y)}{|y|^{n+k}}\hat{\varphi}(y)dy.\tag{5.34}$$

由于 $P(y)$ 在球面上限制的积分为 0 且 $K(y)[\hat{\varphi}(y)-\hat{\varphi}(0)]$ 局部可积，因此，利用控制收敛定理，便有

$$\begin{aligned}&\lim_{\alpha\to 0}\int_{\mathbb{R}^n}\frac{P(y)}{|y|^{n+k-\alpha}}\hat{\varphi}(y)dy\\&=\lim_{\alpha\to 0}\int_{|y|\le 1}\frac{P(y)}{|y|^{n+k-\alpha}}(\hat{\varphi}(y)-\hat{\varphi}(0))dy+\int_{|y|\ge 1}K(y)\hat{\varphi}(y)dy\\&=\int_{|y|\le 1}K(y)[\hat{\varphi}(y)-\hat{\varphi}(0)]dy+\int_{|y|\ge 1}K(y)\hat{\varphi}(y)dy\\&=\mathrm{P.V.}\int_{\mathbb{R}^n}\frac{P(y)}{|y|^{n+k}}\hat{\varphi}(y)dy.\end{aligned}$$

从而定理得证.

设 $1\le p<\infty$, 用 $\dot{L}^p(\Sigma_{n-1})$ 表示 $L^p(\Sigma_{n-1})$ 中满足条件

$$\int_{\Sigma_{n-1}}\Omega(x')d\sigma(x')=0 \tag{5.35}$$

的全体 $\Omega(x')$ 所构成的闭子空间. 若利用 $K(x)=\frac{\Omega(x')}{|x|^n}$ 来代替 $\frac{P(x)}{|x|^{n+k}}=K(x)$, 这里 $\Omega\in\dot{L}^2(\Sigma_{n-1}), P(x)\in\mathcal{A}_k$. 那么, 相应的奇异积分算子的核 $K(x)=\frac{\Omega(x')}{|x|^n}$ 的 Fourier 变换如何呢？利用球调和函数的理论， $L^2(\Sigma_{n-1})$ 可以分解成所有球调和函数 $\{P_k(x')\}$ 的线性组合. 这本质上是定理 5.2 一种推广.

设 $Y^{(k)}(x')=P^{(k)}(x)/|x|^k$ 是相应于 k 阶调和多项式 $P^{(k)}(x)$ 的球调和函数，令

$$\Omega(x')=\sum_{k=1}^{m}Y^{(k)}(x'), \tag{5.36}$$

则作为定理 5.2 中奇异积分算子的有限线性组合 $K(x)=\frac{\Omega(x')}{|x|^n}$ 就定义一个主值广义函数 $K(x)$, 其 Fourier 变换

$$\hat{K}=\sum_{k=1}^{m}\gamma_{k,0}Y^{(k)}(x'). \tag{5.37}$$

现在的问题是对一般的 $\Omega(x)\in\dot{L}^2(\Sigma_{n-1})$, 相应结果是否成立？

定理 5.3 假设 $\Omega(x')\in\dot{L}^2(\Sigma_{n-1})$, 则存在惟一一列 k 阶球调和函数 $Y^{(k)}(x')$, 使得

$$\Omega(x')=\sum_{k=1}^{\infty}Y^{(k)}(x') \tag{5.38}$$

在 $L^2(\Sigma_{n-1})$ 范数意义下成立. 在 $x\ne 0$ 处， $K(x)=\Omega(x')/|x|^n$ 定义了一个主值广义函数，其 Fourier 变换是如下 0 次齐函数

$$\hat{K}(x)=\Omega_0(x')=\Omega_0\left(\frac{x}{|x|}\right),\quad x\ne 0, \tag{5.39}$$

这里

$$\Omega_0(x')=\sum_{k=1}^{\infty}Y_0^{(k)}(x'),\qquad Y_0^{(k)}(x')=\gamma_{k,0}Y^{(k)}(x'). \tag{5.40}$$

上面的级数在 $L^2(\Sigma_{n-1})$ 范数意义下收敛，此外

$$\sum_{k=1}^{\infty}k^n\|Y_0^{(k)}\|_{L^2(\Sigma_{n-1})}^2=\sum_{k=1}^{\infty}k^n\int_{\Sigma_{n-1}}|Y_0^{(k)}(x')|^2d\sigma(x')<\infty. \tag{5.41}$$

反之，对于任意的 0 阶齐次函数 $\Omega_0(x)$, 若它在 Σ_{n-1} 上的限制是 $L^2(\Sigma_{n-1})$ 可积，并且有满足 (5.41) 的球调和展开

$$\Omega_0(x')=\sum_{k=1}^{\infty}Y_0^{(k)}(x').$$

那么，Ω_0 便是一个形如 $K(x)=\frac{\Omega(x')}{|x|^n}$ 的主值广义函数的 Fourier 变换，其中 $\Omega(x')\in\dot{L}^2(\Sigma_{n-1})$.

证明 由 $L^2(\Sigma_{n-1})$ 分解定理及球调和函数的正交性，可知

$$\Omega(x')=\sum_{k=1}^{\infty}Y^{(k)}(x'),$$

且

$$\sum_{k=1}^{\infty}\|Y^{(k)}\|_{L^2(\Sigma_{n-1})}^2<\infty. \tag{5.42}$$

由定理 5.2, 当 $k\to\infty$, $\gamma_{k,0}=O(k^{-\frac{n}{2}})$, 从而 (5.41) 成立．下面证明 $\hat{K}=\Omega_0$ 可由 (5.40) 表出．为此，我们考虑有限和

$$K^{(m)}(x)=\Omega^{(m)}(x')/|x|^n=\sum_{k=1}^{m}Y^{(k)}(x')/|x|^n. \tag{5.43}$$

由定理 5.2, 主值广义函数 $K^{(m)}(x)$ 的 Fourier 变换是 0 阶齐次函数，它在 Σ_{n-1} 上的限制是

$$\hat{K}^{(m)}(x)=\sum_{k=1}^{m}Y_0^{(k)}(x')=\sum_{k=1}^{m}\gamma_{k,0}Y^{(k)}(x'). \tag{5.44}$$

因此，取 $\forall\varphi\in\mathcal{S}$, 根据缓增广义函数 Fourier 变换的定义得知

$$\int_{\mathbb{R}^n}\hat{K}^{(m)}(x)\varphi(x)dx=\text{P.V.}\int_{\mathbb{R}^n}K^{(m)}(x)\hat{\varphi}(x)dx. \tag{5.45}$$

由 (5.42) 及 $Y_0^{(k)}(x') = \gamma_{k,0} Y^{(k)}(x')$, 令 $m \to \infty$ 可得

$$\sum_{k=1}^{m} Y_0^{(k)}(x') \overset{L^2(\Sigma_{n-1})}{\longrightarrow} \sum_{k=1}^{\infty} Y_0^{(k)}(x') = \Omega_0(x'), \tag{5.46}$$

进而有

$$\lim_{m\to\infty} \int_{\mathbb{R}^n} \hat{K}^{(m)}(x)\varphi dx = \lim_{m\to\infty} \int_{\mathbb{R}^n} \sum_{k=0}^{m} Y_0^{(k)} \varphi(x) dx = \int_{\mathbb{R}^n} \Omega_0(x/|x|)\varphi(x) dx. \tag{5.47}$$

另一方面，注意到在 L^2 意义下 $\sum\limits_{k=1}^{m} Y^{(k)} \to \Omega(x)$ 成立，于是

$$\begin{aligned} \text{P.V.} \int_{\mathbb{R}^n} K^{(m)}(x)\hat{\varphi} dx &= \int_{|x|\le 1} K^{(m)}(x)[\hat{\varphi}(x) - \hat{\varphi}(0)] dx + \int_{|x|>1} K^{(m)}(x)\hat{\varphi}(x) dx \\ &\longrightarrow \int_{|x|\le 1} K(x)[\hat{\varphi}(x) - \hat{\varphi}(0)] dx + \int_{|x|>1} K(x)\hat{\varphi}(x) dx \\ &= \text{P.V.} \int_{\mathbb{R}^n} K(x)\hat{\varphi} dx, \quad m \longrightarrow \infty. \end{aligned} \tag{5.48}$$

于是，对一切 $\varphi \in \mathcal{S}$ 有

$$\int_{\mathbb{R}^n} \Omega_0\left(\frac{x}{|x|}\right)\varphi(x) dx = \text{P.V.} \int_{\mathbb{R}^n} K(x)\hat{\varphi}(x) dx. \tag{5.49}$$

由广义函数 $K(x)$ 的 Fourier 变换的定义就得 $\hat{K}(x) = \Omega_0(x')$ $(\forall x \neq 0)$.

下面来证明最后一部分. 注意到 Ω_0 有满足 (5.41) 的球调和函数分解 $\sum_{k=1}^{\infty} Y_0^{(k)}$, 则 $\sum_{k=1}^{\infty} Y^{(k)}$ 在 $L^2(\Sigma_{n-1})$ 上收敛于 $\Omega(x) \in L^2(\Sigma_{n-1})$, 其中 $Y^{(k)} = \gamma_{k,0}^{-1} Y_0^{(k)}$. 于是，将定理第一部分结论用到 $\Omega(x)$ 上，即得此定理第二部分的证明.

注记 5.1 定理 5.3 意味着对 $\forall\ \Omega(x') \in \dot{L}^2(\Sigma_{n-1})$, 及 $\forall \varphi \in \mathcal{S}$, $K(x) = \Omega(x')/|x|^n$ 是一个主值广义函数，且

$$\begin{aligned} \text{P.V.} \int_{\mathbb{R}^n} K(x)\varphi dx &= \lim_{\varepsilon\to 0} \int_{|x|>\varepsilon>0} K(x)\varphi(x) dx \\ &= \int_{|x|\le 1} K(x)[\varphi(x) - \varphi(0)] dx + \int_{|x|\ge 1} K(x)\varphi(x) dx. \end{aligned} \tag{5.50}$$

本质上定理 5.3 给出 $\Omega_0(x')$ 的球调和函数一种表示. 进而还有

定理 5.4 设 $\Omega(x') \in \dot{L}^1(\Sigma_{n-1})$, 那么， $K(x) = \frac{\Omega(x)}{|x|^n} (x \neq 0)$ 确定了一个主值广义函数，其 Fourier 变换 $\hat{K}(x) = \Omega_0(x') = \Omega_0(x/|x|)(x \neq 0)$ 是一个 0 齐次函数，进而，对 $x' \in \Sigma_{n-1}$ 有

$$\Omega_0(x') = -\int_{\Sigma_{n-1}} \Omega(y') \left[\frac{i\pi}{2}\text{sgn}(x' \cdot y') + \log|x' \cdot y'|\right] d\sigma(y'), \tag{5.51}$$

其中 sgn 是 $(-\infty,\infty)$ 上的符号函数.

证明 在 $L^1(\mathbb{R}^n)$ 中构造 $K(x)=\frac{\Omega(x')}{|x|^n}$ 的逼近函数

$$K_\varepsilon^N(x)=\begin{cases}\frac{\Omega(x')}{|x|^n}, & 0<\varepsilon<|x|<N,\\ 0, & \text{其它}.\end{cases} \tag{5.52}$$

若令 $x=rx', y=\rho y', x',y'\in\Sigma_{n-1}$, 则

$$\hat{K}_\varepsilon^N(x)=\int_{\varepsilon<|y|<N}e^{-2\pi i x\cdot y}\frac{\Omega(y')}{|y|^n}dy=\int_{\Sigma_{n-1}}\Omega(y')\left\{\int_\varepsilon^N\frac{e^{-2\pi i r\rho(x'\cdot y')}}{\rho}d\rho\right\}d\sigma(y'). \tag{5.53}$$

因 $\Omega(x')\in\dot{L}^1(\Sigma_{n-1})$, 故 $\int_{\Sigma_{n-1}}\Omega(y')dy'=0$. 于是

$$\begin{aligned}\hat{K}_\varepsilon^N(x)=&\int_{\Sigma_{n-1}}\Omega(y')\left\{\int_\varepsilon^N\frac{\cos 2\pi r\rho(x'\cdot y')-\cos 2\pi r\rho}{\rho}d\rho\right\}d\sigma(y')\\ &-i\int_{\Sigma_{n-1}}\Omega(y')\left\{\int_\varepsilon^N\frac{\sin 2\pi r\rho(x'\cdot y')}{\rho}d\rho\right\}d\sigma(y').\end{aligned} \tag{5.54}$$

利用

$$\lim_{\substack{\varepsilon\to 0,\\ N\to\infty}}\int_\varepsilon^N\frac{\sin 2\pi r\rho(x'\cdot y')}{\rho}d\rho=\lim_{\substack{\varepsilon\to 0,\\ N\to\infty}}\int_{2\pi r\varepsilon(x'\cdot y')}^{2\pi rN(x'\cdot y')}\frac{\sin s}{s}ds=\frac{\pi}{2}\text{sgn}(x'\cdot y'), \tag{5.55}$$

以及

$$\begin{aligned}&\int_\varepsilon^N\frac{\cos 2\pi r\rho(x'\cdot y')-\cos 2\pi r\rho}{\rho}d\rho\\ &=\int_{2\pi r|x'\cdot y'|\varepsilon}^{2\pi r\varepsilon}\frac{\cos s}{s}ds+\int_{2\pi rN}^{2\pi r|x'\cdot y'|N}\frac{\cos s}{s}ds\\ &\longrightarrow\log\frac{1}{|x'\cdot y'|},\quad \varepsilon\to 0,\quad N\to\infty.\end{aligned} \tag{5.56}$$

这里用到了

$$\begin{aligned}&\int_{2\pi r|x'\cdot y'|\varepsilon}^{2\pi r\varepsilon}\frac{\cos s}{s}ds=\ln s\cdot\cos s\Big|_{2\pi r|x'\cdot y'|\varepsilon}^{2\pi r\varepsilon}-\int_{2\pi r|x'\cdot y'|\varepsilon}^{2\pi r\varepsilon}\ln s\cdot\sin s ds\\ &=-\ln|x'\cdot y'|\cdot\cos(2\pi r\varepsilon)+\ln(2\pi r|x'\cdot y'|\varepsilon)[\cos(2\pi r\varepsilon)\\ &\quad-\cos(2\pi r|x'\cdot y'|\varepsilon)]-\int_{2\pi r|x'\cdot y'|\varepsilon}^{2\pi r\varepsilon}\ln s\cdot\sin s ds\\ &\longrightarrow\ln\frac{1}{|x'\cdot y'|},\quad \varepsilon\to 0.\end{aligned}$$

于是，

$$\lim_{\substack{\varepsilon\to 0\\ N\to\infty}}\int_{\varepsilon}^{N}\frac{e^{-2\pi i r\rho(x'\cdot y')}}{\rho}d\rho=-\log|x'\cdot y'|-i\frac{\pi}{2}\mathrm{sgn}(x'\cdot y'),\tag{5.57}$$

且积分项关于 ε,N 可被 $C\left(1+\log\frac{1}{|x'\cdot y'|}\right)$ 一致地控制，而

$$\int_{\Sigma_{n-1}}\Omega(y')\left[1+\log\frac{1}{|x'\cdot y'|}\right]d\sigma(y')<\infty,\qquad \text{a.e.}\quad x'\in\Sigma_{n-1}.$$

于是，利用 Lebesgue 控制收敛定理，可见

$$\lim_{\substack{\varepsilon\to 0\\ N\to\infty}}\hat{K}_{\varepsilon}^{N}(x')=-\int_{\Sigma_{n-1}}\Omega(y')\left[\frac{i\pi}{2}\mathrm{sgn}(x'\cdot y')+\log|x'\cdot y'|\right]d\sigma(y').\tag{5.58}$$

另一方面，当 $\varphi\in\mathcal{S}$, 乘法公式

$$\int_{\mathbb{R}^n}\hat{K}_{\varepsilon}^{N}(x')\varphi(x)dx=\int_{\varepsilon<|x|<N}\frac{\Omega(x')}{|x|^n}\hat{\varphi}(x)dx.\tag{5.59}$$

取 $\varepsilon\to 0$, $N\to\infty$, 并利用主值广义函数 K 的 Fourier 变换定义即得 (5.51) 成立.

注记 5.2 (i) 注意到 $\dot{L}^2\hookrightarrow\dot{L}^1(\Sigma_{n-1})$, 因此，在定理 5.4 中，若 $\Omega(x)\in\dot{L}^2(\Sigma_{n-1})$, 相应的结论仍然成立.

(ii) 考察

$$\begin{aligned}\int_{\Sigma_{n-1}}\log\frac{1}{|x'\cdot y'|}dy'&=\int_0^{\pi}\log|\cos\theta|\sin^{n-2}\theta d\theta\\&=\int_{-1}^{1}\log\sqrt{1-t^2}\cdot(\sqrt{1-t^2})^{-1}t^{n-2}dt<\infty,\end{aligned}$$

直接推得积分 $\int_{\Sigma_{n-1}}\log\frac{1}{|x'\cdot y'|}d\sigma(y')$ 的收敛性.

推论 5.5 设 $\Omega(x)\in\dot{L}^2(\Sigma_{n-1})$, 则函数 $\hat{K}=\Omega_0$ 是连续的.

证明 由定理 5.3, $\Omega(x)$ 有球调和展开

$$\Omega=\sum_{k=1}^{\infty}Y^{(k)},\qquad \Omega_0=\sum_{k=1}^{\infty}Y_0^{(k)}=\sum_{k=1}^{\infty}\gamma_{k,0}Y^{(k)}.\tag{5.60}$$

令 $\Omega^{(m)}=\sum_{k=1}^{m}Y^{(k)}$, $\Omega_0^{(m)}=\sum_{k=1}^{m}Y_0^{(k)}$, 则由 $\Omega_0^{(m)}$ 连续性及 Ω_0 的表示定理，直接估计

$$\begin{aligned}&|\Omega_0(x')-\Omega_0^{(m)}(x')|\\=&\left|\int_{\Sigma_{n-1}}[\Omega(y')-\Omega^{(m)}(y')]\cdot\left[\frac{i\pi}{2}\mathrm{sgn}(x'\cdot y')+\log|x'\cdot y'|\right]d\sigma(y')\right|\\\le&\left(\int_{\Sigma_{n-1}}|\Omega(y')-\Omega^{(m)}(y')|^2dy'\right)^{\frac12}\cdot\left(\int_{\Sigma_{n-1}}\left(\frac{\pi^2}{4}+(\log|x'\cdot y'|)^2\right)d\sigma(y')\right)^{\frac12}\\\le&C\left(\int_{\Sigma_{n-1}}|\Omega(y')-\Omega^{(m)}(y')|^2d\sigma(y')\right)^{\frac12}\to 0,\quad m\to\infty,\end{aligned}$$

就推得 $\{\Omega_0^{(m)}\}$ 一致收敛于 $\Omega_0(x)$. 利用 $\Omega_0^{(m)}$ 的连续性，就知 Ω_0 是连续的.

注记 5.3 主值广义函数 $K(x)$ 的 Fourier 变换 $\hat{K}(x)=\Omega_0(x')\in L^\infty$, 故 $K(x)=\frac{\Omega(x)}{|x|^n}\in L^2_2$. 进而，在第六章里我们将证明 $\frac{\Omega(x)}{|x|^n}\in L^p_p$, $1<p<\infty$.

下面利用 Bessel 函数来考虑一种重要的求和法，即 Bochner-Riesz 求和法. 在第一章里，我们引入了 Φ 平均概念，即对 $\Phi\in C_0$, 且 $\Phi(0)=1$, 定义

$$M_{\varepsilon,\Phi}(h)=\int_{\mathbb{R}^n}\Phi(\varepsilon x)h(x)dx \tag{5.61}$$

是函数 h 的 Φ 平均，特别，当 $\Phi(x)=e^{-|x|}$ 或 $\Phi=e^{-|x|^2}$ 时，就分别得到了 Abel 平均与 Gauss-Weierstrass 平均. 若取

$$\Phi_\delta(x)=\Phi(x)=\begin{cases}(1-|x|^2)^\delta, & |x|\le 1,\\ 0, & |x|>1,\end{cases}\qquad \delta>0, \tag{5.62}$$

那么，就对应着所谓的 Bochner-Riesz 平均或称谓 Bochner-Riesz 求和法. 取 $\varepsilon=\frac{1}{R}$, 这样

$$M_{\varepsilon,\Phi}(h)=M_{\frac{1}{R},\Phi}(h)=\int_{|x|\le R}\left(1-\frac{|x|^2}{R^2}\right)^\delta h(x)dx. \tag{5.63}$$

若 $f\in L^1(\mathbb{R}^n)$, $\varphi=\hat{\Phi}$ 且 $h(x)=\hat{f}(x)e^{2\pi it\cdot x}$, 则

$$S_R^\delta(t,f)=\int_{|x|\le R}\hat{f}(x)e^{2\pi it\cdot x}\left(1-\frac{|x|^2}{R^2}\right)^\delta dx=\int_{\mathbb{R}^n}f(x)R^n\varphi(R(x-t))dx \tag{5.64}$$

是 $\int_{\mathbb{R}^n}\hat{f}(x)e^{2\pi it\cdot x}dx$ 的 Bochner-Riesz 平均. 若 $\varphi\in L^1(\mathbb{R}^n)$,$\psi=\sup_{|t|\ge|x|}\varphi(|t|)\in L^1(\mathbb{R}^n)$, 则由卷积正则化原理与点收敛定理就有

$$\lim_{R\to\infty}S_R^\delta(t)\overset{\text{a.e.}}{=\!=}f(t),\quad \forall t\in\mathbb{R}^n;\qquad \lim_{R\to\infty}\|S_R^\delta(t)-f(t)\|_p=0,\quad 1\le p<\infty.$$

下面证明，当 $\delta>\frac{n-1}{2}$ 时，有 $\varphi\in L^1(\mathbb{R}^n)$ 和 $\psi\in L^1(\mathbb{R}^n)$. 为此，需要证明 Bessel 函数的一个恒等式.

引理 5.6 设 $\mu>-\frac{1}{2}$, 则当 $\nu>-1$, $t>0$ 时，

$$J_{\mu+\nu+1}(t)=\frac{t^{\nu+1}}{2^\nu\Gamma(\nu+1)}\int_0^1 J_\mu(ts)s^{\mu+1}(1-s^2)^\nu ds. \tag{5.65}$$

证明 注意到

$$\frac{\Gamma(x)\Gamma(y)}{\Gamma(x+y)}=\int_0^1 u^{x-1}(1-u)^{y-1}du,\quad \cos(ts)=\sum_{j=0}^\infty(-1)^j\frac{(ts)^{2j}}{(2j)!} \tag{5.66}$$

及 $J_k(t)(k>-\frac{1}{2})$ 的表达式，直接验证，可见

$$\begin{aligned}
J_k(t) &= \left(\frac{t}{2}\right)^k \frac{1}{\Gamma(\frac{2k+1}{2})\Gamma(\frac{1}{2})}\int_{-1}^{1} e^{its}(1-s^2)^{\frac{2k-1}{2}}ds\\
&= \left(\frac{t}{2}\right)^k \frac{2}{\Gamma(\frac{2k+1}{2})\Gamma(\frac{1}{2})}\int_{0}^{1} \cos(ts)\cdot(1-s^2)^{\frac{2k-1}{2}}ds\\
&= \left(\frac{t}{2}\right)^k \frac{2}{\Gamma(\frac{2k+1}{2})\Gamma(\frac{1}{2})}\sum_{j=0}^{\infty}\frac{t^{2j}}{(2j)!}(-1)^j\int_{0}^{1} s^{2j}(1-s^2)^{\frac{2k-1}{2}}ds\\
&= \left(\frac{t}{2}\right)^k \frac{1}{\Gamma(\frac{2k+1}{2})\Gamma(\frac{1}{2})}\sum_{j=0}^{\infty}\frac{t^{2j}}{(2j)!}(-1)^j\int_{0}^{1} \tau^{j-\frac{1}{2}}(1-\tau)^{\frac{2k-1}{2}}d\tau\\
&= \left(\frac{t}{2}\right)^k \frac{1}{\Gamma(\frac{2k+1}{2})\Gamma(\frac{1}{2})}\sum_{j=0}^{\infty}\frac{t^{2j}}{(2j)!}(-1)^j\frac{\Gamma(j+\frac{1}{2})\Gamma(\frac{2k+1}{2})}{\Gamma(j+k+1)}\\
&= \sum_{j=0}^{\infty}(-1)^j\frac{(t/2)^{k+2j}}{j!\Gamma(j+k+1)}.
\end{aligned}\tag{5.67}$$

这样，由 (5.67), 直接计算

$$\begin{aligned}
&\int_0^1 J_\mu(ts)s^{\mu+1}(1-s^2)^\nu ds\\
=&\int_0^1\left\{\sum_{j=0}^{\infty}(-1)^j\frac{(ts/2)^{\mu+2j}}{j!\Gamma(j+\mu+1)}\right\}s^{\mu+1}(1-s^2)^\nu ds\\
=&\sum_{j=0}^{\infty}(-1)^j\frac{(t/2)^{\mu+2j}}{j!\Gamma(j+\mu+1)}\left(\frac{1}{2}\int_0^1\tau^{\mu+j}(1-\tau)^\nu d\tau\right)\\
=&\left(\sum_{j=0}^{\infty}(-1)^j\frac{(t/2)^{\mu+2j+\nu+1}}{j!\Gamma(j+\mu+\nu+2)}\right)\cdot\frac{2^\nu}{t^{\nu+1}}\Gamma(\nu+1)\\
=&\frac{2^\nu}{t^{\nu+1}}\Gamma(\nu+1)\cdot J_{\mu+\nu+1}(t),
\end{aligned}$$

从而 (5.65) 成立.

定理 5.7 设函数

$$\Phi(y)=\begin{cases}(1-|y|^2)^\delta, & |y|\le 1,\\ 0, & |y|>1,\end{cases}\tag{5.68}$$

这里 $\delta>0$, 则

$$\hat{\Phi}(x)=\pi^{-\delta}\Gamma(\delta+1)|x|^{-\frac{n}{2}-\delta}J_{\frac{n}{2}+\delta}(2\pi|x|).\tag{5.69}$$

证明 由定理 4.2, 知

$$\hat{\Phi}(x)=2\pi|x|^{-\frac{n-2}{2}}\int_0^1(1-|s|^2)^\delta J_{\frac{n-2}{2}}(2\pi s|x|)s^{\frac{n}{2}}ds.\tag{5.70}$$

现取 $\nu=\delta,\mu=\frac{n-2}{2}$, 由引理 5.6 可见

$$\begin{aligned}\hat{\Phi}(x)&=2\pi|x|^{-\frac{n-2}{2}}\cdot(2\pi|x|)^{-\delta-1}\Gamma(\delta+1)2^{\delta}J_{\frac{n-2}{2}+\delta+1}(2\pi|x|)\\&=\pi^{-\delta}\Gamma(\delta+1)|x|^{-\frac{n}{2}-\delta}J_{\frac{n}{2}+\delta}(2\pi|x|),\end{aligned}$$

从而定理 5.7 得证.

注意到

$$J_{\frac{n}{2}+\delta}(2\pi|x|)\sim O(|x|^{\frac{n}{2}+\delta}),\qquad |x|\to 0,$$

$$J_{\frac{n}{2}+\delta}(2\pi|x|)\sim O(|x|^{-\frac{1}{2}}),\qquad |x|\to\infty.$$

从而当 $\delta>\frac{n-1}{2}$ 时, $\varphi=\hat{\Phi}\in L^1(\mathbb{R}^n)$ 且 φ 仍是径向函数, 由 Fourier 变换的 L^1 理论有

$$\Phi(x)=\int_{\mathbb{R}^n}e^{2\pi ix\cdot y}\varphi(y)dy,\qquad \text{特别}\quad \Phi(0)=\int_{\mathbb{R}^n}\varphi(y)dy=1.$$

利用卷积正则化原理与点态收敛定理, 容易看出

推论 5.8 若 $f\in L^p(\mathbb{R}^n)$, $1\le p<\infty$, $S_R^{\delta}(x)=\varphi_{\frac{1}{R}}*f(x)$, 此处 $\varphi_{\frac{1}{R}}(x)=R^n\varphi(Rx)$, $R>0$, $\delta>\frac{n-1}{2}$, 则有

(a) $\|S^{\delta}_{\frac{1}{R}}(x)-f(x)\|_p\to 0,\qquad R\to\infty.$

(b) $\lim_{R\to\infty}S_R^{\delta}(x)=f(x),\quad \forall x\in L_f$. 这里 L_f 表示 $f(x)$ 的 Lebesgue 点集, 特别对于几乎所有的 $x\in\mathbb{R}^n$ 都成立.

思考与练习

1(Coifman 定理). 设 σ 是从 $\mathbb{R}^n$ 到自身的连续的一一变换, 并使得

$$R_\sigma(\mathcal{F}f)=\mathcal{F}(R_\sigma f).$$

则 σ 是一个正交变换. (提示: 首先, 对任意 $f\in L^1(\mathbb{R}^n)$ 有 $(R_\sigma\mathcal{F}f)(0)=(R_\sigma f)(0)$. 取 $f(x)=g(x)e^{-2\pi i\sigma^{-1}(x)\cdot y}$, $y\in\mathbb{R}^n$ 固定, 容易看出

$$R_\sigma\mathcal{F}f(0)=\int_{\mathbb{R}^n}e^{-2\pi i\sigma(0)x}g(x)e^{-2\pi i\sigma^{-1}(x)y}dx,$$

$$\mathcal{F}R_\sigma f(0)=\int_{\mathbb{R}^n}e^{-2\pi izx}g(\sigma x)e^{-2\pi ix\cdot y}dx\,|_{z=0}=\int_{\mathbb{R}^n}g(\sigma x)e^{-2\pi ixy}dx.$$

从而

$$\int_{\mathbb{R}^n}[e^{-2\pi ix\cdot\sigma(0)}e^{-2\pi i\sigma^{-1}(x)\cdot y}g(x)-e^{-2\pi ix\cdot y}g(\sigma x)]dx=0.\qquad(*1)$$

利用假设 $\mathcal{F}(R_\sigma g) = R_\sigma \mathcal{F} g$, 有

$$\int_{\mathbb{R}^n} e^{-2\pi i x\cdot y} g(\sigma x)dx = \int_{\mathbb{R}^n} e^{-2\pi i x\cdot\sigma(y)} g(x)dx, \qquad (*2)$$

于是，对 $\forall g \in L^1(\mathbb{R}^n)$, 根据 $(*1), (*2)$ 有

$$\int_{\mathbb{R}^n} \{e^{-2\pi i(x\cdot h+\sigma^{-1}(x)\cdot y)} - e^{-2\pi i x\cdot\sigma(y)}\} g(x)dx = 0, \quad \sigma(0) = h.$$

于是，存在某个整数 k, 使得

$$x \cdot h + \sigma^{-1}(x)y = x \cdot \sigma(y) + k. \qquad (*3)$$

由于 σ 连续，推知 k 是一常数. 另一方面，令 $x = 0$, 则对一切 $y \in \mathbb{R}^n$, 有

$$\sigma^{-1}(0) \cdot y = k.$$

从而 $k = 0$. 因此，由 $\sigma^{-1}(0) = 0$ 即知 $h = \sigma(0) = 0$, 这就意味着对 $\forall y \in \mathbb{R}^n$, 有 $\sigma^{-1}(x) \cdot y = x \cdot \sigma(y)$, 此等价于

$$\sigma(x) \cdot \sigma(y) = x \cdot y.$$

此意味着 σ 是把 0 映射到 0 的等距映射，从而 σ 是正交变换.)

2. 设 T 是 $\mathbb{R}^n \to \mathbb{R}^n$ 线性变换，对 $\forall f \in \mathcal{S}(\mathbb{R}^n)$, 则 T 是正交变换 $\Leftrightarrow$

$$(\Delta f)(Tx) = \Delta(f(Tx)).$$

(提示: 必要性是显然的，充分性则需要 Coifman 定理来证明.)

3(Euler 引理). 设 Q 是一个 k 次齐次函数，则

$$\sum x_j \cdot \partial_j Q(x) = kQ(x).$$

4. 对 $\forall x, y \in \Sigma_{n-1}$, $Z_k^x(y) = F_k(x \cdot y)$ 其中 F_k 是一个可明显计算的 k 次多项式.

5. 当 $n = 2$ 时，证明 $Z_\theta^k(\phi) = \pi^{-1}\cos k(\theta - \phi)$, $Z_\theta^0(\phi) = \frac{1}{2\pi}$.

6. 当 $n = 2$ 时，利用级数求和方法直接证明

$$\begin{aligned} p(re^{i\theta}, e^{i\phi}) &= \frac{1}{2\pi} \cdot \frac{1 - r^2}{1 + r^2 - 2r\cos(\theta - \phi)} \\ &= \frac{1}{2\pi}\left[1 + 2\sum_{k=1}^{\infty} r^k \cos k(\theta - \phi)\right]. \end{aligned}$$

7. 若 $\partial=(\partial_{x_1},\cdots,\partial_{x_n})$, $P(\partial)$ 是 $\mathbb{R}^n$ 上常系数微分多项式，那么，对一切旋转变换 σ, 有

$$P(\partial)R_\sigma=R_\sigma P(\partial)$$

$\Longleftrightarrow$

$$P(\partial)=C_0I+C_1\Delta+\cdots+C_m\Delta^m,$$

此处 Δ 是 Laplace 算子.

8. $\mathcal{D}_k$ 在 Fourier 变换下保持不变，即 $\mathcal{F}\mathcal{D}_k=\mathcal{D}_k$.

9. 利用球调和函数方法，求解下面问题

$$\begin{cases}\Delta u=f, & x\in B,\\ \frac{\partial u}{\partial n}=0, & x\in\Sigma_{n-1}.\end{cases}$$

10. 当 $n=1$ 时，与定理 3.5 相对应的结果仍然成立. (提示：首先证明 $J_{-\frac{1}{2}}=(\frac{2}{\pi t})^{\frac{1}{2}}\cos t$, $J_{\frac{1}{2}}(t)=(\frac{2}{\pi t})^{\frac{1}{2}}\sin t$. 其次，注意到 $Y_0(x)=2^{-\frac{1}{2}}$,$Y_0(x)=2^{-\frac{1}{2}}\mathrm{sgn}x$ 分别是 $\mathcal{H}_0$,$\mathcal{H}_1$ 的规范正交基,来说明定理 3.5 给出 $L^2(B)=L^2(-1,1)$ 的规范正交基是

$$\left\{\cos\left(\frac{j\pi x}{2}\right),j=1,3,5,\cdots\right\}\bigcup\left\{\sin\left(\frac{j\pi x}{2}\right),j=2,4,6,\cdots\right\}.$$

作变量代替 $t=\frac{x+1}{2}$ 即得 $L^2(0,1)$ 的基底 $\{\sin j\pi t,j=1,2,3,\cdots\}$.)

11. 设 $\Omega\in L^p(\Sigma_{n-1})$, $p>1$, 则函数 Ω_0 是连续函数. 进而，若 $\Omega\in L\ln^+L(\Sigma_{n-1})$, 那么，$\Omega_0$ 亦是连续函数.

第四章 算子插值理论

算子插值大致可分三类：强插值，弱插值及随参数变化的算子插值．本章将讨论这些插值理论及其应用．

设 T 是从某个线性空间 $\mathcal{A}$ 到另一个线性空间 $\mathcal{B}$ 上的线性算子．记 A_0, A_1 是 $\mathcal{A}$ 的 Banach 子空间， B_0, B_1 是 $\mathcal{B}$ 的 Banach 子空间．若 T 在 $A_i(i=0,1)$ 上的限制是从 A_i 到 $B_i(i=1,2)$ 的有界线性算子，我们能获得无穷多个 Banach 空间 $A_t \in \mathcal{A}$, $B_t \in \mathcal{B}$, $t \in [0,1]$ 使得 T 限制在 A_t 上是从 A_t 到 B_t 上的有界线性算子，这就是通常强插值定理．这里 A_t 是 A_0, A_1 的插值空间， B_t 是 B_0, B_1 的相应的插值空间．在 L^p 的情形就是 M.Riesz 插值定理．例如：取 $\mathcal{A}=\mathcal{B}$ 是缓增广义函数空间， $T=\mathcal{F}$ 是 Fourier 变换， $A_0=L^1(\mathbb{R}^n)$, $B_0=L^\infty(\mathbb{R}^n)$, $A_1=B_1=L^2(\mathbb{R}^n)$, 则对 $\forall p \in [1,2]$, T 是 $L^p(\mathbb{R}^n) \to L^{p'}(\mathbb{R}^n)$ $(\frac{1}{p}+\frac{1}{p'}=1)$ 上的有界线性算子．

第二类插值是指 T 仅是 $A_i \to B_i(i=0,1)$ 的弱有界线性算子，可以证明 $T: A_t \to B_t$, $t \in (0,1)$ 是有界线性算子．在 L^p 型的空间中就对应着著名的 Marcinkiewicz 型插值定理．

第三类插值定理是指除空间随参数变化外，算子 $T(z)$ 也依赖于参数变化的插值理论，最典型的例子就是 Calderón-Lions 型插值定理及 E.M.Stein 型插值定理．

§4.1 M.Riesz 型插值定理

设 $(M,\mathcal{M},\mu)$ 是一测度空间， $L^p(M)$ 表示满足

$$\|f\|_p = \left(\int_M |f|^p d\mu\right)^{\frac{1}{p}} < \infty, \quad 1 \le p < \infty \tag{1.1}$$

的全体 μ- 可测函数在范数 $\|\cdot\|_p$ 意义下所构成的 Banach 空间． $L^\infty(M)$ 表示本性有界函数空间，其范数就是

$$\|f\|_\infty = \operatorname{esssup}|f(x)| = \inf_{\mu(E)=0} \sup_{x\in M-E} |f(x)|. \tag{1.2}$$

为行文之便，先引入一些记号．对 $f \in L^p(M)$, 记

$$f_\lambda(x) = \begin{cases} f(x), & |f(x)| \le \lambda, \\ 0, & |f(x)| > \lambda, \end{cases} \quad f^\lambda(x) = \begin{cases} 0, & |f(x)| \le \lambda, \\ f(x), & |f(x)| > \lambda. \end{cases}$$

设 $f(x)$ 是 $(M,\mathcal{M},\mu)$ 上的可测函数，通常用

$$g(x)=\begin{cases} f(x), & r_1<|f(x)|\le r_2,\\ 0, & \text{其它}\end{cases}$$

来表示 $f(x)$ 的截函数. 向量空间 $L^{p_0}(M)+L^{p_1}(M)$ 是集合

$$\{f \mid f=f_0+f_1,\quad f_0\in L^{p_0}(M),\quad f_1\in L^{p_1}(M)\}$$

在通常加法和数乘意义下所构成的线性空间.

命题 1.1 设 $1\le p_0\le p\le p_1\le\infty$, $\lambda>0$, 则
(1) 若 $f\in L^p(\mathbb{R}^n)$, 那么 $f_\lambda\in L^{p_1}(\mathbb{R}^n)$, $f^\lambda\in L^{p_0}(\mathbb{R}^n)$.
(2) $L^p(\mathbb{R}^n)\subset L^{p_0}(\mathbb{R}^n)+L^{p_1}(\mathbb{R}^n)$.
(3) 若 $f\in L^{p_0}(\mathbb{R}^n)\cap L^{p_1}(\mathbb{R}^n)$, $p_1\ne\infty$, 则有

$$\|f\|_p^p\le\|f\|_{p_0}^{p_0}+\|f\|_{p_1}^{p_1}$$

证明 由 f^λ, f_λ 的定义，显然可见

$$f=f^\lambda+f_\lambda,\qquad |f|^p=|f_\lambda|^p+|f^\lambda|^p, \tag{1.3}$$

$$|f_\lambda|\le\lambda,\qquad |f_\lambda|,|f^\lambda|\le|f|. \tag{1.4}$$

于是，

$$|f_\lambda|^{p_1}\le\lambda^{p_1-p}|f_\lambda|^p\le\lambda^{p_1-p}|f|^p,$$
$$|f^\lambda|^{p_0}\le\lambda^{p_0-p}|f^\lambda|^p\le\lambda^{p_0-p}|f|^p.$$

从而 (1),(2) 得证.

另一方面，由表达式 (1.3) 可见

$$\begin{aligned}\|f\|_p^p&=\int_{\mathbb{R}^n}|f_1|^p dx+\int_{\mathbb{R}^n}|f^1|^p dx\le\int_{\mathbb{R}^n}|f_1|^{p_1}dx+\int_{\mathbb{R}^n}|f^1|^{p_0}dx\\&\le\int_{\mathbb{R}^n}|f|^{p_1}dx+\int_{\mathbb{R}^n}|f|^{p_0}dx=\|f\|_{p_1}^{p_1}+\|f\|_{p_0}^{p_0}.\end{aligned}$$

命题 1.2 设 $1\le p_0\le p\le p_1\le\infty$, 则 T 是 $L^{p_0}(\mathbb{R}^n)+L^{p_1}(\mathbb{R}^n)$ 上线性算子等价于 T 是 $L^{p_0}(\mathbb{R}^n)\cup L^{p_1}(\mathbb{R}^n)$ 上的算子，且 T 在 $L^{p_0}(\mathbb{R}^n)$ 及在 $L^{p_1}(\mathbb{R}^n)$ 上的限制是线性算子.

证明 T 是 $L^{p_0}(\mathbb{R}^n)+L^{p_1}(\mathbb{R}^n)$ 上线性算子，自然 T 在 $L^{p_0}(\mathbb{R}^n)\cup L^{p_1}(\mathbb{R}^n)$ 上有定义，且在 $L^{p_0}(\mathbb{R}^n)$, $L^{p_1}(\mathbb{R}^n)$ 上的限制是线性算子.

另一方面，若 T 是定义在 $L^{p_0}(\mathbb{R}^n)\cup L^{p_1}(\mathbb{R}^n)$ 上的算子，且在 $L^{p_0}(\mathbb{R}^n)$, $L^{p_1}(\mathbb{R}^n)$ 上均是线性算子，定义 $L^{p_0}(\mathbb{R}^n)+L^{p_1}(\mathbb{R}^n)$ 上的线性算子 T_1 如下：

$$T_1f=Tf_0+Tf_1,\ f_0+f_1=f,\ f_0\in L^{p_0}(\mathbb{R}^n),\ f_1\in L^{p_1}(\mathbb{R}^n).$$

显然，在 $L^{p_0}(\mathbb{R}^n)\cup L^{p_1}(\mathbb{R}^n)$ 上，$T_1\equiv T$.

注记 1.1　一般来讲，$L^{p_0}(\mathbb{R}^n)\cup L^{p_1}(\mathbb{R}^n)$ 未必是线性空间，故不能讲 T 是 $L^{p_0}(\mathbb{R}^n)\cup L^{p_1}(\mathbb{R}^n)$ 上的线性算子.

定义 1.1　设 X,Y 是 Banach 空间，T 是 X 到 Y 的算子，如果对 $\forall f, g\in X$.

$$\|T(f+g)\|_Y\le C(\|Tf\|_Y+\|Tg\|_Y) \tag{1.5}$$

称 T 是拟线性算子，当 $C=1$ 时，称 T 是次线性算子.

定义 1.2　设 T 是 $(M,\mathcal{M},\mu)$ 上全体可测函数所构成线性空间 D 到 $(N,\mathcal{N},\nu)$ 上的可测函数空间的线性算子 (次线性算子、拟线性算子), 如果存在常数 $C>0$, 使得 $\forall f\in D\cap L^p(M)$, 有

$$\|Tf\|_q=\left(\int_N|Tf|^q d\nu\right)^{\frac{1}{q}}\le C\left(\int_M|f|^p d\mu\right)^{\frac{1}{p}}=C\|f\|_p, \tag{1.6}$$

则称 T 是 (p,q) 型的算子，使得 (1.6) 成立的最小 C 是 T 的 (p,q) 型模，记为 $\|\cdot\|_{(p,q)}$.

注记 1.2　在定义 1.2 中，T 既可以是线性算子，也可以是拟线性算子，次线性算子. 容易看出，平移不变算子 (L^p_q 中元素) 是 (p,q) 型算子的特殊情形.

定义 1.3　记 $\tau(T)$ 表示 $\mathbb{R}^2$ 中满足下述关系的点 (α,β) 的全体：$L^{\frac{1}{\alpha}}\subset D(T)$($T$ 的定义域) 且 T 是 $(\frac{1}{\alpha},\frac{1}{\beta})$ 型算子. 此时，称 $\tau(T)$ 为 T 的“型图”.

注记 1.3　我们讨论的 (p,q)– 型算子，$1\le p,q\le\infty$, 其型图含在单位正方形

$$\square=\{(x,y)\in\mathbb{R}^n,\quad 0\le x\le 1, 0\le y\le 1\}$$

之中.

例 1.1　T 是 (p,p) 型算子，则 $\tau(T)=(\frac{1}{p},\frac{1}{p})$ 包含在 □ 的主对角线 $\{(x,y)\in\mathbb{R}^n, 0\le x\le 1, 0\le y\le 1$, 且 $x=y\}$ 上.

例 1.2　T 是 (p,p') 型算子，则 $\tau(T)=(\frac{1}{p},\frac{1}{p'})$ 包含在第二条对角线 $\{(x,y)\in\mathbb{R}^n, 0\le x\le 1, 0\le y\le 1$ 且$x+y=1\}$ 上.

例 1.3　T 是 L^q_p 型算子，则 $\tau(T)=(\frac{1}{p},\frac{1}{q})$ 包含在下三角形 $\{(x,y)\in\mathbb{R}^n, 0\le x\le 1, 0\le y\le 1$, 且$x\ge y\}$ 之中，此处 $p\le q$. 若 $p>q$, 则 $T=0$ (见第二章 Hörmander 例子).

注记 1.4　记 S 是 $L^p(M,\mu)$ 的稠密线性子空间，设 T 是 S 上的线性算子，则由扩张定理知，T 是 S 上的 (p,q) 型算子的充要条件是存在 L^p 上的惟一算子 T_1, 使得 T_1 是 (p,q) 型算子且在 S 上满足 $T_1=T$, 这里 $1\le p<\infty, 1\le q\le\infty$. 一般来讲，我们总选取 S 如下：

(i) $S = M$ 上的简单函数类.

(ii) 当 $M = \mathbb{R}^n$ 时, S 是具有紧支集的连续 (或光滑) 函数的全体.

命题 1.3 设 S 是注记 1.4 中 (i) 或 (ii) 中之一. T 是 S 上线性算子 $1 \le p_0, p_1 < \infty$, $1 \le q_0, q_1 \le \infty$, 则 T 是 S 上的 (p_0, q_0) 型算子 ($\|T\|_{(p_0,q_0)} = M_0$) 及 (p_1, q_1) 型算子 ($\|T\|_{(p_1,q_1)} = M_1$) 的充分必要条件是 T 可以扩张成线性空间 $L^{p_0} + L^{p_1}$ 上的算子, 它在 L^{p_0} 上的限制是 (p_0, q_0) 型的, 而在 L^{p_1} 上的限制是 (p_1, q_1) 型的, 并且其模保持不变.

证明 由于 T 在 S 上是 (p_0, q_0) 型, 故可以扩张到 L^{p_0} 上并记扩张算子 T_0, 它仍就是 (p_0, q_0) 型的. 同理, T 可以扩张为 L^{p_1} 上的算子 T_1, 它是 (p_1, q_1) 型算子. 于是, 我们仅需证明: 对 $\forall f \in L^{p_0} \cap L^{p_1}$, 有 $T_0 f = T_1 f$.

(a) 若 S 是 (ii) 所指的函数类, 对 $\forall f \in L^{p_0} \cap L^{p_1}$, 存在 $\{f_m\} \subset S$ 使得

$$f_m \xrightarrow{L^{p_0}} f, \qquad f_m \xrightarrow{L^{p_1}} f \quad (m \to \infty),$$

从而

$$\lim_{m\to\infty} Tf_m = \lim_{m\to\infty} T_i f_m \overset{L^{q_i}}{=\!=} T_i f \quad (i = 0, 1).$$

所以, 通过选取子序列 (仍记为 Tf_m) 使得

$$\lim_{m\to\infty} Tf_m \overset{a.e.}{=\!=} T_i f \quad (i = 0, 1).$$

故 $T_0 f = T_1 f$.

(b) 若 S 是 (i) 所表示的函数类. 无妨设 $f \ge 0$, 则存在单调升的序列 $\{f_m\} \subset S$ 使得

$$f_m \nearrow f, \quad \text{对几乎处处的} x \in M, \qquad m \to \infty.$$

于是

$$\lim_{m\to\infty} |f_m - f|^{p_i} = 0, \quad \text{对几乎处处的} \quad x \in M$$

且 $|f_m - f|^{p_i} \le 2|f|^{p_i}$ $(i = 0, 1)$, 这样就有

$$f_m \xrightarrow{L^{p_i}} f, \quad m \to \infty \quad (i = 0, 1).$$

类同于 (a) 的证明即推得 $T_0 f = T_1 f$.

定理 1.4(M.Riesz 插值定理) 设线性算子 T 是 (p_i, q_i) 型, 记它的 (p_i, q_i) 型范数是 M_i (i=0,1). 若

$$\frac{1}{p_t} = \frac{1-t}{p_0} + \frac{t}{p_1}, \quad \frac{1}{q_t} = \frac{1-t}{q_0} + \frac{t}{q_1}, \quad 0 \le t \le 1. \tag{1.7}$$

则 T 是 (p_t, q_t) 型算子且

$$\|T\|_{(p_t,q_t)} \le M_0^{1-t} M_1^t = \|T\|_{(p_0,q_0)}^{1-t} \|T\|_{(p_1,q_1)}^t.$$

注记 1.5 定理 1.4 是 M.Riesz 于 1926 年提出的,所以通常称之为 M.Riesz 凸性定理. M.Riesz 凸性定理几何意义如下:

(i) 设 □ 是 $\mathbb{R}^2$ 中以 (0,0),(1,0),(1,1) 和 (0,1) 为顶点的单位正方形. 若 T 是 (p_0, q_0) 型算子和 (p_1, q_1) 型算子, 我们将 T 与点 $x_0 = (\frac{1}{p_0}, \frac{1}{q_0})$, $x_1 = (\frac{1}{p_1}, \frac{1}{q_1})$ 联系起来, 当 t 从 0 取到 1 时, 则点 $x_t = (\frac{1}{p_t}, \frac{1}{q_t})$ 就跑遍连接 x_0 及 x_1 的线段. M.Riesz 插值定理意味着, 对于这个线段上的每一点 (α, β), T 是 $(\frac{1}{\alpha}, \frac{1}{\beta})$ 型算子.

(ii) 定理 1.4 称为 M.Riesz 凸性的理由是: 如果 $\phi(t)$ 表示 T 的 (p_t, q_t) 范数的对数, 那么 $\phi(t)$ 是 $t \in (0,1)$ 的凸函数; 另一方面, 能使 T 成为 (p,q) 型算子的点集 $(\frac{1}{p}, \frac{1}{q})$ 也是一个凸集合.

在证明定理 1.4 之前, 先来讲解它的一些应用, 从中亦可以体察 M.Riesz 定理的重要性.

定理 1.5($\mathbb{R}^n$ 中的 Hausdorff-Young 不等式) 若 $f \in L^p(\mathbb{R}^n)$, $1 \le p \le 2$, 则 $\mathcal{F}f = \hat{f} \in L^{p'}(\mathbb{R}^n)$, 且

$$\|\mathcal{F}f\|_{p'} = \|\hat{f}\|_{p'} \le \|f\|_p, \quad \frac{1}{p} + \frac{1}{p'} = 1. \tag{1.8}$$

证明 由 Fourier 变换的 L^1 理论及 L^2 理论, 有

$$\|\mathcal{F}f\|_\infty \le \|f\|_1, \quad \forall f \in L^1(\mathbb{R}^n), \tag{1.9}$$

$$\|\mathcal{F}f\|_2 = \|f\|_2, \quad \forall f \in L^2(\mathbb{R}^n), \tag{1.10}$$

此说明 $\mathcal{F}$ 是 $(1,\infty)$ 型算子, 也是 (2,2) 型算子且

$$\|\mathcal{F}\|_{(1,\infty)} \le 1, \quad \|\mathcal{F}\|_{(2,2)} = 1.$$

由 M.Riesz 插值定理, $\mathcal{F}$ 是 (p_t, q_t) 型算子, 且 $\|\mathcal{F}\|_{(p_t,q_t)} \le 1$, 这里

$$\frac{1}{p_t} = \frac{1-t}{1} + \frac{t}{2} = 1 - \frac{t}{2}, \qquad \frac{1}{q_t} = \frac{1-t}{\infty} + \frac{t}{2} = \frac{t}{2}.$$

于是

$$\|\mathcal{F}f\|_{L^{q_t}} \le \|f\|_{L^{p_t}} \tag{1.11}$$

当 t 从 0 变到 1 时, 就得定理 1.5.

定理 1.6(离散 Hausdorff-Young 不等式) 设 $f \in L^p([0,2\pi])$, $1 \le p \le 2$, 且

$$f(x) \sim \sum_{n=-\infty}^{\infty} C_n e^{inx},$$

则

$$\left(\sum_{n=-\infty}^{\infty} |C_n|^{p'}\right)^{\frac{1}{p'}} \le \left(\frac{1}{2\pi}\int_0^{2\pi} |f(x)|^p dx\right)^{\frac{1}{p}}, \quad \frac{1}{p} + \frac{1}{p'} = 1. \tag{1.12}$$

证明 取 $M = T = [0,2\pi]$, $d\mu = \dfrac{dx}{2\pi}$, 而

$$\mathcal{F}: f \longmapsto \{C_n\}, \quad C_n = \int_0^{2\pi} f(x) e^{-inx} d\mu, \tag{1.13}$$

这里视 f 是 $[0,2\pi]$ 周期函数. $\mathcal{F}f$ 是空间 (Z,ν) 上的函数，其中 Z 表示整数集, ν 是离散测度. 由 Bessel 不等式

$$\sum_{n=-\infty}^{\infty} |C_n|^2 \le \int_0^{2\pi} |f(x)|^2 d\mu, \tag{1.14}$$

此说明 $\mathcal{F}$ 是 (2,2) 型算子. 另一方面,

$$\sup_n |C_n| \le \int_0^{2\pi} |f(x)| d\mu. \tag{1.15}$$

说明 $\mathcal{F}$ 是 $(1,\infty)$ 型算子，由 M.Riesz 插值定理即知 $\mathcal{F}$ 是 (p,p') 型算子且满足 (1.12).

定理 1.7(广义的 Young 不等式) 若 $f \in L^p(\mathbb{R}^n)$, $g \in L^q(\mathbb{R}^n)$, $1 \le p,q \le \infty$, 且 $\frac{1}{p} + \frac{1}{q} \ge 1$. 则 $f * g \in L^r(\mathbb{R}^n)$ 且

$$\|f * g\|_r \le \|f\|_p \|g\|_q, \tag{1.16}$$

这里

$$\frac{1}{r} = \frac{1}{p} + \frac{1}{q} - 1. \tag{1.17}$$

证明 因为当 $g \in L^q(\mathbb{R}^n)$ 固定时，算子 $Kf = f * g$ 满足

$$\|Kf(x)\|_q = \|f * g\|_q \le \|f\|_1 \|g\|_q, \tag{1.18}$$

$$\|Kf(x)\|_\infty = \|f * g\|_\infty \le \|f\|_{q'} \|g\|_q. \tag{1.19}$$

这意味着 K 是 $(1,q)$ 型算子，同时也是 (q',∞) 型算子，并且 $\|K\|_{(1,q)}\le\|g\|_q$，$\|K\|_{(q',\infty)}\le\|g\|_q$. 由 M.Riesz 插值定理，对任意 $t\in[0,1]$,K 是 (p_t,r_t) 型算子且

$$\|Kf(x)\|_{r_t}=\|f*g\|_{r_t}\le\|f\|_{p_t}\|g\|_q, \tag{1.20}$$

这里要求

$$\frac{1}{p_t}=\frac{1-t}{1}+\frac{t}{q'}=1-\frac{t}{q},$$

$$\frac{1}{r_t}=\frac{1-t}{q}+\frac{t}{\infty}=\frac{1}{q}+\left(1-\frac{t}{q}\right)-1=\frac{1}{q}+\frac{1}{p_t}-1.$$

若仍记 $p_t=p$, $r_t=r$, 则就得广义的 Young 不等式 (1.16).

作为本节的结束，我们来给出 M.Riesz 定理的证明. 为此我们先引入 Phragmén-Lindelöf 极大值原理与 Hadamard 三线定理. 用 $\mathbb{C}$ 表示复平面，$\Delta_0=\{z;z=iy,y\in\mathbb{R}\}$, $\Delta_1=\{z;z=1+iy,\ y\in\mathbb{R}\}$, $\Delta=\{z;z=x+iy,0\le x\le 1,y\in\mathbb{R}\}$, $\dot{\Delta}=\{z;z=x+iy,0<x<1,y\in\mathbb{R}\}$.

定理 1.8 (Phragmén-Lindelöf 极大值原理) 设 $f(z)$ 在 $\dot{\Delta}$ 上解析，在 Δ 上连续有界且

$$|f(z)|\le M,\quad z\in\Delta_0\cup\Delta_1\ . \tag{1.21}$$

则对一切 $z\in\dot{\Delta}$, 有

$$|f(z)|\le M. \tag{1.22}$$

此外，若存在 $z_0\in\dot{\Delta}$ 使得 $|f(z_0)|=M$, 则 $f(z)\equiv M$.

证明 如果当 $y\to\infty$ 时， $f(z)=f(x+iy)$ 关于 $0\le x\le 1$ 是一致趋向于 0 的，那么存在正数 N, 当 $|y|\ge N$ 时，有

$$|f(x+iy)|<M, \tag{1.23}$$

而在 $\{(x,y):0\le x\le 1,|y|\le N\}$ 中，应用有界域上的极值原理，亦有 (1.22) 式成立且最大值只能在边界上取到.

在一般情况下，对任意自然数 n, 定义

$$f_n(z)=f(z)e^{\frac{z^2}{n}}=f(z)e^{\frac{x^2-y^2}{n}}\cdot e^{\frac{2ix\cdot y}{n}}, \tag{1.24}$$

故 $|f_n(z)|=|f(z)|e^{\frac{x^2-y^2}{n}}$. 这样就有

$$\lim_{y\to\infty}f_n(x+iy)\stackrel{1}{=}0,\quad 对一切\ 0\le x\le 1, \tag{1.25}$$

且当 $z\in\Delta_0\cup\Delta_1$ 时， $|f_n(z)|\le Me^{\frac{1}{n}}$. 由第一步的证明，对一切 $z\in\dot{\Delta}$, 有

$$|f_n(z)|\le Me^{\frac{1}{n}}. \tag{1.26}$$

令 $n \to \infty$, 由 (1.26) 即推得 (1.22).

定理 1.9(Hadamard 三线定理) 设 $\phi(z)$ 是带形区域 $\Delta=\{z \mid 0 \le \mathrm{Re}z \le 1\}$ 上的有界连续函数，且在 $\dot{\Delta}$ 上是解析函数，满足

$$|\phi(z)| \le M_0, \qquad \mathrm{Re}z = 0,$$

$$|\phi(z)| \le M_1, \qquad \mathrm{Re}z = 1.$$

则对 $\forall z \in \Delta$ 有

$$|\phi(z)| \le M_0^{1-\mathrm{Re}z} M_1^{\mathrm{Re}z}, \tag{1.27}$$

其中 $\mathrm{Re}z$ 表示 z 的实部， $\mathrm{Im}z$ 表示 z 的虚部.

证明 无妨假设 M_0, M_1 是正数. 构造 $F(z) = \dfrac{\phi(z)}{M_0^{1-z} \cdot M_1^z}$, 则定理 1.9 的证明就转化成由 $|F(iy)| \le 1, |F(1+iy)| \le 1, y \in \mathbb{R}$ 来证明

$$|F(z)| \le 1, \quad z \in \Delta . \tag{1.28}$$

注意到， $F(z)$ 在 $\dot{\Delta}$ 上解析且在 $\{z \mid \mathrm{Re}z = 0 \text{ 或 } \mathrm{Re}z = 1\}$ 有界，从而由 Phragmén-Lindelöf 极大值原理即得 (1.28).

下面来证明 M.Riesz 插值定理. 为此，设

$$\alpha_j = \frac{1}{p_j},\ \beta_j = \frac{1}{q_j},\ j = 0, 1; \qquad \alpha = \frac{1}{p_t},\ \beta = \frac{1}{q_t}\ t \in (0, 1).$$

这样，对 $\forall z \in \mathbb{C}$, 令 $\alpha(z) = (1-z)\alpha_0 + z\alpha_1$, $\beta(z) = (1-z)\beta_0 + z\beta_1$, 自然有 $\alpha(j) = \alpha_j$, $\beta(j) = \beta_j$ $(j = 0, 1)$, $\alpha(t) = \alpha$, $\beta(t) = \beta$.

首先，在简单函数类 S 上估计 $\|Tf\|_q$. 依定义

$$\|Tf\|_q = \sup_{\substack{\|g\|_{q'}=1 \\ g \in S}} \left| \int_N (Tf) \cdot g d\nu \right|, \tag{1.29}$$

这里 $\frac{1}{q} + \frac{1}{q'} = 1$. 我们只需要证明每一个形如 $I = \int_N (Tf) \cdot g d\nu$ 的积分满足估计式

$$|I| = \left| \int_N (Tf) \cdot g d\nu \right| \le M_0^{1-t} M_1^t \|f\|_p. \tag{1.30}$$

若 $\|f\|_p = 0$, 显然 (1.30) 成立. 若 $\|f\|_p \ne 0$,(1.30) 的两边同除以 $\|f\|_p$, 就将问题化成 $\|f\|_p = 1$ 的情形，即

$$\left| \int_N (Tf) \cdot g d\nu \right| \le M_0^{1-t} M_1^t, \quad \|f\|_p = \|g\|_{q'} = 1. \tag{1.31}$$

现设 $f=\sum_{j=1}^{m}a_j\chi_{E_j}$, $g=\sum_{k=1}^{m}b_k\chi_{F_k}$ 是满足 $\|f\|_p=\|g\|_{q'}=1$ 的简单函数. 先在 $p_t<\infty, q_t>1$(即 $\alpha>0$, $\beta<1$) 条件下证明 (1.31). 记 $a_j=|a_j|e^{i\theta_j}, b_k=|b_k|e^{i\phi_k}$, 对 $z\in\mathbb{C}$, 定义

$$f_z(x)=\sum_{j=1}^{m}|a_j|^{\frac{\alpha(z)}{\alpha}}e^{i\theta_j}\chi_{E_j}, \tag{1.32}$$

$$g_z(x)=\sum_{k=1}^{n}|b_k|^{\frac{1-\beta(z)}{1-\beta}}e^{i\phi_k}\chi_{F_k}. \tag{1.33}$$

则 $F(z)=\int_N Tf_z\cdot g_z d\nu$ 是一个整函数. 依 $\alpha(z)$, $\beta(z)$ 的定义推知 $F(t)=I$. 由 T 的线性, 可以看出

$$F(z)=\sum_{j,k=1}^{m,n}|a_j|^{\frac{\alpha(z)}{\alpha}}|b_k|^{\frac{1-\beta(z)}{1-\beta}}\gamma_{jk}, \tag{1.34}$$

其中 $\gamma_{jk}=e^{i(\theta_j+\phi_k)}\int_N(T\chi_{E_j})\chi_{F_k}d\nu$. 容易看出, (1.34) 中每一个被加项在 $\triangle$ 上有界, 因而 $F(z)$ 在带状区域 $\triangle$ 上有界. 如果能证明对一切 $y\in\mathbb{R}$, 有

$$|F(iy)|\le M_0,\quad |F(1+iy)|\le M_1, \tag{1.35}$$

则由三线定理就得 (1.31). 下面来证明估计式 (1.35). 由于

$$\begin{cases}\alpha(iy)=(1-iy)\alpha_0+iy\alpha_1=\alpha_0+iy(\alpha_1-\alpha_0),\\ 1-\beta(iy)=(1-\beta_0)-iy(\beta_1-\beta_0),\end{cases} \tag{1.36}$$

而 (1.32),(1.33) 意味着

$$\begin{cases}f_z(x)=|f(x)|^{p/p_z}e^{i\arg f(x)}, & f(x)=|f(x)|e^{i\arg f(x)},\\ g_z(x)=|g(x)|^{\frac{q-1}{q_z-1}}e^{i\arg g(x)}, & g(x)=|g(x)|e^{i\arg g(x)}.\end{cases} \tag{1.37}$$

故有

$$\begin{aligned}|f_{iy}|^{p_0}&=\left|e^{i\arg f}|f|^{\frac{iy(\alpha_1-\alpha_0)}{\alpha}}|f|^{\frac{\alpha_0}{\alpha}}\right|^{p_0}\\ &=\left|e^{i\arg f}|f|^{\frac{iy(\alpha_1-\alpha_0)}{\alpha}}|f|^{\frac{p}{p_0}}\right|^{p_0}=|f|^p,\end{aligned} \tag{1.38}$$

$$|g_{iy}|^{q_0'}=|e^{i\arg g}|g|^{\frac{-iy(\beta_1-\beta_0)}{1-\beta}}|g|^{\frac{q'}{q_0'}}|^{\frac{1}{q_0'}}=|g|^{q'}, \tag{1.39}$$

这里用到

$$\frac{1-\beta_0}{1-\beta}=\frac{1-1/q_0}{1-1/q}=\frac{q/(q-1)}{q_0/(q_0-1)}=\frac{q'}{q_0'}.$$

利用 Hölder 不等式和 T 是 (p_0, q_0) 型算子并具有范数 M_0, 可知

$$\begin{aligned}|F(iy)| &\le \|Tf_{iy}\|_{q_0}\|g_{iy}\|_{q_0'} \le M_0\|f_{iy}\|_{p_0}\|g_{iy}\|_{q_0'} \\ &= M_0\Big(\int_M |f|^p d\mu\Big)^{\frac{1}{p_0}} \cdot \Big(\int_N |g|^{q'} d\nu\Big)^{\frac{1}{q_0'}} \\ &= M_0\|f\|_p^{\frac{p}{p_0}}\|g\|_{q'}^{\frac{q'}{q_0'}} = M_0.\end{aligned} \tag{1.40}$$

另一方面，注意到

$$\begin{cases}\alpha(1+iy) = \alpha_1 + iy(\alpha_1 - \alpha_0), \\ 1-\beta(1+iy) = 1-\beta_1 - iy(\beta_1 - \beta_0),\end{cases} \tag{1.41}$$

故由 (1.37) 可知

$$\begin{aligned}|f_{(1+iy)}|^{p_1} &= \Big|e^{i\arg f}|f|^{\frac{iy(\alpha_1-\alpha_0)}{\alpha}}|f|^{\frac{\alpha_1}{\alpha}}\Big|^{p_1} \\ &= \Big|e^{i\arg f}|f|^{\frac{iy(\alpha_1-\alpha_0)}{\alpha}}|f|^{\frac{p}{p_1}}\Big|^{p_1} = |f|^p,\end{aligned} \tag{1.42}$$

$$|g_{1+iy}|^{q_1'} = \Big|e^{i\arg g}|g|^{\frac{-iy(\beta_1-\beta_0)}{1-\beta}}|g|^{\frac{q'}{q_1'}}\Big|^{\frac{1}{q_1'}} = |g|^{q'}, \tag{1.43}$$

这里用到

$$\frac{1-\beta_1}{1-\beta} = \frac{1-1/q_1}{1-1/q} = \frac{q'}{q_1'}.$$

因此，利用 Hölder 不等式及 T 是具模 M_1 的 (p_1, q_1) 型算子，容易推得

$$|F(1+iy)| \le \|Tf_{1+iy}\|_{q_1}\|g_{1+iy}\|_{q_1'} \le M_1. \tag{1.44}$$

故 (1.35) 成立. 利用三线定理，对 $\forall f \in S$, 有

$$\|Tf\|_{q_t} \le M_0^{1-t}M_1^t\|f\|_{p_t}. \tag{1.45}$$

对于一般 $f \in D \cap L^p(M)$, 由于 T 是 (p_0, q_0) 和 (p_1, q_1) 型算子，则一定存在 $\{f_m\} \subset S$, 使得 $\|f_m - f\|_p \overset{m\to\infty}{\longrightarrow} 0$ 并且

$$Tf_m \overset{a.e.}{\longrightarrow} Tf, \quad m \to \infty. \tag{1.46}$$

故利用 Fatou 定理和 (1.45) 就有

$$\|Tf\|_q \le \varliminf_{m\to\infty}\|Tf_m\|_q \le \varliminf_{m\to\infty}\{M_0^{1-t}M_1^t\|f_m\|_p\} = M_0^{1-t}M_1^t\|f\|_p. \tag{1.47}$$

最后，我们还需去掉 $\alpha > 0, \beta < 1$ 的限制. 若 $\alpha = 0, \beta = 1$, 则 (p_0, q_0), (p_1, q_1) 中至少有一对是 $(\infty, 1)$, 则恰是端点情形，无需证明. 若 $\alpha > 0, \beta = 1$,

在上面证明中，对一切 $z\in\mathbb{C}$, 取 $g_z=g$, 则上述证明同样成立. 而在 $\alpha=0$, $\beta<1$ 时，只需要 $f_z=f$, 仍可运用上面的步骤来证明 Riesz 插值定理.

§4.2 弱型算子与对角型 Marcinkiewicz 型插值定理

对于型图 $\square=\{(x,y)\quad 0\le x\le 1,\ 0\le y\le 1\}$ 中的一点 $P=(\frac{1}{p},\frac{1}{q})$ $(1\le p,q\le\infty)$, 若算子 T 是 (p,q) 型的，称 T 是 P 型的. 一般来讲，若 T 在线段 l 上的每一点 P 都是 P 型的，此时，就称 T 是 l 型的. 例：具有可积核的卷积型算子 T 是 l 型的，此时 l 是型图 □ 之中的主对角线.

插值定理断言:算子 T 是 $\mathring{l}$ 型 ($\mathring{l}$ 表示不含端点的线段) 的充分条件是 T 是 $\mathring{l}$ 的两端 P_0 及 P_1 型的. 容易看出, 此条件并不必要. 例如：Hardy-Littlewood 极大算子

$$\wedge f(x)=\sup_{r>0}\frac{1}{m(Q(x,r))}\int_{Q(x,r)}|f(y)|dy,\tag{2.1}$$

这里 $Q(x,r)$ 是 x 为心，边平行于轴且边长是 r 的 n 维方体. 它是 $(p,p),1<p\le\infty$ 型，然而并非 (1,1) 型算子. 再如：对于经典的 Calderón-Zygmund 算子 (Hilbert 变换， Riesz 变换等) 都是 $(\frac{1}{p},\frac{1}{p})$ 型算子 $(1<p<\infty)$, 然而，它们并不是 (1,1) 或 (∞,∞) 型算子.

对于上面例子，虽然 T 是 $\mathring{l}$ 型而非端点型算子. 但是，在较弱意义下，它可能是端点型，而 Marcinkiewicz 型插值定理就是：当 T 是弱 P_0 及 P_1 型算子，则 T 是 $\mathring{l}$ 型算子，其中 $l=\overline{P_0P_1}$.

一般来讲，定义弱型算子的方法有两种，其一是用弱型空间 L^q_* 代替 $L^q(\mathbb{R}^n)(L^q\hookrightarrow L^q_*)$, 使得 T 是 L^p 到 L^q_* 上的有界线性算子，此时就称 T 是弱 (p,q) 型算子. 例如 Hilbert 变换， Riesz 型变换是弱 (∞,∞) 及弱 (1,1) 型算子，但不是 (∞,∞), (1,1) 型算子. 再如，对 Hardy-Littlewood 算子 $\wedge$, 它是弱 (1,1) 型算子, 但非 (1,1) 型算子. 这些事实将在以后章节中予以讨论. 其二是缩小 T 的定义域 L^p, 用强型空间 $L^p_\#(\mathbb{R}^n)$ 代替 $L^p(\mathbb{R}^n)$ $(L^p_\#(\mathbb{R}^n)\hookrightarrow L^p(\mathbb{R}^n))$, T 虽然不是 (p,q) 型算子，然而 T 可以是 $L^p_\#(\mathbb{R}^n)$ 到 $L^q(\mathbb{R}^n)$ 的有界线性算子. 例如：可用 Zgymund 型空间 $L^p\log^+L$, Hardy 空间 H^p 来代替 L^p, 从而得到弱插值性定理. 特别，对于 C-Z 算子 T, 它是 (H^1,L^1) 型算子，同时也亦是 (L^∞,BMO) 算子. 从而，由插值定理推得 C-Z 算子是 (p,p) 型算子 $(1<p<\infty)$.

最后，也可以结合上面两种方法，既缩小算子 T 的定义域，同时扩张 T 的值域，来定义更弱型算子，例如：若算子 T 是 $(2,2)$ 型算子，同时它也是 (H^1,BMO) 型算子，则 T 是 (p,p') 型算子. 此处 (H^1,BMO) 型算子本质上是替代了 $(1,\infty)$ 型算子的作用. 证明 Marcinkiewcz 插值定理之前，先做一些必要的准备工作.

定义 2.1 设 (X,μ) 是测度空间， μ 是正测度， $f(x)$ 是定义在 X 上的

μ 可测函数，对每一个 $\alpha>0$, 集合

$$E_\alpha=E_\alpha(f)=\{x;\quad |f(x)|>\alpha\}$$

是可测的，称函数

$$f_*(\alpha)=\mu(E_\alpha)$$

是 $f(x)$ 的分布函数. 显然， $f_*(\alpha)$ 是定义在 $\mathbb{R}^+$ 上的非负函数.

例 2.1 $X=\mathbb{R}$, $d\mu=dx$, $f(x)=x$, 则

$$f_*(\alpha)=\infty.$$

例 2.2 设 $A\subset X$, 且 $\mu(A)=a<\infty$, $f(x)=C\cdot\chi_A(x)$, $C\geq 0$, 则

$$f_*(\alpha)=\begin{cases}a, & \alpha<C,\\ 0, & \alpha\geq C.\end{cases}$$

例 2.3 设 $\{A_k\}$, $k=1,2,\cdots,m$ 是一组互不相交集合，$\mu(A_k)=a_k<\infty$, 且 $c_1\geq c_2\geq\cdots\geq c_m\geq 0$. 构造

$$f(x)=\sum_{k=1}^m c_k\cdot\chi_{A_k}(x).$$

则

$$\begin{aligned}f_*(\alpha)=&a_1\chi_{[c_2,c_1)}(\alpha)+(a_1+a_2)\chi_{[c_3,c_2)}(\alpha)+\cdots\\&+(a_1+a_2+\cdots+a_m)\chi_{[0,c_m)}(\alpha).\end{aligned}\tag{2.2}$$

证明 当 $\alpha\geq c_1$ 时， $E_\alpha=\{x\mid |f(x)|>\alpha\}=\phi$, 从而 $f_*(\alpha)=0$; 当 $c_2\leq\alpha<c_1$ 时， $E_\alpha=\{x\mid |f(x)|>\alpha\}=A_1$, 从而 $f_*(\alpha)=a_1$; 若 $c_3\leq\alpha<c_2$ 时 $E_\alpha=\{x\mid |f(x)|>\alpha\}=A_1\cup A_2$, 从而

$$f_*(\alpha)=a_1+a_2,$$

$\cdots\cdots$, 归纳可得 (2.2) 式.

定理 2.1 (1) $f_*(\alpha)$ 是非升的、右连续函数.

(2) 若 $|f(x)|\leq|g(x)|$, 则 $f_*(\alpha)\leq g_*(\alpha)$.

(3) 若 $\{f_m(x)\}$ 是 μ 可测函数列，且

$$0\leq f_1(x)\leq f_2(x)\leq\cdots\leq f_m(x)\cdots\uparrow f(x),\quad m\to\infty.$$

则

$$(f_m)_*(\alpha)\uparrow f_*(\alpha),\quad m\to\infty.$$

(4) 若 $|f(x)| \le |g(x)| + |h(x)|$, 则

$$f_*(\alpha) \le g_*\left(\frac{\alpha}{2}\right) + h_*\left(\frac{\alpha}{2}\right).$$

证明 (1) 对 $\alpha \ge \beta$, 则 $E_\alpha \subset E_\beta$, 故 $f_*(\alpha) \le f_*(\beta)$, 这说明 $f_*(\alpha)$ 是非升函数. 又若 $\{\alpha_n\} \downarrow \alpha$, 则 $E_\alpha = \cup_n E_{\alpha_n}$, 而 $\{E_{\alpha_n}\}$ 是单调上升的集合, 故有

$$\lim_{n\to\infty} \mu(E_{\alpha_n}) = \mu\left(\bigcup_{n=1}^{\infty} E_{\alpha_n}\right) = \mu(E_\alpha),$$

此意味着 $\lim_{n\to\infty} f_*(\alpha_n) = f_*(\alpha)$.

(2) 由 $|f(x)| \le |g(x)|$, 易见 $\{x : |f(x)| > \alpha\} \subset \{x : |g(x)| > \alpha\}$, 从而 $f_*(\alpha) \le g_*(\alpha)$.

(3) 注意到 $E_\alpha(f) = \bigcup\limits_m E_\alpha(f_m)$ 且 $\{E_\alpha(f_m)\}$ 是随 m 单调上升的集合列, 所以

$$\lim_{m\to\infty} (f_m)_*(\alpha) = f_*(\alpha).$$

(4) 若对给定的 x, 有 $|f(x)| > \alpha$, 则有 $|g(x)| > \frac{\alpha}{2}$ 或者 $|h(x)| > \frac{\alpha}{2}$. 从而有 $E_\alpha(f) \subset E_{\frac{\alpha}{2}}(g) \cup E_{\frac{\alpha}{2}}(h)$. 由此推得

$$f_*(\alpha) \le g_*\left(\frac{\alpha}{2}\right) + h_*\left(\frac{\alpha}{2}\right).$$

定理 2.2 (1) (Chebyshev 不等式) 对每个 $0 < p < \infty$, 有

$$f_*(\alpha) \le \alpha^{-p} \int_{E_\alpha} |f|^p d\mu, \quad \forall \alpha > 0. \tag{2.3}$$

(2) 若 $f(x) \in L^p(X)$, $1 \le p < \infty$, 则对 $\forall \alpha > 0$, $f_*(\alpha)$ 有限，且有

$$\sup_{\alpha > 0} \alpha^p f_*(\alpha) \le \|f\|_p^p. \tag{2.4}$$

(3) 若 $f(x) \in L^p(X)$, $1 \le p < \infty$, 则

$$\alpha^p f_*(\alpha) \longmapsto 0 \quad (\alpha \to \infty \text{或} \alpha \to 0). \tag{2.5}$$

(4) 若 $\int_0^\infty \alpha^{p-1} f_*(\alpha) d\alpha < \infty$, 则 (2.5) 同样成立.

证明 对 $x \in E_\alpha$, $|f(x)| > \alpha$, 故

$$\int_X |f(x)|^p d\mu \ge \int_{E_\alpha} |f(x)|^p d\mu \ge \alpha^p \int_{E_\alpha} d\mu = \alpha^p f_*(\alpha).$$

从而就推得 (1),(2).

其次，由 (2) 知，对 $\forall\alpha>0$, 有 $f_*(\alpha)<\infty$, 且

$$\mu(E_\alpha)=f_*(\alpha)\longmapsto 0,\qquad \alpha\to\infty.$$

于是，利用积分绝对连续性，推知

$$\int_{E_\alpha}|f(x)|^p d\mu\to 0,\quad \alpha\to+\infty.$$

从而，由 (2.3) 可得

$$\alpha^p f_*(\alpha)\to 0,\quad \alpha\to+\infty.$$

另一方面，设 $\beta>0$, $\alpha<\beta$, 则

$$\begin{aligned}\lim_{\alpha\to0}\alpha^p f_*(\alpha)&=\lim_{\alpha\to0}\alpha^p[f_*(\alpha)-f_*(\beta)]=\lim_{\alpha\to0}\alpha^p[\mu(E_\alpha)-\mu(E_\beta)]\\&\le\lim_{\alpha\to0}\alpha^p\mu\{x;\alpha<|f(x)|\le\beta\}\le\int_{|f|\le\beta}|f|^p d\mu.\end{aligned}$$

由 β 的任意性可知，当 $\alpha\to0$ 时， $\alpha^p f_*(\alpha)\to 0$. 从而就推得 (3).

(4) 注意到

$$p\cdot\int_{\alpha/2}^{\alpha}\eta^{p-1}f_*(\eta)d\eta\ge f_*(\alpha)\cdot\alpha^p(1-2^{-p})\tag{2.6}$$

且当 $\alpha\to0$ 或 $\alpha\to\infty$ 时，左端趋于 0, 从而证明了 (4).

如果对一切 $\alpha>0$, $f_*(\alpha)$ 均是有限值 (例如 $f\in L^p(\mathbb{R}^n)$, $1\le p<\infty$), 则 $df_*(\alpha)$ 是 $\mathbb{R}^1$ 中一个负测度，这样就可导出 f_* 与 $\|f\|_p$ 之间的一种极有用的表示关系.

定理 2.3 (1) 设 $f(x)$ 是 (X,μ) 上可测函数，且 $1\le p<\infty$, 则

$$\int_X|f(x)|^p d\mu=p\int_0^\infty\alpha^{p-1}f_*(\alpha)d\alpha.\tag{2.7}$$

(2) 若 $f(x)$ 是有限函数，且 $f_*(\alpha)<\infty,(\forall\alpha\in\mathbb{R}^+)$, 则

$$\int_X|f(x)|^p d\mu=-\int_0^\infty\alpha^p df_*(\alpha).\tag{2.8}$$

(3) 更一般地来讲，对任意一可微函数 $\Phi:\mathbb{R}^+\to\mathbb{R}^+$, 有

$$\int_X\Phi(|f(x)|)d\mu=-\int_0^\infty\Phi(\alpha)df_*(\alpha).\tag{2.9}$$

特别，若 $\Phi(0)=0$, 则

$$\int_X \Phi(|f(x)|)d\mu = \int_0^\infty \Phi'(\alpha)f_*(\alpha)d\alpha. \tag{2.9$'$}$$

证明 首先证明 (2). 当 $f(x)$ 有限并且 $f_*(\alpha)$ 有限时, 积分 $\int_0^\infty \alpha^p df_*(\alpha)$ 存在. 作分割 $0<\varepsilon<2\varepsilon<\cdots<m\varepsilon<\cdots$ 且令 $X_j=\{x;\quad (j-1)\varepsilon<|f(x)|\le j\varepsilon\}$, 则有 $\mu(X_j)=f_*((j-1)\varepsilon)-f_*(j\varepsilon)$. 由此推知

$$\begin{aligned}\int_X |f(x)|^p d\mu &= \lim_{\varepsilon\to 0}\sum (j\varepsilon)^p\mu(X_j) = -\lim_{\varepsilon\to 0}\sum (j\varepsilon)^p[f_*(j\varepsilon)-f_*((j-1)\varepsilon)]\\ &= -\int_0^\infty \alpha^p df_*(\alpha).\end{aligned}$$

其次, 若两积分 $\int_X |f(x)|^p d\mu$, $p\int_0^\infty \alpha^{p-1}f_*(\alpha)d\alpha$ 均是 $+\infty$, 则等式成立. 若 $\int_X |f(x)|^p d\mu<\infty$, 利用 Chebyshev 不等式可得

$$f_*(\alpha)<\infty, \qquad \forall \alpha>0. \tag{2.10}$$

若 $p\int_0^\infty \alpha^{p-1}f_*(\alpha)d\alpha<\infty$, 由 $f_*(\alpha)$ 非增性知 (2.10) 仍然成立. 进而推知 $f(x)$ 是几乎处处有限的函数. 否则, 容易推出上面的两个积分均是无穷. 注意到

$$\int_X |f(x)|^p d\mu = -\int_0^\infty \alpha^p df_*(\alpha),$$

利用分部积分公式以及 $\alpha^p f_*(\alpha)\to 0$, $\alpha\to 0$ 或 $\alpha\to\infty$ 可得

$$\begin{aligned}-\int_0^\infty \alpha^p df_*(\alpha) &= p\int_0^\infty f_*(\alpha)\alpha^{p-1}d\alpha - \alpha^p f_*(\alpha)\Big|_0^\infty\\ &= p\int_0^\infty f_*(\alpha)\cdot\alpha^{p-1}d\alpha.\end{aligned}$$

(3) 留作习题.

注记 2.1 (i) 定理 2.3 的 (1) 亦可直接按下面方法来证明:

$$\begin{aligned}\int_X |f|^p d\mu &= p\int_X\int_0^{|f|}\alpha^{p-1}d\alpha d\mu = p\int_X\int_0^\infty \alpha^{p-1}\chi_{[0,|f(x)|]}(\alpha)d\alpha d\mu\\ &= p\int_0^\infty \alpha^{p-1}\int_X \chi_{[0,|f(x)|]}(\alpha)d\mu d\alpha\\ &= p\int_0^\infty \alpha^{p-1}\int_{\{x\in X,|f(x)|>\alpha\}} dx d\alpha\\ &= p\int_0^\infty \alpha^{p-1}f_*(\alpha)d\alpha.\end{aligned}$$

(ii) 由 Chebyshev 不等式可见

$$\sup_{\alpha} \alpha f_*(\alpha)^{\frac{1}{p}} \leq \|f\|_p, \quad f \in L^p(X). \tag{2.11}$$

反之，未必成立．例如： $f(x) = x^{-\frac{1}{p}}, x \in (0,1), p \geq 1$. 根据分布函数的定义，可见

$$\begin{aligned} f_*(\alpha) &= m\{x \mid x^{-\frac{1}{p}} > \alpha, x \in (0,1)\} \\ &= m\{x \mid x < \alpha^{-p}, x \in (0,1)\} < \alpha^{-p}, \end{aligned}$$

从而 $\alpha f_*(\alpha)^{\frac{1}{p}} < 1$. 然而， $f(x) \notin L^p(0,1)$.

由上面注记，有必要引入弱 $-L^p$ 空间 L^p_* 的概念.

定义 2.2 对 $1 \leq p < \infty$, 若

$$\|f\|_{L^p_*} = [f]_p = \sup_{\alpha > 0} \alpha f_*(\alpha)^{\frac{1}{p}} < \infty, \tag{2.12}$$

则称 f 满足 Marcinkiewcz 条件, 所有满足 Marcinkiewcz 条件的函数构成的空间称是 Marcinkiewcz 空间 (亦称 L^p_* 是弱 L^p 空间), 记为 L^p_*. 特别，当 $p = \infty$ 时，约定 $L^p_* = L^p$.

注记 2.2 由 (2.11) 知， $[f]_p = \|f\|_{L^p_*} \leq \|f\|_p$, 从而

$$L^p \hookrightarrow L^p_*. \tag{2.13}$$

另一方面， $[\cdot]_p = \|\cdot\|_{L^p_*}$ 不是范数，但是

$$[f+g]_p \leq 2[f]_p + 2[g]_p. \tag{2.14}$$

事实上

$$\begin{aligned} [f+g]_p &= \sup_{\alpha > 0} \alpha \big(f+g\big)_*(\alpha)^{\frac{1}{p}} \leq \sup_{\alpha > 0} \alpha \Big(f_*(\frac{\alpha}{2}) + g_*(\frac{\alpha}{2})\Big)^{\frac{1}{p}} \\ &\leq 2 \sup_{\alpha/2 > 0} \frac{\alpha}{2} f_*(\frac{\alpha}{2})^{\frac{1}{p}} + 2 \sup_{\alpha/2 > 0} \frac{\alpha}{2} g_*(\frac{\alpha}{2})^{\frac{1}{p}} \leq 2[f]_p + 2[g]_p. \end{aligned}$$

从而推得 L^p_* 是具有拟范数的拟范向量空间.

定义 2.3 设 T 是从 $L^p(X)$ 到 (Y, ν) 上的可测函数类的一个线性 (次线性) 算子， $1 \leq p \leq \infty, 1 \leq q < \infty$, 若

$$(Tf)_*(\alpha) = \nu\{y : \ |Tf(y)| > \alpha\} \leq (A_{p,q} \frac{\|f\|_p}{\alpha})^q, \quad \forall \alpha > 0, \tag{2.15}$$

则称 T 是具有 $A_{p,q}$ 的弱 (p,q) 型算子. 换言之，若 $Tf\in L_*^q$, 且

$$\|Tf\|_{L_*^q}\le A_{p,q}\|f\|_p, \tag{2.16}$$

则称 T 是具有 $A_{p,q}$ 的弱 (p,q) 型算子.

由前面的定义与约定，当 $q=\infty$ 时，弱 (p,q) 型与 (p,q) 型是一致的. 设 (X,μ), (Y,ν) 是测度空间， T 是 (X,μ) 上的可测函数所构成的线性空间到 (Y,ν) 上的可测函数空间上的次线性算子. 令 $1\le p_0<p_1\le\infty, t\in(0,1)$, 记

$$\frac{1}{p_t}=\frac{1-t}{p_0}+\frac{t}{p_1}.$$

对角线性型的 Marcinkiewicz 定理可表示为

定理 2.4 (Marcinkiewicz 插值定理) 设 T 是弱 (p_i,p_i) 型的线性 (次线性) 算子 (具常数 M_i), $i=0,1$, 即

$$\|Tf\|_{L_*^{p_0}}=\sup_{\alpha>0}\alpha(Tf)_*(\alpha)^{\frac{1}{p_0}}\le M_0\|f\|_{p_0}, \tag{2.17}$$

$$\|Tf\|_{L_*^{p_1}}=\sup_{\alpha>0}\alpha(Tf)_*(\alpha)^{\frac{1}{p_1}}\le M_1\|f\|_{p_1}. \tag{2.18}$$

则对一切 $0<t<1$, T 是 (p_t,p_t) 型算子且

$$\|Tf\|_p\le M_t\|f\|_p,\quad f(x)\in L^p(\mathbb{R}^n), \tag{2.19}$$

这里 $p=p_t$, $M_t\le kM_0^{1-t}M_1^t$, 而

$$k=2\left(\frac{p}{p-p_0}+\frac{p}{p_1-p}\right)^{\frac{1}{p}}. \tag{2.20}$$

在证明对角线型 Marcinkiewicz 定理之前，先证明一个引理.

引理 2.5 设 $p_0<p<p_1$, $f\in L^p(\mathbb{R}^n)$, 则对 $\forall\alpha>0$ 有

$$f_\alpha\in L^{p_1}(\mathbb{R}^n)\cap L^p(\mathbb{R}^n),\qquad f^\alpha\in L^{p_0}(\mathbb{R}^n)\cap L^p(\mathbb{R}^n) \tag{2.21}$$

且

$$\|f\|_p^p=(p-p_0)\int_0^\infty \alpha^{p-p_0-1}\|f^\alpha\|_{p_0}^{p_0}d\alpha, \tag{2.22}$$

$$\|f\|_p^p=(p_1-p)\int_0^\infty \alpha^{p-p_1-1}\|f_\alpha\|_{p_1}^{p_1}d\alpha. \tag{2.23}$$

证明 (2.21) 是命题 1.1 结论的一部分. 下面来证 (2.22), 直接计算就得

$$\begin{aligned}\int_0^\infty \alpha^{p-p_0-1}\|f^\alpha\|_{p_0}^{p_0}d\alpha &= \int_0^\infty \alpha^{p-p_0-1}\left(\int_{\{x:|f|>\alpha\}}|f|^{p_0}d\mu\right)d\alpha\\ &= \int_X |f|^{p_0}\int_0^{|f|}\alpha^{p-p_0-1}d\alpha d\mu\\ &= (p-p_0)^{-1}\|f\|_p^p.\end{aligned}$$

定理 2.4 的证明 对 $\forall\alpha>0$, $f\in L^p(\mathbb{R}^n)$, 作截断分解:

$$f(x)=f^\alpha(x)+f_\alpha(x).$$

容易看出, 对 $\lambda>0$ 有

$$\begin{cases}|Tf(x)|\le|Tf^\alpha(x)|+|Tf_\alpha(x)|,\\ (Tf)_*(\lambda)\le(Tf^\alpha)_*(\frac{\lambda}{2})+(Tf_\alpha)_*(\frac{\lambda}{2}).\end{cases}\tag{2.24}$$

(i) $p_1<\infty$ 的情形. 注意到 $f^\alpha\in L^{p_0}(\mathbb{R}^n)$, $f_\alpha\in L^{p_1}(\mathbb{R}^n)$, 应用 Tf^α 以及 Tf_α 之弱型估计及引理 2.5 得

$$\begin{aligned}&\int_0^\infty \alpha^{p-1}(Tf)_*(\alpha)d\alpha\le\int_0^\infty\alpha^{p-1}\left[(Tf^\alpha)_*\left(\frac{\alpha}{2}\right)+(Tf_\alpha)_*\left(\frac{\alpha}{2}\right)\right]d\alpha\\ \le&\int_0^\infty\alpha^{p-1}\left[\left(\frac{2M_0}{\alpha}\|f^\alpha\|_{p_0}\right)^{p_0}+\left(\frac{2M_1}{\alpha}\|f_\alpha\|_{p_1}\right)^{p_1}\right]d\alpha\\ \le&(2M_0)^{p_0}\int_0^\infty\alpha^{p-p_0-1}\|f^\alpha\|_{p_0}^{p_0}d\alpha+(2M_1)^{p_1}\int_0^\infty\alpha^{p-p_1-1}\|f_\alpha\|_{p_1}^{p_1}d\alpha\\ =&\left[\frac{(2M_0)^{p_0}}{p-p_0}+\frac{(2M_1)^{p_1}}{p_1-p}\right]\|f\|_p^p.\end{aligned}\tag{2.25}$$

从而, 由定理 2.3 知 T 是 (p,p) 型的, 其中 $p_0<p<p_1$. 下面来证明 (2.19) 中常数 M_t 应满足 (2.20). 由 (2.25) 直接看出

$$\begin{aligned}&\frac{p(2M_0)^{p_0}}{p-p_0}+\frac{p(2M_1)^{p_1}}{p_1-p}\\ \le&\left(\frac{p}{p-p_0}+\frac{p}{p_1-p}\right)\max\{(2M_0)^{p_0},(2M_1)^{p_1}\}\\ =&c\max\{(2M_0)^{p_0},(2M_1)^{p_1}\}.\end{aligned}\tag{2.26}$$

进而, 用 aT 来代替 T, 由 T 是次线性算子. 由 (2.25) 可见

$$a^p\|Tf\|_p^p\le c\max\{(2aM_0)^{p_0},(2aM_1)^{p_1}\}\|f\|_p^p.\tag{2.27}$$

取 a 使得 $(2aM_0)^{p_0}=(2aM_1)^{p_1}$, 由此推得

$$2a=(M_0^{p_0}M_1^{-p_1})^{\frac{1}{p_1-p_0}}.$$

从而

$$\|Tf\|_p^p \le 2^p c(2a)^{p_0-p} M_0^{p_0}\|f\|_p^p = 2^p c(M_0^{p_0}M_1^{-p_1})^{\frac{p_0-p}{p_1-p_0}} M_0^{p_0}\|f\|_p^p. \tag{2.28}$$

直接计算有

$$\begin{aligned}(M_0^{p_0}M_1^{-p_1})^{\frac{p_0-p}{p_1-p_0}} M_0^{p_0} &= M_0^{p_0(1+\frac{p_0-p}{p_1-p_0})} M_1^{\frac{p-p_0}{p_1-p_0}p_1}\\ &= (M_0^{1-t}M_1^t)^p,\end{aligned} \tag{2.29}$$

这里用到

$$t = \frac{p-p_0}{p_1-p_0}\cdot\frac{p_1}{p}, \quad 1-t = \frac{p_0}{p}\cdot\frac{p_1-p}{p_1-p_0}. \tag{2.30}$$

从而令 $k = 2c^{\frac{1}{p}}$, 将 (2.29) 代入 (2.28) 即得 (2.19).

(ii) $p_1 = \infty$ 的情形. 先考虑 $M_1 = 1$ 的情形. 因为弱 (∞,∞) 与 (∞,∞) 等价，这意味着

$$\|Tf_\alpha\|_\infty \le \alpha, \quad (Tf_\alpha)_*(\lambda) = 0, \quad \lambda \ge \alpha. \tag{2.31}$$

由此式及引理 2.5 可见

$$\begin{aligned}\|Tf\|_p^p &= p\int_0^\infty \alpha^{p-1}(Tf)_*(\alpha)d\alpha = 2^p p\int_0^\infty \alpha^{p-1}(Tf)_*(2\alpha)d\alpha\\ &\le 2^p p\int_0^\infty \alpha^{p-1}(Tf^\alpha)_*(\alpha)d\alpha\\ &\le 2^p p M_0^{p_0}\int_0^\infty \alpha^{p-p_0-1}\|f^\alpha\|_{p_0}^{p_0}d\alpha = \frac{2^p p M_0^{p_0}}{p-p_0}\|f\|_p^p,\end{aligned} \tag{2.32}$$

即

$$\|Tf\|_p \le 2\left(\frac{p}{p-p_0}\right)^{\frac{1}{p}} M_0^{\frac{p_0}{p}}\|f\|_p, \qquad p_0 < p < \infty. \tag{2.33}$$

若 $M_1 \ne 1$, 考虑 $M_1^{-1}T$ 代替上面 T, 从 (2.32) 容易看出

$$\|M_1^{-1}Tf\|_p^p \le \frac{2^p p}{p-p_0}\left(\frac{M_0}{M_1}\right)^{p_0}\|f\|_p^p,$$

从而

$$\|Tf\|_p \le 2\left(\frac{p}{p-p_0}\right)^{\frac{1}{p}} M_0^{\frac{p_0}{p}} M_1^{1-\frac{p_0}{p}}\|f\|_p. \tag{2.34}$$

定理 2.6(Hardy-Littlewood-Paley 定理) (1) 若 $1 < p \le 2$, 则存在常数 M_p, 使得对 $\forall f \in L^p(\mathbb{R}^n)$, 有

$$\left(\int_{\mathbb{R}^n} |\hat{f}(x)|^p |x|^{(p-2)n}dx\right)^{\frac{1}{p}} \le M_p\|f\|_p. \tag{2.35}$$

(2) 当 $2 \le q < \infty$, 存在 M_q 使得

$$\left(\int_{\mathbb{R}^n} |\hat{f}(x)|^q dx\right)^{\frac{1}{q}} \le M_q \left(\int_{\mathbb{R}^n} |f|^q |x|^{(q-2)n} dx\right)^{\frac{1}{q}}. \tag{2.36}$$

证明 (1) 考虑

$$(X,\mu) = (\mathbb{R}^n, dx), \quad (Y,\nu) = (\mathbb{R}^n, |x|^{-2n}dx).$$

令 $Tf(x) = \hat{f}(x)|x|^n$, 其中 f 及 Tf 是分别定义在 (X,μ) 和 (Y,ν) 函数. 对于 $f(x) \in L^2(X)$, 由 Plancherel 定理可见

$$\int_Y |Tf|^2 d\nu = \int_{\mathbb{R}^n} |\hat{f}(x)|^2 |x|^{2n} |x|^{-2n} dx = \int_X |f(x)|^2 d\mu. \tag{2.37}$$

故 T 是 (2,2) 型算子 ($M_0 = 1$).

另一方面, 因 $|\hat{f}(x)| \le \|f\|_1$, 所以 $|\hat{f}(x)| \cdot |x|^n \le \|f\|_1 |x|^n$. 从而, 对 $\forall \alpha > 0$ 及

$$E_\alpha(Tf) = \{x : |Tf(x)| > \alpha\} = \{x :\ |\hat{f}(x)| \cdot |x|^n > \alpha\}.$$

容易看出

$$E_\alpha(Tf) \subset \left\{x : |x| > \left(\frac{\alpha}{\|f\|_1}\right)^{\frac{1}{n}} = b\right\} = B,$$

且

$$\begin{aligned}\nu(E_\alpha) &\le \int_B d\nu = \int_{|x|>b} |x|^{-2n} dx = \int_{\Sigma_{n-1}} d\sigma \int_b^\infty r^{n-1} r^{-2n} dr \\ &= -\omega_{n-1} \frac{r^{-n}}{n}\Big|_b^\infty = \omega_{n-1}\frac{b^{-n}}{n} \le \omega_{n-1} \frac{\|f\|_1}{\alpha}.\end{aligned} \tag{2.38}$$

这说明 T 是弱 (1,1) 型算子, 应用 Marcinkiewicz 定理就得

$$\left(\int_Y |Tf(x)|^p d\nu\right)^{\frac{1}{p}} \le M_p \left(\int_X |f|^p d\mu\right)^{\frac{1}{p}}, \tag{2.39}$$

此即 (2.35).

(2) 由 $2 \le q < \infty$, 从而 $1 < q' \le 2$. 从而, 对 $\forall f \in L^{q'}(\mathbb{R}^n)$, 由 Hausdorff-Young 不等式知 $\hat{f} \in L^q(\mathbb{R}^n)$. 另一方面, 由泛函的表现定理, 存在 $g \in L^{q'}(\mathbb{R}^n)$, $\|g\|_{q'} = 1$, 使得

$$\|\hat{f}\|_q = \left|\int_{\mathbb{R}^n} \hat{f} g dx\right|. \tag{2.40}$$

因此，由 (1) 结果可见

$$\begin{aligned}\|\hat{f}\|_q =& \left|\int_{\mathbb{R}^n} \hat{f} g dx\right| = \left|\int_{\mathbb{R}^n} f\cdot \hat{g} dx\right| \\ \le& \left(\int_{\mathbb{R}^n} |f(x)|^q |x|^{n(q-2)} dx\right)^{\frac{1}{q}} \cdot \left(\int_{\mathbb{R}^n} |\hat{g}(x)|^{q'} |x|^{-\frac{n(q-2)}{q-1}} dx\right)^{\frac{1}{q'}} \\ \le& M_{q'} \left(\int_{\mathbb{R}^n} |f|^q |x|^{n(q-2)} dx\right)^{\frac{1}{q}} \|g\|_{q'},\end{aligned} \tag{2.41}$$

这里用到 $q'-2=-\frac{q-2}{q-1}$. 从而由 (1) 可得 (2).

定理 2.7 Hilbert 变换 H 是 (p,p) 型算子，$1<p<\infty$, 这里

$$Hf=\lim_{\varepsilon\to 0} H_\varepsilon f=\lim_{\varepsilon\to 0}\int_{|x-y|>\varepsilon}\frac{f(y)}{x-y}dy. \tag{2.42}$$

证明 容易看出

$$F(z)=\frac{i}{\pi}\int_{-\infty}^{+\infty}\frac{f(y)}{z-y}dy=P(x,y)*f(x)+iQ(x,y)*f(x), \tag{2.43}$$

而

$$P(x,y)=\frac{1}{\pi}\cdot\frac{y}{x^2+y^2}, \qquad Q(x,y)=\frac{1}{\pi}\cdot\frac{x}{x^2+y^2}. \tag{2.44}$$

利用

$$Hf(x)=\lim_{y\to 0} Q(x,y)*f=\tilde{f}(x), \tag{2.45}$$

$$\hat{Q}_y(x)=-i\text{sgn}xe^{-2\pi|x|y}, \tag{2.46}$$

这里用到当 (x,y) 在上半平面沿非切向趋向于 $(\xi,0)$ 时，$F(z)=F(x+iy)$ 收敛于 $f(\xi)+i\tilde{f}(\xi)$. 容易证明 (详见第六章)

$$\widehat{Hf}(x)=-i\text{sgn}x\cdot\hat{f}(x). \tag{2.47}$$

故

$$\|Hf\|_2\le\|f\|_2, \tag{2.48}$$

此说明 H 是 (2,2) 型算子.

下来证 T 是弱 (1,1) 算子. 无妨设 $f(x)\in L^1(\mathbb{R})$ 非负 (否则可分别考虑 $f(x)$ 的正部与负部), 对 $(x,y)\in\mathbb{R}^2_+=\mathbb{R}\times\mathbb{R}^+$, 有

$$\begin{aligned}F(z)&=F(x+iy)=u(x,y)+iv(x,y)\\&=\int_{-\infty}^{+\infty}f(\xi)[P(x-\xi,y)+iQ(x-\xi,y)]d\xi.\end{aligned} \tag{2.49}$$

当 $s>0$ 时, $\omega(x,y)=\pi\log|1+sF(z)|$ 是 $\mathbb{R}^2_+$ 中的调和函数,由调和函数的基本性质(平均值定理推论)知 $\omega(x,y)$, 在每一个本征半空间 $\{x+iy \mid y\geq y_0>0\}$ 上有界，同时，利用调和函数的关于 y 轴的半群性质可见，只要 $0<\eta<y$, 就有

$$\begin{aligned}\omega(x,y)&=\pi\log|1+sF(x+iy)|\\&=\int_{-\infty}^{+\infty}\frac{y-\eta}{(x-\xi)^2+(y-\eta)^2}\log|1+sF(\xi+i\eta)|d\xi.\end{aligned}\tag{2.50}$$

令 $\eta\to 0$, 根据 $\omega(x,y)$ 的非切向极限的存在性结果及 Fatou 定理，可得 (2.50) 中积分大于或等于

$$\int_{-\infty}^{+\infty}\frac{y}{(x-\xi)^2+y^2}\log\sqrt{(1+sf(\xi))^2+(s\widetilde{f}(\xi))^2}d\xi.$$

于是，上式两边乘以 y 并利用对数函数的性质可见

$$\begin{aligned}&\frac{1}{\pi}\int_{-\infty}^{+\infty}\frac{y^2}{(x-\xi)^2+y^2}\log\sqrt{(1+sf(\xi))^2+(s\widetilde{f}(\xi))^2}d\xi\\\leq& y\log(1+s|F(x+iy)|)\leq ys|F(x+iy)|.\end{aligned}\tag{2.51}$$

另一方面，从 (2.49) 立即推得，当 $y\to\infty$ 时，

$$\lim_{y\to\infty}\pi yF(x+iy)=\|f\|_1=\int_{-\infty}^{+\infty}f(\xi)d\xi.\tag{2.52}$$

于是，在 (2.51) 中令 $y\to\infty$, 并利用 (2.52) 可得

$$\int_{-\infty}^{+\infty}\log\sqrt{(1+sf(\xi))^2+(s\widetilde{f}(\xi))^2}d\xi\leq s\|f\|_1.\tag{2.53}$$

令 $E_\tau=\{\xi;\ |\tilde{f}(\xi)|>\tau\}$, 则 (2.53) 蕴含着

$$\begin{aligned}\log(s\tau)m(E_\tau)&\leq\int_{E_\tau}\log|s\widetilde{f}(\xi)|d\xi\\&\leq\int_{-\infty}^{+\infty}\log\sqrt{(1+sf(\xi))^2+(s\widetilde{f}(\xi))^2}d\xi\leq s\|f\|_1.\end{aligned}\tag{2.54}$$

取 $s=e/\tau$, 从而

$$m(E_\tau)\leq e\frac{\|f\|_1}{\tau},\tag{2.55}$$

从而说明 H 是弱 (1,1) 型算子.

利用 Marcinkiewcz 型插值定理知 H 是 (p,p) 型算子 $(1<p\leq 2)$ 且

$$\|Hf\|_p\leq A_p\|f\|_p.\tag{2.56}$$

同时，由 (2.42) 知 H 是卷积型算子的极限，自然亦是平移不变算子，故 $\forall 1<p<\infty$, 都有 (2.56) 成立.

§4.3 Marcinkiewicz 插值定理及其应用

在第二节，我们给出对角线型的 Marcinkiewicz 定理的证明，本节讨论一般 Marcinkiewicz 插值定理，与此同时，我们还将给出算子 T 是弱 (p,q) 算子的一些充分条件，以便能方便地使用 Marcinkiewicz 插值定理. 作为 Marcinkiewicz 插值定理的直接结果，我们将给出一些著名的不等式.

定理 3.1(Marcinkiewicz 插值定理) 设 T 是 $\mathcal{S}$ 上一个次线性算子，令 $1\le p_i\le q_i\le\infty$, $i=0,1$ 且 $q_0\ne q_1$, 而

$$\frac{1}{p_t}=\frac{1-t}{p_0}+\frac{t}{p_1},\quad \frac{1}{q_t}=\frac{1-t}{q_0}+\frac{t}{q_1},\quad 0<t<1. \tag{3.1}$$

设 T 是具常数 M_i 的弱 (p_i,q_i) 型算子， $i=0,1$, 即

$$(Tf)_*(\alpha)\le\left(\frac{M_i\|f\|_{p_i}}{\alpha}\right)^{q_i},\quad i=0,1, \tag{3.2}$$

则：(1) T 是 $(p_t,q_t)=(p,q)$ 型算子，且

$$\|Tf\|_q\le M_t\|f\|_p,\quad \forall f\in L^p. \tag{3.3}$$

(2) $M_t\le KM_0^{1-t}M_1^t$, 其中 $K=K(p_0,q_0,p_1,q_1,t)$ 在 $0<\varepsilon<t<1-\varepsilon$ 上有界，但当 $t\to0$ 或 $t\to1$ 时， K 趋于无限.

在证明定理 3.1 之前，先证明一个预备引理.

引理 3.2 令 $1\le p_0\le q_0$, $1\le p_1\le q_1$, $p_0<p<p_1$, $q_0\le q\le q_1$, $q_0\ne q_1$. 假设

$$\frac{q_0}{p_0}\cdot\frac{p-p_0}{q-q_0}=\frac{q_1}{p_1}\cdot\frac{p-p_1}{q-q_1}=\frac{1}{V}, \tag{3.4}$$

它等价于

$$\left(\frac{1}{p_0}-\frac{1}{p}\right)\Big/\left(\frac{1}{p}-\frac{1}{p_1}\right)=\left(\frac{1}{q_0}-\frac{1}{q}\right)\Big/\left(\frac{1}{q}-\frac{1}{q_1}\right). \tag{3.5}$$

若记

$$\begin{aligned}|||(g^\lambda,h_\lambda)|||_V=&\max\{[(q-q_0)\int_0^\infty\lambda^{q-q_0-1}\|g^{\lambda^V}\|_{p_0}^{q_0}d\lambda]^{\frac{p_0}{q_0}},\\&[(q_1-q)\int_0^\infty\lambda^{q-q_1-1}\|h_{\lambda^V}\|_{p_1}^{q_1}d\lambda]^{\frac{p_1}{q_1}}\},\end{aligned} \tag{3.6}$$

那么

$$|||(f^\lambda,f_\lambda)|||_V\le\|f\|_p^p. \tag{3.7}$$

证明　容易看出，当 $p=p_t,q=q_t$ 时，(3.5) 成立且等于 $\frac{t}{1-t}$, $t\in(0,1)$. 今考虑

$$\begin{aligned}&\left[\int_0^\infty \lambda^{q-q_0-1}\|f^{\lambda^V}\|_{p_0}^{q_0}d\lambda\right]^{\frac{p_0}{q_0}}\\ =&\left[\int_0^\infty \left(\int_X |f^{\lambda^V}(x)|^{p_0}d\mu\right)^{\frac{q_0}{p_0}}\lambda^{q-q_0-1}d\lambda\right]^{\frac{p_0}{q_0}}\\ =&\left[\int_0^\infty \left(\int_X F(\lambda,x)d\mu\right)^r d\nu\right]^{\frac{1}{r}},\end{aligned}\tag{3.8}$$

其中 $F(\lambda,x)=|f^{\lambda^V}|^{p_0}$, $r=\frac{q_0}{p_0}$, $d\nu=\lambda^{q-q_0-1}d\lambda$. 对 (3.8) 应用 Minkowski 不等式，并注意到 f^α 及 f_α 的定义，得

$$\begin{aligned}&\left[\int_0^\infty \lambda^{q-q_0-1}\|f^{\lambda^V}\|_{p_0}^{q_0}d\lambda\right]^{\frac{p_0}{q_0}}\le\int_X\left(\int_0^\infty |F(\lambda,x)|^r d\nu\right)^{\frac{1}{r}}d\mu\\ \le&\int_X\left(\int_0^\infty |f^{\lambda^V}|^{q_0}\lambda^{q-q_0-1}d\lambda\right)^{\frac{p_0}{q_0}}d\mu\\ =&\int_X\left(\int_0^{|f|^{\frac{1}{V}}}\lambda^{q-q_0-1}|f(x)|^{q_0}d\lambda\right)^{\frac{p_0}{q_0}}d\mu\\ =&\int_X |f(x)|^{p_0}(q-q_0)^{-\frac{p_0}{q_0}}|f(x)|^{\frac{1}{V}(q-q_0)\frac{p_0}{q_0}}d\mu\\ =&(q-q_0)^{-\frac{p_0}{q_0}}\int_X |f(x)|^p d\mu.\end{aligned}\tag{3.9}$$

同理有

$$\left[\int_0^\infty \lambda^{q-q_1-1}\|f_{\lambda^V}\|_{p_1}^{q_1}d\lambda\right]^{\frac{p_1}{q_1}}\le(q_1-q)^{-\frac{p_1}{q_1}}\int_X |f(x)|^p d\mu.\tag{3.10}$$

从而引理 3.2 得证.

定理 3.1 的证明　我们仅需对 $p_0\ne p_1$, $q_0<q_1<\infty$ 的情形来证明. 对于 $p_0=p_1$, $q_0<q_1<\infty$ 的情形，证明是类似的. 对 $\forall f\in L^p(X)$, 考虑分解

$$f(x)=f^\beta(x)+f_\beta(x),\tag{3.11}$$

这里 $\beta=\beta(\alpha)$ 待定. 由 L^p 模的等价定义知

$$\begin{aligned}\|Tf\|_q^q&=q\int_0^\infty \alpha^{q-1}(Tf)_*(\alpha)d\alpha\\&\le q\int_0^\infty \alpha^{q-1}\left[(Tf^\beta)_*\left(\frac{\alpha}{2}\right)+(Tf_\beta)_*\left(\frac{\alpha}{2}\right)\right]d\alpha\\&\le q(2M_0)^{q_0}\int_0^\infty \alpha^{q-q_0-1}\|f^\beta\|_{p_0}^{q_0}d\alpha\\&\quad+q(2M_1)^{q_1}\int_0^\infty \alpha^{q-q_1-1}\|f_\beta\|_{p_1}^{q_1}d\alpha.\end{aligned}$$

取 $\beta=\beta(\alpha)=\alpha^V$, 则有引理 3.2 可得

$$\|Tf\|_q^q\le\frac{q(2M_0)^{q_0}}{q-q_0}\left(\int_X|f|^pd\mu\right)^{\frac{q_0}{p_0}}+\frac{q(2M_1)^{q_1}}{q_1-q}\left(\int_X|f|^pd\mu\right)^{\frac{q_1}{p_1}},\tag{3.12}$$

这里

$$V=\frac{p_0}{q_0}\cdot\frac{q-q_0}{p-p_0}=\frac{p_1}{q_1}\cdot\frac{q-q_1}{p-p_1}.\tag{3.13}$$

(i) 当 $\|f\|_p=1$ 时, (3.12) 就意味着

$$\|Tf\|_q\le C,\quad C^q=\frac{q}{q-q_0}(2M_0)^{q_0}+\frac{q}{q_1-q}(2M_1)^{q_1}.\tag{3.14}$$

因此，对一般的 $f(x)\in L^p(X)$, 在 (3.12) 中取 $\|f\|_p^{-1}\cdot f$ 代替，足见

$$\|Tf\|_q\le C\|f\|_p.\tag{3.15}$$

这就证明了 (1).

(ii) 若 $M_1=M_0=1$, 则 (3.15) 可写成形式

$$\|Tf\|_q\le KM_0^{1-t}M_1^t\|f\|_p\tag{3.16}$$

且

$$K=\left[\frac{2^{q_0}q}{q-q_0}+\frac{2^{q_1}q}{q_1-q}\right]^{\frac{1}{q}}.\tag{3.17}$$

一般地，因 T 次线性算子，令 $T_1=c_1T, d\nu_1=c_2d\nu$, 于是

$$\begin{aligned}&\nu_1\{x;\ |T_1f|>\alpha\}=c_2\nu\{x;\ |Tf|>\alpha/c_1\}\\&\le c_2(M_i\|f\|_{p_i}c_1/\alpha)^{q_i}=[c_2^{\frac{1}{q_i}}c_1M_i\|f\|_{p_i}/\alpha]^{q_i},\quad i=0,1.\end{aligned}\tag{3.18}$$

可以选取 $c_1c_2^{\frac{1}{q_0}}M_0=c_1c_2^{\frac{1}{q_1}}M_1=1$. 从而 T_1 是弱 (p_i,q_i) 型 (具常数 $M_i=1$) 算子，因此

$$\|T_1f\|_q^{(1)}\le K\|f\|_p,\tag{3.19}$$

这里 $\|\cdot\|_q^{(1)}$ 表示积分是关于 ν_1 取的，从而 $c_1c_2^{\frac{1}{q}}\|Tf\|_q \le K\|f\|_p$ 即

$$\|Tf\|_q \le Kc_1^{-1}c_2^{-\frac{1}{q}}\|f\|_p. \tag{3.20}$$

注意到 $M_1 = c_1^{-1}c_2^{-\frac{1}{q_1}}$, $M_0 = c_1^{-1}c_2^{-\frac{1}{q_0}}$, 易见

$$c_1^{-1}c_2^{-\frac{1}{q}} = M_0^{1-t}M_1^t.$$

于是，代入 (3.20) 就得 (2) 的证明.

注记 3.1 在 Marcinkiewicz 插值定理 3.1 中， $q_0 \ne q_1$ 是必要条件. 若不然，插值定理未必成立. 例如：对任意非负函数 $f(x) \in L^1(0,1)$, 构造算子 $Tf = x^{-\frac{1}{2}}\int_0^1 f(t)dt$, 显然， $Tf \notin L^2(0,1)$, $J = \int_0^1 fdt \le \|f\|_1$. 另一方面，

$$\begin{aligned} E_\alpha(Tf) =& \{x \mid x \in (0,1), |Tf| > \alpha\} \\ =& \{x \in (0,1), x^{-\frac{1}{2}}J > \alpha\}, \end{aligned} \tag{3.21}$$

由此推得

(i) 当 $J \le 0$ 时， $E_\alpha(Tf) = \emptyset$.

(ii) 当 $0 < J \le \alpha, E_\alpha \subset (0, (\frac{J}{\alpha})^2]$, 从而 $|E_\alpha| \le (\|f\|_1/\alpha)^2$.

(iii) 若 $J > \alpha$, 则 $|E_\alpha| = 1 \le (\|f\|_1/\alpha)^2$.

综上可见， T 是弱 (1,2) 型算子. 与此同时，对 $\forall p \ge 1$, 有 $\|f\|_1 \le \|f\|_p$ $(1 \le p)$, 此意味着

$$|E_\alpha| \le (\|f\|_p/\alpha)^2.$$

从而， T 也是弱 $(p,2)$ 型算子. 若 Marcinkiewicz 定理成立，则必有 T 是 $(p_t,2)$ 型. 取 t 使之满足 $p_t = 2$, 则 T 是 (2,2) 型算子，此与 $Tf \notin L^2$ 相矛盾.

下面介绍两个确保 T 是弱型算子的充分条件，并给出一些重要应用.

定理 3.3 设 T 是一个算子, 对每一个 $\alpha > 0$, T 可以分解为 $T = T_1 + T_2$, 其中 T_1 是 (p,∞) 型 (具常数 $\frac{\alpha}{2}$) 算子， T_2 是 (p,p) 型 (具常数 $c\alpha^{1-q/p}$) 算子，则 T 是弱 (p,q) 型算子.

证明 先考虑 $\|f\|_p = 1$ 的情形. 由

$$(Tf)_*(\alpha) \le (T_1f)_*\left(\frac{\alpha}{2}\right) + (T_2f)_*\left(\frac{\alpha}{2}\right). \tag{3.22}$$

因 T 是 (p,∞) 型算子，可推知 $\|T_1f\|_\infty \le \frac{\alpha}{2}$, 这意味着

$$(T_1f)_*\left(\frac{\alpha}{2}\right) = 0. \tag{3.23}$$

利用 Chebyshev 不等式并注意到 T_2 是 (p,p) 型算子，可见

$$(Tf)_*(\alpha) \le (T_2f)_*\left(\frac{\alpha}{2}\right) \le \left(\frac{\alpha}{2}\right)^{-p}\int_{E_\alpha}|T_2f|^p d\mu \le 2^pc^p\alpha^{-q}. \tag{3.24}$$

于是，

$$\sup_{\alpha>0}\alpha[(Tf)_*(\alpha)]^{\frac{1}{q}}\le(2c)^{\frac{p}{q}}. \tag{3.25}$$

对一般的 $f(x)\in L^p(X)$, 用 $\|f\|^{-1}f$ 代替 (3.25) 中 $f(x)$, 可得

$$\sup_{\alpha>0}\alpha\left[\left(T\frac{f}{\|f\|_p}\right)_*(\alpha)\right]^{\frac{1}{q}}\le(2c)^{\frac{p}{q}}.$$

整理得到

$$\sup_{\alpha\|f\|_p>0}\alpha\|f\|_p[(Tf)_*(\alpha\|f\|_p)]^{\frac{1}{q}}\le(2c)^{\frac{p}{q}}\|f\|_p,$$

即 $\sup_{\beta>0}\beta[(Tf)_*(\beta)]^{\frac{1}{q}}\le(2c)^{\frac{p}{q}}\|f\|_p$. 故定理 3.3 得证.

下面给出 Marcinkiewicz 插值定理及定理 3.3 的一个重要应用.

定义 3.1 令 $0<\beta<n$, 记

$$I_\beta f(x)=C_\beta\int_{\mathbb{R}^n}f(y)|x-y|^{\beta-n}dy=C_\beta K_\beta(x)*f(x), \tag{3.26}$$

其中 $K_\beta(x)=|x|^{\beta-n}, C_\beta=\pi^{\frac{n}{2}}2^\beta\Gamma(\beta/2)/\Gamma(\frac{n}{2}-\frac{\beta}{2})$. 称算子 I_β 是 β 阶的 Riesz 位势.

推论 3.4 算子 I_β 是弱 (p,q) 型算子，其中 $\frac{1}{p}-\frac{1}{q}=\frac{\beta}{n}$, $0<\beta<n$, $1\le p<q<\infty$.

证明 令 $\lambda>0$, $K'(x)=K_\beta(x)\cdot\chi_\lambda(x)$, 其中 $\chi_\lambda(x)$ 是球 $B_\lambda(0)$ 上的特征函数，记

$$K''(x)=K_\beta(x)-K'(x),\ T'f=K'(x)*f,\ T''f=K''(x)*f. \tag{3.27}$$

则 $K'\in L^1(\mathbb{R}^n)$, $\|K'\|_1\le c_1\lambda^\beta$. 故 T' 是具有常数 $c_1\lambda^\beta$ 的 (p,p) 型算子.

另一方面， $K''\in L^{p'}(\mathbb{R}^n)$, $\|K''\|_{p'}\le c_2\lambda^{-\frac{n}{q}}=c_2\lambda^{\beta-\frac{n}{p}}$ 因而， T'' 是具常数 $c_2\lambda^{\beta-\frac{n}{p}}$ 的 (p,∞) 型算子.

对 $\alpha>0$, 选取 λ 使得 $c_2\lambda^{\beta-\frac{n}{p}}=\frac{\alpha}{2}$, 直接计算可得

$$c_1\lambda^\beta=c_1(2c_2)^{\frac{p\beta}{n-p\beta}}\alpha^{\frac{p\beta}{p\beta-n}}\triangleq C\alpha^{\frac{p\beta}{p\beta-n}}, \tag{3.28}$$

当且仅当 $\frac{p\beta}{p\beta-n}=1-\frac{q}{p}$, 即 $1/q=1/p-\beta/n$ 时， I_β 满足定理 3.3 条件. 从而 I_β 是弱 (p,q) 型算子.

定理 3.5(Hardy-Littlewood-Sobolev 嵌入定理) 设

$$1<p<q<\infty,\quad \frac{1}{p}-\frac{1}{q}=\frac{\beta}{n}, \tag{3.29}$$

则 I_β 是 (p,q) 型算子.

证明 推论 3.4 意味着 I_β 是弱 $(1,q_1)$ 型算子，这里

$$1-\frac{1}{q_1}=\frac{\beta}{n}. \tag{3.30}$$

同理， I_β 也是弱 $(p+\varepsilon,q_2)$ 型算子，这里

$$\frac{1}{p+\varepsilon}-\frac{1}{q_2}=\frac{\beta}{n}. \tag{3.31}$$

因而，利用 Marcinkiewicz 型插值定理知， I_β 是 (p,q) 型算子，证毕.

设 T 是将 (X,μ) 上可测函数映到 (Y,ν) 上的可测函数的次线性算子，若 T 是弱 (p,q) 型的 $(1\le p<q<\infty)$，一般来讲，当 $f\in L^p$ 时，未必有 $Tf\in L^q(Y)$. 退一步， Tf 是否属于 $L^q_{\rm loc}$? 回答也是否定的. 然而，当 $0<r<q$ 时， $Tf\in L^r_{\rm loc}$. Kolmogorff 给出了 T 是弱 (p,q) 型算子与 $|Tf|^r$ 局部可积等价的一个充要条件.

定理 3.6 (Kolmogorff 定理) (1) 若 T 是具常数 M 的弱 (p,q) 型算子，$f\in L^p(X)$. 则对一切 $0<r<q$, $|Tf|^r$ 是局部可积的，并且有 Kolmogorff 不等式

$$\left(\int_K |Tf|^r d\nu\right)^{\frac{1}{r}}\le M\left(\frac{q}{q-r}\right)^{\frac{1}{r}}\nu(K)^{\frac{1}{r}-\frac{1}{q}}\|f\|_p, \tag{3.32}$$

这里 K 是 ν- 测度有限的任意集合.

(2) 反之，若存在 r, $0<r<q$ 以及正常数 M_1, 使得对 $\forall K\subset Y$, 有

$$\left(\int_K |Tf|^r d\nu\right)^{\frac{1}{r}}\le M_1\nu(K)^{\frac{1}{r}-\frac{1}{q}}\|f\|_p, \tag{3.33}$$

则 T 是弱 (p,q) 型算子，且具常数 $M\le M_1$.

证明 (1) 令

$$(Tf)_*^K(\alpha)=\nu(\{y\in K:|Tf(y)|>\alpha\})=\nu(E_\alpha(Tf)\cap K),$$

则

$$(Tf)_*^K(\alpha)\le \nu(K),$$
$$(Tf)_*^K(\alpha)\le (Tf)_*(\alpha)\le (M\|f\|_p/\alpha)^q.$$

于是

$$\begin{aligned}\int_K|Tf|^r d\nu &= r\int_0^\infty \alpha^{r-1}(Tf)_*^K(\alpha)d\alpha = r\int_0^N +r\int_N^\infty\cdots\\ &\le r\int_0^N\alpha^{r-1}\nu(K)d\alpha + r\int_N^\infty \alpha^{r-1}\left(\frac{M\|f\|_p}{\alpha}\right)^q d\alpha\\ &\equiv \nu(K)N^r+(M\|f\|_p)^q\frac{r}{q-r}N^{r-q}.\end{aligned} \tag{3.34}$$

令 $\nu(K)N^r = (M\|f\|_p)^q N^{r-q}$, 即

$$N = M\|f\|_p(\nu(K))^{-\frac{1}{q}}. \tag{3.35}$$

将 (3.35) 代入 (3.34), 两边开 r 次方, 即得 (1) 的证明.

(2) 令 $K = E_\alpha(Tf)$, 则有

$$\alpha^r\nu(K) \le \int_K |Tf(y)|^r d\nu \le M_1^r \nu(K)^{1-\frac{r}{q}}\|f\|_p^r,$$

从而

$$\nu(K) \le \left(\frac{M_1\|f\|_p}{\alpha}\right)^q, \quad \forall\alpha > 0, \tag{3.36}$$

即 T 是弱 (p,q) 型算子, 证毕.

在结束本节之前, 我们列举一些 $L^p(\mathbb{R}^n)$ 中一些基本不等式, 这里不等式均可由前三节的方法予以证明:

Hölder 不等式 设 $1 \le p,q,r \le \infty$, $p^{-1}+q^{-1}=r^{-1}$, 则

$$\|fg\|_r \le \|f\|_p\|g\|_q.$$

Hausdorff-Young 不等式 设 $1 \le p \le 2$, $p^{-1}+q^{-1}=1$, 则

$$\|\hat{f}\|_q \le \|f\|_p.$$

Young 不等式 设 $1 \le p,q,r \le \infty$, $p^{-1}+q^{-1}=1+r^{-1}$, 则

$$\|f*g\|_r \le \|f\|_p\|g\|_q.$$

广义 Young 不等式 设 $1 < p,q,r < \infty$, $p^{-1}+q^{-1}=1+r^{-1}$, 则

$$\|f*g\|_r \le C_{p,q}\|f\|_p\|g\|_{q,w}.$$

弱 Hausdorff-Young 不等式 设 $1 < p < 2$, $p^{-1}+q^{-1}=1$, 则

$$\|\hat{f}\|_{q,w} \le C_{p,q}\|f\|_{p,w}.$$

弱 Young 不等式 设 $1 < r,p,q < \infty$, $p^{-1}+q^{-1}=1+r^{-1}$, 则

$$\|f*g\|_{r,w} \le C_{p,q}\|f\|_{p,w}\|g\|_{q,w},$$

这里 $\|\cdot\|_{p,w}$ 表示 L_*^p 的模.

§4.4 Lorentz 空间及广义 Marcinkiewicz 插值定理

我们知道，弱 (r,p) 型算子 T 是将 L^r 映射到 L^p_* 的次线性算子，即

$$[f]_p = \|Tg\|_{L^p_*} = \sup_{\alpha>0}[\alpha(Tg)_*(\alpha)^{\frac{1}{p}}] \le c\|g\|_r, \quad g \in L^r. \tag{4.1}$$

(r,p) 型算子 T 则是将 L^r 映射到 L^p 的次线性算子，即

$$\|f\|_p = \|Tg\|_p \le c\|g\|_r, \quad g \in L^r. \tag{4.2}$$

问题：是否找到一种扩张空间，它既包含 L^p, 又包含 L^p_* 型的空间呢？由分布函数与 L^p 模的关系，对 $\forall f \in L^p$, 有

$$\|f\|_p = \left(p\int_0^\infty [\alpha f_*(\alpha)^{\frac{1}{p}}]^p \frac{d\alpha}{\alpha}\right)^{\frac{1}{p}} < \infty. \tag{4.3}$$

现对 $\forall 1 \le q < \infty$ ($q=\infty$ 时，作适当的修改即可), 引入满足

$$\|f\|^*_{p,q} = \left(\frac{p}{q}\int_0^\infty [\alpha f_*(\alpha)^{\frac{1}{p}}]^q \frac{d\alpha}{\alpha}\right)^{\frac{1}{q}} < \infty \tag{4.4}$$

的函数类 $L(p,q)$. 当 $q=\infty$ 时， $L(p,\infty)=L^p_*$; 当 $q=p$ 时， $L(p,p)=L^p$. 进而，当 $q_1 \le q_2$ 时， $L(p,q_1) \hookrightarrow L(p,q_2)$. 这样，依照弱型算子的推广方法，算子 T 的值域取 $L(p,\infty)$, T 的定义域取作 $L(r,1) \subset L(r,r) = L^r$ 中，即

$$\|Tf\|^*_{p,\infty} \le C\|f\|^*_{r,1}. \tag{4.5}$$

称满足 (4.5) 的 T 是限制弱 (r,p) 型算子. 若能从两端的限制弱型算子，得到中间情形的强型算子，这就很自然地得到了更广泛的 Marcinkiewicz 型插值定理. 本节将围绕这一目的来进行一系列的讨论.

为了方便本节讨论，先引入等可测函数的概念 (也称函数的非升重排).

定义 4.1 两个函数 $f(x)$, $g(y)$ (可以定义在不同的测度空间) 具有相同的分布函数 $f_*(\alpha)=g_*(\alpha)$, 则称 $f(x)$, $g(y)$ 是等可测函数.

定义 4.2 设 $f(x)$ 是测度空间 $(M,\mathcal{M},\mu)$ 上的可测函数， $f_*(\alpha)$ 是其的分布函数. 定义 $f^*:\mathbb{R}^+ \to \mathbb{R}^+$ 如下：

$$f^*(t) = \inf\{\alpha;\ f_*(\alpha) \le t\}, \quad t \ge 0. \tag{4.6}$$

则称 $f^*(t)$ 是 $f(x)$ 的非升重排或非升重整.

在下面讨论中，总假设 $\lim_{\alpha\to\infty} f_*(\alpha)=0$ 即 f 几乎处处有限. 由此推知 $f^*(t)<\infty$, $\forall t>0$. 下面给出 $f^*(t)$ 的一些基本性质.

定理 4.1 $f^*(t)$ 满足如下条件：

(1) $f^*(t)$ 是非升且右边连续的.

(2) $f_*(f^*(t)) \le t$.

(3) $f^*(f_*(\alpha)) \le \alpha < f^*[f_*(\alpha)-\varepsilon]$, $0<\varepsilon<f_*(\alpha)<\infty$.

(4) 若 $f^*(t)$ 在 $t=f_*(\alpha)$ 处连续，则 $f^*(f_*(\alpha))=\alpha$.

(5) $(fg)^*(t_1+t_2) \le f^*(t_1)\cdot g^*(t_2)$.

(6) $f(x)$ 与 $f^*(t)$ 是等可测函数，即 $(f^*)_*(\alpha)=f_*(\alpha)$.

(7) 若 $f\in L^p(M)$, 则 $\|f\|_p=\|f^*\|_p$.

证明 (1) 根据 $f^*(t)$ 的定义，它是 $f(x)$ 的分布函数 $f_*(\alpha)$ 的反函数，由 $f_*(\alpha)$ 是单调非升的右连续函数，从而 $f^*(t)$ 也是单调非升且是右连续函数.

(2) 由 $f_*(\alpha)$ 的右连续性及 (4.6) 即得.

(3) 显然 $\alpha\in\{\eta: f_*(\eta)\le f_*(\alpha)\}$, 故有

$$f^*[f_*(\alpha)]=\inf\{\eta: f_*(\eta)\le f_*(\alpha)\}\le\alpha.$$

另一方面， $\alpha\overline{\in}\{\eta: f_*(\eta)\le f_*(\alpha)-\varepsilon\}$, 从而

$$\alpha<\inf\{\eta: f_*(\eta)\le f_*(\alpha)-\varepsilon\}=f^*[f_*(\alpha)-\varepsilon].$$

(4) 若 $f^*(t)$ 在 $t=f_*(\alpha)$ 连续, 则取 $\varepsilon\to 0$, 则由 (iii) 即推得 $f^*(f_*(\alpha))=\alpha$.

(5) 由 $f^*(t_1)=\inf\{\alpha: f_*(\alpha)\le t_1\}$, $f^*(t_2)=\inf\{\alpha: f_*(\alpha)\le t_2\}$ 以及

$$(fg)^*(t_1+t_2)=\inf\{\alpha:(fg)_*(\alpha)\le t_1+t_2\},$$

利用分布函数是非增的性质推得：当 $\alpha\ge f^*(t_1)$ 时， $f_*(\alpha)\le t_1$; 同理，若 $\beta\ge g^*(t_2)$, 则 $g_*(\beta)\le t_2$. 又因

$$E_{\alpha\beta}(fg)\subset E_\alpha(f)\cup E_\beta(g),$$

从而

$$(fg)_*(\alpha\beta)\le f_*(\alpha)+g_*(\beta).$$

因此，对一切满足 $\alpha\ge f^*(t_1)$, $\beta\ge g^*(t_2)$ 的 α, β, 有 $(fg)_*(\alpha\beta)\le t_1+t_2$, 由此推知

$$(fg)^*(t_1+t_2)\le\alpha\beta.$$

(6) 由定义知 $f^*(t)>\alpha$ 与 $t<f_*(\alpha)$ 等价, 此即 $\{t: f^*(t)>\alpha\}=[0,f_*(\alpha))$. 于是

$$(f^*)_*(\alpha)=|\{t: f^*(t)>\alpha\}|=f_*(\alpha),\quad \forall\alpha>0.$$

(7) 由 (6) 知

$$\begin{aligned}\|f\|_p^p&=p\int_0^\infty\alpha^{p-1}f_*(\alpha)d\alpha=p\int_0^\infty\alpha^{p-1}(f^*)_*(\alpha)d\alpha\\&=\int_0^\infty|f^*(t)|^p dx=\|f^*\|_p^p.\end{aligned}$$

引理 4.2 设 $\{f_m\}$ 是一个可测函数列，它对一切 $x \in M$, 有 $|f_m(x)| \le |f_{m+1}(x)|, m = 1, 2, \cdots$. 如果 f 是一个可测函数，满足 $|f(x)| = \lim\limits_{m\to\infty} |f_m(x)|$, $x \in M$, 则

(1) 对每一个 $\alpha > 0$, 当 m 趋向 ∞ 时，$(f_m)_*(\alpha)$ 单调上升趋向 $f_*(\alpha)$.

(2) 对每一个 $t > 0$, $f_m^*(t)$ 单调上升趋向 $f^*(t)$.

证明 (1) 显然有

$$E_\alpha^{(m)} = \{x \in M: |f_m(x)| > \alpha\} \subset E_\alpha = \{x : |f(x)| > \alpha\},$$

且 $\cup_{m=1}^\infty E_\alpha^{(m)} = E_\alpha$. 那么由于测度 μ 是单调和下连续的，我们必定有

$$(f_m)_*(\alpha) = \mu(E_\alpha^{(m)}) \le \mu(E_\alpha) = f_*(\alpha),$$

$$\lim_{m\to\infty} (f_m)_*(\alpha) = f_*(\alpha).$$

这就证明 (1).

(2) 由非升重排的定义直接看出

$$f_m^*(t) \le f_{m+1}^*(t) \le f^*(t), \qquad m = 1, 2, \cdots.$$

令 $l = \lim_{m\to\infty} f_m^*(t)$, 由于 $f_m^*(t) \le l$, 由定理 4.1 的 (2) 就得

$$(f_m)_*(l) \le (f_m)_*(f_m^*(t)) \le t.$$

于是，利用 $(f_m)_*(t)$ 的单调性即得

$$f_*(l) = \lim_{m\to\infty} (f_m)_*(l) \le t.$$

这就推得 $f^*(t) \le l$. 另一方面，由不等式 $f_m^*(t) \le f^*(t)$, 自然有 $l \le f^*(t)$, 于是 $l = f^*(t)$. 证毕.

引理 4.3 设 $f(x)$ 是可测函数，$p \ge 1$. 那么

$$\sup_{\alpha>0} \alpha f_*(\alpha)^{\frac{1}{p}} = A < \infty \tag{4.7}$$

的充分必要条件是

$$\sup_{t>0} t^{\frac{1}{p}} f^*(t) = A < \infty. \tag{4.8}$$

证明 首先对简单函数证明上述命题，然后利用引理 4.2 来证明一般情形.

设 $f(x) = \sum_{j=1}^m c_j \chi_{E_j}(x)$, 其中 $E_j \subset \mathcal{M}$, $\mu(E_j) > 0$, 且 $E_j \cap E_k = \{\emptyset\}$, $k \ne j$. 无妨设 $c_1 > c_2 > \cdots > c_{m+1} = 0$ (否则可重新排序). 令 $d_j =$

$\mu(E_1)+\cdots+\mu(E_j)$, $1\le j\le m$, 并记 $d_0=0$. 在此情形下，来计算 $f^*(t)$ 与 $f_*(\alpha)$.

先来计算 $f_*(\alpha)$. 当 $\alpha\ge c_1$, $E_\alpha=\{x:|f(x)|>\alpha\}=\emptyset$, 因此， $f_*(\alpha)=0$; 当 $\alpha\in[c_2,c_1)$ 时， $E_\alpha=\{x:|f(x)|>\alpha\}=E_1$, 从而 $f_*(\alpha)=d_1$; 当 $\alpha\in[c_3,c_2)$ 时， $E_\alpha=E_1\cup E_2$, 此时 $f_*(\alpha)=d_2,\cdots$, 归纳可见

$$f_*(\alpha)=\begin{cases} d_j, & c_{j+1}\le\alpha<c_j, \quad 1\le j\le m,\\ 0, & c_1\le\alpha.\end{cases} \tag{4.9}$$

同时，注意到 $f^*(t)=\inf\{\alpha:f_*(\alpha)<t\}$ 可见

$$f^*(t)=\begin{cases} c_j, & d_{j-1}\le t<d_j,\\ 0, & t\ge d_m.\end{cases} \tag{4.10}$$

因此，对 $p>0$, 我们有

$$\sup_{\alpha>0}\alpha f_*(\alpha)^{\frac1p}=\sup_{1\le j\le m}d_j^{\frac1p}c_j=\sup_{t>0}t^{\frac1p}f^*(t). \tag{4.11}$$

当 f 是一般可测函数时，存在正值简单函数 $\{f_m(x)\}$ 单调上升地收敛于 $|f|$, 于是，由引理 4.2 可得

$$(f_m)_*(\alpha)\nearrow f_*(\alpha),\quad f_m^*(t)\nearrow f^*(t). \tag{4.12}$$

由 (4.11) 有

$$\sup_{\alpha>0}\alpha(f_m)_*(\alpha)^{\frac1p}=\sup_{t>0}t^{\frac1p}f_m^*(t). \tag{4.13}$$

取 $m\to\infty$ 可得

$$\sup_{\alpha>0}\alpha f_*(\alpha)^{\frac1p}=\sup_{t>0}t^{\frac1p}f^*(t). \tag{4.14}$$

注记 4.1 由引理 4.3 可见 $f\in L_*^p(1\le p<\infty)$ 的模等价于

$$\sup_{t>0}t^{\frac1p}f^*(t). \tag{4.15}$$

与此同时， T 是弱 (p,q) 算子等价于

$$\sup_{t>0}t^{\frac1q}(Tf)^*(t)\le A_{pq}\|f\|_p,\quad \forall f\in L^p. \tag{4.16}$$

根据定理 4.1 的 (7),

$$\int_M|f|^pd\mu=\int_0^\infty|f^*(t)|^pdt=\int_0^\infty(f^*(t)t^{\frac1p})^p\frac{dt}{t}. \tag{4.17}$$

受此启发我们引入 $L(p,q)$ 型空间的另一个等价定义：

定义 4.3 设 $1 \le p < \infty$, $1 \le q < \infty$, $L(p,q)$ 表示满足

$$\|f\|_{p,q}^* = \left(\frac{q}{p}\int_0^\infty (t^{\frac{1}{p}} f^*(t))^q \frac{dt}{t}\right)^{\frac{1}{q}} < \infty \tag{4.18}$$

的全体可测函数所形成的函数空间.

当 $1 \le p \le \infty$, $q = \infty$ 时，

$$\|f\|_{p,q}^* = \|f\|_{p,\infty}^* = \sup_{t>0} t^{\frac{1}{p}} f^*(t) < \infty \tag{4.19}$$

恰是 f 的 L_*^p 模，即 $L_*^p = L(p,\infty)$.

注记 4.2 对 $\forall f \in L^p$, $1 \le p \le \infty$, 那么

$$\|f\|_{p,p}^* = \left(\int_0^\infty [t^{\frac{1}{p}} f^*(t)]^p \frac{dt}{t}\right)^{\frac{1}{p}} = \|f^*\|_p = \|f\|_p. \tag{4.20}$$

因此，$L(p,p) = L^p(M)$ 且 $\|\cdot\|_{p,p}^*$ 是范数. 对一般的 p,q 而言，由于 Minkowski 不等式不成立， $\|\cdot\|_{p,q}^*$ 不是范数. 然而，在 $1 < p \le \infty$, $1 \le q \le \infty$ 的情形下，我们可找到与 $\|\cdot\|_{p,q}^*$ 等价的范数 $\|\cdot\|_{p,q}$, 使 $L(p,q)$ 在 $\|\cdot\|_{p,q}$ 下是 Banach 空间.

注记 4.3 在 $\|\cdot\|_{p,q}^*$ 中配置常数 $\frac{q}{p}$ 主要理由是：当 $f = \chi_E(x)$, E 是 M 中有限可测集，此时

$$f_*(\alpha) = \begin{cases} |E|, & \alpha < 1, \\ 0, & \alpha \ge 1, \end{cases} \tag{4.21}$$

$$f^*(t) = \inf\{\alpha \mid f_*(\alpha) \le t\} = \begin{cases} 1, & t < |E|, \\ 0, & t \ge |E|, \end{cases} \tag{4.22}$$

从而

$$\begin{aligned} \|\chi_E\|_{p,q}^* &= \left(\frac{q}{p}\int_0^\infty (t^{\frac{1}{p}} f^*(t))^q \frac{dt}{t}\right)^{\frac{1}{q}} = \left(\frac{q}{p}\int_0^{|E|} t^{\frac{q}{p}-1} dt\right)^{\frac{1}{q}} \\ &= (\mu(E))^{\frac{1}{p}}. \end{aligned} \tag{4.23}$$

此等式说明对固定的 p, $L(p,q)$ 是“ L^p 型的空间”.

定理 4.4 (1) 设 $q_1 \le q_2$, $1 \le p < \infty$, 则 $L(p,q_1) \hookrightarrow L(p,q_2)$, 并且

$$\|f\|_{p,q_2}^* \le \|f\|_{p,q_1}^*, \quad \forall f \in L(p,q_1). \tag{4.24}$$

(2) 设 $\|\cdot\|$ 是定义在 $\mathcal{M}$ 上的简单函数类上的保序范数 (即对 a.e. x, 由 $|g(x)| \le |f(x)|$, 能推出 $\|g\| \le \|f\|$), 则

(a) 对 $\forall E\subset\mathcal{M}$, $\|\chi_E\|\le\{\mu(E)\}^{\frac{1}{p}}$, 那么，对一切简单函数 f, 有 $\|f\|\le\|f\|^*_{p,1}$.

(b) 对 $\forall E\in\mathcal{M}$, $\{\mu(E)\}^{\frac{1}{p}}\le\|\chi_E\|$, 那么，对一切简单函数 f, 有 $\|f\|^*_{p,\infty}\le\|f\|$.

(3) 对于一般的 $1<q<\infty$, 则有 $L(p,1)\hookrightarrow L(p,q)\hookrightarrow L(p,\infty)$ 且

$$\|f\|^*_{p,\infty}\le\|f\|^*_{p,q}\le\|f\|^*_{p,1},\quad \forall f\in L(p,1). \tag{4.25}$$

证明 情形 1. $q_2=\infty$. 注意到 $f^*(t)$ 非增，故

$$\begin{aligned}t^{\frac{1}{p}}f^*(t)&=f^*(t)\left\{\frac{q_1}{p}\int_0^t u^{\frac{q_1}{p}-1}du\right\}^{\frac{1}{q_1}}\\&\le\left\{\frac{q_1}{p}\int_0^t(u^{\frac{1}{p}}f^*(u))^{q_1}\frac{du}{u}\right\}^{\frac{1}{q_1}}=\|f\|^*_{p,q_1}.\end{aligned}$$

两边对 $t>0$ 取上确界即得

$$\|f\|^*_{p,\infty}=\sup_{t>0}t^{\frac{1}{p}}f^*(t)\le\|f\|^*_{p,q_1}. \tag{4.26}$$

情形 2. $q_2<\infty$. 对 $f(x)\in L(p,q_1)$, 则存在正值简单函数列 $\{f_m(x)\}$ 单调上升地趋向于 $|f(x)|$, 于是对每一个 $t>0$, $f_m^*(t)\nearrow f^*(t)$. 若 (4.24) 式对简单函数类成立，即

$$\|f_m\|^*_{p,q_2}\le\|f_m\|^*_{p,q_1}. \tag{4.27}$$

取 $m\to\infty$ 即得 (4.24).

下面仅需对简单函数 f 证明 (4.24). 无妨设 $f(x)$ 同引理 4.3 证明中所引入的例子. 因此 $f^*(t)$ 具有 (4.10) 的形式，从而

$$\|f(x)\|^*_{p,q}=\left\{\sum_{j=1}^m c_j^q(d_j^{\frac{q}{p}}-d_{j-1}^{\frac{q}{p}})\right\}^{\frac{1}{q}}. \tag{4.28}$$

故此情形下，(4.24) 等价于证明

$$\left\{\sum_{j=1}^m c_j^{q_2}(d_j^{\frac{q_2}{p}}-d_{j-1}^{\frac{q_2}{p}})\right\}^{\frac{1}{q_2}}\le\left\{\sum_{j=1}^m c_j^{q_1}(d_j^{\frac{q_1}{p}}-d_{j-1}^{\frac{q_1}{p}})\right\}^{\frac{1}{q_1}}$$

$\Longleftrightarrow$

$$\sum_{j=1}^m a_j(b_j-b_{j-1})\le\left\{\sum_{j=1}^m a_j^\theta(b_j^\theta-b_{j-1}^\theta)\right\}^{\frac{1}{\theta}}, \tag{4.29}$$

这里 $a_j=c_j^{q_2}$, $b_j=d_j^{\frac{q_2}{p}}$, $\theta=\frac{q_1}{q_2}$, $a_1>a_2>\cdots>a_m>0$,$0=b_0<b_1<b_2<\cdots<b_m$, $0<\theta\le1$.

现用归纳法来证明 (4.29). 若 $m=1$, 此即 $a_1b_1 \le \{a_1^\theta b_1^\theta\}^{\frac{1}{\theta}}$, (4.29) 显然成立.

现设 (4.29) 对 $m=N$ 成立，对 $0\le x\le a_N$, 令

$$\varphi(x)=\left\{\sum_{j=1}^{N}a_j^\theta(b_j^\theta-b_{j-1}^\theta)+x^\theta(b_{N+1}^\theta-b_N^\theta)\right\}^{\frac{1}{\theta}}=(A+x^\theta B)^{\frac{1}{\theta}}, \tag{4.30}$$

$$l(x)=\sum_{j=1}^{N}a_j(b_j-b_{j-1})+x(b_{N+1}-b_N)=A_1+xB_1. \tag{4.31}$$

我们目标是证明，当 $0<a_{N+1}<a_N$ 时，$\varphi(a_{N+1})\ge l(a_{N+1})$. 依归纳假设易见 $\varphi(0)>l(0)$, $\varphi(a_N)\ge l(a_N)$(此不等式中，最后一项用 b_N 来代 b_{N+1}, 即是 (4.29)). 另一方面 $\varphi'(x)=B(Ax^{-\theta}+B)^{\frac{1}{\theta}-1}$, 从而 $\varphi'(x)$ 单调下降，即 $\varphi(x)$ 是凹函数，从而 $\varphi(x)$ 在 $[0,a_N]$ 上控制着连接 $[0,a_N]$ 上的线性函数，从而推得

$$\varphi(x)\ge l(x),\qquad 0\le x\le a_N. \tag{4.32}$$

由此就证明了 (1).

下面来证明 (2). 先来证明 (a), 由于 $\|\cdot\|$ 是保序的，我们仅需对非负简单函数来证明即可. 记 $f=\sum\limits_{j=1}^{m}c_j\chi_{E_j}(x)$, 这里 $E_1\cdots E_n$ 两两互不相交，$c_1>c_2>\cdots>c_m>c_{m+1}=0$, 当 $k=1,2,\cdots,m$ 时，定义

$$f_k(x)=b_k\chi_{F_k},\quad b_k=c_k-c_{k+1},\quad F_k=\cup_{j=1}^{k}E_j. \tag{4.33}$$

直接计算，容易看出

$$(f_k)_*(\alpha)=\begin{cases}d_k, & 0\le\alpha<c_k-c_{k+1},\\ 0, & \alpha\ge c_k-c_{k+1}.\end{cases}$$

$$(f_k)^*(t)=\begin{cases}c_k-c_{k+1}, & t<d_k,\\ 0, & d_k\le t.\end{cases}$$

那么，自然有

$$f^*(t)=\sum_{k=1}^{m}f_k^*(t),\quad t>0, \tag{4.34}$$

并且

$$\begin{aligned}\|f\|&\le\sum_{k=1}^{m}\|f_k\|=\sum_{k=1}^{m}b_k\|\chi_{F_k}\|\le\sum_{k=1}^{m}b_k\{\mu(F_k)\}^{\frac{1}{p}}\\&=\sum_{k=1}^{m}\frac{1}{p}\int_0^\infty t^{\frac{1}{p}}f_k^*(t)\frac{dt}{t}=\frac{1}{p}\int_0^\infty t^{\frac{1}{p}}\sum_{k=1}^{m}f_k^*(t)\frac{dt}{t}\\&=\frac{1}{p}\int_0^\infty t^{\frac{1}{p}}f^*(t)\frac{dt}{t}=\|f\|_{p,1}^*.\end{aligned} \tag{4.35}$$

下面来证明 (b). 利用 (4.11), 容易看出

$$\|f\|_{p,\infty}^* = \sup_{1\le j\le m} d_j^{\frac{1}{p}} c_j. \tag{4.36}$$

现设上式上确界在 $j=k$ 处取到，那么

$$\|f\|_{p,\infty}^* = d_k^{\frac{1}{p}} c_k. \tag{4.37}$$

令 $g = c_k\chi_{F_k}$, 则 $0\le g\le f$, 且

$$\|f\|_{p,\infty}^* = d_k^{\frac{1}{p}} c_k = c_k\{\mu(F_k)\}^{\frac{1}{p}} \le c_k\|\chi_{F_k}\| = \|g\| \le \|f\|.$$

注记 4.4 $L(p,q)$ 与矩形 $Q=\{(x_1,x_2)\in\mathbb{R}^2,\ 0\le x_1,\ x_2\le 1\}$ 点 $(\frac{1}{p},\frac{1}{q})$ 联系起来可对 $L(p,q)$ 空间进行更好地说明. 从定理 4.4 容易看出：

(i) 当 $x_1=\frac{1}{p}$ 固定， $x_2=\frac{1}{q}$ 从 1 变到 0 时，相应的函数子空间随之变大，即

$$L(p,1)\subset L(p,p)\subset L(p,\infty).$$

(ii) 当 (x_1,x_2) 在 Q 的对角线上时，就有 $L(p,p)=L^p$.

(iii) 因为 $L(p,\infty)=L_*^p$, 从而弱 (r,p) 型算子 T 等价于

$$\|Tf\|_{p,\infty}^* \le k\|f\|_r, \tag{4.38}$$

进而，由于 $L^r=L(r,r)\supset L(r,1)$, 故有 $\|f\|_r\le\|f\|_{r,1}^*$. 于是，弱 (r,p) 型算子 T 限制到 $\mathcal{D}(T)\cap L(r,1)$ 就是对于 L^r 中的子空间 $L(r,1)$ 中的函数，满足

$$\|Tf\|_{p,\infty}^* \le k\|f\|_{r,1}^*, \quad f(x)\in\mathcal{D}(T)\cap L(r,1), \tag{4.39}$$

这里 $\mathcal{D}(T)$ 表示算子 T 的定义域. 显然, 弱 (r,p) 型算子意味着 (4.39). 我们将证明, 尽管形如 (4.39) 所确定的限制弱型算子比弱型算子弱, 但 Marcinkiewicz 型插值定理仍然成立.

定义 4.4 称次可加算子 T 是限制弱 (r,p) 型算子，如果 T 的定义域 $\mathcal{D}(T)$ 里含其所有元素的截函数、有限测度的特征函数的所有有限线性组合，且当 $f(x)\in\mathcal{D}(T)\cap L(r,1)$ 时，有

$$\|Tf\|_{p,\infty}^* \le k\|f\|_{r,1}^*. \tag{4.40}$$

定理 4.5 设 T 是线性算子，它把有限测度集合 $E\subset M$ 上的特征函数 χ_E 的有限线性组合映入一个具有保序模 $\|\cdot\|$ 的向量空间 B 上，若

$$\|T\chi_E\| \le c\|\chi_E\|_{r,1}^* = c\{\mu(E)\}^{\frac{1}{r}}, \tag{4.41}$$

其中 c 不依赖于 E. 则存在常数 A, 使得对任意 $f\in\mathcal{D}(T)$ 有

$$\|Tf\|\le A\|f\|_{r,1}^{*}. \tag{4.42}$$

证明 若 $f(x)\ge 0$ 属于 T 的定义域 $\mathcal{D}(T)$, 仅需对 $f(x)$ 是简单函数的情形证明 (4.42). 记

$$f(x)=\sum_{k=1}^{m}f_k(x), \tag{4.43}$$

此处 f_k 是定理 4.4 中简单函数重排形式. 于是,

$$\|Tf\|=\|\sum_{k=1}^{m}Tf_k\|\le\sum_{k=1}^{m}\|Tf_k\|\le\sum_{k=1}^{m}cb_k\|\chi_{F_k}\|_{r,1}^{*}\le c\|f\|_{r,1}^{*}, \tag{4.44}$$

这里用到 (4.35) 式. 对于一般函数 $f=f_1+if_2$, 则仅需要分别考虑 f_1, f_2 的正部和负部, 综上所述, 可得

$$\|Tf\|\le A\|f\|_{r,1}^{*},\quad A=4c. \tag{4.45}$$

注记 4.5 (i) 当 $T\equiv I$ 时, 由定理 4.5 即推知定理 4.4 的 (2) 的第一部分. 显然, 当 T 是次线性算子 (次可加, 正齐性算子) 时, 定理 4.5 仍然成立.

(ii) 如果 T 是弱 (r,p) 型算子, 则 T 是限制弱 (r,p) 型算子. 另一方面, 定理 4.5 意味着 Marcinkiewicz 插值型定理中端点处的限制弱型不等式, 可以放宽到此不等式对有限测度集上的特征函数成立即可.

下面给出著名的 Hardy 型不等式. 读者将会发现, $L(p,q)$ 型空间中的广义 Marcinkiewicz 插值定理是 Hardy 不等式的直接推论.

引理 4.6(Hardy 不等式) 设 $q\ge 1$, $r>0$, 且 $g(u)$ 是 $(0,\infty)$ 上的非负函数, 则

$$\left(\int_0^\infty\left[\int_0^t g(u)du\right]^q t^{-r-1}dt\right)^{\frac{1}{q}}\le\frac{q}{r}\left(\int_0^\infty[ug(u)]^q u^{-r-1}du\right)^{\frac{1}{q}}, \tag{4.46}$$

$$\left(\int_0^\infty\left[\int_t^\infty g(u)du\right]^q t^{r-1}dt\right)^{\frac{1}{q}}\le\frac{q}{r}\left(\int_0^\infty[ug(u)]^q u^{r-1}du\right)^{\frac{1}{q}}. \tag{4.47}$$

证明 容易看出 (4.46) 蕴含 (4.47) 式. 事实上, 取 $g_1(u)=u^{-2}g(u^{-1})$, 通过坐标变换, 得

$$\begin{aligned}\int_0^\infty\left[\int_0^t g_1(u)du\right]^q t^{-r-1}dt&=\int_0^\infty\left[\int_{\frac{1}{t}}^\infty g(v)dv\right]^q t^{-r-1}dt\\&=\int_0^\infty\left(\int_s^\infty g(v)dv\right)^q s^{r-1}ds.\end{aligned} \tag{4.48}$$

应用 (4.46) 式，并作变换 $v=\frac{1}{u}$, 就得

$$\begin{aligned}\int_0^\infty\left[\int_0^t g_1(u)du\right]^q t^{-r-1}dt\le&\left(\frac{q}{r}\right)^q\int_0^\infty(u\cdot g_1(u))^q u^{-r-1}du\\ =&\left(\frac{q}{r}\right)^q\int_0^\infty\left(\frac{1}{u}g(\frac{1}{u})\right)^q u^{-r-1}du\\ =&\left(\frac{q}{r}\right)^q\int_0^\infty(vg(v))^q v^{r-1}dv.\end{aligned}\tag{4.49}$$

于是，由 (4.48),(4.49) 即推得 (4.47). 下面仅需证明 (4.46). 令 $d\mu=u^{\frac{r}{q}-1}du$, 考察

$$\begin{aligned}\left(\int_0^t g(u)du\right)^q\le& t^{r(1-\frac{1}{q})}\left(\frac{q}{r}\right)^{q-1}\int_0^t[g(u)]^q u^{q-r}d\mu\\ \le&\left(\frac{q}{r}\right)^{q-1}t^{r(1-\frac{1}{q})}\int_0^t[g(u)]^q u^{q-r-1+\frac{r}{q}}du,\end{aligned}\tag{4.50}$$

这里用到 Hölder 不等式. 进而有

$$\begin{aligned}&\int_0^\infty\left(\int_0^t g(u)du\right)^q t^{-r-1}dt\\ \le&\left(\frac{q}{r}\right)^{q-1}\int_0^\infty t^{-1-\frac{r}{q}}\left[\int_0^t[g(u)]^q u^{q-r-1+\frac{r}{q}}du\right]dt\\ =&\left(\frac{q}{r}\right)^{q-1}\int_0^\infty[g(u)]^q u^{q-r-1+\frac{r}{q}}\left(\int_u^\infty t^{-1-\frac{r}{q}}dt\right)du\\ =&\left(\frac{q}{r}\right)^q\int_0^\infty[g(u)u]^q u^{-r-1}du.\end{aligned}\tag{4.51}$$

此处用到积分交换次序，从而证得 Hardy 不等式.

定理 4.7 设 T 是限制弱 (r_j,p_j) 型次可加算子 $j=0,1$ 且 $r_0<r_1$, $p_0\ne p_1$, 则存在一个常数 B, 使得对 $\forall f\in\mathcal{D}(T)\cap L(r,q)$, 有

$$\|Tf\|_{p,q}^*\le B\|f\|_{r,q}^*,\tag{4.52}$$

其中 $1\le q\le\infty$ 且

$$\frac{1}{p}=\frac{1-\theta}{p_0}+\frac{\theta}{p_1},\quad \frac{1}{r}=\frac{1-\theta}{r_0}+\frac{\theta}{r_1},\quad 0<\theta<1.\tag{4.53}$$

证明 对任意 $f\in L(r,q)\cap\mathcal{D}(T)$, 定义

$$f^t(x)=\begin{cases}f(x), & 当|f(x)|>f^*(t^\gamma)时,\\ 0, & 当|f(x)|\le f^*(t^\gamma)时.\end{cases}\tag{4.54}$$

$$f_t(x) = f(x) - f^t(x), \tag{4.55}$$

$$\gamma = \frac{1/p_0 - 1/p}{1/r_0 - 1/r} = \frac{1/p - 1/p_1}{1/r - 1/r_1}. \tag{4.56}$$

容易验证

$$(f^t)^*(s) \le \begin{cases} f^*(s), & 0 < s < t^\gamma, \\ 0, & t^\gamma \le s, \end{cases} \tag{4.57}$$

$$(f_t)^*(s) \le \begin{cases} f^*(t^\gamma), & 0 < s < t^\gamma, \\ f^*(s), & t^\gamma \le s. \end{cases} \tag{4.58}$$

利用算子 T 的次可加性，即对几乎处处 $y \in N$, 有

$$|Tf(y)| = |[T(f^t + f_t)](y)| \le |[Tf^t](y)| + |[Tf_t](y)|.$$

对任意的 $s > 0$, 上式意味着

$$\begin{aligned}\{y \in N :&|[Tf](y)| > (Tf^t)^*(s) + (Tf_t)^*(s)\} \\ &\subset \{y \in N : |(Tf^t)(y)| > (Tf^t)^*(s)\} \\ &\cup \{y \in N : |[Tf_t](y)| > (Tf_t)^*(s)\}.\end{aligned} \tag{4.59}$$

利用 (4.59) 及定理 4.1, 可得

$$\begin{aligned}&(Tf)_*[(Tf^t)^*(s) + (Tf_t)^*(s)] \\ \le&(Tf^t)_*[(Tf^t)^*(s)] + (Tf_t)_*[(Tf_t)^*(s)] \le 2s.\end{aligned} \tag{4.60}$$

这样，依 $(Tf)^*$ 的定义，对一切 $s > 0$, 有

$$(Tf)^*(2s) \le (Tf^t)^*(s) + (Tf_t)^*(s). \tag{4.61}$$

情形 1. $r_1 < \infty, q < \infty$ 在 (4.61) 中取 $t = s$, 利用变量代换及 Minkowski 不等式，有

$$\begin{aligned}&\|Tf\|_{p,q}^* = \left(\frac{q}{p}\right)^{\frac{1}{q}} \left\{\int_0^\infty [t^{\frac{1}{p}}(Tf)^*(t)]^q \frac{dt}{t}\right\}^{\frac{1}{q}} \\ =&\left(\frac{q}{p}\right)^{\frac{1}{q}} 2^{\frac{1}{p}} \left\{\int_0^\infty [t^{\frac{1}{p}}(Tf)^*(2t)]^q \frac{dt}{t}\right\}^{\frac{1}{q}} \\ \le&\left(\frac{q}{p}\right)^{\frac{1}{q}} 2^{\frac{1}{p}} \left\{\left(\int_0^\infty [t^{\frac{1}{p}}(Tf^t)^*(t)]^q \frac{dt}{t}\right)^{\frac{1}{q}} + \left(\int_0^\infty [t^{\frac{1}{p}}(Tf_t)^*(t)]^q \frac{dt}{t}\right)^{\frac{1}{q}}\right\} \\ \le&\left(\frac{q}{p}\right)^{\frac{1}{q}} 2^{\frac{1}{p}} \left\{k_0 \left(\int_0^\infty [t^{\frac{1}{p}-\frac{1}{p_0}}\|f^t\|_{r_0,1}^*]^q \frac{dt}{t}\right)^{\frac{1}{q}}\right. \\ &\left. + k_1 \left(\int_0^\infty [t^{\frac{1}{p}-\frac{1}{p_1}}\|f_t\|_{r_1,1}^*]^q \frac{dt}{t}\right)^{\frac{1}{q}}\right\},\end{aligned} \tag{4.62}$$

这里用到 T 是限制弱 (r_0,p_0) 和 (r_1,p_1) 型算子，即

$$t^{\frac{1}{p_0}}(Tf^t)^*(t)\le k_0\|f^t\|_{r_0,1}^*,\ t^{\frac{1}{p_1}}(Tf_t)^*(t)\le k_1\|f_t\|_{r_1,1}^*,\quad \forall t>0. \tag{4.63}$$

进而，利用变量代换及 Hardy 不等式 (4.46) 就得

$$\begin{aligned}
&\left(\int_0^\infty [t^{\frac{1}{p}-\frac{1}{p_0}}\|f^t\|_{r_0,1}^*]^q\frac{dt}{t}\right)^{\frac{1}{q}}\\
\le&\left(\int_0^\infty \left[t^{\frac{1}{p}-\frac{1}{p_0}}\left(\int_0^{t^\gamma}\frac{f^*(s)}{r_0}s^{\frac{1}{r_0}-1}ds\right)\right]^q\frac{dt}{t}\right)^{\frac{1}{q}}\\
=&|\gamma|^{-\frac{1}{q}}\frac{1}{r_0}\left(\int_0^\infty\left[u^{\frac{1}{r}-\frac{1}{r_0}}\int_0^u f^*(s)s^{\frac{1}{r_0}-1}ds\right]^q\frac{du}{u}\right)^{\frac{1}{q}}\quad (u=t^\gamma)\\
=&\frac{r}{r-r_0}\cdot\left(\frac{r}{|\gamma|q}\right)^{\frac{1}{q}}\|f\|_{r,q}^*.
\end{aligned}\tag{4.64}$$

另一方面，利用 (4.47) 式，类似地有

$$\begin{aligned}
&\left(\int_0^\infty\left[t^{\frac{1}{p}-\frac{1}{p_1}}\|f_t\|_{r_1,1}^*\right]^q\frac{dt}{t}\right)^{\frac{1}{q}}\\
\le&\left(\int_0^\infty\left[\frac{1}{r_1}t^{\frac{1}{p}-\frac{1}{p_1}}\left(\int_0^{t^\gamma}f^*(t^\gamma)s^{\frac{1}{r_1}-1}ds+\int_{t^\gamma}^\infty f^*(s)s^{\frac{1}{r_1}-1}ds\right)\right]^q\frac{dt}{t}\right)^{\frac{1}{q}}\\
\le&\left(\int_0^\infty\left[t^{\frac{1}{p}-\frac{1}{p_1}}f^*(t^\gamma)t^{\frac{\gamma}{r_1}}\right]^q\frac{dt}{t}\right)^{\frac{1}{q}}+\frac{1}{r_1}\left(\int_0^\infty\left[t^{\frac{1}{p}-\frac{1}{p_1}}\int_{t^\gamma}^\infty f^*(s)s^{\frac{1}{r_1}-1}ds\right]^q\frac{dt}{t}\right)^{\frac{1}{q}}\\
\le&|\gamma|^{-\frac{1}{q}}\left\{\left(\int_0^\infty[u^{\frac{1}{r}}f^*(u)]^q\frac{du}{u}\right)^{\frac{1}{q}}\right.\\
&\left.+\frac{1}{r_1}\left(\int_0^\infty\left[u^{\frac{1}{r}-\frac{1}{r_1}}\int_u^\infty f^*(s)s^{\frac{1}{r_1}-1}ds\right]^q\frac{du}{u}\right)^{\frac{1}{q}}\right\}\quad(u=t^\gamma)\\
\le&\left(\frac{r}{|\gamma|q}\right)^{\frac{1}{q}}\|f\|_{r,q}^*+\frac{r|\gamma|^{-\frac{1}{q}}}{r_1-r}\left(\int_0^\infty\left(f^*(u)u^{\frac{1}{r_1}}\right)^q u^{\frac{q}{r}-\frac{q}{r_1}}\frac{du}{u}\right)^{\frac{1}{q}}\\
=&\left(\frac{r}{|\gamma|q}\right)^{\frac{1}{q}}\left(\frac{r}{r_1-r}\right)\|f\|_{r,q}^*.
\end{aligned}\tag{4.65}$$

因此，由 (4.64), (4.65) 可见

$$\|Tf\|_{p,q}^*\le B\|f\|_{r,q}^*, \tag{4.66}$$

其中

$$B=\left(\frac{r}{|\gamma|q}\right)^{\frac{1}{q}}2^{\frac{1}{p}}\left(\frac{rk_0}{r-r_0}+\frac{rk_1}{r_1-r}\right). \tag{4.67}$$

情形 2. $r_1<\infty, q=\infty$. 类同于情形 1 的证明，仍然利用 (4.57), (4.58) 及 (4.61) 来估计 $t^{\frac{1}{p}}(Tf)^*(t)$. 在此特殊情形下，注意到 $f^*(s)s^{\frac{1}{r}}\le\|f\|^*_{r,\infty}$, 可得

$$\begin{aligned}t^{\frac{1}{p}}Tf^*(t)\le&c_1t^{\frac{1}{p}-\frac{1}{p_0}}\int_0^{t^\gamma}f^*(s)s^{\frac{1}{r_0}-1}ds+c_2t^{\frac{1}{p}-\frac{1}{p_1}}\int_0^{t^\gamma}f^*(t^\gamma)s^{\frac{1}{r_1}-1}ds\\&+c_3t^{\frac{1}{p}-\frac{1}{p_1}}\int_{t^\gamma}^\infty f^*(s)s^{\frac{1}{r_1}-1}ds\le B\|f\|^*_{r,\infty},\end{aligned}\tag{4.68}$$

这里常数 c_1,c_2,c_3 分别是 $c_1=2^{\frac{1}{p}}k_0, c_2=c_3=2^{\frac{1}{p}}k_1$, 而

$$B=\left\{\frac{c_1}{1/r_0-1/r}+c_2r_1+\frac{c_3}{1/r-1/r_1}\right\}.\tag{4.69}$$

故对 (4.68) 关于 $t>0$ 取上确界，容易看出

$$\|Tf\|^*_{p,\infty}\le B\|f\|^*_{r,\infty}.\tag{4.70}$$

情形 3. $r_1=\infty, q=\infty$. 注意利用 $\|f_t\|_{\infty,\infty}\le f^*(t^\gamma)$, 完全沿用情形 1 的证明即得.

注记 4.6 定理 4.7 较经典的 Marcinkiewiez 插值定理要广泛. 事实上，当 $p\ge r$ 时，取 $q=p$, (4.52) 意味着

$$\|Tf\|_p=\|Tf\|^*_{p,p}\le B\|f\|^*_{r,p}\le B\|f\|^*_{r,r}=B\|f\|_r,\tag{4.71}$$

由此推得:

推论 4.8 若 $f\in L^p(\mathbb{R}^n)$, $1<p\le 2$, 则 $\hat{f}\in L(p',p)$ 且存在常数 $B=B_p$, 使

$$\|\hat{f}\|^*_{p',p}\le B\|f\|_p,\tag{4.72}$$

其中 $\frac{1}{p}+\frac{1}{p'}=1$.

证明 由

$$\|\hat{f}\|^*_{\infty,\infty}=\|\hat{f}\|_\infty\le\|f\|_1=\|f\|^*_{1,1},$$

$$\|\hat{f}\|^*_{2,\infty}\le\|\hat{f}\|^*_{2,2}=\|\hat{f}\|_2=\|f\|_2=\|f\|^*_{2,2}\le\|f\|^*_{2,1}.$$

根据定理 4.7 即得 (4.72).

上面讨论 $L(p,q)$ 型空间是一个线性空间，然而它所配带的模 $\|\cdot\|^*_{p,q}$ 不是一个范数，这多少有些遗憾. 下面我们来寻找一个与 $\|\cdot\|^*_{p,q}$ 等价的范数 $\|\cdot\|_{p,q}$, 使得 $L(p,q)$ 在 $\|\cdot\|_{p,q}$ 下就是一个 Banach 空间. 我们通常也称此空间为 Lorentz 空间.

我们来寻找与模 $\|\cdot\|^*_{p,q}$ 等价的范数 $\|\cdot\|_{p,q}$. 下面我们仅考虑无原子的测度空间，即 $\mathcal{M}$ 不含原子 (这里原子是指其可测子集的测度都是 0 的正测度集).

引理 4.9 设 $E\subset\mathcal{M}$, $F_\alpha=\{x\in M: f(x)>\alpha\geq 0\}$, $f_*(\alpha)=\mu(F_\alpha)$, 则

(1)
$$\int_E|f|d\mu\leq\int_0^{\mu(E)}f^*(t)dt. \tag{4.73}$$

(2)
$$\int_{F_\alpha}|f|d\mu=\int_0^{f_*(\alpha)}f^*(t)dt. \tag{4.74}$$

(3) 若 $\mu(M)\geq t>0$, 则存在一个集合 $E_t\in\mathcal{M}$, 使得 $\mu(E_t)=t$ 且

$$\int_{E_t}|f|d\mu=\int_0^t f^*(u)du. \tag{4.75}$$

证明 (1) 显然，若 $|f_1|\leq|f|$, 则 $f_1^*(t)\leq f^*(t)$. 记 χ_E 是 E 上的特征函数，记 $f_1=f\chi_E$, 则有

$$\int_0^{\mu(E)}f_1^*(t)dt\leq\int_0^{\mu(E)}f^*(t)dt. \tag{4.76}$$

另一方面，注意到 $(f_1)_*(\alpha)\leq\mu(E)$, 这样对 $\forall t>\mu(E)$, 有 $f_1^*(t)=0$. 因此

$$\int_E|f|d\mu=\int_M|f_1|d\mu=\int_0^\infty f_1^*(t)dt=\int_0^{\mu(E)}f_1^*(t)dt. \tag{4.77}$$

于是，由 (4.76),(4.77) 可得 (1).

(2) 令

$$g(t)=\begin{cases}f^*(t), & 0\leq t<f_*(\alpha),\\ 0, & f_*(\alpha)\leq t.\end{cases} \tag{4.78}$$

这样， g 与 $h=f\circ\chi_{F_\alpha}$ 就有相同的分布函数 (当 $f(x)$ 是简单函数时，直接由定理 4.1 及简单函数的分布函数，非增重整函数的表示方式容易推出. 对一般的情形，利用简单函数逼近即可). 于是

$$\int_{F_\alpha}|f|d\mu=\int_M|h|d\mu=\int_0^\infty g(u)du=\int_0^{f_*(\alpha)}f^*(u)du. \tag{4.79}$$

(3) 若 $0<t\leq\mu(M)$, 令 $G=\{x\in M:|f(x)|>f^*(t)\}$, $H=\{x\in M:|f(x)|\geq f^*(t)\}$, 则

$$\mu(G)\leq t\leq\mu(H). \tag{4.80}$$

注意 (4.80) 的第一个不等式是定理 4.1 的直接结果，而第二个不等式可通过简单函数及引理 4.2 来建立. 由于 $(M,\mathcal{M},\mu)$ 不是原子的，因而就可以在 $\mathcal{M}$ 中找到一个集合 E_t, 使得 $G\subset E_t\subset H$, 且 $\mu(E_t)=t$. 再令 $h=f\chi_{E_t}$ 于是

$$h^*(u)=\begin{cases}f^*(u), & 0<u<t,\\ 0, & u\geq t.\end{cases} \tag{4.81}$$

故

$$\int_{E_t}|f|d\mu=\int_M|h|d\mu=\int_0^{\infty}h^*(u)du=\int_0^t f^*(u)du. \tag{4.82}$$

这就证明引理 4.9.

注记 4.7 由引理 4.9 (1) 与 (3) 知

$$\sup_{E\subset\mathcal{M},\mu(E)\le t}\int_E|f|d\mu=\int_0^t f^*(u)du. \tag{4.83}$$

若 f 几乎处处不是 0 且 $t>0$, 则 (4.83) 式右端是正的. 于是映射

$$f\to t^{-1}\int_0^t f^*(u)du \tag{4.84}$$

就是定义在每一个 $L^p(M)$ $(1\le p\le\infty)$ 上的范数, 这一点由 (4.83) 容易看出. 然而范数之值的有限性则由 Hölder 不等式

$$\int_E|f|d\mu=\int_M\chi_E|f|d\mu\le\|f\|_p\|\chi_E\|_{p'}\le t^{\frac{1}{p'}}\|f\|_p$$

推得, 这里 $\frac{1}{p}+\frac{1}{p'}=1$. 现令

$$f^{**}(t)=\frac{1}{t}\int_0^t f^*(u)du. \tag{4.85}$$

定义

$$\|f\|_{p,q}=\left(\frac{q}{p}\int_0^{\infty}[t^{\frac{1}{p}}f^{**}(t)]^q\frac{dt}{t}\right)^{\frac{1}{q}}, \tag{4.86}$$

这里 $1\le p<\infty, 1\le q<\infty$. 而当 $q=\infty$ 时,

$$\|f\|_{p,\infty}=\sup_{t>0}t^{\frac{1}{p}}f^{**}(t). \tag{4.87}$$

由 $f^*(t)$ 的非增性, 易见

$$\|f\|_{p,q}^*\le\|f\|_{p,q}. \tag{4.88}$$

综上所述, $\|\cdot\|_{p,q}$ 是一个范数, 故 $L(p,q)$ 在 $\|\cdot\|_{p,q}$ 下是一个线性赋范空间. 当 $p=1, q=\infty$ 时,

$$\|f\|_{1,\infty}=\sup_{t>0}tf^{**}(t)=\sup_t\int_0^t f^*(t)dt=\int_0^{\infty}f^*(t)dt=\|f\|_1. \tag{4.89}$$

然而，当 $p=1, 1\le q<\infty$ 时，若

$$\|f\|_{1,q}=\left(q\int_0^\infty\left(\int_0^t f^*(u)du\right)^q\frac{dt}{t}\right)^{\frac{1}{q}}<\infty,$$

易见 $f\overset{a.e.}{=}0$. 这说明，当 $p=1$ 时，$\|\cdot\|_{1,q}$ 不能定义 L^1 空间一个满意的扩展.

当 $1<p\le\infty$ 时，$\|\cdot\|_{p,q}$ 与 $\|\cdot\|_{p,q}^*$ 等价，更确切地有

定理 4.10 若 $f\in L(p,q), 1<p\le\infty$, 则

$$\|f\|_{p,q}^*\le\|f\|_{p,q}\le\frac{p}{p-1}\|f\|_{p,q}^*. \tag{4.90}$$

证明 (4.90) 的第一个不等式已证, 下仅需证第二个不等式. 当 $1<p<\infty, 1\le q<\infty$, 由 Hardy 不等式 (4.46) 可见

$$\begin{aligned}\|f\|_{p,q}&=\left(\frac{q}{p}\int_0^\infty\left[\int_0^t f^*(u)du\right]^q t^{-q(1-\frac{1}{p})-1}dt\right)^{\frac{1}{q}}\\&\le\frac{p}{p-1}(\frac{q}{p}\int_0^\infty[uf^*(u)]^q u^{\frac{q}{p}-q-1}du)^{\frac{1}{q}}\\&\le\frac{p}{p-1}\left(\frac{q}{p}\int_0^\infty[u^{\frac{1}{p}}f^*(u)]^q\frac{du}{u}\right)^{\frac{1}{q}}=\frac{p}{p-1}\|f\|_{p,q}^*.\end{aligned} \tag{4.91}$$

当 $1<p\le\infty, q=\infty$, 有

$$\begin{aligned}t^{\frac{1}{p}}f^{**}(t)&=t^{\frac{1}{p}-1}\int_0^t f^*(u)du=t^{\frac{1}{p}-1}\int_0^t u^{-\frac{1}{p}}u^{\frac{1}{p}}f^*(u)du\\&\le\|f\|_{p,\infty}^*t^{\frac{1}{p}-1}\int_0^t u^{-\frac{1}{p}}du=\frac{p}{p-1}\|f\|_{p,\infty}^*.\end{aligned} \tag{4.92}$$

对上式取上确界可得

$$\|f\|_{p,\infty}\le\frac{p}{p-1}\|f\|_{p,\infty}^*. \tag{4.93}$$

定理 4.11 设 $1<p\le\infty$, $1\le q\le\infty$, 则 $L(p,q)$ 在 $\|\cdot\|_{p,q}$ 下是一个 Banach 空间.

证明 仅需证明 $L(p,q)$ 完备即可，当 $p=\infty$ 时，我们仅对 $q=\infty$ 定义了 $L(\infty,\infty)$ 空间，此时 $L(\infty,\infty)=L^\infty$, 从而 $L(\infty,\infty)$ 完备. 故我们仅需对 $1<p<\infty$ 来证明. 设 $\{f_n\}$ 是 $L(p,q)$ 中的 Cauchy 序列，注意利用 $L(p,1)\hookrightarrow L(p,q)\hookrightarrow L(p,\infty)=L_p^*$ 及引理 4.3 可得

$$\sup_{\alpha>0}\alpha^p\mu\{x\in M:|f_n(x)-f_m(x)|>\alpha\}\to 0. \tag{4.94}$$

特别，$\{f_m\}$ 是依测度收敛基本列，因此，由 Riesz 定理，存在子序列 $\{f_{m_k}\}$ 和函数 $f(x)$ 使得

$$f_{m_k} \xrightarrow{\text{a.e.}} f(x), \qquad x \in M. \tag{4.95}$$

于是，$\forall\delta > 0$, 存在 $j_0 = j_0(\delta)$, 当 $j, n \geq j_0$ 时，有

$$\|f_n - f_j\|_{p,q} < \delta. \tag{4.96}$$

现令 $g_k = f_{n_k} - f_j, g = f - f_j$, 由 Fatou 定理

$$\int_E |g| d\mu \leq \lim_{k\to\infty} \inf \int_E |g_k| d\mu, \tag{4.97}$$

这里 $E \subset \mathcal{M}$ 可测. 于是，由 (4.82) 式及 Fatou 定理 (将 $\|\cdot\|_{p,q}$ 表示出来) 得

$$\|f - f_j\|_{p,q} = \|g\|_{p,q} \leq \delta, \tag{4.98}$$

从而就证明定理 4.11.

注记 4.8 (i) 当 $p = 1$, $1 < q < \infty$ 时， $L(p,q)$ 不能赋范.
(ii) 当 $1 < p \leq \infty, 1 < q \leq \infty$ 时， $L(p,q)$ 有范数 $\|\cdot\|_{p,q}$.
(iii) 当 $p = 1, q = 1$ 时， $L(p,q)$ 具有范数 $\|\cdot\|^*_{1,1} = \|\cdot\|_1$.

§4.5 抽象插值方法及 Stein 型插值定理

前几节主要研究了 L^p 型空间 (含 L^p_* 空间， Lorentz 空间 $L(p,q)$) 中的经典的插值定理，例如，利用三线定理证明了 M.Riesz 型的强型插值定理；通过引入分布函数及 L^p_* 空间，证明了经典的 Marcinkiewicz 型插值定理. 进而，通过引入可测函数的非升重整及 Hardy 不等式，在 Lorentz 空间 $L(p,q)$ 中建立了广义 Marcinkiewicz 型插值定理，与此同时，利用这些插值定理得了许多经典的不等式.

作为本章的结束，本节我们着重介绍一般的插值方法，即实插值方法及复插值方法. 一方面，它对将来更好地了解一般函数空间很有帮助. 另一方面，作为应用我们将给出解析算子簇的 Stein 型插值定理.

线性算子的插值理论日趋完整，内容丰富，有很多种方法推广到一般 Banach 型空间上. 其基本框架与内容可表述如下：

设 V 是拓扑向量空间， A^0, A^1 是两个分别以 $\|\cdot\|^{(0)}$ 和 $\|\cdot\|^{(1)}$ 为范数的 Banach 空间， A^0, A^1 可以连续嵌入到 V. 在 $A^0 \cap A^1$ 引入范数 $\|a\|_{A^0\cap A^1} = \max\{\|a\|^{(0)}, \|a\|^{(1)}\}$, 在 $A^0 + A^1 = \{a = a_0 + a_1, a_0 \in A^0, a_1 \in A^1\}$ 中引入范数 $\|a\|_{A^0+A^1} = \inf\{\|a_0\|^{(0)} + \|a_1\|^{(1)} : a_0 \in A^0, a_1 \in A^1, a = a_0 + a_1\}$, 使 $A^0 \cap A^1$ 与 $A^0 + A^1$ 变成 Banach 空间. A^0 与 A^1 间的中间空间是指满足

$$A^0 \cap A^1 \subset A \subset A^0 + A^1$$

的任一 Banach 空间 A.

例 5.1 当 $A^0 = L^{p_0}$, $A^1 = L^{p_1}$, $1 \le p_0, p_1 \le \infty$,$\forall t \in [0,1]$, 则 L^{p_t} 就是一个 L^{p_0} 与 L^{p_1} 之间的中间空间，这里 $\frac{1}{p_t} = \frac{1-t}{p_0} + \frac{t}{p_1}$.

定义 5.1 设 T 是 $A^0 + A^1$ 到自身的线性变换，满足：

(i) T 在每一个 $A^j(j=0,1)$ 上的限制是 A^j 到自身的有界线性算子.

(ii) T 在 A 上的限制也是 A 到 A 的有界线性算子.

则称 A 是 A^0 与 A^1 的线性插值空间.

例 5.2 在例 1 中，对任意 $t \in [0,1]$, 利用 M.Riesz 插值定理，L^{p_t} 是 L^{p_0} 与 L^{p_1} 的线性插值空间.

线性算子插值与线性插值空间是两个密不可分的概念，在线性算子插值的抽象理论中，基本问题可表述如下：

(i) 给定两个 Banach 空间 A^0, A^1, 如何表征全体 A^0 与 A^1 间的线性插值空间？

(ii) 如何在给定的 Banach 空间 A^0 和 A^1 之间构造线性插值空间？

(iii) 设 T 是 $A^0 + A^1$ 到 $B^0 + B^1$ 上的任一线性变换，它在 $A^j(j=0,1)$ 上的限制是 A^j 到 $B^j(j=0,1)$ 上的有界线性算子. 设 A 是 A^0 与 A^1 的线性插值空间，那么是否存在 B^0 和 B^1 的线性插值空间 B 使得 T 在 A 上的限制是 A 到 B 的有界线性算子？

(iv) 设 A 是 A^0 与 A^1 以某种特定方式构造出来的线性插值空间，B 是另外两个 Banach 空间 B^0 与 B^1 以同样的方式得到的线性插值空间. 那么，是否每一个从 $A^0 + A^1 \to B^0 + B^1$ 的线性变换 (它在 A^j 上的限制是 A^j 到 B^j 的连续映射) 也把 A 连续映射到 B?

Gagliardo 回答了第 (i) 个问题，与此同时，Gagliardo, Lions, Calderón 创立的复插值方法给 (iii) 一个肯定的回答. 这些结果过于一般，这里不予详细陈述. 对我们来讲，(ii), (iv) 是最重要的. Lions, Peetre 和 Calderón 等给出两个插值构造性定理，全面回答了 (ii) 与 (iv) 中的问题.

Calderón 的复插值方法. 我们首先陈述 Calderón 给出的复插值方法，进而来证明抽象的 Calderón-Lions 插值定理，作为应用，建立算子簇的 Stein 型插值定理.

定义 5.2 设 B 是一个 Banach 空间，D 是复平面上的一个区域，从 D 到 B 的映射 $T: z \to b(z)$ 称是解析，如果对 $\forall l \in B^*$, 函数 $z \to l(b(z))$ 是 D 上的复解析函数.

定义 5.3 用 $\mathcal{F}(X_0, X_1)$ 来表示定义在带形区域 $\Delta = \{z \in C: 0 \le \mathrm{Re} z \le 1\}$ 上而取值在 $X_0 + X_1$ 的函数所组成且 $\mathcal{F}(X_0, X_1)$ 中的元素 f 满足：

(a) f 在 Δ 内部 $\dot{\Delta} = \{z \in C, 0 < \mathrm{Re} z < 1\}$ 上解析.

(b) 在 Δ 上连续，且 $\|f\|_{X_0+X_1}$ 有界.

(c) 对于 $-\infty < t < +\infty$, $f(it) \in X_0$, $t \mapsto f(it)$ 是 $(-\infty, +\infty)$ 到 X_0 的连续函数，且 $\|f(it)\|_{X_0}$ 有界.

(d) 对于 $-\infty < t < +\infty$, $f(1+it) \in X_1$, 且 $t \mapsto f(1+it)$ 是 $\mathbb{R}$ 到 X_1 的连续函数且 $\|f(1+it)\|_{X_1}$ 有界.

若引入范数

$$|||f||| = \|f\|_{\mathcal{F}(X_0,X_1)} = \max\{\sup_t \|f(it)\|_{X_0}, \sup_t \|f(1+it)\|_{X_1}\}, \tag{5.1}$$

则 $\mathcal{F}(X_0, X_1)$ 是一个 Banach 空间. 对 $\forall t \in [0,1]$, 记

$$N_t = \{f; f \in \mathcal{F} \text{且} f(t) = 0\}, \tag{5.2}$$

定义 $X_t = \mathcal{F}(X_0, X_1)/N_t$. $a \in X_t$ 的范数定义为

$$\|a\|_{X_t} = \inf\{\|f\|_{\mathcal{F}(X_0,X_1)}, \quad f \in \mathcal{F}(X_0, X_1), \quad f(t) = a\},$$

则 X_t 就是一个 Banach 空间 (这里假设 $X_0 \cap X_1 \neq \{\emptyset\}$).

显然, X_t 是 X_0 与 X_1 的中间空间, 可以证明 X_t 是 X_0 与 X_1 的线性插值空间, 同时, 对于 (iv), 我们有

定理 5.1(Calderón 定理) 设 Y_0, Y_1 是两个 Banach 空间, T 是从 X_0+X_1 映入 Y_0+Y_1 上的线性映射, 它在 X_j 上的限制是将 X_j 映到 $Y_j (j=0,1)$, 并且

$$\|Tx\|_{Y_j} \le M_j \|x\|_{X_j}, \quad \forall a \in X_j, \quad j = 0, 1. \tag{5.3}$$

那么, T 将 X_t 映到 Y_t 且满足

$$\|Tx\|_{Y_t} \le M_0^{1-t} M_1^t \|x\|_{X_t}, \quad \forall x \in X_t. \tag{5.4}$$

采用上面阐述的插值思想, 来建立 Calderón-Lions 插值定理. 为此, 先引入一些基本概念.

定义 5.4 设 X 是复向量空间, X 上的两范数 $\|\cdot\|^{(0)}, \|\cdot\|^{(1)}$ 称是一致范数, 如果 $\lim\limits_{n\to\infty} \|x_n\|^{(i)} = 0$ 且 $\{x_n\}$ 在范数 $\|\cdot\|^{(j)}$ 意义下是 Cauchy 列, 就能推出

$$\lim_{n\to\infty} \|x_n\|^{(i)} = 0, \quad \lim_{n\to\infty} \|x_n \cdot\|^{(j)} = 0, i, j = 0, 1 \quad \text{且} \quad i \neq j. \tag{5.5}$$

如果 $\|\cdot\|^{(0)}$ 与 $\|\cdot\|^{(1)}$ 一致, 定义

$$\|x\|_+ = \inf\{\|y\|^{(0)} + \|z\|^{(1)}, x = y + z\}, \tag{5.6}$$

这里 X_0, X_1 分别是复向量空间 X 在范数 $\|\cdot\|^{(0)}$ 与 $\|\cdot\|^{(1)}$ 下的完备化空间. 例如: 取 $X = \mathcal{S}(\mathbb{R}^n)$, 取 $\|\cdot\|^{(0)} = \|\cdot\|_1$, $\|\cdot\|^{(1)} = \|\cdot\|_2$, 则 $X_0 = L^1(\mathbb{R}^n)$, $X_1 = L^2(\mathbb{R}^n)$.

命题 5.2 设 $\|\cdot\|^{(0)}$ 与 $\|\cdot\|^{(1)}$ 是复向量空间 X 的两个一致范数, 则
(1) $\|\cdot\|_+$ 是一个范数.

(2) 记 X_0, X_1, X_+ 分别是向量空间 X 在范数 $\|\cdot\|^{(0)}, \|\cdot\|^{(1)}$ 及 $\|\cdot\|_+$ 下的完备化空间，那么 X 的恒等映射可以扩张成 $X_0 \to X_+$ 以及 $X_1 \to X_+$ 上的连续单射.

证明 (1) 仅需证明： $\|x\|_+ = 0, x \in X, \Rightarrow x = 0$. 依定义，存在 $\{y_n\}$, $\{z_n\}$ 满足 $x = y_n + z_n$, 且

$$y_n \xrightarrow{\|\cdot\|^{(0)}} 0, \quad z_n \xrightarrow{\|\cdot\|^{(1)}} 0, \qquad n \to \infty. \tag{5.7}$$

然而，

$$y_n = x - z_n \xrightarrow{\|\cdot\|^{(1)}} x, \quad n \to \infty,$$

因此，由 (5.7) 以及 $\|\cdot\|^{(0)}$ 与范数 $\|\cdot\|^{(1)}$ 是一致的，故 $x = 0$. 从而推得 $\|\cdot\|_+$ 是范数.

(2) 因 $\|\cdot\|_+ \le \|\cdot\|^{(0)}$, $(X_0 \subset X_+)$. 因此，恒同算子 i 可以惟一地扩张成从 X_0 到 X_+ 的连续映射. 现来证 i 是单射. 设 $x \in X_0, i(x) = 0$, 则存在 $x_n \in X$ 满足

$$x_n \xrightarrow{\|\cdot\|^{(0)}} x, \quad x_n = i(x_n) \xrightarrow{\|\cdot\|_+} 0, \quad n \to \infty. \tag{5.8}$$

而 (5.8) 的第二个极限式意味着存在 $\{y_n\}, \{z_n\} \in X$ 满足 $x_n = y_n + z_n$ 和

$$y_n \xrightarrow{\|\cdot\|^{(0)}} 0, \quad z_n \xrightarrow{\|\cdot\|^{(1)}} 0, \quad n \to \infty. \tag{5.9}$$

因此，

$$z_n = x_n - y_n \xrightarrow{\|\cdot\|^{(0)}} x, \quad n \to \infty. \tag{5.10}$$

又因 $\|\cdot\|^{(0)}$ 与 $\|\cdot\|^{(1)}$ 是一致的，从而 $z_n \xrightarrow{\|\cdot\|^{(0)}} 0$. 于是，由 (5.10) 及极限惟一性可得 $x = 0$, 从而 i 是单射. 同理 X_1 到 X_+ 的连续映射 i 是单射.

注记 5.1 命题 5.2 的逆也成立. 设 $\|\cdot\|_+$ 是范数, 且扩张映射 $i: X_0 \to X_+$ 及 $i: X_1 \to X_+$ 均是单射，则 $\|\cdot\|^{(0)}, \|\cdot\|^{(1)}$ 是一致的.

根据 Calderón 方法，向量空间 X 在上述三类拓扑下诱导的空间分别为 X_0, X_1, X_+. 记 $\mathcal{F}(X) = \mathcal{F}(X_0, X_1)$ 是由定义 5.3 所确定的空间 (其元素是由 Δ 到 X_+ 上的抽象函数组成), 则有如下结论：

命题 5.3 (1) $\mathcal{F}(X)$ 是 Banach 空间.

(2) 对 $\forall t \in [0,1]$, 子空间 $N_t = \{f \in \mathcal{F}(X), f(t) = 0\}$ 在 $|||\cdot|||$ 意义下是闭子空间.

证明 $|||\cdot|||$ 的非负性，次可加性，正齐性是显然的，利用三线定理及估计 $\|\cdot\|_+ \le \|\cdot\|^{(j)}, j = 0, 1$, 有

$$\sup_{z\in\Delta} \|f(z)\|_+ \le \sup_{\mathrm{Re}z=0,1} \|f(z)\|_+ \le |||f|||. \tag{5.11}$$

因此，$|||f|||=0$ 意味着 $f\equiv 0$, 故 $|||\cdot|||$ 是 $\mathcal{F}(X)$ 的范数. 现在证明 $\mathcal{F}(X)$ 完备. 记 $\{f_n\}$ 是 $\mathcal{F}(X)$ 中 Cauchy 列，那么 (5.11) 就意味着 f_n 在 Δ 上一致收敛于 $f(x)$ 且满足定义 5.3 中 (a), (b), (c), (d). 与此同时 $\mathcal{F}(X)$ 的完备性意味着 N_t 是闭子空间.

注记 5.2　(i) 对 $\forall x\in X$, 注意到 $X_t=\mathcal{F}(X)/N_t$(见定义 5.3) 及

$$\|x\|^{(t)}=\inf\{\|f\|_{\mathcal{F}(X)}, f\in\mathcal{F}(X), f(t)=x\}.$$

因此，$X\subset X_t$(视任一元素 $x\in X$ 是一个常值函数), 即 X 与 X_t 的某个子集相同.

(ii) X_t 是 X_+ 的子集, 并且 $X_t\hookrightarrow X_+$. 若视 $[f]\in X_t$ 且 $f(t)=x\in X_+$(表示在 t 处取相同的值 x 的全体). 则 X_t 就与 X_+ 的一个子集相同. 进而由 (5.11) 可得

$$\|[f]\|_{X_+}=\|x\|_{X_+}\le\inf\{|||f|||, f\in\mathcal{F}(X), f(t)=x\}=\|[f]\|^{(t)}. \tag{5.12}$$

此说明 $X_t\hookrightarrow X_+$(这里用到 $|||f|||=\|f\|_{\mathcal{F}(X)}$).

(iii) 记 $\widetilde{X}_t$ 是复向量空间 X 在范数

$$\|x\|^{(t)}=\inf\{|||f|||_{\mathcal{F}(X)},\quad f\in\mathcal{F}(X), f(t)=x\} \tag{5.13}$$

意义下的完备化空间. 综上所述有

$$X\hookrightarrow\widetilde{X}_t\hookrightarrow X_t\hookrightarrow X_+, \tag{5.14}$$

并且单位映射是连续单射.

当 $t=0$ 时，$\widetilde{X}_t=X_0$. 事实上，对 $\forall x\in X$, 用 $\|\cdot\|^{(0)}$ 表示 Banach 空间 X_0 中的原始范数. 如果 $f\in\mathcal{F}(X)$ 且 $f(0)=x$, 显然

$$\|x\|^{(0)}\le\sup_{y\in\mathbb{R}}\{\|f(iy)\|^{(0)}, \|f(1+iy)\|^{(1)}\}\le|||f|||.$$

因此

$$\|x\|^{(0)}\le\inf\{|||f|||: f(0)=x\}. \tag{5.15}$$

相反地，设 $c>0$, 考虑 $f_c(z)=e^{-cz}x$, 显然 $\|f_c(iy)\|^{(0)}=\|x\|^{(0)}$. 若取 c 充分大可使 $\sup_{y\in\mathbb{R}}\{\|f_c(1+iy)\|^{(1)}\}$ 充分小，因此

$$\|x\|^{(0)}=\inf\{|||f|||; f(0)=x\}.$$

于是, 上述商模 $\|\cdot\|^{(0)}$ 也正好是原来 X_0 空间中的模 $\|\cdot\|^{(0)}$. 同理，当 $t=1$ 时，$\widetilde{X}_t=X_1$.

由上面讨论，空间 $\widetilde{X}_t$ 是 X_0 和 X_1 的线性插值空间，相应的 $\|\cdot\|^{(t)}$ 是 $\|\cdot\|^{(0)}$ 与 $\|\cdot\|^{(1)}$ 的插值模，进而，可以证明 $\widetilde{X}_t=X_t=\mathcal{F}(X)/N_t$. 详见 [RS].

定理 5.4 (Calderón-Lions 插值定理) 设 $\|\cdot\|_X^{(0)},\|\cdot\|_X^{(1)}$ 是复向量空间 X 的一致模，$(X_0,\|\cdot\|^{(0)})$ 和 $(X_1,\|\cdot\|^{(1)})$ 是相应的完备化空间；设 $\|\cdot\|_Y^{(0)},\|\cdot\|_Y^{(1)}$ 是复向量空间 Y 的一致模，$(Y_0,\|\cdot\|^{(0)})$ 和 $(Y_1,\|\cdot\|^{(1)})$ 是相应的完备化空间. 设 $T(\cdot)$ 是定义在 $\triangle$ 上取值在 $\mathcal{L}(X_+,Y_+)$ 上的解析的一致有界的连续算子且具有如下性质

(1) $T(t):X\to Y$, $\forall t\in(0,1)$.

(2) 对 $\forall y\in\mathbb{R},T(iy)\in\mathcal{L}(X_0,Y_0)$, 且

$$M_0=\sup_{y\in\mathbb{R}}\|T(iy)\|_{\mathcal{L}(X_0,Y_0)}<\infty. \tag{5.16}$$

(3) 对 $\forall y\in\mathbb{R}$, $T(1+iy)\in\mathcal{L}(X_1,Y_1)$, 且

$$M_1=\sup_{y\in\mathbb{R}}\|T(1+iy)\|_{\mathcal{L}(X_1,Y_1)}<\infty. \tag{5.17}$$

那么，对 $\forall t\in(0,1)$, 有 $T(t)X_t\subset Y_t$ 且

$$\|T(t)\|_{\mathcal{L}(X_t,Y_t)}\le M_0^{1-t}M_1^t. \tag{5.18}$$

证明 设 $U(z)=M_0^{1-z}M_1^zT(z)$, 易见 $U(z)$ 与 $T(z)$ 具有相同性质，所不同的仅是 $U(z)$ 在 $\text{Re}z=0$ 或 $\text{Re}z=1$ 上的上界是 1. 因此，不失一般性，可假设 $M_0=M_1=1$. 设 $f\in\mathcal{F}(X)$, 那么 $T(z)f(z)$ 是定义在 $\triangle$ 上取值在 Y_+ 上的连续有界函数，并且在 $\dot{\triangle}$ 上解析. 因此，由假设 (2) 与 (3) 得

$$\|T(iy)f(iy)\|_Y^{(0)}\le\|f(iy)\|_X^{(0)}, \tag{5.19}$$

$$\|T(1+iy)f(1+iy)\|_Y^{(1)}\le\|f(1+iy)\|_X^{(1)}. \tag{5.20}$$

利用三线定理，映射 $J:\mathcal{F}(X)\to\mathcal{F}(Y)$, $Jf(z)=T(z)f(z)$ 满足

$$\|J\|_{(\mathcal{L}(\mathcal{F}(X),\mathcal{F}(Y))}\le 1. \tag{5.21}$$

进而，若记

$$N_t^X=\{f\in\mathcal{F}(X);\ f(t)=0\},\quad N_t^Y=\{g\in\mathcal{F}(Y);\ g(t)=0\}, \tag{5.22}$$

显见 $J[N_t^X]\subset N_t^Y$. 因此，可将 J_t 提升到 $X_t\to Y_t$ 之间的压缩映射

$$\widetilde{J}_t:\quad X_t\to Y_t. \tag{5.23}$$

由于 $\widetilde{J}_t$ 在等价类上的作用是 $\widetilde{J}_t[f]=[T(t)f]$, 因此，$\widetilde{J}_t=T(t)\uparrow X_t$ 就被视为在 $\widetilde{X}_t$ 的子集 X_t 上的提升. 据 $T(t):X\to Y$, 可推得 $T(t)[X_t]\subset Y_t$. 进而，$X_t=\widetilde{X}_t$ 以及 $Y_t=\widetilde{Y}_t$, 故 $T(t)[\widetilde{X}_t]\subset\widetilde{Y}_t$.

命题 5.5　设 (M,μ) 是 σ 有限的可测空间. 设 $1\le p_0<p_1\le\infty$, 记 $X=L^{p_0}(M,d\mu)\cap L^{p_1}(M,d\mu)$, $\|\cdot\|^{(0)}=\|\cdot\|_{p_0}$, $\|\cdot\|^{(1)}=\|\cdot\|_{p_1}$. 那么 $X_t=L^{p_t}(M,d\mu)$, 这里 $t\in[0,1]$, $\frac{1}{p_t}=\frac{1-t}{p_0}+\frac{t}{p_1}$, 特别，当 $t=1$, $p_1=\infty$ 时， X_1 表示 X 在范数 $\|\cdot\|_\infty$ 下的完备化空间. 一般来讲，有 $X_1\subseteq L^\infty(M,d\mu)$.

证明　先证明对任意的简单函数 φ, 记

$$\|\varphi\|^{(t)}=\|\varphi\|_{p_t},\quad \forall t\in(0,1).$$

无妨设 $\|\varphi\|_{p_t}=1$, 否则可用 $\varphi/\|\varphi\|_{p_t}$ 来代替 φ. 定义

$$f(z)=|\varphi(\cdot)|^{p_t(zp_1^{-1}+(1-z)p_0^{-1})}\exp(i\arg\varphi(\cdot)),\tag{5.24}$$

易见，对每一个 $z\in\Delta$, 总有 $f(z)\in X$ 且

$$\begin{aligned}\|f(iy)\|_{L^{p_0}(M,d\mu)}^{p_0}&=\int_M\left||\varphi(x)|^{p_tp_0(iyp_1^{-1}+(1-iy)p_0^{-1})}\right|d\mu(x)\\&=\int_M|\varphi(x)|^{p_t}d\mu(x)=1.\end{aligned}\tag{5.25}$$

如果 $p_1=\infty$, $\|f(1+iy)\|_\infty=1$, 则当 $p_1<\infty$ 时，有

$$\begin{aligned}\|f(1+iy)\|_{L^{p_1}(M,d\mu)}^{p_1}&=\int_M\left||\varphi(x)|^{p_tp_1((1+iy)p_1^{-1}-iyp_0^{-1})}\right|d\mu(x)\\&=\int_M|\varphi(x)|^{p_t}d\mu(x)=1.\end{aligned}\tag{5.26}$$

因此， $|||f|||=1$, 进而

$$\|f(t)\|^{(t)}=\|f\|_{\mathcal{F}(X)/N_t}\le 1.\tag{5.27}$$

另一方面，由于 $f(t)=\varphi$, 从而 $\|\varphi\|^{(t)}\le 1$. 这就说明对简单函数 $\forall\varphi$, $\|\varphi\|^{(t)}\le\|\varphi\|_{p_t}$.

下面来证明相反的不等式. 设 $f\in\mathcal{F}(X)$, φ 是 M 上的简单函数. 记

$$g(z)=|\varphi(\cdot)|^{q_t(zq_1^{-1}+(1-z)q_0^{-1})}\exp(i\arg\varphi(\cdot)),\tag{5.28}$$

此处 $q_t^{-1}=1-p_t^{-1}$. 由于 f 是定义在 Δ 上且取值在 X_+ 上的有界解析函数, 那么 $H(z)=\int_M f(z)g(z)d\mu$ 在 Δ 上有界解析. 利用三线定理, $H(t)=\int_M\varphi f(t)d\mu$ 满足

$$\begin{aligned}|H(t)|&\le\sup_{y\in\mathbb{R}}\{|H(iy)|,|H(1+iy)|\}\\&\le\sup_{y\in\mathbb{R}}\{\|f(iy)\|_{L^{p_0}}\|g(iy)\|_{L^{q_0}},\|f(1+iy)\|_{L^{p_1}}\|g(1+iy)\|_{L^{q_1}}\}\\&\le(\sup\{\|f(iy)\|_{L^{p_0}},\|f(1+iy)\|_{L^{p_1}}\})\\&\quad\times\sup(\{\|g(iy)\|_{L^{q_0}},\|g(1+iy)\|_{L^{q_1}}\})\\&=|||f|||\cdot|||g|||\le\|\varphi\|_{q_t}|||f|||,\end{aligned}\tag{5.29}$$

这里 f 的 $|||\cdot|||$ 模是由 L^{p_0} 与 L^{p_1} 派生的，而 g 的 $|||\cdot|||$ 模是由 L^{q_0} 与 L^{q_1} 所派生的. 进而，(5.29) 意味着

$$\left|\int \varphi f(t)d\mu\right| \leq \|\varphi\|_{q_t}|||f|||, \tag{5.30}$$

从而

$$\|f(x)\|_{L^{p_t}} \leq |||f|||. \tag{5.31}$$

现设 $f \in \psi + N_t$, 这里 ψ 是简单函数. 由 (5.31) 可知

$$\|\psi\|^{(t)} = \inf_{f\in\psi+N_t} |||f||| \geq \|\psi\|_{L^{p_t}}. \tag{5.32}$$

因此，对任意简单函数 φ, 有

$$\|\varphi\|_{L^{p_t}} = \|\varphi\|^{(t)}. \tag{5.33}$$

因 $X = L^{p_0} \cap L^{p_1}$ 且简单函数稠于 X_t 或 L^{p_t}, 则 $X_t = L^{p_t}$.

定理 5.6(Stein 插值定理) 设 (M,μ) 和 (N,ν) 是 σ 有限测度空间，$1 \leq p_0,\ p_1,\ q_0,\ q_1 \leq \infty$. 假设 $T(\cdot)$ 是定义在 $\triangle$ 上取值在 $\mathcal{L}(L^{p_0}(M,d\mu) + L^{p_1}(M,d\mu); L^{q_0}(N,d\nu) + L^{q_1}(N,d\nu))$ 上的一致有界连续函数、在 $\dot{\triangle}$ 上是解析的算子，并且满足

(1) $T(z)$: $L^{p_0} \cap L^{p_1} \to L^{q_0} \cap L^{q_1}$, $z \in\triangle$;

(2) 对所有 $y \in \mathbb{R}$, $T(iy) \in \mathcal{L}(L^{p_0}(M,d\mu),\ L^{q_0}(N,d\nu))$ 且

$$M_0 = \sup_{y\in\mathbb{R}} \|T(iy)\|_{\mathcal{L}(L^{p_0},L^{q_0})} < \infty; \tag{5.34}$$

(3) 对所有 $y \in \mathbb{R}, T(1+iy) \in \mathcal{L}(L^{p_1}(M,\mu), L^{q_1}(N,d\nu))$, 且

$$M_1 = \sup_{y\in\mathbb{R}} \|T(1+iy)\|_{\mathcal{L}(L^{p_1},L^{q_1})} < \infty, \tag{5.35}$$

则对任意 $t \in (0,1)$, $T(t)$: $L^{p_t}(M,d\mu) \to L^{q_t}(N,d\nu)$ 且满足估计

$$\|T(t)\|_{\mathcal{L}(L^{p_t},L^{q_t})} \leq M_0^{1-t}M_1^t, \tag{5.36}$$

这里

$$p_t^{-1} = tp_1^{-1} + (1-t)p_0^{-1}, \quad q_t^{-1} = tq_1^{-1} + (1-t)q_0^{-1}. \tag{5.37}$$

证明 由命题 5.5, 取 $L^{p_t} = X_t$, $L^{q_t} = Y_t$. 利用 Calderón-Lions 型插值定理即得 Stein 型插值定理.

注记 5.3 (i) 在 Calderón-Lions 插值定理与 Stein 型插值定理中，若利用 $\widetilde{X}_t = X$, 则这些插值定理中的第 (1) 条均可去掉.

(ii) 用弱解析条件代替目前的解析条件，即对任意的简单函数 φ,ψ, $\int_N (T(z)\varphi)(y)\cdot\psi(y)d\nu(y)$ 是解析函数. 定理 5.6 同样成立.

(iii) 若取 $T(z)=T$ 时，那么 Riesz 插值定理是 Stein 插值定理的一个直接推论.

下面介绍 Stein 型插值定理的一个推广.

定义 5.5 设 $\Delta=\{z\in\mathbb{C}, 0\le \mathrm{Re}z\le 1\}$, 对 $z\in\Delta$, T_z 是一个线性算子，其定义域是 $L^1(M)$ 中的简单函数空间，其值域是 N 上的可测函数，使得当 f 是 $L^1(M)$ 中的简单函数， g 是 $L^1(N)$ 中的简单函数时， $(T_zf)g$ 在 N 上是可积的. 如果映射

$$z\to\int_N (T_zf)gd\nu \tag{5.38}$$

在 Δ 内部解析，在 Δ 上连续并存在常数 $a<\pi$, 使得

$$e^{-a|y|}\log\left|\int_N (T_zf)gd\nu\right| \tag{5.39}$$

在 Δ 上是一致有界的，则我们称算子簇 $\{T_z\}$ 是容许的.

定理 5.7(Stein 型插值定理) 设 $\{T_z\}(z\in\Delta)$ 是容许的线性算子簇，对一切 $L^1(M,d\mu)$ 中的简单函数 f 满足

$$\|T_{iy}f\|_{q_0}\le M_0(y)\|f\|_{p_0},\quad \|T_{1+iy}f\|_{q_1}\le M_1(y)\|f\|_{p_1}, \tag{5.40}$$

其中 $1\le p_j, q_j\le\infty$, $M_j(y)(j=0,1)$ 不依赖于 f, 且对某个 $b<\pi$ 满足

$$\sup_{y\in\mathbb{R}} e^{-b|y|}\log M_j(y)<\infty,\qquad j=0,1. \tag{5.41}$$

则当 $0\le t\le 1$, 存在常数 M_t, 使得对一切简单函数 f,

$$\|T_tf\|_{q_t}\le M_t\|f\|_{p_t} \tag{5.42}$$

成立，这里 $p_t^{-1}=tp_1^{-1}+(1-t)p_0^{-1}, q_t^{-1}=tq_1^{-1}+(1-t)q_0^{-1}$.

为证明上述定理，先引入一个推广的三线定理.

引理 5.8 设 F 是 Δ 上连续在 $\dot{\Delta}$ 上解析，且对 $a<\pi$ 满足

$$\sup_{\substack{0<x<1\\ y\in\mathbb{R}}} e^{-a|y|}\log|F(x+iy)|<\infty. \tag{5.43}$$

则

$$\log|F(x)|\le\frac{\sin\pi x}{2}\int_{-\infty}^{\infty}\left\{\frac{\log|F(iy)|}{\cosh\pi y-\cos\pi x}+\frac{\log|F(1+iy)|}{\cosh\pi y+\cos\pi x}\right\}dy. \tag{5.44}$$

注记 5.4 (i) 利用保形变换及 Poisson 积分表示公式容易建立此广义三线定理，证明参见 Stein-Weiss 书或 Triebel 书.

(ii) 直接计算

$$\frac{1}{2}\int_{-\infty}^{+\infty}\frac{\sin\pi x}{\cosh\pi y+\cos\pi x}dy=x, \tag{5.45}$$

$$\frac{1}{2}\int_{-\infty}^{+\infty}\frac{\sin\pi x}{\cosh\pi y-\cos\pi x}dy=1-x. \tag{5.46}$$

特别，假设 $|F(iy)|\le m_0$, $|F(1+iy)|\le m_1$ 及 $|F|$ 在 $\triangle$ 中一致有界 (代替 (5.43)), 则从 (5.44),(5.45) 及 (5.46) 即得 $|F(x+iy)|\le m_0^{1-x}m_1^x$, 此即经典的 Hadamard 三线定理.

定理 5.7 的证明 令 $f\in L^1(M)$ 和 $g\in L^1(N)$ 是简单函数且满足

$$\|f\|_p=1=\|g\|_{q'},$$

其中 $p=p_t$, $q=q_t$, $q^{-1}+{q'}^{-1}=1$. 设

$$f=\sum_{j=1}^m a_j\chi_{E_j},\qquad g=\sum_{k=1}^n b_k\chi_{E_j}. \tag{5.47}$$

类似于 Riesz 插值定理证明，构造函数

$$F(z)=\int_N(T_zf_z)g_zd\nu=\sum_{j,k=1}^{m,n}|a_j|^{\frac{\alpha(z)}{\alpha}}|b_k|^{\frac{1-\beta(z)}{1-\beta}}\gamma_{jk}(z), \tag{5.48}$$

此处，$\gamma_{jk}(z)=e^{i(\theta_j+\varphi_k)}\int_N T_z\chi_{E_j}d\nu$. 由于 $\{T_z\}$ 是容许算子簇，于是 $F(z)$ 满足引理 5.8 的条件及

$$\begin{cases}|f_{iy}|^{p_0}=|f|^p=|f_{1+iy}|^{p_1},\\ |g_{iy}|^{q_0'}=|g|^{q'}=|g_{1+iy}|^{q_1'},\end{cases} \tag{5.49}$$

这里记号沿用 Riesz 定理证明的记号. 利用 Hölder 不等式就得

$$|F(iy)|\le M_0(y),\qquad |F(1+iy)|\le M_1(y). \tag{5.50}$$

因此，利用 (5.44) 可得

$$\left|\int_N(T_tf)gd\nu\right|=|F(t)|\le\exp\Big[\frac{\sin\pi t}{2}\int_{-\infty}^{+\infty}\Big\{\frac{\log M_0(y)}{\cosh\pi y-\cos\pi t}+\frac{\log M_1(y)}{\cosh\pi y+\cos\pi t}\Big\}dy\Big]=M_t. \tag{5.51}$$

注意到 $\|T_tf\|_{p_t} = \sup_{\|g\|_{q'}=1}\int_N T_tf\cdot gd\nu$, 就得估计 (5.42).

注记 5.5 根据简单函数稠密性, 定理 5.7 意味着对于解析算子簇 T_z 而言, 如果 T_{iy} 是具常数 M_0 的 (p_0,q_0) 型算子, T_{1+iy} 是具常数 M_1 的 (p_1,q_1) 型算子, 则 T_t 是具常数 M_t 的 (p_t,q_t) 型算子.

实插值方法(Peetre 著名的 k 泛函方法) 设 V 是一个拓扑向量空间, X_0, X_1 分别是以 $\|\cdot\|_0$ 和 $\|\cdot\|_1$ 为范数的 Banach 空间. $X_0\hookrightarrow V$, $X_1\hookrightarrow V$, 在 X_0+X_1 上引入 Peetre 的 k 泛函.

$$K(t,x)=K(t,x,X_0,X_1)=\inf_{\substack{x=x_0+x_1\\ x_0\in X_0,x_1\in X_1}}\{\|x_0\|+t\|x_1\|\}. \tag{5.52}$$

定义 5.6 设 $\theta\in(0,1)$, $1\le q<\infty$, 那么

$$\begin{aligned}(X_0,X_1)_{\theta,q}=\{x:x\in X_0+X_1,\|x;(X_0,X_1)_{\theta,q}\|\\ =\left(\int_0^\infty[t^{-\theta}K(t,x)]^q\frac{dt}{t}\right)^{\frac{1}{q}}<\infty\}.\end{aligned} \tag{5.53}$$

当 $q=\infty$ 时,

$$\begin{aligned}(X_0,X_1)_{\theta,q}=\{x:x\in X_0+X_1,\|x;(X_0,X_1)_{\theta,q}\|\\ =\sup_{0<t<\infty}t^{-\theta}K(t,x)<\infty\}.\end{aligned} \tag{5.54}$$

注记 5.6 (i) $(X_0,X_1)_{\theta,q}$,$(1\le q\le\infty,0<\theta<1)$ 就是实插值空间, 可以证明 $(X_0,X_1)_{\theta,q}$ 总是 Banach 空间.

(ii) 当 X_0,X_1 是复空间时, 仍然可用实值方法得到复插值空间 $(X_0,X_1)_\theta$.

定理 5.9 设 T 是 V 到 V 的线性算子, T 在 $X_j(j=0,1)$ 的限制是 X_j 到 X_j 上具常数 M_j 有界线性算子. 那么 T 在插值空间 $(X_0,X_1)_{\theta,q}$,$(1\le q\le\infty,0<\theta<1)$ 的限制是一个从 $(X_0+X_1)_{\theta,q}$ 到自身有界线性算子, 并且

$$\|Tx;(X_0,X_1)_{\theta,q}\|\le M_\theta\|x;(X_0,X_1)_{\theta,q}\|, \tag{5.55}$$

这里 $M_\theta\le M_0^{1-\theta}M_1^\theta$.

证明 易见 $(X_0,X_1)_{\theta,q}$ 是线性空间, 因此, T 在 $(X_0,X_1)_{\theta,q}$ 上的限制是线性算子, 于是, 对 $x=x_0+x_1$, $x_0\in X_0$, $x_1\in X_1$, 有 $Tx=Tx_0+Tx_1$, 直接计算

$$\begin{aligned}K(t,Tx)&\le\inf(\|Tx_0\|_0+t\|Tx_1\|_1)\\ &\le M_0\inf(\|x_0\|_0+tM_1M_0^{-1}\|x_1\|_1)\\ &=M_0K(tM_1M_0^{-1},x).\end{aligned} \tag{5.56}$$

两边取下确界，并利用坐标变换可见

$$\begin{aligned}\|Tx;(X_0,X_1)_{\theta,q}\| &= \left(\int_0^\infty [t^{-\theta}K(t,Tx)]^q\frac{dt}{t}\right)^{\frac{1}{q}}\\ &\le \left(\int_0^\infty [t^{-\theta}M_0K(tM_1M_0^{-1},x)]^q\frac{dt}{t}\right)^{\frac{1}{q}}\\ &= \left(\int_0^\infty [\tau^{-\theta}M_0^{1-\theta}M_1^{\theta}K(\tau,x)]^q\frac{d\tau}{\tau}\right)^{\frac{1}{q}}\\ &= M_0^{1-\theta}M_1^{\theta}\|x;(X_0,X_1)_{\theta,q}\|. \end{aligned} \tag{5.57}$$

因此， $Tx\in(X_0,X_1)_{\theta,q}$ 并且满足 (5.55).

注记 5.7 (i) 在证明定理 5.9 中，实际用到 $M_0>0$, 通过极限过程，对 $\|T\|_0=M_0=0$ 时仍然成立.

(ii) 若 $X_0\subset Y_0\subset V$, $X_1\subset Y_1\subset V$. 那么对 $0<\theta<1$, $1\le q\le\infty$, 有

$$(X_0,X_1)_{\theta,q}\hookrightarrow(Y_0,Y_1)_{\theta,q}. \tag{5.58}$$

例 5.3 当 $X_0=L^1$, $X_1=L^\infty$, V 是缓增广义函数空间. 容易证明 $K_f(t)=K(t,f)=\int_0^t f^*(u)du$. 令

$$\|f\|_{(L^1,L^\infty)_{\theta,q}}=\left(\int_0^\infty[t^{-\theta}K(t,f)]^q\frac{dt}{t}\right)^{\frac{1}{q}}=\left(\int_0^\infty[t^{-\theta}\int_0^t f^*(u)du]^q\frac{dt}{t}\right)^{\frac{1}{q}}.$$

当 $\theta=1-\frac{1}{p}$ 时，可见

$$(L^1,L^\infty)_{1-\frac{1}{p},q}=L(p,q). \tag{5.59}$$

思考与练习

1. 设 T 是 (p_0,q_0) 型算子，也是 (p_1,q_1) 型算子， $p_0\le p\le p_1$, 则对任意 $f\in D\cap L^p(M)$, 存在 $\{f_m\}\subset S$(简单函数类), 使得 $\|f_m-f\|_p\overset{m\to\infty}{\longrightarrow}0$ 且

$$Tf_m\xrightarrow{a.e}Tf,\qquad m\to\infty,$$

这里 D 表示 $(M,\mathcal{M},\mu)$ 上全体可测函数所构成线性空间.

2. 证明 $L_*^p,(1\le p<\infty)$ 是拟赋范空间.

3. 证明定理 2.3 的 (3).

4. 设 T 是 (p,q) 型算子，则 T 是弱 (p,q) 型算子，反之未必.

5. 设 $\varphi(x)$ 是 $\mathbb{R}^n$ 上非负可测函数，且有 $|\{x\in\mathbb{R}^n;\varphi(x)>t\}|\le\frac{c}{t}$, $t>0$. 令 $d\mu=\varphi^2(x)dx$, 试证明

(i) $\mu\{x\in\mathbb{R}^n;\quad \varphi(x)\le t\}\le 2ct$, $t>0$.

(ii) 存在常数 $A_p>0$, $1<p\le 2$, 使得

$$\left(\int_{\mathbb{R}^n}\left|\frac{\hat{f}(x)}{\varphi(x)}\right|^p\varphi^2(x)dx\right)^{\frac{1}{p}}\le A_p\|f\|_p,\qquad \forall f(x)\in L^p(\mathbb{R}^n).$$

6. 利用三线定理证明 Hölder 不等式, 即对 $f\in L^p(M,d\mu)$, $g\in L^q(M,d\mu)$, 我们有

$$\|fg\|_1\le\|f\|_p\|g\|_q,$$

其中 $\frac{1}{p}+\frac{1}{q}=1$. (提示：作 $\dot{\Delta}$ 上解析函数 $F(z)=\int_M f^{pz}g^{q(1-z)}d\mu$.)

7 (Haut 插值定理). 设 $1\le p_1<p_0\le\infty$, $1\le q_1<q_0\le\infty$, (M,μ), (N,ν) 是 σ 有限测度空间，设 T 是 $L^{p_0}(M,d\mu)$ 到 $L^{q_0}(N,d\nu)$ 及 $L^{p_1}(M,d\mu)$, 到 $L^{q_1}(N,d\nu)$ 的有界线性算子，则对 $t\in(0,1)$, T 可以扩张成 $L_*^{p_t}(M,d\mu)$ 到 $L_*^{q_t}(N,d\nu)$ 的有界线性算子且

$$\|Tf\|_{q_t,w}\le C_t\|f\|_{p_t,w},$$

这里 $\frac{1}{p_t}=\frac{1-t}{p_0}+\frac{t}{p_1}$, $\frac{1}{q_t}=\frac{1-t}{q_0}+\frac{t}{q_1}$, C_t 是仅依赖 p_i, q_i, t 及算子 T 在端点的界.

8 (Sobolev 型不等式). 设 $0<\lambda<n$, 设 $f\in L^p(\mathbb{R}^n)$, $h\in L^r(\mathbb{R}^n)$, $\frac{1}{p}+\frac{1}{r}+\frac{\lambda}{n}=2$, $1<p,r<\infty$, 则

$$\iint\limits_{\mathbb{R}^n\mathbb{R}^n}\frac{|f(x)||h(y)|}{|x-y|^\lambda}dxdy\le C_{p,r,\lambda,n}\|f\|_p,\|h\|_r.$$

9. 令

$$\log^+ t=\begin{cases}\log t, & t>1,\\ 0, & 0\le t\le 1.\end{cases}$$

称满足

$$\int_{\mathbb{R}^n}|f|^p\log^+|f|dx<\infty \tag{$*$}$$

的全体是 Zygmund 函数类，记为 $L^p\log^+L(X)$,$1\le p<\infty$. 显然当 K 是紧集时，有 $L^{p+\varepsilon}(K)\subset L^p\log^+L(K)\subset L^p(K)$. 证明：

Zygmund 定理 设 T 是弱 (p,p) 型及弱 (q,q) 型算子，$1\le p<q<\infty$, 则对每一个 $f\in L^p\log^+L$, $Tf\in L^p(K)$(对一切 $\nu(K)<\infty$), 且

$$\int_K|Tf(y)|^pd\nu\le\left(\nu(K)+\int_X|f|^2(1+\log^+|f(x)|)d\mu\right).$$

10. 设有一簇算子 $\{T_\lambda\}_{\lambda\in[0,1]}$, 且每一个 T_λ 都是弱 (p,p) 型算子, $1<p<\infty$, 即

$$|\{x\in\mathbb{R}^n : |T_\lambda f|>\alpha\}|\le\left(\frac{C_\lambda}{\alpha}\|f\|_p\right)^p,$$

其中 $(\int_0^1 C_\lambda^{\frac{1}{\sigma}}d\lambda)^\sigma<\infty$, $0<\sigma<1$, 现记

$$Tf(x)=\int_0^1 T_\lambda f(x)d\lambda.$$

证明 T 是弱 (p,p) 型算子. (提示：用 Kolmogroff 条件.)

11. 设 $f(x)$ 是测度空间 $(M,\mathcal{M},\mu)$ 上可测函数, $f^*(t)$ 表示其非升重整, $\gamma>0$ 是常数, 若

$$f^t=\begin{cases} f(x), & 当|f(x)|>f^*(t^\gamma)时,\\ 0, & 当|f(x)|\le f^*(t^\gamma)时.\end{cases}$$

而 $f_t=f-f^t$, 则

$$(f^t)^*=\begin{cases} f^*(s), & 当0<s<t^\gamma,\\ 0, & 当t^\gamma\le s,\end{cases}$$

$$f_t^*(s)=\begin{cases} f^*(t^\gamma), & 当0<s<t^\gamma,\\ f^*(s), & 当t^\gamma\le s.\end{cases}$$

12. 设 $f(x)$ 是测度空间 $(M,\mathcal{M},\mu)$ 上可测函数, 则

$$f^{**}(t)=f^*(t)+\frac{1}{t}\int_{f^*(t)}^\infty f_*(\alpha)d\alpha.$$

13. 证明

$$f^{**}(t)\le\left(\frac{q}{p}\right)^{\frac{1}{q}}\frac{\|f\|_{p,q}}{t^{\frac{1}{p}}}\le e^{\frac{1}{e}}\frac{\|f\|_{p,q}}{t^{\frac{1}{p}}}.$$

(提示：利用初等不等式 $(\frac{q}{p})^{\frac{1}{q}}\le q^{\frac{1}{q}}\le e^{\frac{1}{e}}$.)

14 (Calderón 引理). 设 $1<p<\infty, 1\le q<r<\infty$, 则

$$\|f\|_{p,r}\le(\frac{q}{p})^{\frac{1}{q}-\frac{1}{p}}\|f\|_{(p,q)}\le e^{\frac{1}{e}}\|f\|_{(p,q)}.$$

(提示：用第 13 题.)

15. 设 $f\in L^1(\mathbb{R}^n)$ 证明

$$\int_0^t f^*(r)dr=tf^*(t)+\int_{f^*(t)}^\infty f_*(\alpha)d\alpha.$$

(提示：利用 $\|\cdot\|_p$ 的分布函数表示公式.)

16. 证明引理 5.8, 并验证

$$\frac{1}{2}\int_{-\infty}^{+\infty}\frac{\sin\pi x}{\cosh y+\cos\pi x}dy=x.$$

17. 设 $A^0=L^1$, $A^1=L^\infty$, $f\in L^1+L^\infty$. 证明

$$K(t,f)=\int_0^t f^*(\tau)d\tau.$$

18. 证明注记 5.1 中的结论.

第五章　极大函数理论与 BMO 空间

设 $f(x)$ 是 $\mathbb{R}^n$ 上的连续函数， $Q(x,r)$ 是以 $x=(x_1,\cdots,x_n)\in\mathbb{R}^n$ 为中心， r 为边长的方体，由积分中值定理可见

$$\lim_{r\to 0}\frac{1}{\mathrm{m}(Q(x,r))}\int_{Q(x,r)}f(y)dy=f(x), \tag{0.1}$$

这里 $\mathrm{m}(Q(x,r))$ 是方体 $Q(x,r)$ 的体积. 记 $\rho(x)$ 是 $\mathbb{R}^n$ 上的单位方体 $Q(0,1)$ 上的特征函数，令 $\rho_r(x)=r^{-n}\rho(\frac{x}{r})$, 记 $L_rf=f*\rho_r$. 直接验算

$$L_rf=f*\rho_r=\frac{1}{\mathrm{m}(Q(x,r))}\int_{Q(x,r)}f(y)dy\to f(x),\quad r\to 0. \tag{0.2}$$

因 $\{\rho_r\}$ 是恒等近似，由 L^p 正则化原则，故对任意 $f\in L^p(\mathbb{R}^n)$, 有

$$\lim_{r\to 0}\|L_rf-f\|_p=0,\quad 1\le p\le\infty. \tag{0.3}$$

问题　当 $f(x)\in L^p(\mathbb{R}^n), 1\le p\le\infty$, 或 $f(x)\in L_{\mathrm{loc}}(\mathbb{R}^n)$, 是否有

$$\lim_{r\to 0}L_rf(x)=\lim_{r\to 0}\frac{1}{\mathrm{m}(Q(x,r))}\int_{Q(x,r)}f(y)dy\overset{\text{a.e.}}{=\!=}f(x). \tag{0.4}$$

研究 (0.4) 式的极限问题，通常归结为所谓的极大函数

$$\wedge f=\sup_{r>0}\frac{1}{\mathrm{m}(Q(x,r))}\int_{Q(x,r)}f(y)dy \tag{0.5}$$

所确定的极大算子的有界性问题. 注意到函数 $\wedge f$ 的性质是根据 $f(y)$ 的局部大小来确定的，它不涉及到正负值抵消的问题. 因此，定义 $f(x)$ 的 Hardy-Littlewood 极大函数为

$$\wedge f(x)=\sup_{r>0}\frac{1}{\mathrm{m}(Q(x,r))}\int_{Q(x,r)}|f(y)|dy. \tag{0.6}$$

显然，并不排除 $\wedge f(x)$ 在某一点取 ∞ 的情形.

Hardy-Littlewood 极大函数理论不仅在调和分析的研究中占有极其重要的地位，而且在其它数学分支中有许多重要应用. 例如：利用 Hardy-Littlewood 极大算子估计可以建立可积函数的 Lebesgue 微分基本定理 (0.4);

利用 H-L 极大函数所满足的弱型估计及插值理论可获得强型估计，进而结合覆盖引理可建立 Calderón-Zygmund 分解定理. 再如，可以用极大函数理论来刻画 BMO 空间等. 本章既是调和分析的基础，也是调和分析的核心内容之一，我们将分节来讨论覆盖性定理与单位分解定理，Hardy-Littlewood 极大函数及 Calderón-Zygmund 分解定理，极大算子，BMO 空间及其应用.

§5.1 覆盖定理及开集的分解

本节着重讨论 Vitali 型覆盖定理及 Whitney 型的覆盖定理，它是本节以后内容的基础. 与此同时，还给出了它们的一些简单应用. 例如：开集上的单位分解定理.

定理 1.1(Vitali 覆盖定理) 设 E 是 $\mathbb{R}^n$ 上的一个可测集，$\{B_\alpha\}$ 是一簇满足

$$\bigcup_\alpha B_\alpha \supset E, \qquad \sup_\alpha \mathrm{m}(B_\alpha) < \infty \tag{1.1}$$

的球. 则可以从 $\{B_\alpha\}$ 中选取可数个互不相交的球 $\{B_k\}$, 使得

$$\sum_{k=1}^{\infty} \mathrm{m}(B_k) \ge c\mathrm{m}(E), \tag{1.2}$$

这里 c 是仅依赖于 n 的常数，如取 $c = 5^{-n}$ 即可.

证明 记 $b_\alpha = B_\alpha$ 的直径，这样，(1.1) 中的 $\sup\limits_\alpha \mathrm{m}(B_\alpha) < \infty$ 就等价于 $b = \sup\limits_\alpha b_\alpha < \infty$. 按下面的程序来选取 $\{B_k\}$.

首先，在 $\{B_\alpha\}$ 中选取较大的球 B_1 使它满足

$$b_1 \ge \frac{1}{2} b = \frac{1}{2} \sup_\alpha (b_\alpha). \tag{1.3}$$

显然这样的球是存在的，但可能不惟一. 其次，在与 B_1 不相交的球 $\{B_\alpha\}$ 中选取尽可能大的球 B_2, 使得

$$b_2 \ge \frac{1}{2} \sup_{B_\alpha \cap B_1 = \phi} b_\alpha. \tag{1.4}$$

如此下去，就会发生两种可能性：

(i) 上述选取过程可无限地进行下去，这样就获得了可数个开球 $\{B_k\}$;

(ii) 上述选取过程到某一步终止，得到有限个球 $B_1, B_2, \cdots, B_N$.

易见，无论哪一种情形，$\{B_k\}$ 均是互不相交的，若 $\sum_k \mathrm{m}(B_k)=+\infty$，则定理显然成立．若

$$\sum_k \mathrm{m}(B_k)<\infty, \tag{1.5}$$

则对每一个 B_k，可构造 B_k^*，它是与 B_k 同心，直径是 $5b_k$ 的球．自然，$\mathrm{m}(B_k^*)=5^n\mathrm{m}(B_k)$．我们断言

$$\bigcup_k B_k^*\supset E. \tag{1.6}$$

事实上，仅需证明对 $\forall\alpha$, 有

$$B_\alpha\subset\bigcup_k B_k^*. \tag{1.7}$$

自然，当 α 是某个 k 时，(1.7) 式显然成立．若 $B_\alpha\neq B_k$(对所有 k), 根据 $\{B_k\}$ 构造，$\{B_k\}$ 互不相交且满足 (1.5) 式，此意味着

$$\lim_{k\to\infty} b_k=0. \tag{1.8}$$

因此，总可以找到 k_α, 使得

$$b_{k_\alpha+1}<\frac{1}{2}b_\alpha. \tag{1.9}$$

由此推出 B_α 一定与 $B_1,B_2,\cdots,B_{k_\alpha}$ 中的某一个球相交．否则，根据 $\{B_k\}$ 的选取原则，应有 $b_{k_\alpha+1}\geq\frac{1}{2}b_\alpha$，此与 (1.9) 矛盾．现设 $1\leq j\leq k_\alpha$ 满足 $B_j\cap B_\alpha\neq\emptyset$．注意到 $b_j\geq\frac{1}{2}b_\alpha$, 利用简单的几何事实即得 $B_\alpha\subset B_j^*$．

注记 1.1 若将定理 1.1 中的球簇 $\{B_\alpha\}$ 换成一簇满足条件 (1.1) 的方体 $\{Q_\alpha\}$, 完全相同的结果仍然成立．

定理 1.2(Whitney 型覆盖定理) 设 F 是 $\mathbb{R}^n$ 中的一个非空闭集，记 $\Omega=F^c$ 是 F 的补集，则存在一列其边界平行于坐标轴的方体 $\{Q_k\}$, 满足

(1) $\Omega=F^c=\bigcup\limits_{k=1}^{\infty}Q_k$;

(2) $Q_j^0\bigcap Q_k^0=\emptyset,\quad j\neq k$;

(3) 存在两个常数 c_1,c_2(如取 $c_1=1,c_2=4$) 使得

$$c_1\mathrm{diam}(Q_k)\leq d(Q_k,F)\leq c_2\mathrm{diam}(Q_k). \tag{1.10}$$

注记 1.2 (i) Q_j^0 表示方体 Q_j 的内集，且称满足 (2) 的 $\{Q_j\}$ 是互不相交的方体.

(ii) diam(Q) 表示集合 Q 的直径，$d(E,F)$ 表示集合 E 与 F 的距离. 这样，(3) 就意味着覆盖 $\{Q_k\}$ 中每一个 Q_k 的度量与 Q_k 到 F 的距离几乎成比例 (见图 1.1).

证明 用 $\mathcal{M}_0$ 表示 $\mathbb{R}^n$ 的单位分割，且每一个单位方体的顶点坐标均系整数. 记 $\mathcal{M}_k = 2^{-k}\mathcal{M}_0$. 易见 $\mathcal{M}_{k+1}$ 中的每一个方体是由 $\mathcal{M}_k$ 中的某一个方体等分 2^n 之后得到的方体. 自然，$\mathcal{M}_k$ 中每一个方体的边长是 2^{-k}，直径是 $2^{-k}\sqrt{n}$.

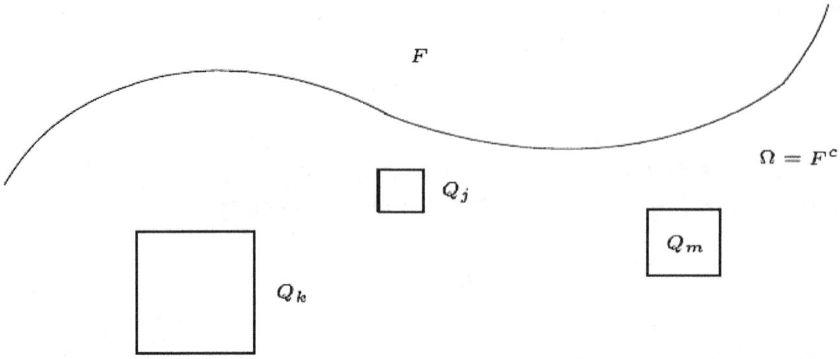

图 1.1

现令

$$\Omega_k = \{x \in \mathbb{R}^n : \quad 2^{-k}c \le d(x,F) \le 2^{-k+1}c\}, \tag{1.11}$$

这里 c 是一个待定常数. 显然 $\Omega = \bigcup_{-\infty}^{\infty} \Omega_k$. 这样，就构造出 Ω 的一个方体覆盖：

$$\mathcal{F}_0 = \{Q \in \mathcal{M}_k, \quad Q \cap \Omega_k \ne \emptyset\}_{k=-\infty}^{k=\infty} \tag{1.12}$$

且满足

$$\Omega = \bigcup_{Q \in \mathcal{F}_0} Q. \tag{1.13}$$

我们断言，对于合适的 c 有

$$\mathrm{diam}(Q) \le d(Q,F) \le 4\mathrm{diam}(Q), \quad \forall Q \in \mathcal{F}_0. \tag{1.14}$$

事实上，设 $Q \in \mathcal{M}_k$, 则有

$$\mathrm{diam}(Q) = 2^{-k}\sqrt{n}. \tag{1.15}$$

因为 $Q \in \mathcal{F}_0$, 故存在 $x \in Q \cap \Omega_k$ 满足

$$d(Q, F) \leq d(x, F) \leq c2^{-k+1}, \tag{1.16}$$

$$d(Q, F) \geq d(x, F) - \text{diam}(Q) \geq c2^{-k} - \sqrt{n}2^{-k}. \tag{1.17}$$

于是，取 $c = 2\sqrt{n}$, 由 (1.16) 及 (1.17) 可得

$$2^{-k}\sqrt{n} \leq d(Q, F) \leq 4\sqrt{n}2^{-k}. \tag{1.18}$$

此式结合 (1.15) 就得 (1.14).

显然，除 (2) 之外， $\mathcal{F}_0$ 满足定理的其它结果，下面的目的就是在 $\mathcal{F}_0$ 中去掉一些无用的元素. 为此，仅需利用如下简单事实：若 Q_1 和 Q_2 是分别由 $\mathcal{M}_{k_1}$ 与 $\mathcal{M}_{k_2}$ 中选出的方体，如果 Q_1 和 Q_2 相交，则其中的一个一定被另一个所包含. 特别地，如果 $k_1 \geq k_2$, 则 $Q_1 \subset Q_2$. 这一事实完全是因为所有的方体 Q 均是由二进制分解所确定的.

现从任一方体 $Q \in \mathcal{F}_0$ 出发，考虑 $\mathcal{F}_0$ 中包含 Q 的极大方体. 设 $Q' \in \mathcal{F}_0$, $Q \subset Q'$, 则由 (1.14) 可见

$$\text{diam}(Q') \leq d(Q', F) \leq d(Q, F) \leq 4\text{diam}(Q), \tag{1.19}$$

这说明存在包含 Q 的极大方体. 另外，根据上面简单的事实，知极大方体是惟一的. 现令 $\mathcal{F} = \mathcal{F}_0$ 中所有的极大方体的集合，则 $\mathcal{F}$ 就完全满足定理 1.2 的全部结果.

注记 1.3 对于 $\mathcal{F}$ 中的元素 Q_1 及 Q_2, 若它们有公共边界，就称 Q_1 与 Q_2 是相接的. 利用相接的概念，可以对 Whitney 定理中覆盖性质进行进一步的刻画，作为应用，可获得开集上的单位分解.

命题 1.3 设 $Q_1, Q_2 \in \mathcal{F}$ 是两个相接的方体，则有

$$\frac{1}{4}\text{diam}(Q_2) \leq \text{diam}(Q_1) \leq 4\text{diam}(Q_2). \tag{1.20}$$

证明 注意到 $d(Q_1, F) \leq 4\text{diam}(Q_1)$, 由三角不等式可见

$$d(Q_2, F) \leq d(Q_1, F) + \text{diam}(Q_1) = 5\text{diam}(Q_1). \tag{1.21}$$

又 $\text{diam}(Q_2) \leq d(Q_2, F)$, 从而有

$$\text{diam}(Q_2) \leq 5\text{diam}(Q_1). \tag{1.22}$$

另一方面，存在整数 k, 使得

$$\text{diam}(Q_2) = 2^k\text{diam}(Q_1). \tag{1.23}$$

于是，仅当 $k \leq 2$ 时才能保证 (1.22) 成立．此就意味着

$$\operatorname{diam}(Q_2) \leq 4\operatorname{diam}(Q_1). \tag{1.24}$$

同理，由 Q_1 与 Q_2 的地位完全对称，可见

$$\operatorname{diam}(Q_1) \leq 4\operatorname{diam}(Q_2), \tag{1.25}$$

这样，由 (1.24), (1.25) 即得 (1.20).

命题 1.4 存在仅依赖于维数 n 的常数 N, 使得对任意 $Q \in \mathcal{F}$, 在 $\mathcal{F}$ 中至多有 N 个方体与 Q 相接.

证明 实际上，只要取 $N = 12^n$ 就行了．因为 Q 一定属于某个 $\mathcal{M}_k$, 而在 $\mathcal{M}_k$ 中恰好有 3^n 个方体 (含 Q 自身) 与 Q 相接．由命题 1.3 知，$\mathcal{F}$ 中与 Q 相接的方体的直径 $\geq \frac{1}{4}\operatorname{diam}(Q)$. 其次，$\mathcal{M}_k$ 中每一个方体至多包含 $\mathcal{F}$ 中 4^n 个直径 $\geq \frac{1}{4}\operatorname{diam}(Q)$ 的方体，否则，此方体的度量就大于或等于

$$(4^n+1)\left(\frac{1}{4\sqrt{n}}\right)^n \operatorname{diam}(Q)^n > \mathrm{m}(Q).$$

这是不可能的，因此 $\mathcal{F}$ 中至多有 $N = 12^n$ 个方体与 Q 相接．证毕.

现记 Q_k 是 $\mathcal{F}$ 中的任一方体，x_k 是中心，边长是 l_k, 自然 $\operatorname{diam}(Q_k) = \sqrt{n}l_k$, 对于 $0 < \varepsilon < \frac{1}{4}$, 记

$$Q_k^* = (1+\varepsilon)Q_k.$$

显然，$Q_k \subset Q_k^*$. 然而 $\{Q_k^*\}$ 已不具备互不相交的性质，但是，Ω 中每一点被 Q_k^* 覆盖的重数是有限的，即

命题 1.5 Ω 中每一点至多属于 N 个 Q_k^*, $N = 12^n$ 是由命题 1.4 确定的常数.

证明 若 Q 和 $Q_k \in \mathcal{F}$, 则仅当 Q_k 与 Q 相接时，Q_k^* 才能与 Q 相交．事实上，考虑 $\mathcal{F}$ 中与 Q_k 相接的方体的并

$$U = \bigcup_{Q_\alpha \cap Q_k \neq 0} Q_\alpha, \quad Q_\alpha \in \mathcal{F}, \quad Q_\alpha^0 \cap Q^0 = \{\emptyset\}. \tag{1.26}$$

自然，与 Q_k 相接的方体的直径都 $\geq \frac{1}{4}\operatorname{diam}(Q_k)$. 显然，$Q_k^* \subset U$. 若 Q 与 Q_k^* 相交，则当且仅当 Q 与 Q_k 相接．然而，对 $\forall x \in \Omega$ 属于某一个方体 $Q \in \mathcal{F}$, 由命题 1.4, 至多有 N 个方体 Q_k 与 Q 相接．从而，至多有 N 个 Q_k^* 包含 x 点.

利用上面的讨论，容易给出 Ω 上的单位分解．记 Q_0 是以原点为中心的单位方体，取 $\psi(x) \in C_c^\infty(\mathbb{R}^n)$ 满足

$$\psi(x) = \begin{cases} 1, & x \in Q_0, \\ 0, & x \notin (1+\varepsilon)Q_0 = Q_0^*. \end{cases} \tag{1.27}$$

令

$$\psi_k(x)=\psi\left(\frac{x-x_k}{l_k}\right), \tag{1.28}$$

其中 x_k 是 $Q_k\in\mathcal{F}$ 的中心， l_k 是 Q_k 的边长，自然有 $\psi_k\in C_c^\infty(\mathbb{R}^n)$ 满足

$$\psi_k(x)=\begin{cases}1, & x\in Q_k,\\ 0, & x\notin Q_k^*\end{cases} \tag{1.29}$$

且

$$\left|\left(\frac{\partial}{\partial x}\right)^\alpha\psi_k(x)\right|\le A_\alpha(\mathrm{diam}(Q_k))^{-|\alpha|}. \tag{1.30}$$

现定义 $\psi_k^*(x)=\psi_k(x)\Psi(x)^{-1}$, $x\in\Omega$, 其中 $\Psi(x)=\sum\limits_k\psi_k(x)$. 显然,

$$\sum_k\psi_k^*(x)=1,\quad x\in\Omega, \tag{1.31}$$

并且对 $\forall x\in\Omega$, 在上式求和中至多有有限个 ψ_k^* 在此点不等于 0. 综上可归纳为：

定理 1.6 设 Ω 是 $\mathbb{R}^n$ 中的开集，则存在一簇函数 $\{\psi_k(x)\}\subset C_c^\infty(\mathbb{R}^n)$, 满足

$$\sum_k\psi_k(x)\equiv 1,\qquad x\in\Omega, \tag{1.32}$$

且对 $\forall x\in\Omega$ 上式求和是一个有限和式.

§5.2 H-L 极大函数及 C-Z 分解

定义 2.1 设 $f(x)$ 是 $\mathbb{R}^n$ 上的局部可积函数，称

$$\wedge f(x)=\sup_{r>0}\frac{1}{\mathrm{m}(Q(x,r))}\int_{Q(x,r)}|f(y)|dy \tag{2.1}$$

是 f 的 Hardy-Littlewood 极大函数，其中 $Q(x,r)$ 是以 x 为中心， $r>0$ 为边长的方体， $\mathrm{m}(Q(x,r))$ 表示 $Q(x,r)$ 的测度.

注记 2.1 (i) 在定义 2.1 中，若将 $Q(x,r)$ 换成 $B(x,r)$,

$$\wedge_1 f(x)=\sup_{r>0}\frac{1}{\mathrm{m}(B(x,r))}\int_{B(x,r)}|f(y)|dy \tag{2.2}$$

也称为 Hardy-Littlewood 极大函数. 容易看出

$$\begin{aligned}\wedge_1 f(x) &= \sup_{r>0} \frac{1}{\mathrm{m}(B(x,r))} \int_{B(x,r)} |f(y)|dy \\ &\le \sup_{r>0} \frac{2^n n}{\omega_{n-1}\mathrm{m}(Q(x,2r))} \int_{Q(x,2r)} |f(y)|dy \\ &\le \frac{2^n n}{\omega_{n-1}} \wedge f(x),\end{aligned} \tag{2.3}$$

$$\begin{aligned}\wedge f(x) &= \sup_{r>0} \frac{1}{\mathrm{m}(Q(x,r))} \int_{Q(x,r)} |f(y)|dy \\ &\le \sup_{r>0} \frac{\omega_{n-1}}{n\mathrm{m}(B(x,r))} \int_{B(x,r)} |f(y)|dy \le \frac{\omega_{n-1}}{n} \wedge_1 f(x).\end{aligned} \tag{2.4}$$

于是

$$\frac{\omega_{n-1}}{2^n n} \wedge_1 f(x) \le \wedge f(x) \le \frac{\omega_{n-1}}{n} \wedge_1 f(x), \tag{2.5}$$

这里 ω_{n-1} 表示 $\mathbb{R}^n$ 中单位球面的度量.

(ii) H-L 极大函数确定了一个次线性算子. 事实上, 直接验证

(a) $\wedge(f+g) \le \wedge(f) + \wedge(g), \forall f, g \in L_{\mathrm{loc}}(\mathbb{R}^n)$.

(b) $\wedge(\alpha f) \le |\alpha| \wedge f, \forall \alpha \in \mathbb{C}, f \in L_{\mathrm{loc}}(\mathbb{R}^n)$. 注意到对 $\forall f \in L_{\mathrm{loc}}$, 有 $\wedge f \ge 0$, 因此 $\wedge$ 是一个正算子. 显然, 当 $f \in L^\infty$ 时, 有

$$\| \wedge f\|_\infty \le \|f\|_\infty, \tag{2.6}$$

即 $\wedge$ 是 (∞,∞) 型算子. 然而, $\wedge$ 不是 (1,1) 型算子.

例 2.1 设 $n=1$, $f(x) = \chi_{[0,1]}(x)$, 则

$$\wedge f(x) = \begin{cases} (2|x|+2)^{-1}, & x \le 0, \\ 1, & 0 < x < 1, \\ (2x)^{-1}, & x \ge 1. \end{cases} \tag{2.7}$$

虽然 $f(x) \in L^1(\mathbb{R}^n)$, 然而 $\wedge f(x) \notin L^1(\mathbb{R}^n)$. 此说明 $\wedge$ 不是 (1,1) 型算子. 然而, $\wedge$ 是弱 (1,1) 型算子, 这也是 H-L 极大算子的核心估计, 由此可推得 Lebesgue 定理.

定理 2.1 设 $f(x)$ 是 $\mathbb{R}^n$ 上的可测函数, 有

(1) 如果 $f \in L^p(\mathbb{R}^n)$, $1 \le p \le \infty$, 则对 a.e. $x \in \mathbb{R}^n$, 有 $\wedge f(x) < \infty$.

(2) $\wedge$ 是弱 (1,1) 型算子, 即 $\forall f \in L^1(\mathbb{R}^n), \alpha > 0$, 有

$$m\{x \mid x \in \mathbb{R}^n;\quad \wedge f(x) > \alpha\} \le \frac{A}{\alpha} \int_{\mathbb{R}^n} |f(x)|dx, \tag{2.8}$$

这里 A 是仅依赖于 n 的常数.

(3) 设 $1 < p \le \infty$, 则 $\wedge$ 是 (p,p) 型算子. 即对 $\forall f \in L^p(\mathbb{R}^n)$, 有 $\wedge f \in L^p(\mathbb{R}^n)$, 且

$$\| \wedge f\|_p \le A_p \|f\|_p, \tag{2.9}$$

其中 A_p 是仅依赖于 n 与 p 的常数.

证明 容易看出, (1) 是 (2) 与 (3) 的直接结果. 下面仅需证明 (2), (3). 设 $\forall f \in L^1(\mathbb{R}^n), \alpha > 0$, 记

$$E = E_\alpha(\wedge f) = \{x: \quad x \in \mathbb{R}^n \text{且} \wedge f(x) > \alpha\}, \tag{2.10}$$

由 H-L 极大函数的定义, 对 $\forall x \in E$, 存在以 x 中心, 半径是 $r(x) > 0$ 的球 Q_x, 使得

$$\frac{1}{\mathrm{m}(Q_x)} \int_{Q_x} |f(y)|dy > \alpha. \tag{2.11}$$

从而有

$$\mathrm{m}(Q_x) < \alpha^{-1} \int_{Q_x} |f(y)|dy \le \alpha^{-1} \|f\|_1 < \infty, \tag{2.12}$$

当 x 取遍 E 中, $\{Q_x\}$ 就构成了 E 的覆盖. 利用 Vitali 覆盖引理, 存在互不相交的至多可列个球体 $\{Q_k\}$ 使得

$$\sum_k \mathrm{m}(Q_k) \ge c\mathrm{m}(E), \tag{2.13}$$

这里 $c = 5^{-n}$. 于是

$$\begin{aligned}(\wedge f)_*(\alpha) = \mathrm{m}(E_\alpha) &\le c^{-1} \sum_k \mathrm{m}(Q_k) \le (c\alpha)^{-1} \sum_k \int_{Q_k} |f(y)|dy \\ &= (c\alpha)^{-1} \int_{\cup_k Q_k} |f(y)|dy \le (c\alpha)^{-1} \int_{\mathbb{R}^n} |f(y)|dy. \end{aligned} \tag{2.14}$$

从而 (2.8) 成立, 这里 $A = 5^n$. 此说明 $\wedge$ 是弱 (1,1) 型算子.

注意到 (2.6) 知 $\wedge f$ 是 (∞, ∞) 型算子, 利用 Marcinkiewcz 型弱插值定理知 $\wedge f$ 是 (p,p) 型算子, 从而 (3) 成立.

注记 2.2 利用 Littlewood-Paley-Stein 理论, Stein 证明了 (2.9) 式中的 A_p 本质上是仅依赖于 p, 而与维数无关, 见文献 [SS].

推论 2.2(Lebesgue 微分定理) 设 $f \in L^p(\mathbb{R}^n), 1 \le p \le \infty$ 或更一般地, $f \in L_{\mathrm{loc}}(\mathbb{R}^n)$. 则

$$\lim_{r \to 0} \frac{1}{\mathrm{m}(Q(x,r))} \int_{Q(x,r)} f(y)dy = f(x), \qquad \text{对 a.e.} \quad x \in \mathbb{R}^n, \tag{2.15}$$

这里 $Q(x,r)$ 可用 $B(x,r)$ 来代替.

证明 在 $f(x)\in L_{\text{loc}}(\mathbb{R}^n)$ 条件下证明 (2.15). 注意到 (2.15) 是一个局部问题, 故无妨设 $f\in L^1(\mathbb{R}^n)$. 现记

$$L_rf(x)=\frac{1}{\mathrm{m}(Q(x,r))}\int_{Q(x,r)}f(y)dy. \tag{2.16}$$

显然, 对一切 $r>0$, 有

$$|L_rf(x)|\le\wedge f(x),\qquad x\in\mathbb{R}^n. \tag{2.17}$$

令

$$\Omega f(x)=\overline{\lim_{r\to0}}L_rf(x)-\underline{\lim_{r\to0}}L_rf(x), \tag{2.18}$$

则

$$|\Omega f(x)|\le 2\sup_r|L_rf(x)|\le 2\wedge f(x). \tag{2.19}$$

当 $g(x)$ 是具有紧支集的连续函数时,

$$\lim_{r\to0}L_rg(x)=g(x),\quad x\in\mathbb{R}^n, \tag{2.20}$$

从而 $\Omega g=0$. 对任意的 $\eta>0$, 将 f 分解成 $f=g+h$ 使得

$$\|h(x)\|_1<\eta, \tag{2.21}$$

而 g 是具有紧支集连续函数. 由此推得

$$(\Omega f)_*(\alpha)=(\Omega h)_*(\alpha)\le(\wedge h)_*(\frac{\alpha}{2})\le\frac{2A}{\alpha}\|h\|_1\le\frac{2A}{\alpha}\eta. \tag{2.22}$$

利用 $\eta>0$ 的任意性, 可见 $\Omega f\overset{\text{a.e.}}{=\!=}0$. 因此, $\lim_{r\to0}L_rf(x)$ 存在. 下面说明它等于 $f(x)$. 事实上, 当 $r\to0$ 时, 有

$$\begin{aligned}\|L_rf-f\|_1&=\int_{\mathbb{R}^n}\left|\frac{1}{\mathrm{m}(Q(x,r))}\int_{Q(x,r)}f(y)dy-f(x)\right|dx\\&=\int_{\mathbb{R}^n}\left|\frac{1}{\mathrm{m}(Q(x,r))}\int_{Q(0,r)}f(x-y)dy-f(x)\right|dx\\&\le\frac{1}{\mathrm{m}(Q(0,r))}\int_{Q(0,r)}\int_{\mathbb{R}^n}|f(x-y)-f(x)|dxdy.\end{aligned}$$

从而推知存在子列 $\{L_{r_k}f\}$ 几乎处处收敛于 $f(x)$. 由惟一性结果, 就有

$$\lim_{r\to0}L_rf(x)=\lim_{r\to0}\frac{1}{\mathrm{m}(Q(x,r))}\int_{Q(x,r)}f(y)dy\overset{\text{a.e.}}{=\!=}f(x),\ x\in\mathbb{R}^n.$$

现在证明调和分析中非常重要的 Calderón-Zygmund 分解定理.

定理 2.3 设 $f(x)$ 是 $\mathbb{R}^n$ 上非负可积函数, α 是任意正常数, 则存在 $\mathbb{R}^n$ 的一个分解, 满足

(1) $\mathbb{R}^n = F \cup \Omega$, $F \cap \Omega = \emptyset$;

(2) $f(x) \le \alpha$, 对几乎处处 $x \in F$;

(3) $\Omega = \bigcup_k Q_k$, Q_k 是互不相交的方体, 进而, 对于每一个方体 Q_k 还满足

$$\alpha < \frac{1}{\mathrm{m}(Q_k)} \int_{Q_k} f(x)dx \le 2^n \alpha. \tag{2.23}$$

证明 首先, 将 $\mathbb{R}^n$ 等分成内部互不相交的方体之并, 并使方体的直径充分大, 使之满足

$$\frac{1}{\mathrm{m}(Q')} \int_{Q'} f(x)dx \le \alpha. \tag{2.24}$$

设 Q' 是满足 (2.24) 的任意一个方体, 将 Q' 等分成 2^n 个相同的方体 $\{Q''\}$. 则对这些方体 $\{Q''\}$, 有如下两种情形:

(a) $$\frac{1}{\mathrm{m}(Q'')} \int_{Q''} f(x)dx \le \alpha; \tag{2.25}$$

(b) $$\frac{1}{\mathrm{m}(Q'')} \int_{Q''} f(x)dx > \alpha. \tag{2.26}$$

对于情形 (b), 我们不再对 Q'' 进行等分, 此时它满足

$$\alpha < \frac{1}{\mathrm{m}(Q'')} \int_{Q''} f(x)dx \le \frac{1}{2^{-n}\mathrm{m}(Q')} \int_{Q'} f(x)dx \le 2^n \alpha.$$

对于情形 (a), 继续等分 Q'' 并进行同样的程序, …… . 照此方法来处理, 就将所有满足情形 (b) 的方体 $\{Q_k\}$ 排列起来. 记 $\Omega = \bigcup_k Q_k$, 那么对几乎处处 $x \in F = \Omega^c$, 利用 Lebesgue 微分基本定理知

$$f(x) = \lim_{\substack{x \in Q \\ \mathrm{m}(Q) \to 0}} \frac{1}{\mathrm{m}(Q)} \int_Q f(y)dy \le \alpha, \tag{2.27}$$

从而 (2) 成立. 其余两条自然满足.

对给定非负可积函数 $f(x)$ 及 $\alpha > 0$, $\mathbb{R}^n$ 的上述分解 $\{F^\alpha, Q_1^\alpha, Q_2^\alpha, \cdots\}$ 通常称为从属于 $(f(x), \alpha)$ 的 Calderón-Zygmund 分解 (简称 C-Z 分解). 有时, 在不引起混乱的前提下, 常常将 α 省略.

推论 2.4 设 $f(x)$ 是 $\mathbb{R}^n$ 上的非负可积函数， $\alpha > 0$. 记 $\{F, Q\} = \{F, Q_1, Q_2, \cdots\}$ 是 $\mathbb{R}^n$ 的从属于 $(f(x), \alpha)$ 的 Calderón-Zygmund 分解，则存在仅依赖于 n 的常数 A, B 使得

$$\mathrm{m}(\Omega) = \sum_k \mathrm{m}(Q_k) \le \frac{A}{\alpha}\|f\|_1, \tag{2.28}$$

$$\frac{1}{\mathrm{m}(Q_k)}\int_{Q_k} f(x)dx \le B\alpha. \tag{2.29}$$

证明 本质上，取 $A = 1, B = 2^n$ 就行了，(2.29) 是 (2.23) 的直接结果. 进而，由 (2.23) 亦有

$$\mathrm{m}(\Omega) = \sum_k \mathrm{m}(Q_k) < \frac{1}{\alpha}\sum_k \int_{Q_k} f(x)dx = \frac{1}{\alpha}\int_\Omega f(x)dx \le \frac{1}{\alpha}\|f\|_1.$$

注记 2.3 (a) 用极大函数的基本定理 (见定理 2.1) 来代替 C-Z 分解定理，可给出推论 2.4 的另一个证明，尽管证明不及用 C-Z 定理证明那样直接，然而它能将 $\mathbb{R}^n$ 分解的两部分 F 与 Ω 很清楚地表示出来. 事实上，取 $F = \{x : \wedge f \le \alpha\}$, $\Omega = E_\alpha = \{x : \wedge f(x) > \alpha\}$, 则由 H-L 极大定理就得

$$\mathrm{m}(\Omega) \le \frac{A}{\alpha}\|f\|_1, \quad A = 5^n. \tag{2.30}$$

因 F 是闭集，利用 Whitney 分解定理，有

$$\Omega = \bigcup_k Q_k \tag{2.31}$$

且满足

$$\frac{1}{4}\mathrm{diam}(Q_k) \le d(F, Q_k) \le 4\mathrm{diam}(Q_k). \tag{2.32}$$

因 F 闭，存在 $p_k \in F$, 使得

$$d(F, Q_k) = d(p_k, Q_k). \tag{2.33}$$

于是，由 F 的表示法可见

$$\alpha \ge \wedge f(p_k) \ge \frac{1}{\mathrm{m}(Q'_k)}\int_{Q'_k} f(x)dx \ge \frac{1}{10^n \mathrm{m}(Q_k)}\int_{Q_k} f(x)dx, \tag{2.34}$$

这里 Q'_k 是以 p_k 为心，边长是 $\frac{10}{\sqrt{n}}\mathrm{diam}Q_k$ 的方体. 由此即得推论 2.4.

注记 2.4 在极大函数定义 2.1 中，若记 Q_x 是包含 x 的，边平行于坐标轴的方体，并且

$$\wedge' f(x) = \sup_{Q_x} \frac{1}{\mathrm{m}(Q_x)} \int_{Q_x} |f(y)| dy,$$

这里上确界是对一切 Q 所取的，那么 $\wedge'$ 与 $\wedge$ 等价.

事实上，$Q(x,r)$ 也是形如 Q_x 中的一种，且根据简单几何性质有 $Q_x \subset Q(x,4l)$, 这里 l 是 Q_x 的边长. 故 $\mathrm{m}(Q_x) = 4^{-n}\mathrm{m}(Q(x,4l))$, 直接验算

$$\frac{1}{\mathrm{m}(Q_x)} \int_{Q_x} |f(y)| dy \le \frac{4^n}{\mathrm{m}(Q(x,4l))} \int_{Q(x,4l)} |f(y)| dy \le 4^n \wedge f(x).$$

于是，$\wedge f(x) \le \wedge' f(x) \le 4^n \wedge f(x)$.

注记 2.5 若 $1 < p \le \infty$, 则有

$$f \in L^p \Longleftrightarrow \wedge f \in L^p \Longleftrightarrow \wedge' f \in L^p.$$

由 $\wedge$ 与 $\wedge'$ 等价，仅需说明

$$f \in L^p \Longleftrightarrow \wedge f \in L^p(\mathbb{R}^n)$$

即可. 一方面，当 $1 < p \le \infty$ 时，$\wedge$ 是 (p,p) 型算子，从而由 $f \in L^p$ 即推得 $\wedge f \in L^p$.

另一方面，由 Lebesgue 可微性定理，有

$$|f(x)| = \lim_{r\to 0} |L_r f(x)| \le \wedge f(x), \quad 对\ \text{a.e.} x \in \mathbb{R}^n.$$

从而由 $\wedge f(x) \in L^p(\mathbb{R}^n)$ 可得 $f(x) \in L^p(\mathbb{R}^n)$.

下面来给出 Hardy-Littlewood 极大定理在调和函数中的一些应用.

设 $f \in L^p(\mathbb{R}^n)$, $1 \le p \le \infty$, 考虑 $\mathbb{R}^{n+1}_+$ 上 Poisson 积分

$$u(x,y) = P_y * f(x), \quad x \in \mathbb{R}^n, \quad y \in \mathbb{R}^+, \tag{2.35}$$

这里

$$P_y(x) = P(x,y) = c_n \frac{y}{(|x|^2 + |y|^2)^{\frac{1+n}{2}}} \tag{2.36}$$

是 Poisson 核函数. 利用 H-L 极大定理，易见有

定理 2.5 设 $f \in L^p(\mathbb{R}^n), 1 \le p \le \infty$, 则

$$\sup_{y>0} |u(x,y)| \le A_n \wedge f(x), \tag{2.37}$$

其中 A_n 是仅依赖于空间维数 n 的常数.

证明 记 $y = ry'$, $y' \in \sigma_{n-1}$, $r = |y|$ 以及

$$g(r) = g_x(r) = r^{n-1}\int_{\sigma_{n-1}} f(x - ry')dy', \tag{2.38}$$

$$G(r) = G_r(x) = \int_0^r g(s)ds = \int_{|y|\le r} f(x-y)dy. \tag{2.39}$$

利用分部积分, 容易看出

$$\begin{aligned} u(x,y) &= C_n y\int_{\mathbb{R}^n}\frac{f(x-\xi)}{(|\xi|^2+y^2)^{(n+1)/2}}d\xi = C_n y\int_0^\infty \frac{g(r)}{(r^2+y^2)^{(n+1)/2}}dr \\ &= (n+1)C_n y\int_0^\infty \frac{rG(r)}{(r^2+y^2)^{(n+3)/2}}dr. \end{aligned} \tag{2.40}$$

因为

$$|G(r)| \le \mathrm{m}(B(x,r))\wedge_1 f(x) \le C_n^1 r^n \wedge f(x), \tag{2.41}$$

从而

$$\begin{aligned} |u(x,y)| &\le (n+1)C_n C_n^1\int_0^\infty \frac{r^{n+1}y}{(r^2+y^2)^{(n+3)/2}}dr\cdot\wedge f \\ &= (n+1)C_n C_n^1\int_0^\infty \frac{1}{(1+s^2)^{(n+3)/2}}ds\cdot\wedge f \\ &\le A_n \wedge f(x). \end{aligned}$$

因此 (2.37) 成立, 这里 $C_n^1 = 2^n/\omega_{n-1}$.

定理 2.6 设 $f(x)\ge 0$ 且其 Poisson 积分 $u(x,y)$ 对每一个 $y>0$ 都存在 (例如 $f(x)\in L^p(\mathbb{R}^n), 1\le p\le\infty$), 则

$$\wedge f(x) \le B_n \sup_{y>0} u(x,y). \tag{2.42}$$

证明 对任意 $r>0$, 考察

$$\begin{aligned} \sup_{y>0} u(x,y) &\ge u(x,r) = \int_{\mathbb{R}^n} f(x-\xi)P(\xi,r)d\xi \ge \int_{|\xi|\le 2r} f(x-\xi)P(\xi,r)d\xi \\ &= C_n r\int_{|\xi|\le 2r} f(x-\xi)(|\xi|^2+r^2)^{-(n+1)/2}d\xi \\ &\ge C_n r(5r^2)^{-(n+1)/2}\int_{|\xi|\le 2r} f(x-\xi)d\xi \\ &= B_n^{-1}\frac{1}{\mathrm{m}(Q(x,\frac{4r}{n}))}\int_{Q(x,\frac{4r}{n})} f(\xi)d\xi. \end{aligned}$$

取上确界即推得 (2.42), 这里用到了方体与球的一个简单关系.

注记 2.6 (i) 定理 2.5 说明 H-L 极大函数可以控制收敛的 Poisson 积分, 由此引理可推得 Poisson 积分的逐点收敛性的结果.

(ii) 定理 2.6 在某种意义下可视为定理 2.5 的逆定理.

§5.3 极大算子与 BMO 空间

记 $Q \subset \mathbb{R}^n$ 是以原点为中心,边平行于坐标轴的方体,对 $\forall f(x) \in L_{\text{loc}}(\mathbb{R}^n)$,

$$f_Q = \frac{1}{\mathrm{m}(Q)} \int_Q f(y)dy$$

表示 $f(x)$ 在 Q 上的平均值. 进而, 我们称

$$f_Q^{\#} = \frac{1}{\mathrm{m}(Q)} \int_Q |f(y) - f_Q|dy \tag{3.1}$$

为 $f(x)$ 在 Q 上的平均振动.

定义 3.1 对 $\forall f(x) \in L_{\text{loc}}(\mathbb{R}^n)$, 记

$$\wedge^{\#} f(x) = f^{\#}(x) = \sup_{r>0} f^{\#}_{Q(x,r)}. \tag{3.2}$$

称 $\wedge^{\#}$: $f(x) \longrightarrow \wedge^{\#} f(x)$ 是极大平均振动算子. 这里 $Q(x,r)$ 表示中心是 x, 边长是 r 的边界平行于坐标轴的方体.

注记 3.1 对 $\forall f(x) \in L_{\text{loc}}(\mathbb{R}^n)$, 类同于 Hardy-Littlewood 极大算子 $\wedge$, 可引入与 $\wedge^{\#}$ 等价的极大平均振动算子

$$\wedge'^{\#} f(x) = \sup_{Q_x} f^{\#}_{Q_x}, \tag{3.3}$$

其中 Q_x 表示含 x 且边界平行于坐标轴的方体.

引理 3.1 对 $\forall f(x) \in L_{\text{loc}}(\mathbb{R}^n)$ 和 $x \in \mathbb{R}^n$, 有

$$\wedge^{\#} f(x) \le \wedge'^{\#} f(x) \le 2^{n+1} \wedge^{\#} f(x). \tag{3.4}$$

证明 (3.4) 的第一个不等式由定义直接推出. 设 $x \in Q$, Q 是边长为 l 的方体. 令 $Q^* = Q(x, 2l)$, 显然 $Q \subset Q^*$ 且 $\mathrm{m}(Q^*) = 2^n \mathrm{m}(Q)$. 于是, 对任意的含 x 的方体 Q, 有

$$\begin{aligned} |f_Q(x) - f_{Q^*}| &\le \frac{1}{\mathrm{m}(Q)} \int_{Q^*} |f(y) - f_{Q^*}|dy \\ &= \frac{2^n}{\mathrm{m}(Q^*)} \int_{Q^*} |f(y) - f_{Q^*}|dy \le 2^n \wedge^{\#} f. \end{aligned} \tag{3.5}$$

从而

$$\begin{aligned}|f_Q^{\#}| &\le \frac{1}{\mathrm{m}(Q)}\int_Q |f(y)-f_{Q^*}|dy + |f_{Q^*}-f_Q| \\ &\le \frac{2^n}{\mathrm{m}(Q^*)}\int_{Q^*}|f(y)-f_{Q^*}|dy + 2^n \wedge^{\#} f(x) \\ &\le 2^{n+1}\wedge^{\#} f(x). \end{aligned}\tag{3.6}$$

对 (3.6) 的两边关于 Q 取上确界，就得 (3.4).

引理 3.2　对 $\forall f(x)\in L_{\text{loc}}(\mathbb{R}^n)$ 和 $x\in\mathbb{R}^n$, 有

$$\wedge^{\#} f(x) \le 2\wedge f(x), \tag{3.7}$$

$$\wedge'^{\#} f(x) \le 2\wedge' f(x). \tag{3.8}$$

此意味着算子 $\wedge(\wedge')$ 的型决定了算子 $\wedge^{\#}(\wedge'^{\#})$ 的型.

证明　由定义，直接计算就得

$$f_Q^{\#} = \frac{1}{\mathrm{m}(Q)}\int_Q |f(y)-f_Q|dy \le \frac{1}{\mathrm{m}(Q)}\int_Q |f(y)|dy + |f_Q(x)| \le 2\wedge f(x).$$

对上式的两边关于 Q 取上确界，就得 (3.7) 和 (3.8), 这里 $Q=Q(x,r)$ 或 $Q=Q_x$.

注记 3.2　当 $1<p\le\infty$ 时，我们知道 $f(x)\in L^p(\mathbb{R}^n)$ 的充要条件是 $\wedge f(x)\in L^p(\mathbb{R}^n)$. 特别，当 $p=\infty$ 时，

$$\|f\|_\infty = \|\wedge f\|_\infty. \tag{3.9}$$

事实上，一方面，

$$\wedge f = \sup_{r>0}\frac{1}{\mathrm{m}(Q(x,r))}\int_{Q(x,r)}|f(y)|dy \le \|f(x)\|_\infty.$$

另一方面，利用 Lebesgue 微分定理得

$$\begin{aligned}|f(x)| &= \lim_{r\to 0}\frac{1}{\mathrm{m}(Q(x,r))}\int_{Q(x,r)}|f(y)|dy \\ &\le \sup_{r>0}\frac{1}{\mathrm{m}(Q(x,r))}\int_{Q(x,r)}|f(y)|dy = \wedge f.\end{aligned}$$

故 (3.9) 成立.

由引理 3.2 知，若 $f(x)\in L^\infty(\mathbb{R}^n)$, 那么，$\wedge^{\#} f(x)\in L^\infty(\mathbb{R}^n)$. 然而，相反的结论不能成立. 例如：$f(x)=\ln|x|$, $x\in\mathbb{R}$. 虽然 $\wedge^{\#} f(x)\in L^\infty(\mathbb{R}^n)$, 但

是， $f(x) \notin L^\infty(\mathbb{R}^n)$. 这一事实启发我们引入一类比 L^∞ 更大的函数空间，即 BMO 空间.

定义 3.2 设 $f(x) \in L_{\text{loc}}(\mathbb{R}^n)$. 若 $\wedge^\# f(x) \in L^\infty(\mathbb{R}^n)$, 则称 $f(x)$ 是有界平均振动的 BMO 函数. 全体有界平均振动的函数所构成的空间就是 BMO 空间. 显然，若记

$$\|f(x)\|_{\text{BMO}} = \| \wedge^\# f(x)\|_\infty, \tag{3.10}$$

那么 $\|\cdot\|_{\text{BMO}}$ 是一个半范数. 若引入等价关系

$$f_1(x) \backsim f_2(x) \Longleftrightarrow f_1(x) - f_2(x) = 常数 \quad 对\ \text{a.e.} x \in \mathbb{R}^n, \tag{3.11}$$

则 BMO/$\backsim$ 在 $\|\cdot\|_{\text{BMO}}$ 下就构成了一个 Banach 空间.

定理 3.3 在不记常数的意义下， BMO 空间是一个 Banach 空间.

证明 根据 $\|f(x)\|_{\text{BMO}} = \sup\limits_{Q\subset\mathbb{R}^n} \dfrac{1}{\text{m}(Q)} \displaystyle\int_Q |f(y) - f_Q| dy$, 容易看出：

$$\|f(x)\|_{\text{BMO}} = 0 \Longleftrightarrow f(x) = \text{const.}, \quad 对\ \text{a.e.} x \in \mathbb{R}^n.$$

从而 $\|\cdot\|_{\text{BMO}}$ 是一个范数.

设 $\{f_m(x)\}$ 是 BMO 空间中的 Cauchy 列，任取 $\mathbb{R}^n$ 中的方体 Q, 当 $m, l \to \infty$ 时，有

$$\frac{1}{\text{m}(Q)} \int_Q |[f_m(x) - (f_m)_Q] - [f_l(x) - (f_l)_Q]| dx \le \|f_m - f_l\|_{\text{BMO}} \to 0. \tag{3.12}$$

由此推知 $\{f_m(x) - (f_m)_Q\}$ 是 $L^1(Q)$ 中的 Cauchy 列，从而，存在 L^1 函数 $g^Q(x)$ 使得

$$f_m(x) - (f_m)_Q \overset{L^1(Q)}{\longrightarrow} g^Q(x), \qquad m \longrightarrow \infty. \tag{3.13}$$

类似地，对任一 $Q' \supset Q$, 我们有

$$f_m(x) - (f_m)_{Q'} \overset{L^1(Q')}{\longrightarrow} g^{Q'}(x), \quad m \to \infty. \tag{3.14}$$

自然， $f_m(x) - (f_m)_{Q'}$ 在 $L^1(Q)$ 上同样收敛于 $g^{Q'}$. 于是，由 (3.13), (3.14) 推知

$$(f_m)_{Q'} - (f_m)_Q \to C = C(Q, Q'), \quad m \to \infty. \tag{3.15}$$

记 Q_k 是以原点为中心，边长为 k 的方体，自然 $\cup_{m=1}^\infty Q_k = \mathbb{R}^n$. 令

$$f(x) = g^{Q_k}(x) + C(Q_1, Q_k), \quad \forall x \in Q_k. \tag{3.16}$$

下面证明对不同的 k, 在相同的定义域内， $f(x)$ 不依赖 k, 即

$$g^{Q_k}(x) + C(Q_1, Q_k) = g^{Q_{k'}}(x) + C(Q_1, Q_{k'}), \quad x \in Q_k \subset Q_{k'}. \tag{3.17}$$

事实上，由 (3.14), (3.15) 知

$$g^{Q_{k'}}(x) = g^{Q_k}(x) + C(Q_k, Q_{k'}),$$

$$g^{Q_{k'}}(x) = g^{Q_1}(x) + C(Q_1, Q_{k'}),$$

$$g^{Q_k}(x) = g^{Q_1}(x) + C(Q_1, Q_k).$$

注意到 $g^{Q_{k'}}(x) = g^{Q_k}(x)$, $x \in Q_k$. 从而

$$C(Q_1, Q_{k'}) = C(Q_1, Q_k) + C(Q_k, Q_{k'}). \tag{3.18}$$

于是，(3.18) 就意味着 (3.17), 说明 $f(x)$ 是良定的.

固定任意一方体 Q, 总可以取 k 足够大，使得 $Q_k \supset Q$. 注意到 (3.16), 我们有

$$f_Q = \frac{1}{\mathrm{m}(Q)} \int_Q g^{Q_k} dx + C(Q_1, Q_k), \tag{3.19}$$

$$\begin{aligned} & g^Q(x) - g^{Q_k}(x) - C(Q_1, Q_k) + f_Q \\ &= g^Q(x) - g^{Q_k}(x) + \frac{1}{\mathrm{m}(Q)} \int_Q g^{Q_k} dx. \end{aligned} \tag{3.20}$$

由此推得

$$\begin{aligned} & \int_Q \{g^Q(x) - g^{Q_k}(x) - C(Q_1, Q_k) + f_Q\} dx \\ = & \int_Q g^Q(x) dx = \lim_{m\to\infty} \int_Q \big(f_m(x) - (f_m)_Q\big) dx = 0. \end{aligned} \tag{3.21}$$

于是，我们就得

$$\begin{aligned} & \int_Q [(f_m - f)(x) - (f_m - f)_Q] dx \\ = & \int_Q [f_m - g^{Q_k}(x) - C(Q_1, Q_k) - (f_m)_Q + f_Q] dx \\ = & \int_Q [f_m - (f_m)_Q - g^Q(x)] dx = 0. \end{aligned} \tag{3.22}$$

注意到 Q 的任意性及极大函数是由函数本身局部确定的，故 $\lim_{n\to\infty} \|f_n - f\|_{\mathrm{BMO}} = 0$. 从而 $f(x) \in \mathrm{BMO}$.

引理 3.4　设 $f(x) \in L_{\mathrm{loc}}(\mathbb{R}^n)$, 则 $f(x) \in \mathrm{BMO}$ 的充要条件是存在常数 M, 对任一个方体 Q, 都存在常数 C_Q, 使得

$$\frac{1}{\mathrm{m}(Q)} \int_Q |f(y) - C_Q| dy \le M. \tag{3.23}$$

证明 取 $C_Q=f_Q$, $M=\|f\|_{\rm BMO}$ 即得必要性的证明. 下面证明充分性. 注意到

$$|f_Q-C_Q|\le\frac{1}{\mathrm{m}(Q)}\int_Q|f(y)-C_Q|dy\le M,$$

容易看出

$$\frac{1}{\mathrm{m}(Q)}\int_Q|f(y)-f_Q|dy\le\frac{1}{\mathrm{m}(Q)}\int_Q|f(y)-C_Q|dy+|f_Q-C_Q|\le 2M. \tag{3.24}$$

因此，对上式两边关于 Q 取上确界就得 $f(x)\in\mathrm{BMO}$.

引理 3.5 设 $f(x)$ 是非负可积函数， $\alpha>0$. 记 $\{F,Q_1^\alpha,Q_2^\alpha,\cdots\}$ 是 $\mathbb{R}^n$ 的从属于 $(f(x),\alpha)$ 的 C-Z 分解，那么

$$(\wedge f)_*(10^n\alpha)\le 2^n\sum_{k=1}^{\infty}\mathrm{m}(Q_k^\alpha), \tag{3.25}$$

这里 $(\wedge f)_*(x)$ 是 Hardy-Littlewood 极大函数 $\wedge f(x)$ 的分布函数.

证明 构造与 $\{Q_k^\alpha\}$ 同心的球 $\{Q_k^*\}$, 但其边长扩大 2 倍. 我们断言：若 $x\notin\bigcup_k Q_k^*$, 则对任意一个以 x 为中心的方体 Q, 有

$$\frac{1}{\mathrm{m}(Q)}\int_Q f(y)dy\le 10^n\alpha. \tag{3.26}$$

事实上，若 $Q\subset F$, 显然有 $\frac{1}{\mathrm{m}(Q)}\int_Q f(y)dy\le\alpha\le 10^n\alpha$. 若 $Q\cap\Omega\ne\emptyset$, 注意到 $\Omega=\bigcup_k Q_k^\alpha$, 则存在 k 使得 $Q_k^\alpha\cap Q\ne\emptyset$. 由于 Q 的中心 x 在 $\bigcup_k Q_k^*$ 的外部，从而推知 $Q_k^\alpha\subset Q^\#$, 这里 $Q^\#$ 是与 Q 同心，边长扩大 2 倍的方体. 故

$$\bigcup_k\{Q_k^\alpha:\ Q_k^\alpha\cap Q\ne\emptyset\}\subset Q^\#, \tag{3.27}$$

进而

$$\begin{aligned}\int_Q f(y)dy&=\int_{Q\cap F}f(y)dy+\sum_{Q_k^\alpha\cap Q\ne\emptyset}\int_{Q_k^\alpha}f(y)dy\\&\le\alpha\mathrm{m}(Q)+\sum_{Q_k^\alpha\cap Q\ne\emptyset}2^n\alpha\mathrm{m}(Q_k^\alpha)\\&\le\alpha\mathrm{m}(Q)+2^n\alpha\mathrm{m}(Q^\#).\end{aligned}$$

因此

$$\frac{1}{\mathrm{m}(Q)}\int_Q f(y)dy\le\alpha+2^n\alpha\cdot 4^n, \tag{3.28}$$

此意味着

$$\wedge f(x) \leq 10^n\alpha, \quad x \notin \cup_k Q_k^*. \tag{3.29}$$

故

$$(\wedge f)_*(10^n\alpha) = \mathrm{m}\{x : \wedge f(x) > 10^n\alpha\} \leq \mathrm{m}(\bigcup_k Q_k^*) = 2^n \sum_{k=1}^{\infty} \mathrm{m}(Q_k^\alpha).$$

注记 3.3 对于非负的可积函数 $f(x)$ 及满足 $0 < \alpha' < \alpha$ 的参数 α 和 α'，作 $\mathbb{R}^n$ 的 C-Z 分解，使得它们开始于同一个方格网. 这样在初始方格网的每一个方体 Q 上的平均满足

$$f_Q = \frac{1}{\mathrm{m}(Q)} \int_Q f(y)dy \leq \alpha' < \alpha.$$

当我们进行第二次分割后，对某些第二层小方体 Q'，可能有 $\alpha' < f_{Q'} \leq \alpha$. 这意味着在此方体 Q' 上对应着参数 α' 的 C-Z 分解不再进行，而对应着参数 α 的 C-Z 分解还要继续进行，其结果是所得的分解元 $Q'' \subset Q'$ 就可能是对应着参数 α 的 C-Z 分解元，但不是对应着参数 α' 的 C-Z 分解元. 这样下去，我们总可以选择 Q_k^α 与 $Q_j^{\alpha'}$，使得 Q_k^α 含于某一个 $Q_j^{\alpha'}$ 中.

引理 3.6 设 $f(x)$ 是非负可积函数， $\alpha > 0, \beta > 0$. 记 $t(\alpha) = \sum_{k=1}^{\infty} \mathrm{m}(Q_k^\alpha)$，那么

$$t(\alpha) \leq (\wedge'^{\#} f)_*(\frac{\alpha\beta}{2}) + \beta t(2^{-n-1}\alpha). \tag{3.30}$$

证明 令 $\alpha' = 2^{-n-1}\alpha$，可分别构造 $\mathbb{R}^n$ 满足注记 3.3 的从属于 $(f(x), \alpha)$ 和 $(f(x), \alpha')$ 的 C-Z 分解 $\{F^\alpha, Q_j^\alpha\}$ 和 $\{F^{\alpha'}, Q_j^{\alpha'}\}$. 现记

$$I = \{Q_j^{\alpha'} : \ Q_j^{\alpha'} \subset \{x : \ \wedge'^{\#} f(x) > \frac{\alpha\beta}{2}\}\}, \tag{3.31}$$

其余的 $\{Q_j^{\alpha'}\}$ 记为 II. 令 $Q' \in II$，则存在 $x \in Q'$ 使得

$$\wedge'^{\#} f(x) \leq \frac{\alpha\beta}{2}. \tag{3.32}$$

根据平均振动函数的定义，容易看出

$$f_{Q'}^{\#} = \mathrm{m}(Q')^{-1} \int_{Q'} |f(y) - f_{Q'}|dy \leq \frac{\alpha\beta}{2}, \tag{3.33}$$

$$f_{Q'} = \mathrm{m}(Q')^{-1} \int_{Q'} f(y)dy \leq 2^n\alpha' = \frac{\alpha}{2}. \tag{3.34}$$

因此，对于含在 Q' 中的从属于 $(f(x),\alpha)$ 的 C-Z 分解集 $\{Q_k^\alpha\}$, 我们有

$$\begin{aligned}\alpha\sum_{Q_k^\alpha\subset Q'}\mathrm{m}(Q_k^\alpha)&<\sum_{Q_k^\alpha\subset Q'}\int_{Q_k^\alpha}|f(y)|dy\\&\le\sum_{Q_k^\alpha\subset Q'}\int_{Q_k^\alpha}|f(y)-f_{Q'}|dy+|f_{Q'}|\sum_{Q_k^\alpha\subset Q'}\mathrm{m}(Q_k^\alpha)\\&\le\int_{Q'}|f(y)-f_{Q'}|dy+|f_{Q'}|\sum_{Q_k^\alpha\subset Q'}\mathrm{m}(Q_k^\alpha)\\&\le\frac{\alpha\beta}{2}\mathrm{m}(Q')+\frac{\alpha}{2}\sum_{Q_k^\alpha\subset Q'}\mathrm{m}(Q_k^\alpha).\end{aligned}$$

从而

$$\sum_{Q_k^\alpha\subset Q'}\mathrm{m}(Q_k^\alpha)<\beta\mathrm{m}(Q'). \tag{3.35}$$

进而，

$$\sum_{Q'\in II}\sum_{Q_k^\alpha\subset Q'}\mathrm{m}(Q_k^\alpha)<\beta\sum_{Q'\in II}\mathrm{m}(Q')=\beta t(\alpha')=\beta t(2^{-n-1}\alpha). \tag{3.36}$$

另一方面，

$$\sum_{Q'\in I}\sum_{Q_k^\alpha\subset Q'}\mathrm{m}(Q_k^\alpha)<\sum_{Q'\in I}\mathrm{m}(Q')\le(\wedge'^{\#}f)_*(\frac{\alpha\beta}{2}). \tag{3.37}$$

结合 (3.36) 与 (3.37) 就得

$$t(\alpha)=\left(\sum_{Q'\in II}+\sum_{Q'\in I}\right)\sum_{Q_k^\alpha\subset Q'}\mathrm{m}(Q_k^\alpha)<\beta t(2^{-n-1}\alpha)+(\wedge'^{\#}f)_*\left(\frac{\alpha\beta}{2}\right).$$

定理 3.7 (平均振动极大定理) 设 $1<p<\infty$, 则对 $\forall f(x)\in L^p(\mathbb{R}^n)$, 必存在常数 C_p 使得

$$\|\wedge^{\#}f\|_p\le C_p\|f\|_p, \tag{3.38}$$

$$\|f\|_p\le C_p\|\wedge^{\#}f\|_p, \tag{3.39}$$

这里 C_p 与 $f(x)$ 无关，仅依赖于 p 和 n.

证明 利用引理 3.2 知 $\|\wedge^{\#}f\|_p\le 2\|\wedge f\|_p$, 因此，由 H-L 极大定理即知 (3.38) 成立.

现来证明 (3.39). 因 $\|f\|_p\le\|\wedge f\|_p$, 故 (3.39) 等价于

$$\|\wedge f\|_p\le C_p\|\wedge^{\#}f\|_p,\qquad 1<p<\infty. \tag{3.40}$$

注意到引理 3.5 和引理 3.6, 并采用变量变换 $\alpha = 10^n\beta$, 容易看出

$$
\begin{aligned}
&\int_{\mathbb{R}^n} |\wedge f(x)|^p dx = p\int_0^\infty \alpha^{p-1}(\wedge f)_*(\alpha)d\alpha \\
\le& 2^n p\int_0^\infty \alpha^{p-1}\sum_{k=1}^\infty \mathrm{m}(Q_k^{10^{-n}\alpha})d\alpha \\
=& 2^n p\int_0^\infty 10^{np}\beta^{p-1}\sum_{k=1}^\infty \mathrm{m}(Q_k^\beta)d\beta = 2^n p 10^{np}\int_0^\infty \beta^{p-1}t(\beta)d\beta \\
=& 2^n p 10^{np}\int_0^\infty \alpha^{p-1}t(\alpha)d\alpha.
\end{aligned}
\tag{3.41}
$$

$$
\begin{aligned}
&\int_0^\infty \alpha^{p-1}t(\alpha)d\alpha \\
\le& \int_0^\infty \alpha^{p-1}(\wedge'^{\#}f)_*(\frac{\alpha\beta}{2})d\alpha + \beta\int_0^\infty \alpha^{p-1}t(2^{-n-1}\alpha)d\alpha \\
\le& (\frac{2}{\beta})^p\int_0^\infty \alpha^{p-1}(\wedge'^{\#}f)_*(\alpha)d\alpha + 2^{(n+1)p}\beta\int_0^\infty \alpha^{p-1}t(\alpha)d\alpha.
\end{aligned}
$$

在上式中, 取 $\beta = 2^{-(n+1)p-1}$, 则

$$
\begin{aligned}
\int_0^\infty \alpha^{p-1}t(\alpha)d\alpha &\le 2^{(n+1)p^2+2p+1}\int_0^\infty \alpha^{p-1}(\wedge'^{\#}f)_*(\alpha)d\alpha \\
&= p^{-1}A_p\int_{\mathbb{R}^n} |\wedge'^{\#} f|^p dx.
\end{aligned}
\tag{3.42}
$$

将 (3.42) 代入 (3.41) 就得 (3.40).

定理 3.8 (L^p 与 BMO 空间的插值定理) 设 $1 < p < \infty$, T 是 L^p 到自身的有界线性算子, T 也是 L^∞ 到 BMO 空间的有界线性算子. 那么, 对任意的 $p \le q < \infty$, T 是 L^q 到 L^q 的有界线性算子.

证明 由定理条件知

$$\|Tf\|_{\mathrm{BMO}} \le C_0\|f\|_\infty, \quad \forall f(x) \in L^\infty(\mathbb{R}^n), \tag{3.43}$$

$$\|Tf\|_p \le C_p\|f\|_p, \quad \forall f(x) \in L^p(\mathbb{R}^n), \quad 1 < p < \infty. \tag{3.44}$$

往证

$$\|Tf\|_q \le C_q\|f\|_q, \qquad \forall f(x) \in L^q(\mathbb{R}^n), \quad p \le q < \infty, \tag{3.45}$$

这里 C_q 是仅依赖于 p, n 的常数.

现定义算子 T_1 如下：

$$T_1 f = \wedge^{\#}(Tf). \tag{3.46}$$

若 $f(x) \in L^\infty(\mathbb{R}^n)$, 由 $Tf(x) \in \mathrm{BMO}$, 从而 $\wedge^{\#}(Tf) \in L^\infty(\mathbb{R}^n)$. 此说明 T_1 是 L^∞ 到 L^∞ 有界线性算子且满足

$$\|T_1 f\|_\infty \leq C_0 \|f\|_\infty, \quad \forall f(x) \in L^\infty(\mathbb{R}^n).$$

另一方面，注意到当 $1 < p < \infty$ 时， $\wedge^{\#}$ 是 (p,p) 型算子. 因此

$$\|T_1 f\|_p \leq 2\|Tf\|_p \leq 2C_p \|f\|_p, \quad \forall f(x) \in L^p(\mathbb{R}^n).$$

利用 Riesz 插值定理推知 T_1 是 L^q 到 L^q 的有界线性算子且满足

$$\|T_1 f\|_q \leq C_q \|f\|_q, \quad \forall f(x) \in L^q(\mathbb{R}^n),\ p \leq q < \infty.$$

进而，利用定理 3.7 可得 T 是 L^q 到 L^q 的有界线性算子且 C_q 是仅依赖于 p, n 的常数.

最后，我们来介绍 BMO 空间的几个性质.

定理 3.9 若 $f(x) \in \mathrm{BMO}$, 则 $f(x)/(1+|x|^{n+1}) \in L^1(\mathbb{R}^n)$. 由此推知 $f(x)$ 的 Poisson 积分 $P_t * f(x)$ 对任意的 $(x,t) \in \mathbb{R}^n \times \mathbb{R}_+$ 存在.

证明 如果估计

$$I = \int_{\mathbb{R}^n} \frac{|f(x) - f_Q|}{1+|x|^{n+1}} dx \leq A\|f\|_{\mathrm{BMO}}, \quad Q = Q(0,1) \tag{3.47}$$

成立，则

$$\left\| \frac{f(x)}{(1+|x|^{n+1})} \right\|_1 \leq I + |f_Q| \int_{\mathbb{R}^n} \frac{1}{1+|x|^{n+1}} dx < \infty.$$

故仅需证明估计 (3.47). 记

$$I = I_0 + \sum_{k=1}^{\infty} I_k, \tag{3.48}$$

其中

$$I_k = \int_{S_k} \frac{|f(x) - f_Q|}{1+|x|^{n+1}} dx, \quad Q_k = Q(0, 2^k),\ S_k = Q_k - Q_{k-1}. \tag{3.49}$$

注意到

$$I_0 = \int_Q \frac{|f(x) - f_Q|}{1+|x|^{n+1}} dx = \int_Q |f(x) - f_Q| dx \leq \|f\|_{\mathrm{BMO}}, \tag{3.50}$$

下面仅需证明

$$I_k \leq C_k \|f\|_{\mathrm{BMO}}, \quad \sum_k C_k < \infty. \tag{3.51}$$

因为 $x \in S_k$, 所以 $|x| > 2^{k-1}$ 且 $1+|x|^{n+1} > 1+2^{(k-2)(n+1)} > 4^{-n-1}\cdot 2^{k(n+1)}$. 直接计算可见

$$I_k \leq 4^{n+1}2^{-(n+1)k}\int_{Q_k}|f(x)-f_Q|dx. \tag{3.52}$$

而

$$\begin{aligned}\int_{Q_k}|f(x)-f_Q|dx &\leq \int_{Q_k}|f(x)-f_{Q_k}|+|f_{Q_k}-f_Q|dx\\ &\leq \mathrm{m}(Q_k)\|f\|_{\mathrm{BMO}}+\mathrm{m}(Q_k)|f_{Q_k}-f_Q|,\end{aligned} \tag{3.53}$$

$$\begin{aligned}|f_{Q_k}-f_{Q_{k-1}}| &\leq \frac{1}{\mathrm{m}(Q_{k-1})}\int_{Q_{k-1}}|f(x)-f_{Q_k}|dx\\ &\leq \frac{2^n}{\mathrm{m}(Q_k)}\int_{Q_k}|f(x)-f_{Q_k}|dx \leq 2^n\|f\|_{\mathrm{BMO}},\end{aligned} \tag{3.54}$$

由此推知

$$\begin{aligned}|f_{Q_k}-f_Q| &\leq |f_{Q_k}-f_{Q_{k-1}}|+|f_{Q_{k-1}}-f_{Q_{k-2}}|+\cdots+|f_{Q_1}-f_Q|\\ &\leq 2^n k\|f\|_{\mathrm{BMO}}.\end{aligned}$$

现将上式和 (3.53) 代入 (3.52) 可得

$$I_n \leq 4^{n+1}2^{-(n+1)k}2^{nk}(1+2^n k)\|f\|_{\mathrm{BMO}} \leq C_k\|f\|_{\mathrm{BMO}}, \tag{3.55}$$

这里 $C_k = 8^{n+1}2^{-k}k$. 显然 $\sum_k C_k < \infty$, 从而定理得证.

引理 3.10 记 $\mu_Q(\alpha) = m\{x \in Q: \ |f(x)-f_Q| > \alpha\}$. 若存在常数 B 和 b, 使得对所有的方体 Q 满足

$$\mu_Q(\alpha) \leq B\mathrm{m}(Q)e^{-b\alpha}, \tag{3.56}$$

那么 $f(x) \in \mathrm{BMO}(\mathbb{R}^n)$.

证明 易见，对任意的方体 Q, 满足

$$\int_Q |f(x)-f_Q|dx \leq \int_0^\infty \mu_Q(\alpha)d\alpha \leq Bb^{-1}\mathrm{m}(Q).$$

由此推得

$$\|f(x)\|_{\mathrm{BMO}} = \sup_Q \frac{1}{\mathrm{m}(Q)}\int_Q|f(x)-f_Q|dx \leq \frac{B}{b} < \infty. \tag{3.57}$$

从而引理 3.10 得证.

事实上, F.John 和 L.Nirenberg 还证明了 (3.56) 刻画了 BMO 空间的特征.

定理 3.11 (John-Nirenberg 不等式) 存在仅依赖于 n 的常数 B 和 b, 使得对任意的 $f(x)\in \mathrm{BMO}$, 任意的方体 $Q\subset\mathbb{R}^n$ 以及 $\alpha>0$, 有

$$\mu_Q(\alpha)\le B\mathrm{m}(Q)\exp\left(-\frac{b\alpha}{\|f\|_{\mathrm{BMO}}}\right). \tag{3.58}$$

证明 若 $\alpha\le\|f\|_{\mathrm{BMO}}$, 此时只需取 $B=e$, $b=1$, 估计 (3.58) 显然成立.

若 $\alpha>\|f\|_{\mathrm{BMO}}$, 考虑一个固定的方体 Q_0, 并且无妨假设 $f_{Q_0}=0$. 否则, 可以用 $g=f(x)-f_{Q_0}$ 来替代 $f(x)$, 此时 $g(x)$ 满足 $g_{Q_0}=0$ 且 $\|g\|_{\mathrm{BMO}}=\|f\|_{\mathrm{BMO}}$. 进而无妨假设 $\|f\|_{\mathrm{BMO}}=1$, 否则, 通过简单的变换 $\tilde f(x)=\frac{f(x)}{\|f(x)\|_{\mathrm{BMO}}}$ 即可化成此情形. 现记

$$\mu_Q(\alpha)=m\{x\in Q_0:\quad |f(x)|>\alpha\}\overset{\triangle}{=}\mathrm{m}(E_\alpha),$$

对任意的 $\lambda>\|f(x)\|_{\mathrm{BMO}}=1$, 显然有

$$\frac{1}{\mathrm{m}(Q_0)}\int_{Q_0}|f(x)|dx<\lambda. \tag{3.59}$$

利用 Calderón-Zygmund 分解定理, 可得

$$Q_0=F^\lambda\bigcup(\cup_{k=1}^\infty Q_k^\lambda), \tag{3.60}$$

其中 Q_k^λ 是一族互不相交的方体, 并且满足

$$|f(x)|\le\lambda,\quad 对\ \mathrm{a.e.}x\in F^\lambda, \tag{3.61}$$

$$\lambda<\frac{1}{\mathrm{m}(Q_i^\lambda)}\int_{Q_i^\lambda}|f(x)|dx\le 2^n\lambda. \tag{3.62}$$

根据构造 Q_k^λ 的过程, 它是由某一个立方体 $\bar Q_i^\lambda$ 的每一边二等分后所产生的 2^n 个小立方体中的一个, 并且满足

$$\frac{1}{\mathrm{m}(\bar Q_i^\lambda)}\int_{\bar Q_i^\lambda}|f(x)|dx\le\lambda. \tag{3.63}$$

由此推出

$$\begin{aligned}\frac{1}{\mathrm{m}(Q_k^\lambda)}\int_{Q_k^\lambda}|f(x)|dx&\le\frac{1}{\mathrm{m}(Q_k^\lambda)}\int_{Q_k^\lambda}|f(x)-f_{\bar Q_i^\lambda}|dx+|f_{\bar Q_i^\lambda}|\\&\le 2^n\|f(x)\|_{\mathrm{BMO}}+\lambda=2^n+\lambda.\end{aligned} \tag{3.64}$$

设 $\nu \geq \lambda$, 同样可构造 Q_0 的 Caldcrón-Zygmund 分解

$$Q_0 = F^\nu \bigcup (\cup_{j=1}^\infty Q_j^\nu). \tag{3.65}$$

自然

$$\bigcup_{j=1}^\infty Q_j^\nu \subset \bigcup_{k=1}^\infty Q_k^\lambda. \tag{3.66}$$

由此，任意一个 Q_j^ν 必含在某一个 Q_k^λ 之中．现取 $\nu = \lambda + 2^{n+1}$, 并记 $Q_{j,k}^{\nu,\lambda} = \bigcup_{\{j:Q_j^\nu \subset Q_k^\lambda\}} Q_j^\nu \subset Q_k^\lambda$, 那么，由不等式

$$\begin{aligned}
\lambda + 2^{n+1} = \nu &< \frac{1}{\mathrm{m}(Q_{j,k}^{\nu,\lambda})} \int_{Q_{j,k}^{\nu,\lambda}} |f(x)| dx \\
&\leq \frac{1}{\mathrm{m}(Q_{j,k}^{\nu,\lambda})} \int_{Q_{j,k}^{\nu,\lambda}} |f(x) - f_{Q_k^\lambda}| dx + |f_{Q_k^\lambda}| \\
&\leq \frac{\mathrm{m}(Q_k^\lambda)}{\mathrm{m}(Q_{j,k}^{\nu,\lambda})} \|f(x)\|_{\mathrm{BMO}} + 2^n + \lambda,
\end{aligned}$$

容易推出

$$\mathrm{m}(Q_{j,k}^{\nu,\lambda}) \leq 2^{-n} \mathrm{m}(Q_k^\lambda). \tag{3.67}$$

于是

$$\sum_j \mathrm{m}(Q_j^\nu) \leq 2^{-n} \sum_k \mathrm{m}(Q_k^\lambda), \quad \nu - \lambda = 2^{n+1}. \tag{3.68}$$

注意到 $\alpha > \|f(x)\|_{\mathrm{BMO}} = 1$, 记 $r = [\frac{\alpha-1}{2^{n+1}}]$ 及 $\nu = 1 + 2^{n+1} r$, 那么 $1 \leq \nu \leq \alpha$. 这意味着 $E_\alpha \subset E_\nu$. 又因为

$$f(x) \leq \nu, \quad \text{对 a.e.} x \in F^\nu,$$

因此， $E_\nu = \bigcup_j Q_j^\nu$. 进而有

$$\mathrm{m}(E_\alpha) \leq \mathrm{m}(E_\nu) \leq \sum_j \mathrm{m}(Q_j^\nu) \leq 2^{-rn} \sum_k \mathrm{m}(Q_j^1), \tag{3.69}$$

此处连续利用 (3.68) r 次．这样 (3.69) 就意味着

$$\mu_{Q_0}(\alpha) \leq 2^{-rn} \mathrm{m}(Q_0). \tag{3.70}$$

最后，取 $B = 2^{n(1+2^{-n-1})}$, $b = \ln(2^{2^{-n-1}n})$, 这样，由 (3.70) 可推得

$$\begin{aligned}
B\mathrm{m}(Q_0) \exp(-b\alpha) &= 2^n \mathrm{m}(Q_0) \cdot 2^{n(1-\alpha)\cdot 2^{-n-1}} \\
&\geq 2^n \mathrm{m}(Q_0) \cdot 2^{-n(r+1)} \geq \mu_{Q_0}(\alpha),
\end{aligned} \tag{3.71}$$

从而定理 3.11 成立.

在 BMO 空间的定义中，若 $f(x) \in L_{\text{loc}}(\mathbb{R}^n)$ 满足

$$\sup_Q \left\{ \frac{1}{\mathrm{m}(Q)} \int_Q |f(x) - f_Q|^q dx \right\}^{\frac{1}{q}} < \infty, \tag{3.72}$$

则称 $f(x)$ 是 q 次有界平均振动函数，一切 q 次有界平均振动函数所构成的空间就称 BMO_q. 特别，当 $q=1$ 时， BMO_q 就是 BMO 空间.

推论 3.12 设 $1 \le q < \infty$, 那么 $\mathrm{BMO}_q = \mathrm{BMO}$.

证明 仅需对 $q>1$ 来证明 $\mathrm{BMO}_q = \mathrm{BMO}$. 对任意一个方体 Q, 利用 Hölder 不等式，易见

$$\begin{aligned}
&\frac{1}{\mathrm{m}(Q)} \int_Q |f(x) - f_Q| dx \le \frac{1}{\mathrm{m}(Q)} \left(\int_Q |f(x) - f_Q|^q dx \right)^{\frac{1}{q}} \cdot \mathrm{m}(Q)^{\frac{1}{q'}} \\
=& \left\{ \frac{1}{\mathrm{m}(Q)} \int_Q |f(x) - f_Q|^q dx \right\}^{\frac{1}{q}} \le \|f(x)\|_{\mathrm{BMO}_q}.
\end{aligned} \tag{3.73}$$

另一方面，利用 John-Nirenberg 不等式，容易看出

$$\begin{aligned}
\frac{1}{\mathrm{m}(Q)} \int_Q |f(x) - f_Q|^q dx &= \frac{q}{\mathrm{m}(Q)} \int_0^\infty \alpha^{q-1} \mu_Q(\alpha) d\alpha \\
&\le Bq \int_0^\infty \alpha^{q-1} \exp\left(-\frac{b\alpha}{\|f(x)\|_{\mathrm{BMO}}} \right) d\alpha \\
&= Bqb^{-q} \Gamma(q) \|f(x)\|_{\mathrm{BMO}}^q,
\end{aligned} \tag{3.74}$$

此即 $\|f(x)\|_{\mathrm{BMO}_q} \le C \|f(x)\|_{\mathrm{BMO}}$. 因此， (3.73) 与 (3.74) 就意味着推论 3.12 成立.

§5.4 Carleson 测度

作为本章的结束，我们来介绍极大函数理论、BMO 空间的一个应用：Carleson 测度理论，读者从中可以体会到上述理论的重要性.

Carleson 测度最初是 Carleson 在研究下面问题时提出的： 对 $\mathbb{R}_+^{n+1}$ 中什么样的正测度 μ, 才能确保

$$\iint_{\mathbb{R}_+^{n+1}} |P_y * f(x)|^p d\mu(x,y) \le C(\mu) \|f(x)\|_p^p, \quad \forall f(x) \in L^p(\mathbb{R}^n), \tag{4.1}$$

成立？其中 $P_y * f(x)$ 是 $f(x)$ 的 Poisson 积分， $1 < p \le \infty$.

为了获得 (4.1) 成立的必要条件，先取 $p=2$, $f(x)=\chi_Q(x)$. 这样，对任意的 $(x,y)\in\{(x,y)\in\mathbb{R}^{n+1}_+:\ x\in\frac{1}{2}Q,\ 0<y<l(Q)\}$, 这里 $l(Q)$ 表示 Q 的边长，$\frac{1}{2}Q$ 表示与 Q 同心但边长是其一半的方体．于是，直接计算就有

$$\begin{aligned}
P_y*f(x) &= \int_{\mathbb{R}^n}\frac{C_n y}{(|x-\xi|^2+y^2)^{\frac{n+1}{2}}}\chi_Q(\xi)d\xi\\
&\geq \int_{|\xi|\leq l}\frac{C_n y}{(|\xi|^2+y^2)^{\frac{n+1}{2}}}d\xi\\
&= \int_{|\xi|\leq l}\frac{C_n y}{|y|^{n+1}(|1+|\frac{\xi}{y}|^2)^{\frac{n+1}{2}}}|y|^n d\frac{\xi}{|y|}\\
&\geq \int_{|\eta|\leq 1}\frac{C_n}{(|1+|\eta|^2)^{\frac{n+1}{2}}}d\eta\geq C>0.
\end{aligned}\tag{4.2}$$

令

$$\tilde{Q}=\{(\xi,\eta)\in\mathbb{R}^{n+1}_+:\ \xi\in Q,\ 0<\eta<l(Q)\}.\tag{4.3}$$

这样，由 (4.1), (4.2) 容易推出

$$\mu(\widetilde{Q})\leq C(\mu)\mathrm{m}(Q),\quad \forall Q\subset\mathbb{R}^n\tag{4.4}$$

是测度 μ 满足的必要条件．这样，很自然就引入 Carleson 测度的概念．

定义 4.1 如果 $\mathbb{R}^{n+1}_+$ 上的正测度 μ 满足 (4.4) 式，就称 μ 是 $\mathbb{R}^{n+1}_+$ 上的一个 Carleson 测度．进而， Carleson 测度 μ 的范数 $\|\cdot\|_c$ 定义为

$$\|\mu\|_c=\inf\{C;\ \mu(\tilde{Q})\leq C\mathrm{m}(Q),\ \forall Q\subset\mathbb{R}^n\}.$$

下面的结论表明，当 μ 是 Carleson 测度时， (4.1) 成立．

定理 4.1 如果 μ 是一个 Carleson 测度．那么

$$\begin{aligned}
\int\!\!\int_{\mathbb{R}^{n+1}_+}|P_y*f(x)|^p d\mu(x,y)\leq C(p,\mu,n)\|f(x)\|_p^p,&\\
\forall f(x)\in L^p(\mathbb{R}^n),\quad 1\leq p\leq\infty.&
\end{aligned}\tag{4.5}$$

为了证明定理 4.1, 我们首先证明一个预备引理．

引理 4.2 如果 $u(x,y)$ 是 $\mathbb{R}^{n+1}_+$ 上的连续函数，定义它的非切向极大函数

$$u^*(x)=\sup\{u(\xi,\eta);\ |x-\xi|<\eta\},\quad x\in\mathbb{R}^n.\tag{4.6}$$

若 μ 是 $\mathbb{R}^{n+1}_+$ 上的一个 Carleson 测度．则对任意的 $\lambda>0$, 有

$$\mu\{(x,y)\in\mathbb{R}^{n+1}_+;|u(x,y)|>\lambda\}\leq C(\mu)m\{x\in\mathbb{R}^n;u^*(x)>\lambda\}.\tag{4.7}$$

证明 注意到如下事实：对于任意一个覆盖 $\{Q_i\}$, 存在一个子覆盖 $\{Q'_j\}$ 使得 $\bigcup_i Q_i = \bigcup_j Q'_j$, 对每一个 $x \in \bigcup_j Q'_j$, x 至多属于 2^n 个 Q'_j. 对 $\lambda > 0$, 令

$$E_\lambda = \{(x,y) \in \mathbb{R}^{n+1}_+;\ |u(x,y)| > \lambda\}. \tag{4.8}$$

对于 $(x,y) \in E_\lambda$, 定义

$$\tilde{Q}(x,y) = \{(\xi,\eta) \in \mathbb{R}^{n+1}_+;\ \|\xi - x\| < y,\quad 0 < \eta < 2y\}, \tag{4.9}$$

$$Q(x,y) = \{\xi \in \mathbb{R}^n;\ \|\xi - x\| < y\}, \tag{4.10}$$

其中 $\|x\| = \max_{1\le i\le n}|x_i|$. 显然， $Q(x,y) \subset \{\xi \in \mathbb{R}^n;\ u^*(\xi) > \lambda\}$, 故对任意的 $\xi \in Q(x,y)$ 有 $u^*(\xi) > \lambda$(见图 4.1). 因此

$$\begin{aligned}\mu(E_\lambda) &\le \mu(\cup\tilde{Q}(x,y)) = \mu(\cup\tilde{Q}'(x,y)) \le \sum \mu(\tilde{Q}'(x,y)) \\ &\le C\sum \mathrm{m}(Q'(x,y)) \le 2^n Cm\{x \in \mathbb{R}^n;\ u^*(x) > \lambda\}.\end{aligned}$$

从而引理得证.

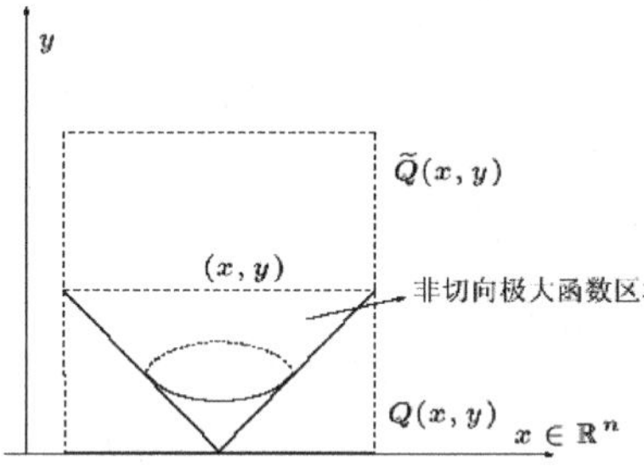

图 4.1

定理 4.1 的证明 注意到当 $|\bar{x} - x| < y$ 时，容易看出

$$\frac{1}{2}y^2 + \frac{1}{2}|x-t|^2 < y^2 + |\bar{x}-t|^2 \le 2y^2 + 2|x-t|^2. \tag{4.11}$$

因此，对任意的 $t \in \mathbb{R}^n$, 总有 $P_y(\bar{x}-t) \le 2P_y(x-t)$ 成立.

另一方面，由定理 2.5 知 $|P_y * f(x)| \le C \wedge f(x)$, 从而推得

$$P_y(f)^*(x) \le C \wedge f(x). \tag{4.12}$$

这样，利用引理 4.2 可得

$$\begin{aligned}&\int_{\mathbb{R}^{n+1}_+} |P_y * f(x)|^p d\mu = p\int_0^\infty \alpha^{p-1} P_y(f)_*(\alpha) d\alpha \\ \le& p\int_0^\infty \alpha^{p-1}(P_y(f)^*)_*(\alpha)d\alpha = \int_{\mathbb{R}^n} |P_y(f)^*|^p dx \\ \le& C\int_{\mathbb{R}^n} |\wedge f(x)|^p dx \le C\|f(x)\|_p^p,\end{aligned} \tag{4.13}$$

这里 $(P_y(f))^*(x)$ 表示非切向极大函数，从而估计 (4.5) 成立.

注记 4.1 在定理 4.1 中，若将 $P_y * f(x)$ 换成 $\varphi_y * f(x)$, 这里 $\varphi(x) \in C_c^\infty$ 或 $\varphi(x) \in \mathcal{S}(\mathbb{R}^n)$, 定理 4.1 中的相应结果仍然成立.

下面具体给出一个 Carleson 测度的例子，它具有相当的普遍性. 为此，先引入两类算子，即恒等逼近算子 P_t 和逼近零算子 O_t.

定义 4.2 设 $\varphi(x), \psi(x) \in C_c(\mathbb{R}^n)$ 或 $\varphi(x), \psi(x) \in \mathcal{S}(\mathbb{R}^n)$ 且满足

$$\int_{\mathbb{R}^n} \varphi(x)dx = 1, \quad \int_{\mathbb{R}^n} \psi(x)dx = 0. \tag{4.14}$$

那么，我们就称

$$P_t(f)(x) = \mathcal{F}^{-1}(\hat{\varphi}(t\xi)\hat{f}(\xi)), \quad O_t(f)(x) = \mathcal{F}^{-1}(\hat{\psi}(t\xi)\hat{f}(\xi)) \tag{4.15}$$

分别是恒等逼近算子和逼近零算子.

引理 4.3 如果 $f(x) \in L^2(\mathbb{R}^n)$, 那么

$$\int_0^\infty \|O_t f\|_2^2 \frac{dt}{t} \le C(\psi)\|f(x)\|_2^2. \tag{4.16}$$

证明 利用 Plancherel 公式可见

$$\begin{aligned}\int_0^\infty \|O_t f\|_2^2 \frac{dt}{t} &= \int_0^\infty \int_{\mathbb{R}^n} |\hat{\psi}(t\xi)\hat{f}(\xi)|^2 d\xi \frac{dt}{t} \\ &= \int_{\mathbb{R}^n} |\hat{f}(\xi)|^2 \int_0^\infty |\hat{\psi}(t\xi)|^2 \frac{dt}{t} d\xi \le C(\psi)\|f(x)\|_2^2,\end{aligned} \tag{4.17}$$

因此就得 (4.16). 这里用到了估计

$$\int_0^\infty |\hat{\psi}(t\xi)|^2 \frac{dt}{t} \le C(\psi). \tag{4.18}$$

定理 4.4 如果 $f(x) \in \mathrm{BMO}(\mathbb{R}^n)$, 那么

$$d\mu(x,y) = |O_y(f)(x)|^2 \frac{dxdy}{y} \tag{4.19}$$

是 $\mathbb{R}_+^{n+1}$ 上的一个 Carleson 测度，其范数不超过 $C(\psi)\|f(x)\|_{\mathrm{BMO}}^2$.

证明 我们仅需对单位方体 $Q_0 \subset \mathbb{R}^n$ 来证明估计

$$\int\int_{\tilde{Q}_0} |O_y(f)(x)|^2 \frac{dydx}{y} \le C(\psi)\|f(x)\|_{\mathrm{BMO}}^2 \tag{4.20}$$

即可. 为此, 令

$$f_1(x)=\chi_{2Q_0}(x)f(x),\quad f_2(x)=f(x)-f_1(x). \tag{4.21}$$

与此同时, 无妨假设 $f_{2Q_0}=0$. 注意到

$$O_y(f)(x)=O_y(f_1)(x)+O_y(f_2)(x), \tag{4.22}$$

直接估计可得

$$\begin{aligned}&\int\int_{\tilde{Q}_0}|O_y(f_1)(x)|^2\frac{dydx}{y}\le\int\int_{\mathbb{R}^{n+1}_+}|O_y(f_1)(x)|^2\frac{dydx}{y}\\ \le&C(\psi)\|f_1(x)\|_2^2=C(\psi)\int_{2Q_0}|f(x)|^2dx\\ =&C(\psi)\int_{2Q_0}|f(x)-f_{2Q_0}|^2dx\le C(\psi)\|f(x)\|^2_{\rm BMO}.\end{aligned} \tag{4.23}$$

另一方面, 对任意 $(x,y)\in\widetilde{Q}_0$, 我们有

$$\begin{aligned}&|O_y(f_2)(x)|\le\int_{\mathbb{R}^n\backslash 2Q_0}\frac{1}{y^n}|\psi(\frac{x-z}{y})|f_2(z)dz\\ \le&C(\psi)\int_{\mathbb{R}^n\backslash 2Q_0}\frac{y}{y^{n+1}+|x-z|^{n+1}}f_2(z)dz\\ \le&C(\psi)y\int_{\mathbb{R}^n}\frac{|f(z)|}{1+|z|^{n+1}}dz\le C(\psi)y\|f(x)\|_{\rm BMO},\end{aligned} \tag{4.24}$$

这里用到了定理 3.9. 因此

$$\begin{aligned}\int_{\tilde{Q}_0}|O_y(f_2)(x)|^2\frac{dydx}{y}&\le C(\psi)\|f(x)\|^2_{\rm BMO}\int\int_{\tilde{Q}_0}ydydx\\ &\le C(\psi)\|f(x)\|^2_{\rm BMO},\end{aligned} \tag{4.25}$$

故利用 (4.23) 和 (4.25) 就得估计 (4.20).

思考与练习

1. 记 $\mathcal{F}$ 是 $\mathbb{R}^n$ 中一簇可测集, 称它是正则的, 如果存在常数 $C>0$, 使得 $\forall S\in\mathcal{F}$, 有

$$S\subset B(\text{或}Q),\qquad \mathrm{m}(S)\ge C\mathrm{m}(B),$$

这里 B 是以 O 点为中心的一个球 (或方体). 构造

$$M_{\mathcal{F}}f(x)=\sup_{S\in\mathcal{F}}\frac{1}{\mathrm{m}(S)}\int_S|f(x-y)|dy.$$

证明：类同于定理 2.1, 推论 2.2 的结论仍然成立.

2. 设 $\{T_\varepsilon\}$,$\varepsilon>0$ 是一簇从 $L^p(\mathbb{R}^n)$ 到可测函数空间上的线性算子，定义

$$T^*(h)(x)=\sup_{\varepsilon>0}|T_\varepsilon h(x)|,\qquad x\in\mathbb{R}^n.$$

若 $T^*(h)$ 是弱 (p,q) 型算子，即 $\forall\alpha>0$ 存在 A 满足

$$m\{x\in\mathbb{R}^n\mid T^*h(x)>\alpha\}\le(\frac{A}{\alpha}\|h\|_p)^q,\quad \forall h(x)\in L^p(\mathbb{R}^n).$$

进而假设 $\mathcal{D}$ 是 $L^p(\mathbb{R}^n)$ 的稠子集，当 $g(x)\in\mathcal{D}$ 时，极限 $\lim\limits_{\varepsilon\to0}T_\varepsilon g(x)$ 存在，则 $\forall f(x)\in L^p(\mathbb{R}^n)$, 有 $\lim\limits_{\varepsilon\to0}T_\varepsilon f(x)$ 存在.

3. 设 $f\in L^p(\mathbb{R}^n)(1\le p\le\infty)$, 而 $u(x,y)(y>0)$ 是 f 的 Poisson 积分，则 $u(x,y)$ 有非切向极限 $f(x)$, 即

$$\lim_{\substack{(x,y)\to(x_0,0)\\(x,y)\in\Gamma_\alpha(x_0)}}u(x,y)=f(x_0),\quad \text{对 a.e.}x_0\in\mathbb{R}^n,$$

其中 $\Gamma_\alpha(x_0)=\{(x,y)\in\mathbb{R}^{n+1}_+:\ |x-x_1|<\alpha y,\alpha>0\text{ 是任意固定常数 }\}$. (提示：当 $f\in L^p\cap C(\mathbb{R}^n)$ 时自然正确. 一般地，通过证明 $u(x,y)$ 的非切向极大函数

$$u^*(x_0)=\sup_{(x,y)\in\Gamma_\alpha(x_0)}|u(x,y)|$$

可被 f 的 H-L 极大函数所控制，且存在与 $f(x)$ 无关常数 A 使得

$$u^*(x_0)\le A\wedge f(x_0).$$

由此推得 $u^*(x)$ 满足弱型不等式，从而利用习题 2 即可得此结果.)

4. 设 $f(x)\in\text{BMO}$, 证明

$$\|f(x)\|'_{\text{BMO}}=\sup_Q\inf_{\alpha\in\mathbb{C}}\frac{1}{\text{m}(Q)}\int_Q|f(x)-\alpha|dx$$

与 $\|\cdot\|_{\text{BMO}}$ 等价.

5. 设 $f(x)\in\text{BMO}$, 构造截断函数 $f_N(x)$ 如下

$$f_N(x)=\begin{cases}f(x), & |f(x)|\le N,\\ N, & |f(x)|>N.\end{cases}$$

证明当 N 充分大时，$\|f_N(x)\|_{\text{BMO}}\le4\|f(x)\|_{\text{BMO}}$. (提示：注意利用习题 1 以及 $\{f_N(x)\}$ 满足下面的事实：

(i) $\|f_N(x)\|_\infty \le N$.

(ii) $f_N(x) \stackrel{N\to\infty}{\longrightarrow} f(x)$ 在 $L_{\text{loc}}(\mathbb{R}^n)$ 中成立.

(iii) 当 $N\to\infty$ 时 $|f_N(x)-f(x)|$ 单调趋向于零.)

6(John-Nirenberg 不等式). 存在常数 λ 及 $C>0$, 使得对任意的 $f(x)\in$ BMO, 满足

$$\sup_Q \frac{1}{\mathrm{m}(Q)}\int_Q \exp\{-\frac{\lambda}{\|f\|_{\mathrm{BMO}}}|f(x)-f_Q|\}dx \le C<\infty,$$

进而有

$$\mathrm{m}\{x\in Q:\ |f(x)-f_Q|>t\|f(x)\|_{\mathrm{BMO}}\}\le Ce^{-\lambda t},\ \forall t>0.$$

(提示: (i) 利用 Hardy-Littlewood 极大函数定理以及 Whitney 分解定理. (ii) 由此不等式即得定理 3.11 中的 John-Nirenberg 不等式.)

7. 设 $f(x)\in \mathrm{BMO}(Q_0)$, 那么存在常数 $C_1, C_2>0$, 使得对任意的 $Q\subset Q_0$, 有

$$\mathrm{m}\{x\in Q:\ |f(x)-f_Q|>t\}\le C_1\exp\left\{-\frac{C_2 t}{\|f(x)\|_{\mathrm{BMO}(Q_0)}}\right\}\mathrm{m}(Q),$$

这里

$$\|f(x)\|_{\mathrm{BMO}(Q_0)}=\sup_{Q\subset\mathbb{R}^n}\frac{1}{\mathrm{m}(Q\cap Q_0)}\int_{Q_0\cap Q}|f(x)-f_{Q\cap Q_0}|dx.$$

8. 设 $f(x)\ge 0$, 且 $f(x)$ 的 Poisson 积分

$$u(x,y)=\int_{\mathbb{R}^n} f(x-t)P(t,y)dt,\quad y>0,\ t\in\mathbb{R}^n$$

有意义. 那么存在一个仅依赖于维数的常数 $A(n)$ 使得

$$\wedge f(x)\le A\sup_{y>0} u(x,y).$$

9. 设 $\{T_\epsilon\}_\epsilon$ 是一族从 $L^p(\mathbb{R}^n)$ $(1\le p\le\infty)$ 映射到 $\mathbb{R}^n$ 上的可测函数空间的线性算子, 对每一个 $h(x)\in L^p(\mathbb{R}^n)$, 定义

$$Mh(x)=\sup_{\epsilon>0}|(T_\epsilon h)(x)|,\quad \forall x\in\mathbb{R}^n.$$

进而设存在一个常数 $a>0$ 和实数 $q\ge 1$, 使得对一切 $\lambda>0$ 和 $h(x)\in L^p(\mathbb{R}^n)$, 满足

$$\mathrm{m}\{x:\ Mh(x)>\lambda\}\le (a\|h\|_p\lambda^{-1})^q.$$

若存在 $L^p(\mathbb{R}^n)$ 的稠密子集 $\mathcal{D}$, 当 $g(x) \in \mathcal{D}$ 时, $\lim_{\epsilon\to 0} T_\epsilon g(x)$ 几乎处处存在且有限，那么，对 $\forall f(x) \in L^p(\mathbb{R}^n)$, $\lim_{\epsilon\to 0} T_\epsilon f(x)$ 几乎处处存在且有限.

10(极大函数方法). 考虑一般线性算子族 $\{T_r\}_{r\in I}$, 这里 I 是一个连续指标集. 定义 $\{T_r\}_{r\in I}$ 的极大算子是 M: $f(x) \longrightarrow Mf(x)$, 其中

$$Mf(x) = \sup_{x\in I} |T_r f(x)|.$$

设 $\{T_r\}$ 满足

(1) 当 $1 \le p < \infty$ 时， M 是弱 (p, p) 型算子;

(2) 存在 q: $1 \le q < \infty$ 以及稠密子集 $\mathcal{D} \subset L^q(\mathbb{R}^n)$ 使得对每一个 $\varphi(x) \in \mathcal{D}$, 极限

$$\lim_{r\to 0} T_r\varphi(x) \overset{\text{a.e.}}{=} T\varphi(x), \quad x \in \mathbb{R}^n,$$

那么，下面结论成立:

(i) 对每一个 $f(x) \in L^p(\mathbb{R}^n)$ $(1 \le p \le \infty)$, 当 $r \to 0$ 时, $\{T_r f(x)\}$ 几乎处处收敛于有限的极限 $Tf(x)$.

(ii) 对每一个 $f(x) \in L^p(\mathbb{R}^n)$ $(1 < p < \infty)$, 满足

$$\lim_{r\to 0} \|T_r f(x) - Tf(x)\|_p = 0.$$

进而，当 $p = 1$ 时，对每一个 $f(x) \in L^1(\mathbb{R}^n)$, $T_r f(x)$ 依 $L^s(K)$ 范数收敛于 $Tf(x)$, 其中 $0 < s < 1$, K 是一个有限测度集 (满足 Kolmogoroff 性质). 另外，对每一个 $f(x) \in L\log^+ L$, $T_r f(x)$ 依 $L^1(K)$ 范数收敛于 $Tf(x)$, 其中 $0 < s < 1$, K 是一个有限测度集 (满足 Zygmund 性质).

(iii) 极限算子 T 是 (p,p) 型算子 $(1 < p < \infty)$ 并且是弱 (1, 1) 型算子.

(iv) 若 M 是 $\{T_r\}$ 的极大算子，那么 M 是 (p,p) 型算子 $(1 < p < \infty)$ 并且是弱 (1, 1) 型算子.

第六章　奇异积分理论及其应用

§6.1　Hilbert, Riesz 变换及奇异积分的 L^2 理论

定义 1.1　设 $f(x)$ 是 $\mathbb{R}^n$ 上的可测函数，$f(x)$ 在集合 $\{x\colon |x-x_0|>\varepsilon>0, x_0\in\mathbb{R}^n\}$ 上可积．若

$$\lim_{\varepsilon\to 0^+}\int_{|x-x_0|>\varepsilon} f(x)dx$$

存在 (有限), 则称函数 $f(x)$ 在 $\mathbb{R}^n$ 上依 Cauchy 主值可积，并记其极限值为

$$\text{P.V.}\int_{\mathbb{R}^n} f(x)dx.$$

例 1.1　设 $g(x)\in L^p(-\infty,\infty)$, $1\le p<\infty$．若 $f(x)=\frac{g(x)}{x-x_0}$ 在 $\{x: |x-x_0|>\varepsilon>0\}$ 上可积．则函数 $f(x)$ 在 $\mathbb{R}$ 上依 Cauchy 主值可积等价于

$$\lim_{\varepsilon\to 0^+}\int_{\varepsilon<|x-x_0|\le 1}\frac{g(x)}{x-x_0}dx \tag{1.1}$$

存在．

显然，当 $g(x)$ 在 $x=x_0$ 处满足 $|g(x)-g(x_0)|\le C|x-x_0|$ 时，有

$$\int_{\varepsilon<|x-x_0|\le 1}\frac{g(x)}{x-x_0}dx=\int_{\varepsilon<|x-x_0|\le 1}\frac{g(x)-g(x_0)}{x-x_0}dx.$$

由此推得 (1.1) 中的极限存在．此说明当 $g(x)\in L^p(-\infty,\infty)(1\le p<\infty)$ 满足 Lipshitz 条件时， (1.1) 成立．

定义 1.2　设 $g(x)\in L^p(-\infty,\infty)$, $1\le p<\infty$. 若

$$\lim_{\varepsilon\to 0^+}\frac{1}{\pi}\int_{\varepsilon<|x-x_0|}\frac{g(x)}{x-x_0}dx \tag{1.2}$$

存在，称上面主值积分为函数 $g(x)$ 的 Hilbert 变换在 x_0 点的值，记

$$\mathcal{H}g(x_0)=\frac{1}{\pi}\lim_{\varepsilon\to 0^+}\int_{\varepsilon<|x-x_0|}\frac{g(x)}{x-x_0}dx. \tag{1.3}$$

本节的目的就是讨论 Hilbert 变换及其在高维的推广形式 Riesz 变换的存在性．先从讨论 Hilbert 变换开始．众所周知， Hilbert 变换来源于解析函数理论．对于实值函数 $g(t) \in L^p(-\infty,\infty)$, $1 \le p < \infty$, 考虑积分

$$\frac{1}{2\pi i}\int_{-\infty}^{\infty}\frac{g(t)}{t-z}dt, \quad z = x+iy,\ y>0. \tag{1.4}$$

容易看出，函数

$$F_N(z) = \frac{1}{2\pi i}\int_{-N}^{N}\frac{g(t)}{t-z}dt$$

在 $\{x+iy:\ y \ge y_0 > 0\}$ 上是全纯函数．进而，当 $N \to \infty$ 时， $F_N(z)$ 一致趋向于 (1.4) 中的积分

$$F(z) = \frac{1}{2\pi i}\int_{-\infty}^{\infty}\frac{g(t)}{t-z}dt,$$

且 $F(z)$ 在 $\mathbb{R}_+^2$ 上全纯．现将 $\frac{1}{i(t-z)}$ 分解为实部和虚部，可得

$$\begin{aligned} F(z) &= \frac{1}{2\pi}\int_{-\infty}^{\infty}\frac{y}{(x-t)^2+y^2}g(t)dt + \frac{i}{2\pi}\int_{-\infty}^{\infty}\frac{x-t}{(x-t)^2+y^2}g(t)dt \\ &= \frac{1}{2}(P_y * g)(x) + \frac{i}{2}(Q_y * g)(x), \end{aligned} \tag{1.5}$$

这里 $P_y(x) = \frac{1}{\pi}\frac{y}{x^2+y^2}$, $Q_y(x) = \frac{i}{\pi}\frac{x}{x^2+y^2}$ 分别是 $\mathbb{R}_+^2$ 上的 Poisson 核以及共轭 Poisson 核．

定义 1.3 设 $\alpha > 0$, $x_0 \in \mathbb{R}^n$, 记 $\mathbb{R}_+^{n+1}$ 中以 $(x_0, 0)$ 为中心，以 $\tan^{-1}\alpha$ 为锥角的锥为

$$\Gamma_\alpha(x_0) = \{(x,y) \in \mathbb{R}_+^{n+1}:\ |x-x_0| < \alpha y\}.$$

设 $u(x,y)$ 是 $\mathbb{R}_+^{n+1}$ 上的函数，且对每一个 $\alpha > 0$, 有

$$\lim_{(x,y)\to(x_0,0)} u(x,y) = l, \quad (x,y) \in \Gamma_\alpha(x_0). \tag{1.6}$$

则称 $u(x,y)$ 在 x_0 处有非切向极限 l.

引理 1.1 设 $f(x) \in L^p(\mathbb{R}^n)$, $1 \le p \le \infty$, 则对任意的 $x \in L_f \subset \mathbb{R}^n$, Poisson 积分

$$u(x,y) = \int_{\mathbb{R}^n} P(t,y)f(x-t)dt = \int_{\mathbb{R}^n} P(x-t,y)f(t)dt$$

有非切向极限 $f(x)$. 特别，上面事实在 $\mathbb{R}^n$ 上几乎处处成立．

证明 对任意的 $(x,y)\in\Gamma_\alpha(x_0)$, 容易看出

$$P(x-t,y)\le d_\alpha P(x_0-t,y),\quad d_\alpha^{\frac{2}{n+1}}=\max\{1+2\alpha^2,2\}. \tag{1.7}$$

对 $\forall x_0\in L_f$, 由点态收敛定理及其证明，易见

$$\begin{aligned}
0&=\lim_{y\to0}\int_{\mathbb{R}^n}|f(x_0-t)-f(x_0)|P_y(t)dt\\
&=\lim_{y\to0}\int_{\mathbb{R}^n}|f(t)-f(x_0)|P_y(x_0-t)dt\\
&=d_\alpha^{-1}\lim_{y\to0}\int_{\mathbb{R}^n}|f(t)-f(x_0)||P_y(x-t)|dt\\
&\ge d_\alpha^{-1}\lim_{y\to0}\Big|\int_{\mathbb{R}^n}f(t)P_y(x-t)dt-f(x_0)\int_{\mathbb{R}^n}P_y(x-t)dt\Big|\\
&=d_\alpha^{-1}\lim_{y\to0}|u(x,y)-f(x_0)|.
\end{aligned}$$

从而引理 1.1 得证.

作为上述引理的直接结果， Poisson 积分 $u(x,y)=P_y*f(x)$ 在 $\mathbb{R}^n$ 上几乎处处非切向有界. 类同于第五章的讨论，若记非切向极大函数

$$u_\alpha^*(x)=\sup_{(x_1,y_1)\in\Gamma_\alpha(x)}|u(x_1,y_1)|,$$

那么

$$u_\alpha^*(x)\le d_\alpha\wedge f(x). \tag{1.8}$$

事实上，就调和函数而言，非切向极限的存在性和非切向有界是基本等价的，这可从下面的引理得到.

引理 1.2 设 $u(x,y)$ 是 $\mathbb{R}_+^{n+1}$ 上的调和函数. 若 $u(x,y)$ 在正测度集 $S\subset\mathbb{R}^n$ 的每一点非切向有界，则 $u(x,y)$ 在 S 上几乎处处存在非切向极限.

证明可见 [SW]. 我们关心的问题是对于 $g(x)\in L^p(-\infty,\infty)$, $1\le p<\infty$, 其共轭 Poisson 积分

$$v(x,y)=\frac{1}{\pi}\int_{-\infty}^{\infty}\frac{x-t}{(x-t)^2+y^2}g(t)dt \tag{1.9}$$

是否存在非切向极限？

定理 1.3 设 $g(x)\in L^p(-\infty,\infty)$, $1\le p<\infty$, 则对几乎处处的 $x\in\mathbb{R}$, $g(x)$ 的共轭 Poisson 积分 $v(x,y)=\frac{1}{\pi}\int_{-\infty}^{\infty}\frac{x-t}{(x-t)^2+y^2}g(t)dt$ 存在有限的极限值 (当 y 趋向于 0 时).

证明 通过分解 $g(x)$ 为正部和负部，将问题归结为 $g(x)\le0$ 的情形. 这样，容易看出， $u(x,y)=P_y*g(x)\le0$, 从而推知 $C(z)=\exp(u+iv)$ 解析且满

足 $|C(z)| \leq 1$. 根据引理 1.2 知, $C(z)$ 几乎处处存在非切向极限, 且极限值不能在一个正测度集上等于 0. 否则, 就能推得 Poisson 积分 $u(x,y) = P_y * g(x)$ 在此正测度集上的非切向极限是 $-\infty$, 此与引理 1.1 相矛盾, 由此推得定理 1.3 成立.

定理 1.4 设 $g(x) \in L^p(\mathbb{R})$, $1 \leq p < \infty$, 则 $\mathcal{H}g(x)$ 几乎处处存在且有限, 其值恰好是 $g(x)$ 的共轭 Poisson 积分, 即对任意的 $x \in L_g$, 有

$$\lim_{y\to 0^+}\left(\int_{-\infty}^{\infty}\frac{x-t}{(x-t)^2+y^2}g(t)dt - \int_{|x-t|>y}\frac{g(t)}{x-t}dt\right) = 0. \tag{1.10}$$

证明 记

$$\Phi(t) = \begin{cases} \dfrac{t}{t^2+1} - \dfrac{1}{t}, & |t| > 1; \\ \dfrac{t}{t^2+1}, & |t| \leq 1. \end{cases} \tag{1.11}$$

易见, (1.10) 中的积分可改写为

$$\int_{-\infty}^{\infty}\Phi_y(t)g(x-t)dt, \tag{1.12}$$

这里 $\Phi_y(t) = y^{-1}\Phi(\frac{t}{y})$. 注意到

$$\Psi(x) = \sup_{|t|\geq|x|}\Phi(t) = \begin{cases} \frac{1}{|x|(1+|x|^2)}, & |x| > 1, \\ \frac{1}{2}, & |x| \leq 1 \end{cases}$$

在 $(-\infty,\infty)$ 可积. 由点态收敛定理 (第一章定理 1.6) 可得

$$\lim_{y\to 0^+}\int_{-\infty}^{\infty}\Phi_y(t)g(x-t)dt = g(x)\int_{-\infty}^{\infty}\Phi(t)dt = 0, \quad \forall x \in L_g. \tag{1.13}$$

这里用到 $\Phi(x)$ 是奇函数的特征. 故 (1.10) 成立.

定理 1.5 设 $g(x) \in L^2(-\infty,\infty)$, 则

$$\widehat{\mathcal{H}g}(x) = -i\mathrm{sgn}x\hat{g}(x). \tag{1.14}$$

特别, $\|\mathcal{H}g(x)\|_2 = \|g\|_2$.

证明 注意到

$$I(z) = \frac{-1}{2\pi iz} = \frac{1}{2}\{P_y(x) + iQ_y(x)\}, \tag{1.15}$$

$$I(z) = \int_0^{\infty} e^{2\pi izt}dt = \int_0^{\infty} e^{2\pi ixt}e^{-2\pi yt}dt, \quad y > 0. \tag{1.16}$$

根据 $P_y(x) = 2\mathrm{Re}I(z)$, $Q_y(x) = 2\mathrm{Im}I(z)$, 可得

$$\begin{aligned} P_y(x) &= \int_0^\infty e^{-2\pi yt}(e^{2\pi ixt} + e^{-2\pi ixt})dt \\ &= \int_{-\infty}^\infty e^{2\pi ixt}e^{-2\pi y|t|}(\chi_+(t) + \chi_-(t))dt, \end{aligned} \tag{1.17}$$

$$Q_y(x) = -i\int_{-\infty}^\infty e^{2\pi ixt}e^{-2\pi y|t|}(\chi_+(t) - \chi_-(t))dt, \tag{1.18}$$

其中 $\chi_+(t) = \chi_{(0,\infty)}(t)$, $\chi_-(t) = \chi_{(-\infty,0)}(t)$. 显然

$$\chi_+(t) + \chi_-(t) = 1, \quad \chi_+(t) - \chi_-(t) = \mathrm{sgn}t, \quad t \neq 0,$$

由此推出

$$\widehat{Q}_y(t) = (-i\mathrm{sgn}t)e^{-2\pi y|t|}. \tag{1.19}$$

此式意味着

$$\widehat{Q_y * g}(x) = (-i\mathrm{sgn}x)e^{-2\pi y|x|}\hat{g}(x). \tag{1.20}$$

利用 Plancherel 定理，当 $y \to 0^+$ 时，$Q_y * g(x)$ 依 L^2 范数收敛于一个 L^2 函数，此函数的 Fourier 变换是 $(-i\mathrm{sgn}x)\hat{g}(x) \in L^2(\mathbb{R})$. 因此，由定理 1.4 就得

$$(Q_y * g)(x) \xrightarrow{\text{a.e.}} \mathcal{H}g(x), \quad y \to 0^+.$$

故 (1.14) 成立.

推论 1.6 设 $g(x) \in L^2(-\infty,\infty)$, 则对任意的 $y > 0$, 有

$$(Q_y * g)(x) = (\mathcal{H}g * P_y)(x), \quad 对\ \text{a.e.}x \in \mathbb{R}. \tag{1.21}$$

证明 事实上，(1.21) 就是

$$\frac{1}{\pi}\int_{-\infty}^{+\infty} g(x-t)\cdot\frac{t}{t^2+y^2}dt = \frac{1}{\pi}\int_{-\infty}^{+\infty}\mathcal{H}g(x-t)\cdot\frac{y}{t^2+y^2}dt.$$

两边取 Fourier 变换就推知两边具有相同的 Fourier 变换 $(-i\mathrm{sgn}x)e^{-2\pi y|x|}\hat{g}(x)$, 从而 (1.21) 成立.

下面来讨论 n 维的情形, 这就对应着 Riesz 变换. 由于 $\frac{1}{x}$ 可写成 $\frac{x}{|x|^{n+1}} = \frac{x}{|x|^2}$ $(n=1)$. 对应着 $n>1$ 维的情形，类似地构造

$$K_j(x) = \frac{x_j}{|x|^{n+1}}, \qquad j = 1, 2, \cdots, n. \tag{1.22}$$

这样，就自然地引入了 Riesz 变换的概念.

定义 1.4 记 $C_n=\pi^{-\frac{n+1}{2}}\Gamma(\frac{n+1}{2})$, 称

$$R_jf(x)=C_n\text{P.V.}\int_{\mathbb{R}^n}f(x-t)\frac{t_j}{|t|^{n+1}}dt,\quad j=1,2,\cdots,n \tag{1.23}$$

是 f 的 Riesz 变换，相应地 $\frac{x_j}{|x|^{n+1}}$ 称为 Riesz 核函数.

利用类比的方法，可以定义 n 维空间上的一般的 Calderón-Zygmund 奇异积分算子. 事实上，在 $\mathbb{R}^1$ 上，有

$$\frac{1}{x}=\frac{\text{sgn}x}{|x|}=\frac{\Omega(x)}{|x|}, \tag{1.24}$$

这里 $\Omega(x)$ 满足：

(i) $\Omega(\lambda x)=\Omega(x),\lambda>0$;

(ii) $\int_{\Sigma_0}\Omega(x)d\sigma(x)=\Omega(-1)+\Omega(1)=0$, 这里 $\Sigma_0=\{-1,1\}$ 是 $\mathbb{R}$ 上单位球面. 因此，在 $\mathbb{R}^n$ 上定义核函数

$$K(x)=\frac{\Omega(x)}{|x|^n},\quad n>1 \tag{1.25}$$

使得 $\Omega(x)$ 满足

$$\Omega(\lambda x)=\Omega(x),\quad \lambda>0, \tag{1.26}$$

$$\int_{\Sigma_{n-1}}\Omega(x)d\sigma(x)=0. \tag{1.27}$$

这样，就诱导出 $\mathbb{R}^n$ 上的 Calderón-Zygmund 奇异积分算子的定义.

定义 1.5 设 $\Omega(x)$ 满足 (1.26) 和 (1.27), 称

$$Kf=\text{P.V.}\int_{\mathbb{R}^n}f(x-t)\frac{\Omega(t)}{|t|^n}dt \tag{1.28}$$

是 Calderón-Zygmund 奇异积分算子. 特别，当 $\Omega_j(x)=C_n\frac{x_j}{|x|}$ 时，算子 K 恰是 Riesz 算子 R_j.

为保证 (1.28) 中主值积分的存在性且具有其类同于 Hilbert 变换的性质，需要给 $\Omega(x)$ 附加一些光滑性条件. 例如：设 Ω 是 Lip 连续或 C^1 连续，以确保形如

$$\int_0^1\frac{\omega(\rho)}{\rho}d\rho<\infty,\quad \omega(\rho)=\sup_{\substack{|x-y|\le\rho\\|x|=|y|=1}}|\Omega(x)-\Omega(y)| \tag{1.29}$$

的 Dini 型条件成立. 我们将在第三节证明 Calderón-Zygmund 奇异积分算子是 (p,p) 型算子 $(1<p<\infty)$ 和弱 $(1,1)$ 型算子. 现在利用 Calderón-Zygmund

奇异积分算子是 (2, 2) 型算子 (见第三章定理 5.4) 的性质来讨论 Riesz 变换.

对于 $L^2(\mathbb{R}^n)$ 上的平移不变算子 T, 自然存在 $m(x) \in L^\infty(\mathbb{R}^n)$ 使得

$$\widehat{Tf}(x) = m(x)\hat{f}(x), \tag{1.30}$$

通常也称 T 是带符号 $m(x)$ 的乘子算子.

由第三章定理 5.4, 当 $\Omega(x) \in L^2(\Sigma_{n-1})$ $(\subset L^1(\Sigma_{n-1}))$ 时, Calderón-Zygmund 奇异积分算子

$$Kf = \text{P.V.} \int_{\mathbb{R}^n} f(x-t)\frac{\Omega(t)}{|t|^n}dt$$

是 $L^2(\mathbb{R}^n)$ 上的平移不变算子, 其符号 $m(x)$ 可表为

$$\begin{aligned} m(x) = &-\frac{i\pi}{2}\int_{\Sigma_{n-1}} \text{sgn}(x'\cdot t')\Omega(t')d\sigma(t') \\ &+ \int_{\Sigma_{n-1}} \log(|x'\cdot t'|^{-1})\Omega(t')d\sigma(t'). \end{aligned} \tag{1.31}$$

现来考虑 Riesz 变换. 注意到 Riesz 核是

$$K_j(x) = C_n\frac{x_j}{|x|^{n+1}} = C_n\frac{\Omega_j(x)}{|x|^n}, \qquad \Omega_j(x) = \frac{x_j}{|x|}, \tag{1.32}$$

故 $\Omega_j(x') = x_j'$ 是 Σ_{n-1} 上的光滑函数, 此意味着 Riesz 变换确定了 L_2^2 上的平移不变算子, 由 (1.31) 式, 容易看出

$$\widehat{K}_j(x) = m_j(x) = -ix_j', \tag{1.33}$$

可作为习题. 当然亦可借助于球调和函数证明 (1.33). 事实上, 注意到 C_jx_j 是一个齐次调和多项式, 由第三章定理 5.2 推知, $K_j(x)$ 确定一个缓增广义函数且满足 (1.33).

定义 1.6 设 $u_j(x) \in C^2(\mathbb{R}^n)$ $(j = 1, 2, \cdots, n)$ 且满足广义的 Cauchy-Riemann 方程

$$\sum_{j=1}^n \frac{\partial u_j}{\partial x_j} = 0, \quad \frac{\partial u_k}{\partial x_j} = \frac{\partial u_j}{\partial x_k}, \quad j \neq k. \quad j,k = 1,2,\cdots n. \tag{1.34}$$

则称 $\{u_1(x), u_2(x), \cdots, u_n(x)\}$ 是共轭函数系.

Riesz 变换通过 Poisson 积分与多元调和函数可建立如下的联系.

定理 1.7 设 $f(x)$,$f_1(x),\cdots,f_n(x)\in L^2(\mathbb{R}^n)$, 其相应的 Poisson 积分分别是 $u_0(x,y)=P_y*f(x)$, $u_j(x,y)=P_y*f_j(x)$, $j=1,\cdots,n$. 则 $\{u_0(x,y),u_1(x,y),\cdots,u_n(x,y)\}$ 是 $\mathbb{R}^{n+1}$ 上的共轭函数系的充要条件是

$$f_j(x)=R_jf(x),\quad j=1,2,\cdots,n. \tag{1.35}$$

证明 先证充分性. 若 $f_j(x)=R_jf(x)$, 则

$$\hat{f}_j(x)=-i\frac{x_j}{|x|}\hat{f}(x). \tag{1.36}$$

于是

$$u_j(x,y)=P_y*f_j(x)=-i\int_{\mathbb{R}^n}\frac{t_j}{|t|}\hat{f}(t)\cdot\exp(-2\pi|t|y+2\pi ix\cdot t)dt.$$

利用积分号下求导，并注意到 $u_0(x,y)=P_y*f(x)$, $x_0=y$, 就得

$$\sum_{j=0}^{n}\frac{\partial u_j}{\partial x_j}=0,\quad \frac{\partial u_k}{\partial x_j}=\frac{\partial u_j}{\partial x_k},\quad j,k=0,1,\cdots,n.$$

下面证明必要性. 令

$$u_j(x,y)=P_y*f_j(x)=\int_{\mathbb{R}^n}\hat{f}_j(t)\cdot\exp(-2\pi|t|y+2\pi ix\cdot t)dt,$$

$$u_0(x,y)=P_y*f(x)=\int_{\mathbb{R}^n}\hat{f}(t)\cdot\exp(-2\pi|t|y+2\pi ix\cdot t)dt.$$

注意到 $\frac{\partial u_0}{\partial x_j}=\frac{\partial u_j}{\partial x_0}=\frac{\partial u_j}{\partial y}$, 从而

$$2\pi it_j\hat{f}(t)\exp(-2\pi|t|y)=-2\pi|t|\hat{f}_j(t)\exp(-2\pi|t|y).$$

于是

$$\hat{f}_j(x)=-i\frac{x_j}{|x|}\hat{f}(x),\quad f_j(x)=R_jf(x),\quad j=1,2,\cdots,n. \tag{1.37}$$

定理 1.7 本质上给出了求解 Cauchy-Riemann 方程的方法. 最后，我们来给出 Hilbert 变换、 Riesz 变换的一个基本的刻画.

定理 1.8 设 T 是 $L^2(\mathbb{R})$ 上的有界线性算子，若它满足

(1) T 与平移算子可交换，

(2) T 与伸缩变换 (正值) 可交换，

(3) T 关于反射变换是反可交换的，

则 T 与 Hilbert 变换相差一个常数倍.

证明 若 T 满足 (1), 那么 T 是平移不变算子，即存在 $m(x) \in L^\infty(\mathbb{R})$, 使得

$$\widehat{Tf} = m(x)\hat{f}(x), \qquad f(x) \in L^2(\mathbb{R}). \tag{1.38}$$

由条件 (2), (3) 可知

$$T(f(\delta x)) = \mathrm{sgn}\delta(Tf)(\delta x). \tag{1.39}$$

上式两边取 Fourier 变换，并利用 $\mathcal{F}\tau_\delta = |\delta|^{-1}(Tf)(\delta x)$, 容易看出

$$m(x)\mathcal{F}(f(\delta x)) = m(x)|\delta|^{-1}\hat{f}(\frac{x}{\delta}) = \mathrm{sgn}\delta \cdot |\delta|^{-1}m(\frac{x}{\delta})\hat{f}(\frac{x}{\delta}). \tag{1.40}$$

从而， $\mathrm{sgn}\delta m(\delta^{-1}x) = m(x)$, 此即

$$m(\delta x) = \mathrm{sgn}\delta m(x), \qquad \delta \neq 0. \tag{1.41}$$

此意味着 $m(x) = \mathrm{const} \cdot \mathrm{sgn} x$. 这样就证明了定理 1.8.

当 $n > 1$ 时, 设 ρ 是 $\mathbb{R}^n$ 上的一个旋转, 它诱导的函数的变换是 $(\rho f)(x) = f(\rho^{-1}x)$. 对此式两边取 Fourier 变换，易见

$$\begin{aligned}\mathcal{F}(\rho f)(x) &= \int_{\mathbb{R}^n} e^{-2\pi i x\cdot y} f(\rho^{-1}y)dy = \int_{\mathbb{R}^n} e^{-2\pi i x\cdot \rho y} f(y)dy \\ &= \int_{\mathbb{R}^n} e^{-2\pi i \rho^{-1}x\cdot y} f(y)dy = \rho\mathcal{F}f(x),\end{aligned} \tag{1.42}$$

此即 $\mathcal{F}\rho = \rho\mathcal{F}$. 进而，记 $m(x) = (m_1(x), \cdots, m_n(x))$ 是 $\mathbb{R}^n$ 上的向量函数, $\rho = (\rho_{j,k})$ 是 $\mathbb{R}^n$ 上的一个旋转，则 $m(\rho^{-1}x) = \rho m(x)$, 写成分量形式就是

$$m_j(\rho^{-1}x) = \sum_k \rho_{j,k} m_k(x). \tag{1.43}$$

借助于这些概念，容易建立如下结论：

引理 1.9 设 $m(x)$ 是 0 阶齐次向量函数 ($m(\delta x) = m(x)$, $\delta > 0$). 如果 $m(x)$ 满足旋转不变性质 (1.43), 则存在常数 C, 使得

$$m_j(x) = C\frac{x_j}{|x|}, \quad j = 1, 2, \cdots, n. \tag{1.44}$$

证明 注意到 $m(x) = m(|x| \cdot \frac{x}{|x|}) = m(\frac{x}{|x|})$ 故仅需对单位球面上的 x 来证明 (1.44) 就行了. 现设 $e_1, e_2, \cdots, e_n$ 是坐标轴上的单位向量，记 $C = m_1(e_1)$, 我们断言

$$m_j(e_1) = 0, \quad j = 2, 3, \cdots, n. \tag{1.45}$$

事实上，取 ρ 是保持 e_1 不变的任意的一个旋转，则由 (1.43) 可见

$$m_j(\rho^{-1}e_1) = m_j(e_1) = \sum_{k=2}^n \rho_{j,k} m_k(e_1).$$

此意味着向量 $(m_2(e_1), m_3(e_1), \cdots, m_n(e_1))$ 在任意一个 $n-1$ 维空间的旋转变换下保持不变，故 (1.45) 成立. 现将 (1.45) 代入 (1.43)，可以看出 $m_j(\rho^{-1}e_1) = \rho_{j,1}m_1(e_1) = C\rho_{j,1}$. 令 $x = \rho^{-1}e_1$，注意到 $\rho^{-1} = \rho^*$，由此推得 $x_j = \rho_{j,1}$. 于是，

$$m_j(x) = Cx_j, \quad |x| = 1, \quad j = 1, 2, \cdots, n. \tag{1.46}$$

从而，引理 1.9 成立.

断言 若有界线性变换 $T = (T_1, T_2, \cdots, T_n)$ 满足

$$\rho T_j \rho^{-1} f = \sum_{k=1}^{n} \rho_{j,k} T_k f, \tag{1.47}$$

则 $T_j = CR_j$, $j = 1, 2, \cdots, n$.

事实上，利用 $\mathcal{F}\tau_\delta = \delta^{-n}\tau_\delta\mathcal{F}$, $\delta > 0$，对 T 所满足的式子的两边取 Fourier 变换，就得 $\widehat{T}_j(\rho^{-1}x)\hat{f}(x) = \sum_{k=1}^{n} \rho_{j,k}\widehat{T}_k(x)\hat{f}(x)$，即

$$\widehat{T}_j(\rho^{-1}x) = \sum_{k=1}^{n} \rho_{j,k}\widehat{T}_k(x), \tag{1.48}$$

因此，由引理 1.9 可见

$$\widehat{T}_j(x) = C\frac{x_j}{|x|}. \tag{1.49}$$

然而，$\widehat{R_j f}(x) = i\frac{x_j}{|x|}\hat{f}(x)$. 故上述断言成立. 综上所述，就得 Riesz 变换的一个刻画性结论：

定理 1.10 设 $T = (T_1, T_2, \cdots, T_n)$ 是 $L^2(\mathbb{R}^n)$ 上的有界线性算子，并且满足

(1) T_j $(j = 1, 2, \cdots, n)$ 与 $\mathbb{R}^n$ 上的平移变换可交换，

(2) T_j $(j = 1, 2, \cdots, n)$ 与 $\mathbb{R}^n$ 上的伸缩变换可交换，

(3) 对 $\mathbb{R}^n$ 上每一个旋转 $\rho = (\rho_{j,k})$, $T = (T_1, \cdots, T_n)$ 满足 (1.47)，则 T 与 Riesz 变换相差一个常数倍，即存在常数 C,

$$T_j = CR_j, \quad j = 1, 2, \cdots, n. \tag{1.50}$$

§6.2 奇异积分的 L^p 理论

本节我们将借助于极大函数理论以及 Calderón-Zygmund 分解技术来给出奇异积分算子的 L^p 理论，为此，先引入一些预备性引理.

引理 2.1 设 $K(x) \in L_{\text{loc}}(\mathbb{R}^n)$, $1 \le p \le \infty$. 若

$$Tf(x) = \int_{\mathbb{R}^n} K(x-y)f(y)dy \tag{2.1}$$

是 (p,p) 型算子，则 T 是 (p',p') 型算子，其中 $\frac{1}{p}+\frac{1}{p'}=1$.

证明 由 $\tau_h f(x)=f(x-h)$, 直接验证 $T\tau_h=\tau_h T$. 另一方面，T 是 (p,p) 型算子意味着 T 是 L^p 上的有界线性算子，故 T 是平移不变算子，此即 $T\in L_p^p$. 这样，由平移不变算子理论 (见第二章定理 2.1) 可知 T 是 (p',p') 型算子.

引理 2.2 (Calderón-Zygmund 函数分解定理) 设 $f(x)\in L^1$ 且非负，则存在 $\mathbb{R}^n$ 的分解

$$\mathbb{R}^n=F\cup\Omega,\ F\cap\Omega=\emptyset,\ \Omega=\cup_{j=1}^{\infty}Q_j,\ Q_j^0\cap Q_k^0=\emptyset,\quad j\neq k, \tag{2.2}$$

这里 Q_j^0 表示方体 Q_j 的内部，使得 $f(x)$ 满足分解

$$f(x)=g(x)+b(x),\quad g(x)\in L^2(\mathbb{R}^n), \tag{2.3}$$

且函数 $b(x)$ 满足

$$\begin{cases} b(x)=0, & 对\ \text{a.e.}x\in F,\\ \int_{Q_j}b(x)dx=0, & j=1,2,\cdots. \end{cases} \tag{2.4}$$

证明 对 $\alpha>0$, 由 Calderón-Zygmund 分解定理, 存在 $\mathbb{R}^n$ 从属于 $(f(x),\alpha)$ 的分解 (2.2) 满足

(i) $f(x)\le\alpha$, 对 a.e. $x\in F$.;

(ii) $\alpha<\frac{1}{m(Q_j)}\int_{Q_j}f(x)dx\le 2^n\alpha$, $j=1,2,\cdots$, 且

$$\sum_{j=1}m(Q_j)\le\frac{1}{\alpha}\|f(x)\|_1. \tag{2.5}$$

定义

$$g(x)=\begin{cases} f(x), & x\in F\\ m(Q_j)^{-1}\displaystyle\int_{Q_j}f(x)dx, & x\in Q_j,\quad j=1,2,\cdots. \end{cases}, \tag{2.6}$$

记 $b(x)=f(x)-g(x)$, 显然 (2.4) 成立. 因此，仅需要证明 $g(x)\in L^2(\mathbb{R}^n)$. 事实上，直接计算

$$\begin{aligned}\|g\|_2^2&=\int_F|g|^2dx+\int_\Omega|g|^2dx\\ &\le\alpha\|f\|_1+\sum_{j=1}^{\infty}\int_{Q_j}[m(Q_j)^{-1}\int_{Q_j}f(t)dt]^2dx\\ &\le\alpha\|f\|_1+\sum_{j=1}^{\infty}(2^n\alpha)^2m(Q_j)\le(1+2^{2n})\alpha\|f\|_1.\end{aligned}$$

这说明 $g(x)\in L^2(\mathbb{R}^n)$, 从而引理 2.2 得证.

定理 2.3　设 $K(x)\in L^2(\mathbb{R}^n)$ 且存在常数 A, 使得

(1) $|\widehat{K}(x)|\le A,\quad x\in\mathbb{R}^n$;

(2) $\int_{|x|>2|y|}|K(x-y)-K(x)|dx\le A,\ y\in\mathbb{R}^n\setminus\{0\}$.

则 $Tf=K*f$ 所决定的算子 T 是 (p,p) 型算子 $(1<p<\infty)$ 和弱 (1, 1) 型算子，并且控制常数 C 仅依赖于 n 和 A.

证明　注意到 Marcinkiewcz 插值定理和引理 2.1, 我们仅需证明算子 T 是 (2, 2) 型算子和弱 (1, 1) 型算子.

事实上，对任意的 $f(x)\in L^2(\mathbb{R}^n)$, 由 Plancherel 定理可见

$$\|Tf\|_2=\|K*f\|_2=\|\widehat{K}(x)\hat{f}\|_2\le A\|f(x)\|_2.$$

此意味着 T 是 (2, 2) 型算子.

另一方面，对任意的 $f(x)\in L^1(\mathbb{R}^n)$, 有

$$\{x;\ |Tf|>\alpha\}\subset\{x;\ |Tf_+|>\frac{\alpha}{2}\}\cup\{x;\ |Tf_-|>\frac{\alpha}{2}\}.\tag{2.7}$$

故仅需对非负函数 $f(x)\in L^1(\mathbb{R}^n)$ 来证明弱 (1,1) 型不等式. 令 $\lambda>0$, 作 Calderón-Zygmund 函数分解

$$f(x)=g(x)+b(x).\tag{2.8}$$

则有

$$(Tf)_*(\lambda)\le(Tg)_*(\frac{\lambda}{2})+(Tb)_*(\frac{\lambda}{2}),\tag{2.9}$$

注意到 $g(x)\in L^2(\mathbb{R}^n)$ 且 $\|g\|_2^2\le(1+2^{2n})\lambda\|f\|_1$, 所以

$$(Tg)_*(\frac{\lambda}{2})\le(\frac{2}{\lambda})^2\|Tg\|_2^2\le\frac{4A^2}{\lambda^2}\|g\|_2^2\le 4(1+2^{2n})A^2\frac{\|f\|_1}{\lambda}.\tag{2.10}$$

对于 $b(x)$, 令

$$b(x)=\sum_j b_j(x),\quad b_j(x)=b(x)\chi_{Q_j}(x).\tag{2.11}$$

记 Y_j 是方体 Q_j 的中心， $S_j=B(Y_j,\mathrm{diam}(Q_j)$ 是以 Y_j 为中心，半径是 $\mathrm{diam}(Q_j)$ 的球. 自然， $\mathrm{m}(S_j)=C_n\mathrm{m}(Q_j)$. 若记 $S=\cup S_j$, 则

$$\mathrm{m}(S)\le C_n\mathrm{m}(\Omega_\lambda)=C_n\sum_{j=1}^{\infty}\mathrm{m}(Q_j)\le\frac{C_n\|f\|_1}{\lambda},$$
$$\Omega_\lambda=\cup_{j=1}^{\infty}Q_j,\quad C_n=\omega_{n-1}\cdot n^{\frac{n}{2}-1}.\tag{2.12}$$

由此看出，仅需考察 S^c 上的情形就行了．根据 $b_j(x)$ 在 Q_j 上的平均值为 0 的性质， $Tb_j(x)$ 可表示

$$Tb_j(x) = \int_{Q_j} K(x-y)b_j(y)dy = \int_{Q_j} [K(x-y) - K(x-Y_j)]b_j(y)dy. \tag{2.13}$$

从而

$$\begin{aligned}\int_{S^c} |Tb(x)|dx &\le \sum_{j=1}^{\infty} \int_{S^c} |Tb_j(x)|dx \le \sum_{j=1}^{\infty} \int_{S_j^c} |Tb_j(x)|dx \\ &\le \sum_{j=1}^{\infty} \int_{y\in Q_j} |b_j(y)|(\int_{x\in S_j^c} |K(x-y) - K(x-Y_j)|dx)dy.\end{aligned} \tag{2.14}$$

注意到 $x-y=(x-Y_j)-(y-Y_j)$, 当 $x\notin S_j$, $y\in Q_j$ 时，由 S_j 的构造即知 $|x-Y_j|\ge 2|y-Y_j|$. 由 (ii) 可得

$$\begin{aligned}&\int_{x\in S_j^c} |K(x-y) - K(x-Y_j)|dx \\ \le &\int_{|z|\ge 2|y-Y_j|} |K(z-(y-Y_j)) - K(z)|dz \le A.\end{aligned} \tag{2.15}$$

于是，由 $b(x)$ 的分解结构易见

$$\int_{S^c} |Tb(x)|dx \le \sum_j \int_{Q_j} A|b_j(y)|dy = A\int_{\Omega_\lambda} |b(y)|dy. \tag{2.16}$$

注意到

$$|b(x)| \le |f| + |g| \le |f(x)| + 2^n\lambda, \qquad x\in\Omega_\lambda, \tag{2.17}$$

由此就推得

$$\begin{aligned}\int_{S^c} |Tb(x)|dx &\le A\int_{\Omega_\lambda} |b(x)|dx \le A\|f\|_1 + 2^n\lambda A m(\Omega_\lambda) \\ &\le (1+2^n)A\|f\|_1.\end{aligned} \tag{2.18}$$

这样，由 (2.12) 及 (2.18) 可推得

$$\begin{aligned}(Tb)_*(\frac{\lambda}{2}) &\le m\{S^c \cap \{|Tb| > \frac{\lambda}{2}\}\} + m(S) \\ &\le [(1+2^n)A + C_n]\|f\|_1/\lambda.\end{aligned} \tag{2.19}$$

最后，结合 (2.10) 及 (2.19) 得

$$(Tf)_*(\lambda) \le C(A,n)\|f\|_1/\lambda, \tag{2.20}$$

这样说明 T 是弱 (1,1) 型算子，从而定理 2.3 得证.

推论 2.4　$K(x) \in C^1(\mathbb{R}^n \backslash \{0\})$, $K(x) \in L^2(\mathbb{R}^n)$ 且满足

(1) $|\widehat{K}(x)| \leq A, \quad x \in \mathbb{R}^n$;

(2) $|\nabla K(x)| \leq C|x|^{-n-1}, \quad x \in \mathbb{R}^n \backslash \{0\}$.

则 $Tf(x) = K * f$ 是 (p,p) 型算子 $(1 < p < \infty)$ 且是弱 (1,1) 型算子.

证明　仅需验证推论 2.4 的条件意味着定理 2.3 的条件 (2) 就行了. 事实上，对满足 $|x| > 2|y|$ 的点 x, y, 有

$$|K(x-y) - K(x)| = |y| \left| \sum_{j=1}^{n} \frac{\partial K}{\partial x_j}(\xi) \cdot \cos\langle x-y, x\rangle \right| \leq |y||\nabla K(\xi)|$$
$$\leq C|y| \cdot |\xi|^{-n-1} \leq 2^{n+1} C|y||x|^{-n-1},$$

这里 $\xi = x - \theta y$, $|\xi| \geq \frac{1}{2}|x|$. 于是

$$\int_{|x|>2|y|} |K(x-y) - K(x)| dx \leq 2^{n+1} C|y| \int_{|x|>2|y|} |x|^{-n-1} dx$$
$$= A < \infty.$$

从而定理 2.3 的条件 (2) 满足，故推论 2.4 得证.

我们发现，定理 2.3 及推论 2.4 中，均有 $|\hat{K}(x)| \leq A$ 这一条件. 是否可用 $K(x)$ 自身的一条件来代替 $\hat{K}(x)$ 的条件呢？用 $K(x)$ 本身的性态来给出的条件具有直观、易验证的特点.

定理 2.5(Benedek-Calderon-Panzone 定理)　设 $K(x) \in L^2$ 且 $A > 0$ 满足

(1) $\int_{|x| \leq R} |x||K(x)| dx \leq AR$, $\forall R > 0$;

(2) $\left| \int_{|x| \leq R} K(x) dx \right| \leq A$, $\forall R > 0$;

(3) $\int_{|x|>2|y|} |K(x-y) - K(x)| dx \leq A$, $\forall |y| > 0$.

则 $Tf = K * f$ 是 (p,p) 型算子 $(1 < p < \infty)$ 及弱 (1,1) 型算子.

证明　仅需说明定理 2.5 的条件蕴含定理 2.3 的条件 (1) 即可. 选取 $\omega = \frac{x}{2|x|^2} \in \mathbb{R}^n$, 使得 $\exp(-2\pi i x \cdot \omega) = -1$, 考察

$$\begin{aligned}
\widehat{K}(x) &= \int_{\mathbb{R}^n} e^{-2\pi i x \cdot y} K(y) dy = -\int_{\mathbb{R}^n} e^{-2\pi i x \cdot y} e^{-2\pi i x \cdot \omega} K(y) dy \\
&= \frac{1}{2} \int_{\mathbb{R}^n} e^{-2\pi i x \cdot y} K(y) dy - \frac{1}{2} \int_{\mathbb{R}^n} e^{-2\pi i x \cdot (y+\omega)} K(y) dy \\
&= \frac{1}{2} \int_{\mathbb{R}^n} e^{-2\pi i x \cdot y} [K(y) - K(y-\omega)] dy \\
&= \frac{1}{2} \int_{|y| > \frac{1}{|x|}} e^{-2\pi i x \cdot y} [K(y) - K(y-\omega)] dy \\
&\quad + \frac{1}{2} \int_{|y| \leq \frac{1}{|x|}} e^{-2\pi i x \cdot y} [K(y) - K(y-\omega)] dy \\
&\triangleq I_1 + I_2.
\end{aligned} \tag{2.21}$$

一方面，由条件 (3) 可得

$$I_1 \le \frac{1}{2}\int_{|y|>2|\omega|} |K(y)-K(y-\omega)|dy \le \frac{1}{2}A. \tag{2.22}$$

另一方面，将 I_2 改写成

$$\begin{aligned}I_2 = &\frac{1}{2}\int_{|y|\le\frac{1}{|x|}} (e^{-2\pi i x\cdot y}-1)K(y)dy + \frac{1}{2}\int_{|y|\le\frac{1}{|x|}} K(y)dy\\ &-\frac{1}{2}\int_{|y|\le\frac{1}{|x|}} (e^{-2\pi i x\cdot y}+1)K(y-\omega)dy + \frac{1}{2}\int_{|y|\le\frac{1}{|x|}} K(y-\omega)dy\\ &\triangleq \mathrm{I}+\mathrm{II}+\mathrm{III}+\mathrm{IV}.\end{aligned} \tag{2.23}$$

因 $|\exp(-2\pi i x\cdot y)-1| \le |x||y|$, 故

$$|\mathrm{I}| \le \frac{1}{2}|x|\int_{|y|\le\frac{1}{|x|}} |y||K(y)|dy \le \frac{1}{2}A. \tag{2.24}$$

又因为 $\exp(-2\pi i x\cdot y) = -\exp(-2\pi i x\cdot(y-\omega))$, 自然有

$$|\exp(-2\pi i x\cdot y)+1| = |\exp(-2\pi i x\cdot(y-\omega))-1| \le |x||y-\omega|.$$

从而，类似于 (2.24) 的推导，注意到 $|\omega| = \frac{1}{2|x|}$, 容易推得

$$\begin{aligned}|\mathrm{III}| &\le \frac{1}{2}|x|\int_{|y|\le\frac{1}{|x|}} |y-\omega||K(y-\omega)|dy\\ &\le \frac{1}{2}|x|\int_{|z|\le\frac{3}{2|x|}} |z||K(z)|dz \le \frac{3}{2}A.\end{aligned} \tag{2.25}$$

注意到条件 (2), 易见

$$|\mathrm{II}| \le \frac{1}{2}\left|\int_{|y|\le\frac{1}{|x|}} K(y)dy\right| \le \frac{1}{2}A. \tag{2.26}$$

最后来估计 IV. 注意到

$$\{y:|y-\omega|\le 3|\omega|\} = \{y:|y|\le 2|\omega|\}\cup\{y:|y|\ge 2|\omega|, |y-\omega|\le 3|\omega|\},$$

从而

$$\begin{aligned}|\mathrm{IV}| &\le \frac{1}{2}\left|\int_{|y-\omega|\le 3|\omega|} K(y-\omega)dy - \int_{\substack{|y-\omega|\le 3|\omega|\\ |y|>2|\omega|}} K(y-\omega)dy\right|\\ &\le \frac{1}{2}\left|\int_{|z|\le 3|\omega|} K(z)dz\right| + \frac{1}{2|\omega|}\int_{|\omega|<|z|\le 3|\omega|} |z|K(z)dz\\ &\le \frac{1}{2}A + \frac{3}{2}A = 2A.\end{aligned} \tag{2.27}$$

综合估计 (2.22), (2.24)~(2.27) 就得

$$|\widehat{K}(x)| \le 5A. \tag{2.28}$$

因此，定理 2.5 得证.

注记 2.1 在定理 2.3 、推论 2.4 及定理 2.5 中，均要求 $K(x) \in L^2(\mathbb{R}^n)$. 它们无法用来刻画一般的 C-Z 奇异积分算子. 然而，从定理 2.5 的估计

$$\|Tf\|_p \le A_p \|f\|_p, \quad 1 < p < \infty, \quad A_p = A(p, n)$$

的证明，可以看出，条件 $K(x) \in L^2(\mathbb{R}^n)$ 并非本质，因此，通过极限程序就可证明一般奇异积分算子是 (p,p) 型算子 $(1 < p < \infty)$ 和弱 (1, 1) 型算子.

下面我们来建立一般的奇异积分算子的 L^p 理论.

定理 2.6 设核函数 $K(x)$ 满足

(1) $|K(x)| \le B|x|^{-n}$, $K(\lambda x) = \lambda^{-n} K(x)$, 这里 $|x| > 0$, $\lambda > 0$;

(2) (零消失条件) 对 $0 < R_1 < R_2 < \infty$, 有

$$\int_{R_1 < |x| < R_2} K(x) dx = 0;$$

(3) $\int_{|x| > 2|y|} |K(x-y) - K(x)| dx \le B, \quad |y| > 0$,

那么，对任意的 $f(x) \in L^p(\mathbb{R}^n)$, $1 < p < \infty$, 算子

$$T_\varepsilon(f)(x) = \int_{|y| > \varepsilon} K(y) f(x-y) dy, \quad \varepsilon > 0, \tag{2.29}$$

满足

$$\|T_\varepsilon f\|_p \le A_p \|f\|_p, \tag{2.30}$$

这里 A_p 不依赖于 ε 与 $f(x)$. 进而有

$$\lim_{\varepsilon \to 0} T_\varepsilon(f)(x) \overset{L^p}{=\!=} Tf(x), \quad \forall f(x) \in L^p(\mathbb{R}^n),$$

且 T 也是具控制常数 A_p 的 (p,p) 型算子 $(1 < p < \infty)$.

为了证明此定理，我们先作一些准备工作. 构造

$$K_\varepsilon(x) = \begin{cases} K(x), & |x| \ge \varepsilon, \\ 0, & |x| < \varepsilon. \end{cases} \tag{2.31}$$

我们有下面一些基本的事实.

引理 2.7 设 T 是以 $K(x)$ 为核函数的卷积型算子，则 $T_\varepsilon = \delta_{\varepsilon^{-1}} T \delta_\varepsilon$ $(\varepsilon > 0)$ 是以 $\varepsilon^{-n} K(\frac{x}{\varepsilon})$ 为核的卷积型算子. 进而，若

$$\|Tf\|_p \le A_p \|f\|_p, \qquad \forall f(x) \in L^p(\mathbb{R}^n),$$

那么

$$\|T_\varepsilon f\|_p \le A_p\|f\|_p, \quad \forall f(x) \in L^p(\mathbb{R}^n).$$

证明 直接验算

$$\begin{aligned}(\delta_{\varepsilon^{-1}}T\delta_\varepsilon f)(x) &= \int_{\mathbb{R}^n} K\left(\frac{x}{\varepsilon} - y\right)f(\varepsilon y)dy = \int_{\mathbb{R}^n} K\left(\frac{x-\varepsilon y}{\varepsilon}\right)f(\varepsilon y)dy \\ &= \varepsilon^{-n}\int_{\mathbb{R}^n} K\left(\frac{x-y}{\varepsilon}\right)f(y)dy,\end{aligned}$$

且

$$\|T_\varepsilon f\|_p = \|\delta_{\varepsilon^{-1}}T\delta_\varepsilon f\|_p = \varepsilon^{\frac{n}{p}}\|T\delta_\varepsilon f\|_p \le \varepsilon^{\frac{n}{p}}A_p\|\delta_\varepsilon f\|_p = A_p\|f\|_p.$$

引理 2.8 设 $K(x)$ 满足

$$\int_{1\le|x|\le 2} |K(x)|dx \le A, \tag{2.32}$$

$$\int_{|x|>2|y|} |K(x-y) - K(x)|dx \le B, \quad |y| > 0. \tag{2.33}$$

则 $K_1(x)$ 满足

$$\int_{|x|>2|y|} |K_1(x-y) - K_1(x)|dx \le 2A + B. \tag{2.34}$$

证明 令 $V = \{x;\ 1 \le |x| \le 2\}$, 则

$$\begin{aligned}|K_1(x-y) - K_1(x)| \le |K(x-y) - K(x)| &+ \chi_V(x-y)|K(x-y)| \\ &+ \chi_V(x)|K(x)|, \quad |x| > 2|y|.\end{aligned} \tag{2.35}$$

事实上，在 $|x| > 2|y|$ 的前提下，我们有如下的情形：

当 $|x| \ge 1, |x-y| \ge 1$ 时，有

$$|K_1(x-y) - K_1(x)| \le |K(x-y) - K(x)|.$$

当 $|x| \ge 1, |x-y| < 1$ 时，有 $1 > |x-y| \ge |x| - |y| \ge \frac{|x|}{2}$, 此意味着 $x \in V$. 因此

$$|K_1(x-y) - K_1(x)| = |K_1(x)| = \chi_V(x)|K(x)|.$$

当 $|x| < 1, |x-y| \ge 1$ 时，有 $|x-y| \le |x| + \frac{|y|}{2} < \frac{3}{2}$, 此意味着 $x - y \in V$. 因此

$$|K_1(x-y) - K_1(x)| = |K_1(x-y)| = \chi_V(x-y)|K(x-y)|.$$

当 $|x| < 1, |x-y| < 1$ 时，自然有 $|K_1(x-y) - K_1(x)| = 0$.

综合上面诸类情形，推知

$$\int_{|x|>2|y|}|K_1(x-y)-K_1(x)|dx\le\int_{|x|>2|y|}|K(x-y)-K(x)|dx$$
$$+\int_{1\le|x|\le2}|K(x)|dx+\int_{1\le|x-y|\le2}|K(x-y)|dx\le 2A+B.$$

定理 2.6 的证明 条件 (1) 意味着

$$\int_{1\le|x|\le2}|K(x)|dx\le B\omega_{n-1}(2^n-1)/n=A.$$

故根据引理 2.8 可知，$K_1(x)$ 满足定理 2.5 的假设，从而 $|\widehat{K}_1(x)|\le CB$. 这说明 $T_1f(x)=K_1*f(x)$ 确定的算子 T_1 是 (p,p) 型算子且是弱 (1,1) 算子. 由条件 (1), 容易验证

$$K_\varepsilon(x)=\varepsilon^{-n}K_1(\frac{x}{\varepsilon}).\tag{2.36}$$

因此，由引理 2.7 可见 $T_\varepsilon f(x)=K_\varepsilon*f(x)$ 是 (p,p) 型算子且是弱 (1,1) 算子，具有常数 $A_p=CB$(其中 C 依赖于 n, p).

对任意 $f\in C_c^\infty(\mathbb{R}^n)$, 易见

$$T_\varepsilon f(x)=\int_{|y|\ge\varepsilon}K(y)f(x-y)dy=\int_{|y|\ge1}K(y)f(x-y)dy$$
$$+\int_{\varepsilon\le|y|\le1}K(y)[f(x-y)-f(x)]dy.\tag{2.37}$$

由 $|K(y)|\le B|y|^{-n},|y|\ge1$ 知，(2.37) 右边第一个积分是一个 L^p 函数. 又因为

$$|f(x-y)-f(x)|\le A|y|,\quad y\in B_1(x),$$

从而，当 $\varepsilon\to0$ 时，就有

$$\int_{\varepsilon\le|y|\le1}K(y)[f(x-y)-f(x)]dy\xrightarrow{1}\int_{|y|\le1}K(y)[f(x-y)-f(x)]dy.\tag{2.38}$$

由此推得

$$T_\varepsilon f\xrightarrow{L^p}Tf\quad(\text{因为}\|T_\varepsilon f\|_p\le A_p\|f\|_p<\infty).$$

对一般 $f(x)\in L^p(\mathbb{R}^n)$, 注意到 $C_c^\infty(\mathbb{R}^n)$ 稠于 $L^p(\mathbb{R}^n)$, 故对 $\forall\delta>0$, 存在 $g\in C_c^\infty(\mathbb{R}^n)$ 使得

$$f(x)=g(x)+h(x),\quad \|h\|_p<\delta.\tag{2.39}$$

这样

$$\|K_{\varepsilon_1}f-K_{\varepsilon_2}f\|_p\le\|K_{\varepsilon_1}g-K_{\varepsilon_2}g\|_p+\|K_{\varepsilon_1}h-K_{\varepsilon_2}h\|_p$$
$$\le\|K_{\varepsilon_1}g-K_{\varepsilon_2}g\|_p+2A_p\|h\|_p,\tag{2.40}$$

故 $\{K_\varepsilon f\}$ 是 L^p Cauchy 列，即

$$\lim_{\varepsilon\to 0} K_\varepsilon f \overset{L^p}{=\!=} Kf$$

且有

$$\|Kf\|_p \le A_p\|f\|_p.$$

注记 2.2 当 $n=1, K(x)=\frac{1}{\pi x}, x\in\mathbb{R}^1$, 显然 $K(x)$ 满足定理 2.6 的条件，因此， Hilbert 变换

$$Hf = \text{P.V.}\frac{1}{\pi}\int_{\mathbb{R}}\frac{f(x-y)}{y}dy = \lim_{\varepsilon\to 0}\int_{|y|>\varepsilon}\frac{f(x-y)}{y}dy$$

是 (p,p) 型算子 $(1<p<\infty)$. 对于高维的情形, 下节将证明一般的 Calderón-Zygmud 奇异积分算子是 (p,p) 型算子 $(1<p<\infty)$ 且是弱 (1,1) 型算子.

§6.3 Calderón-Zygmund 奇异积分算子

我们知道, 在 Abel 群上可以定义平移不变算子类, 注意到 $\mathbb{R}^n$ 不仅是一个 Abel 群, 且具有 Euclidean 结构. 因此, 可在其上引人伸缩变换 $\tau_\varepsilon: x\to\varepsilon x$. 相应地, 对 $\mathbb{R}^n$ 上的函数 $f(x)$ 而言, 就可诱导函数的伸缩变换 $\tau_\varepsilon f(x)=f(\varepsilon x)$. 我们感兴趣的是与平移变换、伸缩变换可交换的算子，对于满足定理 2.6 中的核函数，它对应的奇异积分算子 T 如果具有与平移变换、伸缩变换可交换的性质，则 T 恰好就是 Calderón-Zygmund 奇异积分算子，此时

$$K(x)=\frac{\Omega(x)}{|x|^n}, \tag{3.1}$$

其中 $\Omega(x)$ 是零齐次函数. 在此情形下，定理 2.6 的消失性条件 (b) 等价于

$$\int_{\Sigma_{n-1}}\Omega(x)d\sigma=0, \tag{3.2}$$

这里 $d\sigma$ 表示 Σ_{n-1} 上的 Euclidean 测度，定理 2.6 的条件 (c) 要求 $\Omega(x)$ 具有适当的光滑性，它可用 Dini 条件

$$\int_0^1\frac{\omega(\delta)}{\delta}d\delta<\infty,\quad \omega(\delta)=\sup_{\substack{|x-y|\le\delta,\\|x|=|y|=1}}|\Omega(x)-\Omega(y)| \tag{3.3}$$

来代替. 特别，当 $\Omega(x)\in C^1$ 或 Lip 连续时， Dini 型条件 (3.3) 自然满足.

定理 3.1(Calderón-Zygmund 定理) 设 $\Omega(x)$ 是零齐次函数，满足消失性质 (3.2) 及 Dini 型条件 (3.3). 则对 $f(x)\in L^p(\mathbb{R}^n)$, 算子

$$T_\varepsilon f(x)=\int_{|y|\ge\varepsilon}\frac{\Omega(y)}{|y|^n}f(x-y)dy,\quad 1<p<\infty \tag{3.4}$$

满足

(1) 存在有界数 A_p(不依赖于 ε 与 f) 使得

$$\|T_\varepsilon f\|_p \leq A_p\|f\|_p, \quad 1<p<\infty; \tag{3.5}$$

(2) $\lim\limits_{\varepsilon\to 0} T_\varepsilon f \stackrel{L^p}{=\!=} Tf$, T 是 (p,p) 算子且满足

$$\|Tf\|_p \leq A_p\|f\|_p, \quad 1<p<\infty; \tag{3.6}$$

(3) 如果 $f\in L^2(\mathbb{R}^n)$, 那么 $\widehat{Tf}=m(x)\hat{f}(x)$, 这里 $m(x)$ 是零齐次函数且具有如下显式表示

$$m(x)=\int_{\Sigma_{n-1}}[\frac{\pi i}{2}\operatorname{sgn}(x\cdot y)+\log(|x\cdot y|^{-1})]\Omega(y)d\sigma(y), \quad |x|=1. \tag{3.7}$$

分析：利用定理 2.6, 若 $K(x)=\frac{\Omega(x)}{|x|^n}$ 满足条件 (3), 则 (1),(2) 就是定理 2.6 的直接结论，并且由 $K(x)$ 决定算子 $T\in L_p^p$. 由第三章定理 5.4 就得 (3), 因此仅需验证定理 2.6 的条件 (3) 满足就行了.

引理 3.2 若 $|x|>2|y|$, 则

$$\left|\frac{x-y}{|x-y|}-\frac{x}{|x|}\right|\leq 2\left|\frac{y}{x}\right|. \tag{3.8}$$

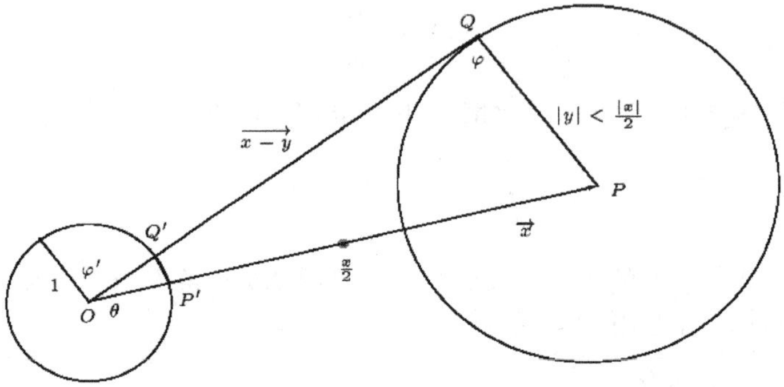

图 3.1

证明 由图 3.1 可见， $\varphi=\frac{\pi}{2}>\varphi'$, $2\varphi'+\theta=\pi$, $|OP'|=|OQ'|=1$. 由正弦定理

$$\frac{|Q'P'|}{|OP'|}=\frac{\sin\theta}{\sin\varphi'}, \quad \sin\theta=\frac{|y|}{|x|}, \quad \cos\theta=\frac{|x-y|}{|x|}. \tag{3.9}$$

从而

$$|Q'P'|=\frac{1}{\sin\varphi'}\left|\frac{y}{x}\right|. \tag{3.10}$$

注意到

$$\sin\varphi' = \sin\frac{\pi-\theta}{2} = \cos\frac{\theta}{2} = \left(\frac{1+\cos\theta}{2}\right)^{\frac{1}{2}} = \left(\frac{|x|+|x-y|}{2|x|}\right)^{\frac{1}{2}},$$

因此,

$$\frac{1}{\sin\varphi'} = \left(\frac{2|x|}{|x|+|x-y|}\right)^{\frac{1}{2}} \le \sqrt{2} < 2.$$

另一方面,

$$|Q'P'| = \left|\frac{x-y}{|x-y|} - \frac{x}{|x|}\right| = \frac{1}{\sin\varphi'}\left|\frac{y}{x}\right| \le 2\left|\frac{y}{x}\right|.$$

从而引理 3.2 得证.

定理 3.1 的证明 仅需证明在 Dini 型条件下能推出定理 2.6 的条件 (c) 即可. 考虑

$$\begin{aligned} K(x-y)-K(x) &= \left(\frac{\Omega(x-y)}{|x-y|^n} - \frac{\Omega(x)}{|x-y|^n}\right) + \left(\frac{\Omega(x)}{|x-y|^n} - \frac{\Omega(x)}{|x|^n}\right) \\ &= \mathrm{I} + \mathrm{II}. \end{aligned} \tag{3.11}$$

利用中值定理及三角不等式可见

$$\begin{aligned} \int_{|x|>2|y|} |\mathrm{II}|dx &\le \|\Omega(x)\|_\infty \int_{|x|>2|y|} \left|\frac{1}{|x-y|^n} - \frac{1}{|x|^n}\right|dx \\ &\le \|\Omega(x)\|_\infty |y| \int_{|x|>2|y|} \frac{n}{|x-\theta y|^{n+1}}dx \\ &\le \omega_{n-1}\|\Omega(x)\|_\infty |y| \int_{2|y|}^{\infty} \frac{2^{n+1}dr}{r^2} \le M < \infty. \end{aligned} \tag{3.12}$$

另一方面, 由 Dini 型条件

$$|\Omega(x-y)-\Omega(x)| \le \omega(2|\frac{y}{x}|), \tag{3.13}$$

容易看出

$$\begin{aligned} &\int_{|x|>2|y|} |\mathrm{I}|dx \le \int_{|x|>2|y|} \omega(2|\frac{y}{x}|)|x-y|^{-n}dx \\ \le& 2^n \int_{|x|>2|y|} \omega(2|\frac{y}{x}|)|x|^{-n}dx \le 2^n\omega_{n-1}\int_{2|y|}^{\infty} \omega(2\frac{|y|}{r})\frac{dr}{r} \\ =& 2^n\omega_{n-1}\int_0^1 \omega(\rho)\frac{d\rho}{\rho} < \infty. \end{aligned} \tag{3.14}$$

因此，由 (3.12) 及 (3.14) 推得

$$\int_{|x|\ge 2|y|}|K(x-y)-K(x)|dx\le A,\qquad |y|>0.$$

从而，利用定理 2.6 即得定理 3.1.

引理 3.3 设 $K(x)\in L^1(\mathbb{R}^n)$ 满足：

(1) $|\widehat{K}(x)|\le A$;

(2) $\int_{|x|\ge 2|y|}|K(x-y)-K(x)|dx\le A,\ y\ne 0.$

则算子 $T=K*f$ 是 (L^∞,BMO) 型算子，且存在常数 C, 使得

$$\|Tf\|_{\mathrm{BMO}}\le C\|f\|_\infty,\quad \forall f\in L^\infty(\mathbb{R}^n). \tag{3.15}$$

注记 3.1 若取 $C=\|K(x)\|_{L^1}$, 由 $L^\infty(\mathbb{R}^n)\hookrightarrow \mathrm{BMO}$ 及 Young 不等式，易见 (3.15) 自然成立. 引理 3.3 的意义在于存在与 $K(x)$ 无关的常数 C, 使得估计 (3.15) 成立. 这样我们可以将核函数 $K(x)\in L^1(\mathbb{R}^n)$ 换成 $L^1(\mathbb{R}^n)$ 的一列逼近 $K(x)$ 的函数列.

证明 设 $f\in L^\infty(\mathbb{R}^n)$ 满足 $\|f\|_\infty=1$. 固定任一方体 Q(无妨设它是以 0 点为心的方体), 令 $S=B(0,\mathrm{diam}(Q))$. 现分解 $f(x)$ 为 $f(x)=f\cdot\chi_S+f\cdot\chi_{S^c}=f_1(x)+f_2(x)$. 于是,

$$K*f(x)=K*f_1(x)+K*f_2(x)=u_1(x)+u_2(x). \tag{3.16}$$

因为 $f_1(x)\in L^2(\mathbb{R}^n)$, 由 (1) 可见

$$\|u_1\|_2=\|\hat{K}\hat{f_1}\|_2\le A\|f_1\|_2\le A\cdot C_n m(Q)^{\frac12}, \tag{3.17}$$

$$\int_Q|u_1(x)|dx\le\|u_1\|_2 m(Q)^{\frac12}\le AC_n m(Q). \tag{3.18}$$

另一方面，令

$$a_Q=\int_{\mathbb{R}^n}K(-y)f_2(y)dy, \tag{3.19}$$

于是

$$\begin{aligned}|u_2(x)-a_Q|&=|\int_{\mathbb{R}^n}[K(x-y)-K(-y)]f_2(y)dy|\\&\le\int_{y\notin S}|K(x-y)-K(-y)|dy,\end{aligned} \tag{3.20}$$

据条件 (2), 得

$$\int_Q|u_2(x)-a_Q|dx\le\int_{x\in Q}\int_{y\notin S}|K(x-y)-K(-y)|dydx$$

$$\le m(Q)\int_{|y|\ge 2|x|}|K(y+x)-K(y)|dy\le m(Q)A. \tag{3.21}$$

从而

$$
\begin{aligned}
m(Q)^{-1}\int_Q |u(x)-a_Q|dx \leq & m(Q)^{-1}\int_Q (|u_1(x)|+|u_2(x)-a_Q|)dx \\
\leq & (C_n+1)A<\infty.
\end{aligned}
\tag{3.22}
$$

因此

$$
\|K*f\|_{\mathrm{BMO}} \leq (C_n+1)A, \quad \forall\, f(x)\in L^\infty(\mathbb{R}^n)\text{且}\|f\|_\infty = 1. \tag{3.23}
$$

由 BMO 模的齐次性可得引理 3.3.

定理 3.4 设 $K(x)=\frac{\Omega(x)}{|x|^n}$, $\Omega(x)$ 满足双零条件 (零齐次条件和零消失条件) 及 Dini 型条件, 则 C-Z 主值算子是 (L^∞,BMO) 型算子, 从而有

$$
\|K*f\|_{\mathrm{BMO}} \leq C\|f\|_\infty, \quad \forall f\in L^\infty(\mathbb{R}^n). \tag{3.24}
$$

证明 令 $f\in L^\infty(\mathbb{R}^n)$, 记

$$
u_\varepsilon(x)=\int_{\mathbb{R}^n}[K_\varepsilon(x-y)-K_1(-y)]f(y)dy, \tag{3.25}
$$

$$
C_\varepsilon=\int_{\mathbb{R}^n}[K_\varepsilon(-y)-K_1(-y)]f(y)dy. \tag{3.26}
$$

则

$$
u_\varepsilon-u_\eta=K_{\varepsilon\eta}*f(x), \tag{3.27}
$$

其中 $K_{\varepsilon\eta}(x)=K_\varepsilon(x)-K_\eta(x)$. 因 $K_{\varepsilon\eta}\in L^1(\mathbb{R}^n)$ $(0<\varepsilon<\eta<\infty)$ 并且 $K(x)$ 满足双零条件及 Dini 型条件. 由定理 3.1 的证明过程, 就知 $K_{\varepsilon\eta}$ 满足引理 3.3 的 (b), 进而由第三章的定理 5.4 知

$$
|\widehat{K}_{\varepsilon\eta}(x)| \leq A\int_{\Sigma_{n-1}}\left(1+\log\frac{1}{|x'\cdot y'|}\right)|\Omega(y')|d\sigma(y') \leq C<\infty.
$$

故由引理 3.3 就得

$$
\|K_{\varepsilon\eta}*f\|_{\mathrm{BMO}} \leq C\|f\|_\infty. \tag{3.28}
$$

从而, 对每一个方体 Q, 有

$$
m(Q)^{-1}\int_Q |u_\varepsilon(x)+u_\eta(x)-(u_\varepsilon)_Q-(u_\eta)_Q|dx \leq C\|f\|_\infty. \tag{3.29}
$$

注意到, 当 $\eta\to\infty$ 时, 有

$$
\begin{aligned}
u_\eta(x)-C_\eta = & \int_{\mathbb{R}^n}[K_\eta(x-y)-K_\eta(-y)]f(y)dy \\
& \xrightarrow{1} 0, \quad x\in Q,
\end{aligned}
\tag{3.30}
$$

$$(u_\eta)_Q - C_\eta \xrightarrow{1} 0. \tag{3.31}$$

因此,

$$\begin{aligned} m(Q)^{-1} \int_Q & |u_\varepsilon(x) - [u_\eta(x) - C_\eta] - (u_\varepsilon)_Q + (u_\eta)_Q - C_\eta| dx \\ & \leq C\|f\|_\infty. \end{aligned} \tag{3.32}$$

令 $\eta \to \infty$ 及 $\varepsilon \to 0$, 有

$$m(Q)^{-1} \int_Q |u(x) - u_Q| dx \leq C\|f\|_\infty. \tag{3.33}$$

§6.4 奇异积分的点态收敛

前面我们讨论的奇异积分算子例如 Calderón-Zygmund 奇异积分算子

$$Tf(x) = \lim_{\varepsilon \to 0} \int_{|y| \geq \varepsilon} \frac{\Omega(y)}{|y|^n} f(x-y) dy \tag{4.1}$$

均是在 L^p 意义下定义的，其中 $\Omega(y)$ 满足双零条件及 Dini 型条件. 众所周知，就经典的 Hilbert 变换而言，对任意的 $f(x) \in L^p(\mathbb{R}^n)$, 利用 Fatou 定理可以确保 $f(x)$ 的共轭 Poisson 积分几乎处处收敛于 $f(x)$. 换言之，以 $\frac{1}{\pi x}$ 为核函数的奇异积分

$$\mathcal{H}f(x) = \lim_{\varepsilon \to 0} \frac{1}{\pi} \int_{|y| \geq \varepsilon} \frac{f(x-y)}{y} dy, \tag{4.2}$$

不仅在 $L^p(\ 1 < p < \infty)$ 意义下成立，同时上述极限几乎处处成立. 现在利用极大函数理论来证明一般 Calderón-Zygmund 奇异积分算子也是几乎处处收敛的.

定理 4.1 设 $\Omega(y)$ 满足 Dini 型条件及双零条件 (零齐次条件、消失条件). 对 $f(x) \in L^p(\mathbb{R}^n)$, $1 \leq p < \infty$, 则积分

$$T_\varepsilon f(x) = \int_{|y| \geq \varepsilon} \frac{\Omega(y)}{|y|^n} f(x-y) dy, \quad \varepsilon > 0 \tag{4.3}$$

满足

(1) $\lim_{\varepsilon \to 0} T_\varepsilon f(x)$ 几乎处处收敛;

(2) 记 $T^* f(x) = \sup_{\varepsilon > 0} |T_\varepsilon f(x)|$, 则 T^* 是弱 (1, 1) 型算子;

(3) 对 $1 < p < \infty$, T^* 是 (p, p) 型算子且满足估计

$$\|T^* f(x)\|_p \leq A_p \|f(x)\|_p, \quad f(x) \in L^p(\mathbb{R}^n), \quad 1 < p < \infty. \tag{4.4}$$

为了证明定理 4.1, 先来建立一个预备性引理. 我们知道, 对于 Poisson 积分有估计

$$\sup_{y>0}|P_y(x)*f(x)|\le A\wedge f(x). \tag{4.5}$$

问题 如果用一般的 L^1 可积函数 $\varphi(x)$ 来代替 Poisson 核函数 $P_y(x)$, 是否有形如

$$\sup_{\varepsilon>0}|\varphi_\varepsilon(x)*f(x)|\le A\wedge f(x)$$

成立? 这里 $\varphi_\varepsilon(x)=\varepsilon^{-n}\varphi(\frac{x}{\varepsilon})$.

引理 4.2 设 $\varphi(x)\in L^1(\mathbb{R}^n)$ 且其最小径向控制函数 $\psi(x)$ 可积, 即

$$\psi(x)=\sup_{|y|\ge|x|}|\varphi(y)|\in L^1(\mathbb{R}^n). \tag{4.6}$$

则有估计

$$\sup_{\varepsilon>0}|\varphi_\varepsilon(x)*f(x)|\le A\wedge f(x),\quad f(x)\in L^p(\mathbb{R}^n),\quad 1\le p\le\infty, \tag{4.7}$$

这里 $\int_{\mathbb{R}^n}\psi(x)dx=A$.

证明 因 $\psi(x)$ 是径向函数, 故可记 $\psi(r)=\psi(|x|)=\psi(x)$, 由条件 (4.6) 可见

$$\int_{\frac{r}{2}\le|x|\le r}\psi(x)dx\ge\psi(r)\int_{\frac{r}{2}\le|x|\le r}dx=(1-\frac{1}{2^n})\frac{\omega_{n-1}}{n}r^n\psi(r). \tag{4.8}$$

从而

$$r^n\psi(r)\longrightarrow 0,\quad r\to 0\text{或}r\to\infty. \tag{4.9}$$

容易看出, 对非负函数 $f(x)\in L^p(\mathbb{R}^n)$, $1\le p\le\infty$, 只要证明

$$\psi_\varepsilon(x)*f(x)\le A\wedge f(x),\quad \varepsilon>0 \tag{4.10}$$

就行了. 事实上, 对任意的 $f(x)\in L^p(\mathbb{R}^n)$, 我们有

$$\begin{aligned}\psi_\varepsilon(x)*f(x)&=\psi_\varepsilon(x)*f_+(x)-\psi_\varepsilon(x)*f_-(x)\\&\le\psi_\varepsilon(x)*f_+(x)+\psi_\varepsilon(x)*f_-(x)\\&=\psi_\varepsilon(x)*|f|(x).\end{aligned} \tag{4.11}$$

现来证明 (4.10). 容易看出, $\psi_\varepsilon(x)*f(x)$ 是平移不变的, 又因 $\psi_\varepsilon(x)$ 是径向函数, 故它关于旋转变换是不变的. 这样, 证明 (4.10) 就等价于证明: 对于任意的 $1\le p\le\infty$, 有

$$\psi_\varepsilon*f(0)\le A\wedge f(0),\quad f(x)\ge 0,\ \text{且}f(x)\in L^p(\mathbb{R}^n). \tag{4.12}$$

无妨设 $\wedge f(0)<\infty$, 否则 (4.12) 自然成立. 现记

$$m(r)=\int_{\Sigma_{n-1}} f(r\varepsilon x)d\sigma(x),\quad M(r)=\int_{|x|<r} f(\varepsilon x)dx.$$

易见 $M(r)=\int_0^r m(t)t^{n-1}dt$. 直接计算

$$\begin{aligned}f*\psi_\varepsilon(0)&=\int_{\mathbb{R}^n} f(\varepsilon x)\psi(x)dx=\int_0^\infty m(r)\psi(r)r^{n-1}dr\\&=\lim_{\substack{\varepsilon\to 0\\ N\to\infty}}(M(N)\psi(N)-M(\varepsilon)\psi(\varepsilon))-\lim_{\substack{\varepsilon\to 0\\ N\to\infty}}\int_\varepsilon^N M(r)d\psi(r).\end{aligned}\tag{4.13}$$

注意到

$$M(r)=\int_{|x|\le r} f(\varepsilon x)dx=\varepsilon^{-n}\int_{|y|\le\varepsilon r} f(y)dy\le\frac{\omega_{n-1}}{n}r^n\wedge f(0),\tag{4.14}$$

利用 (4.9), (4.13) 和 (4.14) 可得

$$\begin{aligned}f*\psi_\varepsilon(0)&=\int_0^\infty M(r)d(-\psi(r))\le\frac{\omega_{n-1}}{n}\wedge f(0)\int_0^\infty r^n d(-\psi(r))\\&=\wedge f(0)\int_{\mathbb{R}^n}\psi(x)dx=A\wedge f(0).\end{aligned}$$

因此, (4.12) 得证.

定理 4.1 的证明 先证明 T^* 是 (p,p) 型算子, $1<p<\infty$. 由定理 3.1 知, T_ε 在 $L^p(\mathbb{R}^n)$ 下的极限算子

$$Tf(x)\overset{L^p}{=\!=}\lim_{\varepsilon\to 0}T_\varepsilon f(x),\quad 1<p<\infty\tag{4.15}$$

是 (p,p) 型算子. 注意到 Hardy-Littlewood 算子 $\wedge$ 是 (p,p) 型算子. 因此, 仅需证明

$$T^*f(x)\le C_1\wedge(Tf)(x)+C_2\wedge f(x).\tag{4.16}$$

此意味着 T^* 是 (p,p) 型算子, $1<p<\infty$.

记 $\varphi(x)\in C_c^1(\mathbb{R}^n)$ 非负且满足

(1) $\mathrm{supp}\varphi(x)\subset B(0,1)$, $\int_{\mathbb{R}^n}\varphi(x)dx=1$.

(2) $\varphi(x)$ 是 $|x|$ 的函数, 且关于 $|x|$ 是非增函数.

令

$$K_\varepsilon=\begin{cases}\frac{\Omega(x)}{|x|^n}, & |x|\ge\varepsilon,\\ 0, & |x|<\varepsilon.\end{cases}\tag{4.17}$$

由定理 3.1, 记

$$K * \varphi(x) \xlongequal{L^p} \lim_{\varepsilon\to 0} K_\varepsilon * \varphi(x). \tag{4.18}$$

这样，就可构造一个新的核函数

$$\Phi(x) = \varphi * K - K_1. \tag{4.19}$$

下面证明 $\Phi(x)$ 的最小控制函数 $\Psi(x) = \sup_{|y|\ge|x|} |\Phi(y)|$ 是可积函数. 事实上，当 $|x| < 1$, 根据 $\varphi(x) \in C_c^1(\mathbb{R}^n)$, 容易推得

$$\begin{aligned}\Phi(x) &= \int_{\mathbb{R}^n} K(y)\varphi(x-y)dy = \int_{\mathbb{R}^n} K(y)(\varphi(x-y)-\varphi(x))dy \\ &\le C_1 < \infty.\end{aligned} \tag{4.20}$$

当 $1 \le |x| \le 2$ 时，同理可得

$$\begin{aligned}\Phi(x) &= \int_{\mathbb{R}^n} K(y)\varphi(x-y)dy - \frac{\Omega(x)}{|x|^n} \\ &= \int_{\mathbb{R}^n} K(y)(\varphi(x-y)-\varphi(x))dy - \frac{\Omega(x)}{|x|^n} \le C_2 < \infty.\end{aligned} \tag{4.21}$$

当 $|x| \ge 2$ 时，有

$$\begin{aligned}|\Phi(x)| &= \left|\int_{\mathbb{R}^n} [K(x-y) - K(x)]\varphi(y)dy\right| \\ &\le C\left|\int_{|y|\le 1}\left[\frac{\Omega(x-y)-\Omega(x)}{|x-y|^n} + \left(\frac{1}{|x-y|^n} - \frac{1}{|x|^n}\right)\Omega(x)\right]dy\right| \\ &\le C\int_{|y|\le 1} \frac{2^n\omega(\frac{2}{|x|})}{|x|^n}dy + C\int_{|y|\le 1}\frac{ny}{|x-\theta y|^{n+1}}\Omega(x)dy \\ &\le C\frac{2^n\omega_{n-1}}{n}\cdot\frac{\omega(\frac{2}{|x|})}{|x|^n} + C\frac{2^{n+1}\omega_{n-1}}{|x|^{n+1}}\|\Omega(y)\|_\infty.\end{aligned} \tag{4.22}$$

而

$$\int_{|x|\ge 2}\frac{\omega(\frac{2}{|x|})}{|x|^n}dx = \omega_{n-1}\int_2^\infty \frac{\omega(\frac{2}{r})}{r}dr = \omega_{n-1}\int_0^1\frac{\omega(\delta)}{\delta}d\delta < \infty,$$

$$\int_{|x|\ge 2}\frac{1}{|x|^{n+1}}dx = \omega_{n-1}\int_2^\infty\frac{dr}{r^2} = \frac{\omega_{n-1}}{2} < \infty.$$

因此， $\Psi(x) = \sup_{|y|\ge|x|}|\Phi(y)|$ 满足

$$\Psi(x) \le \begin{cases} C_1, & |x| \le 1, \\ C_2, & 1 \le |x| \le 2, \\ \frac{2^n\omega_{n-1}}{n}\cdot\frac{\omega(\frac{2}{|x|})}{|x|^n} + \frac{2^{n+1}\omega_{n-1}}{|x|^{n+1}}\|\Omega(x)\|_\infty, & |x| \ge 2,\end{cases}$$

是 $L^1(\mathbb{R}^n)$ 函数. 根据 $K*\varphi(x)$ 与伸缩可交换的性质, (4.19) 就意味着

$$\Phi_\varepsilon(x)=\varphi_\varepsilon*K-K_\varepsilon,\qquad \Phi_\varepsilon(x)=\varepsilon^{-n}\Phi(\frac{x}{\varepsilon}). \tag{4.23}$$

我们断言：对任意的 $f(x)\in L^p(\mathbb{R}^n)$, $1<p<\infty$, 有

$$(\varphi_\varepsilon*K)*f(x)=(Tf(x))*\varphi_\varepsilon(x). \tag{4.24}$$

事实上，对任意的 $\delta>0$,

$$\begin{aligned}(\varphi_\varepsilon*K_\delta)*f(x)&=K_\delta*f*\varphi_\varepsilon\\&=\int_{\mathbb{R}^n}\int_{|y|>\delta}K(y)f(z-y)\varphi_\varepsilon(x-z)dydz\\&=T_\delta(f)*\varphi_\varepsilon.\end{aligned} \tag{4.25}$$

注意到

$$\varphi_\varepsilon*K_\delta(x)\xrightarrow{L^{p'}}\varphi_\varepsilon*K(x),\qquad \delta\to0, \tag{4.26}$$

$$T_\delta(f)(x)\xrightarrow{L^p}Tf(x),\qquad \delta\to0, \tag{4.27}$$

这里 $\frac{1}{p}+\frac{1}{p'}=1$. 因此，就 (4.25) 的两边取极限，即得到断言 (4.24). 利用 (4.23), (4.24), 直接计算得：

$$\begin{aligned}T^*f(x)&=\sup_{\varepsilon>0}|K_\varepsilon*f(x)|\le\sup_{\varepsilon>0}|(Tf)*\varphi_\varepsilon(x)|+\sup_{\varepsilon>0}|\Phi_\varepsilon*f(x)|\\&\le\wedge(Tf)+A\wedge f.\end{aligned} \tag{4.28}$$

从而， T^* 是 (p,p) 型算子.

其次来证 T^* 是弱 (1, 1) 型算子. 不失一般性，我们仅需对非负可积函数 $f(x)$ 证明弱型不等式成立. 对每一个 $\lambda>0$, 作 Calderón-Zygmund 函数分解 $f(x)=g(x)+b(x)$, 容易看出

$$(T^*f)_*(\lambda)\le(T^*g)_*(\frac{\lambda}{2})+(T^*b)_*(\frac{\lambda}{2}), \tag{4.29}$$

注意到 $g(x)\in L^2(\mathbb{R}^n)$ 且 $\|g\|_2^2\le(1+2^{2n})\lambda\|f\|_1$, 故利用 T^* 是 (2, 2) 型算子，就有

$$(T^*g)_*(\frac{\lambda}{2})\le(\frac{2}{\lambda})^2\|T^*g\|_2^2\le\frac{8A^2}{\lambda^2}\|g\|_2^2\le8(1+2^{2n})A^2\frac{\|f\|_1}{\lambda}. \tag{4.30}$$

下面考虑 $(T^*b)_*(\frac{\lambda}{2})$ 所对应的估计. 注意到 $b(x)=\sum_j b_j(x)$, 而 $b_j(x)=b(x)\chi_{Q_j}(x)$. 记 $S_j=B(Y_j,\operatorname{diam}(Q_j))$ 是以 Y_j 为中心，半径是 $\operatorname{diam}(Q_j)$ 的

球, 这里 Y_j 是方体 Q_j 的中心. 自然, $\mathrm{m}(S_j)=C_n\mathrm{m}(Q_j)$, 进而若记 $S=\cup S_j$, 那么,

$$\mathrm{m}(S)\le C_n\mathrm{m}(\Omega_\lambda)=C_n\sum_{j=1}^{\infty}\mathrm{m}(Q_j)\le\frac{C_n\|f\|_1}{\lambda},\tag{4.31}$$

这里 $C_n=\omega_{n-1}\cdot n^{\frac{n}{2}-1}$. 对 $x\in S^c$, 我们断言

$$\sup_{\varepsilon>0}|T_\varepsilon b(x)|\le\sum_{j=1}^{\infty}\int_{Q_j}|K(x-y)-K(x-Y_j)||b(y)|dy+C\sup_{r>0}\frac{1}{\mathrm{m}(B(x,r))}\int_{B(x,r)}|b(y)|dy.\tag{4.32}$$

事实上, 对 $x\in S^c$ 及 $\varepsilon>0$, 可将 Q_j 分为下面三种情形:

(a) 对所有的 $y\in Q_j$, 都有 $|x-y|<\varepsilon$;

(b) 对所有的 $y\in Q_j$, 都有 $|x-y|>\varepsilon$;

(c) 存在一点 $y\in Q_j$, 使得 $|x-y|=\varepsilon$.

下面我们分情形来估计

$$T_\varepsilon b(x)=\sum_j\int_{Q_j}K_\varepsilon(x-y)b(y)dy.\tag{4.33}$$

情形 (a). 此时总有 $|x-y|<\varepsilon$, 故 $K_\varepsilon(x-y)=0$, 此意味着 (4.33) 中的积分恒等于 0.

情形 (b). 此时总有 $|x-y|>\varepsilon$, 故 $K_\varepsilon(x-y)=K(x-y)$. 因此, (4.33) 右边和式中的每一项被下面的式子

$$\left|\int_{Q_j}K(x-y)b(y)dy\right|\le\int_{Q_j}|K(x-y)-K(x-Y_j)||b(y)|dy\tag{4.34}$$

所控制.

情形 (c). 此时总存在常数 γ_n 和 γ_n' 满足 $\frac{1}{3}<\gamma_n'<\gamma_n<3$ 使得

$$B(x,\gamma_n'\varepsilon)\cap Q_j=\emptyset,\qquad Q_j\subset B(x,\gamma_n\varepsilon).\tag{4.35}$$

这样, 容易看出

$$\left|\int_{Q_j}K_\varepsilon(x-y)b(y)dy\right|=\int_{B(x,\gamma_n\varepsilon)\cap Q_j}|K_\varepsilon(x-y)||b(y)|dy.\tag{4.36}$$

注意到

$$|K_\varepsilon(x-y)|\le\left|\frac{\Omega(x-y)}{|x-y|^n}\right|\le\frac{C}{(\gamma_n'\varepsilon)^n},$$

$$\left|\int_{Q_j} K_\varepsilon(x-y)b(y)dy\right| \le \frac{C}{(\gamma_n'\varepsilon)^n}\cdot\frac{\omega_{n-1}(\gamma_n\varepsilon)^n}{m(B(x,\gamma_n\varepsilon))}\int_{B(x,\gamma_n\varepsilon)}|b(y)|dy$$

$$\le C(n)\sup_{r>0}\frac{1}{m(B(x,r))}\int_{B(x,r)}|b(y)|dy, \tag{4.37}$$

这里 $r=\gamma_n\varepsilon$. 综合上述诸情形可见

$$|T_\varepsilon b(x)| \le \sum_{j=1}^{\infty}\int_{Q_j}|K(x-y)-K(x-Y_j)|b(y)|dy$$

$$+C\sup_{r>0}\frac{1}{M(B(x,r))}\int_{B(x,r)}|b(y)|dy. \tag{4.38}$$

上式两边关于 $\varepsilon>0$ 取上确界，即得断言 (4.32). 利用极大函数的定义，容易看出，当 $x\in S^c$ 时，(4.38) 就意味着

$$|T^*b(x)| \le \sum_{j=1}^{\infty}\int_{Q_j}|K(x-y)-K(x-Y_j)||b(y)|dy + C\wedge b(x). \tag{4.39}$$

利用光滑性条件，知

$$\int_{S^c}\int_{Q_j}|K(x-y)-K(x-Y_j)||b(y)|dydx$$

$$=\int_{Q_j}\int_{S^c}|K(x-y)-K(x-Y_j)|dx|b(y)|dy$$

$$\lesssim\int_{Q_j}\int_{|z|\ge 2|y-Y_j|}|K(z-(y-Y_j))-K(z)|dz|b(y)|dy$$

$$\lesssim\int_{Q^j}|b(y)|dy.$$

从而

$$\int_{S^c}\sum_{j=1}^{\infty}\int_{Q_j}|K(x-y)-K(x-Y_j)|b(y)|dydx \lesssim \int_{\Omega}|b(y)|dy. \tag{4.40}$$

与此同时，注意到 $\wedge$ 是弱 (1, 1) 算子，这样，综合 (4.30), (4.31), (4.39) 和 (4.40) 就得 T^* 是弱 (1, 1) 型.

最后来证明 (i). 对任意的 $f(x)\in L^p(\mathbb{R}^n)$ $(1\le p<\infty)$, 记

$$V(f)(x)=|\limsup_{\varepsilon\to 0} T_\varepsilon f(x)-\liminf_{\varepsilon\to 0} T_\varepsilon f(x)|. \tag{4.41}$$

显然，

$$V(f)(x)\le 2T^*f(x). \tag{4.42}$$

对任意的 $\delta>0$ 及 $1\le p<\infty$, 由 $C_c^1(\mathbb{R}^n)$ 稠于 $L^p(\mathbb{R}^n)$. 因此，可将函数 $f(x)$ 分解为 $f(x)=f_1(x)+f_2(x)$ 且满足

$$f_1(x)\in C_c^1(\mathbb{R}^n),\qquad \|f_2(x)\|_p<\delta.$$

注意到当 $\varepsilon\to 0$ 时， $K_\varepsilon * f_1$ 一致收敛于 $K*f_1(x)$, 从而 $V(f_1)=0$. 而当 $1<p<\infty$ 时，注意到 T^* 是 (p,p) 算子及 (4.42) 式就得

$$\|V(f_2)\|_p\le 2A_p\|f_2\|_p\le 2A_p\delta,\qquad 1<p<\infty. \tag{4.43}$$

这样，利用 δ 的任意性就得 $V(f_2)=0$.

当 $p=1$ 时，因为 T^* 是弱 (1, 1) 型算子，类似地

$$m\{x;\ V(f)>\alpha\}\le\frac{A}{\alpha}\|f_2\|_1\le\frac{A}{\alpha}\delta. \tag{4.44}$$

利用 δ 和 α 的任意性就得 $V(f_2)=0$. 综上可得

$$V(f)\le V(f_1)+V(f_2)=0,\qquad 对\ \text{a.e.}\quad x\in\mathbb{R}^n.\quad 1\le p<\infty. \tag{4.45}$$

这意味着 $\lim_{\varepsilon\to 0}T_\varepsilon f(x)\overset{\text{a.e.}}{=\!=}Tf(x)$.

推论 4.3 T 是弱 (1, 1) 型算子.

证明 对任意的 $f(x)\in L^1(\mathbb{R}^n)$, 有

$$Tf(x)\overset{\text{a.e.}}{=\!=}\lim_{\varepsilon\to 0}T_\varepsilon f(x)\le\sup_{\varepsilon>0}|T_\varepsilon f|=T^*f(x). \tag{4.46}$$

于是， T^* 是弱 (1, 1) 型算子就意味着 T 是弱 (1, 1) 型算子.

注记 4.1 定理 4.1 也可以利用极大函数方法来证明 (见第五章习题 10), 即欲证明 $\lim_{\varepsilon\to 0}T_\varepsilon f(x)\overset{\text{a.e.}}{=\!=}Tf(x)$, 仅需验证下面两条：

(i) 对任意的 $1\le q<\infty$, 存在稠子集 $D\subset L^q(\mathbb{R}^n)$, 使得当 $f(x)\in D$ 时， $\lim_{\varepsilon\to 0}T_\varepsilon f(x)$ 几乎处处收敛.

(ii) 验证极大算子 T^* 是弱 (p,p) 型算子，这里 $1\le p<\infty$.

§6.5 向量形式的奇异积分算子

在前几节的讨论中，函数的取值总是 $\mathbb{R}$ 或 $\mathbb{C}$. 当函数是取值在可分的 Hilbert 空间上的抽象函数时，相应的奇异积分理论是否仍然成立？本节旨在建立抽象形式的奇异积分算子理论. 为此，我们先引人一些基本的概念.

定义 5.1 设 $\mathcal{H}$ 是一个可分的 Hilbert 空间，称函数 $f: x\in\mathbb{R}^n\to\mathcal{H}$ 是可测的，如果对任意的 $\varphi\in\mathcal{H}$, $\langle f(x),\varphi\rangle$ 是通常的可测函数，这里 $\langle\cdot,\cdot\rangle$ 表示上的内积.

命题 5.1 设 $f(x)$ 是一个取值在可分的 Hilbert 空间 $\mathcal{H}$ 上的是可测函数. 那么， $|f(x)|$ 是通常的可测函数，这里 $|\cdot|$ 表示 Hilbert 空间上的范数.

证明 由定义知

$$|f(x)| = \sup_{|\varphi|=1} \langle f(x), \varphi \rangle. \tag{5.1}$$

因此，根据 $\langle f(x), \varphi \rangle$ 的可测性就推得 $|f(x)|$ 是通常的可测函数.

定义 5.2 称 $L^p(\mathbb{R}^n, \mathcal{H})$ 是定义在 $\mathbb{R}^n$, 取值在可分的 Hilbert 空间 $\mathcal{H}$ 的抽象函数在范数

$$\|f(x)\|_p = \left(\int_{\mathbb{R}^n} |f(x)|^p dx \right)^{\frac{1}{p}}, \quad 1 \le p < \infty \tag{5.2}$$

下所构成的抽象的 Banach 空间. 当 $p = \infty$ 时，其模用

$$\|f(x)\|_\infty = \operatorname{ess}\sup_{x \in \mathbb{R}^n} |f(x)| \tag{5.3}$$

来代替.

设 $\mathcal{H}_1, \mathcal{H}_2$ 是两个可分的 Hilbert 空间，用 $B(\mathcal{H}_1, \mathcal{H}_2)$ 表示全体 $\mathcal{H}_1$ 到 $\mathcal{H}_2$ 上的有界线性算子所构成的 Banach 空间，其范数就是算子的模. 记函数 $T(x)$ 是定义在 $\mathbb{R}^n$ 上取值在 $B(\mathcal{H}_1, \mathcal{H}_2)$ 上的抽象函数. 称 $T(x)$ 是可测的，若对 $\forall \varphi \in \mathcal{H}_1$, 相应的 $T(x)\varphi$ 是 $\mathcal{H}_2$ 上的抽象可测函数. 类同于命题 5.1 的推理，$|T(x)|$ 是通常的可测函数，此时 $|\cdot|$ 则是表示 $B(\mathcal{H}_1, \mathcal{H}_2)$ 上的范数. 这样我们仿定义 5.2 可定义抽象 L^p 型的空间 $L^p(\mathbb{R}^n, B(\mathcal{H}_1, \mathcal{H}_2))$.

有了上面的概念，我们可以引入卷积的概念.

定义 5.3 设 $K(x)$ 是定义在 $\mathbb{R}^n$, 取值在 $B(\mathcal{H}_1, \mathcal{H}_2)$ 上的可测函数，$f(x)$ 是定义在 $\mathbb{R}^n$ 上取值在 $\mathcal{H}_1$ 上的抽象可测函数, 若对几乎处处 x, $K(x-y)f(y)$ 是取值在 $\mathcal{H}_2$ 上的抽象可积函数，则称

$$g(x) = \int_{\mathbb{R}^n} K(x-y) f(y) dy \tag{5.4}$$

是 $K(x)$ 与 $f(x)$ 的卷积.

命题 5.2 设 $K(x) \in L^q(\mathbb{R}^n, B(\mathcal{H}_1, \mathcal{H}_2))$, $f(x) \in L^p(\mathbb{R}^n, \mathcal{H}_1)$, 那么对几乎处处 $x, g(x) = K * f = \displaystyle\int_{\mathbb{R}^n} K(x-y) f(y) dy$ 依 $\mathcal{H}_2$ 模收敛且有

$$|g(x)| \le \int_{\mathbb{R}^n} |K(x-y) f(y)| dy \le \int_{\mathbb{R}^n} |K(x-y)| |f(y)| dy, \tag{5.5}$$

进而还有 Young 不等式

$$\|g\|_r \le \|K\|_q \|f\|_p, \qquad \frac{1}{r} = \frac{1}{p} + \frac{1}{q} - 1, \qquad 1 \le r \le \infty. \tag{5.6}$$

对于取值 Hilbert 空间的抽象函数，类同于通常的数值函数，可引入 Fourier 变换的概念

定义 5.4 设 $f(x) \in L^1(\mathbb{R}^n, \mathcal{H})$, 定义

$$\hat{f}(y) = \int_{\mathbb{R}^n} e^{-2\pi i x\cdot y} f(x)dx \tag{5.7}$$

是 $f(x)$ 的 Fourier 变换，这里 $\mathcal{H}$ 是一可分 Hilbert 空间.

命题 5.3 (1) 若 $f(x) \in L^1(\mathbb{R}^n, \mathcal{H})$, 则 $\hat{f}(x) \in L^\infty(\mathbb{R}^n, \mathcal{H})$.

(2) 若 $f(x) \in L^1(\mathbb{R}^n, \mathcal{H}) \cap L^2(\mathbb{R}^n, \mathcal{H})$, 则 $\hat{f}(x) \in L^2(\mathbb{R}^n, \mathcal{H})$ 且 $\|\hat{f}\|_2 = \|f\|_2$.

显然，由命题 5.3 可见. Fourier 变换可以扩张 $L^2(\mathbb{R}^n, \mathcal{H})$ 到自身的酉映射. 这些事实可以通过引入基向量，将向量情形化成一般的函数情形予以证明.

设 $\mathcal{H}_1, \mathcal{H}_2$ 是两个可分的 Hilbert 空间，$f(x)$ 是取值在 $\mathcal{H}_1$ 上的抽象函数，$K(x)$ 是取值在 $B(\mathcal{H}_1, \mathcal{H}_2)$ 上的抽象函数，那么

$$Tf(x) = \int_{\mathbb{R}^n} K(y)f(x-y)dy \tag{5.8}$$

是取值在 $\mathcal{H}_2$ 上的良定函数.

定理 5.4 设 $f(x)$ 是取值在 $\mathcal{H}_1$ 上的抽象函数, $K(x)$ 是取值在 $B(\mathcal{H}_1, \mathcal{H}_2)$ 上的抽象函数，$Tf(x)$ 和

$$T_\varepsilon f(x) = \int_{|y|\geq\varepsilon} K(y)f(x-y)dy \tag{5.9}$$

均是取值在 $\mathcal{H}_2$ 上的抽象函数，则与定理 2.3 、推论 2.4 、定理 2.5 、定理 2.6 、定理 3.1 、定理 3.4 及定理 4.1 相应的向量形式的奇异积分理论仍然成立. 此时，原来的绝对值应被 $\mathcal{H}_1$ 、 $\mathcal{H}_2$ 和 $B(\mathcal{H}_1, \mathcal{H}_2)$ 中的模来代替.

注记 5.1 (i) 定理 5.4 中相关结果如 T 是 (p,p) 型算子，其控制常数不依赖于 Hilbert 空间 $\mathcal{H}_1$ 及 $\mathcal{H}_2$, 仅依赖于定理条件中出现的常数 B, p 和 n.

(ii) 通过适当的定义，可将上面的结果推广到一般的 Banach 空间的情形.

推论 5.5 在定理 5.4 的条件下，进而设

$$\|Tf\|_2 = C\|f\|_2, \quad C > 0,\ f(x) \in L^2(\mathbb{R}^n, \mathcal{H}_1). \tag{5.10}$$

则

$$\|f\|_p \leq A'_p \|Tf\|_p, \quad f(x) \in L^p(\mathbb{R}^n, \mathcal{H}_1), \quad 1 < p < \infty. \tag{5.11}$$

证明 注意到 $L^2(\mathbb{R}^n, \mathcal{H}_j)$ 仍是一个 Hilbert 空间，它的内积是

$$\langle f(x), g(x)\rangle = \int_{\mathbb{R}^n} \langle f(x), g(x)\rangle_j dx, \quad j = 1, 2, \tag{5.12}$$

这里 $\langle\cdot,\cdot\rangle_j$ 是 $\mathcal{H}_j$ 上的内积. 现设 T 是 Hilbert 空间 $L^2(\mathbb{R}^n,\mathcal{H}_1)$ 到 Hilbert 空间 $L^2(\mathbb{R}^n,\mathcal{H}_2)$ 上的有界线性算子. 利用 Riesz 表示定理, 存在惟一的从 $L^2(\mathbb{R}^n,\mathcal{H}_2)$ 到 Hilbert 空间 $L^2(\mathbb{R}^n,\mathcal{H}_1)$ 的共轭算子 $\tilde{T}$ 满足

$$\langle Tf_1,f_2\rangle_2=\langle f_1,\tilde{T}f_2\rangle_1,\quad \forall f_j(x)\in L^2(\mathbb{R}^n,\mathcal{H}_j),\quad j=1,2. \tag{5.13}$$

然而, (5.10) 意味着

$$\langle Tf,Tg\rangle_2=C^2\langle f,g\rangle_1,\quad \forall f(x),g(x)\in L^2(\mathbb{R}^n,\mathcal{H}_1). \tag{5.14}$$

因此, 由共轭算子的定义可见 $\langle\tilde{T}Tf,g\rangle_1=C^2\langle f,g\rangle_1$, 故

$$\tilde{T}Tf=C^2f,\quad \forall f(x)\in L^2(\mathbb{R}^n,\mathcal{H}_1). \tag{5.15}$$

由此推得 $\tilde{T}$ 是定义在 $\mathcal{H}_2$ 取值在 $\mathcal{H}_1$ 上的与 T 同型的算子, 其核函数 $\tilde{K}(x)$ 满足 $\tilde{K}(x)=K^*(-x)$, 这里 * 表示 $B(\mathcal{H}_1,\mathcal{H}_2)$ 的共轭元素. 事实上

$$\begin{aligned}\langle Tf_1,f_2\rangle_2&=\int_{\mathbb{R}^n}\int_{\mathbb{R}^n}(K(x-y)f_1(y),f_2(x))_2dydx\\&=\int_{\mathbb{R}^n}\int_{\mathbb{R}^n}(f_1(y),K^*(x-y))f_2(x))_1dxdy\\&=\langle f_1,T^*f_2\rangle_1.\end{aligned} \tag{5.16}$$

容易看出, (5.16) 仅是形式证明, 严格得证明尚需通过极限过程. 总之, $K^*(-x)$ 满足与 $K(x)$ 相同的条件, 自然由它们确定的算子具有相同的控制常数. 由 (5.15) 可推得

$$C^2\|f\|_p=\|T'Tf\|_p\le A_p\|Tf\|_p. \tag{5.17}$$

这样, 取 $A_p'=\frac{A_p}{C^2}$ 就得估计 (5.11).

注记 5.2 此结果可用于 Calderón-Zygmund 奇异积分算子, 这时的条件等价于 T 所对应的乘子 $m(x)$ 的绝对值是常数. 例如: 当 T 是 Hilbert 变换时, $K(x)=\frac{1}{\pi x}$, $m(x)=i\,\mathrm{sgn}x$, 自然有 $|m(x)|=1$ $(x\ne 0)$.

思考与练习

1. 设 T 是 $L^2(\mathbb{R}^n)$ 上的有界线性算子, 则下面条件等价

(i) T 是平移不变算子.

(ii) $T\varphi*\psi=\varphi*T\psi,\quad \forall\varphi,\psi\in L^2(\mathbb{R}^n)$.

进而证明卷积型算子

$$Tf(x)=\int_{\mathbb{R}^n}K(x-y)f(y)dy,\quad K(x)\in L^1(\mathbb{R}^n)\cap L^2(\mathbb{R}^n)$$

是平移不变算子且 $\widehat{K}(x) \in L^\infty(\mathbb{R}^n)$ 是算子 T 的符号.

2. 设 $\{T_k\} \in L_2^2$, 其符号 $\|\sigma_k\|_\infty \le C$, 并且满足

$$\sigma_k(x) \xrightarrow{\text{a.e.}} \sigma(x), \quad k \to \infty.$$

证明

$$\lim_{k\to\infty} \|T_k f - Tf\|_2 \to 0, \quad \forall f(x) \in L^2(\mathbb{R}^n),$$

其中 $T \in L_2^2$ 是带符号 $\sigma(x)$ 的平移不变算子.

3. 用定理 1.7 中的公式 (1.31) 来具体计算 Riesz 算子所对应的符号函数 $\sigma(x)$.

4. 设 $f(x) \in C_c^2(\mathbb{R}^n)$, Δ 表示 Laplace 算子，则有估计

$$\left\|\frac{\partial^2 f}{\partial x_j \partial x_k}\right\|_p \le A_p \|\Delta f\|_p, \quad 1 < p < \infty,$$

这里 $j,k = 1,2,\cdots,n$, A_p 是仅依赖于 n 和 p 的常数.

5. 设 $f(x) \in C_c^1(\mathbb{R}^n)$, 则由估计

$$\left\|\frac{\partial f}{\partial x_1}\right\|_p + \left\|\frac{\partial f}{\partial x_2}\right\|_p \le A_p \left\|\frac{\partial f}{\partial x_1} + i\frac{\partial f}{\partial x_2}\right\|_p, \quad 1 < p < \infty,$$

这里 A_p 是仅依赖于 n 和 p 的常数. (提示：注意利用恒等式

$$\frac{\partial f}{\partial x_j} = -R_j(R_1 - iR_2)\left(\frac{\partial f}{\partial x_1} + i\frac{\partial f}{\partial x_2}\right), \qquad j = 1,2.)$$

6. 设 $K(x) = \frac{\Omega}{|x|^n}$ 是 Calderón-Zygmund 奇异积分算子 T 对应的核函数. 若 $\Omega(x) \ne 0$, 则 $Tf = K(x) * f$ 不是 (1, 1) 型算子. (提示：取非负函数 $f(x) \in L^1(\mathbb{R}^n)$ 且 $f(x) \ne 0$. 通过证明 $\widehat{Tf} = m(x)\hat{f}$ 在 $x = 0$ 的不连续性来推得 $Tf(x) \notin L^1(\mathbb{R}^n)$.)

7. 设 T 是由核函数 $K(x) = \frac{\Omega(x)}{|x|^n}$ 所决定的 C-Z 奇异积分算子. 若 $f(x) \in C_c(\mathbb{R}^n)$ 满足

$$|f(x+y) - f(x)| \le A|y|^\alpha, \quad 0 < \alpha < 1,$$

则 $g(x) = Tf(x)$ 亦满足

$$|g(x+y) - g(x)| \le B|y|^\alpha, \quad 0 < \alpha < 1.$$

8. 设 $K(x)$ 是具有紧支集的分布且 $K(x) \in L^1_{\text{loc}}(\mathbb{R}^n \setminus \{0\})$, 进而设 $\widehat{K}(x)$ 是一个函数，若存在一个固定的 $\theta \in [0,1)$, 满足

$$|\widehat{K}(x)| \le A(1+|x|)^{-\frac{n\theta}{2}},$$

$$\int_{|x|\ge 2|y|^{1-\theta}} |K(x-y)-K(x)|dx \le A.$$

那么，算子 $Tf(x)=K*f(x)$ 是 (p,p) 型算子 $(1<p<\infty)$ 且是弱 (1,1) 型算子. 特别,

$$K(x)=\begin{cases} |x|^{-n}\exp(i|x|^{-\gamma}), & \gamma>0, \quad |x|\le 1, \\ 0, & \text{其它} \end{cases}$$

就是一个典型的例子.

9. 设 $m(x)$ 是零次齐次函数且在 Σ_{n-1} 上连续，对任意的 $f(x)\in L^2(\mathbb{R}^n)$, 定义 Tf 满足 $\widehat{Tf}=m(x)\hat{f}(x)$. 现设

$$\|Tf(x)\|_p \le A_p\|f(x)\|_p, \quad \forall f(x)\in L^2\cap L^p(\mathbb{R}^n), \quad 1<p<\infty.$$

如果 $|m(x)|>C>0$, 那么有

$$\|f(x)\|_p \le A_p'\|Tf(x)\|_p.$$

10. 设 $\Omega(x)$ 满足双零条件，且在 Σ_{n-1} 上的无穷次可微函数，那么在 $L^2(\mathbb{R}^n)$ 上定义算子

$$Tf(x)=Cf(x)+\lim_{\varepsilon\to 0}\int_{|y|\ge\varepsilon}\frac{\Omega(x)}{|y|}f(x-y)dy$$

就等价于由等式

$$\widehat{Tf}(y)=m(y)\hat{f}(y), \quad m(x)\text{是零齐次函数且 } m(x)\in C^\infty(\Sigma_{n-1})$$

所确定的算子 T. (提示：参见 [Ste1].)

11. 设多项式 $P(x)$ 是 k 阶椭圆多项式 ($P(x)=0$ 的充要条件是 $x=0$). 则对任意的 $f(x)\in C_c^k(\mathbb{R}^n)$, 有

$$\left\|\left(\frac{\partial}{\partial x}\right)^\alpha f\right\|_p \le A_p\left\|P(\frac{\partial}{\partial x})f\right\|_p, \quad \forall|\alpha|\le k, \quad 1<p<\infty.$$

(提示：利用习题 2 和

$$P(y)[(\frac{\partial}{\partial x})^\alpha f]\hat{}(x)=y^\alpha(P(\frac{\partial}{\partial x}f)\hat{}(y). \quad)$$

12. 对任意的 $f(x)\in L^p(\mathbb{R}^n)$, 设 $u(x,y)$ 是 $f(x)$ 的 Poisson 积分，则

$$\sup_{y>0}\left|y\frac{\partial u}{\partial x_j}(x,y)\right| \le \wedge f(x).$$

(提示：取 $\varphi(x)=\frac{\partial}{\partial x_j}P(x,y)$, 利用引理 4.2 即可证明上面的不等式.)

第七章 Littlewood-Paley 理论及乘子理论

Littlewood-Paley 理论是由 Littlewood, Paley 及 Marcinkiewicz 等人在 20 世纪 30 年代建立的，但其主要结果局限在一维的情形，多维的情形则是在 50 年代至 70 年代实分析技术发展之后才逐步建立起来的. Littlewood-Paley 理论主要有三个发展线路. 其一是辅助 g 函数方法，除了其应用外，g 函数方法揭示了诸多解析情形 (例如 L^p 核的有界性，点态收敛等) 的许多行之有效刻画可以根据适当的二次型表示式来给出. 其二，可以根据函数 Fourier 分析给出函数二进制分解，借此来建立和发展 Littlewood-Paley 理论. 其三，Marcinkiewicz 型的乘子定理，它给出了函数 $f(x)$ 是 L^p 乘子的一个有用的充分条件.

我们将依照经典的 Littlewood-Paley 函数来进行我们的讨论，用各种方法处理我们的主要定理，其目的是让读者体会这些复杂技术的详细过程，以便从中得到更多的指导和启示.

§7.1 Littlewood-Paley 的 g 函数方法

Littlewood-Paley 的 g 函数本质上是一个非线性算子，借助于 Poisson 积分可以给出其 L^p 模的估计，这一估计不仅在乘子理论中有用，在函数空间理论中也有重要作用.

定义 1.1 设 $f(x)\in L^p(\mathbb{R}^n)$, $u(x,y)=\int_{\mathbb{R}^n}P_y(t)f(x-t)dt$ 是其相应 Poisson 积分，称

$$g(f)=\left(\int_0^\infty |\nabla u(x,y)|^2 y dy\right)^{\frac{1}{2}} \tag{1.1}$$

是 $f(x)$ 的 Littlewood-Paley g- 函数，这里 $\Delta=\dfrac{\partial^2}{\partial y^2}+\sum_{j=1}^n\dfrac{\partial^2}{\partial x_j^2}$ 表示 $\mathbb{R}_+^{n+1}$ 上的 Laplace 算子，∇ 表示其梯度，$|\nabla u|^2=\left|\dfrac{\partial u}{\partial y}\right|^2+\sum_{j=1}^n\left|\dfrac{\partial u}{\partial x_j}\right|^2$, $|\nabla_x u|^2=\sum_{j=1}^n\left|\dfrac{\partial u}{\partial x_j}\right|^2$.

定理 1.1 设 $f(x)\in L^p(\mathbb{R}^n)$, $1<p<\infty$. 则 $g(f)\in L^p(\mathbb{R}^n)$ 且

$$A_p'\|f\|_p\le\|g(f)\|_p\le A_p\|f\|_p. \tag{1.2}$$

证明 先考虑 $p=2$ 的情形，此时，$u(x,y)$ 可表示为

$$u(x,y)=\int_{\mathbb{R}^n}\hat{f}(t)e^{2\pi it\cdot x}e^{-2\pi|t|y}dt, \tag{1.3}$$

直接验算

$$\frac{\partial u}{\partial y} = -\int_{\mathbb{R}^n} 2\pi|t|\hat{f}(t)e^{2\pi it\cdot x}e^{-2\pi|t|y}dt, \tag{1.4}$$

$$\frac{\partial u}{\partial x_j} = -\int_{\mathbb{R}^n} 2\pi it_j\hat{f}(t)e^{2\pi it\cdot x}e^{-2\pi|t|y}dt. \tag{1.5}$$

因此，由 Plancherel 公式，可见

$$\int_{\mathbb{R}^n} |\nabla u(x,y)|^2dx = \int_{\mathbb{R}^n} 8\pi^2|t|^2|\hat{f}(t)|^2e^{-4\pi|t|y}dt, \quad y>0,$$

以及

$$\|g(f)\|_2^2 = \int_{\mathbb{R}^n} |\hat{f}(t)|^2\left\{8\pi^2|t|^2\int_0^\infty e^{-4\pi|t|\cdot y}ydy\right\}dt = \frac{1}{2}\|f\|_2^2, \tag{1.6}$$

这里用到 $8\pi^2|t|^2\int_0^\infty e^{-4\pi|t|\cdot y}ydy = \frac{1}{2}$.

现在来考虑 $1<p<\infty$ 的情形. 采用向量情形的奇异积分算子理论来讨论. 记 $\mathcal{H}_1$ 是由复数域形成的一维 Hilbert 空间. $\mathcal{H}_2 = \mathcal{H}_2^0\oplus\cdots\oplus\mathcal{H}_2^0$ ($n+1$ 个 $\mathcal{H}_2^0$ 的直和), 而

$$\mathcal{H}_2^0 = \left\{f; |f|^2 = \int_0^\infty |f(y)|^2ydy<\infty\right\}. \tag{1.7}$$

因此， $B(\mathcal{H}_1,\mathcal{H}_2)=\mathcal{H}_2$. 现对 $\forall\varepsilon>0$, 定义

$$K_\varepsilon(x) = \left(\frac{\partial P_{y+\varepsilon}(x)}{\partial y}, \frac{\partial P_{y+\varepsilon}(x)}{\partial x_1}, \cdots, \frac{\partial P_{y+\varepsilon}(x)}{\partial x_n}\right). \tag{1.8}$$

我们断言，对每一个固定 x, 有 $K_\varepsilon(x)\in\mathcal{H}_2$, 即

$$\int_0^\infty \left|\frac{\partial P_{y+\varepsilon}(x)}{\partial y}\right|^2 ydy, \int_0^\infty \left|\frac{\partial P_{y+\varepsilon}}{\partial x_j}\right|^2 ydy<\infty, \quad 1\le j\le n. \tag{1.9}$$

事实上，利用 Poisson 核 $P_{y+\varepsilon}(x)$ 的显式表示，直接验算

$$\left|\frac{\partial P_{y+\varepsilon}}{\partial y}\right|, \left|\frac{\partial P_{y+\varepsilon}}{\partial x_j}\right| \le A/(|x|^2+|y|^2)^{\frac{n+1}{2}}.$$

因此，由核函数的定义有

$$|K_\varepsilon(x)|^2 \le A^2(n+1)\int_0^\infty \frac{ydy}{(|x|^2+(y+\varepsilon)^2)^{n+1}} \le A_\varepsilon,$$

$$|K_\varepsilon(x)|^2 \le A^2\frac{(n+1)}{2}\int_0^\infty \frac{dy^2}{(|x|^2+y^2)^{n+1}} \le \frac{n+1}{2n}A^2|x|^{-2n}.$$

由此推得

$$|K_\varepsilon(x)| \in L^2(\mathbb{R}^n). \tag{1.10}$$

类似地

$$\left|\frac{\partial K_\varepsilon(x)}{\partial x_j}\right| \leq A\left(\int_0^\infty \frac{ydy}{(|x|^2+y^2)^{n+2}}\right)^{\frac{1}{2}} \leq A/|x|^{n+1}, \tag{1.11}$$

这里 A 为不依赖于 ε 的常数.

现在来考虑算子 T_ε,

$$T_\varepsilon(f) = \int_{\mathbb{R}^n} K_\varepsilon(t) f(x-t) dt \tag{1.12}$$

是定义在 $\mathcal{H}_1$(复值函数) 取值在 $\mathcal{H}_2$ 上的抽象函数. 注意到

$$|T_\varepsilon(f)(x)| = \left(\int_0^\infty |\nabla u(x, y+\varepsilon)|^2 ydy\right)^{\frac{1}{2}} \leq g(f)(x). \tag{1.13}$$

因此, 当 $f \in L^2(\mathbb{R}^n)$ 时, 就有 $\|T_\varepsilon(f)(x)\|_2 \leq 2^{-\frac{1}{2}}\|f\|_2$, 此说明

$$|\hat{K}_\varepsilon(x)| \leq 2^{-\frac{1}{2}}. \tag{1.14}$$

综合 (1.10),(1.11) 及 (1.14) 及奇异积分的基本定理 5.4(向量值情形) 可推得

$$\|T_\varepsilon(f)\|_p \leq A_p\|f\|_p, \quad 1 < p < \infty,$$

这里 A_p 不依赖于 ε 和 $f(x)$. 由 (1.13), 对每一个 x, 当 $\varepsilon \to 0$ 时, $|T_\varepsilon f(x)|$ 单调上升趋向于 $g(f)(x)$, 因此得

$$\|g(f)\|_p \leq A_p\|f\|_p, \quad 1 < p < \infty. \tag{1.15}$$

最后来证明 (1.15) 相反不等式成立. 在此之前, 我们先引入部分 g 函数, 它们分别是关于 y 方向微分及关于 x 方向微分的情形, 即

$$\begin{cases} g_1(f) = \left(\displaystyle\int_0^\infty \left|\frac{\partial u}{\partial y}\right|^2 ydy\right)^{\frac{1}{2}}, \\ g_x(f) = \left(\displaystyle\int_0^\infty |\nabla_x u(x,y)|^2 ydy\right)^{\frac{1}{2}}. \end{cases} \tag{1.16}$$

注意到 $g^2(f) = g_1^2(f) + g_x^2(f)$ 及 (1.6), 就有

$$\|g_1(f)\|_2 = \|g_x(f)\|_2 = \frac{1}{\sqrt{2}}\|g(f)\|_2 = \frac{1}{2}\|f\|_2.$$

于是, 若用 g_1 或 g_x 函数来代替 g 函数, 上面的两步证明的结果同样成立.

下面用 g_1 函数来代替 g 函数，证明

$$A'_p\|f\|_p \le \|g_1(f)\|_p, \quad 1 < p < \infty. \tag{1.17}$$

设 $f_1(x), f_2(x) \in L^2(\mathbb{R}^n)$, $u_j(x,y)$ $(j=1,2)$ 分别是其相应的 Poisson 积分. 注意到当 $f(x) \in L^2(\mathbb{R}^n)$ 时， $\|g_1(f)\|_2 = \frac{1}{2}\|f\|_2$, 故由极化恒等式可见

$$4\int_{\mathbb{R}^n}\int_0^\infty y\frac{\partial u_1}{\partial y}(x,y)\overline{\frac{\partial u_2}{\partial y}}(x,y)dydx = \int_{\mathbb{R}^n} f_1(x)\bar{f}_2(x)dx. \tag{1.18}$$

于是

$$\left|\int_{\mathbb{R}^n} f_1(x)\bar{f}_2(x)dx\right| \le 4\int_{\mathbb{R}^n} g_1(f_1)(x)g_1(f_2)(x)dx. \tag{1.19}$$

现假设 $f_1(x) \in L^p(\mathbb{R}^n) \cap L^2(\mathbb{R}^n)$, $f_2(x) \in L^q(\mathbb{R}^n) \cap L^2(\mathbb{R}^n)$ 且 $\|f_2(x)\|_q = 1$, $\frac{1}{p}+\frac{1}{q}=1$, 利用 Hölder 不等式及 (1.15) 可得

$$\begin{aligned}\left|\int_{\mathbb{R}^n} f_1(x)\bar{f}_2(x)dx\right| &\le 4\|g_1(f_1)(x)\|_p\|g_1(f_2)(x)\|_q \\ &\le 4A_q\|g_1(f_1)(x)\|_p. \end{aligned} \tag{1.20}$$

上式的两边对所有的满足 $f_2(x) \in L^q(\mathbb{R}^n) \cap L^2(\mathbb{R}^n)$, $\|f_2(x)\|_q = 1$ 的 $f_2(x)$ 取上确界就得 $\|f_1\|_p \le 4A_q\|g_1(f_1)\|_p$. 此意味着当 $f_1(x) \in L^p(\mathbb{R}^n) \cap L^2(\mathbb{R}^n)$ 时，估计 (1.17) 成立. 对 $f(x) \in L^p(\mathbb{R}^n)$ 时，由于 $L^p(\mathbb{R}^n) \cap L^2(\mathbb{R}^n)$ 稠于 $L^p(\mathbb{R}^n)$, 可取 $f_m(x) \in L^p(\mathbb{R}^n) \cap L^2(\mathbb{R}^n)$ 满足 $\|f_m(x) - f(x)\|_p \to 0$, $m \to \infty$. 注意到 $|g_1(f_m) - g_1(f_k)| \le g_1(f_m - f_k)(x)$, 于是， $g_1(f_m)(x) \xrightarrow{L^p} g(f)(x)$. 因此，对不等式

$$\|f_m\|_p \le 4A_q\|g_1(f_m)\|_p$$

两边取极限就推得估计 (1.17).

推论 1.2 设 $f(x) \in L^2(\mathbb{R}^n)$, $g_1(f)(x) \in L^p(\mathbb{R}^n)$,$1 < p < \infty$. 则 $f(x) \in L^p(\mathbb{R}^n)$, 并且 $A'_p\|f\|_p \le \|g_1(f)\|_p$.

注记 1.1 (i) 定理 1.1 的结论对于 $g_x(f)$ 仍然成立，此时 $\|g_x(f)\|_p \le A_p\|f(x)\|_p$ 是 (1.15) 的直接结果，而相反的结论则可用 g_x 来代替 g_1 来得到.

(ii) (1.17) 的证明不能直接利用第六章的推论 5.5, 其原因是推论 5.5 是关于主值积分情形的结果，而这里构造的逼近算子 $T_\epsilon f(x) = \int_{\mathbb{R}^n} K_\epsilon(t)f(x-t)dt$ 的核函数 $K_\epsilon(x)$ 并不是 $K(x)$ 的截函数.

注记 1.2 (i) 对于任意的整数 $k > 1$, 定义

$$g_k(f)(x) = \left(\int_0^\infty \left|\frac{\partial^k u}{\partial y^k}\right|^2 y^{2k-1}dy\right)^{\frac{1}{2}}. \tag{1.21}$$

则定理 1.1, 推论 1.2 中相应的不等式对于 $g_k(f)$ 仍然成立.

(ii) (1.21) 对每一个 x 和正整数 k, 均有

$$g_k(f)(x) \geq A_k g_1(f)(x), \tag{1.22}$$

这里 A_k 是仅依赖于 k 的常数.

事实上, 对 $\forall f \in L^p(\mathbb{R}^n)$, $1 < p < \infty$, 利用 Poisson 积分表示式, 容易看出

$$\frac{\partial^k u(x,y)}{\partial y^k} \to 0, \quad y \to \infty, \quad \forall x \in \mathbb{R}^n. \tag{1.23}$$

因此, 由分部积分就可推得

$$\frac{\partial^k u(x,y)}{\partial y^k} = -\int_y^\infty \frac{\partial^{k+1} u(x,s)}{\partial s^{k+1}} s^k \frac{ds}{s^k}.$$

从而, 利用 Schwartz 不等式, 可见

$$\left|\frac{\partial^k u(x,y)}{\partial y^k}\right|^2 \leq \int_y^\infty \left|\frac{\partial^{k+1} u(x,s)}{\partial s^{k+1}}\right|^2 s^{2k} ds \int_y^\infty s^{-2k} ds, \tag{1.24}$$

进而

$$\begin{aligned}\int_0^\infty \left|\frac{\partial^k u(x,y)}{\partial y^k}\right|^2 y^{2k-1} dy \leq & \frac{1}{2k-1}\int_0^\infty \int_y^\infty \left|\frac{\partial^{k+1} u(x,s)}{\partial s^{k+1}}\right|^2 s^{2k} ds dy \\ \leq & \frac{1}{2k-1}\int_0^\infty \left|\frac{\partial^{k+1} u(x,s)}{\partial s^{k+1}}\right|^2 s^{2k} \int_0^s dy ds \\ = & \frac{1}{2k-1}\int_0^\infty \left|\frac{\partial^{k+1} u(x,s)}{\partial s^{k+1}}\right|^2 s^{2k+1} ds.\end{aligned}$$

因此

$$(g_k(f)(x))^2 \leq \frac{1}{2k-1}(g_{k+1}(f)(x))^2. \tag{1.25}$$

对 k 予以归纳即得 (1.22).

注记 1.3 (i) Littewood-Paley 的 g 函数定义中的 Poisson 核不是本质的, 它可用其它单位光滑子来代替. 例如, 取 $\varphi(x) \in S(\mathbb{R}^n)$, 且 $\int_{\mathbb{R}^n} \varphi dx = 1$, 定义

$$g(f) = \left(\int_0^\infty |\nabla(\varphi_y * f)|^2 y dy\right)^{\frac{1}{2}}, \tag{1.26}$$

相应的结论仍然成立.

(ii) 更一般地, 称 $\psi(x)$ 是 $\mathbb{R}^n$ 上的 Littlewood-Paley 函数, 如果它满足

(a) $\psi \in L^1(\mathbb{R}^n)$, $\int_{\mathbb{R}^n} \psi(x) dx = 0$;

(b) $|\psi(x)| \le C(1+|x|)^{-(n+\alpha)}$, $\alpha > 0$;

(c) $\int_{\mathbb{R}^n} |\psi(x+y) - \psi(x)| dx \le C|y|^\gamma$, $y \in \mathbb{R}^n$, $\gamma > 0$.

在此基础上，定义 Littlewood-Paley 的 g 函数如下：

$$g(f)(x) = \int_0^\infty |f * \psi_t(x)|^2 \frac{dt}{t}, \quad 1 < p < \infty,\ f(x) \in L^p(\mathbb{R}^n). \tag{1.27}$$

直接证明，与定理 1.1 相对应的结论仍然成立，参见文献 [To].

§7.2 g_λ^* 函数及 Lusin 的面积函数

上节的 g 函数方法本质上是依赖于奇异积分理论，而不依赖于调和函数理论. 本节我们借助于调和函数的性质来建立当 $1 < p < 2$ 时 $g(f)$ 的 L^p 估计 (见 (1.15) 式). 这一思想可以处理奇异积分算子不能处理的一些情形，但它不能直接用于 $p > 2$ 情形下 $g(f)$ 的 L^p 估计. 为此，我们将引入 Stein 的 g_λ^* 函数， Lusin 面积函数 $S(f)$ 等工具，建立一般情形下的 $g(f)$, $g_\lambda^*(f)$ 的 L^p 估计.

首先，利用调和函数性质来建立 $g(f)$ 的 L^p 估计

$$\|g(f)\|_p \le A_p \|f\|_p, \qquad 1 < p \le 2. \tag{2.1}$$

为此，先引入几个预备引理.

引理 2.1 设 u 是严格正值的调和函数，那么

$$\Delta u^p = p(p-1)u^{p-2}|\nabla u|^2, \tag{2.2}$$

证明 直接计算

$$\begin{cases} \dfrac{\partial u^p}{\partial x_j} = p u^{p-1} \dfrac{\partial u}{\partial x_j}, \\ \dfrac{\partial^2}{\partial x_j^2} u^p = p u^{p-1} \dfrac{\partial^2 u}{\partial x_j^2} + p(p-1)u^{p-2} \left|\dfrac{\partial u}{\partial x_j}\right|^2. \end{cases} \tag{2.3}$$

对 (2.3) 中的第二式的两边关于 j 求和，并注意到 $\Delta u = 0$, 即得估计 (2.2).

引理 2.2 设 $F(x,y) \in C(\overline{\mathbb{R}}_+^{n+1}) \cap C^2(\mathbb{R}_+^{n+1})$ 且在 ∞ 远处有足够的衰减性，则

$$\int_{\mathbb{R}_+^{n+1}} y \Delta F(x,y) dx dy = \int_{\mathbb{R}^n} F(x,0) dx. \tag{2.4}$$

证明 在区域 $D = B_r(0) \cap \overline{\mathbb{R}}_+^{n+1}$ 上利用 Green 公式，就有

$$\int_D (u\Delta v - v\Delta u) dx dy = \int_{\partial D} \left(u \frac{\partial v}{\partial \nu} - v \frac{\partial u}{\partial \nu} \right) d\sigma, \tag{2.5}$$

这里 $B_r(0)$ 表示 $\mathbb{R}^{n+1}$ 中以原点为心，半径是 r 的球．取 $u=F(x,y)$, $v=y$, 这样

$$(2.5)\text{的左边} = -\int_D y\Delta u dxdy \overset{r\to\infty}{\longrightarrow} -\int_{\mathbb{R}_+^{n+1}} y\Delta F(x,y)dxdy, \tag{2.6}$$

$$\begin{aligned}(2.5)\text{的右边} &= -\int_{\partial D_0}\left(y\frac{\partial F}{\partial \nu}-F\frac{\partial y}{\partial \nu}\right)d\sigma - \int_{\partial D\setminus\partial D_0} F(x,0)dx \\ &\overset{r\to\infty}{\longrightarrow} -\int_{\mathbb{R}^n} F(x,0)dx,\end{aligned} \tag{2.7}$$

这里 ∂D_0 表示球形边界的部分．例如，若当 $|x|+y\to\infty$ 时，

$$|F|\le O((|x|+y)^{-n-\epsilon}),\quad |\nabla F|\le O((|x|+y)^{-n-1-\epsilon}),\quad \epsilon>0 \tag{2.8}$$

成立，这样就得了恒等式 (2.4).

先设 $f(x)\ge 0$ 是 $C_c^\infty(\mathbb{R}^n)$ 函数，直接验证 $f(x)$ 的 Poisson 积分 $u(x,y)=P_y(x)*f(x)$ 是 $\mathbb{R}_+^{n+1}$ 上的严格正值函数，且当 $|x|+y\to\infty$ 时，有

$$u(x,y)=\int_{\mathbb{R}^n}\frac{C_n y}{(|x-t|^2+y^2)^{\frac{n+1}{2}}}f(t)dt = O((|x|+y)^{-n}), \tag{2.9}$$

$$|\nabla u(x,y)| = O((|x|+y)^{-n-1}). \tag{2.10}$$

因此

$$\begin{aligned} g(f)^2(x) &= \int_0^\infty y|\nabla u(x,y)|^2 dy = \frac{1}{p(p-1)}\int_0^\infty yu^{2-p}\Delta u^p dy \\ &\le \frac{1}{p(p-1)}(\wedge f(x))^{2-p}\int_0^\infty y\Delta u^p dy,\end{aligned} \tag{2.11}$$

这里用到 $1<p\le 2$ 以及

$$\sup_{y>0}|u(x,y)| \le (\wedge f)(x). \tag{2.12}$$

若记 $I(x)=\int_0^\infty y\Delta u^p dy$, 那么 (2.11) 可改写成

$$g(f)(x) = C_p(\wedge f(x))^{\frac{2-p}{2}} I(x)^{\frac12}. \tag{2.13}$$

这样，利用引理 2.2 就得

$$\int_{\mathbb{R}^n} I(x)dx = \int_{\mathbb{R}_+^{n+1}} y\Delta u^p dxdy = \int_{\mathbb{R}^n} u^p(x,0)dx = \|f(x)\|_p^p. \tag{2.14}$$

显然，当 $p=2$ 时，由 (2.13), (2.14) 就可得到估计 (2.1). 当 $1<p<2$ 时，由 (2.13) 及 Hölder 不等式，容易看出

$$\begin{aligned}\int_{\mathbb{R}^n}(g(f)(x))^p dx &\le C_p^p \int_{\mathbb{R}^n}(\wedge f(x))^{\frac{p(2-p)}{2}} I(x)^{\frac{p}{2}} dx\\ &\le C_p^p\left(\int_{\mathbb{R}^n}(\wedge f(x))^p dx\right)^{\frac{1}{r'}}\left(\int_{\mathbb{R}^n} I(x)dx\right)^{\frac{1}{r}},\end{aligned}\tag{2.15}$$

这里 $\frac{1}{r}+\frac{1}{r'}=1$, 且 $r=\frac{2}{p}$. 直接演算 $\frac{p(2-p)}{2}r'=p$. 于是，由 Hardy-Littlewood 极大定理及 (2.15) 可得

$$\|g(f)\|_p \le C_p\|\wedge f\|_p^{\frac{1}{r'}}\|f\|_p^{\frac{1}{r}} \le C_pA_p\|f\|_p.\tag{2.16}$$

对一般函数 $f(x)\in L^p(\mathbb{R}^n)$, 可做分解 $f(x)=f_+(x)-f_-(x)$, 用 $C_c^\infty(\mathbb{R}^n)$ 中的函数列 $\{f_+\}_k$ 及 $\{f_-\}_k$ 分别逼近 $f_+(x)$ 和 $f_-(x)$, 通过极限过程可得估计 (2.1).

注意到在建立 $g(f)$ 的 L_p 估计时，用到了 $1<p\le 2$. 对于 $p\ge 2$ 的情形，上面的技术不能直接使用，需要对上面的方法进行一个改造才能适用. 另一方面，借助于 Stein 引入的 g_λ^* 函数，可以建立 $g(f)$ 的更一般的 L^p 估计.

定义 2.1 称正值函数

$$g_\lambda^*(f)(x)=\left(\int_0^\infty\int_{\mathbb{R}^n}\left(\frac{y}{|t|+y}\right)^{\lambda n}|\nabla u(x-t,y)|^2y^{1-n}dtdy\right)^{\frac{1}{2}}\tag{2.17}$$

所决定的非线性算子 g_λ^* 为 Stein 的 g_λ^* 函数.

记 Γ 是 $\mathbb{R}_+^{n+1}$ 中的顶点在原点， $(0,1)$ 为其内点的锥. 为确定起见， Γ 表示中心线是 y 轴的正规锥 $\{(x,y);\ |x|<y\}$. 而 Γ_x 则是将顶点平移到 x 所得到的锥.

定义 2.2 称正值函数

$$\begin{aligned}S(f)(x)&=\left(\int_{\Gamma_x}|\nabla u(t,y)|^2y^{1-n}dydt\right)^{\frac{1}{2}}\\ &=\left(\int_{\Gamma}|\nabla u(x-t,y)|^2y^{1-n}dydt\right)^{\frac{1}{2}}\end{aligned}\tag{2.18}$$

为 Lusin 面积函数.

命题 2.3

$$g(f)(x)\le CS(f)(x)\le C_\lambda g_\lambda^*(f)(x),\quad \forall x\in\mathbb{R}^n.\tag{2.19}$$

在证明命题 2.3 之前，我们先考察一下 $g(f)$, $S(f)$ 以及 $g_\lambda^*(f)$ 这三个正值函数的意义. 通过考虑 $\mathbb{R}_+^{n+1}$ 上的调和函数 $u(x,y)$ 在 $(x,y)\to(x,0)$ 的方式，可得到如下启示：

(a) 当 x 固定， $y\to 0$ 时，即当 (x,y) 沿垂直方向趋向于边界时， $f(x)$ 的 Poisson 积分 $u(x,y)=P_y*f(x)$ 几乎处处收敛于 $f(x)$.

(b) 当 (t,y) 在锥体内趋向于 $(x,0)$ 时，若 $u(t,y)$ 几乎处处收敛于 $f(x)$, 就称 $f(x)$ 是函数 $u(x,y)$ 的非切向极限. 事实上， $g(f)$ 和 $S(f)$ 可分别用来刻画调和函数 $u(x,y)=P_y*f(x)$ 沿垂直方向趋向于边界与沿非切向趋向于边界时的极限.

(c) 当 (t,y) 在上半空间沿任意方向趋向于 $(x,0)$ 时，就需要新的工具，这正是 g_λ^* 函数需要承担的角色.

注意到 g_λ^* 函数依赖于 λ, 当 λ 变小时，相应的 g_λ^* 函数就变大. 因此， g_λ^* 的 L^p 估计依赖于 p 和 λ 的一个适当的关系. 自然它的研究较 $g(f)$ 和面积函数 $S(f)$ 要复杂些.

命题 2.3 的证明 当 $(t,y)\in\Gamma_x$ 时，有 $|t|<y$, 从而

$$\left(\frac{y}{|t|+y}\right)^{\lambda n}\geq\frac{1}{2^{\lambda n}}.$$

因此，由 (2.18), 容易看出

$$\begin{aligned}S(f)&=\left(\int_\Gamma|\nabla u(x-t,y)|^2y^{1-n}dydt\right)^{\frac12}\\&\leq\left(\int_0^\infty\int_{\mathbb{R}^n}2^{\lambda n}\left(\frac{y}{|t|+y}\right)^{\lambda n}|\nabla u(x-t,y)|^2y^{1-n}dtdy\right)^{\frac12}\\&\leq 2^{\frac{\lambda n}{2}}g_\lambda^*(f)(x).\end{aligned}\tag{2.20}$$

下面来证明估计

$$g(f)(x)\leq CS(f)(x).\tag{2.21}$$

仅需证明当 $x=0$ 时， (2.21) 成立. 其它情形同理可证. 记 B_y 是 $\mathbb{R}_+^{n+1}$ 中以 $(0,y)$ 为中心，且与锥 Γ 内切的球，自然 B_y 的半径与 y 成比例. 进而， $\frac{\partial u}{\partial y}$, $\frac{\partial u}{\partial x_j}$ $(j=1,2,\cdots,n)$ 与 $u(x,y)$ 相似，同样是调和函数. 故平均值定理意味着

$$\frac{\partial u}{\partial y}(0,y)=\frac{1}{m(B_y)}\int_{B_y}\frac{\partial u}{\partial y}(x,s)dxds.\tag{2.22}$$

注意到 $n+1$ 维空间的球 $m(B_y)$ 的度量是 cy^{n+1}, 利用 Schwartz 不等式可得

$$\left|\frac{\partial u(0,y)}{\partial y}\right|^2\leq\frac{1}{m(B_y)}\int_{B_y}\left|\frac{\partial u}{\partial y}(x,s)\right|^2dxds.$$

现对上式两边积分，容易看出

$$\int_0^\infty y\left|\frac{\partial u}{\partial y}(0,y)\right|^2 dy \le c^{-1}\int_0^\infty y^{-n}\int_{B_y}\left|\frac{\partial u}{\partial y}(x,s)\right|^2 dxdsdy. \tag{2.23}$$

显然，当 $(x,s)\in B_y$ 时，有固定常数 c_1, c_2 使得 $c_1y\le s\le c_2y$. 因此，(2.23) 右边积分可被

$$\int_0^\infty c^{-1}y^{-n}\left(\int_{\Gamma\cap\{c_1y\le s\le c_2y\}}\left|\frac{\partial u}{\partial y}(x,s)\right|^2 dxds\right)dy$$
$$\le c^{-1}\int_\Gamma\left(\int_{c_2^{-1}s}^{c_1^{-1}s} y^{-n}dy\right)\left|\frac{\partial u}{\partial y}(x,s)\right|^2 dxds$$

所控制. 由此推得

$$\int_0^\infty y\left|\frac{\partial u(0,y)}{\partial y}\right|^2 dy \le C'\int_\Gamma\left|\frac{\partial u(x,y)}{\partial y}\right|^2 y^{1-n}dxdy. \tag{2.24}$$

同理，若用 $\frac{\partial u}{\partial x_j}$ 来代替 (2.24) 中的 $\frac{\partial u(x,y)}{\partial y}$, 上面 (2.24) 仍然成立，这样，将所得的不等式相加，即得 (2.21) 式.

现来陈述 g_λ^* 函数的 L_p 估计的结论.

定理 2.4 设 $\lambda>1$ 是一个参数， $f\in L^p(\mathbb{R}^n)$, 则有如下结果：
(1) 对任意 $x\in\mathbb{R}^n$, $g(f)(x)\le C_\lambda g_\lambda^*(f)(x)$;
(2) 若 $1<p<\infty, p>\frac{2}{\lambda}$, 则

$$\|g_\lambda^*(f)\|_p\le A_{p,\lambda}\|f\|_p. \tag{2.25}$$

在证明定理 2.4 之前，先证明极大不等式的一个替代形式.

引理 2.5 设 $f\in L^p(\mathbb{R}^n)$, $p\ge\mu$, $\mu\ge 1$. 记 $u(x,y)$ 是 $f(x)$ 的 Poisson 积分，则

$$|u(x-t,y)|\le A\left(1+\frac{|t|}{y}\right)^n\wedge f, \tag{2.26}$$

进而

$$|u(x-t,y)|\le A_\mu\left(1+\frac{|t|}{y}\right)^{n/\mu}\wedge_\mu f(x), \tag{2.27}$$

这里

$$\wedge_\mu(f)=\sup_{r>0}\left(\frac{1}{m(Q(x,r))}\int_{Q(x,r)}|f(y)|^\mu dy\right)^{\frac{1}{\mu}}. \tag{2.28}$$

证明 注意到

$$u(x-t,y)=\int_{\mathbb{R}^n}\frac{C_ny}{(y^2+|x-t-s|^2)^{\frac{n+1}{2}}}f(s)ds=f(x)*P_y(x-t), \tag{2.29}$$

由第六章引理 4.2 可知

$$|u(x-t,y)| \leq A_t \wedge f(x), \tag{2.30}$$

这里 $A_t = \int_{\mathbb{R}^n} Q_{t,y}(x)dx$, 而 $Q_{t,y}(x)$ 是 $P_y(x-t)$ 的最小径向控制函数，即

$$Q_{t,y}(x) = C_n \sup_{|x'|\geq|x|} \left\{ \frac{y}{(y^2+|x'-t|^2)^{\frac{n+1}{2}}} \right\}. \tag{2.31}$$

易见

$$Q_{t,y}(x) \leq \begin{cases} C_n y^{-n}, & |x| \leq 2|t|, \\ \frac{2^{n+1}C_n y}{(y^2+|x|^2)^{\frac{n+1}{2}}}, & |x| > 2|t|. \end{cases} \tag{2.32}$$

于是

$$\begin{aligned} A_t &\leq \int_{|x|\leq 2|t|} C_n y^{-n} dx + \int_{|x|>2|t|} \frac{2^{n+1}C_n y}{(y^2+|x|^2)^{\frac{n+1}{2}}} dx \\ &\leq \frac{2^n \omega_{n-1} C_n}{n} \left(\frac{|t|}{y}\right)^n + \int_{\frac{|x|}{y}>\frac{2|t|}{y}} \frac{2^{n+1}C_n}{[(\frac{|x|}{y})^2+1]^{\frac{n+1}{2}}} d\frac{x}{y} \\ &\leq \frac{2^n \omega_{n-1} C_n}{n} \left(\frac{|t|}{y}\right)^n + \int_{\mathbb{R}^n} \frac{2^{n+1}C_n}{(1+|x|^2)^{\frac{n+1}{2}}} dx \\ &\leq A\left(1+\frac{|t|}{y}\right)^n. \end{aligned} \tag{2.33}$$

因此，将 (2.33) 代入 (2.30) 即得 (2.26).

进而，注意到 $\int_{\mathbb{R}^n} P_y(s)ds = 1$, 及 $u(x-t,y) = \int_{\mathbb{R}^n} P_y(s)f(x-t-s)ds$, 利用 Hölder 不等式可得

$$\begin{aligned} |u(x-t,y)|^\mu &= \left| \int_{\mathbb{R}^n} P_y(s)^{\frac{1}{\mu}} f(x-t-s) \cdot P_y(s)^{\frac{1}{\mu'}} ds \right|^\mu \\ &\leq \int_{\mathbb{R}^n} P_y(s)|f(x-t-s)|^\mu ds. \end{aligned} \tag{2.34}$$

现记 $U(x-t,y) = \int_{\mathbb{R}^n} P_y(s)|f(x-t-s)|^\mu ds$ 是 $|f|^\mu$ 的 Poisson 积分, 对 $U(x-t,y)$ 利用 (2.26) 可得

$$|u(x-t,y)| \leq A^{\frac{1}{\mu}} \left(1+\frac{|t|}{y}\right)^{\frac{n}{\mu}} (\wedge|f|^\mu)^{\frac{1}{\mu}} = A_\mu \left(1+\frac{|t|}{y}\right)^{\frac{n}{\mu}} \wedge_\mu (f)(x). \tag{2.35}$$

从而引理得证.

定理 2.4 的证明 (1) 是命题 2.3 的结论的一部分，下面来证明 (2). 先来考虑 $p \geq 2(\lambda > 1)$ 的情形. 记 $\psi(x)$ 是 $\mathbb{R}^n$ 上的正值函数，我们断言

$$\int_{\mathbb{R}^n} \left(g_\lambda^*(f)(x)\right)^2 \psi(x)dx \leq A_\lambda \int_{\mathbb{R}^n} \left(g(f)(x)\right)^2 \wedge \psi(x)dx. \tag{2.36}$$

事实上， (2.36) 的左边展开，并且交换积分次序，就是

$$\int_0^\infty \int_{\mathbb{R}^n} y|\nabla u(t,y)|^2 \left[\int_{\mathbb{R}^n} \psi(x)\left(\frac{y}{|t-x|+y}\right)^{\lambda n} y^{-n}dx\right] dtdy.$$

因此， (2.36) 就等价于证明

$$\sup_{y>0} \int_{\mathbb{R}^n} \psi(x)[|t-x|+y]^{-n\lambda} y^{\lambda n} y^{-n} dx \leq A_\lambda \wedge \psi(t). \tag{2.37}$$

然而，若令 $\varphi(x) = (1+|x|)^{-\lambda n}$, 自然 $\varphi_y(x) = (y+|x|^2)^{-\lambda n} y^{\lambda n} y^{-n}$. 这样 (2.37) 的左边恰是 $\varphi_y(x) * \psi$, 因此，由第六章引理 4.2 可得

$$\sup_{y>0} \int_{\mathbb{R}^n} \psi(x)[|t-x|+y]^{-n\lambda} y^{\lambda n} y^{-n} dx \leq \int_{\mathbb{R}^n} (1+|x|)^{-\lambda n} dx \wedge \psi(t). \tag{2.38}$$

注意到 $\lambda > 1$, 从而 $\int_{\mathbb{R}^n} (1+|x|)^{-\lambda n} dx = A_\lambda < \infty$. 这意味着 (2.37) 成立，自然断言 (2.36) 正确.

若 $p \equiv 2$, 则可取 $\psi(x) \equiv 1$, 由定理 1.1 知， (2.36) 式就是 (2.25). 若 $p > 2$, 可选取 q 满足 $\frac{1}{q} + \frac{2}{p} = 1$, 及非负函数 $\psi \in L^q(\mathbb{R}^n)$, $\|\psi\|_q \leq 1$. 由 (2.36) 并利用 Hölder 不等式得

$$\begin{aligned}\int_{\mathbb{R}^n} g_\lambda^*(f)(x)^2 \psi(x)dx &\leq A_\lambda \|g(f)(x)\|_p^2 \| \wedge \psi(x)\|_q \\ &\leq A_\lambda {A'}^2 A'' \|f(x)\|_p^2 \|\psi\|_q \\ &= A_{p,\lambda}^2 \|f(x)\|_p^2, \quad p > 2.\end{aligned} \tag{2.39}$$

因此，由 $\psi(x)$ 的任意性及泛函模的等价定义就得 (2.25).

最后来考虑 $1 < p < 2$ 的情形. 注意到条件 $p > \frac{2}{\lambda}$, 总可以找到一个满足 $1 < \mu < p$ 的 μ, 使得

$$\lambda' = \lambda - \frac{2-p}{\mu} > 1. \tag{2.40}$$

事实上，当 $p = \mu$ 时， $\lambda - \frac{2-p}{\mu} = \lambda - \frac{2}{p} + 1 > 1$, 从而，仅需取 μ 充分接近 p, 就足以保证 (2.40) 成立. 对此 μ 利用引理 2.5 的 (2.27) 可见

$$|u(x-t,y)|\left(\frac{y}{y+|t|}\right)^{\frac{n}{\mu}} \leq A \wedge_\mu f(x). \tag{2.41}$$

注意到 (2.40) 和 (2.41), 类似于本节 $g(f)$ 的估计技术，就得

$$\begin{aligned} g_\lambda^*(f)^2(x) &= \frac{1}{p(p-1)}\int_{\mathbb{R}_+^{n+1}} y^{1-n}\left(\frac{y}{y+|t|}\right)^{\lambda n} u^{2-p}\Delta u^p dtdy \\ &\le A^{2-p}(\wedge_\mu f)^{2-p} I^*(x), \end{aligned} \tag{2.42}$$

这里

$$I^* = \int_{\mathbb{R}_+^{n+1}} y^{1-n}\left(\frac{y}{y+|t|}\right)^{\lambda' n}\Delta u^p(x-t,y)dtdy.$$

直接估计就有

$$\begin{aligned} \int_{\mathbb{R}^n} I^*(x)dx &= \int_{\mathbb{R}_+^{n+1}}\int_{\mathbb{R}^n} y^{1-n}\left(\frac{y}{y+|x-t|}\right)^{\lambda' n}\Delta u^p(t,y)dxdtdy \\ &= C_{\lambda'}\int_{\mathbb{R}_+^{n+1}} y\Delta u^p(t,y)dtdy, \end{aligned} \tag{2.43}$$

此处用到了

$$y^{-n}\int_{\mathbb{R}^n}\left(\frac{y}{y+|x|}\right)^{\lambda' n}dx = \int_{\mathbb{R}^n}\frac{dx}{(1+|x|)^{\lambda' n}} = C_{\lambda'} < \infty,\ \lambda' > 1.$$

因此，利用引理 2.2 和 (2.42) 式就得

$$\int_{\mathbb{R}^n} I^*(x)dx = C_{\lambda'}\|f(x)\|_p^p. \tag{2.44}$$

进而，直接计算

$$\begin{aligned} \int_{\mathbb{R}^n} g_\lambda^*(f)(x)^p dx &\le A^{\frac{p(2-p)}{2}}\int_{\mathbb{R}^n}(\wedge_\mu f)^{\frac{p(2-p)}{2}} I_*^{\frac{p}{2}} dx \\ &\le A^{\frac{p(2-p)}{2}}\left(\int_{\mathbb{R}^n}(\wedge_\mu f)^p dx\right)^{\frac{1}{r'}}\left(\int_{\mathbb{R}^n} I_* dx\right)^{\frac{1}{r}}, \end{aligned} \tag{2.45}$$

这里 $r = \frac{2}{p}$, $\frac{1}{r} + \frac{1}{r'} = 1$. 注意到 (2.44) 以及

$$\|\wedge_\mu (f)\|_p \le \|\wedge |f|^\mu\|_{\frac{p}{\mu}}^{\frac{1}{\mu}} \le A'\|f\|_p,$$

就得到

$$\|g_\lambda^*(f)\|_p \le A^{\frac{(2-p)}{2}}\cdot A'\|f\|_p^{\frac{1}{r'}}\cdot C_{\lambda'}\|f\|_p^{\frac{1}{r}} = A_{\lambda,p}\|f\|_p. \tag{2.46}$$

由此就得定理 2.4.

§7.3 Mihlin-Hörmander 乘子定理

本节将利用 g 函数和 g_λ^* 函数的理论给出函数 $m(x)$ 是 L^p 乘子 ($m(x)\in\mathcal{M}_p^p$) 的一个充分条件. 在此之前, 先回忆一下第二章关于乘子的相关概念.

设 $m(x)$ 是 $\mathbb{R}^n$ 上有界可测函数, 我们可以定义算子

$$T_m f=\mathcal{F}^{-1}(m(x)\cdot\mathcal{F}f(x)),\qquad \forall f(x)\in L^p(\mathbb{R}^n), \tag{3.1}$$

称 $m(x)$ 是 L^p 乘子, 如果 T_m 满足

$$\|T_m f\|_p\le A\|f\|_p \tag{3.2}$$

并记 $m(x)\in\mathcal{M}_p$, 这里 $\mathcal{F}$ 及 $\mathcal{F}^{-1}$ 是定义 Schwartz 广义函数空间 $\mathcal{S}'$ 上的 Fourier 变换.

由平移不变算子理论, 若 $m(x)$ 是 L^p 乘子, T_m 是平移不变算子, 反之亦然. 特别 $\mathcal{M}_p=\mathcal{M}_{p'}$. $\mathcal{M}_2=L^\infty(\mathbb{R}^n)$, $\mathcal{M}_1$ 恰好是全体有限 Borel 测度的 Fourier 变换所构成函数空间. 另外, 当 $m(x)$ 是 0 齐次函数且在单位球面 Σ_{n-1} 上是无限次可微时, $m(x)\in\mathcal{M}_p(1<p<\infty)$. 进而, 由奇异积分理论, 当

$$m(x)=\int_{\Sigma_{n-1}}\left[\frac{\pi}{2}i\mathrm{sign}(x\cdot y)+\log(\frac{1}{|x\cdot y|})\right]\Omega(y)d\sigma(y),|x|=1 \tag{3.3}$$

时有 $m(x)\in\mathcal{M}_p,1<p<\infty$. 这里 $\Omega(x)$ 满足 Dini 条件及双零条件. 众所周知, 判别一个函数 $m(x)$ 是否是一个 L^p 乘子, 一般来讲是很困难的. 这方面有许多问题尚未解决. 下面就是 Mihlin 和 Hörmander 给出的一个著名的乘子定理.

定理 3.1(Mihlin-Hörmander 定理) 设 $m(x)\in C^k(\mathbb{R}^n\backslash\{0\})$, $k>\frac{n}{2}$. 进而设

$$\left|\frac{\partial^\alpha}{\partial x^\alpha}m(x)\right|\le B|x|^{-|\alpha|},\quad |\alpha|\le k, \tag{3.4}$$

则 $m(x)\in\mathcal{M}_p,1<p<\infty$ 满足

$$\|T_m f\|_p\le A_p\|f\|_p,\quad 1<p<\infty, \tag{3.5}$$

这里 $\alpha=(\alpha_1,\alpha_2,\cdots,\alpha_n)$ 多重指标, A_p 仅依赖于 B, n, p.

在证明 Mihlin-Hörmander 乘子定理之前, 先来证明一个预备引理.

引理 3.2 在定理 3.1 的条件下, 对任意 $f(x)\in L^2(\mathbb{R}^n)$, 令 $F(x)=T_m f(x)$, 那么

$$g_1(F)(x)\le B_\lambda g_\lambda^*(f)(x),\qquad \lambda=\frac{2k}{n}. \tag{3.6}$$

证明 记 $u(x,y)=P_y*f(x)$, $U(x,y)=P_y*F(x)$, $\mathcal{F}$ 或 $(\hat{\ })$ 表示对 x 的 Fourier 变换，那么

$$\begin{cases} \hat{u}(x,y)=e^{-2\pi|x|y}\hat{f}(x), \\ \hat{U}(x,y)=e^{-2\pi|x|y}\hat{F}(x)=e^{-2\pi|x|y}m(x)\hat{f}(x). \end{cases} \tag{3.7}$$

现定义 $M(x,y)=\int_{\mathbb{R}^n}e^{2\pi ix\cdot t}e^{-2\pi|t|y}m(t)dt$, 自然有

$$\hat{M}(x,y)=e^{-2\pi|x|y}m(x). \tag{3.8}$$

因此

$$\hat{U}(x,y_1+y_2)=\hat{M}(x,y_1)\hat{u}(x,y_2), \quad y=y_1+y_2, y_1>0. \tag{3.9}$$

而 (3.9) 可改写成

$$U(x,y_1+y_2)=\int_{\mathbb{R}^n}M(t,y_1)u(x-t,y_2)dt. \tag{3.10}$$

今对 y_1 求导 k 次，对 y_2 求导一次，然后令 $y_1=y_2=\frac{y}{2}$, 这样就得

$$U^{(k+1)}(x,y)=\int_{\mathbb{R}^n}M^{(k)}\left(t,\frac{y}{2}\right)u^{(1)}\left(x-t,\frac{y}{2}\right)dt, \tag{3.11}$$

这里微分是关于 y 所求的.

由 (3.11), 容易看出 (3.4) 意味着

$$|M^{(k)}(t,y)|\le B'y^{-n-k}, \tag{3.12}$$

$$\int_{\mathbb{R}^n}|t|^{2k}|M^{(k)}(t,y)|^2dt\le B'y^{-n}. \tag{3.13}$$

事实上，由 $M(x,y)$ 的定义，直接验算可见

$$\begin{aligned} |M^{(k)}(t,y)| &\le B(2\pi)^k\int_{\mathbb{R}^n}|t|^ke^{-2\pi|t|y}dt \\ &= B'\int_0^\infty e^{-2\pi r\cdot y}r^{n+k-1}dr=B''y^{-n-k}, \end{aligned}$$

此即 (3.12). 下面证 (3.13), 为此仅需证明

$$\int_{\mathbb{R}^n}|t^\alpha M^{(k)}(t,y)|^2dt\le B'y^{-n}, \tag{3.14}$$

这里 $\alpha=(\alpha_1,\alpha_2,\cdots,\alpha_n)$, $|\alpha|=k$. 由 Plancherel 定理

$$\begin{aligned} \|t^\alpha M^{(k)}(t,y)\|_2 &= \left\|\left(\frac{\partial}{\partial x}\right)^\alpha(|x|^km(x)e^{-2\pi|x|y})\right\|_2 \\ &= \sum_{\beta\le\alpha}\left\|\left(\frac{\partial}{\partial x}\right)^{\alpha-\beta}(|x|^km(x))\cdot\left(\frac{\partial^\beta}{\partial x^\beta}e^{-2\pi|x|y}\right)\right\|_2. \end{aligned} \tag{3.15}$$

由假设条件 (3.4) 知

$$\left|\left(\frac{\partial}{\partial x}\right)^{\alpha-\beta}(|x|^k m(x))\right| \le B'|x|^{k-(|\alpha|-|\beta|)} = B'|x|^{|\beta|},$$

$$\left|\frac{\partial^\beta}{\partial x^\beta}(e^{-2\pi|x|y})\right| \le \sum_{\gamma\le\beta}(2\pi y)^{|\gamma|}|x|^{-|\beta|+|\gamma|}e^{-2\pi|x|y}.$$

因此，由 (3.15) 可得

$$\begin{aligned}\|t^\alpha M^{(k)}(t,y)\|_2^2 &\le B'y^{2r}\int_{\mathbb{R}^n}|x|^{2r}e^{-4\pi|x|\cdot y}dx\\ &\le B'y^{2r}\int_{\Sigma_{n-1}}d\sigma(x)\int_0^\infty r^{2r+n-1}e^{-4\pi r\cdot y}dr\\ &\le B'y^{-n}.\end{aligned}\tag{3.16}$$

这正是 (3.13) 式. 现从恒等式 (3.15) 出发，估计

$$\begin{aligned}|U^{(k+1)}(x,y)|^2 &\le 2\left|\int_{|t|\le\frac{y}{2}}M^{(k)}\left(t,\frac{y}{2}\right)u^{(1)}\left(x-t,\frac{y}{2}\right)dt\right|^2\\ &\quad+2\left|\int_{|t|>\frac{y}{2}}M^{(k)}\left(t,\frac{y}{2}\right)u^{(1)}\left(x-t,\frac{y}{2}\right)dt\right|^2\\ &\le Ay^{-n-2k}\int_{|t|\le\frac{y}{2}}|u^{(1)}\left(x-t,\frac{y}{2}\right)|^2dt\\ &\quad+Ay^{-n}\int_{|t|>\frac{y}{2}}\frac{|u^{(1)}(x-t,\frac{y}{2})|^2}{|t|^{2k}}dt\\ &=I_1+I_2,\end{aligned}$$

其中在第二步估计中用到 Hölder 不等式及 (3.12),(3.13). 依定义

$$g_{k+1}(F)^2(x)=\int_0^\infty|U^{(k+1)}(x,y)|^2y^{2k+1}dy\le\sum_{j=1}^2\int_0^\infty I_j(y)y^{2k+1}dy,\tag{3.17}$$

进而,

$$\begin{aligned}\int_0^\infty I_1(y)y^{2k+1}dy &\le B\int_0^\infty\int_{|t|\le\frac{y}{2}}\left|u^{(1)}\left(x-t,\frac{y}{2}\right)\right|^2y^{-n+1}dtdy\\ &\le B'\int_\Gamma|\nabla u(x-t,y)|^2y^{-n+1}dtdy\\ &=B'S(f)^2(x)\le B_\lambda g_\lambda^*(f)^2(x),\end{aligned}\tag{3.18}$$

$$\int_0^\infty I_2(y)y^{2k+1}dy \le B'\int_0^\infty \int_{|t|>\frac{y}{2}} y^{-n+2k+1}|t|^{-2k}|\nabla u(x-t,y)|^2 dtdy$$
$$\le B''\int_0^\infty \int_{|t|>\frac{y}{2}} \left(\frac{y}{|t|+y}\right)^{2k}|\nabla u(x-t,y)|^2 y^{1-n} dtdy$$
$$\le B'' g_\lambda^*(f)^2(x), \quad n\lambda = 2k. \tag{3.19}$$

因此，利用 (3.17)~(3.19) 即得

$$g_{k+1}(F)(x) \le B_\lambda g_\lambda^*(f)(x). \tag{3.20}$$

另一方面，注意到注记 1.2, 就有 $g_1(F)(x) \le A_{k+1}g_{k+1}(F)(x)$. 这样，将此式代入 (3.20) 就得估计 (3.6).

定理 3.1 的证明 取 $\lambda = \frac{2k}{n}$, 自然 $\lambda > 1$. 因此，由定理 2.4 知

$$\|g_\lambda^*(f)(x)\|_p \le A_{\lambda p}\|f(x)\|_p, \quad 2 \le p < \infty. \tag{3.21}$$

而定理 1.1 意味着

$$A'_p\|F(x)\|_p \le \|g_1(F)(x)\|_p, \quad 2 \le p < \infty. \tag{3.22}$$

因此，当 $2 \le p < \infty$ 时，就有

$$\|T_m f\|_p = \|F\|_p \le (A'_p)^{-1}\|g_1(F)\|_p \le (A'_p)^{-1}B_\lambda\|g_\lambda^*(f)\|_p$$
$$\le A_p\|f(x)\|_p, \qquad \forall f(x) \in L^p(\mathbb{R}^n)\cap L^2(\mathbb{R}^n). \tag{3.23}$$

这意味着 $m(x) \in \mathcal{M}_p$, $2 \le p < \infty$. 进而，利用 Hörmander 空间的对偶性 ($\mathcal{M}_p = \mathcal{M}_{p'}$) 就推得 $m(x) \in \mathcal{M}_p$, $1 < p < \infty$.

推论 3.3(Hörmander 乘子定理) 设 $k \ge \frac{n}{2}$ 且

$$|m(x)| \le B', \tag{3.24}$$

$$\sup_{0<R<\infty} R^{2|\alpha|-n}\int_{R<|x|\le 2R}\left|\frac{\partial^\alpha}{\partial x^\alpha}m(x)\right|^2 dx \le B', \qquad |\alpha| \le k. \tag{3.25}$$

则 $m(x) \in \mathcal{M}_p$, $1 < p < \infty$.

证明 类同于定理 3.1 的证明，仅需将估计 (3.16) 中出现的估计

$$y^{2r}\int_{\mathbb{R}^n}|x|^{2r}e^{-4\pi|x|\cdot y}dx \le Cy^{-n}$$

换成

$$y^{2r}\int_{\mathbb{R}^n}|x|^{2r}|m_0(x)|^2e^{-4\pi|x|\cdot y}dx \le C'y^{-n}, \tag{3.26}$$

这里 $m_0(x)$ 满足

$$\sup_{0<R<\infty} R^{-n}\int_{R\le|x|\le 2R}|m_0(x)|^2dx \le 1.$$

注记 3.1 (i) 当 $m(x) = |x|^{it}$ 时， $m(x) \in \mathcal{M}_p$, $1 < p < \infty$.

(ii) 设 $m(x)$ 是零次齐次函数且 $m(x) \in C^k(\Sigma_{n-1})$, 则 $m(x) \in \mathcal{M}_p$, $1 < p < \infty$.

§7.4 部分和算子及二进制分解

前面几节主要讨论了 Littlewood-Paley 的 g 函数、g_λ^* 函数的 L^p 估计，并借助这些分析工具得到了著名的 Mihlin-Hörmander 乘子定理. 本节我们着重讨论 Littlewood-Paley 理论中另一个重要工具 —— 部分和算子及二进制分解技术，为下面建立 Marcinkiewicz 乘子定理作必要的准备.

记 ρ 是 $\mathbb{R}^n$ 中边界平行于坐标轴的长方体，特别 ρ 也可以是边界平行于坐标轴的无限长体.

定义 4.1 设 $\chi_\rho(x)$ 是长方体 ρ 上的特征函数，称算子

$$S_\rho(f)=\mathcal{F}^{-1}(\chi_\rho(x)\cdot\hat{f})=\mathcal{F}^{-1}\chi_\rho(x)*f,\quad f\in L^p(\mathbb{R}^n),1\le p\le\infty \tag{4.1}$$

是部分和算子.

对于部分和算子，有如下 L_p 估计.

定理 4.1 设 $1<p<\infty$, 则

$$\|S_\rho(f)\|_p\le A_p\|f\|_p,\quad f(x)\in L^p(\mathbb{R}^n), \tag{4.2}$$

这里 A_p 不依赖于长方体 ρ.

此定理可以推广到向量值的情形. 记 $\mathcal{H}$ 是序列 Hilbert 空间，$\mathcal{H}=\{(c_j)_{j=1}^\infty,\left(\sum\limits_{j=1}^\infty|c_j|^2\right)^{\frac{1}{2}}=|c|<\infty\}$, 则 $f=(f_1,f_2,\cdots,)\in L^p(\mathbb{R}^n,\mathcal{H})$ 就意味着

$$|f|=\left(\sum_{j=1}^\infty|f_j|^2\right)^{\frac{1}{2}}\in L^p(\mathbb{R}^n).$$

现定义 $Q=\{\rho_j\}_{j=1}^\infty$ 是 $\mathbb{R}^n$ 中的一列长方体序列，类似地定义

$$S_Q(f)=(S_{\rho_1}(f_1),S_{\rho_2}(f_2),\cdots,S_{\rho_j}(f_j),\cdots),\quad f=(f_1,f_2,\cdots) \tag{4.3}$$

是 $L^2(\mathbb{R}^n,\mathcal{H})$ 到自身的部分和算子. 这样，就有定理 4.1 的推广形式.

定理 4.2 设 $f\in L^p(\mathbb{R}^n,\mathcal{H})\cap L^2(\mathbb{R}^n,\mathcal{H})$, 那么

$$\|S_Q(f)\|_p\le A_p\|f\|_p,\quad 1<p<\infty, \tag{4.4}$$

这里 A_p 不依赖于长方体簇 Q.

证明 分五步进行：(i) $n=1$ 且长方体簇 $Q=\{\rho_j\}_{j=1}^\infty$ 中的每一个 $\rho_j=(-\infty,0)$. 据 Hilbert 变换的定义，易见

$$S_{(-\infty,0)}=\frac{I+iH}{2}, \tag{4.5}$$

这里 I 是单位算子. 利用向量值情形的奇异积分算子理论, 取 $\mathcal{H}_1=\mathcal{H}_2=\mathcal{H}$, $K(x)=\frac{1}{\pi x}\cdot I$, 易见

$$\lim_{\varepsilon\to 0}\int_{|y|\geq\varepsilon}K(y)f(x-y)dy=\tilde{H}(f)(x). \tag{4.6}$$

因此 $\tilde{H}$ 是 (p,p) 型算子，且对 $\forall f\in L^p(\mathbb{R}^n,\mathcal{H})$ 有

$$\|\tilde{H}f\|_p\leq A_p\|f\|_p,\quad 1<p<\infty, \tag{4.7}$$

这里 A_p 与数量情形中出现的常数相同，注意到 (4.5) 就有

$$S_Q=\frac{I+i\tilde{H}}{2}. \tag{4.8}$$

因此，由 (4.7) 推得在此情形下 (4.4) 成立.

(ii) $n=1$, $Q=\{\rho_j\}_{j=1}^{\infty}$, $\rho_j=(-\infty,a_j)$, $j=1,2,\cdots$. 注意到 $(f(x)e^{-2\pi ix\cdot a})\hat{}$ $=\hat{f}(x+a)$, 因此

$$\mathcal{F}(H(f(x)e^{-2\pi ix\cdot a}))=i\mathrm{sgn}x\hat{f}(x+a), \tag{4.9}$$

$$\mathcal{F}(e^{2\pi ix\cdot a}H(f(x)e^{-2\pi ix\cdot a}))=i\mathrm{sgn}(x-a)\hat{f}(x). \tag{4.10}$$

由此推得

$$(S_{(-\infty,a_j)}f_j)(x)=\frac{f_j(x)+ie^{2\pi ix\cdot a_j}H(e^{-2\pi ix\cdot a_j}f_j)}{2}. \tag{4.11}$$

若记 $e^{-2\pi ix\cdot a}f=(e^{-2\pi ix\cdot a_1}f_1(x),e^{-2\pi ix\cdot a_2}f_2(x),\cdots)$, 则 (4.11) 可写成

$$S_Q(f)(x)=\frac{f(x)+ie^{2\pi ix\cdot a}\tilde{H}(e^{-2\pi ix\cdot a}f)}{2}. \tag{4.12}$$

因此，由 (4.7) 推得在此情形下 (4.4) 成立.

(iii) $n=1$, $Q=\{\rho_j\}_{j=1}^{\infty}$, ρ_j 是 $\mathbb{R}$ 上任意区间. 由上面分析，总有

$$\begin{aligned}
S_{\rho_j}(f_j)&=\frac{f_j(x)+ie^{2\pi ix\cdot a_j}H(e^{-2\pi ix\cdot a_j}f_j)}{2},\qquad \rho_j=(-\infty,a_j);\\
S_{\rho_j}(f_j)&=\frac{f_j(x)-ie^{2\pi ix\cdot b_j}H(e^{-2\pi ix\cdot b_j}f_j)}{2},\qquad \rho_j=(b_j,+\infty);\\
S_{\rho_j}(f_j)&=\frac{ie^{2\pi ix\cdot b_j}H(e^{-2\pi ix\cdot b_j}f_j)-ie^{2\pi ix\cdot a_j}H(e^{-2\pi ix\cdot a_j}f_j)}{2},\rho_j=(a_j,b_j).
\end{aligned} \tag{4.13}$$

记 $Q=Q_1\cup Q_2\cup Q_3$, 其中 Q_1 表示 Q 中全体形如 $\rho_j=(-\infty,a_j)$ 的区间集合，Q_2 表示 Q 中形如 $(b_j,+\infty)$ 的区间集合，Q_3 则表示形如 $\rho_j=(a_j,b_j)=(-\infty,b_j)-(-\infty,a_j]$ 中的区间的集合.

于是 S_Q 最多可表成形如

$$S_{Q_1}f(x)=\frac{f(x)+ie^{2\pi ix\cdot a}\tilde{H}(e^{-2\pi ix\cdot a}f)}{2},$$

$$S_{Q_2}f(x)=\frac{f(x)-ie^{2\pi ix\cdot b}\tilde{H}(e^{-2\pi ix\cdot b}f(x))}{2},$$

$$S_{Q_3}f(x)=\frac{f(x)+ie^{2\pi ix\cdot b}\tilde{H}(e^{-2\pi ix\cdot b}f)}{2}-\frac{f(x)+ie^{2\pi ix\cdot a}\tilde{H}(e^{-2\pi ix\cdot a}f)}{2}$$

的和，这里 Q_1,Q_2,Q_3 分别是 Q 的子簇，由此推得 (4.4) 成立.

(iv) 对一般 $n>1$, $\rho_j=\{x;\ x_1<a_j\}$ 是半空间列. 记 $S^{(1)}_{(-\infty,a_j)}$ 表示由 $S_{(-\infty,a_j)}f(x)$ 诱导的 $L^2(\mathbb{R}^n)$ 上的算子,它仅作用在 x_1 上,并且 $S^{(1)}_{(-\infty,a_j)}f(x)=S_{(-\infty,a_j)}f(x)$. 我们断言

$$S_{\rho_j}=S^{(1)}_{(-\infty,a_j)}. \tag{4.14}$$

显然，对于形如 $f'(x_1)f''(x_2,x_3,\cdots,x_n)$ 的 $L^2(\mathbb{R}^n)$ 函数，自然有 (4.14) 成立，又根据形如 $f'(x_1)f''(x_2,x_3,\cdots,x_n)$ 的线性扩张稠于 $L^2(\mathbb{R}^n)$, 故 (4.14) 成立. 同时，对任意固定的 $x_2,\cdots,x_n$, 有

$$\|S_{\rho_j}f\|_{L^p(\mathbb{R})}\le A_p\|f(x)\|_{L^p(\mathbb{R})}.$$

就上式两边 p 次方，对 $x_2,x_3,\cdots,x_n$ 积分，然后再开 p 次方，就得

$$\|S_{\rho_j}f\|_p\le A_p\|f\|_p. \tag{4.15}$$

同理，若将下半空间 $\{x\mid x_1<\rho_j\}$ 换成上半空间 $\{x\mid x_1>\rho_j\}$ 或将 x_1 换成 $x_2,x_3,\cdots,x_n$, 相应的都有 (4.15) 成立.

(v) 注意到每个 $\mathbb{R}^n$ 中的有限长方体均可视为 $2n$ 半空间的交，因此，当 Q 是由有限长方体构成的长方体序列时，只需利用 $2n$ 次 (4.15) 就得估计 (4.15) 式. 注意到估计式中的控制常数 A_p 不依赖于 Q. 故当 Q 是由无限长方体构成的集簇时，通过极限过程仍有估计 (4.4).

注记 4.1 当 $n=1$, 区间是 $\mathbb{R}$ 上仅有的正则集 (凸连通集), 然而当 $n>1$ 时，情况就发生了根本的变化. 部分和算子 S_ρ 的估计仅限于 ρ 是长方体 (或 ρ 是长方体簇) 的情形. 本质上相当于一个一维情形的叠加原理，而非 n 维情形部分和算子的本质结果. 也就是说，当 ρ 不是长方体时，未必有定理 4.1(或定理 4.2) 成立.

下面的两个问题，可略知一般 n 维部分和算子的研究情形.

问题 A 设 B 是 $\mathbb{R}^n$ 中的单位球，是否有

$$T_Bf=\mathcal{F}^{-1}(\chi_B(x)\mathcal{F}f)=\mathcal{F}^{-1}\chi_B(x)*f \tag{4.16}$$

满足

$$\|T_B f\|_p \le A_p \|f\|_p, \qquad 1 < p < \infty. \tag{4.17}$$

业已证明，当 $p < \frac{2n}{n+1}$ 或 $p > \frac{2n}{n-1}$ 时，$T_B f$ 不满足 (4.17) 中的估计，当 $\frac{2n}{n+1} < p < \frac{2n}{n-1}$ 时，估计 (4.17) 可能成立. 但目前仅证明 $p = 2$ 的情形.

问题 B 若将定理 4.1 或定理 4.2 中方体 ρ 任意旋转，得到的方体 ρ' 是否满足

$$\|T_{\rho'} f\|_p \le A_p \|f\|_p, \quad 1 < p < \infty. \tag{4.18}$$

业已证明, 在问题 A 成立的前提下, 即在 $\frac{2n}{n+1} < p < \frac{2n}{n-1}$ 范围内, 估计 (4.17) 就意味着估计式 (4.18). 然而，在 $p < \frac{2n}{n+1}$ 或 $p > \frac{2n}{n-1}$ 时，估计 (4.18) 不能成立.

注记 4.2 可以将定理 4.2 推广到连续的情形. 设 $(\Gamma, d\gamma)$ 是一个 σ 有限测度空间，$\mathcal{H} = L^2(\Gamma, d\gamma)$ 是 Γ 上的平方可积函数构成的 Hilbert 空间. $f \in L^p(\mathbb{R}^n, \mathcal{H})$ 就意味着 $f(x,\gamma) = f_\gamma(x)$ 是由定义在 $\mathbb{R}^n \times \Gamma$ 的复值可测函数且满足条件

$$\left(\int_{\mathbb{R}^n} \left(\int_\Gamma |f(x,\gamma)|^2 d\gamma\right)^{\frac{p}{2}} dx\right)^{\frac{1}{p}} = \|f\|_p < \infty. \tag{4.19}$$

类似于前面的陈述，$Q = \{\rho_\gamma\}_{\gamma \in \Gamma}$, 并设 $\gamma \to \rho_\gamma$ 是从 Γ 到长方体的一个可测函数，即对每一个 $\gamma \in \Gamma$, ρ_γ 的顶点分量作为数值函数均是可测的. 现设 $f(x) \in L^2(\mathbb{R}^n, \mathcal{H})$, 定义 $F(x) = S_Q f(x)$ 如下

$$F(x,\gamma) = S_{\rho_\gamma}(f_\gamma)(x), \qquad f_\gamma(x) = f(x,\gamma). \tag{4.20}$$

则有

定理 4.2′ 设 $f \in L^2(\mathbb{R}^n;\mathcal{H}) \cap L^p(\mathbb{R}^n;\mathcal{H})$, $1 < p < \infty$. 则有

$$\|S_Q(f)\|_p \le A_p \|f\|_p, \qquad 1 < p < \infty, \tag{4.21}$$

这里 A_p 不依赖于测度空间 (Γ,γ) 及函数 $\gamma \to \rho_\gamma$.

下面我们来讨论 $\mathbb{R}^n$ 的二进制分解理论及相关问题. 首先，构造 $\mathbb{R}$ 的二进制分解

$$\mathbb{R} \setminus \{0\} = \bigcup_{k=-\infty}^{\infty} [2^k, 2^{k+1}] \cup \bigcup_{k=-\infty}^{\infty} [-2^{k+1}, -2^k]. \tag{4.22}$$

严格地讲，上述分解是 $\mathbb{R} \setminus \{0\}$ 的分解，习惯上，我们称为 $\mathbb{R}$ 的二进制分解. 借助于 $\mathbb{R}$ 的二进制分解，即 $\mathbb{R}^n$ 的 n 个方向的二进制分解所得的区间的积所构成的互不相交的 n 维长方体的集合，就是 $\mathbb{R}^n$ 的二进制分解，记为

$$\mathbb{R}^n \setminus \{0\} = \bigcup_{\rho \in \triangle} \rho, \tag{4.23}$$

其中 $\triangle$ 是 $\mathbb{R}^n$ 中全体二进制分解所得的长方体所构成的集族. 对每一个长方体 ρ, 由 (4.1) 可定义部分和算子 S_ρ, 在 L^2 范数意义下, 自然有

$$\sum_{\rho\in\triangle} S_\rho = I. \tag{4.24}$$

进而, 由于二进制分解所得长方体 ρ 互不相交 (意指其内部互不相交). 因此, 算子 $\{S_\rho f\}$ 在 L^2 意义下互不依赖, 因此. 对任意的 $f\in L^2(\mathbb{R}^n)$ 及 $\mathbb{R}^n$ 的二进制分解 $\{\rho\}_{\rho\in\triangle}$, 有

$$\sum_{\rho\in\triangle} \|S_\rho f\|_2^2 = \|f\|_2^2. \tag{4.25}$$

问题 在一般的 $L^p(\mathbb{R}^n)$ 空间意义下, 相应的部分和算子有何结论?

定理 4.3 设 $f\in L^p(\mathbb{R}^n)$,$1<p<\infty$. 那么, $\left(\sum_{\rho\in\triangle}|S_\rho(f)|^2\right)^{\frac{1}{2}}\in L^p(\mathbb{R}^n)$ 且存在常数 C_1, C_2 使得

$$C_1\|f\|_p \le \left\|\left(\sum_{\rho\in\triangle}|S_\rho(f)|^2\right)^{\frac{1}{2}}\right\|_p \le C_2\|f\|_p, \quad 1<p<\infty, \tag{4.26}$$

这里 C_1,C_2 不依赖于函数 $f(x)$.

为了证明上面的定理, 首先引入 Rademacher 函数的概念, Rademacher 函数为用二次型表示的函数的 L^p 估计提供了一个非常有用的工具.

定义 4.2 设 [0, 1] 上的分段函数 $r_0(t)$ 为

$$r_0(t)=\begin{cases}1, & 0\le t\le \frac{1}{2},\\ -1, & \frac{1}{2}<t<1.\end{cases} \tag{4.27}$$

通过周期扩张 $r_0(t+1)=r_0(t)$ 即得 $\mathbb{R}$ 上的周期函数 $r_0(t)$. 进而定义

$$r_m(t)=r_0(2^m t), \quad m=0,1,\cdots, \tag{4.28}$$

称 $\{r_m(t)\}_{m=0}^\infty$ 是 Rademacher 函数. 容易看出, $r_m(t)$ 是 [0, 1] 上相互正交的函数列, 进而有

引理 4.4 设 $\sum_{m=0}^\infty |a_m|^2<\infty$, $F(t)=\sum_{m=0}^\infty a_m r_m(t)$, 则对任意的 $1<p<\infty$, 就有 $F(t)\in L^p[0,1]$ 且

$$A_p\|F\|_p \le \|F\|_2 = \left(\sum_{m=0}^\infty |a_m|^2\right)^{\frac{1}{2}} \le A_p^{-1}\|F\|_p, \tag{4.29}$$

这里 A_p 是与函数 $F(t)$ 无关的正常数.

证明 对任意的实数 μ, 我们断言

$$\int_0^1 e^{\mu F(t)}dt \le \exp\left(\mu^2 \sum_{m=0}^{\infty} a_m^2\right). \tag{4.30}$$

事实上，对任意的正整数 N, 注意到 Rademacher 函数是互不相关的，因此

$$\int_0^1 \exp\left(\mu \sum_{m=0}^{N} a_m r_m(t)\right)dt \le \prod_{m=0}^{N} \int_0^1 \exp(\mu a_m r_m(t))dt. \tag{4.31}$$

另一方面, 由 Rademacher 函数的定义，$\int_0^1 \exp(\mu a_m r_m(t))dt = \cosh(\mu a_m)$. 注意到初等不等式 $\cosh x \le \exp(x^2)$, (4.31) 就意味着

$$\int_0^1 \exp\left(\mu \sum_{m=0}^{N} a_m r_m(t)\right)dt \le \exp\left(\mu^2 \sum_{m=0}^{N} a_m^2\right). \tag{4.32}$$

于是，由 N 的任意性就得 (4.30). 欲证 (4.29), 仅需证明

$$\|F(t)\|_p \le A_p^{-1}\|F(t)\|_2, \quad 1 < p < \infty. \tag{4.33}$$

事实上，设 $G(t) = \sum_{m=0}^{\infty} b_m r_m(t)$, 利用极化恒等式

$$(F, G) = \sum_{m=0}^{\infty} a_m \bar{b}_m \tag{4.34}$$

及 Hölder 不等式可见

$$\sum_{m=0}^{\infty} a_m \bar{b}_m \le \|F\|_p \|G\|_{p'} \le \|F\|_p A_p^{-1} \|G\|_2 \le A_p^{-1}\|F\|_p \left(\sum_{m=0}^{\infty} b_m^2\right)^{\frac{1}{2}}.$$

于是

$$\|F\|_2 = \left(\sum_{m=0}^{\infty} a_m^2\right)^{\frac{1}{2}} \le A_p^{-1}\|F\|_p. \tag{4.35}$$

从而推知 (4.33) 与 (4.29) 等价.

下面证明 (4.33). 无妨假设 $\sum\limits_{m=0}^{\infty} a_m^2 = \|F\|_2^2 = 1$, 由 $\exp(\mu|F|) \le \exp(\mu F) + \exp(-\mu F)$, 推知

$$\int_0^1 \exp\left(\mu|F(t)|\right)dt \le 2\exp(\mu^2). \tag{4.36}$$

记 $|F(t)|_*(\alpha)$ 是 $|F(t)|$ 对应的分布函数，取 $\mu=\frac{\alpha}{2}$, 则由 (4.36) 可见

$$\int_{\{|F(t)|>\alpha\}}\exp\left(\alpha\cdot\frac{\alpha}{2}\right)dt\le 2\exp(\alpha^2/4),$$

即 $|F(t)|_*(\alpha)\le 2\exp(-\frac{\alpha^2}{4})$. 这样，利用 L_p 模的分布函数的表示公式可见

$$\begin{aligned}\|F(t)\|_p&=\left(\int_0^1|F(t)|^p dt\right)^{\frac{1}{p}}=\left(p\int_0^\infty\alpha^{p-1}|F(t)|_*(\alpha)d\alpha\right)^{\frac{1}{p}}\\&\le\left(2p\int_0^\infty\alpha^{p-1}\exp\left(-\frac{\alpha^2}{4}\right)d\alpha\right)^{\frac{1}{p}}\triangleq A_p^{-1}.\end{aligned}$$

因此，对一般的函数 $F(t)=\sum_{m=0}^\infty a_m r_m(t)$, 有

$$A_p\|F(t)\|_p\le\|F(t)\|_2=\left(\sum_{m=0}^\infty a_m^2\right)^{\frac{1}{2}}. \tag{4.37}$$

从而，引理 4.4 得证.

我们还可以将引理 4.4 推广到高维的情形. 记 □ 表示 $\mathbb{R}^n$ 中的方体 $\{(t_1,t_2,\cdots,t_n),0\le t_j\le 1\}$, $m=(m_1,m_2,\cdots,m_n)$ 是 n 重指标集，定义 $r_m(t)=r_{m_1}(t_1)\cdot r_{m_2}(t_2)\cdots r_{m_n}(t_n)$. 类同于引理 4.4, 我们有

引理 4.5　设 $\sum|a_m|^2<\infty, F(t)=\sum a_m r_m(t)$. 那么，对任意 $1<p<\infty$, 有 $F(t)\in L^p(\square)$, 且

$$A_p\|F\|_p\le\|F\|_2\le A_p^{-1}\|F\|_p. \tag{4.38}$$

证明　我们以二维情形为例来证明引理 4.5, 类似于引理 4.4, 我们只需证明

$$A_p\|F\|_p\le\|F\|_2,\quad p>2. \tag{4.39}$$

至于 $1<p\le 2$ 或 (4.38) 的另一个不等式，皆是 (4.39), Hölder 不等式及 Rademacher 函数正交性的简单的推论.

对任意正整数 N, 考虑

$$F_N(t_1,t_2)=\sum_0^N\sum_0^N a_{m_1m_2}r_{m_1}(t_1)r_{m_2}(t_2)=\sum_{m_1=0}^N F_{m_1}(t_2)r_{m_1}(t_1). \tag{4.40}$$

由引理 4.4 知，存在常数 B_p 满足

$$\int_0^1|F_N(t_1,t_2)|^p dt_1\le(B_p^{-1})^p\left(\sum_{m_1=0}^N|F_{m_1}(t_2)|^2\right)^{\frac{p}{2}} \tag{4.41}$$

注意到 Minkowski 不等式，积分 (4.41) 可得

$$\int_0^1\int_0^1 |F_N(t_1,t_2)|^p dt_1dt_2 \le (B_p^{-1})^p \int_0^1 \left(\sum_{m_1=0}^N |F_{m_1}(t_2)|^2\right)^{\frac{p}{2}} dt_2$$

$$\le B_p^{-p}\left(\sum_{m_1=0}^N \left(\int_0^1 |F_{m_1}(t_2)|^p dt_2\right)^{\frac{2}{p}}\right)^{\frac{p}{2}} \le B_p^{-p}\left(\sum_{m_1=0}^N (B_p^{-1})^2 \sum_{m_2=0}^N a_{m_1m_2}^2\right)^{\frac{p}{2}}$$

$$=A_p^{-p}\left(\sum_{m_1=0}^N\sum_{m_2=0}^N a_{m_1m_2}^2\right)^{\frac{p}{2}}, \tag{4.42}$$

这里 $A_p = B_p^2$. 对上式两边开 p 次方，并注意到 N 的任意性即得估计 (4.38).

定理 4.3 的证明 容易看出，证明 (4.26) 仅需证明

$$\left\|\left(\sum_{\rho\in\triangle} |S_\rho f(x)|^2\right)^{\frac{1}{2}}\right\|_p \le A_p\|f\|_p, \quad 1<p<\infty, \tag{4.43}$$

这里 $f\in L^2(\mathbb{R}^n)\cap L^p(\mathbb{R}^n)$. 事实上，对任意 $g\in L^2(\mathbb{R}^n)\cap L^q(\mathbb{R}^n)$, $\frac{1}{p}+\frac{1}{q}=1$, 利用 $\sum_{\rho\in\triangle}\|S_\rho f\|_2^2 = \|f\|_2^2$ 及极化恒等式有

$$\sum_{\rho\in\triangle}\int_{\mathbb{R}^n} S_\rho(f)\overline{S_\rho(g)}dx = \int_{\mathbb{R}^n} f\bar{g}dx. \tag{4.44}$$

进而，利用 Schwartz 不等式及 Hölder 不等式， (4.44) 就意味着

$$\left|\int_{\mathbb{R}^n} f\bar{g}dx\right| \le \int_{\mathbb{R}^n}\left(\sum_{\rho\in\triangle}|S_\rho f|^2\right)^{\frac{1}{2}}\cdot\left(\sum_{\rho\in\triangle}|S_\rho(g)|^2\right)^{\frac{1}{2}}dx$$

$$\le \left\|\left(\sum_{\rho\in\triangle}|S_\rho(f)|^2\right)^{\frac{1}{2}}\right\|_p\left\|\left(\sum_{\rho\in\triangle}|S_\rho(g)|^2\right)^{\frac{1}{2}}\right\|_q$$

$$\le A_q\|g\|_q\left\|\left(\sum_{\rho\in\triangle}|S_\rho(f)|^2\right)^{\frac{1}{2}}\right\|_p. \tag{4.45}$$

于是

$$C_1\|f\|_p \le \left\|\left(\sum_{\rho\in\triangle}|S_\rho(f)|^2\right)^{\frac{1}{2}}\right\|_p, \quad \forall f(x)\in L^2(\mathbb{R}^n)\cap L^p(\mathbb{R}^n), \tag{4.46}$$

这里 $C_1 = A_q^{-1}$. 注意到 $L^2(\mathbb{R}^n)\cap L^p(\mathbb{R}^n)$ 稠于 $L^p(\mathbb{R}^n)$, 故对任意 $f(x)\in L^p(\mathbb{R}^n)$, 存在 $\{f_j\}\subset L^2(\mathbb{R}^n)\cap L^p(\mathbb{R}^n)$, 满足 $\|f_j-f\|_p\to 0(j\to\infty)$, 于是

$$A_q^{-1}\|f_j(x)-f_{j'}(x)\|_p \le \left\|\left(\sum_{\rho\in\triangle}|S_\rho(f_j)-S_\rho(f_{j'})|^2\right)^{\frac{1}{2}}\right\|_p$$

$$\le A_p\|f_j-f_{j'}\|_p, \tag{4.47}$$

$$A_q^{-1}\|f_j(x)\|_p \le \left\|\left(\sum_{\rho\in\triangle}|S_\rho(f_j)|^2\right)^{\frac{1}{2}}\right\|_p \le A_p\|f_j\|_p. \tag{4.48}$$

注意到 (4.47) 意味着 $(\sum_{\rho\in\triangle}|S_\rho(f_j)|^2)^{\frac{1}{2}}$ 是 $L^p(\mathbb{R}^n)$ 中的 Cauchy 列，而 (4.48) 也表示 $f_j \to S_\rho(f_j)$ 是 $L^p(\mathbb{R}^n) \to L^p(\mathbb{R}^n, \mathcal{H})$ 上的有界线性算子，因此，在 (4.48) 两边取 $j \to \infty$, 即得

$$A_q^{-1}\|f(x)\|_p \le \left\|\left(\sum_{\rho\in\triangle}|S_\rho(f)|^2\right)^{\frac{1}{2}}\right\|_p \le A_p\|f\|_p. \tag{4.49}$$

这就说明 (4.43) 与 (4.26) 的等价性. 下面来证估计 (4.43).

先来证 $n=1$ 的情形：记 $\triangle_1$ 是 $\mathbb{R}$ 的二进制分解，其中的元素记为 $I_0, I_1, I_2, \cdots$. 对每一个 $I \in \triangle_1, S_I$ 是其相应的部分和算子. 设 $\varphi(x) \in C^1(\mathbb{R})$ 满足 $0 \le \varphi(x) \le 1$ 且

$$\varphi(x) = \begin{cases} 1, & 1 \le x \le 2, \\ 0, & x < \frac{1}{2} \text{ 或 } x \ge 4. \end{cases} \tag{4.50}$$

设 $I \in \triangle_1$ 是形如 $[2^k, 2^{k+1}]$ 的区间，定义 $\widetilde{S}_I$

$$\widetilde{S}_I f = \mathcal{F}^{-1}(\varphi(2^{-k}x)\hat{f}(x)) = \mathcal{F}^{-1}(\varphi_I(x)\hat{f}(x)). \tag{4.51}$$

显然易见，$\widetilde{S}_I$ 对应的乘子与 S_I 对应的乘子在区间 I 上均是常数 1. 然而与 S_I 对应的乘子 $\chi_I(x)$ 不同，$\widetilde{S}_I$ 对应的乘子 $\varphi_I(x)$ 是光滑函数. 类似地，对于形如 $I = [-2^{k+1}, -2^k] \subset \triangle_1$ 的区间定义 $\varphi_I(x)$ 及 $\widetilde{S}_I$. 在此构造下，有

$$S_I\widetilde{S}_I = S_I. \tag{4.52}$$

现对每一个 $t \in [0,1]$, 考虑乘子变换

$$\widetilde{T}_t = \sum_{m=0}^{\infty} r_m(t)\widetilde{S}_{I_m}. \tag{4.53}$$

若记 $\widetilde{T}_t$ 对应的乘子是 $m_t(x)$, 由 (4.53) 可见

$$m_t(x) = \sum_{m=0}^{\infty} r_m(t)\varphi_{I_m}(x). \tag{4.54}$$

由 $\varphi_{I_m}(x)$ 的构造可见，(4.54) 左边的和式中，对 $\forall x \in \mathbb{R}$, 最多有三项非零且

$$m_t(x) \le B, \quad \frac{dm_t}{dx} \le \frac{B}{|x|}, \tag{4.55}$$

这里 B 不依赖 t. (4.55) 中第二个不等式用到

$$\text{supp}\varphi_{I_m}(x) \subset [2^{-1}\cdot 2^m, 4\cdot 2^m].$$

利用 Hörmander 乘子定理，有

$$\|\widetilde{T}_t f\|_p \leq A_p\|f\|_p, \quad f(x)\in L^p(\mathbb{R}), \tag{4.56}$$

这里 A_p 不依赖 t. 另一方面，由 Rademacher 函数的性质，有

$$\begin{aligned}\int_0^1 \|\tilde{T}_t(f)\|_p^p dt &= \int_0^1\int_{\mathbb{R}}\left|\sum_{m=0}^{\infty} r_m(t)\tilde{S}_{I_m}(f)(x)\right|^p dxdt\\ &\geq A_p'\int_{\mathbb{R}}\left(\sum_{m=0}^{\infty}|\tilde{S}_{I_m}(f)|^2\right)^{\frac{p}{2}}dx.\end{aligned} \tag{4.57}$$

因此,

$$\left\|\left(\sum_{m=0}^{\infty}|\tilde{S}_{I_m}(f)|^2\right)^{\frac{1}{2}}\right\|_p \leq B_p\|f\|_p. \tag{4.58}$$

对于一般的部分和算子，注意到 (4.52) 和定理 4.2 ($Q=\triangle_1$). 容易推得

$$\begin{aligned}\left\|\left(\sum_{m=0}^{\infty}|S_{I_m}(f)|^2\right)^{\frac{1}{2}}\right\|_p &= \left\|\left(\sum_{m=0}^{\infty}|S_{I_m}\tilde{S}_{I_m}(f)|^2\right)^{\frac{1}{2}}\right\|_p\\ &\leq \left\|\left(\sum_{m=0}^{\infty}|\tilde{S}_{I_m}(f)|^2\right)^{\frac{1}{2}}\right\|_p \leq B_p\|f\|_p.\end{aligned} \tag{4.59}$$

从而推得 (4.43).

在考虑 n 维情形之前，先证明一维情形下的一个算子不等式. 记 $T_t=\sum\limits_{m=0}^{\infty} r_m(t)S_{I_m}$, 我们断言

$$\|T_t(f)\|_p \leq A_p\|f\|_p, \qquad 1<p<\infty, \tag{4.60}$$

这里 $f(x)\in L^2(\mathbb{R})\cap L^p(\mathbb{R})$, A_p 与 f,t 无关.

事实上，令 $T_t^N=\sum\limits_{m=0}^{N} r_m(t)S_{I_m}$, 因 S_{I_m} 是 $L^2(\mathbb{R})$ 和 $L^p(\mathbb{R})$ 上的有界线性算子. 因此， $T_t^N(f)\in L^2(\mathbb{R})\cap L^p(\mathbb{R})$, 利用一维情形的 (4.26), 就得到

$$C_1\|T_t^N(f)\|_p \leq \left\|\left(\sum_{\rho\in\triangle}|S_\rho T_t^N f|^2\right)^{\frac{1}{2}}\right\|_p \leq \left\|\left(\sum_{m=0}^{N}|S_{I_m}f|^2\right)^{\frac{1}{2}}\right\|_p \leq C_p\|f\|_p, \tag{4.61}$$

就上式的两边取 $N \to \infty$, 即得到 (4.60).

下面来考虑 n 维的情形. 用 $T_{t_j}^{(j)}$ 表示 T_{t_j} 仅作用在 x_j 变量的算子, 那么, 对 $\forall f(x) \in L^2(\mathbb{R}^n) \cap L^p(\mathbb{R}^n)$, 由 (4.60) 可得

$$\int_{\mathbb{R}} |T_{t_j}^{(j)} f(x_1, x_2, \cdots, x_n)|^p dx_j \le A_p^p \int_{\mathbb{R}} |f(x_1, x_2, \cdots, x_n)|^p dx_j, \tag{4.62}$$

这里用到了对几乎处处 $x_1, \cdots, x_{j-1}, x_{j+1} \cdots, x_n$, $f(x)$ 关于 x_j 是 $L^2(\mathbb{R}) \cap L^p(\mathbb{R})$ 函数. 现对 (4.62) 的两边关于 $x_1, \cdots, x_{j-1}, x_{j+1} \cdots, x_n$ 积分, 可得

$$\|T_{t_j}^{(j)} f\|_p \le A_p \|f\|_p, \quad f(x) \in L^2(\mathbb{R}^n) \cap L^p(\mathbb{R}^n),\ 1 \le j \le \infty. \tag{4.63}$$

现用 $\triangle$ 表示 $\mathbb{R}^n$ 上所有的二进制分解所得的长方体集, $\rho_m \in \triangle$ 具有

$$\rho_m = I_{m_1} \times I_{m_2} \times \cdots \times I_{m_n} \tag{4.64}$$

的形式, 这里 $m = (m_1, m_2, \cdots, m_n)$. 现对 $T_t = \sum_{\rho_m \in \triangle} r_m(t) S_{\rho_m}$, 连续利用 (4.63)$n$ 次, 就得

$$\|T_t f\|_p \le A_p^n \|f\|_p, \quad \forall t = (t_1, t_2, \cdots, t_n) \in \square, \tag{4.65}$$

这里用到 $r_m(t) = r_{m_1}(t_1) r_{m_2}(t_2) \cdots r_{m_n}(t_n)$. 最后, 由 Rademacher 函数的性质可见

$$\begin{aligned}\int_{\square} \|T_t(f)\|_p^p dt &= \int_{\square} \int_{\mathbb{R}^n} |T_t(f)|^p dt dx = \int_{\mathbb{R}^n} \int_{\square} \left| \sum_{\rho_m \in \triangle} r_m(t) S_{\rho_m}(f) \right|^p dt dx \\ &\ge \left\| \Big(\sum_{\rho_m \in \triangle} |S_{\rho_m}(f)|^2 \Big)^{\frac{1}{2}} \right\|_p^p.\end{aligned} \tag{4.66}$$

于是, 两边开 p 次方, 并利用 (4.65) 就得估计 (4.43), 从而定理 4.3 得证.

§7.5 Marcinkiewicz 乘子定理

本节我们将利用部分和算子及二进制分解的结论, 来建立 Marcinkiewicz 型的乘子定理. 它在 Littlewood-Paley 理论中有重要的作用.

定理 5.1 设 $m(x)$ 是 $\mathbb{R}$ 上的有界函数, 在每一个不包含原点的区间上是囿变函数, 即满足

(1) $|m(x)| \le B, -\infty < x < +\infty$,

(2) 对每一个二制区间 $I \subset \mathbb{R}$, 有 $\int_I |dm(x)| \le B$.

则 $m \in \mathcal{M}_p, 1 < p < \infty$ 且满足

$$\|T_m f\|_p \le A_p \|f\|_p, \quad \forall f \in L^p(\mathbb{R}). \tag{5.1}$$

证明 我们仅需对 $f(x) \in L^p(\mathbb{R}) \cap L^2(\mathbb{R})$ 来证明 (5.1) 式. 记 $F = T_m f$, $\triangle$ 是 $\mathbb{R}$ 的二进制分解. 设 $\rho \in \triangle$, 现令

$$f_\rho = S_\rho f, \quad F_\rho = S_\rho F = S_\rho T_m f = T_m f_\rho, \tag{5.2}$$

由定理 4.3 知

$$\left\| \left(\sum_{\rho \in \triangle} |S_\rho g|^2 \right)^{\frac{1}{2}} \right\|_p \sim \|g\|_p, \quad \forall g \in L^p(\mathbb{R}^n). \tag{5.3}$$

因此, (5.1) 就等价于证明

$$\|F\|_p \sim \left\| \left(\sum_{\rho \in \triangle} |S_\rho F|^2 \right)^{\frac{1}{2}} \right\|_p \le C \left\| \left(\sum_{\rho \in \triangle} |S_\rho f|^2 \right)^{\frac{1}{2}} \right\|_p \sim C\|f\|_p. \tag{5.4}$$

记 $\chi_{\rho,w}(x) = \chi_{\rho \cap (-\infty, w)}(x)$, 它对应的部分和算子

$$S_{\rho,w} f = \mathcal{F}^{-1}(\chi_{\rho,w} \hat{f}).$$

对于 $w \in \rho$, 上式可具体表示为

$$S_{\rho,w} f(x) = \begin{cases} \displaystyle\int_{2^k}^{w} \hat{f}(\xi) e^{2\pi i x \cdot \xi} d\xi, & \rho = [2^k, 2^{k+1}], \\ \displaystyle\int_{-2^{l+1}}^{w} \hat{f}(\xi) e^{2\pi i x \cdot \xi} d\xi, \rho = [-2^{l+1}, -2^l]. \end{cases} \tag{5.5}$$

设 $g(w) = S_{\rho,w} f$, 那么

$$g'(w) = \hat{f}(w) e^{2\pi i x \cdot w}. \tag{5.6}$$

于是, 利用分部积分, 可得

$$\begin{aligned} S_\rho F &= \int_{\mathbb{R}} \chi_\rho m(\xi) \hat{f}(\xi) e^{2\pi i x \cdot \xi} d\xi = \int_\rho m(\xi) \hat{f}(\xi) e^{2\pi i x \cdot \xi} d\xi \\ &= m(\xi) g(\xi) \,\Big|_{2^k}^{2^{k+1}} - \int_\rho g(\xi) dm(\xi) \\ &= m(2^{k+1}) S_\rho f - \int_\rho S_{\rho,\xi} f(x) dm(\xi), \end{aligned} \tag{5.7}$$

这里是对 $\rho = (2^k, 2^{k+1})$ 推得的. 对于 $\rho = (-2^{l+1}, -2^l)$, 同理有

$$S_\rho F = m(-2^l) S_\rho f - \int_\rho S_{\rho,\xi} f(x) dm(\xi). \tag{5.8}$$

从而

$$|S_\rho F|^2 \le 2B^2|S_\rho f|^2 + 2B^2\int_\rho |S_{\rho,\xi}f(x)|^2|dm(\xi)|,$$

这意味着

$$\Big(\sum_{\rho\in\triangle}|S_\rho F|^2\Big)^{\frac12} \le C\Big(\sum_{\rho\in\triangle}|S_\rho f|^2\Big)^{\frac12} + C\Big(\sum_{\rho\in\triangle}\int_\rho |S_{\rho,\xi}f(x)|^2 dm(\xi)\Big)^{\frac12}. \tag{5.9}$$

现就上式的两边取 L_p 模，利用定理 4.2′, 直接估计可见

$$\begin{aligned}
&\Big\|\Big(\sum_{\rho\in\triangle}|S_\rho F|^2\Big)^{\frac12}\Big\|_p\\
\le & C\Big\|\Big(\sum_{\rho\in\triangle}|S_\rho f|^2\Big)^{\frac12}\Big\|_p + C\Big(\int\Big(\sum_{\rho\in\triangle}\Big|\int_\rho |S_{\rho,\xi}f(x)|^2|dm(\xi)\Big|\Big)^{\frac p2}dx\Big)^{\frac1p}\\
= & C\Big\|\Big(\sum_{\rho\in\triangle}|S_\rho f|^2\Big)^{\frac12}\Big\|_p + C\Big(\int\Big(\int_{\xi\in\bigcup_{\rho\in\triangle}} |S_{\rho,\xi}f(x)|^2|dm(\xi)|\Big)^{\frac p2}dx\Big)^{\frac1p}\\
= & C\Big\|\Big(\sum_{\rho\in\triangle}|S_\rho f|^2\Big)^{\frac12}\Big\|_p + C\|f\|_p = C\|f\|_p.
\end{aligned} \tag{5.10}$$

从而由 (5.4) 就证明了定理 5.1.

定理 5.2　设 $m(x)$ 是 $\mathbb{R}^n$ 上的有界函数，满足：

(1) $|m(x)| \le B$, $x\in\mathbb{R}^n$;

(2) $\sup_{x_{k+1},\cdots,x_n}\int_\rho \left|\frac{\partial^k m}{\partial x_1\partial x_2\cdots\partial x_k}\right|dx_1dx_2\cdots dx_k \le B, 0<k\le n$, 这里 ρ 是 $\mathbb{R}^k$ 的任一个二进制长方体，特别，当 $k=n$ 时， sup 去掉;

(3) 条件 (b) 对于 $x_1,x_2,\cdots,x_n$ 的任一个置换都成立.

则 $m\in\mathcal{M}_p, 1<p<\infty$ 且

$$\|T_m f\|_p \le A_p\|f\|_p,\quad \forall f\in L^p(\mathbb{R}^n), \tag{5.11}$$

这里 A_p 仅依赖于 B, n, p.

证明　类似于定理 5.1 的证明，令 $F=T_mf$. 若记 $\triangle$ 为 $\mathbb{R}^n$ 上的二进制分解，对 $\forall\rho\in\triangle$, 可定义 $f_\rho = S_\rho f, F_\rho = S_\rho F = T_m f_\rho$, 注意到定理 4.3, 仅需证明

$$\Big\|\Big(\sum_{\rho\in\triangle}|F_\rho|^2\Big)^{\frac12}\Big\|_p \le C_p\Big\|\Big(\sum_{\rho\in\triangle}|f_\rho|^2\Big)^{\frac12}\Big\|_p. \tag{5.12}$$

我们仅就 $n=2$ 来证明定理 5.2, 一般情形同理可证. 由于 $\mathbb{R}^2$ 的二进制分解的方体分属四个象限，故可分别予以估计. 我们以第一象限中的方体为例来进行估计.

设 $\rho=\{(x_1,x_2);2^k\le x_1\le 2^{k+1},2^l\le x_2\le 2^{l+1}\}$, 则对任意 $(x_1,x_2)\in\rho$, 我们有

$$\begin{aligned}m(x_1,x_2)=&\int_{2^l}^{x_2}\int_{2^k}^{x_1}\frac{\partial^2 m}{\partial\xi_1\partial\xi_2}d\xi_1 d\xi_2+\int_{2^k}^{x_1}\frac{\partial}{\partial\xi_1}m(\xi_1,2^l)d\xi_1\\&+\int_{2^l}^{x_2}\frac{\partial}{\partial\xi_2}m(2^k,\xi_2)d\xi_2+m(2^k,2^l).\end{aligned}\tag{5.13}$$

用 S_t 表示集合 $\{2^k<x_1<t_1,2^l<x_2<t_2\}$ 对应的部分和算子，$S_{t_1}^{(1)}$ 表示区间 $\{2^k<x_1<t_1\}$ 上的部分和算子，$S_{t_2}^{(2)}$ 是区间 $\{2^l<x_2<t_2\}$ 上的部分和算子，易见

$$S_t=S_{t_1}^{(1)}\cdot S_{t_2}^{(2)}.\tag{5.14}$$

于是

$$S_{t_1}^{(1)}S_\rho=S_{t_1}^{(1)},\quad S_{t_2}^{(2)}S_\rho=S_{t_2}^{(2)},\quad S_tS_\rho=S_t.\tag{5.15}$$

利用 (5.13), 直接验算有

$$\begin{aligned}F_\rho=S_\rho T_m f=&\int_{\mathbb{R}^2}\chi_\rho(t_1,t_2)m(t_1,t_2)\hat f(t_1,t_2)e^{2\pi i x\cdot t}dt_1dt_2\\
=&\int_{2^l}^{2^{l+1}}\int_{2^k}^{2^{k+1}}\left[\int_{2^l}^{t_2}\int_{2^k}^{t_1}\frac{\partial^2 m}{\partial\xi_1\partial\xi_2}d\xi_1d\xi_2+\int_{2^k}^{t_1}\frac{\partial}{\partial\xi_1}m(\xi_1,2^l)d\xi_1\right.\\
&\left.+\int_{2^l}^{t_2}\frac{\partial}{\partial\xi_2}m(2^k,\xi_2)d\xi_2+m(2^k,2^l)\right]\hat f(t_1,t_2)e^{2\pi i x\cdot t}dt_1dt_2\\
=&\int_{2^l}^{2^{l+1}}\int_{2^k}^{2^{k+1}}\left[\int_{2^k}^{2^{k+1}}\int_{2^l}^{2^{l+1}}\chi_{\rho,t}\frac{\partial^2 m}{\partial\xi_1\partial\xi_2}d\xi_1d\xi_2\right.\\
&+\int_{2^k}^{2^{k+1}}\chi_{\rho,t_1}^{(1)}\frac{\partial}{\partial\xi_1}m(\xi_1,2^l)d\xi_1+\int_{2^l}^{2^{l+1}}\chi_{\rho,t_2}^{(2)}\frac{\partial}{\partial\xi_2}m(2^k,\xi_2)d\xi_2\\
&\left.+m(2^k,2^l)\right]\hat f(t_1,t_2)e^{2\pi i x\cdot t}dt_1dt_2\\
=&\int_{2^l}^{2^{l+1}}\int_{2^k}^{2^{k+1}}\left(\int_{2^k}^{2^{k+1}}\int_{2^l}^{2^{l+1}}\chi_{\rho,t}\hat f(t_1,t_2)e^{2\pi i x\cdot t}dt_1dt_2\right)\frac{\partial^2 m}{\partial\xi_1\partial\xi_2}d\xi_1d\xi_2\\
&+\int_{2^k}^{2^{k+1}}\left(\int_{2^k}^{2^{k+1}}\int_{2^l}^{2^{l+1}}\chi_{\rho,t_1}^{(1)}\hat f(t_1,t_2)e^{2\pi i x\cdot t}dt_1dt_2\right)\frac{\partial m}{\partial\xi_1}(\xi_1,2^l)d\xi_1\\
&+\int_{2^l}^{2^{l+1}}\left(\int_{2^k}^{2^{k+1}}\int_{2^l}^{2^{l+1}}\chi_{\rho,t_2}^{(2)}\hat f(t_1,t_2)e^{2\pi i x\cdot t}dt_1dt_2\right)\frac{\partial}{\partial\xi_2}m(2^k,\xi_2)d\xi_2\\
&+\int_{2^k}^{2^{k+1}}\int_{2^l}^{2^{l+1}}m(2^k,2^l)\hat f(t_1,t_2)e^{2\pi i x\cdot t}dt_1dt_2.\end{aligned}$$

故由 Hölder 不等式，可得

$$\begin{aligned}|F_\rho|^2 \le & B'\Big[\int\int_\rho S_t(f_\rho)^2\cdot\Big|\frac{\partial^2 m}{\partial\xi_1\partial\xi_2}\Big|d\xi_1d\xi_2+\int_{\rho_1}S_{t_1}^{(1)}(f_\rho)^2\cdot\Big|\frac{\partial m(\xi_1,2^l)}{\partial\xi_1}\Big|d\xi_1\\ &+\int_{\rho_2}S_{t_2}^{(2)}(f_\rho)^2\cdot\Big|\frac{\partial m(2^k,\xi_2)}{\partial\xi_2}\Big|d\xi_2+|f_\rho|^2\Big]\\ \triangleq & I_\rho^{(1)}+I_\rho^{(2)}+I_\rho^{(3)}+I_\rho^{(4)}.\end{aligned}\tag{5.16}$$

因此

$$\Big\|\Big(\sum_{\rho\in\triangle}|F_\rho|^2\Big)^{\frac12}\Big\|_p\le\sum_{i=1}^4\Big\|\Big(\sum_{\rho\in\triangle}I_\rho^{(i)}\Big)^{\frac12}\Big\|_p.\tag{5.17}$$

现设 $d\gamma=|\frac{\partial^2 m(\xi_1,\xi_2)}{\partial\xi_1\partial\xi_2}|d\xi_1d\xi_2$, 取 $\Gamma=\mathbb{R}^2\setminus\{0\}$ 对 $\gamma=(x_1,x_2)\in\Gamma$, 则有且仅有 $\rho_\gamma\in\triangle$ 使得 $\gamma\in\rho_\gamma$. 注意到

$$\int_\rho d\gamma=\int_\rho\Big|\frac{\partial^2 m(\xi_1,\xi_2)}{\partial\xi_1\partial\xi_2}\Big|d\xi_1d\xi_2\le B,\tag{5.18}$$

那么，函数 $\gamma\to\rho_\gamma$ 在二进制方体上是有界可测函数. 因此，利用定理 4.2′ 及定理 5.2 的条件可得

$$\begin{aligned}\Big\|\Big(\sum_{\rho\in\triangle}I_\rho^{(1)}\Big)^{\frac12}\Big\|_p&\le\sum_{\rho\in\triangle}\Big\|\Big(\int\int_\rho S_t(f_\rho)^2\Big|\frac{\partial^2 m(\xi_1,\xi_2)}{\partial\xi_1\partial\xi_2}\Big|d\xi_1d\xi_2\Big)^{\frac12}\Big\|_p\\ &\le C\sum_{\rho\in\triangle}\|f_\rho\|_p.\end{aligned}\tag{5.19}$$

同理可证

$$\Big\|\Big(\sum_{\rho\in\triangle}I_\rho^{(j)}\Big)^{\frac12}\Big\|_p\le C\sum_{\rho\in\triangle}\|f_\rho\|_p,\qquad j=2,3,4.\tag{5.20}$$

于是，定理 5.2 得证.

注记 5.1 (i) 当 $n=1$ 时，定理 5.1 蕴含着定理 5.2. 这是因为定理 5.2 要求 m 除原点外具有连续导数，而定理 5.1 仅要求 m 在不含 0 点区间上有有界变差. 然而，本质上，它们是等价的，这仅需通过极限过程可以实现.

(ii) 二进制分解不是本质的，改为 a 进制分解 $(a>1)$, 本章的结论仍然成立.

(iii) 当 $n=1$ 时， Mihlin-Hömander 乘子定理蕴含 Marcinkiewicz 定理 (见定理 5.2). 然而，当 $n\ge2$ 时，互不包含 (有相交之处). 这一事实可由乘子 m 在特定变换下的不变性来予以说明. 事实上，对 $\forall\varepsilon>0$ 和 $\mathbb{R}^n$ 中任一旋转 ρ^{-1}, 乘子 $m(x)$ 在变换

$$m(x) \to m(\varepsilon x), \quad (\text{伸缩变换})$$
$$m(x) \to m(\rho^{-1}x) \quad (\text{旋转变换})$$

下， Hörmander 型乘子定理仍然成立，然而 Marcinkiewicz 定理在旋转变换下并不保持. 另一方面， Marcinkiewicz 乘子定理在变换 $m(x) \longrightarrow m(\varepsilon \circ x)$, $\varepsilon \circ x=(\varepsilon_1 x_1,\varepsilon_2 x_2, \cdots, \varepsilon_n x_n)$, $\varepsilon_j \neq 0$ $j = 1, 2, \cdots, n$ 下仍然成立.

(iv) Marcinkiewicz 乘子定理适应性更广泛些，例如在处理椭圆型方程的 L_p 估计时用到的乘子 $m(x) = \varphi(x)\frac{x^\alpha}{P(x)}$(这里 $\varphi(x) \in C^\infty$ 且在半径为 1 的球外是 1, $P(x)$ 是 k 阶椭圆多项式， x^α(k 阶单项式) 是 $\mathcal{M}_p$ 中的元素. 然而，本章所述的乘子定理均是一些充分条件，故有些乘子无法通过它们来判断.

例如　在研究抛物型方程时，出现的乘子

$$\frac{x_1}{x_1 + i(x_2^2 + x_3^2 + \cdots + x_n^2)}$$

及研究分数阶的位势理论时所出现的乘子

$$\frac{|x_1|^{\alpha_1}|x_2|^{\alpha_2}\cdots|x_n|^{\alpha_n}}{(|x_1|^2 + \cdots + x_n^2)^{|\alpha|/2}}, \quad \alpha = (\alpha_1, \cdots, \alpha_n), \quad \alpha_j > 0$$

皆无法用 Hörmander 乘子定理或 Marcinkiewicz 乘子定理来判别. 因此，找到判别乘子的一些充分条件是一个很重要的工作，最有希望的途径似乎是通过 g_λ^* 函数来实现这一目的.

思考与练习

1. 详细证明 Hörmander 乘子定理.

2. 设 R_j ($j = 1, 2, \cdots, n.$) 是 Riesz 变换，证明：

(a) $g^2(f)(x) = g_1^2(f)(x) + \sum_{j=1}^n g_1^2(R_j f)(x)$,

(b) $g_1^2(f)(x) \leq \sum_{j=1}^n g_x^2(R_j f)(x)$.

3. 设 $m(x) = \varphi_0(x)\frac{e^{i|x|^2}}{(1+|x|^2)^\beta}$, $1 \geq \alpha > 0$, $\beta > 0$. $\varphi_0(x)$ 是一个在原点附近是 0, 而在某一个充分大的球外恒等于 1 的光滑函数，假设 $n \neq 1$ 或者 $\alpha \neq 1$, 则有如下结论：

(a) 如果 $|\frac{1}{2} - \frac{1}{p}| < \theta$,$m(x) \in \mathcal{M}_p$, $\theta = \frac{2\beta}{n\alpha}$.

(b) 如果 $|\frac{1}{2} - \frac{1}{p}| > \theta$,$m(x) \notin \mathcal{M}_p$.

而对 $n = 1$, $\alpha = 1$ 的情形，我们有

(a)$'$ 若 $\beta = 0$, 则 $m(x) \in \mathcal{M}_p$ 的充分必要条件是 $1 < p < \infty$.

(b)′ 若 $\beta > 0$, 则 $m(x) \in \mathcal{M}_p$.

4. 设 $m(x) \in \mathcal{M}_p \cap C(\mathbb{R}^n)$, 则 $m(x) \in \mathcal{M}_p(\mathbb{R}^k)$, 这里 $1 \le k < n$.

5. 设 $m_1(x) \in L^r(\mathbb{R}^n)$, $m_2(x) \in L^{r'}(\mathbb{R}^n)$, $\frac{1}{r}+\frac{1}{r'}=1$. 则当 $|\frac{1}{2}-\frac{1}{p}| \le \frac{1}{\max(r,r')}$ 时，就有 $m(x) \in \mathcal{M}_p(\mathbb{R}^n)$.

6. (a) 设 B 是 $\mathbb{R}^n$ 中的单位球，当 $p > \frac{2n}{n-1}$ 或 $p < \frac{2n}{n+1}$ 时，$\chi_B(x) \notin \mathcal{M}_p$.

(b) 设 $m(x)$ 是径向函数，设 $m(x) \in \mathcal{M}_p(\mathbb{R}^n)$, 则当 $p > \frac{2n}{n-1}$ 或 $p < \frac{2n}{n+1}$ 时, 则 $m(x)$ 几乎处处连续. (提示： 仅需证明 (a). 另外, 注意到 $\mathcal{M}_p = \mathcal{M}_{p'}$, 仅需就 $p < \frac{2n}{n+1}$ 的情形来证明. 对 $\forall f(x) \in L^p(\mathbb{R}^n)$, 利用 $\hat{f}(x)$ 的 Bessel 函数表示法来予以证明即可，见 Stein 的书 [Ste1].)

7. (a) 设 $P(x)$ 是 k 阶椭圆多项式 ($P(x)=0 \Longleftrightarrow x=0$), $f(x)$ 是 $C_c^k(\mathbb{R}^n)$ 中的函数，则

$$\left\|\left(\frac{\partial}{\partial x}\right)^{\alpha} f\right\|_p \le A_p\left[\left\|P\left(\frac{\partial}{\partial x}\right)f\right\|_p + \|f(x)\|_p\right], \quad 1<p<\infty.$$

(提示：取光滑函数 $\varphi(x)$ 在原点附近是 0, 而在充分大的球外恒等于 1. 利用分解式

$$x^\alpha \hat{f} = x^\alpha(1-\varphi(x))\hat{f}(x) + \varphi(x)\frac{x^\alpha}{P(x)} \cdot P(x)f(x).$$

注意到 $x^\alpha(1-\varphi(x))$ 是属于 $L^1(\mathbb{R}^n)$. 而由乘子定理知 $\varphi(x)\frac{x^\alpha}{P(x)} \in \mathcal{M}_p$, 从而可得此结论.)

8. 在定理 2.4 中，若 $p=\frac{2}{\lambda}$ 且 $1<p<2$, 则 g_λ^* 是一个弱 (p,p) 型算子，见 [Fe].

第八章　位势理论与可微函数空间

本章我们着重讨论位势 Banach 空间，与此同时，我们将回顾一般的函数空间例如 Besov 空间、 Triebel 空间、 Hardy 空间等，用前面建立的调和分析方法诸如插值理论、球调和函数理论、乘子理论、奇异积分算子理论、 Hardy-Littlewood 的 g 函数方法等来阐述一般可微函数空间的定义、嵌入定理及它们之间关系，以便从事分析及其它数学学科的读者查阅，由于篇幅所限，有些证明予以省略，详细的证明可参考 Hans Triebel 的专著 [Tr1] 和 [Tr2].

§8.1　位势 Banach 空间与 Sobolev 空间

本节主要讨论 Riesz 位势、 Bessel 位势以及由它们生成的位势 Banach 空间. 本质上 Riesz 位势是分数阶导数的替代品，这一事实使得一般的整数阶 Sobolev 空间可自然推广到分数阶的 Sobolev 空间，这里积分区域是 $\mathbb{R}^n$. Riesz 位势 Banach 空间对应着齐次 Sobolev 空间， Bessel 位势空间对应着通常的 Sobolev 空间. 在讨论中奇异积分理论、 Fourier 变换理论起着桥梁作用.

首先，我们来引入 Riesz 位势的概念. 众所周知，

$$(-\triangle f)^\wedge = 4\pi^2|x|^2\hat{f}(x), \tag{1.1}$$

这意味着 $-\triangle$ 对应着 $|x|^2$. 一般地，与 $|x|^\rho$ 对应的算子应该是 Laplace 算子的分数次幂，即

$$((-\triangle)^{\frac{\rho}{2}}f)^\wedge = (2\pi|x|)^\rho\hat{f}(x), \tag{1.2}$$

然而这仅是我们的形式推演. 另一方面，由球调和函数的 Fourier 变换 (见第三章定理 5.1) 知 $K(x)=\frac{1}{|x|^{n-\alpha}}$ 满足

$$\mathcal{F}\left(\frac{1}{|x|^{n-\alpha}}\right) = 2^\alpha\pi^{\frac{n}{2}}\frac{\Gamma(\frac{\alpha}{2})}{\Gamma(\frac{n-\alpha}{2})}(2\pi|x|)^{-\alpha} \triangleq \gamma(\alpha)(2\pi|x|)^{-\alpha},$$

这里 $0<\alpha<n$. 若记

$$\mathcal{I}_\alpha(f)(x) = (-\triangle)^{-\frac{\alpha}{2}}f(x), \quad 0<\alpha<n, \tag{1.3}$$

则 $\mathcal{I}_\alpha f(x)$ 与卷积型算子

$$Tf = \int_{\mathbb{R}^n}\frac{1}{\gamma(\alpha)}K(x-y)f(y)dy \tag{1.4}$$

具有相同的 Fourier 变换. 于是, Laplace 算子的 $-\alpha/2$ 阶次方可用形如 (1.4) 的卷积型算子来刻画, 这就诱导出 Riesz 位势的概念.

定义 1.1 称

$$\mathcal{I}_\alpha f=(-\triangle)^{-\frac{\alpha}{2}}f(x)=\frac{1}{\gamma(\alpha)}\int_{\mathbb{R}^n}|x-y|^{-n+\alpha}f(y)dy \tag{1.5}$$

是 Riesz 位势. 这里 $\gamma(\alpha)=2^\alpha\pi^{\frac{n}{2}}\Gamma(\frac{\alpha}{2})\Big/\Gamma(\frac{n}{2}-\frac{\alpha}{2})$.

引理 1.1 设 $0<\alpha<n$, 我们有

(1) 在 $\mathcal{S}'$ 意义下 $\mathcal{F}^{-1}(|x|^{-n+\alpha})=\mathcal{F}(|x|^{-n+\alpha})=\gamma(\alpha)(2\pi|x|)^{-\alpha}$, 即对任意的 $\varphi\in\mathcal{S}(\mathbb{R}^n)$, 有

$$\int_{\mathbb{R}^n}|x|^{-n+\alpha}\bar{\varphi}(x)dx=\gamma(\alpha)\int_{\mathbb{R}^n}(2\pi|x|)^{-\alpha}\bar{\hat{\varphi}}(x)dx, \tag{1.6}$$

(2) 在 $\mathcal{S}'$ 意义下有 $(\mathcal{I}_\alpha f)^\wedge=(2\pi|x|)^{-\alpha}\hat{f}(x)$ 成立, 即

$$\int_{\mathbb{R}^n}\mathcal{I}_\alpha(f)\bar{g}(x)dx=\int_{\mathbb{R}^n}(2\pi|x|)^{-\alpha}\hat{f}(x)\bar{\hat{g}}(x)dx, \tag{1.7}$$

这里 $f(x),\ g(x)\in\mathcal{S}(\mathbb{R}^n)$.

证明 (1) 是第三章定理 5.1 的结果. 下面来证明 (2). 由 (1.6) 及卷积的性质, 对任意的 $f(x)\in\mathcal{S}(\mathbb{R}^n)$, 有

$$\mathcal{I}_\alpha f=\frac{1}{\gamma(\alpha)}\int_{\mathbb{R}^n}|y|^{-n+\alpha}f(x-y)dy=\int_{\mathbb{R}^n}(2\pi|y|)^{-\alpha}\hat{f}(-y)e^{2\pi ix\cdot y}dy. \tag{1.8}$$

因此, 用 (1.8) 两边乘以 $\bar{g}(x)$, 并对 x 积分可得

$$\begin{aligned}\int_{\mathbb{R}^n}\mathcal{I}_\alpha(f)\bar{g}(x)dx&=\int_{\mathbb{R}^n}\int_{\mathbb{R}^n}(2\pi|y|)^{-\alpha}\hat{f}(-y)e^{2\pi ix\cdot y}dy\bar{g}(x)dx\\&=\int_{\mathbb{R}^n}\int_{\mathbb{R}^n}(2\pi|y|)^{-\alpha}\hat{f}(y)e^{-2\pi ix\cdot y}dy\bar{g}(x)dx\\&=\int_{\mathbb{R}^n}(2\pi|y|)^{-\alpha}\hat{f}(y)\left(\int_{\mathbb{R}^n}\bar{g}(x)e^{-2\pi ix\cdot y}dx\right)dy\\&=\int_{\mathbb{R}^n}(2\pi|x|)^{-\alpha}\hat{f}(x)\bar{\hat{g}}(x)dx,\quad f(x),g(x)\in\mathcal{S}(\mathbb{R}^n).\end{aligned}$$

从而 (2) 成立, 这里用到了变量代换和交换积分次序等技术.

引理 1.2 对 $f(x)\in\mathcal{S}(\mathbb{R}^n)$, 有

$$\mathcal{I}_\alpha(\mathcal{I}_\beta f)=\mathcal{I}_{\alpha+\beta}(f),\quad \alpha>0,\ \beta>0,\ \alpha+\beta<n, \tag{1.9}$$

$$\triangle(\mathcal{I}_\alpha f) = \mathcal{I}_\alpha(\triangle f) = -\mathcal{I}_{\alpha-2}(f), \quad n \geq 3,\ 2 < \alpha < n. \tag{1.10}$$

证明 (i) 易见，所考虑的 Riesz 位势皆有定义，对 $\forall g(x) \in \mathcal{S}(\mathbb{R}^n)$, 直接计算并注意利用引理 1.1 和 Plancherel 恒等式，可见

$$\begin{aligned}\int_{\mathbb{R}^n} \mathcal{I}_\alpha(\mathcal{I}_\beta f)\bar{g}(x)dx &= \int_{\mathbb{R}^n} \widehat{\mathcal{I}_\beta f}(2\pi|x|)^{-\alpha}\bar{\hat{g}}(x)dx \\ &= \int_{\mathbb{R}^n} (2\pi|x|)^{-(\alpha+\beta)}\hat{f}(x)\bar{\hat{g}}(x)dx \\ &= \int_{\mathbb{R}^n} \mathcal{I}_{\alpha+\beta}(f)\bar{g}(x)dx.\end{aligned}$$

从而 (1.9) 得证.

(ii) 类似于 (i) 的证明，对 $\forall g(x) \in \mathcal{S}(\mathbb{R}^n)$, 利用 Fourier 变换的性质直接验算，可得

$$\begin{aligned}\int_{\mathbb{R}^n} (\triangle\mathcal{I}_\alpha f)\bar{g}dx = \int_{\mathbb{R}^n} (\mathcal{I}_\alpha f)\triangle\bar{g}dx &= -\int_{\mathbb{R}^n} (2\pi|x|)^{2-\alpha}\hat{f}(x)\bar{\hat{g}}(x)dx \\ &= -\int_{\mathbb{R}^n} \mathcal{I}_{\alpha-2}(f)(x)\bar{g}(x)dx.\end{aligned} \tag{1.11}$$

同理，

$$\int_{\mathbb{R}^n} (\mathcal{I}_\alpha\triangle f)\bar{g}dx = -\int_{\mathbb{R}^n} (2\pi|x|)^{2-\alpha}\hat{f}(x)\bar{\hat{g}}(x)dx = -\int_{\mathbb{R}^n} \mathcal{I}_{\alpha-2}(f)(x)\bar{g}(x)dx. \tag{1.12}$$

因此，(1.11) 和 (1.12) 就意味着 (1.10).

注记 1.1 (i) 由引理 1.2, 对 $\alpha,\beta > 0$, $\alpha + \beta < n$, 我们有

$$\int_{\mathbb{R}^n} |x-y|^{-n+\alpha}|y|^{-n+\beta}dy = \frac{\gamma(\alpha)\gamma(\beta)}{\gamma(\alpha+\beta)}|x|^{-n+\alpha+\beta}. \tag{1.13}$$

事实上，一方面

$$\mathcal{I}_{\alpha+\beta}(f) = \frac{1}{\gamma(\alpha+\beta)}\int_{\mathbb{R}^n} |x-z|^{-n+\alpha+\beta}f(z)dz, \quad f(x) \in \mathcal{S}(\mathbb{R}^n). \tag{1.14}$$

另一方面，

$$\begin{aligned}\mathcal{I}_\alpha(\mathcal{I}_\beta(f)) &= \frac{1}{\gamma(\alpha)\gamma(\beta)}\int_{\mathbb{R}^n} |x-y|^{-n+\alpha}\int_{\mathbb{R}^n} |y-z|^{-n+\beta}f(z)dzdy \\ &= \frac{1}{\gamma(\alpha)\gamma(\beta)}\int_{\mathbb{R}^n} f(z)dz\int_{\mathbb{R}^n} |x-y|^{-n+\alpha}|y-z|^{-n+\beta}dy.\end{aligned} \tag{1.15}$$

根据 (1.14),(1.15), 容易看出

$$\int_{\mathbb{R}^n} |x-y|^{-n+\alpha}|y-z|^{-n+\beta}dy = \frac{\gamma(\alpha)\gamma(\beta)}{\gamma(\alpha+\beta)}|x-z|^{-n+\alpha+\beta}, \tag{1.16}$$

特别，在上式中取 $z=0$ 就得 (1.13).

(ii) 因 Riesz 位势算子 $\mathcal{I}_\alpha$ 是由奇异积分算子刻画的，因此， $\mathcal{I}_\alpha$ 作用到 $L^p(\mathbb{R}^n)$ 上应是什么样的函数呢？也就是说， Riesz 位势算子 $\mathcal{I}_\alpha(0<\alpha<n)$ 对满足何条件的 p, q, 才能保证 $\mathcal{I}_\alpha$ 是 $L^p(\mathbb{R}^n)$ 到 $L^q(\mathbb{R}^n)$ 的有界线性算子，即

$$\|\mathcal{I}_\alpha(f)\|_q \le A\|f\|_p, \quad \forall f\in L^p(\mathbb{R}^n). \tag{1.17}$$

我们利用伸缩变换，给出 (1.17) 成立的必要条件．若 (1.17) 成立，那么对 $F(x)=f(\delta x)$ 应有

$$\|\mathcal{I}_\alpha F\|_q \le A\|F\|_p. \tag{1.18}$$

注意到

$$\|F\|_p = \|f(\delta x)\|_p = \delta^{-\frac{n}{p}}\|f\|_p, \tag{1.19}$$

$$\begin{aligned}\|\mathcal{I}_\alpha F\|_q &= \left\|\int_{\mathbb{R}^n}|x-y|^{-n+\alpha}f(\delta y)dy\right\|_q \lesssim \left\|\int_{\mathbb{R}^n}\frac{\delta^{-\alpha}}{|\delta x-y|^{n-\alpha}}f(y)dy\right\|_q\\ &= \delta^{-\alpha}\|(\mathcal{I}_\alpha f)(\delta x)\|_q = \delta^{-\frac{n}{q}-\alpha}\|\mathcal{I}_\alpha(f)\|_q,\end{aligned} \tag{1.20}$$

$\lesssim$ 表示在相差一个常数意义下不等号成立．于是， (1.18) 等价于

$$\delta^{-\frac{n}{q}-\alpha}\|\mathcal{I}_\alpha(f)\|_q \le A\delta^{-\frac{n}{p}}\|f\|_p. \tag{1.21}$$

由此可以看出 (1.17) 成立的必要条件是

$$\frac{1}{q}=\frac{1}{p}-\frac{\alpha}{n}. \tag{1.22}$$

我们将证明，在一定条件下 (1.22) 也是 (1.17) 成立的充分条件．

定理 1.3 设 $0<\alpha<n, 1\le p<q<\infty, \frac{1}{q}=\frac{1}{p}-\frac{\alpha}{n}$, 则

(1) 如果 $f\in L^p(\mathbb{R}^n)$, 则 $\mathcal{I}_\alpha f=\frac{1}{\gamma(\alpha)}\int_{\mathbb{R}^n}|x-y|^{-n+\alpha}f(y)dy$ 中的积分对几乎处处 $x\in\mathbb{R}^n$ 是绝对收敛积分．

(2) 如果 $p>1$, 则 $\mathcal{I}_\alpha$ 是 (p,q) 型算子且满足 $\|\mathcal{I}_\alpha(f)\|_q\le A_{p,q}\|f\|_p$.

(3) 如果 $p=1$, $\mathcal{I}_\alpha$ 是弱 $(1,q)$ 型算子，即

$$m\{x;\ |\mathcal{I}_\alpha f|>\lambda\} \le \left(\frac{A\|f\|_1}{\lambda}\right)^q, \quad \forall\lambda>0. \tag{1.23}$$

证明 (1) 记 $K(x)=\gamma(\alpha)^{-1}|x|^{-n+\alpha}$, 分解 $K(x)$ 使得 $K(x)=K_1(x)+K_\infty(x)$, 其中

$$K_1(x)=\begin{cases}K(x), & |x|\le\mu,\\ 0, & |x|>\mu,\end{cases}\qquad K_\infty(x)=\begin{cases}0, & |x|\le\mu,\\ K(x), & |x|>\mu.\end{cases}\tag{1.24}$$

于是

$$\mathcal{I}_\alpha f=K_1(x)*f(x)+K_\infty(x)*f(x).\tag{1.25}$$

易见 $K_1(x)\in L^1(\mathbb{R}^n)$, 从而 $K_1(x)*f(x)$ 几乎处处绝对收敛. 另一方面,

$$\|K_\infty\|_{p'}^{p'}=\int_{|x|\ge\mu}|x|^{(-n+\alpha)p'}dx<\infty,\quad \frac{1}{p'}+\frac{1}{p}=1,\tag{1.26}$$

这里用到

$$(n-\alpha)p'=(n-\alpha)\frac{p}{p-1}=(n-\alpha)\cdot\frac{nq}{nq-n-q\alpha}>n.$$

因此, $K_\infty*f$ 恰好是 L^p 函数与 $L^{p'}$ 函数卷积, 从而推得 $K_\infty*f$ 所确定的积分是几乎处处绝对收敛. 这样就证明 (1).

(2), (3) 恰好是第四章定理 3.3 、推论 3.4 和推论 3.5 的结论.

注记 1.2 (i) 当 $p=1,q=n/(n-\alpha)$ 时, $\mathcal{I}_\alpha$ 不是 $(1,q)$ 型算子. 如果不然, 就有

$$\|\mathcal{I}_\alpha(f)\|_{\frac{n}{n-\alpha}}\le A\|f\|_1,\quad f(x)\in L^1(\mathbb{R}^n).\tag{1.27}$$

现设 $\varphi_\varepsilon(x)$ 是单位逼近元, 并且 $\operatorname{supp}\varphi(x)\subset B_1(0)$. 今取 $f=\varphi_\varepsilon(x)$, 应有

$$\lim_{\varepsilon\to0}\|\mathcal{I}_\alpha(f)\|_{\frac{n}{n-\alpha}}=\frac{1}{\gamma(\alpha)}\left\||x|^{-n+\alpha}\right\|_{\frac{n}{n-\alpha}}\le A<\infty,$$

此意味着

$$\int_{\mathbb{R}^n}\frac{1}{|x|^n}dx<\infty.\tag{1.28}$$

这是不可能的. 从而 $\mathcal{I}_\alpha$ 不是 $(1,q)$ 型算子.

(ii) 当 $q=\infty,p=\frac{n}{\alpha}$ 时, $\mathcal{I}_\alpha$ 不是 (p,∞) 型算子. 事实上, 取

$$f(x)=\begin{cases}|x|^{-\alpha}(\ln\frac{1}{|x|})^{-\frac{\alpha}{n}(1+\varepsilon)}, & |x|\le\frac12,\\ 0, & |x|>\frac12,\end{cases}\tag{1.29}$$

这里 $\varepsilon>0$ 是适当小的待定数. 显然,

$$\int_{|x|\le\frac12}|x|^{-n}\left(\ln\frac{1}{|x|}\right)^{-1-\varepsilon}dx<\infty.$$

从而 $f(x)\in L^p(\mathbb{R}^n)(p=\frac{n}{\alpha})$. 然而，当 $\frac{\alpha}{n}(1+\varepsilon)\leq 1$ 时，有

$$\mathcal{I}_\alpha f(0)=\frac{1}{\gamma(\alpha)}\int_{|x|\leq\frac{1}{2}}|x|^{-n}\left(\ln\frac{1}{|x|}\right)^{-\frac{\alpha}{n}(1+\varepsilon)}dx=\infty, \tag{1.30}$$

这说明 $\mathcal{I}_\alpha$ 不是 (p,∞) 型算子.

注记 1.3 在 Riesz 位势中，函数 $K(x)$ 满足

$$m\{x;\ |K(x)|\geq\lambda\}\leq A\lambda^{-\frac{n}{n-\alpha}}, \tag{1.31}$$

此说明 $K(x)\in L_*^{\frac{n}{n-\alpha}}$. 如果假设 $K(x)\in L^{\frac{n}{n-\alpha}}$, 那么

$$\|K*f\|_q\leq A\|f\|_p,\quad \frac{1}{q}=\frac{1}{p}+\frac{1}{r}-1,\quad r=\frac{n}{n-\alpha}, \tag{1.32}$$

这正是通常 Young 不等式. 在 (1.32) 中容许 $p=1$ 或 $q=\infty$, 参见第四章定理 1.7.

下来我们来介绍 Bessel 位势. 作为一个光滑算子， Riesz 位势主要用于刻画局部性质，这是由于相应的核函数 $K(x)=|x|^{-n+\alpha}/\gamma(\alpha)$ 在 $x=0$ 具有奇性. 因此，在刻画整体行为时，就显示出其不足之处，修正 Riesz 核的原则就是保持其局部性性质，同时消除 $x=\infty$ 的奇性. 虽然有几种粗造的方法，但最自然的方式就是用严格正算子 $(I-\triangle)$ 来代替非负算子 $(-\triangle)$, 这样就诱导出相应的 Bessel 位势的概念.

定义 1.2 称

$$\mathcal{J}_\alpha f=(I-\triangle)^{-\frac{\alpha}{2}}f=G_\alpha*f(x)=\int_{\mathbb{R}^n}G_\alpha(x-y)f(y)dy,\quad \alpha>0 \tag{1.33}$$

是 Bessel 位势，这里

$$G_\alpha(x)=\frac{1}{(4\pi)^{\frac{\alpha}{2}}\Gamma(\frac{\alpha}{2})}\int_0^\infty e^{-\pi|x|^2/\delta}e^{-\delta/4\pi}\delta^{\frac{-n+\alpha}{2}}\frac{d\delta}{\delta}, \tag{1.34}$$

特别，当 $\alpha=0$ 时， $\mathcal{J}_0(f)=f$.

首先来推导 Bessel 位势中核函数 $G_\alpha(x)$ 的具体表示式. 一方面，

$$\mathcal{F}((I-\triangle)^{-\frac{\alpha}{2}}f(x))=(1+4\pi^2|x|^2)^{-\frac{\alpha}{2}}\hat{f}(x).$$

另一方面，寻找函数 $G_\alpha(x)$, 使得 $\mathcal{F}G_\alpha=(1+4\pi^2|x|^2)^{-\frac{\alpha}{2}}$. 现从 Γ 函数定义

$$\Gamma(a)=\int_0^\infty e^{-x}x^{a-1}dx,\quad a>0 \tag{1.35}$$

出发，令 $x = t\delta$, 整理上式就有

$$t^{-a} = \frac{1}{\Gamma(a)} \int_0^{\infty} e^{-t\delta} \delta^a \frac{d\delta}{\delta}, \quad a > 0,\ t > 0, \tag{1.36}$$

进而，令 $a = \frac{\alpha}{2}$, $t = \frac{1}{4\pi}(1 + 4\pi^2|x|^2)$, 则 (1.36) 就意味着

$$(4\pi)^{\frac{\alpha}{2}}(1 + 4\pi^2|x|^2)^{-\frac{\alpha}{2}} = \frac{1}{\Gamma(\frac{\alpha}{2})} \int_0^{\infty} e^{-\frac{\delta}{4\pi}(1+4\pi^2|x|^2)} \delta^{\frac{\alpha}{2}} \frac{d\delta}{\delta}, \tag{1.37}$$

注意到 Fourier 变换的伸缩性质，容易看出

$$\mathcal{F}(e^{-\pi|x|^2}) = e^{-\pi|x|^2}, \tag{1.38}$$

$$\mathcal{F}(e^{-\pi\delta|x|^2}) = \delta^{-\frac{n}{2}} e^{-\frac{\pi|x|^2}{\delta}}, \tag{1.39}$$

$$\mathcal{F}\left(\int_0^{\infty} e^{-\pi\delta|x|^2} \delta^a \frac{d\delta}{\delta}\right) = \int_0^{\infty} e^{-\frac{\pi|x|^2}{\delta}} \delta^{-\frac{n}{2}} \delta^a \frac{d\delta}{\delta}. \tag{1.40}$$

在 (1.36) 中，令 $t = \pi|x|^2$, 注意到 (1.40) 就得

$$\mathcal{F}(\Gamma(a)(\pi|x|^2)^{-a}) = \Gamma\left(\frac{n}{2} - a\right)(\pi|x|^2)^{a-\frac{n}{2}}. \tag{1.41}$$

由 (1.37) 及 (1.39) 可见

$$\begin{aligned}
&(1 + 4\pi^2|x|^2)^{-\frac{\alpha}{2}} = \frac{1}{(4\pi)^{\frac{\alpha}{2}}\Gamma(\frac{\alpha}{2})} \int_0^{\infty} e^{-\frac{\delta}{4\pi}} e^{-\pi\delta|x|^2} \delta^{\frac{\alpha}{2}} \frac{d\delta}{\delta} \\
=& \frac{1}{(4\pi)^{\frac{\alpha}{2}}\Gamma(\frac{\alpha}{2})} \int_0^{\infty} e^{-\frac{\delta}{4\pi}} \mathcal{F}(e^{-\frac{\pi|x|^2}{\delta}} \delta^{-\frac{n}{2}}) \delta^{\frac{\alpha}{2}} \frac{d\delta}{\delta} \\
=& \mathcal{F}\left(\frac{1}{(4\pi)^{\frac{\alpha}{2}}\Gamma(\frac{\alpha}{2})} \int_0^{\infty} e^{-\frac{\delta}{4\pi}} e^{-\frac{\pi|x|^2}{\delta}} \delta^{-\frac{n}{2}} \delta^{\frac{\alpha}{2}} \frac{d\delta}{\delta}\right).
\end{aligned} \tag{1.42}$$

由此推得 (1.34) 式.

引理 1.4 (1) 对 $\alpha > 0, G_\alpha(x) \in L^1(\mathbb{R}^n)$ 且 $\int_{\mathbb{R}^n} G_\alpha(x)dx = 1$.

(2) $\hat{G}_\alpha(x) = (1 + 4\pi^2|x|^2)^{-\frac{\alpha}{2}}$.

证明 (2) 已证. 注意到 $\int_{\mathbb{R}^n} G_\alpha(x)dx = \widehat{G}_\alpha(0) = 1$ 就得 (1). 当然，亦可以通过

$$\int_{\mathbb{R}^n} e^{-\frac{\pi|x|^2}{\delta}} dx = \delta^{\frac{n}{2}} \tag{1.43}$$

与 Fubini 定理直接推出 (1), 即

$$\begin{aligned}\int_{\mathbb{R}^n} G_\alpha(x)dx &= \frac{1}{(4\pi)^{\frac{\alpha}{2}}\Gamma(\frac{\alpha}{2})}\int_{\mathbb{R}^n}\int_0^\infty e^{-\frac{\pi|x|^2}{\delta}}e^{-\frac{\delta}{4\pi}}\delta^{\frac{-n+\alpha}{2}}\frac{d\delta}{\delta}dx\\ &= \frac{1}{(4\pi)^{\frac{\alpha}{2}}\Gamma(\frac{\alpha}{2})}\int_0^\infty e^{-\frac{\delta}{4\pi}}\delta^{\frac{\alpha}{2}}\frac{d\delta}{\delta} = 1, \quad \alpha > 0.\end{aligned}$$

命题 1.5 (1) $|x|^{-n+\alpha}/\gamma(\alpha) = \frac{1}{(4\pi)^{\alpha/2}\Gamma(\frac{\alpha}{2})}\int_0^\infty e^{-\frac{\pi|x|^2}{\delta}}\delta^{\frac{-n+\alpha}{2}}\frac{d\delta}{\delta}$;

(2) $G_\alpha(x) = \frac{|x|^{-n+\alpha}}{\gamma(\alpha)} + o(|x|^{-n+\alpha})$, $0<\alpha<n$, $|x|\to 0$;

(3) 存在 $c>0$ 使得

$$G_\alpha(x) = o(e^{-c|x|}), \qquad |x|\to\infty.$$

因此，当 $|x|\to\infty$ 时， $G_\alpha(x)$ 是速降函数.

证明 (1) 在等式 (1.36) 中取 $t=\frac{1}{4\pi}\cdot(4\pi^2|x|^2), a=\frac{\alpha}{2}$, 则

$$(2\pi|x|)^{-\alpha} = \frac{1}{(4\pi)^{\frac{\alpha}{2}}\Gamma(\frac{\alpha}{2})}\int_0^\infty e^{-\delta\pi|x|^2}\delta^{\frac{\alpha}{2}}\frac{d\delta}{\delta}, \tag{1.44}$$

注意到

$$\mathcal{F}(|x|^{-n+\alpha}) = \gamma(\alpha)(2\pi|x|)^{-\alpha}, \tag{1.45}$$

$$\mathcal{F}(e^{-\frac{\pi|x|^2}{\delta}}\delta^{-\frac{n}{2}}) = e^{-\pi\delta|x|^2}, \tag{1.46}$$

故将 (1.45),(1.46) 代入 (1.44) 就得 (1), 这里 (1.45),(1.46) 是在 $\mathcal{S}'$ 意义下的 Fourier 变换.

(2) 对比 Riesz 核函数与 Bessel 核函数，注意到 $|e^{\frac{-\delta|x|^2}{4\pi}}-1|\le 2$ 及中值定理，就得

$$\begin{aligned}G_\alpha(x) &= \frac{|x|^{-n+\alpha}}{\gamma(\alpha)} + \frac{1}{(4\pi)^{\frac{\alpha}{2}}\Gamma(\frac{\alpha}{2})}\int_0^\infty e^{-\frac{\pi|x|^2}{\delta}}(e^{-\frac{\delta}{4\pi}}-1)\delta^{\frac{-n+\alpha}{2}}\frac{d\delta}{\delta}\\ &= \frac{|x|^{-n+\alpha}}{\gamma(\alpha)} + |x|^{-n+\alpha}\int_0^\infty e^{-\frac{\pi}{\delta}}(e^{-\frac{\delta}{4\pi}|x|^2}-1)\delta^{\frac{-n+\alpha}{2}}\frac{d\delta}{\delta}\\ &= \frac{|x|^{-n+\alpha}}{\gamma(\alpha)} + o(|x|^{-n+\alpha}), \quad |x|\to 0, \quad 0<\alpha<n.\end{aligned}$$

从而 (2) 得证.

(3) 一方面， $f(\delta)=e^{-\pi|x|^2/\delta}e^{-\delta/4\pi}$, 在 $\delta=2\pi|x|$ 处取最大值 $e^{-|x|}$. 另一方面，当 $|x|\ge 1$ 时，有

$$f(\delta) = e^{-\pi|x|^2/\delta}e^{-\delta/4\pi} \le e^{-\pi/\delta}e^{-\delta/4\pi}. \tag{1.47}$$

于是

$$G_\alpha(x) \le \frac{1}{(4\pi)^{\frac{\alpha}{2}}\Gamma(\frac{\alpha}{2})}\int_0^\infty e^{-\frac{|x|}{2}}e^{-\pi/2\delta}e^{-\frac{\delta}{8\pi}}\delta^{\frac{-n+\alpha}{2}}\frac{d\delta}{\delta} = Ce^{-\frac{|x|}{2}}, \tag{1.48}$$

从而 (3) 得证.

注记 1.4 Bessel 位势的核函数 $G_\alpha(x)$ 还可表示为

$$G_\alpha(x) = c_\alpha e^{-|x|}\int_0^\infty e^{-|x|t}\left(t+\frac{t^2}{2}\right)^{\frac{n-\alpha-1}{2}}dt, \quad 0<\alpha<n+1, \tag{1.49}$$

这里

$$c_\alpha^{-1} = (2\pi)^{\frac{n-1}{2}}2^{\alpha/2}\Gamma\left(\frac{\alpha}{2}\right)\Gamma\left(\frac{n-\alpha+1}{2}\right). \tag{1.50}$$

本质上 $G_\alpha(x)$ 是第三类 Bessel 函数，这也是 Bessel 位势名称的由来.

直观上，由 Riesz 位势所确定的位势 Banach 空间是相应的 Bessel 位势 Banach 空间的齐次空间. 从命题 1.5 也可看出 Bessel 位势与 Riesz 位势密切相关，下面的结果进一步刻画了 Bessel 位势与 Riesz 位势的密切关系.

引理 1.6 设 $\alpha>0$, 则

(1) 存在 $\mathbb{R}^n$ 上的一个有限测度 μ_α 使得

$$\hat{\mu}_\alpha(x) = \frac{(2\pi|x|)^\alpha}{(1+4\pi^2|x|^2)^{\alpha/2}}. \tag{1.51}$$

(2) 存在 $\mathbb{R}^n$ 上的一对有限测度 ν_α 及 λ_α 使得

$$(1+4\pi^2|x|^2)^{\alpha/2} = \hat{\nu}_\alpha(x) + (2\pi|x|)^\alpha\hat{\lambda}_\alpha(x). \tag{1.52}$$

证明 (1) 利用 Taylor 公式，有

$$(1-t)^{\alpha/2} = 1+\sum_{m=1}^\infty A_{m,\alpha}t^m, \quad |t|<1, \tag{1.53}$$

这里

$$A_{m,\alpha} = (-1)^m\frac{\alpha(\alpha-2)\cdots(\alpha-2(m-1))}{(2m)!!}.$$

当 m 充分大时，$\{A_{m,\alpha}\}$ 具有相同的符号. 进而，注意到当 $t\to 1$ 时，$(1-t)^{\alpha/2}$ 有界，从而

$$\sum_{m=1}^\infty |A_{m,\alpha}| < \infty, \qquad \alpha \ge 0. \tag{1.54}$$

现令 $t=\frac{1}{1+4\pi^2|x|^2}$, 并将其代入 (1.53) 可见

$$\left(\frac{4\pi^2|x|^2}{1+4\pi^2|x|^2}\right)^{\alpha/2}=1+\sum_{m=1}^{\infty}A_{m\alpha}(1+4\pi^2|x|^2)^{-m}. \tag{1.55}$$

据 $G_\alpha(x)$ 的定义及引理 1.4 知

$$G_{2m}(x)>0,\quad \int_{\mathbb{R}^n}G_{2m}(x)e^{2\pi ix\cdot y}dx=(1+4\pi^2|y|^2)^{-m} \tag{1.56}$$

且 $\|G_{2m}(x)\|_1=1$. 利用 $\sum_{j=1}^{\infty}|A_{m,\alpha}|$ 的一致收敛性，定义

$$\mu_\alpha=\delta_0+\left(\sum_{m=1}^{\infty}A_{m,\alpha}G_{2m}(x)\right)dx,\quad \delta_0\text{是 Dirac 函数}. \tag{1.57}$$

则 μ_α 表示一个有限的测度，进而

$$\hat{\mu}_\alpha=1+\sum_{m=1}^{\infty}A_{m\alpha}(1+4\pi^2|x|^2)^{-m}. \tag{1.58}$$

于是，由 (1.55) 及 (1.58) 推得 (1.51).

(2) 我们先引入著名的 Wiener 定理，见 R.E.Edwards 的专著 [Ed]. 设 $\Phi_1(x)\in L^1(\mathbb{R}^n)$, 且 $\hat{\Phi}_1(x)+\beta\neq 0,\beta\neq 0$, 则一定存在 $\Phi_2(x)\in L^1(\mathbb{R}^n)$, 使得

$$(\hat{\Phi}_1(x)+\beta)^{-1}=\hat{\Phi}_2(x)+\frac{1}{\beta}. \tag{1.59}$$

今取

$$\Phi_1(x)=\sum_{m=1}^{\infty}A_{m,\alpha}G_{2m}(x)+G_\alpha(x),$$

易见

$$\hat{\Phi}_1(x)+1=\frac{(2\pi|x|)^\alpha+1}{(1+4\pi^2|x|^2)^{\alpha/2}}\neq 0,\qquad x\in\mathbb{R}^n. \tag{1.60}$$

利用 Wiener 定理，存在 $\Phi_2(x)\in L^1(\mathbb{R}^n)$, 使得

$$(1+4\pi^2|x|^2)^{\alpha/2}=[1+(2\pi|x|)^\alpha][\hat{\Phi}_2(x)+1]. \tag{1.61}$$

因此，仅需取 $\nu_\alpha=\lambda_\alpha=\delta_0+\Phi_2(x)dx$, 由 (1.61) 即推得 (2).

下面利用前面建立的位势理论来讨论位势 Banach 空间.

命题 1.7 Bessel 位势 $\mathcal{J}_\alpha$ 关于参数 $\alpha\geq 0$ 是 $L^p(\mathbb{R}^n)$ $(1\leq p\leq\infty)$ 上的有界线性算子群，即

(1) $\mathcal{J}_\alpha \cdot \mathcal{J}_\beta = \mathcal{J}_{\alpha+\beta}$, $\alpha \geq 0$, $\beta \geq 0$.

(2) $\|\mathcal{J}_\alpha(f)\|_p \leq \|f\|_p$, $1 \leq p \leq \infty$, $\forall f(x) \in L^p(\mathbb{R}^n)$.

证明 注意到 $\mathcal{J}_0(f) = f$ 及

$$\mathcal{J}_\alpha(f) = G_\alpha * f, \quad \alpha > 0, \quad f(x) \in L^p(\mathbb{R}^n). \tag{1.62}$$

容易看出

$$\|\mathcal{J}_\alpha(f)\|_p \leq \|G_\alpha\|_1 \cdot \|f\|_p = \|f\|_p, \quad 1 \leq p \leq \infty, \qquad f \in L^p(\mathbb{R}^n).$$

另一方面，直接验算

$$(G_\alpha * G_\beta)^\wedge(x) = \hat{G}_\alpha \cdot \hat{G}_\beta = (1 + 4\pi^2|x|^2)^{-\frac{\alpha+\beta}{2}} = \hat{G}_{\alpha+\beta}.$$

于是

$$G_\alpha * G_\beta = G_{\alpha+\beta}, \quad \alpha,\ \beta \geq 0. \tag{1.63}$$

由此及 $\mathcal{J}_\alpha$ 的定义即得 (1).

定义 1.3 Bessel 位势 Banach 空间 $\mathcal{L}^p_\alpha(\mathbb{R}^n)$ 是指 Bessel 位势 $\mathcal{J}_\alpha$ 作用到 $L^p(\mathbb{R}^n)$ 上的值域

$$\mathcal{L}^p_\alpha(\mathbb{R}^n) = \mathcal{J}_\alpha(L^p(\mathbb{R}^n)), \quad 1 \leq p \leq \infty, \quad \alpha \geq 0 \tag{1.64}$$

在范数

$$\|f\|_{p,\alpha} = \|g\|_p, \quad f = \mathcal{J}_\alpha(g),\ 1 \leq p \leq \infty,\ \alpha \geq 0 \tag{1.65}$$

意义下形成的 Banach 空间.

命题 1.8 (1) 定义 1.3 中所定义范数 $\|\cdot\|_{p,\alpha}$ 是良定的.

(2) 对 $\beta \geq \alpha \geq 0$, 则有 $\mathcal{L}^p_\beta(\mathbb{R}^n) \hookrightarrow \mathcal{L}^p_\alpha(\mathbb{R}^n)$ 且

$$\|f\|_{p,\alpha} \leq \|f\|_{p,\beta}, \qquad 1 \leq p \leq \infty, f \in \mathcal{L}^p_\beta. \tag{1.66}$$

(3) 对 $\alpha, \beta \geq 0$, $\mathcal{J}_\beta$ 是 $\mathcal{L}^p_\alpha$ 到 $\mathcal{L}^p_{\alpha+\beta}$ 的一个同构.

证明 (1) 设 $f = \mathcal{J}_\alpha(g_1) = \mathcal{J}_\alpha(g_2)$, 来证 $g_1 = g_2$. 事实上，对 $\forall \varphi \in \mathcal{S}$, 利用 Fubini 定理可见

$$\begin{aligned}\int_{\mathbb{R}^n} \mathcal{J}_\alpha(g_1)\varphi(x)dx &= \int_{\mathbb{R}^n}\int_{\mathbb{R}^n} G_\alpha(x-y)g_1(y)\varphi(x)dxdy \\ &= \int_{\mathbb{R}^n} g_1(y)\mathcal{J}_\alpha(\varphi)dy.\end{aligned} \tag{1.67}$$

同理

$$\int_{\mathbb{R}^n} \mathcal{J}_\alpha(g_2)\varphi(x)dx = \int_{\mathbb{R}^n} g_2(y)\mathcal{J}_\alpha(\varphi)dy. \tag{1.68}$$

由此推得

$$\int_{\mathbb{R}^n}(g_1-g_2)\mathcal{J}_\alpha(\varphi)dx=0,\quad \forall\varphi(x)\in\mathcal{S}(\mathbb{R}^n). \tag{1.69}$$

注意到 $\mathcal{J}_\alpha$ 是 $\mathcal{S}$ 到 $\mathcal{S}$ 的满射，从而推得 $g_1=g_2$.

(2) 对任意的 $f\in\mathcal{L}^p_\beta(\mathbb{R}^n)$, 存在惟一 $g\in L^p(\mathbb{R}^n)$ 使得 $f=\mathcal{J}_\beta(g)$. 注意到 $\mathcal{J}_\alpha$ 半群性质可见 $f=\mathcal{J}_\alpha(\mathcal{J}_{\beta-\alpha}(g))$. 进而利用

$$\|\mathcal{J}_{\beta-\alpha}(g)\|_p\le\|g\|_p, \tag{1.70}$$

即可推得 $\mathcal{J}_{\beta-\alpha}(g)\in L^p(\mathbb{R}^n)$. 此意味着 $f\in\mathcal{L}^p_\alpha(\mathbb{R}^n)$, 且

$$\|f\|_{\alpha,p}=\|\mathcal{J}_\alpha(\mathcal{J}_{\beta-\alpha}(g))\|_{\alpha,p}=\|\mathcal{J}_{\beta-\alpha}(g)\|_p\le\|g\|_p=\|f\|_{\beta,p}. \tag{1.71}$$

(3) 由 (1) 知 $\mathcal{J}_\beta$ 是 $\mathcal{L}^p_\alpha$ 到 $\mathcal{L}^p_{\alpha+\beta}$ 的单射，进而，对 $\forall f\in\mathcal{L}^p_{\alpha+\beta}$, 有惟一的 $g\in L^p$, 使得

$$f=\mathcal{J}_{\alpha+\beta}(g)=\mathcal{J}_\beta(\mathcal{J}_\alpha(g)). \tag{1.72}$$

注意到 $\mathcal{J}_\alpha(g)\in\mathcal{L}^p_\alpha$, 从而推得 $\mathcal{J}_\beta$ 是 $\mathcal{L}^p_\alpha$ 到 $\mathcal{L}^p_{\alpha+\beta}$ 的满射. 故 (3) 得证.

注记 1.5 $\mathcal{J}_\alpha$ 是 $\mathcal{S}$ 到 $\mathcal{S}$ 满射. 事实上，对任意的 $\psi\in\mathcal{S}$, 取

$$\varphi(x)=\mathcal{F}^{-1}[(1+4\pi|\xi|^2)^{\alpha/2}\hat{\psi}(\xi)]\in\mathcal{S}.$$

此意味着 $\psi(x)=\mathcal{J}_\alpha(\varphi)$.

对任意 $f(x)\in\mathcal{S}(\mathbb{R}^n)$, 那么

$$\mathcal{F}\left(R_j\left(\frac{\partial f}{\partial x_j}\right)\right)=\frac{ix_j}{|x|}\cdot(-2\pi i x_j\hat{f}(x))=2\pi\frac{x_j^2}{|x|}\hat{f}(x).$$

因此,

$$2\pi|x|\hat{f}(x)=\mathcal{F}\left(\sum_{j=1}^n R_j\left(\frac{\partial f}{\partial x_j}\right)\right). \tag{1.73}$$

由 Riesz 位势定义

$$f(x)=\mathcal{I}_1\left(\sum_{j=1}^n R_j\left(\frac{\partial f}{\partial x_j}\right)\right), \tag{1.74}$$

这就建立了 Riesz 位势与偏导数的关系.

定理 1.9 设 k 是非负整数， $1<p<\infty$, 则

$$\mathcal{L}^p_k(\mathbb{R}^n)=W^{k,p}(\mathbb{R}^n). \tag{1.75}$$

注记 1.6 (i) (1.75) 成立是指除了 $\mathcal{L}^p_k(\mathbb{R}^n)$ 与 $W^{k,p}(\mathbb{R}^n)$ 中的元素一样外，其拓扑亦等价.

(ii) $p=1$ 或 $p=\infty$, 定理 1.9 不成立. 主要原因在于 R_j 不是 $L^1(\mathbb{R}^n)$ 或 $L^\infty(\mathbb{R}^n)$ 上的有界线性算子.

为了证明定理 1.9, 先证明如下预备引理.

引理 1.10 设 $1<p<\infty, \alpha\geq 1$, 那么 $f\in \mathcal{L}^p_\alpha$ 的充分必要条件是 $f\in \mathcal{L}^p_{\alpha-1}(\mathbb{R}^n)$, $\frac{\partial f}{\partial x_j}\in \mathcal{L}^p_{\alpha-1}(\mathbb{R}^n), j=1,2,\cdots,n$. 进而有 $\|f\|_{p,\alpha}$ 与 $\|f\|_{p,\alpha-1}+\sum_{j=1}^n\left\|\frac{\partial f}{\partial x_j}\right\|_{p,\alpha-1}$ 等价.

证明 先证必要性. 设 $f\in\mathcal{L}^p_\alpha$, 则存在 $g(x)\in L^p(\mathbb{R}^n)$ 使得 $f(x)=\mathcal{J}_\alpha(g)$. 我们断言

$$\frac{\partial f}{\partial x_j}=\mathcal{J}_{\alpha-1}(g^{(j)}),\quad g^{(j)}=-R_j(\mu_1*g). \tag{1.76}$$

事实上, 先设 $f(x), g(x)\in\mathcal{S}(\mathbb{R}^n)$, 那么

$$\begin{aligned}\left(\frac{\partial f}{\partial x_j}\right)^\wedge(x)&=-2\pi i x_j\hat{f}(x)=-2\pi i x_j(1+4\pi^2|x|^2)^{-\alpha/2}\hat{g}\\&=(1+4\pi^2|x|^2)^{-\frac{\alpha-1}{2}}\frac{-2\pi i x_j}{(1+4\pi^2|x|^2)^{1/2}}\hat{g}\\&=(1+4\pi^2|x|^2)^{-\frac{\alpha-1}{2}}\frac{-ix_j}{|x|}\cdot\frac{2\pi|x|}{(1+4\pi^2|x|^2)^{1/2}}\hat{g}.\end{aligned}\tag{1.77}$$

令 $\hat{g}^{(j)}=\frac{-ix_j}{|x|}\cdot\frac{2\pi|x|}{(1+4\pi^2|x|^2)^{1/2}}\hat{g}$, 则 (1.77) 推得 (1.76). 在一般情形下, 存在 $g_m\in\mathcal{S}(\mathbb{R}^n)$, 使得 $g_m(x)\xrightarrow{L^p}g(x)$, 由于映射

$$g(x)\longmapsto R_j(\mu_1*g)$$

是 $L^p(\mathbb{R}^n)$ 到自身的有界线性算子, 故 $R_j(\mu_1*g_m)$ 在 $L^p(\mathbb{R}^n)$ 中收敛于 $R_j(\mu_1*g)$. 根据 $\mathcal{J}_{\alpha-1}$ 是 $L^p(\mathbb{R}^n)$ 到 $\mathcal{L}^p_{\alpha-1}(\mathbb{R}^n)$ 有界线性算子, 从而 $\frac{\partial f_m}{\partial x_j}=\mathcal{J}_{\alpha-1}(g_m^{(j)})=\mathcal{J}_{\alpha-1}(R_j(\mu_1*g_m))$ 在 $\mathcal{L}^p_{\alpha-1}$ 模意义下收敛于

$$\frac{\partial f}{\partial x_j}=\mathcal{J}_{\alpha-1}(R_j(\mu_1*g))\in\mathcal{L}^p_{\alpha-1}, \tag{1.78}$$

并且

$$\sum_{j=1}^n\left\|\frac{\partial f}{\partial x_j}\right\|_{p,\alpha-1}=\sum_{j=1}^n\|(R_j(\mu_1*g))\|_p\leq A_p\|g\|_p=A_p\|f\|_{p,\alpha}. \tag{1.79}$$

由此及

$$\|f\|_{p,\alpha-1}\leq\|f\|_{p,\alpha}, \tag{1.80}$$

即得

$$\|f\|_{p,\alpha-1}+\sum_{j=1}^{n}\left\|\frac{\partial f}{\partial x_j}\right\|_{p,\alpha-1}\leq A_p'\|f\|_{p,\alpha}. \tag{1.81}$$

再证充分性. 设 $f(x)$, $\frac{\partial f}{\partial x_j}(x)\in\mathcal{L}_{\alpha-1}^p(\mathbb{R}^n)$, 我们断言：

$$f(x)=\mathcal{J}_{\alpha-1}(g),\quad \frac{\partial f}{\partial x_j}=\mathcal{J}_{\alpha-1}\left(\frac{\partial g}{\partial x_j}\right), \tag{1.82}$$

这里 $\frac{\partial g}{\partial x_j}$ 是弱导数且 $g(x)$, $\frac{\partial g}{\partial x_j}(x)\in L^p(\mathbb{R}^n)$ $(j=1,2,\cdots,n)$.

事实上, 先设 $\frac{\partial f}{\partial x_j}=\mathcal{J}_{\alpha-1}(g^{(j)})$, 来证 $g^{(j)}=\frac{\partial g}{\partial x_j}$. 记 $\phi'(x)$ 及 $\phi(x)\in\mathcal{S}(\mathbb{R}^n)$, 那么

$$\int_{\mathbb{R}^n}f\phi'dx=\int_{\mathbb{R}^n}\mathcal{J}_{\alpha-1}(g)\phi'dx=\int_{\mathbb{R}^n}g\mathcal{J}_{\alpha-1}(\phi')dx. \tag{1.83}$$

类似地有

$$\int_{\mathbb{R}^n}\frac{\partial f}{\partial x_j}\phi dx=\int_{\mathbb{R}^n}g^{(j)}\mathcal{J}_{\alpha-1}(\phi)dx. \tag{1.84}$$

注意到

$$\int_{\mathbb{R}^n}f\frac{\partial\phi}{\partial x_j}dx=-\int_{\mathbb{R}^n}\frac{\partial f}{\partial x_j}\phi dx,\qquad \phi(x)\in\mathcal{S}(\mathbb{R}^n). \tag{1.85}$$

因此，若在 (1.83) 中取 $\phi'=\frac{\partial\phi}{\partial x_j}$, 对比 (1.83) 和 (1.84) 就可得

$$\int_{\mathbb{R}^n}g\frac{\partial}{\partial x_j}(\mathcal{J}_{\alpha-1}(\phi))dx=-\int_{\mathbb{R}^n}g^{(j)}\mathcal{J}_{\alpha-1}(\phi)dx, \tag{1.86}$$

这里用到 $\frac{\partial}{\partial x_j}(\mathcal{J}_{\alpha-1}(\phi))=\mathcal{J}_{\alpha-1}(\frac{\partial}{\partial x_j}\phi)$, $\phi(x)\in\mathcal{S}(\mathbb{R}^n)$. 注意到 $\phi\longrightarrow\mathcal{J}_{\alpha-1}(\phi)$ 是 $\mathcal{S}(\mathbb{R}^n)$ 到 $\mathcal{S}(\mathbb{R}^n)$ 上的满射. 于是，(1.86) 就意味着

$$\int_{\mathbb{R}^n}g\frac{\partial}{\partial x_j}\psi dx=-\int_{\mathbb{R}^n}g^{(j)}\psi dx,\quad \psi(x)\in\mathcal{S}(\mathbb{R}^n). \tag{1.87}$$

从而 (1.82) 成立.

由 Sobolev 空间的性质，对 $g(x)\in W^{1,p}(\mathbb{R}^n)$, 存在 $g_m(x)\in\mathcal{D}(\mathbb{R}^n)$ $(\subset\mathcal{S}(\mathbb{R}^n))$ 使得

$$g_m(x)\xrightarrow{L^p}g(x),\ \frac{\partial g_m}{\partial x_j}\xrightarrow{L^p}\frac{\partial g}{\partial x_j},\quad m\to\infty,\ j=1,2,\cdots,n. \tag{1.88}$$

现记 $g_m(x)=\mathcal{J}_1(h_m)$, $h_m(x)\in\mathcal{S}(\mathbb{R}^n)$, 由引理 1.6 可见

$$h_m(x)=\nu_1*g_m+\lambda_1*\left(\sum_{j=1}^{n}R_j\left(\frac{\partial}{\partial x_j}g_m\right)\right), \tag{1.89}$$

由此推得

$$\|h_m\|_p \le A_p\left[\|g_m\|_p + \sum_{j=1}^{n}\left\|\frac{\partial g_m}{\partial x_j}\right\|_p\right], \quad 1 < p < \infty. \tag{1.90}$$

然而，因 $f_m(x) = \mathcal{J}_{\alpha-1}(g_m)$，故 $f_m(x) = \mathcal{J}_\alpha(h_m)$. 依 $\mathcal{L}_\alpha^p$ 模的定义推得

$$\|f_m\|_{p,\alpha} = \|h_m\|_p \le A_p\left[\|g_m\|_p + \sum_{j=1}^{n}\left\|\frac{\partial g_m}{\partial x_j}\right\|_p\right], \quad 1 < p < \infty. \tag{1.91}$$

类似地，在 (1.91) 中用 $f_m - f_{m'}$ 代替 f_m，$g_m(x) - g_{m'}(x)$ 代替 $g_m(x)$，上式仍然成立. 由 (1.88) 即可推得 $\{f_m(x)\}$ 在 $\mathcal{L}_\alpha^p(\mathbb{R}^n)$ 中收敛于 $f \in \mathcal{L}_\alpha^p(\mathbb{R}^n)$，并且

$$\begin{aligned}\|f(x)\|_{p,\alpha} &\le A_p\left[\|g(x)\|_p + \sum_{j=1}^{n}\left\|\frac{\partial g}{\partial x_j}\right\|_p\right]\\ &= A_p\left[\|f\|_{p,\alpha-1} + \sum_{j=1}^{n}\left\|\frac{\partial f}{\partial x_j}\right\|_{p,\alpha-1}\right],\end{aligned} \tag{1.92}$$

由此推得引理 1.10 成立.

定理 1.9 的证明 当 $\alpha = k = 0$ 时，显然有

$$\mathcal{L}_0^p(\mathbb{R}^n) = W^{0,p}(\mathbb{R}^n) = L^p(\mathbb{R}^n). \tag{1.93}$$

另一方面，当 $k \ge 1$ 时，$f(x) \in W^{k,p}(\mathbb{R}^n)$ 的充分必要条件是

$$f(x) \in W^{k-1,p}(\mathbb{R}^n), \quad \frac{\partial f}{\partial x_j} \in W^{k-1,p}(\mathbb{R}^n), \quad j = 1, 2, \cdots$$

且 $\|f\|_{W^{k,p}}$ 与 $\|f\|_{W^{k-1,p}} + \sum_{j=1}^{n}\left\|\frac{\partial f}{\partial x_j}\right\|_{W^{k-1,p}}$ 等价. 由引理 1.10 就知 $\mathcal{L}_k^p(\mathbb{R}^n) = W^{k,p}(\mathbb{R}^n)$，并且它们的模等价.

下面来讨论位势空间与模的连续性的关系，我们知道，当 $f(x) \in L^p(\mathbb{R}^n)$ 时，若记 $\omega_p(t) = \|f(x+t) - f(x)\|_p$，则有

$$\lim_{|t|\to 0} \omega_p(t) = 0, \qquad 1 \le p < \infty. \tag{1.94}$$

问题 是否可利用 $\omega_p(t) \to 0\ (t \to 0)$ 的阶数来刻画 $f(x) \in \mathcal{L}_\alpha^p(\mathbb{R}^n)$? 一般来讲，这是不能实现的. 然而，当 α 是整数，$1 < p < \infty$ 时，或 $p = 2$，$\alpha \ge 0$ 时，可以用 $\omega_p(t) \to 0 (t \to 0)$ 的阶数来刻画 $\mathcal{L}_\alpha^p(\mathbb{R}^n)$. 下面考虑具有典型意义情形 $\alpha = 1$, $1 < p < \infty$ 及 $0 < \alpha < 1$, $p = 2$.

命题 1.11 设 $1 < p < \infty$, 那么 $f(x) \in \mathcal{L}_1^p(\mathbb{R}^n)$ 的充分必要条件是 $f(x) \in L^p(\mathbb{R}^n)$ 且

$$\omega_p(t) = O(|t|), \quad |t| \to 0. \tag{1.95}$$

证明 先证必要性. 设 $f(x) \in \mathcal{D}(\mathbb{R}^n)$, 记 $t = |t|t'$, $t' \in \Sigma_{n-1}$. 利用

$$f(x+t) - f(x) = \int_0^{|t|} (\nabla f, t')(x + st')ds, \tag{1.96}$$

及 Minkowski 不等式可得

$$\|f(x+t) - f(x)\|_p \le |t| \sum_{j=1}^n \left\| \frac{\partial f}{\partial x_j} \right\|_p. \tag{1.97}$$

对任意 $f(x) \in \mathcal{L}_1^p(\mathbb{R}^n) = W^{1,p}(\mathbb{R}^n)$, 存在 $f_m(x) \in \mathcal{D}(\mathbb{R}^n)$ 使得

$$\|f_m - f\|_{W^{1,p}} \to 0, \quad m \to \infty. \tag{1.98}$$

因此,

$$\begin{aligned} \omega_p(t) &\le \|f_m(x+t) - f(x+t)\|_p + \|f_m(x) - f(x)\|_p \\ &\quad + \|f_m(x+t) - f_m(x)\|_p \\ &\le 2\|f_m - f\|_p + |t| \sum_{j=1}^n \left\| \frac{\partial f_m}{\partial x_j} \right\|_p. \end{aligned} \tag{1.99}$$

由 m 的任意性及 (1.98) 可得 (1.95).

再证充分性. 记 e_j 是沿 x_j 轴的单位向量, 因此

$$\left\| \frac{f(x + e_j/m) - f(x)}{1/m} \right\|_p = O(1). \tag{1.100}$$

这说明 $\{\frac{f(x+e_j/m)-f(x)}{1/m}\}$ 在 $L^p(\mathbb{R}^n)$ 模下一致有界, 由 $L^p(1 < p < \infty)$ 的弱紧性知, 存在子序列 $\{m_k\}$ 及 $f^{(j)} \in L^p(\mathbb{R}^n)$ 使得

$$\frac{f(x + e_j/m_k) - f(x)}{1/m_k} \overset{w}{\longmapsto} f^{(j)}. \tag{1.101}$$

特别,

$$\int_{\mathbb{R}^n} \left[\frac{f(x + \frac{e_j}{m_k}) - f(x)}{1/m_k} \right] \varphi(x)dx = \int_{\mathbb{R}^n} f(x) \left[\frac{\varphi(x - \frac{e_j}{m_k}) - \varphi(x)}{1/m_k} \right] dx.$$

两边取 $k\to\infty$, 就得

$$\int_{\mathbb{R}^n} f^{(j)}\varphi dx = -\int_{\mathbb{R}^n} f(x)\frac{\partial\varphi}{\partial x_j}dx, \quad \forall\varphi\in\mathcal{D}. \tag{1.102}$$

这就意味着 $f^{(j)}(x)=\frac{\partial f}{\partial x_j}\in L^p(\mathbb{R}^n)$. 从而 $f(x)\in W^{1,p}(\mathbb{R}^n)=\mathcal{L}_1^p(\mathbb{R}^n)$.

命题 1.12 设 $0<\alpha<1$, 则 $f(x)\in\mathcal{L}_\alpha^2(\mathbb{R}^n)$ 的充要条件是 $f(x)\in L^2(\mathbb{R}^n)$ 且 $\int_{\mathbb{R}^n}\frac{(\omega_2(t))^2}{|t|^{n+2\alpha}}dt<\infty$.

证明 注意到 $\omega_p(t)\le 2\|f\|_p$, 故积分 $\int_{\mathbb{R}^n}\frac{(\omega_2(t))^2}{|t|^{n+2\alpha}}dt$ $(1>\alpha>0)$ 的奇点仅可能在 $t=0$ 出现.

必要性. 由 $f(x)\in\mathcal{L}_\alpha^2(\mathbb{R}^n)$, 则存在 $g(x)\in L^2(\mathbb{R}^n)$ 使得 $f(x)=\mathcal{J}_\alpha(g)$. 利用 Plancherel 恒等式

$$\int_{\mathbb{R}^n}|\hat{f}(x)|^2(1+4\pi^2|x|^2)^\alpha dx=\|\hat{g}\|_{L^2}^2=\|g\|_{L^2}^2<\infty, \tag{1.103}$$

从而 $\hat{f}(x)\in L^2(\mathbb{R}^n)$, 进而亦有 $f(x)\in L^2(\mathbb{R}^n)$.

考虑

$$\begin{aligned}\omega_2(t)^2&=\|f(x+t)-f(x)\|_2^2=\|e^{2\pi ixt}\hat{f}(x)-\hat{f}(x)\|_2^2\\&=\int_{\mathbb{R}^n}|\hat{f}(x)|^2|e^{2\pi ixt}-1|^2dx,\end{aligned}$$

因此

$$\int_{\mathbb{R}^n}\frac{(\omega_2(t))^2}{|t|^{n+2\alpha}}dt=\int_{\mathbb{R}^n}|\hat{f}(x)|^2\lambda(x)dx, \tag{1.104}$$

这里

$$\lambda(x)=\int_{\mathbb{R}^n}\frac{|e^{-2\pi ixt}-1|^2}{|t|^{n+2\alpha}}dt. \tag{1.105}$$

直接验证 $\lambda(x)$ 是旋转不变的, 即对任意旋转 ρ, 有 $\lambda(\rho x)=\lambda(x)$. 因此

$$\begin{aligned}\lambda(x)=\lambda(|x|x')&=\int_{\mathbb{R}^n}\frac{|e^{-2\pi i|x|x't}-1|^2}{|t|^{n+2\alpha}}dt\\&=|x|^{2\alpha}\int_{\mathbb{R}^n}\frac{e^{-2\pi i|x|tx'}-1|^2}{||x|\cdot t|^{n+2\alpha}}d(|x|t)\\&=|x|^{2\alpha}\lambda(x')=|x|^{2\alpha}\lambda(\eta),\quad\forall\eta\in\Sigma_{n-1},\end{aligned} \tag{1.106}$$

注意到

$$|e^{-2\pi i\eta\cdot t}-1|\le 2,\quad |e^{-2\pi i\eta\cdot t}-1|\le c|t|, \tag{1.107}$$

显然有

$$0 < \lambda(\eta) < \infty, \quad \eta \in \Sigma_{n-1}. \tag{1.108}$$

因此

$$\int_{\mathbb{R}^n} \frac{(\omega_2(t))^2}{|t|^{n+2\alpha}} dt = \int_{\mathbb{R}^n} |\hat{f}(x)|^2 \lambda(x) dx = \lambda(\eta) \int_{\mathbb{R}^n} |\hat{f}(x)|^2 |x|^{2\alpha} dx < \infty. \tag{1.109}$$

充分性. 由 $\int_{\mathbb{R}^n} \frac{(\omega_2(t))^2}{|t|^{n+2\alpha}} dt < \infty$, (1.109) 就意味着

$$\int_{\mathbb{R}^n} |\hat{f}(x)|^2 |x|^{2\alpha} dx < \infty.$$

从而

$$\int_{\mathbb{R}^n} (1 + 4\pi^2 |x|^2)^\alpha |\hat{f}|^2 dx \leq C \int_{\mathbb{R}^n} (|\hat{f}|^2 + |\hat{f}|^2 |x|^{2\alpha}) dx < \infty.$$

注记 1.7 (i) 注意到命题 1.11 容许 $p = 2$, $\alpha = 1$. 此时 $\omega_2(t) = O(|t|)$, $|t| \to 0$. 显然, 它不是命题 1.12 当 $\alpha \to 1$ 时的极限情形. 因为

$$\int_{\mathbb{R}^n} \frac{(\omega_2(t))^2}{|t|^{n+2\alpha}} dt \sim \int_{\mathbb{R}^n} \frac{1}{|t|^n} dx = \infty.$$

然而, 利用命题 1.12 的方法, 修改 $\omega_2(t)$ 为

$$\tilde{\omega}_2(t) = \|f(x+t) + f(x-t) - 2f(x)\|_p, \tag{1.110}$$

则有如下

断言: 设 $0 < \alpha < 2$, 则 $f \in \mathcal{L}^2_\alpha(\mathbb{R}^n)$ 的充分必要条件是 $f(x) \in L^2(\mathbb{R}^n)$ 和 $\int_{\mathbb{R}^n} \frac{(\tilde{\omega}_2(t))^2}{|t|^{n+2\alpha}} dt < \infty$.

其证明完全类同于命题 1.12, 仅需用

$$\tilde{\lambda}(x) = \int_{\mathbb{R}^n} \frac{|e^{-2\pi i x\cdot t} + e^{2\pi i x\cdot t} - 2|^2}{|t|^{2\alpha+n}} dt, \quad 0 < \alpha < 2 \tag{1.111}$$

来代替 $\lambda(x)$ 的作用就行了. 类似地, 对更大的 α 也可再予以推广.

(ii) 虽然对一般 $\mathcal{L}^p_\alpha(\mathbb{R}^n)$ 无法用 $\omega_p(t)$ 或 $\tilde{\omega}_p(t)$ 等来刻画. 然而仍有一些有趣的事实, 例如:

(a) 设 $0 < \alpha < 1$, $f(x) \in \mathcal{L}^p_\alpha(\mathbb{R}^n)$ 可以推得

$$\int_{\mathbb{R}^n} \frac{(\omega_p(t))^p}{|t|^{n+\alpha p}} dt < \infty, \quad p \geq 2. \tag{1.112}$$

$$\int_{\mathbb{R}^n}\frac{(\omega_p(t))^2}{|t|^{n+2\alpha}}dt<\infty,\quad p\le 2. \tag{1.113}$$

(b) 设 $f(x)\in L^p(\mathbb{R}^n)$, 若 $p\le 2$, 且 $\int_{\mathbb{R}^n}\frac{(\omega_p(t))^p}{|t|^{n+2\alpha}}dt<\infty$, 则 $f(x)\in\mathcal{L}^p_\alpha(\mathbb{R}^n)$; 若 $p\ge 2$, 且 $\int_{\mathbb{R}^n}\frac{(\omega_p(t))^2}{|t|^{n+2\alpha}}dt<\infty$, 则 $f(x)\in\mathcal{L}^p_\alpha(\mathbb{R}^n)$.

上述事实表明，可以利用模的连续性来研究一些函数空间.

§8.2 Lipschitz 型连续函数空间 $\wedge_\alpha$

定义 2.1 设 $0<\alpha<1$, 记 $\omega_\infty(t)=\|f(x+t)-f(x)\|_\infty$, 称

$$\wedge_\alpha(\mathbb{R}^n)=\{f(x):f(x)\in L^\infty(\mathbb{R}^n),\quad \omega_\infty(t)\le A|t|^\alpha\} \tag{2.1}$$

在范数

$$\|f\|_{\wedge_\alpha}=\|f\|_\infty+\sup_{|t|>0}\frac{\|f(x+t)-f(x)\|_\infty}{|t|^\alpha} \tag{2.2}$$

下的完备化空间是 Lipschitz 型连续函数空间 (Hölder 连续函数空间) 仍记 $\wedge_\alpha(\mathbb{R}^n)$.

命题 2.1 对每一个 $f(x)\in\wedge_\alpha(\mathbb{R}^n)$, 可通过修改至多零测度集上的值使得 $f(x)$ 变成连续函数.

证明 对任意的 $f(x)\in\wedge_\alpha(\mathbb{R}^n)$, 考虑其 Poisson 积分

$$u(x,y)=\int_{\mathbb{R}^n}P_y(t)f(x-t)dt,\quad P_y(t)=\frac{c_ny}{(|t|^2+y^2)^{\frac{n+1}{2}}}. \tag{2.3}$$

这样,

$$u(x,y)-f(x)=\int_{\mathbb{R}^n}P_y(t)[f(x-t)-f(x)]dt.$$

进而,

$$\begin{aligned}\|u(x,y)-f(x)\|_\infty\le&\int_{\mathbb{R}^n}P_y(t)\omega_\infty(-t)dt\\ \le&AC_ny\int_{\mathbb{R}^n}\frac{|t|^\alpha dt}{(|t|^2+y^2)^{\frac{n+1}{2}}}=A'y^\alpha,\quad 0<\alpha<1.\end{aligned} \tag{2.4}$$

自然，由三角不等式，当 $y_1,y_2\to 0$ 时，就得

$$\begin{aligned}\|u(x,y_1)-u(x,y_2)\|_\infty\le&\|u(x,y_1)-f(x)\|_\infty+\|u(x,y_2)-f(x)\|_\infty\\ &\longrightarrow 0.\end{aligned} \tag{2.5}$$

由 $u(x,y)$ 关于 x 连续并且当 $y\to 0$ 时关于 x 一致收敛，因此其极限函数是与 $f(x)$ 几乎处处相等的连续函数，从而 $f(x)$ 可取成连续函数.

注记 2.1 在命题 2.1 证明中，用任意正则光滑子来代替 Poisson 核均可. 然而，在下面刻画 $\wedge_\alpha$ 空间时， Poisson 积分的特殊性质起了决定性的作用.

命题 2.2 设 $f \in L^\infty(\mathbb{R}^n)$, $0 < \alpha < 1$, 那么 $f(x) \in \wedge_\alpha(\mathbb{R}^n)$ 的充分必要条件是

$$\left\| \frac{\partial u(x,y)}{\partial y} \right\|_\infty \le A y^{-1+\alpha}, \tag{2.6}$$

这里 $u(x,y)$ 是 $f(x)$ 的 Poisson 积分，进而，总记 A_1 是使得 (2.6) 成立的最小的 A, 那么 $\|f\|_\infty + A_1$ 与 $\|f\|_{\wedge_\alpha}$ 等价.

证明 先证必要性. 我们断言

$$\int_{\mathbb{R}^n} \left| \frac{\partial P_y(x)}{\partial y} \right| dx \le C/y, \quad \int_{\mathbb{R}^n} \frac{\partial P_y(x)}{\partial y} dx = 0, \quad y > 0. \tag{2.7}$$

事实上，注意到

$$\left| \frac{\partial P_y(x)}{\partial y} \right| \le \frac{c_n'}{(|x|^2 + y^2)^{\frac{n+1}{2}}}, \quad \int_{\mathbb{R}^n} P_y(x) dx = 1.$$

易见 (2.7) 成立. 直接验算并利用 (2.7) 可见

$$\frac{\partial u}{\partial y}(x,y) = \int_{\mathbb{R}^n} \frac{\partial P_y(t)}{\partial y} f(x-t) dt = \int_{\mathbb{R}^n} \frac{\partial P_y(t)}{\partial y} [f(x-t) - f(x)] dt.$$

因此

$$\left\| \frac{\partial u}{\partial y} \right\|_\infty \le \|f\|_{\wedge_\alpha} \int_{\mathbb{R}^n} \left| \frac{\partial P_y}{\partial y} \right| |t|^\alpha dt \le C' \|f\|_{\wedge_\alpha} y^{-1+\alpha}.$$

充分性的证明. 首先证明下面一个预备引理.

引理 2.3 设 $f \in L^\infty(\mathbb{R}^n)$ 且 $0 < \alpha < 1$, 则 (2.6) 等价于

$$\left\| \frac{\partial u}{\partial x_j} \right\|_\infty \le A' y^{-1+\alpha}, \quad j = 1, 2, \cdots, n. \tag{2.8}$$

并且 (2.6) 中最小的 A 与 (2.8) 中最小的 A' 可比 (相互控制).

证明 直接验证

$$\left\| \frac{\partial P_y}{\partial y} \right\|_1, \left\| \frac{\partial P_y}{\partial x_j} \right\|_1 \le c y^{-1}, \quad y > 0, \quad j = 1, 2, \cdots, n. \tag{2.9}$$

利用 Poisson 核的半群性质，有

$$u(x,y) = P_{y_1} * u(x, y_2), \quad y = y_1 + y_2, \quad y_1, y_2 > 0.$$

因此，取 $y_1 = y_2 = \frac{y}{2}$, 就有

$$\frac{\partial^2 u}{\partial y \partial x_j} = \left(\frac{\partial P_{\frac{y}{2}}}{\partial x_j}\right) * \left(\frac{\partial u}{\partial y}\right)_{\frac{y}{2}}. \tag{2.10}$$

利用 (2.9) 可得

$$\left\|\frac{\partial^2 u}{\partial y \partial x_j}\right\|_\infty \le C\left|\frac{y}{2}\right|^{-1} \cdot \frac{1}{2} A \left|\frac{y}{2}\right|^{-1+\alpha} \le A_1 |y|^{-2+\alpha}. \tag{2.11}$$

然而，

$$\left\|\frac{\partial}{\partial x_j} u(x,y)\right\|_\infty = \left\|\frac{\partial P_y}{\partial x_j} * f\right\|_\infty \le \left\|\frac{\partial P_y}{\partial x_j}\right\|_1 \|f\|_\infty \le C y^{-1} \|f\|_\infty.$$

当 $y \to \infty$ 时， $\partial u / \partial x_j(x,y) \to 0$. 因此，由 Newton-Leibniz 公式

$$\frac{\partial u}{\partial x_j} = -\int_y^\infty \frac{\partial^2 u(x,y')}{\partial y' \partial x_j} dy',$$

可见

$$\left\|\frac{\partial u}{\partial x_j}\right\|_\infty \le A_2 y^{-1+\alpha}. \tag{2.12}$$

另一方面，若 (2.8) 成立，类似于前面的推理有

$$\left\|\frac{\partial^2 u}{\partial x_j^2}\right\|_\infty \le A_3 y^{-2+\alpha}, \quad j = 1, 2, \cdots, n.$$

注意到 u 是调和函数，因此

$$\left\|\frac{\partial^2 u}{\partial y^2}\right\|_\infty = \left\|\sum_{j=1}^n \frac{\partial^2 u}{\partial x_j^2}\right\|_\infty \le A_4 |y|^{-2+\alpha}.$$

利用 Newton-Leibniz 公式及 $\left\|\frac{\partial u}{\partial y}\right\|_\infty \to 0 \ (y \to \infty)$ 得估计 $\left\|\frac{\partial u}{\partial y}\right\|_\infty \le A_5 y^{-1+\alpha}$, 这就证明了引理 2.3.

注记 2.2 因 $u(x,y)$ 调和，则 $\frac{\partial u}{\partial y}$, $\frac{\partial u}{\partial x_j}$ $(j = 1, 2 \cdots, n)$ 分别可表示

$$\frac{\partial u}{\partial y} = P_y * g, \quad \frac{\partial u}{\partial x_j} = P_y * g_j(x), \quad j = 1, 2 \cdots, n,$$

且 $g_j = R_j(g)$. 由此推得

$$\frac{\partial u}{\partial x_j} = R_j\left(\frac{\partial u}{\partial y}\right), \quad j = 1, 2 \cdots, n. \tag{2.13}$$

我们知道， Riesz 变换不是 $L^\infty(\mathbb{R}^n)$ 到 $L^\infty(\mathbb{R}^n)$ 有界线性算子. 因此，当 $\alpha = 1$ 时， (2.6) 与 (2.8) 是不等价的. 然而引理 2.3 表明，当 $0 < \alpha < 1$ 时， Riesz 变换是 $\wedge_\alpha$ 到 $\wedge_\alpha$ 有界线性算子.

命题 2.2 充分性的证明 引理 2.3 就意味着

$$\left\|\frac{\partial}{\partial y}u(x,y)\right\|_\infty \le Ay^{-1+\alpha} \Longrightarrow \left\|\frac{\partial}{\partial x_j}u(x,y)\right\|_\infty \le A'y^{-1+\alpha}. \tag{2.14}$$

考察

$$\begin{aligned} f(x+t) - f(x) = [u(x+t,y) - u(x,y)] + [f(x+t) - u(x+t,y)] \\ - [f(x) - u(x,y)], \end{aligned}$$

这里 y 不依赖于 t. 为了便于估计，令 $y = |t|$, 这样

$$|u(x+t,y) - u(x,y)| \le |t| \sum_{j=1}^n \|u_{x_j}(x,y)\|_\infty \le A_5|t|^\alpha. \tag{2.15}$$

同理，注意到

$$f(x+t) - u(x+t,y) = -\int_0^y \frac{\partial}{\partial y'}u(x+t,y')dy',$$

容易推得

$$\|f(x+t) - u(x+t,y)\|_\infty \le \int_0^y \left\|\frac{\partial u}{\partial y'}\right\|_\infty dy' \le A_6 y^\alpha = A_6|t|^\alpha, \tag{2.16}$$

$$\|f(x) - u(x,y)\|_\infty = \left\|-\int_0^y \frac{\partial}{\partial y'}u(x,y')dy'\right\|_\infty \le A_6|t|^\alpha. \tag{2.17}$$

因此，由 (2.15)~(2.17) 可得

$$|f(x+t) - f(x)| \le A|t|^\alpha. \tag{2.18}$$

从而命题 2.2 得证.

引理 2.4 设 $f(x) \in L^\infty$, $\alpha > 0$, 设 k, l 是两个大于 α 的整数，则下面两个条件

$$\left\|\frac{\partial^k u(x,y)}{\partial y^k}\right\|_\infty \le A_k y^{-k+\alpha} \tag{2.19}$$

与

$$\left\|\frac{\partial^l u}{\partial y^l}\right\|_\infty \le A_l y^{-l+\alpha} \tag{2.20}$$

是相互等价的，进而 (2.19) 中出现的最小的 A_k 与 (2.20) 中出现的最小 A_l 是可比的.

证明 无妨设 $l>k$. 容易看出，仅需就 $l=k+1$ 来证明引理 2.4 即可. 利用

$$u(x,y)=P_y*f=P_{y/2}*u(x,y/2),$$

及 $\|\frac{\partial P_{\frac{y}{2}}}{\partial y}\|_1 \le c|y|^{-1}$, 那么，由 Young 不等式，从 (2.19) 式就得估计 (2.20). 另一方面，由 Newton-Leibniz 公式

$$\frac{\partial^l u}{\partial y^l}=-\int_y^\infty \frac{\partial^{l+1}u}{\partial y^{l+1}}dy,$$

即可从估计 (2.20) 推得估计 (2.19).

借助于引理 2.4, 可将 Lip 连续函数空间 $\wedge_\alpha$ 推广到一般的 $\alpha>0$ 的情形.

定义 2.2 设 $\alpha>0, k$ 是大于 α 的最小整数，记

$$\wedge_\alpha=\left\{f\in L^\infty(\mathbb{R}^n);\left\|\frac{\partial^k}{\partial y^k}u(x,y)\right\|_\infty \le Ay^{-k+\alpha}\right\}. \tag{2.21}$$

如果记 A_k 是使得 (2.21) 中不等式成立的最小整数，那么定义 $\wedge_\alpha$ 中的范数是

$$\|f\|_{\wedge_\alpha}=\|f\|_\infty+A_k=\|f\|_\infty+\sup_{y>0} y^{k-\alpha}\left\|\frac{\partial^k u}{\partial y^k}\right\|_\infty. \tag{2.22}$$

命题 2.5 设 $\alpha>\alpha'$, 那么

$$\wedge_\alpha \hookrightarrow \wedge_{\alpha'}. \tag{2.23}$$

证明 对 $\forall f\in L^\infty(\mathbb{R}^n)$, 直接验算，有

$$\left\|\frac{\partial^k}{\partial y^k}u(x,y)\right\|_\infty \le \left\|\frac{\partial^k}{\partial y^k}P_y(x)\right\|_1 \|f\|_\infty \le C|y|^{-k}\|f\|_\infty. \tag{2.24}$$

因此，对 $\forall f(x)\in L^\infty(\mathbb{R}^n)$, 总有

$$\sup_{y\ge 1} y^{k-\alpha}\left\|\frac{\partial^k u}{\partial y^k}(x,y)\right\|_\infty,\quad \sup_{y\ge 1} y^{k-\alpha'}\left\|\frac{\partial^k u}{\partial y^k}(x,y)\right\|_\infty \le C\|f\|_\infty. \tag{2.25}$$

$$\sup_{y<1} y^{k-\alpha}\left\|\frac{\partial^k u}{\partial y^k}(x,y)\right\|_\infty \le \sup_{y<1} y^{k-\alpha'}\left\|\frac{\partial^k u}{\partial y^k}(x,y)\right\|_\infty. \tag{2.26}$$

由 (2.25),(2.26) 与 (2.22) 就推出 $\wedge_\alpha \hookrightarrow \wedge_{\alpha'}$.

注记 2.3 (i) $0<\alpha<1$ 时，利用命题 2.2 知定义 2.1 与定义 2.2 等价.

(ii) 由引理 2.4, 定义 2.2 中的 k 可用任意大于 k 的整数 l 来代替. 因此，从表面来看 $\|\cdot\|_{\wedge_\alpha}$ 似乎有人为因素，下面的两个刻画定理就解决了这一问题.

命题 2.6 设 $0<\alpha<2$, 那么 $f\in\wedge_\alpha$ 的充分必要条件是 $f(x)\in L^\infty(\mathbb{R}^n)$ 和 $\|f(x+t)+f(x-t)-2f(x)\|_\infty \le A|t|^\alpha$, 进而

$$\|f\|_\infty + \sup_{t>0}\frac{\|f(x+t)+f(x-t)-2f(x)\|_\infty}{|t|^\alpha} \tag{2.27}$$

与 $\wedge_\alpha$ 模等价.

证明 直接验证可见

$$\int_{\mathbb{R}^n}\frac{\partial^2 P_y(t)}{\partial y^2}dt=0,\qquad \frac{\partial^2 P_y(t)}{\partial y^2}=\frac{\partial^2 P_y(-t)}{\partial y^2}, \tag{2.28}$$

$$\frac{\partial^2 P_y(t)}{\partial y^2}=\frac{n(n+1)c_n y^3-3(n+1)c_n|t|^2 y}{(|t|^2+y^2)^{\frac{n+5}{2}}}, \tag{2.29}$$

$$\left|\frac{\partial^2 P_y(t)}{\partial y^2}\right|\le Cy^{-n-2},\qquad \left|\frac{\partial^2 P_y(t)}{\partial y^2}\right|\le C|t|^{-n-2}. \tag{2.30}$$

因此

$$\frac{\partial^2 u(x,y)}{\partial y^2}=\frac{1}{2}\int_{\mathbb{R}^n}\frac{\partial^2}{\partial y^2}P_y(t)[f(x+t)+f(x-t)-2f(x)]dt.$$

于是，由 (2.30) 可见

$$\begin{aligned}\left\|\frac{\partial^2 u(x,y)}{\partial y^2}\right\|_\infty &\lesssim y^{-n-2}\int_{|t|\le y}|t|^\alpha dt+\int_{|t|\ge y}|t|^{-n-2+\alpha}dt\\ &\le Ay^{-2+\alpha},\end{aligned} \tag{2.31}$$

此即证明了充分性. 下面来证明必要性. 对任意二阶连续可微函数 F, 其二阶增量

$$\triangle_t^2 F=F(x+t)+F(x-t)-2F(x)$$

可表示成

$$\triangle_t^2 F=\int_0^{|t|}\left\{\int_{-s}^{s}\frac{d^2}{d\tau^2}F(x+t'\tau)d\tau\right\}ds,\qquad t'=\frac{t}{|t|}. \tag{2.32}$$

由此可得

$$\begin{aligned}\|\triangle_t^2 F(x)\|_\infty &\le \int_0^{|t|}\int_{-s}^{s}\sum_{ij}\left\|\frac{\partial^2 F}{\partial x_j\partial x_i}\right\|_\infty \frac{t_i t_j}{|t|^2}d\tau ds\\ &\le |t|^2\sum_{ij}\left\|\frac{\partial^2 F}{\partial x_j\partial x_i}\right\|_\infty. \end{aligned}\tag{2.33}$$

当 $\alpha'<\alpha$ 时，$\wedge_\alpha\hookrightarrow\wedge_{\alpha'}$. 可取 $\alpha'<1$ 由命题 2.2 就得

$$\|u(x,y)-f(x)\|_\infty\to 0,\quad y\|u_y(x,y)\|_\infty\to 0,\quad y\to 0.\tag{2.34}$$

这样，利用 Newton-Leibniz 公式可得

$$f(x)=u(x,0)=\int_0^y y'\frac{\partial^2}{\partial y'^2}u(x,y')dy'-y\frac{\partial u}{\partial y}(x,y)+u(x,y).\tag{2.35}$$

由引理 2.3, 引理 2.4 知不等式 $\left\|\partial^2 u(x,y)/\partial y^2\right\|_\infty\le Ay^{-2+\alpha}$ 就意味着

$$\left\|\frac{\partial^{k+2}u}{\partial y^k\partial x_i\partial x_j}\right\|_\infty\le A'y^{-(2+k)+\alpha},\quad k=0,1,2,\cdots.\tag{2.36}$$

因此，由 (2.35),(2.36) 及

$$\triangle_t^2\frac{\partial^2 u}{\partial y'^2}(x,y')=\frac{\partial^2 u}{\partial y'^2}(x+t,y')+\frac{\partial^2 u}{\partial y'^2}(x-t,y')-2\frac{\partial^2 u}{\partial y'^2}(x,y'),$$

就得

$$\begin{aligned}\left\|\triangle_t^2 f\right\|_\infty &=\int_0^y y'\cdot\triangle_t^2\left(\frac{\partial^2}{\partial y'^2}u(x,y')\right)dy'-y\triangle_t^2\frac{\partial u(x,y)}{\partial y}+\triangle_t^2 u(x,y)\\ &\le A''\left\{\int_0^y y'(y')^{-2+\alpha}dy'+y^{-2+\alpha}|t|^2\right\}.\end{aligned}$$

因此，取 $y=|t|$, 就得

$$\left\|\triangle_t^2 f\right\|_\infty\le A''|t|^\alpha,\quad \alpha>0.$$

命题 2.7 设 $\alpha>1$, 那么 $f(x)\in\wedge_\alpha(\mathbb{R}^n)$ 的充要条件是 $f\in L^\infty(\mathbb{R}^n)$ 及 $\frac{\partial f}{\partial x_j}\in\wedge_{\alpha-1}(\mathbb{R}^n)$, $j=1,2,\cdots,n$. 并且 $\|f\|_{\wedge_\alpha}$ 与 $\|f\|_\infty+\sum\limits_{j=1}^{\infty}\left\|\frac{\partial f}{\partial x_j}\right\|_{\wedge_{\alpha-1}}$ 相互等价.

证明 为简便起见，设 $1<\alpha\le 2$, 其它情形的证明完全类似. 先来证明必要性. 关键是证明 $\frac{\partial f}{\partial x_j}\in L^\infty(\mathbb{R}^n)$ $(j=1,2,\cdots,n)$. 因 $f(x)\in\wedge_\alpha$, 故有 $\left\|\frac{\partial^3 u}{\partial y^3}\right\|_\infty\le Ay^{-3+\alpha}$. 由此推得

$$\left\|\frac{\partial^3 u}{\partial y^2\partial x_j}\right\|_\infty\le Ay^{-3+\alpha}. \tag{2.37}$$

令 $\beta=2-\alpha<1$, (2.37) 可改写成

$$\left\|\frac{\partial^3 u}{\partial y^2\partial x_j}\right\|_\infty\le Ay^{-1-\beta}.$$

就上式两边从 y 到 1 积分，可得

$$\left\|\frac{\partial^2 u}{\partial y\partial x_j}\right\|_\infty\le Ay^{-\beta}+A\left\|\left[\frac{\partial^2 u}{\partial y\partial x_j}\right]_{y=1}\right\|_\infty+A. \tag{2.38}$$

进而，当 $y\to 0$ 时，

$$\left\|\frac{\partial u(x,y+\delta y)}{\partial x_j}-\frac{\partial u(x,y)}{\partial x_j}\right\|_\infty\longrightarrow 0.$$

故 $\frac{\partial u}{\partial x_j}$ 是 $L^\infty(\mathbb{R}^n)$ 上的 Cauchy 列，其极限函数 $\frac{\partial f}{\partial x_j}\in L^\infty(\mathbb{R}^n)$ 且

$$\left\|\frac{\partial f}{\partial x_j}\right\|_\infty\le\left\|\frac{\partial u}{\partial x_j}\right\|_\infty\le CA\le C\|f\|_{\wedge_\alpha}. \tag{2.39}$$

由于 $f(x)$ 的弱导数是 $\frac{\partial f}{\partial x_j}$ $(j=1,2,\cdots,n)$, 则它的 Poisson 积分就应是 $\frac{\partial u}{\partial x_j}$. 由 $\left\|\frac{\partial^3 u}{\partial y^2\partial x_j}\right\|_\infty\le Ay^{-3+\alpha}$, 易见

$$\left\|\frac{\partial^2}{\partial y^2}\left(\frac{\partial u}{\partial x_j}\right)\right\|_\infty\le Ay^{-2+(\alpha-1)}, \tag{2.40}$$

说明 $\frac{\partial f}{\partial x_j}\in\wedge_{\alpha-1}$.

反过来，若 $\frac{\partial f}{\partial x_j}\in\wedge_{\alpha-1}$, 则 (2.40) 成立，由引理 2.3 推得 (2.37) 成立. 从而 $f(x)\in\wedge_\alpha$, 至于模的等价性从证明过程可见.

注记 2.4 (i) 由上面引理可见，对任意 $\wedge_\alpha(\mathbb{R}^n)$ $(\alpha>0)$ 的研究，均可归结为下面研究 $\wedge_\alpha(\mathbb{R}^n)$ $(0<\alpha\le 1)$.

(ii) 关于 $\wedge_\alpha(\mathbb{R}^n)$ $(0<\alpha\le 1)$, 有如下的结论： 当 $0<\alpha<1$ 时，由定义 2.1 、定义 2.2 、命题 2.2 、引理 2.3 和命题 2.6 知，对 $f(x)\in L^\infty(\mathbb{R}^n)$, 条件

$$\|f(x+t)+f(x-t)-2f(x)\|_\infty\le A'|t|^\alpha \tag{2.41}$$

与

$$\|f(x+t)-f(x)\|_\infty \le A|t|^\alpha \tag{2.42}$$

等价.

当 $\alpha=1$ 时, (2.41) 与 (2.42) 并不等价, 即存在函数 $f(x)\in L^\infty(\mathbb{R}^n)$, 虽然它满足 (2.41) 式, 然而它不满足 (2.42). 事实上, 取 Hardy-Weierstrass 不可微函数

$$f(x)=\sum_{k=1}^\infty a^{-k}e^{2\pi i a^k x},\qquad a>1\text{是整数}, \tag{2.43}$$

易见 $f(x)$ 是周期函数, 直接验算, 就有

$$f(x+t)+f(x-t)-2f(x)=2\sum_{k=1}^\infty a^{-k}[\cos 2\pi a^k t-1]e^{2\pi i a^k x},$$

因此, 二阶增量 $\triangle_t^2 f=f(x+t)+f(x-t)-2f(x)$ 满足估计

$$\begin{aligned}\|\triangle_t^2 f\|_\infty &\le 2\sum_{a^k|t|\le 1} a^{-k}A(a^k t)^2+4\sum_{a^k|t|\ge 1}a^{-k}\\ &\le 2A\Big(\sum_{a^k|t|\le 1}a^k|t|\Big)\cdot|t|+4\frac{a^{-k_0}}{1-a^{-1}}\\ &\le 2A\frac{a^{k_1}t}{1-\frac{1}{a}}|t|+4\frac{a^{-k_0}t^{-1}}{1-a^{-1}}|t|\le A'|t|.\end{aligned} \tag{2.44}$$

这里用到 $|\cos 2\pi a^k t-1|\le A(a^k t)^2, |\cos 2\pi a^k t-1|\le 2$, 并在 (2.44) 右边和式求和中 $k_1=\max\{k, a^k|t|\le 1\}, k_0=\min\{k, a^k|t|\ge 1\}$. 若假设 $f(x)$ 满足

$$\|f(x+t)-f(x)\|_\infty \le A'|t|, \tag{2.45}$$

那么利用 Bessel 不等式可见

$$\begin{aligned}(A'|t|)^2 &\ge \int_0^1 |f(x+t)-f(x)|^2 dt \ge \sum a^{-2k}|e^{2\pi i a^k t}-1|^2\\ &\ge \sum_{a^k|t|\le 1/2} a^{-2k}|e^{2\pi i a^k t}-1|^2.\end{aligned} \tag{2.46}$$

注意到

$$|e^{2\pi i a^k t}-1|^2\ge C(a^k t)^2,\quad a^k|t|\le 1/2, \tag{2.47}$$

(2.46) 就变成了

$$(A't)^2\ge C|t|^2\sum_{a^k|t|\le 1/2}1. \tag{2.48}$$

当 $|t|\to 0$ 时，(2.48) 是一个矛盾式，说明 (2.41) 与 (2.42) 不等价.

由此可见,当 $0<\alpha\le 1$ 时,在定义 1.1 是可用 $\|f(x+t)+f(x-t)-2f(x)\|_\infty$ 来代替 $\|f(x+t)-f(x)\|_\infty$, 所有的 $\wedge_\alpha(\alpha>0)$ 均可用 $\wedge_\alpha(0<\alpha\le 1)$ 来刻画.

下面来考虑 Bessel 位势与 Lip 空间 $\wedge_\alpha$ 的关系：

定理 2.8　设 $\alpha>0,\beta\ge 0$, 则 $\mathcal{J}_\beta$ 是 $\wedge_\alpha\to\wedge_{\alpha+\beta}$ 的同构映射. 这里 $\mathcal{J}_\beta$ 是同构映射是指 $\mathcal{J}_\beta$ 是 $1-1$ 的满射且 $\|f\|_{\wedge_\alpha}$ 与 $\|\mathcal{J}_\beta f\|_{\wedge_{\alpha+\beta}}$ 等价.

证明　由引理 1.8, 我们知道 $\mathcal{J}_\beta$ 是 $1-1$ 的. 下来证明 $\mathcal{J}_\beta$ 是 $\wedge_\alpha$ 到 $\wedge_{\alpha+\beta}$ 上的连续映射，记

$$u(x,y)=P_y*f(x),\quad U(x,y)=P_y*(G_\beta*f)=G_\beta(x,y)*f, \tag{2.49}$$

这里 $G_\beta(x,y)$ 是 Bessel 位势核函数的 Poisson 积分. 我们断言：若 l 是一个满足 $l>\beta$ 的整数，那么

$$\left\|\frac{\partial^l G_\beta(x,y)}{\partial y^l}\right\|_1\le Ay^{-l+\beta},\quad y>0. \tag{2.50}$$

(将在下节证明此断言.) 利用 Poisson 半群的性质，可见

$$P_{y_1+y_2}=P_{y_1}*P_{y_2},\quad y_1,\ y_2>0. \tag{2.51}$$

因此，

$$\begin{aligned}U(x,y_1+y_2)&=P_{y_1+y_2}*G_\beta*f=P_{y_1}*G_\beta*P_{y_2}*f\\&=G_\beta(x,y_1)*u(x,y_2).\end{aligned} \tag{2.52}$$

设 k 是大于 α 的最小整数，那么对上式两边关于 y_1 求导 l 次，关于 y_2 求导 k 次，就得到

$$\frac{\partial^{l+k}U(x,y)}{\partial y^{l+k}}=\frac{\partial^l}{\partial y_1^l}G_\beta(x,y_1)*\frac{\partial^k}{\partial y_2^k}u(x,y_2),\quad y=y_1+y_2. \tag{2.53}$$

取 $y_1=y_2=y/2$, 由上式和 (2.50) 可得

$$\begin{aligned}&\left\|\frac{\partial^{l+k}U(x,y)}{\partial y^{l+k}}\right\|_\infty\le\left\|\frac{\partial^l}{\partial y_1^l}G_\beta(x,y_1)\right\|_1\left\|\frac{\partial^k}{\partial y_2^k}u(x,y_2)\right\|_\infty\\\le&A\Big(\frac{y}{2}\Big)^{-l+\beta}\cdot A'\Big(\frac{y}{2}\Big)^{-k+\alpha}\le Cy^{-(l+k)+\alpha+\beta}.\end{aligned} \tag{2.54}$$

进而，对 $\forall f(x)\in L^\infty(\mathbb{R}^n)$, $\mathcal{J}_\beta(f)\in L^\infty(\mathbb{R}^n)$. 因此，(2.54) 就意味着 $\mathcal{J}_\beta(f)\in\wedge_{\alpha+\beta}$ 且有

$$\|\mathcal{J}_\beta f\|_{\wedge_{\alpha+\beta}}\le C\|f\|_{\wedge_\alpha}. \tag{2.55}$$

下面来证明 $\mathcal{J}_\beta$ 是满射. 我们断言

$$\mathcal{J}_2(\wedge_\alpha) = \wedge_{\alpha+2}. \tag{2.56}$$

事实上, 对 $\forall f(x) \in \wedge_{2+\alpha}$, 那么, $f(x) \in \wedge_\alpha$, $\triangle f \in \wedge_\alpha$, 因此 $(I-\triangle)f \in \wedge_\alpha$, 然而

$$\mathcal{J}_2((I-\triangle)f) = f(x). \tag{2.57}$$

从而 (2.56) 成立. 另一方面, 利用 Bessel 位势的半群性质, 就有

$$\mathcal{J}_2 = \mathcal{J}_{2-\beta} \cdot \mathcal{J}_\beta, \qquad 0 < \beta < 2. \tag{2.58}$$

而 $\mathcal{J}_2$ 是满射, $\mathcal{J}_{2-\beta}$ 是单射. 这说明 $\mathcal{J}_\beta$ 是满射, 其中 $0<\beta<2$. 对一切 $\beta>0$, 只需利用 Bessel 位势的半群性质就得 $\mathcal{J}_\beta$ 是满射. 由闭图像定理, $\mathcal{J}_\beta$ $(\beta>0)$ 的逆映射也是有界线性算子, 从而定理 2.8 得证.

从本节的讨论可知, Lip 型的空间可分为两类, 一类是由一阶增量 $\|f(x+t)-f(x)\|_\infty$ 诱导的空间, 一类是由命题 2.6 中的二阶增量 $\|f(x+t)+f(x-t)-2f(x)\|_\infty$ 诱导的空间. 但它们都可以纳入 Lip 型的空间 $\wedge_\alpha$. 习惯上, 它们分别称谓 Hölder C^α 空间和 Zygmund 空间 $\mathcal{C}^\alpha$.

定义 2.3 $C(\mathbb{R}^n)$ 表示 $\mathbb{R}^n$ 上全体连续且一致有界的函数所构成的空间, 那么, 我们总用 $C^m(\mathbb{R}^n)$ 表示集合

$$\{f(x);\ \partial^\alpha f(x) \in C(\mathbb{R}^n), \quad |\alpha| \le m\} \tag{2.59}$$

在范数

$$\|f(x)\|_{C^m} = \sum_{|\alpha|\le m} \|\partial^\alpha f(x)\|_\infty \tag{2.60}$$

的完备化空间.

注记 2.5 (i) 特别注意, $C^m(\mathbb{R}^n)$ $(m \in N^+ \cup \{0\})$ 通常表示局部凸拓扑空间.

(ii) 在定义 2.3 中, 如果底空间 $C(\mathbb{R}^n)$ 选成 $\mathbb{R}^n$ 上连续有界函数在 $\|\cdot\|_\infty$ 的完备化空间. 这样确定的 $C^m(\mathbb{R}^n)$ 比定义 2.3 中确定的 C^m 空间要大些. 当然也可以选成 $\mathcal{S}(\mathbb{R}^n)$ 在 $\|\cdot\|_\infty$ 的完备化空间, 此时所确定的 $C^m(\mathbb{R}^n)$ 空间比定义 2.3 确定的 C^m 空间要小些.

定义 2.4 设 s 是一实数, 记

$$s = [s] + \{s\}, \quad 0 \le \{s\} < 1. \tag{2.61}$$

如果 $s>0$ 不是整数, 那么

$$C^s(\mathbb{R}^n) = \Big\{ f:\ f(x) \in C^{[s]}(\mathbb{R}^n), \quad \|f;C^s\| = \|f, C^{[s]}\| + \sum_{|\alpha|=[s]} \sup_{\substack{x\neq y\\ x,y\in\mathbb{R}^n}} \frac{|\partial^\alpha f(x) - \partial^\alpha f(y)|}{|x-y|^{\{s\}}} < \infty \Big\} \tag{2.62}$$

就成为 s 阶的 Hölder 连续函数空间.

定义 2.5　设 s 是一实数，记

$$s = [s]^- + \{s\}^+, \quad 0 < \{s\}^+ \le 1. \tag{2.63}$$

进而，记

$$\begin{cases} (\triangle_h^1 f)(x) = f(x+h) - f(x), & h \in \mathbb{R}^n, \\ (\triangle_h^l f)(x) = \triangle_h^1(\triangle_h^{l-1} f)(x), & l = 2,3,4,\cdots \end{cases} \tag{2.64}$$

如果 $s > 0$, 那么

$$\mathcal{C}^s(\mathbb{R}^n) = \Big\{ f(x): \quad f(x) \in C^{[s]^-}(\mathbb{R}^n), \quad \|f, \mathcal{C}^s\| = \|f, C^{[s]^-}\| + \sum_{|\alpha|=[s]^-} \sup_{\substack{h \ne 0 \\ h \in \mathbb{R}^n}} |h|^{-\{s\}^+} |\triangle_h^2 \partial^\alpha f| < \infty \Big\}$$

就称为 s 阶的 Zygmund 空间 $\mathcal{C}^s$. 显而易见，无论是 Hölder 空间 C^s, 还是 Zygmund $\mathcal{C}^s$ 空间，均是 $\wedge^s$ 的特例.

§8.3　Besov 空间

类似于 Lip 型的空间 $\wedge_\alpha(\mathbb{R}^n)$, 我们先从 $0 < \alpha < 1$ 开始来定义 Besov 型的空间 $\wedge_{p,q}^\alpha(\mathbb{R}^n)$, 进而扩展到 $\alpha \ge 1$ 的一般情形.

定义 3.1　设 $0 < \alpha < 1$, $1 \le p, q \le \infty$. 称 $\wedge_{p,q}^\alpha(\mathbb{R}^n)$ 是线性空间

$$\left\{ f(x): \ f(x) \in L^p(\mathbb{R}^n) \text{且} \ \Big(\int_{\mathbb{R}^n} \frac{\|f(x+t) - f(x)\|_p^q}{|t|^{n+\alpha q}} dt \Big)^{\frac{1}{q}} < \infty \right\}$$

在范数

$$\|f(x)\|_{\wedge_{p,q}^\alpha} = \|f(x)\|_p + \left(\int_{\mathbb{R}^n} \frac{\|f(x+t) - f(x)\|_p^q}{|t|^{n+\alpha q}} dt \right)^{\frac{1}{q}} \tag{3.1}$$

意义下形成的 Banach 空间为 Besov 空间. 当 $q = \infty$ 时， $\wedge_{p,\infty}^\alpha(\mathbb{R}^n)$ 上的范数就是

$$\|f(x)\|_{\wedge_{p,\infty}^\alpha} = \|f(x)\|_p + \sup_{|t|>0} \frac{\|f(x+t) - f(x)\|_p}{|t|^\alpha}. \tag{3.2}$$

特别，当 $p, q = \infty$ 时， $\wedge_{\infty,\infty}^\alpha(\mathbb{R}^n) = \wedge_\alpha(\mathbb{R}^n)$; 当 $p = q = 2$ 时， $\wedge_{2,2}^\alpha(\mathbb{R}^n) = \mathcal{L}_2^\alpha(\mathbb{R}^n)$ (见命题 1.12).

下面我们按照 Lip 型空间的研究程序，来考虑 Besov 型空间 $\wedge_{p,q}^\alpha(\mathbb{R}^n)$.

引理 3.1 设 $0<\alpha<1$, 则 $f(x)\in\wedge_{p,q}^{\alpha}(\mathbb{R}^n)$ 的充要条件是 $f(x)\in L^p(\mathbb{R}^n)$ 且

$$\left(\int_0^\infty\left(y^{1-\alpha}\left\|\frac{\partial}{\partial y}u(x,y)\right\|_p\right)^q\frac{dy}{y}\right)^{\frac{1}{q}}<\infty. \tag{3.3}$$

进而, $\wedge_{p,q}^{\alpha}(\mathbb{R}^n)$ 上的范数与

$$\|f(x)\|_p+\left(\int_0^\infty\left(y^{1-\alpha}\left\|\frac{\partial}{\partial y}u(x,y)\right\|_p\right)^q\frac{dy}{y}\right)^{\frac{1}{q}} \tag{3.4}$$

等价, 这里 $u(x,y)$ 是函数 $f(x)$ 的 Poisson 积分.

证明 先证必要性. 注意到 Poisson 核函数 $P_y(x)$ 满足

$$\int_{\mathbb{R}^n}\frac{\partial P_y(t)}{\partial y}dt=0,\quad\left|\frac{\partial P_y(t)}{\partial y}\right|\le C\min\{|y|^{-n-1},|t|^{-n-1}\}. \tag{3.5}$$

容易看出

$$\begin{aligned}\left\|\frac{\partial u(x,y)}{\partial y}\right\|_p&=\left\|\int_{\mathbb{R}^n}\frac{\partial P_y(t)}{\partial y}[f(x-t)-f(x)]dt\right\|_p\\&\le Cy^{-n-1}\int_{|t|\le y}\|f(x-t)-f(x)\|_p dt\\&\quad+C\int_{|t|>y}\|f(x-t)-f(x)\|_p\frac{dt}{|t|^{n+1}}.\end{aligned} \tag{3.6}$$

记 $t=rt'$, $r=|t|$, $t'\in\Sigma_{n-1}$. 那么

$$\|f(x-t)-f(x)\|_p=\omega_p(t)=\omega_p(rt'). \tag{3.7}$$

这样, 若记 $\Omega(r)=\int_{\Sigma_{n-1}}\omega_p(rt')dt'$, 则 (3.6) 等价于

$$\left\|\frac{\partial u}{\partial y}\right\|_p\le Cy^{-n-1}\int_0^y\Omega(r)r^{n-1}dr+C\int_y^\infty\Omega(r)r^{-2}dr. \tag{3.8}$$

这样, 由 Hardy 不等式

$$\begin{aligned}&\left(\int_0^\infty\left(\int_x^\infty f(y)dy\right)^p x^{r-1}dx\right)^{\frac{1}{p}}\le\frac{p}{r}\left(\int_0^\infty(yf(y))^p y^{r-1}dy\right)^{\frac{1}{p}},\\&\left(\int_0^\infty\left(\int_0^x f(y)dy\right)^p x^{-r-1}dx\right)^{\frac{1}{p}}\le\frac{p}{r}\left(\int_0^\infty(yf(y))^p y^{-r-1}dy\right)^{\frac{1}{p}}.\end{aligned} \tag{3.9}$$

记 $I=\left(\int_0^\infty (y^{1-\alpha}\|\frac{\partial u}{\partial y}\|_p)^q \frac{dy}{y}\right)^{\frac{1}{q}}$, 那么

$$\begin{aligned}
I &\le C\left(\int_0^\infty (y^{-(n+\alpha)q-1}(\int_0^y \Omega(r)r^{n-1}dr)^q dy\right)^{\frac{1}{q}}\\
&\quad + C\left(\int_0^\infty (y^{(1-\alpha)q-1}(\int_y^\infty \Omega(r)r^{-2}dr)^q dy\right)^{\frac{1}{q}}\\
&\le \frac{Cq}{(n+\alpha)q}\left(\int_0^\infty (\Omega(r)r^n)^q r^{-(n+\alpha)q-1}dr\right)^{\frac{1}{q}}\\
&\quad + \frac{Cq}{(1-\alpha)q}\left(\int_0^\infty (\Omega(r)r^{-1})^q r^{(1-\alpha)q-1}dr\right)^{\frac{1}{q}}\\
&\le C\left(\int_0^\infty [\Omega(r)r^{-\alpha}]^q \frac{dr}{r}\right)^{\frac{1}{q}}.
\end{aligned} \tag{3.10}$$

注意到

$$\begin{cases}
\Omega(r)^q \le \dfrac{2\pi^{\frac{n}{2}}}{\Gamma(\frac{n}{2})}\displaystyle\int_{\Sigma_{n-1}} \omega_p(rt')^q dt', & q\ne\infty,\\
\Omega(r) \le \dfrac{2\pi^{\frac{n}{2}}}{\Gamma(\frac{n}{2})}\displaystyle\sup_{t'\in\Sigma_{n-1}} \omega_p(rt'), & q=\infty.
\end{cases} \tag{3.11}$$

因此，将 (3.11) 代入 (3.10), 总有

$$\begin{aligned}
\left(\int_0^\infty \left(y^{1-\alpha}\left\|\frac{\partial u}{\partial y}\right\|_p\right)^q \frac{dy}{y}\right)^{\frac{1}{q}} &\lesssim \left(\int_{\Sigma_{n-1}}\int_0^\infty \omega_p(rt')^q r^{-\alpha q}\frac{dr}{r}dt'\right)^{\frac{1}{q}}\\
&\lesssim \left(\int_{\mathbb{R}^n} \frac{\|f(x+t)-f(x)\|_p^q}{|t|^{n+\alpha q}}dt\right)^{\frac{1}{q}}.
\end{aligned} \tag{3.12}$$

在证明充分性之前，先证明如下结论.

引理 3.2 设 $f(x)\in L^p(\mathbb{R}^n)$, $0<\alpha<1$. 则 (3.3) 式等价于

$$\left(\int_0^\infty \left(y^{1-\alpha}\left\|\frac{\partial u}{\partial x_j}\right\|_p\right)^q \frac{dy}{y}\right)^{\frac{1}{q}} < \infty,\quad 1\le j\le n. \tag{3.13}$$

进而， $\wedge_{p,q}^{\alpha}(\mathbb{R}^n)$ 上的范数与

$$\|f(x)\|_p + \left(\sum_{j=1}^n \int_0^\infty \left(y^{1-\alpha}\left\|\frac{\partial u}{\partial x_j}\right\|_p\right)^q \frac{dy}{y}\right)^{\frac{1}{q}} \tag{3.14}$$

等价，这里 $u(x,y)$ 是函数 $f(x)$ 的 Poisson 积分.

证明 仅需证明 (3.3) 与 (3.13) 的等价性，其它结论均是引理 3.1 的直接结果. 注意到

$$\begin{cases} \partial u/\partial x_j = R_j(\partial u/\partial y), & \sum_{j=1}^n R_j^2 = -I, \\ \partial u/\partial y = -\sum_{j=1}^n R_j(\partial u/\partial x_j), & 1 \le j \le n, \end{cases} \tag{3.15}$$

这里 R_j 是 Riesz 变换. 注意到当 $1<p<\infty$ 时， R_j 是 (p,p) 型算子，这样就得 (3.3) 与 (3.13) 的等价性.

当 $p=\infty$, $q=\infty$ 时， $\wedge^\alpha_{\infty,\infty}(\mathbb{R}^n)=\wedge_\alpha(\mathbb{R}^n)$, 从而 (3.3) 与 (3.13) 等价.

当 $p=\infty$, $1\le q<\infty$ 时，注意到

$$\left\|\frac{\partial u}{\partial x_j}\right\|_\infty \le \int_y^\infty \left\|\frac{\partial P_y}{\partial x_j}\right\|_1 \left\|\frac{\partial u}{\partial y}\right\|_\infty dy \lesssim \int_y^\infty y^{-1}\left\|\frac{\partial u}{\partial y}\right\|_\infty dy. \tag{3.16}$$

$$\begin{aligned}\left\|\frac{\partial u}{\partial y}\right\|_\infty &\le \left\|\int_y^\infty \frac{\partial^2 u}{\partial y^2}dy\right\|_\infty = \left\|\int_y^\infty -\sum_{j=1}^n \frac{\partial^2 u}{\partial x_j^2}dy\right\|_\infty \\ &\le \int_y^\infty \sum_{j=1}^n \left\|\frac{\partial P_y}{\partial x_j}\right\|_1 \left\|\frac{\partial u}{\partial x_j}\right\|_\infty dy \\ &\le C\int_y^\infty y^{-1}\sum_{j=1}^n \left\|\frac{\partial u}{\partial x_j}\right\|_\infty dy. \end{aligned} \tag{3.17}$$

于是，利用 Hardy 不等式，直接计算

$$\begin{aligned}&\left(\int_0^\infty \left(y^{1-\alpha}\left\|\frac{\partial u}{\partial x_j}\right\|_\infty\right)^q \frac{dy}{y}\right)^{\frac1q} \\ \le& C\left(\int_0^\infty \left(\int_y^\infty y^{-1}\left\|\frac{\partial u}{\partial y}\right\|_\infty dy\right)^q y^{(1-\alpha)q-1}dy\right)^{\frac1q} \\ =&\frac{C}{1-\alpha}\left(\int_0^\infty \left\|\frac{\partial u}{\partial y}\right\|_\infty^q y^{(1-\alpha)q-1}dy\right)^{\frac1q} \\ \le&\frac{C}{1-\alpha}\left(\int_0^\infty \left(y^{1-\alpha}\left\|\frac{\partial u}{\partial y}\right\|_\infty\right)^q \frac{dy}{y}\right)^{\frac1q}. \end{aligned} \tag{3.18}$$

同理，利用 (3.17) 也有相反的不等式成立.

当 $p=1$, $1\le q<\infty$ 时，仅需用

$$\begin{cases} \|\partial u/\partial x_j\|_1 \le C\displaystyle\int_y^\infty y^{-1}\|\partial u/\partial y\|_1 dy, \\ \|\partial u/\partial y\|_1 \le C\displaystyle\int_y^\infty y^{-1}\sum_{j=1}^n \|\partial u/\partial x_j\|_1 dy \end{cases} \tag{3.19}$$

来代替 (3.16), (3.17), 类似于上一种情形的证明，由 Hardy 不等式即得.

当 $p=1, q=\infty$ 时，完全类似于 $\wedge_\alpha(\mathbb{R}^n)$ 情形的证明，参见引理 2.3 的证明.

引理 3.1 的充分性的证明　注意到

$$f(x+t)-f(x)=\{u(x+t,y)-u(x,y)\}+\{f(x+t)-u(x+t,y)\}\\ -\{f(x)-u(x,y)\},$$

选取 $y=|t|$, 容易看出

$$|f(x+t)-f(x)|\sim|t|\sum_{j=1}^{n}\left|\frac{\partial u}{\partial x_j}\right|+|t|\left|\frac{\partial u}{\partial y}\right|. \tag{3.20}$$

这样，由引理 3.2 可得

$$\begin{aligned}&\left(\int_{\mathbb{R}^n}\frac{\|f(x+t)-f(x)\|_p)^q}{|t|^{n+\alpha q}}dt\right)^{\frac{1}{q}}\\ \le& C\left(\int_{\mathbb{R}^n}|t|^q\left(\sum_{j=1}^{n}\left\|\frac{\partial u}{\partial x_j}\right\|_p^q+\left\|\frac{\partial u}{\partial y}\right\|_p^q\right)\cdot|t|^{-n-\alpha q}dt\right)^{\frac{1}{q}}\\ \le& C\left(\int_0^\infty\left(y^{1-\alpha}\left\|\frac{\partial u}{\partial y}\right\|_p\right)^q\frac{dy}{y}\right)^{\frac{1}{q}}.\end{aligned}$$

故充分性得证. 作为引理 3.2 的直接推论，我们有

推论 3.3　设 $1\le p,q\le\infty$, $\alpha>0$, $f(x)\in L^p(\mathbb{R}^n)$. 则对任意的整数 $k>\alpha$, 有估计

$$\left(\int_0^\infty(y^{k-\alpha}\|\partial^k u\|_p)^q\frac{dy}{y}\right)^{\frac{1}{q}}\le C\left(\int_0^\infty\left(y^{k-\alpha}\left\|\frac{\partial^k u}{\partial y^k}\right\|_p\right)^q\frac{dy}{y}\right)^{\frac{1}{q}}, \tag{3.21}$$

这里 $\partial^k u$ 表示 $u(x,y)$ 对 $(y,x_1,x_2,\cdots,x_n)$ 求 $\beta=(\beta_0,\beta_1,\cdots,\beta_n)$ 次偏导数, β 满足 $|\beta|=k$.

注意到 Poisson 核的半群性质，易见

引理 3.4　设 $1\le p,q\le\infty$, $\alpha>0$, k,l 均是大于 α 的整数. 则

$$\left(\int_0^\infty\left(y^{k-\alpha}\left\|\frac{\partial^k u}{\partial y^k}\right\|_p\right)^q\frac{dy}{y}\right)^{\frac{1}{q}}<\infty$$

与

$$\left(\int_0^\infty\left(y^{l-\alpha}\left\|\frac{\partial^l u}{\partial y^l}\right\|_p\right)^q\frac{dy}{y}\right)^{\frac{1}{q}}<\infty$$

等价.

定义 3.2 设 $1\le p,q\le\infty$, $\alpha>0$, k 是大于 α 的整数. 称

$$\wedge_{p,q}^{\alpha}(\mathbb{R}^n)=\left\{f(x)\in L^p(\mathbb{R}^n):\ \left(\int_0^\infty\left(y^{k-\alpha}\left\|\frac{\partial^k u}{\partial y^k}\right\|_p\right)^q\frac{dy}{y}\right)^{\frac{1}{q}}<\infty\right\},$$

在范数

$$\|f(x)\|_{\wedge_{p,q}^{\alpha}}=\|f(x)\|_p+\left(\int_0^\infty\left(y^{k-\alpha}\left\|\frac{\partial^k u}{\partial y^k}\right\|_p\right)^q\frac{dy}{y}\right)^{\frac{1}{q}}\tag{3.22}$$

下的完备化空间是 Besov 空间.

命题 3.5 设 $1\le p,q\le\infty$, $0<\alpha<2$, 那么 $f(x)\in\wedge_{p,q}^{\alpha}$ 的充要条件是 $f(x)\in L^p(\mathbb{R}^n)$ 并且

$$\int_{\mathbb{R}^n}\frac{\|f(x+t)+f(x-t)-2f(x)\|_p^q}{|t|^{n+\alpha q}}dt<\infty.$$

进而有 $\|f(x)\|_{\wedge_{p,q}^{\alpha}}$ 与

$$\|f(x)\|_p+\left(\int_{\mathbb{R}^n}\frac{\|f(x+t)+f(x-t)-2f(x)\|_p^q}{|t|^{n+\alpha q}}dt\right)^{\frac{1}{q}}\tag{3.23}$$

等价.

证明 先证充分性. 类似于第二节中的记号, $\triangle_t^2 f(x)=f(x+t)+f(x-t)-2f(x)$, 则

$$\begin{aligned}\left\|\frac{\partial^2 u}{\partial y^2}\right\|_p&=\frac{1}{2}\left\|\int_{\mathbb{R}^n}\frac{\partial^2 P_y(t)}{\partial y^2}\triangle_t^2 f dt\right\|_p\le Cy^{-n-2}\int_0^y\|\triangle_t^2 f\|_p r^{n-1}dr\\&\quad+C\int_y^\infty\|\triangle_t^2 f\|_p r^{-3}dr,\quad t=rt',\ |t|=r,\ t'\in\Sigma_{n-1}.\end{aligned}\tag{3.24}$$

因此, 记 $I=\left(\int_0^\infty(y^{2-\alpha}\left\|\frac{\partial^2 u}{\partial y^2}\right\|_p)^q dy\right)^{\frac{1}{q}}$, 由 Hardy 不等式可见

$$\begin{aligned}I&\le C\left(\int_0^\infty(y^{-n-\alpha}\int_0^y\|\triangle_t^2 f\|_p r^{n-1}dr)^q\frac{dy}{y}\right)^{\frac{1}{q}}\\&\quad+C\left(\int_0^\infty(y^{2-\alpha}\int_y^\infty\|\triangle_t^2 f\|_p r^{-3}dr)^q\frac{dy}{y}\right)^{\frac{1}{q}}\\&\le\left[\frac{C}{n-\alpha}+\frac{C}{2-\alpha}\right]\left(\int_0^\infty\|\triangle_t^2 f\|_p^q\cdot r^{-\alpha q-1}dr\right)^{\frac{1}{q}}\\&=C\left(\int_{\mathbb{R}^n}\frac{\|f(x+t)-f(x-t)-2f(x)\|_p^q}{|t|^{n+\alpha q}}dt\right)^{\frac{1}{q}}.\end{aligned}\tag{3.25}$$

再证必要性. 仿命题 2.6 的证明, 利用

$$f(x)=\int_0^y y'\frac{\partial^2}{\partial y'^2}u(x,y')dy'-y\frac{\partial u}{\partial y}+u(x,y),\tag{3.26}$$

$$\|\triangle_t^2F(x)\|_p\le C|t|^2\sum_{i,j=1}^n\left\|\frac{\partial^2F}{\partial x_j\partial x_i}\right\|_p,\quad F(x)\text{光滑}.\tag{3.27}$$

直接验算

$$\|\triangle_t^2f(x)\|_p\sim y^2\left\|\frac{\partial^2u}{\partial y^2}\right\|_p+y^2\sum_{i,j=1}^n\left\|\frac{\partial^2u}{\partial x_i\partial x_j}\right\|_p.\tag{3.28}$$

令 $y=|t|$, 利用引理 3.2 就得

$$\begin{aligned}\left(\int_{\mathbb{R}^n}\frac{\|\triangle_t^2f(x)\|_p^q}{|t|^{n+\alpha q}}dt\right)^{\frac1q}&\le C\left(\int_{\mathbb{R}^n}\frac{(|y|^{2-\alpha}\|\frac{\partial^2u}{\partial y^2}\|_p)^q}{|y|^n}dt\right)^{\frac1q}\\&=C\left(\int_0^\infty(y^{2-\alpha}\left\|\frac{\partial^2u}{\partial y^2}\right\|_p)^q\frac{dy}{y}\right)^{\frac1q}.\end{aligned}\tag{3.29}$$

引理 3.6　设 $f\in L^p(\mathbb{R}^n)$, 则对任意整数 $k\ge0$, 函数 $\left\|\frac{\partial^k u}{\partial y^k}\right\|_p$ 是 y 的单调下降函数, 其中 $0<y<\infty$.

证明　当 $k=0$ 时, 由 Poisson 核的半群性质可见

$$u(x,y_1+y_2)=P_{y_1}*u(x,y_2).\tag{3.30}$$

由 Young 不等式及 $\|P_{y_1}\|_1=1$ 可见

$$\|u(x,y_1+y_2)\|_p\le\|u(x,y_2)\|_p,\tag{3.31}$$

这意味着 $k=0$ 时, 引理 3.6 成立. 对一般 $k>0$, 仅需对 (3.30) 关于 y_2 求导 k 次, 然后利用 Young 不等式就得.

类似于命题 2.7 及定理 2.8. 我们有

命题 3.7　设 $\alpha>1$, 那么 $f(x)\in\wedge_{p,q}^\alpha(\mathbb{R}^n)$ 的充要条件是 $f(x)\in L^p(\mathbb{R}^n)$ 且 $\frac{\partial f}{\partial x_j}\in\wedge_{p,q}^{\alpha-1}(\mathbb{R}^n)$,　$j=1,2,\cdots,n$. 进而 $\|f\|_{\wedge_{p,q}^\alpha}$ 与

$$\|f\|_p+\sum_{j=1}^n\left\|\frac{\partial f}{\partial x_j}\right\|_{\wedge_{p,q}^{\alpha-1}}\tag{3.32}$$

等价.

定理 3.8 设 $\alpha>0,\beta\geq 0$, 那么 $\mathcal{J}_\beta$ 是 $\wedge_{p,q}^{\alpha}(\mathbb{R}^n)$ 到 $\wedge_{p,q}^{\alpha+\beta}(\mathbb{R}^n)$ 上的连续同构映射.

下面来考虑 Besov 空间 $\wedge_{p,q}^{\alpha}(\mathbb{R}^n)$ 中嵌入关系及它与位势 Banach 空间 $\mathcal{L}_\alpha^p(\mathbb{R}^n)$ 的关系.

命题 3.9 设 $1\leq p,q_1,q_2\leq\infty$, 那么

$$\wedge_{p,q_1}^{\alpha_1}(\mathbb{R}^n)\hookrightarrow\wedge_{p,q_2}^{\alpha_2}(\mathbb{R}^n),\quad \alpha_1>\alpha_2>0, \tag{3.33}$$

$$\wedge_{p,q_1}^{\alpha}(\mathbb{R}^n)\hookrightarrow\wedge_{p,q_2}^{\alpha}(\mathbb{R}^n),\quad \alpha>0,\quad q_1\leq q_2. \tag{3.34}$$

证明 先来证明 (3.34). 记

$$\left(\int_0^\infty\left(y^{k-\alpha}\left\|\frac{\partial^k u}{\partial y^k}\right\|_p\right)^{q_1}\frac{dy}{y}\right)^{\frac{1}{q_1}}=A. \tag{3.35}$$

由引理 3.6 知，对任意 $y_0\in\mathbb{R}^+$, 有

$$\begin{aligned}&\left\|\frac{\partial^k u}{\partial y^k}u(x,y_0)\right\|_p^{q_1}\int_{\frac{y_0}{2}}^{y_0}y^{(k-\alpha)q_1}\frac{dy}{y}\\&\quad\leq\int_{\frac{y_0}{2}}^{y_0}\left[y^{k-\alpha}\left\|\frac{\partial^k u}{\partial y^k}\right\|_p\right]^{q_1}\frac{dy}{y}\leq A^{q_1},\end{aligned}$$

进而,

$$\left\|\frac{\partial^k u}{\partial y^k}\right\|_p\leq CAy^{-k+\alpha},\quad \forall y>0. \tag{3.36}$$

这就意味着

$$\sup_{y>0}y^{k-\alpha}\left\|\frac{\partial^k u}{\partial y^k}\right\|_p\leq C\left(\int_0^\infty\left(y^{k-\alpha}\left\|\frac{\partial^k u}{\partial y^k}\right\|_p\right)^{q_1}\frac{dy}{y}\right)^{\frac{1}{q_1}},$$

从而

$$\wedge_{p,q_1}^{\alpha_1}(\mathbb{R}^n)\hookrightarrow\wedge_{p,\infty}^{\alpha_2}(\mathbb{R}^n),\quad \alpha_1>\alpha_2>0,\quad 1\leq q_1\leq\infty.$$

下面考虑 $q_1\leq q_2<\infty$ 的情形. 由 (3.35), (3.36) 就有

$$\begin{aligned}&\left(\int_0^\infty\left(y^{k-\alpha}\left\|\frac{\partial^k u}{\partial y^k}\right\|_p\right)^{q_2}\frac{dy}{y}\right)^{\frac{1}{q_2}}\\&\leq\left(\int_0^\infty\left(y^{k-\alpha}\left\|\frac{\partial^k u}{\partial y^k}\right\|_p\right)^{q_1}\frac{dy}{y}\right)^{\frac{1}{q_2}}\cdot\sup_{y>0}\left(y^{k-\alpha}\left\|\frac{\partial^k u}{\partial y^k}\right\|_p\right)^{\frac{q_2-q_1}{q_2}}\\&\leq CA=C\left(\int_0^\infty\left(y^{k-\alpha}\left\|\frac{\partial^k u}{\partial y^k}\right\|_p\right)^{q_1}\frac{dy}{y}\right)^{\frac{1}{q_1}}.\end{aligned}$$

从而，(3.34) 成立.

下面来证明 (3.33). 先考虑 $q_1 \geq q_2$ 的情形，取 k 是大于 α_1, α_2 的整数，注意到

$$\left(\int_1^\infty \left(y^{k-\alpha_2}\left\|\frac{\partial^k u}{\partial y^k}\right\|_p\right)^{q_2}\frac{dy}{y}\right)^{\frac{1}{q_2}} \leq C_1\left(\int_1^\infty y^{-\alpha_2 q_2}\frac{dy}{y}\right)^{\frac{1}{q_2}}\|f\|_p < \infty,$$

$$\left(\int_1^\infty \left(y^{k-\alpha_1}\left\|\frac{\partial^k u}{\partial y^k}\right\|_p\right)^{q_1}\frac{dy}{y}\right)^{\frac{1}{q_1}} \leq C_1\left(\int_1^\infty y^{-\alpha_1 q_1}\frac{dy}{y}\right)^{\frac{1}{q_1}}\|f\|_p < \infty,$$

以及

$$\begin{aligned}
&\left(\int_0^1 \left(y^{k-\alpha_2}\left\|\frac{\partial^k u}{\partial y^k}\right\|_p\right)^{q_2}\frac{dy}{y}\right)^{\frac{1}{q_2}}\\
\leq&\left(\int_0^1 \left(y^{k-\alpha_1}\left\|\frac{\partial^k u}{\partial y^k}\right\|_p\right)^{q_1}\frac{dy}{y}\right)^{\frac{1}{q_1}}\cdot\left(\int_0^1 y^{\frac{(\alpha_1-\alpha_2)}{q_1-q_2}q_1q_2}\frac{dy}{y}\right)^{\frac{q_1-q_2}{q_1q_2}}\\
\leq& C_2\left(\int_0^1 \left(y^{k-\alpha_1}\left\|\frac{\partial^k u}{\partial y^k}\right\|_p\right)^{q_1}\frac{dy}{y}\right)^{\frac{1}{q_1}},
\end{aligned}$$

所以

$$\begin{aligned}
&\left(\int_0^\infty \left(y^{k-\alpha_2}\left\|\frac{\partial^k u}{\partial y^k}\right\|_p\right)^{q_2}\frac{dy}{y}\right)^{\frac{1}{q_2}}+\|f\|_p\\
=&\left(\int_1^\infty+\int_0^1\right)\left(y^{k-\alpha_2}\left\|\frac{\partial^k u}{\partial y^k}\right\|_p\right)^{q_2}\frac{dy}{y})^{\frac{1}{q_2}}+\|f\|_p\\
\leq& C\left(\int_0^\infty \left(y^{k-\alpha_1}\left\|\frac{\partial^k u}{\partial y^k}\right\|_p\right)^{q_1}\frac{dy}{y}\right)^{\frac{1}{q_1}}+C\|f\|_p.
\end{aligned}\tag{3.37}$$

此就是 (3.3). 最后，对于 $q_1 < q_2$ 情形，由刚证明的结果 $\wedge^{\alpha_1}_{p,q_1}(\mathbb{R}^n) \hookrightarrow \wedge^{\alpha_2}_{p,q_1}(\mathbb{R}^n)$ 及 (3.34) 就得 $\wedge^{\alpha_1}_{p,q_1}(\mathbb{R}^n) \hookrightarrow \wedge^{\alpha_2}_{p,q_1}(\mathbb{R}^n) \hookrightarrow \wedge^{\alpha_2}_{p,q_2}(\mathbb{R}^n)$.

定理 3.10 设 $1 < p < \infty, \alpha > 0$, 那么

(1) $\mathcal{L}^p_\alpha(\mathbb{R}^n) \hookrightarrow \wedge^\alpha_{p,p}(\mathbb{R}^n)$, $p \geq 2$.

(2) $\mathcal{L}^p_\alpha(\mathbb{R}^n) \hookrightarrow \wedge^\alpha_{p,2}(\mathbb{R}^n)$, $p \leq 2$.

(3) $\wedge^\alpha_{p,2}(\mathbb{R}^n) \hookrightarrow \mathcal{L}^p_\alpha(\mathbb{R}^n)$, $p \geq 2$.

(4) $\wedge^\alpha_{p,p}(\mathbb{R}^n) \hookrightarrow \mathcal{L}^p_\alpha(\mathbb{R}^n)$, $p \leq 2$.

简言之，就是

$$\wedge^\alpha_{p,\min(p,2)}(\mathbb{R}^n) \hookrightarrow \mathcal{L}^p_\alpha(\mathbb{R}^n) \hookrightarrow \wedge^\alpha_{p,\max(p,2)}(\mathbb{R}^n).$$

证明 注意到 $\mathcal{J}_\beta$ 是 $\wedge_{p,q}^{\alpha}(\mathbb{R}^n)$ 到 $\wedge_{p,q}^{\beta+\alpha}(\mathbb{R}^n)$ 上连续同构映射，也是 $\mathcal{L}_\alpha^p(\mathbb{R}^n)$ 到 $\mathcal{L}_{\beta+\alpha}^p(\mathbb{R}^n)$ 连续同构映射，故仅需对 $\alpha=1$ 的情形来证明定理 3.10 即可. 此时， $\mathcal{L}_1^p(\mathbb{R}^n)$ 可用 $W^{1,p}(\mathbb{R}^n)$ 来代替.

由于 $f(x)\in\wedge_{p,q}^1(\mathbb{R}^n)$ 的模中涉及 $u=P_y*f$ 的二阶导数，为此，我们引入如下形式的 Paley-Littlewood 型函数

$$\begin{cases}\mathcal{G}_p(x)=\left(\displaystyle\int_0^\infty (y|\nabla^2u(x,y)|)^p\frac{dy}{y}\right)^{\frac{1}{p}}, & p<\infty,\\ \mathcal{G}_\infty(x)=\displaystyle\sup_{y>0}y|\nabla^2u(x,y)|, & p=\infty.\end{cases}\tag{3.38}$$

(1) 设 $f(x)\in\mathcal{L}_1^p(\mathbb{R}^n)$, 自然有 $\frac{\partial f}{\partial x_j}\in L^p(\mathbb{R}^n)$ $(j=1,2,\cdots,n)$, 利用 $\frac{\partial u}{\partial x_j}=P_y*\frac{\partial f}{\partial x_j}$ 以及 g 函数的定义，有

$$\left[g(\frac{\partial f}{\partial x_j})(x)\right]^2=\sum_{k=0}^n\int_0^\infty y\left|\frac{\partial^2u(x,y)}{\partial x_j\partial x_k}\right|^2dy,\quad x_0=y.\tag{3.39}$$

注意到 $\frac{\partial^2u}{\partial y^2}=-\displaystyle\sum_{j=1}^n\frac{\partial^2u}{\partial x_j^2}$, 容易看出

$$\mathcal{G}_2(x)\le C\sum_{j=1}^n g(\frac{\partial f}{\partial x_j}).\tag{3.40}$$

利用

$$\sup_{y>0}\left|y\frac{\partial u}{\partial x_j}(x,y)\right|\le A\wedge f(x)\tag{3.41}$$

(见第六章习题 12), g 函数和极大函数的性质，即得

$$\begin{cases}\|\mathcal{G}_2f(x)\|_p\le A_p\displaystyle\sum_{j=1}^n\left\|\frac{\partial f}{\partial x_j}\right\|_p,\\ \|\mathcal{G}_\infty f(x)\|_p\le A_p\displaystyle\sum_{j=1}^n\left\|\frac{\partial f}{\partial x_j}\right\|_p.\end{cases}\tag{3.42}$$

当 $p\ge2$ 时， $\mathcal{G}_p(x)\le\mathcal{G}_2^{\frac{2}{p}}(x)\mathcal{G}_\infty^{1-\frac{2}{p}}(x)$. 由 Hölder 不等式，可得

$$\|\mathcal{G}_p(x)\|_p\le\|\mathcal{G}_2(x)\|_p^\theta\|\mathcal{G}_\infty(x)\|_p^{1-\theta}\le A_p\sum_{j=1}^n\left\|\frac{\partial f}{\partial x_j}\right\|_p,\quad\theta=\frac{2}{p}.$$

此即

$$\left(\int_0^\infty \left(y\left\|\frac{\partial^2 u}{\partial y^2}\right\|_p\right)^p \frac{dy}{y}\right)^{\frac{1}{p}} \leq A_p \sum_{j=1}^n \left\|\frac{\partial f}{\partial x_j}\right\|_p, \quad \theta = \frac{2}{p}. \tag{3.43}$$

所以，

$$\|f\|_{\wedge^1_{p,p}} \leq \max(1, A_p)\|f(x)\|_{\mathcal{L}^p_1}, \quad \forall f(x) \in \mathcal{L}^p_1(\mathbb{R}^n), \quad p \geq 2. \tag{3.44}$$

(2) 对任意的 $F(x,y) \geq 0$ 及 $r > 1$，注意到 Minkowski 不等式，就得

$$\left(\int_0^\infty \left(\int_{\mathbb{R}^n} F(x,y)dx\right)^r ydy\right)^{\frac{1}{r}} \leq \int_{\mathbb{R}^n} \left(\int_0^\infty F^r(x,y)ydy\right)^{\frac{1}{r}} dx. \tag{3.45}$$

取 $r = \frac{2}{p}$ $(p \leq 2)$, $F(x,y) = |\nabla^2 u(x,y)|^p$, 那么

$$\begin{aligned}\int_0^\infty y\|\nabla^2 u\|_p^2 dy &= \int_0^\infty \left(\int_{\mathbb{R}^n} |\nabla^2 u|^p dx\right)^{\frac{2}{p}} ydy \\ &\leq \left(\int_{\mathbb{R}^n} \left(\int_0^\infty y^2 |\nabla^2 u(x,y)|^2 \frac{dy}{y}\right)^{\frac{p}{2}} dx\right)^{\frac{2}{p}} \\ &= \left(\int_{\mathbb{R}^n} |\mathcal{G}_2(x)|^p dx\right)^{\frac{2}{p}} \leq \left(A_p \sum_{j=1}^n \left\|\frac{\partial f}{\partial x_j}\right\|_p\right)^2,\end{aligned} \tag{3.46}$$

这里用到了 (3.42). 故

$$\|f(x)\|_{\wedge^1_{p,2}} \leq \max(1, A_p)\|f(x)\|_{\mathcal{L}^p_1}, \quad f(x) \in \mathcal{L}^p_1(\mathbb{R}^n),\ p \leq 2. \tag{3.47}$$

(3) 当 $\frac{\partial f}{\partial x_j} \in L^p(\mathbb{R}^n)$ $(1 \leq j \leq n)$ 时，利用 g 函数的性质，就有

$$A'_p \sum_{j=1}^n \left\|\frac{\partial f}{\partial x_j}\right\|_p \leq \|\mathcal{G}_2(x)\|_p. \tag{3.48}$$

利用 $r \leq 1$ 情形的反向的 Minkowski 不等式 (即 (3.45) 的相反的不等式) 可见

$$\left(\int_{\mathbb{R}^n} |\mathcal{G}_2(x)|^p dx\right)^{\frac{1}{p}} \leq \left(\int_0^\infty y|\nabla^2 u|_p^2 dy\right)^{\frac{1}{2}}, \quad p \geq 2. \tag{3.49}$$

因此

$$\|f(x)\|_{\mathcal{L}^p_1} \leq \max(1, (A'_p)^{-1})\|f(x)\|_{\wedge^1_{p,2}} \quad f(x) \in \mathcal{L}^p_1(\mathbb{R}^n),\ p \geq 2. \tag{3.50}$$

下面仅需证明，对任意的 $f(x)\in\wedge^1_{p,2}(\mathbb{R}^n)$, 不等式 (3.50) 成立. 事实上，对任意的 $f(x)\in\wedge^1_{p,2}(\mathbb{R}^n)$, 其 Possion 积分自然满足 $u(x,\epsilon)\in\mathcal{L}^p_1(\mathbb{R}^n)$, $\epsilon>0$. 根据引理 3.6 和估计 (3.50) 就有

$$\|u(x,\epsilon)\|_{\mathcal{L}^p_1(\mathbb{R}^n)}\le A_p\|u(x,\epsilon)\|_{\wedge^1_{p,2}}\le A_p\|f(x)\|_{\wedge^1_{p,2}}. \tag{3.51}$$

此意味着 $u(x,\epsilon)$ 在 $\mathcal{L}^p_1(\mathbb{R}^n)$ 模下一致有界. 与此同时，当 $\epsilon\to 0$ 时， $u(x,\epsilon)$ 在 $L^p(\mathbb{R}^n)$ 模下收敛于 $f(x)$, 从而

$$\int_{\mathbb{R}^n}\frac{\partial}{\partial x_j}u(x,\epsilon)\varphi(x)dx\longrightarrow-\int_{\mathbb{R}^n}f(x)\frac{\partial\varphi}{\partial x_j}dx,\quad\forall\varphi(x)\in\mathcal{S}(\mathbb{R}^n). \tag{3.52}$$

故存在函数 $g_j(x)\in L^p(\mathbb{R}^n)$, 使得 $g_j(x)=\frac{\partial f}{\partial x_j}$, 这意味着对任意的 $f(x)\in\wedge^1_{p,2}(\mathbb{R}^n)$, 不等式 (3.50) 成立.

(4) 因为 $1<p\le 2$, 自然有

$$\|\mathcal{G}_2(x)\|_p\le\|\mathcal{G}_p(x)\|_p^{\theta}\|\mathcal{G}_\infty(x)\|_p^{1-\theta},\quad\theta=\frac{p}{2}. \tag{3.53}$$

利用 Paley-Littlewood 理论，容易看出

$$A'_p\left\|\frac{\partial f}{\partial x_j}\right\|_p\le\|\mathcal{G}_2(x)\|_p,\quad f(x)\in\mathcal{L}^p_1(\mathbb{R}^n). \tag{3.54}$$

利用 (3.42) 和 (3.54) 可得

$$\|\mathcal{G}_\infty(x)\|_p\le A_p\sum_{j=1}^n\left\|\frac{\partial f}{\partial x_j}\right\|_p\le\|\mathcal{G}_2(x)\|_p.$$

这样，由 (3.53) 就有

$$\|\mathcal{G}_p(x)\|_p\ge C\sum_{j=1}^n\left\|\frac{\partial f}{\partial x_j}\right\|_p. \tag{3.55}$$

因此，由 g_x 与 g_1 函数的等价性，可见

$$\begin{aligned}\sum_{j=1}^n\left\|\frac{\partial f}{\partial x_j}\right\|_p&\le C'\|\mathcal{G}_p(x)\|_p\le C''\left\{\int_0^\infty\left(y\left\|\frac{\partial^2 u}{\partial y^2}\right\|_p\right)^p\frac{dy}{y}\right\}^{\frac{1}{p}}\\&\le C\|f(x)\|_{\wedge^1_{p,p}},\quad\forall f(x)\in\mathcal{L}^1_p(\mathbb{R}^n),\quad 1<p\le 2.\end{aligned} \tag{3.56}$$

类似于 (3) 的证明，将 (3.56) 中的条件 $f(x)\in\mathcal{L}^1_p(\mathbb{R}^n)$ 换成 $f(x)\in\wedge^1_{p,p}(\mathbb{R}^n)$ 时，仍有 (2.56) 中的不等式成立，从而定理 3.10 得证.

在定理 2.8 的证明中，我们用到了估计

$$\left\|\frac{\partial^l G_\beta(x,y)}{\partial y^l}\right\|_1 \le Ay^{-l+\beta}, \quad y>0,\ \beta>0, \tag{3.57}$$

这里 $G_\beta(x,y)=\mathcal{J}_\beta P_y(x)=P_y(x)*G_\beta(x)$, $l>\beta$ 是一个整数. 事实上, (3.57) 是如下引理的直接结果.

命题 3.11 对任意的 $\beta>0$, 我们有 $G_\beta(x)\in\wedge^\beta_{1,\infty}(\mathbb{R}^n)$.

证明 先考虑 $0<\beta<1$ 的情形. 因为 $G_\beta(x)\in L^1(\mathbb{R}^n)$, 故利用定义 3.1, 仅需证明

$$\int_{\mathbb{R}^n}|G_\beta(x+t)-G_\beta(x)|dx\le A|t|^\beta, \qquad 0<\beta<1. \tag{3.58}$$

注意到命题 1.5, 我们有 $|G_\beta(x)|\le C|x|^{-n+\beta}$, 于是

$$\int_{|x|\le 2|t|}|G_\beta(x+t)-G_\beta(x)|dx\le 2\int_{|x|\le 3|t|}|G_\beta(x)|dx\le A|t|^\beta, \tag{3.59}$$

这里 $0<\beta<1$. 另一方面，直接计算

$$\begin{aligned}\left|\frac{\partial G_\beta}{\partial x_j}\right| &= C|x_j|\int_0^\infty e^{\frac{-\pi|x|^2}{\delta}}e^{-\frac{\delta}{4\pi}}\delta^{\frac{\beta-n-2}{2}}\frac{d\delta}{\delta}\\ &= C|x_j|\int_0^\infty e^{\frac{-\pi|x|^2}{\delta}}\delta^{\frac{\beta-n-2}{2}}\frac{d\delta}{\delta} \qquad (\delta=\frac{|x|^2}{y})\\ &= C'|x_j||x|^{-n+\beta-2}\le C'|x|^{-n+\beta-1},\end{aligned}$$

因此,

$$\int_{|x|\ge 2|t|}|G_\beta(x+t)-G_\beta(x)|dx\le 2\int_{|x|\ge 2|t|}C'|t||x|^{-n+\beta-1}dx\le A|t|^\beta, \tag{3.60}$$

这里 $0<\beta<1$. 于是，由 (3.59) 与 (3.60) 就得估计 (3.58).

对任意 $\beta>0$, 由于 $l>\beta$ 是一个整数，自然有 $0<\beta/l<1$. 这样，容易看出

$$G_\beta(x)=G_{\frac{\beta}{l}}*G_{\frac{\beta}{l}}*\cdots*G_{\frac{\beta}{l}}, \quad P_y(x)=P_{y_1}*P_{y_2}*\cdots*P_{y_l}, \tag{3.61}$$

这里 $y=y_1+y_2+\cdots+y_l$. 于是

$$G_\beta(x,y)=G_{\frac{\beta}{l}}(\cdot,y_1)*G_{\frac{\beta}{l}}(\cdot,y_2)*\cdots*G_{\frac{\beta}{l}}(\cdot,y_l). \tag{3.62}$$

现就 (3.62) 的两边关于变量 $y_1, y_2, \cdots. y_l$ 求导 l 次，然后令 $y_j=\frac{y}{l}, j=1,2,\cdots,l$, 就得

$$\left\|\frac{\partial^l G_\beta(x,y)}{\partial y^l}\right\|_1 \le A'y^{-1+\frac{\beta}{l}}\cdots A'y^{-1+\frac{\beta}{l}}=Ay^{-l+\beta},\quad y>0,\quad \beta>0. \tag{3.63}$$

因此，由定义 3.2 推知命题 3.11 成立.

§8.4 $\mathbb{R}^n$ 上的一般可微函数空间

本节的目的就是给出 $\mathbb{R}^n$ 上的一般可微函数空间的函数分解定义以及其它一些等价定义的刻画. 作为特例, 可得到我们所熟知的各类函数空间. 这些空间在偏微分方程的研究中是必不可少的，本节将给出这些空间的基本结论，同时给出相应的评注，供读者使用. 详细的证明详见 Triebel 的专著 [Tr1] 和 [Tr2].

定义 4.1 定义 $\Phi(\mathbb{R}^n)=\{\varphi(x)=\{\varphi_j(x)\}_{j=0}^\infty,\ \varphi_j(x)\in\mathcal{S}(\mathbb{R}^n),\ j=0,1,2,\cdots\}$ 满足

$$\begin{cases}\mathrm{supp}\varphi_0(x)\subset\{x:\ |x|\le 2\},\\ \mathrm{supp}\varphi_j(x)\subset\{x:\ 2^{j-1}\le|x|\le 2^{j+1}\},\quad j=1,2,\cdots,\end{cases} \tag{4.1}$$

且对任意的多重指标 α, 存在一个正数 C_α 使得

$$2^{j|\alpha|}|\partial^\alpha\varphi_j(x)|\le C_\alpha,\quad x\in\mathbb{R}^n,\quad j=0,1,\cdots. \tag{4.2}$$

$$\sum_{j=0}^\infty\varphi_j(x)=1,\quad x\in\mathbb{R}^n. \tag{4.3}$$

自然， $\Phi(\mathbb{R}^n)$ 中的任意一个元素是 $\mathbb{R}^n$ 上的单位分解.

注记 4.1 (i) 定义 4.1 中的 2 可换成任意的 $a>1$, 相应的集合就记为 $\Phi^{(a)}(\mathbb{R}^n)$.

(ii) $\Phi(\mathbb{R}^n)$ 是非空集合. 事实上, 取 $0\le\psi(x)\in C_c^\infty(\mathbb{R}^n)$ 满足 $\mathrm{supp}\psi(x)\subset\{x:\ \frac{1}{2}\le|x|\le 2\}$ 以及

$$\psi(x)>0,\quad \frac{1}{\sqrt{2}}\le|x|\le\sqrt{2}.$$

令

$$\varphi_j(x)=\psi(2^{-j}x)/\sum_{k=-\infty}^{\infty}\psi(2^{-k}x),\quad j=1,2,\cdots.$$

$$\varphi_0(x) = 1 - \sum_{j=1}^{\infty} \varphi_j(x).$$

显然, $\varphi(x) = \{\varphi_j(x)\}_{j=0}^{\infty} \in \Phi(\mathbb{R}^n)$.

定义 4.2 设 $-\infty < s < \infty$, $0 < q \le \infty$, $\varphi(x) = \{\varphi_j(x)\}_{j=0}^{\infty} \in \Phi(\mathbb{R}^n)$.

(1) 如果 $0 < p \le \infty$, 称

$$B_{p,q}^s(\mathbb{R}^n) = \{f(x): \quad f(x) \in \mathcal{S}'(\mathbb{R}^n)\text{且}\|f(x); B_{p,q}^s\| < \infty\} \tag{4.4}$$

是 Besov 型的空间, 这里

$$\|f(x);\ B_{p,q}^s\| = \|2^{js}\mathcal{F}^{-1}\varphi_j(x)\mathcal{F}f;\ l_q(L^p(\mathbb{R}^n))\| = \left(\sum_{j=0}^{\infty} \|2^{js}\mathcal{F}^{-1}\varphi_j(x)\mathcal{F}f\|_p^q\right)^{\frac{1}{q}}.$$

(2) 如果 $0 < p < \infty$, 称

$$F_{p,q}^s(\mathbb{R}^n) = \{f(x):\ f(x) \in \mathcal{S}',\ \|f(x);\ F_{p,q}^s\| < \infty\} \tag{4.5}$$

是 Triebel 型空间, 这里

$$\|f(x); F_{p,q}^s\| = \|2^{js}\mathcal{F}^{-1}\varphi_j(x)\mathcal{F}f;\ L^p(\mathbb{R}^n; l_q)\| = \left\|\left(\sum_{j=0}^{\infty} |2^{js}\mathcal{F}^{-1}\varphi_j(x)\mathcal{F}f|^q\right)^{\frac{1}{q}}\right\|_p.$$

注记 4.2 (i) 在定义 4.2 中, 若 $1 \le p \le \infty$ (或 $1 \le p < \infty$), $1 \le q \le \infty$, $B_{p,q}^s(\mathbb{R}^n)$ (或 $F_{p,q}^s(\mathbb{R}^n)$) 是 Banach 空间, 而当 $0 < p < 1$ 或 $0 < q < 1$ 时, $B_{p,q}^s(\mathbb{R}^n)$ 以及 $F_{p,q}^s(\mathbb{R}^n)$ 均是拟范 Banach 空间.

(ii) 在 (4.4) 及 (4.5) 中, 形如 $\mathcal{F}^{-1}\varphi_j(x)\mathcal{F}f = \mathcal{F}^{-1}[\varphi_j(x)\mathcal{F}f]$ 是 $\mathbb{R}^n$ 上的解析函数, 因此范数有定义. 另一方面, 容易证明, 在等价模的意义下, 范数的定义不依赖于 $\{\varphi_j\}_{j=0}^{\infty} \in \Phi(\mathbb{R}^n)$ 的选取.

(iii) 在定义 4.2 中, 若用 $\varphi(x) \in \Phi^{(a)}(\mathbb{R}^n)$ 来代替 $\varphi(x) \in \Phi(\mathbb{R}^n)$, 相应的 Besov 空间 (Triebel 空间) 完全一致, 由 $\varphi(x) \in \Phi^{(a)}(\mathbb{R}^n)$ 诱导的拟范数 (范数) 与 $\varphi(x) \in \Phi(\mathbb{R}^n)$ 诱导的拟范数 (范数) 等价.

(iv) 当 $p = \infty$ 时, 一般来讲 $F_{\infty,q}^s(\mathbb{R}^n)$ $(0 < q \le 1)$ 没有确定的定义. 此时, (4.5) 式确定的拟范数 $\|\cdot\ ;\ F_{\infty,q}^s(\mathbb{R}^n)\|$ 依赖于 $\varphi = \{\varphi_j\}_{j=0}^{\infty} \in \Phi(\mathbb{R}^n)$ 的选取, 详见 Triebel 的专著 Space of Besov-Hardy-Sobolev Type 中的反例. 然而, 当 $q > 1$ 时, 我们将容易看到, 适当修改 (4.5) 中的范数形式, 可确保 Triebel 空间 $F_{\infty,q}^s(\mathbb{R}^n)$ 有定义.

(v) 可以证明, 当 $s > 0$, $p, q \ge 1$ 时, $B_{p,q}^s$ 就是上节讨论的 Besov 空间 $\wedge_{p,q}^s(\mathbb{R}^n)$.

定理 4.1 (1) 若 $0 < q_0 \le q_1 \le \infty$, $-\infty < s < \infty$, 则

$$B^s_{p,q_0}(\mathbb{R}^n) \hookrightarrow B^s_{p,q_1}(\mathbb{R}^n), \qquad 0 < p \le \infty. \tag{4.6}$$

$$F^s_{p,q_0}(\mathbb{R}^n) \hookrightarrow F^s_{p,q_1}(\mathbb{R}^n), \qquad 0 < p < \infty. \tag{4.7}$$

(2) 若 $0 < q_0, q_1 \le \infty$, $\epsilon > 0$ 且 $-\infty < s < \infty$, 则

$$B^{s+\epsilon}_{p,q_0}(\mathbb{R}^n) \hookrightarrow B^s_{p,q_1}(\mathbb{R}^n), \qquad 0 < p \le \infty. \tag{4.8}$$

$$F^{s+\epsilon}_{p,q_0}(\mathbb{R}^n) \hookrightarrow F^s_{p,q_1}(\mathbb{R}^n), \qquad 0 < p < \infty. \tag{4.9}$$

(3) 若 $0 < q \le \infty$, $0 < p < \infty$, $-\infty < s < \infty$, 则

$$B^s_{p,\min(p,q)}(\mathbb{R}^n) \hookrightarrow F^s_{p,q}(\mathbb{R}^n) \hookrightarrow B^s_{p,\max(p,q)}(\mathbb{R}^n). \tag{4.10}$$

证明 (1) 对 $\forall\{\varphi_j\}_{j=0}^\infty \in \Phi(\mathbb{R}^n)$, $f(x) \in B^s_{p,q_0}(\mathbb{R}^n)$, 记 $a_j = 2^{js}\mathcal{F}^{-1}\varphi_j\mathcal{F}f$, 注意到 $l_{q_0} \hookrightarrow l_{q_1} \hookrightarrow l_\infty$, 容易看出

$$\begin{aligned}
\|f(x);\ B^s_{p,q_1}(\mathbb{R}^n)\| &= \|\{a_j\};\ l_{q_1}(L^p(\mathbb{R}^n))\| = \Big(\sum_{j=0}^\infty \|a_j\|_p^{q_1}\Big)^{\frac{1}{q_1}} \\
&\lesssim \Big(\sum_{j=0}^\infty \|a_j\|_p^{q_0}\Big)^{\frac{1}{q_0}} = \|\{a_j\};\ l_{q_0}(L^p(\mathbb{R}^n))\| \\
&= \|f(x);\ B^s_{p,q_0}(\mathbb{R}^n)\|, \quad \forall f(x) \in B^s_{p,q_0}(\mathbb{R}^n).
\end{aligned}$$

同理亦有

$$\|f(x);\ F^s_{p,q_1}(\mathbb{R}^n)\| \le C\|f(x);\ F^s_{p,q_0}(\mathbb{R}^n)\|, \quad \forall f(x) \in F^s_{p,q_0}(\mathbb{R}^n).$$

(2) 注意到

$$\begin{aligned}
\left(\sum_{j=0}^\infty 2^{sjq_1}|a_j|^{q_1}\right)^{\frac{1}{q_1}} &\le \sup_j[2^{(s+\epsilon)j}|a_j|]\left(\sum_{l=0}^\infty 2^{-\epsilon l q_1}\right)^{\frac{1}{q_1}} \\
&\le C\sup_j[2^{(s+\epsilon)j}|a_j|] \le C\left(\sum_{j=0}^\infty 2^{(s+\epsilon)jq_0}|a_j|^{q_0}\right)^{\frac{1}{q_0}},
\end{aligned}$$

$$\sup_j[2^{sj}|a_j|] \le \sup_j[2^{(s+\epsilon)j}|a_j|] \le C\left(\sum_{j=0}^\infty 2^{(s+\epsilon)jq_0}|a_j|^{q_0}\right)^{\frac{1}{q_0}},$$

对任意的 $f(x) \in B^{s+\epsilon}_{p,q_0}(\mathbb{R}^n)$, 直接推得

$$\|f(x);\ B^s_{p,q_1}(\mathbb{R}^n)\| \le C\|f,\ B^{s+\epsilon}_{p,q_0}(\mathbb{R}^n)\|, \quad 0 < p \le \infty. \tag{4.11}$$

同理，对任意的 $f(x) \in F^{s+\epsilon}_{p,q_0}(\mathbb{R}^n)$, 也有

$$\|f(x); F^s_{p,q_1}(\mathbb{R}^n)\| \le C\|f;\ F^{s+\epsilon}_{p,q_0}(\mathbb{R}^n)\|, \quad 0<p<\infty. \tag{4.12}$$

(3) 当 $0<q\le p<\infty$ 时，利用广义的 Minkowski 不等式，容易验证

$$\begin{aligned}&\|a_j;\ l_p(L^p(\mathbb{R}^n))\| = \|a_j;\ L^p(\mathbb{R}^n, l_p)\| \le \|a_j;\ L^p(\mathbb{R}^n, l_q))\|\\ =&\|\sum_{j=0}^{\infty}|a_j|^q;\ L^{\frac{p}{q}}(\mathbb{R}^n)\|^{\frac{1}{q}} \le \left(\sum_{j=0}^{\infty}\||a_j|^q;\ L^{\frac{p}{q}}(\mathbb{R}^n)\|\right)^{\frac{1}{q}}\\ =&\|a_j;\ l_q(L^p(\mathbb{R}^n)\|.\end{aligned} \tag{4.13}$$

如果 $0<p<q\le\infty$, 则有

$$\begin{aligned}\|a_j;\ l_q(L^p(\mathbb{R}_n))\| =&\left\|\int_{\mathbb{R}^n}|a_j|^p dx;\ l_{\frac{q}{p}}\right\|^{\frac{1}{p}} \le \left(\int_{\mathbb{R}^n}\|\{|a_j|^p\};\ l_{\frac{q}{p}}\|dx\right)^{\frac{1}{p}}\\ =&\|a_j;\ L^p(\mathbb{R}^n, l_q)\| \le \|a_j;\ l_p(L^p(\mathbb{R}^n))\|.\end{aligned} \tag{4.14}$$

由 (4.13),(4.14) 即得 (3) 的证明.

定理 4.2 (1) 设 $-\infty<s<\infty$, $0<p\le\infty$, $0<q\le\infty$, 则有

$$\mathcal{S}(\mathbb{R}^n) \hookrightarrow B^s_{p,q}(\mathbb{R}^n) \hookrightarrow \mathcal{S}'(\mathbb{R}^n). \tag{4.15}$$

特别，当 $-\infty<s<\infty$, $0<p<\infty$, $0<q<\infty$ 时，$\mathcal{S}(\mathbb{R}^n)$ 稠于 $B^s_{p,q}(\mathbb{R}^n)$, 然而 $\mathcal{S}(\mathbb{R}^n)$ 不稠于 $B^s_{\infty,q}(\mathbb{R}^n)$ 及 $B^s_{p,\infty}(\mathbb{R}^n)$.

(2) 设 $-\infty<s<\infty$, $0<p<\infty$, $0<q<\infty$, 有

$$\mathcal{S}(\mathbb{R}^n) \hookrightarrow F^s_{p,q}(\mathbb{R}^n) \hookrightarrow \mathcal{S}'(\mathbb{R}^n) \tag{4.16}$$

且当 $-\infty<s<\infty$, $0<p<\infty$, $0<q<\infty$ 时，$\mathcal{S}(\mathbb{R}^n)$ 稠于 $F^s_{p,q}(\mathbb{R}^n)$, 然而 $\mathcal{S}(\mathbb{R}^n)$ 在 $F^s_{p,\infty}(\mathbb{R}^n)$ 中不稠密. 证明见 Triebel 的专著 [Tr1].

由注记 4.2 的 (iv) 知，当 $0<q\le 1$ 时，$F^s_{\infty,q}(\mathbb{R}^n)$ 没有确定意义. 然而，当 $1<q<\infty$ 时，适当修改定义 4.2, 可定义函数空间 $F^s_{\infty,q}(\mathbb{R}^n)$.

定义 4.3 设 $-\infty<s<\infty$, $1<q\le\infty$, $\varphi(x)=\{\varphi_j(x)\}_{j=0}^{\infty}\in\Phi(\mathbb{R}^n)$, 记 $F^s_{\infty,q}(\mathbb{R}^n)$ 是线性空间

$$\begin{aligned}\{f(x):\ f(x)\in\mathcal{S}'(\mathbb{R}^n),\ \exists\{f_j(x)\}_{j=0}^{\infty}\subset L^\infty,\ f(x)\overset{\mathcal{S}'}{=}\sum_{j=0}^{\infty}\mathcal{F}^{-1}\varphi_j\mathcal{F}f_j,\\ \text{并且满足}\quad \|2^{sj}f_j;\quad L^\infty(\mathbb{R}^n;l^q)\|<\infty\},\end{aligned}$$

在范数

$$\|f(x);\ F^s_{\infty,q}(\mathbb{R}^n)\| = \inf_{\{f_j\}} \|2^{js}f_j;\ L^\infty(\mathbb{R}^n;l^q)\| \tag{4.17}$$

下生成有 Banach 空间，这里

$$\|2^{js}f_j, L^\infty(\mathbb{R}^n;l_q)\| = \sup_{x\in\mathbb{R}^n}\left(\sum_{j=0}^{\infty}2^{jsq}|f_j(x)|^q\right)^{\frac{1}{q}}. \tag{4.18}$$

注记 4.3 (i) 从形式来讲，上面 $F^s_{\infty,q}(\mathbb{R}^n)$ 可以毫无困难地推广到 $0<q\le 1$ 的情形．但是，此时不能保证定理 4.1 正确，然而，在 $1<q<\infty$ 的情形下，能确保定理 4.1 成立．

(ii) 依定义 4.3 给出 $F^s_{\infty,q}(\mathbb{R}^n)$ 模的方式，可以给出 $F^s_{p,q}(\mathbb{R}^n)$ 在 $1<p<\infty$, $1<q<\infty$ 情形下模的一个等价定义，即

命题 4.3 设 $-\infty<s<\infty$, $1<p<\infty$, $1<q<\infty$. 对 $\varphi=\{\varphi_j\}_{j=0}^\infty\in\Phi(\mathbb{R}^n)$, 定义

$$\begin{aligned}\widetilde{F}^s_{p,q}(\mathbb{R}^n) = \big\{f(x):\ & f(x)\in\mathcal{S}'(\mathbb{R}^n),\quad \exists\{f_j\}_{j=0}^\infty\subset L^p(\mathbb{R}^n),\\ & f(x)\overset{\mathcal{S}'}{=}\sum_{j=0}^{\infty}\mathcal{F}^{-1}\varphi_j\mathcal{F}f_j \text{且} \|2^{js}f_j;\ L^p(\mathbb{R}^n,l^q)\|<\infty\big\}.\end{aligned}$$

则它与 $F^s_{p,q}(\mathbb{R}^n)$ 相同，且 $\inf\limits_{\{f_j\}}\|2^{js}f_j;L^p(\mathbb{R}^n,l^q)\|$ 与 $\|f(x);F^s_{p,q}(\mathbb{R}^n)\|$ 等价．

(iii) 利用 $\mathcal{S}(\mathbb{R}^n)$ 稠于 $F^s_{p,q}(\mathbb{R}^n)$ $(0<p<\infty,\ 0<q<\infty)$, 容易看出

$$\mathcal{S}(\mathbb{R}^n)\subset(F^s_{p,q}(\mathbb{R}^n))'\subset\mathcal{S}'(\mathbb{R}^n). \tag{4.19}$$

因此，我们有

命题 4.4 设 $-\infty<s<\infty, 1\le q<\infty$, 则

$$(F^s_{1,q}(\mathbb{R}^n))' = F^{-s}_{\infty,q'}(\mathbb{R}^n),\qquad \frac{1}{q}+\frac{1}{q'}=1. \tag{4.20}$$

这样，$F^{-s}_{\infty,q'}(\mathbb{R}^n)$ 的性质可通过它的对偶空间 $F^s_{1,q}(\mathbb{R}^n)$ 来获得．

注记 4.4 (i) 由前面的讨论，一般 Besov 型空间和 Triebel 型空间是指

$$\begin{cases} B^s_{p,q}(\mathbb{R}^n), & -\infty<s<\infty,\quad 0<p\le\infty,\ 0<q\le\infty,\\ F^s_{p,q}(\mathbb{R}^n), & -\infty<s<\infty,\quad 0<p<\infty,\ 0<q\le\infty,\\ F^s_{\infty,q}(\mathbb{R}^n), & -\infty<s<\infty,\quad 1<q\le\infty,\end{cases} \tag{4.21}$$

其定义分别是由定义 4.2, 定义 4.3 给出．

(ii) 我们通常熟悉的连续可微函数空间，都是 Besov 型空间、Triebel 型空间 (或它们的齐空间) 的特例，例如

(a) 当 $s>0$ 时，$B^s_{\infty,\infty}(\mathbb{R}^n)=\wedge_s(\mathbb{R}^n)$ (Lip 型的空间即 Hölder 或 Zygmund 型空间).

(b) 当 $1<p<\infty$, $-\infty<s<\infty$ 时，$F^s_{p,2}(\mathbb{R}^n)=\mathcal{L}^s_p(\mathbb{R}^n)$, 即 Bessel 位势 Banach 空间或 Lizorkin 空间.

(c) 当 $s>0$, $1\le p\le\infty$, $1\le q\le\infty$ 时，$B^s_{p,q}(\mathbb{R}^n)=\wedge^s_{p,q}(\mathbb{R}^n)$ 恰是经典的 Besov 空间.

(d) 当 $0<p<\infty$ 时，$F^0_{p,2}(\mathbb{R}^n)=h_p(\mathbb{R}^n)$, 其中 $h_p(\mathbb{R}^n)$ 是局部的 Hardy 空间. 特别，当 $1<p<\infty$ 时，$h_p(\mathbb{R}^n)=L^p(\mathbb{R}^n)$.

(e) $F^0_{\infty,2}(\mathbb{R}^n)=\mathrm{bmo}(\mathbb{R}^n)$, 其中 $\mathrm{bmo}(\mathbb{R}^n)$ 是非齐次 BMO 空间. 特别，$\mathrm{bmo}(\mathbb{R}^n)=(h_p(\mathbb{R}^n))'=F^0_{\infty,2}(\mathbb{R}^n)$.

(iii) 现给出 $h_p(\mathbb{R}^n)$ 及 $\mathrm{bmo}(\mathbb{R}^n)$ 的原始定义.

定义 4.4 设 $\varphi(x)\in C^\infty_c(\mathbb{R}^n)$, 且 $\varphi(0)=1$, 对 $\forall t>0$, 记 $\varphi_t(x)=\varphi(tx)$, 若 $0<p<\infty$, 称

$$\begin{aligned}h_p(\mathbb{R}^n)=&\{f(x);\ f(x)\in\mathcal{S}'(\mathbb{R}^n),\ \|f(x);\ h_p(\mathbb{R}^n)\|\\&=\left\|\sup_{0<t<1}|\mathcal{F}^{-1}\varphi_t\mathcal{F}f|;\ L^p(\mathbb{R}^n)\right\|<\infty\}\end{aligned}\tag{4.22}$$

是局部 Hardy 空间. 可以证明 $\|\cdot;\ h_p(\mathbb{R}^n)\|$ 在等价模意义下与 $\varphi(x)\in\Phi(\mathbb{R}^n)$ 的选取无关.

定义 4.5 设 $f\in L_{\mathrm{loc}}(\mathbb{R}^n)$, Q 是 $\mathbb{R}^n$ 中的任一方体，$f_Q=\frac{1}{\mathrm{m}(Q)}\int_Q f(x)dx$. 称

$$\begin{aligned}\mathrm{bmo}(\mathbb{R}^n)=&\left\{f;\|f;\mathrm{bmo}(\mathbb{R}^n)\|=\sup_{\mathrm{m}(Q)\le1}\frac{1}{\mathrm{m}(Q)}\int_Q|f-f_Q|dx\right.\\&\left.+\sup_{\mathrm{m}(Q)>1}\frac{1}{\mathrm{m}(Q)}\int_Q|f(x)|dx<\infty\right\}\end{aligned}\tag{4.23}$$

是 bmo 空间 (也称非齐次 BMO 空间).

注记 4.5 对于 Sobolev 空间 $W^{m,p}(\mathbb{R}^n)$, m 是整数，$1\le p<\infty$ 除了 Bessel 位势空间是其推广外，还有一种推广到分数阶空间的方式，它适应于有限域 $\Omega\subset\mathbb{R}^n$ 的情形.

定义 4.6 设 $1 \le p < \infty, 0 < s \ne$ 整数，称

$$W_p^s(\mathbb{R}^n) = \Big\{ f \mid f \in W^{[s],p}(\mathbb{R}^n), \|f; W_p^s(\mathbb{R}^n)\| = \|f; W^{[s],p}(\mathbb{R}^n)\| + \Big(\sum_{|\alpha|=[s]} \int_{\mathbb{R}^n} \int_{\mathbb{R}^n} \frac{|\partial^\alpha f(x) - \partial^\alpha f(y)|^p}{|x-y|^{n+\{s\}p}} dxdy \Big)^{\frac{1}{p}} < \infty \Big\} \tag{4.24}$$

是 Slobodeckij 空间，这里 $0 < \{s\} < 1$.

由第三节 Besov 空间理论知，

$$W_p^s(\mathbb{R}^n) = \wedge_{p,p}^s(\mathbb{R}^n) = B_{p,p}^s(\mathbb{R}^n), \quad 1 \le p < \infty,\ 0 < s \ne \text{整数}. \tag{4.25}$$

上面建立的 Besov 型空间、 Triebel 空间基本上覆盖了已知的可微函数空间，我们看到，调和分析方法在函数空间理论中起着举足轻重的作用. 上面给出的是 Besov 型空间、 Triebel 型空间的 Littlewood-Paley 刻画 (即：用二进制分解来定义函数空间), 在应用中还需要 Besov 型空间、 Triebel 型空间的其它等价定义及其基本性质，这里予以总结.

定理 4.5 设 $-\infty < s < \infty$, $-\infty < \sigma < \infty$, $0 < q \le \infty$, $m = 1, 2, \cdots$, 那么

(1) 若 $0 < p \le \infty$, 则 $\mathcal{J}_\sigma$ 是从 $B_{p,q}^s(\mathbb{R}^n)$ 到 $B_{p,q}^{s+\sigma}(\mathbb{R}^n)$ 的同构连续映射且 $\|\mathcal{J}_\sigma f(x)\|_{B_{p,q}^{s+\sigma}} = \|f(x)\|_{B_{p,q}^s}$. 进而 $\sum_{|\alpha|\le m} \|\partial^\alpha f; B_{p,q}^{s-m}\|$ 与 $\|f(x); B_{p,q}^{s-m}\| + \sum_{j=1}^m \|\frac{\partial^m f}{\partial x_j^m}; B_{p,q}^{s-m}\|$ 等价.

(2) 设 $0 < p < \infty$, 则 $\mathcal{J}_\sigma$ 是 $F_{p,q}^s(\mathbb{R}^n)$ 到 $F_{p,q}^{s+\sigma}(\mathbb{R}^n)$ 上的同构连续映射且 $\|\mathcal{J}_\sigma f(x)\|_{F_{p,q}^{s+\sigma}} = \|f(x)\|_{F_{p,q}^s}$. 进而 $\sum\limits_{|\alpha|\le m} \|\partial^\alpha f(x); F_{p,q}^{s-m}\|$ 与 $\|f(x); F_{p,q}^{s-m}\| + \sum_{j=1}^m \|\frac{\partial^m f}{\partial x_j^m}; F_{p,q}^{s-m}\|$ 等价.

(3) 设 $1 < q \le \infty$, 则 $\mathcal{J}_\sigma$ 是 $F_{\infty,q}^s(\mathbb{R}^n)$ 到 $F_{\infty,q}^{s+\sigma}(\mathbb{R}^n)$ 上的同构连续映射，并且 $\|\mathcal{J}_\sigma f(x)\|_{F_{\infty,q}^{s+\sigma}} = \|f(x)\|_{F_{\infty,q}^s}$. 进而有 $\sum_{|\alpha|\le m} \|\partial^\alpha f; F_{\infty,q}^{s-m}\|$ 与

$$\|f(x); \quad F_{\infty,q}^{s-m}\| + \sum_{j=1}^\infty \left\| \frac{\partial^m f}{\partial x_j^m}; F_{\infty,q}^{s-m} \right\|$$

等价，这里 $\mathcal{J}_\alpha f = \mathcal{F}^{-1}(1 + 4\pi^2|x|^2)^{-\frac{\alpha}{2}} \mathcal{F} f = (I - \triangle)^{-\frac{\alpha}{2}} f(x)$.

定理 4.6 设 $-\infty < s_0 < \infty$, $-\infty < s_1 < \infty$, $0 < q_0 \le \infty$, $0 < q_1 \le \infty$, 则有

(1) 若 $0 < p_0, p_1 \le \infty$, 则 $B_{p_0,q_0}^{s_0}(\mathbb{R}^n) = B_{p_1,q_1}^{s_1}(\mathbb{R}^n)$ 的充分必要条件是 $s_1 = s_0$, $p_1 = p_0$, $q_1 = q_0$.

(2) 若 $0 < p_0, p_1 < \infty$, 则 $F^{s_0}_{p_0,q_0}(\mathbb{R}^n) = F^{s_1}_{p_1,q_1}(\mathbb{R}^n)$ 的充分必要条件是 $s_1 = s_0$, $p_1 = p_0$, $q_1 = q_0$.

(3) 若 $0 < p_0, p_1 < \infty$, 则 $F^{s_0}_{p_0,q_0}(\mathbb{R}^n) = B^{s_1}_{p_1,q_1}(\mathbb{R}^n)$ 的充分必要条件是 $s_1 = s_0$, $p_1 = p_0 = q_1 = q_0$.

利用函数空间的对偶性结果，容易推得

(4) 若 $1 < q_0, q_1 \le \infty$, 则 $F^{s_0}_{\infty,q_0}(\mathbb{R}^n) = F^{s_1}_{\infty,q_1}(\mathbb{R}^n)$ 的充分必要条件是 $s_1 = s_0$, $q_1 = q_0$.

(5) 若 $1 < q_0, q_1 \le \infty$, 则 $F^{s_0}_{\infty,q_0}(\mathbb{R}^n) = B^{s_1}_{\infty,q_1}(\mathbb{R}^n)$ 的充分必要条件是 $s_1 = s_0$, $q_1 = q_0 = \infty$.

注记 4.6 (i) 定理 4.5, 定理 4.6 均可由定义及初等不等式推得，详细证明可参见 [Tr2].

(ii) 作为定理 4.6 的直接结果可见， $\wedge^s_{p,q}(\mathbb{R}^n) = \mathcal{L}^s_p(\mathbb{R}^n)$ 的充分必要条件是 $p = q = 2$. 进而，当 $p \ne 2$ 时， $\wedge^s_{p,q}(\mathbb{R}^n)$ 与 $\mathcal{L}^s_p(\mathbb{R}^n)$ 不仅包含的元素不同，且作为 Banach 空间，它们具有不同的拓扑，见 [Tr1].

定理 4.7 设 $0 < \theta < 1$, $0 < q_0 \le \infty$, $0 < q_1 \le \infty$, 进而假设 $-\infty < s_0 < \infty$, $-\infty < s_1 < \infty$, $s = (1-\theta)s_0 + \theta s_1$, 则

$$(B^{s_0}_{p,q_0}(\mathbb{R}^n), B^{s_1}_{p,q_1}(\mathbb{R}^n))_{\theta,q} = B^s_{p,q}, \quad s_1 \ne s_0, \quad 0 < p \le \infty, \tag{4.26}$$

$$(F^{s_0}_{p,q_0}(\mathbb{R}^n), F^{s_1}_{p,q_1}(\mathbb{R}^n))_{\theta,q} = B^s_{p,q}, \quad s_1 \ne s_0, \quad 0 < p < \infty, \tag{4.27}$$

这里 $(\cdot,\cdot)_{\theta,q}$ 表示实插值，见第四章第五节.

定理 4.8 设 $-\infty < s_0$, $s_1 < \infty$, $0 < p_0 < \infty$, $0 < p_1 < \infty$ 以及

$$s = (1-\theta)s_0 + \theta s_1, \quad \frac{1}{p} = \frac{1-\theta}{p_0} + \frac{\theta}{p_1}, \quad 0 < \theta < 1.$$

那么

$$(B^{s_0}_{p_0,p_0}(\mathbb{R}^n), B^{s_1}_{p_1,p_1}(\mathbb{R}^n))_{\theta,p} = B^s_{p,p}(\mathbb{R}^n). \tag{4.28}$$

定理 4.9 设 $-\infty < s_0 < \infty$, $-\infty < s_1 < \infty$, $0 < q_0 \le \infty$, $0 < q_1 \le \infty$, $0 < \theta < 1$, 则有

(1) 如果 $0 < p_0 \le \infty$, $0 < p_1 \le \infty$ 且

$$s = (1-\theta)s_0 + \theta s_1, \quad \frac{1}{p} = \frac{1-\theta}{p_0} + \frac{\theta}{p_1}, \quad \frac{1}{q} = \frac{1-\theta}{q_0} + \frac{\theta}{q_1}, \tag{4.29}$$

那么

$$(B^{s_0}_{p_0,q_0}(\mathbb{R}^n), B^{s_1}_{p_1,q_1}(\mathbb{R}^n))_\theta = B^s_{p,q}(\mathbb{R}^n). \tag{4.30}$$

(2) 当 $0 < p_0 < \infty$, $0 < p_1 < \infty$, 且 (4.29) 成立时，则有

$$(F^{s_0}_{p_0,q_0}(\mathbb{R}^n), F^{s_1}_{p_1,q_1}(\mathbb{R}^n))_\theta = F^s_{p,q}(\mathbb{R}^n). \tag{4.31}$$

进而，利用对偶性的结论，当 $1 < q_0 \le \infty, 1 < q_1 \le \infty$, 时，有

$$(F^{s_0}_{\infty,q_0}(\mathbb{R}^n), F^{s_1}_{\infty,q_1}(\mathbb{R}^n))_\theta = F^s_{\infty,q}(\mathbb{R}^n), \tag{4.32}$$

这里 s, q 满足 (4.29), 而 $(\cdot,\cdot)_\theta$ 表示复插值.

注记 4.7 (i) 当 $1 < p < \infty$, $-\infty < s_0, s_1 < \infty$, $0 < \theta < 1$, 并且 $s_1 \ne s_0$, 那么

$$(B^{s_0}_{p,\infty}(\mathbb{R}^n), B^{s_1}_{p,\infty}(\mathbb{R}^n))_\theta = \dot{B}^s_{p,\infty}(\mathbb{R}^n), \quad s = (1-\theta)s_0 + \theta s_1. \tag{4.33}$$

(ii) 设 $-\infty < s_0, s_1 < \infty$, $1 \le p_0, p_1, q_0, q_1 < \infty$, $0 < \theta < 1$ 且 (4.29) 成立, 那么

$$(F^{s_0}_{p_0,q_0}(\mathbb{R}^n), F^{s_1}_{p_1,q_1}(\mathbb{R}^n))_{\theta,p} = B^s_{p,p}(\mathbb{R}^n) = F^s_{p,p}(\mathbb{R}^n), \quad s_1 \ne s_0. \tag{4.34}$$

$$(F^s_{p_0,q}(\mathbb{R}^n), F^s_{p_1,q}(\mathbb{R}^n))_{\theta,p} = F^s_{p,q}(\mathbb{R}^n). \tag{4.35}$$

$$\begin{aligned}(F^s_{p_0,q_0}(\mathbb{R}^n), F^s_{p_1,q_1}(\mathbb{R}^n))_{\theta,p} = B^s_{p,p}(\mathbb{R}^n) = F^s_{p,p}(\mathbb{R}^n),\\ \frac{1}{p} = \frac{1-\theta}{p_0} + \frac{1-\theta}{p_1} = \frac{1}{q} = \frac{1-\theta}{q_0} + \frac{1-\theta}{q_1}.\end{aligned} \tag{4.36}$$

利用 (4.34) 可推得

$$\begin{aligned}(B^{s_0}_{p_0,p_0}(\mathbb{R}^n), \mathcal{L}^{s_1}_{p_1}(\mathbb{R}^n))_{\theta,p} &= (F^{s_0}_{p_0,p_0}, F^{s_1}_{p_1,2})_{\theta,p} = B^s_{p,p}(\mathbb{R}^n)\\ &= F^s_{p,p}(\mathbb{R}^n), \quad s_1 \ne s_0.\end{aligned} \tag{4.37}$$

由 (4.35) 可得

$$\begin{aligned}(\mathcal{L}^s_{p_0}(\mathbb{R}^n), \mathcal{L}^s_{p_1}(\mathbb{R}^n))_{\theta,p} &= (F^s_{p_0,2}(\mathbb{R}^n), F^s_{p_1,2}(\mathbb{R}^n))_{\theta,p}\\ &= F^s_{p,2}(\mathbb{R}^n) = \mathcal{L}^s_p(\mathbb{R}^n).\end{aligned} \tag{4.38}$$

由 (4.31) 可得

$$(\mathcal{L}^s_{p_0}(\mathbb{R}^n), \mathcal{L}^s_{p_1}(\mathbb{R}^n))_\theta = (F^s_{p_0,2}, F^s_{p_1,2})_\theta = F^s_{p,2} = \mathcal{L}^s_p, \tag{4.39}$$

$$(\mathcal{L}^s_{p_0}(\mathbb{R}^n), B^s_{p_1,p_1}(\mathbb{R}^n))_\theta = (F^s_{p_0,2}, F^s_{p_1,p_1}(\mathbb{R}^n))_\theta = F^s_{p,q}(\mathbb{R}^n), \tag{4.40}$$

这里 $\frac{1}{q} = \frac{1-\theta}{2} + \frac{\theta}{p_1}$, $\frac{1}{p} = \frac{1-\theta}{p_0} + \frac{\theta}{p_1}$.

(iii) 由定理 4.1 及定理 4.7 可见，当 $1 < p < \infty$, $1 < q_0, q_1, q < \infty$ 的条件下，若 $s = (1-\theta)s_0 + \theta s_1$, 则有

$$\begin{aligned}&(B^{s_0}_{p,q_0}(\mathbb{R}^n), B^{s_1}_{p,q_1}(\mathbb{R}^n))_{\theta,q} = (B^{s_0}_{p,q_0}(\mathbb{R}^n), F^{s_1}_{p,q_1}(\mathbb{R}^n))_{\theta,q}\\ =&(F^{s_0}_{p,q_0}(\mathbb{R}^n), F^{s_1}_{p,q_1}(\mathbb{R}^n))_{\theta,q} = B^s_{p,q}(\mathbb{R}^n), \quad s_1 \ne s_0.\end{aligned} \tag{4.41}$$

作为 (4.41) 的直接结果，则有

$$(B^{s_0}_{p,q_0},\mathcal{L}^{s_1}_p)_{\theta,p}=(\mathcal{L}^{s_0}_p,\mathcal{L}^{s_1}_p)_{\theta,q}=B^s_{p,q},\quad s_1\neq s_0. \tag{4.42}$$

$$(B^{s_0}_{p,q_0},W^{s_1}_p)_{\theta,p}=(\mathcal{L}^{s_0}_p,W^{s_1}_p)_{\theta,q}=B^s_{p,q},\quad s_1\neq s_0,\quad s_1\geq 0. \tag{4.43}$$

$$(W^{s_0}_p(\mathbb{R}^n),W^{s_1}_p(\mathbb{R}^n))_{\theta,q}=B^s_{p,q}(\mathbb{R}^n),\quad s_0\neq s_1,\quad s_0,s_1\geq 0. \tag{4.44}$$

(iv) 对于局部的 Hardy 空间 $h_p(\mathbb{R}^n)$ 以及非齐次的 BMO 空间 $\mathrm{bmo}(\mathbb{R}^n)$, 相应的插值定理和插值公式仍然成立.

根据第三节中定理 4.1 与 Besov 空间的定义，容易看出

推论 4.10 设 $1\leq p<\infty$, 那么

$$\begin{cases} B^0_{p,1}(\mathbb{R}^n)\hookrightarrow L^p(\mathbb{R}^n)\hookrightarrow B^0_{p,\infty}(\mathbb{R}^n),\\ B^0_{\infty,1}(\mathbb{R}^n)\hookrightarrow C(\mathbb{R}^n)\hookrightarrow B^0_{\infty,\infty}(\mathbb{R}^n).\end{cases} \tag{4.45}$$

这里 $C(\mathbb{R}^n)$ 表示 $\mathbb{R}^n$ 上一致连续的有界函数在极大模意义下形成的 Banach 空间. 利用插值不等式，我们有

$$(L^p(\mathbb{R}^n),W^m_p(\mathbb{R}^n))_{\theta,q}=B^{m\theta}_{p,q}(\mathbb{R}^n), \tag{4.46}$$

$$(C(\mathbb{R}^n),C^m(\mathbb{R}^n))_{\theta,\infty}=B^{m\theta}_{\infty,\infty}(\mathbb{R}^n). \tag{4.47}$$

一般的 Besov 型， Triebel 型空间的对偶空间的刻画，可由下面的两个定理表示. 若 $1\leq p<\infty$, p' 通常表示 p 的共轭对 (即满足 $\frac{1}{p}+\frac{1}{p'}=1$). 当 $0<p<1$ 时，我们约定 $p'=\infty$. 对 q 也有同样的约定.

定理 4.11 (1) 设 $1\leq p<\infty$, $0<q<\infty$, $-\infty<s<\infty$, 那么

$$(B^s_{p,q}(\mathbb{R}^n))'=B^{-s}_{p',q'}(\mathbb{R}^n). \tag{4.48}$$

(2) 设 $-\infty<s<\infty$, $1\leq p<\infty$ 和 $1<q<\infty$, 那么

$$(F^s_{p,q}(\mathbb{R}^n))'=F^{-s}_{p',q'}(\mathbb{R}^n). \tag{4.49}$$

注记 4.8 (i) 在定理 4.11 的 (2) 部分，若 $1<p<\infty$, 此时，容许 $q=1$, 即

$$(F^s_{p,1}(\mathbb{R}^n))'=\widetilde{F}^{-s}_{p',\infty}(\mathbb{R}^n). \tag{4.50}$$

然而，当 $-\infty<s<\infty$, $1<p<\infty$, $0<q<1$ 时，如何刻画 $(F^s_{p,q}(\mathbb{R}^n))'$ 仍然是一个公开问题.

(ii) 设 $-\infty<s<\infty$, $0<q\leq 1$, 那么

$$(F^s_{1,q}(\mathbb{R}^n))'=B^{-s}_{\infty,\infty}(\mathbb{R}^n). \tag{4.51}$$

证明见 [Tr1].

(iii) $(F^s_{p,q}(\mathbb{R}^n))'$, $(B^s_{p,q}(\mathbb{R}^n))'$ 分别表示 $F^s_{p,q}(\mathbb{R}^n)$ 和 $B^s_{p,q}(\mathbb{R}^n)$ 上的对偶空间，其上的元素属于 $S'(\mathbb{R}^n)$(缓增广义函数). 然而，当 $\max(p,q)=\infty$ 时，$S(\mathbb{R}^n)$ 在 $F^s_{p,q}(\mathbb{R}^n)$ 或 $B^s_{p,q}(\mathbb{R}^n)$ 中不稠密，故在定理 4.11 中去掉了这种情形. 但是，若记 $\hat{B}^s_{p,q}(\mathbb{R}^n)$ 是 $S(\mathbb{R}^n)$ 在 $\|\cdot\|_{F^s_{p,q}}$ $(\|\cdot\|_{B^s_{p,q}})$ 下的完备化空间，那么，对 $-\infty<s<\infty$, 有

$$(\hat{B}^s_{p,q}(\mathbb{R}^n))' = B^{-s}_{p',q'}(\mathbb{R}^n), \quad 1\le p\le\infty,\ 0<q\le\infty. \tag{4.52}$$

当然上式仅在 $\max(p,q)=\infty$ 有新的含义. 特别，注意到 Zygmund 空间 $\mathcal{C}^s(\mathbb{R}^n)=\wedge^s_{\infty,\infty}(\mathbb{R}^n)$ $(s>0)$, 则

$$(\hat{\mathcal{C}}^s(\mathbb{R}^n))' = B^{-s}_{1,1}(\mathbb{R}^n), \quad s>0. \tag{4.53}$$

证明见 [Tr1] 和 [Tr2].

定理 4.12 (1) 设 $-\infty<s<\infty$, $0<p<1$, $0<q<\infty$, 则

$$(B^s_{p,q}(\mathbb{R}^n))' = B^{-s+n(\frac{1}{p}-1)}_{\infty,q'}(\mathbb{R}^n). \tag{4.54}$$

(2) 设 $-\infty<s<\infty$, $0<p<1$, $0<q<\infty$, 则

$$(F^s_{p,q}(\mathbb{R}^n))' = B^{-s+n(\frac{1}{p}-1)}_{\infty,\infty}(\mathbb{R}^n). \tag{4.55}$$

注记 4.9 (i) 注意到局部 Hardy 空间 $h_p(\mathbb{R}^n)=F^0_{p,2}(\mathbb{R}^n)$ $(0<p<1)$ 及 Zygmund 空间 $\mathcal{C}^s(\mathbb{R}^n)=B^s_{\infty,\infty}(s>0)$, 因此 (4.55) 就意味着

$$(h_p(\mathbb{R}^n))' = \mathcal{C}^{n(\frac{1}{p}-1)}(\mathbb{R}^n), \quad 0<p<1. \tag{4.56}$$

(ii) 当 $q=\infty$ 时，用 $\hat{B}^s_{p,\infty}(\mathbb{R}^n)$ 表示 $S(\mathbb{R}^n)$ 在 $\|\cdot\|_{B^s_{p,\infty}}$ 范数下的完备化空间，那么就有

$$(\hat{B}^s_{p,\infty}(\mathbb{R}^n))' = B^{-s+n(\frac{1}{p}-1)}_{\infty,1}(\mathbb{R}^n), \quad -\infty<s<\infty,\ 0<p<1. \tag{4.57}$$

下面我们着重介绍一下 Besov 型空间，Triebel 型空间的几种等价模，以便于使用，为此，记

$$\begin{cases} \triangle^1_h f(x) = f(x+h)-f(x), \quad \triangle^l_h f(x) = \triangle^1_h (\triangle^{l-1}_h f)(x), \\ (\triangle^1_{h,j} f)(x) = f(x_1,\cdots,x_{j-1},x_j+h,x_{j+1},\cdots,x_n)-f(x), \\ \triangle^l_{h,j} f(x) = \triangle^1_{h,j} (\triangle^{l-1}_{h,j} f)(x). \end{cases} \tag{4.58}$$

$$\sigma_p = n\left(\frac{1}{\min(p,1)} - 1\right), \quad \sigma_{p,q} = n\left(\frac{1}{\min(p,q,1)} - \frac{1}{2}\right). \tag{4.59}$$

定理 4.13 (1) 设 $0 < p < \infty, 0 < q \leq \infty$, 且 $s > \frac{n}{\min(p,q)}$, 记 M 是满足 $M > s$ 的整数, 那么

$$\|f, F^s_{p,q}(\mathbb{R}^n)\|^{(1)} = \|f\|_p + \left\|\left(\int_{\mathbb{R}^n} |h|^{-sq}|\ \Delta_h^M\ f(\cdot)|^q \frac{dh}{|h|^n}\right)^{\frac{1}{q}}\right\|_p, \tag{4.60}$$

$$\|f, F^s_{p,q}(\mathbb{R}^n)\|^{(2)} = \|f\|_p + \left\|\left(\int_{\mathbb{R}^n} |h|^{-sq} \sup_{\substack{|\rho|<|h| \\ \rho\in\mathbb{R}^n}} |\ \Delta_\rho^M\ f|^q \frac{dh}{|h|^n}\right)^{\frac{1}{q}}\right\|_p \tag{4.61}$$

都与 $\|f(x);\ F^s_{p,q}(\mathbb{R}^n)\|$ 等价.

(2) 设 $0 < p < \infty$, $0 < q \leq \infty$, $s > \max(\frac{n}{\min(p,q)}, 4 + \frac{3}{\min(p,q)})$. 若 M 是大于 s 的整数, 那么

$$\|f(x); F^s_{p,q}(\mathbb{R}^n)\|^{(3)} = \|f(x)\|_p + \sum_{j=1}^n \left\|\left(\int_{R^1} |h|^{-sq}|\ \Delta_{h,j}^M\ f(\cdot)|^q \frac{dh}{h}\right)^{\frac{1}{q}}\right\|_p, \tag{4.62}$$

与 $\|f(x);\ F^s_{p,q}(\mathbb{R}^n)\|$ 等价.

定理 4.14 (1) 设 $0 < p \leq \infty$, $0 < q \leq \infty$, $s > \sigma_p$. 若 M 是大于 s 的整数, 那么

$$\|f(x); B^s_{p,q}\|^{(1)} = \|f(x)\|_p + \left(\int_{\mathbb{R}^n} |h|^{-sq}\|\ \Delta_h^M\ f\|_p^q \frac{dh}{|h|^n}\right)^{\frac{1}{q}}. \tag{4.63}$$

$$\|f(x); B^s_{p,q}\|^{(2)} = \|f(x)\|_p + \left(\int_{\mathbb{R}^n} |h|^{-sq} \sup_{\substack{|\rho|\leq|h| \\ \rho\in\mathbb{R}^n}} \|\ \Delta_\rho^M\ f(x)\|_p^q \frac{dh}{|h|^n}\right)^{\frac{1}{q}}, \tag{4.64}$$

$$\|f(x); B^s_{p,q}\|^{(3)} = \|f(x)\|_p + \sum_{j=1}^n \left(\int_{\mathbb{R}^1} |h|^{-sq}\|\ \Delta_{h,j}^M\ f\|_p^q \frac{dh}{|h|}\right)^{\frac{1}{q}} \tag{4.65}$$

都与 $\|f(x), B^s_{p,q}\|$ 等价, 且将 (4.63),(4.64) 中的积分 $\int_{\mathbb{R}^n}$ 换成 $\int_{|x|\leq 1}$, 将 (4.65) 中 $\int_{\mathbb{R}^1}$ 换成 $\int_0^1$ 所得的模仍然是等价的.

(2) 记 $\omega_p^m(t,u) = \sup_{|h|\leq t} \|\Delta_h^m u\|_p$, 设 $s > \sigma_p, m$ 和 N 是满足条件 $m+N > s$, $0 \leq N < s$, $0 < p < \infty$, $0 < q \leq \infty$. 那么

$$\|f(x); B^s_{p,q}\|^{(4)} = \|f(x)\|_p + \sum_{j=1}^n \left(\int_0^\infty (t^{N-s}\omega_p^m(t, \frac{\partial^N f}{\partial x_j^N})^q \frac{dt}{t}\right)^{\frac{1}{q}}, \tag{4.66}$$

与 $\|f(x),\quad B_{p,q}^s\|$ 等价. 特别, 取 $N=[s]$, $m=1$, (4.66) 就是积分形式的模

$$\begin{aligned}\|f(x);B_{p,q}^s\|^{(5)}=&\|f(x)\|_p+\left(\int_0^\infty t^{-\lambda q}\sup_{|h|\le t}\sum_{|\alpha|=[s]}\|\partial^\alpha(f_h-f)\|_p^q\frac{dt}{t}\right)^{\frac{1}{q}}\\=&\|f(x)\|_p+\left(\int_0^\infty t^{-\lambda q}\sum_{|\alpha|=[s]}\omega_p^1\left(t,\frac{\partial^\alpha f}{\partial x^\alpha}\right)^q\frac{dt}{t}\right)^{\frac{1}{q}},\end{aligned}\tag{4.67}$$

这里 $\lambda=s-[s]$. 当 $N=0$, $m=[s]+1$, 则 (4.66) 对应着差分形式的等价模

$$\|f(x);B_{p,q}^s(\mathbb{R}^n)\|^{(6)}=\|f(x)\|_p+\left(\int_0^\infty t^{-sq}\omega_p^m(t,f)^q\frac{dt}{t}\right)^{\frac{1}{q}}.\tag{4.68}$$

进而, 若将 (4.66),(4.67),(4.68) 中积分 $\int_0^\infty$ 换成 $\int_0^1$ 相应的范数等价.

若记 $P_y(x)=\frac{C_ny}{(|x|^2+y^2)^{\frac{n+1}{2}}}$, $W_y(x)=(4\pi y)^{-\frac{n}{2}}e^{-\frac{|x|^2}{4y}}$ 分别是 Poisson 核与 Gauss 核函数, 则 $\forall f(x)\in L^p(\mathbb{R}^n)$,

$$P(y)f=P_y*f=\int_{\mathbb{R}^n}\frac{C_ny}{(|x-\xi|^2+y^2)^{\frac{n+1}{2}}}f(\xi)d\xi,\tag{4.69}$$

$$W(t)f=W_t*f=(4\pi t)^{-\frac{n}{2}}\int_{\mathbb{R}^n}e^{-\frac{(x-y)^2}{4t}}f(y)dy\tag{4.70}$$

分别是

$$\begin{cases}\triangle u+\partial^2u/\partial y^2=0,\\u(x,0)=f(x)\end{cases}\tag{4.71}$$

与

$$\begin{cases}u_t-\triangle u=0,\\u(x,0)=f(x)\end{cases}\tag{4.72}$$

的形式解. 它们分别是 $L^p(\mathbb{R}^n)$ 上的解析半群. 借此可定义 Besov 型空间和 Triebel 型空间的等价范数.

定理 4.15 (1) 设 $0<p\le\infty$, $0<q\le\infty$, $s>\max(0,n(\frac{1}{p}-1))$. 设 k 和 m 是满足

$$k>\begin{cases}s, & 1\le p\le\infty,\\ s+n(\frac{1}{p}-1), & 0<p<1,\end{cases}\qquad 2m>s\tag{4.73}$$

的自然数, 则

$$\|f(x);B_{p,q}^s(\mathbb{R}^n)\|^{(7)}=\|f(x)\|_p+\left(\int_0^\infty t^{(m-\frac{s}{2})q}\left\|\frac{\partial^mW(t)f}{\partial t^m}\right\|_p^q\frac{dt}{t}\right)^{\frac{1}{q}}\tag{4.74}$$

及

$$\|f(x);B_{p,q}^s(\mathbb{R}^n)\|^{(8)}=\|f(x)\|_p+\left(\int_0^\infty t^{(k-s)q}\left\|\frac{\partial^k P(t)f}{\partial t^k}\right\|_p^q\frac{dt}{t}\right)^{\frac{1}{q}} \tag{4.75}$$

是 $B_{p,q}^s(\mathbb{R}^n)$ 的等价范数.

(2) 设 $0<p<\infty$, $0<q\le\infty$, $s>\frac{n}{\min(p,q)}$. 若 m 是个充分大的自然数，那么

$$\|f(x);F_{p,q}^s\|^{(4)}=\|f(x)\|_p+\left\|\left(\int_0^\infty t^{(m-\frac{s}{2})q}\left|\frac{\partial^m W(t)f}{\partial t^m}\right|^q\frac{dt}{t}\right)^{\frac{1}{q}}\right\|_p, \tag{4.76}$$

$$\|f(x);F_{p,q}^s\|^{(5)}=\|f(x)\|_p+\left\|\left(\int_0^\infty t^{(m-s)q}\left|\frac{\partial^m P(t)f}{\partial t^m}\right|^q\frac{dt}{t}\right)^{\frac{1}{q}}\right\|_p \tag{4.77}$$

是 $F_{p,q}^s(\mathbb{R}^n)$ 上等价范数.

注记 4.10　(i) 一般可微函数空间 $B_{p,q}^s(\mathbb{R}^n)$, $F_{p,q}^s(\mathbb{R}^n)$ 有很多等价刻画，例如，样条函数刻画、Littlewood-Paley 刻画、极大函数刻画、差分的球平均刻画等，这里不予陈述，有兴趣的读者可见 [Tr1].

(ii) 在上面的几个定理中，若 $q=\infty$, 范数的形式按通常的约定，适当修改就行了. 例如在 (4.76) 中，若 $q=\infty$, 此时就是

$$\|f(x)\|_p+\left\|\sup_t\left(t^{(m-\frac{s}{2})}\left|\frac{\partial^m W(t)f}{\partial t^m}\right|\right)\right\|_p.$$

与此同时，当 $p,q\ge1$ 时，定理 4.15 中由 Poisson 核给出范数恰是第三节的内容.

定理 4.16　(1) 设 $0<p_1,p_0\le\infty$, $0<q\le\infty$, $-\infty<s_0,s_1<\infty$. 那么

$$B_{p_0,q}^{s_0}(\mathbb{R}^n)\hookrightarrow B_{p_1,q}^{s_1}(\mathbb{R}^n),\quad s_0-\frac{n}{p_0}=s_1-\frac{n}{p_1},\ \frac{1}{p_0}\ge\frac{1}{p_1}. \tag{4.78}$$

(2) 设 $0<p_1,p_0<\infty$, $0<q\le\infty$, $0<r\le\infty$, $-\infty<s_0,s_1<\infty$. 那么

$$F_{p_0,q}^{s_0}(\mathbb{R}^n)\hookrightarrow F_{p_1,r}^{s_1}(\mathbb{R}^n),\quad s_0-\frac{n}{p_0}=s_1-\frac{n}{p_1},\ \frac{1}{p_0}>\frac{1}{p_1}. \tag{4.79}$$

注记 4.11　(i) 注意到 $\mathcal{C}^s(\mathbb{R}^n)=B_{\infty,\infty}^s(\mathbb{R}^n)$ $(s>0)$, 那么，由 (4.78) 及基本嵌入定理 4.1 中的嵌入关系 $B_{p,q_0}^{s+\varepsilon}(\mathbb{R}^n)\hookrightarrow B_{p,q_1}^s(\mathbb{R}^n)$ 可推得

$$\begin{aligned}&B_{p,q}^{s+\frac{n}{p}}(\mathbb{R}^n)\hookrightarrow B_{\infty,q}^{s+\frac{n}{p}}(\mathbb{R}^n)\hookrightarrow B_{\infty,\infty}^s(\mathbb{R}^n)=\mathcal{C}^s(\mathbb{R}^n),\\&\qquad s>0,\quad 0<p\le\infty,\quad 0<q\le\infty\end{aligned} \tag{4.80}$$

及

$$B_{p,q}^{m+\frac{n}{p}}(\mathbb{R}^n) \hookrightarrow C^m(\mathbb{R}^n), \quad 0 < p \leq \infty,\ 0 < q \leq 1,\ m = 0, 1, 2, \cdots. \tag{4.81}$$

事实上，注意到嵌入关系式 (见定理 4.1 及推论 4.10)

$$B_{p,\min(p,q)}^s(\mathbb{R}^n) \hookrightarrow F_{p,q}^s(\mathbb{R}^n) \hookrightarrow B_{p,\max(p,q)}^s(\mathbb{R}^n)$$

及

$$B_{\infty,1}^m(\mathbb{R}^n) \hookrightarrow C^m(\mathbb{R}^n) \hookrightarrow B_{\infty,\infty}^m(\mathbb{R}^n),$$

容易看出

$$B_{p,q}^{m+\frac{n}{p}}(\mathbb{R}^n) \hookrightarrow B_{\infty,q}^{m+\frac{n}{p}}(\mathbb{R}^n) \hookrightarrow B_{\infty,1}^m(\mathbb{R}^n) \hookrightarrow C^m(\mathbb{R}^n).$$

(ii) 注意到 (4.79), 容易看出

$$\begin{aligned} &F_{p_0,q}^{s_0}(\mathbb{R}^n) \hookrightarrow F_{p_1,p_1}^{s_1}(\mathbb{R}^n) = B_{p_1,p_1}^{s_1}(\mathbb{R}^n), \quad s_0 - \frac{n}{p_0} = s_1 - \frac{n}{p_1}, \\ &\frac{1}{p_0} > \frac{1}{p_1},\ 0 < p_0, p_1 < \infty,\ 0 < q \leq \infty. \end{aligned} \tag{4.82}$$

此式可以加强成 (见 [Tr1])

$$\begin{aligned} &F_{p_0,q}^{s_0}(\mathbb{R}^n) \hookrightarrow B_{p_1,p_0}^{s_1}(\mathbb{R}^n), \quad s_0 - \frac{n}{p_0} = s_1 - \frac{n}{p_1},\ \frac{1}{p_0} > \frac{1}{p_1}, \\ &0 < p_0, p_1 < \infty, \quad 0 < q \leq \infty. \end{aligned} \tag{4.83}$$

进而，注意到 $F_{p,2}^s(\mathbb{R}^n) = \mathcal{L}_p^s(\mathbb{R}^n)$, $1 < p < \infty$, $-\infty < s < \infty$ 是 Bessel 位势空间，那么，当 $1 < p_0, p_1 < \infty$ 时， (4.83) 就意味着

$$\mathcal{L}_{p_0}^{s_0}(\mathbb{R}^n) \hookrightarrow B_{p_1,p_0}^{s_1}(\mathbb{R}^n), \quad s_0 - \frac{n}{p_0} = s_1 - \frac{n}{p_1},\ \frac{1}{p_0} > \frac{1}{p_1}. \tag{4.84}$$

(iii) 特别，对于 Banach 型的 Besov 空间、 Triebel 空间的嵌入定理，由定理 4.1, 定理 4.16 及此注记 (i), (ii) 推得，现总结如下：

1) 设 $1 < p_1, p_0 < \infty$, $1 \leq q \leq \infty$,$-\infty < s_0, s_1 < \infty$. 则有

$$B_{p_0,q}^{s_0}(\mathbb{R}^n) \hookrightarrow B_{p_1,q}^{s_1}(\mathbb{R}^n), \quad s_0 - \frac{n}{p_0} = s_1 - \frac{n}{p_1}, \quad \frac{1}{p_0} \geq \frac{1}{p_1}. \tag{4.85}$$

2) 设 $1 < p_1, p_0 < \infty$, $1 < q < \infty$, $-\infty < s_0, s_1 < \infty$, 有

$$F_{p_0,q}^{s_0}(\mathbb{R}^n) \hookrightarrow F_{p_1,q}^{s_1}(\mathbb{R}^n), \quad s_0 - \frac{n}{p_0} = s_1 - \frac{n}{p_1}, \quad \frac{1}{p_0} \geq \frac{1}{p_1}. \tag{4.86}$$

3) 设 $1 < p < \infty$, $m \geq 0$ 是整数，那么

$$B_{p,1}^{\frac{n}{p}+m}(\mathbb{R}^n) \hookrightarrow C^m(\mathbb{R}^n). \tag{4.87}$$

4) 设 $1 < p < \infty, 0 < t \neq$ 整数， $1 \leq q \leq \infty$, 有

$$B_{p,q}^{\frac{n}{p}+t}(\mathbb{R}^n) \hookrightarrow \mathcal{C}^t(\mathbb{R}^n). \tag{4.88}$$

5) 设 $1 < p < \infty, 0 < t \neq$ 整数， $1 < q < \infty$, 有

$$F_{p,q}^{\frac{n}{p}+t}(\mathbb{R}^n) \hookrightarrow \mathcal{C}^t(\mathbb{R}^n). \tag{4.89}$$

6) 设 $1 < p_0, p_1 < \infty$, $1 \leq q_0, q_1 \leq \infty$, 那么

$$B_{p_0,q_0}^{s_0}(\mathbb{R}^n) \hookrightarrow B_{p_1,q_1}^{s_1}(\mathbb{R}^n), \quad s_0 - \frac{n}{p_0} = s_1 - \frac{n}{p_1}, \ \frac{1}{p_0} > \frac{1}{p_1}. \tag{4.90}$$

7) 设 $1 < p_0, p_1 < \infty$, $1 < q_0, q_1 < \infty$, 那么

$$F_{p_0,q_0}^{s_0}(\mathbb{R}^n) \hookrightarrow F_{p_1,q_1}^{s_1}(\mathbb{R}^n), \quad s_0 - \frac{n}{p_0} = s_1 - \frac{n}{p_1}, \ \frac{1}{p_0} > \frac{1}{p_1}. \tag{4.91}$$

8) 设 $1 < p, q < \infty$, 那么

$$\begin{cases} \mathcal{L}_p^s(\mathbb{R}^n) \hookrightarrow B_{q,p}^t(\mathbb{R}^n), \\ B_{p,q}^s(\mathbb{R}^n) \hookrightarrow \mathcal{L}_q^t(\mathbb{R}^n), \end{cases} \quad \frac{1}{p} > \frac{1}{q}, \ s - \frac{n}{p} \geq t - \frac{n}{q}. \tag{4.92}$$

9) 设 $1 \leq p_0 \leq p_1 \leq \infty$, $1 \leq q_0 \leq q_1 \leq \infty$, 那么

$$B_{p_0,q_0}^{s_0}(\mathbb{R}^n) \hookrightarrow B_{p_1,q_1}^{s_1}(\mathbb{R}^n), \quad s_0 - \frac{n}{p_0} \geq s_1 - \frac{n}{p_1}. \tag{4.93}$$

10) 设 $1 \leq p_0 \leq p_1 \leq \infty$, $1 < q_0 \leq q_1 \leq \infty$, 那么

$$F_{p_0,q_0}^{s_0}(\mathbb{R}^n) \hookrightarrow F_{p_1,q_1}^{s_1}(\mathbb{R}^n), \quad s_0 - \frac{n}{p_0} \geq s_1 - \frac{n}{p_1}. \tag{4.94}$$

11) 设 $1 \leq p_0 \leq p_1 \leq \infty$, $1 \leq q_0, q_1 \leq \infty$, 那么

$$B_{p_0,q_0}^{s_0}(\mathbb{R}^n) \hookrightarrow B_{p_1,q_1}^{s_1}(\mathbb{R}^n), \quad s_0 - \frac{n}{p_0} > s_1 - \frac{n}{p_1}. \tag{4.95}$$

12) 设 $1 \leq p_0 \leq p_1 < \infty$, $1 < q_0, q_1 \leq \infty$, 那么

$$F_{p_0,q_0}^{s_0}(\mathbb{R}^n) \hookrightarrow F_{p_1,q_1}^{s_1}(\mathbb{R}^n), \quad s_0 - \frac{n}{p_0} > s_1 - \frac{n}{p_1}. \tag{4.96}$$

关于一般函数空间 $B^s_{p,q}(\mathbb{R}^n)$ 与 $F^s_{p,q}(\mathbb{R}^n)$ 中的迹定理，有如下基本的结果.

定理 4.17 (1) 设 $0<p\le\infty$, $0<q\le\infty$ 且 $s>r+\frac{1}{p}+\max(0,(n-1)(\frac{1}{p}-1))$. 那么算子 $\mathcal{J}$:

$$\mathcal{J}f=\left\{f(x',0),\frac{\partial f}{\partial x_n}(x',0),\cdots,\frac{\partial^r f}{\partial x_n^r}f(x',0)\right\},x'=(x_1,\cdots,x_{n-1})$$

是 $B^s_{p,q}(\mathbb{R}^n)$ 到 $\prod_{j=0}^r B_{p,q}^{s-\frac{1}{p}-j}(\mathbb{R}^{n-1})$ 的收缩.

(2) 如果 $0<p<\infty$, $0<q\le\infty$ 且 $s>r+\frac{1}{p}+\max(0,(n-1)(\frac{1}{p}-1))$. 那么算子 $\mathcal{J}$ 是从 $F^s_{p,q}(\mathbb{R}^n)$ 到 $\prod_{j=0}^r B_{p,p}^{s-\frac{1}{p}-j}(\mathbb{R}^{n-1})$ 的收缩.

最后，我们来给出 $\mathbb{R}^n$ 上的一般的齐次可微函数空间. 设

$$Z(\mathbb{R}^n)=\{\varphi(x)\in S(\mathbb{R}^n);\ \partial^\alpha\hat{\varphi}(0)=0,\ \forall\alpha\in(\mathbb{N}\cup\{0\})^n\}. \tag{4.97}$$

易见，在遗传拓扑意义下，$Z(\mathbb{R}^n)$ 是 $\mathcal{S}(\mathbb{R}^n)$ 的闭子空间. 它自然也是一个完备的局部凸的空间. 记 $Z'(\mathbb{R}^n)$ 是 $Z(\mathbb{R}^n)$ 的拓扑对偶空间. 若 $f(x)\in\mathcal{S}'(\mathbb{R}^n)$, 那么 $f(x)$ 在 $Z(\mathbb{R}^n)$ 上的限制属于 $Z'(\mathbb{R}^n)$. 进而，对任意多元多项式 $P(x)$ 有

$$(f+P(x))(\varphi)=f(\varphi),\quad \forall\varphi\in Z(\mathbb{R}^n),$$

此处用到

$$P(x)(\varphi)=\langle P(x),\varphi\rangle=P\Big(\frac{\partial}{2\pi i}\Big)\mathcal{F}\varphi(0)=0,\quad \forall\varphi\in Z(\mathbb{R}^n).$$

相反地，设 $f(x)\in Z'(\mathbb{R}^n)$, 则 $f(x)$ 可以连续线性地扩张成为 $\mathcal{S}'(\mathbb{R}^n)$ 的一个元素. 若 $f_1(x)$ 和 $f_2(x)$ 是 $f(x)$ 的两个不同扩张，那么 $(f_1-f_2)(\varphi)\equiv0$, $\forall\varphi\in Z(\mathbb{R}^n)$, 由此推得

$$\mathrm{supp}(f_1-f_2)(x)=\{0\},$$

这意味着 $f_1(x)-f_2(x)$ 是一个多项式，由此推得

$$Z'(\mathbb{R}^n)=\mathcal{S}'(\mathbb{R}^n)/P(\mathbb{R}^n), \tag{4.98}$$

这里 $P(\mathbb{R}^n)$ 是 $\mathbb{R}^n$ 上全体形如 $\sum_\alpha a_\alpha x^\alpha$ 的有限阶多项式的集合.

定义 4.7 设 $\dot{\Phi}(\mathbb{R}^n)$ 是形如 $\varphi(x)=\{\varphi_j(x)\}_{j=-\infty}^{\infty}\subset\mathcal{S}(\mathbb{R}^n)$ 满足

$$\mathrm{supp}\varphi_j\subset\{x\mid 2^{j-1}\le|x|\le2^{j+1}\},\ j\text{是整数}, \tag{4.99}$$

且对每一个多重指数 α, 存在一个正常数 C_α 使得

$$2^{j|\alpha|}|\partial^\alpha\varphi_j(x)|\le C_\alpha,\ \text{对所有整数}j\text{和}x\in\mathbb{R}^n, \tag{4.100}$$

$$\sum_{j=-\infty}^{\infty} \varphi_j(x) \equiv 1, \qquad x \in \mathbb{R}^n \setminus \{0\}. \tag{4.101}$$

注记 4.12 上述集合 $\dot{\Phi}(\mathbb{R}^n)$ 是非空的. 现给出两个例子.

(i) 取 $0 \le \psi(x) \in C_c^\infty(\mathbb{R}^n)$ 满足 $\mathrm{supp}\psi(x) \subset \{x;\ \frac{1}{2} \le |x| \le 2\}$ 以及

$$\psi(x) > 0, \quad \frac{1}{\sqrt{2}} \le |x| \le \sqrt{2}.$$

令

$$\varphi_j(x) = \psi(2^{-j}x) / \sum_{k=-\infty}^{\infty} \psi(2^{-k}x), \quad j = 0, \pm 1, \pm 2, \cdots. \tag{4.102}$$

显然, $\displaystyle\sum_{j=-\infty}^{\infty} \varphi_j(x) = 1$. 直接验证, $\varphi(x) = \{\varphi_j(x)\}_{j=-\infty}^{\infty} \in \dot{\Phi}(\mathbb{R}^n)$.

(ii) 设 $\psi \in C_c^\infty(\mathbb{R}^n)$ 满足 $0 \le \psi(\xi) \le 1$ 且

$$\psi(\xi) = \begin{cases} 1, & |\xi| \le 1, \\ 0, & |\xi| \ge 2. \end{cases}$$

那么,对任意整数 j, 令 $\varphi_j(\xi) = \psi(2^{-(j+1)}\xi) - \psi(2^{-j}\xi)$, 因此我们有 $\mathrm{supp}\varphi_j(\xi) \subset \{\xi; 2^{j-1} \le |\xi| \le 2^{j+1}\}$ 且

$$\sum_{j=-\infty}^{\infty} \varphi_j(\xi) = 1, \quad \forall \xi \ne 0.$$

容易看出, 对任意的 $\xi \ne 0$, 上面求和式中最多三项不是 0. 直接验证, $\varphi(x) = \{\varphi_j(x)\}_{j=-\infty}^{\infty} \in \dot{\Phi}(\mathbb{R}^n)$.

定义 4.8 设 $-\infty < s < \infty$, $0 < q \le \infty$, $\varphi(x) = \{\varphi_j(x)\}_{j=-\infty}^{\infty} \in \dot{\Phi}(\mathbb{R}^n)$.

(1) 如果 $0 < p \le \infty$, 有

$$\begin{aligned} \dot{B}_{p,q}^s(\mathbb{R}^n) = & \Big\{ f(x):\ f(x) \in Z'(\mathbb{R}^n), \|f(x);\ \dot{B}_{p,q}^s(\mathbb{R}^n)\| \\ & = \Big(\sum_{j=-\infty}^{\infty} 2^{jsq} \|\mathcal{F}^{-1}\varphi_j \mathcal{F} f\|_p^q \Big)^{\frac{1}{q}} < \infty \Big\}. \end{aligned} \tag{4.103}$$

(2) 如果 $0 < p < \infty$, 有

$$\begin{aligned} \dot{F}_{p,q}^s(\mathbb{R}^n) = & \Big\{ f(x);\ f(x) \in Z'(\mathbb{R}^n), \|f(x):\ \dot{F}_{p,q}^s(\mathbb{R}^n)\| \\ & = \Big\| \Big(\sum_{j=-\infty}^{\infty} 2^{jsq} |\mathcal{F}^{-1}\varphi_j \mathcal{F} f|^q \Big)^{\frac{1}{q}} \Big\|_p < \infty \Big\}. \end{aligned} \tag{4.104}$$

注记 4.13 (i) 在定义 4.8 中，若 $q=\infty$, 则相应的范数是

$$\|f(x);\ \dot{B}^s_{p,\infty}(\mathbb{R}^n)\| = \sup_j 2^{js}\|\mathcal{F}^{-1}\varphi_j\mathcal{F}f\|_p, \tag{4.105}$$

$$\|f(x);\ \dot{F}^s_{p,\infty}(\mathbb{R}^n)\| = \sup_j 2^{js}\|\mathcal{F}^{-1}\varphi_j\mathcal{F}f\|_p \tag{4.106}$$

且不依赖于 $\{\varphi_j(x)\}\in\dot{\Phi}(\mathbb{R}^n)$ 的选取. 至于 $\dot{B}^s_{p,q}(\mathbb{R}^n)$, $\dot{F}^s_{p,q}(\mathbb{R}^n)$ 的完备性、等价模、拟范数等相关事实均同于相应的非齐空间 $B^s_{p,q}(\mathbb{R}^n)$ 和 $F^s_{p,q}(\mathbb{R}^n)$.

(ii) $\dot{B}^s_{p,q}(\mathbb{R}^n)$, $\dot{F}^s_{p,q}(\mathbb{R}^n)$ 是 $Z'(\mathbb{R}^n)=\mathcal{S}'(\mathbb{R}^n)/P(\mathbb{R}^n)$ 的子空间，因此，对任意的多项式 $P(x)$ 和 $f(x)\in S'(\mathbb{R}^n)$, 有

$$\|f(x)+P(x);\ \dot{B}^s_{p,q}(\mathbb{R}^n)\| = \|f(x);\ \dot{B}^s_{p,q}(\mathbb{R}^n)\|, \tag{4.107}$$

$$\|f(x)+P(x);\ \dot{F}^s_{p,q}(\mathbb{R}^n)\| = \|f(x);\ \dot{F}^s_{p,q}(\mathbb{R}^n)\|. \tag{4.108}$$

(iii) $s-\frac{n}{p}$ 是 $\dot{B}^s_{p,q}(\mathbb{R}^n)$ 和 $\dot{F}^s_{p,q}(\mathbb{R}^n)$ 的纯光滑尺度，理由是存在 $C>0$, 对任意的 $\lambda>0$, 有

$$\|f(\lambda x);\dot{B}^s_{p,q}\| = C\lambda^{s-\frac{n}{p}}\|f(x);\dot{B}^s_{p,q}\|,\quad f(x)\in\dot{B}^s_{p,q}, \tag{4.109}$$

$$\|f(\lambda x);\dot{F}^s_{p,q}\| = C\lambda^{s-\frac{n}{p}}\|f(x);\dot{F}^s_{p,q}\|,\quad f(x)\in\dot{F}^s_{p,q}, \tag{4.110}$$

这里 $-\infty<s<\infty$, $0<q\le\infty$, $0<p\le\infty$(对齐次 Triebel 空间 $\dot{F}^s_{p,q}(\mathbb{R}^n)$ 需要限制条件 $0<p<\infty$).

定义 4.9 设 $-\infty<s<\infty$, $1<q\le\infty$, $\varphi(x)=\{\varphi_j(x)\}_{j=-\infty}^{\infty}\in\dot{\Phi}(\mathbb{R}^n)$, 那么

$$\begin{aligned}\dot{F}^s_{\infty,q} = \Bigg\{ & f(x);\ f(x)\in Z'(\mathbb{R}^n),\quad \exists\{f_k(x)\}_{k=-\infty}^{\infty}\in L^\infty(\mathbb{R}^n),\\ & f(x)\overset{Z'}{=}\sum_{k=-\infty}^{\infty}\mathcal{F}^{-1}\varphi_k\mathcal{F}f_k,\text{且}\Bigg\|\sum_{k=-\infty}^{\infty}2^{jkq}|f_k(x)|^q\Bigg\|_\infty<\infty\Bigg\}.\end{aligned} \tag{4.111}$$

其范数是

$$\|f(x);\quad \dot{F}^s_{\infty,q}(\mathbb{R}^n)\| = \inf\left\|\left(\sum_{k=-\infty}^{\infty}2^{jkq}|f_k(x)|^q\right)^{\frac{1}{q}}\right\|_\infty, \tag{4.112}$$

这里 inf 是对 (4.112) 中 $f(x)$ 的所有可能的分解 $\{f_k(x)\}_{k=-\infty}^{\infty}$ 所取的下确界.

注记 4.14 注意到

$$(\dot{F}^s_{1,q}(\mathbb{R}^n))' = \dot{F}^{-s}_{\infty,q'}(\mathbb{R}^n), \quad 1 \le q < \infty, \quad \frac{1}{q} + \frac{1}{q'} = 1. \tag{4.113}$$

利用 $\dot{F}^s_{1,q}$ 模数不依赖于 $\varphi(x) \in \dot{\Phi}(\mathbb{R}^n)$ 的选取，可以推出 $\dot{F}^s_{\infty,q}$ 的模数也不依赖于 $\varphi(x) \in \dot{\Phi}(\mathbb{R}^n)$ 的选取.

定理 4.18 (1) 设 $-\infty < s < \infty$, $0 < p \le \infty$, $0 < q \le \infty$, 则 $\dot{B}^s_{p,q}(\mathbb{R}^n)$ 是一个拟 Banach 空间 (特别，当 $1 \le p, q \le \infty$ 时，是 Banach 空间), 并且

$$Z(\mathbb{R}^n) \hookrightarrow \dot{B}^s_{p,q}(\mathbb{R}^n) \hookrightarrow Z'(\mathbb{R}^n). \tag{4.114}$$

与此同时，若 $0 < p < \infty$, $0 < q < \infty$, 则 $Z(\mathbb{R}^n)$ 稠于 $\dot{B}^s_{p,q}(\mathbb{R}^n)$.

(2) 设 $-\infty < s < \infty, 0 < p < \infty, 0 < q < \infty$ 或 $p = \infty; 1 < q \le \infty, \dot{F}^s_{p,q}(\mathbb{R}^n)$ 是一个拟 Banach 空间 ($\min(p,q) \ge 1$ 时， $\dot{F}^s_{p,q}(\mathbb{R}^n)$ 是 Banach 空间), 并且

$$Z(\mathbb{R}^n) \hookrightarrow \dot{F}^s_{p,q}(\mathbb{R}^n) \hookrightarrow Z'(\mathbb{R}^n). \tag{4.115}$$

进而，当 $-\infty < s < \infty$, $0 < p < \infty$ 和 $0 < q < \infty$ 时， $Z(\mathbb{R}^n)$ 稠于 $\dot{F}^s_{p,q}(\mathbb{R}^n)$.

定理 4.19 (1) 设 $-\infty < s < \infty$,$0 < \sigma < \infty$, $0 < q, p \le \infty$, 则 Riesz 位势算子 $\mathcal{I}_\sigma$ 是 $\dot{B}^s_{p,q}(\mathbb{R}^n)$ 到 $\dot{B}^{s+\sigma}_{p,q}(\mathbb{R}^n)$ 上的同构连续映射. 若 $0 < p < \infty$, 则 $\mathcal{I}_\sigma$ 是 $\dot{F}^s_{p,q}(\mathbb{R}^n)$ 到 $\dot{F}^{s+\sigma}_{p,q}(\mathbb{R}^n)$ 的同构连续映射.

(2) 设 $0 < p < \infty$, 则

$$\dot{F}^0_{p,2} = H_p(\mathbb{R}^n), \quad \dot{F}^0_{\infty,2}(\mathbb{R}^n) = \mathrm{BMO}(\mathbb{R}^n). \tag{4.116}$$

特别，我们有

$$\dot{F}^0_{p,2}(\mathbb{R}^n) = H_p(\mathbb{R}^n) = L^p(\mathbb{R}^n), \qquad 1 < p < \infty. \tag{4.117}$$

(3) 若 $0 < p < \infty$, $m = 0, 1, 2, \cdots$, 则

$$\sum_{|\alpha|=m} \|D^\alpha f\|_p = \|f(x); \dot{W}^{m,p}(\mathbb{R}^n)\| = \|f(x); \dot{\mathcal{L}}^m_p(\mathbb{R}^n)\| \tag{4.118}$$

与 $\|f(x); \dot{F}^m_{p,2}(\mathbb{R}^n)\|$ 等价.

注记 4.15 (i) 可以看出，所有的 $\mathbb{R}^n$ 上齐次空间皆是 $Z'(\mathbb{R}^n)$ 的子空间，注意到 (4.117), $L^p(\mathbb{R}^n)$ 也可认为是 $Z'(\mathbb{R}^n)$ 的子空间，并且对任意 $f(x) \in S'(\mathbb{R}^n)$, 有

$$\|f(x)\|_p = \inf_{P(x)\in P(\mathbb{R}^n)} \|f + P(x), \dot{F}^0_{p,2}\| = \inf_{P(x)\in P(\mathbb{R}^n)} \|f + P(x)\|_p. \tag{4.119}$$

(ii) (4.117) 与 (4.118) 意味着

$$\dot{F}^{m}_{p,2}(\mathbb{R}^n) = \dot{\mathcal{L}}^{m}_{p}(\mathbb{R}^n) = \dot{W}^{m,p}(\mathbb{R}^n) = \dot{W}^{m}_{p}(\mathbb{R}^n), \quad m = 0, 1, \cdots, \tag{4.120}$$

(iii) 根据定义，我们有

$$B^s_{p,q}(\mathbb{R}^n) = L^p(\mathbb{R}^n) \cap \dot{B}^s_{p,q}(\mathbb{R}^n), \quad s > 0, \quad p, q \geq 1. \tag{4.121}$$

$$F^s_{p,q}(\mathbb{R}^n) = L^p(\mathbb{R}^n) \cap \dot{F}^s_{p,q}(\mathbb{R}^n), \quad s > 0, \quad p, q \geq 1. \tag{4.122}$$

(iv) $\dot{B}^s_{p,q}(\mathbb{R}^n)$, $\dot{F}^s_{p,q}(\mathbb{R}^n)$ 有许多等价模，例如，在定理 4.13, 定理 4.14, 定理 4.15 及注记 4.9 中， $B^s_{p,q}$ 或 $F^s_{p,q}$ 的等价范数 (或拟范数) 中去掉 $\|f(x)\|_p$ 就是相应的齐空间 $\dot{B}^s_{p,q}(\mathbb{R}^n)$ 和 $\dot{F}^s_{p,q}(\mathbb{R}^n)$ 的等价范数 (或拟范数).

(v) 关于齐次 Besov 空间 $\dot{B}^s_{p,q}$ 以及齐次 Triebel 空间 $\dot{F}^s_{p,q}$ 中的嵌入定理，在有些情形下，类同于非齐次 Besov 空间 $B^s_{p,q}$ 及非齐次 Triebel 空间 $F^s_{p,q}$ 中的嵌入定理，例如，在定理 4.16 及其推论中，(4.78)、(4.85)、(4.86) 都是有效的. 然而，在一般情形下，嵌入关系未必相同，例如，(4.90) 和 (4.91) 对齐次 Besov 空间及齐次 Triebel 空间就不成立.

§8.5 Ω 上的一般可微函数空间

前面讨论了 $\mathbb{R}^n$ 上一般的可微函数空间. 本节我们将简单地回顾一下 Ω 上一般可微函数空间. 众所周知，可微函数空间的发展与它在偏微分方程中应用是紧密联系在一起的，从某种意义上，在 $\Omega \subset \mathbb{R}^n$ 的一般可微函数空间比 $\mathbb{R}^n$ 上函数空间应用更广泛. 例如，椭圆型方程边值问题研究，发展型方程的初边值问题研究等都是在 Ω 上的可微函数空间中进行的. 对于 Ω 上 Hölder 空间， Zygmund 空间， Sobolev 空间等，我们可以毫无困难地给出其定义. 然而，对于 Bessel 位势空间， Hardy 空间等，直接在 Ω 上给出其定义是相当困难的. 一个基本的想法是通过限制定理，从 $\mathbb{R}^n$ 上的一般函数空间来定义 Ω 上的一般可微函数空间. 由此可见，处理 Ω 上可微函数空间有如下两种方式：

直接方法：通过显式范数或显式拟范数直接定义 Ω 上的可微函数空间 (作为 $\mathcal{D}'(\Omega)$ 上的子空间).

间接方法：通过 $\mathbb{R}^n$ 上可微函数空间和限制定理来定义 Ω 上的可微函数空间.

大家对直接方法很熟悉，这里我们采用第二种方法来陈述. 然而，第二种方法可行的关键问题是：

(a) 对区域 Ω 的边界光滑性需要辅加什么条件才能用限制定理有效？

(b) 确保 $B^s_{p,q}(\Omega)$ 与 $F^s_{p,q}(\Omega)$ 的模或拟范数不依赖于限制程序.

事实上，就 Sobolev 空间 $W^{m,p}(\Omega)$ 而言，当 Ω 不光滑时，嵌入定理就不成立. 由此看来，若使程序合理，需要对 Ω 辅加光滑条件. 特别，当 Ω 是 $\mathbb{R}^n$ 中有界光滑区域时，限制方法 (ii) 是可行的.

定义 5.1 设 $\Omega\subset\mathbb{R}^n$ 是开集，$1\le p<\infty, m=0,1,2,\cdots$，定义 $W^{m,p}(\Omega)$ 是

$$\left\{f(x); f\in\mathcal{D}'(\Omega), \|f(x),W^{m,p}(\Omega)\|=\sum_{|\alpha|\le m}\|\partial^\alpha f\|_p<\infty\right\}. \tag{5.1}$$

在 $\|f(x),W^{m,p}(\Omega)\|$ 下的完备化空间，这里 $\partial^\alpha f(x)$ 是在分布意义下求导，自然 $W^{m,p}(\Omega)$ 可视为 $\mathcal{D}'(\Omega)$ 的子空间.

因 $W^{m,p}(\Omega)$ 的中不涉及 Ω 以外的点，因此，它是一个内在刻画. 另一方面，对 $\mathbb{R}^n$ 上的有界光滑区域 Ω, $W^{m,p}(\Omega)$ 可通过 $W^{m,p}(\mathbb{R}^n)=F^m_{p,2}(\mathbb{R}^n)$ 在 Ω 上的限制来得到，即

定义 5.2

$$W^{m,p}(\Omega)=\{f(x)\in\mathcal{D}'(\Omega),\exists g\in W^{m,p}(\mathbb{R}^n)\text{使得}g\,|_\Omega=f(x)\}, \tag{5.2}$$

这里 $g\,|_\Omega$ 是在 $\mathcal{D}'(\Omega)$ 定义下的限制，进而定义

$$\|f(x);\ W^{m,p}(\Omega)\|^*=\inf_g\|g\|_{W^{m,p}(\mathbb{R}^n)} \tag{5.3}$$

是 $W^{m,p}(\Omega)$ 的等价模.

我们将从类似于定义 5.2 的限制性方法出发来定义 Ω 上可微函数空间. 一般来讲，寻求一个一般可微函数空间的内在刻画，是一件很困难的事. 例如，当 $0<p<\infty, 0<q\le\infty$ 时，$F^s_{p,q}(\Omega)$ 就没有很好的内在刻画. 再如，当 $s<0$ 时，$B^s_{p,q}(\Omega)$, $F^s_{p,q}(\Omega)$ 就根本不存在内在刻画. 此恰好表明限制性定义的优越性，即不能用直接方法定义的一般可微函数空间，可通过间接的限制性方法来定义. 当 $s>0,p=q\ge1$ 时，$B^s_{p,q}(\Omega)$ 有如下内在刻画. 记 $s=[s]+\{s\}$, 这里 $0<\{s\}<1$, 这样

$$\|f;B^s_{p,p}(\Omega)\|^*=\|f\|_p+\sum_{|\alpha|=[s]}\left\{\int_{\Omega\times\Omega}\frac{|\partial^\alpha f(x)-\partial^\alpha f(y)|^p}{|x-y|^{n+\{s\}p}}dxdy\right\}^{\frac{1}{p}}. \tag{5.4}$$

这是 $B^s_{p,p}(\Omega)$ 和一个等价模.

(i) 局部化技术. 记

$$\mathcal{A}(\Omega)=\{f(x);\exists g(x)\in B^s_{p,q}(\mathbb{R}^n)\text{或}F^s_{p,q}(\mathbb{R}^n)\text{使得}g(x)\,|_\Omega=f(x)\}.$$

设 $K_1,K_2,\cdots,K_N$ 是 $\bar\Omega$ 的有限开球覆盖，$\{\psi_j(x)\}_{j=1}^N$ 是其相应的单位分解. 对任意 $f(x)\in\mathcal{A}(\Omega)$ 可分解为

$$f(x)=\sum_{j=1}^N f\psi_j,\quad \mathrm{supp}f\psi_j\subset\overline{\Omega}\cap K_j,\ f\psi_j\in\mathcal{A}(\Omega), \tag{5.5}$$

此时由 $\psi_j(x)\in C_c^\infty\subset\mathcal{C}^s$, 就确保 $f(x)\longmapsto\psi_j f(x)$ 是 $\mathcal{A}(\Omega)$ 上有界的线性算子 ($F_{p,q}^s(\mathbb{R}^n)$ 和 $B_{p,q}^s(\mathbb{R}^n)$ 上通常的乘子定理).

(ii) 可求长方法. 由局部化技巧, 不失一般性可设 $f(x)\in\mathcal{A}(\Omega)$ 的支集 $\mathrm{supp} f\psi\subset\overline{\Omega}\cap K_1$. 若 $\overline{K}_1\subset\Omega$, 自然可视 $f(x)$ 是 $\mathcal{A}(\mathbb{R}^n)$ 中的一个元素. 如果 $\partial\Omega\cap K_1\neq\emptyset$, 我们就利用如下求长技术. 注意到, 若 $y=\psi(x)$ 是 $\mathbb{R}^n$ 到 $\mathbb{R}^n$ 的微分同胚, 则 $f(x)\longmapsto f(\psi(x))$ 就是 $B_{p,q}^s(\mathbb{R}^n)$ 到 $B_{p,q}^s(\mathbb{R}^n)$ 或 $F_{p,q}^s(\mathbb{R}^n)$ 到 $F_{p,q}^s(\mathbb{R}^n)$ 的 $1-1$ 的同构连续映射. 于是, 若存在 $\mathbb{R}^n$ 上的微分同胚 $y=\psi(x)$ 将 $\partial\Omega\cap K_1$ 变成超平面 $\{y\mid y_n=0\}$ 中的一个区域, 将 $\Omega\cap K_1$ 变成 $\mathbb{R}_+^n$ 上开集, 此时, 映射 $f(x)\longmapsto f(\psi(x))$ 就将 $\mathcal{A}(\Omega)$ 映射到 $\mathcal{A}(\mathbb{R}_+^n)$, 这里用到 $\mathrm{supp} f(x)\subset K_1\cap\overline{\Omega}$ 性质.

(iii) 扩张及延拓技巧. 通过反射方法 (见 [Tr1]) 可将 $\mathcal{A}(\mathbb{R}_+^n)$ 是每一个元素扩张成 $\mathcal{A}(\mathbb{R}^n)$ 中的元素.

总之, 通过上述方法: 局部化、可求长及扩张方法, 可以看出 $\mathcal{A}(\Omega)$ 中的函数具有与 $\mathcal{A}(\mathbb{R}^n)$ 函数有相同的性质.

定义 5.3 称 Ω 是 $\mathbb{R}^n$ 中的 C^∞ 区域, 如果存在 N 个开集 $K_1,K_2,\cdots,K_N$ 使得

$$\cup_{j=1}^N K_j\supset\partial\Omega,\quad K_j\cap\partial\Omega\neq\emptyset,\quad j=1,2,\cdots,N \tag{5.6}$$

且满足如下性质:

(i) 对每一个 K_j, 总存在 $\overline{K}_j$ 上的光滑向量函数 $f^{(j)}(x)=(f_1^{(j)}(x),\cdots,f_n^{(j)}(x))$ 使得 $y=f^{(j)}(x)$ 是 K_j 到 $\mathbb{R}^n$ 上一个有界区域的 $1-1$ 映射. $\partial\Omega\cap K_1$ 的像落在超平面 $\{y\mid y\in\mathbb{R}^n,y_n=0\}$ 上, 将 $\Omega\cap K_1$ 映射到 $\mathcal{A}(\mathbb{R}_+^n)$ 的单连通区域上.

(ii)

$$\frac{\partial(f_1^{(j)}(x),f_2^{(j)}(x),\cdots,f_n^{(j)})}{\partial(x_1,x_2,\cdots,x_n)}\neq0,\quad x\in\overline{K}_j. \tag{5.7}$$

同理可定义 C^k 光滑区域.

注记 5.1 (i) 微分同胚映射的构造技术 (开集 K_j 及其闭包 $\overline{K}_j$ 上的映射 $f^j(x)$ 构造). 不失一般性, 可设 $0\in\partial\Omega$ 且含在 0 点某个邻域内边界 $\partial\Omega$ 部分可由方程

$$x_n=g(x'),\quad g(0)=0,\quad \frac{\partial g}{\partial x_k}(0)=0,\ k=1,\cdots,n-1 \tag{5.8}$$

给出, 这里 x' 是超平面 $\{y\mid y_n=0\}$ 上 0 点的开邻域 ω 中的点. 进而 $g(x')$ 是 ω 上的 C^∞ 函数. 令 $y=h(x)=(h_1(x),\cdots,h_n(x))$ 满足

$$h_k(x)=x_k,\quad k=1,2,\cdots,n-1,\quad h_n(x)=x_n-g(x'). \tag{5.9}$$

如果 $K(=K_j)$ 是以原点为心的一个充分小的球，那么 $f^{(j)}(x)=h(x)$ 就是满足定义 5.3 中的函数．不难证明， $h(x)$ 可以扩张成 $\mathbb{R}^n$ 上的一个微分同胚 (当 $|x|$ 充分大时， $h(x)\equiv x$), 我们仍就记为 $h(x)$. 在一般情形下，我们利用上述微分同胚映射 $h(x)$ 与 $\mathbb{R}^n$ 上仿射映射的复合．它们确保了此变换 $(\psi(x)=y)$ 诱导 $B^s_{p,q}$ $(F^s_{p,q})$ 到它自身的同构连续映射 $f(x)\longmapsto f(\psi(x))$

(ii) 单位分解．记 K_j 是定义 5.3 中的开球，我们可找到一个 C^∞ 集合 K_0 使得

$$K_0\subset\Omega,\quad \overline{\Omega}\subset\bigcup_{j=0}^{N}K_j. \tag{5.10}$$

则存在一个单位分解 $\{\psi_j(x)\}_{j=0}^N$ 满足

$$\psi_j\in C^\infty(\mathbb{R}^n),\quad \mathrm{supp}\psi_j\subset K_j,\quad j=0,1,\cdots,N. \tag{5.11}$$

$$\sum_{j=0}^{N}\psi_j(x)=1,\quad x\in\overline{\Omega}\ \text{的某个邻域}. \tag{5.12}$$

显然， $\psi_1(x),\psi_2(x),\cdots,\psi_N(x)$ 在 $\partial\Omega$ 上的限制就得 $\partial\Omega$ 的单位分解．

(iii) $\partial\Omega$ 是 $n-1$ 维的 C^∞ 流形， $(f^{(j)},K_j\cap\Omega)$ 是其相应的局部坐标卡．我们可以利用局部坐标卡来定义 $B^s_{p,q}(\partial\Omega)$ 或 $F^s_{p,q}(\partial\Omega)$, 换言之， $\partial\Omega$ 上的函数空间的定义很容易直接扩张到任意的紧或仿紧 C^∞ 流形上．

定义 5.4 (i) 设 $0<p\le\infty$, $0<q\le\infty$, $-\infty<s<\infty$, 则

$$B^s_{p,q}(\Omega)=\{f\mid f\in\mathcal{D}'(\Omega),\exists g(x)\in B^s_{p,q}(\mathbb{R}^n)\text{满足}g\mid_\Omega=f(x)\}. \tag{5.13}$$

$$\|f(x);\ B^s_{p,q}(\Omega)\|=\inf_g\|g(x)\|_{B^s_{p,q}(\mathbb{R}^n)}, \tag{5.14}$$

这里 inf 是对全体满足 (5.13) 的 $g(x)\in B^s_{p,q}(\mathbb{R}^n)$ 所取的下确界．

(ii) 设 $0<p<\infty$, $0<q\le\infty$, $-\infty<s<\infty$, 那么

$$F^s_{p,q}(\Omega)=\{f(x);\ f(x)\in\mathcal{D}'(\Omega),\exists g(x)\in F^s_{p,q}(\mathbb{R}^n),\ g(x)\mid_\Omega=f(x)\}, \tag{5.15}$$

$$\|f(x);\quad F^s_{p,q}(\Omega)\|=\inf_g\|g(x)\|_{F^s_{p,q}(\mathbb{R}^n)}. \tag{5.16}$$

定义 5.5 (i) 设 $0<p\le\infty$, $0<q\le\infty$, $-\infty<s<\infty$, 那么

$$\begin{aligned}B^s_{p,q}(\partial\Omega)=\{f(x);\quad &f(x)\in\mathcal{D}'(\partial\Omega),(\psi_jf)(f^{(j)^{-1}}(y',0))\\&\in B^s_{p,q}(\mathbb{R}^{n-1}),j=1,2,\cdots,N\},\end{aligned} \tag{5.17}$$

$$\|f(x);B^s_{p,q}(\partial\Omega)\|=\sum_{j=1}^{N}\|(\psi_jf)(f^{(j)^{-1}}(\cdot,0))\|_{B^s_{p,q}(\mathbb{R}^{n-1})}. \tag{5.18}$$

(ii) 设 $0<p<\infty$, $0<q\le\infty$, $-\infty<s<\infty$, 那么

$$F^s_{p,q}(\partial\Omega)=\big\{f(x);\quad f(x)\in\mathcal{D}'(\partial\Omega),(\psi_j f)(f^{(j)^{-1}}(y',0))\\ \in F^s_{p,q}(\mathbb{R}^{n-1}),j=1,2,\cdots,N\big\},\tag{5.19}$$

$$\|f(x);\ F^s_{p,q}(\partial\Omega)\|=\sum_{j=1}^N\|(\psi_j f)(f^{(j)^{-1}}(\cdot,0))\|_{F^s_{p,q}(\mathbb{R}^{n-1})}.\tag{5.20}$$

注记 5.2 (i) 定义 5.3 中对 $(\psi_j f)(f^{(j)^{-1}}(y',0))$ 在区域 $f^{(j)}$ $(\partial\Omega\cap K_j)$ 外进行 0 扩张，这皆是在 $\mathbb{R}^{n-1}$ 上分布函数意义下来进行的. 另一方面，在 (5.18),(5.20) 中，$\|f(x);B^s_{p,q}(\partial\Omega)\|$ 与 $\|f(x);F^s_{p,q}(\partial\Omega)\|$ 从形式来看依赖于单位分解 $\{\psi_j\}$, 然而，可以证明所有满足定义 5.2 的单位分解所确定的范数均是等价的.

(ii) 对于 $F^s_{\infty,q}(\Omega)$ $(1<q\le\infty)$ 的空间，可按其定义进行适当修改得到，参见定义 4.3.

设 $f(x)\in B^s_{p,q}(\Omega)$, $\psi_0 f(x)$ 在 $\mathbb{R}^n\setminus K_0$ 上的值定义为 0，相应的 $(\psi_j f)$ $(f^{(j)^{-1}}(\cdot))$ 在 $\mathbb{R}^n_+\setminus f^{(j)}(K_j\cap\Omega)$ $(j=1,2,\cdots,N)$ 上的值定义为 0. 这样 $\psi_0 f\in B^s_{p,q}(\mathbb{R}^n)$, $\psi_j f(x)\in B^s_{p,q}(\mathbb{R}^n_+)$ $(j=1,2,\cdots,N)$. 类似地，对 $F^s_{p,q}(\Omega)$ 的情形也是如此.

命题 5.1 (1) 设 $0<p\le\infty$, $0<q\le\infty$, $-\infty<s<\infty$, 则 $B^s_{p,q}(\Omega)$ 是拟 Banach 空间 (当 $\min(p,q)\ge1$ 时是 Banach 空间). 进而

$$\|\psi_0 f\|_{B^s_{p,q}(\mathbb{R}^n)}+\sum_{j=1}^N\|(\psi_j f)(f^{(j)^{-1}}(\cdot))\|_{B^s_{p,q}(\mathbb{R}^n_+)}\tag{5.21}$$

是 $\|f,B^s_{p,q}(\Omega)\|$ 的等价拟范数.

(2) 设 $0<p\le\infty$, $0<q\le\infty$, $-\infty<s<\infty$, 那么 $B^s_{p,q}(\partial\Omega)$ 也是一个拟 Banach 空间，其范数不依赖于 $K_0,K_1,\cdots,K_N$ 的选取及单位分解及向量函数 $f^{(1)},f^{(2)},\cdots,f^{(N)}$ 的选取.

(3) 设 $0<p\le\infty$, $0<q\le\infty$, $-\infty<s<\infty$ (当 $p=\infty$ 时，要求 $1<q\le\infty$), 则对于 $F^s_{p,q}(\Omega)$ 而言，相应的结果 (1), (2) 仍然成立.

定理 5.2 设 Ω 是 $\mathbb{R}^n$ 中有界光滑区域.

(1) 设 $0<q_0,q_1\le\infty$, $-\infty<s<\infty$, $1/q_0\ge1/q_1$. 则有

$$C^\infty(\overline{\Omega})\hookrightarrow B^s_{p,q_0}(\Omega)\hookrightarrow B^s_{p,q_1}(\Omega)\hookrightarrow\mathcal{D}'(\Omega),\quad 0<p\le\infty,\tag{5.22}$$

$$C^\infty(\overline{\Omega})\hookrightarrow F^s_{p,q_0}(\Omega)\hookrightarrow F^s_{p,q_1}(\Omega)\hookrightarrow\mathcal{D}'(\Omega),\quad 0<p<\infty.\tag{5.23}$$

进而，当 $0<p<\infty, 0<q<\infty$ 时，那么 $C^\infty(\overline{\Omega})$ 稠于 $B^s_{p,q}(\Omega)$ 及 $F^s_{p,q}(\Omega)$.

(2) 设 $1<p<\infty, 0<q\le\infty, -\infty<s<\infty$, 则有

$$B^s_{p,\min(p,q)}(\Omega)\hookrightarrow F^s_{p,q}(\Omega)\hookrightarrow B^s_{p,\max(p,q)}(\Omega). \tag{5.24}$$

注记 5.3 (5.24) 式等价于

$$\begin{cases} B^s_{p,p}(\Omega)\hookrightarrow F^s_{p,q}(\Omega)\hookrightarrow B^s_{p,q}(\Omega), & p\le q,\\ B^s_{p,q}(\Omega)\hookrightarrow F^s_{p,q}(\Omega)\hookrightarrow B^s_{p,p}(\Omega), & p\ge q. \end{cases} \tag{5.25}$$

引理 5.3 设 $\varphi(x)$ 是 $\mathbb{R}^n$ 中具有紧支集的连续可微函数，则

(1) 设 $0<p_0\le p_1\le\infty, 0<q\le\infty, -\infty<s<\infty$, 则 $f\to\varphi(x)f(x)$ 是 $B^s_{p_1,q}(\mathbb{R}^n)$ 到 $B^s_{p_0,q}(\mathbb{R}^n)$ 的连续线性映射.

(2) 设 $0<p_0\le p_1<\infty, 0<q<\infty, -\infty<s<\infty$, 则 $f(x)\longrightarrow\varphi(x)f(x)$ 是 $F^s_{p_1,q}(\mathbb{R}^n)$ 到 $F^s_{p_0,q}(\mathbb{R}^n)$ 上的连续线性映射.

定理 5.4 设 Ω 是 $\mathbb{R}^n$ 中的有界光滑区域，那么

(1) 设 $0<p_0,p_1\le\infty, 0<q_0,q_1\le\infty, -\infty<s_0,s_1<\infty$, 则

$$B^{s_0}_{p_0,q_0}(\Omega)\hookrightarrow B^{s_1}_{p_1,q_0}(\Omega),\quad s_0-\frac{n}{p_0}=s_1-\frac{n}{p_1},\ s_0>s_1, \tag{5.26}$$

$$B^{s_0}_{p_0,q_0}(\Omega)\hookrightarrow B^{s_1}_{p_1,q_1}(\Omega),\quad s_0-\frac{n}{p_0}>s_1-\frac{n}{p_1},\ s_0>s_1. \tag{5.27}$$

(2) 设 $0<p_0,p_1<\infty, 0<q_0,q_1<\infty, -\infty<s_0,s_1<\infty$, 则

$$F^{s_0}_{p_0,q_0}(\Omega)\hookrightarrow F^{s_1}_{p_1,q_1}(\Omega),\quad s_0-\frac{n}{p_0}\ge s_1-\frac{n}{p_1},\quad s_0>s_1. \tag{5.28}$$

(3) 设 $-\infty<s<\infty$, 则

$$B^s_{p_0,q}(\Omega)\hookrightarrow B^s_{p_1,q}(\Omega),\quad 0<q\le\infty,\quad 0<p_1\le p_0\le\infty. \tag{5.29}$$

$$F^s_{p_0,q}(\Omega)\hookrightarrow F^s_{p_1,q}(\Omega),\quad 0<q<\infty, 0<p_1\le p_0\le\infty. \tag{5.30}$$

注记 5.4 在嵌入不等式 (5.27),(5.28), (5.29) 和 (5.30) 中，与 $\mathbb{R}^n$ 上的嵌入定理不同，会发生不满足 $\frac{1}{p_0}\ge\frac{1}{p_1}$ 的情形，然而，它可由 $s_0>s_1$ 和 Ω 的度量 $m(\Omega)<\infty$ 来保证. 例如，对于 (5.27), 仅需注意到

$$B^{s_0}_{p_0,q_0}(\Omega)\hookrightarrow B^{s_0}_{p_1,q_0}(\Omega)\hookrightarrow B^{s_1}_{p_1,q_1}(\Omega),\quad p_0\ge p_1. \tag{5.31}$$

此意味着 (5.27), 其中第一个嵌入式就是 $L^p(\Omega)$ 中的嵌入不等式.

现设 ν 是 $\mathbb{R}^n$ 中有界光滑区域 Ω 的外法向量, 定义其迹算子是

$$\mathcal{T}f=\left\{f\mid_{\partial\Omega},\frac{\partial f}{\partial\nu}\mid_{\partial\Omega},\cdots,\frac{\partial^r f}{\partial\nu^r}\mid_{\partial\Omega}\right\}. \tag{5.32}$$

定义 5.6 设 $f(x)\in B^s_{p,q}(\Omega)$, $s>r+\frac{1}{p}+\max(0,(n-1)(\frac{1}{p}-1))$. 称 $\mathcal{T}$ 是从 $B^s_{p,q}(\Omega)$ 到 $\prod_{j=0}^r B_{p,q}^{s-\frac{1}{p}-j}(\partial\Omega)$ 的收缩, 如果 $\mathcal{T}$ 是 $B^s_{p,q}(\Omega)$ 到 $\prod_{j=0}^r B_{p,q}^{s-\frac{1}{p}-j}(\partial\Omega)$ 上的连续线性映射, 且存在一个从 $\prod_{j=0}^r B_{p,q}^{s-\frac{1}{p}-j}(\partial\Omega)$ 到 $B^s_{p,q}(\Omega)$ 的连续线性映射 $\mathcal{G}$ 使得

$$\mathcal{T}\mathcal{G}=I\left(\prod_{j=0}^r B_{p,q}^{s-\frac{1}{p}-j}(\partial\Omega)\text{上的单位映射}\right). \tag{5.33}$$

此时, 称 $\mathcal{G}$ 是相应于 $\mathcal{T}$ 的保核收缩. 类似地可对 $F^s_{p,q}(\Omega)$ 定义收缩与保核收缩的概念.

定理 5.5 设 $r=0,1,2,\cdots,\mathcal{T}$ 是由 (5.32) 定义的迹算子, 则有

(1) $0<p,q\le\infty$, $s>r+\frac{1}{p}+\max(0,(n-1)(\frac{1}{p}-1))$, 则 $\mathcal{T}$ 是从 $B^s_{p,q}(\Omega)$ 到 $\prod_{j=0}^r B^s_{p,q}(\partial\Omega)$ 上的收缩.

(2) 设 $0<p<\infty$, $0<q\le\infty$, $s>r+\frac{1}{p}+\max(0,(n-1)(\frac{1}{p}-1))$, 那么 $\mathcal{T}$ 是从 $F^s_{p,q}(\Omega)$ 到 $\prod_{j=0}^r B_{p,p}^{s-\frac{1}{p}-j}(\partial\Omega)$ 上的收缩.

定理 5.6 (1) 设 $0<p,q\le\infty$, $-\infty<s<\infty$, $m=1,2,\cdots$, 则

$$\sum_{|\alpha|\le m}\|\partial^\alpha f;\ B^{s-m}_{p,q}(\Omega)\| \tag{5.34}$$

是 $B^s_{p,q}(\Omega)$ 上一个等价拟模.

(2) 设 $0<p<\infty$, $0<q\le\infty$, 且 $\min(p,q)\ge\min(p,1), m=1,2,\cdots$, 那么

$$\sum_{|\alpha|\le m}\|\partial^\alpha f;\ F^{s-m}_{p,q}(\Omega)\| \tag{5.35}$$

是 $F^s_{p,q}(\Omega)$ 上的一个等价拟模.

注记 5.5 条件 $\min(p,q)\ge\min(p,1)$ 等价于 $p\le q$ 或$p\ge q\ge 1$. 下面给出一些经典空间的内蕴刻画.

(i) 设 $0<p<\infty$, $m=1,2,\cdots$, 则 $W^{m,p}(\Omega)=F^m_{p,2}(\Omega)=\mathcal{L}^m_p(\Omega)$ 且有等价范数

$$\|f(x);W^{m,p}(\Omega)\|=\sum_{|\alpha|\le m}\left(\int_\Omega|\partial^\alpha f|^p dx\right)^{\frac{1}{p}}. \tag{5.36}$$

(ii) 设 $h \in \mathbb{R}^n, l = 1, 2, \cdots, 1 \le p \le \infty, 1 \le q \le \infty$. 记

$$\Omega_{h,l} = \bigcap_{j=0}^{l} \{x \mid x + jh \in \Omega\}, \tag{5.37}$$

设 $s > 0$, k, l 是整数且满足 $0 \le k < s, l > s - k$. 则 $\wedge_{p,q}^s$ 有如下等价模

$$\|f(x); \wedge_{p,q}^s(\Omega)\| = \|f(x)\|_{L^p(\Omega)} + \sum_{|\alpha| \le k} \left(\int_{\mathbb{R}^n} |h|^{-(s-k)q} \right.$$
$$\left. \times \left(\int_{\Omega_{h,l}} |(\Delta_h^l \partial^\alpha f)(x)|^p dx \right)^{\frac{q}{p}} \frac{dh}{|h|^n} \right)^{\frac{1}{q}}. \tag{5.38}$$

当 $p = \infty$ 或 $q = \infty$ 时, 只需将 (5.38) 做适当修改就行了. 特别, 当 $p = q = \infty$ 时, $\wedge_{\infty\infty}^s = \mathcal{C}^s$. 显然 (5.36),(5.38) 都是 $W^{m,p}(\Omega) = F_{p,2}^m(\Omega)$ 与 $\wedge_{\infty,\infty}^s(\Omega) = \mathcal{C}^s(\Omega)$ 的内蕴刻画.

当 $s \ne$ 整数时, 经典的 Bessel 位势空间

$$\mathcal{L}_p^s(\Omega) = F_{p,2}^s(\Omega), \quad -\infty < s < \infty, 1 < p < \infty \tag{5.39}$$

就没有合适的内蕴刻画. 是否可以通过 $B_{p,q}^s(\mathbb{R}^n)$ 或 $F_{p,q}^s(\mathbb{R}^n)$ 的差分刻画过渡 $B_{p,q}^s(\Omega)$ 和 $F_{p,q}^s(\Omega)$ 的内蕴刻画？一般情形是无法过渡的, 除了上面的特殊情形外, 还有

定理 5.7 设 $0 < p < \infty$ 且 $\max(0, n(\frac{1}{p} - 1)) < s < 1$, 则

$$\|f(x)\|_p + \left(\int_{\Omega \times \Omega} \frac{|f(x) - f(y)|^p}{|x - y|^{n+sp}} dxdy \right)^{\frac{1}{p}} \tag{5.40}$$

是 $B_{p,p}^s(\Omega)$ 上的等价拟模.

注记 5.6 当 $1 \le p < \infty$ 时, (5.40) 是 (5.38) 的特例. 定理 5.7 就给出了 $B_{p,p}^s(\Omega)$ $(p < 1)$ 的内蕴刻画.

最后来给出齐次空间 $\dot{B}_{p,q}^s(\Omega)$ 与 $\dot{F}_{p,q}^s(\Omega)$ 的定义及相关性质. 仍用 $\mathcal{D}(\Omega)$ 表示 $\mathbb{R}^n$ 上的 C^∞ 函数且支集属于 Ω 的全体函数所构成的局部凸空间.

定义 5.7 (1) 设 $0 < p, q \le \infty$, $-\infty < s < \infty$,$\dot{B}_{p,q}^s(\Omega)$ 是 $\mathcal{D}(\Omega)$ 中的元素在 $\dot{B}_{p,q}^s(\Omega)$ 拟范下的完备化.

(2) 设 $0 < p \le \infty$, $0 < q \le \infty$,$-\infty < s < \infty$, 则 $\dot{F}_{p,q}^s(\Omega)$ 是 $\mathcal{D}(\Omega)$ 在 $\dot{F}_{p,q}^s(\Omega)$ 拟范下的完备化空间.

定理 5.8 (1) 设

$$1 \le p < \infty, \quad 0 < q < \infty, \quad \frac{1}{p} - 1 < s < \frac{1}{p} \tag{5.41}$$

或

$$0<p<1, \quad 0<q<\infty, \quad n\left(\frac{1}{p}-1\right)<s<\frac{1}{p} \tag{5.42}$$

成立，则 $B^s_{p,q}(\Omega)=\dot{B}^s_{p,q}(\Omega)$.

(2) 设

$$1\le p<\infty,\ 0<q<\infty,\ \frac{1}{p}-1+n\left(\frac{1}{\min(q,1)}-1\right)<s<\frac{1}{p}, \tag{5.43}$$

或

$$0<p<1,\ 0<q<\infty,\ n\left(\frac{1}{\min(p,q)}-1\right)<s<\frac{1}{p}, \tag{5.44}$$

则 $F^s_{p,q}(\Omega)=\dot{F}^s_{p,q}(\Omega)$.

推论 5.9 设 $m=1,2,\cdots,\nu$ 是 $\partial\Omega$ 的外法向量.

(1) 设 s,p,q 满足条件 (5.41) 或 (5.42), 则有

$$\dot{B}^{s+m}_{p,q}(\mathbb{R}^n)=\left\{f \mid f\in B^{s+m}_{p,q}(\Omega), \left.\frac{\partial^j f}{\partial\nu^j}\right|_{\partial\Omega}=0, j=0,1,\cdots,m-1\right\}. \tag{5.45}$$

(2) 设 s,p,q 满足 (5.43) 或 (5.44), 则有

$$\dot{F}^{s+m}_{p,q}(\mathbb{R}^n)=\left\{f \mid f\in F^{s+m}_{p,q}(\Omega), \left.\frac{\partial^j f}{\partial\nu^j}\right|_{\partial\Omega}=0, j=0,1,\cdots,m-1\right\}. \tag{5.46}$$

注记 5.7 有关有限区域上的其它可微函数空间及 $L^p(\Omega)$ 空间的另一类推广还包含 Campanato-Morrey 空间， Orlicz 空间， Orlicz-Sobolev 型空间，可见 [KJF].

思考与练习

1. 设 $1<p<\infty, k=\frac{n}{p}$, 则存在函数 $f(x)\in L^p_k(\mathbb{R}^n)$ 它在每一点 $x\in\mathbb{R}^n$ 的邻域内均是本性无界函数. （提示：见 [Ste1] 中例子.）

2. 证明当 $p=1$ 或 $p=\infty$ 时， $\mathcal{L}^p_k(\mathbb{R}^n)$ 与 $W^{k,p}(\mathbb{R}^n)$ 有如下关系：

(i) $n=1, k$ 是偶数， $W^{k,1}(\mathbb{R}^n)=\mathcal{L}^1_k(\mathbb{R}^n)$, $W^{k,\infty}=\mathcal{L}^\infty_k$.

(ii) $n>1, k$ 是偶数， $W^{k,p}(\mathbb{R}^n)\hookrightarrow\mathcal{L}^p_k(\mathbb{R}^n)$, ($p=1$ 或 ∞), 然而相反的关系不成立.

(iii) 对 $n\ge 1$, k 是奇数， $W^{k,p}(\mathbb{R}^n)\hookrightarrow\mathcal{L}^p_k(\mathbb{R}^n)$ 和 $\mathcal{L}^p_k(\mathbb{R}^n)\hookrightarrow W^{k,p}(\mathbb{R}^n)$ 都不能成立. （提示：参见 [Ste1].）

3. 设 $\alpha > 0$, $1 \leq p, q \leq \infty$,k 是大于 α 的任意整数，则

$$\|f(x)\|_{\wedge_{p,q}^{\alpha}} \backsimeq \|f(x)\|_p + \left(\int_{|t|\leq 1} \frac{\|f(x+t)-f(x)\|_p^q}{|t|^{n+\alpha q}} dt\right)^{\frac{1}{q}},$$

$$\|f(x)\|_{\wedge_{p,q}^{\alpha}} \backsimeq \|f(x)\|_p + \left(\int_0^1 \left(y^{1-\alpha}\left\|\frac{\partial}{\partial y}u(x,y)\right\|_p\right)^q \frac{dy}{y}\right)^{\frac{1}{q}},$$

这里 $u(x,y)$ 是函数 $f(x)$ 的 Poisson 积分.

4. 设 $\alpha_2 \geq \alpha_1$, $1 \leq p, q \leq \infty$ 且 $\alpha_1 - \frac{n}{p_1} = \alpha_2 - \frac{n}{p_2}$. 则 $\wedge_{p_2,q}^{\alpha_2} \hookrightarrow \wedge_{p_1,q}^{\alpha_1}$.

5. 设 $f(x) \in \wedge_{p_j,q_j}^{\alpha_j}$, $j = 0, 1$. 则对任意的 $0 < \theta < 1$, 有 $f(x) \in \wedge_{p,q}^{\alpha}$, 这里 $\alpha = (1-\theta)\alpha_0 + \theta\alpha_1$ 及

$$\frac{1}{p} = \frac{1-\theta}{p_0} + \frac{\theta}{p_1}, \quad \frac{1}{q} = \frac{1-\theta}{q_0} + \frac{\theta}{q_1}.$$

第九章　振荡积分估计

振荡积分理论起初就是调和分析的核心部分之一，这不仅仅是因为 Fourier 变换本身就是一个典型的振荡积分，而且振荡积分在研究某些函数 Fourier 变换的渐近性质、解析数论特别是格点的分布等方面有着重要的应用. 最近三十多年的发展表明，振荡积分在非线性发展方程的研究中起着越来越重要作用，主要表现在 $L^p - L^q$ 估计、时空估计等基本的研究工具均是建立在振荡积分估计的基础之上的.

振荡积分大致可分为第一型振荡积分

$$I(\lambda) = \int e^{i\lambda\phi(x)}\psi(x)dx \tag{0.1}$$

及第二型振荡积分

$$T_\lambda(f)(x) = \int e^{i\lambda\Phi(x,y)}K(x,y)f(y)dy \tag{0.2}$$

两类. 但是还有其它类型的振荡积分，如在研究色散算子时出现的形如

$$\int e^{i(tP(\xi)+x\xi)}d\xi, \quad \int e^{i(tP(\xi)+x\xi)}\psi(\xi)d\xi \tag{0.3}$$

的振荡积分，第一型振荡积分算子和第二型振荡积分的主要区别在于：第一型振荡积分是研究当参数 λ 趋于 ∞ 时，函数 $I(\lambda)$ 的渐近行为. 而第二型振荡积分主要研究的是核函数中具有振荡因子的积分算子 T_λ 的有界性. 限于篇幅，本章主要介绍第一型振荡积分估计理论. 有关第二型振荡积分理论，可参见 [Ste2]. 至于与非线性发展方程相关联的振荡积分 (例如 (0.3))，我们将在下一章予以详细讨论.

本章着重讨论一维情形的振荡积分估计及高维振荡积分估计，借助于振荡积分估计来研究支撑曲面上的测度的 Fourier 变换的衰减估计、Fourier 变换的限制性估计及一些重要的应用.

§ 9.1　一维振荡积分估计

首先讨论当 λ 充分大时，第一型振荡积分

$$I(\lambda) = \int_a^b e^{i\lambda\phi(x)}\psi(x)dx \tag{1.1}$$

的渐近行为. 这里相函数 $\phi(x)$ 是实值光滑函数, $\psi(x)$ 是 (a,b) 上具有紧支集的复值光滑函数. 当然紧支集这一条件可以去掉. $I(\lambda)$ 的基本性质可以通过三个基本方法：局部化、尺度变换及渐近性方法来建立.

(a) 局部化方法. $I(\lambda)$ 的渐近行为完全由 $\phi(x)$ 临界点即 $\phi'(x)=0$ 的零点确定.

命题 1.1 设 $\phi(x)$ 是 $[a,b]$ 光滑函数, 当 $x\in[a,b]$ 时, $\phi'(x)\neq 0$, $\psi(x)\in C_c^\infty(a,b)$. 则对任意整数 $N\geq 0$ 有

$$I(\lambda)=O(\lambda^{-N}),\quad \lambda\to\infty,\quad N\geq 0. \tag{1.2}$$

证明 记 D 是如下微分算子

$$Df(x)=(i\lambda\phi'(x))^{-1}\frac{df}{dx}.$$

对于 $g\in C_c^\infty(a,b)$, 从等式

$$\langle Df,g\rangle=\left\langle (i\lambda\phi'(x))^{-1}\frac{df}{dx},g\right\rangle=\left\langle f,-\frac{d}{dx}\left(\frac{g}{i\lambda\phi'(x)}\right)\right\rangle,$$

即诱导出算子 D 的转置算子

$${}^tDf(x)=-\frac{d}{dx}\left(\frac{f}{i\lambda\phi'(x)}\right).$$

因此, 对任意非负整数 N, 有 $D^N(e^{i\lambda\phi})=e^{i\lambda\phi}$. 由分部积分公式可见

$$\int_a^b e^{i\lambda\phi}\psi dx=\int_a^b D^N(e^{i\lambda\phi})\psi dx=\int_a^b e^{i\lambda\phi}({}^tD)^N\psi dx. \tag{1.3}$$

由此推得 $|I_\lambda|\leq A_N\lambda^{-N}$, 从而命题 1.1 得证.

注记 1.1 (i) 由 $\phi'(x)\neq 0$, 则 $\phi'(x)$ 在 $[a,b]$ 定号, 故可作 $y=\phi(x)$ 的变换, 此时

$$I(\lambda)=\int_{\phi(a)}^{\phi(b)}e^{-i\lambda y}\psi(\phi^{-1}(y))\frac{1}{\phi'(\phi^{-1}(y))}dy.$$

这恰好相当于函数 $\psi(\phi^{-1}(y)/\phi'(\phi^{-1}(y))$ 的 Fourier 变换, 从这个角度来讲, 命题 1.1 就是具紧支集的光滑函数的 Fourier 变换是速降函数的经典结果.

(ii) 若 $\psi(x)\notin C_c^\infty(a,b)$, 一般来讲, 无法得到形如 (1.2) 的渐近估计, 例如

$$\int_a^b e^{i\lambda x}dx=\frac{e^{i\lambda b}-e^{i\lambda a}}{i\lambda}=O(\lambda^{-1}),\quad \lambda\to\infty.$$

然而, 若假设 $\phi(x)$ 与 $\psi(x)$ 具有周期条件

$$\phi^{(k)}(a)=\phi^{(k)}(b),\quad \psi^{(k)}(a)=\psi^{(k)}(b),\quad k\geq 0,$$

则命题 1.1 仍然成立.

(b) 尺度变换方法. 假设我们仅知道存在 k, 有 $|\frac{d^k\phi(x)}{dx^k}| \geq 1$, 来寻求 $\int_a^b e^{i\lambda\phi(x)}dx$ 不依赖于 a 和 b 的估计. 直观上, 若作 $x \longmapsto \lambda^{-\frac{1}{k}}x'$ 可见

$$\int_a^b e^{i\lambda\phi(x)}dx = O(\lambda^{-\frac{1}{k}}), \quad \lambda \to \infty.$$

这一估计最早是由 Van der Corput 证明的, 它是下面命题的一个直接结论.

命题 1.2 (Van der Corput 定理) 设 $\phi(x)$ 是 (a,b) 上的实值光滑函数, 且满足 $|\phi^{(k)}(x)| \geq 1, \forall x \in (a,b)$. 进而假设下面条件之一成立:

(1) $k \geq 2$;

(2) $k=1$ 且 $\phi'(x)$ 是单调函数.

则有估计

$$\left|\int_a^b e^{i\lambda\phi(x)}dx\right| \leq C_k\lambda^{-\frac{1}{k}}, \tag{1.4}$$

这里 C_k 中不依赖于 ϕ 与 λ 的常数.

证明 先在条件 (2) 下证明 (1.4). 仍用 D 与 ${}^tD$ 表示命题 1.1 中引入的记号, 显然

$$\int_a^b e^{i\lambda\phi}dx = \int_a^b D(e^{i\lambda\phi})dx = (i\lambda\phi')^{-1}e^{i\lambda\phi}\Big|_a^b + \int_a^b e^{i\lambda\phi}\cdot({}^tD)(1)dx. \tag{1.5}$$

注意到 $\phi'(x)$ 的单调性, 就得

$$\begin{aligned}\left|\int_a^b e^{i\lambda\phi}\cdot({}^tD)(1)dx\right| &= \left|\int_a^b e^{i\lambda\phi}(i\lambda)^{-1}\frac{d}{dx}\left(\frac{1}{\phi'}\right)dx\right| \\ &\leq \lambda^{-1}\int_a^b\left|\frac{d}{dx}\left(\frac{1}{\phi'}\right)\right|dx \leq \lambda^{-1}\left|\frac{1}{\phi'(b)} - \frac{1}{\phi'(a)}\right|.\end{aligned}$$

故若将上式代入 (1.5) 即推得估计 (1.4), 此时 C_1 可取成 3.

采用归纳法, 在情形 (1) 下证明 (1.4). 假设 k 时结论成立, 往证 $k+1$ 的情形. 无妨设

$$\phi^{(k+1)}(x) \geq 1, \qquad x \in [a,b]. \tag{1.6}$$

否则, 用 $-\phi(x)$ 来代替 $\phi(x)$ 即可. 设 $x = c \in [a,b]$ 是使得函数 $|\phi^{(k)}(x)|$ 取最小值的点 (此点是惟一的, 否则与 (1.6) 相矛盾). 如果 $|\phi^{(k)}(c)| = 0$, 那么在区间 $(c-\delta, c+\delta)$ 外面有 $|\phi^{(k)}(x)| \geq \delta$(当 $k=1$ 时, 还需要 $\phi'(x)$ 的单调性). 因此, 注意到

$$\int_a^b e^{i\lambda\phi(x)}dx = \int_a^{c-\delta} e^{i\lambda\phi(x)}dx + \int_{c-\delta}^{c+\delta} e^{i\lambda\phi(x)}dx + \int_{c+\delta}^b e^{i\lambda\phi(x)}dx \tag{1.7}$$

及归纳假设，可见

$$\left|\int_a^{c-\delta} e^{i\lambda\phi(x)}dx\right| = \left|\int_a^{c-\delta} e^{i\lambda\delta(\phi/\delta)}dx\right| \le C_k(\delta\lambda)^{-\frac{1}{k}}. \tag{1.8}$$

同理

$$\left|\int_{c+\delta}^{b} e^{i\lambda\phi(x)}dx\right| \le C_k(\delta\lambda)^{-\frac{1}{k}}. \tag{1.9}$$

注意到

$$\left|\int_{c-\delta}^{c+\delta} e^{i\lambda\phi(x)}dx\right| < 2\delta,$$

就推得

$$\left|\int_a^{b} e^{i\lambda\phi(x)}dx\right| \le 2C_k(\delta\lambda)^{-\frac{1}{k}} + 2\delta. \tag{1.10}$$

特别，当 $\phi^{(k)}(c) \ne 0$ 时，则 c 一定是 $[a,b]$ 的某一个端点，类似地亦有估计 (1.10), 只是右端用 $C_k(\delta\lambda)^{-\frac{1}{k}} + \delta$ 来代替. 总之，取 $\delta = \lambda^{-\frac{1}{k+1}}$, 则 (1.4) 成立且 $C_{k+1} = 2C_k + 2$. 注意到 $C_1 = 3$, 归纳可见 $C_k = 5\cdot 2^{k-1} - 2$.

利用 Van der Corput 定理，在去掉 ψ 具有紧支集的条件下，给出振荡积分 $I(\lambda)$ 的估计.

推论 1.3 设 $\phi(x)$ 满足命题 1.2 的条件，则

$$\left|\int_a^{b} e^{i\lambda\phi(x)}\psi(x)dx\right| \le C_k\lambda^{-\frac{1}{k}}\left[\psi(b) + \int_a^b |\psi'(x)|dx\right]. \tag{1.11}$$

证明 令 $F(x) = \int_a^x e^{i\lambda\phi(t)}dt$, 直接计算

$$\int_a^{b} e^{i\lambda\phi(x)}\psi(x)dx = F(b)\psi(b) - \int_a^b F(x)\psi'(x)dx. \tag{1.12}$$

注意到

$$|F(x)| \le C_k\lambda^{-\frac{1}{k}}, \quad x\in[a,b]$$

及 $F(a) \equiv 0$, 由 (1.12) 及上式即得估计 (1.11).

注记 1.2 当 $k=1$ 时，$\phi'(x)$ 的单调性是必须的. 若不然，可取 $\phi'(x) > 1$, $\lambda = 1$, 并假设 $\phi'(x)$ 是振荡的函数并且满足集合 $m\{x:\ \cos\phi(x) < 0\} \gg 2m\{x:\ \cos\phi(x) > 0\}$, 由此推得，当 $b\to\infty$ 时，估计式 (1.4) 不能成立.

(c) 渐近性方法. 渐近性原理主要刻画当 $\lambda\to\infty$ 时， $I(\lambda)$ 的渐近行为. 我们知道，当 $\psi(x)\in C_c^\infty(a,b)$ 时， $I(\lambda) = \int_a^b e^{i\lambda\phi(x)}\psi(x)dx$ 的渐近行为依赖于 $\phi(x)$ 的临界点. 若假设 $\psi(x)$ 的支集 supp $\psi(x)$ 充分小，并且它仅包含 $\phi(x)$ 的一个零点，那么 $I(\lambda)$ 的渐近行为就依赖于满足 $\phi^{(k)}(x_0) \ne 0$ 的最

小的 k, 并以 λ 的指数衰减形式给出，这与命题 1.2 是一致的．围绕这一思想的估计称为驻相方法．

命题 1.4 设 $k \geq 2$, 且

$$\phi(x_0) = \phi'(x_0) = \cdots = \phi^{(k-1)}(x_0) = 0, \quad \phi^k(x_0) \neq 0. \tag{1.13}$$

如果 suppψ 含在 x_0 的充分小的邻域内，那么

$$I(\lambda) = \int_{-\infty}^{+\infty} e^{i\lambda\phi(x)}\psi(x)dx \sim \lambda^{-\frac{1}{k}} \sum_{j=0}^{\infty} a_j \lambda^{-\frac{j}{k}}, \tag{1.14}$$

在下述意义下

$$\left(\frac{d}{d\lambda}\right)^r \left[I(\lambda) - \lambda^{-\frac{1}{k}} \sum_{j=0}^{N} a_j \lambda^{-\frac{j}{k}}\right] = O(\lambda^{-r-(N+1)/k}),$$
$$\lambda \longmapsto \infty, \quad \forall N \in \mathbb{N} \cup \{0\} \tag{1.15}$$

成立．

证明 先证 $k=2$ 的情形，分三步来进行．

第一步：我们断言，当 $\lambda \to \infty$ 时，有

$$\int_{-\infty}^{+\infty} e^{i\lambda x^2} x^l e^{-x^2} dx \sim \lambda^{-\frac{l+1}{2}} \sum_{j=0}^{\infty} C_j^{(l)} \lambda^{-j}, \ \forall l \in \mathbb{N} \cup \{0\}. \tag{1.16}$$

事实上，当 l 为奇数时，(1.16) 左边的积分是 0, (1.16) 自然成立．当 l 是偶数时，令 $z = (1-i\lambda)^{\frac{1}{2}}x$, 注意到

$$e^{-z^2} \longrightarrow 0, \quad x \to \pm\infty,$$

容易看出

$$\int_{-\infty}^{+\infty} e^{i\lambda x^2} x^l e^{-x^2} dx = (1-i\lambda)^{-\frac{1}{2}-\frac{l}{2}} \int_{-\infty}^{+\infty} e^{-x^2} x^l dx. \tag{1.17}$$

现取 $f(z) = z^{-\frac{l+1}{2}}$ 的主值分支是由复平面去掉负实轴所决定，在此意义下，我们有

$$(1-i\lambda)^{-\frac{l+1}{2}} = \lambda^{-\frac{l+1}{2}}(\lambda^{-1}-i)^{-\frac{l+1}{2}}, \quad \lambda > 0.$$

因此，在 $|\omega| < 1$ 上展开 $(\omega - i)^{-\frac{l+1}{2}}$ $(\omega = \lambda^{-1})$, 就得到渐近展开式 (1.16).

第二步：设 $\eta \in C_c^\infty(\mathbb{R})$, l 是任一非负整数，那么

$$\left|\int_{-\infty}^{+\infty} e^{i\lambda x^2} x^l \eta(x) dx\right| \leq A\lambda^{-\frac{1}{2}-\frac{l}{2}}. \tag{1.18}$$

事实上，令 $\alpha \in C_c^\infty(\mathbb{R})$ 满足

$$\alpha(x) = \begin{cases} 1, & |x| \le 1, \\ 0, & |x| \ge 2. \end{cases}$$

这样，可将 (1.18) 中的积分写成

$$\int_{-\infty}^{+\infty} e^{i\lambda x^2} x^l \eta(x) dx = \int e^{i\lambda x^2} x^l \eta(x)[1 - \alpha(\frac{x}{\varepsilon})] dx + \int e^{i\lambda x^2} x^l \eta(x) \alpha(\frac{x}{\varepsilon}) dx, \tag{1.19}$$

这里 ε 是待定参数. 易见 (1.19) 的第三个积分可被 $C\varepsilon^{l+1}$ 控制，注意到 $\eta(x)$, $\alpha(x)$ 的支集性质，第二个积分就等于

$$\int D^N(e^{i\lambda x^2})\{x^l\eta(x)[1-\alpha(\frac{x}{\varepsilon})]\}dx = \int e^{i\lambda x^2}({}^tD^N)\{x^l\eta(x)[1-\alpha(\frac{x}{\varepsilon})]\}dx, \tag{1.20}$$

这里 ${}^tDf = (-i\lambda)^{-1}\frac{d}{dx}(\frac{f}{2x})$. 简单计算可见，上式可被

$$\frac{C_N}{\lambda^N}\int_{|x|\ge\varepsilon}|x|^{l-2N}dx = C_N'\lambda^{-N}\varepsilon^{l-2N+1}, \quad l-2N<-1$$

来控制，因此

$$\left|\int_{-\infty}^{+\infty} e^{i\lambda x^2} x^l \eta(x) dx\right| \le C_N[\varepsilon^{l+1} + \lambda^{-N}\varepsilon^{l-2N+1}], \quad N > \frac{l+1}{2}.$$

这样，取 $\varepsilon = \lambda^{-\frac{1}{2}}$ 就得估计 (1.18). 类似地，由分部积分就得

$$\int e^{i\lambda x^2} g(x) dx = O(\lambda^{-N}), \quad \forall N \ge 0, \tag{1.21}$$

这里 $g(x) \in \mathcal{S}(\mathbb{R})$ 且在原点附近是 0.

第三步：现来证明当 $\phi(x) = x^2$ 时，命题 1.4 成立. 事实上

$$\int_{-\infty}^{+\infty} e^{i\lambda x^2}\psi(x)dx = \int e^{i\lambda x^2} e^{-x^2}[e^{x^2}\psi(x)]\tilde{\psi}(x)dx, \tag{1.22}$$

这里 $\tilde{\psi}(x) \in C_c^\infty(\mathbb{R})$ 且在 supp $\psi(x)$ 上取 1. 对任意整数 $N \ge 0$, 由 Taylor 公式可见

$$e^{x^2}\psi(x) = \sum_{j=0}^N b_j x^j + x^{N+1}R_N(x) = P(x) + x^{N+1}R_N(x).$$

于是，(1.22) 中右边积分可转换成三个积分

$$\sum_{j=0}^{N} b_j \int_{-\infty}^{+\infty} e^{i\lambda x^2} e^{-x^2} x^j dx, \tag{1.23}$$

$$\int_{-\infty}^{+\infty} e^{i\lambda x^2} x^{N+1} R_N(x) e^{-x^2} \tilde{\psi}(x) dx, \tag{1.24}$$

$$\int_{-\infty}^{+\infty} e^{i\lambda x^2} P(x) e^{-x^2} [\tilde{\psi}(x) - 1] dx. \tag{1.25}$$

这样，分别对 (1.23),(1.24) 和 (1.25) 利用估计式 (1.16), (1.18) 及 (1.21) 就得 $\int_{-\infty}^{+\infty} e^{i\lambda x^2}\psi(x)dx$ 的渐近估计.

有了上面的准备，来考虑 $k=2$ 时的一般情形，此时，可将 $\phi(x)$ 写成

$$\phi(x) = c(x-x_0)^2 + O(|x-x_0|^3), \quad c \neq 0. \tag{1.26}$$

令 $\phi(x) = c(x-x_0)^2[1+\varepsilon(x)]$, 这里 $\varepsilon(x) = O(|x-x_0|)$ 是一个光滑函数，因此，当 $x \to x_0$ 时，$|\varepsilon(x)| < 1$ 且 $\phi'(x) \neq 0 (x \neq x_0)$. 记 U 是 x_0 的充分小的邻域，在其内上述条件成立. 令

$$y = (x-x_0)[1+\varepsilon(x)]^{\frac{1}{2}},$$

则映射 $x \longmapsto y$ 是从 U 到 $y=0$ 点的一个邻域内的微分同胚，自然有 $cy^2 = \phi(x)$, 因此

$$\int e^{i\lambda\phi(x)}\psi(x)dx = \int e^{i\lambda cy^2}\tilde{\psi}(y)dy \tag{1.27}$$

满足，若 $\text{supp}\psi \subset U$, 则 $\tilde{\psi}(x) \in C_c^\infty(\mathbb{R})$. 由此推得，当 $k=2$ 时，命题 1.4 成立.

最后，对于 $k>2$ 的情形，注意利用

$$\int_{-\infty}^{+\infty} e^{i\lambda x^k} e^{-x^k} x^l dx = C_{k,l}(1-i\lambda)^{-\frac{l+1}{k}}. \tag{1.28}$$

类似地可得估计 (1.14).

注记 1.3 在命题 1.4 中，a_j 依赖于 $\phi(x)$ 及 $\psi(x)$ 在 x_0 点的有限阶导数. 特别，当 $k=2$ 时，我们有

$$a_0 = \left(\frac{2\pi}{-i\phi''(x_0)}\right)^{1/2}\psi(x_0).$$

类似地，估计 (1.15) 中的界仅依赖于 $\phi(x)$ 及 $\psi(x)$ 的有限阶导数在 $\text{supp}\,\psi(x)$ 上的上界、$\text{supp}\,\psi$ 的度量及 $|\phi^{(k)}(x_0)|$ 的下界.

§ 9.2 高维振荡积分估计

本节我们将致力于讨论高维情形的振荡积分

$$I(\lambda)=\int_{\mathbb{R}^n}e^{i\lambda\phi(x)}\psi(x)dx,\qquad n\geq 2 \tag{2.1}$$

的渐近估计，有些与一维情形是一样，然而有些估计就要弱一些．类同于上节的记号，如果 $x_0\in\Omega$, 且

$$\nabla\phi(x_0)=\left(\frac{\partial\phi}{\partial x_1}(x_0),\frac{\partial\phi}{\partial x_2}(x_0),\cdots,\frac{\partial\phi}{\partial x_n}(x_0)\right)=0.$$

就称 $x=x_0$ 是相函数 $\phi(x)$ 在邻域 $\Omega\subset\mathbb{R}^n$ 的临界点．

命题 2.1 设 $\psi\in C_c^\infty(\mathbb{R}^n),\phi(x)$ 是实值光滑函数，且在 suppψ 上没有临界点，那么

$$I(\lambda)=\int_{\mathbb{R}^n}e^{i\lambda\phi(x)}\psi(x)dx=O(\lambda^{-N}),\quad \lambda\to\infty,\ \forall N\geq 0. \tag{2.2}$$

证明 设 $x_0\in\text{supp}\psi(x)$, 存在一个单位向量 ξ 与一个以 x_0 为中心的小球 $B_{\delta_{x_0}}(x_0)$, 使得

$$(\xi\cdot\nabla)\phi(x)\geq C>0,\quad x\in B_{\delta_{x_0}}(x_0). \tag{2.3}$$

因此，全体 $\{B_{\delta_{x_0}}(x_0)\}_{x_0\in\text{supp}\psi}$ 构成了 suppψ 的开集覆盖．利用有限覆盖定理，存在 N 个球 B_j 及相应的 C_c^∞ 函数 g_j 使得

$$\sum_{j=1}^N g_j\equiv 1,\quad x\in\text{supp}\psi,\quad \bigcup_{j=1}^N B_j\supset\text{supp}\psi,\quad \text{supp}g_j\subset B_j. \tag{2.4}$$

这样，积分 $I(\lambda)$ 就化成了

$$\sum_{j=1}^N\int e^{i\lambda\phi(x)}\psi_j(x)dx,\quad \psi_j=g_j(x)\psi(x). \tag{2.5}$$

且 $\psi_j\in C_c^\infty(\mathbb{R}^n)$, supp$\psi_j\subset B_j$. 因此，就将整体估计式 (2.2) 化成每一个小球 B_j 上的估计式．选取新的坐标系 $x_1,x_2,\cdots,x_n$, 使得 x_1 轴与 ξ 同向，这样 $(\xi\cdot\nabla)\phi(x)=\frac{\partial\phi}{\partial x_1}(x_1,x_2,\cdots,x_n)\geq c>0$. 因此由一维振荡积分估计的命题 1.1 可见

$$\begin{aligned}\int e^{i\lambda\phi(x)}\psi_j(x)dx&=\int\left(\int e^{i\lambda\phi(x)}\psi_j(x_1,\cdots,x_n)dx_1\right)dx_2\cdots dx_n\\&=O(\lambda^{-N}),\quad N\geq 0,\quad 1\leq j\leq n.\end{aligned} \tag{2.6}$$

因此，两边关于 j 求和，即得估计 (2.2).

关于尺度变换原理，在高维情形只能有如下较弱的结果：

命题 2.2 设 $\psi(x)$ 是光滑函数且 $\mathrm{supp}\psi \subset B_1(0)$, $\phi(x)$ 是实值光滑函数且满足存在多重指标 α $(k=|\alpha|>0)$ 使得

$$|\partial_x^\alpha \phi(x)| \geq 1, \qquad x \in \mathrm{supp}\psi(x), \tag{2.7}$$

那么

$$\left| \int_{\mathbb{R}^n} e^{i\lambda\phi(x)} \psi(x) dx \right| \leq C_k(\phi) \lambda^{-\frac{1}{k}} (\|\psi\|_\infty + \|\nabla\psi\|_{L^1(\mathbb{R}^n)}), \tag{2.8}$$

这里 $C_k(\phi)$ 不依赖于 λ 和 ψ, 但依赖于 ϕ 的 $k+1$ 阶导数的 L^∞ 模.

注记 2.1 (i) 与一维的 Van der Corupt 原则 (见推论 1.3) 相比，这里 C_k 依赖于相函数 ϕ, 而一维的情形则不依赖 $\phi(x)$. 另一方面，一维情形对 $\psi(x)$ 没有紧支集条件，而高维情形则要求 $\psi(x)$ 具紧支集的条件.

(ii) 命题 2.2 给出的估计不是最优的，例如，当 $k=1$ 时，命题 2.1 就是例证. 再例如，当 $n=2$ 时，取 $\phi(x)=x_1x_2$, 这样命题 2.2 仅能给出 $\lambda^{-\frac{1}{2}}$ 的衰减估计，事实上，下面命题 3.3 表明它有形如 λ^{-1} 的衰减性估计.

(iii) 在恰当的条件下，我们猜想振荡积分 $\int_{\mathbb{R}^n} e^{i\lambda\phi(x)}\psi(x)dx$ 应具有形如 $\lambda^{-\frac{n}{k}}$ 的衰减性估计.

在证明命题 2.2 之前，先来证明一个引理.

引理 2.3 设 $\mathcal{P}_k$ 是 $\mathbb{R}^n$ 上全体 k 阶齐次多项式所构成的实的线性空间，则存在 $d(k,n)=C_{n+k-1}^k$ 个单位向量

$$\xi^1, \xi^2, \cdots, \xi^{d(k,n)}$$

使得齐次多项式 $(\xi^j \cdot x)^k$ $(j=1,2,\cdots,d(k,n))$ 构成了 $\mathcal{P}_k$ 的一个基底.

证明 由第三章第二节命题 2.1 知，单项式 $x^\alpha (|\alpha|=k)$ 是 $\mathcal{P}_k$ 的基底，且 $\dim \mathcal{P}_k = d(k,n)$, 现来证明 $\mathcal{P}_k$ 有形如 $\{(\xi^j\cdot x)^k\}_{j=1,2,\cdots,d(k,n)}$ 的基底. 由 $\mathcal{P}_k$ 上内积的定义

$$\langle P, Q\rangle = P(\partial)Q(x) = Q(\partial)P(x), \quad P(x), Q(x) \in \mathcal{P}_k \tag{2.9}$$

推知，若 $P(x)$ 是正交于全体 $(\xi\cdot x)^k$, 即 $(\xi\cdot\nabla)^k P(x)=0, \forall \xi \in \mathbb{R}^n$. 换言之，

$$(\frac{\partial}{\partial t})^k P(t\xi) = 0, \quad \forall \xi \in \mathbb{R}^n, \tag{2.10}$$

从而推得 $P\equiv 0$. 此说明 $\mathcal{P}_k$ 均可由形如 $(\xi\cdot x)^k$, $|\xi|=1, \xi\in\mathbb{R}^n$ 所构成. 又因为 $\dim\mathcal{P}_k = d(k,n)$, 因此存在 $\xi^1,\xi^2,\cdots,\xi^{d(k,n)}$ 使得 $(\xi^j\cdot x)^k$ 是 $\mathcal{P}_k$ 的一个基底.

命题 2.2 的证明 据引理 2.3, 若存在满足 $|\alpha|=k$ 的多重指标 α 使得 $|\partial^\alpha\phi(x_0)|\geq 1$, 则存在单位向量 $\xi=\xi(x_0)$ 使得

$$|(\xi\cdot\nabla)^k\phi(x_0)| \geq a_k > 0. \tag{2.11}$$

进而，由于 $\phi(x)$ 的 C^{k+1} 模有界，从而推得

$$|(\xi\cdot\nabla)^k\phi(x)|\geq\frac{a_k}{2}>0,\quad x\in B(x_0),\tag{2.12}$$

这里 $B(x_0)$ 是以 x_0 为中心，半径是 $c\|\phi\|^{-1}_{C^{k+1}}$ 的球. 由命题假设条件，球族 $\{B(x_0)\}_{x_0\in\overline{\mathrm{supp}\psi}}$ 就构成 $\overline{\mathrm{supp}\psi}$ 的开球复覆盖，利用有限覆盖定理，存在有限个开球 $B_1,B_2,\cdots,B_N$, 它覆盖了 $\overline{\mathrm{supp}\psi}$. 由单位分解定理，存在函数 $g_1,g_2,\cdots,g_N$ 使得

$$\sum_{j=1}^N g_j(x)=1,\quad \sum_{j=1}^N|\nabla g_j|\leq b_j,\tag{2.13}$$

这里 $\mathrm{supp}g_j\subset B_j$, $0\leq g_j<1$. 现记 $\psi_j=g_j\psi$, 则

$$\int e^{i\lambda\phi(x)}\psi(x)dx=\sum_{j=1}^N\int e^{i\lambda\phi(x)}\psi_j dx.\tag{2.14}$$

下面来估计 (2.14) 中的每一项 $\int e^{i\lambda\phi(x)}\psi_j(x)dx$. 选取新的坐标系使得 x_1 轴与 ξ 同向 (在每一个球 B_j 上，ξ 是固定的, 见 (2.1) 式). 这样，$|(\xi\cdot\nabla)^k\phi|\geq\frac{a_k}{2}$. 因此，由命题 1.2 及推论 1.3 可得

$$\begin{aligned}\int e^{i\lambda\phi}\psi_j dx&=\int\left(\int e^{i\lambda\phi(x_1,\cdots,x_n)}\psi_j(x_1,\cdots,x_n)dx_1\right)dx_2\cdots dx_n\\&\leq C_k(a_k\lambda)^{-\frac{1}{k}}\Big\{\|\psi\|_\infty+\int_{\mathbb{R}^n}\Big|\frac{\partial\psi}{\partial x_1}\Big|dx_1\cdots dx_n\Big\}.\end{aligned}\tag{2.15}$$

两边关于 j 求和，即得估计 (2.8).

当 $n=1$ 时，若 $x=x_0$ 是相函数 $\phi(x)$ 的临界点且 $x=x_0$ 仅是 $\phi'(x)$ 的有限阶 0 点，通过变量代替，可将相函数 $\phi(x)$ 化成正则形式 $\tilde{\phi}$, 且在 $x=0$ 的附近，有 $\tilde{\phi}=\pm x^k$. 然而，对高维的情形，没有相对应的一般性结果. 但当 $k=2$ 时，有与一维相似的渐近性估计.

定义 2.1 设 x_0 是相函数 $\phi(x)$ 一个临界点，如果

$$\left[\frac{\partial^2\phi}{\partial x_i\partial x_j}\right](x_0),\quad 1\leq j,i\leq n\tag{2.16}$$

是可逆 $n\times n$ 矩阵，则称 $x=x_0$ 是非退化的临界点.

利用 Taylor 公式，容易看出 $\phi(x)$ 的非退化临界点本质上是一个孤立临界点.

命题 2.4 设 $\phi(x_0)=0$ 且 x_0 是 $\phi(x)$ 的非退化临界点. $\psi(x)$ 的支集 $\mathrm{supp}\psi$ 包含在 $x=x_0$ 的充分小的邻域内，则

$$\int e^{i\lambda\phi(x)}\psi(x)dx\sim\lambda^{-\frac{n}{2}}\sum_{j=0}^\infty a_j\lambda^{-j},\quad \lambda\to\infty,\tag{2.17}$$

这里 (2.17) 是在

$$\left(\frac{d}{d\lambda}\right)^r\left[\int_{\mathbb{R}^n} e^{i\lambda\phi(x)}\psi(x)dx-\lambda^{-\frac{n}{2}}\sum_{j=0}^{N}a_j\lambda^{-j}\right]=O(\lambda^{-r-\frac{n}{2}-N}) \tag{2.18}$$

意义下成立.

注记 2.2 在渐近估计式 (2.17) 中, a_j 仅依赖于 $\phi(x)$ 与 $\psi(x)$ 在 x_0 的有限阶导数. 特别,

$$a_0=\psi(x_0)(2\pi)^{\frac{n}{2}}\prod_{j=1}^{n}(-i\mu_j)^{-\frac{1}{2}}, \tag{2.19}$$

这里 $\mu_1,\mu_2,\cdots,\mu_n$ 是矩阵 (2.16) 的特征值. 类似地 (2.18) 中误差项的上界仅依赖于 ϕ 和 ψ 在 $\mathrm{supp}\psi$ 上的有限阶导数的值.

命题 2.4 的证明 与命题 1.4 的证明步骤相同, 首先设 $Q(x)$ 是一个标准的二次型,

$$Q(x)=\sum_{j=1}^{m}x_j^2-\sum_{j=m+1}^{n}x_j^2,\quad 0\le m\le n, \tag{2.20}$$

则

$$\int_{\mathbb{R}^n} e^{i\lambda Q(x)}e^{-|x|^2}x^l dx\sim\lambda^{-\frac{n}{2}-\frac{|l|}{2}}\sum_{j=0}^{\infty}c_j(m,l)\lambda^{-j}, \tag{2.21}$$

这里 $l=(l_1,\cdots,l_n)$ 是多重坐标, $x^l=x_1^{l_1}\cdots x_n^{l_n}$. 若有一个 l_j 是奇数, 那么, (2.21) 左边积分就恒等于 0, 结论自然成立. 一般地, (2.21) 左边积分可以改写成

$$\prod_{j=1}^{n}\int_{-\infty}^{+\infty}e^{\pm i\lambda x_j^2}e^{-x_j^2}x_j^{l_j}dx_j=\prod_{j=1}^{n}\int_{-\infty}^{+\infty}e^{-y_j^2}y_j^{l_j}dy_j(1\mp i\lambda)^{-\frac{1}{2}-\frac{l_j}{2}}. \tag{2.22}$$

注意到 $\prod_{j=1}^{n}\lambda^{\frac{-(l_j+1)}{2}}=\lambda^{-\frac{n+|l|}{2}}$ 与 $\lambda>1$, 将函数 $\prod_{j=1}^{n}(\lambda^{-1}\mp i)^{-\frac{1}{2}-\frac{l_j}{2}}$ 展开成 λ^{-1} 的级数形式即得估计 (2.21).

类似于一维的情形, 对任意 $\eta(x)\in C_c^\infty(\mathbb{R}^n)$, 有

$$\left|\int_{\mathbb{R}^n} e^{i\lambda Q(x)}x^l\eta(x)dx\right|\le A\lambda^{-\frac{n}{2}-\frac{|l|}{2}},\quad \eta(x)\in C_c^\infty. \tag{2.23}$$

事实上, 考虑锥

$$\Gamma_j=\left\{x:|x_j|^2\ge\frac{|x|^2}{2n}\right\},\quad \Gamma_j^0=\left\{x:|x_j|^2\ge\frac{|x|^2}{n}\right\}, \tag{2.24}$$

显然， $\Gamma_j^0 \subset \Gamma_j$ 且 $\cup_{j=1}^n \Gamma_j^0 = \mathbb{R}^n$. 因此，容易找到 n 个零次齐次函数 $\Omega_1(x), \Omega_2(x), \cdots, \Omega_n(x)$ 使得 (单位分解定理)

$$\sum_{j=1}^{n} \Omega_j(x) = 1, \quad x \neq 0, \quad \mathrm{supp}\Omega_j \subset \Gamma_j. \tag{2.25}$$

因此， (2.23) 左边积分可改写成

$$\int_{\mathbb{R}^n} e^{i\lambda Q(x)} x^l \eta(x) dx = \sum_{j=1}^{n} \int_{\mathbb{R}^n} e^{i\lambda Q(x)} x^l \eta(x) \Omega_j(x) dx. \tag{2.26}$$

在每一个锥内，通过引入

$$D_j e^{i\lambda Q(x)} = e^{i\lambda Q(x)}, \quad D_j f = (\pm 2i\lambda x_j)^{-1} \frac{\partial f}{\partial x_j} \tag{2.27}$$

及分部积分技术，容易看出，对任意 $\alpha(x) \in C_c^\infty(\mathbb{R}^n)$ 满足

$$\alpha(x) = \begin{cases} 1, & |x| \leq 1, \\ 0, & |x| \geq 2, \end{cases} \qquad 0 \leq \alpha(x) \leq 1 \tag{2.28}$$

就有

$$\left| ({}^t D_j)^N \left[\Omega_j(x) \cdot x^l \eta(x) \left(1 - \alpha\left(\frac{x}{\varepsilon} \right) \right) \right] \right| \leq C_N \lambda^{-N} |x|^{l-2N}, x \in \Gamma_j, \tag{2.29}$$

这里用到

$$|x_j| \geq (2n)^{-1/2} |x|, \qquad x \in \Gamma_j. \tag{2.30}$$

因此

$$\begin{aligned} \int_{\mathbb{R}^n} e^{i\lambda Q(x)} x^l \eta(x) \Omega_j(x) dx &= \int_{\mathbb{R}^n} e^{i\lambda Q(x)} x^l \eta(x) \Omega_j(x) \alpha(x/\varepsilon) dx \\ &\quad + \int_{\mathbb{R}^n} e^{i\lambda Q(x)} ({}^t D)^N \left[x^l \eta(x) \Omega_j(x) \big(1 - \alpha(x/\varepsilon)\big) \right] dx \\ &\leq C\varepsilon^{l+n} + C_N \lambda^{-N} \int_{|x| \geq \varepsilon} |x|^{l-2N} dx \\ &= C(\varepsilon^{l+n} + \lambda^{-N} \varepsilon^{l-2N+n}). \end{aligned} \tag{2.31}$$

令 $\varepsilon = \lambda^{-\frac{1}{2}}$, 上式两边关于 j 从 1 到 n 求和，即得估计式 (2.23).

类似于 (2.23) 的证明，容易看出，对 $\eta \in \mathcal{S}(\mathbb{R}^n)$ 且 $\eta(x)$ 在 0 点某个小邻域内取 0 值，那么

$$\int e^{i\lambda Q(x)} \eta(x) dx = O(\lambda^{-N}), \quad \forall N \geq 0. \tag{2.32}$$

因此，对于特殊 $\phi(x)=Q(x)$，由估计式 (2.21),(2.23) 及 (2.32) 及命题 1.4 的证明技术，即得估计 (2.17).

下面来证明一般的情形，因为 $x\neq x_0$ 是 $\phi(x)$ 满足 $\phi(x_0)=0$ 的非退化临界点，则由 Morse 引理，存在 x_0 的小邻域 $B(x_0)$ 到 y 空间上 0 点的小邻域 $B(0)$ 的微分同胚 $y=g(x)$，在此变换下，相函数 $\phi(x)$ 就变换成标准的形式

$$Q(y)=\sum_{j=1}^{m}y_j^2-\sum_{j=m+1}^{n}y_j^2,\quad 0\le m\le n, \tag{2.33}$$

这里指标 m 与相应的矩阵 $[\frac{\partial^2\phi}{\partial x_i\partial x_j}](x_0)$ 的正值特征值相一致，这样

$$\begin{aligned}\int_{\mathbb{R}^n}e^{i\lambda\phi(x)}\psi(x)dx&=\int_{\mathbb{R}^n}e^{i\lambda Q(y)}\psi(g^{-1}(y))\frac{dy}{g'(g^{-1}(y))}\\&\sim\lambda^{-\frac{n}{2}}\sum_{j=0}^{\infty}a_j\lambda^{-j},\quad \lambda\to\infty.\end{aligned}\tag{2.34}$$

§ 9.3 支撑曲面上测度的 Fourier 变换

设 S 是 $\mathbb{R}^n$ 中一个光滑 m 维子流形上的一个开子集，记 $d\sigma$ 是 $\mathbb{R}^n$ 上的 Lebesgue 测度在 S 上的诱导测度，函数 $\psi(x)\in C_c^\infty(\mathbb{R}^n)$ 且其支集与 S 的交是 S 上的一个紧支集.

现考虑 $\mathbb{R}^n$ 上的有限 Borel 测度 $d\mu=\psi(x)d\sigma$，自然它是支撑曲面 S 上的测度. 我们拟研究 $d\mu$ 的 Fourier 变换在 ∞ 处的渐近行为. 这是一个很著名且古老的问题，它最初是出现在数论的研究中，特别是用于研究 $\mathbb{R}^n$ 中区域内的格点分布. 现在看来，它在振荡积分理论中扮演着重要角色. 尽管 $\widehat{d\mu}$ 的渐近性质对所有的非零高斯曲率的超曲面均可，但我们还是很乐意从一个典型的情形开始我们的讨论.

命题 3.1 设 S^{n-1} 是 $\mathbb{R}^n$ 中单位球面，则 S^{n-1} 上的诱导测度 $d\sigma(x)$ 的 Fourier 变换

$$\widehat{d\sigma}(\xi)=\int_{S^{n-1}}e^{-2\pi ix\cdot\xi}d\sigma(x) \tag{3.1}$$

具有估计

$$\widehat{d\sigma}(\xi)=O(|\xi|^{\frac{1-n}{2}}),\quad |\xi|\to\infty. \tag{3.2}$$

证明 由 Bessel 函数的性质，若能证明

$$\widehat{d\sigma}(\xi)=2\pi|\xi|^{\frac{2-n}{2}}J_{\frac{n-2}{2}}(2\pi|\xi|), \tag{3.3}$$

自然就有渐近估计 (3.2). 下面证明 (3.3). 由 S 的对称性，无妨设 $\xi=(0,\cdots,0,\xi_n)$，因此，

$$\widehat{d\sigma}(\xi)=\int_{S^{n-1}}e^{-2\pi i|\xi|\cos\theta}d\sigma(x), \tag{3.4}$$

这里 θ 是单位向量 x 与北极向量 $(0,\cdots,0,1)$ 的夹角. 引入球坐标, 易见

$$d\sigma = d\sigma_{n-1} = (\sin\theta)^{n-2}d\sigma_{n-2}d\theta. \tag{3.5}$$

于是,

$$\begin{aligned}\widehat{d\sigma}(\xi) =& \int_0^\pi \int_{S^{n-2}} e^{-2\pi|\xi|i\cos\theta}(\sin\theta)^{n-2}d\sigma_{n-2}d\theta \\ =&|\sigma_{n-2}|\int_0^\pi e^{-2\pi i|\xi|\cos\theta}(\sin\theta)^{n-2}d\theta \\ =&|\sigma_{n-2}|\int_{-1}^1 e^{2\pi i|\xi|t}(1-t^2)^{\frac{n-3}{2}}dt \qquad (t=\cos\theta) \\ =&|\sigma_{n-2}|\frac{\Gamma(\frac{n-1}{2})\pi^{\frac{1}{2}}}{(\pi|\xi|)^{\frac{n-2}{2}}}J_{\frac{n-2}{2}}(2\pi|\xi|). \end{aligned}\tag{3.6}$$

注意到 $|\sigma_{n-2}| = \frac{2\pi^{\frac{n-1}{2}}}{\Gamma(\frac{n-1}{2})}$, 故 (3.6) 就意味着 (3.3).

衰减估计 (3.2) 并非因为 S^{n-1} 上的支撑测度的 Fourier 变换是经典的 Bessel 函数而特有 (因 Bessel 函数具有旋转对称等性质). 它本质上依赖于曲面 S 的曲率性质, 具有相当的广泛性. 事实上, 对于具有非负 Gauss 曲率的超曲面上的支撑 Borel 测度都满足衰减估计 (3.2).

我们先回忆一下一些几何事实. 先设 S 是 $\mathbb{R}^n$ 中的 $n-1$ 维曲面且其上每一点的 Gauss 曲率非零. 所谓在 $x_0\in S$ 具有非零的 Gauss 曲率, 意指: 通过 $\mathbb{R}^n$ 中的平移与旋转变换, 可将 x_0 移到 $x=0$ 上且在 x_0 点的切平面就变成超平面 $x_n=0$. 这样, 在原点的附近 (即 x_0 的附近), 曲面 S 可以表成

$$x_n = \varphi(x_1, x_2, \cdots, x_{n-1})$$

且 $\varphi\in C_c^\infty, \varphi(0)=\nabla\varphi(0)=0$, 则 $(n-1)\times(n-1)$ 矩阵

$$\left(\frac{\partial^2\varphi}{\partial x_i\partial x_j}\right)(0), \quad 1\le i,j\le n-1 \tag{3.7}$$

的特征值 $\gamma_1,\gamma_2,\cdots,\gamma_{n-1}$ 称是 S 在 $x=x_0$ 点的主曲率, 它们的积或矩阵 (3.7) 的行列式的值称是 S 在 $x=x_0$ 点的 Gauss 曲率或总曲率.

定理 3.2 假设 S 是 $\mathbb{R}^n$ 中具有非零 Gauss 曲率的光滑超曲面, ψ 是光滑函数. 记 $d\mu=\psi d\sigma$, 那么

$$|\widehat{d\mu}(\xi)| \le A|\xi|^{\frac{1-n}{2}}. \tag{3.8}$$

证明 注意到 $\mathrm{supp}\psi\cap S$ 是 $\mathbb{R}^n$ 中紧集且 S 中每一点的 Gauss 曲率非零, 因此存在有限个开球 $B_1,\cdots,B_N$, 使得 $\{B_j\cap S\}_{j=1}^N$ 构成了 $\mathrm{supp}\psi\cap S$ 覆盖, 且在每一个 $B_j\cap S$ 中, S 的方程可表示成

$$x_n = \varphi(x_1, x_2, \cdots, x_{n-1}).$$

因此，$d\sigma=(1+|\nabla\varphi|^2)^{1/2}dx_1dx_2\cdots dx_{n-1}$. 这样，(3.8) 式就归结为证明

$$\left|\int_{\mathbb{R}^{n-1}} e^{i\lambda\Phi(x,\eta)}\widetilde{\psi}(x)dx_1dx_2\cdots dx_{n-1}\right|\le A\lambda^{-\frac{n-1}{2}}, \tag{3.9}$$

这里 $\operatorname{supp}\widetilde{\psi}(x)\subset$ 原点的一个邻域内，$\lambda=|\xi|>0,\xi=\lambda\eta,\eta=(\eta_1,\eta_2,\cdots,\eta_n)$ 是单位向量，

$$\Phi(x',\eta)=\sum_{j=1}^{n-1}x_j\eta_j+\varphi(x_1,x_2,\cdots,x_{n-1})\eta_n, \tag{3.10}$$

且有

$$\varphi(0)=\nabla_{x'}\varphi(0)=0,\quad \det{}_{1\le j,k\le n-1}\left(\frac{\partial^2\varphi}{\partial x_j\partial x_k}\right)(0)\ne 0. \tag{3.11}$$

我们就如下三种情形来证明 (3.9):

(i) 当 η 充分接近于北极点 $\eta_N=(0,0,\cdots,1)$.

(ii) 当 η 充分接近于南极点 $\eta_S=(0,0,\cdots,-1)$.

(iii) 单位球 S 中的其它点.

首先证明情形 (i). 注意到

$$\nabla_{x'}\cdot\Phi(x',\eta)=(\eta_1,\cdots,\eta_{n-1})+\eta_n\nabla_{x'}\varphi(x'),$$

因此

$$\nabla_{x'}\cdot\Phi(x',\eta_N)\Big|_{x'=0}=0. \tag{3.12}$$

注意到

$$\det\left[\frac{\partial^2\Phi}{\partial x_j\partial x_k}\right](0,\eta_N)\ne 0,\quad 1\le j,k\le n-1, \tag{3.13}$$

利用隐函数存在定理，当 η 充分接近于 η_N 时，存在惟一 $x'=x'(\eta)$ 使得

$$\nabla_{x'}\cdot\Phi(x',\eta)\Big|_{x'=x'(\eta)}=0,\quad \eta\in O(\eta_N), \tag{3.14}$$

这里 $O(\eta_N)$ 是含 η_N 的小邻域. 与此同时，注意到 Φ 是光滑函数，故有

$$\det\left[\frac{\partial^2\Phi}{\partial x_j\partial x_k}\right](x'(\eta),\eta_N)\ne 0,\quad \eta\in O(\eta_N). \tag{3.15}$$

这样，只要 $\operatorname{supp}\widetilde{\psi}$ 充分小，使之完全属于 $x_0=x'(\eta)$ 的小邻域内. 由命题 2.4 就推得估计式 (3.9). 同理可得情形 (ii) 的证明.

下面来考虑情形 (iii). 依定义

$$\nabla_{x'}\cdot\Phi(x',\eta)=(\eta_1,\cdots,\eta_{n-1})+\eta_n\nabla\phi(x), \tag{3.16}$$

且 $\eta_1^2+\cdots+\eta_{n-1}^2\geq C>0$ 及

$$\nabla\phi(x')=O(x'),\quad x'\to 0. \tag{3.17}$$

因此，当 $\mathrm{supp}\widetilde{\psi}$ 属于 0 点的充分小的邻域时，就有

$$|\nabla_x\Phi(x',\eta)|\geq C'>0. \tag{3.18}$$

这样，利用命题 2.1 推得

$$\left|\int_{\mathbb{R}^{n-1}}e^{i\lambda\Phi(x',\eta)}\widetilde{\psi}(x')dx_1\cdots dx_{n-1}\right|=O(\lambda^{-N}),\quad N\geq 0,\ \lambda\to\infty. \tag{3.19}$$

由 $N\geq 0$ 的任意性就得估计 (3.9).

当 S 是超曲面 ($\dim S=n-1$) 时，上面的讨论给出了 S 上支撑测度的 Fourier 变换的衰减估计，下面考虑更一般的情形，也就是说研究支撑在有限型光滑流形上的测度 Fourier 变换的衰减估计．所谓有限型的子流形是指：设 S 是 $\mathbb{R}^n$ 中的 m 维的光滑子流形，$1\leq m\leq n-1$, 对任意一点 $x\in S$, S 在此点与任何一个仿射超平面至多有有限阶的接触．更确切地，有

定义 3.1 设 S 是 $\mathbb{R}^n$ 中的 m 维光滑子流形，对任一点 $x_0\in S$, 在 x_0 点的充分小的邻域内考察 S. 记 S 是光滑映射

$$\varphi:U\longmapsto\mathbb{R}^n,\quad 0\in U\subset\mathbb{R}^m \tag{3.20}$$

的像，这里 U 是 $\mathbb{R}^m$ 中原点的一个邻域．为了保证 S 光滑嵌入 $\mathbb{R}^n$, 这里假设向量 $\frac{\partial\varphi}{\partial x_1},\cdots,\frac{\partial\varphi}{\partial x_m}$ 在每一点 $x\in U$ 处线性无关．对任一 $x_0\in U$ 和任一单位向量 $\eta\in\mathbb{R}^n$, 设函数

$$[\varphi(x)-\varphi(x_0)]\cdot\eta$$

在 $x\to x_0$ 时，不以无穷阶的方式趋于 0, 即存在一个多重指标 α, 使得

$$\partial_x^\alpha[\varphi(x)\eta]|_{x=x_0}\neq 0,\quad |\alpha|>1. \tag{3.21}$$

自然，对于充分接近 (x_0,η) 的 $(\tilde{x},\tilde{\eta})$, 亦有

$$\partial_x^\alpha[\varphi(x)\tilde{\eta}]|_{x=\tilde{x}}\neq 0,\quad |\alpha|>1. \tag{3.22}$$

称

$$k=\inf\{|\alpha|;\partial_x^\alpha[\varphi(x)\eta]\ |_{x_0}\neq 0,\ \forall\eta\in\mathbb{R}^n\text{是单位向量},\ |\alpha|\geq 1\} \tag{3.23}$$

是 φ 在 x_0 点的型，也称是 S 在 $x=x_0$ 处的型．如果 $U_1\subset U$ 是一紧子集，那么 φ 在 U_1 中的型就是

$$k_{U_1}=\max_{x\in U_1}\{k_x,\text{其中}k_x\text{表示}\varphi\text{在}x\text{点的型}\}. \tag{3.24}$$

注记 3.1 (i) 当 S 是 $\mathbb{R}^2$ 中的曲线时， S 是有限型流形等价于曲线 S 的曲率在 x_0 点不依 ∞ 阶的方式趋于 0. 类似地，当 S 是 $\mathbb{R}^3$ 中的曲线时，S 是有限型子流形等价于对 $\forall x_0 \in S$, 在 x_0 处曲线 S 的曲率和挠率均不依无限阶的方式趋于 0.

(ii) 如果 $\dim(S) = n-1$, 即 S 是 $\mathbb{R}^n$ 中的超曲面，则 S 是有限型子流形等价于对 $\forall x_0 \in S$, 至少 S 在此点的某一个主曲率不依无限阶的方式趋于 0.

(iii) 当 S 是实解析情形， S 是有限型子流形等价于 S 不能浸入任何一个仿射超平面.

定理 3.3 设 S 是 $\mathbb{R}^n$ 中一个具有有限型的 m 维子流形. 设 $d\mu = \psi d\sigma$, 那么

$$|\widehat{d\mu}(\xi)| \leq A|\xi|^{-\frac{1}{k}}, \tag{3.25}$$

这里 k 是紧集 $\mathrm{supp}\psi \cap S$ 的型.

证明 由单位分解定理，曲面 S 上支撑测度 Fourier 变换转化为

$$\int_S e^{-2\pi i x\cdot\xi} d\mu(x) = \int_{\mathbb{R}^m} e^{-2\pi i \varphi(x)\xi} \widetilde{\psi}(x)dx \tag{3.26}$$

并且 $\mathrm{supp}\widetilde{\psi} \in C_c^\infty(\mathbb{R}^n)$ 可选取的充分小. 现记 $\xi = \lambda\eta$, $\lambda > 0$, $|\eta| = 1$, 则一定存在一个 α, $|\alpha| \leq k$ 使得

$$\partial_x^\alpha[\varphi(x)\eta] \neq 0, \quad x \in \mathrm{supp}\widetilde{\psi}, \tag{3.27}$$

这里 $\mathrm{supp}\widetilde{\psi}$ 可取的充分小. 因此，由命题 2.2 即得估计 (3.25).

注记 3.2 当 S 是实解析的曲面， S 是有限型子流形是衰减估计 (3.25) 的必要条件. 否则， S 就浸入一个仿射超平面. 此时，对于垂直于此超平面的 ξ, $\widehat{d\mu}(\xi)$ 就是常数.

注记 3.3 支撑在齐次函数定义的曲面上的测度的 Fourier 变换具有如下情形的衰减估计：

(i) 设 $\varphi(x)$ 是 $\mathbb{R}^n$ 上的实的 $k(k \geq 2)$ 次齐次多项式，如果它是非退化，即

$$\det\left(\frac{\partial^2\varphi}{\partial x_i \partial x_j}\right) \neq 0, \qquad x \neq 0, \tag{3.28}$$

那么，对任意的 $\psi \in C_c^\infty(\mathbb{R}^n)$, 我们有

$$\int_{\mathbb{R}^n} e^{2\pi i[\lambda\varphi(x)+\xi\cdot x]}\psi(x)dx = \int_S e^{2\pi i[x\cdot\xi+\lambda\cdot\tau]}d\mu = O(|\xi|+|\lambda|)^{-\frac{n}{k}}, \tag{3.29}$$

这里 $d\mu = \psi(x)\delta(\tau - \varphi(x))d\tau dx$, S 是由 $\tau = \varphi(x)$ 表示的曲面.

(ii) 更一般地，设 $\varphi(x)$ 是 k 阶齐次实函数，它除原点以外是光滑的，设 $\mathrm{rank}(\frac{\partial^2\varphi}{\partial x_i\partial x_j}) = r$, $x \neq 0$. 则

$$\begin{aligned}\int_{\mathbb{R}^n} e^{2\pi i[\lambda\varphi(x)+\xi\cdot x]}\psi(x)dx &= \int_S e^{2\pi i[x\cdot\xi+\lambda\cdot\tau]}d\mu \\ &= O(|\xi|+|\lambda|)^{-\frac{n}{k}}, \quad \psi \in C_c^\infty(\mathbb{R}^n),\ r > \frac{2n}{k}.\end{aligned} \tag{3.30}$$

而当 $r \le \frac{2n}{k}$ 时，没有一般的结果．特别，当 $k=1$ 时，有

$$\int_{\mathbb{R}^n} e^{i2\pi[\lambda\varphi(x)+\xi\cdot x]}\psi(x)dx = \int_S e^{i2\pi[x\cdot\xi+\lambda\cdot\tau]}d\mu$$
$$=O(|\xi|+|\lambda|)^{-\frac{r}{2}}, \quad r \le n-1, \quad \psi(x) \in C_c^\infty(\mathbb{R}^n), \tag{3.31}$$

这里 $d\mu = \psi(x)\delta(\tau - \varphi(x))d\tau dx$, S 是由 $\tau = \varphi(x)$ 所决定曲面．

§ 9.4 Fourier 变换的限制性估计

我们知道 $L^1(\mathbb{R}^n)$ 上函数的 Fourier 变换是连续函数，自然它在 $\mathbb{R}^n$ 上是处处有定义的．另一方面，当 $1 < p \le 2$ 时，根据经典的 Haudorff-Young 不等式， Fourier 变换是 $L^p(\mathbb{R}^n)$ 到 $L^{p'}(\mathbb{R}^n)$ 上有界线性算子．因此，对 $\forall f(x) \in L^p(\mathbb{R}^n)$, $\mathcal{F}f$ 在 $\mathbb{R}^n$ 上几乎处处有定义，而在 $p > 2$ 时，一般来讲 $\mathcal{F}f$ 仅是一个 $\mathcal{S}'$ 广义函数，故 $\mathcal{F}f$ 在 $\mathbb{R}^n$ 不能几乎处处有确切的意义．

当 $n \ge 2$ 时，若 S 是 $\mathbb{R}^n$ 中满足适当曲率条件的光滑子流形，能否找到 $p_0 = p_0(S)$ $(1 < p_0 < 2)$ 使得对任意 $f(x) \in L^p(\mathbb{R}^n)$, $1 \le p < p_0$, Fourier 变换 $\hat{f}(\xi)$ 限制在 S 上几乎处处有定义．这一事实也是数学家 Stein 最近几十年才发现的事实．这充分表明对于高维空间 Fourier 分析的理解是很缓慢的．

定义 4.1($L^p - L^q$ 限制性质) 设 S 是 $\mathbb{R}^n$ 中一个给定的光滑子流形． $d\sigma$ 是其诱导的 Lebesque 测度，称 S 具有 L^p 限制性质，若存在一个 $q = q(p)$ 使得

$$\left(\int_{S_0} |\hat{f}(\xi)|^q d\sigma(\xi)\right)^{\frac{1}{q}} \le A_{p,q}(S_0)\|f\|_{L^p(\mathbb{R}^n)}, \quad \forall f(x) \in \mathcal{S}(\mathbb{R}^n), \tag{4.1}$$

这里 $S_0 \subset S$ 是开子集，其闭包 $\overline{S}_0$ 是 S 的紧子集．注意到 $\mathcal{S}(\mathbb{R}^n)$ 稠于 $L^p(\mathbb{R}^n)$, (4.1) 式中不等式对 $\forall f(x) \in L^p(\mathbb{R}^n)$ 也成立．

刻画光滑曲面的限制性质及寻找 p, q 的最优范围是一件很困难的工作，这一问题至今仍未彻底解决，然而我们可对一些特殊情形建立 L^p-L^q 限制性质或对一般情形建立较弱的 L^p-L^q 限制性质．

定理 4.1 设 S 是 $\mathbb{R}^n$ 中具有型数 k 的 m 维流形．则存在 $p_0 = p_0(S) = \frac{2nk}{2nk-1}$, 使得 S 具有 L^p-L^2 限制性质，即

$$\left(\int_{S_0} |\hat{f}(\xi)|^2 d\sigma(\xi)\right)^{\frac{1}{2}} \le A_{p,2}(S_0)\|f\|_p, \quad \forall f(x) \in \mathcal{S}(\mathbb{R}^n), \tag{4.2}$$

这里 $1 \le p \le p_0$, $S_0 \subset S$ 是开子集并且 $\overline{S}_0$ 是 S 的紧子集．

证明 利用单位分解及有限覆盖定理，估计 (4.2) 等价于

$$\left(\int_S |\hat{f}(\xi)|^2 \psi(\xi) d\sigma(\xi)\right)^{\frac{1}{2}} \le A \cdot \|f\|_p, \quad \forall f(x) \in \mathcal{S}(\mathbb{R}^n), \tag{4.3}$$

这里 $\psi(\xi)$ 是某个适当的、非负的且具有紧支集的光滑函数，令 $d\mu = \psi d\sigma$，定义算子 R 为

$$Rf(\xi) = \int_{\mathbb{R}^n} e^{-2\pi i x\cdot\xi} f(x)dx, \quad \forall \xi \in S. \tag{4.4}$$

这样，(4.3) 就意味着 R 是 $L^p(\mathbb{R}^n)$ 到 $L^2(S, d\mu)$ 的有界线性算子. 为证明此事实，引入算子 R 的形式共轭算子 R^*

$$R^*f(x) = \int_S e^{2\pi i x\cdot\xi} f(\xi)d\mu(\xi), \quad x \in \mathbb{R}^n. \tag{4.5}$$

注意到

$$\langle Rf, Rf\rangle_{L^2(S,d\mu)} = \langle R^*Rf, f\rangle_{L^2(\mathbb{R}^n)} \tag{4.6}$$

及 Hölder 不等式，容易看出，欲证 R: $L^p(\mathbb{R}^n) \longmapsto L^2(S, d\mu)$ 是有界线性算子，我们仅需证明 R^*R: $L^p(\mathbb{R}^n) \longmapsto L^{p'}(\mathbb{R}^n)$ 是有界线性算子，这里 p' 是 p 是共轭对. 直接计算

$$\begin{aligned}(R^*Rf)(x) &= \int_S e^{2\pi i x\cdot\xi} \int_{\mathbb{R}^n} e^{-2\pi i y\cdot\xi} f(y)dyd\mu(\xi)\\ &= \int_{\mathbb{R}^n}\int_S e^{2\pi i(x-y)\cdot\xi} d\mu(\xi)f(y)dy.\end{aligned} \tag{4.7}$$

这意味着

$$(R^*Rf)(x) = (f * K)(x), \quad K(x) = \widehat{d\mu}(-x). \tag{4.8}$$

另一方面，利用定理 3.3, 我们有

$$|K(x)| \le A|x|^{-\frac{1}{k}}, \tag{4.9}$$

且 $K(x)$ 是有界函数，因此

$$|K(x)| \le A|x|^{-\gamma}, \qquad 0 \le \gamma \le \frac{1}{k}. \tag{4.10}$$

利用 Hardy-Littlewood-Sobolev 不等式，易见

$$\|R^*Rf\|_q \le A_{p,q}\|f\|_p, \quad \frac{1}{q} = \frac{1}{p} - 1 + \frac{\gamma}{n},\ 1 < p < q < \infty. \tag{4.11}$$

现令 $q = p'$, 则

$$\|R^*Rf\|_{p'} \le A_p\|f\|_p, \quad p = \frac{2n}{2n-\gamma}, \quad 0 \le \gamma \le \frac{1}{k}. \tag{4.12}$$

特别，当 $\gamma = \frac{1}{k}$ 时，有 $p_0 = \frac{2nk}{2nk-1}$, 即当 $1 \le p \le p_0$ 就得限制性估计 (4.2).

推论 4.2 在定理 4.1 的条件下，有如下限制性估计

$$\left(\int_{S_0} |\hat{f}(\xi)|^q d\sigma(\xi)\right)^{\frac{1}{q}} \le A_{p,q}(S_0)\|f\|_p, \quad q = \frac{p}{kn(p-1)},$$
$$1 \le p \le p_0, \quad \forall f(x) \in L^p(\mathbb{R}^n). \tag{4.13}$$

证明 注意到

$$\|\hat{f}\|_{L^\infty(S_0)} \le \|\hat{f}\|_{L^\infty(\mathbb{R}^n)} \le \|f\|_1, \tag{4.14}$$

此式与 (4.2) 式插值就得估计式 (4.13).

定理 4.3 设 S 是 $\mathbb{R}^n$ 中具有非 0 高斯曲率的光滑超曲面，则有 L^p 限制性估计

$$\left(\int_{S_0} |\hat{f}(\xi)|^2 d\sigma(\xi)\right)^{\frac{1}{2}} \le A_p(S_0)\|f\|_p, \quad f(x) \in L^p(\mathbb{R}^n),$$
$$1 \le p \le p_0 = \frac{2n+2}{n+3}, \tag{4.15}$$

这里 $S_0 \subset S$ 是开子集，$\overline{S}_0$ 是 S 的紧子集.

证明 设 $\psi(x) \ge 0$ 且 $\psi(x) \in C_c^\infty(\mathbb{R}^n)$, 由有限覆盖定理及单位分解定理，容易看出 (4.15) 等价于

$$\left(\int_{S_0} |\hat{f}(\xi)|^2 \psi(\xi) d\sigma(\xi)\right)^{\frac{1}{2}} \le A_p\|f\|_p,$$
$$f(x) \in \mathcal{S}(\mathbb{R}^n), \quad 1 \le p \le p_0. \tag{4.16}$$

注意到 $\operatorname{supp}\psi$ 可被有限个小球覆盖，无妨假设 (经过适当的旋转和平移) 曲面 S 可以表示成

$$\xi_n = \phi(\xi_1, \xi_2, \cdots, \xi_{n-1}).$$

现记 $d\mu(\xi) = \psi d\sigma$, 类似于定理 4.1 中引入的算子 R 及其形式共轭算子 R^*, 就有

$$\int_S |\hat{f}(\xi)|^2 d\mu = \langle R^*Rf, f\rangle_{L^2(\mathbb{R}^n)} = \int_{\mathbb{R}^n} T(f)(x) \cdot \bar{f}(x) dx, \tag{4.17}$$

这里 $(Tf)(x) = (f * K)(x)$, 而

$$K(x) = \int_{\mathbb{R}^n} e^{-2\pi i x\cdot\xi} d\mu(\xi). \tag{4.18}$$

因此，利用 Hölder 不等式，若能证明

$$\|T(f)\|_{p'} \le A_p\|f\|_p, \quad f(x) \in \mathcal{S}(\mathbb{R}^n), \ \frac{1}{p'} + \frac{1}{p} = 1, \tag{4.19}$$

就得估计 (4.16). 进而，注意到

$$\|Tf\|_\infty \le \|f\|_1, \quad \forall f(x) \in \mathcal{S}(\mathbb{R}^n), \tag{4.20}$$

仅需证明

$$\|Tf\|_{p_0'} \le A_{p_0}\|f\|_{p_0}, \quad \forall f(x) \in \mathcal{S}(\mathbb{R}^n), \tag{4.21}$$

就得估计 (4.19). 下面证明估计 (4.21). 对 $\mathrm{Re} s > 0$, 引入

$$K_s(x) = \frac{e^{s^2}}{\Gamma(s)} \int_{\mathbb{R}^n} e^{-2\pi i x\cdot\xi} |\xi_n - \phi(\xi')|^{-1+s} \eta(\xi_n - \phi(\xi'))\widetilde{\psi}(\xi')d\xi, \tag{4.22}$$

这里 $\xi' = (\xi_1, \xi_2, \cdots, \xi_{n-1})$, $\widetilde{\psi}(\xi') = \psi(\xi')(1+|\nabla\phi(\xi')|^2)^{\frac{1}{2}}$. 因此，$d\mu = \widetilde{\psi}(\xi')d\xi'$, $\eta(s) \in C_c^\infty(\mathbb{R})$ 且在原点附近 $\eta(s) \equiv 1$. 作变量代替 $\xi_n \longmapsto \xi_n + \phi(\xi')$, 则

$$\begin{aligned} K_s(x) =& \frac{e^{s^2}}{\Gamma(s)} \int_{-\infty}^{+\infty} e^{-2\pi i x_n\cdot\xi_n} |\xi_n|^{-1+s} \eta(\xi_n) d\xi_n \\ &\times \int_{\mathbb{R}^{n-1}} e^{-2\pi i (x'\cdot\xi' + x_n\phi(\xi))} \widetilde{\psi}(\xi')d\xi' \\ \triangleq& \zeta_s(x_n) \cdot \int_{\mathbb{R}^{n-1}} e^{-2\pi i (x'\cdot\xi' + x_n\phi(\xi))} \widetilde{\psi}(\xi')d\xi'. \end{aligned} \tag{4.23}$$

我们断言：函数 $\zeta_s(x_n)$ 关于 s 可解析扩张成满足 $\zeta_0(x_n) \equiv 1$ 的整函数，且满足估计

$$|\zeta_s(x_n)| \le c|x_n|^{-\mathrm{Re}(s)}. \tag{4.24}$$

现取 $\zeta(y) \in C_c^\infty(\mathbb{R})$ 满足 $\zeta(y) \equiv 1, |y| \le 1$. 注意到

$$\left.\frac{e^{s^2}}{\Gamma(s)}\right|_{s=0,-1,-2,\cdots} = 0,$$

$$\lim_{|t|\to\infty} \frac{e^{s^2}}{\Gamma(s)} = 0, \quad s = \sigma + it, a \le \sigma \le b,$$

这里 $[a, b]$ 是固定区间. 容易看出，函数簇

$$\alpha_s(y) = \begin{cases} \frac{e^{s^2}}{\Gamma(s)} y^{s-1}\zeta(y), & y > 0, \\ 0, & y \le 0, \end{cases} \qquad \mathrm{Re}(s) > 0 \tag{4.25}$$

诱导的分布值函数 $s \to \alpha_s(y)$ 对所有 $s \in \mathbb{C}$ 有解析的扩张. 事实上，任取 $\phi \in \mathcal{S}(\mathbb{R}^n)$, $N \ge 0$ 是一个整数，当 $\mathrm{Re}(s) > 0$ 时，就有

$$\begin{aligned} \alpha_s(\phi) &= \int_{-\infty}^{+\infty} \alpha_s(y)\phi(y)dy \\ &= (-1)^N \frac{e^{s^2}}{\Gamma(s) C_N(s)} \int_0^\infty y^{N+s-1} \left(\frac{d}{dy}\right)^N [\zeta(y)\phi(y)]dy, \end{aligned} \tag{4.26}$$

这里 $C_N(s)=(N+s-1)(N+s-2)\cdots s$, 且用到

$$\left(\frac{d}{dy}\right)^N[y^{N+s-1}]=C_N(s)y^{s-1}$$

及分部积分公式. 由此可见, $\alpha_s(\phi)$ 可以解析地延拓到 $\mathrm{Re}(s)>-N$, 由 N 的任意性知, 分布值函数 $s\to\alpha_s(y)$ 可解析扩张到 $\mathcal{C}$. 注意到, $\lim_{s\to 0}s\Gamma(s)=1$, 由 (4.26) 式易见, 当 $N=1$ 时, 有

$$\alpha_0(\varphi)=-\int_0^\infty\frac{d}{dy}[\zeta(y)\varphi(y)]dy=\varphi(0)\zeta(0)=\varphi(0), \tag{4.27}$$

从而知 α_0 是 $\delta-$ 函数. 若取 $\bar{\zeta}(y)\in C_c^\infty(\mathbb{R}^n)$ 且在 $\mathrm{supp}\zeta$ 上恒等于 1, 那么

$$\int_{\mathbb{R}}\alpha_s(y)e^{2\pi iyu}dy=\int_{\mathbb{R}}\alpha_s(y)\phi(y)dy,\quad \phi(y)=e^{2\pi iyu}\bar{\zeta}(y). \tag{4.28}$$

由 (4.28) 式, 容易看出

$$\left|\int_{\mathbb{R}}\alpha_s(y)e^{2\pi iyu}dy\right|\le A_\sigma|u|^{-\sigma},\quad s=\sigma+it. \tag{4.29}$$

因此, 由上面的讨论, 若取 $\zeta(y)=\eta(x_n)$, 那么

$$\begin{aligned}\zeta_s(x_n)=&\frac{e^{s^2}}{\Gamma(s)}\int_{\mathbb{R}}e^{-2\pi ix_n\cdot\xi_n}|\xi_n|^{-1+s}\eta(\xi_n)d\xi_n\\ =&\int_0^\infty\alpha_s(\xi_n)[e^{-2\pi ix_n\cdot\xi_n}\bar{\eta}(\xi_n)]d\xi_n\\ &+\int_0^\infty\alpha_s(\xi_n)[e^{2\pi ix_n\cdot\xi_n}\bar{\eta}(-\xi_n)]d\xi_n,\end{aligned} \tag{4.30}$$

这里 $\bar{\eta}\in C_c^\infty(\mathbb{R})$ 且在 $\mathrm{supp}\eta$ 上恒等于 1, 故断言成立. 由 $K_s(x)$ 表示式 (4.23) 可知 $K_s(x)$ 可连续延拓一个整数函数 (其值是 $x_1,\cdots,x_n$ 至多以多项式形式增长的光滑函数). 这样, 容易看出

(a) $K_0(x)=K(x)$;

(b) $|K_{\frac{1-n}{2}+it}(x)|\le A$, $x\in\mathbb{R}^n$, $t\in\mathbb{R}$;

(c) $|\hat{K}_{1+it}(\xi)|\le A$, $\xi\in\mathbb{R}^n$, $t\in\mathbb{R}$,

这里 (a) 是断言中 $\zeta_0(\xi_n)\equiv 1$ 的直接结果. 利用定理 3.2 、 (4.24) 与

$$\left|\int_{\mathbb{R}^{n-1}}e^{-2\pi i(\xi'x'+x_n\phi(\xi'))}\widetilde{\psi}(\xi')d\xi'\right|\le C|x_n|^{-\frac{n-1}{2}}, \tag{4.31}$$

直接推得 (b). 自然, (c) 是从表示式 (4.22) 直接推得.

现考虑解析算子簇 T_s: $T_s(f) = K_s * f$. 由 (b) 及 Young 不等式可见

$$\|T_{\frac{1-n}{2}+it}(f)\|_\infty \leq A\|f\|_1, \quad t \in \mathbb{R}. \tag{4.32}$$

由 (c) 及 Plancherel 恒等式，可见

$$\|T_{1+it}(f)\|_2 \leq A\|f\|_2, \quad \forall t \in \mathbb{R}.$$

因此，利用 Stein 型插值定理可得

$$\|Tf\|_{p_0'} = \|T_0(f)\|_{p_0'} \leq A_{p_0}\|f\|_{p_0}, \quad p_0 = \frac{2n+2}{n+3}. \tag{4.33}$$

对任意的 $1 < p < p_0$, 由 (4.20) 及上式可得

$$\|Tf\|_{p'} \leq A_p\|f\|_p, \quad 1 \leq p \leq p_0, \quad f(x) \in \mathcal{S}(\mathbb{R}^n), \tag{4.34}$$

因此，定理 4.3 得证.

推论 4.4 在定理 4.3 的条件下，有估计

$$\left(\int_{S_0} |\hat{f}(\xi)|^q d\sigma(\xi)\right)^{\frac{1}{q}} \leq A_{p,q}(S_0)\|f\|_p, \quad 1 \leq p \leq p_0,$$
$$q = \frac{p}{p-1}\left(\frac{n-1}{n+1}\right), \quad f(x) \in L^p(\mathbb{R}^n). \tag{4.35}$$

证明 注意到 (4.14) 及 (4.15), 由插值定理即得 (4.35).

注记 4.1 (i) 以前面结论可以看出，$\mathbb{R}^n$ 中的光滑曲面 S 具有 (L^p, L^2) 限制性估计，表明下面几个条件互相等价.

(a) R: $L^p(\mathbb{R}^n) \longmapsto L^2(S, d\mu)$ 是有界线性算子.

(b) R^*: $L^2(S, d\mu) \longmapsto L^p(\mathbb{R}^n)$ 是有界线性算子.

(c) $U = R^*R$: $L^p(\mathbb{R}^n) \longmapsto L^{p'}(\mathbb{R}^n)$ 是有界线性算子，此处 p' 是 p 的共轭数.

(d) $f(x)$: $\longmapsto \int_S \hat{f}(\xi)e^{2\pi i x\cdot\xi}d\mu(\xi)$ 是 $L^p(\mathbb{R}^n)$ 到 $L^{p'}(\mathbb{R}^n)$ 的有界算子.

(ii) 具有非零高斯曲率的光滑超曲面 $S \subset \mathbb{R}^n$ 具有 (L^p, L^2) 限制性质，当且仅当 $1 \leq p \leq \frac{2n+2}{n+3}$. 它也等价于

$$\frac{1}{p} - \frac{1}{p'} \geq \frac{2}{n+1}. \tag{4.36}$$

(iii) 对一般的光滑曲面 $S \subset \mathbb{R}^n$, $\dim(S) = m < n$, 若 $|\widehat{d\mu}(x)| = |\widehat{\psi d\sigma}(x)| = O(|x|^{-r})$, 则当

$$\frac{1}{p} - \frac{1}{p'} \geq \frac{n-m}{r+n-m} \tag{4.37}$$

时，$(L^p, L^2(d\mu))$ 限制性估计

$$\left(\int_{S_0} |\hat{f}(\xi)|^2 d\sigma(\xi)\right)^{\frac{1}{2}} \le A_p(S_0)\|f\|_p, \quad f(x) \in \mathcal{S}(\mathbb{R}^n) \tag{4.38}$$

成立，这里 $S_0 \subset S$ 是开子集，$\overline{S}_0$ 是 S 的紧子集.

注记 4.2 设 S 是 $\mathbb{R}^n$ 中的一个光滑的超曲面，在 S 的每一点至少有 k 个主曲率不是 0, 那么，当

$$1 \le p \le \frac{2k+4}{k+4} \tag{4.39}$$

时，限制性估计 (4.38) 成立．实际上，条件 (4.39) 等价于 $\mathbb{R}^{k+1}$ 中的具非负高斯曲率的超曲面的限制性估计的条件.

定理 4.5 设 S 是 $\mathbb{R}^n$ 中 $n-1$ 维光滑子流形，$d\mu$ 是 S 上任一光滑非零测度，那么限制性估计

$$\left(\int_S |\hat{f}|^2 d\mu\right)^{\frac{1}{2}} \le C_p\|f\|_p, \qquad \forall f(x) \in \mathcal{S}(\mathbb{R}^n)$$

成立的必要条件是 $p \le \frac{2n+2}{n+3}$.

证明 考虑 $\mathbb{R}^n$ 中的 n 维长方体 Q_ε, 使其中一组边长是 ε, 其余边长为 $\sqrt{\varepsilon}$. 将 Q_ε 适当平移和旋转，使它的中心是 S 上的某一个点且使得 S 在此点的法向恰是方体 Q_ε 的以 ε 为边长的那一边．记 $\hat{f}(\xi) = \chi_{Q_\varepsilon}(\xi)$, 显然易见，$Q_\varepsilon$ 与 S 的交相当于一个以 $\sqrt{\varepsilon}$ 为边长的 $n-1$ 维方体，因此，若限制性估计成立，就意味着

$$C\varepsilon^{\frac{n-1}{4}} \le \left(\int |\hat{f}| d\mu\right)^{\frac{1}{2}} \le C_p\|f\|_p, \quad \varepsilon \to 0. \tag{$*$}$$

另一方面，忽略次要因素，$f(x)$ 就相当于是

$$\frac{\sin \varepsilon x_1}{x_1} \cdot \frac{\sin \sqrt{\varepsilon} x_2}{x_2} \cdots \frac{\sin \sqrt{\varepsilon} x_n}{x_n},$$

直接计算

$$\|f\|_p = C\varepsilon^{\frac{p-1}{p}} \cdot \varepsilon^{\frac{(n-1)(p-1)}{2p}} = C\varepsilon^{\frac{n+1}{2p'}}, \quad \varepsilon \to 0. \tag{$**$}$$

这样，由 $(*)$ 与 $(**)$ 式可见 $p' \ge \frac{2(n+1)}{n-1}$, 此等价于 $p \le \frac{2n+2}{n+3}$.

注记 4.3 当 S 是 $\mathbb{R}^n$ 中的锥面时，可置长方体于锥的径向上，并使在方体在此边的长度取成 1. 此时有 $(\int_S |\hat{f}| d\mu)^{\frac{1}{2}} \ge C\varepsilon^{\frac{n-2}{4}}$, $\|f\|_p = C\varepsilon^{\frac{p-1}{p}} \cdot \varepsilon^{\frac{(n-1)(p-1)}{2p}}$, 由此推得 $p \le \frac{2n}{n+2}$.

上述所讨论限制性估计均是限定在 $S_0 \subset S$ (S_0 是 S 的紧子集) 上进行的，事实上，这种估计可推广到无界的二次曲面上.

定理 4.6 (1) 设 $S = \{\xi;\ \xi_n = Q'(\xi')\}$ 是抛物面，这里 $\xi' = (\xi_1, \cdots, \xi_{n-1}) \in \mathbb{R}^{n-1}$, $Q'(\xi')$ 是 $\mathbb{R}^{n-1}$ 的非退化的二次型， $d\mu = d\xi'$, 则

$$\left(\int_S |\hat{f}(\xi)|^2 d\mu\right)^{\frac{1}{2}} = \left(\int_{\mathbb{R}^{n-1}} |\hat{f}(\xi', Q'(\xi'))|^2 d\xi'\right)^{\frac{1}{2}} \le A_p \|f\|_p,$$
$$\forall f(x) \in L^p(\mathbb{R}^n), \quad p = \frac{2n+2}{n+3}, \quad n \ge 2. \tag{4.40}$$

(2) 设 $S = \{\xi:\ \xi \in \mathbb{R}^n, Q(\xi) = 0\}$ 是一个锥面，Q 是 $\mathbb{R}^n$ 非退化的不定二次型，在 $|\xi| \ne 0$ 附近， S 上的支撑测度是 $d\mu = |\frac{\partial Q}{\partial \xi_n}|^{-1} d\xi'$, 这里 $\xi = (\xi', \xi_n)$ 的分拆写法确保 $|\frac{\partial Q}{\partial \xi_n}| \ne 0$. 那么

$$\left(\int_S |\hat{f}(\xi)|^2 d\mu\right)^{\frac{1}{2}} \le A_p \|f\|_p, \quad p = \frac{2n}{n+2}, \quad n \ge 3. \tag{4.41}$$

(3) 设 $S = \{\xi : \xi \in \mathbb{R}^n$ 满足 $Q(\xi) = 1\}$ 是非退化的二次曲面，记 $d\mu = |\frac{\partial Q}{\partial \xi_n}|^{-1} d\xi'$. 那么

(i) 当 S 是双曲球面时 (也即 $Q(\xi)$ 是既有正值特征值，又有负值特征值), 则有

$$\left(\int_S |\hat{f}(\xi)|^2 d\mu\right)^{\frac{1}{2}} \le A_p \|f\|_p, \quad \frac{2n}{n+2} \le p \le \frac{2n+2}{n+3},\ n \ge 3, \tag{4.42}$$

$$\left(\int_S |\hat{f}(\xi)|^2 d\mu\right)^{\frac{1}{2}} \le A_p \|f\|_p, \quad 1 < p \le \frac{6}{5},\ n = 2. \tag{4.43}$$

(ii) 当 S 是椭球面 (即 $Q(\xi)$ 的特征值都大于 0) 时，则

$$\left(\int_S |\hat{f}(\xi)|^2 d\mu\right)^{\frac{1}{2}} \le A_p \|f\|_p, \quad 1 \le p \le \frac{2(n+1)}{n+3},\ n \ge 2. \tag{4.44}$$

证明 (1) 由定理 4.3 或注记 4.1(ii), 当 $n \ge 2$ 时，就有

$$\left(\int_{|\xi'| \le 1} |\hat{f}(\xi', Q'(\xi'))|^2 d\xi'\right)^{\frac{1}{2}} \le A_p \|f\|_p,\ 1 \le p \le \frac{2(n+1)}{n+3}. \tag{4.45}$$

现令

$$\widetilde{\delta}_{R^{-1}} f(x) = f\left(\frac{x_1}{R}, \frac{x_2}{R}, \cdots, \frac{x_{n-1}}{R}, \frac{x_n}{R^2}\right),$$

易见

$$\widehat{\widetilde{\delta}_{R^{-1}}f}(\xi)=R^{n+1}\widetilde{\delta}_R\hat{f}(y).$$

因此，将 $\widetilde{\delta}_{R^{-1}}f(x)$ 来代替 (4.45) 中的 $f(x)$, 就有

$$\begin{aligned}\|\widehat{\widetilde{\delta}_{R^{-1}}f}(x)\|_{L^2(S_1,d\mu)}&=R^{n+1}\left(\int_{|y'|\le 1}|\hat{f}(Ry',R^2Q'(y')|^2dy'\right)^{\frac{1}{2}}\\&=R^{n+1-\frac{n-1}{2}}\left(\int_{|\xi'|\le R}|\hat{f}(\xi',Q'(\xi'))|^2d\xi'\right)^{\frac{1}{2}},\end{aligned}$$

$$\|\widehat{\widetilde{\delta}_{R^{-1}}f}(x)\|_{L^2(S_1,d\mu)}\le A_p\|\widetilde{\delta}_{R^{-1}}f(x)\|_p=A_pR^{\frac{n+1}{p}}\|f\|_p.$$

上面二式意味着

$$\left(\int_{|\xi'|\le R}|\hat{f}(\xi',Q'(\xi')|^2d\xi'\right)^{\frac{1}{2}}\le A_pR^{\frac{n+1}{p}-\frac{n+3}{2}}\|f\|_p. \tag{4.46}$$

因此，仅当 $p=\frac{2n+2}{n+3}$ 时，在 (4.46) 中令 $R\to\infty$, 就得估计式 (4.40).

(2) 注意到锥面 S 在每一点 $\xi\in S\setminus\{0\}$ 处均有 $n-2$ 个非零的主曲率，利用注记 4.2 可见

$$\left(\int_{S\cap\{\frac{1}{2}\le|\xi'|\le 2\}}|\hat{f}(\xi)|^2d\mu(\xi)\right)^{\frac{1}{2}}\le A_p\|f\|_p,\ 1\le p\le\frac{2n}{n+2}. \tag{4.47}$$

现令 $\delta_Rf(x)=f(Rx_1,\cdots,Rx_n)$, 那么

$$\widehat{\delta_{R^{-1}}f}(\xi)=R^n\delta_R\hat{f}(\xi)=R^n\hat{f}(R\xi).$$

用 $\delta_R^{-1}f(x)$ 来代替 (4.47) 中 $f(x)$, 注意到 $d\mu(\xi)=R^{2-n}d\mu(R\xi)$, 就得

$$\begin{aligned}&\left(\int_{S\cap\{\frac{1}{2}\le|\xi'|\le 2\}}|R^n\hat{f}(R\xi)|^2d\mu(\xi)\right)^{\frac{1}{2}}\\=&R^{\frac{n+2}{2}}\left(\int_{S\cap\{2^{k-1}\le|\xi'|\le 2^{k+1}\}}|\hat{f}(\xi)|^2d\mu(\xi)\right)^{\frac{1}{2}}\\\le&A_p\|\delta_{R^{-1}}f(x)\|_p=A_pR^{\frac{n}{p}}\|f(x)\|_p,\quad R=2^k.\end{aligned}$$

因此，

$$\left(\int_{S\cap\{2^{k-1}\le|\xi'|\le 2^{k+1}\}}|\hat{f}(\xi)|^2d\mu(\xi)\right)^{\frac{1}{2}}\le A_p\|f\|_p,\ p=\frac{2n}{n+2}. \tag{4.48}$$

下面证明 (4.41). 取 $\varphi(\xi)\in C_c^\infty(\mathbb{R}^n)$ 满足

$$\varphi(\xi)=\begin{cases}1, & |\xi|\le 1,\\ 0, & |\xi|\ge 2.\end{cases}$$

令 $\psi(\xi)=\varphi(\xi)-\varphi(2\xi)$, 这样, 就得 $\mathbb{R}^n$ 或 $\mathbb{R}^n\backslash\{0\}$ 的单位分解

$$1=\varphi(\xi)+\sum_{j=1}^{\infty}\psi(2^{-j}\xi),\qquad \xi\in\mathbb{R}^n.$$

$$1=\sum_{j=-\infty}^{\infty}\psi(2^{-j}\xi),\qquad \xi\in\mathbb{R}^n\backslash\{0\}.$$

现令 $\hat{\Phi}=\varphi(\xi)$, 自然 $\Phi(x)\in\mathcal{S}(\mathbb{R}^n)$ 且 $\int_{\mathbb{R}^n}\Phi(x)dx=1$. 同理, $\hat{\Psi}=\psi(\xi)$, 自然 $\Psi(x)\in\mathcal{S}(\mathbb{R}^n)$ 且 $\int_{\mathbb{R}^n}\Psi(x)dx=0$. 若记 $f_\epsilon(x)=\epsilon^{-n}f(\frac{x}{\epsilon})$, 于是,

$$\Psi_{2^{-j}}=\Phi_{2^{-j}}-\Phi_{2^{-j+1}},\quad \widehat{\Phi}_{2^{-j}}=\varphi(2^{-j}\xi),\quad \widehat{\Psi}_{2^{-j}}=\psi(2^{-j}\xi).$$

借此定义广义部分和算子

$$\begin{cases}S_j(f)=f*\Phi_{2^{-j}}=\mathcal{F}^{-1}(\varphi(2^{-j}\xi)\hat{f}(\xi)),\\ \triangle_j(f)=S_j(f)-S_{j-1}(f)=\mathcal{F}^{-1}(\psi(2^{-j}\xi)f(\xi)).\end{cases}\tag{4.49}$$

于是

$$f(x)=\sum_{j=-\infty}^{\infty}\triangle_j(f).$$

现在, 在 $\mathbb{R}^{n-1}$ 上分解函数 $f(x,'x_n)$, 就有

$$f(x)=\sum_{k=-\infty}^{\infty}f_k=\sum_{k=-\infty}^{\infty}\triangle_k(f).\tag{4.50}$$

注意到部分和算子 S_k 及 $\triangle_k$ 是 (p,p) 型算子, 从而

$$\begin{aligned}&\left(\int_S|\hat{f}(\xi)|^2d\mu\right)^{\frac12}\le\left(\sum_{k=-\infty}^{\infty}\int_{S\cap\{2^{k-1}\le|\xi'|\le 2^{k+1}\}}|\hat{f}_k(\xi)|^2d\mu(\xi)\right)^{\frac12}\\ \le&A_p\left(\sum_k\|f_k\|^2_{L^p(\mathbb{R}^n)}\right)^{\frac12}\le A_p\left\|\left(\sum_k|f_k|^2\right)^{\frac12}\right\|_{L^p(\mathbb{R}^n)}\\ \le&A\|f\|_p,\qquad p=\frac{2n}{n+2}<2.\end{aligned}$$

这里用到 Minkowski 不等式. 从而 (4.41) 得证.

(3) 无妨设 $Q(x,x)=x_1^2+x_2^2+\cdots+x_a^2-x_{a+1}^2-\cdots-x_n^2=1$, $a>0, b>0$ 满足 $a+b=n$. 先考虑 $n\geq 3$ 的情形，构造

$$G_z(x)=h(z)\Gamma(z+1)^{-1}(1-Q(x,x))_+^z,$$

这里 $h(z)$ 将在后面确定．由 Gelfand-Shilov 的书 [GS] 的第 290 页公式，直接计算可得

$$\begin{aligned}\hat{G}_z(y)=&h(z)2^{z+\frac{n}{2}+1}\pi^{\frac{n}{2}-1}\cdot\Big\{-\sin\pi(z+\frac{a}{2})\frac{K_{z+\frac{n}{2}}(Q(y,y)_-^{\frac{1}{2}})}{Q(y,y)_-^{\frac{1}{2}(z+\frac{n}{2})}}\\&+\frac{\pi}{2\sin\pi(z+\frac{n}{2})}[\sin\pi(z+\frac{a}{2})\frac{J_{z+\frac{n}{2}}(Q(y,y)_+^{\frac{1}{2}})}{Q(y,y)_+^{\frac{1}{2}(z+\frac{n}{2})}}\\&+\sin\pi b/2\frac{J_{-z-\frac{n}{2}}(Q(y,y)_+^{\frac{1}{2}})}{Q(y,y)_+^{\frac{1}{2}(z+\frac{n}{2})}}]\Big\},\end{aligned}\tag{4.51}$$

这里 $J_\lambda(z)=(\frac{z}{2})^\lambda\sum\limits_{m=0}^{\infty}\frac{(-1)^m(z/2)^{2m}}{m!\Gamma(\lambda+m+1)}$ 是 Bessel 函数的级数表示形式，$I_\lambda(z)=e^{-\frac{1}{2}\pi\lambda i}J_\lambda(iz)$, $K_\lambda(z)=\frac{\pi}{2\sin\lambda\pi}[I_{-\lambda}(z)-I_\lambda(z)]=\int_0^\infty\cosh(\lambda t)e^{-z\cosh(t)}dt$. 现取

$$h(z)=\begin{cases}(z+\frac{n}{2})\sin\pi(z+\frac{n}{2}), & n\text{是奇数},\ n\geq 3,\\(z+\frac{n}{2})(z+1)^{-1}\sin\pi(z+\frac{n}{2}), & n\text{是偶数},\ n\geq 3.\end{cases}\tag{4.52}$$

这样，$h(-1)\neq 0$. 因此 G_{-1} 恰是 $d\mu$ 常数倍 (见后面论证).

我们断言：

$$|\hat{G}_z|<\infty,\quad -\frac{n+1}{2}\leq \mathrm{Re}(z)\leq\frac{n}{2}.\tag{4.53}$$

事实上，注意到在 $-\frac{n+1}{2}\leq\mathrm{Re}(z)\leq\frac{n}{2}$ 上，$h(z)$ 抵消了函数 $(\sin\pi(z+\frac{n}{2}))^{-1}$ 的极点 (用到 $n\neq 2$). 因此，令 $\lambda=-z-\frac{n}{2}$, $u=Q(y,y)_\pm^{\frac{1}{2}}$. 则 (4.53) 等价于证明

$$|u^\lambda J_\lambda(u)|,\ |u^\lambda J_{-\lambda}(u)|,\ \lambda|u^\lambda K_\lambda(u)|<\infty,\quad 0\leq\mathrm{Re}\lambda\leq\frac{1}{2}.\tag{4.54}$$

由 Bessel 函数性质，易见

$$I_\lambda(u)=\begin{cases}O(u^\lambda), & u\to 0,\\O(u^{-\frac{1}{2}}), & u\to\infty.\end{cases}\tag{4.55}$$

因此，仅需估计 $\lambda|u^\lambda K_\lambda(u)|$ 即可．由 $K_\lambda(z)$ 的积分表示式推知

$$|K_\lambda(u)|=\left|\int_0^\infty\cosh(\lambda t)e^{-u\cosh(t)}dx\right|<\infty, u\to\infty.\tag{4.56}$$

而由 $K_\lambda(u)$ 的级数表达式可见

$$\lambda u^\lambda K_\lambda(u) = \frac{1}{2}\sum_{k=0}^{\infty}\frac{(-1)^k}{k!}\left[\lambda\Gamma(-k-\lambda)\left(\frac{u}{2}\right)^{2\lambda} + \lambda\Gamma(\lambda-k)\left(\frac{u}{2}\right)^{2k}\right].$$

由此推得

$$|\lambda u^k K_\lambda(u)| < \infty, \quad u \to 0, \tag{4.57}$$

这里因子 λ 去掉了 Γ 函数在 $\lambda = 0$ 处的奇性.

当 $n = 2, a = b = 1$ 时，选取 $h(z) = (z+1)^{-1}\sin\pi(z+1)$, 则

$$|\hat{G}_z(y)| < \infty, \qquad -\frac{3}{2} \le \mathrm{Re}z < -1, \tag{4.58}$$

这里 $\mathrm{Re}z < -1$ 是因为 $K_\lambda(z)$ 在 $\mathrm{Re}z = -1$ 处有奇性所致. 由定理 4.3 和估计

$$\|\widehat{d\mu} * g\|_q \le C_p\|g\|_p, \quad \frac{1}{p}+\frac{1}{q} = 1, \ \frac{2n}{n+2} \le p \le \frac{2n+2}{n+3} \tag{4.59}$$

就得限制性估计 (4.42)(或 (4.43)). 注意到

$$\left.\frac{(t-r)_+^\lambda}{\Gamma(\lambda+1)}\right|_{\lambda=-1} = \delta(t-r),$$

那么,

$$\begin{aligned}\lim_{z\to-1}\int G_z(x)\varphi(x)dx &= \lim_{z\to-1} h(z)\int\left(\int_{S_t}\varphi(x)d\mu(t)\right)\frac{(t-r)_+^z}{\Gamma(z+1)}dt \\ &= c\int_S \varphi d\mu, \quad \forall\varphi\in\mathcal{S}(\mathbb{R}^n).\end{aligned} \tag{4.60}$$

这意味着当 $z \to -1$ 时，G_z 收敛于 $cd\mu$. 通过延拓，可将解析函数簇 G_z 扩张成带形区域 $\{z; -\lambda < \mathrm{Re}z < 0\}$ 上的函数簇，这里 $\lambda \in \mathbb{R}^+$. 现构造解析算子簇

$$T_z g = \mathcal{F}^{-1}(G_z g) = \check{G}_z * g, \quad z = \mathrm{Re}z + i\mathrm{Im}z.$$

显见

$$\|T_z g\|_2 \le |h(z)\Gamma(z+1)^{-1}|\cdot\|g\|_2, \quad \mathrm{Re}z = 0 \tag{4.61}$$

及估计 (4.58) 有

$$\|T_z g\|_\infty \le C\|g\|_1, \quad -\frac{n+1}{2} \le \mathrm{Re}z \le -\frac{n}{2}. \tag{4.62}$$

由 Stein 插值定理可得

$$\|T_{-1}g\|_q \le C\|g\|_p, \quad \frac{2n}{n+2} \le p \le \frac{2n+2}{n+3}, \quad n \ge 3, \tag{4.63}$$

此即估计 (4.59), 从而估计式 (4.42) 成立. 同理, (4.58) 与 Stein 插值定理就得估计式 (4.43).

当 S 是椭球面时, S 是 $\mathbb{R}^n$ 中的光滑紧集且 S 的每一点的 Gauss 曲率都不是 0. 由定理 4.3 及有限覆盖定理即得估计 (4.44).

注记 4.4 由定理 4.5 知, 估计 (4.42), (4.43) 中 p 的上限是必须的. 那么, (4.42) 中 $p \geq \frac{2n}{n+2}$ 及 (4.43) 中 $p > 1$ 是否最优? 回答是肯定的. 事实上, 考虑

$$\hat{f}(y) = (1 + 4\pi^2|y|^2)^{(\alpha-n)/2},$$

由 Bessel 位势理论可见

$$f(x) = \frac{1}{(4\pi)^{(n-\alpha)/2}\Gamma(\frac{n-\alpha}{2})} \int_0^\infty e^{-\pi|x|^2/\delta} e^{\frac{-\delta}{4\pi}} \delta^{-\alpha} \frac{d\delta}{\delta} \tag{4.64}$$

且满足

$$\begin{cases} f(x) = \frac{|x|^{-\alpha}}{\gamma(n-\alpha)} + O(|x|^{-\alpha}), & |x| \to 0, \\ f(x) = O(e^{-\frac{1}{2}|x|}), & |x| \to \infty, \end{cases} \tag{4.65}$$

这里 $\gamma(\alpha) = \pi^{\frac{n}{2}} 2^\alpha \Gamma(\frac{\alpha}{2}) \Big/ \Gamma(\frac{n}{2} - \frac{\alpha}{2})$. 当 $\alpha p < n$ 时, 就有 $f(x) \in L^p(\mathbb{R}^n)$. 然而

$$\int |\hat{f}(y)|^2 d\mu(y) = \int |\hat{f}(y)|^2 \frac{dy_1 \cdots dy_{n-1}}{|y_n|}. \tag{4.66}$$

现考虑满足 $|y_n| \geq \frac{|y|}{2}$ 的集合, 自然有

$$\int |\hat{f}(y)|^2 d\mu(y) \geq C \int_{\mathbb{R}^{n-1}} (1 + |y'|^2)^{\frac{\alpha-n-1}{2}} dy' = \infty, \quad \alpha = \frac{n+2}{2}. \tag{4.67}$$

因此, 对任意 $p < \frac{2n}{n+2}$, 虽然 $f(x) \in L^p$, 但 $\hat{f}(\xi) \notin L^2(d\mu)$. 这就推出 $p \geq \frac{2n}{n+2}$ 是必要的.

在 $n = 2$ 时, 取 $\hat{f}(y) = e^{-t|y|^2}$, 注意到 $\|f(y)\|_1 < \infty$ 不依赖于 t, 若当 $p = 1$ 时, 有限制性估计

$$\int_S |\hat{f}|^2 d\mu \leq C_p \|f\|_1 < \infty. \tag{4.68}$$

取 $t \to 0$, 易见 $\mu(S) < \infty$, 这与 S 测度无限相矛盾. 从而得知, 当 $p = 1$ 时, 估计 (4.43) 不能成立.

定理 4.7 (1) 设 $\varphi(x)$ 是 $\mathbb{R}^{n-1}$ 上 k 次齐次函数且在 $\mathbb{R}^{n-1}\backslash\{0\}$ 光滑, 若矩阵

$$\text{rank}\left(\frac{\partial^2 \varphi}{\partial x_i \partial x_j}\right)(\xi') \geq r, \quad \xi' = (\xi_1, \cdots, \xi_{n-1}) \neq 0, \tag{4.69}$$

那么，当 $r > \frac{2(n-1)}{k}$ 时，就有

$$\left(\int_{\mathbb{R}^{n-1}} |\hat{f}(\xi',\varphi(\xi'))|^2 \frac{d\xi'}{|\xi'|^{2\alpha}}\right)^{\frac{1}{2}} \le A\|f\|_{L^p(\mathbb{R}^n)}, \quad 0 \le \alpha < \frac{n-1}{2},$$
$$p = \frac{2n-2+2k}{n-1+2k+2\alpha}, \quad f(x) \in \mathcal{S}(\mathbb{R}^n). \tag{4.70}$$

(2) 设 $\varphi(x)$ 是 $\mathbb{R}^{n-1}$ 上的 1 次齐次函数，在 $\mathbb{R}^{n-1}\backslash\{0\}$ 上光滑且满足

$$\operatorname{rank}\left(\frac{\partial^2\varphi}{\partial\xi_i\partial\xi_j}\right)(\xi') \ge r \ge 1, \qquad \xi' \ne 0.$$

考虑锥面 $S = \{\xi \in \mathbb{R}^n : \xi_n = \varphi(\xi')\}$, 并记 $d\mu(\xi) = \frac{d\xi'}{|\xi'|}$, 则

$$\left(\int_S |\hat{f}(\xi)|^2 \frac{d\mu(\xi)}{|\xi'|^{2\alpha}}\right)^{\frac{1}{2}} = \left(\int_{\mathbb{R}^{n-1}} |\hat{f}(\xi',\varphi(\xi'))|^2 \frac{d\xi'}{|\xi'|^{1+2\alpha}}\right)^{\frac{1}{2}}$$
$$\le A_p\|f\|_p, \quad f(x) \in \mathcal{S}(\mathbb{R}^n), \tag{4.71}$$

这里 $p = \frac{2n}{n+2+2\alpha}, \alpha_0 < \alpha < \frac{r}{2}$, $\alpha_0 = \frac{2n}{2r+4} - 1$.

证明 (1) 注意到由 k 阶齐次函数 $x_n = \varphi(x')$, $x' \in \mathbb{R}^{n-1}$ 所决定的光滑超曲面 S 满足：在 $\xi \in S\backslash\{0\}$ 处至少有 r 个主曲率非零. 因此，利用注记 4.2 可见

$$\left(\int_{S\cap\{\frac{1}{2}\le|\xi'|\le 2\}} |\hat{f}(\xi',\varphi(\xi'))|^2 \frac{d\xi'}{|\xi'|^{1+2\alpha}}\right)^{\frac{1}{2}}$$
$$\le 2^\alpha \left(\int_{S\cap\{\frac{1}{2}\le|\xi'|\le 2\}} |\hat{f}(\xi)|^2 d\mu(\xi)\right)^{\frac{1}{2}}$$
$$\le A_p\|f\|_p, \quad 1 \le p \le \frac{2r+4}{r+4}, \qquad \forall f(x) \in \mathcal{S}(\mathbb{R}^n). \tag{4.72}$$

令 $\widetilde{\delta}_R f(x) = f(Rx_1, \cdots, Rx_{n-1}, R^k x_n)$, 易见

$$\widehat{\widetilde{\delta}_{R^{-1}} f}(\xi) = R^{n-1+k}\widetilde{\delta}_R \hat{f}(\xi) = R^{n-1+k}\hat{f}(R\xi_1, \cdots, R\xi_{n-1}, R^k\xi_n).$$

用 $\widetilde{\delta}_{R^{-1}}f$ 来代替 (4.72) 式中 $f(x)$, 注意到 $d\mu(\xi)=d\xi'$, 则

$$\begin{aligned}&\left(\int_{S\cap\{\frac{1}{2}\le|\xi'|\le 2\}}|\widehat{\widetilde{\delta}_{R^{-1}}f}(\xi)|^2\frac{d\mu(\xi)}{|\xi'|^{2\alpha}}\right)^{\frac{1}{2}}\\&=\left(\int_{R^{n-1}\cap\{\frac{1}{2}\le|\xi'|\le 2\}}|R^{n-1+k}\widetilde{\delta}_R\hat{f}(\xi)|^2\frac{d\xi'}{|\xi'|^{2\alpha}}\right)^{\frac{1}{2}}\\&=\left(\int_{R^{n-1}\cap\{\frac{1}{2}\le|\xi'|\le 2\}}|R^{n-1+k}\hat{f}(R\xi',R^{n-1}\varphi(\xi))|^2\frac{d\xi'}{|\xi'|^{2\alpha}}\right)^{\frac{1}{2}}\\&=R^{n-1+k-\frac{n-1}{2}+\alpha}\left(\int_{R^{n-1}\cap\{2^{k-1}\le|\xi'|\le 2^{k+1}\}}|\hat{f}(\xi',\varphi(\xi'))|^2\frac{d(\xi)}{|\xi'|^{2\alpha}}\right)^{\frac{1}{2}}\\&\le A_pR^{\frac{n-1+k}{p}}\|f\|_p,\quad R=2^k,\quad\forall f(x)\in\mathcal{S}(\mathbb{R}^n).\end{aligned}$$

因此，当 $p=\frac{2(n-1+k)}{n-1+2k+2\alpha}$ 时，就有

$$\begin{aligned}&\left(\int_{S\cap\{2^{k-1}\le|\xi'|\le 2^{k+1}\}}|\hat{f}(\xi)|^2\frac{d\mu(\xi)}{|\xi'|^{2\alpha}}\right)^{\frac{1}{2}}\\&\le\left(\int_{S\cap\{2^{k-1}\le|\xi'|\le 2^{k+1}\}}|f(\xi',\varphi(\xi')|^2\frac{d\xi'}{|\xi'|^{2\alpha}}\right)^{\frac{1}{2}}\\&\le A_p\|f\|_p,\quad\forall f(x)\in\mathcal{S}(\mathbb{R}^n).\end{aligned}\tag{4.73}$$

利用 Littlewood-Paley 分解定理，在 $\mathbb{R}^{n-1}$ 上自然有分解 (见 (4.49) 和 (4.50))

$$f=\sum_k f_k(x)=\sum_k\triangle_k(f)(x),\quad x=(x',x_n),$$

注意到 $\triangle_k$ 是 (p,p) 型算子，利用 Minkowski 不等式可得

$$\begin{aligned}\left(\int_S|\hat{f}(\xi)|^2\frac{d\mu(\xi)}{|\xi'|^{2\alpha}}\right)^{\frac{1}{2}}&\le\left(\sum_k\int_{S\cap\{2^{k-1}\le|\xi'|\le 2^{k-1}\}}|\hat{f}_k(\xi)|^2\frac{d\mu(\xi)}{|\xi'|^{2\alpha}}\right)^{\frac{1}{2}}\\&\le A_p\Big(\sum_k\|f_k\|_p^2\Big)^{\frac{1}{2}}\le A_p\Big\|\Big(\sum_k|f_k|^2\Big)^{\frac{1}{2}}\Big\|_p\\&\le A_p\|f\|_p,\quad p=\frac{2(n-1+k)}{n-1+2k+2\alpha},\end{aligned}\tag{4.74}$$

这里要求 $r>\frac{2(n-1)}{k}$, 它确保当 $0\le\alpha<\frac{n-1}{2}$ 时， $p<\frac{2r+4}{r+4}$; 而 $0\le\alpha<\frac{n-1}{2}$ 自身意味着 $p\ge 1$. 从而 (1) 得证.

(2) 注意到锥面 $S=\{\xi\in\mathbb{R}^n,\xi_n=\varphi(\xi')\}$ 可视为二次型 $Q(\xi)=\xi_n^2-\varphi^2(\xi')=0$ 所刻画的锥面, 故 $d\mu(\xi)=|\frac{\partial\varphi}{\partial\xi_n}|^{-1}d\xi'=|\xi'|^{-1}d\xi'$. 由于 $\xi_n=\varphi(\xi')$ 上每一点 $\xi'\neq 0$ 处至少有 r 个主曲率非零, 对 $\forall f(x)\in\mathcal{S}(\mathbb{R}^n)$, 利用注记 4.2 可得

$$\left(\int_{S\cap\{2^{-1}\le|\xi'|\le 2\}}|\hat{f}(\xi')|^2\frac{d\mu(\xi)}{|\xi'|^{2\alpha}}\right)^{\frac{1}{2}}\le A_p\|f\|_p,\quad 1\le p\le\frac{2r+4}{r+4}. \tag{4.75}$$

令 $\delta_R f=f(Rx_1,\cdots,Rx_n)$, 自然有

$$\widehat{\delta_{R^{-1}}f}=R^n\delta_R\hat{f}(\xi)=R^n\hat{f}(R\xi_1,\cdots,R\xi_n).$$

现将 $\delta_{R^{-1}}f$ 来代替 (4.75) 中, 应有

$$\begin{aligned}&\left(\int_{S\cap\{2^{-1}\le|\xi'|\le 2\}}|\widehat{\delta_{R^{-1}}f}(\xi)|^2\frac{d\mu(\xi)}{|\xi'|^{2\alpha}}\right)^{\frac{1}{2}}\\ =&\left(\int_{R^{n-1}\cap\{2^{-1}\le|\xi'|\le 2\}}R^{2n}|\hat{f}(R\xi',R\varphi(\xi'))|^2\frac{d\xi'}{|\xi'|^{2\alpha+1}}\right)^{\frac{1}{2}}\\ =&R^{n-\frac{n-1}{2}+\alpha+\frac{1}{2}}\left(\int_{R^{n-1}\cap\{2^{-1}R\le|\xi'|\le 2R\}}|\hat{f}(\xi',\varphi'(\xi')|^2\frac{d\xi'}{|\xi'|^{2\alpha+1}}\right)^{\frac{1}{2}}\\ \le&A_p\|\delta_{R^{-1}}f\|_p=A_pR^{-\frac{n}{p}}\|f\|_p,\quad\forall f(x)\in\mathcal{S}(\mathbb{R}^n).\end{aligned}$$

由此推得, 当 $n-\frac{n-1}{2}+\alpha+\frac{1}{2}=\frac{n}{p}$ 时, 取 $R=2^k$, 可得

$$\begin{aligned}&\left(\int_{S\cap\{2^{k-1}\le|\xi'|\le 2^{k+1}\}}|\hat{f}(\xi)|^2\frac{d\mu(\xi)}{|\xi'|^{2\alpha}}\right)^{\frac{1}{2}}\\ =&\left(\int_{S\cap\{2^{k-1}\le|\xi'|\le 2^{k+1}\}}|f(\xi',\varphi(\xi')|^2\frac{d\xi'}{|\xi'|^{2\alpha+1}}\right)^{\frac{1}{2}}\\ \le&A_p\|f\|_p,\quad\forall f(x)\in\mathcal{S}(\mathbb{R}^n),\ p=\frac{2n}{n+2+2\alpha}.\end{aligned} \tag{4.76}$$

类似于 (1) 的证明, 由 Littlewood-Paley 分解定理及 Minkowski 不等式就推得 (2) 的结果.

§ 9.5 某些线性发展方程解的对称型时空估计

本节我们利用上节建立的 Fourier 变换的限制性估计来研究线性波 (色散波) 方程解的对称性时空估计. 本质上, 线性波方程的解的估计正好是 Fourier 变换在某个光滑曲面上的限制性估计的对称形式.

定理 5.1 (Tomas 对偶定理) 设 $1 \le p < 2$, $f(x) \in L^p(\mathbb{R}^n)$, S 是 $\mathbb{R}^n$ 上的一个光滑曲面, $d\mu$ 是 S 上的诱导 Lebesgue 测度, 那么

$$\left(\int_S |\hat{f}|^2 d\mu\right)^{\frac{1}{2}} \le C_p\|f\|_p, \quad \forall f(x) \in L^p(\mathbb{R}^n) \tag{5.1}$$

成立的充要条件是, 对任意 $F \in L^2(d\mu)$, 它确定缓增分布 $Fd\mu$ 满足 $(Fd\mu)^\wedge \in L^q(\mathbb{R}^n)$ 且

$$\|(Fd\mu)^\wedge\|_q \le C_q\left(\int_S |F|^2 d\mu\right)^{\frac{1}{2}}, \quad \frac{1}{p}+\frac{1}{q}=1. \tag{5.2}$$

证明 先证必要性. 对 $\forall f(x) \in L^p(\mathbb{R}^n)$ $(1 \le p < 2)$ 及 $F(x) \in L^2(d\mu)$, 考虑

$$\begin{aligned}\left|\int_S \hat{f}(\xi)F(\xi)d\mu(\xi)\right| &\le \left(\int_S |\hat{f}(\xi)|^2 d\mu\right)^{\frac{1}{2}}\left(\int_S |F|^2 d\mu\right)^{\frac{1}{2}}\\ &\le C_p\|f\|_p \cdot \left(\int_S |F|^2 d\mu\right)^{\frac{1}{2}}, \ 1 \le p < 2.\end{aligned} \tag{5.3}$$

注意到 $\int_S \hat{f}(\xi)Fd\mu(\xi) = \int_{\mathbb{R}^n} f(x)\widehat{Fd\mu}$, 那么 (5.3) 就意味着

$$\|\widehat{Fd\mu}\|_q \le \left(\int_S |F|^2 d\mu\right)^{\frac{1}{2}}, \quad F \in L^2(d\mu), \quad \frac{1}{p}+\frac{1}{q}=1. \tag{5.4}$$

再证充分性. 由 Hölder 不等式, 直接计算

$$\begin{aligned}\left|\int_S \hat{f}Fd\mu\right| = \left|\int_{\mathbb{R}^n} f\widehat{Fd\mu}dx\right| &\le \|f\|_p\|\widehat{Fd\mu}\|_q\\ &\le C_q\|f\|_p\left(\int_S |F|^2 d\mu\right)^{\frac{1}{2}}.\end{aligned} \tag{5.5}$$

由此推得 (5.1) 式成立.

定理 5.2(Strichartz 估计) 设 $p = \frac{2(n+2)}{n+4}$, $f(x) \in L^2(\mathbb{R}^n)$, $g \in L^p(\mathbb{R}^{n+1})$. 记 $u(t,x)$ 是线性 Schrödinger 方程的 Cauchy 问题

$$\begin{cases} iu_t + \Delta u = g(t,x), & x \in \mathbb{R}^n, \quad t \in \mathbb{R},\\ u(0,x) = f(x), & x \in \mathbb{R}^n \end{cases} \tag{5.6}$$

的解. 则 $u \in L^q(\mathbb{R}^{n+1})$ $(\frac{1}{p}+\frac{1}{q}=1)$ 且

$$\|u\|_{L^q(\mathbb{R}^{n+1})} \le C(\|f\|_2 + \|g\|_p), \quad q = \frac{2(n+2)}{n}. \tag{5.7}$$

证明 利用 Fourier 变换方法，直接计算可见

$$u(t,x)=S(t)f(x)+\int_0^t S(t-\tau)g(\tau,x)d\tau \tag{5.8}$$

是 (5.6) 的解，此处

$$S(t)f=e^{it\Delta}f=\mathcal{F}^{-1}(e^{-4\pi^2 i|\xi|^2 t}\mathcal{F}f)=\int_{\mathbb{R}^n} e^{2\pi i(x\cdot\xi-2\pi|\xi|^2 t)}\hat{f}d\xi. \tag{5.9}$$

注意到 $S=\{(\xi,\tau):R(\xi,\tau)=\tau-2\pi|\xi|^2=0\}$ 是 $\mathbb{R}^{n+1}$ 上的抛物面，则 $S(t)f$ 可表示成

$$S(t)f=\int_{R^{n+1}} e^{2\pi i\bar{x}\cdot\bar{\xi}}\hat{f}(\bar{\xi})d\mu(\bar{\xi})=\mathcal{F}^{-1}(\hat{f}d\mu), \tag{5.10}$$

这里 $d\mu(\bar{\xi})=\delta(\tau-2\pi|\xi|^2)d\tau d\xi$, $\bar{x}=(x,t)$, $\bar{\xi}=(\xi,\tau)$. 因此，由曲面 S 上 Fourier 变换的限制性估计 (见定理 4.3) 可得

$$\left(\int_S|\hat{h}|^2d\mu\right)^{\frac{1}{2}}\le C_p\|h\|_p,\quad h\in L^p(\mathbb{R}^{n+1}),\quad p=\frac{2n+4}{n+4}. \tag{5.11}$$

从而，由 Tomas 对偶原理 (见定理 5.1) 就有

$$\|S(t)f\|_{L^q(\mathbb{R}^{n+1})}=\|\mathcal{F}^{-1}(\hat{f}d\mu)\|_q\le C_q\|\hat{f}\|_2=C_q\|f\|_2. \tag{5.12}$$

另一方面，注意到

$$\|S(t)f\|_\infty=\|(4\pi t)^{-\frac{n}{2}}e^{-\frac{|x|^2}{4ti}}*f\|_\infty\le C|t|^{-\frac{n}{2}}\|f\|_1 \tag{5.13}$$

及能量守恒

$$\|S(t)f\|_2=\|f\|_2,\qquad \forall f(x)\in L^2(\mathbb{R}^n). \tag{5.14}$$

那么，利用插值定理可得

$$\|S(t)f\|_q\le C|t|^{-n(\frac{1}{2}-\frac{1}{q})}\|f\|_p,\quad 2\le q\le\infty,\quad \frac{1}{p}+\frac{1}{q}=1. \tag{5.15}$$

于是，利用 Hardy-Littlewood-Sobolev 不等式及 (5.15) 就得

$$\begin{aligned}&\left\|\int_0^t S(t-\tau)g(\xi,\tau)d\tau\right\|_{L^q(\mathbb{R}^{n+1})}\\ \le& C\left\|\int_0^t|t-\tau|^{-n(\frac{1}{2}-\frac{1}{q})}\|g\|_{L^p(\mathbb{R}^n)}d\tau\right\|_{L^q(\mathbb{R}^n)}\\ \le& C\|g\|_{L^p(\mathbb{R}^{n+1})},\end{aligned} \tag{5.16}$$

这里用到 $\frac{1}{q}=\frac{1}{p}-1+n(\frac{1}{2}-\frac{1}{q})$. 因此定理 5.2 得证.

定理 5.3 (Strichartz 定理) 设 $B=(m^2-\Delta)^{\frac{1}{2}}$, 设 $B^{\frac{1}{2}}f_0(x)\in L^2(\mathbb{R}^n)$, $B^{-\frac{1}{2}}f_1\in L^2(\mathbb{R}^n)$, $g(x,t)\in L^p(\mathbb{R}^{n+1})$, 记 $u(x,t)$ 是线性 Klein-Gordon 方程 $(m\neq 0)$ 或波动方程 $(m=0)$ 的 Cauchy 问题

$$\begin{cases} u_{tt}-\Delta u(x,t)+m^2u=g(x,t), & x\in\mathbb{R}^n, t\in\mathbb{R},\\ u(x,0)=f_0(x), u_t(x,0)=f_1(x), & x\in\mathbb{R}^n \end{cases} \tag{5.17}$$

的解. 则 $u\in L^q(\mathbb{R}^{n+1})$ 且满足估计

$$\|u\|_{L^q(\mathbb{R}^{n+1})}\leq C(\|B^{\frac{1}{2}}f_0\|_2+\|B^{-\frac{1}{2}}f_1\|_2+\|g\|_{L^p(\mathbb{R}^{n+1})}), \tag{5.18}$$

这里 $\frac{1}{p}+\frac{1}{q}=1$,$p$ 的范围是

(a) 当 $m>0$ 时, p 满足

$$\begin{cases} \frac{2(n+1)}{n+3}\leq p\leq\frac{2(n+2)}{n+4},\\ \frac{2(n+2)}{n}\leq q\leq\frac{2(n+1)}{n-1}, \end{cases}\qquad \frac{1}{p}+\frac{1}{q}=1,\quad n\geq 2. \tag{5.19}$$

$$1<p\leq\frac{6}{5},\quad 6\leq q<\infty,\quad n=1. \tag{5.20}$$

(b) 当 $m=0$ 时, p 满足

$$p=\frac{2(n+1)}{n+3},\quad q=\frac{2(n+1)}{n-1},\quad n\geq 2. \tag{5.21}$$

证明 采用 $\mathcal{F}f=(2\pi)^{-\frac{n}{2}}\int_{\mathbb{R}^n}e^{-ix\cdot\xi}f(\xi)d\xi$ 的形式 (若采用通常的形式, 仅需令 $m=2\pi m_1$, 下面推导中用 m_1 代替 m 仍就成立), 直接计算

$$\begin{aligned} u(x,t)=&\mathcal{F}^{-1}\cos(m^2+|\xi|^2)^{\frac{1}{2}}t\mathcal{F}f_0+\mathcal{F}^{-1}\frac{\sin(m^2+|\xi|^2)^{\frac{1}{2}}t}{(m^2+|\xi|^2)^{\frac{1}{2}}}\mathcal{F}f_1\\ &+\int_0^t\mathcal{F}^{-1}\frac{\sin(m^2+|\xi|^2)^{\frac{1}{2}}(t-\tau)}{(m^2+|\xi|^2)^{\frac{1}{2}}}\mathcal{F}g(\xi,\tau)d\tau\\ =&\int_{\mathbb{R}^n}e^{i(x\cdot\xi+\sqrt{m^2+|\xi|^2}t)}\varphi_+(\xi)\frac{d\xi}{\sqrt{m^2+|\xi|^2}}\\ &+\int_{\mathbb{R}^n}e^{i(x\cdot\xi-\sqrt{m^2+|\xi|^2}t)}\varphi_-(\xi)\frac{d\xi}{\sqrt{m^2+|\xi|^2}}\\ &+\int_0^t\mathcal{F}^{-1}\frac{\sin(m^2+|\xi|^2)^{\frac{1}{2}}t}{(m^2+|\xi|^2)^{\frac{1}{2}}}\mathcal{F}g(\xi,\tau)d\tau, \end{aligned} \tag{5.22}$$

这里 $\varphi_+=\frac{1}{2}(\widehat{Bf_0}+i\hat{f_1})$, $\varphi_-=\frac{1}{2}(\widehat{Bf_0}-i\hat{f_1})$. 因此, 当 $g\equiv 0$ 时, $u=\mathcal{F}^{-1}(Fd\mu)$, 而 $S=\{\xi,t):t^2-|\xi|^2=m^2\}$ 是 $n+1$ 维空间 $\mathbb{R}^{n+1}$ 上的双曲球面, 因此

$$d\mu(\xi)=\frac{d\xi_1\cdots d\xi_n}{\sqrt{m^2+|\xi|^2}}, \tag{5.23}$$

$$F(\xi)=\begin{cases}\varphi_+, & t=\sqrt{m^2+|\xi|^2},\\ \varphi_-, & t=-\sqrt{m^2+|\xi|^2}.\end{cases} \tag{5.24}$$

注意到

$$\begin{aligned}\|F\|^2_{L^2(d\mu)}=&\int_{\mathbb{R}^n}|\varphi_+(\xi)|^2+|\varphi_-(\xi)|^2d\xi\Big/\sqrt{m^2+|\xi|^2}\\ =&\|B^{\frac12}f_0\|_2^2+\|B^{-\frac12}f_1\|_2^2,\end{aligned} \tag{5.25}$$

利用限制性估计

$$\left(\int_S|\hat{h}|^2d\mu\right)^{\frac12}\le A_p\|h\|_p\quad (p\text{ 满足 (a) 或 (b) 的条件}) \tag{5.26}$$

及 Tomas 对偶原理可得

$$\|u(t,x)\|_{L^q(\mathbb{R}^{n+1})}\le C\|F\|_{L^2(d\mu)}=C(\|B^{\frac12}f_0\|_2+\|B^{-\frac12}f_1\|_2). \tag{5.27}$$

下面考虑 $g\neq 0$ 的情形，由 L^p-L^q 估计 (见 [MSW]) 可见

$$\begin{aligned}&\left\|\mathcal{F}^{-1}\frac{\sin(m^2+|\xi|^2)^{\frac12}t}{(m^2+|\xi|^2)^{\frac12}}\mathcal{F}h\right\|_q\le C|t|^{-\frac2q}\|h\|_p,\quad |t|\ge 1,\\ &\frac12-\frac1{n+2}\le\frac1q\le\frac12,\quad \frac1p+\frac1q=1,\quad m\neq 0,\end{aligned} \tag{5.28}$$

$$\begin{aligned}&\left\|\mathcal{F}^{-1}\frac{\sin(m^2+|\xi|^2)^{\frac12}t}{(m^2+|\xi|^2)^{\frac12}}\mathcal{F}h\right\|_q\le C|t|^{1-\frac np+\frac nq}\|h\|_p,\\ &\frac12-\frac1{n+2}\le\frac1q\le\frac12,\quad m\ge 0,\quad |t|\neq 0,\quad \frac1p+\frac1q=1.\end{aligned} \tag{5.29}$$

注意到，当 $m\neq 0$ 时，在 $\frac12-\frac1{n+1}\le\frac1q\le\frac12-\frac1{n+2}$ 内，总有

$$-\frac2q\le 1-\frac np+\frac nq.$$

因此，当 $m\neq 0$ 时，总有

$$\begin{aligned}&\left\|\mathcal{F}^{-1}\frac{\sin(m^2+|\xi|^2)^{\frac12}t}{(m^2+|\xi|^2)^{\frac12}}\mathcal{F}h\right\|_q\le C|t|^{-\frac2q}\|h\|_p,\\ &\frac12-\frac1{n+1}\le\frac1q\le\frac12-\frac1{n+2},\quad |t|\neq 0,\quad \frac1p+\frac1q=1.\end{aligned} \tag{5.30}$$

这样，当 p 满足 (a) 中的条件时，利用 Hardy-Littlewood-Sobolev 不等式及 L^p-L^q 估计可得

$$\begin{aligned}&\left\|\int_0^t \mathcal{F}^{-1}\frac{\sin(m^2+|\xi|^2)^{\frac{1}{2}}(t-\tau)}{(m+|\xi|^2)^{\frac{1}{2}}}\mathcal{F}gd\tau\right\|_{L^q(\mathbb{R}^{n+1})}\\ \le&\left\|\int_0^t C|t-\tau|^{-\frac{2}{q}}\|g\|_p d\tau\right\|_{L^q(\mathbb{R}^n)}\le C\|g\|_{L^p(\mathbb{R}^{n+1})},\end{aligned}\tag{5.31}$$

这里用到 $\frac{1}{q}=\frac{1}{p}-1+\frac{2}{q}$. 当 $m=0$ 且 p 满足 (b) 中的条件时，仅当 $p=\frac{2(n+1)}{n-1}$ 时，才有 $1-\frac{n}{p}+\frac{n}{q}=-\frac{2}{q}$. 利用 (4.29) 及 Hardy-Littlewood-Sobolev 不等式就得估计 (5.31). 综上推得定理 5.3 成立.

推论 5.4 设

$$\|(f_0,f_1)\|_{(s)}^2=\|B^{\frac{s+1}{2}}f_0\|_2^2+\|B^{\frac{s-1}{2}}f_1\|_2^2<\infty,\tag{5.32}$$

则齐次 Klein-Gordon 方程或波动方程的 Cauchy 问题

$$\begin{cases}u_{tt}-\Delta u+m^2u=0, & m\ge 0,(x,t)\in\mathbb{R}^n\times\mathbb{R},\\ u(0)=f_0(x),u_t(0)=f_1(x), & x\in\mathbb{R}^n\end{cases}\tag{5.33}$$

的解满足如下估计

$$\|u\|_{L^q(\mathbb{R}^{n+1})}\le C\|(f_0,f_1)\|_{(s)},\quad s\ge 0,\tag{5.34}$$

这里

$$\begin{aligned}&\text{(a)}\qquad \frac{2(n+2)}{n}\le q\le\frac{2(n+1)}{n-1-2s},\quad 0\le s<\frac{n-1}{2},\quad m\ne 0;\\ &\qquad\qquad \frac{2(n+2)}{n}\le q<\infty,\quad s=\frac{n-1}{2},\quad m\ne 0;\\ &\qquad\qquad \frac{2(n+2)}{n}\le q\le\infty,\quad s>\frac{n-1}{2},\quad m\ne 0.\\ &\text{(b)}\qquad q=\frac{2(n+1)}{n-1-2s},\quad 0\le s<\frac{n-1}{2},\quad m=0.\end{aligned}$$

证明 当 $s=0$ 时，就退化成定理 5.3. 当 $s=1$ 时，恰如是能量估计

$$\begin{aligned}\|u\|_{(1)}&=\left(\int_{\mathbb{R}^n}(\nabla u|^2+|u_t|^2+m^2|u|^2)dx\right)^{\frac{1}{2}}\\ &=\|Bf_0\|_2+\|f_1\|_2=\|(f_0,f)\|_{(1)}<\infty.\end{aligned}\tag{5.35}$$

因此，对于具有有限 s 模的初值函数 (f_0,f_1) 的解 u, 可以通过 Bessel 位势 $(m>0)$ 或 Riesz 位势 $(m=0)$ 作用于具有 0– 模的初值函数 (J_sf_0,J_sf_1) 或 (I_sf_0,I_sf_1) 的解

$$\begin{aligned}u_1(x,t)=&\mathcal{F}^{-1}(\cos(m^2+|\xi|^2)^{\frac{1}{2}}t\mathcal{F}^{-1}J_sf_0)\\&+\mathcal{F}^{-1}\left(\frac{\sin(m^2+|\xi|^2)^{\frac{1}{2}}t)}{(m^2+|\xi|^2)^{\frac{1}{2}}}\mathcal{F}J_sf_1\right),\quad m\neq 0\end{aligned}$$

或

$$u_1(x,t)=\mathcal{F}^{-1}(\cos|\xi|t\mathcal{F}^{-1}I_sf_0)+\mathcal{F}^{-1}\left(\frac{\sin|\xi|t}{|\xi|}\mathcal{F}I_sf_1\right),\quad m=0$$

而得到，因此，由推论 5.4 知 $u_1\in L^{q_1}(\mathbb{R}^n)$ 且满足推论 5.4 中的估计 (用 q_1 来代替推论 5.4 中 q). 由解的表达式易见关于 t 的导数完全被空间变量的导数所控制，因此 $u=J_su_1\in L^{q_1}_s(\mathbb{R}^{n+1})$ 或 $u=J_su_1\in L^{q_1}_s(\mathbb{R}^{n+1})$, 利用位势空间的 Sobolev 嵌入定理推得 $u\in L^q(\mathbb{R}^{n+1})$ 且满足

$$\|u\|_{L^q(\mathbb{R}^{n+1})}\leq C\|u\|_{L^{q_1}_s(\mathbb{R}^{n+1})}\leq C\|(f_0,f_1)\|_{(s)},\quad m\neq 0,$$

$$\|u\|_{L^q(\mathbb{R}^{n+1})}\leq C\|u\|_{L^{q_1}_s(\mathbb{R}^{n+1})}\leq C\|(f_0,f_1)\|_{(s)},\quad m=0,$$

其中 q 满足推论 5.4 中条件 (a) 或 (b).

注记 5.1　由定理 4.6 及注记 4.4 的证明，容易看出当 $s\geq 0$ 时，推论 5.4 中的指标范围是最佳的. 进而，当 $m=0$ 时，相应的时空估计 (5.34) 不能推广到 $s<0$, 此时 $q=\frac{2(n+1)}{n-1-2s}<\frac{2(n+1)}{n-1}$ 与定理 4.5 相矛盾. 当 $m\neq 0,-\frac{1}{n+2}<s<0$ 时，是否有相应的空时估计？这也是一个有趣的公开问题.

定理 5.5　设 $\varphi(x)$ 是实值的 1 次齐函数且在 $\mathbb{R}^n\backslash\{0\}$ 上光滑，算子 $\varphi(D)$ 是以 $\varphi(x)$ 为象征的拟微分算子. 假设

$$\operatorname{rank}\left(\frac{\partial^2\varphi}{\partial\xi_i\partial\xi_j}\right)\geq r,\quad r\geq 1,\quad \xi\neq 0,$$

则广义波动方程的 Cauchy 问题

$$\begin{cases}u_t=i\varphi(D)u,& x\in\mathbb{R}^n,\ t\in\mathbb{R},\\ u(0)=f(x),& x\in\mathbb{R}^n\end{cases}\tag{5.36}$$

的解 $u(x,t)\in L^q(\mathbb{R}^{n+1})$, 且满足

$$\|u(x,t);\ L^q(\mathbb{R}^{n+1})\|\leq A\|\nabla^{\alpha+\frac{1}{2}}f\|_{L^2(\mathbb{R}^n)},\quad \forall f(x)\in L^2(\mathbb{R}^n),\tag{5.37}$$

这里 $q=\frac{2n+2}{n-1-2\alpha}$,$\alpha_0\leq\alpha<\frac{r}{2}$, $\alpha_0=\frac{2n+2}{2r+4}-1$. 特别，当 $\varphi(\xi)=|\xi|$ 时，$r=n-1$, $\alpha_0=0$.

证明 注意到 $D_j = \frac{1}{i}\frac{\partial}{\partial x_j}$, 这样

$$u(x,t) = \int_{\mathbb{R}^n} e^{ix\cdot\xi + i\varphi(\xi)t}\hat{f}(\xi)d\xi = \int_S e^{i\bar{x}\cdot\bar{\xi}}\hat{f}(\xi)|\xi|d\mu(\bar{\xi}), \tag{5.38}$$

这里 $\bar{\xi} = (\xi, \xi_{n+1}) \in \mathbb{R}^{n+1}$, $\bar{x} = (x,t)$, 而 $S = \{\bar{\xi} \in \mathbb{R}^{n+1}; \xi_{n+1} = \varphi(\xi)\}$, 由定理 4.7(b) 的对偶形式可得估计

$$\|u\|_{L^q(\mathbb{R}^{n+1})} \le A\|\nabla^{\alpha+\frac{1}{2}}f\|_{L^2(\mathbb{R}^n)}, \tag{5.39}$$

这里用到 q 的题设条件.

注记 5.2 对于波动方程的 Cauchy 问题

$$\begin{cases} u_{tt} = \Delta u, \\ u(x,0) = 0, \quad u_t(x,0) = f(x), \end{cases} \tag{5.40}$$

可视为定理 5.5 的特例. 此时, 令 $v = u_t = i(-\Delta)^{\frac{1}{2}}u$, 则 v 满足

$$\begin{cases} v_t = i(-\Delta)^{\frac{1}{2}}v, \\ v(0) = f(x). \end{cases} \tag{5.41}$$

于是, v 满足估计 (5.39), 这样就得 u 的空时估计

$$\|u\|_{L^q(\mathbb{R}^{n+1})} \le A\|\nabla^{\alpha-\frac{1}{2}}f\|_{L^2(\mathbb{R}^n)}, \tag{5.42}$$

这里 $q = \frac{2n+2}{n-1-2\alpha}$, $0 \le \alpha < \frac{n-1}{2}$, $n \ge 2$. 当 $\alpha = 0$ 时, 就得定理 5.3 中波动方程的对称时空估计.

定理 5.6 设 $\varphi(x)$ 是 $\mathbb{R}^n$ 上的 k 阶齐次实函数, 它在 $\mathbb{R}^n\backslash\{0\}$ 上光滑, 进而设

$$\text{rank}\left(\frac{\partial^2\varphi(\xi)}{\partial\xi_i\partial\xi_j}\right) \ge r, \quad \xi \ne 0, \quad r \ge \frac{2n}{k},$$

特别, 当 $r = n$ 时, $\varphi(x)$ 是一个二次型多项式, 则色散波动方程的 Canchy 问题

$$\begin{cases} u_t = i\varphi(D)u, & x \in \mathbb{R}^n, t \in \mathbb{R}, \\ u(x,0) = f(x), & x \in \mathbb{R}^n \end{cases} \tag{5.43}$$

的解 $u(t,x)$ 满足如下对称性时空估计

$$\|u(x,t)\|_{L^q(\mathbb{R}^{n+1})} \le A\|D^\alpha f\|_{L^2(\mathbb{R}^n)} \le A\|f\|_{\mathcal{L}^2_\alpha(\mathbb{R}^n)}, \tag{5.44}$$

这里 $q = \frac{2n+2k}{n-2\alpha}$, $0 \le \alpha < \frac{n}{2}$.

证明 注意到 $D_j = \frac{1}{i}\frac{\partial}{\partial x_j}$, 根据 (5.43) 解的表示式

$$u(x,t) = \int_{\mathbb{R}^n} e^{ix\cdot\xi + i\varphi(\xi)t}\hat{f}(\xi)d\xi = \int_S e^{i\overline{x}\cdot\overline{\xi}}\hat{f}(\xi)d\mu(\overline{\xi}), \tag{5.45}$$

这里 $\overline{\xi} = (\xi, \xi_{n+1})$, $\overline{x} = (x,t) \in \mathbb{R}^{n+1}$, $S = \{\overline{\xi} \in \mathbb{R}^{n+1}, \xi_{n+1} = \varphi(\xi)\}$. 应用定理 4.7(a) 的限制性估计对称形式可得估计 (5.44).

注记 5.3 作为定理 5.6 的特别, 考虑 KdV 方程的 Cauchy 问题

$$\frac{\partial u}{\partial t} = \frac{\partial^3 u}{\partial x^3}, \quad u(0) = f(x) \tag{5.46}$$

的解满足如下对称性时空估计

$$\|u(x,t)\|_{L^8(\mathbb{R}^2)} \le A\|f\|_{L^2(\mathbb{R})}, \quad \forall f(x) \in L^2(\mathbb{R}). \tag{5.47}$$

此事实是定理 5.6 在 $n=1$, $k=3$, $\alpha=0$ 时的特殊情形.

思考与练习

1. 证明 Bessel 函数 $J_m(r) = \frac{1}{2\pi}\int_0^{2\pi} e^{ir\sin\theta}e^{-im\theta}d\theta$ 满足

$$J_m(r) = O(r^{-\frac{1}{2}}), \quad r \to \infty.$$

2. 利用命题 1.1 及命题 1.3 证明

$$J_m(r) = (\frac{2}{\pi})^{1/2} r^{-1/2}\cos(r - \frac{\pi m}{2} - \frac{\pi}{4}) + O(r^{-3/2}), \quad r \to \infty.$$

$$J_m(r) \sim r^{-\frac{1}{2}}e^{ir}\sum_{j=0}^{\infty} a_j r^{-j} + r^{-1/2}e^{-ir}\sum_{j=0}^{\infty} b_j r^{-j}, \quad r \to \infty.$$

3. 将 Bessel 函数中 m 换成一般 $\rho > -\frac{1}{2}$ 的实数 (详见第四章), 就得 Bessel 函数的一般形式

$$J_\rho(r) = \frac{(r/2)^\rho}{\Gamma(\rho + \frac{1}{2})\Gamma(\frac{1}{2})}\int_{-1}^{1} e^{isr}(1-s^2)^{\frac{2\rho-1}{2}}ds,$$

证明 $J_\rho(r)(\rho > \frac{1}{2}$ 是实数) 仍满足上面两题中的估计式.

4. 证明 Moser 引理.

5. 证明如下精确的渐近估计式

(i)

$$\int_{\mathbb{R}^n} e^{i\lambda|x|^2}\psi(x)dx \sim \lambda^{-\frac{n}{2}}\sum_{j=0}^{\infty} a_j\lambda^{-j}, a_j = (i\pi)^{\frac{n}{2}}\frac{i^j}{j!}\triangle^j\psi(0).$$

(ii) 设 A 是实的对称的可逆矩阵，那么

$$\int_{\mathbb{R}^n} e^{i\lambda<Ax,x>}\psi(x)dx \sim \lambda^{-\frac{n}{2}}\sum_{j=0}^{\infty}a_j\lambda^{-j}, a_j=(\frac{i\pi}{\det A})^{\frac{n}{2}}\frac{i^j}{j!}(\triangle_A)^j\psi(0),$$

这里 $\Delta_A=\sum_{j,k=1}^{n}a^{j,k}\frac{\partial^2}{\partial x_j\partial x_k}$，且 (a^{jk}) 是 A 的逆矩阵.

(iii) 设 $\psi(x)\in C_c^{\infty}(\mathbb{R}^n)$, 那么

$$\int_0^{\infty} e^{i\lambda x}\psi(x)dx \sim \sum_{j=0}^{\infty}a_j\lambda^{-j-1}, \quad a_j=i^{j+1}\psi^{(j)}(0).$$

(iv) 设 $\psi(x)\in C_c^{\infty}(\mathbb{R}^n), Re(\mu)>-1$, 那么

$$\int_0^{\infty} e^{i\lambda x}\psi(x)x^{\mu}dx \sim \sum_{j=0}^{\infty}a_j\lambda^{-1-j-\mu},$$

$$a_j=i^{j+\mu+1}\frac{j!}{\Gamma(j+\mu+1)}\psi^{(j)}(0).$$

6. (i) 对于 Bessel 函数 $J_m(x)$ ($m>-\frac{1}{2}$ 是实数), 有如下精确的渐近估计式

$$\begin{aligned}J_m(x)=&(\frac{\pi r}{2})^{-\frac{1}{2}}\cos(r-\frac{m\pi}{2}-\frac{\pi}{4})\sum_{j=0}^{\infty}a_jr^{-2j}\\&+(\frac{\pi r}{2})^{-\frac{1}{2}}\sin(r-\frac{m\pi}{2}-\frac{\pi}{4})\sum_{j=0}^{\infty}b_jr^{-2j-1}, \quad r\to\infty,\end{aligned}$$

这里 $a_j=(-1)^j(m,2j)2^{-2j}$, $b_j=(-1)^j(m,2j+1)2^{-2j-1}$, 而

$$(m,k)=\frac{\Gamma(\frac{1}{2}+m+k)}{\Gamma(k+1)\Gamma(\frac{1}{2}+m-k)}.$$

(ii) $J_m(m)=cm^{-\frac{1}{3}}+O(m^{-\frac{2}{3}})$, $m\to\infty$, 这里 $c=\frac{\Gamma(\frac{1}{3})}{2^{2/3}3^{1/6}\pi}$.

7. 证明注记 4.2.

8. 证明 Tomas 定理：设 $1\le p<2$, $\frac{1}{p}+\frac{1}{q}=1$, 且

$$\|(d\mu)^{\wedge}*g\|_q\le C_p\|g\|_p, \quad \forall g\in L^p(\mathbb{R}^n),$$

则有限制性估计

$$\left(\int_S|\hat{g}|^2d\mu\right)^{\frac{1}{2}}\le C_p\|g\|_p, \quad \forall g\in L^p(\mathbb{R}^n),$$

这里 $d\mu$ 表示由光滑曲面 S 诱导的 Lebesgue 测度. (提示：

$$\int\bar{\hat{f}}\hat{f}d\mu=\int\bar{f}(\hat{f}d\mu)^{\vee}=\int\bar{f}(\widehat{d\mu}*f).\ )$$

第十章 发展型方程的调和分析方法背景

本章我们从宏观的层面给予非线性发展方程的研究提供一个考察，说明调和分析方法在近代发展型方程研究中的作用. 众所周知，非线性发展方程的定解问题 (Cauchy 问题、初边值问题等) 均可归结为如下抽象 Cauchy 问题

$$\begin{cases} u_t + Au = F(u), \\ u(0) = \varphi(x). \end{cases} \tag{0.1}$$

它的研究主要涉及如下研究领域:

(A) 适定性问题,

(B) 解的性态 (含有限时刻 Blow-up 、解的分歧、解的奇性传播、解的奇性结构),

(C) 解的散射性理论 (主要针对波方程、色散波方程) 与解的渐近行为 (主要针对耗散型方程如抛物型方程),

其中 (A) 包含局部适定性及整体适定性. 换言之, 给定初始函数 $\varphi \in X$, 问题 (0.1) 是否确定一个惟一的连续流 $u(t) \in C((-T, T); X)$ 或 $u(t) \in C((0, T); X)$. 特别，当 $T = \infty$ 时， $u(t) \in C(\mathbb{R}; X)$ 或 $u(t) \in C(\mathbb{R}^+; X)$ 对应着整体流，即问题 (0.1) 的整体适定性. 这里 Banach 空间 X 确保算子 A 在 X 上生成一个 C_0 半群 (或 C_0 群). 换言之，与 (0.1) 相应的自由系统

$$\begin{cases} v_t + Av = 0, \\ v(0) = \varphi(x) \end{cases} \tag{0.2}$$

有惟一解 $v(t) = e^{-At}\varphi$, 这里 e^{-At} 就是 A 生成的算子半群.

回过头来看，如果 (0.1) 不能决定惟一的整体流，解在什么时刻发生 Blow-up? 解在什么时刻发生分歧现象？解的奇性是如何传播的？解的奇性结构如何？是否可以给出这一奇性的特征刻画？如果 (0.1) 决定了一个连续的整体流, 当 $t \to \infty$ 或 $t \to \pm\infty$ 时， $u(t)$ 的渐近状态如何？这就是 (B) 要研究的问题. 特别, 对于波动方程及色散波方程, 当解整体适定时, 派生出著名的散射性理论. 散射性理论主要涉及波算子的存在性及渐近完备性, 我们将在第十二、第十三章中给出具体的刻画. 读者亦可参见 [S4],[B1],[So2] 及 [Mi4] 等专著.

§ 10.1 经典研究方法与现代调和分析方法的比较

经典的研究方法 无论抽象的半群方法或基于 Galerkin 型的有限逼近的紧致性方法，主要在形如

$$L^\infty(I;B) \quad \text{或} \quad C(I,B), \quad B = L^p,\ W^{m,p}$$

空间上建立非线性发展方程解的适定性. 容易看出，解关于空间变量属于某个自反的 Banach 空间 (前提条件是相应的线性方程在 B 上整体适定，即存在整体解 $u(t) \in C(\mathbb{R}; B)$ 或 $u(t) \in C(\mathbb{R}^+; B)$), 关于时间变量属于 L^∞. 这种仅仅借助于空间 $L^\infty(I;B)$ 或 $C(I;B)$(直接用 $L^\infty(I;B)$ 范数诱导的度量来构造不动点) 来研究一般非线性发展方程的适定性，未必都是合适的. 究其原因在于它忽略了解的时空可积性. 一般来讲，对于抛物型方程 (解只要存在，就具有很好的光滑性), 由于解析半群的正则性，其相应的抽象 Segal 定理的条件很容易验证，采用工作空间 $C(I;B)$ 是可以的. 但对于色散波方程、波动型方程，仅采用 $C(I;L^2)$ 或 $C(I;H^s)$ 来建立其局部适定性是困难的. 必须借助于时空 Banach 空间，在其子空间中研究适定性理论. 这正是调和分析方法所提供的.

现代调和分析方法 人们在研究 Fourier 变换在光滑紧致曲面或具有非零曲率的非紧致曲面的限制性估计时，发现其对偶形式恰是某些自由发展方程解的时空估计. 例如：记

$$\tau = \{\eta \in \mathbb{R}^{n+1} | \eta = (\xi, |\xi|^2), \xi \in \mathbb{R}^n\}, \tag{1.1}$$

是一个具非零曲率的光滑的抛物面. 根据 Fourier 变换在光滑紧致曲面上的限制性估计及 Scaling 技术，可以推得在非紧致抛物面 τ 上的 L^2 限制估计 (见 [St1],[Str3], [Mi4] 及 [KT])

$$\left(\int |\hat{f}|_\tau^2 d\tau(\eta) \right)^{1/2} \le C\|f\|_{L^{q'}(\mathbb{R};L^{r'}(\mathbb{R}^n))}, \tag{1.2}$$

这里 $d\tau(\eta) = d\xi$, 而 (q,r) 满足

$$\frac{2}{q} = n\left(\frac{1}{2} - \frac{1}{r}\right) \tag{1.3}$$

$$\begin{cases} 2 \le r \le \frac{2n}{n-2}, & n \ge 3, \\ 2 \le r < \infty, & n = 2, \\ 2 \le r \le \infty, & n = 1, \end{cases} \tag{1.4}$$

$q' = \frac{q}{q-1}$, $r' = \frac{r}{r-1}$. 通常称满足 (1.3),(1.4) 的 (q,r) 是关于 Schrödinger 方程的时空容许对.

本质上，估计 (1.2) 的对偶形式恰好是自由 Schrödinger 方程 Cauchy 问题

$$\begin{cases} iv_t = \Delta v, & (x,t) \in \mathbb{R}^n \times \mathbb{R}, \\ v(0) = \varphi(x), & x \in \mathbb{R}^n \end{cases} \tag{1.5}$$

的解

$$v(t) = S(t)\varphi = \mathcal{F}^{-1}(e^{-i|\xi|^2 t}\mathcal{F}\varphi) \tag{1.6}$$

所对应的 Strichartz 型时空估计

$$\|S(t)\varphi\|_{L^q(\mathbb{R};L^r(\mathbb{R}^n))} \le C\|\varphi\|_{L^2(\mathbb{R}^n)}. \tag{1.7}$$

进而，若上式中关于时间的积分区间 $\mathbb{R}$ 换成 $I \subset \mathbb{R}$ $(0 \in \bar{I})$, 估计 (1.7) 仍然成立. 特别，当 $q = r = 2 + \frac{4}{n}$ 或 $q = \infty, r = 2$,(1.7) 就分别对应着

$$\|S(t)\varphi\|_{L^q_{t,x}(I\times\mathbb{R}^n)} \le C\|\varphi\|_{L^2(\mathbb{R}^n)}, \tag{1.8}$$

$$\|S(t)\varphi\|_{L^\infty(I;L^2(\mathbb{R}^n))} \le \|\varphi\|_{L^2(\mathbb{R}^n)}. \tag{1.9}$$

进而，作为 (1.7) 的直接结果，线性方程的解的非齐次部分所对应的时空估计是

$$\left\|\int_0^t S(t-\tau)g(x,\tau)d\tau\right\|_{L^{q_1}(I;L^{r_1}(\mathbb{R}^n))} \le C\|g\|_{L^{q_2'}(I;L^{r_2'}(\mathbb{R}^n))}, \tag{1.10}$$

此处 (q_1, r_1) 及 (q_2, r_2) 是两个任意的时空容许对. 由此可见，对非线性 Schrödinger 方程而言，可选取

$$X(I) = C(I;H^s) \cap L^q(I;H^{s,r}(\mathbb{R}^n)), \quad (q,r) \in \Lambda \quad s \ge 0 \tag{1.11}$$

型的工作空间，这里 Λ 表示全体时空容许对的集合. 这样，对任意 $\varphi \in H^s$, 可在 (1.11) 定义的空间中研究非线性 Schrödinger 方程的 Cauchy 问题解的适定性. 进而，由 Strichartz 估计可见，所得的解 $u(t) \in C(I;H^s)$ 且满足 $u(t) \in \mathcal{X}$, 即

$$u(t) \in \mathcal{X}(I) = C(I;H^s) \cap \bigcap_{(q,r)\in\Lambda} L^q(I;H^{s,r}(\mathbb{R}^n)), \quad s \ge 0. \tag{1.12}$$

可以看出， Strichartz 型时空估计及工作空间 $\mathcal{X}$ 的构造，为非线性估计提供了有效方法及众多的选择.

调和分析的进一步研究表明，上述的 Fourier 限制性估计可归结为如下的 Stein-Tomas 定理的特殊情形：

定理 1.1 设 $\mu \in M(\Sigma)$,$\frac{d\mu}{d\sigma} \in L^2(d\sigma)$, 则 $\hat{\mu} \in L^{\frac{2(n+1)}{n-1}}(\mathbb{R}^n)$ 且满足

$$\|\hat{\mu}\|_{L^{\frac{2(n+1)}{n-1}}(\mathbb{R}^n)} \lesssim \left\|\frac{d\mu}{d\sigma}\right\|_{L^2(\Sigma)}, \tag{1.13}$$

其中 Σ 是 $\mathbb{R}^n$ 中单位球面或 $n-1$ 维光滑的具非零 Riemann 曲率的紧致流形，$M(\Sigma)$ 表示 Σ 上可测函数.

事实上，自由 Schrödinger 方程 (1.5) 的解可以表示成

$$\begin{aligned} S(t)\varphi =&(2\pi)^{-\frac{n}{2}}\int_{\mathbb{R}^n} e^{ix\cdot\xi+i|\xi|^2t}\hat{\varphi}d\xi \\ =&(2\pi)^{-\frac{n}{2}}\int_{\mathbb{R}^{n+1}} e^{i(x,t)\cdot(\xi,\tau)}\hat{\varphi}(\xi)\delta(\tau-|\xi|^2)d\tau d\xi \\ =&(2\pi)^{-\frac{n}{2}}\int_{\mathbb{R}^{n+1}} e^{2i\pi\bar{x}\cdot\bar{\xi}}\varphi(\xi)d\mu(\bar{\xi})=(2\pi)^{\frac{n}{2}}\mathcal{F}^{-1}(\hat{\varphi}d\mu), \end{aligned} \tag{1.14}$$

这里 $d\mu(\bar{\xi})=\delta(\tau-|\xi|^2)d\tau d\xi$, $\bar{x}=(x,t)$, $\bar{\xi}=(\xi,\tau)$.

由 Tomas-Stein 限制性估计，可得

$$\left(\int_{\Sigma\cap\{\frac{1}{2}\le|\xi|\le2\}}|\hat{\varphi}(\bar{\xi})|^2d\mu(\bar{\xi})\right)^{1/2}\le A_p\|\varphi\|_p,\quad 1\le p\le\frac{2n+4}{n+4}, \tag{1.15}$$

这里 Σ 表示 $\mathbb{R}^{n+1}$ 中锥面. 由 Littlewood-Paley 理论、与 Scaling 原理及对偶性原理，就可推出：

$$\|S(t)\varphi\|_{L^{\frac{2(n+2)}{n}}(\mathbb{R}^{n+1})}\le C\|\hat{\varphi}\|_2=C\|\varphi\|_2. \tag{1.16}$$

定理 1.1 属于 L^2 型的限制性估计. 另外，Stein 还有如下著名的猜想：

Stein 猜想 设 $\mu\in M(\Sigma^n)$, $\frac{d\mu}{d\sigma}\in L^\infty(d\sigma)$, 则

$$\hat{\mu}\in L^q(\mathbb{R}^n),\qquad q>\frac{2n}{n-1}, \tag{1.17}$$

这里 Σ^n 是 $\mathbb{R}^n$ 上的单位球面.

当 $n=2$ 时，Σ^n 是圆周，Stein 猜想 (1.17) 已彻底解决. 当 $n=3$ 时，如果

$$q>4-\frac{5}{27}, \tag{1.18}$$

业已证明 Stein 猜想 (1.17) 成立. 然而，在一般的情形下，Stein 猜想还没有解决，这是一个很重要的公开问题. 它与现代调和分析及偏微分方程的研究有密切的关系. 例如，在 $n=2$ 时，借助于估计 (1.17), 可获得 2 维 Schrödinger 方程的许多深刻的结果，见 Bourgain 文章 [Bo1].

注记 1.1 (i) 时空估计为研究非线性发展方程提供了合适的工作空间. 例如：对 $\forall\varphi\in L^2(\mathbb{R}^n)$, 半线性 Schrödinger 方程的 Cauchy 问题

$$\begin{cases} iu_t-\frac{1}{2}\Delta u=-|u|^{p-1}u, & (x,t)\in\mathbb{R}^n\times\mathbb{R},\quad 1<p<1+\frac{4}{n}, \\ u(0)=\varphi(x), & x\in\mathbb{R}^n \end{cases} \tag{1.19}$$

在 $L^2(\mathbb{R}^n)$ 中生成一个整体流，即 $u(t)\in C(\mathbb{R};L^2(\mathbb{R}^n))$ 且满足

$$u(t)\in C(\mathbb{R};L^2(\mathbb{R}^n))\cap\bigcap_{(q,r)\in\Lambda}L^q_{\rm loc}(\mathbb{R};L^r(\mathbb{R}^n)).\tag{1.20}$$

众所周知，仅用形如 $C(I;L^2(\mathbb{R}^n))$ 空间是无法得到 (1.19) 在 L^2 中的局部适定性. 然而，可在其子间

$$X(I)=C(I;L^2(\mathbb{R}^n))\cap L^q(I;L^r(\mathbb{R}^n)),\quad (q,r)\in\Lambda$$

中建立 (1.19) 在 $L^2(\mathbb{R}^n)$ 中的局部适定性. 进而，借助于局部解满足 L^2 守恒积分，证明 (1.19) 在 $L^2(\mathbb{R}^n)$ 中生成一个整体流，详见 [Ts] 或 [Mi4]. 类似地，在波方程、 Schrödinger 方程的 Cauchy 问题解的适定性、散射性等问题研究中，时空估计起着关键的作用. 最典型的例子如：借助 Strichartz 时空估计， Strauss 建立了波方程、 Schrödinger 方程的小能量散射理论 [St3], Brenner 解决了 Klein-Gordon 方程解的散射理论 [Br3], Ginibre-Velo 解决非线性 Schrödinger 方程的散射理论 [GV2] 等.

(ii) 借助于时空可积性，可以在较弱的意义下导出能量恒等式. 例如：设 $u(t)\in C(\mathbb{R};H^1(\mathbb{R}^n))$ 是如下半线性 Schrödinger 方程

$$\begin{cases} iu_t=-\frac{1}{2}\Delta u+f(u),\\ u(0)=\varphi(x)\end{cases}\tag{1.21}$$

的 H^1 整体解. 如果 $u\in L^q_{\rm loc}(\mathbb{R};L^r(\mathbb{R}^n))$, 这里 $(q,r)\in\Lambda$, 则总有

$$E_1(u(t))=\int_{\mathbb{R}^n}(|\nabla u|^2+V(u))dx=E_1(\varphi),\tag{1.22}$$

这里

$$\frac{\partial V(z)}{\partial\bar z}=f(z).\tag{1.23}$$

再如：对于 Navier-Stokes 方程的 Cauchy 问题

$$\begin{cases} u_t-\Delta u+(u\cdot\nabla)u+\nabla P=0,\\ {\rm div}u=0,\\ u(0)=\varphi,\qquad \varphi\in L^2(\mathbb{R}^n)\end{cases}\tag{1.24}$$

的 Leray-Hopf 弱解 $u(t)\in L^\infty(\mathbb{R}^+;L^2(\mathbb{R}^n))\cap L^2(\mathbb{R}^+;\dot H^1(\mathbb{R}^n))$, 它仅仅满足能量不等式

$$\|u(t)\|_2^2+2\int_0^t\|\nabla u\|_2^2dt\le\|u_0(x)\|_2^2\quad 0\le t\le T<\infty.\tag{1.25}$$

然而，如果假设 Leray-Hopf 弱解 $u(t) \in L^q([0,T), L^r(\mathbb{R}^n))$, 这里

$$\frac{2}{q} = n\left(\frac{1}{r} - \frac{1}{p}\right), \quad n \le r \le p < \infty, \tag{1.26}$$

则 Leray-Hopf 弱解满足能量等式

$$\|u(t)\|_2^2 + 2\int_0^t \|\nabla u\|_2^2 dt = \|u_0(x)\|_2^2, \quad 0 \le t \le T < \infty. \tag{1.27}$$

进而，由 Serrin–Wahl 的正则化理论， $u(t,x) \in C^\infty((0,T) \times \mathbb{R}^n)$.

(iii) 不同类型的发展方程的时空估计是不同的．这样，它所对应的容许对 (容许三元簇) 、时空空间都有差别．咎其原因，区别在于相应的自由线性发展方程对应着不同的振荡积分．换言之，对应着 Fourier 变换在不同的光滑流形上的限制性估计．这也是调和分析中很有难度的问题．可以讲，这是调和分析及发展型方程联系的桥梁．

§10.2 乘子估计及其确定的合适的 Banach 空间

记算子 A 是常系数的微分算子，考虑抽象 Cauchy 问题

$$\begin{cases} u_t + Au = f(u), \\ u(0) = \varphi(x). \end{cases} \tag{2.1}$$

众所周知，许多经典的偏微分方程，如：热方程、 Schrödinger 方程、波方程及一般的色散波方程等的定解问题均可归结成抽象的 Cauchy 问题 (2.1). 给定 $\varphi \in X$, 欲证明 (2.1) 在 X 上生成一个强连续流 $u(t) \in C(I; X)$, 起码要求 (2.1) 所对应的自由方程

$$\begin{cases} v_t + Av = 0, \\ v(0) = \varphi(x), \end{cases} \tag{2.2}$$

在 X 上生成一个整体连续流 $v(t) \in C(\mathbb{R}; X)$ 或 $C(\mathbb{R}^+; X)$. 我们知道， (2.2) 的解 $v(t)$ 可形式表成

$$v(t) = \mathcal{F}^{-1}(e^{-A(i\xi)t}\mathcal{F}\varphi) = e^{-At}\varphi. \tag{2.3}$$

由此看来， (2.2) 在 X 中适定 (在 X 上生成一个连续流) 的充要条件是 A 在 X 中至少生成一个 C_0 半群．如何判别微分算子 A 在一般的 L^p 或其相应的 Sobolev 空间 $H^{s,p}$ 中生成一个 C_0 半群 (群)?

形式上，(2.3) 所决定的解算子 $e^{-At}=\mathcal{F}^{-1}e^{-A(i\xi)t}*$ 生成了一个“代数”半群，然而，它未必在 L^p(或 $H^{s,p}$) 中生成一个 C_0 半群. 这是因为“代数”半群仅要求具有代数结构，即满足一定的运算规律. 而 C_0 半群不仅要求满足一定的代数运算，而且还要求一定的拓扑条件，即

$$\lim_{t\to 0^+} e^{-At}\varphi \overset{L^p}{=\!=} \varphi. \tag{2.4}$$

(2.4) 恰好对应着 (2.2) 的解关于初值的连续依赖性，它是 Cauchy 问题 (2.2) 适定性定义的一部分.

关于半群的刻画，有许多方法，参见 [Pa] 及 [Yo] 的书. 我们知道，解算子 $e^{-A(i\xi)t}*$ 是一个卷积型算子，它自然是一个平移不变算子. e^{-At} 能否在 L^p(或 $H^{s,p}$) 中生成一个 C_0 半群，就要看 e^{-At} 所对应的乘子 $e^{A(i\xi)t}$ 是否属于 Hörmander 空间 $\mathcal{M}_p^p$. 具体地，有如下乘子刻画：

定理 2.1 算子 A 在 L^p 中生成 C_0 半群 e^{-At}, 当且仅当下面条件之一成立：

(1) 对 $\forall\ t>0$, $m(\xi)=\mathcal{F}^{-1}e^{-A(i\xi)t}\in\mathcal{M}_p^p$.

(2) 存在 $\omega\in\mathbb{R}$, 当 $\mathrm{Re}\lambda>\omega$ 时，有

$$(\lambda I+A)^{-1}=\int_0^\infty e^{-\lambda t}T(t)dt. \tag{2.5}$$

此即表明：A 的预解式是抽象算子

$$T(t)=e^{-At}:\quad [0,\infty)\longrightarrow L^p$$

的拉普拉斯变换，这里要求

$$\|T(t)\|\le Me^{\omega t},\qquad \forall t\ge 0. \tag{2.6}$$

例 2.1 热算子、一般的 2m 阶抛物型方程的解算子对应的乘子分别是

$$e^{-|\xi|^2t}\in\mathcal{M}_p^p,\quad t>0, 1\le p\le\infty, \tag{2.7}$$

$$e^{-P_{2m}(\xi)t}\in\mathcal{M}_p^p,\quad t>0, 1\le p\le\infty, \tag{2.8}$$

这里 $P_{2m}(\xi)$ 是 $2m$ 阶椭圆多项式，进而

$$e^{-|\xi|^2(t+is)}, e^{-P_{2m}(\xi)(t+is)}\in\mathcal{M}_p^p,\quad t>0,\quad s\in\mathbb{R}. \tag{2.9}$$

从而推得 Δ,$P_{2m}(D)$ 在 L^p $(1\le p<\infty)$ 上生成一个解析半群，当 $p=\infty$ 时，将 L^∞ 换成 C_b 仍然成立.

例 2.2 (Navicr-Stokcs) 方程 Navicr-Stokcs 方程对应的线性方程组的解算子所对应的乘子是

$$e^{-|\xi|^2 t}\delta_{ij} + \frac{\xi_i}{|\xi|}\frac{\xi_j}{|\xi|}e^{-|\xi|^2 t} \in \mathcal{M}_p^p, \quad 1 < p < \infty. \tag{2.10}$$

类同于抛物型方程, $\mathcal{P}\Delta = A$ 在 $E^p = \{u \in (L^p)^n, \mathrm{div} u = 0\}$ 上生成一个解析半群.

例 2.3 若取 $A = \pm i\Delta$ 或 $A = iQ(D)$,Q 是有理实函数, 它们分别对应着 Schrödinger 方程及一般的色散波方程, 其自由方程所对应的解算子对应乘子分别是 $e^{\pm i|\xi|^2 t}$ 及 $e^{iQ(\xi)t}$. 业已证明 $e^{\pm|\xi|^2 t}$ 及 $e^{iQ(\xi)t} \in \mathcal{M}_p^p$ 的充要条件是 $p = 2$. 故算子 $\pm i\Delta$,$iQ(D)$ 仅能在 Hilbert 型空间 L^2 或 H^s 中生成 C_0 半群, 而在一般 $L^p(p \neq 2)$ 中不能生成 C_0 半群, 参见 [Ho1] 及 [Mi4]. 这也正是我们在 $X = L^2$ 或 H^s 上可研究色散波方程的原因.

例 2.4 经典的波方程 (或 Klein-Gordon 方程).

通过变换 $v = u_t$ 将线性波方程

$$\begin{cases} u_{tt} - \Delta u = 0, \\ u(0) = \varphi(x), \quad u_t(0) = \psi(x) \end{cases} \tag{2.11}$$

转化成一阶抽象 Cauchy 问题

$$\frac{d}{dt}\begin{pmatrix} u \\ v \end{pmatrix} - \begin{pmatrix} 0 & I \\ \Delta & 0 \end{pmatrix}\begin{pmatrix} u \\ v \end{pmatrix} = 0, \qquad \begin{pmatrix} u \\ v \end{pmatrix}\Bigg|_{t=0} = \begin{pmatrix} \varphi(x) \\ \psi(x) \end{pmatrix}. \tag{2.12}$$

此时, 线性波方程的解算子所对应的乘子

$$e^{Bt} \in \mathcal{M}_p^p, \qquad \text{这里} \quad B = \begin{pmatrix} 0 & 1 \\ -|\xi|^2 & 0 \end{pmatrix}$$

的充要条件是 $p = 2$. 因此, 波动方程 (或 Klein-Gordon 方程) 一定要在形如 $X = \dot{H}^s \times \dot{H}^{s-1}$(或 $X = H^s \times H^{s-1}$) 中展开研究.

§10.3 Scaling 与发展型方程匹配的时空空间

上一节, 用乘子的观点考察了研究非线性发展方程

$$\begin{cases} u_t + Au = F(u), \quad x \in \mathbb{R}^n, \quad t \in \mathbb{R}^+ \quad (\text{或 } \mathbb{R}), \\ u(0) = \varphi(x) \end{cases} \tag{3.1}$$

合适的 Banach 空间 X, 其原则是 A 在 X 中生成 C_0 半群. 换言之, (3.1) 对应的自由问题

$$\begin{cases} v_t + Av = 0, & x \in \mathbb{R}^n, \quad t \in \mathbb{R}^+ \ (\text{或 } \mathbb{R}), \\ v(0) = \varphi(x) \end{cases} \tag{3.2}$$

在 X 上生成一个连续流 $v(t) \in C(\mathbb{R}^+; X)$ 或 $v(t) \in C(\mathbb{R}; X)$. 在此前提下, 是否可以证明非线性问题 (3.1) 在 $C(I; X)$ 上适定? 要实现这一目标, 单纯利用 $C(I; X)$ 来建立 (3.1) 的适定性是困难的, 有时甚至是不可能的. 这就需要在 $C(I; X)$ 的子空间中建立 (3.1) 的适定性, 子空间恰好是 $C(I; X)$ 与某些时空 Banach 空间的交. 容易看出, 这是很自然的. 因为自由系统 (3.2) 所决定的解除了属于 $C(I; X)$ 外, 解还具有某种意义下的时空可积性, 即解属于某种形式的时空 Banach 空间. 本节的目的是从 Scaling 的角度来分析不同类型的发展方程所对应的时空 Banach 空间的形式和应满足的条件. 与此同时, 我们还将用 Scaling 的观点来阐述所取合适的 Banach 空间 X 与非线性项之间的关系, 用此关系来判断 (3.1) 是否在 $C(I; X)$ 中适定.

为简单起见, 设 $A = A(\nabla)$ 对应的象征 $A(\xi)$ 满足

$$A(\lambda i\xi) = \lambda^m A(i\xi), \qquad \lambda \in \mathbb{R}^+. \tag{3.3}$$

一般来讲, 我们限定合适的 Banach 空间是形如

$$X = H^{s,p}(\mathbb{R}^n) = (I - \Delta)^{-\frac{s}{2}} L^p, \quad s \in \mathbb{R}, \quad 1 < p < \infty \tag{3.4}$$

或

$$\dot{X} = \dot{H}^{s,p}(\mathbb{R}^n) = (-\Delta)^{-\frac{s}{2}} L^p, \quad s \in \mathbb{R}, \quad 1 < p < \infty. \tag{3.5}$$

显而易见, $X = H^{s,p}$ 或 $X = \dot{H}^{s,p}$ 是研究 (3.1) 的合适的 Banach 空间的必要条件是 $e^{-A(i\xi)} \in \mathcal{M}_p^p$. 众所周知, 抛物型方程、 Navier-Stokes 方程相应的解算子对应的象征 $e^{-A(i\xi)} \in \mathcal{M}_p^p$, 这里 $1 < p < \infty$. 而对于 Schrödinger 方程、波动型方程及一般的色散波方程, $e^{-A(i\xi)} \in \mathcal{M}_p^p$ 的充要条件是 $p = 2$.

一般来讲, (3.1) 适定性的研究是通过研究如下积分方程

$$u(t) = e^{-tA}\varphi + \int_0^t e^{-(t-\tau)A} F(u)(\tau) d\tau \tag{3.6}$$

来实现的. 为清楚起见, 先引入一些概念:

定义 3.1 (局部适定性) 称 (3.1) 或 (3.6) 在函数空间 X 中局部适定, 如果满足如下条件:

(i) 给定 $\varphi \in X$, 存在 $T = T(\|\varphi\|_X)$(当 X 是临界空间时, $T = T(\varphi)$) 和 (3.1) 或 (3.6) 的惟一解

$$u(t) \in \mathcal{X}(I) \equiv C(I; X) \cap \cdots, \tag{3.7}$$

这里 $\cdots$ 表示一些合适的时空 Banach 空间，而 $T(\delta)$ 满足

$$\lim_{\delta\to 0} T(\delta) = \infty. \tag{3.8}$$

(ii) 存在 $r = r(\|\varphi\|_X)$ 及 $M(\|\varphi\|_X) > 0$, 对任意 $\tilde{\varphi} \in X$ 满足

$$\|\tilde{\varphi} - \varphi\|_X < r(\|\varphi\|_X). \tag{3.9}$$

则

$$\|\tilde{u}(t) - u(t)\|_{\mathcal{X}(I)} \le M(\|\varphi\|_X)\|\tilde{\varphi} - \varphi\|_X, \tag{3.10}$$

这里 $\tilde{u}(t)$,$u(t)$ 分别是以 $\tilde{\varphi}$, φ 为初值函数时所对应的解， $I = [0, T)$ 是两者的公共存在区间. 换言之，解算子 $\tilde{\varphi} \longmapsto \tilde{u}(t)$ 决定了 $\{\tilde{\varphi}(x); \|\tilde{\varphi} - \varphi\|_X < r\}$ 到 $\mathcal{X}(I)$ 的局部 Lip 映射.

(iii) 如果 $\varphi \in Y \hookrightarrow X$, 则相应的解 $u(t)$ 满足

$$u(t) \in \mathcal{Y}(I) \equiv C(I; Y) \cap \cdots \tag{3.11}$$

注记 3.1 (i) 通过积分方程 (3.6) 而建立的解通常称为 mild 解，定义 3.1 中的 (i) 意味着 mild 解的存在惟一性， (ii) 、 (iii) 本质上意味着 mild 解就是强解，它可以通过经典解在 $\mathcal{X}(I)$ 模意义下的极限而得到. 当初始函数足够光滑时，相应的解就是经典解.

(ii) 如果直接在 $C(I; X)$ 中求解 (3.1)(具体地说，直接用在 $C(I; X)$ 范数诱导的度量意义下构造不动点) 是困难的，除非 X 是 Banach 代数. 利用紧致法或其它方法得到的解 $u(t) \in L^\infty(I; X)$, 未必惟一，也不能直接得到解的连续依赖性. 事实上，求解积分方程 (3.3), 一般来讲是在 $C(I; X)$ 的子空间中进行，即 $C(I; X)$ 与某些时空 Banach 空间的交中进行. 换句话说，就是要充分考虑到解的时空可积性.

(iii) 当 X 是临界空间时，总存在 $\eta > 0$, 当 $\|\varphi\|_X < \eta$ 时，可以获得解的整体适定性，即

$$u(t) \in C(\mathbb{R}; X) \cap \cdots \text{或} \quad u(t) \in C(\mathbb{R}^+; X) \cap \cdots \tag{3.12}$$

定义 3.2 设 X 是 $\mathbb{R}^n$ 上分布函数所构成的 Banach 空间， $\dot{X}$ 表示相应的齐次空间，对 $\forall \varphi \in \dot{X}$,$\varphi \ne 0$, 令

$$\Lambda(\lambda) = \frac{\|\varphi(\lambda x)\|_{\dot{X}}}{\|\varphi(x)\|_{\dot{X}}},$$

定义 $\dot{X}$ 的光滑度为

$$\deg(\dot{X}) = \log_\lambda \Lambda(\lambda). \tag{3.13}$$

容易看出， $\Lambda(\lambda)$ 是 λ 的齐次函数，它不依赖 $\varphi(x)\neq 0$ 的选取. 用 $\deg\dot{X}$ 来定义 X 的最高阶光滑度，记为 h-deg$X$. 特别，当 X 仅是可积型空间 (可微次数是 0) 时， $X=\dot{X}$, 此时就不在区别记号 h-deg$X$ 与 $\deg\dot{X}$. 例如：

$$X=L^p(\mathbb{R}^n),\quad \deg(X)=-\frac{n}{p},\quad 1\le p\le\infty,$$

$$X=M_q^p,\quad \deg(X)=-\frac{n}{p},\quad 1\le q\le p<\infty.$$

常用的可微函数空间有：

$$X=H^{s,p}(\mathbb{R}^n),\quad \deg(\dot{X})=\text{h-deg}(X)=s-\frac{n}{p},\\ 1\le p\le\infty,\quad s\in\mathbb{R}.$$

$$X=B^s_{p,q}(\mathbb{R}^n),\quad \deg(\dot{X})=\text{h-deg}(X)=s-\frac{n}{p},\\ 1\le p,q\le\infty,\quad s\in\mathbb{R}.$$

$$X=F^s_{p,q}(\mathbb{R}^n),\quad \deg(\dot{X})=\text{h-deg}(X),\quad 1\le p<\infty,\\ 1\le q\le\infty,\quad s\in\mathbb{R}.$$

现假设 $F(u)$ 具有

$$F(u)\sim|u|^\alpha u \tag{3.14}$$

的形式. 容易验证

$$u_\lambda(t)=\lambda^\theta u(\lambda^{-1}x,\lambda^{-m}t) \tag{3.15}$$

是

$$\begin{cases} u_t+Au=F(u),\\ u(0)=\lambda^\theta\varphi(\lambda^{-1}x)\end{cases} \tag{3.1$'$}$$

的解的充要条件是 $\theta=-\frac{m}{\alpha}$. 更一般地，如果非线性函数 $F(u)$ (可能含有导数项) 满足

$$F(\lambda^\theta u(\lambda^{-1}x,\lambda^{-m}t))=\lambda^{-m+\theta}F(u(\lambda^{-1}x,\lambda^{-m}t)),\quad \forall\lambda\in\mathbb{R}^+, \tag{3.16}$$

$u(x,t)$ 是 (3.1) 的解，则 $u_\lambda=\lambda^\theta u(\lambda^{-1}x,\lambda^{-m}t)$ 是 (3.1$'$) 的解.

设 A 在 L^p $(1\le p<\infty)$ 上生成一个 C_0 半群 (例如： (3.1) 对应着抛物型方程的情形), 取 $X=H^{s,p}(\mathbb{R}^n)$. 显然，与此对应的线性问题在 $C(I;H^{s,p}(\mathbb{R}^n))$ 上是整体适定的. 现在的问题是：对于满足 (3.16) 的非线性项， s,p 应满足什么条件才能确保 (3.1) 在 $C(I;H^{s,p}(\mathbb{R}^n))\cap\cdots$ 上适定？ s,p 应满足什么条件对应着临界空间呢？

从 Scaling 的角度来考虑，预期的理想结果应该是：

(i) $\text{h-deg}(H^{s,p}) \geq \theta$, 即 $s \geq \frac{n}{p} + \theta$, 问题 (3.1) 在 $X = H^{s,p}(\mathbb{R}^n)$ 上是局部适定的.

(ii) $\text{h-deg}(H^{s,p}) < \theta$, 即 $s < \frac{n}{p} + \theta$, 问题 (3.1) 在 $X = H^{s,p}(\mathbb{R}^n)$ 上是不适定的.

(iii) 当 $\text{h-deg}(H^{s,p}) = \theta$, 即 $s = \frac{n}{p} + \theta$ 时， $X = H^{s,p}$ 对应着临界空间 (通常记 $s_p = \frac{n}{p} + \theta$). 在此情形下，问题 (3.1) 的小解在 $X = H^{s,p}(\mathbb{R}^n)$ 中是整体适定的.

但是，对于不同的方程及不同类型的非线性项，与上述理想的结果未必完全符合. 有时比预期的要好些，如对流扩散方程

$$\begin{cases} u_t - \Delta u = \vec{a} \cdot \nabla(|u|^\alpha u), \quad t > 0, \quad x \in \mathbb{R}^n, \quad \vec{a} \in \mathbb{R}^n \setminus \{0\}, \\ u(0) = \varphi(x), x \in \mathbb{R}^n \end{cases} \tag{3.17}$$

详见 [EZ]. 有时无法达到预期的结果，例如：

$$\begin{cases} u_{tt} - \Delta u = u^2, \quad x \in \mathbb{R}^n, \quad t \in \mathbb{R}, \\ u(x,0) = f(x), \quad u_t(x,0) = g(x). \end{cases} \tag{3.18}$$

Scaling 建议的 (3.18) 应在 $X = H^s(\mathbb{R}^3) \times H^{s-1}(\mathbb{R}^3)$ 中适定，这里 $s \geq -\frac{1}{2}$. 然而， Lindblad 在 [Li] 中证明当 $s < 0$ 时， (3.18) 是不适定的. 但是，对于某些特殊的非线性项 $F(u)$, 例如：

$$\begin{cases} u_{tt} - \Delta u = \sum_{j=1}^{3} (\partial_{x_j} u)^2 - (\partial_t u)^2, \\ u(x,0) = f(x), \quad \partial_t u(x,0) = g(x) \end{cases} \tag{3.19}$$

或更一般的满足零条件的非线性项 (见 [KM1],[K]), 其适定性同 Scaling 所建议的情形相符. 当 $s > \frac{3}{2}$ 时， (3.19) 在 $X = H^s \times H^{s-1}$ 中适定. 总之， Scaling 技术为研究非线性发展方程提供了一个基本标准，特别是对抛物型方程而言，基本上是符合的. 我们将在下面的几章里，分别对几类重要的方程，如热传导方程、 Navier-Stokes 方程、 Schrödinger 方程、波动型方程予以详细地讨论.

下面利用 Scaling 原理来考察线性发展方程的解应属于什么样的时空 Banach 空间，这些时空 Banach 空间在研究非线性发展方程中起着决定作用，下面我们分几类情形来予以考察.

1. 抛物型方程

设 m 阶齐次算子 $-A$ 在 $L^r(1 < r < \infty)$ 中生成解析半群. 直接验证，若 $v = v(x,t)$ 是 (3.2) 的解，则 $v_\lambda(t) = v(\lambda x, \lambda^m t)$ 是 (3.2) 将初始函数换成

$\varphi(\lambda x)$ 的解. 若 $v(x,t) \in L^q(\mathbb{R}^+, L^p(\mathbb{R}^n))$, $1 < p, q < \infty$, 那么, p, q 应满足什么条件?

记

$$\mathcal{E}_{p,q}(\lambda) = \|v(\lambda x, \lambda^m t)\|_{L^q(\mathbb{R}^+; L^p(\mathbb{R}^n))}, \tag{3.20}$$

$$\mathcal{E}_r(\lambda) = \|\varphi(\lambda x)\|_{L^r(\mathbb{R}^n)}. \tag{3.21}$$

那么, $v(t) \in L^q(\mathbb{R}^+; L^p(\mathbb{R}^n))$ 的必要条件是

$$\text{order}(\mathcal{E}_{p,q}(\lambda)) = \text{order}(\mathcal{E}_r(\lambda)), \tag{3.22}$$

即

$$\frac{m}{q} = n\left(\frac{1}{r} - \frac{1}{p}\right). \tag{3.23}$$

我们将会在第十一章看到, 当

$$1 < r \le p < \begin{cases} \frac{rn}{n-m}, & n > m, \\ \infty, & n \le m \end{cases} \tag{3.24}$$

时, (3.23) 确定的 (q,p) 就是 $v(t) \in L^q(\mathbb{R}^+, L^p(\mathbb{R}^n))$ 的充要条件.

定义 3.3 (i) 称满足 (3.23), (3.24) 的 (q,p,r) 是关于抛物算子 $\partial_t + A$ 的三元容许簇, 全体三元容许簇的集合记为 Λ.

(ii) 若

$$1 \le r \le p < \begin{cases} \frac{rn}{n-rm}, & n > rm, \\ \infty, & n \le rm, \end{cases} \tag{3.25}$$

就称 (3.23) 确定的 (q,p,r) 是关于抛物算子 $\partial_t + A$ 的广义的三元容许簇, 全体广义三元容许簇的集合记为 Γ.

容易验证, 对于任意的 $(q,p,r) \in \Gamma$ (其中 $q = p(p,r)$ 由 p, r 惟一确定), 可确保

$$\sup_{t\ge 0} t^{\frac{1}{q}} \|v(t)\|_p < \infty,$$

即 $v \in \mathcal{C}_{q(p,r)}(\mathbb{R}^+; L^p(\mathbb{R}^n))$, 这里

$$\mathcal{C}_\sigma(I; L^p(\mathbb{R}^n)) = \Big\{ u \in C(\dot{I}; L^p(\mathbb{R}^n)); \text{且} \sup_{t\in I} t^{\frac{1}{\sigma}} \|u\|_p < \infty,$$
$$I \subseteq \mathbb{R}, \dot{I}\text{是 } I \text{ 的开区间}, \sigma > 0 \Big\},$$

$$\dot{\mathcal{C}}_\sigma(I; L^p(\mathbb{R}^n)) = \Big\{ u \in \mathcal{C}_\sigma(I; L^p(\mathbb{R}^n)); \lim_{t\to 0} t^{\frac{1}{\sigma}} \|u\|_p = 0, \sigma > 0 \Big\}.$$

形如 $\mathcal{C}_\sigma(I; L^p(\mathbb{R}^n))$ 的空间在研究抛物型方程、Naiver-Stokes 方程的的 Cauchy 问题中, 扮演着 $L^q(I; L^p(\mathbb{R}^n))$ 在研究诸如色散波方程、波动型方程中的角色.

上面的容许关系 (3.23) 是从 Scaling 的角度给出的. 现在我们可以从 L^p–L^q 估计来考察，对于抛物型方程 (3.2) 的解，有

$$\|v(t)\|_\ell \leq \|\varphi\|_\ell, \qquad 1 \leq \ell \leq \infty$$

及

$$\|v(t)\|_\infty \leq Ct^{-\frac{n}{m}}\|\varphi\|_1, \quad t > 0.$$

由插值定理可见

$$\|v(t)\|_p \leq Ct^{-\frac{n}{m}(\frac{1}{r}-\frac{1}{p})}\|\varphi\|_r \quad 1 < r \leq p. \tag{3.26}$$

由此推得: 欲使 $v \in L^q(\mathbb{R}^+; L^p(\mathbb{R}^n))$ 或 $\mathcal{C}_{q(p,r)}(\mathbb{R}^+; L^p(\mathbb{R}^n))$, 须有关系式 (3.23).

2. 色散波方程

设算子 A 仅能在 $L^2(\mathbb{R}^n)$ 或 $H^s(\mathbb{R}^n)$ 上生成 C_0 半群，而在一般的 L^r $(r \neq 2)$ 型的空间上不能生成 C_0 半群. 类同于抛物型方程的情形, 若 A 对应着 m 阶齐次微分算子，记 $v(t) = v(x,t)$ 是 (3.2) 的解，则 $v_\lambda(t) = v(\lambda x, \lambda^m t)$ 就是 (3.2) 将初始函数 $\varphi(x)$ 换成 $\varphi(\lambda x)$ 时的解. 容易看出，$v \in L^q(\mathbb{R}; L^p(\mathbb{R}^n))$ 的必要条件是

$$\mathrm{order}(\mathcal{E}_{p,q}(\lambda)) = \mathrm{order}(\mathcal{E}_2(\lambda)),$$

这时 $\mathcal{E}_{p,q}(\lambda)$, $\mathcal{E}_2(\lambda)$ 类同于 (3.20),(3.21). 上式意味着容许关系

$$\frac{m}{q} = n\left(\frac{1}{2} - \frac{1}{p}\right). \tag{3.27}$$

进而，我们将会看到，当

$$2 \leq p < \begin{cases} \dfrac{2n}{n-m}, & n > m, \\ \infty, & n \leq m \end{cases} \tag{3.28}$$

时，(3.27) 确定的 (q,p) 是自由方程 (3.2) 的解 $v \in L^q(\mathbb{R}; L^p(\mathbb{R}^n))$ 的充要条件.

定义 3.4　称满足 (3.27), (3.28) 的 (q,p) 是 m 阶色散波方程的容许对.

另一方面，当 $m > 2$ 时，$iA(i\xi)$ 对应着 m 阶正定 (负定) 多项式时，则自由解满足正则性的 $L^{p'} \to L^p$ 估计 (见 [KPV1])

$$\|S(t)\varphi\|_{\dot{H}^{2s_p,p}} = \|\partial^{2s_p}S(t)\varphi\|_p \leq C|t|^{-n(\frac{1}{2}-\frac{1}{p})}\|\varphi\|_{p'}, \tag{3.29}$$

这里 $v(t) = e^{-At}\varphi(x)$, $s_p = \dfrac{n(m-2)}{2}(\dfrac{1}{2} - \dfrac{1}{p})$, $2^* = \dfrac{2n}{n-2}$ 以及

$$\begin{cases} 2 \leq p < 2^*, & n \geq 2, \\ 2 \leq p \leq \infty, & n = 1. \end{cases} \tag{3.30}$$

于是，$v(t) = S(t)\varphi \in L^q(\mathbb{R}; \dot{H}^{s_p,p}(\mathbb{R}^n))$ 且满足

$$\|S(t)\varphi; L^q(\mathbb{R}; \dot{H}^{s_p,p}(\mathbb{R}^n))\| \leq C\|\varphi\|_2$$

的必要条件应是

$$\frac{2}{q} = n\left(\frac{1}{2} - \frac{1}{p}\right). \tag{3.31}$$

特别，对于经典的 Schrödinger 方程而言，容许关系 (3.27) 与正则的容许关系 (3.31) 等价.

定义 3.5 称满足 (3.30), (3.31) 的 (q,p) 是 m 阶色散波方程的正则的容许对. 特别，对于经典的 Schrödinger 方程而言，容许关系 (3.31) 与正则的容许关系 (3.27) 是一致的. 由 Keel-Tao 的端点时空估计，(3.30) 可放宽成

$$\begin{cases} 2 \leq p \leq 2^*, & n \geq 3, \\ 2 \leq p < 2^*, & n = 2, \\ 2 \leq p \leq \infty, & n = 1. \end{cases} \tag{3.30$'$}$$

注记 3.2 我们会发现，一般色散波方程与一般抛物型方程对应的许容关系是类似的. 从 $L^p \to L^{p'}$ 估计及 $L^p \to L^r$ 估计关于时间的衰减来看容许关系是有区别的. 抛物型方程的容许关系 (3.23) 确定三元容许簇 (q,p,r); 对色散波方程来讲，$r \equiv 2$, 并且解算子对应的估计是 $L^{p'}$ 到 L^p 的有界线性算子 $(t \neq 0)$, 而非 $L^2 \to L^p$ 的有界线性算子，即

$$\|S(t)\varphi\|_p \leq C|t|^{-\frac{2n}{m}\left(\frac{1}{2}-\frac{1}{p}\right)}\|\varphi\|_{p'} = C|t|^{-\frac{n}{m}\left(\frac{1}{p'}-\frac{1}{p}\right)}\|\varphi\|_{p'}. \tag{3.32}$$

因此，由 TT^* 方法及 Hardy-Littlewood-Sobolev 不等式，定义容许关系

$$\frac{2}{q} = \frac{2n}{m}\left(\frac{1}{2} - \frac{1}{p}\right) = \frac{n}{m}\left(\frac{1}{p'} - \frac{1}{p}\right), \tag{3.33}$$

此与 Scaling 推出的 (3.27) 等价. 依此原则，正则 $L^{p'} \to L^p$ 估计及 Hardy-Littlewood-Sobolev 不等式、TT^* 方法就决定了正则容许关系 (3.31).

3. 波动型方程

众所周知，可以将线性波动方程的 Cauchy 问题

$$\begin{cases} u_{tt} - \Delta u = 0, \\ u(0) = \varphi(x), \quad u_t(0) = \psi(x) \end{cases} \tag{3.34}$$

转化成抽象的 Cauchy 问题 (3.2), 此时

$$A = \begin{pmatrix} 0 & I \\ \Delta & 0 \end{pmatrix}, \quad V = \begin{pmatrix} u \\ u_t \end{pmatrix}, \quad V(0) = \begin{pmatrix} \varphi \\ \psi \end{pmatrix}. \tag{3.35}$$

由于 A 已非 2 阶齐次微分算子，先从线性问题 (3.34) 解的 $L^p - L^{p'}$ 估计、TT^* 方法及 Hardy-Littlewood-Sobolev 不等式，来考察研究非线性波方程所需要的时空 Banach 空间.

记

$$u[0] = (\varphi, D^{-1}\psi), \qquad D^{-1} = (-\Delta)^{-\frac{1}{2}}. \tag{3.36}$$

容易验证

$$u(t) = \mathcal{F}^{-1}(\cos|\xi|t\mathcal{F}\varphi) + \mathcal{F}^{-1}\left(\frac{\sin|\xi|t}{|\xi|}\mathcal{F}\psi\right) \tag{3.37}$$

是 (3.34) 的解且满足能量恒等式

$$E(u(t), u_t(t)) = \int_{\mathbb{R}^n} [|\partial_t u|^2 + \sum_{j=1}^{n} |\partial_{x_j} u|^2]\, dx = E(\varphi(x), \psi(x)). \tag{3.38}$$

对任意 $s \geq 0$, 有能量不等式

$$\|\partial u(t)\|_{H^s} \leq \|\partial u(0)\|_{H^s}, \qquad \partial = (\partial_t, \partial_1, \cdots, \partial_n), \tag{3.39}$$

详见 [So2] 及 [PS]. 另一方面，我们有如下色散不等式

$$\|u(t)\|_{\mathrm{BMO}} \leq C|t|^{-\frac{n-1}{2}} \|D^{\frac{n+1}{2}} u[0]\|_{\mathcal{H}_1}, \tag{3.40}$$

这里 $\mathcal{H}_1$ 表示 Hardy 空间. 由插值定理可得如下 Strichartz-Brenner 估计

$$\|u(t)\|_r \leq C|t|^{-\gamma(r)} \|\nabla^\sigma \partial u(0)\|_{r'}, \tag{3.41}$$

这里

$$\gamma(r) = (n-1)\left(\frac{1}{2} - \frac{1}{r}\right), \quad \frac{1}{r} + \frac{1}{r'} = 1, \quad r \geq 2, \tag{3.42}$$

$$\sigma = 2\delta(r) - \gamma(r) - 1, \quad \delta(r) = n\left(\frac{1}{2} - \frac{1}{r}\right). \tag{3.43}$$

因此，对于 $(\varphi(x), \psi(x)) \in H^\sigma \times H^{\sigma-1}$, 由 TT^* 方法及 Strichartz-Brenner 的 $L^{p'} \to L^p$ 估计，便得

$$\|u(t)\|_{L^q(\mathbb{R}; L^r(\mathbb{R}^n))} \leq C\|u[0]\|_{H^\sigma} \tag{3.44}$$

成立的必要条件是

$$\sigma = \delta(r) - \frac{1}{q} = n\left(\frac{1}{2} - \frac{1}{r}\right) - \frac{1}{q}. \tag{3.45}$$

进而，若 (q, r) 满足

$$\frac{2}{q} \leq \gamma(r), \quad q \geq 2, \quad (q, r, n) \neq (2, \infty, 3), \tag{3.46}$$

则容许关系 (3.45) 确定的 (q,r) 确保 (3.44) 成立.

定义 3.6 称满足 (3.45) 与 (3.46) 的 (q,r) 是正则度为 σ 的时空容许对. 特别, 当 $\frac{2}{q}=\gamma(r)$ 时, 则对应着最佳的时空容许对.

注记 3.3 (i) 当 $\sigma=0$ 时, 波方程有如下特殊形式的容许关系

$$\frac{1}{q}=n\left(\frac{1}{2}-\frac{1}{r}\right). \tag{3.47}$$

易见, 若 $u=u(x,t)$ 是 (3.34) 的解, 则 $u_\lambda=u(\lambda x,\lambda t)$ 是 (3.34) 将初值换成 $(\varphi(\lambda x),\lambda\psi(\lambda x))$ 时的解. 因此, 欲使 $u(t,x)\in L^q(\mathbb{R},L^r(\mathbb{R}^n))$, 其必要条件应是

$$\deg(\mathcal{E}_{q,r}(\lambda))=\deg(\mathcal{E}_2(\lambda)), \tag{3.48}$$

这里

$$\mathcal{E}_{q,r}(\lambda)=\|u_\lambda\|_{L^q(\mathbb{R};L^r(\mathbb{R}^n))},\quad \mathcal{E}_2(\lambda)=\|\varphi(\lambda x)\|_2+\|\lambda\psi(\lambda x)\|_{\dot{H}^{-1}}. \tag{3.49}$$

此恰好意味着容许关系式 (3.47).

(ii) 当 $\sigma=\beta(r)=\frac{n+1}{2}(\frac{1}{2}-\frac{1}{r})$ 时, 波方程有如下特殊形式的容许关系 (通常用的最佳容许关系)

$$\frac{1}{q}=\frac{n-1}{2}\left(\frac{1}{2}-\frac{1}{r}\right). \tag{3.50}$$

易见, 若 $u=u(x,t)$ 是 (3.34) 的解, 则 $u_\lambda=u(\lambda x,\lambda t)$ 是 (3.34) 将初值换成 $(\varphi(\lambda x),\lambda\psi(\lambda x))$ 时的解. 因此, 欲使 $u(t,x)\in L^q(\mathbb{R},L^r(\mathbb{R}^n))$, 其必要条件应是

$$\deg(\mathcal{E}_{q,r}(\lambda))=\deg(\mathcal{E}_2^{\beta(r)}(\lambda)), \tag{3.51}$$

这里

$$\mathcal{E}_2^{\beta(r)}(\lambda)=\|\varphi(\lambda x)\|_{\dot{H}^{\beta(r)}}+\|\lambda\psi(\lambda x)\|_{\dot{H}^{\beta(r)-1}}. \tag{3.52}$$

此恰好意味着容许关系式 (3.50).

4. 分数阶发展方程

直接验证, $v(t)=\mathcal{F}^{-1}E_{1+\alpha}(-|\xi|^2t^{1+\alpha})*\varphi$ 是如下分数阶发展方程

$$\begin{cases}\dfrac{\partial^{\alpha+1}v}{\partial t^{\alpha+1}}=\Delta v,\quad 0<\alpha<1,\quad x\in\mathbb{R}^n,\quad t\geq 0\\ v(0)=\varphi\end{cases} \tag{3.53}$$

的解, 这里 $E_{1+\alpha}(-|\xi|^2)$ 是 Mittag-Leffler 函数 (见 [HM]). 由于 $E_{1+\alpha}(-|\xi|^2)\in\mathcal{M}_p$, 故 $\mathcal{F}^{-1}E_{1+\alpha}(-|\xi|^2t^{1+\alpha})*$ 在任意 L^p $(1<p<\infty)$ 上生成一个整体流. 由

Scaling 技术，若 $v(t)=v(x,t)$ 是 (3.53) 的解，则 $v_\lambda(t)=v(\lambda x,\lambda^{\frac{2}{1+\alpha}}t)$ 是分数阶方程以 $\varphi_\lambda(x)=\varphi(\lambda x)$ 为初始函数的解．这样欲使 $v(t)\in L^q(\mathbb{R}^+,L^p(\mathbb{R}^n))$，其必要条件应是

$$\mathrm{order}\,(\mathcal{E}_{p,q}(\lambda))=\mathrm{order}\,(\mathcal{E}_r(\lambda))\,, \tag{3.54}$$

这里

$$\mathcal{E}_{p,q}(\lambda)=\|v(\lambda x,\lambda^{\frac{2}{1+\alpha}}t)\|_{L^q(\mathbb{R}^+,L^p(\mathbb{R}^n))},\quad \mathcal{E}_r(\lambda)=\|\varphi(\lambda x)\|_r, \tag{3.55}$$

此即

$$\frac{1}{q}=\frac{(\alpha+1)n}{2}\left(\frac{1}{r}-\frac{1}{p}\right), \tag{3.56}$$

这里

$$1<r\le p<\begin{cases}\frac{n(1+\alpha)r}{n(1+\alpha)-2}, & n\ge 2,\\ \infty, & n=1.\end{cases} \tag{3.57}$$

定义 3.7 (i) 称满足 (3.56),(3.57) 的 (q,p,r) 是三元时空容许簇．这里 $q=q(p,r)$ 由 p,r 惟一确定．

(ii) 将 (3.57) 放宽为

$$\frac{1}{q}=\frac{n(1+\alpha)}{2}\left(\frac{1}{r}-\frac{1}{p}\right),\quad 1<r\le p<\begin{cases}\dfrac{n(1+\alpha)r}{n(1+\alpha)-2r}, & n(1+\alpha)>2r,\\ \infty, & n(1+\alpha)\le 2r.\end{cases} \tag{3.58}$$

此时，称由 (3.56), (3.58) 决定的 (q,p,r) 是广义的三元时空容许簇．

借此可构造时空 Banach 空间 $L^q(I;L^p(\mathbb{R}^n)$ 来研究非线性分数阶发展方程，详见 [Mi10].

第十一章　线性发展型方程解的时空估计

我们在前面借助于 Fourier 变换在光滑子流形上的限制性定理，给出了一些发展型方程的对称性时空估计．本章我们将致力于研究线性发展方程解的混和型时空估计，它在非线性发展方程的研究中起着极其重要的作用．研究混和型时空估计的主要方法是前面建立的 Besov 空间理论、Littlewood-Paley 分解、乘子估计及振荡积分估计．我们从一般的色散波方程出发，直接研究其正则性的时空估计，倒向时空估计，这些结果不仅深刻，且与许多经典的数学问题相联系 (如著名的 L. Carleson 猜想)．鉴于 Schrödinger 方程在量子力学中的重要性，我们将在第二节中予以重点阐述其混和型时空估计．第三节我们将在 Besov 空间的框架下建立波动方程的时空估计，它是 Ginibre-Velo 的最近成果，它把经典的 Strichartz 估计及其日后一系列的推广形式给出了很完善的推广．第四节我们着重讨论 Klein-Gordon 型方程的时空估计，当然，作为时空估计的前提，我们将对解的 $L^p - L^q$ 估计予以重点讨论．最后，我们利用 Hörmander 的乘子理论，建立线性抛物型方程、Naiver-Stokes 型方程的时空估计．

§ 11.1　一般线性色散型波方程解的时空估计

我们首先来研究形如

$$\begin{cases} u_t - iP(D)u = 0, & x \in \mathbb{R}^n, \quad t \in \mathbb{R}, \\ u(x,0) = u_0(x), & x \in \mathbb{R}^n \end{cases} \tag{1.1}$$

的解

$$u(x,t) = W(t)u_0(x) = \mathcal{F}^{-1}e^{iP(\xi)t}\mathcal{F}u_0(x) \tag{1.2}$$

的时空估计及相应的局部正则性，这里 $D = \frac{1}{i}(\partial_1, \cdots, \partial_n)$ 以及

$$P(D)f = (2\pi)^{-\frac{n}{2}} \int_{\mathbb{R}^n} e^{ix\cdot\xi} P(\xi)\hat{f}(\xi)d\xi, \tag{1.3}$$

这里 Fourier 变换采用 $\mathcal{F}g = (2\pi)^{-\frac{n}{2}} \int_{\mathbb{R}^n} e^{-ix\cdot\xi} g(\xi)d\xi$ 的形式．

容易看出，对任意的 $u_0(x) \in H^s(\mathbb{R}^n)$, $u(x,t) = W(t)u_0(x)$ 在 $H^s(\mathbb{R}^n)$ 上形成了一个单位酉群．因此，仅从可微性角度来讲， $u(x,t) = W(t)u_0(x)$ 在 H^s 型的空间中没有整体正则性．即当 $u_0(x) \in H^s(\mathbb{R}^n)$ 时，对 $\forall t > 0$, 我们有 $u(x,t) = W(t)u_0(x) \in H^s(\mathbb{R}^n)$．但是，对任意 $\varepsilon > 0$, $u(x,t) \bar{\in} H^{s+\varepsilon}(\mathbb{R}^n)$．事实上，如若不然，反向求解 (1.1) 就得矛盾．除此之外，是否还有其它形式的

正则性呢？这一问题可从两个方面来考察．一方面，从可积指标的增加来看(可视为某种意义下正则性)，具有整体的时空估计，这一工作源于 I.Segal [Se2] 及 R. Strichartz [St4] 关于波动方程及 Schrödinger 方程工作．例如，当 $P(\xi)$ 是满足 $r=\operatorname{rank}(\frac{\partial^2 P(\xi)}{\partial\xi_i\partial\xi_j})>\frac{2n}{k}(\xi\neq 0)$ 的 k 齐次多项式 (见第九章定理 5.6) 时，问题 (1.1) 的解满足

$$\|u(x,t)\|_{L^q(\mathbb{R}^{n+1})}\le C\|u_0\|_{L^2(\mathbb{R}^n)},\quad q=\frac{2n+2k}{n}. \tag{1.4}$$

特别，当 $P(\xi)=|\xi|^2$ 时，(1.1) 就是经典自由 Schrödinger 方程，而估计 (1.4) 就对应着第九章定理 5.2 的对称性时空估计．另一方面，从可微性角度来讲，虽然问题 (1.1) 的解 $u(x,t)=W(t)u_0(x)$ 在 $H^s(\mathbb{R}^n)$ 中没有整体的正则性，然而，在局部意义下，具有形如

$$\int_{-T}^{T}\int_{|x|\le R}\left|(I-\Delta)^{\frac{m-1}{4}}u(x,t)\right|^2dxdt\le C(T,R,\|u_0\|_2) \tag{1.5}$$

的局部正则性估计，这里 m 是象征 $P(\xi)$ 的最高阶数，即当 $|\xi|\to\infty$ 时，$P(\xi)$ 具有形如 $O(|\xi|^m)$ 的行为．局部光滑性的研究源于 T. Kato [Ka1] 关于 KdV 方程的工作，此类估计不仅可用于非线性色散波方程的定解问题的研究，同时可改进著名的 L.Carleson 猜想，即

$$\lim_{t\to 0}u(x,t)\overset{\text{a.e.}}{=}u_0(x),\quad x\in\mathbb{R},\quad u_0\in H^{\frac14}(\mathbb{R}), \tag{1.6}$$

其中 $u(x,t)=S(t)u_0(x)=\mathcal{F}^{-1}e^{i|\xi|^2t}\mathcal{F}u_0(\xi)$ 是自由 Schrödinger 方程的 Cauchy 问题

$$\begin{cases}u_t-i\Delta u=0, & x\in\mathbb{R},\quad t\in\mathbb{R},\\ u(x,0)=u_0(x), & x\in\mathbb{R}\end{cases} \tag{1.7}$$

的解．

围绕这两方面的问题，我们来研究一般线性色散波方程的混合时空估计、正则性时空估计、倒向时空估计及局部光滑性，并对相应的问题予以简要的评述．如前面记号，$J_s=(I-\Delta)^{\frac{s}{2}}$ 和 $I_s=|D|^s=(-\Delta)^{\frac{s}{2}}$ 分别表示 s 阶的 Bessel 位势的逆算子和 s 阶 Riesz 位势的逆算子，σ 表示 Hilbert 变换．先考虑一维情形：

定义 1.1 称相函数 $\phi(x)\in\mathcal{A}$, 如果它满足：

(1) 设 $\Omega\subseteq\mathbb{R}$ 是有限个区间的并所构成的开集，$\phi(x)\in C^3(\Omega,\mathbb{R})$;

(2) 集合 $S_\phi=\{\xi\in\overline{\Omega}\cup\{\pm\infty\}$ 满足 $\phi''(\xi)=0$ 或 $\lim_{\bar\xi\to\xi}\phi''(\bar\xi)=\pm\infty\}$ 有限；

(3) 设 $\xi_0\in S_\phi$, 且 $\xi_0\neq\pm\infty$, 存在常数 ε,c_1,c_2 及 $\alpha\neq 0$, 满足

$$c_1|\xi-\xi_0|^{\alpha-2}\le|\phi''(\xi)|\le c_2|\xi-\xi_0|^{\alpha-2},\quad |\xi-\xi_0|<\varepsilon; \tag{1.8}$$

(4) 设 $\xi_0=\pm\infty\in S_\phi$, 存在 ε, c_1, c_2 及 $\alpha\neq 0$, 使得

$$c_1|\xi|^{\alpha-2}\le|\phi''(\xi)|\le c_2|\xi|^{\alpha-2},\qquad |\xi|>\frac{1}{\varepsilon};\tag{1.9}$$

(5) $\phi''(\xi)$ 至多有限次改变其单调性.

容易看出，当 $\phi(x)=(R(x))^\alpha$, $\alpha\in\mathbb{R}$, $R(x)$ 是有理函数时，只要 $\phi(x)$ 不是线性函数，就有 $\phi(x)\in\mathcal{A}$.

引理 1.1 设 $\phi\in\mathcal{A}$, 记

$$I(x,t)=\int_\Omega e^{i(t\phi(\xi)-x\cdot\xi)}|\phi''(\xi)|^{\frac{1}{2}+i\beta}d\xi.\tag{1.10}$$

则对 $x,t,\beta\in\mathbb{R}$, 有估计

$$|I(x,t)|\le C_\phi(1+|\beta|)|t|^{-\frac{1}{2}},\tag{1.11}$$

这里 C_ϕ 仅依赖于定义 1.1 中出现的常数.

证明 由 Van der Corupt 引理 (第九章命题 1.2), 就得

$$\left|\int_a^b e^{it\phi(\xi)}\psi(\xi)d\xi\right|\le 10|t|^{-\frac{1}{2}}\left[|\psi(b)|+\int_a^b|\psi'(\xi)|d\xi\right]$$
$$\phi(\xi)\in C^2[a,b],\ |\phi''(\xi)|>1,\ \xi\in[a,b].\tag{1.12}$$

下面分六种情形来证明估计 (1.11).

(a) $0<m\le|\phi''(\xi)|\le M$, Ω 有界，知 $|\phi'''(\xi)|$ 有界. 由 Van der Corput 不等式，并注意到 $\phi''(\xi)$ 仅有限次改变其单调性，就得

$$\begin{aligned}|I(x,t)|&\le\left|\int_\Omega e^{itm\frac{\phi(\xi)}{m}-ix\xi}|\phi''(\xi)|^{\frac{1}{2}+i\beta}d\xi\right|\\&\le C(tm)^{-\frac{1}{2}}[M+\int_\Omega|\frac{1}{2}+i\beta|\cdot|\phi''(\xi)|^{-\frac{1}{2}}|\phi'''(\xi)|d\xi]\\&\le C_\phi(1+|\beta|)|t|^{-\frac{1}{2}}.\end{aligned}\tag{1.13}$$

(b) $0<m\le|\phi''(\xi)|\le M$, Ω 无界.　　在含 $\pm\infty$ 的区间上，就有

$$\lim_{\xi\to\pm\infty}|\phi'(\xi)|=\infty.$$

利用分部积分，容易看出 $I(x,t)$ 是收敛的，完全类似于 (a) 的推理就得形如 (1.11) 的一致性估计.

(c) $0\le|\phi''(\xi)|\le M$, Ω 有界.　　由 $\phi\in\mathcal{A}$, 无妨假设仅有一点 ξ_0 满足 $\phi''(\xi_0)=0$ 及

$$c_1|\xi-\xi_0|^{\alpha-k}\le|\phi^{(k)}(\xi)|\le c_2|\xi-\xi_0|^{\alpha-k},\quad |\xi-\xi_0|\le\varepsilon,\quad \alpha>2,\tag{1.14}$$

这里 $k=1,2$. 注意到相函数集 $\mathcal{A}$ 在平移变换，线性扰动下保持不变. 事实上，设 $\phi(x)\in\mathcal{A}$, 自然有 $\phi(\xi-\xi_0)+a\xi+b\in\mathcal{A}$, 并且具有相同的控制常数. 因此，无妨假设 $\xi_0=0$, $\phi'(\xi_0)=0$. 这样就有

$$\begin{aligned}I(x,t)=&\int_{|\xi|\le\varepsilon}e^{it\phi(\xi)-ix\cdot\xi}|\phi''(\xi)|^{\frac{1}{2}+i\beta}d\xi\\&+\int_{|\xi|\ge\varepsilon}e^{it\phi(\xi)-ix\cdot\xi}|\phi''(\xi)|^{\frac{1}{2}+i\beta}d\xi=I_1+I_2.\end{aligned}$$

易见，I_2 的估计已被情形 (a),(b) 所给出，故仅需估计 I_1. 为此，将 $\widetilde{\Omega}=\{\xi:|\xi|\le\varepsilon\}$ 分解成 $\widetilde{\Omega}=\Omega_1\cup\Omega_2\cup\Omega_3$, 其中

$\Omega_1=\{\xi\in\widetilde{\Omega},\ |\xi|\le\min(\varepsilon,|t|^{-\frac{1}{\alpha}})\}$,

$\Omega_2=\{\xi\in\widetilde{\Omega}\backslash\Omega_1, |\phi'(\xi)-\frac{x}{t}|\le\frac{1}{2}|\frac{x}{t}|\}$,

$\Omega_3=\widetilde{\Omega}\backslash(\Omega_1\cup\Omega_2)$.

在 $\Omega_j(j=1,2,3)$ 上给出 $I(x,t)$ 的估计. 注意到 (1.14), 容易看出

$$\begin{aligned}&\int_{\Omega_1}e^{it\phi(\xi)-ix\cdot\xi}|\phi''(\xi)|^{\frac{1}{2}+i\beta}d\xi\\\le&C\int_{|\xi|\le\min(\varepsilon,|t|^{-\frac{1}{\alpha}})}|\xi|^{\frac{\alpha-2}{2}}d\xi\le C|t|^{-\frac{1}{2}}.\end{aligned}\tag{1.15}$$

当 $\xi\in\Omega_2$ 时，自然有 $\phi'(\xi)\sim|\xi|^{\alpha-1}\sim|\frac{x}{t}|$, 从而推知 $|\xi|\sim|\frac{x}{t}|^{\frac{1}{\alpha-1}}$. 利用 Van der Corupt 引理可见

$$\begin{aligned}&\left|\int_{\Omega_2}e^{it\phi(\xi)-ix\cdot\xi}|\phi''(\xi)|^{\frac{1}{2}+i\beta}d\xi\right|\le C(\min_{\xi\in\Omega_2}|\phi''(\xi)|t)^{\frac{1}{2}}[\max_{\xi\in\Omega_2}|\phi''(\xi)|^{\frac{1}{2}}\\&+(1+|\beta|)\int_{\Omega_2}|\phi''(\xi)|^{-\frac{1}{2}}|\phi'''(\xi)|d\xi]\\\le&C(1+|\beta|)\max_{\xi\in\Omega_2}|\phi''(\xi)|^{-\frac{1}{2}}\max_{\xi\in\Omega_2}|\phi''(\xi)|^{\frac{1}{2}}|t|^{-\frac{1}{2}}\\\le&C(1+|\beta|)|t|^{-\frac{1}{2}},\end{aligned}\tag{1.16}$$

这里用到 $|\phi''(\xi)|/\min_{\xi\in\Omega}|\phi''(\xi)|\ge1$ 及

$$\text{order}(|\phi''(\xi)|^{\frac{1}{2}})=\text{order}(|\phi''(\xi)|^{-\frac{1}{2}}|\phi'''(\xi)|)+1.$$

现来考虑 Ω_3 上的估计，注意到

$$\left|\phi'(\xi)-\frac{x}{t}\right|\ge C|\phi'(\xi)|\ge C|\xi|^{\alpha-1},\quad|\xi|\ge|t|^{-\frac{1}{\alpha}},\quad\forall\xi\in\Omega_3.$$

利用分部积分技巧，直接估计就有

$$\begin{aligned}
&\left|\int_{\Omega_3} e^{it\phi(\xi)-ix\cdot\xi}|\phi''(\xi)|^{\frac{1}{2}+i\beta}d\xi\right| \\
\leq&\frac{C}{|t|}\int_{\Omega_3}\left\{(\frac{1}{2}+|\beta|)\frac{|\phi''(\xi)|^{-\frac{1}{2}}|\phi'''(\xi)|}{|\phi'(\xi)-\frac{x}{t}|}+\frac{|\phi''(\xi)|^{\frac{3}{2}}}{|\phi'(\xi)-\frac{x}{t}|}\right\}d\xi \\
\leq&\frac{C}{|t|}(1+|\beta|)\int_{\Omega_3}\frac{|\phi'''(\xi)|}{|\xi|^{\frac{3}{2}\alpha-2}}d\xi+\frac{C}{|t|}\int_{|\xi|\geq|t|^{-\frac{1}{\alpha}}}|\xi|^{-(\frac{\alpha}{2}+1)}d\xi \\
\leq&\frac{C}{|t|}(1+|\beta|)\left\{\sup_{|\xi|\geq|t|^{-\frac{1}{\alpha}}}\frac{|\phi''(\xi)|}{|\xi|^{\frac{3}{2}\alpha-2}}+\int_{|\xi|\geq|t|^{-\frac{1}{\alpha}}}|\phi''(\xi)||\xi|^{-\frac{3}{2}\alpha+1}d\xi\right\} \\
&+C|t|^{-\frac{1}{2}}\leq C(1+|\beta|)|t|^{-\frac{1}{2}},
\end{aligned}\tag{1.17}$$

这里用到了 $\phi''(\xi)$ 仅有限改变其单调性的条件.

(d) $0<m\leq|\phi''(\xi)|$, Ω 有界. 由 $\phi\in\mathcal{A}$, 无妨设仅存在一点 $\xi_0\in\Omega$ 满足 $\phi''(\xi_0)=\infty$. 根据 $\mathcal{A}$ 在平移变换，线性扰动下的不变性，无妨假设 $\xi_0=0$ 及

$$c_1|\xi|^{\alpha-k}\leq|\phi^{(k)}(\xi)|\leq c_2|\xi|^{\alpha-k},\quad 0\neq\alpha<2,\quad |\xi|\leq\varepsilon,\quad k=1,2.$$

如果 $0<\alpha<2$, 完全类似于 (c) 的证明方法可得形如 (1.11) 的估计. 如果 $\alpha<0$, 分解 $\Omega=\Omega_1\cup\Omega_2\cup\Omega_3$, 其中

$$\begin{aligned}
&\Omega_1=\{\xi\in\Omega;\quad |t|^{-\frac{1}{\alpha}}\leq|\xi|\leq\varepsilon\},\\
&\Omega_2=\{\xi\in\Omega\backslash\Omega_1;\quad |\xi|\leq\varepsilon,\text{且}\quad |\phi'(\xi)-\frac{x}{t}|\leq|\frac{x}{2t}|\},\\
&\Omega_3=\{\xi\bar{\in}\Omega_1\cup\Omega_2;\quad |\xi|\leq\varepsilon\}.
\end{aligned}$$

注意到

$$\int_{\Omega_1}|\phi''(\xi)|^{\frac{1}{2}}d\xi\leq\int_{|\xi|\geq|t|^{-\frac{1}{\alpha}}}|\xi|^{\frac{\alpha}{2}-1}d\xi=C|t|^{-\frac{1}{2}},$$

仿 (c) 的证明即得到形如 (1.11) 的估计.

(e) $\lim_{\xi\to\infty}\phi''(\xi)=0$. 由假设条件， $\phi(\xi)$ 满足

$$c_1|\xi|^{\alpha-2}\leq|\phi''(\xi)|\leq c_2|\xi|^{\alpha-2},\quad |\xi|\geq\varepsilon^{-1},\quad 0\neq\alpha<2.$$

特别，当 $\alpha=1$ 时， $\phi'(\xi)\sim\log\xi$. 此时的证明仅需做适当的修改，这里省略其证明. 因此，无妨假设

$$c_1|\xi|^{\alpha-1}\leq|\phi'(\xi)|\leq c_2|\xi|^{\alpha-1},\quad \alpha\neq1,\quad \alpha\neq0.$$

否则，可对 ϕ 作线性扰动. 当 $0<\alpha<2$ 时，考虑

$$\begin{aligned}
&\Omega_1=\{\xi\in\Omega;\quad \varepsilon^{-1}\leq|\xi|\leq|t|^{-\frac{1}{\alpha}}\},\\
&\Omega_2=\{\xi\in\Omega\backslash\Omega_1;\quad |\xi|\geq\varepsilon^{-1},\text{且}\quad |\phi'(\xi)-\frac{x}{t}|\leq|\frac{x}{2t}|\},\\
&\Omega_3=\{\xi\in(\Omega_1\cup\Omega_2);\quad |\xi|\geq\varepsilon^{-1}\}.
\end{aligned}$$

完全类似于 (c) 的处理方法，就得形如 (1.11) 的估计．当 $\alpha < 0$ 时，仅需将 Ω_1 修改为

$$\Omega_1 = \{\xi \in \Omega;\quad |\xi| \geq \max(\varepsilon^{-1}, |t|^{-\frac{1}{\alpha}})\},$$

Ω_2, Ω_3 不变，仍可得到相应的估计．

(f) $\lim_{\xi\to\infty} \phi''(\xi) = \infty$． 此时 $\phi(\xi)$ 满足

$$c_1|\xi|^{\alpha-k} \leq |\phi^{(k)}(\xi)| \leq c_2|\xi|^{\alpha-k},\quad 1 \leq k \leq 2,\quad \alpha > 0.$$

通过定义 $\Omega_j, j = 1,2,3$. 仿照 (e) 的证明即得估计 (1.11).

推论 1.2 设 $\phi \in \mathcal{A}$, 则有

$$\left|\int_a^b e^{it\phi(\xi)-ix\xi}|\phi''(\xi)|^{\frac{1}{2}+i\beta}\psi(\xi)d\xi\right| \leq C_\phi(1+|\beta|)|t|^{-\frac{1}{2}}\left\{|\psi(b)| + \int_a^b |\psi'(\xi)|d\xi\right\}. \tag{1.18}$$

证明 令 $F(x) = \int_a^x e^{it\phi(\xi)-ix\xi}|\phi''(\xi)|^{\frac{1}{2}+i\beta}d\xi$, 利用分部积分及引理 1.1 即得估计 (1.18).

定理 1.3 (正则的 $L^p - L^{p'}$ 估计) 设 $\phi(x) \in \mathcal{A}$, 对 $\gamma \geq 0$, 定义

$$W_\gamma(t)u_0(x) = \int_{\mathbb{R}} e^{it\phi(\xi)+ix\xi}|\phi''(\xi)|^{\frac{\gamma}{2}}\hat{u}_0(\xi)d\xi. \tag{1.19}$$

则对任意 $\gamma \in [0,1]$, 有如下估计

$$\|W_\gamma(t)u_0(x)\|_{\frac{2}{1-\gamma}} \leq c|t|^{-\frac{\gamma}{2}}\|u_0\|_{\frac{2}{1+\gamma}}. \tag{1.20}$$

若换成 $L^p - L^{p'}$ 估计的语言，即令 $\frac{2}{1+\gamma} = p$, 就得

$$\|W_{\frac{2}{p}-1}(t)u_0(t)\|_{p'} \leq C|t|^{-(\frac{1}{p}-\frac{1}{2})}\|u_0\|_p,\quad 1 \leq p \leq 2. \tag{1.21}$$

证明 引入解析算子簇

$$W_{\gamma+i\beta}(t)u_0(x) = \int_{\mathbb{R}} e^{it\phi(\xi)+ix\xi}|\phi''(\xi)|^{\frac{\gamma}{2}+i\beta}\hat{u}_0(\xi)d\xi.$$

自然，有 $W_{1+i\beta}(t)u_0(x) = I(-x,t) * u_0$. 根据 Young 不等式和引理 1.1 可见

$$\|W_{1+i\beta}(t)u_0\|_\infty \leq C(1+|\beta|)|t|^{-\frac{1}{2}}\|u_0\|_1. \tag{1.22}$$

另一方面， Plancherel 恒等式意味着

$$\|W_{i\beta}(t)u_0\|_2 = \|u_0(x)\|_2. \tag{1.23}$$

这样，由 Stein 插值定理即得估计式 (1.20) 或 (1.21).

定义 1.2 称 (p,q) 是关于一维色散波方程的正则性容许对，如果它满足

$$\frac{2}{q} = \frac{1}{2} - \frac{1}{p}, \quad 2 \le p \le \infty.$$

同理，称 (p,q) 是关于 n 维色散波方程的正则性容许对，如果它满足

$$\frac{2}{q} = n(\frac{1}{2} - \frac{1}{p}), \quad 2 \le p < \alpha(n) = \frac{2n}{n-2}, \quad n \ge 2.$$

定理 1.4 (一维色散波方程的正则性时空估计) 设 $\phi \in \mathcal{A}$, $W_\gamma(t)$ 如同 (1.19), 则对 $(x,t) \in \mathbb{R}^n$, 有如下估计

$$\|W_{\frac{\theta}{2}}(t)u_0\|_{L_t^q(\mathbb{R},L^p(\mathbb{R}))} \le C\|u_0\|_2, \tag{1.24}$$

$$\left\|\int_{-\infty}^{\infty} W_\theta(t-\tau)g(\cdot,\tau)d\tau\right\|_{L_t^q(\mathbb{R},L^p(\mathbb{R}))} \le C\|g\|_{L_t^{q'}(\mathbb{R},L^{p'}(\mathbb{R}))}, \tag{1.25}$$

$$\left\|\int_0^t W_\theta(t-\tau)g(\cdot,\tau)d\tau\right\|_{L_t^q(\mathbb{R},L^p(\mathbb{R}))} \le C\|g\|_{L_t^{q'}(\mathbb{R},L^{p'}(\mathbb{R}))}, \tag{1.26}$$

这里 $2 \le p \le \infty, \theta = 1 - \frac{2}{p}$, $\frac{2}{q} = (\frac{1}{2} - \frac{1}{p})$. 而 p', q' 则分别是 p,q 的共轭对.

证明 任取 $g(x,t) \in \mathcal{S}(\mathbb{R}^2)$, 考虑

$$\begin{aligned}\int_{\mathbb{R}\times\mathbb{R}} W_{\frac{\theta}{2}}(t)u_0(x)\bar{g}(x,t)dxdt &= \int u_0(x)\int \overline{W_{\frac{\theta}{2}}(t)g(x,t)}dtdx \\ &\le \|u_0(x)\|_2 \left\|\int W_{\frac{\theta}{2}}(t)g(x,t)dt\right\|_2. \end{aligned}\tag{1.27}$$

现在来估计

$$\begin{aligned}&\left\|\int_{\mathbb{R}} W_{\frac{\theta}{2}}(t)g(x,t)dt\right\|_2^2 = \iiint \overline{W_{\frac{\theta}{2}}(t)g(x,t)} \cdot W_{\frac{\theta}{2}}(\tau)g(x,\tau)dtdxd\tau \\ &= \int\int \left(\int W_\theta(t-\tau)g(x,\tau)d\tau\right)\overline{g(x,t)}dtdx \\ &\le \left\|\int W_\theta(t-\tau)g(x,t)d\tau\right\|_{L_t^q(\mathbb{R},L^p(\mathbb{R}))} \|g(x,t)\|_{L_t^{q'}(\mathbb{R},L^{p'}(\mathbb{R}))}. \end{aligned}\tag{1.28}$$

如果估计 (1.25) 成立，将 (1.28) 代入 (1.27), 并且注意到 $\mathcal{S}(\mathbb{R}^2)$ 在 $L_t^{q'}(\mathbb{R};L^{p'}(\mathbb{R}))$ 中稠性，就得估计 (1.24). 注意到 (1.25) 蕴含 (1.26), 因此，仅需证明 (1.25). 利用正则 $L^p-L^{p'}$ 估计式 (1.21) 及 Hardy-Littlewood-Sobolev 不等式可得

$$\left\|\int W_\theta(\cdot,\tau)g(\cdot,\tau)d\tau\right\|_{L_t^q(\mathbb{R},L^p(\mathbb{R}))}\le\left\|\int\|W_\theta(\cdot,t-\tau)g(\cdot,\tau)\|_p d\tau\right\|_{L_t^q}\le C\|g\|_{L_t^{q'}(\mathbb{R},L^{p'}(\mathbb{R}))},\tag{1.29}$$

这里用到 $\frac{1}{q}=\frac{1}{q'}-(1-\frac{\theta}{2})$. 因此，我们推得当 $p\neq\infty$ 时，估计 (1.25) 成立，当 $p=\infty$ 时， (1.25) 显然成立.

注记 1.1 当 $\phi\notin\mathcal{A}$ 时，定理 1.4 未必成立. 例如，取 $\phi(\xi)=\log|\xi|$, $\theta=1$, 定理 1.4 就不成立. 然而，当 $\theta\in[0,1)$ 时，相应的估计仍然成立.

作为定理 1.4 的应用，来考察一些经典色散波方程解的相关估计.

(i) 当 $\phi(\xi)=\xi^2$, 取 $\theta=\frac{2}{3}$, $(p,q)=(6,6)$, 此时，定理 1.4 恰好对应 Schrödinger 方程的对称时空估计

$$\|S(t)\varphi\|_{L^6(\mathbb{R}^2)}\le C\|\varphi\|_{L^2(\mathbb{R})},\quad\forall\varphi\in L^2(\mathbb{R}),\tag{1.30}$$

此时 $S(t)\varphi=e^{i\Delta t}\varphi=\mathcal{F}^{-1}e^{-i|\xi|^2t}\mathcal{F}\varphi$ 是自由 Schrödinger 方程的 Cauchy 问题的解. 当 $\theta\in[0,1]$, 就得到混合型的时空估计

$$\|S(t)\varphi\|_{L_t^q(\mathbb{R},L^p(\mathbb{R}))}\le C\|\varphi\|_2,\tag{1.31}$$

$$\left\|\int_0^t S(t-\tau)f(\cdot,\tau)d\tau\right\|_{L_t^q(\mathbb{R},L^p(\mathbb{R}))}\le C\|f\|_{L_t^{q'}(\mathbb{R},L^{p'}(\mathbb{R}))},\tag{1.32}$$

其中 $\frac{2}{q}=(\frac{1}{2}-\frac{1}{p})$, $2\le p\le\infty$. 注意到 $\phi''(\xi)=$ 常数，故对一维的 Schrödinger 方程而言，正则性容许对与通常的时空容许对是一致的，即 (p,q) 满足 $\frac{2}{q}=(\frac{1}{2}-\frac{1}{p})$, $2\le p\le\infty$. 利用 Tomas 对偶原理及插值定理，易见

$$\left\|\int_0^t S(t-\tau)g(x,\tau)d\tau\right\|_{L_t^q(\mathbb{R},L^p(\mathbb{R}))}\le C\|g\|_{L^{q_1'}(\mathbb{R},L^{p_1'}(\mathbb{R}))},\tag{1.33}$$

这里 (p,q) 与 (p_1,q_1) 是任意的容许对. 此不等式及 n 维空间中的 Schrödinger 方程的时空估计将在下节讨论.

(ii) 固定 $\phi(\xi)=|\xi|^\alpha$, $\alpha\ge2$, 此时

$$W_\theta(t)u_0=D^{\theta(\frac{\alpha-2}{2})}U_\alpha(t)u_0=\frac{1}{\sqrt{2\pi}}\int_{-\infty}^{\infty}e^{i(t|\xi|^\alpha+x\xi)}|\xi|^{\theta(\frac{\alpha-2}{2})}\hat{u}_0(\xi)d\xi,\tag{1.34}$$

这里 $U_\alpha(t)u_0$ 是如下一般色散波方程的 Cauchy 问题

$$\begin{cases} u_t - i(-\partial_x^2)^{\frac{\alpha}{2}} u = 0, \\ u(0) = u_0(x) \end{cases} \tag{1.35}$$

的解. 特别, 当 $\alpha = 3$ 时, 正好是 KdV 方程. 将定理 1.4 的估计应用到 (1.34), 就有估计

$$\|D_x^{\theta(\frac{\alpha-2}{4})} U_\alpha(t)u_0\|_{L_t^q(\mathbb{R},L^p(\mathbb{R}))} \le C\|u_0\|_2, \tag{1.36}$$

$$\|D_x^{\theta(\frac{\alpha-2}{2})} \int_0^t U_\alpha(t-\tau)g(\cdot,\tau)d\tau\|_{L_t^q(\mathbb{R},L^p(\mathbb{R}))} \le C\|g\|_{L_t^{q'}(\mathbb{R},L^{p'}(\mathbb{R}))}, \tag{1.37}$$

其中 $\theta = 1 - \frac{2}{p}$, (p, q) 是关于一维色散波方程的正则性容许对. 若令 $\frac{\alpha-2}{4} = \frac{\beta}{2}$, 则有

$$\begin{cases} \|D_x^{\frac{\theta\beta}{2}} U_\alpha(t)u_0\|_{L_t^q(\mathbb{R},L^p)} \le C\|u_0\|_2, \\ \|D_x^{\theta\beta} \displaystyle\int_0^t U_\alpha(t-\tau)g(x,\tau)d\tau\|_{L_t^q(\mathbb{R},L^p(\mathbb{R}))} \le C\|g\|_{L_t^{q'}(\mathbb{R},L^{p'}(\mathbb{R}))}, \end{cases} \tag{1.38}$$

这里 $\theta = 1 - \frac{2}{p}$, $\frac{1}{q} = \frac{1+\beta}{\alpha}(\frac{1}{2} - \frac{1}{p})$.

定义 1.3 设 $P(\xi)$ 是 $\mathbb{R}^n$ 中 k 阶齐次函数 $(k \ge 2)$. 如果

$$\frac{k}{q} = n(\frac{1}{2} - \frac{1}{p}), \tag{1.39}$$

其中

$$\begin{cases} 2 \le p \le \infty, & n = 1, \\ 2 \le p < \infty, & n \le k, \\ 2 \le p \le \frac{2n}{n-k}, & n > k, \end{cases}$$

此时, 称 (p, q) 是一般色散波方程 (1.1) 对应的容许对.

自然,若不计 (1.38) 的推导过程,形式上令 $\beta = 0$, 就得到经典的 Strichartz 估计:

定理 1.5 设 $(p, q), (p_1, q_1)$ 是一般色散波方程 (1.1) 对应的容许对, 则

$$\begin{cases} \|U_\alpha(t)u_0\|_{L_t^q(\mathbb{R},L^p)} \le C\|u_0\|_2, \\ \left\| \displaystyle\int_0^t U_\alpha(t-\tau)g(x,\tau)d\tau \right\|_{L_t^q(\mathbb{R},L^p(\mathbb{R}))} \le C\|g\|_{L_t^{q_1'}(\mathbb{R},L^{p_1'}(\mathbb{R}))}. \end{cases} \tag{1.40}$$

特别, 当 $\alpha = 3, p = q = 8$ 时, (1.40) 中的第一估计式就是 KdV 方程对应的经典的对称性时空估计.

注记 1.2 (a) 定理 1.5 是振荡积分估计 $|\int_R e^{i|\xi|^\alpha t+ix\xi}d\xi|\leq C|t|^{-\frac{1}{\alpha}}$ 及 Tomas 原理直接推论.

(b) 就正则性时空估计而言，是否有形如 (1.40) 中的混合型估计？记 $s_p=\frac{\alpha-2}{4}(1-\frac{2}{p})$, 可以证明

$$\|D_x^{s_p}\int_0^t U_\alpha(t-\tau)g(\cdot,\tau)d\tau\|_{L_t^q(\mathbb{R},L^p(\mathbb{R}))}\leq C\|D_x^{-s_{p_1}}g\|_{L_t^{q_1'}(\mathbb{R},L^{p_1'}(\mathbb{R}))},\tag{1.41}$$

这里 (p,q) 与 (p_1,q_1) 是任意正则性时空容许对.

(c) 当 $\phi(\xi)=P(\xi)$ 是阶数为 $m(>2)$ 的实值多项式，则相应的正则性时空估计 (1.24)~(1.26) 均成立.

(d) 注意到

$$W_\gamma(t)f=(2\pi)^{-\frac{1}{2}}\int_{\mathbb{R}}e^{it\phi(\xi)+ix\xi}|\phi''(\xi)|^{\frac{\gamma}{2}}f(\xi)d\xi$$

是定义在曲线 $S=\{(\xi,\phi(\xi))\}\subset\mathbb{R}^2$ 的奇异测度 $d\sigma(\xi,\phi(\xi))=|\phi''(\xi)|^{\frac{\gamma}{2}}f(\xi)d\xi$ 的 Fourier 变换，则定理 1.4 的估计 (1.24) 可改写成 $\widehat{d\sigma}\in L^q(\mathbb{R};L^p(\mathbb{R}))$, $\forall f\in L^2(\mathbb{R})$. 进而，若 $\phi(\xi)=|\xi|^\alpha$, $\alpha>2$, 可取 $d\sigma(\xi,\phi(\xi))=d\xi$, 此时，$\widehat{fd\sigma}$ 属于某个 Sobolev 空间，更详细地，其对偶形式就是如下形式的限制性定理.

定理 1.6 设 $S=\{\eta\in\mathbb{R}^2;\ \ \eta=(\xi,|\xi|^\alpha),\ \xi\in\mathbb{R},\alpha>1\}$ 是 $\mathbb{R}^2$ 中的曲线，对任意正则性时空容许对 (p,q), 有如下限制性估计

$$\left(\int_S|\hat{f}|^2d\mu(\eta)\right)^{\frac{1}{2}}\leq C\|f\|_{L_t^{q'}(\mathbb{R};\dot{W}^{-\theta\frac{\alpha-2}{4},p'})},\quad \theta=1-\frac{2}{p},\tag{1.42}$$

这里 $2\leq p\leq\infty$, $d\mu(\eta)=d\xi$.

注记 1.3 (i) 当 $\alpha>2$, $-\frac{\theta(\alpha-2)}{4}\leq 0$, 此时，$f(x)$ 是一个分布.

(ii) 条件 $\alpha>1$ 是必须的，它确保曲线 $S=(\xi,|\xi|^\alpha)$ 任意满足 $\xi\neq 0$ 处具有正值曲率 $k=\frac{\alpha(\alpha-1)|\xi|^{\alpha-2}}{(1+\alpha^2|\xi|^{2\alpha-2})^{\frac{3}{2}}}$.

(iii) 当 $\alpha>2$ 时，曲线 $S=\{\xi,|\xi|^\alpha\}$ 在 $\xi=0$ 处的曲率是 0. 这也正是其振荡积分估计是 $O(|t|^{-\frac{1}{\alpha}})$ 而非 $O(|t|^{-\frac{1}{2}})$ 的理由. 一般来讲，对于具有严格正曲率的曲线对应的振荡积分估计是 $O(|t|^{-\frac{1}{2}})$.

(e) L. Carleson 猜想. 我们有

定理 1.7 设 $u(x,t)$ 是自由 Schrödinger 方程的 Cauchy 问题

$$\begin{cases}u_t-i\Delta u=0, & x\in\mathbb{R},\quad t\in\mathbb{R},\\ u(x,0)=u_0(x), & x\in\mathbb{R}\end{cases}$$

的解，若 $u_0(x)\in H^{\frac{1}{4}}(\mathbb{R})$, 则

$$\lim_{t\to 0}u(x,t)\overset{\text{a.e.}}{=\!=}u_0(x),\qquad x\in\mathbb{R}.\tag{1.43}$$

事实上，当 $u_0(x) \in H^s(\mathbb{R})$, $s > \frac{1}{2}$ 时，$u(x,t) = S(t)u_0(x) = \mathcal{F}^{-1}e^{i|\xi|^2 t}\mathcal{F}u_0$ 在 $H^s(\mathbb{R})$ 中生成一个 C_0 群，因此

$$\lim_{t\to 0}\|u(t,x) - u_0(x)\|_{H^s} = 0.$$

由 Sobolev 嵌入定理, 自然有 (1.43) 成立. 当然 $s > \frac{1}{2}$ 的条件过强. L. Carleson 猜想就是寻找最佳的 $s_0 > 0$, 使得当 $s \geq s_0$ 时，有 $\lim_{t\to 0} u(x,t) \overset{\text{a.e.}}{=\!=} u_0(x)$, $x \in \mathbb{R}$.

L.Carleson [Ca] 在 1979 年证明了当 $s \geq \frac{1}{4}$ 时，有

$$\lim_{t\to 0} S(t)u_0(x) = \lim_{t\to 0} u(x,t) \overset{\text{a.e.}}{=} u_0(x), \quad \forall u_0(x) \in H^s(\mathbb{R}). \tag{1.44}$$

与此同时，他还找到了一个函数 $u_0(x) \in H^s(\mathbb{R})$, $s < \frac{1}{8}$, 使得

$$\overline{\lim_{t\to 0}}|S(t)u_0(x)| = \infty. \tag{1.45}$$

然而， $s = \frac{1}{4}$ 是否最佳值并不确定. 直到 1982 年， Dahlberg 和 Kenig 在 [DK] 中才证明了 (1.44) 成立的充分必要条件是 $s \geq \frac{1}{4}$.

对于高维 Schrödinger 方程的 Cauchy 问题

$$\begin{cases} u_t - i\Delta u = 0, & x \in \mathbb{R}^n, \quad t \in \mathbb{R}, \\ u(x,0) = u_0(x), & x \in \mathbb{R}^n. \end{cases} \tag{1.46}$$

同样存在 L. Carleson 猜想. Kenig 和 Stein 利用 Komogorov 方法证明了当 $s > \frac{n}{4}$ 时，有

$$\lim_{t\to 0} S(t)u_0(x) \overset{\text{a.e.}}{=} u_0(x), \quad u_0(x) \in H^s(\mathbb{R}^n). \tag{1.47}$$

然而， $s \geq \frac{n}{4}$ 是否必要，没有明确的结论. 直到 1987 年， P. Sjölin 在 [Sj] 中用一套全新的方法证明了

$$\lim_{t\to 0} S(t)u_0(x) \overset{\text{a.e.}}{=} u_0(x), \quad u_0(x) \in H^s(\mathbb{R}^n), \quad s > \frac{1}{2}. \tag{1.48}$$

这表明当 $n \geq 3$ 时， $s \geq \frac{n}{4}$ 不是最佳的. 因此，高维情形的 L. Carleson 问题仍是公开的.

类似地， Sjölin[Sj] 还证明了如下结论：将 Schrödinger 方程换成象征是 $P(\xi) = |\xi|^\alpha$ $(\alpha > 1)$ 的一维色散波方程

$$\begin{cases} iu_t + P(D)u = 0, & x \in \mathbb{R}^n, \quad t \in \mathbb{R}, \\ u(0) = u_0(x), & x \in \mathbb{R}^n. \end{cases}$$

相应的 L. Carleson 猜想 (即定理 1.7 的结果) 仍然成立.

下面给出一维色散波方程解的反向时空估计，作为其直接结果，可得到 L. Carleson 猜想 (即定理 1.7).

定理 1.8 设 $\phi\in\mathcal{A}$, $W_\gamma(t)u_0(x)$ 如同 (1.19) 的定义，则

$$\left(\int_{-\infty}^{+\infty}\sup_t|W_0(t)u_0(x)|^4dx\right)^{\frac{1}{4}}\leq C_\phi\left(\int_{\mathbb{R}}|\hat{u}_0(\xi)|^2\left|\frac{\phi'(\xi)}{\phi''(\xi)}\right|^{\frac{1}{2}}d\xi\right)^{\frac{1}{2}}. \tag{1.49}$$

证明 注意到 $\phi\in\mathcal{A},\phi(x)$ 至多有有限个临界点. 故不失一般性，我们可假设 $\phi(x)$ 是可逆的，记 $\psi(x)$ 是其逆函数，自然亦有 $\psi(x)\in\mathcal{A}$, 直接计算

$$\begin{aligned}W_0(t)u_0(x)&=\int e^{i(t\phi(\xi)+x\xi)}\hat{u}_0(\xi)d\xi=\int e^{it\eta+ix\psi(\eta)}\hat{v}_0(\eta)d\eta\\&=W_0^\psi(x)v_0(t),\end{aligned}\tag{1.50}$$

这里 $\hat{v}_0(\eta)=\hat{u}_0(\psi(\eta))\psi'(\eta)$. 因此由定理 1.4 可推得

$$\begin{aligned}\left(\int_{\mathbb{R}}\sup_t|W_0(t)u_0(x)|^4dx\right)^{\frac{1}{4}}&=\|W_0^\psi(x)v_0(t)\|_{L^4_x(\mathbb{R},L^\infty_t(\mathbb{R}))}\\=&\|W^\psi_{\frac{1}{2}}(x)(\hat{v}_0(\eta)\cdot|\psi''(\eta)|^{-\frac{1}{4}})^\vee\|_{L^4_x(\mathbb{R},L^\infty_t(\mathbb{R}))}\\\leq&C\Big(\int_{\mathbb{R}}|\hat{v}_0(\eta)|^2|\psi''(\eta)|^{-\frac{1}{2}}d\eta\Big)^{\frac{1}{2}}\\=&C\Big(\int_{\mathbb{R}}|\hat{u}_0(\xi)|^2|\frac{\phi'(\xi)}{\phi''(\xi)}|^{\frac{1}{2}}d\xi\Big)^{\frac{1}{2}},\end{aligned}$$

这里用到 $d\eta=\phi'(\xi)d\xi,\psi''(\eta)=-\phi''(\xi)/\phi'(\xi)^3$.

推论 1.9 设 $P(\xi)$ 是阶数 ≥ 2 的多项式， $u(x,t)$ 是相应的一维色散波方程的 Cauchy 问题 (1.1) 的解，如果

$$\int_{\mathbb{R}}|\hat{u}_0(\xi)|^2|\frac{P'(\xi)}{P''(\xi)}|^{\frac{1}{2}}d\xi<\infty,$$

则

$$\lim_{t\to0}u(x,t)\overset{\text{a.e.}}{=}u_0(x),\quad x\in\mathbb{R}, \tag{1.51}$$

并且对 $\forall\alpha<\frac{1}{2}$, 总存在 $u_0(x)$, 虽然它满足

$$\int|\hat{u}_0(\xi)|^2|\frac{P'(\xi)}{P''(\xi)}|^{\alpha}d\xi<\infty,$$

然而 (1.51) 不成立.

显然，由推论 1.9 就推得 L.Carleson 猜想. 推论 1.9 的证明详见 [KR].

高维情形的振荡积分估计. 我们知道，要获得一维色散波方程的 Cauchy 问题 (1.1) 的解正则性的时空估计，关键在于给出形如 (1.19) 的振荡积分估计. 由驻相方法 [H2], 用相函数 $\phi(\xi)$ 的 Hessian 矩阵的行列式 $\det(\frac{\partial^2\phi(\xi)}{\partial\xi_i\partial\xi_j})_{ij}$ 来代替 $|\phi''(\xi)|$, n 维色散波方程的 Cauchy 问题 (1.1) 的解正则性的时空估计依赖于如下振荡积分

$$W_\gamma(t)u_0=\int_{\mathbb{R}^n}e^{it\phi(\xi)+ix\xi}\left|\det\left(\frac{\partial^2\phi(\xi)}{\partial\xi_i\partial\xi_j}\right)_{ij}\right|^{\frac{\gamma}{2}}\hat{u}_0(\xi)d\xi \tag{1.52}$$

的估计来得到. 然而这是一件很困难的事情，即使 $\phi(\xi)$ 用实多项式 $P(\xi)$ 来代替，也非易事. 另一方面，与一维情形下相对应， (1.52) 所给出的振荡积分与相应的发展方程解的正则性时空估计能否有类似的对应关系？当 $\phi(x)$ 是实值的椭圆多项式时，问题很容易解决. 然而，椭圆型条件不是必要的，在下面的讨论中，我们将会举例说明这一事实.

引理 1.10 设 Ω 是一个开球或 $\mathbb{R}^n$ 中一个开球的补集. $\phi(x)\in C^{n+1}(\Omega,\mathbb{R})$ 且存在 $m\geq 2$ 及常数 c_1,c_2 满足

$$\begin{cases}c_1|\xi|^{m-1}\leq|\nabla\phi(\xi)|\leq c_2|\xi|^{m-1},\\ c_1|\xi|^{(m-2)n}\leq|H\phi(\xi)|=\det\left(\dfrac{\partial^2\phi}{\partial\xi_i\partial\xi_j}\right)\leq c_2|\xi|^{(m-2)n},\\ |\partial^\alpha\phi(\xi)|\leq c_2|\xi|^{m-\alpha},|\alpha|\leq n+1.\end{cases} \tag{1.53}$$

则有

$$\left|\int_\Omega e^{i(t\phi(\xi)-x\xi)}\psi(\xi)|H\phi(\xi)|^{\frac12+i\beta}d\xi\right|\leq C(1+|\beta|^n)|t|^{-\frac{n}{2}}$$
$$(\beta,t,x)\in\mathbb{R}\times\mathbb{R}\times\mathbb{R}^n, \tag{1.54}$$

这里 $\psi\in C_0^\infty(\overline{\Omega})$, C 是不依赖于 (β,t,x) 的常数.

证明 为简单起见，我们仅考虑 $\beta=0$. 类似于引理 1.1 的证明，一般情形仅需作少量修改就妥了. 现考虑 Ω 的子集

$$\Omega_1=\{\xi\in\Omega:\ |\xi|<|t|^{-\frac{1}{m}}\},$$
$$\Omega_2=\{\xi\in\Omega:\ |\xi|>\frac12|t|^{-\frac1m},\ |\nabla\phi(\xi)-\frac{x}{t}|<\frac1n|\frac{x}{t}|\},$$
$$\Omega_3=\{\xi\in\Omega:\ |\xi|>\frac12|t|^{-\frac1m},\ |\nabla\phi(\xi)-\frac{x}{t}|>\frac{1}{2n}|\frac{x}{t}|\}.$$

显然， $\Omega\subset\Omega_1\cup\Omega_2\cup\Omega_3$. 记 $\varphi_j(j=1,2,3)$ 是从属于此覆盖的单位分解，定义

$$I_j=\int e^{it\phi(\xi)-ix\xi}\varphi_j(\xi)\psi(\xi)|H\phi(\xi)|^{\frac12}d\xi,\qquad j=1,2,3. \tag{1.55}$$

显然，$I_1 \le C|t|^{-\frac{n}{2}}$. 注意到

$$|\nabla\phi - \frac{x}{t}| \sim |\nabla\phi(\xi)| \sim |\xi|^{m-1}, \quad \xi \in \Omega_3,$$

构造

$$\Omega_3 = \bigcup_{j=1}^{n} U_j, \quad U_j = \left\{\xi \in \Omega_3, |\frac{\partial\phi}{\partial\xi_j} - \frac{x_j}{t}| > \frac{1}{\sqrt{2n}}|\xi|^{m-1}\right\}. \tag{1.56}$$

记从属于此分解的单位分解函数是 $\{\eta_j(x)\}_{j=1}^n$，记

$$I_{3j} = \int e^{it\phi(\xi)-ix\xi}\eta_j(\xi)|H\phi(\xi)|^{\frac{1}{2}}d\xi. \tag{1.57}$$

现定义微分算子 D_j 及其形式共轭算子 ${}^tD_j$ 为

$$D_jf = \left(it\frac{\partial\phi}{\partial\xi_j} - x_j\right)^{-1}\frac{\partial}{\partial\xi_j}f, \quad {}^tD_jf = \frac{\partial}{\partial\xi_j}\left\{\left(it\frac{\partial\phi}{\partial\xi_j} - x_j\right)^{-1}f\right\}, \tag{1.58}$$

这里 $j = 1, 2, \cdots, n$. 利用分部积分，容易看出

$$\begin{aligned}|I_{3j}| =& |\int e^{it\phi(\xi)-ix\xi}D_j^n(\eta_j|H\phi|^{\frac{1}{2}})d\xi| \\ \le& \frac{1}{|t|^n}\int_{|\xi|\ge|t|^{-\frac{1}{m}}}|\xi|^{\frac{m-2}{n}}|\xi|^{-nm}d\xi = C'|t|^{-\frac{n}{2}},\end{aligned} \tag{1.59}$$

这里用到 Leibniz 求导法则及 supp $\eta_j \subset \Omega_3$ 的条件.

下来估计 I_2, 注意到

$$|\nabla\phi(\xi)| \sim |\frac{x}{t}| \sim |\xi|^{m-1}, \quad c_1|\xi|^{n(m-2)} \le |H\phi(\xi)|, \quad \xi \in \Omega_2.$$

定义 $\lambda = |\frac{x}{t}|^{\frac{m-2}{m-1}}$(即 $\lambda \sim |\xi|^{m-2}, \xi \in \Omega_2$), 选取 ξ_0 使得 $|\nabla\phi(\xi_0) - \frac{x}{t}| \le \frac{c_1}{4}|\frac{\lambda}{t}|^{\frac{1}{2}}$. 若这样的 ξ_0 不存在，我们将在后面考虑此情形. 令 $V_1 = \{\xi \in \Omega_2; \quad |\xi - \xi_0| < |t\lambda|^{-\frac{1}{2}}\}$, $V_2 = \{\xi \in \Omega_2, \quad |\xi - \xi_0| > \frac{1}{2}|t\lambda|^{-\frac{1}{2}}\}$, 容易看出 $\Omega_2 \subset V_1 \cup V_2$. 这样可将 I_2 的估计化成 I_{21}, I_{22} 的估计. 当 $\xi \in V_1$ 时，

$$|I_{21}| \le C\int_{|\xi-\xi_0|\le C\lambda^{-\frac{1}{2}}}|\xi|^{\frac{m-2}{2}n}d\xi \le C|t|^{-\frac{n}{2}}. \tag{1.60}$$

当 $\xi \in V_2$ 时，我们断言：

(i) $\left|\nabla\phi(\xi) - \frac{x}{t}\right| \ge c\left|\frac{\lambda}{t}\right|^{\frac{1}{2}}$,

(ii) $|\nabla\phi(\xi) - \frac{x}{t}| \ge |\nabla\phi(\xi) - \nabla\phi(\xi_0)| \ge c|\xi|^{m-2}|\xi - \xi_0|$.

事实上，注意到 (ii) 是 (i) 的直接结论，仅需证 (i). 注意到

$$\left|\nabla\phi(\xi_0)-\frac{x}{t}\right|\le\frac{c_1}{4}\left|\frac{\lambda}{t}\right|^{\frac{1}{2}},$$

因此

$$\big|\nabla\phi(\xi)-\nabla\phi(\xi_0)\big|=|D^2\phi(\bar{\xi})||\xi-\xi_0|\ge C\lambda|\xi-\xi_0|\ge\frac{c_1}{2}\left|\frac{\lambda}{t}\right|^{\frac{1}{2}}.$$

故断言成立.

另一方面，I_{22} 与 I_3 的估计相似. 构造 V_2 的覆盖

$$W_j=\left\{\xi\in V_2:\left|\frac{\partial\phi}{\partial\xi_j}-\frac{x_j}{t}\right|\ge\frac{1}{\sqrt{n}}\left|\nabla\phi-\frac{x}{t}\right|\right\},\quad j=1,2,\cdots,n.$$

将 I_{22} 分解成 n 个积分 I_{22j}. 由 (1.58) 引入的微分算子 D_j 与 ${}^tD_j$, 分部积分 n 次可见

$$|I_{22j}|=\left|\int e^{i(t\phi(\xi)-x\xi)}\cdot{}^tD_j^n(\eta_{22j}|H\phi|^{\frac{1}{2}})d\xi\right|,$$

这里 $\mathrm{supp}\eta_{22j}\subset W_j$, 利用 Leibniz 法则可推知

$$|{}^tD_j^n(\eta_{22j}|H\phi|^{\frac{1}{2}})|\le\frac{C}{|t|^n}\sum_{j+k=n}\frac{|\xi|^{(m-2)(j+\frac{n}{2})}|\xi-\xi_0|^{-k}}{|\frac{\partial\phi}{\partial\xi_j}-\frac{x_j}{t}|^{n+j}}.$$

因此

$$\begin{aligned}|I_{22j}|&=\frac{C}{|t|^n}\sum_{j+k=n}\lambda^{j+n/2}\int_{W_j}\frac{|\xi-\xi_0|^{-k}}{|\frac{\partial\phi}{\partial\xi_j}-\frac{x_j}{t}|^{n+j}}d\xi\\&\le\frac{C}{|t|^n}\lambda^{-\frac{n}{2}}\int_{|\xi-\xi_0|\ge|t\lambda|^{-\frac{1}{2}}}|\xi-\xi_0|^{-2n}d\xi\le C|t|^{-\frac{n}{2}}.\end{aligned}\tag{1.61}$$

最后，考虑 $\inf_\xi|\nabla\phi(\xi)-\frac{x}{t}|\ge\frac{c_1}{4}|\frac{\lambda}{t}|^{\frac{1}{2}}$ 的情形. 取 ξ_0 满足

$$\big|\nabla\phi(\xi_0)-\frac{x}{t}\big|\le 2\inf_{\xi}\big|\nabla\phi(\xi)-\frac{x}{t}\big|,$$

则

$$\big|\nabla\phi(\xi)-\frac{x}{t}\big|\ge\frac{1}{3}\big|\nabla\phi(\xi)-\nabla\phi(\xi_0)\big|.$$

因此，仿前证明即得形如 (1.61) 的估计.

引理 1.11 设 $P(\xi)=\sum_{j=1}^n\pm|\xi_j|^{m_j}$, $m_j\ge 2$, $j=1,2,\cdots,n$, 则

$$I(x,t)=\int e^{i(t\phi(\xi)-x\xi)}|\mathrm{H}P(\xi)|^{\frac{1}{2}}d\xi\le C|t|^{-\frac{n}{2}},\tag{1.62}$$

这里 $|\mathrm{H}P(\xi)| = C\prod_{j=1}^{n}|\xi_j|^{m_j-2}$.

证明 注意到 $I(x,t) = c\prod_{j=1}^{n} I_j(x_j,t)$, 此处

$$I_j(x_j,t) = \int e^{i(t|\xi_j|^{m_j}+x_j\xi_j)}|\xi_j|^{\frac{m_j-2}{2}}d\xi_j.$$

由引理 1.1 知 $|I_j(x_j,t)| \le C|t|^{-\frac{1}{2}}$, 由此推得估计 (1.62) 成立.

定理 1.12 设 $P(\xi)$ 是 $\mathbb{R}^n$ 实多项式, $\mathrm{H}P(\xi) = \det(\partial_{ij}^2 P(\xi))$, $\gamma > 0$. 对任意 $(x,t) \in \mathbb{R}^n \times \mathbb{R}$, 定义

$$W_\gamma(t)u_0(x) = \int e^{i(tP(\xi)+x\xi)}|\mathrm{H}P|^{\frac{\gamma}{2}}\hat{u}_0(\xi)\psi_p(\xi)d\xi. \tag{1.63}$$

则有

$$\|W_\theta(t)u_0(x)\|_{\frac{2}{1-\theta}} \le c|t|^{\frac{n\theta}{2}}\|u_0\|_{\frac{2}{1+\theta}}, \quad 0 \le \theta \le 1 \tag{1.64}$$

或

$$\|W_{1-\frac{2}{p}}(t)u_0(x)\|_p \le c|t|^{-n(\frac{1}{2}-\frac{1}{p})}\|u_0\|_{p'}, \quad 2 \le p \le \infty, \tag{1.65}$$

这里 $\psi_p(\xi)$ 满足

(i) 当 $P(\xi)$ 是 m 阶椭圆多项式 (其头部项在 $\xi \ne 0$ 点的值非零) 时, $\psi_p(\xi) \in C^\infty(\mathbb{R}^n)$ 且

$$\psi_p(\xi) = \begin{cases} 1, & |P(\xi)| \ge c|\xi|^m, \\ 0, & |P(\xi)| \le \frac{c}{2}|\xi|^m. \end{cases} \tag{1.66}$$

(ii) 当 $P(\xi) = \sum_{j=1}^{n} P_j(\xi_j)$ 且 $P_j(\xi_j)$ 的阶数 ≥ 2 时, 此时可取 $\psi_p(\xi) \equiv 1$, $\xi \in \mathbb{R}^n$.

证明 引入解析算子簇

$$W_{\gamma+i\beta}(t)u_0(x) = \int_{\mathbb{R}^n} e^{i(t\phi(\xi)+ix\xi)}|HP|^{\frac{\gamma}{2}+i\beta}\hat{u}_0(\xi)\psi_p(\xi)d\xi, \tag{1.67}$$

注意到 $W_{1+i\beta}(t)u_0(x) = I(-x,t) * u_0(x)$, 利用引理 1.10 及 Young 不等式有

$$\|W_{\gamma+i\beta}(t)u_0(x)\|_\infty \le C_0|t|^{-\frac{n}{2}}\|u_0\|_1. \tag{1.68}$$

另一方面, 由 Plancherel 定理可见

$$\|W_{\gamma+i\beta}(t)u_0(x)\|_2 = \|u_0(x)\|_2, \tag{1.69}$$

于是, 利用 Stein 插值定理即得估计 (1.64) 或 (1.65).

定理 1.13 设 (p,q) 是多维色散波方程的正则性容许对，在定理 1.12 条件下，有如下正则性 Strichartz 型时空估计：

$$\|W_{\frac{\theta}{2}}(t)u_0\|_{L_t^q(\mathbb{R};L^p(\mathbb{R}^n))} \le C\|u_0\|_2, \tag{1.70}$$

$$\left\|\int_{-\infty}^{\infty} W_\theta(t-\tau)g(\cdot,\tau)d\tau\right\|_{L_t^q(\mathbb{R};L^p(\mathbb{R}^n))} \le C\|g\|_{L_t^{q'}(\mathbb{R};L^{p'}(\mathbb{R}^n))}, \tag{1.71}$$

$$\left\|\int_0^t W_\theta(t-\tau)g(\cdot,\tau)d\tau\right\|_{L_t^q(\mathbb{R};L^p(\mathbb{R}^n))} \le C\|g\|_{L_t^{q'}(\mathbb{R};L^{p'}(\mathbb{R}^n))}, \tag{1.72}$$

这里要求 $0 \le \theta < \frac{2}{n}$, $\theta = 1 - \frac{2}{p}$.

证明 由定理 1.4 的证明，(1.70), (1.72) 是 (1.71) 的直接结果. 下仅需证明估计 (1.71). 注意到定理 1.12 和 Hardy-Littlewood-Sobolev 不等式，可得

$$\begin{aligned}
&\left\|\int_{-\infty}^{\infty} W_\theta(t-\tau)g(\cdot,\tau)d\tau\right\|_{L_t^q(\mathbb{R};L^p(\mathbb{R}^n))}\\
\le&\left\|\int_{-\infty}^{\infty} \frac{1}{|t-\tau|^{\theta n/2}}\|g(\cdot,\tau)\|_{p'}d\tau\right\|_{L^q(\mathbb{R})}\\
\le&C\|g\|_{L_t^{q'}(\mathbb{R};L^{p'}(\mathbb{R}^n))}.
\end{aligned} \tag{1.73}$$

从而定理 1.13 得证. 从证明中可以看出，$0 \le \theta < \frac{2}{n}$ 这一条件主要是由 Hardy-Littlewood-Sobolev 不等式所派生的要求，这与多维色散波方程的正则性容许对的定义 1.2 中 $\alpha(n)$ 的条件一致.

现在，利用定理 1.13 来考虑高维色散波方程的 Cauchy 问题 (1.1) 的解的正则性时空估计.

(a) 当 $P(\xi)$ 是椭圆多项式时， $W_\gamma(t)u_0$ 可写成 $|D|^{\frac{\gamma}{2}n(m-2)}W_0(t)u_0$. 此时 $W_0(t)u_0$ 仍有 $\psi_p(\xi)$ 这一因子. 然而，当 $P(\xi)$ 是齐次椭圆多项式时，$\psi_p(\xi) \equiv 1$. 此时我们就推得

$$\begin{cases} u_t - iP(D)u = g(x,t), \\ u(x,0) = u_0(x) \end{cases} \tag{1.74}$$

的解 $u(x,t) = W(t)u_0(x) + \int_0^t W(t-\tau)g(\cdot,\tau)d\tau$, 其中

$$W(t)f(x) = (2\pi)^{-\frac{n}{2}} \int_{\mathbb{R}^n} e^{iP(\xi)t+i\xi x}\hat{f}(\xi)d\xi \tag{1.75}$$

满足如下正则性时空估计：

定理 1.14 设 (p,q) 是多维色散波方程的正则性时空容许对，则 (1.74) 的解 $u(x,t)$ 满足如下估计

$$\||D|^{\frac{\theta}{2}n(m-2)}W(t)u_0\|_{L_t^q(\mathbb{R},L^p(\mathbb{R}^n))} \le C\|u_0\|_2, \tag{1.76}$$

$$\left\|\int_I |D|^{\theta n(m-2)}W(t-\tau)g(\cdot,\tau)d\tau\right\|_{L_t^q(\mathbb{R};L^p(\mathbb{R}^n))} \le C\|g\|_{L_t^{q'}(I;L^{p'}(\mathbb{R}^n))}, \qquad (1.77)$$

这里 $\theta=1-\frac{2}{p}$,$I=\mathbb{R}$ 或 $I=[0,t)$. 进而，对任意 $2\le p\le\infty$, 有 $L^p - L^{p'}$ 估计

$$\left\||D|^{1-\frac{2}{p}}W(t)u_0\right\|_p \le C|t|^{-n(\frac{1}{2}-\frac{1}{p})}\|u_0(x)\|_{p'}, \quad 2\le p\le\infty. \qquad (1.78)$$

注记 1.4 (i) 由于 $\theta=(1-\frac{2}{p})<\frac{2}{n}$ 与 $2\le p<\alpha(n)=\frac{2n}{n-2}$ 等价，因此，(p,q) 是正则时空容许对就意味着 $\theta=(1-\frac{2}{p})<\frac{2}{n}$.

(ii) 若记 $s_p=(\frac{1}{2}-\frac{1}{p})n(m-2)$, 则对任意的正则时空容许对 (p,q) 及 (p_1,q_1), 有如下混合性正则性时空估计：

$$\left\|\int_I |D|^{s_p}W(t-\tau)g(\cdot,\tau)d\tau\right\|_{L_t^q(I;L^p)} \le C\||D|^{-s_{p_1}}g(\cdot,\tau)\|_{L_t^{q_1'}(I;L^{p_1'})}, \qquad (1.79)$$

这里 $I=\mathbb{R}$ 或 $I=[0,t)$. 对于 (1.74) 的解，自然有如下通常的 Strichartz 估计.

引理 1.15 设 $P(\xi)$ 是 m 阶齐次椭圆多项式， $m\ge 2$, 则 $W(t)u_0(x)$ 满足

$$\|W(t)u_0\|_p \le C|t|^{-\frac{n}{m}(1-\frac{2}{p})}\|u_0\|_{p'}. \qquad (1.80)$$

证明 取 $\psi(x)\in C_c^\infty(\mathbb{R}^n)$ 满足

$$\psi(x)=\begin{cases}1, & |x|\le 1,\\ 0, & |x|\ge 2.\end{cases}$$

由支撑曲面上的测度 Fourier 变换估计 (见第九章注记 3.3) 可知

$$\left|\int_{\mathbb{R}^n} e^{itP(\xi)+ix\xi}\psi(\xi)d\xi\right| \le C_0(|t|+|x|)^{-\frac{n}{m}}. \qquad (1.81)$$

对任意 $k>0$, 考虑

$$\begin{aligned}\left|\int_{\mathbb{R}^n} e^{itP(\xi)+ix\xi}\psi(\frac{\xi}{k})d\xi\right| &= k^n\left|\int_{\mathbb{R}^n} e^{itk^mP(\eta)+ikx\eta}\psi(\eta)d\eta\right|\\ &\le C_0k^n(|tk^m|+|kx|)^{-\frac{n}{m}}\\ &= C_0(|t|+|\frac{x}{k^{m-1}}|)^{-\frac{n}{m}} \le C_0|t|^{-\frac{n}{m}}.\end{aligned} \qquad (1.82)$$

另一方面，注意到

$$\lim_{k\to\infty}\int_{\mathbb{R}^n} e^{itP(\xi)+ix\xi}\psi(\frac{\xi}{k})d\xi = \int_{\mathbb{R}^n} e^{itP(\xi)+ix\xi}d\xi,$$

因此

$$\left|\int_{\mathbb{R}^n} e^{itP(\xi)+ix\xi}d\xi\right| \le C_0|t|^{-\frac{n}{m}}. \tag{1.83}$$

这样，利用 Young 不等式及 Plancherel 恒等式可见

$$\begin{cases} \|u(x,t)\|_\infty \le C|t|^{-\frac{n}{m}}\|u_0(x)\|_1, \\ \|u(x,t)\|_2 = \|u_0(x)\|_2. \end{cases} \tag{1.84}$$

利用插值定理即得估计 (1.80).

定理 1.16 设 $u_0(x) \in L^2(\mathbb{R}^n)$, $g(x,t) \in L^{q_1'}(\mathbb{R}; L^{p_1'}(\mathbb{R}^n))$, (p,q), (p_1,q_1) 是色散波方程的任意两个时空容许对，则

$$u(x,t) = W(t)u_0(x) + \int_0^t W(t-\tau)g(x,\tau)d\tau \in L^q(\mathbb{R}; L^p) \cap C(\mathbb{R}; L^2)$$

且满足估计

$$\|W(t)u_0(x)\|_{L^q(\mathbb{R};L^p(\mathbb{R}^n))} \le C\|u_0(x)\|_2, \tag{1.85}$$

$$\left\|\int_I W(t-\tau)g(x,\tau)d\tau\right\|_{L_t^q(I;L^p(\mathbb{R}^n))} \le C\|g\|_{L^{q_1'}(I;L^{p_1'}(\mathbb{R}^n))}, \tag{1.86}$$

这里 $I=\mathbb{R}$ 或 I 是含原点的区间.

证明 任取 $\psi(x,t) \in \mathcal{S}(\mathbb{R}^n \times \mathbb{R})$, 考虑

$$\begin{aligned} &\int_I \langle W(t)u_0(x), \psi(x,t)\rangle dt = \int_I \langle u_0(x), W(-t)\psi(x,t)\rangle dt \\ &\le \|u_0\|_2 \left\|\int_I W(-t)\psi(x,t)dt\right\|_2. \end{aligned} \tag{1.87}$$

利用引理 1.15, Plancherel 定理及 H-L-S 不等式，可得

$$\begin{aligned} &\left\|\int_I W(-t)\psi(x,t)dt\right\|_2^2 = \left\|\int_I \mathcal{F}^{-1}\exp(-iP(\xi)t)\mathcal{F}\psi(\xi,t)dt\right\|_2^2 \\ &= \left\langle \int_I \mathcal{F}^{-1}\exp(-i\tau P(\xi))\mathcal{F}\psi d\tau, \int_I \mathcal{F}^{-1}\exp(-isP(\xi))\mathcal{F}\psi ds\right\rangle \\ &= \int_I \left\langle \psi(x,\tau), \int_I \mathcal{F}^{-1}\exp(i(\tau-s)P(\xi))\mathcal{F}\psi ds\right\rangle d\tau \\ &\le \int_I \|\psi(x,\tau)\|_{p'} \left\|\int_I \mathcal{F}^{-1}\exp(i(\tau-s)P(\xi))\mathcal{F}\psi ds\right\|_p d\tau \\ &\le \left(\int_I \|\psi(x,\tau)\|_{p'}^{q'}d\tau\right)^{\frac{1}{q'}} \left(\int_I \left\|\int_I \mathcal{F}^{-1}\exp i(\tau-s)P(\xi)\mathcal{F}\psi ds\right\|_p^q d\tau\right)^{\frac{1}{q}} \\ &\le \|\psi\|_{L^{q'}(I,L^{p'}(\mathbb{R}^n))} \cdot \left\|\int_I |t-s|^{-\frac{n}{m}(1-\frac{2}{p})}\|\psi\|_{p'}ds\right\|_{L^q(\mathbb{R})} \\ &\le C\|\psi\|_{L^{q'}(I,L^{p'}(\mathbb{R}^n))}^2, \end{aligned} \tag{1.88}$$

这里用到 $\frac{1}{q}=\frac{n}{m}(\frac{1}{2}-\frac{1}{p})$. 于是，将 (1.88) 代入 (1.87), 注意到 $\mathcal{S}(\mathbb{R}^n\times\mathbb{R})$ 稠于 $L^{q'}(I,L^{p'}(\mathbb{R}^n))$, 从而估计 (1.85) 成立.

下来证明 (1.86). 当 $(p,q)=(p_1,q_1)$ 时，直接利用 Hardy-Littlewood-Sobolev 不等式可见

$$\begin{aligned}&\left\|\int_I W(t-\tau)g(\cdot,\tau)d\tau\right\|_{L^q(I,L^p(\mathbb{R}^n))}\\ \le&\left\|\int_I |t-\tau|^{-\frac{2}{q}}\|g\|_{p'}d\tau\right\|_q\le C\|g\|_{L^{q'}(I;L^{p'}(\mathbb{R}^n))},\end{aligned}\tag{1.89}$$

由 (1.88) 式，对任意的时空容许对 (p,q) 及 (p_1,q_1), 总有

$$\left\|\int_I W(t-\tau)g(\cdot,\tau)d\tau\right\|_{L^\infty(I;L^2(\mathbb{R}^n))}\le C\|g\|_{L^{q_1'}(I;L^{p_1'}(\mathbb{R}^n))},\tag{1.90}$$

$$\left\|\int_I W(t-\tau)g(\cdot,\tau)d\tau\right\|_{L^\infty(I;L^2(\mathbb{R}^n))}\le C\|g\|_{L^{q'}(I;L^{p'}(\mathbb{R}^n))},\tag{1.91}$$

当 $(q_1,p_1)=(\infty,2)$ 时，自然有 $(q_1',p_1')=(1,2)$. 对任意 $\psi\in S(\mathbb{R}^{n+1})$, 考虑

$$\begin{aligned}&\int_I\left(\int_I W(t-\tau)g(\cdot,\tau)d\tau,\psi\right)dt=\int_I\int_I(g(\cdot,\tau),W(\tau-t)\psi(\cdot,t))dtd\tau\\ =&\int_I\left(g(\cdot,\tau),\int_I W(\tau-t)\psi(\cdot,t)dt\right)d\tau\\ \le&\|g\|_{L^1(\mathbb{R};L^2(\mathbb{R}^n))}\left\|\int_I W(\tau-t)\psi(\cdot,t)dt\right\|_{L^\infty(\mathbb{R};L^2(\mathbb{R}^n))}\\ \le&C\|g\|_{L^1(\mathbb{R};L^2(\mathbb{R}^n))}\|\psi\|_{L^{q'}(I;L^{p'}(\mathbb{R}^n))}.\end{aligned}$$

因此

$$\left\|\int_I W(t-\tau)g(\cdot,\tau)d\tau\right\|_{L^q(I;L^p(\mathbb{R}^n))}\le C\|g\|_{L^1(I;L^2(\mathbb{R}^n))}.\tag{1.92}$$

一般地，当 $p\ge p_1$ 时，自然有 $p'\le p_1'$. 对 (1.89) 与 (1.90) 利用插值定理，可得

$$\left\|\int_I W(t-\tau)g(\cdot,\tau)d\tau\right\|_{L^q(I;L^p(\mathbb{R}^n))}\le c\|g\|_{L^{q_1'}(I;L^{p_1'}(\mathbb{R}^n))},\quad p\ge p_1,\tag{1.93}$$

而当 $p\le p_1$ 时，注意到 $\frac{1}{p}=\frac{\theta}{2}+\frac{1-\theta}{p_1}$, 于是，由 Ginibre-Velo 的混合插值定理 (见 [GV3]) 可得

$$\begin{aligned}&\left\|\int_I W(t-\tau)g(\cdot,\tau)d\tau\right\|_{L^q(I;L^p)}\le C\left\|\int_I W(t-\tau)g(\cdot,\tau)d\tau\right\|^\theta_{L^\infty(\mathbb{R};L^2)}\\ &\times\left\|\int_I W(t-\tau)g(\cdot,\tau)d\tau\right\|^{1-\theta}_{L^{q_1}(\mathbb{R};L^{p_1}(\mathbb{R}^n))}\\ \le& C\|g\|_{L^{q_1'}(\mathbb{R};L^{p_1'}(\mathbb{R}^n))},\quad p\le p_1,\end{aligned}\tag{1.94}$$

这里用到估计式 (1.89) 及 (1.90). 进而，根据 (1.93) 及 (1.94) 就得估计 (1.86).

作为本节的结语，我们不加证明地陈述色散性波方程的局部光滑效应，证明可参见 [KPV].

定理 1.17 设 Ω 是 $\mathbb{R}^n$ 中一个开集，$\phi(\xi)\in C^1(\Omega)$ 且满足 $\nabla\phi(\xi)\neq 0, \xi\in\Omega$. 进而设存在 $N\in\mathbb{N}$ 满足对任意固定 $\xi'\in\mathbb{R}^{n-1}$ 和 $r\in\mathbb{R}$, 方程组

$$\begin{aligned}&\phi(\xi_1,\cdots,\xi_k,x,\xi_{k+1},\cdots,\xi_{n-1})=r,\\&\xi'=(\xi_1,\cdots,\xi_{n-1}),\quad k=1,2,\cdots,n-1\end{aligned}$$

至多有 N 个解. 对任意 $a(x,s)\in L^\infty(\mathbb{R}^n\times\mathbb{R})$, $f(x)\in\mathcal{S}(\mathbb{R}^n)$, 定义

$$W_a(t)f(x)=\int_\Omega e^{i(t\phi(\xi)+x\xi)}a(x,\phi(\xi))\hat{f}(\xi)d\xi.$$

则有估计

$$\int_{|x|\le R}\int_{-\infty}^{\infty}|W_a(t)f(x)|^2dtdx\le CRN\int_\Omega\frac{|\hat{f}(\xi)|^2}{|\nabla\phi(\xi)|}d\xi,\quad n\ge 2,\tag{1.95}$$

$$\sup_x\int_{-\infty}^{\infty}|W_a(t)f|^2dt\le C\int_\Omega\frac{|\hat{f}(\xi)|^2}{|\phi'(\xi)|}d\xi.\quad n=1,\tag{1.96}$$

这里 C 不依赖于 R 和 N. 进而，当 $a\equiv 1$, $\phi(\xi)$ 可逆时，有如下恒等式

$$\int_{-\infty}^{\infty}|W(t)f(x)|^2dt=\int_\Omega\frac{|\hat{f}(\xi)|^2}{|\phi'(\xi)|}d\xi,\quad n=1.\tag{1.97}$$

注记 1.5 上面的抽象定理是由 [KPV] 给出的，它是 Kato 局部光滑效应的推广形式 [K2]. 应用到一般色散波方程，则有如下一些局部光滑效应:

(a) 若 $\Omega=\mathbb{R}^n$, $a(x,s)\equiv 1$, 此时 $u(x,t)=W(t)u_0$ 是

$$\begin{cases}u_t-iP(D)u=0,\\u(x,0)=u_0(x)\end{cases}\tag{1.98}$$

的解， $P(\xi)$ 是 m 阶多项式函数. 这样由结论 (i) 可以推得

$$\int_{-T}^{T}\int_{|x|\le R}|(I-\Delta)^{\frac{m-1}{4}}u(x,t)|^2dxdt\le C(T,R,\|u_0\|_2).\tag{1.99}$$

(b) 当 $n=1$ 时，结论 (ii) 对应着的整体 $L_x^\infty L_t^2$ 估计

$$\|W(t)f\|_{L_x^\infty(\mathbb{R};L_t^2(\mathbb{R}))}=\int_{\mathbb{R}}\frac{|\hat{f}(\xi)|^2}{|\phi'(\xi)|}d\xi.\tag{1.100}$$

特别，当 $\phi(\xi)=P(\xi)=|\xi|^\alpha\xi$ 时，上式意味着

$$\||D|^{\frac{\alpha}{2}}W(t)f\|_{L^\infty_x(\mathbb{R};L^2_t(\mathbb{R}))}\le C\|f\|_2. \tag{1.101}$$

(c) 当 $P(\xi)=\sum_{i=1}^n\pm|\xi_i|^m$, 定理 1.17 的结果意味着：若 $f(x)\in H^s(\mathbb{R}^n)$, 则 $u(x,t)=W(t)u_0(x)\in H_{loc}^{s+\frac{m-1}{2}}(\mathbb{R}^n)$, a.e.$t\in\mathbb{R}$. 当 $P(\xi)=\sum_{i=1}^n\pm|\xi_i|^{m_i}$ 时，若 $f\in H^s(\mathbb{R}^n)$, 则

$$u(x,t)\in H_{loc}^{s+\frac{m_1-1}{2},\cdots,s+\frac{m_n-1}{2}}(\mathbb{R}^n),\ \text{a.e.}t\in\mathbb{R}.$$

(d) 定理 1.17 的结论非常清楚地刻画了色散波方程的色散性特征. 事实上，若取 $P(\xi)=\pm\sqrt{1+|\xi|^2}$, 此恰好对应着经典的 Klein-Gordon 方程，虽然色散关系是非平凡的，即 $P''(\xi)\neq 0$, 但是，仍然得不出局部光滑效应，这充分说明 Klein-Gordon 方程、波动方程与色散方程虽然都具有时空估计，然而经典的波动型方程没有局部光滑效应.

(e) 当 $n=1,\phi(\xi)=|\xi|^2,a(x,s)\equiv 1$ 时，定理 1.17 意味着

$$\|u(x,t)\|_{L^\infty_x(\mathbb{R},L^2_t(\mathbb{R}))}=\sup_x\left(\int_{-\infty}^{\infty}|u(x,t)|^2dx\right)^{\frac{1}{2}}\le C\|f\|_{H^{-\frac{1}{2}}}. \tag{1.102}$$

另一方面，由定理 1.8 可知

$$\|u\|_{L^4_x(\mathbb{R};L^\infty_t(\mathbb{R}))}=\left(\int_{-\infty}^{\infty}\sup_t|u(x,t)|^4dx\right)^{\frac{1}{4}}\le C\|f\|_{H^{\frac{1}{4}}(\mathbb{R})}, \tag{1.103}$$

由 (1.102), (1.103) 及插值公式就得对称性的 Strichartz 型时空估计

$$\left(\int_{\mathbb{R}}\int_{\mathbb{R}}|u|^6dxdt\right)^{\frac{1}{6}}\le C\|f\|_{L^2(\mathbb{R})}. \tag{1.104}$$

(f) 与 [K2] 与 [CS] 建立的局部光滑性相比， Kenig 等人在 [KPV] 中建立的局部光滑性关于变量 t 是整体的. 于是，只要存在 C_2 使得当 $|\xi|\ge C_2$ 时， $|\nabla\phi(\xi)|\ge C_1>0$. 利用结论 (i) 中的估计及 Plancherel 定理就有

$$\int_{|x|\le R}\int_{-T}^{T}|W(t)f|^2dtdx\le C(1+R+T)\int\frac{|\hat{f}(\xi)|^2}{1+|\nabla\phi(\xi)|^2}d\xi. \tag{1.105}$$

§ 11.2　线性 Schrödinger 方程解的相关估计

众所周知，线性 Schrödinger 方程是一个典型的色散波方程，因此，上节建立的时空估计均成立，需要指出的是，对 Schrödinger 方程而言，其象

征 $P(\xi)=|\xi|^2 i$ 满足 HP= 常数矩阵. 因此, 它不存在正则性时空估计 (然而, 反向正则性时空估计存在), 这意味着就 Schrödinger 方程而言, 正则容许对与一般容许对是一致的.

定义 2.1 称 (p,q) 是相应于 Schrödinger 方程的时空容许对, 如果 $\frac{2}{q}=n(\frac{1}{2}-\frac{1}{p})$, 其中

$$\begin{cases} 2\le p\le\infty, & n=1,\\ 2\le p<\infty, & n=2,\\ 2\le p\le\alpha(n), & n\ge 3,\end{cases}\qquad \alpha(n)=\frac{2n}{n-2}.$$

现将上节有关色散波动方程的一般结果应用到 Schrödinger 方程

$$\begin{cases} u_t-i\Delta u=g(x,t), & x\in\mathbb{R}^n,\quad t\in\mathbb{R},\\ u(0,x)=u_0(x), & x\in\mathbb{R}^n\end{cases}\tag{2.1}$$

的解 $u(x,t)=S(t)u_0(x)+\int_0^t S(t-\tau)g(x,\tau)d\tau$, 就有如下估计:

定理 2.1 设 (p,q),(p_1,q_1) 是相应于 Schrödinger 方程的任意两个时空容许对, $u_0(x)\in L^2(\mathbb{R}^n)$, $g(x,t)\in L^{q_1'}(\mathbb{R};L^{p_1'}(\mathbb{R}^n))$. 则 (2.1) 的解 $u(x,t)\in L^q(I;L^p(\mathbb{R}^n))\cap C(I;L^2(\mathbb{R}^n))$ 且满足估计

$$\|S(t)u_0\|_{L^q(I;L^p(\mathbb{R}^n))}\le C\|u_0\|_2,\tag{2.2}$$

$$\left\|\int_I S(t-\tau)g(x,\tau)d\tau\right\|_{L^q(I;L^p(\mathbb{R}^n))}\le C\|g\|_{L^{q_1'}(I;L^{p_1'}(\mathbb{R}^n))},\tag{2.3}$$

这里 $I=\mathbb{R}$ 或 I 是含原点 0 的区间.

注记 2.1 (i) 对于非端点情形的时空估计, 即 (p,q) 满足

$$\begin{cases} 2\le p<\infty, & n\le 2,\\ 2\le p<\alpha(n), & n\ge 3\end{cases}$$

时所对应的估计, 定理 2.1 本质上是定理 1.16 的特例. 当然, 它的证明要比定理 1.16 简单的多. 主要原因是解算子 $S(t)$ 的 $(1,\infty)$ 型估计可直接从 Schrödinger 方程的基本解的表达式得到.

(ii) 对于端点时空估计, 详见 Keel-Tao 的文章 [KT1] 或苗长兴, 张波的书《偏微分方程的调和分析方法》.

上节提到色散波动方程的时空估计均可推广到 Besov 空间上, 现以 Schrödinger 方程为例, 说明这一过程的基本方法和思想.

定理 2.2 设 $s\in\mathbb{R}$, $u_0(x)\in H^s(\mathbb{R}^n)$, $g(x,t)\in L^{q_1'}(I;B^s_{p_1',2})$, 则 (2.1) 的解 $u(x,t)\in C(I;H^s(\mathbb{R}^n))\cap L^q(I;B^s_{p,2}(\mathbb{R}^n))$ 且满足估计

$$\|S(t)u_0(x)\|_{L^q(I;B^s_{p,2})}\le C\|u_0\|_{H^s(\mathbb{R}^n)},\tag{2.4}$$

$$\left\|\int_I S(t-\tau)g(x,\tau)d\tau\right\|_{L^q(I;B^s_{p,2})} \le C\|g(x,t)\|_{L^{q_1'}(I;B^s_{p_1',2})}, \tag{2.5}$$

这里 (p,q) 和 (p_1,q_1) 是相应于 Schrödinger 方程任意两个时空容许对，$I=\mathbb{R}$ 或 I 是含原点 0 的区间.

证明 注意到 $\dot{H}^{s,p}=(-\Delta)^{-\frac{s}{2}}L^p$, 从而由 Schrödinger 方程解的 $L^p-L^{p'}$ 估计，容易看出

$$\|S(t)u_0\dot{\|}_{s,p}=\|S(t)(-\Delta)^{-\frac{s}{2}}\phi\|_p\le C|t|^{-\frac{2}{q}}\|u_0(x)\dot{\|}_{s,p'}.$$

于是，利用插值公式 $(\dot{H}^{s,p},\dot{H}^{s,p})_{(\theta,2)}=\dot{B}^s_{p,2}$，就可推知

$$\|S(t)u_0\|_{\dot{B}^s_{p,2}}=\|S(t)u_0\dot{\|}_{s,p,2}\le C|t|^{-\frac{2}{q}}\|u_0(x)\dot{\|}_{s,p',2}. \tag{2.6}$$

借此式以及 Hardy-Littlewood-Sobolev 不等式可得

$$\|S(t)u_0\|_{L^q(I;\dot{B}^s_{p,2}(\mathbb{R}^n))}\le C\|u_0(x)\dot{\|}_{s,2}. \tag{2.7}$$

完全类似于定理 1.16 的证明，借助于 (2.6) 及泛函对偶技术可得

$$\left\|\int_I S(t-\tau)g(x,\tau)d\tau\right\|_{L^q(I;\dot{B}^s_{p,2}(\mathbb{R}^n))}\le C\|g(x,t)\|_{L^{q_1'}(I;\dot{B}^s_{p_1',2}(\mathbb{R}^n))}. \tag{2.8}$$

这样，注意到 $B^s_{p,q}=L^p\cap\dot{B}^s_{p,2}$, 于是，组合定理 2.1 中的估计及 (2.7),(2.8) 就得估计 (2.4),(2.5).

尽管 Schrödinger 方程不存在正则性的时空估计，然而，由 Schrödinger 方程对应的解算子 $e^{it\Delta}$ 具有局部光滑效应 (也称是 Kato 局部光滑效应), 就 Schrödinger 方程而言，意指对 $\forall u_0(x)\in L^2(\mathbb{R}^n)$, 有 $D_x^{\frac12}e^{it\Delta}u_0(x)\in L^2_{loc}(\mathbb{R}^{n+1})$. 特别，当 $n=1$ 时，对特定的容许对 $(p,q)=(\infty,2)$, 具有反向的正则性时空估计，我们拟详细陈述相关的结果.

记 $\{Q_\alpha\}_{\alpha\in Z^n}$ 是 $\mathbb{R}^n$ 的一个方体分解，且每一个 Q_α 边长是 R. 则将一般色散波方程的 Kato 型局部光滑效应结果 (见定理 1.17) 应用到 Schrödinger 方程，有

定理 2.3 设 $u(x,t)=S(t)u_0(x)+\int_0^t S(t-\tau)g(x,\tau)d\tau$ 是 (2.1) 的解，则有如下估计

$$\sup_x\left(\int_{-\infty}^{\infty}|D_x^{\frac12}S(t)u_0|^2dt\right)^{\frac12}\le C\|u_0(x)\|_2,\quad n=1. \tag{2.9}$$

$$\sup_x\left(\int_{-\infty}^{\infty}\left|\partial_x\int_0^t S(t-\tau)g(x,\tau)d\tau\right|^2dt\right)^{\frac12} \le C\|g(x,t);L^1_x(\mathbb{R}^2;L^2_t(\mathbb{R}))\|,\quad n=1, \tag{2.10}$$

$$\sup_{\alpha\in Z^n}\left(\int_{Q_\alpha}\int_{-\infty}^{\infty}|D_x^{\frac{1}{2}}S(t)u_0|^2dtdx\right)^{\frac{1}{2}}\le CR\|u_0\|_2,\quad n\ge 2. \tag{2.11}$$

$$\begin{aligned}&\sup_{\alpha\in Z^n}\left(\int_{Q_\alpha}\int_{-\infty}^{\infty}|\nabla_x\int_0^t S(t-\tau)g(x,\tau)d\tau|^2dtdx\right)^{\frac{1}{2}}\\ \le& CR\sum_{\alpha\in Z^n}\left(\int_{Q_\alpha}\int_{-\infty}^{\infty}|g(x,t)|^2dtdx\right)^{\frac{1}{2}},\quad n\ge 2,\end{aligned} \tag{2.12}$$

这里 $D_x^\gamma f(x)=C_\gamma(|\xi|^\gamma\hat{f}(\xi))^\vee(x)$.

注记 2.2 定理 2.3 的证明可做为练习，亦可见 [KPV3]. 作为估计 (2.9),(2.11) 的对偶形式，有如下估计：

$$\left\|D_x^{\frac{1}{2}}\int_0^T e^{-i\tau\partial_x^2}f(\cdot,\tau)d\tau\right\|_{L_x^2}\le C\int_{-\infty}^{\infty}\left(\int_0^T|f(x,t)|^2dt\right)^{\frac{1}{2}}dx,\ n=1. \tag{2.13}$$

当 $n\ge 2$ 时，我们有

$$\left\|D_x^{\frac{1}{2}}\int_0^T e^{-i\tau\Delta}f(\cdot,\tau)d\tau\right\|_{L_x^2}\le CR\sum_{\alpha\in Z^n}\left(\int_{Q_\alpha}\int_0^T|f(x,t)|^2dtdx\right)^{\frac{1}{2}}. \tag{2.14}$$

进而，由 Duhamel 原理可知如下直接的结果.

推论 2.4 $\forall t\in[0,T]$, 则有估计

$$\left\|D_x^{\frac{1}{2}}\int_0^t e^{-i(t-\tau)\partial_x^2}f(\cdot,\tau)d\tau\right\|_2\le C\int_{-\infty}^{\infty}\left(\int_0^T|f(x,t)|^2dt\right)^{\frac{1}{2}}dx,\quad n=1. \tag{2.15}$$

$$\left\|D_x^{\frac{1}{2}}\int_0^t e^{i(t-\tau)\Delta}f(\cdot,\tau)d\tau\right\|_2\le CR\sum_{\alpha\in Z^n}\left(\int_{Q_\alpha}\int_0^T|f(x,t)|^2dtdx\right)^{\frac{1}{2}},\quad n\ge 2. \tag{2.15'}$$

最后，我们来陈述与线性 Schrödinger 方程相关的极大函数估计，它在非线性 Schrödinger 方程的解研究中起着重要的作用，感兴趣的读者可参考 [KPV3].

定理 2.5 (1) 设 $n=1$, $s>\frac{1}{2}$, $\rho>\frac{1}{4}$, 则

$$\left(\sum_{j=-\infty}^{\infty}\sup_{[0,T]}\sup_{j\le x<j+1}|e^{-i\tau\partial_x^2}u_0(x)|^2\right)^{\frac{1}{2}}\le C(1+T)^\rho\|u_0\|_{H^s}. \tag{2.16}$$

(2) 设 $n \geq 2$, 则

$$\left(\sum_{\alpha\in Z^n}\sup_{[0,T]}\sup_{x\in Q_\alpha}|e^{it\Delta}u_0(x)|^2\right)^{\frac{1}{2}} \leq C(1+T)^\rho\|u_0(x)\|_{H^s}, \tag{2.17}$$

这里 s, $\rho > \frac{n}{2}$, $\{Q_\alpha\}$ 是 $\mathbb{R}^n$ 的单位方体分解.

作为定理 2.5 的直接结论，我们有如下推论:

推论 2.6 (1) 当 $n=1$ 时，有

$$\left(\int_{-\infty}^{\infty}\sup_{[0,T]}|e^{-i\tau\partial_x^2}u_0(x)|^2\right)^{\frac{1}{2}} \leq C(1+T)^\rho\|u_0\|_{H^s},$$
$$s > \frac{1}{2},\ \rho > \frac{1}{4}. \tag{2.18}$$

(2) 当 $n \geq 2$ 时，有如下极大函数估计

$$\left(\int_{\mathbb{R}^n}\sup_{[0,T]}|e^{it\Delta}u_0(x)|^2\right)^{\frac{1}{2}} \leq C(1+T)^\rho\|u_0(x)\|_{s,2},\ a,\ \rho > \frac{n}{2}. \tag{2.19}$$

注记 2.3 当 $n=1$ 时，空间变量与时间变量可以有互换功能，因此，可得如下整体极大函数估计 (反向时空估计)

$$\int_{-\infty}^{\infty}\sup_{t\in\mathbb{R}}|e^{-i\tau\partial_x^2}u_0(x)|^4dx)^{\frac{1}{4}} \leq C\|D^{\frac{1}{4}}u_0\|_2, \tag{2.20}$$

这里 $D_x^\gamma f = C_\gamma(|\xi|^\gamma\hat{f}(\xi))^\vee(x)$. 此估计是定理 1.8 的直接结论.

注记 2.4 类似于自由 Schrödinger 方程的极大函数估计，对应的线性色散波方程的 Cauchy 问题

$$\begin{cases} u_t - D^\alpha\partial_x u = 0, \quad x,t\in\mathbb{R}, \quad \alpha\geq 1, \\ u(x,0) = u_0(x) \end{cases} \tag{2.21}$$

的解 $U^\alpha u_0(x) = e^{itD^\alpha\partial_x}u_0(x) = S_t^\alpha * v_0$, 其中

$$S_t^\alpha(\cdot) = t^{-\frac{1}{\alpha+1}}K^\alpha(t^{-\frac{1}{\alpha+1}}\cdot), \quad K^\alpha = c_\alpha\int_0^\infty e^{i(|\xi|^\alpha\xi+x\xi)}d\xi, \tag{2.22}$$

也具有相应的极大函数估计 (见 [KPV4]):

1) 设 $\alpha \geq 1$, 对任意的 $s > \frac{\alpha+1}{4}$, 有估计

$$\left(\sum_{-\infty}^{\infty}\sup_{|t|\leq 1}\sup_{j\leq|x|\leq j+1}|U^\alpha u_0(x)|^2\right)^{\frac{1}{2}} \leq C\|u_0\|_{H^s}. \tag{2.23}$$

2) 设 $\alpha \geq 1$, 对任意的 $s > \frac{\alpha+1}{4}$ 和 $\rho > \frac{3}{4}$, 有估计

$$\left(\sum_{-\infty}^{\infty} \sup_{|t|\leq T} \sup_{j\leq|x|\leq j+1} |U^\alpha u_0(x)|^2\right)^{\frac{1}{2}} \leq C(1+T)^\rho \|u_0\|_{H^s}. \tag{2.24}$$

特别,

$$\left(\int_{-\infty}^{\infty} \sup_{t\in[-T,T]} |U^\alpha u_0(x)|^2 dx\right)^{\frac{1}{2}} \leq C(1+T)^\rho \|u_0\|_{H^s}. \tag{2.25}$$

§ 11.3 线性波动方程解的时空估计

在前面的讨论中, 不难看出发展型方程的时空估计有两种基本方法. 其一是 Fourier 变换在光滑曲面上的限制估计方法, 如同第九章的讨论, Fourier 变换在某些光滑曲面上的限制性估计的对偶形式恰好对应于发展方程的对称型时空估计. 其二是算子对偶方法. 这在前面建立一般色散波动方程解的时空估计、正则性时空估计得到了广泛的应用. 无论哪种方法, 振荡积分估计均在其中起着决定性作用. 本节我们来研究线性波动方程解的时空估计, 采用 Ginibre-Velo 方法, 在齐次 Besov 空间框架下来展开讨论, 至于 Sobolev 空间或 L^p 型空间意义下的时空估计, 可直接利用 Besov 空间的嵌入定理和 Besov 空间框架下的空时估计来得到. 在研究线性波动方程的时空估计之前, 我们先引入一些记号和回忆一下有关 Besov 空间的一些基本事实 (详见第八章).

n 表示空间的维数, 空间 $L^r(\mathbb{R}^n)$ 中的一些指标可用 $\alpha(r) = (\frac{1}{2} - \frac{1}{r})$ 的常数倍来刻画. 易见在 $2 \leq r \leq \infty$ 时, $\alpha(r)$ 是一个单调上升函数, 且 $\alpha(2) = 0, \alpha(\infty) = \frac{1}{2}$. 自然 $\alpha(r)$ 关于 $\frac{1}{r}$ 是线性函数. 由 $\alpha(r)$ 诱导三个非常重要的数

$$\beta(r) \equiv \frac{n+1}{2}\alpha(r), \quad \gamma(r) \equiv (n-1)\alpha(r), \quad \delta(r) \equiv n\alpha(r). \tag{3.1}$$

容易看出, 当 $n \geq 3, r \geq 2$ 时, $\beta(r) \leq \gamma(r) \leq \delta(r)$. 在下面的讨论中, 我们将会知道, $2\beta(r)$ 是刻画波动方程解的导数损失的指标, $\gamma(r)$ 是线性波动方程解的 $L^r(\mathbb{R}^n)$ 估计的最佳衰减率. 注意到 $\frac{n}{r}$ 是函数 $f(x)$ 的 $L^r(\mathbb{R}^n)$ 伸缩指标, 故 $\delta(r)$ 自然出现在 Hölder 和 Sobolev 不等式中. 在 Schrödinger 方程的情形下, 我们仅用到 $\delta(r)$, 此时没有导数损失, 并且解的 L^r 模关于时间变量 t 的最佳衰减率也是 $\delta(r)$. 然而, 对线性波动方程而言, 引入 $\beta(r), \gamma(r), \delta(r)$ 是非常有用的.

一般来讲, $*_x, *_t$ 分别表示关于空间变量或关于时间变量的卷积运算, 在不引起混乱的情形下, 省去脚标, 仅用 $*$ 来表示. 我们采用 Paley-Littlewood 的二进制分解理论来定义 Besov 空间 (详见第八章). 记 $\hat{\psi}(\xi) \in C_c^\infty(\mathbb{R}^n)$ 满足

$0 \leq \hat{\psi}(\xi) \leq 1$, 且

$$\begin{cases} \hat{\psi}(\xi) \equiv 1, |\xi| \leq 1, \\ \hat{\psi}(\xi) \equiv 0, |\xi| \geq 2. \end{cases}$$

进而，定义 $\hat{\varphi}_0(\xi) = \hat{\psi}(\xi) - \hat{\psi}(2\xi)$. 对 $j \in Z$, 令 $\hat{\varphi}_j(\xi) = \hat{\varphi}_0(2^{-j}\xi)$, 则

$$\begin{cases} \mathrm{supp}\hat{\varphi}_j(\xi) \subset \{\xi, 2^{j-1} \leq |\xi| \leq 2^{j+1}\}, \\ \sum\limits_{j\in Z} \hat{\varphi}_j(\xi) = 1, \qquad \xi \in \mathbb{R}^n \setminus \{0\}. \end{cases} \tag{3.2}$$

容易看出，在单位分解的和式中，对 $\forall\xi \in \mathbb{R}^n \setminus \{0\}$, 和式中至多有两项不等于 0. 引入 $\hat{\tilde{\varphi}}_j(\xi) = \hat{\varphi}_{j-1}(\xi) + \hat{\varphi}_j(\xi) + \hat{\varphi}_{j+1}(\xi)$, $j \in \mathbb{Z}$. 注意到，当 $\xi \in \{\xi; 2^{j-1} \leq |\xi| \leq 2^{j+1}\}$ 时，$\hat{\tilde{\varphi}}_j(\xi) \equiv 1$ 且 $\mathrm{supp}\hat{\varphi}_j \subset \{\xi; 2^{j-1} \leq |\xi| \leq 2^{j+1}\}$, 因此 $\hat{\varphi}_j = \hat{\tilde{\varphi}}_j \cdot \hat{\varphi}_j$. 这样，对于任意的缓增分布 u, 总有

$$\varphi_j * u = \tilde{\varphi}_j * \varphi_j * u. \tag{3.3}$$

如同第八章所述，定义齐次 Besov 空间 $\dot{B}^{\rho}_{r,s}$ 为

$$\dot{B}^{\rho}_{r,s} = \{u;\ \|u; \dot{B}^{\rho}_{r,s}\| = \|2^{\rho j}\varphi_j * u; l^s_j(L^r_x)\| < \infty\}, \tag{3.4}$$

这里 $\rho \in \mathbb{R}$, $1 \leq r$, $s \leq \infty$, 其中的范数是先对变量 x 取 L^r 模，再关于 j 取 l^s 模. 类似地齐次 Tribel-Lizorkin 空间 $\dot{F}^{\rho}_{r,s}$ 定义为

$$\dot{F}^{\rho}_{r,s} = \{u;\quad \|u; \dot{F}^{\rho}_{r,s}\| = \|2^{\rho j}\varphi_j * u; L^r_x(l^s_j)\| < \infty\}, \tag{3.5}$$

这里 $\rho \in \mathbb{R}$, $1 \leq s \leq \infty$, $1 \leq r < \infty$, 而取模的次序恰与 Besov 空间的情形相反. 由 Minkowski 不等式，容易看出

$$\begin{cases} l^s(L^r) \hookrightarrow L^r(l^s) \quad \Longrightarrow \quad \dot{B}^{\rho}_{r,s} \hookrightarrow \dot{F}^{\rho}_{r,s}, \quad r \geq s, \\ l^s(L^r) \hookleftarrow L^r(l^s) \quad \Longrightarrow \quad \dot{B}^{\rho}_{r,s} \hookleftarrow \dot{F}^{\rho}_{r,s}, \quad r \leq s. \end{cases} \tag{3.6}$$

由 $\dot{H}^{\rho}_r = \dot{\mathcal{L}}^{\rho}_p$ 的 Littlewood-Paley 二进制分解定义知

$$\dot{H}^{\rho}_r = \dot{F}^{\rho}_{r,2}, \quad \rho \in \mathbb{R}, \quad 1 < r < \infty. \tag{3.7}$$

于是，根据 (3.6) 就有如下的嵌入关系式

$$\begin{cases} \dot{B}^{\rho}_{r,2} \hookrightarrow \dot{H}^{\rho}_r, \qquad 2 \leq r < \infty, \\ \dot{B}^{\rho}_{r,2} \hookleftarrow \dot{H}^{\rho}_r, \qquad 1 < r \leq 2. \end{cases} \tag{3.8}$$

然而，本章经常用到如下形式的嵌入定理：

命题 3.1 设 $1 \le r_2 \le r_1 < \infty$, $1 \le s \le \infty$, $\rho_1 \in \mathbb{R}$, $\rho_2 \in \mathbb{R}$ 且满足

$$\rho_1 + \delta(r_1) = \rho_2 + \delta(r_2), \tag{3.9}$$

则 $\dot{B}^{\rho_2}_{r_2,s} \hookrightarrow \dot{B}^{\rho_1}_{r_1,s}$ 且

$$\|u; \dot{B}^{\rho_1}_{r_1,s}\| \le C\|u; \dot{B}^{\rho_2}_{r_2,s}\|, \quad \forall u \in \dot{B}^{\rho_2}_{r_2,s}. \tag{3.10}$$

证明 注意到 $\rho_1 + \delta(r_1) = \rho_2 + \delta(r_2)$ 等价于条件 $\rho_1 - \frac{n}{r_1} = \rho_2 - \frac{n}{r_2}$, 这一命题已在第八章给出, 但没有给出证明. 我们现用 Besov 空间的 Littlewood-Paley 的分解定义来给出一个简单的证明. 事实上, 由 (3.3) 式及 Young 不等式可见

$$\|\varphi_j * u\|_{r_1} \le \|\tilde{\varphi}_j\|_p \|\varphi_j * u\|_{r_2},$$

这里 $\frac{1}{r_1} = \frac{1}{p} + \frac{1}{r_2} - 1$, 它等价于 $\frac{n}{p'} = \frac{n}{r_2} - \frac{n}{r_1} = \rho_2 - \rho_1$. 注意到 $\|\tilde{\varphi}_j\|_p = 2^{jn}\|\tilde{\varphi}_0(2^j x)\|_p = 2^{jn(1-\frac{1}{p})}\|\tilde{\varphi}_0(x)\|_p$, 由尺度变换可见

$$\|\varphi_j * u\|_{r_1} \le 2^{\frac{jn}{p'}}\|\tilde{\varphi}_0\|_p \|\varphi_j * u\|_{r_2} \le 2^{j(\rho_2-\rho_1)}\|\tilde{\varphi}_0\|_p \|\varphi_j * u\|_{r_2}. \tag{3.11}$$

将上式整理并利用 (3.4) 就得估计 (3.10).

我们将在 Besov 框架下来建立线性波动方程的时空估计, 它的优点在于结果强且证明简单. 为陈述简单起见, 在形如 $B^{\rho}_{r,2}$ 中来予以详细说明, 对 $s \ne 2$ 的情形. 我们将用注记形式给出 $B^{\rho}_{r,s}$ 中相应的估计.

考虑如下线性波动方程的 Cauchy 问题

$$\begin{cases} \Box u = f(x,t), \\ u(0,x) = u_0(x), \quad u_t(0,x) = u_1(x), \end{cases} \tag{3.12}$$

这里 $\Box = \partial_t^2 - \Delta$ 表示 D' Alembert 算子, 记算子 $\omega = (-\Delta)^{\frac{1}{2}}$, $U(t) = \exp(i\omega t)$, $K(t) = \omega^{-1}\sin\omega t$, $\dot{K}(t) = \cos\omega t$, 则问题 (3.12) 的解 u 可表示成 $u = v + w$, 这里 v 是相应于 (3.12) 的齐次波动方程 Cauchy 问题

$$\begin{cases} \Box v = 0, \\ v(0,x) = u_0(x), \quad v_t(0,x) = u_1(x) \end{cases} \tag{3.13}$$

的解, 而 w 则是 (3.12) 相对应的齐次初值问题

$$\begin{cases} \Box w = f(x,t), \\ w(0,x) = 0, \qquad w_t(0,x) = 0 \end{cases} \tag{3.14}$$

的解. 直接验算, $v(t) = v(t,x)$ 有如下表示式:

$$\begin{cases} v(t) = \dot{K}(t)u_0(x) + K(t)u_1(x), \\ \partial_t v(t) = K(t)\Delta u_0(x) + \dot{K}(t)u_1(x). \end{cases} \tag{3.15}$$

令 $L(t)$ 是形如 $\omega^\lambda U(t), \omega^\lambda K(t), \omega^\lambda \dot{K}(t)$ 中的任意一个，这里 $\lambda \in \mathbb{R}$, χ_+ (或 χ_-) 表示 $\mathbb{R}^+$ (或 $\mathbb{R}_-$) 上的特征函数. 定义 $L_R(t) = \chi_+(t)L(t)$, $L_A(t) = \chi_-(t)L(t)$ 分别表示推迟型算子和超前型算子. 因此，问题 (3.14) 在正时间方向上的解可由

$$\begin{cases} w(t) = \int_0^t K(t-t')f(t')dt' = K_R *_t (\chi_+ f)(t), \\ \partial_t w(t) = \int_0^t \dot{K}(t-t')f(t')dt' = \dot{K}_R *_t (\chi_+ f)(t) \end{cases} \tag{3.16}$$

给出，这里

$$K_R *_t (\chi_+ f)(t) = \int_{\mathbb{R}} \chi_+(t-t')K(t-t')(\chi_+(t')f(t'))dt'.$$

若在负方向上求解 (3.14), 解的表示式就是在 (3.16) 中用 K_A, $\dot{K}_A$ 代替 K_R 及 $\dot{K}_R$. 不失一般性，我们仅考虑正半轴的情形. 一般来讲，问题 (3.12) 的初始函数 $(u_0(x), u_1(x)) \in Y^\mu$, 这里

$$Y^\mu = \dot{H}^\mu \oplus \dot{H}^{\mu-1}, \quad \mu \in \mathbb{R}. \tag{3.17}$$

自然，当 $\mu = 1$ 时，恰好对应着有限能量解所属的空间.

为了建立波动方程的解的时空估计，首先建立一个抽象的框架，这就是所谓的 T^*T 方法. 它在研究发展方程时空估计的两种方法中均起着重要的作用. 记 $\mathcal{D}$ 是任一个向量空间，$\mathcal{D}_a^*$ 是 $\mathcal{D}$ 的代数对偶，用 $\mathcal{L}_a(\mathcal{D}, X)$ 表示从 $\mathcal{D}$ 到某个向量空间 X 上的全体线性映射所构成的线性空间，$\langle \varphi, f \rangle_{\mathcal{D}}$ 表示 $\mathcal{D}_a^*$ 与 $\mathcal{D}$ $(f \in \mathcal{D}, \varphi \in \mathcal{D}_a^*)$ 中的元素的作用. 自然 $\langle \varphi, f \rangle_{\mathcal{D}}$ 关于 φ 是共轭线性的，关于 f 是线性的.

引理 3.2　设 $\mathcal{H}$ 是一个 Hilbert 空间，X 是一个 Banach 空间，X^* 是 X 的对偶空间. 进而设 $\mathcal{D} \subset X$ 是稠于 X 的线性子空间，$T \in \mathcal{L}_a(\mathcal{D}, \mathcal{H})$, $T^* \in \mathcal{L}_a(\mathcal{H}, \mathcal{D}_a^*)$ 是 T 的自伴算子，定义

$$\langle T^* v, f \rangle_{\mathcal{D}} = \langle v, Tf \rangle, \quad \forall f \in \mathcal{D}, \quad \forall v \in \mathcal{H}, \tag{3.18}$$

这里 $\langle \cdot, \cdot \rangle$ 表示 Hilbert 空间 $\mathcal{H}$ 上的内积. 则下面三个条件是互相等价的.

(1) 存在 $0 \le a < \infty$ 满足

$$\|Tf\| \le a\|f; X\|, \quad \forall f \in \mathcal{D}. \tag{3.19}$$

(2) $\mathcal{R}(T^*) \subset X^*$ 且存在 $0 \le a < \infty$ 使得

$$\|T^* v; X^*\| \le a\|v\|, \quad \forall v \in \mathcal{H}. \tag{3.20}$$

(3) $\mathcal{R}(T^*T) \subset X^*$ 且存在 $0 \le a < \infty$ 使得

$$\|T^*Tf; X^*\| \le a^2\|f; X\|, \quad \forall f \in \mathcal{D}, \tag{3.21}$$

这里 $\|\cdot\|$ 表示 $\mathcal{H}$ 中的模. 如果上面条件之一满足, 算子 T 和 T^*T 分别可以扩张 $X \longmapsto \mathcal{H}$ 和 $X \longmapsto X^*$ 上的有界线性算子.

证明 (1) $\Rightarrow$ (2). 设 $v \in \mathcal{H}$, 对 $\forall f \in \mathcal{D}$, 有

$$|\langle T^*v, f\rangle_{\mathcal{D}}| = |\langle v, Tf\rangle| \le \|v\| \cdot \|Tf\| \le a\|v\| \cdot \|f; X\|.$$

(2) $\Rightarrow$ (1). 设 $f \in \mathcal{D}$, 则对 $\forall v \in \mathcal{H}$, 有

$$|\langle v, Tf\rangle| = |\langle T^*v, f\rangle_{\mathcal{D}}| \le \|T^*v; X^*\| \cdot \|f; X\| \le a\|v\| \cdot \|f; X\|.$$

显然, (1), (2) 意味着 (3) 成立, 下面仅需要证明 (3) $\Rightarrow$ (1) 即可. 事实上, 对 $\forall f \in \mathcal{D}$, 有

$$|\langle Tf, Tf\rangle| = |\langle T^*Tf, f\rangle_{\mathcal{D}}| \le \|T^*Tf; X^*\| \cdot \|f; X\| \le a^2\|f; X\|^2.$$

从而引理 3.2 得证.

推论 3.3 设 $\mathcal{H}, \mathcal{D}$ 和两个三元组 (X_i, T_i, a_i) $(i=1,2)$ 满足引理 3.2 的条件. 则对任意 $i, j = 1, 2$, 有 $\mathcal{R}(T_i^*T_j) \subset X_i^*$ 且有估计

$$\|T_i^*T_jf; X_i^*\| \le a_ia_j\|f; X_j\|, \quad \forall f \in \mathcal{D}, \tag{3.21$'$}$$

特别, $T_i^*T_j$ 可连续扩张成 X_j 到 X_i^* 的有界算子, 且对任意的 $f(x) \in X_j$, 不等式 (3.21$'$) 成立.

设 $U(t)$ 是 Hilbert 空间 $\mathcal{H}$ 上的单参数的强连续酉群, I 是 $\mathbb{R}$ 中含 0 的区间或 $I = \mathbb{R}$, 定义 $L^1(I; \mathcal{H})$ 到 $\mathcal{H}$ 的有界线性算子 A 为

$$Af = \int_I U(-t)f(t)dt. \tag{3.22}$$

则 A 的共轭算子 A^*

$$A^*v(t) = U(t)v \tag{3.23}$$

是从 $\mathcal{H}$ 到 $L^\infty(I; \mathcal{H})$ 的有界线性算子, 这里对偶是指在 $\mathcal{H}$ 或 $L^2(I; \mathcal{H})$ 的内积意义下的对偶. 因此, 算子 A^*A

$$A^*Af = \int_I U(t-t')f(t')dt' \tag{3.24}$$

是从 $L^1(I; \mathcal{H})$ 到 $L^\infty(I; \mathcal{H})$ 上的有界线性算子, 通常记为 $A^*Af = U *_t f$. 显然, 若取 $X = L^1(I; \mathcal{H})$, $a = 1$, $\mathcal{D}$ 是 X 的任一稠密子空间, 则引理 3.2 的条件满足. 进而注意到算子 A, A^*, A^*A 与 (3.12) 的解之间的关系由 (3.15), (3.16) 表出. 进而 (3.15), (3.16) 中出现的算子 $K(t)$, $\dot{K}(t)$ 可用 $U(t)$ 表出

$$K(t) = \omega^{-1}\frac{U(t) - U(-t)}{2i}, \quad \dot{K}(t) = \frac{U(t) + U(-t)}{2}.$$

另一方面，在 (3.16) 中用到了所谓的推迟型算子

$$(A^*A)_R f(t) = (U_R *_t f)(t) = \int_I U_R(t-t')f(t')dt'. \tag{3.25}$$

容易看出，推迟型算子 $(A^*A)_R$ 破坏了 A^*A 的因子积的关系，故不能直接利用引理 3.2 的结果. 问题：建立引理 3.2 的估计的框架是否对于推迟型算子亦有效？首先，推迟型算子的对角形估计可以直接从非推迟型算子的相应估计得到. 其次，对于推迟型算子的非对角型估计，需要借助于对角型算子的估计以及插值定理来得到. 为此，我们先引入一些基本的概念.

定义 3.1　设 J 是 $\mathbb{R}$ 上的任意一个区间，$\chi_J(t)$ 是 J 上的特征函数，若 $\chi_J(t)$ 是 X 到 X 上的有界线性算子，即

$$\|\chi_J(t)u\|_X \le C\|u\|_X, \quad \forall u \in X,$$

称时空分布空间 X 是时限稳定空间. 通常，我们总取 $X = L_t^q(I;Y)$, 而 Y 是关于空间变量 x 的一些分布函数所构成的 Banach 空间. 显然，它是一个时限稳定空间.

引理 3.4　设 $I \subset \mathbb{R}$ 是一个区间或 $I = \mathbb{R}$, $\mathcal{H}$ 是一个 Hilbert 空间，$X \subset \mathcal{S}'(I \times \mathbb{R}^n)$ 是时限稳定的 Banach 空间，算子 A 是由 (3.22) 确定的算子，X 和 A 满足引理 3.2 的条件. 则算子 $(A^*A)_R$ 是从 $L^1(I;\mathcal{H})$ 到 X^* 以及从 X 到 $L_t^\infty(I;\mathcal{H})$ 的有界线性算子.

证明　我们仅需证明 $(A^*A)_R$ 是 X 到 $L_t^\infty(I;\mathcal{H})$ 上的有界线性算子，第一个结果是其对偶形式. 对任意 $f \in \mathcal{D}$, 注意到 $U(t)$ 是酉解，X 是时限稳定空间及引理 3.2 的条件可得

$$\begin{aligned}&\|(A^*A)_R f(t), \mathcal{H}\| = \|A\chi_+(t-\cdot)f;\mathcal{H}\|\\ \le & a\{\sup_t \|\chi_t(t-\cdot);\mathcal{B}(X)\|\}\|f;X\|.\end{aligned} \tag{3.26}$$

从而引理 3.4 得证.

推论 3.5　设 $X_\theta(0 \le \theta \le 1)$ 是一簇 Banach 空间且 $X_0 = L_t^\infty(I;\mathcal{H})$, $X_1 = X$ 满足 (X_θ, X_θ^*) 恰好是 (X_0, X_0^*) 和 (X_1, X_1^*) 的插值空间. 设 X, A 满足引理 3.4 的条件，$(A^*A)_R$ 是 X 到 X^* 的有界线性算子. 则对任意 θ 和 $\theta'(0 \le \theta, \theta' \le 1)$, 算子 $(A^*A)_R$ 是从 $X_{\theta'}$ 到 X_θ^* 的有界线性算子.

证明　显然，$(A^*A)_R$ 是 X_0 到 X_0^* 的有界线性算子. 由题设 $(A^*A)_R$ 是 X_1 到 X_1^* 的有界线性算子. 由引理 3.4 知 $(A^*A)_R$ 是 X_0 到 X_1^* 及 X_1 到 X_0^* 的有界线性算子. 因此，对 $\forall\theta \in [0,1]$ 知

$$(A^*A)_R\colon \quad X_0 \longmapsto (X_0^*, X_1^*)_\theta,$$

$$(A^*A)_R\colon \quad X_1 \longmapsto (X_0^*, X_1^*)_\theta$$

是有界线性算子. 利用插值定理可得, 对 $\forall\theta'\in[0,1]$, $(A^*A)_R$ 是 $(X_0,X_1)_{\theta'}$ 到 $(X_0^*,X_1^*)_\theta$ 的有界线性算子.

为建立线性波动方程解的时空估计, 我们先建立线性波动方程的解在齐次 Besov 空间的 $L^p-L^{p'}$ 型估计.

引理 3.6 设 $U(t)$, $K(t)$, $\dot{K}(t)$ 同前定义, 则

$$\|U(t)f(x)\|_{\dot{B}^{-\beta(r)}_{r,2}}\le C|t|^{-\gamma(r)}\|f(x)\|_{\dot{B}^{\beta(r)}_{r',2}},\tag{3.27}$$

$$\|\dot{K}(t)f(x)\|_{\dot{B}^{-\beta(r)}_{r,2}}\le C|t|^{-\gamma(r)}\|f(x)\|_{\dot{B}^{\beta(r)}_{r',2}},\tag{3.28}$$

$$\|K(t)f(x)\|_{\dot{B}^{1-\beta(r)}_{r,2}}\le C|t|^{-\gamma(r)}\|f(x)\|_{\dot{B}^{\beta(r)}_{r',2}}.\tag{3.29}$$

证明 容易看出, (3.28) 和 (3.29) 是 (3.27) 的直接结果. 下面仅需证明 (3.27). 由第九章的振荡积分估计 (3.31) 可知

$$\sup_x\left|\int\exp(it|\xi|+ix\xi)\hat{\varphi}_0(\xi)d\xi\right|\le\min\{\|\hat{\varphi}_0\|_1,C_0|t|^{-\frac{n-1}{2}}\}.\tag{3.30}$$

利用尺度变换, 容易看出

$$\begin{aligned}&\sup_x\left|\int\exp(it|\xi|+ix\xi)\hat{\varphi}_j(\xi)d\xi\right|\\=&\sup_x\left|\int\exp(i2^jt\cdot2^{-j}\xi+i2^jx\cdot2^{-j}\xi)\hat{\varphi}_0(2^{-j}\xi)2^{jn}d2^{-j}\xi\right|\\\le&\min\{2^{nj}\|\hat{\varphi}_0\|_1,C_0|t|^{-\frac{n-1}{2}}2^{j(n+1)/2}\},\end{aligned}\tag{3.31}$$

于是

$$\|U(t)\varphi_j\|_\infty\le C\min\{2^{nj},|t|^{-\frac{n-1}{2}}2^{j(n+1)/2}\}.\tag{3.32}$$

注意到 $U(t)f=\mathcal{F}^{-1}e^{it|\xi|}*f$ 、 (3.3) 和 Young 不等式, 就得

$$\begin{aligned}\|\varphi_j*U(t)f\|_\infty=\|\varphi_j*U(t)\tilde{\varphi}_j*f\|_\infty&\le\|U(t)\varphi_j\|_\infty\|\tilde{\varphi}_j*f\|_1\\&\le C\min\{2^{nj},|t|^{-\frac{n-1}{2}}2^{j(n+1)/2}\}\|\tilde{\varphi}_j*f\|_1.\end{aligned}\tag{3.33}$$

另一方面, 注意到

$$\|\varphi_j*U(t)f\|_2=\|U(t)(\varphi_j*f)\|_2\le\|\varphi_j*f\|_2.\tag{3.34}$$

对 (3.33) 及 (3.34) 进行插值, 就有

$$\begin{aligned}\|\varphi_j*U(t)f\|_r&\le C\min\{2^{2j\delta(r)},\quad|t|^{-\gamma(r)}2^{2j\beta(r)}\}\|\tilde{\varphi}_j*f\|_{r'}\\&\le C2^{2j\beta(r)}|t|^{-\gamma(r)}\|\varphi_j*f\|_{r'}.\end{aligned}\tag{3.35}$$

两边同乘以 $2^{-j\beta(r)}$, 并关于 j 取 l^2 模，就得估计 (3.27).

注记 3.1　当 $2\beta(r)=1$(即 $r=\frac{2(n+1)}{n-1}$) 时，引理 3.6 中的 (3.29) 就对应着波动方程解的经典的 $L^r-L^{r'}$ 估计

$$\|K(t)f\|_r \le C|t|^{1-2\delta(r)}\|f\|_{r'}, \quad \frac{2n}{n-1}\le r\le \frac{2(n+1)}{n-1} \tag{3.36}$$

的特殊情形，此估计由 Strichartz 首先在 [Str3] 中得到．我们将在下面定理 3.9 给出上面不等式的推广形式.

定理 3.7　假设 ρ_1, ρ_2, $\mu\in\mathbb{R}$, $2\le q_1$, q_2, r_1, $r_2\le\infty$ 并且满足条件：

$$0\le \frac{2}{q_j}\le \min(\gamma(r_j),1), \quad j=1,2; \tag{3.37}$$

$$\left(\frac{2}{q_j},\gamma(r_j),n\right)\ne(1,1,3), \quad j=1,2; \tag{3.38}$$

$$\rho_1+\delta(r_1)-\frac{1}{q_1}=\mu; \tag{3.39}$$

$$\rho_1+\delta(r_1)-\frac{1}{q_1}=1-\left(\rho_2+\delta(r_2)-\frac{1}{q_2}\right). \tag{3.40}$$

则有如下结果：

(1) 设 $(u_0(x),u_1(x))\in Y^\mu$, 则由 (3.15) 定义 v 满足估计

$$\|v;L^{q_1}(\mathbb{R};\dot{B}^{\rho_1}_{r_1,2})\|+\|\partial_t v;L^{q_1}(\mathbb{R};\dot{B}^{\rho_1-1}_{r_1,2})\|\le C\|(u_0,u_1);Y^\mu\|. \tag{3.41}$$

(2) 对任意 $I\subset\mathbb{R}$ 或 $I=\mathbb{R}$, 有

$$\|K*f;L^{q_1}(I;\dot{B}^{\rho_1}_{r_1,2})\|\le C\|f;L^{q_2'}(I;\dot{B}^{-\rho_2}_{r_2',2})\|. \tag{3.42}$$

(3) 对任意区间 $I=[0,T]$, $0<T\le\infty$, (3.16) 确定的函数 $w=K_R*\chi_+f$ 满足估计：

$$\|w;L^{q_1}(I;\dot{B}^{\rho_1}_{r_1,2})\|+\|\partial_t w;L^{q_1}(I;\dot{B}^{\rho_1-1}_{r_1,2})\|\le C\|f;L^{q_2'}(I;\dot{B}^{-\rho_2}_{r_2',2})\|, \tag{3.43}$$

这里 (3.42),(3.43) 中出现的常数均不依赖于区间 I. 进而，若假设 $r_j<\infty$, 上面的结果将形如 $\dot{B}^\rho_{r,2}$ 的空间改成相应的齐次 Sobolev 空间 $\dot{H}^\rho_r$, 完全相同的结果成立.

在证明此定理之前，先给此定理做一些的注记，以便与经典时空估计结果作一些比较.

注记 3.2　(i) (q,r) 的容许值可以用以 $(\frac{1}{q},\frac{1}{r})$ 为变量的平面内的四边形或三角形来刻画．当 $n\geq 4$ 时，在 $(\frac{1}{q},\frac{1}{r})$ 平面上，其容许范围是以 $A=(0,\frac{1}{2})$, $B=(\frac{1}{2},\frac{n-3}{2(n-1)})$, $C=(\frac{1}{2},0)$ 和 $D=(0,0)$ 为顶点的四边形．自然，A 对应着 $(q,r)=(\infty,2)$, B 对应着 $(q,r)=(2,\frac{2(n-1)}{n-3})$, C 对应着 $(q,r)=(2,\infty)$, 而 D 则对应着 $(q,r)=(\infty,\infty)$(见图 3.1). B $((q,r)=(2,\frac{2(n-1)}{n-3}))$ 点对应的估计就是所谓的端点时空估计，它首先由 Keel-Tao 得到，见 [KT].

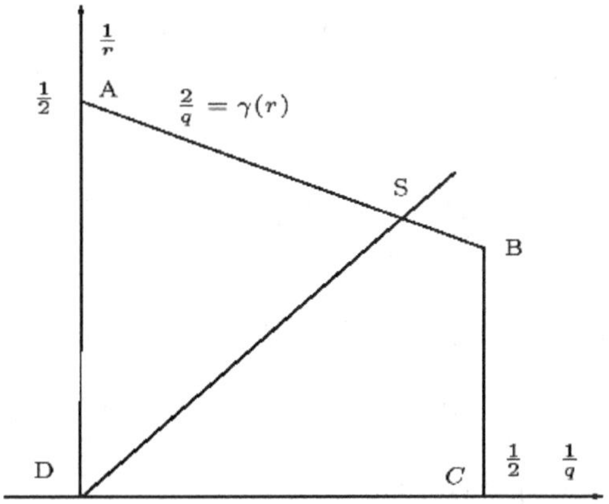

图 3.1　波动方程的时空估计的参考图 ($n\geq 4$ 的情形)

这里给出的证明是不含端点情形，即将条件 (3.38) 换成

$$\left(\frac{2}{q_j},\gamma(r_j)\right)\neq(1,1),\quad j=1,2. \tag{3.38'}$$

时给出定理 3.7 的详细证明．端点 Strichartz 估计的详细证明参见 [KT] 或苗长兴，张波的《偏微分方程的调和分析方法》.

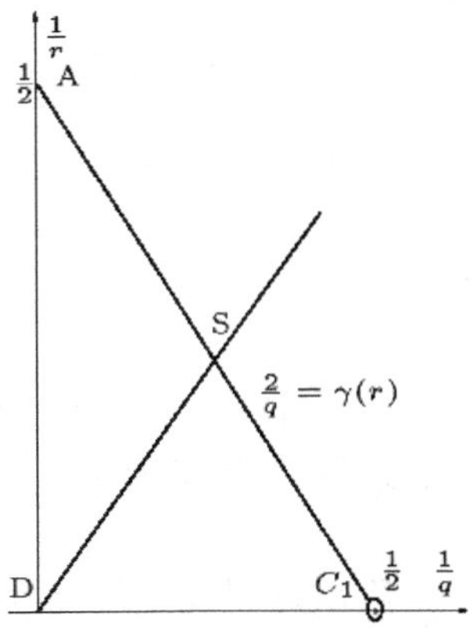

图 3.2　$n=3$ 的情形

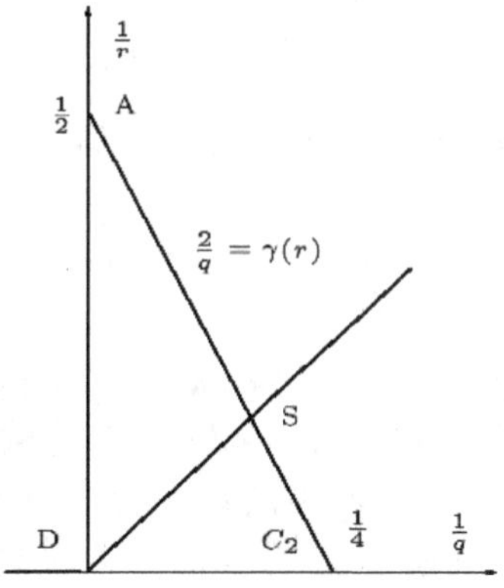

图 3.3　$n=2$ 的情形

(ii) 当 $n=3$ 时，$(\frac{1}{q},\frac{1}{r})$ 的容许值的区域退化成三角形区域 $\triangle$ACD, 其中 $A=(0,\frac{1}{2})$, $C_1=(\frac{1}{2},0)$, $D=(0,0)$, 自然，A 对应着 $(q,2)=(\infty,2)$, C_1 对应着 $(q,r)=(2,\infty)$, D 对应着 $(q,r)=(\infty,\infty)$ (见图 3.2). $B=C=C_1$, $(q,r)=(2,\infty)$ 点对应的端点时空估计不成立，范例由 Montgomery-Smith 给出，详见 [Ms]. 在 $n\leq 3$(除了 $n=3$ 时，C_1 点除外) 时，边界值也属于容许取值的范围. 若将定理中 $\dot{B}^{\rho}_{r,2}$ 换成 $\dot{H}^{\rho}_{r}$, 则限制条件 $r<\infty$ 意味着容许区域不含边界 C_1D.

(iii) 当 $n=2$ 时，$(\frac{1}{q},\frac{1}{r})$ 的容许值的区域退缩成一个更小的三角形区域 $\triangle$AC_2D, 其中 A 点对应着 $(q,r)=(\infty,2)$,C_2 对应着 $(q,r)=(4,\infty)$,D 对应着 $(q,r)=(\infty,\infty)$ (见图 3.3).

(iv) 容易看出，当 $q=r$ 且 $2\beta(r)=1$ 时，导数损失 $2\beta(r)$ 完全被算子 $K(t)=\omega^{-1}\sin\omega t$ 中的 ω^{-1} 抵消，此时 $\frac{1}{q}=\frac{1}{r}=\frac{n-1}{2(n+1)}$ 是 AB 与直线 $\frac{1}{q}=\frac{1}{r}$ 的交点，(3.41),(3.42) 对应着对称性 (对角形) 的时空估计

$$\|K\varphi,L^{\frac{2(n+1)}{n-1}}(I,L^{\frac{2(n+1)}{n-1}}(\mathbb{R}^n))\|\leq C\|\varphi\|_2.$$

$$\|K*f,L^{\frac{2(n+1)}{n-1}}(I;L^{\frac{2(n+1)}{n-1}}(\mathbb{R}^n))\|\leq C\|f;L^{\frac{2(n+1)}{n+3}}(I,L^{\frac{2(n+1)}{n+3}}(\mathbb{R}^n))\|.$$

这与第九章定理 5.3 所建立的估计完全一致.

注记 3.3 根据 (3.15),(3.16) 中 v 与 w 的表达式以及算子 K 与 $\dot{K}$ 的定义，时空估计式 (3.41),(3.42) 及 (3.43) 均可归结成算子 $U(t)$ 相应的时空估计. 注意到，对 $\forall\lambda\in\mathbb{R}$, 算子 ω^{λ} 是 $\dot{B}^{\rho}_{r,2}$ 到 $\dot{B}^{\rho-\lambda}_{r,2}$ 的同构映射. 不失一般性，仅考虑 $\mu=0$ 的情形. 这样，证明定理 3.7 就归结于在条件 (3.37),(3.38) 及

$$\rho_j+\delta(r_j)-\frac{1}{q_j}=0,\quad j=1,2 \tag{3.44}$$

下，证明

$$\|U(\cdot)\varphi,L^{q_1}(\mathbb{R},\dot{B}^{\rho_1}_{r_1,2})\|\leq C\|\varphi\|_2, \tag{3.41$'$}$$

$$\|U*f;L^{q_1}(I;\dot{B}^{\rho_1}_{r_1,2})\|\leq C\|f;L^{q_2'}(I;\dot{B}^{-\rho_2}_{r_2',2})\|,\quad I\subset\mathbb{R}, \tag{3.42$'$}$$

$$\|U_R*f;L^{q_1}(I;\dot{B}^{\rho_1}_{r_1,2})\|\leq C\|f;L^{q_2'}(I;\dot{B}^{-\rho_2}_{r_2',2})\|,\quad I=[0,T]\subset\mathbb{R}^+, \tag{3.43$'$}$$

这里条件 (3.39) 之所以变成 (3.44), 源于在 (3.41′)~(3.43′) 中，用 $U(t)$ 取代了 $K(t)$ 的位置.

注记 3.4 由 Besov 空间中的 Sobolev 嵌入关系 (3.10), 对固定的 q_1 与 μ, 时空估计 (3.41)~ (3.43) 左边的模随着 ρ_1 或 $\frac{1}{r_1}$ 的增加而增加. 因此，仅需对 ρ_1 或 $\frac{1}{r_1}$ 容许的最大值来证明即可.

(i) 当 $q_1>2$, 容许值的上确界由 $\gamma(r_1)=\frac{2}{q_1}$ 给出. 因此，仅需在此情形下证明时空估计 (3.41)~(3.43) 或 (3.41′)~(3.43′). 当 $\gamma(r_1)=\frac{2}{q_1}$ 时，(3.39) 就

变成了 $\rho_1=\mu-\beta(r_1)$. 与 (3.39) 相对应的条件 (3.44) 就是 $\rho_1=-\beta(r_1)$. 当 $q_1=2$, 容许值的上确界恰对应着端点 B, 不能归简证明，需要更精细的插值技术，见 [KT].

(ii) 对固定的 q_2 和 μ, 时空估计 (3.42),(3.43) 或 (3.42′),(3.43′) 右端的范数，随着 ρ_2 的减少或等价地随着 $\frac{1}{r_2}$ 的减少而减少，自然，时空估计的证明也归结成在 ρ_2 和 $\frac{1}{r_2}$ 的最大容许值的情形的证明. 当 $q_2>2$ 时，容许值的上确界仍由 $\gamma(r_2)=\frac{2}{q_2}$ 给出，即仅需在条件 $\rho_2=1-\mu-\beta(r_2)$ 下，证明估计 (3.42),(3.43), 它等价于在 $\rho_2=-\beta(r_2)$ 下证明 (3.42′) 和 (3.43′). 当 $q_2=2$ 时，无法归简证明.

定理 3.7 的证明 用 $2^{-j\beta(r)}$ 乘以 (3.35), 然后取 l^2 模，就得

$$\|U(t-t')f(t');\dot{B}_{r,2}^{-\beta(r)}\|\le C|t-t'|^{-\gamma(r)}\|f(t');\dot{B}_{r',2}^{\beta(r)}\|. \tag{3.45}$$

设 $0\le\frac{2}{q}=\gamma(r)<1$, $I\subset R$, (3.45) 两边关于变量 t' 取 L^q 模，利用 Hardy-Littlewood-Sobolev 不等式，就有

$$\|U_{(R)}*_t f;L^q(I;\dot{B}_{r,2}^{-\beta(r)})\|\le C\|f;L^{q'}(I;\dot{B}_{r',2}^{\beta(r)})\|, \tag{3.46}$$

这里 $U_{(R)}$ 表示 $U(t)$ 或 $U_R(t)$. 这就是对角形式的时空估计. 此情形对应着 $\rho_j=-\beta(r_j)$ $(j=1,2)$ 下的估计式 (3.42′) 和 (3.43′). 下面借助于对称性结果来建立非对角形式的时空估计.

现来考察非推迟型算子的情形，即 $U_{(R)}=U(t)$. 取 $X=L^{q'}(I;\dot{B}_{r',2}^{\beta(r)})$, A 是由 (3.22) 所定义的算子，此时 (3.46) 恰是引理 3.2 的第三个等价条件. 故引理 3.2 的第二个等价条件就是

$$\|U(\cdot)\varphi,L^q(\mathbb{R},\dot{B}_{r,2}^{\beta(r)})\|\le C\|\varphi\|_2,\quad \frac{2}{q}=\gamma(r),\quad \rho=-\beta(r).$$

本质上这正是估计 (3.41′) 的恰当情形 (就是最优情形). 取 $X_j=L^{q_j'}(I;\dot{B}_{r_j',2}^{\beta(r)})$, 由推论 3.3 可见， (3.46) 意味着非对角形估计

$$\|U*f;L^{q_1}(I;\dot{B}_{r_1,2}^{-\beta(r_1)})\|\le C\|f;L^{q_2'}(I;\dot{B}_{r_2',2}^{\beta(r_2)})\|.$$

这正好对应着恰当情形 $\frac{2}{q_j}=\gamma(r_j)$ 下的时空估计 (3.42′). 利用 Sobolev 嵌入定理及注记 3.4, 就得到在一般情形下的时空估计 (3.41′),(3.42′).

下面考虑推迟型算子所对应的时空估计 (3.43′). 取 $U_{(R)}=U_R$, 对 (3.46) 与 $r=2$ 的情形 ($X_0=L^1(I;L^2)$, 对应着能量估计) 下的时空估计进行插值. 换言之，利用推论 3.5 就得在恰当情形 $\frac{2}{q_j}=\gamma(r_j)$ 下的非对角形估计 (3.43′). 进而，利用 Sobolev 嵌入定理与注记 3.4 就得一般情形下非对角形时空估计 (3.43′), 也就是证明了 $q>2$ 的情形的时空估计.

注记 3.5 在 $q>2$ 的证明过程中，估计 (3.46) 起着重要作用. 它是从 (3.35) 关于变量 t 直接利用 H-L-S 不等式而获得的. 换言之，先对分解式 (3.35) 的 j 求 l^2 模，然后关于变量 t 取 L^q 模. 事实上，这一过程是两个可以互相交换的运算，若采用相反运算过程，重新将 (3.35) 写成形式

$$\begin{aligned}\|\varphi_j * U(t-t')f(t')\|_r \leq & C\min\{2^{2j\delta(r)}, |t-t'|^{-\gamma(r)}\cdot 2^{2j\beta(r)}\} \\ & \times \|\tilde{\varphi}_j * f(t')\|_{r'},\end{aligned} \tag{3.35'}$$

则

$$\begin{aligned}\|\varphi_j *_x U_{(R)} *_t f;\ L^q(I;L^r)\| \leq C2^{2j\beta(r)}\|\tilde{\varphi}_j *_x f;\ L^{q'}(I;L^{r'})\|, \\ 0 \leq \frac{2}{q} = \gamma(r) < 1.\end{aligned} \tag{3.47}$$

上式两边取 l_j^2 范数，然后利用 Minkowski 就得时空估计 (3.46).

下面来证 $q=2$ 的情形下的时空估计. 此时 $n\geq 4$ 且 $\gamma(r)>(n-1)(\frac{1}{2}-\frac{n-3}{2(n-1)})=1$. 对 (3.35) 的两边取 L_t^2 模, 注意到 $\varphi_j * U_{(R)} *_t f = \varphi_j * U_{(R)} *_t \tilde{\varphi}_j *_x f$ 及 Young 不等式就得

$$\begin{aligned}&\|\varphi_j *_x U_{(R)} *_t f;\quad L^2(I;L^r(\mathbb{R}^n))\| \\ \leq & C\|\min\{2^{2j\delta(r)}, |t|^{-\gamma(r)}\cdot 2^{2j\beta(r)}\}; L_t^1\|\cdot\|\tilde{\varphi}_j *_x f; L^2(I;L^{r'})\| \\ = & 2C\gamma(r)(\gamma(r)-1)^{-1}2^{(2\delta(r)-1)j}\|\tilde{\varphi}_j * f; L^2(I;L^{r'}(\mathbb{R}^n))\|,\end{aligned} \tag{3.48}$$

这里采用了令 $2^{2j\delta(r)}=|t|^{-\gamma(r)}\cdot 2^{2j\beta(r)}$, 然后来确定将第一个因子积分的分段技术. (3.48) 两边关于 j 取 l^2 模就得

$$\|U_{(R)} *_t f; L^2(I;\dot{B}_{r,2}^{-(\delta(r)-\frac{1}{2})})\| \leq C\|f; L^2(I;\dot{B}_{r',2}^{\delta(r)-\frac{1}{2}})\|. \tag{3.49}$$

这恰好是极限情形 $q=2$ 时，(3.41′) 及 (3.42′) 的对角形式估计. 至于非推迟型算子的非对角形估计 (3.41′) 和 (3.42′), 直接利用估计 (3.46), (3.49) 及引理 3.5 就可推得 (3.41′) 和 (3.42′).

另一方面，由 Sobolev 嵌入定理，当 $\gamma(r)$ 变小时，(3.49) 式变得越来越强. 如果用 Keel-Tao 的端点时空估计，就能直接推出 (3.49).

现来考虑推迟型算子对应的时空估计 (3.43′). 当 $q_j>2$, $j=1,2$ 时，估计 (3.43′) 已证. 当 $q_1=q_2=2$, $r_1\neq r_2$ 时，取 $r=\min(r_1,r_2)$, 利用 Sobolev 嵌入定理有

$$B_{r,2}^{-(\delta(r)-\frac{1}{2})} \hookrightarrow B_{r_1,2}^{-(\delta(r_1)-\frac{1}{2})}, \quad B_{r_2',2}^{\delta(r_2)-\frac{1}{2}} \hookrightarrow B_{r',2}^{\delta(r)-\frac{1}{2}}.$$

因此

$$\begin{aligned}&\|U_{(R)} *_t f; L^2(I;B_{r_1,2}^{-(\delta(r_1)-\frac{1}{2})})\| \leq C\|U_R *_t f; L^2(I;B_{r,2}^{-(\delta(r)-\frac{1}{2})})\| \\ \leq & C\|f; L^2(I;B_{r',2}^{\delta(r)-\frac{1}{2}})\| \leq C\|f; L^2(I;B_{r_2',2}^{-(\delta(r_2)-\frac{1}{2})})\|.\end{aligned}$$

对于非对角形式 $(q_1 > 2, q_2 = 2)$ 及 $(q_1 = 2, q_2 > 2)$ 的情形，需要利用推论 3.5 中的抽象插值公式予以证明. 当然，这里端点的情形 $\frac{2}{q_1} = \gamma(r_1) < 1$, $q_2 = 2$ 及 $q_1 = 2$, $\frac{2}{q_2} = \gamma(r_2) < 1$.

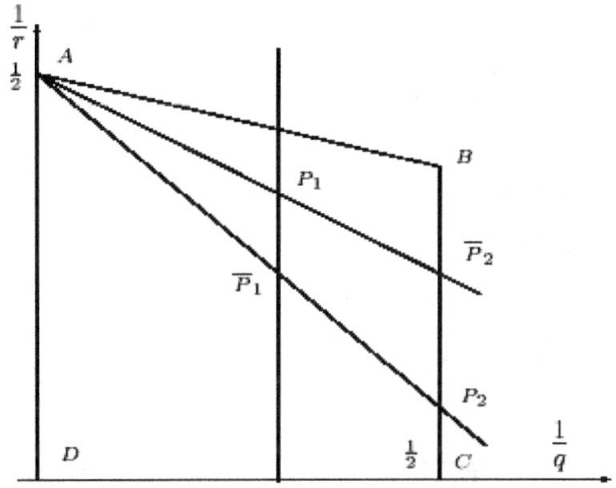

图 3.4 $q_2 = 2$ 时推迟型算子对应的时空估计的参考图

事实上，取 $P_1 = (\frac{1}{q_1}, \frac{1}{r_1})$, $P_2 = (\frac{1}{q_2}, \frac{1}{r_2})$ 属于 $ABCD$(见图 3.4) 且有一点属于 $(B, C]$, 为确定起见，我们设 $q_1 > 2$, $q_2 = 2$. 连接 AP_1 与 BC 交于 $\bar{P}_2$ 点，连接 AP_2 与过 P_1 点且垂直于 $\frac{1}{q}$ 轴的直线交于 $\bar{P}_1$(见图 3.4). 于是，有

(i) 取 $X_0 = L^1(I; L^2(\mathbb{R}))$, $X = X_{\bar{P}_2} = L^2(I; B_{\bar{r}_2,2}^{-(\delta(\bar{r}_2)-\frac{1}{2})})$, A 如同前述，$U_R = A^*A$, 由推论 3.5 就有

$$\|U_R *_t f;\ (X_0, X_{\bar{P}_2})_\theta\| \le C\|f; (X_0^*, X_{\bar{P}_2}^*)_{\theta'}\|, \quad 0 \le \theta, \theta' \le 1. \tag{3.50}$$

(ii) 如果 $X_0 = L^1(I; L^2(\mathbb{R}))$, $X = X_{P_2} = L^2(I; B_{r_2,2}^{-(\delta(r_2)-\frac{1}{2})})$, A 同前所述，$U_R = A^*A$, 由推论 3.5 就有

$$\|U_R *_t f; (X_0, X_{P_2})_\theta\| \le C\|f; (X_0^*, X_{P_2}^*)_{\theta'}\|, \quad 0 \le \theta, \theta' \le 1. \tag{3.51}$$

于是，由 Sobolev 嵌入定理，容易看出

$$\begin{aligned}\|U_R *_t f; L^{q_1}(I; B_{r_1,2}^{-\beta(r_1)})\| &\le C\|f;\ L^2(I; B_{\bar{r}_2',2}^{\delta(\bar{r}_2)-\frac{1}{2}})\| \\ &\le C\|f; L^2(I; B_{r_2',2}^{\delta(r_2)-\frac{1}{2}})\|. \end{aligned} \tag{3.52}$$

同理，改变利用 Sobolev 嵌入定理与 (3.50),(3.51) 的使用次序，就得

$$\begin{aligned}\|U_R * f; L^2(I; B_{r_2,2}^{-(\delta(r_2)-\frac{1}{2})})\| &\le C\|U_R * f; L^2(I; B_{\bar{r}_2,2}^{-(\delta(\bar{r}_2)-\frac{1}{2})})\| \\ &\le C\|f; L^{q_1'}(I; B_{r_1',2}^{\beta(r_1)})\|. \end{aligned} \tag{3.52'}$$

因此，当 $(P_1,P_2)\in(A,B)\times(B,C]\cup(B,C]\times(A,B)$ 时，时空估计 (3.43′) 成立.

上面我们在齐次 Besov 型空间中建立了波动方程的时空估计，容易看出，引理 3.6 中的基本估计意味着

$$\|K(t)\varphi\|_r=\left\|\mathcal{F}^{-1}\left(\frac{\sin|\xi|t}{|\xi|}\hat{\varphi}\right)\right\|_r\le C|t|^{-\gamma(r)}\|\varphi\|_{r'},\quad r=\frac{2(n+1)}{n-1}.\tag{3.53}$$

它是估计 (3.36) 的特殊情况，更一般的有如下 $L^p-L^{p'}$ 型估计，它是用一般的 Besov 空间来实现的.

定理 3.8　设 $P(x)$ 是 $C^\infty(\mathbb{R}^n\setminus\{0\})$ 的一次齐次函数. 当 $y\ne 0$ 时，$P(y)\ne 0$ 且矩阵 $H_P(y)=(\frac{\partial^2 P(y)}{\partial y_l\partial y_k})$ 的秩 $\ge\rho$, 则对 $\delta(r)(2-\frac{\rho}{n})\le 1$, 有估计

$$\left\|\mathcal{F}^{-1}\left(\frac{\sin tP(\xi)}{P(\xi)}\hat{v}\right)\right\|_{B^0_{r,2}}\le C|t|^{1-2\delta(r)}\|v\|_{B^0_{r',2}}.\tag{3.54}$$

证明　仅需证明 $t=1$ 的特殊情形，一般情形仅需作坐标变换 $ty\longmapsto y$ 即可. 由非齐 Besov 空间 $B^s_{p,q}(\mathbb{R}^n)$ 的原 Littlewood-Paley 分解定义. 取 $\varphi_j(y)=\varphi(2^{-j}y),\ j>0,\varphi_0(y)=1-\sum\limits_{j=1}^{\infty}\varphi_j(y)$, 其中非负函数 $\varphi(y)\in C_c^\infty(\mathbb{R}^n)$ 且 $\text{supp}\varphi\subset\{y;\frac{1}{2}\le|y|<2\}$, 自然有

$$\sum_{j=0}^{\infty}\varphi_j(y)=1,\quad y\in\mathbb{R}^n,\quad \text{其中}\quad \varphi_j\subset\mathcal{S}(\mathbb{R}^n).\tag{3.55}$$

我们断言

$$\left\|\mathcal{F}^{-1}\left(\frac{\sin P(\xi)}{P(\xi)}\varphi_j\hat{v}\right)\right\|_\infty\le C2^{j(n-\frac{\rho}{2}-1)}\|v\|_1,\quad j=0,1,2\cdots.\tag{3.56}$$

当 $j=0$ 时，(3.56) 显然成立. 当 $j>0$ 时，注意到

$$\left\|\mathcal{F}^{-1}(\frac{\sin P(\xi)}{P(\xi)}\varphi_j)\right\|_\infty=2^{j(n-1)}\left\|\mathcal{F}^{-1}(\frac{\sin 2^jP}{P}\varphi)\right\|_\infty,$$

及 $\varphi/P\in C_c^\infty(\mathbb{R}^n)$, 利用振荡积分估计 (见第九章第三节), 容易看出

$$\begin{aligned}\left\|\mathcal{F}^{-1}(\frac{\sin 2^jP(\xi)}{P(\xi)}\varphi)\right\|_\infty&=\left\|\mathcal{F}^{-1}(\frac{e^{2^jP(\xi)i}-e^{-2^jP(\xi)i}}{2i}\frac{\varphi(\xi)}{P(\xi)})\right\|_\infty\\&\le C(\varphi,P(\xi))2^{-\frac{1}{2}\rho j}.\end{aligned}\tag{3.57}$$

因此，断言 (3.56) 式成立. 其次，注意到

$$\left\|\frac{\sin P(\xi)}{P(\xi)}\varphi_j\right\|_\infty = \left\|\frac{\sin 2^j P(y)}{2^j P(y)}\varphi\right\|_\infty \leq C2^{-j} \tag{3.58}$$

及 $\|\hat{v}\|_2 = \|v\|_2$, 就得

$$\left\|\mathcal{F}^{-1}\left(\frac{\sin P(\xi)}{P(\xi)}\varphi_j\hat{v}\right)\right\|_2 = \left\|\frac{\sin P(\xi)}{P(\xi)}\varphi_j\hat{v}\right\|_2 \leq C2^{-j}\|v\|_2. \tag{3.59}$$

对 (3.56), (3.59) 应用插值定理，容易看出

$$\left\|\mathcal{F}^{-1}\left(\frac{\sin P(\xi)}{P(\xi)}\varphi_j\hat{v}\right)\right\|_r = C\|v\|_{r'}, \quad j = 1, 2, \cdots, \tag{3.60}$$

这里 $\theta = 2(\frac{1}{2} - \frac{1}{r})$, $(1-\theta)(-1) + \theta(n - \frac{\varrho}{2} - 1) \leq 0$, 它等价于 $\delta(r)(2 - \frac{\varrho}{2}) \leq 1$.

注意到，当 $|j-k| > 1$ 时， $\varphi_j\varphi_k = 0$. 令

$$\hat{v}_j = (\varphi_{j-1} + \varphi_j + \varphi_{j+1})\hat{v}, \quad \varphi_{-1}(\xi) \equiv 0. \tag{3.61}$$

现在 (3.60) 中用 $\hat{v}_j$ 代替 $\hat{v}$, 就得

$$\left\|\mathcal{F}^{-1}\left(\frac{\sin P(\xi)}{P(\xi)}\varphi_j\hat{v}_j\right)\right\|_r \leq C\|v_j\|_{r'}, \quad \delta(r)\big(2 - \frac{\rho}{n}\big) \leq 1. \tag{3.62}$$

两边关于 j 取 l^2 模，注意到 Besov 空间的定义，就得估计 (3.55) 在 $t=1$ 时的估计.

注记 3.6 (i) 注意到

$$\|f(x)\|_{B^0_{r,2}} = \|f(x)\|_r + \left(\int_{\mathbb{R}^n} \frac{\|f(x+\tau) - f(x)\|_r^2}{|\tau|^n} d\tau\right)^{\frac{1}{2}}$$

是 $B^0_{r,2}$ 的等价模，若记 $\varrho(t)$ 是由 $(\varrho(t)f(x) = f(tx))$ 所定义的伸缩算子. 容易看出

$$\mathcal{F}^{-1}\left[\frac{\sin tP(\xi)}{P(\xi)}\hat{v}(\xi)\right] = t\varrho(t^{-1})\mathcal{F}^{-1}\left[\frac{\sin P(\xi)}{P(\xi)}\mathcal{F}(\varrho(t)v)(\xi)\right] \tag{3.63}$$

$$\begin{aligned}
&\mathcal{F}^{-1}\left[\frac{\sin tP(\xi)}{P(\xi)}\hat{v}(\xi)\right](x+\tau) - \mathcal{F}^{-1}\left[\frac{\sin tP(\xi)}{P(\xi)}\hat{v}(\xi)\right](x)\\
=&\mathcal{F}^{-1}\left[\frac{\sin tP(\xi)}{P(\xi)}\mathcal{F}(v(\eta-\tau) - v(\eta))\right]\\
=&t\varrho(t^{-1})\mathcal{F}^{-1}\left[\frac{\sin P(\xi)}{P(\xi)}\mathcal{F}(\varrho(t)(v(\eta-\tau) - v(\eta)))\right].
\end{aligned} \tag{3.64}$$

因此，利用 L^r 模的伸缩关系，直接验算就得估计 (3.54).

(ii) 由 Besov 空间中的 Sobolev 嵌入定理

$$L^p \hookrightarrow B^0_{p,2}, \qquad B^0_{q,2} \hookrightarrow L^q, \quad 1 < p \le 2, \quad 2 \le q < \infty, \tag{3.65}$$

直接推得

$$\left\| \mathcal{F}^{-1}\left(\frac{\sin tP(\xi)}{P(\xi)} \hat{v} \right) \right\|_r \le C|t|^{1-2\delta(r)} \|v\|_{r'}. \tag{3.66}$$

推论 3.9 设 $u(t,x)$ 是波动方程的 Cauchy 问题 (3.12) 的解，则有如下 $L^p - L^{p'}$ 估计

$$\begin{aligned} \|u(t,x)\|_p \le & C_p\big\{|t|^{1-2\delta(p)}(\|\nabla u_0(x)\|_{p'} + \|u_1(x)\|_{p'}) \\ & + \int_0^t |t-\tau|^{1-2\delta(p)} \|f(x,\tau)\|_{p'} d\tau\big\}, \\ & \delta(p) = n\left(\frac{1}{2} - \frac{1}{p}\right), \ (n+1)\left(\frac{1}{2} - \frac{1}{p}\right) \le 1. \end{aligned} \tag{3.67}$$

进而有

$$\begin{aligned} \|u(t,x)\|_{W^{l,p}} \le C_{p,l} & \bigg\{ |t|^{1-2\delta(p)}(\|u_0(x)\|_{W^{l+1,p'}} + \|u_1\|_{W^{l,p'}}) \\ & + \int_0^t |t-\tau|^{1-2\delta(p)} \|f(x,\tau)\|_{W^{l,p'}} d\tau \bigg\}, \\ & (n+1)\left(\frac{1}{2} - \frac{1}{p}\right) \le 1, \quad l > 0. \end{aligned} \tag{3.68}$$

注记 3.7 (i) 仅当 $1 - 2\delta(p) \le 0$ 或等价的 $\frac{2n}{n-1} \le p$ 时，估计 (3.67) 及 (3.68) 才有关于变量 t 的负值的衰减率. 因此，通常我们在 $\frac{2n}{n-1} \le p \le \frac{2(n+1)}{n-1}$ 中使用估计 (3.67), (3.68).

(ii) 作为定理 3.7 的直接结果，当 $2 \le p_1 \le \infty$ 且

$$\begin{cases} s - 1 + n\left(\dfrac{1}{2} - \dfrac{1}{p_1}\right) \le \dfrac{n-1}{2}\left(\dfrac{1}{2} - \dfrac{1}{p_1}\right), \\ 0 \le s - 1 + n\left(\dfrac{1}{2} - \dfrac{1}{p_1}\right) = \dfrac{1}{q} < \dfrac{1}{2} \end{cases} \tag{3.69}$$

时，有估计

$$\left(\int_I \|u(t,\cdot)\|^q_{\dot{B}^s_{p_1,2}} \right)^{\frac{1}{q}} \le C\left(\|u_0\|_{W^{1,2}} + \|u_1(x)\|_2 + \int_I \|f(\tau,\cdot)\|_2 d\tau \right). \tag{3.70}$$

利用齐次 Besov 空间的嵌入 $\dot{B}^s_{p_1,2}(\mathbb{R}^n) \hookrightarrow L^p(\mathbb{R}^n)$ ($s - \frac{n}{p_1} = -\frac{n}{p}$, $\frac{1}{p_1} \ge \frac{1}{p}$), 由 (3.69),(3.70) 就推得

$$\left(\int_I \|u(t,\cdot)\|^q_p dt \right)^{\frac{1}{q}} \le C\left(\|u_0(x)\|_{W^{1,2}} + \|u_1(x)\|_2 + \int_I \|f(\tau,\cdot)\|_2 d\tau \right), \tag{3.71}$$

此时

$$\frac{2n}{n-2} \le p < \frac{2n}{n-3}, \quad \frac{1}{q} = \frac{n-2}{2} - \frac{n}{p}, \quad n \ge 3. \tag{3.72}$$

(3.72) 中所满足的关系亦可通过 Scaling 技术获得，见第十章第三节.

完全类似于定理 3.8 的证明，我们可获得如下更一般的 Brenner 不等式.

推论 3.10 设 $s \in \mathbb{R}$, $1 \le q \le \infty$, 则

$$\|\mathcal{F}^{-1}[|\xi|^{-\gamma} \exp(it|\xi|)\hat{v}(\xi)]\|_{B^s_{p,q}} \le C|t|^{\gamma-2\delta(p)}\|v\|_{B^s_{p',q}}, \tag{3.73}$$

这里 $t \ne 0$, p 和 γ 满足

$$2 \le p < +\infty, \quad (n+1)\left(\frac{1}{2} - \frac{1}{p}\right) \le \gamma \le 2n\left(\frac{1}{2} - \frac{1}{p}\right). \tag{3.74}$$

§11.4 线性 Klein-Gordon 方程解的时空估计

本节我们详细讨论线性 Klein-Gordon 方程的 $L^p - L^{p'}$ 估计、正则性 $L^p - L^{p'}$ 估计及由此派生的时空估计. 这些基本的线性估计在研究非线性 Klein-Gordon 方程、量子场方程的定解问题和散射性理论中起着重要的作用.

首先考虑如下线性 Klein-Gordon 方程的 Cauchy 问题

$$\begin{cases} u_{tt} - \Delta u + u = 0, \\ u(x,0) = 0, \qquad u_t(x,0) = \psi(x). \end{cases} \tag{4.1}$$

其解 $u(t,x)$ 可表示成

$$u(t,x) = T_t\psi = \mathcal{F}^{-1}\left(\frac{\sin(1+|\xi|^2)^{\frac{1}{2}}t}{(1+|\xi|^2)^{\frac{1}{2}}}\mathcal{F}\psi(\xi)\right). \tag{4.2}$$

我们的问题是：当 p, q 满足何条件时，解算子 T_t 是 $L^p(\mathbb{R}^n) \to L^q(\mathbb{R}^n)$ 的有界线性算子，相应地 $\|T_t\|$ 是如何依赖于 t 的. 如果这一问题得以解决，作为推论，一般线性 Klein-Gordon 方程的 Cauchy 问题

$$\begin{cases} u_{tt} - \Delta u + u = f(x,t), \\ u(x,0) = \varphi(x), \quad u_t(x,0) = \psi(x) \end{cases} \tag{4.3}$$

的解

$$\begin{aligned} u(t,x) =& \mathcal{F}^{-1}\cos(|\xi|^2+1)^{\frac{1}{2}}t\mathcal{F}\varphi + \mathcal{F}^{-1}\left(\frac{\sin(|\xi|^2+1)^{\frac{1}{2}}t}{(1+|\xi|^2)^{\frac{1}{2}}}\mathcal{F}\psi\right) \\ &+ \int_0^t \mathcal{F}^{-1}\frac{\sin(|\xi|^2+1)^{\frac{1}{2}}(t-\tau)}{(|\xi|^2+1)^{\frac{1}{2}}}\mathcal{F}f(x,\tau)d\tau \end{aligned} \tag{4.4}$$

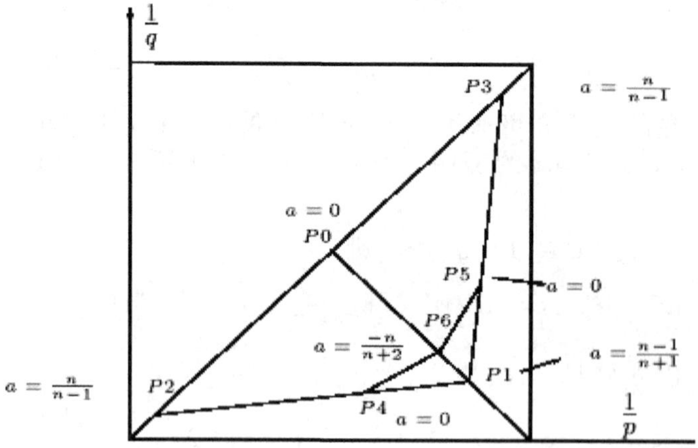

图 4.1 Klein-Gordon 方程的 L^p-L^q 估计的参考图

的 L^p-L^q 估计也就完全确定了.

定理 4.1 (1) 设 $1\le p,q\le\infty$, 算子 T_t 是 $L^p\to L^q$ 上的有界线性算子的充分必要条件是 $(\frac{1}{p},\frac{1}{q})\in\mathcal{T}$, 此处 $\mathcal{T}$ 是以

$$P_1=\left(\frac{1}{2}+\frac{1}{n+1},\frac{1}{2}-\frac{1}{n+1}\right),\qquad P_2=\left(\frac{1}{2}-\frac{1}{n-1},\frac{1}{2}-\frac{1}{n-1}\right),$$
$$P_3=\left(\frac{1}{2}+\frac{1}{n-1},\frac{1}{2}+\frac{1}{n-1}\right)$$

为顶点的闭三角形. 特别, 当 $n=1,2$ 时, 定义 $P_2=(0,0)$, $P_3=(1,1)$.

(2) 记 $P_0=(\frac{1}{2},\frac{1}{2})$, $P_4=(\frac{1}{2},\frac{1}{2}-\frac{1}{n})$, $P_5=(\frac{1}{2}+\frac{1}{n},\frac{1}{2})$, $P_6=(\frac{1}{2}+\frac{1}{n+2},\frac{1}{2}-\frac{1}{n+2})$. 特别, 当 $n=1$ 时, 定义 $P_4=(\frac{3}{4},0)$, $P_5=(1,\frac{1}{4})$. 当 $(\frac{1}{p},\frac{1}{q})\in\mathcal{T}$ 时, 有

$$\|T_t\psi\|_q\le C|t|^a\|\psi\|_p,\quad |t|\ge 1, \tag{4.5}$$

这里 a 是 $\frac{1}{p}$ 与 $\frac{1}{q}$ 的线性函数, 满足

$$a=\frac{n-2}{q}-n\left(1-\frac{1}{p}\right),\quad \left(\frac{1}{p},\frac{1}{q}\right)\in\triangle P_1P_5P_6; \tag{4.6}$$

$$a=-\frac{n}{q}+(n-2)\left(1-\frac{1}{p}\right),\quad \left(\frac{1}{p},\frac{1}{q}\right)\in\triangle P_1P_4P_6; \tag{4.7}$$

$$a=-\frac{n}{2}+\frac{n}{q},\quad \left(\frac{1}{p},\frac{1}{q}\right)\in\square P_0P_3P_5P_6; \tag{4.8}$$

$$a=\frac{n}{2}-\frac{n}{p},\quad \left(\frac{1}{p},\frac{1}{q}\right)\in\square P_0P_2P_4P_6. \tag{4.9}$$

(3) 设 $(\frac{1}{p},\frac{1}{q})\in\mathcal{T}$, 则

$$\|T_t\psi\|_q\le C|t|^b\|\psi\|_p,\quad 0<t<1\quad b=1-\frac{n}{p}+\frac{n}{q}. \tag{4.10}$$

推论 4.2 设 $u(t,x)$ 是 Cauchy 问题 (4.3) 的解，则当 $(\frac{1}{p},\frac{1}{q})\in\mathcal{T}$ 时，有如下估计：

$$\begin{aligned}\|u(t,x)\|_q\le& C(|t|^a\vee|t|^b)\|\nabla\varphi\|_p+C(|t|^a\vee|t|^b)\|\psi\|_p\\&+C\int_0^t(|t-\tau|^a\vee|t-\tau|^b)\|f(\tau,x)\|_pd\tau,\end{aligned} \tag{4.11}$$

这里

$$|t|^a\vee|t|^b=\begin{cases}|t|^a, & |t|\ge1,\\|t|^b, & |t|<1,\end{cases} \tag{4.12}$$

$b=1-\frac{n}{p}+\frac{n}{q}$, 而 a 的取值同 (4.6)~(4.9).

注记 4.1 (i) 在定理 4.1 或推论 4.2 中，估计 (4.5),(4.10) 意味着 $\|T_t\|\le C|t|^a$, $t\ge1$ 及 $\|T_t\|\le C|t|^b$. 关于 t 的衰减估计还是最优的，反例见 [MSW]. 退一步讲，总有

$$\|T_t\|\le C|t|^b,\quad\forall t>0,\quad(\frac{1}{p},\frac{1}{q})\in\mathcal{T}. \tag{4.13}$$

特别，当 $p=q'$ 时， $b=1-2\delta(q)$, 这恰好就对应着波动方程的 $L^q-L^{q'}$ 估计. 此事实表明，上一节建立的波动方程的 $L^q-L^{q'}$ 估计、Strichartz 型时空估计对线性 Klein-Gordon 方程的解是成立的.

(ii) 利用定理 4.1 和推论 4.2, 可建立非线性 Klein-Gordon 方程

$$v_{tt}=\Delta v+v+\lambda|v|^{\gamma-2}v=0,\quad\lambda>0 \tag{4.14}$$

的柯西问题在 $2+\frac{4}{n}\le\gamma\le2+\frac{4}{n-1}$ 情形下的解在能量模

$$\|w\|_e=\left(\int_{\mathbb{R}^n}\{w_t^2+|\nabla w|^2+w^2\}dx\right)^{\frac{1}{2}} \tag{4.15}$$

意义下的散射性理论，详见第十二章的讨论.

(iii) 对经典的波动方程的 Cauchy 问题

$$\begin{cases}v_{tt}-\Delta v=0,\\v(0,x)=0,\quad v_t(0)=\psi(x)\end{cases} \tag{4.16}$$

的解

$$v(t,x)=S_t\psi=\mathcal{F}^{-1}\frac{\sin|\xi|t}{|\xi|}\mathcal{F}\psi. \tag{4.17}$$

与 Klein-Gordon 方程证明类似，亦可以证明如下更一般的 L^p-L^q 估计：

$$\|v(t,x)\|_q=\|S_t\psi\|_q\le C|t|^b\|\psi\|_p,\quad (\frac{1}{p},\frac{1}{q})\in\mathcal{T}, \tag{4.18}$$

这里 $b=1-\frac{n}{p}+\frac{n}{q}$ 且估计 (4.18) 是最佳估计． Strichartz 在 [St4] 中证明了 $(\frac{1}{p},\frac{1}{q})\in P_1P_4$ 或 P_1P_5 的情形，而 Peral 在 [Per] 中证明了 $p=q$ 的情形，其它情形可通过插值定理得到 (见图 4.1).

注记 4.2 注意到 T_t 是一个形式自伴算子，自然，闭三角形 $\mathcal{T}$ 关于对偶直线 $\frac{1}{p}+\frac{1}{q}=1$ 对称． P_0, P_4, P_5, P_6 的引入更好地刻画当 $|t|>1$ 时，解算子的范数 $\|T_t\|$ 关于 t 的依赖关系．利用径向函数的 Fourier 变换公式 (见第三章定理 4.2), 知

$$u(x,t)=T_t\psi=\mathcal{F}^{-1}\frac{\sin(1+|\xi|^2)^{\frac{1}{2}}t}{(1+|\xi|^2)^{\frac{1}{2}}}\mathcal{F}\psi=K_t*\psi,\quad n=3,$$

$$K_t(R)=\frac{(2\pi)^2}{R}\int_0^\infty(1+r^2)^{-\frac{1}{2}}\sin(1+r^2)^{\frac{1}{2}}t\sin(Rr)dr,\quad n=3. \tag{4.19}$$

同理，波动方程的 Cauchy 问题 (4.16) 的解可表示成

$$v(t,x)=S_t\psi=\mathcal{F}^{-1}\frac{\sin|\xi|t}{|\xi|}\mathcal{F}\psi=L_t*\psi,\quad n=3,$$

其中

$$L_t(R)=\frac{(2\pi)^2}{R}\int_0^\infty\frac{\sin(rt)}{r}\sin(Rr)dr,\quad n=3. \tag{4.20}$$

下面以 $n=3$ 为例，来考察 Klein-Gordon 方程解与波动方程解的衰减性质．当 $p>q$ 时，由于乘子 $\frac{\sin(1+|\xi|^2)^{\frac{1}{2}}t}{(1+|\xi|^2)^{\frac{1}{2}}}\notin\mathcal{M}_p^q$，则 T_t 不是 $L^p\to L^q$ 的有界线性算子．在闭三角形 $\mathcal{T}$ 的右边或下方，由于乘子 $\frac{\sin(1+|\xi|^2)^{\frac{1}{2}}t}{(1+|\xi|^2)^{\frac{1}{2}}}$ 确定算子不具备足够的光滑，故 T_t 在此范围内也不是 $L^{p,q}$ 型算子．然而，当 $(\frac{1}{p},\frac{1}{q})\in\mathcal{T}$ 时，我们将证明算子 T_t 是 $L^{p,q}$ 型算子．事实上， $\|T_t\|$ 关于 t 的衰减性是由算子 T_t 的光滑效应与算子 T_t 的传播效应决定的．在线段 P_5P_6 和 P_4P_6，光滑效应与扩散效应处于平衡状态．在 $\triangle P_1P_5P_6$ 和 $\triangle P_1P_4P_6$ 中，光滑效应处主导作用．事实上，在 $\overline{P_1P_5}$ 和 $\overline{P_1P_4}$ 上，波动方程与 Klein-Gordon 方程有完全相同光滑效应 (此处扩散效应为 0)．因此， $\|T_t\|$ 与 $\|S_t\|$ 有完全相同的衰减率．在剩余的两个四边形 $P_0P_3P_5P_6$ 与 $P_0P_2P_4P_6$ 中，扩散效应处

主导作用. 由于 Klein-Gordon 算子比波算子具有更强的扩散效应, 因此, 在四边形 $P_0P_3P_5P_6$ 与四边形 $P_0P_2P_4P_6$ 的大部分区域上, 对适当大的 t, 有 $\|T_t\| < \|S_t\|$. 然而, 在角点 P_3 或 P_2 附近, 由 Huygens 原理, 可见

$$L_t(|x|) = 0, \quad |x| < t, \quad n = 3.$$

因此, 有 $\|T_t\| > \|S_t\|$.

定理 4.1 的证明 注意到 P_0, P_1, P_6 在对偶线 $\frac{1}{p} + \frac{1}{q} = 1$ 上, P_4 和 P_5 关于 $\frac{1}{p} + \frac{1}{q} = 1$ 对称, P_0, P_2, P_3 在 $\frac{1}{p} = \frac{1}{q}$ 的直线上. 由 $\mathcal{M}_p^q = \mathcal{M}_{q'}^{p'}$, 故仅需证明 $\|T_t\|$ 在 P_0, P_1, P_3, P_5, P_6 点处对应的时空估计. P_2, P_4 及 $\mathcal{T}$ 中任一点处 $\|T_t\|$ 的估计均可由对偶性技巧和插值定理来得到.

(i) P_0 点的估计. 注意到 $u(t,x) = T_t\psi$ 所对应的乘子满足

$$\|\hat{K}_t(\xi)\|_\infty = \|(1+|\xi|^2)^{-\frac{1}{2}} \sin(1+|\xi|^2)^{\frac{1}{2}} t\|_\infty \le \min(t, 1),$$

因此

$$\|T_t\psi\|_2 \le \|\psi\|_2, \quad 0 < t < \infty. \tag{4.21}$$

(ii) $P_5 = (\frac{1}{2} + \frac{1}{n}, \frac{1}{2})$ 或 $P_4 = (\frac{1}{2}, \frac{1}{2} - \frac{1}{n})$ 点的估计. 设 $\frac{1}{q} = \frac{1}{2} - \frac{1}{n}$, 由 Sobolev 嵌入定理及能量等式 $\|u\|_e = (\int_{\mathbb{R}^n} \{u_t^2 + |\nabla u|^2 + u^2\} dx)^{\frac{1}{2}} = \|\psi\|_2$ 就得

$$\|T_t\psi\|_q \le \|\nabla_x T_t\psi\|_2 \le \|\psi\|_2, \quad 0 < t < \infty. \tag{4.22}$$

(iii) P_1, P_6 点的估计. 首先引入解析算子簇

$$T_t^\alpha \psi = K_t^\alpha * \psi, \tag{4.23}$$

这里

$$\hat{K}_t^\alpha(\xi) = (1+|\xi|^2)^{-[\alpha + \frac{n-1}{2}]/2} \sin[t(1+|\xi|^2)^{\frac{1}{2}}], \tag{4.24}$$

$$\begin{aligned} K_t^\alpha(x) = (2\pi)^{\frac{n-1}{2}} R^{1-n/2} \int_0^\infty (1+r^2)^{-[\alpha+\frac{n-1}{2}]/2} \sin[t(1+r^2)^{\frac{1}{2}}] \\ \times J_{\frac{n}{2}-1}(Rr) \cdot r^{\frac{n}{2}} dr, \quad R = |x|, \quad r = |\xi|. \end{aligned} \tag{4.25}$$

自然, 当 $\alpha = \frac{3-n}{2}$ 时, $T_t = T_t^\alpha$.

利用 Marshall, Strauss 和 Wainger 在 [MSW] 中所建立的估计

$$\begin{cases} \|K_t^{\frac{3}{2}}\|_\infty \le C|t|^{-\frac{n}{2}}, & |t| > 1, \\ \|K_t^1\|_{\text{BMO}} \le C|t|^{-\frac{n-1}{2}}, & 0 < t < \infty \end{cases} \tag{4.26}$$

及 Stein 型插值定理来建立 P_1 和 P_6 及其连线上的估计. 当 $\mathrm{Re}\alpha=\frac{1-n}{2}$ 时, 显然, 乘子 $\hat{K}_t^\alpha(\xi)$ 有界. 因此,

$$\|T_t^\alpha\|_{L^2-L^2}\le C,\quad 0<t<\infty. \tag{4.27}$$

当 $\alpha=\frac{3}{2}$ 时, (4.26) 的第一式意味着

$$\|T_t^{\frac{3}{2}}\|_{L^1\to L^\infty}\le C|t|^{-\frac{n}{2}},\qquad t>1. \tag{4.28}$$

注意到算子 M: $Mf=\mathcal{F}^{-1}[(1+|\xi|^2)^{iy}\hat{f}(\xi)]$ 是 BMO 到 BMO 上的界线性算子且满足

$$\|Mf\|_{\mathrm{BMO}}\le C(1+|y|)^k\|f\|_{\mathrm{BMO}},\quad k>\frac{n}{2}. \tag{4.29}$$

因此, 对任意 $\mathrm{Re}\alpha=\frac{3}{2}$, T_t^α 是从 L^1 到 BMO 的有界线性算子且

$$\|T_t^\alpha\|_{L^1-\mathrm{BMO}}\le C(1+|\mathrm{Im}\alpha|)^k|t|^{-\frac{n}{2}},\quad k>\frac{n}{2},\quad t>1. \tag{4.30}$$

现对 (4.27), (4.30) 利用 Stein 插值定理就有 P_6 点估计

$$\|T_t^{\frac{3-n}{2}}\|_{L^p\to L^q}\le C|t|^{-\frac{n}{2+n}},\quad |t|>1. \tag{4.31}$$

此时 $\frac{1}{p}=\frac{1}{2}+\frac{1}{n+2}$, q 是 p 的共轭对.

当 $\alpha=1$ 时, (4.26) 的第二个不等式意味着

$$\|T_t^1\|_{\mathcal{H}^1-L^\infty}\le C|t|^{-\frac{n-1}{2}},\quad 0<t<1. \tag{4.32}$$

这里 $\mathcal{H}^1$ 表示 Hardy 空间 (见 [FS]), 算子 $Mf=\mathcal{F}^{-1}[(1+|\xi|^2)^{iy}\hat{f}(\xi)]$ 也是 $\mathcal{H}^1\to\mathcal{H}^1$ 上有界线性算子且

$$\|Mf\|_{\mathcal{H}^1}\le C(1+|y|)^k\|f\|_{\mathcal{H}^1},\quad k>\frac{n}{2}. \tag{4.33}$$

因此, 对任意复数 α, 若 $\mathrm{Re}\alpha=1$, T_t^α 是 $\mathcal{H}^1$ 到 L^∞ 的有界线性算子, 即

$$\|T_t^\alpha\|_{\mathcal{H}^1\to L^\infty}\le C(1+\mathrm{Im}\alpha)^k|t|^{-\frac{n-1}{2}},\quad t>0. \tag{4.34}$$

对 (4.27) 与 (4.32) 利用 Stein 插值定理就得 P_1 点所对应的估计

$$\|T_t^{\frac{3-n}{2}}\|_{L^p\to L^q}\le C|t|^{-\frac{n-1}{2}},\quad t>0, \tag{4.35}$$

这里 $\frac{1}{p}=\frac{1}{2}+\frac{1}{n+1}$, $\frac{1}{q}=\frac{1}{2}-\frac{1}{n+1}$.

(iv) P_3 (或 P_2) 点的估计. 当 $n=1,2$ 或 3 时, $P_3=(1,1)$, 我们断言

$$\begin{cases} \|T_t\|_{L^1\to L^1}\le C|t|^{\frac{n}{2}}, & |t|>1, \\ \|T_t\|_{L^1\to L^1}\le C|t|, & |t|\le 1. \end{cases} \tag{4.36}$$

事实上, 若记 $\mu^2=t^2-R^2$, $|x|=R$, 则算子 T_t 的核函数 K_t 有如下表示式:

$$\begin{cases} K_t(x)=CJ_0(\mu)\mathcal{X}(x), & n=1, \\ K_t(x)=C\mu^{-1}\cos\mu\mathcal{X}(x), & n=2, \\ K_t(x)=Ct^{-1}\partial_t[J_0(\mu)\mathcal{X}(x)], & n=3, \end{cases} \tag{4.37}$$

这里

$$\mathcal{X}(R)=\begin{cases} 1, & R<t, \\ 0, & R>t. \end{cases}$$

容易看出, 当 $n=1,2$ 时, $K_t(x)\in L^1(\mathbb{R}^n)$. 当 $n=3$ 时, K_t 是一个有限测度, 用 Young 不等式就得估计 (4.36).

当 $n>3$ 时, K_t 的奇性随着 n 的增加而增强, 这就需要采用不同技巧来处理, 先来考虑 $t\le 1$ 的情形. 记 $|\xi|=r$, $r_1=(r^2+1)^{\frac{1}{2}}$, 则 T_t 对应的乘子可表示成

$$\hat{K}_t(\xi)=r_1^{-1}\sin(tr_1)=\mathrm{Im}\{e^{it(r_1-r)}r_1^{-1}e^{itr}\}. \tag{4.38}$$

直接计算 $m(\xi)=e^{it(r_1-r)}$ 满足

$$|D^\beta m(\xi)|\le C_\beta|\xi|^{-|\beta|}, \quad \beta\in N^n. \tag{4.39}$$

由奇异积分理论, 算子 $\mathcal{F}^{-1}(m(\xi)\mathcal{F})$ 是 $L^p(\mathbb{R}^n)\to L^p(\mathbb{R}^n)$ $(p>1)$ 有界线性算子. 另一方面, 当 $\frac{1}{p}=\frac{1}{2}+\frac{1}{n-1}$ 时, Peral 在 [Per] 中证明了 $r_1^{-1}e^{itr}\in\mathcal{M}_p^p(\mathbb{R}^n)$ 且

$$\|\mathcal{F}^{-1}m(\xi)\mathcal{F}\psi\|_p\le C|t|\|\psi\|_p, \quad t>0, \quad \frac{1}{p}=\frac{1}{2}+\frac{1}{n-1}. \tag{4.40}$$

因此, 当 t 适当小时, 我们就得 P_3 点处所对应的估计

$$\|T_t\|_{L^p\to L^p}\le C|t|, \quad |t|\le 1, \quad \frac{1}{p}=\frac{1}{2}+\frac{1}{n-1}. \tag{4.41}$$

下面来建立 P_3 在 $t>1$ 时的估计. 令 $\varphi(s)\in C_c^\infty(\mathbb{R}^n)$ 满足

$$\varphi(s)=\begin{cases} 1, & |s|<\frac{1}{2}, \\ 0, & |s|\ge 1, \end{cases} \qquad \psi(s)=1-\varphi(s).$$

这样可将乘子 $\hat{K}_t(\xi)$ 改写成

$$\hat{K}_t(\xi)=\varphi(\frac{r}{t})r_1^{-1}\sin(tr_1)+\mathrm{Im}\left\{\psi(\frac{r}{t})e^{it(r_1-r)}r_1^{-1}e^{itr}\right\}. \tag{4.42}$$

注意到 $m_1(\xi)=\psi(\frac{r}{t})e^{it(r_1-r)}$ 满足估计 (4.39), 利用 Peral 估计 (见 [Per]), 容易推得

$$\|\mathrm{Im}(\psi(\frac{r}{t})e^{it(r_1-r)}r_1^{-1}e^{itr})\|_{\mathcal{M}_p^p}\le C|t|,\quad t>0,\ \frac{1}{p}=\frac{1}{2}+\frac{1}{n-1}. \tag{4.43}$$

下面来证明，当 $t>1$, $\frac{1}{p}=\frac{1}{2}+\frac{1}{n-1}$ 时，$\varphi(\frac{r}{t})r_1^{-1}\sin(tr_1)$ 是 L^p 到 L^p 的乘子，且

$$\|\varphi(\frac{r}{t})r_1^{-1}\sin(tr_1)\|_{\mathcal{M}_p^p}\le C|t|^{\frac{n}{n-1}},\quad t>1. \tag{4.44}$$

为此，我们引入解析乘子簇

$$m_2^\alpha(\xi)=\varphi(\frac{r}{t})r_1^{-\alpha-1}\sin(tr_1). \tag{4.45}$$

当 $\mathrm{Re}\alpha=-1$ 时，$m_2^\alpha(\xi)\in\mathcal{M}_2^2$ 且对所有 $t>0$ 有

$$\|m_2^\alpha(\xi)\|_{\mathcal{M}_2^2}\le C. \tag{4.46}$$

另一方面，当 $\alpha=\frac{n-3}{2}$ 时，由径向函数的 Fourier 变换可见，$m_2^\alpha(\xi)$ 对应的算子的核函数是

$$K_*(R)=\frac{(2\pi)^{\frac{n}{2}}}{R^\nu}\int_0^\infty\sin(tr_1)J_\nu(Rr)r^{\frac{n}{2}}r_1^{\frac{1-n}{2}}\varphi(\frac{r}{t})dr,\quad \nu=\frac{n}{2}-1.$$

利用 Marshall, Strauss 和 Wainger 的估计 (见 [MSW]) 可见

$$\int_0^\infty|K_*(R)|R^{n-1}dR\le Ct^{\frac{n}{2}},\quad t>1. \tag{4.47}$$

从而推得估计式

$$\|\mathcal{F}^{-1}m_2^\alpha(\xi)\mathcal{F}\psi\|_{\mathcal{H}^1}\le Ct^{\frac{n}{2}}\|\psi\|_{\mathcal{H}^1},\quad \mathrm{Re}\alpha=\frac{n-3}{2},\ t>1 \tag{4.48}$$

成立. 对算子簇 $\mathcal{F}^{-1}m_2^\alpha(\xi)\mathcal{F}\cdot$, 利用 Stein 型插值定理，容易看出

$$\|\mathcal{F}^{-1}m_2^\alpha(\xi)\mathcal{F}\psi\|\le Ct^{\frac{n}{2}}\|\psi\|_p,\quad \frac{1}{p}=\frac{1}{2}+\frac{1}{n-1},\quad t>1, \tag{4.49}$$

此即估计 (4.44). 因此，(4.42) 和 (4.44) 就意味着 P_3 点估计

$$\|T_t\|_{L^p\to L^p}\le C|t|^{\frac{n}{2}},\quad n>3,\quad t>1\quad \frac{1}{p}=\frac{1}{2}+\frac{1}{n-1}. \tag{4.50}$$

这样，对 (4.21),(4.22),(4.35),(4.36),(4.50) 利用插值公式并注意到 Hörmander 空间 $\mathcal{M}_p^q$ 的性质，就得估计 (4.5). 进而，对 (4.35),(4.41) 进行插值就得估计 (4.6). 这样就证明定理 4.1.

利用上面建立的 $L^p - L^q$ 估计，我们有如下混合型时空估计：

定理 4.3 记

$$\mathcal{T} = \{(\frac{1}{q},\frac{1}{r});\ 0 \le \frac{1}{q} \le \frac{1}{2},\ \frac{1}{2} - \frac{2}{(n-1)q} < \frac{1}{r} < \frac{1}{2} - \frac{2}{nq}\},$$

$$\mathcal{R} = \{(\frac{1}{q},\frac{1}{r});\ 0 \le \frac{1}{q} \le 1,\ \frac{1}{2} - \frac{3}{2n} \le \frac{1}{r} \le \frac{1}{2},\ \frac{n}{r} + \frac{1}{q} \ge \frac{n-2}{2}\},$$

$$\begin{aligned}\mathcal{R}_0 =& \{(\frac{1}{q},\frac{1}{r});\ 0 \le \frac{1}{q} \le 1,\ \frac{1}{2} - \frac{3}{2n} < \frac{1}{r} \le \frac{1}{2},\ \frac{n}{r} + \frac{1}{q} > \frac{n-2}{2}\}\\ &\cup \{(\frac{1}{q},\frac{1}{r});\ \frac{n}{r} + \frac{1}{q} = \frac{n-2}{2},\ \frac{1}{q} \le \frac{1}{2} - \frac{1}{n+1}\},\end{aligned}$$

$$Q = \{(\frac{1}{q},\frac{1}{r}); (\frac{1}{q},\frac{1}{r}) \in \mathcal{R}_0, 0 \le \frac{1}{q} \le \frac{1}{2}, \frac{1}{2} - \frac{1}{n} - \frac{1}{nq} \le \frac{1}{r} < \frac{1}{2} - \frac{2}{nq}\},$$

这里 P_0, P_2, P_3, P_4, P_5, P_6, P_7 的坐标 (见图 4.2) 分别是

$$P_0 = (0,\frac{1}{2}), P_1 = (0, \frac{1}{2} - \frac{1}{n}), P_2 = (\frac{1}{2},\frac{1}{2} - \frac{1}{n}), P_3 = (\frac{1}{2},\frac{1}{2} - \frac{1}{n-1}),$$

$$P_4 = (\frac{1}{2},\frac{1}{2} - \frac{3}{2n}), P_5 = (1,\frac{1}{2}), P_6 = (1,\frac{1}{2} - \frac{1}{n}), P_7 = (1,\frac{1}{2} - \frac{3}{2n}).$$

则我们有如下结果：

(1) 若 $(\frac{1}{q},\frac{1}{r}) \in \mathcal{T}$, $\gamma < \frac{1}{2} + \frac{1}{r} - \frac{1}{q}$, 则

$$\|(I-\Delta)^{\frac{\gamma}{2}} u\|_{q,r} = \|(I-\Delta)^{\frac{\gamma}{2}} u; L^q(\mathbb{R}; L^r(\mathbb{R}^n))\| \le C\|\psi\|_2, \tag{4.51}$$

这里 $u(x,t) = T_t\psi$ 同 (4.2). 当 $r = \infty$ 时，将 L^∞ 模换成 BMO 模，(4.51) 仍然成立. 进而，若 $(\frac{1}{q},\frac{1}{r}) \in Q - \mathcal{T}$ 且 $0 \le \gamma < 1 - \frac{n}{2} + \frac{n}{r} + \frac{1}{q}$, 则估计 (4.51) 仍然成立.

(2) 如果 $(\frac{1}{q},\frac{1}{r}) \in Q$, 则

$$\|u(t,x)\|_{q,r} = \|u(t,x); L^q(\mathbb{R}; L^r(\mathbb{R}^n))\| \le C\|\psi\|_2. \tag{4.52}$$

(3) 如果 $(\frac{1}{q},\frac{1}{r}) \in R_0$, 且 $\alpha > \alpha_0(\frac{1}{q},\frac{1}{r}) = \max\{0, \frac{n}{2r} - \frac{n}{4} + \frac{1}{q}, \frac{1}{q} - \frac{1}{2}\}$, 则

$$\|(1+t)^{-\alpha} u\|_{q,r} \le C\|\psi\|_2. \tag{4.53}$$

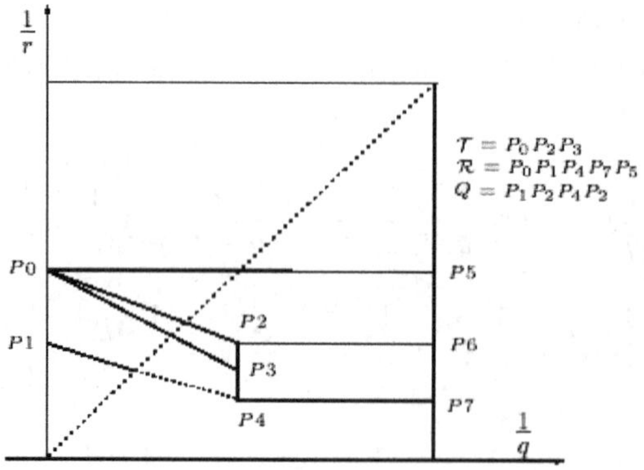

图 4.2　Klein-Gordon 方程的时空估计的参考图

注记 4.3　(i) 仅当 $(\frac{1}{q},\frac{1}{r})\in R_0$, 且 $\alpha>\alpha_0(\frac{1}{q},\frac{1}{r})$, 才能有形如 (4.53) 的估计，见 [Ma].

(ii) 如果 $(\frac{1}{q},\frac{1}{r})\notin\overline{Q}$, 则 $u=T_t\psi$ 不是 $L^2(\mathbb{R}^n)$ 到 $L^q(\mathbb{R},L^r(\mathbb{R}^n))$ 上的有界线性算子，证明见 [Ma].

(iii) 在 (1) 中，用 $(\frac{1}{q_1},\frac{1}{r_1})$ 来表示 $Q-\mathcal{T}$ 中的点，此时，总取 $q=q_1$, 因为 $\frac{1}{r}\geq\frac{1}{r_1}$, 故只要

$$\gamma-\frac{n}{r}>\gamma_1-\frac{n}{r_1}$$

成立，利用 Sobolev 嵌入定理就得 (1) 中的进一步结果. 事实上，注意到

$$\frac{1}{r}\geq\frac{1}{2}-\frac{1}{n}-\frac{1}{qn},\quad \gamma_1<\gamma+\big(1-\frac{n}{2}+\frac{n}{r_1}+\frac{1}{q}\big),$$

在上式中取 $\gamma=0$, 就意味着 Sobolev 嵌入关系式成立.

(iv) 经典的 Strichartz 对称型时空估计 (见第九章) 具有如下形式：

$$\|(I-\Delta)^{\frac{1}{4}}T_t\psi\|_{L^q(\mathbb{R}^{n+1})}\leq C\|\psi\|_{L^2(\mathbb{R}^n)},\quad 2+\frac{4}{n}\leq q\leq 2+\frac{4}{n-1}.$$

它比 (1) 中混合型估计的特例 $(q=r)$ 要强. 因此，当 $q\leq r$ 时，利用 Sobolev 嵌入定理，对任意 $(\frac{1}{q},\frac{1}{r})\in\bar{\mathcal{T}}$ 及 $\gamma=\frac{1}{2}+\frac{1}{r}-\frac{1}{q}$, 相应的估计 (4.51) 亦成立.

定理 4.3 的证明　容易看出，如果获得了在端点 P_0 和 P_7 处的估计，其余均可以通过插值定理和 Sobolev 嵌入定理来获得. 算子 T_t 与 $\sqrt{I-\Delta}T_t$ 对应的乘子分别是 $(1+|\xi|^2)^{-\frac{1}{2}}\sin(t\sqrt{1+|\xi|^2})$ 和 $\sin(t\sqrt{1+|\xi|^2})$, 因此

$$\begin{cases}\|T_t\psi\|_{L^\infty(\mathbb{R};L^2(\mathbb{R}^n))}\leq\|\psi\|_2,\\ \|\sqrt{I-\Delta}T_t\psi\|_{L^\infty(\mathbb{R};L^2(\mathbb{R}^n))}\leq\|\psi\|_2.\end{cases}\tag{4.54}$$

利用 Sobolev 嵌入定理，自然有

$$\|T_t\psi\|_{L^\infty(\mathbb{R};L^r(\mathbb{R}^n))} \le \|\psi\|_2, \qquad \frac{1}{r} = \frac{1}{2} - \frac{1}{n}. \tag{4.55}$$

(4.54) 和 (4.55) 就意味着 P_0, P_1 处满足估计 (4.52).

其次，注意到 $\alpha_0(P_6) = \alpha_0(P_7) = \frac{1}{2}$, $\alpha_0(P_5) = 1$, $\alpha_0(P_0) = \alpha_0(P_2) = \alpha_0(P_4) = 0$. 利用 Hölder 不等式，可见

$$\|(1+t)^{-\alpha}u\|_{1,r} \le C\|(1+t)^{-\varepsilon}u\|_{q,r}, \quad \alpha > \alpha_0(p),$$
$$\varepsilon \le \frac{\alpha - \alpha_0(p)}{2}, \quad q = 2 \text{ 或 } q = \infty,$$

这里 $C = (\int_0^\infty (1+t)^{q'(\alpha-\varepsilon)}dt)^{\frac{1}{q'}} < \infty$. 由此可见 P_5, P_6, P_7 处的估计可由 P_0, P_2, P_4 处的估计获得.

再次，由 Sobolev 嵌入定理，(2) 是 (1) 的直接结果. 当 $(\frac{1}{q}, \frac{1}{r}) \in Q$ 时，(3) 是 (2) 的直接结果. 由 P_2, P_4 附近的估计式 (4.51) 就推得 P_6, P_7 处的估计. 至于在 Q 的边界点 $\{(\frac{1}{q}, \frac{1}{r});\ \ \frac{n}{r} + \frac{1}{q} = \frac{n-2}{2}, \frac{1}{q} \le \frac{1}{2} - \frac{1}{n+1}\}$ 的情形，直接利用 Strichartz 估计及 Sobolev 嵌入定理就得 (q 固定方式)Q 的边界点对应的估计. 因此，问题就归结为在 $\{(\frac{1}{q}, \frac{1}{r}), 0 \le \frac{1}{q} \le \frac{1}{2}, \frac{1}{2} - \frac{1}{(n-1)q} < \frac{1}{r} < \frac{1}{2} - \frac{2}{nq}\}$ 上证明估计式 (4.51) 即可. 记 $\mathcal{D}_* = (1-\Delta)^{\frac{1}{2}}$, $u(\cdot, t) = T_t\psi = K_t * f$. 由于

$$\begin{cases} \|D_*^{-\gamma}K_t\|_{\mathrm{BMO}} \le Ct^{-\gamma}, & t \ge 1, \\ \|D_*^{-\gamma}K_t\|_{\mathrm{BMO}} \le Ct^{-\frac{n-1}{2}}, & t < 1 \end{cases} \tag{4.56}$$

(上式的证明参见 [MSW]), 这意味着 $D_*^{-\gamma}T_t$ 是 $\mathcal{H}^1 \to \mathrm{BMO}$ 的有界线性算子且满足

$$\|D_*^{-\gamma}T_t\|_{\mathcal{H}^1 \to \mathrm{BMO}} \le C|t|^{-\frac{n-1}{2}}(1+|t|)^{-a}, \quad \gamma = a + \frac{n-1}{2}. \tag{4.57}$$

又因为 D_*T_t 是 $L^2(\mathbb{R}^n) \to L^2(\mathbb{R}^n)$ 上有界线性算子，且

$$\|D_*T_t\|_{L^2 \to L^2(\mathbb{R}^n)} \le 1. \tag{4.58}$$

因此，利用 Stein 插值定理可见 $D_*^{-b}T_t$ 是 $L^{r'}$ 到 L^r 的有界线性算子且满足

$$\|D_*^{-b}T_t\|_{L^{r'} \to L^r} \le C|t|^{\varepsilon-1}(1+|t|)^{-\delta}, \tag{4.59}$$

其中

$$\frac{1}{r'} = \frac{1}{2} + \frac{1-\varepsilon}{n-1}, \quad b = (\frac{n+1+2a}{n-1})(1-\varepsilon) - 1, \quad \delta = 2\frac{1-\varepsilon}{n-1}a. \tag{4.60}$$

若记 $K(t)=\|D_*^{-b}T_t\|_{L^{r'}\to L^{r}}$, 自然有 $K(t)\le Ct^{\varepsilon-1}(1+|t|)^{-\delta}$. 如果取 l 满足

$$(1-\varepsilon)l<1,\quad l(1+\delta-\varepsilon)>1, \tag{4.61}$$

则 $K(t)\in L^l(\mathbb{R})$.

记 $d\nu=(1+|\xi|^2)^{-\frac{b+1}{2}}d\xi_1d\xi_2\cdots d\xi_n$ 是曲面 $S{:}\tau^2=|\xi|^2+1$ 上的一个测度, $\sim$ 和 $\wedge$ 分别表示 $\mathbb{R}^{n+1}$ 和 $\mathbb{R}^n$ 上 Fourier 变换, 用 # 和 * 分别表示 $\mathbb{R}^{n+1}$ 上及 $\mathbb{R}^n$ 上有卷积运算, 利用 Fourier 变换的限制性定理可见 $\widetilde{d\nu}=D_*^{-b}K_t(x)$. 我们首先证明一个推广的 Tomas 限制性定理.

引理 4.4(Tomas 定理) 设 (4.60) 与 (4.61) 成立, $0\le a\le\frac{1}{2}$, $l=\frac{q}{2}$. 对任意 $F(t,x)\in L^{q'}(\mathbb{R},L^{r'}(\mathbb{R}^n))$, 则有

$$\int_S|\tilde{F}|^2d\nu\le C\|F\|_{q',r'}^2. \tag{4.62}$$

证明 记 $F_s(x)=F(s,x)$, 则

$$\begin{aligned}\|\widetilde{d\nu}\#F\|_{q,r}&=\left\|\int_0^t D_*^{-b}K_{t-s}*F_sds\right\|_{q,r}\\&\le\left(\int\left(\int K(t-s)\|F_s\|_{r'}ds\right)^q dt\right)^{\frac{1}{q}}.\end{aligned}$$

注意到 $\frac{1}{q}=\frac{1}{l}+\frac{1}{q'}-1$, $l=\frac{q}{2}$, 则由 Young 不等式就意味着

$$\|\widetilde{d\nu}\#F\|_{q,r}\le C\|F\|_{q',r'}. \tag{4.63}$$

利用 Plancherel 定理就有

$$\int_s|\tilde{F}|^2d\nu=\int\bar{\tilde{F}}\cdot\widetilde{F\#\widetilde{d\nu}}\le C\|F\|_{q',r'}\|\widetilde{d\nu}\#F\|_{q,r}\le C\|F\|_{q',r'}^2.$$

从而估计 (4.62) 成立. 进而, 由上面引理证明过程, 易见有如下直接结果.

推论 4.5 假设 $q,r\ge2$, 则

$$\|\widetilde{d\nu}\#f\|_{q,r}\le K_0^2\|f\|_{q',r'},\quad f\in L^{q'}(\mathbb{R};L^{r'}(\mathbb{R}^n))$$

与

$$\|\widetilde{gd\mu}\|_{q,r}\le K_0\left(\int_S|g|^2d\mu\right)^{\frac{1}{2}},\quad g\in L^2(d\mu) \tag{4.64}$$

等价. 由此推得估计 (4.62) 就等价于

$$\|\widetilde{Fd\nu}\|_{q,r}\le C\left(\int_S|F|^2d\nu\right)^{\frac{1}{2}}. \tag{4.65}$$

线性 Klein-Gordon 方程的 Cauchy 解 $u(x,t)=T_t\psi$, 自然有

$$\hat{u}(\xi,t)=(1+|\xi|^2)^{-\frac{1}{2}}\sin(1+|\xi|^2)^{\frac{1}{2}}t\hat{\psi}(\xi).$$

现定义 $F(\xi,\tau)=\hat{\psi}(\xi)$, 由于 $(1+|\xi|^2)^{-\frac{1}{2}}\sin(1+|\xi|^2)^{\frac{1}{2}}t\hat{\psi}(\xi)$ 关于变量 t 的 Fourier 变换是 $\hat{\psi}d\nu=Fd\nu$, 因此有 $D_*^{-b}u=\widetilde{Fd\nu}$, 利用 Plancherel 定理，有

$$\int_S|F|^2d\nu=\int_{\mathbb{R}^n}|\hat{\psi}(\xi)|^2(1+|\xi|^2)^{-\frac{b+1}{2}}d\xi=\|D_*^{-\frac{b+1}{2}}\psi\|_2^2.$$

因此，利用 (4.64) 可见 $\|D_*^{-b}u\|_{q,r}\le C\|D_*^{-\frac{b+1}{2}}\psi\|_2$, 或等价地有

$$\|D_*^{\gamma}u\|_{q,r}\le C\|\psi\|_2,\quad \gamma=\frac{1-b}{2}. \tag{4.66}$$

下面证明估计 (4.51) 成立，即来验证估计 (4.65) 容许定理 4.3 中的参数. 用 n,q,a 来表示 b,ε,δ, 容易看出

$$\gamma=\frac{1-b}{2}=1-\frac{1}{2}(n+1+2a)\left(\frac{1}{2}-\frac{1}{r}\right). \tag{4.67}$$

这样， (4.61) 就变成了

$$\frac{n-1}{2}\left(\frac{1}{2}-\frac{1}{r}\right)<\frac{1}{q}<\frac{1}{2}(n-1+2a)\left(\frac{1}{2}-\frac{1}{r}\right)$$

或等价形式

$$\frac{1}{2}-\frac{2}{(n-1)q}<\frac{1}{r}<\frac{1}{2}-\frac{1}{q(n-1+2a)}. \tag{4.68}$$

若 $\frac{1}{r}$ 取 (4.68) 中右端点的值， (4.67),(4.68) 等价于

$$\gamma=\frac{1}{2}+\frac{1}{q}-\frac{1}{r},\qquad \frac{1}{2}-\frac{1}{(n-1)q}<\frac{1}{r}<\frac{1}{2}-\frac{1}{nq},$$

并且 $l=\frac{q}{2}\ge 1$, 此意味着 $\frac{1}{q}\le\frac{1}{2}$.

当 $q=\infty$ 时，注意到上面证明过程及 (4.56), 就得

$$\|D_*^{-b}u\|_{\mathrm{BMO}}\le C\|f\|_2,\quad \gamma<1-\frac{1}{2}(n+1+2a)\left(\frac{1}{2}-\frac{1}{r}\right). \tag{4.69}$$

又因为

$$\|D_*^{\gamma}u\|_{\infty,r}\le C\|D_*^{\gamma+\varepsilon}u\|_{\mathrm{BMO},r},\qquad \forall\varepsilon>0,$$

故上面估计式中均可用 L^∞ 来代替相应的 BMO.

下面我们给出一般的 $L^p - L^{p'}$ 估计，由此可得到正则性的时空估计，这类时空估计是建立 Klein-Gordon 方程散射性理论的基本工具.

定理 4.6　设 $1 < p \le 2$, $\frac{1}{p} + \frac{1}{p'} = 1$, $\delta_{p'} = (\frac{1}{2} - \frac{1}{p'})$,$0 \le \theta \le 1$. $u(x,t) = T_t\psi(x) = \mathcal{F}^{-1}\frac{\sin(1+|\xi|^2)^{\frac{1}{2}}t}{(1+|\xi|^2)^{\frac{1}{2}}}\mathcal{F}\psi$. 则当 $\delta_{p'}(n+1+\theta) \le 1+s-s'$ 时，有

$$\|u(t,x)\|_{B^{s'}_{p',q}} \le K(t)\|\psi\|_{B^s_{p,q}}, \quad t \ge 0, \tag{4.70}$$

这里

$$K(t) \le C\begin{cases} t^{-(n-1-\theta)\delta_{p'}}, & 0 < t \le 1, \\ t^{-(n-1+\theta)\delta_{p'}}, & t \ge 1. \end{cases} \tag{4.71}$$

证明　记 $\{\varphi_j(y)\}_{j=0}^{\infty}$ 是非齐次的 Littlewood-Paley 分解 (同上节定理 3.8), 则 $B^s_{p,q}(\mathbb{R}^n)$ 上范数可表示成

$$\|v\|_{B^s_{p,q}} = \left(\sum_{j=0}^{\infty} 2^{jsq}\|\mathcal{F}^{-1}(\varphi_j\hat{v})\|_p^q\right)^{\frac{1}{q}}.$$

由 Littman 渐近性估计 (见文章 [Li1]): 设 $v(y) \in C_c^\infty(\mathbb{R}^n)$, $\mathrm{supp}v(y) \subset \{y;\ \frac{1}{2} < |y| < 2\}$, $P(y)$, $h(y)$ 均是 $\mathrm{supp}v(y)$ 的一个邻域上的 C^∞ 函数，记

$$f_\xi(y) = P(y) + \varepsilon\xi^r h(\xi y), \quad \xi \in \mathbb{R},\ \varepsilon > 0,$$

$$h_r(y) = \lim_{\xi\to\infty} \xi^r h(\xi y), \quad r > 0,\ \frac{1}{2} < |y| < 2.$$

进而设

$$\mathrm{rank}P'' = \mathrm{rank}(\frac{\partial^2 P}{\partial y_i \partial y_j}) \ge n-1, \quad y \in \mathrm{supp}v$$

且 P'' 的特征值在 $\mathrm{supp}v$ 有固定的重数. 则存在常数 M, 对任意的 $A > 0$, 总有 C_A 满足估计

$$\begin{aligned} &|\mathcal{F}^{-1}(e^{it\xi f_\xi(y)}v(y))(x)| \\ \le &C_A(1+t\xi)^{-\frac{n-1}{2}}(1+\varepsilon t\xi)^{-\frac{1}{2}}\|v(y)\|_1\left(1+\frac{|x|}{1+t\xi}\right)^{-A}. \end{aligned} \tag{4.72}$$

现令 $P(y) = 2\pi|y|$, $Q(y) = \sqrt{P(y)^2+m^2}$, 则

$$2^{-j}Q(2^j y) = P(y) + \varepsilon 2^j h(2^j y), \quad \varepsilon = 2^{-2j},$$

$$h(y) = Q(y) - P(y) = \frac{m^2}{Q(y)+P(y)}.$$

因此，当 $j\to\infty$ 时，有

$$2^jh(2^jy)\to h_r(y)=\frac{m^2}{2P(y)},\quad \frac{1}{2}<|y|<2.$$

注意到， $v(y)=\varphi(y)/(2^jQ(2^{-j}y))\in C_c^\infty(\frac{1}{2}<|y|<2)$ 且 $v(y)$ 及其一阶导数在 $\frac{1}{2}<|y|<2$ 中一致有界 (不依赖于 j) 于 M, 因此

$$\begin{aligned}&\left|\int e^{-2\pi i\langle x,y\rangle+itQ(y)}\varphi_j(y)Q(y)^{-1}dy\right|\\ \le&2^{j(n-1)}\int e^{-2\pi i\langle 2^jx,y\rangle+it2^j(P(y)+\varepsilon 2^jh(2^jy))}\cdot\frac{\varphi(y)}{2^{-j}Q(2^jy)}dy\\ \le&C_02^{j(n-1)}(1+2^jt)^{-\frac{n-1}{2}}(1+2^{-j}t)^{-\frac{1}{2}},\quad A=0,\varepsilon=2^{-2j},\end{aligned}$$

即有

$$\begin{aligned}&|\mathcal{F}^{-1}(\exp(itQ)Q^{-1}\varphi_j)(x)|\\ \le&C2^{j(n-1)}(1+2^jt)^{-\frac{n-1}{2}}(1+2^{-j}t)^{-\frac{\theta}{2}},\quad 0\le\theta\le 1.\end{aligned}\tag{4.73}$$

进而，由 (4.73) 我们就得

$$\left\|\mathcal{F}^{-1}\left(\frac{\sin tQ}{Q}\varphi_j\hat{\psi}\right)\right\|_\infty\le\left\|\mathcal{F}^{-1}\frac{\sin tQ}{Q}\varphi_j\right\|_\infty\|\psi\|_1\le\tilde{K}_j(t)\|\psi\|_1,\tag{4.74}$$

这里

$$\tilde{K}_j(t)=C2^{j(n-1)}\begin{cases}1, & 2^jt<1,\\ 2^{-j(n-1)/2}t^{-\frac{n-1}{2}}, & 2^{-j}t\le 1\le 2^jt,\\ 2^{-j(n-1-\theta)/2}t^{-(n-1+\theta)/2}, & 1\le 2^{-j}t.\end{cases}\tag{4.75}$$

又因为

$$\left\|\mathcal{F}^{-1}\left(\frac{\sin tQ}{Q}\varphi_j\hat{\psi}\right)\right\|_2\le\left\|\frac{\sin tQ}{Q}\varphi_j\right\|_\infty\|\psi\|_2\le C2^{-j}\|\psi\|_2.\tag{4.76}$$

对 (4.74) 与 (4.76) 利用插值定理，就有

$$\left\|\mathcal{F}^{-1}\left(\frac{\sin tQ}{Q}\varphi_j\hat{\psi}\right)\right\|_{p'}\le CK_j(t)2^{js-js'}\|\psi\|_p,\tag{4.77}$$

这里

$$K_j(t)\cong 2^{j(2n\delta_{p'}-1+s'-s)}\begin{cases}1, & 2^jt<1,\\ 2^{-j(n-1)\delta_{p'}}t^{-(n-1)\delta_{p'}}, & 2^{-j}t<1\le 2^jt,\\ 2^{-j(n-1-\theta)\delta_{p'}}t^{-(n-1+\theta)\delta_{p'}}, & 1\le 2^{-j}t.\end{cases}\tag{4.78}$$

当 $(n+1+\theta)\delta_{p'} \leq 1-s-s'$ 时，有

$$\sup_{j\geq 0} K_j(t) \cong \begin{cases} t^{1-s-s'-2n\delta_{p'}}, & 0<t\leq 1, \\ t^{-(n-1+\theta)\delta_{p'}}, & t\geq 1. \end{cases} \tag{4.79}$$

现取 $\psi_j = \mathcal{F}^{-1}((\varphi_{j-1}+\varphi_j+\varphi_{j+1})\hat{\psi})$，自然有 $\varphi_j\hat{\psi}_j = \varphi_j\hat{\psi}$. 将它代入 (4.77) 就是

$$2^{js'}\left\|\mathcal{F}^{-1}\left(\frac{\sin tQ}{Q}\varphi_j\hat{\psi}\right)\right\|_{p'} \leq K_j(t)2^{js}\|\psi_j\|_p.$$

两边关于序列求 l^q 模数，就得

$$\|T_t\psi\|_{B^{s'}_{p',q}} \leq CK(t)\|\psi\|_{B^s_{p,q}}, \quad \delta_{p'}(n+1+\theta)\leq 1+s-s', \tag{4.80}$$

这里

$$K(t)\leq C\begin{cases} t^{1+s-s'-2n\delta_{p'}} \leq t^{-(n-1-\theta)\delta_{p'}}, & 0<t<1, \\ t^{-(n-1+\theta)\delta_{p'}}, & 1\leq t. \end{cases} \tag{4.81}$$

这就得到 Klein-Gordon 方程在一般函数空间的 $L^p - L^{p'}$ 估计.

注记 4.4 (i) 作为 $B^s_{p,q}(\mathbb{R}^n)$ 的特例，对于 $B^s_{p,2}(\mathbb{R}^n)$ 或位势 Banach 空间 $\mathcal{L}^s_p(\mathbb{R}^n)$，有

$$\|T_t\psi\|_{\mathcal{L}^{s'}_{p'}} \leq CK(t)\|\psi\|_{\mathcal{L}^s_p}, \qquad \delta_{p'}(n+1+\theta)\leq 1+s-s',$$

$$\|T_t\psi\|_{B^{s'}_{p',2}} \leq CK(t)\|\psi\|_{B^s_{p,2}}, \qquad \delta_{p'}(n+1+\theta)\leq 1+s-s',$$

这里 $K(t)$ 同 (4.81).

(ii) 若 $u(t,x)$ 是问题

$$\begin{cases} u_{tt}-\Delta u+u=0, \\ u(0)=f_1(x), \qquad u_t(0)=f_2(x) \end{cases} \tag{4.82}$$

的解，则有

$$\begin{aligned} &\|u(t,x)\|_{B^{s'}_{p',q}} \leq CK(t)[\|f_1\|_{B^{s+1}_{p,q}}+\|f_2\|_{B^s_{p,q}}], \\ &\delta_{p'}(n+1+\theta)\leq 1+s-s', \end{aligned} \tag{4.83}$$

这里 $K(t)$ 同 (4.81).

定理 4.7 设 $2\leq r<\infty$, $2\leq q\leq r$, $s>-\frac{1}{2}$, $0\leq\sigma\leq\frac{1}{2}+s$, 设 $\delta_q=\frac{1}{2}-\frac{1}{q}$, $\delta_r=\frac{1}{2}-\frac{1}{r}$, $u(x,t)$ 是问题 (4.82) 的解，则

$$\begin{aligned} &\|u(x,t);\ \mathcal{L}^\sigma_q(\mathbb{R},\mathcal{L}_r^{\frac{1}{2}+s-\sigma}(\mathbb{R}^n))\| \leq C(\|f_1\|_{\mathcal{L}^1_2}+\|f_2\|_{L_2}), \\ &f_1\in\mathcal{L}^1_2(\mathbb{R}^n), \quad f_2\in L^2(\mathbb{R}^n), \end{aligned} \tag{4.84}$$

这里要求

$$\begin{cases} s = \frac{1}{2}(1-(n+1+\theta)\delta_r), & \theta\in[0,1], \\ (n-1+\theta)\delta_r + 2\delta_q > 1 > (n-1-\theta)\delta_r + 2\delta_q, \end{cases} \tag{4.85}$$

或更一般地要求

$$s \geq \frac{1}{2}(1-(n+2)\delta_r),\ 1-2s-2\delta_r+2\delta_q > 1 > -1+2s+2n\delta_r+2\delta_q. \tag{4.86}$$

进而，当 $\delta_q \neq 0$ 时，条件 (4.86) 可以放宽成

$$\begin{cases} s \geq \frac{1}{2}(1-(n+2)\delta_r), & \delta_q \neq 0, \\ 1-2s-2\delta_r+2\delta_q \geq 1 \geq -1+2s+2n\delta_r+2\delta_q. \end{cases} \tag{4.87}$$

注记 4.5 (i) 当 $\sigma=0$, $s=\frac{1}{2}(1-(n+2)\delta_r)$, $\delta_q=\frac{1}{2}(1-(n-2)\delta_r)$ 时，就得到 Marshall 估计的特殊情形，即 $\overline{P_0P_3}$(见图 4.2). 当 $\sigma=s=0$, $r=q$ 时，就是经典的 Segal 和 Strichartz 型估计.

(ii) 由于线性 Klein-Gordon 方程关于非特征边界 $t=0$ 是亚椭圆算子，因此，可转化时空光滑性，即 $(I-\partial_t^2)^{\frac{\sigma}{2}}u \sim 2(I-\Delta)^{\frac{\sigma}{2}}u$, 故在定理 4.7 中仅需证明 $\sigma=0$ 这一情形即可.

证明 不失一般性，仅需对 $\sigma=0$ 的情形来证明定理 4.7. 记算子 $Bg=\mathcal{F}^{-1}((|y|^2+1)^{\frac{1}{2}}\hat{g})$, $\hat{B}=(|y|^2+1)^{\frac{1}{2}}$. 则 Klein-Gordon 方程的 Cauchy 问题 (4.82) 的解 $u(t,x)$ 满足

$$B^{\frac{1}{2}+s}u = \mathcal{F}^{-1}(F_s d\mu_s), \quad -\frac{1}{2} \leq s \leq \frac{1}{2}, \tag{4.88}$$

这里 $d\mu_s=\tau^{-(1-2s)}dy$ 是超曲面 $S=\{\tau^2=|y|^2+1\}=S_+\cup S_-\subseteq R^{n+1}$ 上的测度， $F_s=\frac{1}{2}\hat{B}^{\frac{1}{2}-s}(\hat{B}\hat{f}_1\pm i\hat{f}_2)$, 由限制性估计可见

$$\left(\int |F_s|^2 d\mu_s\right)^{\frac{1}{2}} \leq C(\|f_1\|_{\mathcal{L}^{\frac{1}{2}}_2}+\|f_2\|_{L^2}). \tag{4.89}$$

注意到

$$\|u(x,t)\|_{L^q(\mathbb{R};\mathcal{L}_r^{\frac{1}{2}+s}(\mathbb{R}^n))} = \|\mathcal{F}^{-1}(F_s d\mu_s)\|_{L^q(\mathbb{R};L^r(\mathbb{R}^n))},$$

因此，仅需证明

$$\|\mathcal{F}^{-1}(F_s d\mu_s)\|_{L^q(\mathbb{R};L^r(\mathbb{R}^n))} \leq \left(\int |F_s|^2 d\mu_s\right)^{\frac{1}{2}} \tag{4.90}$$

即可. 由推论 4.5, (4.90) 等价于

$$\|\widehat{d\mu}*f; L^q(\mathbb{R};L^r(\mathbb{R}^n))\| \leq K_0^2\|f; L^{q'}(\mathbb{R};L^{r'}(\mathbb{R}^n))\|, \quad d\mu=d\mu_s. \tag{4.91}$$

现记 $\{\varphi_j(y)\}_{j=1}^{\infty}$, $\varphi_0(y)$, 同定理 4.6 的证明所述，令 $\psi_l(t)=\psi(2^{-l}t)$, $\psi(t)\in C_c^{\infty}([\frac{1}{2},2])$, $-\infty<l<\infty$. 注意到， $L^p(\mathbb{R}^n)\hookrightarrow B^0_{p,2}(\mathbb{R}^n)$, $B^0_{p',2}(\mathbb{R}^n)\hookrightarrow L^{p'}(\mathbb{R}^n)$, $1<p\le 2$. 因此，若

$$\|\mathcal{F}^{-1}(\varphi_j(Tg)^{\wedge})\|_{p'}\le C(j)\|\mathcal{F}^{-1}(\varphi_j\cdot\hat{g})\|_p,$$

则有

$$\begin{aligned}\|Tg\|_{p'}\le\|Tg\|_{B^0_{p',2}}&=(\sum_j\|\mathcal{F}^{-1}(\varphi_j\cdot\widehat{Tg})\|_{p'}^2)^{\frac{1}{2}}\\&\le\sup_j C(j)(\sum_j\|\mathcal{F}^{-1}(\varphi_j\cdot\widehat{g})\|_p^2)^{\frac{1}{2}}\\&\le\sup_j C(j)\|g\|_p.\end{aligned}\tag{4.92}$$

现来分解曲面 $S=\{\tau=\pm(|y|^2+1)^{\frac{1}{2}}\}\subset\mathbb{R}^{n+1}$ 上的测度 $d\mu=(|y|^2+1)^{-\frac{1}{2}+s}dy$. 令 $d\mu_j=\varphi_j(y)d\mu$, $\widehat{\delta\mu_{jl}}=\psi_l(t)\widehat{\delta\mu_j}$, $\widehat{\delta\mu_{*l}}=\psi_l(t)\widehat{\delta\mu}$, $f_j=\mathcal{F}^{-1}(\varphi_{j-1}+\varphi_j+\varphi_{j+1})\hat{f}$. 由 Young 不等式及 Parseval 公式，容易看出

$$\begin{cases}\|\widehat{\delta\mu_{jl}}*f;\ L^2(\mathbb{R},L^{\infty}(\mathbb{R}^n))\|\\ \qquad\le C2^l\sup_{|t|\in I_l}|\mathcal{F}^{-1}(d\mu_j)|\cdot\|f_j;\ L^2(\mathbb{R};L^1(\mathbb{R}^n))\|,\\ \|\widehat{\delta\mu_{jl}}*f;\ L^2(\mathbb{R};L^2(\mathbb{R}^n))\|\\ \qquad\le C2^l\sup_y|\frac{\varphi_j(y)}{B(y)^{1-2s}}|\cdot\|f_j;\ L^2(\mathbb{R};L^2(\mathbb{R}^n))\|,\\ \|\widehat{\delta\mu_{jl}}*f;\ L^{\infty}(\mathbb{R};L^{\infty}(\mathbb{R}^n))\|\\ \qquad\le C\sup_{|t|\in I_l}|\mathcal{F}^{-1}(d\mu_j)|\cdot\|f_j;\ L^1(\mathbb{R};L^1(\mathbb{R}^n))\|,\end{cases}\tag{4.93}$$

这里 $I_l=(2^{l-1},2^{l+1})$. 由 φ_j 及 $B(y)$ 的构造可见

$$\sup_y\left|\frac{\varphi_j(y)}{B(y)^{1-2s}}\right|\le C2^{-j(1-2s)}.\tag{4.94}$$

利用限制性估计，有 $\sup_{|t|\in I_l}|\mathcal{F}^{-1}(\varphi_j(y)d\mu)|\le C(j,l)$, 这里

$$C(j,l)\le C\begin{cases}2^{\frac{j(n+1+\theta)}{2}-1+2s}2^{-\frac{(n-1+\theta)}{2}l},\quad 2^l>2^j,\\ 2^{j[\frac{n+1}{2}-1+2s]}\cdot2^{-\frac{n-1}{2}l},\quad 2^j\ge2^l>2^{-j},\\ 2^{j[2n\frac{1}{2}-1+2s]},\quad 1\ge2^{l+j}.\end{cases}\tag{4.95}$$

将 (4.94) 和 (4.95) 代入 (4.93), 并对 (4.93) 利用插值公式可见

$$\|\widehat{\delta\mu_{jl}}*f\|_{L^q(\mathbb{R};L^r(\mathbb{R}^n))}\le C_{q,r}(j,l)2^{l(1-2\delta_q)}\|f_j\|_{L^{q'}(\mathbb{R},L^{r'}(\mathbb{R}^n))},\tag{4.96}$$

这里

$$C_{q,r}(j,l)=C(j,l)^{2\delta_r}2^{-j(1-2s)(1-2\delta_r)},\quad 2\le q\le r\le\infty.$$

注意到 $l_{p'}\subseteq l_2\subseteq l_p, 1\le p\le 2\le p'$, 利用 (4.92) 就得

$$\|\widehat{\delta\mu}_{*l}*f\|_{L^q(\mathbb{R};L^r(\mathbb{R}^n))}\le 2^{l(1-2\delta_q)}\sup_j C_{q,r}(j,l)\|f_j\|_{L^{q'}(\mathbb{R};L^{r'}(\mathbb{R}^n))},\tag{4.97}$$

这里 $\widehat{\delta\mu}_{*l}=\psi_l(t)d\mu$. 当 $s=\frac{1}{2}(1-(n-1+\theta)\delta_r)$ 时，直接计算

$$\sup_j C_{q,r}(j,l)\le C\begin{cases}2^{-(n-1+\theta)\delta_r l}, & l\ge 0,\\ 2^{-(n-1-\theta)\delta_r l}, & l\le 0.\end{cases}$$

因此

$$\begin{aligned}&\|\widehat{\delta\mu}_{jl}*f\|_{L^q(\mathbb{R};L^r(\mathbb{R}^n))}\le\sum_l\|\widehat{\delta\mu}_{*l}*f\|_{L^q(\mathbb{R};L^r(\mathbb{R}^n))}\\ \le&C\{\sum_{l<0}2^{l(1-2\delta_q-(n-1-\theta)\delta_r)}+\sum_{l\ge 0}2^{l(1-2\delta_q-(n-1+\theta)\delta_r)}\}\|f\|_{L^{q'}(\mathbb{R};L^{r'})}\\ \le&K_0\|f\|_{L^{q'}(\mathbb{R};L^{r'}(\mathbb{R}^n))},\qquad K_0<\infty,\end{aligned}\tag{4.98}$$

这里 $2\le q\le r<\infty$ 且

$$(n-1+\theta)\delta_r+2\delta_q>1>(n-1-\theta)\delta_r+2\delta_q,\quad s=\frac{1}{2}(1-(n+1+\theta)\delta_r).$$

这样，在条件 (4.85) 下得到估计 (4.84). 易见，在一般条件 (4.86) 下，上面讨论仍然成立.

下面来证 $\delta_r\ne 0$ 的情形,在不利用 ψ_l 的条件下,使用与条件 (4.84), (4.85) 对应的严格不等式成立的条件，此时

$$\|\widehat{\delta\mu}*f\|_{L^q(\mathbb{R};L^r(\mathbb{R}^n))}\le\left\|\int_{\mathbb{R}^n}\|K(t-\tau)f(\cdot,\tau)\|_{r'}d\tau\right\|_q,\tag{4.99}$$

这里

$$K(t)\le C\begin{cases}C|t|^{-\nu}, & |t|<1, & \nu=-1+2s-2n\delta_r,\\ C|t|^{-\tilde\nu}, & |t|\ge 1, & \tilde\nu=1-2s-2\delta_r.\end{cases}$$

利用 Young 不等式，就有

$$\|\widehat{\delta\mu}*f\|_{L^q(\mathbb{R};L^r(\mathbb{R}^n))}\le C\|f\|_{L^{q'}(\mathbb{R};L^{r'}(\mathbb{R}^n))},\quad 2<r<\infty,\tag{4.100}$$

此处

$$\frac{1}{q'}-1+\tilde\nu\ge\frac{1}{q}\ge\frac{1}{q'}-1+\nu,\qquad\tilde\nu\ge 1-2\delta_q\ge\nu.\tag{4.101}$$

这正如是条件 (4.86). 作为定理 4.7 的直接结果, 我们有

推论 4.8 设 $f(x,t)\in L^q(\mathbb{R};\mathcal{L}_r^s(\mathbb{R}^n))$, 则

$$\left\|\int_0^t \mathcal{F}^{-1}\frac{\sin(1+|\xi|^2)^{\frac{1}{2}}(t-\tau)}{(1+|\xi|^2)^{\frac{1}{2}}}\mathcal{F}f(\xi,\tau)d\tau\right\|_{L^{q'}(\mathbb{R};\mathcal{L}_{r'}^{s'}(\mathbb{R}^n))}$$
$$\leq K_0\|f(x,t)\|_{L^q(\mathbb{R};\mathcal{L}_r^s(\mathbb{R}^n))},\tag{4.102}$$

这里 $2\leq q'\leq\infty$ 且对 $0\leq\theta\leq 1$, 满足:

(a) $1+s-s'>0$,

(b) $2\delta_{q'}+(n-1+\theta)\delta_{r'}\geq 1\geq\delta_{r'}(n-1-\theta)+2\delta_{q'}$,

(c) $(n+1+\theta)\delta_{r'}\leq 1+s-s'$.

如果 $\delta_{q'}=0$, 要求 (b) 中的不等号为严格的不等号.

§11.5 线性抛物型方程及 N-S 方程解的时空估计

众所周知, 抛物型偏微分方程具有极值原理, 相应的微分算子是亚椭圆算子, 这是波动方程, 色散波方程所不具备的. 因此抛物型方程与 Navier-Stokes 方程的经典的研究方法与双曲型方程有着本质的不同. 我们这里试图利用调和分析中的乘子估计, 来建立类似于波动方程, 色散波方程的时空估计, 以便用于相应的非线性抛物方程及 Navier-Stokes 方程的研究, 这种方法具有整齐统一的特点, 详见 [Mi6], [Mi7], [Mi8], [Mi9] 和 [Mi11].

首先建立自由抛物型方程的 Cauchy 问题

$$\begin{cases} u_t+Au=0, & (x,t)\in\mathbb{R}^n\times[0,\infty) \\ u(0)=\varphi(x), & \varphi(x)\in L^r(\mathbb{R}^n),\quad 1<r<\infty \end{cases}\tag{5.1}$$

的解

$$u=\mathcal{F}^{-1}e^{P_{2m}(\xi)t}\mathcal{F}\varphi=e^{-At}\varphi\tag{5.2}$$

的时空估计, 这里 $A=-P_{2m}(D)$, $D_x=i^{-1}\partial_x$, $P_{2m}(\xi)$ 是算子所对应的象征, 它是一个 $2m$ 阶的椭圆多项式, 满足

$$\mathrm{Re}P_{2m}(\xi)<0,\quad \forall\xi\in\mathbb{R}^n\setminus\{0\}.\tag{5.3}$$

至于其它边值问题, 均可化成如下抽象的 Cauchy 问题

$$\begin{cases} u_t+Au=0, & (x,t)\in\Omega\times[0,\infty), \\ u(0)=\varphi, & \varphi\in D(A). \end{cases}\tag{5.4}$$

A 生成了 $L^r(\Omega)$ 上的解析半群 e^{-At}, 这里 $1<r<\infty$. 进而 (5.4) 的解 $u(t)=e^{-At}\varphi$ 满足

$$\|A^\gamma e^{-At}\varphi\|_p\leq Ct^{-\gamma}\|\varphi\|_p,\quad t>0,\quad 1<p<\infty,\tag{5.5}$$

这里 $\gamma \geq 0$.

在建立线性问题 (5.1) 解的时空估计之前, 先引入一些基本概念及一些必要的定义.

定义 5.1 称 (q,p,r) 关于 $2m$ 阶抛物算子是三元容许簇, 如果

$$\frac{1}{q} = \frac{n}{2m}(\frac{1}{r} - \frac{1}{p}), \tag{5.6}$$

这里

$$1 < r \leq p < \begin{cases} \frac{nr}{n-2m}, & n > 2m, \\ \infty, & n \leq 2m. \end{cases} \tag{5.7}$$

定义 5.2 称 (q,p,r) 关于 $2m$ 阶抛物算子是广义三元容许簇, 如果

$$\frac{1}{q} = \frac{n}{2m}(\frac{1}{r} - \frac{1}{p}), \tag{5.8}$$

这里

$$1 < r \leq p < \begin{cases} \frac{nr}{n-2mr}, & n > 2mr, \\ \infty, & n \leq 2mr. \end{cases} \tag{5.9}$$

注记 5.1 (i) $m = 1$ 对应着经典的热方程及 Naiver-Stokes 方程的情形.

(ii) 容易看出, q 可被 (p,r) 惟一确定, 通常用 $q = q(p,r)$ 来记之.

(iii) 易见, 若 (q,p,r) 是三元容许簇, 那么 $r < q \leq \infty$; 若 (q,p,r) 是广义的三元容许簇, 则 $1 < q \leq \infty$.

定义 5.3 设 B 是一个 Banach 空间, $\sigma > 0, I = [0,T)$ 或 $I = [0,\infty)$. 记 $\dot{I}$ 是 I 对应的开区间. 定义 $\mathcal{C}_\sigma(I;B)$ 及其相应的齐次型空间 $\dot{\mathcal{C}}_\sigma(I;B)$ 如下:

$$\mathcal{C}_\sigma(I;B) = \left\{ f(t,x) \middle| f(t,x) \in C(\dot{I};B), \right. \\ \left. \|f\|_{\mathcal{C}_\sigma(I;B)} \triangleq \sup_{t \in I} t^{\frac{1}{\sigma}} \|f\|_B < \infty \right\}, \tag{5.10}$$

$$\dot{\mathcal{C}}_\sigma(I;B) = \left\{ f(t,x) \middle| f(t,x) \in \mathcal{C}_\sigma(I;B) \text{且} \lim_{t \to 0^+} t^{\frac{1}{\sigma}} \|f\|_B = 0 \right\}. \tag{5.11}$$

注记 5.2 (i) 取 $B = L^p, 1 < p < \infty$. 易见, $f(t,x) \in \mathcal{C}_\sigma(I;\ L^p)$ 的充要条件是 $t^{\frac{1}{\sigma}} f \in C_b(I; L^p)$.

(ii) 设 $(q,\ p,\ r)$ 是广义三元容许簇或三元容许簇, 则

$$\mathcal{C}_{q(p,r)(I;L^p)} = \left\{ f(t,x) \middle| f(t,x) \in \mathcal{C}(\dot{I}; L^p), \right. \\ \left. \|f\|_{\mathcal{C}_{q(p,r)}(I;L^p)} = \sup_{t \in I} t^{\frac{1}{q}} \|f\|_p < \infty \right\}, \tag{5.12}$$

$$\dot{\mathcal{C}}_{q(p,r)}(I;L^p)=\left\{f(t,x):\ f(t,x)\in\mathcal{C}_{q(p,r)}(I;L^p)\text{且}\right.$$
$$\left.\lim_{t\to0^+}t^{\frac{1}{q}}\|f\|_p=0\right\} \tag{5.13}$$

特别，当 $p=r$ 时，有 $\mathcal{C}_{q(p,r)}(I;L^p)=C_b(I;L^r)$.

引理 5.1 (L^p–L^r 估计) 设 $P_{2m}(\xi)$ 满足 (5.3), $p\geq r\geq 1,\varphi\in L^r(\mathbb{R}^n)$, 则 (5.1) 的解 $u(t)=e^{-At}\varphi$ 满足

$$\|e^{-At}\varphi\|_p=\|\mathcal{F}^{-1}(e^{P_{2m}(\xi)t}\mathcal{F}\varphi)\|_p\leq Ct^{-\frac{n}{2m}(\frac{1}{r}-\frac{1}{p})}\|\varphi\|_r,\forall t>0.$$

证明 无妨假设 $\mathrm{Re}P_{2m}(\xi)=P_{2m}(\xi)$. 由 (5.3) 可见，存在 $\alpha_0>0$ 使得

$$P_{2m}(\xi)\leq-\alpha_0\left(\sum_{j=1}^n|\xi_j|^2\right)^m. \tag{5.14}$$

进而，由 Mihlin-Hörmander 乘子定理，$e^{P_{2m}(\xi)t}$ 是一个 L^p 乘子 $(1\leq p\leq\infty)$, 同时

$$\|\mathcal{F}^{-1}(e^{P_{2m}(\xi)t}\mathcal{F}\varphi)\|_p\leq C\|\varphi\|_p,\quad 1\leq p\leq\infty. \tag{5.15}$$

直接验证，对任意 $r\leq 2$, 有

$$\begin{aligned}&\|\mathcal{F}^{-1}(e^{P_{2m}(\xi)t}\mathcal{F}\varphi)\|_\infty\leq C\int_{\mathbb{R}^n}e^{P_{2m}(\xi)t}|\mathcal{F}\varphi|d\xi\\
\leq&C\|\mathcal{F}\varphi\|_{r'}\left(\int_{\mathbb{R}^n}|e^{P_{2m}(\xi)t}|^r\ d\xi\right)^{\frac{1}{r}}\\
\leq&C\left(\int_{\mathbb{R}^n}\exp\left(-\alpha_0r\left(\sum_{j=1}^n|\xi_j|^2\right)^m t\right)d\xi\right)^{\frac{1}{r}}\|\varphi\|_r\\
\leq&Ct^{-\frac{n}{2mr}}\|\varphi\|_r,\qquad t>0.\end{aligned} \tag{5.16}$$

由插值定理易见

$$\begin{aligned}&\left\|\mathcal{F}^{-1}(e^{P_{2m}(\xi)t}\mathcal{F}\varphi)\right\|_p\\
\leq&C\|\mathcal{F}^{-1}(e^{P_{2m}(\xi)t}\mathcal{F}\varphi)\|_r^{\frac{r}{p}}\|\mathcal{F}^{-1}(e^{P_{2m}(\xi)t}\mathcal{F}\varphi)\|_\infty^{1-\frac{r}{p}}\\
\leq&Ct^{-\frac{n}{2m}(\frac{1}{r}-\frac{1}{p})}\|\varphi\|_r,\quad r\leq2,\quad r\leq p\leq\infty.\end{aligned} \tag{5.17}$$

此意味着 $e^{P_{2m}(\xi)t}\in\mathcal{M}_r^p$ 且

$$\|e^{P_{2m}(\xi)t}\|_{\mathcal{M}_r^p}\leq Ct^{-\frac{n}{2m}(\frac{1}{r}-\frac{1}{p})},\quad r\leq2,\quad r\leq p\leq\infty. \tag{5.18}$$

进而，对于 $r \geq 2, p > r$, 由 Hörmander 乘子的性质，可见

$$\begin{aligned}\|e^{P_{2m}(\xi)t}\|_{\mathcal{M}_r^p} =&\|e^{P_{2m}(\xi)t}\|_{\mathcal{M}_{p'}^{r'}} \leq Ct^{-\frac{n}{2m}(\frac{1}{p'}-\frac{1}{r'})}\\ =&Ct^{-\frac{n}{2m}(\frac{1}{r}-\frac{1}{p})}.\end{aligned} \tag{5.19}$$

由此推得

$$\|\mathcal{F}^{-1}(e^{P_{2m}(\xi)t}\mathcal{F}\varphi)\|_p \leq Ct^{-\frac{n}{2m}(\frac{1}{r}-\frac{1}{p})}\|\varphi\|_r, \quad r \geq 1, \quad p \geq r. \tag{5.20}$$

由 (5.17),(5.20) 就得引理 5.1.

引理 5.2 设 $u(t) = e^{-At}\varphi$ 是抽象 Cauchy 问题 (5.4) 的解，$2m$ 阶椭圆算子 A 在 $L^r(\Omega)$ 上生成一个解析半群且 $0 \in \rho(A)$, 这里 $1 < r < \infty$. 则

$$\|e^{-At}\varphi\|_p \leq Ct^{-\frac{n}{2m}(\frac{1}{r}-\frac{1}{p})}\|\varphi\|_r, \quad \forall t > 0, \quad p \geq r > 1. \tag{5.21}$$

证明 注意到 $0 \in \rho(A)$, 我们可定义 A^γ, 并且有

$$\|A^\gamma f\|_p \sim \|f\|_{\dot{H}^{2m\gamma,p}(\Omega)}, \quad 1 < p < \infty, \tag{5.22}$$

对任意的 $p \geq r > 1$, 取 $\gamma = \frac{n}{2m}\left(\frac{1}{r}-\frac{1}{p}\right)$, 易见 $H^{2m\gamma,r} \hookrightarrow L^p$. 因此，由解析半群的正则性估计 (5.5) 就得

$$\begin{aligned}\|e^{-tA}\varphi\|_p \leq& C\|e^{-tA}\varphi\|_{\dot{H}^{2m\gamma,r}} \leq C\|A^\gamma e^{-tA}\varphi\|_r\\ \leq& Ct^{-\gamma}\|\varphi\|_r = Ct^{-\frac{n}{2m}(\frac{1}{r}-\frac{1}{p})}\|\varphi\|_r.\end{aligned}$$

作为引理 5.1 及引理 5.2 的直接推论，有

定理 5.3 设 (q,p,r) 是任意一个广义的三元容许簇，则 $u = e^{-At}\varphi \in \mathcal{C}_{q(p,r)}(I;L^p)$, 且

$$\|e^{-At}\varphi;\mathcal{C}_{q(p,r)}(I;L^p)\| \leq C\|\varphi\|_r. \tag{5.23}$$

进而，若 (q,p,r) 是满足 $p > r$ 的广义三元容许簇，那么 $u = e^{-At}\varphi \in \dot{\mathcal{C}}_{q(p,r)}(I;L^p)$, 这里 $I = [0,T)$ 或 $I = [0,\infty)$.

证明 (5.23) 是引理 5.1 或引理 5.2 的直接结果. 仅需证明：当 (q,p,r) 是满足 $p > r$ 的广义三元容许簇时，有

$$\lim_{t\to 0} t^{\frac{1}{q}}\|e^{-At}\varphi\|_p = 0. \tag{5.24}$$

事实上，取 $j(x) \in C_c^\infty(\mathbb{R}^n)$ 并且

$$\int_{\mathbb{R}^n} j(x)dx = 1.$$

记

$$j_\delta(x)=\delta^{-n}j(\delta^{-1}x),\quad \varphi_\delta(x)=j_\delta(x)*\varphi,$$

则有

$$\begin{aligned}t^{\frac{1}{q}}\|e^{-tA}\varphi\|_p&\le t^{\frac{1}{q}}\|e^{-tA}(\varphi_\delta-\varphi)\|_p+t^{\frac{1}{q}}\|e^{-tA}\varphi_\delta\|_p\\&\le C\|\varphi_\delta-\varphi\|_r+Ct^{\frac{1}{q}}\|j_\delta(x)\|_{H^{\ell,1}}\|\varphi\|_r\\&\le C\|\varphi_\delta-\varphi\|_r+C_\delta t^{\frac{1}{q}}\|\varphi\|_r,\end{aligned}\tag{5.25}$$

这里 $\ell=[\frac{n}{2m}\left(\frac{1}{r}-\frac{1}{p}\right)]+1$. 因此，对 $\forall\varepsilon>0$, 先取 $\delta>0$ 充分小，确保

$$C\|\varphi_\delta-\varphi\|_r<\varepsilon/2,$$

然后，对此固定的小 $\delta>0$, 令 $t\to 0$, 就有

$$C_\delta t^{\frac{1}{q}}\|\varphi\|_r<\varepsilon/2.$$

因此，(5.24) 得证.

定理 5.4 设 (q,p,r) 是任意一个三元容许簇， $\varphi(x)\in L^r$, 则 $u(t)=e^{-tA}\varphi(x)\in L^q(I;L^p)\cap C_b(I;L^r)$, 并且

$$\|e^{-tA}\varphi\|_{L^q(I;L^p)}\le C\|\varphi\|_r,\quad I=[0,T),\quad 0<T\le\infty.\tag{5.26}$$

证明 当 $p=r$, $q=\infty$ 时，(5.26) 显然成立. 下面考虑 $p>r$ 的情形. 令

$$U(t)=\|e^{-tA}\varphi\|_p.\tag{5.27}$$

由引理 5.1 或引理 5.2 知

$$\|e^{-tA}\varphi\|_p\le Ct^{-\frac{1}{q}}\|\varphi\|_r.\tag{5.28}$$

今考虑

$$\begin{aligned}m\{t;\quad |U(t)\varphi|\ge\tau\}\le&m\left\{t;\quad Ct^{-\frac{1}{q}}\|\varphi\|_r>\tau\right\}\\=&m\left\{t;t<\left(\frac{C\|\varphi\|_r}{\tau}\right)^q\right\}\\\le&C^q\left(\frac{\|\varphi\|_r}{\tau}\right)^q.\end{aligned}\tag{5.29}$$

此意味着 $U(t)$ 是一个弱 (r,q) 型算子，另一方面，$U(t)$ 是次可加算子，并且

$$\|U(t)\varphi\|_{L^\infty(I)}=\sup_{t\in I}\|e^{-At}\varphi\|_p\le\|\varphi\|_p.\tag{5.30}$$

此证明 $U(t)$ 是一个弱 (p,∞) 型算子．现对任意三元容许簇 (q,p,r)，总可以找到另外一个三元容许簇 (q_1,p,r_1) 使得

$$q_1 < q < \infty, \qquad r_1 < r < p. \tag{5.31}$$

注意到 $U(t)$ 既是弱 (r_1,q_1) 型算子又是弱 $(p,\ \infty)$ 型算子，根据 Marcinkiewicz 插值定理，即得 $U(t)$ 是强 (r,q) 型算子且满足估计 (5.26).

回过头来考虑非齐次线性抛物方程的 Cauchy 问题

$$\begin{cases} u_t + Au = f(x,t), \\ u(0) = \varphi. \end{cases} \tag{5.32}$$

易见

$$\begin{aligned} u(t) &= e^{-At}\varphi + \int_0^t e^{-A(t-\tau)} f(x,\tau)d\tau \\ &\triangleq e^{-At}\varphi + Gf \end{aligned} \tag{5.33}$$

是 (5.32) 整体光滑解．它的非齐次部分 Gf 满足如下的时空估计：

定理 5.5 设 $r \geq r_c = \frac{nb}{2m} > 1$ 或 $r > 1$ (若 $r_c = \frac{nb}{2m} \leq 1$). 记 (q,p,r) 是任意满足

$$\max(r, b+1) < p < r(b+1) \tag{5.34}$$

广义三元容许簇，则有如下时空估计：

(1) 若 $f \in L^{\frac{q}{b+1}}([0,T]; L^{\frac{p}{b+1}})$，则 $Gf \in L^q([0,T]; L^p)$ 且满足

$$\|Gf\|_{L^q([0,T];L^p)} \leq CT^{1-\frac{nb}{2mr}} \|f\|_{L^{\frac{q}{b+1}}([0,T];L^{\frac{p}{b+1}})}, \tag{5.35}$$

这里 C 是不依赖于 T 的常数.

(2) 若 $f(x,t) \in \mathcal{C}_{\frac{q}{b+1}}(I; L^{\frac{p}{b+1}})$，则 $Gf \in \mathcal{C}_{q(p,r)}(I; L^p)$ 且满足

$$\|Gf\|_{\mathcal{C}_{q(p,r)}}(I; L^p) \leq CT^{1-\frac{nb}{2mr}} \|f\|_{\mathcal{C}_{\frac{p}{b+1}}(I;L^{\frac{p}{b+1}})}, \quad I = [0,T), \tag{5.36}$$

这里 C 是不依赖于 T 的常数.

证明 (1) 易见 (5.34) 意味着 $q > 1 + b$. 由 Young 不等式或 Hardy-Littlewood-Sobolev 不等式 (在 $r = \frac{nb}{2m} > 1$ 的情形下使用)

$$\begin{aligned} \|Gf\|_{L^q([0,T];L^p)} &\leq C \left\| \int_0^t |t-s|^{-\frac{n}{2m}\left(\frac{1+b}{p} - \frac{1}{p}\right)} \|f\|_{\frac{p}{b+1}} \, ds \right\|_q \\ &\leq CT^{1-\frac{nb}{2mr}} \|f\|_{L^{\frac{q}{b+1}}([0,T];L^{\frac{p}{b+1}})}. \end{aligned}$$

(2) 直接计算可得

$$
\begin{aligned}
&\|Gf;\quad \mathcal{C}_{q(p,r)}([0,T);L^p)\|\\
\le& C\sup_{t\in[0,T)} t^{\frac{1}{q}}\int_0^t |t-s|^{-\frac{n}{2m}\left(\frac{b+1}{p}-\frac{1}{p}\right)}\|f\|_{\frac{p}{1+b}}ds\\
\le& C\sup_{t\in[0,T)} t^{\frac{1}{q}}\int_0^t |t-s|^{-\frac{nb}{2mp}}s^{-\frac{b+1}{q}}ds\cdot\|f\|_{\mathcal{C}_{\frac{q}{p+1}}(I;L^{\frac{p}{p+1}})}\\
\le& CT^{1-\frac{nb}{2mr}}\int_0^1(1-\tau)^{-\frac{nb}{2mp}}\tau^{-\frac{b+1}{q}}\,d\tau\cdot\|f\|_{\mathcal{C}_{\frac{q}{p+1}}(I;L^{\frac{p}{p+1}})}\\
\le& CT^{1-\frac{nb}{2mr}}\|f\|_{\mathcal{C}_{\frac{q}{p+1}}([0;T);L^{\frac{p}{b+1}})},
\end{aligned}
$$

这里用到 $q>1+b$. 因此，定理 5.5 得证.

类似地，我们有如下推论：

推论 5.6 设 Q(D) 是一个阶数 $d<2m$ 的齐次拟微分算子，设 $r\ge r_c=\frac{nb}{2m-d}>1$ 或 $r>1$(当 $r_c=\frac{nb}{2m-d}\le 1$ 时), (q,p,r) 是任意一个满足 (5.34) 的广义三元容许簇，则有如下时空估计.

(1) 若 $f\in L^{\frac{q}{b+1}}(I;L^{\frac{p}{b+1}})$, 则 $GQ(D)f\in L^q(I;L^p)$ 且

$$
\|GQ(D)f\|_{L^q(I;L^p)}\le CT^{1-\frac{d}{2m}-\frac{nb}{2mr}}\|f\|_{L^{\frac{q}{b+1}}(I;L^{\frac{p}{b+1}})},\quad I=[0,T). \tag{5.37}
$$

(2) 若 $f\in\mathcal{C}_{\frac{q}{b+1}}(I;L^{\frac{p}{b+1}})$, 则 $GQ(D)f\in\mathcal{C}_q(p,r)(I;L^p)$ 且

$$
\|GQ(D)f\|_{\mathcal{C}_q(p,r)(I;L^p)}\le CT^{1-\frac{d}{2m}-\frac{nb}{2mr}}\|f\|_{\mathcal{C}_{\frac{q}{b+1}}(I;L^{\frac{p}{b+1}})},\quad I=[0,T), \tag{5.38}
$$

这里 C 是不依赖于 $I=[0,T)$ 的常数.

注记 5.3 (i) 我们知道，线性方程 (5.32) 解的齐次部分 $S(t)\varphi=e^{-tA}\varphi$ 对应的时空估计

$$
\|e^{-tA}\varphi\|_{L^q(I;L^p)}\le C\|\varphi\|_r \tag{5.39}
$$

仅对三元容许簇 (q,p,r) 成立，对一般的广义三元容许簇不能成立，详见定理 5.4. 然而，对于非齐次部分 Gf 对应的时空估计 (5.35),(5.37) 是对广义三元容许簇而建立的. 从某种意义上来讲，这体现了非齐次部分 Gf 具有更广泛的可积性，即具有更好的正则性.

(ii) 对于抛物型方程而言，采用形如 $\mathcal{C}_{q(p,r)}(I;L^p)$ 的空间作为 $C(I;L^r)$ 的辅加空间来研究非线性抛物型方程更为合适，这主要是因为非线性抛物型方程的定解问题对于更广泛的 (q,p,r) 在形如

$$
X=C([0,\infty);L^r)\cap\mathcal{C}_{q(p,r)}([0,\infty);L^p)
$$

中整体适定. 若采用 $L^q(I;L^p)$ 作为 $C(I;L^r)$ 辅加空间, 很难利用解的 $L^q(I;L^p)$ 范数来估计解的 $C(I;L^r)$ 范数. 这与波方程、色散波方程是有本质的区别的.

(iii) 设 (q,p,r) 是任意一个广义三元容许簇, 虽然 (5.39) 不能成立, 然而, 若 $\varphi \in L^{r_1} \cap L^{r_2}$, $r_1 < r < r_2$, 则有

$$\|S(t)\varphi\|_{L^q(I;L^p)} \le C\|\varphi\|_{L^{r_1}\cap L^{r_2}}. \tag{5.40}$$

事实上, 由 L^p–L^r 估计可见

$$\|S(t)\varphi\|_p \le Ct^{-\frac{n}{2m}\left(\frac{1}{r_1}-\frac{1}{p}\right)}\|\varphi\|_{r_1},$$

$$\|S(t)\varphi\|_p \le Ct^{-\frac{n}{2m}\left(\frac{1}{r_2}-\frac{1}{p}\right)}\|\varphi\|_{r_2}.$$

此二式意味着

$$\|S(t)\varphi\|_p \le C\min\left(t^{-\frac{n}{2m}\left(\frac{1}{r_1}-\frac{1}{p}\right)}, t^{-\frac{n}{2m}(\frac{1}{r_1}-\frac{1}{p})}\right)\|\varphi\|_{L^{r_1}\cap L^{r_2}}. \tag{5.41}$$

因此, 由 Young 不等式即得估计 (5.40). 在处理小解的整体适定性时 (无需用 Picard 逐次逼近), 可在 $\|\varphi\|_{L^{r_1}\cap L^{r_2}} \ll 1$ 的条件下, 获得非线性抛物型方程在形如

$$X = C(\mathbb{R}^+;L^r) \cap L^q(\mathbb{R}^+;L^p)$$

中的整体小解的存在性.

注记 5.4 如果考虑抛物算子的正则性, 可以建立更一般的时空估计:

(i) 设 (q,p,s,r,η) 满足

$$\frac{2m}{q} = (s-\frac{n}{p}) - (\eta - \frac{n}{r}), \quad s \ge \eta, \tag{5.42}$$

这里

$$1 < r \le p < \begin{cases} \frac{nr}{(s-\eta)r+(n-2m)}, & (s-\eta)r+(n-2m) > 0, \\ \infty, & (s-\eta)r+(n-2m) \le 0, \end{cases} \tag{5.43}$$

则有

$$\|e^{-At}\varphi\|_{L^q(I;\dot{H}^{s,p})} \le C\|\varphi\|_{\dot{H}^{\eta,r}}, \quad I = [0,T). \tag{5.44}$$

(ii) 如果

$$\frac{2m}{q_1} - \frac{2m}{q_2} = 2m - \left(s_2 - \frac{n}{p_2}\right) + \left(s_1 - \frac{n}{p_1}\right), \tag{5.45}$$

这里

$$1<p_1\le p_2<\begin{cases}\frac{np_1}{(s_2-s_1)p_1+(n-2p_1m)}, & (s_2-s_1)p_1-n+2p_1m>0,\\ \infty, & (s_2-s_1)p_1-n+2p_1m\le 0,\end{cases} \tag{5.46}$$

$$1<q_1\le q_2<\infty,\quad s_1\le s_2, \tag{5.47}$$

或

$$\begin{cases}1<p_1\le p_2<\infty, & s_1\le s_2,\\ 1<q_1\le p_2<q_2=\infty.\end{cases} \tag{5.48}$$

那么

$$\|Gf\|_{L^{q_2}(I;\dot{H}^{s_2,p_2})}\le C\|f\|_{L^{q_1}(I;\dot{H}^{s_1,p_1})}, \tag{5.49}$$

$$\|Gf\|_{C_b(I;\dot{H}^{s_2,p_2})}\le C\|f\|_{L^{q_1}(I;\dot{H}^{s_1,p_1})}. \tag{5.50}$$

进一步的时空估计，可见 [Mi9], [Mi11].

最后考虑 Navier-Stokes 方程. 它对应的线性方程可表述为

$$\begin{cases}u_t-\Delta u+\nabla P=f(x,t), & (x,t)\in\Omega\times[0,T),\\ \mathrm{div}u=0, & (x,t)\in\Omega\times[0,T),\\ u\mid_{\partial\Omega}=0,\\ u(0)=\varphi(x), & x\in\Omega,\end{cases} \tag{5.51}$$

这里 $u=(u_1,\cdots,u_n)$ 是向量值函数，$P(x,t)$ 是数值函数，$\varphi(x)=(\varphi_1(x),\varphi_2(x),\cdots,\varphi_n(x))$ 是初值函数. $f=(f_1(x,t),\cdots,f_n(x,t))$ 向量值函数，Ω 是 $\mathbb{R}^n$ 有界光滑区域，当 $\Omega=\mathbb{R}^n$,(5.51) 可视为相应的 Cauchy 问题 (去掉 (5.51) 中的第三个方程). 记

$$E^p(\Omega)=\{u=(u_1,\cdots,u_n)\mid u_i\in L^p(\Omega)\text{且 }\mathrm{div}u\overset{\mathcal{D}'}{=}0\},$$

$L_T^{p,q}=L^q([0,T);E^p(\Omega))$ 是 $L^q([0,T);(L^p(\Omega))^n)$ 在度量 $\|\cdot\|_{p,q,T}=(\int_0^T\|\cdot\|_p^q dt)^{\frac{1}{q}}$ 下所生成时空 Banach 空间.

由 Helmholtz 分解定理有

$$(L^p(\mathbb{R}^n))^n=E^p\oplus G^p, \tag{5.52}$$

这里 $G^p=\{\nabla g, g\in W^{1,p}(\Omega)\}$, 记 $\mathcal{P}_p$ 是从 $(L^p)^n$ 到 E_p 上的投影算子，B_p 是具有齐次边界条件的拉普拉斯算子 Δ(当 $\Omega=\mathbb{R}^n$ 时，没有这个条件), 则定义 $A_p=-\mathcal{P}_p\Delta, D(A_p)=E^p\cap D(B_p)$. 容易看出，当 $1<p<\infty$ 时，A_p 在 E_p 上生成了一个解析半群 e^{-A_pt}, 且 A_p 有有界的逆算子. 这样，我们就可以定义 A_p 的分数次幂 $A_p^\alpha,(\alpha\in\mathbb{R})$. 并且满足

$$\|A_p^\alpha e^{-A_pt}\|\le C_\alpha|t|^{-\alpha},\quad \forall\alpha\ge 0,\quad t>0 \tag{5.53}$$

(见 [Mi15]). 容易看出，若 $u(x,t)$ 已知，则 $\partial P=(1-\mathcal{P}_p)f(x,t)$, 因此，仅需求出 $u(x,t)$ 即可. 鉴于此，用投影算子 $\mathcal{P}_p$ 作用于问题 (5.51), 就化成抽象抛物型方程

$$\frac{du}{dt}+A_pu=F(x,t),\quad t>0,\ u(0)=\varphi(x), \tag{5.54}$$

这里 $F(x,t)=\mathcal{P}_pf(x,t)$,(5.54) 的解 u 具有如下形式

$$u(x,t)=e^{-A_pt}\varphi(x)+\int_0^t e^{-A_p(t-\tau)}F(x,\tau)d\tau. \tag{5.55}$$

完全用抛物方程的情形，可引入三元容许簇的定义：

定义 5.4 称 (q,p,r) 是关于 Navier-Stokes 方程的三元容许簇，如果

$$\frac{1}{q}=\frac{n}{2}\left(\frac{1}{r}-\frac{1}{p}\right), \tag{5.56}$$

这里

$$1<r\le p<\begin{cases}\frac{rn}{n-2}, & n>2,\\ \infty, & n\le 2.\end{cases} \tag{5.57}$$

称 (q,p,r) 是关于 Navier-Stokes 方程的广义三元容许簇，如果它满足 (5.56) 并且

$$1<r\le p<\begin{cases}\frac{nr}{n-2r}, & n>2r,\\ \infty, & n\le 2r.\end{cases} \tag{5.58}$$

根据解析半群 $S(t)=e^{-At}$ 的估计，容易看出

$$\|e^{-At}\varphi\|_p\le Ct^{-\frac{n}{2}(\frac{1}{r}-\frac{1}{p})}\|\varphi\|_r,\quad \forall t>0,\quad p\ge r>1. \tag{5.59}$$

直接验证，如下 L^p-L^q 估计及时空估计定理.

定理 5.7 设 (q,p,r) 是任意一个广义三元容许簇， $\varphi\in E_r$, 则 $v(t)=e^{-At}\varphi\in\mathcal{C}_{q(p,r)}(I;E_p)$ 且

$$\|e^{-At}\varphi;\mathcal{C}_{q(p,r)}(I;E_p)\|\le C\|\varphi\|_r. \tag{5.60}$$

进而, 若 (q,p,r) 是满足 $p>r$ 的广义三元容许簇, 那么 $S(t)\varphi\in\dot{\mathcal{C}}_{q(p,r)}(I,E_p)$, 即

$$\lim_{t\to 0}t^{\frac{1}{q}}\|S(t)\varphi\|_p=0, \tag{5.61}$$

这里 $I=[0,T)$ 或 $[0,\infty)$.

定理 5.8 设 (q,p,r) 是任意的三元容许簇， $\varphi(x)\in E_r$, 则 $v(x,t)=e^{-tA}\varphi\in L^q(I;E_p)\cap C_b(I;E_r)$ 并且

$$\|e^{-tA}\varphi\|_{L^q(I;E_p)}\le C\|\varphi\|_r,\quad I=[0,T),\quad 0<T\le\infty. \tag{5.62}$$

事实上，当 $g \in E_r$ 时， $\|g\|_{E_r} = \|g\|_r$, 故定理 5.7 与定理 5.8 完全类同于抛物方程的情形. 关于非齐次部分的时空估计，我们有

定理 5.9 设 $Q(D)$ 是一个 $d(0 \le d < 2)$ 阶齐次拟微分算子，设 $r \ge r_c = \frac{bn}{2-d} > 1$, (q,p,r) 是任一个满足

$$\max(r, 1+b) < p < r(1+b) \tag{5.63}$$

的广义三元容许簇，则有如下时空估计

(1) 若 $f \in L^{\frac{q}{b+1}}(I; E_{\frac{p}{b+1}})$, $I = [0,T)$, 则

$$GQ(D)f = \int_0^t S(t-\tau)Q(D)f d\tau \in L^q(I; E_p)$$

且满足如下估计

$$\|GQ(D)f\|_{L^q(I;E_p)} \le CT^{1-\frac{d}{2}-\frac{nb}{2r}} \|f\|_{L^{\frac{q}{b+1}}(I;E_{\frac{p}{b+1}})}. \tag{5.64}$$

(2) 若 $f \in \mathcal{C}_{\frac{q}{b+1}}(I; E_{\frac{p}{b+1}})$, 那么 $GQ(D)f \in \mathcal{C}_{q(p,r)}(I; E_p)$ 且满足

$$\|GQ(D)f\|_{\mathcal{C}_{q(p,r)}(I;E_p)} \le CT^{1-\frac{d}{2}-\frac{nb}{2r}} \|f\|_{\mathcal{C}_{\frac{q}{b+1}}(I;E_{\frac{p}{b+1}})}. \tag{5.65}$$

思考与练习

1. 设 (p,q) 是一般色散波方程的正则性容许对. $u_0(x) \in H^s(\mathbb{R}^n)$, $u(t) = W(t)u_0(x) + \int_0^t W(t-\tau)g(\cdot,\tau)d\tau$ 是 (1.74) 的解，则

$$\left\| |D|^{\frac{\theta}{2}n(m-2)} W(t)u_0(x) \right\|_{L_t^q(I;B_{p,2}^s)} \le C\|u_0\|_{H^s(\mathbb{R}^n)}.$$

$$\left\| \int_I |D|^{\theta n(m-2)} W(t-\tau)g(\cdot,\tau)d\tau \right\|_{L_t^q(I;B_{p,2}^s)} \le C\|g\|_{L_t^{q'}(I;B_{p',2}^s)},$$

其中 $\theta = 1 - \frac{2}{p}$, $I = \mathbb{R}$ 或是含原点 0 的区间， $s \in \mathbb{R}$.

2. 设 $u_0(x) \in H^s(\mathbb{R}^n)$, (p,q), (p_1,q_1) 分别是一般色散波方程的容许对，$u(t) = W(t)u_0(x) + \int_0^t W(t-\tau)g(\cdot,\tau)d\tau$ 是 (1.74) 的解，则

$$\|W(t)u_0(x)\|_{L_t^q(I;B_{p,2}^s(\mathbb{R}^n))} \le C\|u_0\|_{H^s(\mathbb{R}^n)},$$

$$\left\| \int_I W(t-\tau)g(\cdot,\tau)d\tau \right\|_{L_t^q(I;B_{p,2}^s(\mathbb{R}^n))} \le C\|g\|_{L_t^{q_1'}(I;B_{p_1'}^s(\mathbb{R}^n))},$$

其中 $I=\mathbb{R}$ 或是含原点 0 的区间， $s\in\mathbb{R}$.

3. 证明定理 1.17.

4 (色散波方程的周期边值问题). 考虑

$$\begin{cases} u_t - iP(D)u = 0, & x\in T^n = S^1\times S^1\times\cdots S^1, \quad t\in S^1, \\ u(x,0)=u_0(x), & x\in T^n. \end{cases}$$

试建立与 Cauchy 问题类似的时空估计. (提示：可参见 [KPV].)

5. 利用极大函数估计 (定理 2.5) 证明

(i) 当 $n=1$ 时，有估计

$$\int_{-\infty}^{\infty}\sup_{[0,T]}|e^{it\partial_x^2}u_0(x)|dx \le C(1+T)^2(\|u_0\|_{3,2}+\|u_0\|_{2,2,2}).$$

(ii) 当 $n\ge 2$ 时，有估计

$$\begin{aligned}&\sum_{\alpha\in Z^n}\sup_{[0,T]}\sup_{x\in Q_\alpha}|e^{it\Delta}u_0(x)| \\ &\quad \le C(1+T)^{n+3}\{\|u_0\|_{2n+2,2}+\|u_0\|_{2n+2,2,2n+2}\},\end{aligned}$$

这里

$$\|f\|_{l,2,j} = \sum_{|\gamma\le l}\left(\int_{\mathbb{R}^n}|\partial_x^\gamma f(x)|^2|x|^j dx\right)^{\frac{1}{2}}.$$

6. 设 $n=1$, 具体证明

$$\|D_x^{\frac{1}{2}}\int_0^T e^{-i\tau\partial_x^2}f(\cdot,\tau)d\tau\|_2 \le C\int_{-\infty}^{\infty}\left(\int_0^T|f(x,t)|^2dt\right)^{\frac{1}{2}}dx$$

是不等式

$$\sup_x\left(\int_{-\infty}^{\infty}|D_x^{\frac{1}{2}}e^{it\partial_x^2}u_0(x)|^2dt\right)^{\frac{1}{2}} \le C\|u_0\|_2$$

的对偶形式.

7. 证明推论 5.6 和注记 5.8 中的估计.

8. 证明如下恒等式

$$xe^{it\partial_x^2}u_0(x) = e^{it\partial_x^2}(xu_0) - 2ite^{it\partial_x^2}\partial_x u_0(x), \quad n=1,$$

$$x_j e^{it\Delta}f(x,t) = e^{it\Delta}(x_j u_0) - 2ite^{it\Delta}(\partial_{xj}f), \quad n\ge 2,$$

$$\begin{aligned}x_k x_j e^{it\Delta}f(x,t) = {}& e^{it\Delta}(x_j x_k f) - 2ite^{it\Delta}(\delta_{jk}f + x_j\partial_{x_k}f) \\ & - 2ite^{it\Delta}(x_k\partial_{x_j}f) - 4t^2e^{it\Delta}(\partial_{x_k}\partial_{x_j}f).\end{aligned}$$

9. 对于高阶波动方程

$$\begin{cases} u_{tt} + (-\Delta)^m u = f(x,t), \\ u(0,x) = \varphi(x), \qquad\qquad u_t(0,x) = \psi(x) \end{cases}$$

的解

$$\begin{aligned} u(t,x) = & \mathcal{F}^{-1}(\cos|\xi|^m t \mathcal{F}\varphi) + \mathcal{F}^{-1}(\frac{\sin|\xi|^m t}{|\xi|^m}\mathcal{F}\psi) \\ & + \int_0^t \mathcal{F}^{-1}(\frac{\sin|\xi|^m (t-\tau)}{|\xi|^m}\mathcal{F}f(\xi,\tau))d\tau, \end{aligned}$$

建立相应的时空估计及 $L^p - L^{p'}$ 估计，参见 [Mi1].

10. 证明定理 5.8 与定理 5.9.

11. 对于线性 Navier-Stokes 方程组的 Cauchy 问题，它对应的基本解矩阵是

$$E_{ij} = \delta_{ij}G(x,t) + R_i R_j G(x,t),$$

这里 $G(x,t) = (4\pi t)^{-\frac{n}{2}} \exp(-\frac{|x|^2}{4t})$,$R_j$, R_i 是 Riesz 变换，试利用位势估计来建立相应的 $L^p - L^q$ 估计及时空估计.

第十二章　非线性色散波方程

色散波方程是一类非常重要的偏微分方程，其一般形式是

$$iu_t + P(D)u = f(u), \quad D = i^{-1}\partial_x, \quad x = (x_1, \cdots, x_n), \tag{*}$$

这里算子 $P(D)$ 对应的象征 $P(\xi)$ 是实值函数，$f(u)$ 是 u 或是 u 及其导函数的数值函数．当 $P(\xi) = |\xi|^2$ 时，$(*)$ 对应的是经典的 Schrödinger 方程，它在量子力学、非线性光学及等离子物理中扮演了基本的角色．当 $n = 1$, $P(\xi) = \xi^3$, $f(u) = i\partial_x(u^2)$ 或 $f(u) = i\partial_x(u^3)$ 时，$(*)$ 就对应经典 KdV 方程或修正 KdV 型方程，它用来描述水波、等离子体的传播等物理现象．再如，当 $P(\xi) = |\xi|\xi$, $f(u) = i\partial_x(u^2)$ 时，$(*)$ 就对应着经典的 BO 方程，如此等等，这里不一一列举．本章的主旨就是利用前面建立的线性发展方程解的时空估计来研究色散波动方程的 Cauchy 问题及散射性理论．我们主要以 Schrödinger 方程为例来讨论，至于其它色散波动方程或相应的耦合方程组，我们将给出一些简述或评论，读者可以从所列的参考文献中获得其所需的东西．为行文方便，我们用 $H^\rho(\mathbb{R}^n)$ 表示 $\mathcal{L}^2_\rho(\mathbb{R}^n)$, H^ρ_r 表示 $\mathcal{L}^r_\rho(\mathbb{R}^n)$, 其上的范数分别是 $\|(I-\Delta)^{\frac{\rho}{2}}u\|_2$ 或 $\|(I-\Delta)^{\frac{\rho}{2}}u\|_r$.

§ 12.1　非线性 Schrödinger 方程的 H^ρ 局部适定性

本节来研究非线性 Schrödinger 方程的 Cauchy 问题

$$\begin{cases} iu_t = -\frac{1}{2}\Delta u + f(u), & (x,t) \in \mathbb{R}^n \times \mathbb{R}, \\ u(0) = \varphi(x), & x \in \mathbb{R}^n, \end{cases} \tag{1.1}$$

这里 $u(x,t)$ 是定义在 $\mathbb{R}^n \times \mathbb{R}$ 上的未知复值函数，$\varphi(x)$ 是 $\mathbb{R}^n$ 上的已知的复值函数，$f(u)$ 是非线性相互作用项．最典型的情形是

$$f(u) = \lambda|u|^{p-1}u, \quad \lambda \in \mathbb{R}, \quad 1 < p < \infty. \tag{1.2}$$

一般地，我们总假设 $f(u)$ 满足

(H_1) $f \in C^1(\mathbb{C}, \mathbb{C}), f(0) = 0$ 且对某个 p, $1 < p < \infty$ 满足

$$|f'(z)| \le \max\left(\left|\frac{\partial f}{\partial z}\right|, \left|\frac{\partial f}{\partial \bar{z}}\right|\right) \le C(1 + |z|^{p-1}). \tag{1.3}$$

自然，(1.1) 形式上等价于积分方程

$$
\begin{aligned}
u(t) &= U(t)\varphi - i\int_0^t U(t-\tau)f(u(\tau))d\tau \\
&\triangleq U(t)\varphi(x) + Gu(t) \equiv (A(u))(t),
\end{aligned}
\tag{1.4}
$$

其中 $U(t)=\exp(i\frac{t}{2}\Delta)$ 就是自由 Schrödinger 方程 $i\partial_t u = -\frac{1}{2}\Delta u$ 在 Hilbert 空间 $H^\rho(\mathbb{R}^n)$ $(\rho\in\mathbb{R})$ 上生成的酉算子群.

首先在 $\mathcal{S}'(\mathbb{R}^n)$ 意义下考察方程 (1.1) 与 (1.4) 的等价性. 在 (H_1) 的假设下，注意到 $L^p_{\mathrm{loc}}(\mathbb{R}^n)\hookrightarrow\mathcal{S}'(\mathbb{R}^n)$, 若有解 $u\in L^p_{\mathrm{loc}}(\mathbb{R}^n)$ 就足以确保 (1.1) 中的每一项均属于 $\mathcal{S}'(\mathbb{R}^n)$. 至于积分方程 (1.4), 如果假设条件能确保存在某个区间 I 和正整数 N, 使得 u 及 $f(u)\in C(I,H^{-N})$, 则 $\int_0^t U(t-\tau)f(u(\tau))d\tau$ 就是 H^{-N} 上的一个 Bochner 积分. 因此，$\int_0^t U(t-\tau)f(u(\tau))d\tau\in C^1(I,H^{-N})$, 此意味着 (1.4) 的每一项均属于 $C(I,H^{-N})\hookrightarrow C(I;\mathcal{S}'(\mathbb{R}^n))$. 在此意义下，(1.1) 与 (1.4) 的等价性就归结为恒等式

$$
(i\partial_t + \frac{1}{2}\Delta)Gu(t) = f(u)
\tag{1.5}
$$

是否成立. 易见，(1.5) 中的每一项均属于 $C(I,H^{-N})\cap C^1(I,\ H^{-N-2})\hookrightarrow C(I,\mathcal{S}'(\mathbb{R}^n))$. 在适当的光滑性假设下，直接验算 (1.5) 是一个恒等式. 因此 (1.1) 与 (1.4) 在 $\mathcal{S}'(\mathbb{R}^n)$ 意义下是等价的.

为了建立问题 (1.1) 或 (1.4) 在 $H^\rho(\mathbb{R}^n)$ 中的局部适定性，基于时空估计，来讨论工作空间的选取方法. 对于任意 $I\subset\mathbb{R}$, $\rho\geq 0$, 相应于初值函数 $\varphi(x)\in H^\rho(\mathbb{R}^n)$, 定义工作空间：

$$
X^\rho(I) = \{u; u\in C(I;H^\rho)\cap L^q(I;H^\rho_r), (q,r)\text{是任意的容许对}\}.
$$

由 Keel-Tao 的端点时空估计，当 $n\geq 3$ 时，$X^\rho(I)$ 可由范数来刻画. 当 $n\leq 2$ 时，$X^\rho(I)$ 可由一簇半范数来刻画，这簇半范数的个数可用半开区间来决定，X^ρ 就变成了一个 Fréchet 空间. 为了统一起见 (对于任意的空间维数), 对于满足

$$
0\leq \frac{2}{q_0} = \delta(r_0) = n(\frac{1}{2}-\frac{1}{r_0}) \equiv \delta_0 < 1
\tag{1.6}
$$

的某个固定的容许对 (q_0,r_0), 构造 Banach 空间

$$
\begin{aligned}
X^\rho_{r_0}(I) =& \{u;\ u\in C(I,H^\rho)\cap L^q(I,H^\rho_r),\ 0\leq\frac{2}{q}=\delta(r)\leq\delta_0\} \\
=& (C\cap L^\infty)(I;H^\rho)\cap L^{q_0}(I;H^\rho_{r_0}),
\end{aligned}
\tag{1.7}
$$

它对应的范数是

$$
\|u\|_{X^\rho_{r_0}(I)} = \|u\|_{L^\infty(I,H^\rho)} + \|u\|_{L^{q_0}(I,H^\rho_{r_0})},
\tag{1.8}
$$

这里 (1.7) 中的第二个等式是插值定理的直接结果. 进而, 按标准的方式, 定义与 $X^\rho_{r_0}(I)$ 对应的局部空间为

$$X^\rho_{r_0,\mathrm{loc}}(I)=\{u;\ u\in X^1_{r_0}(J),\ J\subset\subset I\}.$$

当 $\rho=0$ 时, 就记 $X^0_{r_0}(I)=X_{r_0}(I)$. 由 Schrödinger 方程的时空估计可见, 当 $u_0(x)\in H^\rho(\mathbb{R}^n)$ 时, $U(t)u_0\in X^\rho(\mathbb{R})$. 在下面讨论中, 我们将会看到函数 $f(u)$ 的形式和 ρ 的选取, 与问题 (1.1) 或 (1.4) 的解的整体存在性有密切关系. 一般来讲, (1.1) 或 (1.4) 整体可解需要非线性函数满足如下规范不变性条件:

(H_2) 存在函数 $V(z)=V(|z|)\in C^1(\mathbb{C},\mathbb{R}^+)$ ($z\in\mathbb{C}$) 满足 $V(0)=0$, 且 $f(z)=\frac{\partial V}{\partial\bar z}$. 换言之, 它等价于: 存在函数 $G\in C^1(\mathbb{R}^+,\mathbb{R})$ 满足 $f(z)=zG'(|z|^2)$, 此处 $V(z)=G(|z|^2)$.

命题 1.1 设 $f(z)$ 满足规范不变条件 (H_2), 则 (1.1) 的光滑解满足如下守恒等式

$$\|u(t)\|_2=\|\varphi\|_2, \tag{1.9}$$

$$E(u)=\frac{1}{2}\|\nabla u\|^2+\int V(u)dx=E(\varphi). \tag{1.10}$$

证明 记 $\langle\cdot,\cdot\rangle$ 表示 $L^2(\mathbb{R}^n)$ 上的内积. 用 u 与 (1.1) 作内积, 两边取虚部, 注意到规范条件 (H_2) 就有

$$\frac{1}{2}\partial_t\|u\|_2^2=-\frac{1}{2}\mathrm{Im}\langle u,\Delta u\rangle+\mathrm{Im}\langle u,f(u)\rangle=0,$$

这就意味着 (1.9). 同理, 用 $\partial_t u$ 与 (1.1) 中方程作 L^2 内积, 两边取实部就得

$$0=-\frac{1}{2}\mathrm{Re}\langle\partial_t u,\Delta u\rangle+\mathrm{Re}\langle\partial_t u,f(u)\rangle=\partial_t E(u).$$

这就意味着能量等式 (1.10).

下面采用伸缩变换来诱导出临界指标的概念. 设 $u(x,t)$ 是 (1.1) 或 (1.4) 的解, 作伸缩变换 $u(x,t)\to u_\lambda(x,t)=u(\frac{x}{\lambda},\frac{t}{\lambda^2})$. 容易看出, u_λ 在 X^ρ 空间中的主部范数 ($\dot X^\rho$ 中范数) 满足

$$\||\nabla|^\rho u_\lambda;L^q(I;L^r(\mathbb{R}^n))\|=\lambda^d\||\nabla|^\rho u;L^q(I;L^r(\mathbb{R}^n))\|, \tag{1.11}$$

这里 (q,r) 是任意容许对, 而

$$d=\frac{n}{r}+\frac{2}{q}-\rho=\frac{n}{2}-\rho \tag{1.12}$$

与 (q,r) 的选取无关. 欲使 (1.4) 在 X^ρ 成立, 对有界区间 I 和齐次非线性函数 $f(u)=|u|^{p-1}u$, 自然要求有

$$\left\| \int_0^t U(t-\tau)f(u(\tau))d\tau; L^q(I,L^r)\right\| \le C\||\nabla|^\rho u; L^q(I;L^r)\|^p|I|^\theta, \tag{1.13}$$

这里 $\theta\ge 0$. 在上式中用 u_λ 代替 u, 通过量纲分析, 同时注意到 $\int_0^t U(t-\tau)f(u(\tau))d\tau$ 有 2 阶维量的增加 (因是关于 t 的积分), 对比 λ 的指标就得

$$2+\frac{n}{2}-\rho=p(\frac{n}{2}-\rho)+2\theta.$$

因此

$$(p-1)(\frac{n}{2}-\rho)\le 2. \tag{1.14}$$

这样就诱导出临界, 次临界及超临界的概念.

定义 1.1 对固定的非线性增长 p, 设 ρ 满足 $(p-1)(\frac{n}{2}-\rho)=2$, 则称 H^ρ 是临界空间; 如果 $(p-1)(\frac{n}{2}-\rho)<2$(或 >2), 则称 H^ρ 次临界 (超临界) 空间.

注记 1.1 换言之, 对固定的 ρ, $p=1+\frac{4}{n-2\rho}$ 是 H^ρ 临界指标; 若 $p<1+\frac{4}{n-2\rho}$ 时, p 是 H^ρ 次临界指标; 若 $p>1+\frac{4}{n-2\rho}$ 时, p 是 H^ρ 超临界指标. 特别, $p=1+\frac{4}{n}$ 是 L^2 临界指标; $p=1+\frac{4}{n-2}$ 是 H^1 临界指标.

下面来建立局部适定性. 先考察惟一性定理. 一般来讲, 我们采用的基本方法是: 设 X 和 Y 是两个 Banach 空间且 $Y\hookrightarrow X$. 算子 A 是从 Y 的闭子集 D 到 D 上且在范数 $\|\cdot\|_X$ 意义下是压缩映射, 即

$$\|Au\|_X\le\alpha\|u\|_X,\quad \alpha<1,\quad u\in D\subset Y\hookrightarrow X. \tag{1.15}$$

则算子方程 $u=Au$ 在 Y 中至多有一个解.

定理 1.2 设 $f(u)$ 满足 (H_1), I 是含原点的区间, 我们有

(1) 若 $p\le 1+\frac{4}{n}$, $\varphi(x)\in L^2(\mathbb{R}^n)$, 则问题 (1.1) 或 (1.4) 在 $X_{p+1,\mathrm{loc}}(I)$ 至多有一个解.

(2) 若 $p\le 1+\frac{4}{n-2}$, $\varphi(x)\in H^1(\mathbb{R}^n)$, 则 (1.1) 或 (1.4) 在空间 $C(I;L^2(\mathbb{R}^n))\cap L^\infty_{\mathrm{loc}}(I;L^{p+1}(\mathbb{R}^n))$ 至多有一个解.

(3) 如果 $p=1+\frac{4}{n-2\rho}$, $0\le\rho<\frac{n}{2}$, $\varphi(x)\in H^\rho(\mathbb{R}^n)$, 则 (1.1) 或 (1.4) 的属于空间 $X_{r_0,\mathrm{loc}}(I)\cap L^k_{\mathrm{loc}}(I;L^s(\mathbb{R}^n))$ 的解至多有一个, 这里 ρ, k, s, r_0 满足

$$\begin{cases} \rho<\delta(s)<\min\left(\dfrac{n}{2},\rho+1\right), \\ 0\le\dfrac{2}{k}\le\delta(s)-\rho, \\ \delta_0=n\left(\dfrac{1}{2}-\dfrac{1}{r_0}\right)\ge\dfrac{n-2\delta(s)}{n-2\rho}. \end{cases} \tag{1.16}$$

注记 1.2 (i) 在定理 1.2 中，(1) 对应着 Cauchy 问题 (1.1) 的局部 L^2 解的惟一性，此时 $X=Y$. (2) 意味着 Cauchy 问题 (1.1) 的 H^1 解的惟一性. (3) 意味着 H^ρ 解的惟一性.

(ii) 条件 (1.16) 主要源于 $L^q_{\text{loc}}(\mathbb{R};H^\rho_r(\mathbb{R}^n))\hookrightarrow L^k_{\text{loc}}(\mathbb{R};L^s(\mathbb{R}^n))$ (这里 $0\le\frac{2}{k}\le\frac{2}{q}=\delta(s)-\rho=\delta(r)<1$) 及证明中所需的指标关系.

证明 不失一般性，仅需对充分小的 T, 证明解在区间 $I=[0,T]$ 上的惟一性即可. 事实上，设 $u_1(t)$ 和 $u_2(t)$ 是问题 (1.1) 或 (1.4) 的满足 $u_1(0)=u_2(0)$ 的解，记 $t_0=\inf\{t,u_1(t)\neq u_2(t)\}$. 自然有 $u_1(t_0)=u_2(t_0)$. 因此，若具有初始条件 $u_1(t_0)=u_2(t_0)$ 的 Cauchy 问题在区间 $[t_0,t_0+T]$(其中 $T>0$ 充分小) 至多存在一个解，即推得与 t_0 的定义相矛盾的结果.

下面的关键问题是证明对充分小的 $T>0$, 由 (1.4) 定义算子 A 或等价地 $Gu(t)$ 在 $X_{r_0}(I)$ 的有界闭集上是一个压缩映射，这里 $I=[0,T]$. 为此，对任意的容许对 (q_1,r_1), 由第十一章新建立的混合性时空估计及 $f(u)=f_1(u)+f_2(u)$ 且 $|f_1'(u)|\le 1$, $|f_2'(u)|\le|u|^{p-1}$, 容易推得

$$\begin{aligned}&\|Gu_1-Gu_2;X_{r_0}(I)\|\\ \le&C\|f_1(u_1)-f_1(u_2);L^1(I,L^2)\|+C\|f_2(u_1)-f_2(u_2);L^{q_1'}(I,L^{r_1'})\|\\ \le&CT\|u_1-u_2;L^\infty(I;L^2)\|+CT^\theta\|u_1-u_2;L^{q_2}(I,L^{r_2})\|\\ &\times\max_{i=1,2}\|u_i;L^k(I,L^s)\|^{p-1},\end{aligned}\tag{1.17}$$

这里对 $f_1(u)$ 与 $f_2(u)$ 使用了的不同的容许对. 进而，(q_1,r_1) 与 (q_2,r_2) 的选取依赖于 Hölder 不等式，即满足

$$\begin{cases}\frac{1}{r_2}+\frac{p-1}{s}=\frac{1}{r_1'},\\ \frac{1}{q_2}+\frac{p-1}{k}+\theta=\frac{1}{q_1'},\quad\theta\ge 0.\end{cases}$$

它等价于

$$\begin{cases}(p-1)(\frac{n}{2}-\delta(s))=\delta_1+\delta_2,\qquad\delta_i=\delta(r_i),\quad i=1,2,\\ \frac{2(p-1)}{k}=2(1-\theta)-(\delta_1+\delta_2),\quad\theta\ge 0.\end{cases}\tag{1.18}$$

因此

$$(p-1)\left(\frac{n}{2}-\delta(s)+\frac{2}{k}\right)=2(1-\theta)\le 2.\tag{1.19}$$

在 (1) 的情形下，仅需取 $\frac{2}{k}=\delta(s)=\delta_1=\delta_2=\delta_0=\delta(p+1)$, 就知 $(k,p+1)$ 是一个容许对，且满足

$$\begin{aligned}&\|Gu_1-Gu_2;X_{r_0}(I)\|\\ \le&C[T+T^\theta\max_{i=1,2}\|u_i,L^k(I,L^{p+1})\|^{p-1}](\|u_1-u_2;L^k(I;L^{p+1})\|\\ &+\|u_1-u_2;L^\infty(I;L^2)\|),\quad r_0=p+1.\end{aligned}\tag{1.20}$$

于是，只要 T 充分小，就知 G 是 $X_{p+1}(I)$ 中有界闭集上的压缩映射．这就意味着 (1.1) 或 (1.4) 在 $X_{p+1,\text{loc}}(I)$ 的解最多只有一个．

在 (2) 的情形下，仅需取 $k=\infty,\delta(s)=\delta_1=\delta_2=\delta(p+1)$, 此时，由 $(p-1)(\frac{n}{2}-1)<2$ 就知 $\delta(p+1)<1$, 这里 $\theta=1-\delta(p+1)>0$ 且

$$\begin{aligned}\|Gu_1-Gu_2;X_{p+1}(I)\|\le C(T+\max_{i=1,2}T^{\theta}\|u_i,L^{\infty}(I,L^{p+1})\|^{p-1})\\ \times\|u_1-u_2;X_{p+1}(I)\|.\end{aligned}\tag{1.21}$$

因此，只要取 T 充分小，就知 G 是一个压缩映射．故 (1.1) 或 (1.4) 在形如 $C(I;L^2)\cap L^{\infty}_{\text{loc}}(I;L^{p+1})$ 中至多有一个解．

在 (3) 的情形下，注意到 $\rho\le\delta(s)-\frac{2}{k}$, $\rho<\delta(s)$ 及 $\rho=\frac{n}{2}-\frac{2}{p-1}$, 此意味着 $\frac{(p-1)n}{2s}<1$, 现取 r_0 满足 $\frac{(p-1)n}{2s}\le\delta_0=\delta(r_0)<1$, 于是，

$$\begin{aligned}\|Gu_1-Gu_2;X_{r_0}(I)\|\le C(T+\max_{i=1,2}T^{\theta}\|u_i,L^{k}(I,L^{s})\|^{p-1})\\ \times\|u_1-u_2;X_{r_0}\|,\end{aligned}\tag{1.22}$$

这里 $\theta=1-\frac{p-1}{2}(\frac{n}{2}-\delta(s)+\frac{2}{k})\ge 0$. 只要 T 充分小，G 就是一个压缩映射，从而推得 (1.1) 或 (1.4) 的解在 $X_{r_0,\text{loc}}(I)\cap L^{k}_{\text{loc}}(I,L^s)$ 中最多只有一个．

下来建立次临界增长情形下的 L^2 和 H^1 局部适定理论．

定理 1.3 (L^2 局部适定性理论)　设 $f(u)$ 满足 (H_1) 且有 $p<1+\frac{4}{n}$, 则对任意 $\varphi(x)\in L^2(\mathbb{R}^n)$, 存在 $T_{\pm}>0$ 满足

(1) 问题 (1.1) 或 (1.4) 在 $X_{p+1,\text{loc}}(-T_-,T_+)$ 中有惟一解．

(2) 若 $T_+<\infty$(或 $T_-<\infty$), 则

$$\lim_{t\to T_+}\|u(t)\|_2=\infty \text{ 或 } \lim_{t\to T_-}\|u(t)\|_2=\infty.\tag{1.23}$$

(3) 对于 $-T_-<T_1<T_2<T_+$, 映射 $u_0\to u$ 是从 $u_0(x)\in L^2(\mathbb{R}^n)$ 的一个邻域到 $X_{p+1}([T_1,T_2])$ 上的连续映射．

证明　(i) 取 $I=[-T,T]$. 由定理 1.2 的证明过程 (见 (1.21) 式) 可见，当 $T=T(\|\varphi\|_2)$ 充分小时，积分方程 (1.4) 的右边所确定的算子 A 是将 $X_{p+1}(I)$ 中的一个小球映射到它自身的压缩映射，因此由 Banach 压缩映射原理即知 (1) 成立．

(ii) 逐次利用 Banach 压缩映射原理及定理 1.2, 总可以将问题 (1.1) 或 (1.4) 扩张到最大的存在区间 $(-T_-,T_+)$. 下面来证明 (1.23). 若不然，存在常数 $R>0$ 和单调数列 $\{t_j\}_{j=1}^{\infty}$ 趋向于 T_+ 且满足 $\|u(t_j)\|_2\le R<\infty$. 现以 t_j 为初始时刻，求解问题 (1.1) 或 (1.4), 由局部存在性定理，存在 $T(R)$ 使得问题 (1.1) 或 (1.4) 在 $[t_j,t_j+T(R)]$ 上可解．易见，上述区间的长度不依赖于 j. 这样，当 j 充分大时，就会发生 $t_j+T(R)>T_+$, 产生矛盾．于是 (1.23) 成立．

最后，根据在局部可解区间上的压缩性质，在每次局部可解区间上 (3) 成立. 这样，对任意 $[T_1,T_2]\subset(-T_-,T_+)$, 通过适当的迭代可推得 (3) 成立.

注记 1.3 对于次临界情形下 (如在 L^2), 局部解的存在区间的长度 $T=T(\|\varphi\|_2)$. 在 L^2 临界情形下，仍可用压缩映射原理来证明局部存在性，所不同的是局部解的存在区间的长度 $T=T(\varphi)$, 未必仅依赖 $\|\varphi\|_2$. 因此，定理 1.3 的 (ii) 在临界情形下不能成立. 然而，如果 $T_+<\infty$(或 $T_-<\infty$), 有

$$\lim_{t\to T_+}\|u;X_{p+1}([0,T_+))\|=\infty,\ \text{或}\ \lim_{t\to T_-}\|u;;X_{p+1}((-T_-,0])\|_2=\infty.$$

定理 1.4(H^1 局部适定性理论) 设 $f(u)$ 满足条件 (H_1) 且 $p-1<\frac{4}{n-2}$ (当 $n\le 2$ 时， $p<\infty$). 则当 $\varphi(x)\in H^1(\mathbb{R}^n)$ 时，问题 (1.1) 或 (1.4) 在 X^1_{p+1} 中是局部适定的. 更精确地讲，将定理 1.3 中的 L^2 用 H^1 来代替， $X(\cdot)$ 用 $X^1(\cdot)$ 来代替，相应的结论 (1) ,(2), (3) 成立.

证明 类似于定理 1.3 的证明，仅需证明存在 $T=T(\|\varphi\|_{H^1})$ 充分小，使得由 (1.4) 右端所确定的算子 A, 在 $X_{p+1}(I)$ 范数意义下将 $X^1_{p+1}(I)$ 中的适当小的球 B 映射到自身，这里 $I=[-T,T]$. 由时空估计及估计 (1.21), 容易看出

$$\|U(t)\varphi\|_{X^1_{p+1}(I)}\le C\|\varphi\|_{H^1},$$

$$\begin{aligned}\|G(t)[u_1-u_2]\|_{X_{p+1}(I)}\le{}& C(T+T^\theta\max_{1\le j\le 2}\|u_j;L^\infty(I;L^{p+1})\|^{p-1})\\ &\times\|u_1-u_2\|_{X_{p+1}}.\end{aligned}$$

取 $B=B_R$ 是 $X^1_{p+1}(I)$ 中以原点为中心，半径为 $R=2C\|\varphi\|_{H^1}$ 的球. 取 T 满足

$$C(T+R^{p-1}T^\theta)\le\frac{1}{2},\tag{1.24}$$

于是映射 A 是压缩的. 下面来说明 A 将 B_R 映射到自身. 这仅需估计 $\|\nabla Gu,X_{p+1}(I)\|$. 类似于估计 (1.17), 就有

$$\begin{aligned}&\|\nabla Gu,X_{r_0}(I)\|\le C\|f'(u)\nabla u;L^{q_1'}(I;L^{r_1'})\|\\ \le& C\{T\|\nabla u;L^\infty(I,L^2)\|+T^\theta\|\nabla u;L^{q_2}(I;L^{r_2})\|\cdot\|u,L^k(I,L^s)\|^{p-1}\}.\end{aligned}\tag{1.25}$$

现取 $r_0=p+1$, $\delta(s)=\delta_1=\delta_2=\delta(p+1)$, $k=\infty$, 上式即是

$$\|\nabla Gu;X_{p+1}(I)\|\le C\{TR+R^pT^\theta\}.\tag{1.26}$$

因此，对满足 (1.24) 的 T 就足以确保 A 是将 B_R 映射到它自身，至于其它，完全类似于定理 1.3 的证明. 故定理 1.4 得证.

§ 12.2 非线性 Schrödinger 方程的整体适定性

本节的主旨是将局部解扩张成整体解，进而，我们对小解的整体存在性及解的 Blow-up 现象给予适当的评注，有兴趣的读者可参见所引用的文献. 众所周知，从局部解过渡到整体解，关键是给出解的先验估计，我们从一个抽象定理出发，来窥视如何利用解的先验估计将局部解扩张成全局解.

定理 2.1 (1) 设抽象 Cauchy 问题

$$\begin{cases} u_t + Au = f(u), \\ u(t_0) = \varphi(x), \qquad \varphi(x) \in \mathcal{K} \end{cases} \tag{2.1}$$

在空间 $Y(I)$ 上局部适定，这里 $\mathcal{K}$ 是某个给定的函数空间;

(2) 存在某个严格正值的不减函数 M, 使得局部解的存在区间 T 满足

$$T \geq M(\|\varphi\|_{\mathcal{K}}); \tag{2.2}$$

(3) 问题 (2.1) 的解满足如下先验估计：对任意 $\varphi \in \mathcal{K}$ 和任意含 t_0 的有界区间 $I \subset \mathbb{R}$, 总存在一个正常数 $C(\varphi, t_0, I)$, 使得问题 (2.1) 在区间 I 上任意解 $u \in Y(I)$, 总有

$$\|u(t); \mathcal{K}\| \leq C(\varphi, t_0, I), \quad \forall t \in I, \tag{2.3}$$

这里 C 是区间长度的非减正值函数，
则 Cauchy 问题 (2.1) 整体解存在，即 $T_+ = T_- = +\infty$.

证明 事实上，以 $t_{k-1}(1 \leq k < \infty)$ 为初始时刻， $u(t_{k-1})$ 为初始值函数来求解 Cauchy 问题 (2.1). 记局部解的存在区间长度是 T_k, $t_k = t_{k-1} + T_k$, 由条件 (2) 可见 $T_k \geq M(\|u(t_{k-1})\|_K)$. 若 $\sum_{k=1}^{\infty} T_k < \infty$, 则 $T_k \to 0(k \to \infty)$. 另一方面，注意到条件 (3), 总有

$$T_k \geq M(C(\varphi, t_0, I)), \quad I = [t_0, t_0 + \sum_{k=1}^{\infty} T_k]. \tag{2.4}$$

矛盾，因此 $\sum_{k=1}^{\infty} T_k = \infty$. 从而 $u(t)$ 可连续扩张到所有 $t \geq t_0$.

注记 2.1 (i) 定理 2.1 的条件 (3) 之所以称是先验估计，理由是：首先存在常数 $C(\varphi, t_0, I)$, 对区间 I 上的任意解 u, 有逐点估计 (2.3). 一般来讲，常数 C 除了依赖于 φ 之外，还依赖于区间 I.

(ii) 将上述抽象定理应用到非线性 Schrödinger 方程的 L^2 理论和 H^1 理论，相应地 $\mathcal{K}$ 就是 $L^2(\mathbb{R}^n)$ 和 $H^1(\mathbb{R}^n)$, 而 $Y(I) = X_{p+1}(I)$ 或 $X^1_{p+1}(I)$. 在 (H_2) 的条件下，我们可以形式地推出 $\|u(t)\|_2$ 及能量 $E(u(t))$ 守恒等式 (1.9) 和 (1.10). 注意到 $X_{p+1} \hookrightarrow C(I; L^2)$, $X^1_{p+1} \hookrightarrow C(I; H^1)$ 及

$$\int V(u)dx \leq C(\|u\|_2^2 + \|u\|_{p+1}^{p+1}) < \infty, \tag{2.5}$$

这里 $p<1+\frac{4}{n-2}$, 当 $n\le 2$ 时， $p<\infty$. 因此，守恒等式 (1.9),(1.10) 分别在 $X_{p+1}(I)$ 和 $X^1_{p+1}(I)$ 上有意义. 我们的思路是在 X_{p+1} 或 X^1_{p+1} 意义下证明守恒等式 (1.9) 及 (1.10), 由此推得整体解.

(iii) 一般来讲，从光滑解意义下得到的等式过渡到在解存在空间意义下的等式成立是很困难的，有时甚至是不成立的. 例如考虑

$$\begin{cases} iu_t=-\dfrac{1}{2}\Delta u+\lambda|u|^{p-1}u, \quad \lambda>0, \quad p>1+\dfrac{4}{n-2}, \\ u(0)=\varphi, \end{cases} \tag{2.6}$$

利用紧性方法 (见 [GV5]), 容易证明，(2.6) 存在整体解 $u\in(L^\infty\cap C_w)(\mathbb{R},H^1\cap L^{p+1})$. 显然，能量 $E(u)$ 是良定的. 同时，还有

$$E(u(t))=\frac{1}{2}\int_{\mathbb{R}^n}|\nabla u|^2dx+\frac{\lambda}{p+1}\int_{\mathbb{R}^n}|u|^{p+1}dx\le E(\varphi), \quad t\in\mathbb{R}\,. \tag{2.7}$$

然而，我们不知 $E(u(t))$ 是否守恒，解是否惟一. 若问题 (2.6) 的解惟一，由 (2.7) 及色散方程关于时间的可逆性就有

$$E(\varphi)\le E(u(t)). \tag{2.8}$$

从而推得能量守恒律 $E(u(t))=E(\varphi)$. 由此可见，欲使问题 (2.6) 有惟一解，能量守恒律自然是其首当其冲的必要条件.

在讨论 L^2 及 H^1 解的守恒量之前，先引入一个 Hölder 不等式与 Sobolev 不等式的混合形式.

引理 2.2 设 $\alpha_1,\alpha_2,\cdots,\alpha_N$ 是满足条件 $|\alpha_j|\le k_j$ 的 n 重指标. $k_j\ge 0$, $1<p,q_i<\infty$, $\rho_j\ge 0, j=1,2,\cdots,N$, 并且

$$a_j=\rho_j\left(\frac{1}{q_j}-\frac{k_j-|\alpha_j|}{n}\right), \quad j=1,2,\cdots,N. \tag{2.9}$$

若

$$\sum_{a_j>0}a_j<\frac{1}{p}\le\sum_{j=1}^N\frac{\rho_j}{q_j} \tag{2.10}$$

或

$$a_j\ne 0\ (j=1,2,\cdots,N) \quad 且 \quad \sum_{a_j>0}a_j\le\frac{1}{p}\le\sum_{a_j>0}\frac{\rho_j}{q_j}, \tag{2.11}$$

则有估计

$$\left\|\prod_{j=1}^N|\partial^{\alpha_j}u_j|^{\rho_j}\right\|_p\le C\prod_{j=1}^N\|u_i\|^{\rho_j}_{k_j,q_j}, \tag{2.12}$$

这里 $\|\cdot\|_{k_j,q_j}$ 表示 W^{k_j,q_j} 上的范数. 进而, 若有

$$a_j > 0\ (j=1,2,\cdots,N) \quad \text{且} \quad \sum_{j=1}^{N} a_j = \frac{1}{p} \le \sum_{j=1}^{N} \frac{\rho_j}{q_j}, \tag{2.13}$$

则有

$$\left\| \prod_{j=1}^{N} |\partial^{\alpha_j} u_j|^{\rho_j} \right\|_p \le C \prod_{j=1}^{N} \|u_j\|_{\dot{W}^{k_j,q_j}}^{\rho_j}, \tag{2.14}$$

这里 $\dot{W}^{k_j,q_j}$ 是 Sobolev 空间 W^{k_j,q_j} 对应的齐次空间. 详细证明见 [Mi3].

引理 2.3 (1) 设 $f(u)$ 满足 (H_1), (H_2) 且 $p < 1 + \frac{4}{n}$, $u(t)$ 是由定理 1.3 确定的 L^2 局部解, 则有

$$\|u(t)\|_2 = \|\varphi\|_2, \quad \forall t \in I. \tag{2.15}$$

(2) 设 $f(u)$ 是满足 (H_1),(H_2) 且 $p < 1 + \frac{4}{n-2}$, $u(t)$ 是问题 (1.1) 的 H^1 局部解, 则

$$E(u(t)) = \frac{1}{2}\|\nabla u\|_2^2 + \int_{\mathbb{R}^n} V(u)dx = E(\varphi), \quad \forall t \in I, \tag{2.16}$$

这里 I 是解的存在区间.

注记 2.2 (i) 我们仅就 H^1 解证明能量守恒律, 至于 L^2 解的 $\|u(t)\|_2$ 的守恒律, 同理可证.

(ii) 无法直接证明 (2.16). 事实上, 此时 $u \in X_{p+1}^1(I)$ 仅能推出 $u(t) \in C(I;H^1)$,$\Delta u \in C(I;H^{-1})$, $f(u) \in C(I;L^{\frac{p+1}{p}}) \hookrightarrow C(I;H^{-1})$, 因此, 由方程 (1.1) 就知 $u_t \in C(I;H^{-1})$. 这样, 用 $\partial_t u$ 与方程 (1.1) 两边作 L^2 内积未必有意义. 这就提醒我们必须利用正则化方法来实现 (2.16) 的证明.

证明 取非负径向函数 $\psi_0(x) = \psi_0(|x|) \in C_c^\infty(\mathbb{R}^n)$ 并且满足 $\int_{\mathbb{R}^n} \psi_0(x)dx = 1$. 令 $\psi_j = j^n \psi_0(jx)$, $j \in \mathbb{N}$, 当 $j \to \infty$ 时, 无论在 $L^r(\mathbb{R}^n)$ $(1 \le r < \infty)$ 还是在 H^ρ 意义下, 总有 $\psi_j *_x \to I$(单位算子). 现设 $u(t)$ 是 H^1 解, 对所有 N, $\psi_j * u \in C^1(H^N)$, 故有

$$i\partial_t(\psi * u) = -\frac{1}{2}\Delta(\psi * u) + \psi * f(u), \tag{2.17}$$

这里 ψ 表示 ψ_j 中的任意一个. 由命题 1.1 的证明过程. 取 $2\mathrm{Re}\langle \partial_t(\psi * u), (2.17)\rangle$ 就得

$$\partial_t E(\psi * u) = 2\mathrm{Re}\langle \psi * \partial_t u, \quad f(\psi * u) - \psi * f(u)\rangle. \tag{2.18}$$

关于 t 积分, 并利用 (2.17), 就得

$$\begin{aligned} & E(\psi * u(t_2)) - E(\psi * u(t_1)) \\ = & -\mathrm{Im}\int_{t_1}^{t_2} [\langle \psi * \nabla u, f'(\psi * u)(\psi * \nabla u) - \psi * (f'(u)\nabla u)\rangle \\ & + 2\langle \psi * f(u), f(\psi * u) - \psi * f(u)\rangle] dt. \end{aligned} \tag{2.19}$$

由 $u \in X_{p+1}^1(I)$ 就得 $\nabla u \in L^q(I; L^{p+1}(\mathbb{R}^n))$, 这里 $\frac{2}{q} = n(\frac{1}{2} - \frac{1}{p+1})$. 利用引理 2.2, 可见 $f(u) \in L^2(I; L^2(\mathbb{R}^n))$ 及 $f'(u) \in L^\infty(I; L^{\frac{p+1}{p-1}})$. 由此及 Young 不等式就知 (2.19) 右边诸式是一致有界的, 取 $\psi = \psi_j$, 令 $j \to \infty$, 由控制收敛定理即得 $E(u(t)) = E(\varphi(x))$.

注记 2.3 如果仅仅知道 $u \in C(I; H^1)$, 无法推得守恒量. 工作空间 $X_{p+1}^1(I)$ 在建立守恒积分上起着关键的作用, 由此也可以看出时空估计的作用.

定理 2.4 设 $f(u)$ 满足 $(\mathrm{H}_1), (\mathrm{H}_2)$ 且 $p < 1 + \frac{4}{n}, \varphi \in L^2(\mathbb{R}^n)$ 则 Cauchy 问题 (1.1) 在 $X_{p+1,\mathrm{loc}}(\mathbb{R}) \cap C(\mathbb{R}, L^2(\mathbb{R}^n))$ 中整体适定且满足 $\|u(t)\|_2 = \|\varphi\|_2$.

注记 2.4 (i) 这里用 $X_{p+1,\mathrm{loc}}(\mathbb{R})$ 而没有用 $X_{p+1}(\mathbb{R})$ 来表述定理 2.4 是确切的. 尽管解 $u(t) \in C(\mathbb{R}; L^2(\mathbb{R}^n))$, 然而, 对于任意的容许对 (q, r), 当 $r > 2$ 时, 未必有 $u \in L^q(\mathbb{R}; L^r(\mathbb{R}^n))$.

(ii) 当 $p - 1 = \frac{4}{n}$ 时 (即 L^2 临界情形), 同理可证 $\|u(t)\|_2 = \|\varphi\|_2$. 由于此时局部解的存在区间 T 不能仅用 $\|\varphi\|_2$ 来确定. 因此, 在临界增长情形下, L^2 解的整体存在性仍然是一个公开问题.

下面我们来考虑 H^1 整体适定性问题. 由 $p < 1 + \frac{4}{n-2}$, 自然有 $E(u(t)) = E(\varphi) < \infty$. 当 $V(u)$ 是正函数时, 显然可推出 $\|u\|_{H^1} \leq M(\|\varphi\|_{H^1}) < \infty$. 然而 $V(u)$ 可能是负项, 此时就要对 V 的增长辅助加限制, 确保从能量等式可以推出 $\|u\|_{H^1} \leq M(\|\varphi\|_{H^1}) < \infty$. 根据插值定理, 容易看出

$$\|u\|_{p+1}^{p+1} \leq C\|u\|_2^{(1-\theta)(p+1)} \|\nabla u\|_2^{\theta(p+1)}, \quad \theta = \frac{p-1}{2(p+1)} n \tag{2.20}$$

仅当 $\theta(p+1) = \frac{p-1}{2} n < 2$, 即 $p - 1 < \frac{4}{n}$. 说明 $V(u)$ 中负部的最长增长阶数是 $1 + \frac{4}{n}$, 因此, 这个 L^2 临界增长指标也称是 H^1 左临界指标, 为确保问题 (1.1), (1.2) 的 H^1 解整体存在, 一般对 $V(u)$ 的负部都需要施加如下条件:

(H_3) 设 $V_\pm = \max(\pm V, 0)$, 并且满足

$$R^{-(2+\frac{4}{n})} V_-(R) \to 0, \quad R \to \infty.$$

引理 2.5 设 $f(u)$ 是满足 $(\mathrm{H}_1) \sim (\mathrm{H}_3)$, $u \in H^1(\mathbb{R}^n)$, 则

$$\|\nabla u\|_2^2 \leq 4E(u) + M(\|u\|_2), \tag{2.21}$$

其中 M 是非减的正值函数.

证明 注意到 $E(u) = \frac{1}{2}\|\nabla u\|_2^2 + \int_{\mathbb{R}^n} V(u) dx$, 由 (H_3),(2.20) 及带参数的 Hölder 不等式即得 (2.21). 作为引理 2.3, 引理 2.5 及定理 1.1 的直接结果, 我们有如下的 H^1 整体适定性结果.

定理 2.6 设 $f(u)$ 是满足 $(\mathrm{H}_1) \sim (\mathrm{H}_3)$ 且 $p < 1 + \frac{4}{n-2}$, $\varphi(x) \in H^1(\mathbb{R}^n)$, 则 Cauchy 问题 (1.1) 的解在 $X_{p+1,\mathrm{loc}}^1(\mathbb{R}) \cap C(\mathbb{R}, H^1)$ 中整体适定, 进而 $\|u(t)\|_2$ 和 $E(u(t))$ 均守恒.

推论 2.7 在定理 2.6 中，若将 (H_3) 换成

$$V_-(R) \leq aR^{2+\frac{4}{n}} + bR^2, \tag{2.22}$$

则当 $\|\varphi\|_2$ 充分小时， Cauchy 问题 (1.1) 的 H^1 解的整体适定.

证明 从 (2.20) 式可以看出

$$\int_{\mathbb{R}^n} V_-(u)dx \leq a\|u\|_{2+\frac{4}{n}}^{2+\frac{4}{n}} + b\|u\|_2^2 \leq C\|u\|_2^{\frac{4}{n}}\|\nabla u\|_2^2 + b\|u\|_2^2.$$

由此可见，当 $\|u\|_2 = \|\varphi\|_2$ 充分小时，能量等式意味着

$$\|u\|_{H^1} \leq M(\|\varphi\|_{H^1}) < \infty.$$

定理 2.8 设 $f(u)$ 是满足 (H_1) 和 (H_2) 且 $1+\frac{4}{n} < p < 1+\frac{4}{n-2}$, 则 $\|\varphi\|_{H^1}$ 充分小时， Cauchy 问题 (1.1) 在 $X^1_{p+1,\mathrm{loc}}(\mathbb{R}) \cap C(\mathbb{R}, H^1(\mathbb{R}))$ 中整体适定.

证明 令 $y(t) = \|\nabla u\|_2^2$, 由能量守恒式 (2.16) 、 Sobolev 嵌入定理以及引理 2.2, 容易看出

$$y(t) \leq 2E(u) + c\|u\|_2^2 + c\|u\|_2^{\beta} y(t)^{\alpha} \equiv a + by(t)^{\alpha}, \tag{2.23}$$

这里 $\alpha = \frac{n}{4}(p-1) > 1$. 否则，只要 $\|\varphi\|_2$ 和 $E(\varphi)$ 充分小，就推出先验估计

$$\|u\|_{H^1} \leq M(\|\varphi\|_{H^1}). \tag{2.24}$$

我们断言：只要 $a^{\alpha-1}b < (\alpha-1)^{\alpha-1}\alpha^{-\alpha}$, 就有

$$y(t) \leq a\alpha/(\alpha-1), \quad t \in \mathbb{R}. \tag{2.25}$$

事实上，由 (2.23) 及叠代技术并注意到不等式

$$a + by(t)^{\alpha} \leq a + ba^{\alpha}\left(\frac{\alpha}{\alpha-1}\right)^{\alpha} \leq a\frac{\alpha}{\alpha-1}$$

即可推得 (2.25). 进而，注意到 a, b 均是 $\|\varphi\|_{H^1}$ 的函数，只要 $\|\varphi\|_{H^1}$ 充分小，就可确保 $ba^{\alpha-1}$ 充分小. 故就有先验估计 (2.24). 从而定理 (2.8) 得证.

注记 2.5 条件 (H_3) 是大初值整体解存在的必要条件. 事实上，如果 $V(R) = -R^{p+1}$, $p+1 \geq 1+\frac{4}{n}$, 则满足条件 $E(u) = E(\varphi) < 0$ 的解在有限时刻发生 Blow-up 现象，见 [Gl1].

§ 12.3 非线性 Schrödinger 方程的散射性理论

本节致力于讨论非线性 Schrödinger 方程的 Cauchy 问题

$$iu_t = -\frac{1}{2}\Delta u + f(u), \tag{3.1}$$

$$u(0) = u_0(x) \tag{3.2}$$

解的长时间行为. 自然, 前提条件是问题 (3.1), (3.2) 的解整体存在. 以 H^1 解为例, 在适当的条件下, 问题 (3.1), (3.2) 存在整体解 $u(t,x) \in X^1_{p+1,\mathrm{loc}}(\mathbb{R}) \cap C(\mathbb{R}, H^1(\mathbb{R}))$. 现在讨论的问题是, 当 $t \to \infty$, $u(t)$ 如何变化? 我们知道, 与 (3.1),(3.2) 相应的自由系统的 Cauchy 问题

$$iv_t = -\frac{1}{2}\Delta v, \tag{3.3}$$

$$v(0) = v_0(x) \tag{3.4}$$

的解是

$$\begin{aligned} v(t) =& U(t)v_0(x) = \exp\left(i\frac{t}{2}\Delta\right)v_0(x) \\ =& \mathcal{F}^{-1}e^{-i\frac{t}{2}|\xi|^2}\mathcal{F}v_0(\xi) = M(t)D(t)\mathcal{F}M(t)v_0(x), \end{aligned} \tag{3.5}$$

这里 $M(t) = \exp(i\frac{|x|^2}{2t})$, $D(t)\varphi(x) = (it)^{-\frac{n}{2}}\varphi(\frac{x}{t})$,$\mathcal{F}$ 或 $\mathcal{F}^{-1}$ 是关于空间变量的 Fourier 变换或 Fourier 逆变换. 我们期望的是非线性 Schrödinger 方程的 Cauchy 问题 (3.1), (3.2) 的解

$$u(t) = U(t)u_0(x) - i\int_0^t U(t-\tau)f(u(\tau))d\tau. \tag{3.6}$$

当 $t \to \pm\infty$ 时, 在某种范数意义下趋向于相应的自由系统 (3.3) 的解 (初值可能不同), 这就是散射性理论的出发点. 下面我们以 Schrödinger 方程为例, 来阐述散射性理论及修正散射性理论. 它主要涉及下面两类问题.

(a)波算子　设 $v_+(t) = U(t)u_+$ 是自由 Schrödinger 方程 (3.3) 的解, 是否存在非线性 Schrödinger 方程 (3.1) 的解 $u(t)$ 满足

$$\|u(t) - v_+; Y\| = \|u(t) - U(t)u_+; Y\| \to 0, \quad t \to \infty \tag{3.7}$$

或

$$\|U(-t)u(t) - u_+; Y\| \to 0, \quad t \to \infty, \tag{3.7$'$}$$

这里 Y 是一个合适的 Banach 空间. 当 $U(t)$ 不是 Y 上的有界算子群时, 常用 (3.7′) 代替 (3.7). 如果 (3.7) 或 (3.7′) 成立, 就诱导了一个映射

$$\Omega_+ : u_+ \to u(0), \tag{3.8}$$

它是 Y(或 Y 的稠子集) 到 Y 的映射，称 Ω_+ 是 (正向) 波算子. 同理，亦可定义负向波算子 Ω_- 如下：给定 $u_- \in Y$(或 Y 的稠子集), 存在 (3.3) 的解 $u(t)$ 满足

$$\|u(t) - v_-; Y\| = \|u(t) - U(t)u_-; Y\| \to 0, \quad t \to -\infty \tag{3.9}$$

或

$$\|U(-t)u(t) - u_-; Y\| \to 0, \quad t \to -\infty. \tag{3.9'}$$

这样就给出了负向波算子 Ω_-: $u_- \to u(0)$ 的定义. 通常称 $u_\pm$ 是 $\pm\infty$ 处的渐近态 (见图 3.1).

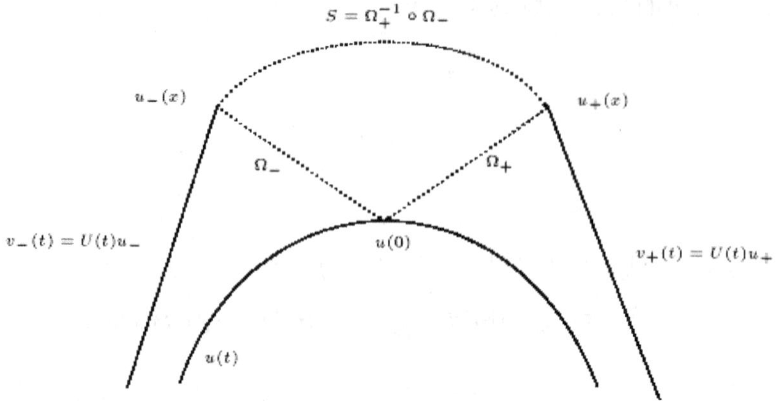

图 3.1 散射性理论参考图

(b) 渐近完备性 设 $u(t)$ 是非线性 Schrödinger 方程 (3.1) 的解，是否存在渐近态 $u_\pm$ 使得 (3.7),(3.9) 或 (3.7′),(3.9′) 成立. 如果对任意 $u_0(x) \in Y$, 记 $u(t) = U(t)u_0(x) + \int_0^t U(t-\tau)f(u(\tau))d\tau$ 是非线性 Schrödinger 方程的 Cauchy 问题 (3.1), (3.2) 的解，都存在固定 $u_\pm \in Y$ 使得 (3.7),(3.9) 或 (3.7′),(3.9′) 成立，就称非线性 Schrödinger 方程是渐近完备的.

若 (a),(b) 都成立，则映射 $\Omega_\pm$ 具有相同的值，即对应非线性 Schrödinger 方程 (3.1) 是一个非线性整体流，由此就诱导出散射算子 $S = \Omega_+^{-1} \cdot \Omega_-$, 它是从 Y(或 Y 的稠子集) 到自身的映射. 自然，研究 S 的连续性，解析性及它是否是一个同胚映射都是散射性理论中最富挑战性的课题. 直观上可用图 3.1 来表述散射性理论.

注记 3.1 (修正散射性理论) 修正散射性理论自然也涉及修正波算子的存在性及修正的渐近完备性两个方面. 如果对于任意 $u_\pm \in Y$(或 Y 的稠子集)$v_\pm = U(t)u_\pm$ 是自由系统 (3.3) 的解，若存在一个修正相函数 $\theta(t,x)$ 及非线性 Schrödinger(1.1) 的整体解 $u(t)$ 使得

$$\|u(t) - e^{i\theta(x,t)}U(t)u_\pm\|_Y \to 0, \quad t \to \pm\infty \tag{3.10}$$

或

$$\|U(-t)e^{-i\theta(x,t)}u(t)-u_\pm\|_Y \to 0, \quad t\to\pm\infty. \tag{3.10$'$}$$

但是 (3.7),(3.9)(或 (3.7′),(3.9′)) 不成立. 这样 (3.10) 或 (3.10′) 就确定修正波算子

$$\tilde{\Omega}_\pm: \quad u_\pm(x)\to u(0).$$

类似地可定义修正渐近完备性, 修正散射算子等概念.

注记 3.2 在小解的意义下, 波算子的存在性就意味着渐近完备性. 然而, 在一般情形下, 渐近完备性是一个较波算子存在性更困难的问题. 它要求非线性项 $f(u)$ 具有相斥性 (即 $f(u)=\lambda|u|^{p-1}u$, $\lambda>0$) 及非线性方程解的先验估计. 相应地波算子的存在性具有较统一的处理方法.

首先讨论具相斥非线性相互作用时的渐近完备性, 进而获得散射理论. 此时, 相应的非线性 Schrödinger 方程是

$$iu_t=-\frac{1}{2}\Delta u+\lambda|u|^{p-1}u, \quad x\in\mathbb{R}^n, \quad \lambda>0. \tag{3.11}$$

记

$$\alpha(n)=\begin{cases}\infty, & n\le 2,\\ \dfrac{n+2}{n-2}, & n\ge 3,\end{cases} \qquad \gamma(n)=\frac{n+2+\sqrt{n^2+12n+4}}{2n},$$

$$\Sigma=H^1\cap\mathcal{F}H^1=\{u\in L^2(\mathbb{R}^n);\|u\|_2+\|\nabla u\|_2+\|xu\|_2<\infty\}. \tag{3.12}$$

具相斥非线性相互作用项的非线性 Schrödinger 方程的渐近完备性可表示如下:

定理 3.1 设 $1+\frac{2}{n}<p<1+\frac{4}{n-2}$, 则对任意 $u_0(x)\in\Sigma$, 存在惟一的渐近态 $u_\pm(x)\in L^2(\mathbb{R}^n)$ 使得

$$\lim_{t\to\pm\infty}\|u(t)-U(t)u_\pm\|_2=0, \tag{3.13}$$

这里

$$u(t)=U(t)u_0(x)-i\lambda\int_0^t U(t-\tau)(|u|^{p-1}u)d\tau. \tag{3.14}$$

注记 3.3 当 $1<p\le 1+\frac{2}{n}$ 时, Strauss[S2] 及 J. Barab[Bar] 证明了: 对任意 $u_0(x)\in\mathcal{S}(\mathbb{R}^n)$ 及相应的非平凡解 $u(t)$, 不存在渐近态 $u_\pm$ 使得 (3.13) 成立, 此说明定理 3.1 所讨论的渐渐完备性是最佳的. 我们自然希望波算子在 $1+\frac{2}{n}<p<1+\frac{4}{n-2}$ 范围内存在. 然而, 目前为至, 它仍然是一个没有彻底解决的问题. Ginibre-Velo 在 [GV3] 中证明了在 $1+\frac{4}{n}<p<1+\frac{4}{n-2}$ 范围内散射性理论, Y.Tsutsumi 在 [T1] 中将此结果推广到 $\gamma(n)<p<1+\frac{4}{n-2}$,$\gamma(n)=(n+2+\sqrt{n^2+12n+4})/2n$. 这里采用 N.Hayashi 和 Y. Tsutsumi[HT] 的一个简化证明.

定理 3.1 证明 由 $U(t)-M(t)D(t)\mathcal{F}M$ 的表达式可以看出，自由发展系 $U(t)f(x)$ 的渐近曲面是 $(\frac{1}{it})^{\frac{n}{2}}\exp(\frac{i|x|^2}{2t})\hat{f}(\frac{x}{t})$. 作变换

$$u(t)=(\mathcal{T}v)(t,x)=\left(\frac{1}{it}\right)^{\frac{n}{2}}\exp\left(\frac{i|x|^2}{2t}\right)\overline{v(\frac{1}{t},\frac{x}{t})}. \tag{3.15}$$

方程 (3.11) 就变换成了

$$iv_t=-\frac{1}{2}\Delta v+\lambda|t|^{\frac{n(p-1)}{2}-2}|v|^{p-1}v. \tag{3.16}$$

于是，(3.13) 就等价于

$$\lim_{t\to\pm0}\|v(t)-v_{\pm}(0)\|_2=0. \tag{3.17}$$

由本节定理 3.15, 我们知道 $u(t)\in C(\mathbb{R};\Sigma)$, 直接计算， $v(t)=(\mathcal{T}^{-1}u)(t)\in C(\mathbb{R}^{\pm};\Sigma)$ 是 (3.16) 的惟一解. 这里仅对 $1+\frac{2}{n}<p<1+\frac{4}{n}$ 的情形来证明，当 $1+\frac{4}{n}\le p<1+\frac{4}{n-2}$ 时，将在定理 3.2 中证明. 用 $t^{2-\frac{n(p-1)}{2}}\frac{\partial\bar{v}}{\partial t}$ 乘以 (3.16) 两边，并在 $\mathbb{R}^n$ 上积分，然后取实部就得

$$\begin{aligned}&t^{2-\frac{n(p-1)}{2}}\|\nabla v(t)\|_2^2+\frac{4}{p+1}\int_{\mathbb{R}^n}|v(t,x)|^{p+1}dx\\ \ge&s^{2-\frac{n(p-1)}{2}}\|\nabla v(s)\|_2^2+\frac{4}{p+1}\int_{\mathbb{R}^n}|v(s,x)|^{p+1}dx,\\ &0<s<t<\infty,\end{aligned} \tag{3.18}$$

用 $\bar{v}$ 乘以 (3.16) 两边，在 $\mathbb{R}^n$ 上积分，并取虚部即可得

$$\|v(t)\|_2=\|v(s)\|_2,\quad 0<s<t<\infty. \tag{3.19}$$

因此，(3.18)(3.19) 就意味着

$$\begin{cases}t^{2-\frac{n(p-1)}{2}}\|\nabla v(t)\|_2^2<C_1,\\ \|v(t)\|_{p+1}<C_2,\quad \|v(t)\|_2\le C_3,\end{cases}\qquad t\in(0,1], \tag{3.20}$$

这里 $C_j(j=1,2,3)$ 仅依赖于 $\|v(1)\|_{H^1}$ 及 $\|v(1)\|_{p+1}$. 对任意 $\varphi(x)\in H^1(\mathbb{R}^n)$, 用它与方程 (3.16) 作 $L^2(\mathbb{R}^n)$ 内积，容易看出

$$\begin{aligned}(v(t)-v(s),\varphi(x))=&\int_s^t\left(\frac{\partial v(\tau)}{\partial\tau},\varphi\right)d\tau=-\frac{i}{2}\int_s^t(\nabla v(\tau),\nabla\varphi)d\tau\\ &-i\int_s^t\tau^{\frac{n(p-1)}{2}-2}(|v(\tau)|^{p-1}v(\tau),\varphi)d\tau,\\ &0<s<t<\infty.\end{aligned} \tag{3.21}$$

注意到 $\frac{n(p-1)}{2}-2>-1$ 及 $H^1(\mathbb{R}^n)$ 稠于 $L^2(\mathbb{R}^n)$, 则 (3.20), (3.21) 就意味着

$$\lim_{t\to+0} v(t) \xlongequal{w} v_+(0). \tag{3.22}$$

特别, 在 (3.22) 中取 $\varphi(x)=v(t)$, 就有估计

$$\begin{aligned}|(v(t)-v(s),v(t))| \le &\frac{1}{2}\int_s^t \|\nabla v\|_2 d\tau \|\nabla v(t)\|_2\\ &+\int_s^t \tau^{\frac{n(p-1)}{2}-2}\|v(\tau)\|_{p+1}^p d\tau\|v(t)\|_{p+1}.\end{aligned} \tag{3.23}$$

将估计 (3.10) 代入 (3.23) 就得

$$\begin{aligned}|(v(t)-v(s),v(t))| \le C_4 \Bigg[&\frac{4}{n(p-1)}\{t^{\frac{n(p-1)}{2}-1}-s^{\frac{n(p-1)}{4}}t^{\frac{n(p-1)}{4}-1}\}\\ &+\frac{2}{n(p-1)-2}\{t^{\frac{n(p-1)}{2}-1}-s^{\frac{n(p-1)}{2}-1}\}\Bigg].\end{aligned} \tag{3.24}$$

令 $s\to 0^+$, 利用 (3.22) 就有

$$|(v(t)-v_+(0),v(t))| \le C_5 t^{\frac{n(p-1)}{2}-1}, \tag{3.25}$$

这里 $C_5>0$ 仅依赖于 $n,p,\|v(1)\|_{p+1}$ 及 $\|v(1)\|_{H^1}$, 因此

$$\begin{aligned}\|v(t)-v_+(0)\|_2^2 =&(v(t)-v_+(0),v(t))-(v(t)-v_+(0),v_+(0))\\ \le& C_5 t^{\frac{n(p-1)}{2}-1}+|(v(t)-v_+(0),v(t))| \to 0,\\ &t\to+0.\end{aligned} \tag{3.26}$$

重新变回到方程 (3.11) 的情形，就是

$$\|U(t)\check{\bar{v}}_+(0)-u(t)\|_2 \to 0, \quad t\to+\infty, \tag{3.27}$$

即 $u_\pm(x)=\check{\bar{v}}_+(0)$.

注记 3.4 从方程 (3.16) 可以看出，当 $p>1+\frac{2}{n}$ 时，$|t|^{\frac{n(p-1)}{2}-1}$ 在 $t=0$ 处是可去奇点 (或非奇点), 而当 $p<1+\frac{2}{n}$ 时，$t=0$ 是 $t^{\frac{n(p-1)}{2}-1}$ 的奇点. 这正是人们确信 $p=1+\frac{2}{n}$ 是非线性 Schrödinger 方程的散射性理论的临界指标的原始想法的理由.

定理 3.2 设 $\gamma(n)<p<\alpha(n)$, 则有

(1) 对任意 $u_+(x)\in\Sigma$, 存在惟一 $u_0(x)\in\Sigma$ 满足

$$\|u_+-U(-t)u(t)\|_\Sigma \to 0, \quad t\to+\infty, \tag{3.28}$$

这里 $u(t)\in C(\mathbb{R},\Sigma)$ 是 (3.11) 具初始条件 $u(0)=u_0(x)$ 的解.

(2) 对任意 $u_-(x)\in\Sigma$, 存在惟一的 $u_0(x)\in\Sigma$, 使得

$$\|u_-(x)-U(-t)u(t)\|_\Sigma\to 0,\quad t\to-\infty,\tag{3.29}$$

这里 $u(t)\in C(\mathbb{R},\Sigma)$ 是 (3.11) 具初始条件 $u(0)=u_0(x)$ 的解.

(3) 对任意 $u_0(x)\in\Sigma$, 存在惟一 $u_\pm(x)\in\Sigma$, 使得

$$\|u_\pm(x)-U(-t)u(t)\|_\Sigma\to 0,\quad t\to\pm\infty,\tag{3.30}$$

这里 $u(t)\in C(\mathbb{R},\Sigma)$ 是方程 (3.11) 具初始条件 $u(0)=u_0(x)$ 的解.

(4) 在 H^1 范数意义下建立定理 3.3, 是一个很有意义的公开问题.

推论 3.3 设 $\gamma(n)<p<\alpha(n)$, 则由定理 3.2 决定的波算子 $\Omega_\pm$ 及散射算子 S 是 Σ 到 Σ 的同胚映射.

注记 3.5 (i) 散射性理论成立的前提是：对 $\forall\, u_0(x)\in\Sigma$, 方程 (3.11) 在 $u(0)=u_0(x)$ 下的解 $u(t)$ 整体存在，即 $u(t)\in C(\mathbb{R},\Sigma)$. 见本节定理 3.15.

(ii) 注意到 $\gamma(n)<1+\frac{4}{n}$, 故当 $1+\frac{4}{n}<p<\alpha(n)$ 时，定理 3.2 的 (3) 蕴含了定理 3.1 的结果.

(iii) 定理 3.2 的 (1),(2) 意味着波算子 $\Omega_\pm: u_\pm\to u_0(x)$ 是从 Σ 到 Σ 的良定映射. 定理 3.2 的 (3) 则意味着 Range(Ω_+)= Range(Ω_-)=Σ 并且 $S=\Omega_+^{-1}\Omega_-$ 是从 Σ 到 Σ 的映射且满足 $u_+=Su_-$.

为证明定理 3.2 及推论 3.3, 先作一些预备估计. 首先引入 Galilei 算子

$$J(t)=x+it\nabla,\quad J_j(t)=x_j+it\partial_j,\quad j=1,2,\cdots,n.\tag{3.31}$$

直接验算，对于一般的非线性 Schrödinger 方程 (3.1), 只要 $f(z)$ 满足条件 (H_2), 在 Galilei 变换

$$u\to G_hu=\exp(ihx-ih^2t/2)u(x-ht,t),\quad h\in\mathbb{R}^n\tag{3.32}$$

下，方程 (3.1) 保持不变，它对应的母元正是 Galilei 算子的 i 倍，即

$$\nabla_h(G_hu)\,|_{h=0}=(ix-t\nabla)u=iJ(t)u.\tag{3.33}$$

直接验算， Galilei 算子满足如下命题：

命题 3.4 Galilei 算子 $J(t)$ 与 $i\frac{\partial}{\partial t}+\frac{1}{2}\Delta$ 可交换，满足

$$J(t)=U(t)xU(-t)=U(t-\tau)J(\tau)U(\tau-t),\quad t,\tau\in\mathbb{R},\tag{3.34}$$

$$J(t)=itM(t)\nabla M(-t),\quad t\in\mathbb{R},\quad t\neq 0,\tag{3.35}$$

这里 $M(t)=\exp(i|x|^2/2t)$.

对形如 $f(z)=|z|^{p-1}z$, 直接验算，它满足

命题 3.5 记 $\sigma=\max(0,p-2)$, $\beta=\min(p-1,1)$, 对任意 z_1, $z_2\in\mathbb{C}$, 则

$$\left|\frac{\partial f}{\partial z}(z_1)-\frac{\partial f}{\partial z}(z_2)\right|\le C(|z_1|+|z_2|)^{\sigma}|z_1-z_2|^{\beta},\ C=C(p), \tag{3.36}$$

$$\left|\frac{\partial f}{\partial \bar z}(z_1)-\frac{\partial f}{\partial \bar z}(z_2)\right|\le C(|z_1|+|z_2|)^{\sigma}|z_1-z_2|^{\beta},\ C=C(p). \tag{3.37}$$

命题 3.6 设 $1<p<\alpha(n)$, 对任意 $u_0(x)\in\Sigma$, 方程 (3.11) 满足初始条件 $u(0)=u_0(x)$ 的 Cauchy 问题的解 $u(t)\in C(\mathbb{R},\Sigma)$ 具有如下衰减估计

$$\|u(t)\|_{p+1}\le C(1+|t|)^{-\theta},\quad \theta=\frac{n(p-1)}{2(p+1)}, \tag{3.38}$$

$$\|xU(-t)u(t)\|_2\le C(1+|t|)^{a(p)},\quad a(p)=\max\left(0,1-\frac{n}{4}(p-1)\right), \tag{3.39}$$

这里 $C=C(n,p,\|u_0\|_\Sigma)$.

证明 由 Ginibre-Velo 的正则化技术 [GV1], 容易推得 $u(t)\in C(\mathbb{R},\Sigma)$ 满足如下拟共形守恒等式

$$\begin{aligned}&\|xU(-t)u(t)\|_2^2+\frac{2\lambda}{p+1}t^2\|u(t)\|_{p+1}^{p+1}+\frac{(np-n-4)\lambda}{p+1}\int_0^t\tau\|u\|_{p+1}^{p+1}d\tau\\&=\|xu_0\|_2^2\end{aligned} \tag{3.40}$$

及能量等式

$$\|\nabla u\|_2^2+\frac{2\lambda}{p+1}\|u(t)\|_{p+1}^{p+1}=\|\nabla u_0(x)\|_2^2+\frac{2\lambda}{p+1}\|u_0(x)\|_{p+1}^{p+1}.$$

当 $p\le 1+\frac{4}{n}$ 时，有

$$\frac{2\lambda}{p+1}t^2\|u(t)\|_{p+1}^{p+1}\le\|xu_0\|_2^2+\frac{(n+4-np)\lambda}{p+1}\int_0^t\tau\|u\|_{p+1}^{p+1}d\tau,$$

故有

$$t^2\|u(t)\|_{p+1}^{p+1}\le\alpha'+\frac{n+4-np}{2}\int_1^t\tau\|u(\tau)\|_{p+1}^{p+1}d\tau, \tag{3.41}$$

这里

$$\begin{aligned}\alpha'&=\frac{p+1}{2\lambda}\left[\|xu_0\|_2^2+\frac{\lambda(n+4-np)}{p+1}\int_0^1\tau\|u(\tau)\|_{p+1}^{p+1}d\tau\right]\\&<\alpha\equiv C(\lambda,p)(\|xu_0\|_2^2+\|\nabla u_0\|_2^2+\|u_0\|_{p+1}^{p+1})<\infty.\end{aligned} \tag{3.42}$$

现记 $F(t)=t^2\|u(t)\|_{p+1}^{p+1}$, $\beta(t)=\frac{n+4-np}{2t}$ ，则 (3.41) 就改写成

$$F(t)\le\alpha+\int_1^t\beta(\tau)F(\tau)d\tau. \tag{3.41$'$}$$

由 Gronwall 不等式

$$F(t)\le\alpha\exp\int_1^t\beta(\tau)d\tau,\quad \forall t\ge 1$$

及 $\exp\int_1^t\beta(\tau)d\tau=\alpha t^{\frac{|np-n-4|}{2}}$, 就得

$$\|u(t)\|_{p+1}\le\alpha t^{\frac{-n(p-1)}{2(p+1)}},\quad t>1,\ 1<p\le\frac{4}{n}+1. \tag{3.43}$$

当 $p>1+\frac{4}{n}$ 时，由 (3.35) 、 (3.40) 和插值不等式，容易看出

$$\begin{aligned}\|u\|_{p+1}&=\left\|e^{\frac{|x|^2}{2it}}u\right\|_{p+1}\le\frac{C}{|t|^\theta}\left\|it\nabla\left(e^{\frac{|x|^2}{2it}}u\right)\right\|_2^\theta\left\|e^{\frac{|x|^2}{2it}}u\right\|_2^{1-\theta}\\&\le C|t|^{-\theta}\|xU(-t)u\|^\theta\|u\|_2^{1-\theta}\\&\le C|t|^{-\theta},\quad\theta=\frac{n(p-1)}{2(p+1)}.\end{aligned} \tag{3.44}$$

因此，综合 (3.43),(3.44) 与能量等式就得 (3.38). 与此同时，容易看出 (3.39) 是能量等式、拟共形守恒等式及 (3.38) 的直接结果.

命题 3.7　设 $\gamma(n)<p<\alpha(n)$, $u_0(x)\in\Sigma$, 则有估计

$$\|J_ju\|_{L^r(\mathbb{R},L^{p+1})}\le C,\quad 1\le j\le n, \tag{3.45}$$

$$\|\nabla u\|_{L^r(\mathbb{R},L^{p+1})}\le C, \tag{3.46}$$

这里 $(r,p+1)$ 是时空容许对，即 $r=\frac{4(p+1)}{n(p-1)}$.

证明　根据 Ginibre-Velo 正则化技巧 [GV1], 我们仅需对光滑解证明 (3.45), (3.46) 即可. 先考虑 $\gamma(n)<p\le 1+\frac{4}{n}$ 时的情形. 记 $v_j=(J_ju)(t)$, 注意到 J_j 与 $i\frac{\partial}{\partial t}+\frac{1}{2}\Delta$ 可交换次序，就有

$$\begin{aligned}v_j(t)&=U(t)x_ju_0-i\int_0^tU(t-\tau)J_jf(u(\tau))d\tau,\\&\quad t\in\mathbb{R},1\le j\le n.\end{aligned} \tag{3.47}$$

注意到

$$\begin{aligned}\|J_jf(u(\tau))\|_{\frac{p+1}{p}}&\le C\|u(\tau)\|_{p+1}^{(p-1)(1-\eta)}\|\nabla u(\tau)\|_2^{(p-1)\eta}\\&\quad\times\|v_j(s)\|_2^\varepsilon\|v_j(s)\|_{p+1}^{1-\varepsilon}\end{aligned}$$

及时空估计就有

$$\|v_j\|_{L^r(\mathbb{R},L^{p+1})} \lesssim \|xu_0\|_2 + \left(\int_{\mathbb{R}}(1+|t|)^{-(p-1)(1-\eta)\theta q+\alpha(p)\varepsilon q}dt\right)^{\frac{1}{q}} \\ \times \|v_j\|^{1-\varepsilon}_{L^r(\mathbb{R},L^{p+1})}, 1\le j\le n, \tag{3.48}$$

这里 $1\le j\le n$, $q=\frac{4(p+1)}{2(n+2)-2(n-2)p+n(p-1)\varepsilon}$, $\eta=\frac{2n\varepsilon}{n+2-(n-2)p}$. 由 $\gamma(n)<p<\alpha(n)$ 知 $\frac{n(p-1)^2}{n+2-(n-2)p}>1$, 由此推得，只要 $\varepsilon>0$ 充分小，就可以保证

$$0<\eta<1,\quad (p-1)(1-\eta)\theta q-a(p)\varepsilon q>1. \tag{3.49}$$

故 (3.48) 意味着 (3.45). 用 ∇ 代替 J_j, 自然就得 (3.46). 同理可证, 在 $1+\frac{4}{n}\le p<1+\frac{4}{n-2}$ 的情形下，类似的结论仍然成立.

定理 3.2 及推论 3.3 的证明 定理 3.2 的 (3) 等价于

$$\|U(-t)u(t)-U(-s)u(s)\|_\Sigma\to 0,\quad t,s\to\infty. \tag{3.50}$$

注意到 (3.34) 及 (3.35), 就有

$$x_jU(-t)u(t)-x_jU(-s)u(s)=-i\int_s^t U(-\tau)J_jf(u(\tau))d\tau,\quad t,s\in\mathbb{R}, \tag{3.51}$$

两边取 L^2 模，并利用混合的时空估计，可见

$$\begin{aligned}\|x_jU(-t)u(t)-x_jU(-s)u(s)\|_2^2 &\le \left\|\int_s^t U(-\tau)J_jf(u(\tau))d\tau\right\|_2^2\\ &\le \left(\int_s^t U(-\tau)J_jf(u(\tau))d\tau,\int_s^t U(-\tilde\tau)J_jf(u(\tilde\tau))d\tilde\tau\right)\\ &\le C\int_s^t \|u(\tau)\|_{p+1}^{p-1}\|J_ju\|_{p+1}^p\\ &\quad\times\int_s^t|\tau-\tilde\tau|^{-\theta}\|u(\tilde\tau)\|_{p+1}^{p-1}\|J_ju(\tilde\tau)\|_{p+1}d\tilde\tau d\tau\\ &\le C\int_s^t\|u(\tau)\|_{p+1}^{p-1}\|J_ju\|_{p+1}^p d\tau\cdot\|u(\tilde\tau);L^r([s,t];L^{p+1}(\mathbb{R}^n))\|^{p-1}\\ &\quad\times\|J_ju(\tau);L^r([s,t];L^{p+1}(\mathbb{R}^n))\|\quad s,t\in\mathbb{R},\quad 1\le j\le n.\end{aligned} \tag{3.52}$$

由命题 3.6, 命题 3.7, 容易看出

$$\|x_jU(-t)u(t)-x_jU(-s)u(s)\|_2\to 0,\quad s,t\in\mathbb{R},\ 1\le j\le n. \tag{3.53}$$

同理可得

$$\|\nabla U(-t)u(t)-\nabla U(-s)u(s)\|_2\to 0,\quad s,t\to\infty, \tag{3.54}$$

$$\|U(-t)u(t)-U(-s)u(s)\|_2 \to 0, \quad s,t\to\infty. \tag{3.55}$$

从而由 (3.53)~(3.55) 就得 (3.50).

下面来证明定理 3.2 的 (1) 和 (2). 令

$$u(t)=U(t)u_\pm - i\int_{\pm\infty}^{t} U(t-s)f(u(s))ds, \quad t\in\mathbb{R}, \tag{3.56}$$

它是 (3.11) 的解，类似于 (3) 的估计，就有

$$\|u(t)-U(t)u_\pm\|_\Sigma \to 0, \quad t\to\pm\infty,$$

从而推得估计 (3.28), (3.29) 成立.

最后来证明推论 3.3. 先证明 Ω_+^{-1} 是连续的. 记 $u(t)$ 和 $u_k(t)$ 分别是方程 (3.11) 以初始条件 $u(0)=u_0(x)$ 和 $u_k(0)=u_{k0}(x)$ 的解且满足

$$u_{k0}(x)\xrightarrow{\Sigma} u_0(x), \quad k\to\infty, \tag{3.57}$$

类似于命题 3.6 的证明过程. 容易看出

$$U(-t)u_k(x)\xrightarrow{\Sigma} U(-t)u(t), \qquad k\to\infty, \quad t\in\mathbb{R}, \tag{3.58}$$

$$\sup_{t\in\mathbb{R}}(1+|t|)^\theta\|u_k(t)-u(t)\|_{p+1}\to 0, \quad k\to\infty. \tag{3.59}$$

由命题 3.7 的证明过程，亦有

$$\|J_ju_k-J_ju\|_{L^r(T,\infty,L^{p+1})}\to 0, \quad k\to\infty, \quad 1\le j\le n, \tag{3.60}$$

$$\|\nabla u_k-\nabla u\|_{L^r(T,\infty,L^{p+1})}\to 0, \quad k\to\infty, \quad 1\le j\le n, \tag{3.61}$$

这里 T 充分大，$(r,p+1)$ 是一簇容许对. 令

$$u_+=\lim_{t\to+\infty}U(-t)u(t), \quad u_{k+}=\lim_{t\to+\infty}U(-t)u_k(t),$$

则

$$\|u_{k+}-u_+\|_\Sigma\to 0, \quad k\to\infty. \tag{3.62}$$

这就意味着 Ω_+^{-1} 是连续算子. 同理可证 Ω_+ 是从 Σ 到 Σ 上的连续算子. 因此，Ω_+ 是 Σ 到 Σ 的同胚映射. 同理，Ω_- 也是 Σ 到 Σ 的同胚映射，由此推得散射算子 $S=\Omega_+^{-1}\Omega_-$ 是同胚映射.

注记 3.6 定理 3.2 及推论 3.3 所建立的散射性理论及定理 3.1 的渐近完备性均是在 $f(u)$ 具有特定的形式下成立. 然而，当 $1+\frac{2}{n}<p\le\gamma(n)$ 时，定理 3.2 及推论 3.3 仍然是一个公开问题. 对于波算子的存在性，我们则可以在非线性函数很一般的情形下进行讨论.

下面讨论波算子的存在性理论. 我们总假设 $f(u)$ 满足:

$(\tilde{\mathrm{H}}_1)$: $f \in C^1(\mathbb{C},\mathbb{C})$, $f(0)=0$, 且存在 p_1, p_2 满足 $1<p_1\le p_2<1+4/(n-2)$ 使得

$$|f'(z)| \equiv \max\left(\left|\frac{\partial f}{\partial z}\right|, \left|\frac{\partial f}{\partial \bar{z}}\right|\right) \le C(|z|^{p_1-1}+|z|^{p_2-1}). \tag{3.63}$$

我们仅限于考虑正方向的波算子 Ω_+ 的存在性, 自然总假设非线性 Schrödinger 方程 (3.1) 的 Cauchy 问题是整体存在的, 用 $v(t)$ 表示一个比较动力系统, 我们的思路是构造 (3.1) 的一个解 $u(t)$, 当 $t\to+\infty$ 时, $u(t)$ 与 $v(t)$ 具有相同的渐近状态. 即记 $u_{t_0}(t)$ 是方程 (3.1) 具初始条件

$$u_{t_0}(0)=v(t_0), \quad t_0>0$$

的解, 当 $t\to+\infty$ 时, $u(t)=u_{t_0}(t)$ 在某个空间中趋向于 $v(t)$. 现来推导 $u(t)$ 应满足方程. 注意到

$$u(t)=U(t-t_0)u(t_0)-i\int_{t_0}^{t}U(t-\tau)f(u(\tau))d\tau,$$

$$v(t)\equiv U(t-t_0)v(t_0)-i\int_{t_0}^{t}U(t-\tau)\left[\left(i\partial_t+\frac{1}{2}\Delta\right)v(\tau)\right]d\tau.$$

利用 $u(t_0)=v(t_0)$, 上两式作差就得

$$u(t)=v(t)+i\int_{t}^{t_0}U(t-\tau)\left[f(u(\tau))-\left(i\partial_t+\frac{1}{2}\Delta\right)v(\tau)\right]d\tau.$$

特别, 取 $v(t)=U(t)u_+$, 上式就是

$$u(t)=U(t)u_+ + i\int_{t}^{t_0}U(t-\tau)f(u(\tau))d\tau. \tag{3.64}$$

为得到方程 (3.1) 的解 $u(t)$, 令 $t_0\to+\infty$ 就得

$$u(t)=U(t)u_+ + i\int_{t}^{\infty}U(t-\tau)f(u(\tau))d\tau \triangleq U(t)u_+ + \tilde{G}f(u). \tag{3.65}$$

因此, 波算子的存在性完全取决于非线性 Schrödinger 方程 (3.1) 在 $+\infty$ 处的 Cauchy 问题的存在性, 习惯上称是终值问题. 一般来讲, 求解终值问题 (3.65) 主要通过两步来完成.

(1) 当 T 充分大时 (即 $[T,\infty)$ 充分小时), 利用 Banach 压缩映射原理来证明 (3.65) 的局部可解性.

(2) 利用有限时刻的 Cauchy 问题解的整体存在性, 将 (1) 中建立的局部终值问题的解推广到整个 $\mathbb{R}$ 上.

注记 3.7　在 (1) 中，可以在终值 u_+ 充分小的条件下获得压缩因子，从而获得终值问题 (3.65) 的整体可解性，此统称为小终值问题. 对于小终值问题，我们在第 (1) 步不仅得到波算子的存在性，同时，也获得了 (3.65) 的整体可解性及渐近完备性.

注记 3.8　(i) 为了得到终值问题 (3.65) 的局部可解性，自然要求 (3.65) 中的积分在 ∞ 处是收敛的，此意味着 $f(u)$ 在 $t=\infty$ 具有一定的衰减性. 由条件 $(\tilde{\mathrm{H}}_1)$ 可见，只要 u 在 $t=\infty$ 具有一定的衰减性就能推得 $f(u)$ 在 $t=\infty$ 具有合适的衰减性. 当然，p_1 越小，对 u 的衰减性的要求就越强. $p_1\le p_2$ 越大，对 u 在 $t=\infty$ 衰减性的要求也就越弱. 基于此，工作空间的构造就要满足如下原则：首先要确保 $v(t)=U(t)u_+$ 属于工作空间；其次，工作空间中的元素具有一定衰减性，以使得 $f(u)$ 在 $t=\infty$ 具有合适的衰减性.

(ii) **波算子的缠结性**　设 $\Omega_\pm$ 是非线性 Schrödinger 方程 (3.1) 所确定的波算子. $u(\cdot,u_0)$ 是 (3.1) 具有初始条件 $u(0,u_0)=u_0(x)$ 的 Cauchy 问题的解. 则对 $\forall s\in\mathbb{R}$, 有

$$u(t+s,\Omega_\pm u_\pm)=u(t,\Omega_\pm U(s)u_\pm),\tag{3.66}$$

即 $\Omega_\pm$ 将非线性 Schrödinger 方程及其相应的自由 Schrödinger 方程缠结在一起. 它是波算子的一个直接结果.

H^1- **波算子**　求解终值问题 (3.65), 最自然的空间是 $X^1_{r_0}(\cdot)$, 由非线性 Schrödinger 方程解的时空估计，当 $u_+\in H^1$ 时，$U(t)u_+\in X^1_{r_0}(\cdot)$.

命题 3.8　设 $p_1>1+\frac{4}{n}$, $f(u)$ 满足条件 $(\tilde{\mathrm{H}}_1)$, 则有

(1) 对任意 $u_+\in H^1$, 存在 $T=T(u_+)$ 使得 (3.65) 有惟一的解 $u\in X^1_{p_2+1}(I)$, 这里 $I=[T,\infty)$. 进而，$u\in X^1(I)$ 并且 u 确定了一个从 $u_+\in H^1$ 到 $X^1(I)$ 的一个连续函数.

(2) 在 H^1 意义下，u_+ 是 $u(t)$ 的一个渐近态，即

$$\|U(-t)u(t)-u_+;H^1\|\to 0,\quad t\to\infty.\tag{3.67}$$

证明　(1) 等价于证明 (3.65) 的右端确定了一个 $X^1_{p_2+1}(I)$ 上的有界集到自身的压缩映射 (在 $X_{p_2+1}(I)$ 模意义下). 类似于定理 1.4 的证明，记 $(q_j,r_j)=(q_j,p_j+1)$ $(j=1,2)$ 是 Schrödinger 方程的时空容许对，由 Strichartz 时空估计可得

$$\|U(t)u_+;X^1_{p_2+1}(I)\|\le C\|u_+\|_{H^1},\tag{3.68}$$

$$\begin{aligned}\|\tilde{G}f(u);X_{p_2+1}(I)\|&\le C\|f_1(u);L^{q_1'}(I;L^{r_1'})\|+C\|f_2(u);L^{q_2'}(I;L^{r_2'})\|\\&\le C\sum_{j=1}^{2}\|u;L^{q_j}(I;L^{r_j})\|^{\theta_j}\|u;L^\infty(I;H^1)\|^{p_j-\theta_j}\\&\le C\sum_{j=1}^{2}\|u;X^1_{p_2+1}(I)\|^{p_j},\ \theta_j=\frac{4(p_j+1)}{n(p_j-1)}-1,\end{aligned}\tag{3.69}$$

这里用到 Hölder 不等式, Sobolev 嵌入定理及 $1+\frac{4}{n}<p_j<1+\frac{4}{n-2}$, $j=1,\ 2$. 同理亦有

$$\|\tilde{G}f(u_1)-\tilde{G}f(u_2);X_{p_2+1}(I)\| \le \sum_{j=1}^{2}\left[\|u_1\|_{X^1_{p_2+1}(I)}^{p_j-1}+\|u_2\|_{X^1_{p_2+1}(I)}^{p_j-1}\right] \times \|u_1-u_2\|_{X_{p_2+1}(I)}. \tag{3.70}$$

取 B_R 是 $X^1_{p_2+1}(I)$ 中以原点为中心, 半径是 $R=2C\|u_+\|_{H^1}$ 的球, 由 (3.70) 式, 只要取 T 充分大, 就有

$$\sum_{j=1}^{2}\left[\|u_1\|_{X^1_{p_2+1}(I)}^{p_j-1}+\|u_2\|_{X^1_{p_2+1}(I)}^{p_j-1}\right]<1.$$

从而推知方程 (3.65) 右端定义的映射是压缩映射. 下面证明当 T 充分大时, 此映射将 B_R 映射到自身. 事实上, 由估计

$$\begin{aligned}\|\nabla\tilde{G}f(u)\|_{X_{p_2+1}(I)} \le& C\sum_{j=1}^{2}\|f_j'(u)\nabla u;L^{q_j'}(I;L^{r_j'}(\mathbb{R}^n))\|\\ \le& C\sum_{j=1}^{2}\|u;X^1_{p_j+1}(I)\|^{p_j-1}\cdot\|\nabla u;L^{q_j}(I;L^{r_j}(\mathbb{R}^n))\|\\ \le& C\|u;X^1_{p_2+1}(I)\|^{p_1}+C\|u;X^1_{p_2+1}(I)\|^{p_2},\end{aligned} \tag{3.71}$$

推得此事实成立.

(2) 注意到

$$\begin{aligned}\|U(-t_2)u(t_2)-U(-t_1)u(t_1);H^1\| &= \left\|\int_{t_1}^{t_2}U(t_2-\tau)f(u(\tau))d\tau;H^1\right\|\\ &\le \|\tilde{G}f(u);X^1_{p_2+1}([t_1,t_2])\|, \quad T\le t_1\le t_2.\end{aligned}$$

从而, 由估计 (3.69) 即得 (3.67).

关于小终值问题, 作为命题 3.8 的直接结论, 我们有如下散射性结果:

推论 3.9 设 $p_1>1+\frac{4}{n}$, $f(u)$ 满足 $(\tilde{\mathrm{H}}_1)$, 则有

(1) 存在 $\varepsilon>0$, 使得对任意 $u_+\in H^1$ 满足 $\|u_+\|_{H^1}<\varepsilon$, 积分方程 (3.65) 及 (3.64) (对任意 $t_0\in\mathbb{R}$) 有惟一解 $u\in X^1_{p_2+1}(\mathbb{R})$. 进而, $u\in X^1(\mathbb{R})$ 且连续依赖于 u_+.

(2) 波算子 $\Omega_\pm$ 及其逆算子 $\Omega_\pm^{-1}$ 在 H^1 中 0 点的某个邻域内是良定的, 且是局部同胚. 特别, 对于小终值情形, 渐近完备性在 H^1 中成立.

从命题 3.8 过渡到波算子的存在性, 需要将终值问题局部可解性扩张到 $\mathbb{R}$. 这就要用到能量守恒等式或不等式, 换言之, 非线性函数就要求满足规范不变条件 (H_2).

命题 3.10 设 $p_1 > 1+\frac{4}{n}$, $f(u)$ 满足条件 $(\tilde{\mathrm{H}}_1)$,(H_2). 设 $u_+ \in H^1$, $T \in \mathbb{R}$, $I = [T,\infty)$, $u \in X^1_{p_2+1}(I)$ 是 (3.65) 的解, 则对 $\forall t \in I$, 有

$$\begin{cases} \|u(t)\|_2 = \|u_+\|_2, \\ E(u(t)) = \frac{1}{2}\|\nabla u\|_2^2 + \int V(u(t))dx = \frac{1}{2}\|\nabla u_+\|_2^2. \end{cases} \tag{3.72}$$

证明 由命题 3.8 及 Cauchy 问题的守恒律, 仅需证明

$$\int V(u(t))dx \to 0, \quad t \to \infty. \tag{3.73}$$

为简单起见, 无妨设 $p_1 = p_2 = p$, (3.73) 就等价于 $\|u(t)\|_{p+1} \to 0$ $(t \to +\infty)$. 注意到 $u \in L^\infty(I; H^1) \cap C^1(I; H^{-1})$, 利用插值定理就知 $u \in C^\theta(I; L^{p+1})$, 其中 $\theta = \frac{1}{2} - \frac{1}{2}\delta(p+1)$. 另一方面, 对容许对 $(q, p+1)$, 有 $u \in L^q(I; L^{p+1})$, 由此推得 (3.73) 成立.

由 Schrödinger 方程的 H^1 理论, 结合命题 3.8, 命题 3.10 就得波算子的存在性定理.

命题 3.11 设 $p_1 > 1+\frac{4}{n}$, $f(u)$ 满足条件 $(\tilde{\mathrm{H}}_1)$,(H_1),(H_3), 则

(1) 对任意 $u_+ \in H^1$, 积分方程 (3.65) 存在惟一解 $u(t) \in X^1_{p_2+1,\mathrm{loc}}(\mathbb{R}) \cap X^1_{p+1}(\mathbb{R}^+)$. 进而 $u \in X^1_{\mathrm{loc}}(\mathbb{R}) \cap X^1(\mathbb{R}^+)$ 且满足 (3.67) 及 (3.72).

(2) 波算子 Ω_+ 是 H^1 上良定的连续有界算子.

(3) 在 $\mathbb{R}^-$ 上, 相同的结论仍然有效.

证明 仅需证明 (2). 由能量守恒量 (3.72) 就得

$$\|\Omega_+ u_+\|_2 = \|u_+\|_2, \quad E(\Omega_+ u_+) = \frac{1}{2}\|\nabla u_+\|_2^2,$$

从而推得 Ω_+ 有界.

注记 3.9 命题 3.11 得到了 $p_1 > 1+\frac{4}{n}$ 时的波算子的存在性, 我们知道, 当 $p_1 > 1$ 时, 只要 $f(u)$ 满足 $(\tilde{\mathrm{H}}_1)$, (H_2), (H_3), 非线性 Schrödinger 方程的 Cauchy 问题在 H^1 中整体可解, 如何将 $p_1 > 1+\frac{4}{n}$ 的要求放宽呢? 这需要自由发展系 $U(t)$ 关于时间 t 的更好的衰减估计. 另一方面, 当 $p \le 1+\frac{2}{n}$ 时, 波算子是不存在的, 说明 $p = 1+\frac{2}{n}$ 是临界的散射指标.

下面我们给出 $p \le 1+\frac{2}{n}$ 时波算子不存在的定理, 由于 $n=1$ 是一个特别情形 [Ba], 我们限定 $n \ge 2$. 这样, 所得的波算子不存性的结果, 不仅包含指数型函数的非线性相互作用项的情形, 同时也包含了具有一个势函数 $|x|^{-\gamma}(0 < \gamma \le 1)$ 的 Schrödinger 方程.

定理 3.12 设 $n \ge 2$, $0 \le (p-1)\frac{n}{2} = \delta(r) \le 1$, 设 $f(u)$ 是 $L^2 \to L^{r'}$ 有界映射且满足 $f(0) = 0$ 和

(i) $f(u)$ 在有界集上是 Lip 一致连续的, 即

$$\|f(u_1) - f(u_2)\|_{r'} \le C(R)\|u_1 - u_2\|_2, \quad \|u_j\|_2 \le R, \quad j = 1, 2.$$

(ii) 规范不变条件. 对任意函数 $\omega:\mathbb{C}\to\mathbb{C}$, 如果 $|\omega|\equiv 1$, 总有

$$f(\omega u)=\omega f(u).$$

(iii) 记 $(D(t)f)(x)=t^{-\frac{n}{2}}f(\frac{x}{t})$. $f(u)$ 在下面意义下是 p 次齐次函数

$$f(D(t)u)=t^{-\delta(r)}D(t)f(u),\quad \forall u\in L^2(\mathbb{R}^n),\quad t>0.$$

(iv) $\mathrm{Ker} f=0$, 换言之， $f(u)=0$ 意味着 $u=0$.

记 $I=[T,\infty)$, 并设 $u(t)\in C(I,L^2(\mathbb{R}))$ 是 (3.1) 的解且满足：存在 $u_+\in L^2$, 使得

$$\|U(-t)u(t)-u_+\|_2\to 0,\quad t\to\infty. \tag{3.74}$$

则 $u=0$, $u_+=0$.

证明 设 $\varphi\in L^2\cap L^{r'}$, $t_2\geq t_1\geq \max(0,T)$. 由 (3.74) 就知，当 $t_1,t_2\to\infty$ 时，有

$$\langle\varphi,U(-t_2)u(t_2)-U(-t_1)u(t_1)\rangle=\int_{t_1}^{t_2}\langle U(t)\varphi,f(u(t))\rangle dt\to 0. \tag{3.75}$$

另一方面，当 $t\to\infty$ 时，我们有

$$U(t)\varphi\sim(it)^{-\frac{n}{2}}\hat{\varphi}(\frac{x}{t}),\quad u(t)\sim U(t)u_+\sim(it)^{-\frac{n}{2}}\hat{u}_+(\frac{x}{t}).$$

利用条件 (iii) 可见

$$\langle U(t)\varphi,f(u(t))\rangle\sim t^{-\frac{(p-1)n}{2}}\langle\hat{\varphi},f(\hat{u}_+)\rangle. \tag{3.76}$$

当 $p\leq 1+\frac{2}{n}$ 时，此意味着 (3.75) 中的积分是发散的，矛盾. 换句话说，须有 $\langle\hat{\varphi},f(\hat{u}_+)\rangle=0$. 由 φ 的任意性可见 $f(\hat{u}_+)=0$, 从而 $u_+=0$. 进而，由能量守恒律就得 $u\equiv 0$.

注记 3.10 (i) 在定理 3.12 证明中，容易看出，当 t 趋向于 ∞ 时，估计 (3.76) 中产生的误差可用 $t^{-\frac{(p-1)n}{2}}O(1)$ 来控制. 因此，结论总是成立的.

(ii) 定理 3.12 意味着，当 $p\leq 1+\frac{2}{n}$ 时，即使在 L^2 模意义下， (3.7′) 也不能成立，说明在此情形下渐近完备性是不成立的. 这一结果并不奇怪，事实上， $u\in L^2(\mathbb{R}^n)$, 起码有形如 $|u|\sim|x|^{-\frac{n}{2}}$ $(|x|\to\infty)$ 衰减. 这样，$|u|^{p-1}\sim|x|^{-\gamma}$, $\gamma=\frac{(p-1)n}{2}$. 具有势函数 $V(x)=|x|^{-\gamma}$ 的线性 Schrödinger 方程的波算子的存在的条件是 $\gamma=1$. 因此， $p=1+\frac{2}{n}$ 也就是我们希望的散射性临界指标.

Σ 波算子的存在性理论

我们知道，空间 $X(\mathbb{R})$ 或 $X^1(\mathbb{R})$ 所隐含的关于时间变量的衰减性确保了 $u\in L^q(\mathbb{R};L^r)$, 这里 $(q,\,r)$ 是时空容许对. 然而，它远不是自由 Schrödinger 方程解在 $L^r(\mathbb{R}^n)$ 中的最优衰减，事实上

$$\|U(t)u_0\|_r\le C|t|^{-\delta(r)}\|u_0(x)\|_{r'},\quad u_0\in L^{r'}(\mathbb{R}^n),$$

这里 $\delta(r)$ 是最优衰减指标，它恰好是 $X(\mathbb{R})$ 中所确定的衰减指数的 2 倍. 然而，遗憾的是，用 $L^{r'}(\mathbb{R}^n)$ $(1\le r'<2)$ 作为初始函数所属的空间是很不方便的，理由是只要 $t>0$, $U(t)\varphi\notin L^{r'}(\mathbb{R}^n)$. 因此，寻求合适的工作空间是不可避免的. 为此，需要求助于 Galilei 算子 $J(t)=x+it\nabla$ 及它与自由 Schrödinger 群 $U(t)$ 之间的关系. 由 Sobolev 嵌入定理，有

$$\|u\|_r\le C_r\|\nabla u\|_2^{\delta(r)}\|u\|_2^{1-\delta(r)},$$

这里要求

$$\begin{cases}0\le\delta(r)\le 1, & n\ge 3,\\ 0\le\delta(r)\le\frac{1}{2}, & n=1,\\ 0\le\delta(r)<1, & n=2.\end{cases}$$

由引理 3.4, 容易看出

$$\|u\|_r\le C_r|t|^{-\delta(r)}\|u\|_2^{1-\delta(r)}\|J(t)u\|_2^{\delta(r)}.\tag{3.77}$$

这样，如果 u 和 $J(t)u\in L^\infty(\mathbb{R};L^2)$, 则 u 在 L^r 模意义下就有最优的衰减估计指标 $\delta(r)$. 这就诱导我们用 $\Sigma=H^1\cap\mathcal{F}(H^1)$ 来代替空间 H^1.

定义 3.1　对 $I\subset\mathbb{R}$ 或 $I=\mathbb{R}$, 定义

$$\begin{aligned}Y^1(I)=\{u:\ u\in C(I,\Sigma),\text{且}u,\nabla u,J(t)u\in L^q(I;L^r(\mathbb{R}^n))\\ (q,r)\text{是任意的时空容许对}\}.\end{aligned}$$

对任意的 $0\le\frac{2}{q_0}=\delta(r_0)\equiv\delta_0<1$, 定义

$$\begin{aligned}Y^1_{r_0}(I)=&\{u:u\in C(I,\Sigma),\text{且}u,\nabla u,J(t)u\in L^q(I;L^r(\mathbb{R}^n)),\quad (q,r)\\ &\text{是满足}0\le\frac{2}{q}=\delta(r)\le\delta_0\text{任意的时空容许对}\}.\end{aligned}$$

易见，$Y^1(I)$ 是一个 Banach 空间 $(n\ge 3)$,$Y^1(I)$ 是一个 Frechét 空间 $(n\le 2)$. 无论如何，$Y^1_{r_0}(I)$ 是一个 Banach 空间. 与此同时，我们定义与 $Y^1_{r_0}(I)$ 的相对应局部空间是 $Y^1_{r_0,\mathrm{loc}}(I)=\{u;u\in Y^1_{r_0}(J),\ \forall J\subset\subset I\}$. 直接验证，自由 Schrödinger 方程的解 $U(t)u_0$ 在 $Y^1(\mathbb{R})$ 中生成了一个整体流. 由 (3.77) 可见，它关于时间变量具有最佳的衰减估计.

引理 3.13　设 $u_0(x)\in\Sigma$, 则 $U(t)u_0\in Y^1(\mathbb{R})$.

证明 对任意的容许对 (q,r), 由引理 3.4 中的恒等式 (3.34) 和 (3.35), 就有

$$\begin{cases} \|J(t)U(t)u_0; L^q(\mathbb{R}; L^r)\| \le C\|xu_0\|_2, \\ \|U(t)u_0; L^q(\mathbb{R}; W^{1,r}(\mathbb{R}^n))\| \le C\|u\|_{H^1}. \end{cases} \tag{3.78}$$

从而有 $U(t)u_0 \in Y^1(\mathbb{R})$.

引理 3.13 使我们确信, Σ 是波算子的合适的渐近状态空间. 当然, 首要的问题就是保证非线性 Schrödinger 方程 Cauchy 问题在 Σ 生成一个整体流. 注意到算子 J 不是单纯的导数, 故在建立 Cauchy 问题整体可解性时会遇到一些困难, 然而, 幸庆的是 $J(t)$ 作用到规范不变函数与算子 ∇ 有类似的作用方式.

引理 3.14 设 $f(u) \in C^1(\mathbb{C},\mathbb{C})$ 且满足 (H_2), 则

$$J(t)f(u) = \partial_z f(u)J(t)u - \partial_{\bar{z}} f(u)\overline{J(t)u}. \tag{3.79}$$

证明 利用引理 3.4 及条件 (H_2), 直接验算就得 (3.79).

定理 3.15 设 $f(u)$ 满足 $(\tilde{\mathrm{H}}_1)$, (H_2), (H_3), $u_0 \in \Sigma$, 则非线性 Schrödinger 方程的 Cauchy 问题 (3.1),(3.2) 在 $Y^1_{\mathrm{loc}}(\mathbb{R})$ 中整体适定. 进而 $u \in C(\mathbb{R},\Sigma)$ 且满足能量守恒等式 (2.15),(2.16).

证明 定理 3.15 的证明本质上就是定理 1.4 及定理 2.6 的扩张, 事实上, 在定理 1.4 中除了 ∇u, u 的估计外, 还应有 Ju 的估计, 它与 ∇u 估计是完全类似的, 这由引理 3.14 作保证. 至于整体适定性, 仅需证明 $J(t)u \in X_{\mathrm{loc}}(X)$, 它是 $u \in X^1_{\mathrm{loc}}(\mathbb{R})$ 与广义 Gronwall 不等式的直接结果.

下面的波算子存在性定理是 Cazenave & Weissler 在 [CW2] 中首先得到的. 这里仍采用讨论 H^1– 波算子的步骤来进行.

命题 3.16 设 $p_1 > 1 + \frac{4}{n+2}$,(当 $n=1$ 时, 要求 $p_1 > 3$) $f(u)$ 满足条件 $(\tilde{\mathrm{H}}_1)$, (H_2), 则

(1) 对任意 $u_+ \in \Sigma$, 存在 $T = T(u_+)$ 使得积分方程 (3.65) 有惟一解 $u \in Y^1_{p_2+1}(I)$, 这里 $I = [T,\infty)$. 进而, $u \in Y^1(I)$ 且 u 可视为定义在 Σ 上, 取值在 $Y^1(I)$ 上连续函数.

(2)
$$\|U(-t)u - u_+; \Sigma\| \to 0, \quad t \to \infty. \tag{3.80}$$

证明 此命题的本质是命题 3.8 的直接扩展, 这里需要有 $J(t)u$ 的相应的估计, 由引理 3.14 可见它本质上与 ∇u 的估计是完全一致的. 然而, 对非线性增长阶 p_1 要求可以放宽. 我们仍采用部分压缩映射原理来进行讨论. 由时空估计, 我们有

$$\|U(t)u_+; Y^1_{p_2+1}(I)\| \le C\|u_+\|_\Sigma. \tag{3.81}$$

现记 $R = 2C\|u_+\|_\Sigma$, B_R 是 $Y^1_{p_2+1}(I)$ 中以原点为中心, 半径是 R 的球. (1) 等价于证明: 对任意 $u, u_1, u_2 \in B_R$, 有

$$\tilde{G}f(u) \in B(R/2), \tag{3.82}$$

$$\sup_{0\le\delta(r)\le\delta(p_2+1)}\|\tilde{G}f(u_1)-\tilde{G}f(u_2);L^q(I;L^r(\mathbb{R}^n))\|$$
$$\le\frac{1}{2}\sup_{0\le\delta(r)\le\delta(p_2+1)}\|u_1-u_2;L^q(I;L^r(\mathbb{R}^n))\|. \tag{3.83}$$

利用 (3.82) 、时空估计及引理 3.4, (3.83) 又可归纳为 $f(u)$, $\nabla f(u)$, $Jf(u)$, $f(u_1)-f(u_2)$ 在 $L^{\bar{q}'}(I;L^{\bar{r}'})$ 中的估计，这里 $(\bar{q},\bar{r})$ 是任意满足 $\delta(\bar{r})\le\delta(p_2+1)$ 的时空容许对. 注意到 $f=f_1+f_2$, 利用时空容许对 $(\bar{q},\bar{r})$ 选取任意性，分别估计 f_1 和 f_2. 在估计 f_j 时， $(\bar{q},\bar{r})$ 的选取依赖于 $j(j=1,2)$, 为简单起见，这里就省去脚标 j. 类似于 (1.17) 的估计，利用 Hölder 不等式可见

$$\|\nabla f(u);L^{\bar{q}'}(I;L^{\bar{r}'})\|\le\|\nabla u;L^q(I;L^r)\|\cdot\|f'(u);L^l(I;L^m)\|, \tag{3.84}$$

$$\|Jf(u);L^{\bar{q}'}(I;L^{\bar{r}'})\|\le\|Ju;L^q(I;L^r)\|\cdot\|f'(u);L^l(I;L^m)\|, \tag{3.85}$$

$$\|f(u_1)-f(u_2);L^{\bar{q}'}(I;L^{\bar{r}'})\|\le\|u_1-u_2;L^q(I;L^r)\|\cdot\|f'(u);L^l(I;L^m)\|, \tag{3.86}$$

这里 $0\le\frac{2}{q}=\delta(r)\le\delta(p_2+1)$ 且

$$\frac{n}{m}=\delta(r)+\delta(\bar{r}),\quad \frac{2}{l}=2-(\delta(r)+\delta(\bar{r})). \tag{3.87}$$

注意到 $|f'(u)|\le|\frac{\partial f}{\partial\bar{z}}(u)|+|\frac{\partial f}{\partial z}(u)|$, 因此

$$\|f'(u);L^l(I;L^m)\|\le C\|u;L^k(I;L^s(\mathbb{R}^n))\|^{p-1}, \tag{3.88}$$

这里

$$\begin{cases}(p-1)(\frac{n}{2}-\delta(s))=\delta(r)+\delta(\bar{r}),\\(p-1)\frac{2}{k}=2-(\delta(r)+\delta(\bar{r})).\end{cases} \tag{3.89}$$

当 $n\ge 3$ 时，可取 $\delta(s)=1$, 即 $s=2^*=\frac{2n}{n-2}$, 此时仅需要求

$$(p-1)(\frac{n}{2}-1)\le 2\delta(p_2+1) \tag{3.90}$$

即可，利用估计 (3.77) 及 Hölder 不等式，就有

$$\|u;L^k(I;L^{2^*})\|^{p-1}\le C\|Ju,L^\infty(I;L^2)\|^{p-1}T^{-\theta}, \tag{3.91}$$

这里 $\theta=\frac{p-1}{2}(\frac{n}{2}+1)-1>0$. 因此，只要 T 充分大，就能确保估计 (3.82),(3.83) 成立. 从而 (1) 得证. 当 $n=2$ 时，因为 $H^1\hookrightarrow L^s(\mathbb{R}^n)$, $2\le s<\infty$, 因此，可取 $\delta(s)$ 充分接近于 1, 类似于 $n=3$ 的情形，亦有相同的结果. 当 $n=1$ 时，注意到 $0\le\delta(s)\le\frac{1}{2}$, 此时条件 $\theta>0$ 等价于 $p>3$.

(2) 注意到

$$
\begin{aligned}
&\|U(t_2)u(t_2)-U(t_1)u(t_1);\Sigma\| = \Big\|\int_{t_1}^{t_2} U(t_2-\tau)f(u(\tau))d\tau;\Sigma\Big\| \\
\le&\|\tilde{G}f(u);Y^1_{p_2+1}([t_1t_2])\| \to 0, \quad t_1,t_2\to\infty
\end{aligned}
$$

就得 (3.80).

作为定理 3.15, 命题 3.16 及能量等式的直接结果，我们有：

定理 3.17 设 f 满足 $(\tilde{\mathrm{H}}_1)$, (H_2) 和 (H_3), $p_1>1+\frac{4}{n}$(当 $n=1, p_1>3$), 则

(1) 对 $\forall u_+\in\Sigma$, 积分方程 (3.65) 存在惟一解 $u\in Y^1_{p_2+1,\mathrm{loc}}(\mathbb{R})\cap Y^1_{p_2+1}(\mathbb{R}^+)$. 进而 $u\in Y^1_{\mathrm{loc}}(\mathbb{R})\cap Y^1(\mathbb{R}^+)$ 且满足 (3.80) 及能量守恒等式 (3.72).

(2) 波算子 Ω_+ 在 Σ 是良定的有界连续算子.

(3) 负方向的波算子 Ω_- 也有 (1),(2) 的结果.

类似于小初值 H^1- 散射性结果，我们亦有

推论 3.18 设 $p_1>1+\frac{4}{n+2}$, $f(u)$ 满足 $(\tilde{\mathrm{H}}_1)$,(H_2) (当 $n=1$ 时， $p_1>3$), 则有

(1) 存在 $\varepsilon>0$, 对任意 $u_+\in\Sigma$ 满足 $\|u_+\|_\Sigma<\varepsilon$, 方程 (3.65) 及 (3.64) 有惟一解 $u\in Y^1_{p_2+1}(\mathbb{R})$, 进而 $u\in Y^1(\mathbb{R})$ 且连续依赖于 $u_+\in\Sigma$.

(2) 波算子 $\Omega_\pm$ 及其逆算子 $\Omega_\pm^{-1}$ 在 Σ 中 0 的某个邻域上是良定的且是局部同胚映射. 进而，对小初值问题，渐近完备性在 Σ 中成立.

注记 3.11 在定理 3.2 中，对于特殊的非线性相互作用项 $f(u)=\lambda|u|^{p-1}u$, $(\lambda>0)$, 当 $\gamma(n)<p<\alpha(n)$ 时， Y. Tsutsumi 在 [Ts1] 中建立了非线性 Schrödinger 方程解的散射性理论. 显然， $f(u)$ 满足规范不变条件 (H_2). 问题：当 $f(u)$ 不满足 (H_2) 时，大初值的散射性是不成立的，然而，对小初值问题散射性理论是成立的. 对形如

$$
\begin{aligned}
Z_{r_0}(I)=\{u;u\in X^1_{r_0}(I),(1+|t|)^{\delta(r)}\|u(t)\|_r\in L^\infty(I),\\
0\le\delta(r)\le\delta_0<1\}
\end{aligned}
\tag{3.92}
$$

来求解终值问题 (3.65), 这里要求 $p_1\delta(p_1+1)>1$, 它等价于 p_1 满足

$$
np_1^2-(n+2)p_1-2>0. \tag{3.93}
$$

换言之，当 $p_1>\gamma(n)$ 时，小解的散射性定理成立，见 [S3] 或 [GV1].

注记 3.12 在定理 3.17 中，当 $n=1$ 时， $p_1>3$. 当 $n=2$ 时， $p_1>2$, 此均是 $p>1+\frac{2}{n}$ 的最佳结果，但当 $n\ge3$ 时， $p_1>1+\frac{4}{n+2}$ 与最佳结果 $p>1+\frac{2}{n}$ 尚有一定差距. [GOV] 通过引入一类新的 Besov 空间作工具, 改进了这一结果. 特别, 当 $n=3$ 时, 已达到最佳结果 $p>1+\frac{2}{n}$. 基本思想如下：从命题 3.16 的证明可以看出，降低指标的关键在于估计 $\|u;L^k(I,L^s(\mathbb{R}^n))\|$ 的改进. 如果 $\|u\|_s$ 有最佳的衰减率，只要取 k 满足 $k\delta(s)>1$, 就有

$$
p>1+\frac{4}{(n+2\delta(s))}. \tag{3.94}
$$

自然，取 $\delta(s)=1$，就得 $Y^1(I)$ 情形下的界 $p_1>1+\frac{4}{n+2}$，这正是估计式 (3.77) 所容许的. 假如我们能取 $\delta(s)=\frac{n}{2}$ 或接近 $\frac{n}{2}$，则 (3.94) 正好是我们期望最佳值 $p_1>1+\frac{2}{n}$. 换言之，当 $s=\infty$ 或充分接近 ∞ 时，就能实现这一目的. 由引理 3.4 及 Sobolev 嵌入定理，容易看出

$$\|u\|_s \le C|t|^{-\delta(s)}\big\||J(t)|^{\delta(s)}u\big\|_2, \qquad 0\le\delta(s)<\frac{n}{2}. \tag{3.95}$$

如果 $|J(t)|^\rho u\in L^\infty(I,L^2)$，$\rho=\frac{n}{2}$ 或 ρ 充分接近 $\frac{n}{2}$，则 (3.95) 本质上就诱导出空间

$$\Sigma^\rho = H^\rho\cap\mathcal{F}(H^\rho), \quad 1\le\rho\le\frac{n}{2} \tag{3.96}$$

及

$$\begin{aligned} Y^\rho(I)=\{u;\ u\in C(I,\Sigma^\rho),\ u,|\nabla|^\rho u,|J(t)|^\rho u\in L^q(I,L^r),\\ (q,r)\text{是任意的容许对}\}. \end{aligned} \tag{3.97}$$

对于任意的 $u_+(x)\in\Sigma^\rho$，在 $Y^\rho(I)$ 上求解终值问题 (3.65). 这就归纳到 $|\nabla|^\rho f(u)$ 和 $|J(t)|^\rho f(u)$ 在 $L^q(I,L^r(\mathbb{R}^n))$ 中的估计，这要求 $f(u)\in C^\rho$. 如果

$$|f(u)|=O(|u|^{p_1}), \quad |u|\to 0,$$

则必须要求 $\rho\le p_1$. 容易看出：

(i) 当 $n=3$ 时，$1+\frac{2}{n}=\frac{5}{3}>\frac{n}{2}=\frac{3}{2}$，此时，$\rho=\frac{3}{2}, p_1>\frac{5}{3}$，上面讨论的诸条件均满足.

(ii) 当 $n\ge 4$ 时，$1+\frac{2}{n}<\frac{n}{2}$. 结合前面讨论，需要 $p_1-1>\max(p-1,\frac{4}{n+2\rho})$，即 $p_1>\rho_0(n)$，$\rho_0(n)$ 是如下方程

$$(p-1)(n+2\rho)=4 \tag{3.98}$$

的解. 于是，

$$\begin{aligned} 1+\frac{2}{n}<\rho_0(n)&<1+\frac{4}{n+2}-\frac{1}{2}\left(\frac{4}{n+2}\right)^3+\frac{1}{2}\left(\frac{4}{n+2}\right)^5-\cdots\\ &<1+\frac{4}{n+2}<2\le\frac{n}{2}. \end{aligned}$$

因此，在研究波算子存在时，ρ 和 p_1 的总用的范围是

$$1\le\rho<\min(p_1,2). \tag{3.99}$$

$(\hat{\mathrm{H}}_1)$　设 $f\in C^1(\mathbb{C},\mathbb{C})$，$f(0)=f'(0)=0$，$1<p<1+\frac{4}{n-2}$，对任意 $z_1,z_2\in\mathbb{C}$ 满足

$$|f'(z_1)-f'(z_2)|\le C\begin{cases} |z_1-z_2|^{p-1}, & p\le 2,\\ |z_1-z_2|\max_{i=1,2}|z_i|^{p-2}, & p\ge 2. \end{cases} \tag{3.100}$$

我们可按如下步骤来进行讨论：

(a) 对 $\forall u_0 \in \Sigma^\rho, 1 \leq \rho < \min(p,2)$, 建立非线性 Schrödinger 方程在 $Y^\rho_{\text{loc}}(\mathbb{R})$ 中的整体适定性.

(b) 对 $\forall u_0 \in \Sigma^\rho, 1 \leq \rho < \min(p,2)$, $p-1 > \frac{4}{n+2\rho}$, 在 $Y^\rho(T,\infty)$ 中求解终值问题 (3.65).

(c) 由 (a),(b) 就推得小初值情形解的整体存在性及散射性理论成立.

(d) 在条件 $(\hat{\mathrm{H}}_1)$, (H_2),(H_3) 条件下，如果 $1 \leq \rho < \min(p,2)$, $p-1 > \frac{4}{n+2\rho}$, 波算子在 Σ^ρ 中存在.

详细证明见 [GOV]. 但是，当 $1+\frac{2}{n} < p < \rho_0(n)$ 时，波算子的存在性仍是一个公开问题.

注记 3.13 (i) 当 $p_1 \leq 1+\frac{2}{n}$ 时, 与具有势函数 $|x|^{-\gamma}$ 的线性 Schrödinger 方程

$$iu_t = -\frac{1}{2}\Delta u + \lambda |x|^{-\gamma} u, \qquad \gamma \leq 1 \tag{3.101}$$

的波算子是不存在的. 但是，对于 (3.101) 而言，存在修正波算子. 一个自然的想法是，对于非线性 Schrödinger 方程，当 $p_1 \leq 1+\frac{2}{n}$ 时，是否存在修正波算子？特别，对 $f(u) = \lambda |u|^{p-1}u, p = 1+\frac{2}{n}, n \leq 3$ 的情形，是否存在修正波算子？

(ii) 修正波算子基本思想. 构造非线性 Schrödinger 方程的解 $u(t)$ 使得它渐近趋向于某个给定的渐近动力系统 $v(t)$ (这里不再假设是自由 Schrödinger 方程对应的自由动力系统). 回到原始讨论，令 $t_0 \to \infty$, (3.63) 就是

$$\begin{aligned} u(t) = v(t) + i\int_t^\infty U(t-\tau)\{f(u(\tau)) - f(v(\tau)) \\ - i((i\partial_t + \frac{1}{2}\Delta)v(\tau) - f(v(\tau)))\}d\tau. \end{aligned} \tag{3.102}$$

当 $p = 1+\frac{2}{n}$ 时，显然 $f(u)$ 在 $t=\infty$ 处没有足够的衰减率. 如果 $v(t)$ 是非线性 Schrödinger 方程 (3.1) 的解的渐近态好的逼近，我们可以期望 $f(u)-f(v)$ 有比 $f(u)$ 更好的时间衰减率，以确保 (3.102) 中积分是收敛的. 真正好的渐近动力系统 $v(t)$ 应使得函数

$$\tilde{f}(t) = (i\partial_t + \frac{1}{2}\Delta)v(t) - f(v(t)) \tag{3.103}$$

在无穷远处具有好的衰减性. 此时，$\tilde{f}(t)$ 表示 $v(t)$ 不满足非线性 Schrödinger 方程的程度，对给定动力系统 $v(t)$,(3.102) 就可转化为 $w = u - v$ 的方程

$$w(t) = w^{(0)}(t) + i\int_t^\infty U(t-\tau)\{f(u(\tau)+w(\tau)) - f(v(\tau))\}d\tau, \tag{3.104}$$

其中

$$w^{(0)}(t) = -i\int_t^\infty U(t-\tau)\tilde{f}(\tau)d\tau. \tag{3.105}$$

这样，我们需要着手解决下面两个问题：

(a) 求解积分方程 (3.104).

(b) 构造渐近动力系统 $v(t)$ 以使得 $\tilde{f}(t)$ 关于 t 具有好的衰减估计.

(iii) 关于修正波算子存在理论，详见 [Go],[GOV], [HN1],[HN2] 和 [Mi4].

§12.4 其它非线性发展方程

上一节对非线性 Schrödinger 方程的 Cauchy 问题及散射性理论进行了深入的讨论，不难看出，时空估计起着决定的作用. 其它类型的色散波方程与 Schrödinger 方程是类似的，借助于第十一章建立的诸类 Strichartz 型时空估计，可以建立其它色散波方程 (组) 的相应结果. 本节的目的是对这些最新结果予以评论. 以供从事这一领域研究的数学工作者参考. 与此同时，我们还将利用时空估计方法建立有关抛物型方程、N-S 方程的相应结果予以评述.

先给出分数阶导数的 Leibniz 法则、链锁求导的估计，这些估计完全基于 Hardy-Littlewood 极大函数估计及 Paley-Littlewood 的二进制分解理论等调和分析的基本技术，证明详见 [KPV3].

命题 4.1 设 $\alpha \in (0,1), p, q, p_1, p_2, q_2 \in (1,\infty), q_1 \in (1,\infty]$ 满足

$$\frac{1}{p}=\frac{1}{p_1}+\frac{1}{p_2}, \qquad \frac{1}{q}=\frac{1}{q_1}+\frac{1}{q_2}. \tag{4.1}$$

则

$$\|D^\alpha F(f)\|_{L_x^p L_T^q} \le C\|F'(f)\|_{L_x^{p_1}L_T^{q_1}}\|D^\alpha f\|_{L_x^{p_2}L_T^{q_2}}, \tag{4.2}$$

这里 $L_x^pL_T^q = L^p(\mathbb{R};L^q[0,T])$, $L_T^qL_x^p = L^q([0,T);L^p(\mathbb{R}))$,

$$D^\alpha f(x,t) = C_\alpha\int_{-\infty}^{\infty}\exp(ix\xi)|\xi|^\alpha \hat{f}^{(x)}(\xi,t)d\xi.$$

命题 4.2 设 $1<p<\infty, r>1, h\in L_{\rm loc}^{rp}(\mathbb{R})$, 则

$$\|D^\alpha F(f)h\|_p \le C\|F'(f)\|_\infty\|D^\alpha(f)\wedge(h^{rp})^{\frac{1}{rp}}\|_p, \tag{4.3}$$

这里 $\wedge$ 是 Hardy-Littlewood 极大函数.

命题 4.3 设 $\alpha\in(0,1)$,α_1, $\alpha_2\in[0,\alpha]$, $\alpha_1+\alpha_2=\alpha$, p, p_1, p_2, q, q_1, $q_2\in(1,\infty)$ 且满足 (4.1), 则

$$\|D_x^\alpha(fg)-fD_x^\alpha g-gD_x^\alpha f\|_{L_x^pL_T^q}\le C\|D_x^{\alpha_1}f\|_{L_x^{p_1}L_T^{q_1}}\|D_x^{\alpha_2}g\|_{L_x^{p_2}L_T^{q_2}}. \tag{4.4}$$

进而，当 $\alpha_1=0$ 时，上式容许 $q_1=\infty$.

命题 4.4 设 $\alpha \in (0,1)$, $\alpha_1, \alpha_2 \in [0,\alpha]$, 且 $\alpha_1 + \alpha_2 = \alpha$. 设 $p, p_1, p_2, q_1, q_2 \in (1,\infty)$ 满足

$$\frac{1}{p} = \frac{1}{p_1} + \frac{1}{p_2}, \qquad 1 = \frac{1}{q_1} + \frac{1}{q_2}.$$

则

$$\|D_x^\alpha(fg) - fD_x^\alpha - gD_x^\alpha f\|_{L_x^p L_T^1} \le C\|D_x^{\alpha_1} f\|_{L_x^{p_1} L_T^{q_1}} \|D_x^{\alpha_2} g\|_{L_x^{p_2} L_T^{q_2}}. \tag{4.5}$$

命题 4.5 设 $0 < \alpha < 1, 1 < p < \infty$, 则

$$\|D^\alpha(fg) - fD^\alpha g - gD_x^\alpha f\|_p \le C\|g\|_\infty \|D^\alpha f\|_p. \tag{4.6}$$

命题 4.6 设 $\alpha \in (0,1), \alpha_1, \alpha_2 \in [0,\alpha]$ 且 $\alpha_1 + \alpha_2 = \alpha$. 设 $p_1, p_2, q_1, q_2 \in (1,\infty)$ 满足

$$1 = \frac{1}{p_1} + \frac{1}{p_2}, \qquad \frac{1}{2} = \frac{1}{q_1} + \frac{1}{q_2}.$$

则

$$\|D_x^\alpha(fg) - fD_x^\alpha g - gD_x^\alpha f\|_{L_x^1 L_T^2} \le C\|D_x^{\alpha_1} f\|_{L_x^{p_1} L_T^{q_1}} \|D_x^{\alpha_2} g\|_{L_x^{p_2} L_T^{q_2}}. \tag{4.7}$$

一般 KdV 型方程

现在着手讨论一些重要的色散波方程 (组) 的 Cauchy 问题及散射性理论. 首先考虑一般 KdV 型方程

$$\begin{cases} \dfrac{\partial u}{\partial t} + \dfrac{\partial^3 u}{\partial x^3} + u^k \dfrac{\partial u}{\partial x} = 0, \quad t, x \in \mathbb{R}, \quad k \in \mathbb{Z}^+, \\ u(x,0) = u_0(x). \end{cases} \tag{4.8}$$

显然, 当 $k=1$ 时, (4.8) 对应着经典的 KdV 型方程, 它是描述长波传播的经典模型. 当 $k=2$ 时, (4.8) 就对应着修正的 KdV 型方程. 利用第十一章建立的色散波方程的时空估计, 容易建立如下结果.

定理 4.7 设 $k=1$, $s > \frac{3}{4}$, 对任意 $u_0(x) \in H^s(\mathbb{R})$, 存在 $T = T(\|u_0\|_{s,2}) > 0$(满足当 $\rho \to 0$ 时, $T(\rho) \to \infty$) 和问题 (4.8) 的惟一解 $u(t)$ 满足

$$u \in C([-T,T]; H^s(\mathbb{R})), \tag{4.9}$$

$$\partial_x u \in L^4([-T,T]; L^\infty(\mathbb{R})), \tag{4.10}$$

$$\left\| D_x^s \frac{\partial u}{\partial x} \right\|_{L_x^\infty L_T^2} < \infty, \tag{4.11}$$

$$\|u\|_{L_x^\infty L_T^2} < \infty. \tag{4.12}$$

不仅如此，对任意 $T' \in (0,T)$, 存在 $u_0(x)$ 的一个邻域 $V \subset H^s(\mathbb{R})$ 使得映射 m: $\tilde{u}_0(x) \to \tilde{u}(t)$ 是从 V 到由 (4.8)~(4.12) 所确定的函数类 (用 T' 来代替 T) 上的映射是 Lip 连续的. 进而，若 $u_0(x) \in H^{s'}(\mathbb{R})$, $s' > s$, 则将上面结果中的 s 换成 s', 解仍然在 $[-T,T]$ 中存在.

推论 4.8 如果 $s \geq 1$, 则对任意的 $T > 0$, 定理 4.7 的结果可以扩张到任意的时间区间 $[-T,T]$ 上，进而还有 $u \in L^\infty(\mathbb{R}; H^{[s]}(\mathbb{R}))$, 此处 $[s]$ 表示 s 的最大整数部分.

注记 4.1 若 $s \geq 1$, 由经典 KdV 方程的含一阶偏导数的守恒律及 Sobolev 嵌入定理可推知

$$\|u\|_{H^1} \leq C < \infty, \quad \forall t \in \mathbb{R}, \tag{4.13}$$

从而推知 H^1 解是整体解. 由定理 4.7 中的正则性，对任意 $u_0 \in H^s$ $(s \geq 1)$. 对任意 $T < \infty$ 皆可以推出存在惟一解 $u(t)$ 满足 (4.9)~(4.12). 进而，由于经典 KdV 方程含 $[s]$ 阶导数的守恒量可以推出 $\|u\|_{H^{[s]}} < C < \infty$, 从而有 $u \in L^\infty(\mathbb{R}; H^{[s]}(\mathbb{R}^n))$. 利用定理 4.7 的正则性，推论 4.8 得证.

注记 4.2 关于定理 4.7 中正则性部分证明. 设 $u_0 \in H^{s'} \subset H^s$. 由定理 4.7 的存在性结果, 记 u_s 是在 H^s 框架下得到的解，$u_s \in C([-T_s, T_s]; H^s(\mathbb{R}))$; $u_{s'}$ 是在 $H^{s'}$ 框架下得到的解，$u_{s'} \in C([-T_{s'}, T_{s'}]; H^{s'}(\mathbb{R}))$. 采用反证法：若 $T_{s'} < T_s$ 则应有

$$\|u_s(T_{s'})\|_{H^s} < \infty, \qquad \|u_{s'}(T_{s'})\|_{H^{s'}} = \infty. \tag{4.14}$$

令 $\varphi \in H^{[s'+1]}$, 则由 KdV 方程含 $[s'+1]$ 阶导数守恒量及 Sobolev 嵌入定理，相应的解 $u_{[s'+1]}$ 满足

$$\|u_{[s'+1]}\|_{H^{[s'+1]}} \leq C < \infty, \quad \forall t \in \mathbb{R}. \tag{4.15}$$

自然，对于 $\varphi \in H^{[s'+1]}$, (4.8) 在 $H^{s'}$ 框架下的解是 $\tilde{u}_{s'}$, 则

$$\|\tilde{u}_{s'}(t)\|_{H^{s'}} \leq \|u_{[s'+1]}\|_{H^{[s'+1]}} < \infty, \quad \forall t \in \mathbb{R}. \tag{4.16}$$

另一方面，由连续依赖性定理及 $H^{[s'+1]}$ 稠于 $H^{s'}$ 的事实，容易看出，存在 $\delta > 0$, 只要 $\|\varphi(x) - u_0(x)\|_{H^{s'}} < \delta$, 就有 $\|\tilde{u}_{\tilde{s}}(t) - u_{\tilde{s}}(t)\|_{H^{s'}} < 1$, 换言之,

$$\|u_{\tilde{s}}(t)\|_{H^{s'}} \leq \|\tilde{u}_{s'}(t)\|_{H^{s'}} + 1 \leq 1 + \|u_{[s'+1]}\|_{H^{[s'+1]}} < \infty.$$

此与 (4.14) 矛盾.

注记 4.3 利用定理 4.7 及复合函数求导估计，可见 $u\frac{\partial u}{\partial x}$, $D^s(u \cdot \frac{\partial u}{\partial x}) \in L^2(\mathbb{R} \times [-T,T])$, 此意味着 $u(t)$ 是一个分布函数.

定理 4.7 的证明 无妨假设 $s \in (\frac{3}{4}, 1)$, 容易看出，下面的估计关于最高阶导数均是以线性的形式出现，故当 $s \geq 1$ 时，相应的结果容易推得. 记 $W(t)u_0 = S_t * u_0$ 是自由 KdV 方程

$$\frac{\partial u}{\partial t} + \frac{\partial^3 u}{\partial x^3} = 0, \qquad u(0) = \varphi_0(x)$$

的解，这里 $S_t(\cdot)$ 是振荡积分

$$S_t(x) = C\int_{-\infty}^{\infty} \exp(ix\xi + it\xi^3)d\xi. \tag{4.17}$$

对于 $\omega : \mathbb{R} \times [-T, T] \to \mathbb{R}$, 定义模数

$$\lambda_1^T(\omega) = \max_{[-T,T]} \|\omega(t)\|_{s,2}, \tag{4.18}$$

$$\lambda_2^T(\omega) = \left\|\frac{\partial \omega}{\partial x}\right\|_{L_T^4 L_x^\infty}, \tag{4.19}$$

$$\lambda_3^T(\omega) = \|D_x^s \frac{\partial \omega}{\partial x}\|_{L_x^\infty L_T^2}, \tag{4.20}$$

$$\lambda_4^T(\omega) = (1+T)^{-\rho}\|\omega\|_{L_x^2 L_T^\infty}, \quad \rho > \frac{3}{4}. \tag{4.21}$$

令

$$\wedge^T(\omega) = \max_{j=1,2,3,4} \lambda_j^T(\omega), \tag{4.22}$$

构造工作空间 X_T 如下

$$X_T = \{\omega \in C([-T, T]; H^s(\mathbb{R}));\ \wedge^T(\omega) < \infty\}. \tag{4.23}$$

由第十一章推论 1.18 和推论 2.12, 容易看出

$$\wedge^T(W(t)u_0) \le C\|u_0\|_{s,2}, \tag{4.24}$$

这里 $\|\cdot\|_{s,2}$ 表示 H^s 中的范数， C 不依赖于 T.

现对 $u_0 \in H^s(\mathbb{R})$, 考虑如下 Cauchy 问题

$$\frac{\partial u}{\partial t} + \frac{\partial^3 u}{\partial x^3} + v\frac{\partial v}{\partial x} = 0, \quad u(x,0) = u_0(x) \tag{4.25}$$

或与之等价的积分方程

$$u(t) = W(t)u_0(x) - \int_0^t W(t-\tau)\left(v\frac{\partial v}{\partial x}\right)d\tau. \tag{4.26}$$

定义映射 $\Phi : u = \Phi(v) = \Phi_{u_0}(v)$ 是 (4.26) 右边决定的非线性映射，这里

$$v \in X_T^a = \{\omega \in X_T;\ \wedge^T(\omega) < a\}. \tag{4.27}$$

于是，定理 4.7 就归纳为：存在 $T = T(\|u_0\|_{s,2}) > 0$ 及 $a = a(\|u_0\|_{s,2}) > 0$, 当 $v \in X_T^a$ 时， $u = \Phi(v)$ 是 X_T^a 到自身的压缩映射．我们断言

$$\left\|D_x^s\left(v\frac{\partial v}{\partial x}\right)\right\|_{L_x^2 L_T^2} + \left\|v\frac{\partial v}{\partial x}\right\|_{L_x^2 L_T^2} \le C(1+T)^\rho(\wedge^T(v))^2. \tag{4.28}$$

事实上，容易看出

$$\begin{aligned}\left\|v\frac{\partial v}{\partial x}\right\|_{L_x^2L_T^2} &= \left(\int_{-T}^{T}\int_{-\infty}^{\infty}|v|^2\left|\frac{\partial v}{\partial x}\right|^2dxdt\right)^{\frac{1}{2}}\\ &\le\left(\int_{-T}^{T}\left\|\frac{\partial v}{\partial x}\right\|_\infty^2dt\right)^{\frac{1}{2}}\sup_{[0,T]}\|v\|_{s,2}\\ &\le CT^{\frac{1}{4}}\lambda_2(v)\lambda_1(v)\le C(1+T)^\rho(\wedge^T(v))^2.\end{aligned}\tag{4.29}$$

由命题 4.3 的分数阶求导估计，可见

$$\begin{aligned}&\left\|D_x^s\left(v\frac{\partial v}{\partial x}\right)\right\|_{L_x^2L_T^2}\\ =&C\left(\int_{-T}^{T}\left\|\frac{\partial v}{\partial x}\right\|_\infty^2\cdot\|D_x^sv\|_2^2dt\right)^{\frac{1}{2}}+C\left(\int_{-T}^{T}\int_{-\infty}^{\infty}|vD_x^s\frac{\partial v}{\partial x}|^2dxdt\right)^{\frac{1}{2}}\\ \le&CT^{\frac{1}{4}}\left\|\frac{\partial v}{\partial x}\right\|_{L_t^4L_x^\infty}\sup_{[-T,T]}\|D_x^sv\|_2+\|v\|_{L_x^2L_\infty^2}\left\|D_x^s(v\frac{\partial v}{\partial x})\right\|_{L_x^\infty L_T^2}\\ \le&CT^{\frac{1}{4}}\lambda_2^T(v)\lambda_1^T(v)+C(1+T)^\rho\lambda_4^T(v)\lambda_3^T(v)\\ \le&C(1+T)^\rho(\wedge^T(v))^2.\end{aligned}\tag{4.30}$$

故断言 (4.28) 成立．利用混合性时空估计，容易看出

$$\sup_{[-T,T]}\left\|\frac{\partial}{\partial x}\int_0^tW(t-\tau)g(\cdot,\tau)d\tau\right\|_2\le C\|g\|_{L_x^1L_T^2},$$

$$\left\|\frac{\partial^2}{\partial x^2}\int_0^tW(t-\tau)g(\cdot,\tau)d\tau\right\|_{L_x^\infty L_T^2}\le C\|g\|_{L_x^1L_T^2}$$

及推论 1.18, 推论 2.12 就得

$$\begin{aligned}\wedge^T(u)&\le C\|u_0\|_{s,2}+CT^{\frac{1}{2}}\left(\int_{-T}^{T}\|v\frac{\partial v}{\partial x}\|_{s,2}^2dt\right)^{\frac{1}{2}}\\ &\le C\|u_0\|_{s,2}+CT^{\frac{1}{2}}(1+T)^\rho(\wedge^T(v))^2.\end{aligned}\tag{4.31}$$

因此，选取 $a=2C\|u_0\|_{s,2}$ 及 T 使得

$$4CT^{\frac{1}{2}}(1+T)^\rho a<1.\tag{4.32}$$

在此选择下，映射 $u=\Phi(v)$ 是 X_T^a 到自身的映射．同理，

$$\wedge^T(\Phi(v)-\Phi(\tilde v))\le CT^{\frac{1}{2}}(1+T)^\rho\{\wedge^T(v)+\wedge^T(\tilde v)\}\wedge^T(v-\tilde v),\tag{4.33}$$

$$\wedge^{T_1}(\Phi_{u_0}(v)-\Phi_{\tilde{u}_0}(\tilde{v}))\leq C\|u_0-\tilde{u}_0\|_{s,2}+CT_1^{\frac{1}{2}}(1+T_1)^{\rho}\wedge^{T_1}(v-\tilde{v})$$
$$\times\{\wedge^{T_1}(v)+\wedge^{T_1}(\tilde{v})\},\tag{4.34}$$

这里 $T_1\in(0,T)$. 因此, 由 (4.31),(4.33) 可知, 存在惟一 $u\in X_T^a$, 满足 $\Phi_{u_0}(u)\equiv u$, 即

$$u(t)=W(t)u_0-\int_0^t W(t-\tau)\left(u\frac{\partial u}{\partial x}\right)(\tau)d\tau,\tag{4.35}$$

进而, 由 (4.32) 和 (4.34) 及 a 的选取推知: 对任意 $T_1\in(0,T)$, 映射 $\tilde{u}_0\to\tilde{u}$ 是 V 到 X_T^a 上的 Lip 连续映射. 因此, $u\in X_T^a$ 是 (4.35) 的强解. 自然, 在分布意义下满足方程 (4.8). 注意到解 u 在 X_{T_1} 上的惟一性, 可推得解在 X_T 亦是惟一的. 事实上, 设 $\omega\in X_{T_1},T_1\in(0,T)$ 是 (4.8) 的强解 ($k=1$). 则存在 $T_2\in(0,T_1)$ 使得 $\omega\in X_{T_2}^a$, 因此 (4.32) 意味着

$$\omega\equiv u,\quad (x,t)\in\mathbb{R}\times[-T_2,T_2].$$

重复利用上述步骤, 即可推得 $u\in X_T$ 是惟一解.

类似于 $k=1$ 的结果, 对于 $k\geq 2$, 有如下结果, 证明见 [KPV3].

定理 4.9 设 $k=2,s\geq\frac{1}{4}$. 则对 $u_0(x)\in H^s$, 存在 $T=T(\|D_x^{\frac{1}{4}}u_0\|_2)>0$ (当 $\rho\to 0$ 时, $T(\rho)\to\infty$) 和问题 (4.8) 的惟一解 $u(t)$ 满足

$$u(t)\in C([-T,T];H^s(\mathbb{R}),\tag{4.36}$$

$$\left\|\frac{\partial u}{\partial x}\right\|_{L_x^{20}L_T^{\frac{5}{2}}}<\infty,\tag{4.37}$$

$$\|D_x^{\frac{1}{4}}u\|_{L_x^5L_T^{10}}<\infty,\tag{4.38}$$

$$\|u\|_{L_x^4L_T^\infty}<\infty,\tag{4.39}$$

$$\left\|D_x^s\frac{\partial u}{\partial x}\right\|_{L_x^\infty L_T^2}<\infty.\tag{4.40}$$

进而, 对 $T'\in(0,T)$, 存在 $u_0\in H^s(\mathbb{R})$ 的一个邻域 V 使得映射 $m:\tilde{u}_0\to\tilde{u}(t)$ 是从 V 到由 (4.36)~(4.40) 确定的函数类 (将 T 换成 T') 上的 Lip 映射.

定理 4.10 设 $s\geq 1$. 则对任意的 $T>0$, 定理 4.9 的结果可以扩张到任意的时间区间 $[-T,T]$ 上, 进而还有 $u\in L^\infty(\mathbb{R};H^{[s]}(\mathbb{R}))$.

定理 4.11 设 $k=3,s\geq\frac{1}{12}$. 对任意 $u_0\in H^s(\mathbb{R})$, 存在 $T=T(\|u_0\|_{\frac{1}{12},2})>0$(满足: 当 $\rho\to 0$ 时, $T(\rho)\to\infty$) 和问题 (4.8) 的惟一的解 $u(t)$ 满足

$$u(t)\in C([-T,T];H^s(\mathbb{R})),\tag{4.41}$$

$$\|u\|_{L_x^{\frac{60}{13}}L_T^{15}}+\|u\|_{L_x^{\frac{42}{13}}L_T^{\frac{21}{4}}}<\infty,\tag{4.42}$$

$$\|D_x^s u\|_{L_x^{\frac{10}{3}} L_T^{\frac{21}{4}}} + \|u\|_{L_x^{\frac{10}{3}} L_T^{\frac{21}{4}}} < \infty, \tag{4.43}$$

$$\left\|D_x^s \frac{\partial u}{\partial x}\right\|_{L_x^\infty L_T^2} + \left\|\frac{\partial u}{\partial x}\right\|_{L_x^\infty L_T^2} < \infty. \tag{4.44}$$

进而, 对任意 $T' \in (0,T)$, 存在 $u_0 \in H^s(\mathbb{R})$ 的一个邻域 V 使得映射 $m : \tilde{u}_0 \to \tilde{u}(t)$ 是从 V 到由 (4.41)~(4.44) 所确定的函数类 (用 T' 代替 T) 的 Lip 连续映射.

推论 4.12 如果 $s \geq 1$, 则对任意 $T > 0$, 定理 2.6 的解可以扩张到任意的时间区间 $[-T,T]$ 上. 进而, $u \in L^\infty(\mathbb{R}; H^1(\mathbb{R}))$.

从上面的结果可以看出, 在 $k = 1,2,3$ 的情形下, 我们得到问题 (2.8) 在 $H^s(\mathbb{R})(s \geq 1)$ 上的整体适定性, 然而, 当 $k = 4$ 或 $k \geq 4$ 时, 问题 (4.8) 的整体适定性与 Blow-up 结果是不知道的. 另一方面, 当 $k = 4$ 是方程 (4.8) 的孤立子解稳定与不稳定的临界指标 (见 [KPV3]), 通常我们称 $k = 4$ 是广义 KdV 方程的临界指标. 当然, 关于 $k \geq 4$ 的情形除了局部适定性外, 还有如下小初值解的整体适定性结果.

定理 4.13 设 $k \geq 4$, $s_k = (k-4)/2k$. 存在 $\delta_k > 0$, 使得对任意 $u_0(x) \in \dot{H}^{s_k}(\mathbb{R})$, 只要 $\|D_x^{s_k} u_0\|_2 < \delta_k$, 问题 (4.8) 存在的惟一整体解满足

$$u \in C(\mathbb{R}; \dot{H}^{s_k}(\mathbb{R})) \cap L^\infty(\mathbb{R}; \dot{H}^{s_k}(\mathbb{R})), \tag{4.45}$$

$$\left\|D_x^{s_k} \frac{\partial u}{\partial x}\right\|_{L_x^\infty L_T^2} < \infty, \tag{4.46}$$

$$\|D_x^{s_k} u\|_{L_x^{\frac{5}{4}} L_T^{\frac{10}{}}} < \infty, \tag{4.47}$$

$$\|D_x^{\frac{1}{10} - \frac{2}{5k}} D_t^{\frac{3}{30} - \frac{6}{5k}} u\|_{L_x^{p_k} L_T^{q_k}} < \infty, \tag{4.48}$$

这里 $\frac{1}{p_k} = \frac{1}{5k} + \frac{1}{10}$, $\frac{1}{q_k} = \frac{3}{10} - \frac{4}{5k}$. 进而, 映射 $m : u_0 \to u(t)$ 是从 $\{u_0(x) \in \dot{H}^{s_k}(\mathbb{R}); \|D_x^{s_k} u_0\|_2 < \delta\}$ 到由 (4.45)~(4.48) 所确定的函数类上的 Lip 连续映射.

推论 4.14 设 $s \geq s_k = (k-4)/2k$, $u_0(x) \in \dot{H}^{s_k}(\mathbb{R})$ 且 $\|D_x^{s_k} u_0\|_2 < \delta_k(\delta_k$ 同定理 4.13). 则定理 4.13 得到的解 $u(t)$ 还满足

$$u \in C(\mathbb{R}; H^s(\mathbb{R})) \cap L^\infty(\mathbb{R}; H^s(\mathbb{R})), \quad \text{并且} \quad \left\|D_x^s \frac{\partial u}{\partial x}\right\|_{L_x^\infty L_T^2} < \infty. \tag{4.49}$$

广义的 BO 方程

其次, 考虑广义 Benjamin-One 方程的 Cauchy 问题

$$\begin{cases} u_t - \partial_x D_x u + u^k \partial_x u = 0, \quad t, x \in \mathbb{R}, \quad k \in \mathbb{Z}^+, \\ u(x,0) = u_0(x), \end{cases} \tag{4.50}$$

这里 $D_x = (-\partial_x^2)^{\frac{1}{2}}$. 当 $k=1$ 时，(4.50) 就是经典的 Benjamin-One 方程. 利用经典的 Strichartz 型时空估计，容易建立如下经典的结果：

定理 4.15 (1) 设 $s=0$ 或 $\frac{1}{2}$, $u_0(x)\in H^s(\mathbb{R})$. 则对 $k=1$ 或 2, 问题 (4.30) 存在整体弱解 $u(t)$ 满足

$$u(t)\in L^\infty(\mathbb{R};\ H^s(\mathbb{R}))\cap C_w(\mathbb{R};\ H^s(\mathbb{R}))\cap L^2_{\mathrm{loc}}(\mathbb{R};H^{s+\frac{1}{2}}_{\mathrm{loc}}(\mathbb{R})). \tag{4.51}$$

(2) 设 $u_0(x)\in H^1(\mathbb{R})$, $k=1$. 则 (4.50) 存在一个整体弱解 $u(t)$ 满足

$$u(t)\in C_b(\mathbb{R};\ L^2(\mathbb{R}))\cap L^\infty(\mathbb{R};\ H^1(\mathbb{R}))\cap L^2_{\mathrm{loc}}(\mathbb{R};\ H^{\frac{3}{2}}_{\mathrm{loc}}(\mathbb{R})). \tag{4.52}$$

(3) 设 $u_0(x)\in H^{\frac{3}{2}}(\mathbb{R})$, $k=1$. 则 (4.50) 存在一个整体强解 u 满足

$$u(t)\in C_b(\mathbb{R};\ H^{\frac{3}{2}}(\mathbb{R}))\cap L^2_{\mathrm{loc}}(\mathbb{R};\ H^2_{\mathrm{loc}}(\mathbb{R}))\cap L^4_{\mathrm{loc}}(\mathbb{R};W^{1,\infty}(\mathbb{R}))\equiv X. \tag{4.53}$$

进而，映射 $u_0\to u(t)$ 是从 $H^{\frac{3}{2}}(\mathbb{R})$ 到 X 的连续映射.

(4) 设 $s>\frac{3}{2}$, $u_0(x)\in H^s(\mathbb{R})$. 则对任意 $k\in\mathbb{Z}^+$, 存在 $T=T(\|u_0\|_{s,2};k)>0$ 和问题 (4.50) 的惟一的强解 $u(t)$ 满足

$$u(t)\in C([-T,T];H^s)\cap L^2_{\mathrm{loc}}([-T,T];H^{s+\frac{1}{2}}_{\mathrm{loc}}(\mathbb{R}))\equiv Y. \tag{4.54}$$

进而，对给定的 $T'\in(0,T)$, 存在 $u_0\in H^s$ 邻域 $V_{u_0}\subset H^s(\mathbb{R}^n)$ 使得映射：$m:\tilde{\tilde{u}}_0\to\tilde{\tilde{u}}(t)$ 是从 V_{u_0} 到 $Y_{T'}$ 的连续映射. 特别，当 $k=1$ 时，此可扩张到任意的时间区间. 这里 $C_w(\mathbb{R},B)$ 表示定义在 $\mathbb{R}$ 上，取值在 B 上的弱抽象连续函数空间，$C_b(\mathbb{R},B)=C(\mathbb{R},B)\cap L^\infty(\mathbb{R},B)$.

证明可参见 [KPV4] 及 [Io]. 利用线性色散波方程

$$u_t-\partial_x D_x u=0,\quad u(x,0)=u_0(x), \tag{4.55}$$

解 $u(t)=V(t)u_0=S_t*u_0$, ($S_t(x)=C\int_{-\infty}^{\infty}e^{i(x\xi-\xi|\xi|t)}d\xi$) 的局部光滑效应及正则性的时空估计，容易建立如下结论：

定理 4.16 (1) 设 $k\geq 2$, s 满足

$$\begin{cases} s\geq 1, & k\geq 2,\\ s>\frac{5}{6}, & k=3,\\ s\geq\frac{3}{4}, & k\geq 4.\end{cases} \tag{4.56}$$

则存在 $\delta=\delta(k)>0$, 对任意的 $u_0\in H^s(\mathbb{R})$, $\|u_0\|_{s,2}<\delta$, 存在 T 满足

$$T=T(\|u_0\|_{s,2},k)>0,\quad T(\rho,k)\to\infty,\quad \rho\to 0$$

和问题 (4.50) 的惟一解 $u(t)\in C([-T,T];H^s(\mathbb{R}))$ 满足

$$\sup_{0\leq\theta\leq 1}\|D_x^{\theta(s+2)/2}u\|_{L_x^{j/(1-\theta)}L_T^{2/\theta}}<\infty,\quad j=\min(k,4). \tag{4.57}$$

(2) 如果 $u_0 \in H^{s'}(\mathbb{R})$, $s' > s$. 则上面结果用 s' 代替 s, 在相同的时间区间上仍然成立.

(3) 对 $T' \in (0,T)$, 存在 $u_0 \in H^s(\mathbb{R})$ 的邻域 V_{u_0} 使得映射 $m : \tilde{u}_0 \to \tilde{u}(t)$ 是从 V_{u_0} 到 $X^s_{T',j}$ 的 Lip 连续映射, 这里

$$X^s_{T,j} = \{\omega : [-T,T] \times \mathbb{R} \to C([-T,T]; H^s(\mathbb{R}))\text{满足}$$
$$\sup_{[-T,T]} \|\omega(t)\|_{s,2} < \infty, \sup_{0\le\theta\le1} \|D_x^{\theta(s+1)/2}\omega\|_{L_x^{j/(1-\theta)}L_T^{2/\theta}} < \infty\}. \tag{4.58}$$

推论 4.17 设 $k \ge 4$, $s \ge 1$, $u_0 \in H^s(\mathbb{R})$, 则定理 4.16 所得的解可扩张到 $(-\infty,\infty)$, 进而有 $u \in C_b(\mathbb{R}; H^s(\mathbb{R}))$ 且满足

$$\left(\int_{-\infty}^{\infty} \|u(\cdot,t)\|_\infty^4 dt\right)^{\frac{1}{4}} < \infty, \tag{4.59}$$

$$\sup_{0\le\theta\le1} \|D_x^{\theta(s+1)/2}u\|_{L_x^{4/(1-\theta)}L_t^{2/\theta}} < \infty. \tag{4.60}$$

详细证明可见 [KPV4].

KdV 方程、BO 方程等色散波方程的散射性

考虑如下广义的色散波方程的 Cauchy 问题

$$\begin{cases} u_t + \partial_x(\frac{u^\lambda}{\lambda}) + \partial_x(-\partial_x^2)^\alpha u = 0, \quad x,t \in \mathbb{R}, \\ u(x,0) = \varphi(x), \end{cases} \tag{4.61}$$

这里 $\lambda \in \mathbb{Z}^+$, $\lambda \ge 2$, $\alpha \in \mathbb{R}$, $\alpha \ge \frac{1}{2}$. 特别, 当 $(\lambda,\alpha) = (2,1)$ 时, 就是经典 KdV 方程. 当 $(\lambda,\alpha) = (3,1)$ 时, 就是 mKdV 方程. 当 $(\lambda,\alpha) = (2,\frac{1}{2})$ 时, 它恰好是 BO 方程, 这三个特殊方程有无穷多个守恒律. 但对于一般 (λ,α) 而言, 并非如此, 然而, (4.61) 起码有如下三个守恒积分

$$I_1(u(t)) = \int_{\mathbb{R}} u dx = I_1(u_0(x)), \tag{4.62}$$

$$I_2(u(t)) = \int_{\mathbb{R}} u^2 dx = I_2(u_0(x)), \tag{4.63}$$

$$I_3 = \frac{1}{\lambda(\lambda+1)} \int_{\mathbb{R}} u^{\lambda+1} dx + \int_{\mathbb{R}} |(-\partial_x^2)^{\frac{\alpha}{2}} u|^2 dx = I_3(u_0). \tag{4.64}$$

引理 4.18 设 $s > \frac{3}{2}$, 对任意 $u_0(x) \in H^{\frac{3}{2}}(\mathbb{R})$. 则存在 $T = T(\|u_0\|_{s,2}, \lambda, \alpha) > 0$ 及问题 (4.61) 的惟一解 $u(t) \in C([-T,T]; H^s)$. 进而, 对 $\forall t \in [0,T]$ 有估计

$$\|u\|_{s,2} \le C\|u_0\|_{s,2} \exp\left\{C\int_0^\infty \|\partial_t u(\tau)\|_\infty \|u(\tau)\|_\infty^{\lambda-2} d\tau\right\}. \tag{4.65}$$

容易看出，问题 (4.61) 是否有整体解，关键是证明：对 $\forall t>0$,(4.65) 中的积分项是有界的．例如，当 $\alpha>\frac{3}{2}$ 时，由 I_3 和 Sobolev 插值不等式

$$\|u\|_{\lambda+1}^{\lambda+1}\le C\|u\|_2^{(\lambda+1)\theta}\|(-\partial_x^2)^{\alpha/2}u\|_2^{(\lambda+1)(1-\theta)},\quad \theta=1-\frac{\lambda-1}{2(\lambda+1)\alpha}. \tag{4.66}$$

可见，对任意 $\alpha>2$, $\lambda<4\alpha+1$, 若 $u_0\in H^s$, 问题 (4.61) 整体可解．当 $\lambda\ge 4\alpha+1$ 且 $\|u_0\|_2$ 充分小时，可推得 (4.61) 整体可解．关于问题 (4.61) 的小解的适定性及散射性问题，有如下结果：

定理 4.19 设 $\alpha\ge\frac{1}{2}$, $s\ge 2$, $\lambda>\max(2\alpha+2,\alpha+\frac{7}{2})$. 则存在 $\delta>0$, 如果 $u_0\in W^{1,1}(\mathbb{R})\cap H^s(\mathbb{R})$ 且满足

$$\|u_0\|_{W^{1,1}}+\|u_0\|_{H^s}<\delta \tag{4.67}$$

时，问题 (4.61) 存在惟一的整体强解 $u(t)\in C_b(\mathbb{R},H^s(\mathbb{R}))$ 且

$$\sup_{t\in\mathbb{R}}(1+|t|)^{1/(2\alpha+1)}\|u(t)\|_{1,\infty}<\infty. \tag{4.68}$$

进而，存在相应线性方程的解 $u_\pm$ 满足

$$\|u(t)-u_\pm\|_{H^1}\to 0,\quad t\to\pm\infty. \tag{4.69}$$

注记 4.4 (i) 上面的方法用到一般的色散波方程

$$u_t+\partial_x(f(u))+\partial_x(-\partial_x^2)^\alpha u=0 \tag{4.70}$$

的研究．此时，第三个守恒量就是

$$I_3(u(t))=\int F(u)dx+\int|(-\partial_x^2)^{\alpha/2}u|^2dx,$$

这里 $F'=f$, 在原点邻域内要求 $|f(z)|\le M|z|^\lambda$. 证明参见 [KPV1].

(ii) 上面的方法亦可用来研究耦合色散波方程的 Cauchy 问题，例如：描述一维 Langmuir 波与离子声波相互作用的基本方程

$$\begin{cases} iu_t+au_{xx}=buv, & (t,x)\in\mathbb{R}\times\mathbb{R},\\ v_t+\beta v_{xxx}\pm(|u|^2+v^2)_x=0, & (t,x)\in\mathbb{R}\times\mathbb{R},\\ u(0)=u_0(x), \\ v(0)=v_0(x). \end{cases} \tag{4.71}$$

证明详见 [Mi6].

(iii) 利用线性 Schrödinger 方程解的时空估计及极大函数估计，可用来研究一般的具导数项的非线性 Schrödinger 方程 Cauchy 问题：

$$\begin{cases} u_t=i\Delta u+P(u,\nabla_x u,\bar u,\nabla_x\bar u), & t\in\mathbb{R},x\in\mathbb{R}^n,\\ u(x,0)=u_0(x), \end{cases} \tag{4.72}$$

这里 P 表示 $\mathbb{C}^{2n+2}$ 上的复值函数满足

$$P(\vec{z}) = P(z_1, z_2, \cdots, z_{2n+2}) = \sum_{d\le|\alpha|\le\rho} a_\alpha z^\alpha, \quad \alpha \in \mathbb{Z}^{2n+2}. \tag{4.73}$$

我们总假设至少存在 $\alpha \in \mathbb{Z}^{2n+2}$, $|\alpha_0| = d$ 使得 $a_{\alpha_0} \neq 0$. 详见 [KPV3].

抛物型方程及 Navier-Stokes 方程

考虑形如

$$\begin{cases} u_t - \Delta u = F(u), & (x,t) \in \mathbb{R}^n \times [0,T), \\ u(0) = \varphi(x), & x \in \mathbb{R}^n \end{cases} \tag{4.74}$$

的半线性热传导方程的 Cauchy 问题，这里 $F(u)$ 是具有多项式增长的非线性函数，在 $F(u)$ 中可以含 u 的小于 2 阶的导函数. 我们通过研究 (4.74) 对应的积分方程

$$u(t) = e^{\Delta t}\varphi(x) + \int_0^t e^{(t-\tau)\Delta} F(u(\tau))d\tau \tag{4.75}$$

来研究 Cauchy 问题 (4.74). 通常称积分方程 (4.75) 的解为 (4.74) 的温和解 (mild 解). 由抛物型方程解的正则性理论，温和解就是正则解 ($t > 0$). 我们将利用时空估计方法及 Scaling 技术，构造合适的工作空间，可以在形如 L^p 或 $H^{s,p}$ 中建立 (4.74) 的局部适定性及整体适定性，详见 [Mi11],[Mi15].

定理 4.20 设 $F(u) = f(u)$ 或 $F(u) = Q(D)f(u)$, $Q(D)$ 是阶数 $0 \le d < 2$ 的拟微分算子， $f(u)$ 满足

$$|f(u) - f(v)| \le \sum_{j=1}^{2} C_j(|u|^{\alpha_j} + |v|^{\alpha_j})|u - v|, \quad \alpha_2 \ge \alpha_1 > 0. \tag{4.76}$$

记 $r_j = \frac{n\alpha_j}{2-d}$,

$$r \ge r_2 > 1 \quad 或 \quad r > 1 \quad (若 r_2 \le 1). \tag{4.77}$$

则有如下结果：

(i) 设 $\varphi(x) \in L^r(\mathbb{R}^n)$, (q, p, r) 是任意满足 $p < r(1 + \alpha_2)$ 的广义三元容许簇，则 (4.74) 存在惟一的最大解

$$\begin{aligned} u(t) \in & C([0, T^*); L^r) \cap \mathcal{C}_{q(p,r)}([0, T^*); L^p); \\ & T^* = T(\|\varphi\|_r), \quad r > r_2. \end{aligned} \tag{4.78}$$

$$\begin{aligned} u(t) \in C([0, T^*); L^r) \cap \dot{\mathcal{C}}_{q(p,r)}([0, T^*); L^p); \\ T^* = T(\varphi), \quad r = r_2 > 1. \end{aligned} \tag{4.79}$$

(ii) 若 $F(u)=f(u)$ 或 $d\equiv 0$, 则对任意的广义三元容许簇 (q,p,r), (i) 中获得的解 $u(t)$ 满足 (4.78) 或 (4.79).

(iii) $u(t)\in C((0,T^*);L^r\cap L^\infty)$.

(iv) 若 $T^*<\infty$, 则

$$\lim_{t\to T^*}\|u(t)\|_p=\infty,\quad r\le p\le\infty,\quad p>r_2. \tag{4.80}$$

进而

$$\|u(t)\|_p\ge C/(T^*-t)^{\frac{2-d}{2\alpha_2}-\frac{n}{2p}},\quad 0\le d<2. \tag{4.81}$$

(v) 设 (q,p,r) 是任意的满足 $p>r$ 的广义三元容许簇，则 (i) 中得到的解 $u(t)\in\dot{\mathcal{C}}_{q(p,r)}([0,T^*);L^p)$.

(vi) 设 $r>r_2$, (q,p,r) 是任意的三元容许簇，则 (i) 中得到的解 $u(t)\in L^q([0,T^*);L^p)$.

(vii) 如果 $f(u)\in C^\infty(\mathbb{R})$, 则 $u(t)=u(t,x)\in C^\infty((0,T^*)\times\mathbb{R}^n)$.

推论 4.21 在定理 4.20 中，如果

$$f(u)=b|u|^\alpha u,\qquad b<0 \tag{4.82}$$

及

$$r\ge\max\left(\frac{n\alpha}{2},2\right). \tag{4.83}$$

则 $T^*=\infty$, 即 (4.74) 或 (4.75) 存在惟一的整体解

$$u(t)\in C([0,\infty);L^r)\cap\mathcal{C}_{q(p,r)}([0,\infty);L^p),$$

这里 (q,p,r) 是任意的广义三元容许簇.

推论 4.22 在定理 4.20 中，如果

$$F(u)=\vec{a}\cdot\nabla(|u|^\alpha u),\quad \vec{a}\in\mathbb{R}^n$$

及 $r\ge n\alpha>1$, 则 $T^*=\infty$ 并且 (4.74) 或 (4.75) 的解 $u(t)$ 满足

$$u(t)\in C([0,\infty);L^r)\cap\mathcal{C}_{q(p,r)}([0,\infty);L^p).$$

定理 4.23 设 $F(u)=f(u)$ 或 $F(u)=Q(D)f(u)$, $Q(D)$ 是 $d\in[0,2)$ 阶齐次拟微分算子，$f(u)$ 满足 (4.76). 设

$$r_j=\frac{n\alpha_j}{2}>1\quad\text{或}\quad r_j=\frac{n\alpha_j}{2-d}>1,\quad j=1,2. \tag{4.84}$$

(1) 设 (q_1,p_1,r_1) 和 (q_2,p_2,r_2) 是两个满足

$$p_j\le r_j(1+\alpha_j),\quad j=1,2$$

的任意广义三元容许簇. 则存在 $\delta > 0$, 对任意 $\varphi \in L^{r_1} \cap L^{r_2}$ 且 $\|\varphi; L^{r_1} \cap L^{r_2}\| < \delta$, 存在 (4.74) 的惟一的整体解 $u(t) \in C([0,\infty); L^{r_1} \cap L^{r_2})$ 且满足

$$u(t,x) \in \bigcap_{j=1}^{2} \dot{\mathcal{C}}_{q_j(p_j,r_j)}([0,\infty); L^{p_j}), \quad p_j > r_j, \quad j = 1,2. \tag{4.85}$$

(2) 如果 $F(u) = f(u)$ 或 $d \equiv 0$, 则对任意广义三元容许簇 (q_1, p_1, r_1) 及 (q_2, p_2, r_2),(i) 中得到的解 $u(t)$ 满足

$$u(t) \in L^{q_1}([0,\infty); L^{p_1}) \bigcap L^{q_2}([0,\infty); L^{p_2}).$$

定理 4.24　(1)　设 $F(u) = f(u)$ 或 $F(u) = Q(D)f(u)$, $Q(D)$ 是 $d \in [0,2)$ 阶拟微分算子, 设 $p > 1$, $s \geq 0$, $\alpha > 0$ 满足

$$\max\left(0, \frac{n}{p} - \frac{n}{\alpha+1}\right) \leq s < \min\left(\frac{n}{p}, 1 + \frac{\alpha}{\alpha+1}\frac{n}{p}\right), \tag{4.86}$$

$f \in C^{[\alpha]+1}(\mathbb{R};\mathbb{R})$ 满足

$$\begin{aligned} |f^{(j)}(u) - f^{(j)}(v)| \leq & C(|u|^{\alpha-j} + |v|^{\alpha-j})|u-v|, \\ & j = 1, 2, \cdots, [\alpha], \end{aligned} \tag{4.87}$$

$$\begin{aligned} \|\partial^{[\alpha]+1} f(u) - \partial^{[\alpha]+1} f(v)\| \leq & C|u-v|^{\alpha-[\alpha]}, \\ & f^{[\alpha+1]}(0) = 0, \quad \alpha \notin \mathbb{N}. \end{aligned} \tag{4.88}$$

特别, 当 $\alpha \leq \frac{n\alpha}{p(\alpha+1)}$, 仅需假设 $f(u)$ 满足估计

$$|f(u) - f(v)| \leq C(|u|^\alpha + |v|^\alpha)|u-v|, \tag{4.89}$$

记 $s_c = \frac{n}{p} - \frac{2}{\alpha}$ 或 $s_c = \frac{n}{p} - \frac{2-d}{\alpha}$. 设 $s > s_c$, $\varphi(x) \in B^s_{p,2}$, 则存在 (4.74) 或 (4.75) 的惟一极大解 $u(t) \in C([0,T^*); B^s_{p,2})$ 满足

$$T^* = \infty \quad \text{或} C\|\varphi\|_{B^s_{p,2}}^{-\gamma^{-1}} \leq T^* < \infty, \text{且} \lim_{t\to T^*} \|u(t)\|_{B^s_{p,2}} = \infty, \tag{4.90}$$

这里 $\gamma = \frac{s-s_c}{2}$

(2) 设 $p > 1$, 若下面两个条件之一满足:

(i) $sp = n$　$F(z) = f(z) \in C^1(\mathbb{R};\mathbb{R}) \cap C^{[\frac{n}{p}]}(\mathbb{R},\mathbb{R})$ 满足

$$\begin{aligned} f(0) = 0, \quad |f'(z)| \leq & C|z|e^{\lambda|z|}, \quad |f^{(k)}(z)| \leq Ce^{\lambda|z|}, \\ & \lambda > 0, \quad 2 \leq k \leq \left[\frac{n}{p}\right], \end{aligned} \tag{4.91}$$

若 $[\frac{n}{p}] \leq 2$, 最后一个条件可去掉.

(ii) $sp > n$, $F(u) = f(u)$ 或 $F(u) = Q(D)f(u)$, $Q(D)$ 是 $d \in [0,2)$ 阶拟微分算子, $f(z) \in C^{[s]+1}(\mathbb{R},\mathbb{R})$ 且 $f(0)=0$. 则对任意 $\varphi(x) \in B^s_{p,2}$, 存在 (3.1) 或 (3.4) 的惟一极大解 $u(t) \in C([0,T^*); B^s_{p,2})$ 并且满足

$$T^* = \infty \quad 或 \quad T^* < \infty \quad 且 \lim_{t\to T^*} \|u(t)\|_{B^s_{p,2}} = \infty. \tag{4.92}$$

(3) 在上面 (a) 或 (b) 中得到的解, 满足如下光滑性:

(i) 如果 $f(z) \in C^\infty(\mathbb{R},\mathbb{R})$, 那么 $u(t) \in C^\infty((0,T^*)\times\mathbb{R}^n)$.

(ii) 若 $s < \frac{n}{p}$, $\theta < 2\alpha\nu$. 如果 $s \geq \frac{n}{p}$, 命 $\theta < 2-d$, 那么

$$u(t) - S(t)\varphi \in C([0,T^*); B^{s+\theta}_{p,2}). \tag{4.93}$$

(iii) 设

$$\tilde{s} \geq s, \quad 1 < p \leq \tilde{p} < \begin{cases} \frac{sp}{n-sp}, & sp < n, \\ \infty, & sp \geq n, \end{cases}$$

并且

$$\frac{2}{\tilde{q}} = \left(\tilde{s} - \frac{n}{\tilde{p}}\right) - \left(s - \frac{n}{p}\right) < 1,$$

$$u(t) \in \mathcal{C}_{\tilde{q}}([0,T^*); B^{\tilde{s}}_{\tilde{p},2}). \tag{4.94}$$

定理 4.25 (1) 设 $p_c = \frac{n\alpha}{2}$ 或 $\frac{n\alpha}{2-d}$, $\max(\frac{p_c}{\alpha+1}, 1) < p = p_c, s = s_c$. 设 $F(u) = f(u)$ 或 $F(u) = Q(D)f(u)$, $Q(D)$ 是 $d \in [0,2)$ 阶拟微分算子, $f(u) \in C(\mathbb{R},\mathbb{R})$ 满足 (4.91). 则存在 $\varepsilon > 0$, 当 $\|\varphi\|_{B^s_{p,2}} < \varepsilon$ 时, (4.74) 或 (4.75) 存在惟一的整体解 $u(t) \in C([0,\infty); B^s_{p,2})$.

(2) $p = 2$, $d \equiv 0$, $s = \frac{n}{2}$, 并且 $f(z) \in C^1(\mathbb{R},\mathbb{R}) \cap C^{[\frac{n}{2}]}(\mathbb{R},\mathbb{R})$ 满足

$$\begin{aligned} |f(z_1) - f(z_2)| \leq & C[e^{\lambda|z_1|}|z_1|^4 + e^{\lambda|z_2|}|z_2|^4]|z_1 - z_2|, \\ & \lambda > 0, \quad n = 1. \end{aligned} \tag{4.95}$$

$$|f'(z)| \leq C|z|^2 e^{\lambda|z|}, \quad f(0) = 0, \quad \lambda > 0, \quad n = 2,3, \tag{4.96}$$

$$|f'(z)| \leq C|z| e^{\lambda|z|}, \quad f(0) = 0, \quad \lambda > 0, \quad n \geq 4, \tag{4.97}$$

则 c 存在 $\varepsilon > 0$, 当 $\|\varphi\|_{H^s} < \varepsilon$ 时, (4.74) 或 (4.75) 存在惟一整体解 $u(t) \in C([0,\infty); H^s)$.

对于非齐次 Navier-Stokes 方程的 Cauchy 问题 (或初边值问题),

$$\begin{cases} u_t - \Delta u + (u,\nabla)u + \nabla P = 0, \\ \mathrm{div} u = 0, \\ u(0) = u_0(x). \end{cases} \tag{4.98}$$

同样可以化成抽象的抛物型方程的 Cauchy 问题，利用第十一章定理 5.11 及定理 5.12, 可以得到：

定理 4.26 (1) 设 $r \geq r_c = n$, $u_0(x) \in E_r$, (q,p,r) 是任意一个广义三元容许簇，则 (4.98) 存在惟一的最大解

$$u(t) \in C([0,T^*);E_r) \cap \mathcal{C}_{q(p,r)}([0,T^*);E_p), \quad T^* = T(\|\varphi\|_r), r > r_c \tag{4.99}$$

或

$$u(t) \in C([0,T^*);E_r) \cap \dot{\mathcal{C}}_{q(p,r)}([0,T^*);E_p), \quad T^* = T(\varphi), r = r_c. \tag{4.100}$$

(2) 如果 $T^* < \infty$, 则

$$\lim_{t \to T^*} \|u(t)\|_p = \infty, \quad r \leq p \leq \infty, \quad p > r_c, \tag{4.101}$$

进而

$$\|u(t)\|_p \geq \frac{C}{(T^* - t)^{\frac{1}{2} - \frac{n}{2p}}}. \tag{4.102}$$

(3) 设 (q,p,r) 是任意的三元容许簇，则 (1) 中得到的解 $u(t)$ 满足如下可积性

$$u(t) \in L^q([0,T^*);E_p). \tag{4.103}$$

(4) 当 $r = r_c = n$ 时，当 $\|u_0\|_r \ll 1$, 则 (1) 中得到的解是整体解，即 $T^* = \infty$.

证明详见 [Mi9],[Mi15].

思考与练习

1. 在 $H^\rho(\mathbb{R}^n)(0 \leq \rho < \frac{n}{2})$ 上研究问题 (1.1) 或 (1.4) 的局部适定性.
2. 证明注记 2.5 中的结论.
3. 证明第 4 节中的定理.

第十三章　经典非线性 Klein-Gordon 型方程

非线性 Klein-Gordon 型方程 (经典波方程是其特例) 是量子场论中的基本方程. 通过引入“四维能量向量”，经典的 Maxwell 方程就变成经典波动方程的形式. 波动方程组或波动方程与色散型波方程的耦合方程组，如 Maxwell-Schrödinger 方程、Maxwell-Dirac 方程、Klein-Gordon-Dirac 方程、Klein-Gordon-Schrödinger 方程、Klein-Gordon-Maxwell 方程等均是量子场论中的基本方程，它们刻画了带电微粒在电磁场中相互作用的运动过程. 由于这些耦合方程组的非线性项的长范围效应和强耦合性，许多问题仍然没有解决. 本节的目的是通过第十一章建立的时空估计及 $L^p - L^q$ 估计，来建立非线性波动方程、非线性 Klein-Gordon 方程 Cauchy 问题的整体适定性与散射性. 而且，采用 Bourgain 的 Fourier 截断函数方法 [Bo],[KPO5], 给出了非线性 Klein-Gordon 方程 Cauchy 问题低正则解的整体适定性 [Mi13]. 至于量子场方程组，作为代表，我们将对 Maxwell-Klein-Gordon 方程组的整体适定性进行详细的讨论，对其它量子场方程组的结果和研究现状进行简要的评述.

§13.1　非线性 Klein-Gordon 型方程的 Cauchy 问题

本节我们考虑如下非线性 Klein-Gordon 型方程

$$\Box u = u_{tt} - \Delta u = -f(u), \quad (t,x) \in \mathbb{R} \times \mathbb{R}^n \tag{1.1}$$

的 Cauchy 问题

$$u(t_0) = \varphi(x), \quad u_t(t_0) = \psi(x), \quad x \in \mathbb{R}^n \tag{1.2}$$

在能量空间 $H^1 \oplus L^2(\mathbb{R}^n)$ 中的整体适定性，这里 u 是定义在 $\mathbb{R} \times \mathbb{R}^n$ 上的复值 (或实值) 函数， $f(u)$ 是一个非线性函数. 特别，当 $f(u)$ 取成如下特殊形式

$$f(u) = \lambda_0 u + \lambda u|u|^{p-1}, \quad \lambda_0 \geq 0, \quad 1 \leq p < \infty \tag{1.3}$$

时， (1.1) 就对应着经典的非线性波动方程 ($\lambda_0 = 0$) 和非线性 Klein-Gordon 方程 ($\lambda_0 > 0$). 完全沿用第十一章所引入的记号，例如

$$2\beta(r)/(n+1) = \gamma(r)/(n-1) = \delta(r)/n = \alpha(r) = (1/2 - 1/r) \tag{1.4}$$

来决定参数 $\beta(r)$,$\gamma(r)$, $\delta(r)$ 及 $\alpha(r)$; 其余记号恕不一一重复. 问题 (1.1),(1.2) 的经典研究主要有两种方法. 其一是紧性方法，其二是压缩映射方法. 这

两种方法本质上都是基于能量守恒律，在能量空间 $X_e = H^1 \oplus L^2$ 的子空间中证明 (1.1), (1.2) 解的整体存在性. 自然，欲使能量守恒律成立，非线性相互作用项需要满足共形条件 $f(e^{i\omega}u) = e^{i\omega}f(u)$. 例如

$$f(u) = \sum_{j=1,2} \lambda_j |u|^{p_j-1}u, \quad 1 \le p_1 \le p_2 < \infty, \quad \lambda_j \ge 0. \tag{1.5}$$

然而，解的惟一性需要限定 p_2. 例如，就形如 (1.5) 的非线性相互作用函数，利用紧性方法，对任意的 $1 \le p_1 \le p_2 < \infty$, 可建立 (1.1), (1.2) 整体弱解的存在性. 而惟一性的研究进展缓慢，Segal 在 [Se1] 中借助于压缩方法，在 $p_2 < 1 + \frac{2}{n-2}$ 情形下，建立了 (1.1),(1.2) 在能量空间 X_e 中的整体存在性和惟一性. Glassey 和 Tsutsumi 在 [GT] 中证明，当 $p_2 \le 1 + \frac{4n}{(n+1)(n-2)}$ 时，建立了问题 (1.1),(1.2) 整体弱解的惟一性. 人们试图在 $p_2 \le 1 + \frac{4}{n-2}$ 情形下，在能量空间 X_e 中建立 (1.1), (1.2) 的整体适定性，但苦于没有合适的数学工具，进展缓慢. 仅有的结果局限于在能量空间 X_e 子空间 (且 $n \le 3$) 的特殊情形下，得到这一结果，见 [Jo] 和 [P1]. 自从 I. Segal [Se2] 和 Strichartz [St4] 建立波动方程的时空估计之后，这一面貌得到了很大改观，各种精细的 Strichartz 估计结合部分压缩映射技术，彻底地解决 Klein-Gordon 型方程在次临界条件下在能量空间中的整体适定性，见 [GV4]. 更值得一提的是，对于临界增长的非线性波动方程的整体可解性，也已基本解决 ($n \le 7$) 详见 [Gr1],[SS]. 本节的主旨就是建立问题 (1.1),(1.2) 在能量空间的整体适定性理论. 为行文之便，先对 $f(z)$ 引入一些基本假设

(H$_1$) $f(z) \in C^1(\mathbb{C}, \mathbb{C}), f(0) = 0$ 且对 $1 \le p < \infty$ 满足估计

$$|f'(z)| = \max\left\{\left|\frac{\partial f}{\partial z}\right|, \left|\frac{\partial f}{\partial \bar{z}}\right|\right\} \le C(1 + |z|^{p-1}), \qquad z \in \mathbb{C}. \tag{1.6}$$

(H$_2$) 存在函数 $V \in C^1(\mathbb{C}, \mathbb{R})$ 满足 $V(0) = 0, V(z) = V(|z|), z \in \mathbb{C}$ 使得 $f(z) = \frac{\partial V}{\partial \bar{z}}$. 对任意 $R > 0$, $V(z)$ 满足如下估计

$$V(R) > -a^2R^2, \quad a \ge 0. \tag{1.7}$$

在进行我们的讨论之前，先回忆一下弱解的整体存在性定理. 记 $X = H^1 \cap L^{p+1}$, 则 $X' = H^1 + L^{(p+1)/p}$. 用 $\langle \cdot, \cdot \rangle$ 表示 L^2 中的内积. 对 $(u, u_t) \in (H^1 \cap L^{p+1}) \oplus L^2$, 那么 (H$_2$) 至少在形式上意味着能量守恒

$$E(u, u_t) = \|u_t\|_2^2 + \|\nabla u\|_2^2 + \int_\Omega V(u)dx = E(\varphi, \psi). \tag{1.8}$$

弱解整体存在性可表述为

定理 1.1 设 $f(u)$ 满足 (H$_1$) 和 (H$_2$). 若 $p + 1 > 2^* = \frac{2n}{n-2}$, 则需要进一步假设

$$V(\rho) \ge -a^2\rho^2 + C\rho^{p+1}, \quad C > 0, \quad \rho > 0. \tag{1.9}$$

设 $t_0 \in \mathbb{R}$, $(\varphi,\psi) \in X \oplus L^2$, 则问题 (1.1), (1.2) 存在一个解 u 满足

$$u \in (L^\infty_{\mathrm{loc}} \cap C_w)(\mathbb{R};X) \cap \mathrm{Lip}(\mathbb{R};L^2) \cap \bigcap_{2\le r<\max(p+1,2^*)} C^{\mu(r)}(\mathbb{R};L^2).$$

$$u_t \in L^\infty_{\mathrm{loc}}(\mathbb{R};X) \cap C_w(\mathbb{R};X) \cap \mathrm{Lip}(\mathbb{R};X')$$

及估计式

$$\|u(t)\|_2 \le e(E,t-t_0), \tag{1.10}$$

$$\|u_t\|_2^2 + \|\nabla u\|_2^2 + C\|u(t)\|_{p+1}^{p+1} \le \dot{e}(E,t-t_0)^2, \tag{1.11}$$

这里

$$e(E,\tau) = \|\varphi\|_2 \mathrm{ch}(a\tau) + (E(\varphi,\psi) + a^2\|\varphi\|_2^2)^{\frac{1}{2}} a^{-1} \mathrm{sh}(a|\tau|). \tag{1.12}$$

进而如果映射 $u \to \int V(u)dx$ 是 X 上的有界集到 $\mathbb{R}$ 上的弱下半连续函数, 那么 $u(t)$ 满足能量不等式

$$E(u,u_t) \le E(\varphi,\psi), \tag{1.13}$$

这里 $\mu(r) = 1 - \delta(r)\min\{1, \delta(p+1)^{-1}\}$, $\dot{e}(t)$ 是 $e(t)$ 关于 t 的导数.

注记 1.1 (i) 将 (H_1) 换成更弱的条件 $(\mathrm{H}_1)'$: $f(z) \in C(\mathbb{C},\mathbb{C})$, 且对 $1 \le p < \infty$ 满足

$$|f(z)| \le C(|z| + |z|^p). \tag{1.6$'$}$$

则定理 1.1 仍然成立.

(ii) 定理 1.1 的证明参见 [L]. 采用 Galerkin 方法, 对任意 t, 近似解在 $X \cap L^2(\mathbb{R}^n)$ 中弱收敛, 此意味着能量不等式 (1.12) 对任意的 t 成立. 估计 (1.10) 及 (1.11) 则是通过基本计算和有限维逼近得到的. 形式推导过程如下: 由条件 (1.9) 及能量守恒量 (1.13), 容易看出

$$\begin{aligned} E = E(\varphi,\psi) \ge & \|u_t\|_2^2 + \|\nabla u\|_2^2 - a^2\|u\|_2^2 + C\|u\|_{p+1}^{p+1} \\ \ge & \|u_t\|_2^2 - a^2\|u\|_2^2. \end{aligned} \tag{1.14}$$

令 $y = a\|u(t)\|_2$, 则 y 满足

$$|\dot{y}| \le a(E + y^2)^{\frac{1}{2}}. \tag{1.15}$$

注意到 $\int 1/\sqrt{1+x^2}dx = \mathrm{sh}^{-1}x$, 积分上式就得

$$\mathrm{sh}^{-1}\left(\frac{y}{\sqrt{E}}\right) \le a(t-t_0) + \mathrm{sh}^{-1}\left(\frac{y_0}{\sqrt{E}}\right).$$

变形就推出：

$$\begin{aligned}|y| \leq & \sqrt{E}\mathrm{sh}(a(t-t_0))\mathrm{ch}\big(\mathrm{sh}^{-1}(|y_0|/\sqrt{E})\big) + |y_0|\mathrm{ch}(a(t-t_0))\\ \leq & \sqrt{E+|y_0|^2}\mathrm{sh}(a(t-t_0)) + |y_0|\mathrm{ch}(a(t-t_0)),\end{aligned}$$

从而推出估计 (1.10). 最后，将所得结果代入 (1.14) 的第一个不等式，就得估计 (1.11).

下面我们采用时空估计的方法，直接建立问题 (1.1), (1.2) 的适定性理论. 为方便起见，在 $n \geq 2$ 情形下予以证明，对于 $n=1$ 的情形，仅需适当修正即可. 依照标准的方法，考虑与 (1.1),(1.2) 等价的积分方程

$$\begin{aligned}u(t,x) = & \dot{K}(t-t_0)\varphi + K(t-t_0)\psi - \int_{t_0}^{t} K(t-\tau)f(u(\tau))d\tau\\ \equiv & u^{(0)}(t) - F(t_0,u)(t) \equiv A(t_0,u^{(0)}(t),u(t)).\end{aligned} \tag{1.16}$$

若记

$$G(t_1,t_2,u(t)) = -\int_{t_1}^{t_2} K(t-\tau)f(u(\tau))d\tau, \tag{1.17}$$

那么

$$F(t_0,u) = G(t_0,t,u)(t), \quad F(t_2,u) - F(t_1,u) = G(t_1,t_2,u(t)). \tag{1.18}$$

对任意区间 $I \subset \mathbb{R}$ 和合适的 l, q, r, q_1, 我们记

$$\mathcal{X}_0(I) = L^q(I;L^l), \quad \mathcal{X}_1(I) = L^{q_1}(I,L^r). \tag{1.19}$$

引理 1.2 设 $n \geq 2, f(u)$ 满足 (H_1), l, r, q_1, q 满足

$$\begin{cases}1 \leq l,\ r,\ q,\ q_1 \leq \infty, & \text{特别当} n=2 \text{时,要求} 1<r<\infty,\\ \text{当} n>3 \text{时}, \quad \text{要求} & |\gamma(r)| \leq 1.\end{cases} \tag{1.20}$$

$$\frac{(p-1)n}{l} \leq \min\{1+\gamma(r), n(1-\gamma(r))\}, \tag{1.21}$$

$$(p-1)/q + 1/q_1 \leq 1, \tag{1.22}$$

$$\eta_1 = 2-(p-1)\left(\frac{n}{l}+\frac{1}{q}\right) > 0. \tag{1.23}$$

设 I 是 $\mathbb{R}$ 有界区间， $u \in \mathcal{X}_0(I) \cap \mathcal{X}_1(I)$, 则有如下结论：

(1) 对任意 $t_0 \in I$, $F(t_0,u) \in \mathcal{X}_1(I)$ 且 $F(t_0,u)$ 是变量 t_0 的取值在 $\mathcal{X}_1(I)$ 上的连续函数，对于 $t_0 \in I$ 和任意 $u_1,u_2 \in \mathcal{X}_0(I)\cap\mathcal{X}_1(I)$, 有如下估计

$$\begin{aligned}\|F(t_0,u_1)-F(t_0,u_2)\|_{\mathcal{X}_1(I)} \leq & C_1\|u_1-u_2;\mathcal{X}_1(I)\| \times \{|I|^2\\ & + |I|^{\eta_1}\sum_{j=1}^{2}\|u_j;\mathcal{X}_0(I)\|^{p-1}\}.\end{aligned} \tag{1.24}$$

(2) 对任意 $t_1,t_2 \in I, G(t_1,t_2,u) \in \mathcal{X}_{1,\text{loc}}(\mathbb{R})$. 对任意有界区间 $J \subset \mathbb{R}$, $G(t_1,t_2,u)$ 是变量 t_1,t_2 的取值在 $\mathcal{X}_1(J)$ 上的连续函数. 对任意 $t_1,t_2 \in I$, $u_1,u_2 \in \mathcal{X}_1(I) \cap \mathcal{X}_0(I)$ 及任意有界区间 $J \supset I$, 有如下估计

$$\begin{aligned}&\|G(t_1,t_2,u_1)-G(t_1,t_2,u_2);\mathcal{X}_1(J)\|\\ \le&C_1\|u_1-u_2;\mathcal{X}_1([t_1,t_2])\|\cdot\{|J|^2+|J|^{\eta_1}\sum_{j=1}^{2}\|u_j;\mathcal{X}_0([t_1,t_2])\|^{p-1}\}.\end{aligned} \tag{1.25}$$

(3) 对任意 $t_0 \in I, F(t_0,u)$ 在 $\mathcal{S}'(I\times\mathbb{R}^n)$ 上满足 $\Box F(t_0,u)=f(u)$, 并且对任意 $t_1,t_2\in I, G(t_1,t_2,u)$ 在 $\mathcal{S}'(\mathbb{R}^{n+1})$ 意义下满足 $\Box G(t_1,t_2,u)=0$.

证明 先来证明 (1) 和 (2). 由 (H_1) 可将 f 分解成 $f=f_1+f_2$, 并且满足

$$|f_1'(z)|\le C,\quad |f_2'(z)|\le C|z|^{p-1},$$

这样可分别估计 f_1 和 f_2 对非线性函数 F 及 G 的贡献. 由第十一章的定理 4.1 可见

$$\|K(t)u\|_r\le C|t|^{1-\delta(r)+\delta(s)}\|u\|_s, \tag{1.26}$$

这里要求

$$\begin{cases}0\le\delta(r)-\delta(s)\le\min\{1+\gamma(r),n(1-\gamma(r))\},\\ \quad 1<r,s<\infty,\quad n=2.\end{cases} \tag{1.27}$$

换言之, 条件 (1.27) 就是线性 Klein-Gordon 方程解的 L^r-L^s 估计 (第十一章定理 4.1) 所确定的范围, 它是闭三角形 $\triangle P_1P_2P_3$ 所确定的部分.

对于函数 $f_1(z)$, 取 $r=s$, 就有

$$\|K(t-\tau)(f_1(u_1(\tau))-f_1(u_2(\tau)))\|_r\le C|t-\tau|\cdot\|u_1(\tau)-u_2(\tau)\|_r. \tag{1.28}$$

而对于 $f_2(z)$, 则有估计

$$\begin{aligned}&\|K(t-\tau)(f_2(u_1(\tau))-f_2(u_2(\tau)))\|_r\\ \le&C|t-\tau|^{1-\delta(r)+\delta(s)}\|f_2(u_1(\tau))-f_2(u_2(\tau))\|_s\\ \le&C|t-\tau|^{1-\delta(r)+\delta(s)}\|u_1(\tau)-u_2(\tau)\|_r\\ &\times\{\|u_1(\tau)\|_l^{p-1}+\|u_2(\tau)\|_l^{p-1}\},\end{aligned} \tag{1.29}$$

这里

$$(p-1)n/l=\delta(r)-\delta(s). \tag{1.30}$$

由 (1.21) 知此式确定的 s 恰满足 (1.27). 注意到 (1.22),(1.23) 及

$$\begin{cases}\frac{1}{q_1}+1=\frac{1}{q_1}+1,\\ \frac{1}{q_1}+1=(\frac{p-1}{q}+\frac{1}{q_1})+\frac{1}{y},\quad y=(1-\frac{p-1}{q})^{-1}.\end{cases} \tag{1.31}$$

分别将 (1.28),(1.29) 代入 F 和 G 的表达式，关于变量 t 使用 Young 不等式就得估计 (1.24),(1.25). $G(t_1,t_2,u(t))$ 关于 t_1,t_2 的连续性可由 (1.25) 直接得到. 而 $F(t_0,u(t))$ 关于 t_0 的连续性则由 (1.18) 及 $G(t_1,t_2,u(t))$ 的连续性直接推得.

至于 (3), 由广义解的定义及泛函对偶技巧，直接计算就得. 它本质上给出了积分方程 (1.16) 与问题 (1.1), (1.2) 在广义解意义下是等价的. 同时给出不同初始时刻对应的积分方程 (1.16) 之间的关系. 作为引理 1.2 的直接结论，我们有

推论 1.3 设 $n\geq 2$, $f(u)$ 满足条件 (H_1), l, r, q 和 q_1 满足 (1.20)~(1.23). 设 I 是 $\mathbb{R}$ 中有界开区间， $u\in\mathcal{X}_1(I)\cap\mathcal{X}_0(I)$. 则

(1) $u(t,x)$ 在 $\mathcal{S}'(I\times\mathbb{R}^n)$ 下满足 (1.1) 的充分必要条件是：对任意 $t_0\in I$, $u^{(0)}\equiv u(t)-F(t_0,u(t,x))$ 在 $\mathcal{S}'(I\times\mathbb{R}^n)$ 意义下满足 $\Box u^{(0)}=0$.

(2) 如果 $u(t)$ 满足 (1.16), 则对任意 $t_1\in I$, $u(t)$ 满足积分方程 $u(t)=A(t_1,u^{(1)};u)$, 这里

$$u^{(1)}=u^{(0)}+G(t_0,t_1;u(t,x)),\tag{1.32}$$

并且 $u^{(1)}$ 是变量 t_1 的取值在 $\mathcal{X}_1(I)$ 中连续函数.

注记 1.2 在引理 1.2 及推论 1.3 中，若区间 I 换成无限区间，此时仅需将 $\mathcal{X}_j(j=0,1)$ 换成 $\mathcal{X}_{j,\mathrm{loc}}$, 相应的结论仍然成立.

定理 1.4 设 $n\geq 2$, l,r,q, q_1 满足 (1.20)~(1.23), $f(u)$ 满足 (H_1). 设 $I\subset\mathbb{R}$ 是一开区间， $t_0\in I, u^{(0)}\in\mathcal{X}_{1,\mathrm{loc}}(I)$, 则方程 (1.16) 在 $\mathcal{X}_{1,\mathrm{loc}}(I)\cap\mathcal{X}_{0,\mathrm{loc}}(I)$ 中至多有一个解.

证明 设 u_1,u_2 是积分方程 (1.16) 具有相同初始函数的解，则 u_1-u_2 满足

$$u_1-u_2=F(t_0,u_1)-F(t_0,u_2).\tag{1.33}$$

取 J 是含 t_0 的充分小的区间，满足

$$C_1\{|J|^2+|J|^{\eta_1}\sum_{j=1}^{2}\|u_j;\mathcal{X}_0(J)\|^{p-1}\}\leq\frac{1}{2}.\tag{1.34}$$

那么，在估计 (1.24) 中用 J 来代替 I, 利用 (1.34) 式，就有

$$\|u_1-u_2\|_{\mathcal{X}_1(I)}\leq\frac{1}{2}\|u_1-u_2\|_{\mathcal{X}_1(I)}.\tag{1.35}$$

从而推得 $u_1\equiv u_2$, $t\in J$. 重复利用这一过程，可推得在整个区间 I 上，有 $u_1\equiv u_2$.

注记 1.3 定理 1.4 对充分大的 p 也是有效的. 事实上, 对给定 $1<p<\infty$, 可选

$$\gamma(r)=\frac{n-1}{n+1}, q_1=\infty\quad(\text{对应着}1-\gamma(r)=n(1-\gamma(r))\text{情形}).$$

此时，条件 (1.21), (1.22) 就变成了

$$(p-1)n/l \leq \frac{2n}{n+1}, \quad \frac{p-1}{q} \leq 1. \tag{1.36}$$

由此可见，仅需取 l, q 充分大，就可保证上式与 (1.23) 成立. 然而，在此情形下，有限能量解 u 属于 $L^{\infty}_{\mathrm{loc}}(\mathbb{R}, L^r)$ $(\gamma(r) = \frac{n-1}{n+1})$. 但对充分大的 l 或 q, 一般来讲，有限能量解 $u(t)$ 并不一定属于 $\mathcal{X}_{0,\mathrm{loc}}(\mathbb{R})$. 事实上，仅当 $1-\frac{n}{2} \geq -\frac{n}{l} - \frac{1}{q}$ 时，有限能量解 $u(t)$ 才属于 $\mathcal{X}_{0,\mathrm{loc}}(\mathbb{R})$, 此条件与 (1.23) 恰是条件 $p < 1 + \frac{4}{n-2}$, 这正是保证能量解惟一的条件.

引理 1.5 设 $n \geq 2$, $0 \leq \gamma(r) \leq 1$, 则 $K(t)$ 满足如下估计

$$\|K(t)u; \dot{B}^{\rho}_{r,2}\| \leq C|t|^{-\mu}\|u; \dot{B}^{\bar{\rho}}_{\bar{r},2}\|, \tag{1.37}$$

这里要求 $\rho, \bar{\rho}, \bar{r}, \mu$ 满足

$$0 \leq 1+\mu = \delta(r) + \rho - \delta(\bar{r}) - \bar{\rho} \leq \frac{1}{2}(\gamma(r) - \gamma(\bar{r}))(1 + 1/\gamma(r)) \leq 1 + \gamma(r). \tag{1.38}$$

特别，上式意味着 $|\gamma(\bar{r})| \leq \gamma(r)$.

证明 由第十一章引理 3.7 可见

$$\|K(t)u; \dot{B}^{\rho}_{r,2}\| \leq C|t|^{-\gamma(r)}\|u; \dot{B}^{\rho+2\beta(r)-1}_{r',2}\|, \quad \frac{1}{r} + \frac{1}{r'} = 1. \tag{1.39}$$

由第十一章的定理 4.1 及注记 4.1, 容易看出

$$\|K(t)u; \dot{B}^{\rho}_{r,2}\| \leq C|t| \cdot \|u; \dot{B}^{\rho}_{r,2}\|. \tag{1.40}$$

注意到 $|\sin y| \leq |y|$ 及振荡积分估计式

$$\begin{aligned}\|K(t)\varphi_k\|_{\infty} &= (2\pi)^{-\frac{n}{2}}\left|\int \frac{\sin t|\xi|}{|\xi|}\hat{\varphi}_k(\xi)e^{ix\cdot\xi}d\xi\right| \\ &\leq (2\pi)^{-\frac{n}{2}}2^{nk}|t| \cdot \|\hat{\varphi}_0\|_1,\end{aligned} \tag{1.41}$$

这里 $\{\hat{\varphi}_j\}$ 是齐次 Besov 空间的分解定义中的单位分解函数列. 容易看出

$$\|K(t)(u * \varphi_j)\|_2 \leq |t| \cdot \|u * \varphi_j\|_2, \tag{1.42}$$

$$\begin{aligned}\|K(t)(u * \varphi_j)\|_{\infty} &\leq \sum_{|k-j|\leq 1}\|K * \varphi_k\|_{\infty}\|u * \varphi_j\|_1 \\ &\leq 2(2\pi)^{-\frac{n}{2}}|t|2^{nk}\|\hat{\varphi}_0\|_1\|u * \varphi_j\|_1.\end{aligned} \tag{1.43}$$

对 (1.42),(1.43) 进行插值，并利用齐次 Besov 空间的定义，可得

$$\|K(t)u;\dot{B}^{\rho}_{r,2}\|\leq C|t|\cdot\|u;\dot{B}^{\rho+2\delta(r)}_{r',2}\|, \tag{1.44}$$

先对 (1.39) 与 (1.44) 插值就有

$$\|K(t)u;\dot{B}^{\rho}_{r,2}\|\leq C|t|^{-\gamma(r)\theta+(1-\theta)}\|u;\dot{B}^{\rho+2\delta(r)-\gamma(r)\theta-\theta}_{r',2}\|, \tag{1.45}$$

这里 $0\leq\theta\leq 1$ 待定. 对 (1.40) 与 (1.45) 进行插值，就得估计 (1.37), 此时，相应指标满足

$$\begin{cases}(1-\frac{1}{r})\tilde{\theta}+\frac{1-\tilde{\theta}}{r}=\frac{1}{\bar{r}},\\ (\rho+2\delta(r)-\gamma(r)\theta-\theta)\tilde{\theta}+\rho(1-\tilde{\theta})=\bar{\rho},\\ -\mu=[-\gamma(r)\theta+(1-\theta)]\tilde{\theta}+(1-\tilde{\theta}).\end{cases} \tag{1.46}$$

直接验算，(1.46) 的第一个等式意味着 $2\delta(r)\tilde{\theta}=\delta(r)-\delta(\bar{r})$, 将此代入 (1.46) 后两个式子，就得

$$\begin{cases}\bar{\rho}=\delta(r)-\delta(\bar{r})-(\gamma(r)+1)\theta\tilde{\theta}+\rho,\\ 1+\mu=(\gamma(r)+1)\theta\tilde{\theta}.\end{cases} \tag{1.47}$$

于是，将 (1.47) 的第一式代入第二式，就知 (1.38) 式的第一个不等式成立. 进而，注意到 $0\leq\theta\leq 1$ 及

$$[\delta(r)-\delta(\bar{r})]/2\delta(r)=[\gamma(r)-\gamma(\bar{r})]/2\gamma(r)=\tilde{\theta},$$

从而条件 (1.38) 满足.

对任意区间 $I\subset\mathbb{R}$ 及合适的 ρ, r, q. 记 $\mathcal{X}_2(I)=L^q(I,\dot{B}^{\rho}_{r,2})$. 同时，记 $B_j(I,R)$ 是 $\mathcal{X}_j(I)$ $(j=1,2)$ 中以原点为中心，半径为 R 的闭球. 则有如下非线性估计：

引理 1.6 设 $n\geq 2$, $f(u)$ 满足 (H_1). 设 ρ, r, q 满足 $0\leq\rho<1$ 及

$$0\leq\gamma(r)\leq\frac{n-1}{n+1}, \tag{1.48}$$

$$(p-1)(\frac{n}{r}-\rho)\leq 1+\gamma(r), \tag{1.49}$$

$$p\leq q, \tag{1.50}$$

$$\eta_2\equiv 2-(p-1)\left(\frac{n}{r}-\rho+\frac{1}{q}\right)>0. \tag{1.51}$$

设 I 是有界开区间， $t_0\in I$, $u(t)\in\mathcal{X}_2(I)$, 则有

(1) $F(t_0,u) \in \mathcal{X}_2(I)$ 且满足如下估计:

$$\|F(t_0,u);\mathcal{X}_2(I)\| \le C_2\{|I|^2\|u;\mathcal{X}_2(I)\| + |I|^{\eta_2}\|u;\mathcal{X}_2(I)\|^p\}. \tag{1.52}$$

(2) 对任意有界区间 $J \supset I$ 及任意 $t_1,t_2 \in I, G(t_1,t_2,\varphi)$ 是变量 t_1,t_2 的取值在 $\mathcal{X}_2(J)$ 上的连续函数. 并且满足如下估计:

$$\begin{aligned}\|G(t_1,t_2,u);\mathcal{X}_2(J)\| \le & C_2\{|J|^2\|u;\mathcal{X}_2([t_1,t_2])\| \\ & + |J|^{\eta_2}\|u;\mathcal{X}_2([t_1,t_2])\|^p\}.\end{aligned} \tag{1.53}$$

证明 类似引理 1.2 的证明, 将 f 分解成 $f=f_1+f_2$ 来分别予以估计. 我们仅来考虑 $f_2(u)$ 对应的估计 (取 $p=1$ 就得 $f_1(u)$ 对应的项的估计). 由引理 1.5 及非线性函数在齐次 Besov 空间中的估计, 容易看出

$$\begin{aligned}\|K(t-\tau)f_2(u);\dot{B}^{\rho}_{r,2}\| &\le C|t-\tau|^{-\mu}\|f_2(u);\dot{B}^{\bar{\rho}}_{\bar{r},2}\| \\ &\le C|t-\tau|^{-\mu}\|u;\dot{B}^{\rho}_{r,2}\|^p,\end{aligned} \tag{1.54}$$

这里 $\bar{\rho} \le \rho$ 且 $p(\frac{n}{r}-\rho) = \frac{n}{\bar{r}}-\bar{\rho}$, 或等价地有

$$(p-1)\left(\frac{n}{r}-\rho\right) = \rho+\delta(r)-\bar{\rho}-\delta(\bar{r}) = 1+\mu. \tag{1.55}$$

本质上, 取 $\bar{\rho}=\rho$, (1.54) 就是 Cazenave 和 Weissler 在 [CW1] 中的给出的非线性估计, $\bar{r}$ 的选取则是由

$$0 \le \delta(r)-\delta(\bar{r}) \le (p-1)\left(\frac{n}{r}-\rho\right) \le \frac{1}{2}\Big(\gamma(r)-\gamma(\bar{r})\Big)\left(1+\frac{1}{\gamma(r)}\right) \le 1+\gamma(r)$$

来确定. 对于满足 (1.48) 的 r, 容易找到 $\bar{r}$ 满足上述要求. 现将 (1.54) 代入 F 和 G, 注意到 (1.50),(1.51) 及 Young 不等式, 容易推得 (1.52),(1.53) 成立.

定理 1.7 设 $n \ge 2$, $f(u)$ 满足 (H_1), ρ, r, q, q_1, 满足 $0 \le \rho < 1$, $1 \le q \le q_1 \le \infty$ 及 (1.48)~(1.51), 则对任意 $R>0$, 存在 $T(R)>0$, 使得对任意 $t_0 \in \mathbb{R}$ 和 $u^{(0)} \in B_2(I,R) \cap \mathcal{X}_1(I)$, $I=[t_0-T(R),t_0+T(R)]$, 积分方程 (1.16) 在 $B_2(I,2R) \cap \mathcal{X}_1(I)$ 中存在解 $u(t)$ 且满足估计

$$\|u;\mathcal{X}_1(I)\| \le 2\|u^{(0)};\mathcal{X}_1(I)\|. \tag{1.56}$$

进而, 此解在 $\mathcal{X}_1(I) \cap \mathcal{X}_2(I)$ 中是惟一的.

证明 取 $\frac{n}{l} = \frac{n}{r}-\rho$, 条件 (1.48)~(1.51) 意味着 (1.21)~(1.23) 在 $\eta_1=\eta_2=\eta$ 成立. 注意到 Sobolev 嵌入定理 $\dot{B}^{\rho}_{r,2} \hookrightarrow L^l$, 就有 $\mathcal{X}_2(\cdot) \hookrightarrow \mathcal{X}_0(\cdot)$ 且

$$\|u\|_l \le C_3\|u;\dot{B}^{\rho}_{r,2}\|, \quad \|u;\mathcal{X}_0(I)\| \le C_3\|u;\mathcal{X}_2(I)\|. \tag{1.57}$$

取 $R=2\|u^{(0)}\|_{\mathcal{X}_1(I)}$, $T=T(R)$ 充分小使得

$$C_1\{(2T)^2+(2T)^\eta 2(2C_3R)^{p-1}\}\le\frac{1}{2}, \tag{1.58}$$

$$C_2\{(2T)^2+(2T)^\eta(2R)^{p-1}\}\le\frac{1}{2}. \tag{1.59}$$

那么，由引理 1.2 及引理 1.6 就有

$$\|A(t_0,u^{(0)}(t),u(t))\|_{\mathcal{X}_1(I)\cap\mathcal{X}_2(I)}\le 2R, \tag{1.60}$$

$$\|A(t_0,u^{(0)}(t),u(t))-A(t_0,u^{(0)}(t),v(t))\|_{\mathcal{X}_1(I)}\le\frac{1}{2}\|u-v;\mathcal{X}_1(I)\|. \tag{1.61}$$

因此，映射 $A(t_0,u^{(0)}(t),u(t))$ 是 $S=B_2(I,2R)\cap\mathcal{X}_1(I)$ 到自身的部分压缩映射 (在 $\mathcal{X}_1(I)$ 范数意义下). 对任意 $R_1>0$, 因为 $B_1(I,R_1)\cap B_2(I,2R)$ 是 $\mathcal{X}_1(I)\cap\mathcal{X}_2(I)$ 中的 w^* 紧集，自然它也是 $\mathcal{X}_1(I)$ 中的 w^* 拓扑下的紧集. 因此，它也是 $\mathcal{X}_1(I)$ 中的闭集，此说明 S 是 $\mathcal{X}_1(I)$ 中的闭集. 利用压缩映射原理，就得定理 1.7.

注记 1.4 由定理 1.7 可以看出，(1.49)~(1.51) 本质上给出了 p 的上限. 当然，最优的情形是 $\rho\preceq 1$, $\gamma(r)=\frac{n-1}{n+1}$, $q=q_1=\infty$ ($\preceq$ 表示小于且可以任意接近). 此时，条件 (1.49)~(1.51) 就成了

$$(p-1)\left(\frac{n}{2}-\frac{n}{n+1}-1\right)<\frac{2n}{n+1}$$

或等价于

$$(p-1)\left(\frac{n}{2}-\frac{3}{2}-\frac{1}{n}\right)<2. \tag{1.62}$$

显然此条件要比 $p<1+\frac{4}{n-2}$ 要弱. 由此可以看出，当 $n\le 3$ 时，对 p 没有上界限制. 然而，类似于定理 1.4, 仅当 ρ, r, q 不太大时，才能保证有限能量解属于 $\mathcal{X}_2(I)$.

现来讨论问题 (1.1), (1.2) 或 (1.16) 的有限能量解的整体适定性. 为此，引入能量空间

$$X_e=\{(\varphi,\psi);\varphi\in H^1,\psi\in L^2\}=H^1\oplus L^2. \tag{1.63}$$

对任意 $(\varphi,\psi)\in X_e$, 与此对应的自由 Klein-Gordon 方程 Cauchy 问题的解是

$$u^{(0)}(t)=\dot K(t-t_0)\varphi+K(t-t_0)\psi\in C(\mathbb{R},H^1). \tag{1.64}$$

作为第十一章定理 3.8 的特例，$u^{(0)}(t)$ 满足如下时空估计:

引理 1.8 设 $n \geq 2$, ρ, r, q 满足

$$\begin{cases} 0 \leq \delta(r) \leq \frac{n}{2}, \\ -1 \leq \sigma \equiv \rho + \delta(r) - 1 < \frac{1}{2}, \\ \sigma \leq \gamma(r)/2. \end{cases} \tag{1.65}$$

$$\frac{1}{q} = \max(0, \sigma). \tag{1.66}$$

则对任意 $(\varphi, \psi) \in X_e$, $u^{(0)}(t) \in \mathcal{X}_2(\mathbb{R})$ 且满足如下时空估计

$$\|u^{(0)}(t), \mathcal{X}_2(\mathbb{R})\| \leq C(\|\psi\|_2 + \|\nabla\varphi\|_2). \tag{1.67}$$

借助于上述时空估计，我们就有如下结果：

定理 1.9 (1) 设 $n \geq 2$, $f(u)$ 满足 (H_1) 且 $p < 1 + \frac{4}{n-2}$. 则存在 q, r, ρ 满足 $0 \leq \rho < 1$ 及 (1.48)~(1.51), (1.65) 及 (1.66).

(2) 现记 $\mathcal{X}_1$ 和 $\mathcal{X}_2$ 是由 (1) 给出的 ρ, r, q 及 $q_1 \geq q$ 确定的函数空间，那么，对任意 $t_0 \in \mathbb{R}$ 和任意的 $(\varphi, \psi) \in X_e$, 存在 $T = T(\|(\varphi, \psi), X_e\|) > 0$ 使得 (1.16) 在 $\mathcal{X}_1(I) \cap \mathcal{X}_2(I)$ 中有惟一的解，这里 $I = [t_0 - T, t_0 + T]$.

(3) 对任意 $(\varphi, \psi) \in X_e$ 及任意区间 I, 若 $t_0 \in I$, 积分方程 (1.16) 在 $\mathcal{X}_{1,\mathrm{loc}}(I) \cap \mathcal{X}_{2,\mathrm{loc}}(I)$ 中最多有一个解.

证明 (1) 根据 (1.65) 式，条件 (1.49) 就变成

$$(p-1)(n/2 - 1 - \sigma) \leq 1 + \gamma(r). \tag{1.68}$$

利用 (1.66), 条件 (1.50), (1.51) 分别变成了

$$p\sigma \leq 1, \tag{1.69}$$

$$p < 1 + 4/(n-2). \tag{1.70}$$

下面来证明对任意 p 满足 (1.70), 总可选取 r 和 σ 满足其余的条件，即 $0 \leq \rho < 1$ 及 (1.48), (1.65), (1.68), (1.69). 事实上，如果 $p - 1 \leq 4/(n-1)$, 可取 $\rho = 0$, 此时，如果 σ 取负值，显然其它条件均成立. 如果 $p - 1 \geq 4/(n-1)$, 则可取 $\gamma(r) = (n-1)/(n+1)$, 此时 (1.68) 就是

$$\sigma \geq n/2 - 1 - 2n/[(n+1)(p-1)],$$

它是 p 的一个增长函数. 对于 (1.70) 中 p 的上限， σ 对应的下限是

$$\sigma \geq n/2 - 1 - n(n-2)/[2(n+1)] = (n-2)/2(n+1). \tag{1.71}$$

这恰好与 (1.65) 中的上界条件 $\sigma \leq (n-2)/2(n+1)$ 及 (1.69) 中确定的上界条件 $\sigma \leq (n-2)/(n+2)$ 相容，而条件 $0 \leq \rho < 1$ 自然满足. 因此 (1) 得证.

(2) 对任意满足 (1.48) 的 r 及任意 q_1, 均有 $u^{(0)}(t) \in \mathcal{X}_{1,\text{loc}}(R)$. 因此借助于时空估计 (1.67) 及定理 1.7 就得 (2).

(3) 类似于定理 1.7 的证明, 取 $\frac{n}{l} = \frac{n}{r} - \rho$, 由 (1) 的结果, 引理 1.8 及定理 1.4 就得 (3).

下面我们来讨论 (1.1), (1.2) 或 (1.16) 的整体可解性, 在 $f(u)$ 满足 (H_2) 的条件下, 定理 1.9 所得的解满足能量守恒律

$$E(u, u_t) = \|u_t\|_2^2 + \|\nabla u\|_2^2 + \int_{\mathbb{R}^n} V(u(t))dx = E(\varphi, \psi). \tag{1.72}$$

显然, 由 (H_2) 形式验算就得 (1.72). 我们目的就是在能量解的意义下严格证明能量等式 (1.72). 为此, 需要通过正则化方程, 来构造光滑的逼近解的途径来实现这一目的. 记 $h_0(x) \in C_c^\infty(\mathbb{R}^n)$ 且 $\|h_0\|_1 = 1$. 对任意的自然数 j, 定义 $h_j(x) = j^n h_0(jx)$ 及

$$f_j(u) = h_j * f(h_j * u), \tag{1.73}$$

$$E_j(u, u_t) = \|u_t\|_2^2 + \|\nabla u\|_2^2 + \int V(h_j * u)dx. \tag{1.74}$$

现考虑 (1.16) 的正则化形式

$$u = h_j * u^{(0)} + F_j(t_0, u) \equiv A_j(t, u^{(0)}; u(t)), \tag{1.75}$$

这里 F_j 中 (1.18) 是将 F 中的 $f(u)$ 换成 $f_j(u)$. 关于正则化方程 (1.75), 我们有如下结果:

引理 1.10 设 $n \geq 2$, $f(u)$ 满足 (H_1) 且 $p < 1 + \frac{4}{n-2}$. 设 ρ, r, q, q_1 满足定理 1.9 的 (1) 所满足的条件, 则

(i) 定理 1.9 的结论 (2) 对正则化方程 (1.75) 仍然成立, 且具有相同的 T(不依赖于 j).

(ii) (1.75) 的解 u_j 在 $\mathcal{X}_1(I)$ 意义下收敛于 (1.16) 的解.

证明 注意到由 $h_j *$ 决定的算子是 L^r 或 $\dot{B}_{r,2}^\rho$ 上的收缩算子. 因此, 将 $f(u)$ 换成 $f_j(u)$, 前面建立的估计及结果均成立. 从而 (i) 得证.

下面证明 (ii). 注意到

$$\begin{aligned} h_j * f(h_j * u_j) - f(u) = h_j * f(u) - f(u) + h_j * \bigg\{ \int_0^1 f'\big(\theta h_j * u_j \\ + (1-\theta)u\big) \cdot \big(h_j * u - u + h_j * (u_j - u)\big) d\theta \bigg\}. \end{aligned} \tag{1.76}$$

由引理 1.2 的估计 (1.24), 可见

$$\begin{aligned} &\|u_j - u; \mathcal{X}_1(I)\| \leq \|h_j * u^{(0)}(t) - u^{(0)}(t); \mathcal{X}_1(I)\| \\ &+ C_1[\|h_j * u - u; \mathcal{X}_1(I)\| + \|h_j * (u_j - u); \mathcal{X}_1(I)\|] \\ &\times \left\{ |I|^2 + |I|^{\eta_1} \sum_{j=1}^{2} [\|h_j * u_j; \mathcal{X}_0(I)\|^{p-1} + \|u; \mathcal{X}_0(I)\|^{p-1}] \right\}. \end{aligned} \tag{1.77}$$

因为 $\|u_j;\mathcal{X}_0(I)\|$, $\|u;\mathcal{X}_0(I)\|$ 有界，$I=[t_0-T,t_0+T]$. 故在 $\tilde{I}=[t_0-\frac{T}{m},t_0+\frac{T}{m}]$ 上，只要 m 适当大，就有

$$\|u_j-u;\mathcal{X}_1(\tilde{I})\|\to 0,\quad j\to\infty.$$

重复上面步骤，将 t_0 平移到 $t_0-\frac{T}{m}$, 或 $t_0+\frac{T}{m}$ 处，就得

$$\|u_j-u;\mathcal{X}_1(I)\|\to 0,\quad j\to\infty.$$

引理 1.11 设 $u_j(t,x)$ 是正则化积分方程 (1.75) 的解，则它满足如下性质：

(1) 对任意自然数 k, $(u_j,\dot{u}_j)\in C^1(I,H^{k+1}\oplus H^k)$ 且 u_j 满足方程

$$\Box u_j+f_j(u_j)=0. \tag{1.78}$$

(2) 设 $f(u)$ 满足 (H_2), $p<1+\frac{4}{n-2}$. 则 u_j 满足能量守恒律

$$E_j(u_j(t),\dot{u}_j(t))=E_j(h_j*\varphi,h_j*\psi)\equiv E_j \tag{1.79}$$

及能量不等式

$$\|u_j(t)\|_2\le e(E_j,t-t_0)\le e(\bar{E},t-t_0), \tag{1.80}$$

$$\|\dot{u}_j\|_2^2+\|\nabla u_j(t)\|_2^2\le \dot{e}(E_j,t-t_0)^2\le \dot{e}(\bar{E},t-t_0)^2, \tag{1.81}$$

这里 $e(E,t)$ 同 (1.12) 表达式，$\bar{E}=\sup_j E_j<\infty$. 特别，$(u_j,\dot{u}_j(t))$ 关于 j 在 $H^1\oplus L^2$ 中一致有界.

证明 (1) 的证明是显然的. 至于 (2), 取 $k>\frac{n}{2}+2$, u_j 就是经典解，直接验算 (1.79) 成立，与此同时，注意到 (H_2) 及注记 1.1 就可推得估计 (1.80), (1.81).

注记 1.5 注意到 $u_j\in C(I,L^r)$, $\forall j\in\mathbb{Z}^+$. 利用引理 1.10 的结论 (ii) (对应 $q_1=\infty$ 的情形), 容易看出

$$u_j\overset{C(I,L^r)}{\longrightarrow}u,\quad j\longrightarrow\infty. \tag{1.82}$$

定理 1.12 设 $n\ge 2$, $f(u)$ 满足 (H_1), (H_2) 且 $p<1+\frac{4}{n-2}$. 设 $(\varphi,\psi)\in X_e$, I 是一个开区间，$t_0\in I$. 设 ρ, r,q 满足 $0\le\rho<1$,(1.48)~(1.50),(1.65) 及 (1.66), $q_1=\infty$. 设 $u^{(0)}(t)$ 是 (1.64) 所确定自由波方程的解，$u(t)$ 是积分方程 (1.16) 在 $\mathcal{X}_1(I)\cap\mathcal{X}_2(I)$ 中的解，则 $(u,\dot{u}(t))\in C(I,H^1\oplus L^2)$ 并且 u 满足能量守恒律

$$E(u(t),\dot{u}(t))=E(\varphi,\psi)\equiv E,\quad t\in I \tag{1.83}$$

及估计式

$$\|u(t)\|_2\le e(E,t_0-t),\quad \forall t\in I, \tag{1.84}$$

$$\|\dot{u}(t)\|_2^2 + \|\nabla u(t)\|_2^2 \le \dot{e}(E, t_0 - t)^2, \quad \forall t \in I. \tag{1.85}$$

证明 仅需证明上述结果对任意含 t_0 的有界子区间 $I' \subset\subset I$ 成立即可. 记

$$R = \sup_{s \in I'} \|u^{(0)} + G(t_0, s, u); \quad \mathcal{X}_2(I')\|. \tag{1.86}$$

由引理 1.6 的 (1.53) 式可见 $R < \infty$. 设 $T = T(R)$ 是由定理 1.7 的 (1.58), (1.59) 所确定的. 利用定理 1.7 及推论 1.3 可知, 对任意 $t \in I'$, 可通过求解以 t 初始时刻的积分方程 (1.16), 得到区间 $I' \cap [t-T, t+T]$ 上的解 $u(t)$. 显然 I' 可被以 $t_k = t_0 + (1-\varepsilon)kT$ 为中心, 长度为 $2T$ 的有限个区间 I_k 覆盖, 这里 $\varepsilon > 0$. 因此, I' 的结果就由 I_k $(k = 0, \pm 1, \pm 2, \cdots)$ 上的结果来得到. 由此看来, 仅需在含 t_0 的小区间 I(确保在此区间上压缩映射定理成立) 上证明定理 1.12 就行了. 下面就这种情形来予以证明.

记 u_j 是积分方程 (1.75) 在区间 I 上的解. 由 (1.80),(1.81), 注记 1.5 和标准的紧性原理, 容易推得

$$u_j \xrightarrow{w^*} u, \quad \text{in} \quad L^\infty(I; H^1); \quad \dot{u}_j \xrightarrow{w^*} \dot{u}, \quad \text{in} \quad L^\infty(I; L^2). \tag{1.87}$$

这里 $\{u_j\}$ 是序列本身而非子列, 详见 J. L. Lions 的书 [L]. 进而, 对每一个 $t \in I$, 由 $\|u_j\|_{H^1}$ 一致有界性及 $u_j \xrightarrow{L^r} u$ $(j \to \infty)$ 可推知

$$u_j(t) \xrightarrow{w} u(t), \quad \text{in } H^1, \ j \to \infty. \tag{1.88}$$

下面仅需证明对每一个 $t \in I$, $\dot{u}_j(t)$ 在 $L^2(\mathbb{R}^n)$ 是弱收敛于 $\dot{u}(t)$. 事实上, 由方程 (1.78) 知 $\dot{u}_j(t)$ 关于 j 在 H^{-1} 中 Lip 连续, 同时 (1.81) 意味着 $\|\dot{u}_j\|_2$ 一致有界, 从而 $\{\dot{u}_j\}$ 是 $L^2(\mathbb{R}^n)$ 中的弱紧集的. 由紧致性原理, 存在 $\{\dot{u}_j\}$ 的子序列 (仍记成 $\{\dot{u}_j\}$) 使得

$$\dot{u}_j(t) \xrightarrow{w} \chi(t), \qquad \chi \in L^2(\mathbb{R}^n). \tag{1.89}$$

现对任意 $v \in H^1$ 和 $\theta > 0$, 考虑

$$\begin{aligned} \langle v, \dot{u} - \chi \rangle = & 2\theta^{-1} \int_{t-\theta}^{t+\theta} \langle v, (\dot{u}(t) - \dot{u}(\tau)) + (\dot{u}(\tau) - \dot{u}_j(\tau)) \\ & + (\dot{u}_j(\tau) - \dot{u}_j(t)) + (\dot{u}_j(t) - \chi) \rangle d\tau. \end{aligned} \tag{1.90}$$

注意到 $\dot{u}$, $\dot{u}_j$ 在 H^{-1} 中的一致连续性, 当 $\theta \to 0$ 时, (1.90) 中的第一项和第三项趋向于 0. 至于第二项, 对固定 θ, 由 $\dot{u}_j$ 在 $L^\infty(I, L^2)$ 中弱 * 收敛于 $\dot{u}$, 可见此项亦趋向于 $0(j \to \infty)$. 利用 (1.89) 可知, 当 $j \to \infty$ 时, 最后一项亦然趋向于 0. 由 θ 和 j 的任意性, (1.90) 就意味着 $\chi(t) = \dot{u}(t)$, 这里 $\dot{u}$ 是 u 在 $\mathcal{D}'(I, L^2(\mathbb{R}^n))$ 意义下的导数. 就 (1.80),(1.81) 两边取 $j \to \infty$ 就得

$(u,\dot{u})$ 对几乎处处 t 满足 (1.84),(1.85). 进而，由 $u\in C(I,L^r)\cap L^\infty(I,H^1)$ 和 $u_t\in L^\infty(I,L^2)$, 可见

$$u(t)\in C(I,L^s)\cap C_w(I,H^1),\quad 2\le s<\frac{2n}{n-2}. \tag{1.91}$$

由此推知 u 在 $\mathcal{D}'(I\times\mathbb{R}^n)$ 意义下满足 (1.1). 故 $\ddot{u}\in L^\infty(I,H^{-1})$, $\dot{u}\in C(I,H^{-1})$, 此意味着 $\dot{u}\in C_w(I,L^2)$. 根据 $(u,\dot{u})$ 的连续性推得对估计 (1.84),(1.85) 对任意 $t\in I$ 均成立.

现对 (1.79) 两边取 $j\to\infty$, 注意到 u_j 在 $C(I;L^s)(2\le s\le p+1)$ 中收敛于 u, 容易看出 $\int V(u_j)dx\to\int V(u)dx$. 因此，(1.79) 的右边就收敛于 $E(\varphi,\psi)$. 而左边利用 $(u_j,\dot{u}_j)$ 在 $H^1\oplus L^2$ 中的弱敛性，就得

$$E(u,\dot{u})\le E(\varphi,\psi),\quad \forall t\in I. \tag{1.92}$$

由方程 (1.1) 关于时间 t 的可逆性、定理 1.7 及推论 1.3 可得守恒等式 (1.83) 成立. 进而，由 (1.83) 及 $u\in C(I;L^s)(2\le s\le p+1)$ 推得 $\|(u,\dot{u})\|_{H^1\oplus L^2}$ 是 t 的连续函数. 由此及 $(u,\dot{u})$ 在 $H^1\oplus L^2$ 中弱连续性，就得 $(u,\dot{u})$ 是关于变量 t 的取值在 $H^1\oplus L^2$ 上的弱连续函数. 从而，在 $H^1\oplus L^2$ 拓扑下，有 $(u_j(t),\dot{u}_j(t))\overset{j\to\infty}{\longrightarrow}(u(t),\dot{u}(t))$.

定理 1.13(整体适定性) 设 $n\ge 2$, $f(u)$ 满足 (H_1), (H_2) 及 $p<1+\frac{4}{n-2}$. 设 $(\varphi,\psi)\in X_e$, $t_0\in\mathbb{R}$. 则问题 (1.1),(1.2) 或 (1.16) 有惟一解 u 满足 $(u,\dot{u})\in C(\mathbb{R},X_e)$ 、能量守恒等式 (1.83) 及不等式 (1.84) 、 (1.85). 进而，若设 ρ, r,q,q_1 满足 $0\le\rho<1$, (1.48),(1.50), (1.65) 及 (1.66), $q_1\ge q$. 则问题 (1.1),(1.2) 或 (1.16) 的解 $u\in\mathcal{X}_{1,\mathrm{loc}}(\mathbb{R})\cap\mathcal{X}_{2,\mathrm{loc}}(\mathbb{R})$ 是惟一的.

证明 设 ρ,r,q 及 q_1 如同定理 1.13 所述. 那么, 由定理 1.9 的 (ii), 对任意 $(\varphi,\psi)\in X_e$, 问题 (1.1),(1.2) 或 (1.16) 在 $\mathcal{X}_1(I)\cap\mathcal{X}_2(I)$ 存在惟一的局部解，其中 $T=T(\|(\varphi,\psi)\|_{X_e})>0$. 由定理 1.12, 上述局部解 $u(t)\in C(I,X_e)$ 且满足估计 (1.84),(1.85). 由标准的逐次迭代技巧，可以推得问题 (1.1),(1.2) 或 (1.16) 存在整体解 $u(t)$ 且属于 $\mathcal{X}_{1,\mathrm{loc}}(\mathbb{R})\cap\mathcal{X}_{2,\mathrm{loc}}(\mathbb{R})\cap C(I,X_e)$. 由 $L^\infty_{\mathrm{loc}}(\mathbb{R},X_e)\hookrightarrow\mathcal{X}_{1,\mathrm{loc}}(\mathbb{R})\cap\mathcal{X}_{2,\mathrm{loc}}(\mathbb{R})$ 及定理 1.9 的 (iii) 推得，解在 $\mathcal{X}_{1,\mathrm{loc}}(\mathbb{R})\cap\mathcal{X}_{2,\mathrm{loc}}(\mathbb{R})$ 惟一就意味着解在空间 $C(I,X_e)$ 上惟一.

注记 1.6 对于临界增长的情形 $(p=1+\frac{4}{n-2})$, Struwe 首先在初始函数是径向函数的条件下，建立问题 (1.1), (1.2) 在 $\mathbb{R}^3$ 上整体光滑解的存在性 (见 [Str]). 此后不久， Grillakis[Gr1] 去掉初始函数是径向函数的限制，当 $n=3$ 时，建立了临界情形下 (1.1), (1.2) 的整体光滑解的存在惟一性. 之后， Shatah 和 Struwe [SS] 在 $n\le 7$ 的条件下，建立具临界增长的非线性波动方程的 Cauchy 问题光滑解的存在惟一性. 对一般的 $n>7$, 具临界增长的非线性波动方程的 Cauchy 问题仍未彻底解决. 当然，对于超临界 $p>1+\frac{4}{n-2}$ 的情形仍然是一个公开问题.

注记 1.7 借助于第十一章建立的时空估计及 Besov 空间理论，可以得到非线性波动方程，非线性 Klein-Gordon 方程的 $Y^{s+1}=H^{s+1}\times H^s(s>-1)$ 解的局部适定性，小解的整体存在性等有趣的结果，有兴趣的读者可参见 [Ka] 及 [LS].

§13.2　非线性 Klein-Gordon 型方程的小能量散射理论

在讨论 Klein-Gordon 型方程的散射性之前，本节讨论波方程与 Klein-Gordon 方程的小初始散射性理论，目的是让读者从中体会 Strichartz 型时空估计在非线性波动方程、非线性 Klein-Gordon 型方程研究中的重要性. 当然，如何利用这些工具是我们着重强调的内容. 有关散射理论的一般概念与具体内容类似第十二章关于 Schrödinger 方程情形的陈述.

考虑非线性 Klein-Gordon 型方程

$$u_{tt}+Au+f(u)=0 \tag{2.1}$$

及相应的齐次方程

$$u_{tt}+Au=0, \tag{2.2}$$

这里 $f(u)\in C^1$ 满足

$$\begin{cases} f(0)=f'(0)=0,\\ |f'(u_1)-f'(u_2)|\le C(|u_1|^{p-2}+|u_2|^{p-2})|u_1-u_2|, \end{cases} \tag{2.3}$$

$A=-\Delta$ 或 $-\Delta+m^2(m\neq 0)$. 自然，当 $A=-\Delta$ 时，(2.1) 就对应于经典的波动方程，当 $A=-\Delta+m^2$ 时，(2.1) 就对应于经典的 Klein-Gordon 型方程.

在经典解的意义下，小解的散射性结果可见 [R] 或 [RS]. 当 $1+\frac{4}{n}\le p\le 1+\frac{4}{n-1}$ 时， Strauss 在 [S4] 中首次将时空估计应用到散射性理论的研究，给出了 Schrödinger 方程与 Klein-Gordon 方程的小能量散射性理论. 这里我们着重讨论波动方程在临界指标 $p=1+\frac{4}{n-2}$ 情形下小能量解的散射性及 Klein-Gordon 方程在 $1+\frac{4}{n-1}\le p<1+\frac{4}{n-2}$ 时的小能量散射性. 能量模 $\|\cdot\|_e$ 定义为

$$\|v(t)\|_e^2=\frac{1}{2}(\|A^{\frac{1}{2}}v(t)\|^2+\|v_t(t)\|^2), \tag{2.4}$$

由第十一章引理 3.7、定理 3.8、定理 4.1 及定理 4.5, 波动方程及 Klein-Gordon 的 L^p-L^q 估计、时空估计，容易看出：对任意 $2\le p'<\infty$, $\frac{1}{p}+\frac{1}{p'}=1$, $t>0$, 就有

$$\|A^{-\frac{1}{2}}\sin(A^{\frac{1}{2}}t)\psi\|_{L^{p'}}\le Ct^{-(n-1)(\frac{1}{2}-\frac{1}{p'})}\|\psi\|_{\dot H^{\frac{n-1}{2}-\frac{n+1}{p'},p}}$$
$$A=-\Delta, \tag{2.5}$$

$$\|A^{-\frac{1}{2}}\sin(A^{\frac{1}{2}}t)\psi\|_{L^{p'}} \le K(t)\|\psi\|_{H^{\frac{n-1+\theta}{2}-\frac{n+1+\theta}{p'},p}}$$
$$A = -\Delta + m^2, \tag{2.6}$$

这里

$$K(t) = C\begin{cases} t^{-(n-1-\theta)(\frac{1}{2}-\frac{1}{p'})}, & 0 < t \le 1, \\ t^{-(n-1+\theta)(\frac{1}{2}-\frac{1}{p'})}, & t \ge 1. \end{cases} \qquad 0 \le \theta \le 1. \tag{2.7}$$

进而，有如下时空估计

$$\left\|A^{\frac{1-b}{4}} \cdot A^{-\frac{1}{2}}\sin(A^{\frac{1}{2}}t)\psi\right\|_{L^q(\mathbb{R},L^r)} \le C\|\psi\|_{L^2},$$
$$A = -\Delta \text{ 或 } -\Delta + m^2, \tag{2.8}$$

这里 $2 < q < \infty$, $\frac{2}{q} = (n-1)(\frac{1}{2}-\frac{1}{r})$, $b = \frac{n-1}{2} - \frac{n+1}{r}$. 作为 (2.8) 的直接推论，有：

引理 2.1 设 $u_0(t)$ 是如下问题

$$\begin{cases} u_{0tt} + Au_0 = 0, & A = -\Delta \quad \text{或} \quad A = -\Delta + m^2, \\ u_0(0) = f(x), & u_{0t}(0) = g(x) \end{cases} \tag{2.9}$$

的解，则对于 $2 \le r < \frac{2(n-1)}{n-3}$ $(n > 3)$ 或 $r < \infty$ $(n \le 3)$, 就有

$$\|u_0(t)\|_{L^{\frac{4r}{(n-1)(r-2)}}(\mathbb{R};\dot{H}^{\frac{2(n+1)-(n-3)r}{4r},r})} \le C(\|f\|_{\dot{H}^1} + \|g\|_{L^2}),$$
$$A = -\Delta, \tag{2.10}$$

$$\|u_0(t)\|_{L^{\frac{4r}{(n-1)(r-2)}}(\mathbb{R};H^{\frac{2(n+1)-(n-3)r}{4r},r})} \le C(\|f\|_{H^1} + \|g\|_{L^2}),$$
$$A = -\Delta + m^2. \tag{2.11}$$

关于具临界指标的波动方程的小能量散射性理论，我们有如下结论：

定理 2.2 设 $3 \le n \le 5$, $p = 1 + \frac{4}{n-2}$, 记 $u_0^-(t)$ 是

$$\begin{cases} u_{0tt}^- - \Delta u_0^- = 0, \\ u_0^-(0) = \phi^-(x), \quad u_{0t}^-(0) = \psi^-(x) \end{cases} \tag{2.12}$$

在 $\dot{H}^1$ 中的解. 存在 $\delta > 0$. 当 $\|\phi^-\|_{\dot{H}^1} + \|\psi^-\|_{L^2} < \delta$ 时，积分方程

$$u(t) = u_0^-(t) + \int_{-\infty}^t A^{-\frac{1}{2}}\sin[A^{\frac{1}{2}}(t-\tau)]f(u(\tau))d\tau, \quad A = -\Delta \tag{2.13}$$

存在惟一解 $u(t)$ 满足 $(u,u_t)\in V\times L^\infty(\mathbb{R};L^2(\mathbb{R}^n))$, 这里 $V=L^p(\mathbb{R};\dot H^{s,r})\cap L^\infty(\mathbb{R};\dot H^1)$ 且

$$s=\frac{(n-1)p-(n+1)}{(n-1)p},\quad r=\frac{2(n-1)p}{(n-1)p-4}. \tag{2.14}$$

证明 采用压缩映射原理来证明，注意到 $3\le n\le 5$, 故 $2<p<\infty$, 取 $p=q$, 可见 s,r 正是 (2.14) 中的值，由时空估计 (2.10) 就有

$$\|u_0^-(t)\|_V\le C\delta. \tag{2.15}$$

现对任意 $u,\tilde u\in V$, 由 $L^p-L^{p'}$ 估计式 (2.5) 可见

$$\begin{aligned}&\left\|\int_{-\infty}^t A^{-\frac12}\sin[A^{\frac12}(t-\tau)][f(u(\tau))-f(\tilde u(\tau))]d\tau\right\|_{\dot H^{s,r}}\\ \le& C\int_{-\infty}^t(t-\tau)^{-\frac2p}\|f(u(\tau))-f(\tilde u(\tau))\|_{\dot H^{\bar s,r}}d\tau,\quad \bar s=\frac{(n+1)}{(n-1)p}.\end{aligned} \tag{2.16}$$

注意到 $\dot H^{1,\tilde r'}\hookrightarrow\dot H^{\bar s,r'}$, $\tilde r'=\frac{(n+2)p+2}{2np}$, 因此，利用第十二章引理 2.2, 就得

$$\begin{aligned}&\|f(u(\tau))-f(\tilde u(\tau))\|_{\dot H^{\bar s,r'}}\le C\sum_{|\alpha|=1}\|f'(u)D^\alpha u-f'(\tilde u)D^\alpha\tilde u\|_{L^{\tilde r'}}\\ \le& C\sum_{|\alpha|=1}(\|(u-\tilde u)(|u|^{p-2}+|\tilde u|^{p-2})D^\alpha u\|_{L^r}\\ &+\||\tilde u|^{p-2}\tilde u\cdot(D^\alpha u-D^\alpha\tilde u)\|_{L^{\tilde r'}}\\ \le& C\|u-\tilde u\|_{\dot H^{s,r}}(\|u\|_{\dot H^{s,r}}^{p-2}+\|\tilde u\|_{\dot H^{s,r}}^{p-2})\|u\|_{\dot H^1}+C\|\tilde u\|_{\dot H^{s,r}}^{p-1}\|u-\tilde u\|_{\dot H^1}.\end{aligned} \tag{2.17}$$

因此，将 (2.17) 代入 (2.16), 关于变量 t 利用 Young 不等式可见

$$\begin{aligned}&\left\|\int_{-\infty}^t A^{-\frac12}\sin[A^{\frac12}(t-\tau)][f(u(\tau))-f(\tilde u(\tau))]d\tau\right\|_{L^p(\mathbb{R};\dot H^{s,r}(\mathbb{R}^n))}\\ \le& C\left[\int_{-\infty}^\infty\|u(\tau)-\tilde u(\tau)\|_{\dot H^{s,r}}^{\frac{p}{p-1}}(\|u(\tau)\|_{\dot H^{s,r}}^{\frac{p(p-2)}{p-1}}+\|\tilde u(\tau)\|_{\dot H^{s,r}}^{\frac{p(p-2)}{p-1}})d\tau\right]^{\frac{p-1}{p}}\\ &\cdot\|u\|_{L^\infty(\mathbb{R},\dot H^1)}+C\left[\int_{-\infty}^\infty\|\tilde u(\tau)\|_{\dot H^{s,r}}^p d\tau\right]^{\frac{p-1}{p}}\|u-\tilde u\|_{L^\infty(\mathbb{R},\dot H^1)}\\ \le& C\|u-\tilde u\|_V(\|u\|_V^{p-1}+\|\tilde u\|_V^{p-1}).\end{aligned} \tag{2.18}$$

同理，利用 $\dot{H}^{s,r} \hookrightarrow L^{2p}$, $p = \frac{n+2}{n-2}$, 直接估计

$$
\begin{aligned}
&\left\| \int_{-\infty}^{t} A^{-\frac{1}{2}} \sin[A^{\frac{1}{2}}(t-\tau)][f(u(\tau)) - f(\tilde{u}(\tau))]d\tau \right\|_{L^{\infty}(\mathbb{R},\dot{H}^1(\mathbb{R}^n))} \\
\le& C\int_{-\infty}^{\infty} (\|u(\tau)\|_{L^{2p}}^{p-1} + \|\tilde{u}(\tau)\|_{L^{2p}}^{p-1})\|u(\tau) - \tilde{u}(\tau)\|_{L^{2p}} d\tau \\
\le& C(\|u\|_V^{p-1} + \|\tilde{u}\|_V^{p-1})\|u - \tilde{u}\|_V. \qquad (2.19)
\end{aligned}
$$

记积分方程 (2.13) 的右边所确定的映射为 $\mathcal{T}$, 那么，(2.18), (2.19) 意味着

$$
\|\mathcal{T}(u) - \mathcal{T}(\tilde{u})\|_V \le C(\|u\|_V^{p-1} + \|\tilde{u}\|_V^{p-1})\|u - \tilde{u}\|_V, \qquad (2.20)
$$

$$
\|\mathcal{T}(u)\|_V \le C\delta + C\|u\|_V^p. \qquad (2.21)
$$

现取 δ_1,δ 满足

$$
2C\delta_1^{p-1} \le \frac{1}{2}, \quad C\delta \le \frac{1}{2}\delta_1. \qquad (2.22)
$$

这样，对任意 $\|u\|_V, \|\tilde{u}\|_V \le \delta_1$, 就有估计

$$
\|\mathcal{T}(u) - \mathcal{T}(\tilde{u})\|_V \le \frac{1}{2}\|u - \tilde{u}\|_V, \quad \|T(u)\|_V \le \delta_1. \qquad (2.23)
$$

这意味着积分方程 (2.13) 在闭球 $\{u : \|u\|_V \le \delta_1\}$ 上有惟一解. 至于惟一性，由估计

$$
\begin{aligned}
&\|u - \tilde{u}\|_{L^p(I;\dot{H}^{s,r})} \\
\le& C[\|u\|_{L^{\infty}(I;\dot{H}^1)}(\|u\|_{L^p(I;\dot{H}^{s,r})}^{p-2} + \|\tilde{u}\|_{L^p(I;\dot{H}^{s,r})}^{p-2})\|u - \tilde{u}\|_{L^p(I;\dot{H}^{s,r})} \\
&+ \|\tilde{u}\|_{L^p(I;\dot{H}^{s,r}(\mathbb{R}^n))}^{p-1}\|u - \tilde{u}\|_{L^{\infty}(I;\dot{H}^1(\mathbb{R}^n))}, \qquad (2.24)
\end{aligned}
$$

$$
\|u - \tilde{u}\|_{L^{\infty}(I;\dot{H}^1)} \le C(\|u\|_{L^p(I;\dot{H}^{s,r})}^{p-1} + \|\tilde{u}\|_{L^p(I;\dot{H}^{s,r})}^{p-1})\|u - \tilde{u}\|_{L^p(I;\dot{H}^{s,r})}, \qquad (2.25)
$$

这里 $I = (-\infty, -\bar{T})$. 只要选取 $|\bar{T}|$ 充分大，注意到 $u(t), \tilde{u}(t) \in L^p(\mathbb{R}; \dot{H}^{s,r}(\mathbb{R}^n))$, 就有

$$
\|u - \tilde{u}\|_{V_T} \le \frac{1}{2}\|u - \tilde{u}\|_{V_T}, \ V_T = L^p(I, \dot{H}^{s,r}(\mathbb{R}^n)) \cap L^{\infty}(I; \dot{H}^1(\mathbb{R}^n)). \qquad (2.26)
$$

因此，在 V_T 上，$u = \tilde{u}$, 逐次利用上面步骤，记 $I = [\bar{T}, \bar{T}+\varepsilon]$ 是以 $\bar{T}$ 为初始时刻的相应问题的存在区间，ε 仅依赖于 $\|u; L^p(\mathbb{R}; \dot{H}^{s,r})\|$ 和 $\|\tilde{u}; L^p(\mathbb{R}; \dot{H}^{s,r})\|$. 在相应的 $V_{T+\varepsilon}$ 上就有 $u \equiv \tilde{u}$. 从而在整个 V 上是恒等的.

推论 2.3 $\|u(t) - u_0^-(t)\|_e \to 0, t \to -\infty$.

证明 注意到 $L^p(\mathbb{R};\dot{H}^{s,r}(\mathbb{R}^n)) \hookrightarrow L^p(\mathbb{R};L^{2p}(\mathbb{R}^n))$，直接计算

$$\begin{aligned}\|u(t)-u_0^-(t)\|_e \le & C\int_{-\infty}^t \|f(u(\tau))\|_2 d\tau \le C\int_{-\infty}^t \|u\|_{L^{2p}}^p d\tau \\ \le & C\|u;L^p((-\infty,t);\dot{H}^{s,r}(\mathbb{R}^n))\|^p.\end{aligned} \tag{2.27}$$

由此可见，当 $t\to-\infty$ 时，推论 2.3 成立.

定理 2.4 存在 $\delta>0$, 在 $H^1\times L^2$ 的小邻域 $\{(\varphi,\psi);\ \|\varphi\|_{\dot{H}^1}+\|\psi\|_{L^2}<\delta\}$ 上，小能量意义下的散射算子，$S:(\phi^-,\psi^-)\to(\phi^+,\psi^+)$ 存在.

证明 定义

$$\begin{cases} u_0^+(t)=u(t)+\displaystyle\int_t^\infty A^{-\frac{1}{2}}\sin[A^{\frac{1}{2}}(t-\tau)]f(u(\tau))d\tau, \\ u_0^+(0)=\phi^+, \quad u_{0t}^+(0)=\psi^+. \end{cases} \tag{2.28}$$

与推论 2.3 完全类似，有

$$\lim_{t\to\infty}\|u(t)-u_0^+(t)\|_e=0. \tag{2.29}$$

因此，定理 2.4 成立. 下面来考虑非线性 Klein-Gordon 方程的小能量散射性理论.

定理 2.5 设 $2\le n\le5$, $1+\frac{4}{n-1}\le p\le 1+\frac{4}{n-2}$, $p<\infty$. 记 $u_0^-(t)$ 是自由 Klein-Gordon 方程的 Cauchy 问题

$$\begin{cases} u_{0tt}^-(t)+Au_0^-(t)=0, & A=-\Delta+m^2, \\ u_0^-(0)=\phi^-, & u_{0t}^-(0)=\psi^-, \end{cases} \tag{2.30}$$

在 $H^1(\mathbb{R}^n)$ 中惟一解，则存在 $\delta>0$, 当 $\|\varphi^-(x)\|_{H^1}+\|\psi^-\|_{L^2}<\delta$ 时，积分方程

$$u(t)=u_0^-(t)+\int_{-\infty}^t A^{-\frac{1}{2}}\sin[A^{\frac{1}{2}}(t-\tau)]f(u(\tau))d\tau,\ A=-\Delta+m^2 \tag{2.31}$$

存在惟一解 u 且满足 $(u,u_t)\in V\times L^\infty(\mathbb{R},L^2(\mathbb{R}^n))$, 这里

$$V=L^p(\mathbb{R};H^{s,r}(\mathbb{R}^n))\cap L^\infty(\mathbb{R},H^{1,2}(\mathbb{R}^n)), \quad s,r \text{ 同(2.14)式}. \tag{2.32}$$

证明 与定理 2.2 类似，当 $2\le n\le5$ 时，$2<p<\infty$, 取 $q=p$, 由时空估计式 (2.11) 可见

$$\|u_0^-\|_V\le C\delta.$$

进而，对任意 $u, \tilde{u} \in V$, 利用 $L^p - L^{p'}$ 估计 (2.6) 的特殊情形，可见 (2.16) 式成立. 由 Sobolev 嵌入定理，当

$$\frac{1}{\tilde{r}'} \geq \frac{1}{r'} \geq \frac{1}{\tilde{r}'} - \frac{1-\bar{s}}{n}, \qquad \bar{s} = \frac{n+1}{(n-1)p}$$

时，$H^{1,\tilde{r}'} \hookrightarrow H^{\bar{s},r'}$. 从而

$$\begin{aligned} \|f(u) - f(\tilde{u})\|_{H^{\bar{s},r'}} \leq C \sum_{|\alpha|=1} (\|(u-\tilde{u})(|u|^{p-2} + |\tilde{u}|^{p-2}) D^\alpha u\|_{L^{\tilde{r}'}} \\ + \||\tilde{u}|^{p-2}\tilde{u}(D^\alpha u - D^\alpha \tilde{u})\|_{L^{\tilde{r}'}}. \end{aligned} \tag{2.33}$$

取 $a_1 = (\frac{1}{r} - \frac{s}{n})$, $a_2 = (p-2)(1/r - s/n)$, $a_3 = (1/r - 1/n)$. 容易看出，当且仅当 $1 + \frac{4}{n-1} \leq p \leq 1 + \frac{4}{n-2}$ 时，有

$$\frac{1}{r} \geq \frac{1}{p-1}\left(\frac{1}{\tilde{r}'} - \frac{1}{2}\right) \geq \frac{1}{r} - \frac{s}{n}. \tag{2.34}$$

这意味着 $\sum_{a_j \geq 0} a_j \leq \frac{1}{\tilde{r}'} \leq \frac{p-1}{r} + \frac{1}{2}$. 因此，由第十一章的引理 2.2 及 Young 不等式可见

$$\begin{aligned} &\left\| \int_{-\infty}^{t} A^{-\frac{1}{2}} \sin[A^{\frac{1}{2}}(t-\tau)][f(u(\tau)) - f(\tilde{u}(\tau))] d\tau \right\|_{H^{s,r}} \\ \leq & \int_{-\infty}^{t} (t-\tau)^{-\frac{2}{p}} [\|u(\tau) - \tilde{u}(\tau)\|_{H^{s,r}} (\|u(\tau)\|_{H^{s,r}}^{p-2} + \|\tilde{u}(\tau)\|_{H^{s,r}}^{p-2}) \\ & \times \|u\|_{L^\infty(\mathbb{R}, H^1(\mathbb{R}^n))} + \|\tilde{u}(\tau)\|_{H^{s,r}}^{p-1} \|u - \tilde{u}\|_{L^\infty(\mathbb{R}, H^1(\mathbb{R}^n))}] d\tau \\ \leq & C\|u - \tilde{u}\|_V (\|u\|_V^{p-1} + \|\tilde{u}\|_V^{p-1}). \end{aligned} \tag{2.35}$$

进而，注意到 $H^{s,r} \hookrightarrow L^{2p}$, $1 + \frac{4}{n-1} \leq p \leq 1 + \frac{4}{n-2}$, 直接估计，就有

$$\begin{aligned} &\left\| \int_{-\infty}^{t} A^{-\frac{1}{2}} \sin[A^{\frac{1}{2}}(t-\tau)][f(u(\tau)) - f(\tilde{u}(\tau))] d\tau \right\|_{L^\infty(\mathbb{R}, H^{1,2}(\mathbb{R}^n))} \\ \leq & \int_{-\infty}^{t} (\|u(\tau)\|_{L^{2p}}^{p-1} + \|\tilde{u}(\tau)\|_{L^{2p}}^{p-1}) \|u(\tau) - \tilde{u}(\tau)\|_{2p} d\tau \\ \leq & C\|u - \tilde{u}\|_V (\|u\|_V^{p-1} + \|\tilde{u}\|_V^{p-1}). \end{aligned} \tag{2.36}$$

完全类似定理 2.2 的证明就得定理 2.5, 进而，与定理 2.4 证明完全一样，我们有

定理 2.6 存在 $\delta > 0$, 在 $H^1 \times L^2(\mathbb{R}^n)$ 的小邻域 $\{(\varphi, \psi), \|\varphi\|_{H^1} + \|\psi\|_{L^2} < \delta\}$ 上，即在小能量模意义下散射算子 $S: (\varphi^-, \psi^-) \to (\varphi^+, \psi^+)$ 存在.

注记 2.1 当 $A = (-\Delta)^k$ 或 $A = (-\Delta)^k + m^2$ 时，(2.1) 对应着高阶波动方程，在适当的非线性增长条件下，解的小能量散射结果仍然成立，见 [Mi1].

§ 13.3 非线性 Klein-Gordon 方程的散射性理论

本节我们考虑如下非线性 Klein-Gordon 型方程

$$u_{tt} - \Delta u + m^2 u + f(u) = 0, \quad (t,x) \in \mathbb{R} \times \mathbb{R}^n \tag{3.1}$$

的散射性理论，这里 $m \neq 0$. 相应的自由方程就是

$$u_{tt} - \Delta u + m^2 u = 0. \tag{3.2}$$

它们所对应的 Cauchy 问题是

$$u(0) = \varphi(x), \quad u_t(0) = \psi(x), \quad (\varphi, \psi) \in H^1(\mathbb{R}^n) \times L^2(\mathbb{R}^n). \tag{3.3}$$

我们总假设非线性函数 $f(u)$ 满足条件 (H_1).

(i) $f(\mathbb{R}) \subseteq \mathbb{R}$, $F(u) = \int_0^u f(v)dv \geq 0$.

(ii) $|f^{(j)}(u)| \leq C|u|^{\rho-j}, j = 0, 1$. 当 $\rho > 2$ 时， $j = 0, 1, 2$. 进而满足估计

$$|f'(u) - f'(v)| \leq C|u - v|^{\rho-1}, \qquad \rho \leq 2,$$

$$|f''(u)| \leq C|u|^{\rho-2}, \qquad \rho > 2.$$

(iii) $uf(u) - 2F(u) \geq \alpha F(u)$, $\alpha > 0$ 并且 $uf(u) - 2F(u)$ 在 $u = 0$ 或 $u = \infty$ 处是非平坦的，即存在 $\beta > 0$, $N \geq 0$ 满足

$$F(u) \geq \beta |u|^{\tilde{\rho}+1}(1 + |u|)^{-N}, \quad \rho \leq \tilde{\rho} < \infty.$$

注记 3.1 (i) (H_1) 的 (i) 是确保方程 (3.1) 具有正值能量，它是能量解整体存在的本质条件，自然，是波算子存在的前提条件.

(ii) 条件 (H_1) 的 (ii) 及 (iii) 给出了 $u = \infty$ 或 $u = 0$ 处非线性函数 $f(u)$ 的增长的限制. 下界是 $u = 0$ 处的条件，上界则是对 $u = \infty$ 处的条件.

(iii) $uf(u) - 2F(u) \geq 0$, 主要是确保方程 (3.1) 不存在有界态和行波解.

非线性 Klein-Gordon 方程的散射性理论结果非常复杂，为了突出重点，我们对一些冗长估计仍给出结果，具体证明可参见相应的参考文献. 取 $g = (u, u_t)$,

$$Pg = \begin{pmatrix} 0, & 0 \\ -f\circ, & 0 \end{pmatrix} = (0, -f(u)), \quad iH_0 = \begin{pmatrix} 0, & I \\ \Delta - m^2, & 0 \end{pmatrix}.$$

则 (3.1) 可写成形如

$$\frac{dg}{dt} = iH_0 g + Pg, \quad g(0) = (u(0), u_t(0)), \tag{3.4}$$

相应的自由方程是

$$\frac{dg}{dt} = iH_0 g, \qquad g(0) = (u(0), u_t(0)). \tag{3.5}$$

易见 $U_0(t) = e^{iH_0 t}$ 在 $X = H^1 \times L^2$ 上是一个单位酉群. 与 Klein-Gordon 方程相应的能量模是

$$\|(u, u_t)\|_e^2 \equiv \|u\|_e^2 = \frac{1}{2}\int [|\partial_x u|^2 + |u_t|^2 + m^2|u|^2]dx. \tag{3.6}$$

记 $U(t)$ 是非线性算子 $iH_0 + P$ 生成的非线性整体流, 换言之, $g = U(t)g(0)$ 是 (3.4) 的整体解. 渐近完备性就是寻找 $g_\pm \in H^1 \times L^2$, 使得

$$\|g(t) - U_0(t)g_\pm; X\| = \|U(t)g(0) - U_0(t)g_\pm; X\| \to 0, \quad t \to \pm\infty. \tag{3.7}$$

完全类似 Schrödinger 方程的情形, 根据

$$g_\pm(x) = g_0(x) + \int_0^{\pm\infty} e^{-iH_0\tau} Pg(x, \tau)d\tau,$$

我们有如下法则 (见 [RS], Br2])).

命题 3.1 设 $g(x,t) = (u(t), u_t(t))$ 是 (3.5) 的整体能量解, 并且满足

$$\int_{-\infty}^{\infty} \|Pg\|_X dt = \int_{-\infty}^{\infty} \|f(u)\|_2 dt < \infty. \tag{3.8}$$

则存在惟一 $g_\pm(x) \in X$ 使得 (3.7) 成立,即确定了良定的散射算子 $S: g_-(x) \to g_+(x)$.

先来回忆一下线性 Klein-Gordon 方程的一些有关结果.

(A) 记 $u_0(t) = \dot{K}(t)\varphi + K(t)\psi$ 是问题 (3.2),(3.3) 的解, 这里

$$K(t) = \mathcal{F}^{-1}\frac{\sin(1+|\xi|^2)^{\frac{1}{2}}t}{(1+|\xi|^2)^{\frac{1}{2}}}\mathcal{F}\cdot = \frac{\sin(I-\Delta)^{\frac{1}{2}}t}{(I-\Delta)^{\frac{1}{2}}}.$$

由第十一章定理 3.5 可见

$$\|K(t)\psi\|_{\mathcal{L}_{p'}^{s'}} \le E(t)\|\psi\|_{\mathcal{L}_p^s}, \quad |t| > 0, \tag{3.9}$$

这里

$$E(t) \le C\begin{cases} |t|^{-(n-1+\theta)\alpha(p')}, & |t| \ge 1, \\ |t|^{1+s-s'-2n\alpha(p')}, & |t| < 1, \end{cases} \tag{3.10}$$

$1 < p \le 2 \le p' < \infty$, $\frac{1}{p}+\frac{1}{p'}=1$, $\alpha(p')=\frac{1}{2}-\frac{1}{p'}$, $0 \le \theta \le 1$ 并且 $\alpha(p')(n+1+\theta) \le 1+s-s'$. 注意到 $1+s-s'-2n\alpha(p') \ge -(n-1-\theta)\alpha(p')$, 故在 (3.10) 中, $1+s-s'-2n\alpha(p')$ 可换成 $-(n-1-\theta)\alpha(p')$.

定义 3.1 对 $0 \le s < \rho-1$, 称 p', s' 满足条件 $(*)_s$, 如果它满足 $\frac{1}{p}+\frac{1}{p'}=1, 2 \le p' < \infty$, 对某些 $\theta \in (0,1]$ 满足 $(n-1+\theta)\alpha(p') > 1 > (n-1-\theta)\alpha(p')$ 且 $(n+1+\theta)\alpha(p') \le 1+s-s'$. 容易看出, $(*)_s$ 条件可确保 $E(t) \in L^1(\mathbb{R})$. 作为第十一章定理 4.6 的特例, 有如下时空估计:

$$\|u\|_{\mathcal{L}^q_s(\mathbb{R};\mathcal{L}^q_{\frac{1}{2}})} \le C(\|\varphi\|_{H^{s+1}}+\|\psi\|_{H^s}), \quad \alpha(q) \in \left[\frac{1}{n+2}, \ \frac{1}{n+1}\right]. \tag{3.11}$$

(B) 设 u 是问题 (3.1), (3.3) 的解, 则有如下守恒律

$$E(u) = \|u\|_e^2 + \int_{\mathbb{R}^n} F(u)dx = \text{const}, \quad t \in \mathbb{R}. \tag{3.12}$$

(C) Morawetz 弱衰减估计. 设 u 是问题 (3.1),(3.3) 的解, 有

$$\int\int \frac{uf(u)-2F(u)}{1+|x|}dxdt \le CE(u). \tag{3.13}$$

若 u 是具有紧支集的解, 则有

$$\int\int \frac{uf(u)-2F(u)}{|x|}dxdt \le CE(u). \tag{3.13'}$$

定义 3.2 设 X 是 $\mathbb{R}^n$ 上的一个 Banach 空间, 定义时空空间 $\tilde{L}_{q_0}(\mathbb{R}, X)$ 满足: 对于自由 Klein-Gordon 方程的解 $u_0(t) \in \tilde{L}_{q_0}(\mathbb{R}, X)$, 如果 $\|u_0\|_X \in L^{q_0}(\mathbb{R})$ 且存在具有紧支集的光滑初值函数 $\varphi_\nu(x), \psi_\nu(x)$ 满足

$$\varphi_\nu(x) = \varphi(x), \quad \psi_\nu(x) = \psi(x), \quad |x| \le R_\nu, \quad R_\nu \to \infty, \tag{3.14}$$

使得以 $\varphi_\nu(x), \psi_\nu(x)$ 为初始函数的解 $u_{0\nu}(t)$ 满足

$$\|u_{0\nu}(t); L^\infty(\mathbb{R}, H^1(\mathbb{R}^n)) \cap L^{q_0}(\mathbb{R}, X)\| < C < \infty. \tag{3.15}$$

容易看出, 形如 $\tilde{L}_{q_0}(\mathbb{R}, X)$ 的时空空间就是能保证 Strichartz 估计成立的空间. 借助于上述事实及非线性估计, 我们可得到非线性方程解的时空估计.

定理 3.2 当 $\rho > 2$ 时, 设 p', s' 满足 $(*)_1$. 当 $\rho \le 2$ 时, 对充分接近 $\rho-1$ 的 s, p', s' 满足 $(*)_s$. 设 $u(t)$ 是问题 (3.1), (3.3) 的惟一解, $u_0(t)$ 是 (3.2), (3.3) 的解. 设

$$1+4\alpha(p') < \rho < \rho(p', s') = \frac{(n+4n\alpha(p')-2(1+s)+2s')}{(n-2)}. \tag{3.16}$$

如果 $u_0(t) \in \tilde{L}_{q_0}(\mathbb{R}; B^{s'}_{p',2})$, $E(t) \in L^{q'_0}(\mathbb{R})$, $\frac{1}{q_0} + \frac{1}{q'_0} = 1$, 则 $u(t) \in L^{q_0}(\mathbb{R}; \mathcal{L}^{s'}_{p'})$.

定理 3.3 在定理 3.2 的假设下, $1 \le q_1 \le \infty$.

(1) $u_0(t) \in L^{q_1}(\mathbb{R}, B^{s'}_{p',2})$, 则 $u(t) \in L^{q_1}(\mathbb{R}, B^{s'}_{p',2})$.

(2) $u_0(t) \in L^{q_1}(\mathbb{R}, B^{s'}_{p',2})$, 则 $u(t) \in L^{q_0}(\mathbb{R}; \mathcal{L}^{s'}_{p'}) \cap L^{q_1}(\mathbb{R}; \mathcal{L}^{s'}_{p'})$.

(3) $u_0(t) \in L^{q_1}(\mathbb{R}, \mathcal{L}^{p'}_{s'} \cap L^{p'})$,$2 \le r_0 < p'$, 则 $u(t) \in L^{q_1}(\mathbb{R}; \mathcal{L}^{p'}_{s'} \cap L^r)$, 这里 $\delta_r = \max\{\delta_{r_0}, 2\delta_{p'}(\rho - 1 - 2\delta_{p'})^{-1}\delta\}$.

注记 3.2 (i) 设 $\sigma \ge 0$, $\frac{1}{q_\sigma} = \frac{1}{q} - \sigma$, q'_σ 是 q_σ 的共轭对. 利用 Sobolev 嵌入关系 $\mathcal{L}^\sigma_q \hookrightarrow L^{q_\sigma}$ 及 Klein-Gordon 方程时空估计 (见第十一章定理 3.6) 可知, 只要初始函数属于 $H^1 \times L^2$, 那么

$$u_0(t) \in \tilde{L}_{q_\sigma}(\mathbb{R}, \mathcal{L}^{\frac{1}{2}+s-\sigma}_r(\mathbb{R}^n)). \tag{3.17}$$

(ii) 定理 3.2, 定理 3.3 是时空估计及下面非线性估计的直接结果, 证明详见 [Br2].

引理 3.4 (1) 设 $(*)_1$ 成立, 且存在 $0 < \eta \le 1$ 满足

$$\begin{aligned} &1 + 4\alpha(p') - 2\alpha(p')\eta \le \rho \le \rho_n - 2\eta(n\alpha(p') - 1 + s')/(n-2), \\ &\quad 2 - \eta \le \rho, \quad \rho_n = (n + 4n\alpha(p') - 4 + 2s')/(n-2). \end{aligned} \tag{3.18}$$

则

$$\|f(u), \mathcal{L}^1_p\| \le C\|u\|^{\rho-1+\eta}_{H^1}\|u; \mathcal{L}^{s'}_{p'}\|^{1-\eta}. \tag{3.19}$$

(2) 设 $(*)_1$ 成立, 如果存在 $\eta \ge 1$ 满足

$$1 + 4\alpha(p') + 2\alpha(p')\eta \le \rho \le \rho_n, \quad 2 + \eta \le \rho, \tag{3.20}$$

则

$$\|f(u); \mathcal{L}^1_p(\mathbb{R}^n)\| \le C\|u\|^{\rho-1-\eta}_{H^1}\|u; \mathcal{L}^{s'}_{p'}\|^{1+\eta}. \tag{3.21}$$

(3) 设 $(*)_s$ 成立, 如果存在 $0 < \eta \le 1$, 满足

$$\begin{aligned} 1 + 4\alpha(p') - 2\alpha(p')\eta \le \rho \le \rho(p', s') \\ - 2\frac{[\eta(n + \alpha(p') + s') + 2(\rho - 1 - s)]}{(n-2)}, \\ 1 + s - \eta < \rho \le 2 - \eta, \end{aligned} \tag{3.22}$$

则

$$\|f(u); B^s_{p.2}(\mathbb{R}^n)\| \le C\|u\|^{\rho-1+\eta}_{H^1}\|u; \mathcal{L}^{s'}_{p'}\|^{1-\eta}, \tag{3.23}$$

这里

$$\rho(p', s') = (n + 4n\alpha(p') - 2(1+s) + 2s')/(n-2).$$

(4) 设 $(*)_s$ 成立，如果存在 $\eta \geq 0$ 且

$$1+4\alpha(p')+2\alpha(p')\eta \leq \rho \leq \rho(p',s')-2(\rho-1-s)/(n-2),$$
$$1+s+\eta<\rho \leq 2+\eta, \tag{3.24}$$

则

$$\|f(u);B^s_{p,2}\| \leq C\|u\|^{\rho-1-\eta}_{H^1}\|u;\mathcal{L}^{s'}_{p'}\|^{1+\eta}. \tag{3.25}$$

证明 直接利用第十二章的引理 2.2, 就得上面的非线性估计.

定理 3.5 设 $1+\frac{4}{n} \leq \rho \leq 1+\frac{4}{n-1}$，$u_-(t)$ 是自由 Klein-Gordon 方的 Cauchy 问题

$$u_-(0)=\varphi_-(x), \quad \partial_t u_-(0)=\psi_-(x) \tag{3.26}$$

的解，则

(a) 存在非线性 Klein-Gordon 方程 (3.1) 的解 $u(t)$ 满足

$$\lim_{t\to\infty}\|u(t)-u_-(t)\|_e=0. \tag{3.27}$$

(b) 如果 $\int\int|u(t,x)|^{\rho+1}dxdt<\infty$, 则存在自由 Klein-Gordon 的解 $u(t)$ 满足

$$\lim_{t\to\infty}\|u(t)-u_+(t)\|_e=0. \tag{3.28}$$

证明 对于任意 $(\varphi_-(x),\psi_-(x))\in H^1\times L^2$, 由局部存在性理论，存在 T 充分大，积分方程

$$u(t)=u_-(t)-\int_{-\infty}^t K(t-\tau)f(u(\tau))d\tau \tag{3.29}$$

在 $I=[-\infty,-T]$ 上有惟一解 $u(t)\in C(I;H^1)\cap L^{\rho+1}(I;L^{\rho+1})$, 并且满足

$$E(u)=\|u\|_e^2+\int F(u(t))dx=\|(\varphi_-,\psi_-)\|_e^2, \quad \forall t\in I. \tag{3.30}$$

$$\|u(t)-u_-(t)\|_{H^1}\to 0, \quad t\to-\infty. \tag{3.31}$$

记 $u(t)$ 是非线性 Klein-Gordon 方程的整体解，如果 (p',s') 满足 $(*)_s$, 由定理 3.2, 定理 3.3 就知

$$u(t)\in L^q(\mathbb{R},\mathcal{L}^{s'}_{p'}(\mathbb{R}^n))\cap L^{\rho+1}(\mathbb{R}\times\mathbb{R}^n). \tag{3.32}$$

定义

$$u_+(t)=u_-(t)-\int_{-\infty}^{\infty}K(t-\tau)f(u(\tau))d\tau, \tag{3.33}$$

我们断言 $u_+(t) \in H^1(\mathbb{R}^n)$, 并且

$$\|u(t) - u_+(t)\|_{H^1} \to 0, \quad t \to +\infty. \tag{3.34}$$

这就定义了波算子 $\Omega_- : u_-(x) \to u(0)$ 及算子 $S' : u_-(t) \to u_+(t)$. 于是, S' 就诱导出 $H^1 \times L^2 \to H^1 \times L^2$ 的良定的散射算子

$$S : (\varphi_-(x), \psi_-(x)) \to (\varphi_+(x), \psi_+(x)). \tag{3.35}$$

因此, 下仅需证明断言 (3.34) 成立即可. 由 (3.30),(3.21),(3.25) 及 Morawetz 估计, 容易看出

$$\begin{aligned}
&\|u(t) - u_+(t); \mathcal{L}_{p'}^{s'}\| \leq C \int_t^\infty E(t-\tau)\|u; \mathcal{L}_{p'}^{s'}\| d\tau \\
\leq &C\left(\int_t^\infty \|u(t); \mathcal{L}_{p'}^{s'}\|^q d\tau\right)^{\frac{1}{q}} \|E(\tau)\|_{L^{q'}(\mathbb{R}^+)} \to 0, \quad t \to +\infty.
\end{aligned} \tag{3.36}$$

由能量守恒不等式 (3.30), 知

$$\sup_t \|u(t)\|_{H^1} < \infty. \tag{3.37}$$

因此, 由弱紧致原理可推得

$$u(t) - u_+(t) \xrightarrow{w} 0, \quad t \to \infty, \quad \text{在 } H^1(\mathbb{R}^n) \text{ 中成立}. \tag{3.38}$$

特别 $g_+ = (\varphi_+(x), \psi_+(x)) \in H^1 \times L^2$ 是 $u_+(t)$ 在 $t = 0$ 的初始状态. 这样, 由 (3.36), $L^2 \cap L^{p'} \hookrightarrow L^{\rho+1}$ 及插值定理可推得

$$\|u(t) - u_+(t)\|_{\rho+1} \to 0, \quad t \to \infty, \tag{3.39}$$

注意到 $u_+(t) \in L^{\rho+1}(\mathbb{R} \times \mathbb{R}^n)$, $u_+(t)$ 关于 t 在 H^1 模意义下一致连续, 进而, 由 Sobolev 嵌入定理 $H^1 \hookrightarrow L^{\rho+1}(\mathbb{R}^n)$ 就推得 $u_+(t)$ 关于 t 在 $L^{\rho+1}$ 模下一致连续, 因此

$$\|u_+(t)\|_{\rho+1} \to 0, \qquad t \to \infty. \tag{3.40}$$

由 (3.39) 就推得当 $t \to \infty$ 时, $\|u(t)\|_{\rho+1} \to 0$. 故

$$\begin{aligned}
\|(\varphi_+(x), \psi_+(x))\|_e^2 &= \|u_+(t)\|_e^2 \leq \lim_{t\to\infty} \inf \|u(t)\|_e^2 = \lim_{t\to\infty} E(u(t)) \\
&= E(u(t)) = \|(\varphi_-(x), \psi_-(x))\|_e^2.
\end{aligned} \tag{3.41}$$

显然

$$u_s(t) = u_+(t) + \int_t^s K(t-\tau) f(u_s(\tau)) d\tau \tag{3.42}$$

是 (3.1) 满足 $u_s(t)\mid_{t=s}=u_+(x)$ 的解，注意到 $u_s(t)\in L^{\rho+1}(\mathbb{R}^{n+1})$, 直接估计

$$\begin{aligned}\|u_s(t)-u(t)\|_{\rho+1}\le &C'\int_t^s E(t-\tau)(\|u\|_{\rho+1}^{\rho-1}+\|u_s\|_{\rho+1}^{\rho-1})\\ &\times\|u-u_s\|_{\rho+1}d\tau+C'\int_s^\infty E(t-\tau)\|u\|_{\rho+1}^{\rho}d\tau,\end{aligned}$$

从而有

$$\begin{aligned}\int_t^\infty\|u_s(t)-u(t)\|_{\rho+1}^{\rho+1}dt\le &C'\left(\int_t^\infty(\|u_s(t)\|_{\rho+1}^{\rho+1}+\|u(t)\|_{\rho+1}^{\rho+1})dt\right)^{\rho-1}\\ &\times\int_t^\infty\|u-u_s\|_{\rho+1}^{\rho+1}d\tau+C'\left(\int_s^\infty\|u\|_{\rho+1}^{\rho+1}d\tau\right)^{\rho}.\end{aligned}\tag{3.43}$$

注意到 $\|u\|_{\rho+1},\|u_s\|_{\rho+1}\in L^{\rho+1}(\mathbb{R})$, 故可找到不依赖 s 的 T_0, 当 $t\ge T_0$ 时有

$$\int_t^\infty\|u_s(\tau)-u(\tau)\|_{\rho+1}^{\rho+1}d\tau\to 0,\quad s\to\infty,\quad t\ge T_0.\tag{3.44}$$

特别，存在子序列 $s_j\to\infty$ 满足

$$\|u_{s_j}(t)-u(t)\|_{\rho+1}\xrightarrow{\text{a.e}}0,\qquad t\ge T_0,\quad s_j\to\infty.\tag{3.45}$$

对这些 t, 我们有 $u_{s_j}(t)\in H^1\cap L^{\rho+1}$ 及

$$E(u_{s_j}(t))=E(u_{s_j}(0))=E(u_+(s_j))\to\|(\varphi_+,\psi_+)\|_e^2,\quad s_j\to\infty.\tag{3.46}$$

因此，$u_{s_j}(t)\xrightarrow{w}u(t)$ 在 H^1 中成立，并且

$$\|u(t)\|_{H^1}\le\lim_{s_j\to\infty}\inf\|u_{s_j}(t)\|_{H^1}.\tag{3.47}$$

利用 $|F(u)|\le C|u|^{\rho+1}$, 自然有

$$\int F(u(t))dx\le\lim_{s_j\to\infty}\int F(u_{s_j}(t))dx.$$

因此

$$E(u(t))\le\lim_{s_j\to\infty}E(u_{s_j}(t))\le\|(\varphi_+(x),\psi_+(x))\|_e^2.\tag{3.48}$$

利用能量守恒律 (3.41), 就得

$$E(u(t))=\|(\varphi_+(x),\psi_+(x))\|_e=\|(\varphi_-(x),\psi_-(x))\|_e.$$

由此推知 $u(t)$ 按 $\|\cdot\|_e$ 连续，进而按 $\|\cdot\|_{H^1}$ 范数连续. 从而弱收敛 (3.38) 就意味着强收敛关系 (3.34). 定理 3.5 得证.

下面来证明, 当 $1+\frac{4}{n}\leq\rho\leq 1+\frac{4}{n-1}$ 时, 借助于第十一章定理 4.6, 可得到 (3.1) 的解 $u\in L^{\rho+1}(\mathbb{R}^{n+1})$. 由定理 3.5 就得到散射算子 S 是 $H^1(\mathbb{R}^n)\times L^2(\mathbb{R}^n)$ 上良定算子.

定理 3.6 设 $n\geq 3$, $1+\frac{4}{n}\leq\rho\leq 1+\frac{4}{n-1}$, 设 $\theta=1$ 并且 (q,r,s) 如同第十一章定理 4.6 的条件, 记 $u(t)$ 是非线性 Klein-Gordon 方程 (3.1), (3.3) 的解, 进而设

(a) $1+4\alpha(r)<\rho<\rho(r,0)$,

(b) $q'_\sigma(n-2)\alpha(r)<1$,

(c) $n\alpha(r)>1$,

(d) $(n+2)\alpha(r)\leq 2(1-\sigma)$,

(e) $(n-2)\alpha(r)\leq 1-2\alpha(q)$,

则 $u(t)\in L^2(\mathbb{R},L^r(\mathbb{R}^n))$.

证明 容易看出,条件 (c),(e) 及 (b) 意味着 $(*)_s$ 成立. 由 L^p–$L^{p'}$ 估计 (3.9) 可见, (b) 意味着 $E(t)\in L^{q'_\sigma}(\mathbb{R})$, 故由定理 3.2 就得知 $u\in L^{q_\sigma}(\mathbb{R};\mathcal{L}_r^{\frac{1}{2}+s-\sigma})$. 由定理 3.3 知, 当 $u_0(t)\in L^2(\mathbb{R},L^r(\mathbb{R}^n))$ 时, $u(t)\in L^2(\mathbb{R},L^r(\mathbb{R}^n))$. 进而, 注意到 (c),(d),(e) 恰好意味着第十一章定理 4.6 的关于 r,q,s,σ 的假设. 特别对 $q=2$ 时亦为如此, 从而 $u_0(t)\in L^2(\mathbb{R},L^r(\mathbb{R}^n))$, 因此, 定理 3.6 得证.

引理 3.7 设 $n\geq 3$, $1+\frac{4}{n}\leq\rho\leq 1+\frac{4}{n-1}$, 设 $u(t)$ 是问题 (3.1),(3.3) 的解. 如果 $1+4\alpha(r)<\rho$ 且 $1+4\alpha(r)$ 充分接近 ρ, 则存在满足 $\frac{1}{n}<\alpha(r)<\frac{1}{n-1}$ 的 r, 使得 $u(t)\in L^2(\mathbb{R},L^r(\mathbb{R}^n))$.

证明 仅需证明定理 3.6 的条件在 $q=2, n\alpha(r)>1$ 的情形或对满足 $\sigma=s=\frac{1}{2},\alpha(q)\leq\frac{1}{2}(1-(n-2)\alpha(r))$ 的 r,q 成立. 如果

$$(n-2)\alpha(r)<\frac{1}{2}+\alpha(q)+\frac{\sigma}{n},\quad \alpha(q)\leq\frac{1}{2}(1-(n-2)\alpha(r)),\tag{3.49}$$

显然, 定理 3.6 的条件 (b), (e) 成立. 进而, 当 $\alpha(r)<\frac{1}{n-1}$ 时, 对于我们选择的 σ, 条件 (d) 显然成立. 现在验证定理 3.6 的条件 (a). 当 $n\leq 4$ 时, $\rho\geq 2$, 因此条件 $n\alpha(r)>1$ 意味着 $\alpha(r)>\frac{1}{4}$, 从而

$$1+4\alpha(r)<(n+4n\alpha(r)-4)/(n-2),\tag{3.50}$$

从而 (a) 成立. 当 $\rho\leq 2$ 时, 对某个充分小的 $\varepsilon>0$, 由 $\rho<1+4\alpha(r)+\varepsilon'$ 可经推出 $\rho<\rho(q,0)$. 此时 $s=(\rho-1-\varepsilon)$ $(\varepsilon>0)$. 因此定理 3.6 条件满足. 从而引理 3.7 得证.

推论 3.8 设 $n\geq 3, 1+\frac{4}{n}\leq\rho\leq 1+\frac{4}{n-1}$, 则非线性 Klein-Gordon 方程的 Cauchy 问题 (3.1),(3.3) 的解 $u(t)\in L^{\rho+1}(\mathbb{R}^{n+1})$.

证明 由时空估计 (见第十一章定理 3.6) 及 Sobolev 嵌入定理, 有 $u_0(t)\in L^{\rho+1}(\mathbb{R}^{n+1})$, 对给定的 n 和 ρ, 可选取 r 满足 $n\alpha(r)>1,\alpha(r)\in(\frac{1}{n},\frac{1}{n-1})$ 且满足 $1+4\alpha(r)<\rho$, 故由引理 3.7 就得 $u(t)\in L^2(\mathbb{R},L^r(\mathbb{R}^n))$.

注意到 $\alpha(\rho) \le \alpha(r)$, 且 $u(t) \in L^\infty(\mathbb{R}, H^1(\mathbb{R}^n))$, 因此，只要取 $(\hat\rho+1)\alpha(\rho+1) = 2\alpha(r)$, 则 $u(t) \in L^{\hat\rho+1}(\mathbb{R}, L^{\rho+1}(\mathbb{R}^{n+1}))$, 由于 $H^1 \hookrightarrow L^{\rho+1}$, 因此， $u \in L^\infty(\mathbb{R}, L^{\rho+1}(\mathbb{R}^n))$. 因此，我们仅需证明 $2\alpha(r) \le (\rho+1)\alpha(\rho+1)$, 就能推得 $\hat\rho \le \rho$. 利用插值定理即得 $u(t) \in L^{\rho+1}(\mathbb{R}^{n+1})$. 此仅需利用 $\alpha(r) \in (\frac{1}{n}, \frac{1}{n-1})$, $(\rho+1)\alpha(\rho+1) = \frac{1}{2}(\rho-1)$ 及条件 $\rho \ge 1+4\alpha(r)$ 就得关系式 $2\alpha(r) \le (\rho+1)\alpha(\rho+1)$.

综上定理 3.5~ 推论 3.8 就得：

定理 3.9 设 $n \ge 3, 1+\frac{4}{n} < \rho \le 1+\frac{4}{n-1}$. 则非线性 Klein-Gordon 方程的散射算子在 $H^1 \times L^2(\mathbb{R}^n)$ 是良定的.

注记 3.3 关于非线性 Klein-Gordon 方程的散射性理论，我们还有如下进一步结果：

定理 3.10 设 $n \ge 3, 1+\frac{4}{n} < \rho < 1+\frac{4}{n-2}$, 则对非线性 Klein-Gordon 方程 (3.1) 的任意解 $u(t)$, 存在自由 Klein-Gordon 方程 (3.2) 的惟一解 $u_\pm(t) = K(t)\varphi_\pm(x) + \dot K(t)\psi_\pm(x)$, $(\varphi_\pm(x), \psi_\pm(x)) \in H^1 \times L^2(\mathbb{R}^n)$ 使得

$$\|u(t) - u_\pm(t)\|_e \to 0, t \to \infty. \tag{3.51}$$

证明 由引理 3.1 可见，证明定理 3.10 等价于证明

$$\int_{-\infty}^{\infty} \|f(u(t))\|_2 dt < \infty, \tag{3.52}$$

它是如下 $L_{p'}, \mathcal{L}^1_{p'}$ 衰减估计

$$\|u(t)\|_{p'} \le C(1+|t|)^{-n\alpha(p')}, \quad t \in \mathbb{R}, \tag{3.53}$$

$$\|u(t)\|_{\mathcal{L}^1_{p'}} \le C(1+|t|)^{-n\alpha(p')}, \quad t \in \mathbb{R} \tag{3.54}$$

及 Hölder 不等式的直接结果，这里 $1 < p \le 2 \le p' < \infty$, $1+4\alpha(p') < \rho$, $(n-1)\alpha(p') < 1$, ρ 满足定理 3.10 的条件. 证明估计 (3.53),(3.54) 的主要工具是估计 (3.9) 及非线性估计引理 3.3. 详见 [Br2] 和 [GV6].

§ 13.4 非线性 Klein-Gordon 方程的低正则性

本节来考虑如下 Klein-Gordon 方程的 Cauchy 问题

$$\begin{cases} u_{tt} - \Delta u + m^2 u = -|u|^{\rho-1}u, & (t,x) \in \mathbb{R} \times \mathbb{R}^n,\ n \ge 3, m \ne 0, \\ u(x,0) = \phi(x), & x \in \mathbb{R}^n, \\ u_t(x,0) = \psi(x) & x \in \mathbb{R}^n \end{cases} \tag{4.1}$$

在低能量空间中的整体适定性问题.

最近，许多数学家致力于研究发展型方程 (组) 的低正则性问题，详见 [Bo1], [Bo2], [Ka], [KT1], [KT2], [KT3], [KVP5], [Mi13], [Mi14], [So2], [Ta], [Tat] 等等. 所谓低正则性问题就是寻求尽可能低正则性的空间，使得当初值属于此低正则性的空间 (具粗糙初值) 时，研究相应的非线性发展方程的定解问题的适定性. 一般地说，低正则性问题的局部适定性主要借助于 Strichartz 估计与分数阶求导技术，相对而言就容易些. 低正则性问题的整体适定性就要困难得多，因此时不存在相应的能量不等式. Bourgain 首次提出了 Fourier 截断方法，证明了 Schrödinger 方程的在 $H^s(s_0 < s < 1)$ 中的整体适定性. Bourgain 方法的核心是将初值分解成低频与高频两部分，用自由方程来演化高频部分，非线性方程来演化低频部分，证明相差量满足一定的正则性 (满足相应的估计), 最后证明这一过程一直可以进行，从而获得低正则性问题的整体适定性. 至于处理低正则性问题方法还有 Tao 的 I 能量方法，有兴趣的读者可见 [KT3].

就波动方程低正则性问题的整体适定性而言， Kenig, Ponce 及 Vega 在 [KPV5] 给出了三维空间中的结果, 作者借助于 Keel-Tao 的端点时空估计与非线性函数在 Besov 空间的估计，得到了高维情形下的结论 (见 [Mi12]). 这里以 Klein-Gordon 为例，来阐述处理低正则性问题的整体适定性的技巧与思想.

先回忆一下低正则性问题的局部适定性存在性的结论. 设 $(\phi(x),\psi(x)) \in H^s(\mathbb{R}^n)\otimes H^{s-1}(\mathbb{R}^n)$, 其中

$$\begin{cases} s\in(\nu(\rho),1], & n=3 \ \text{且} \ \rho=2, \\ s\in[\nu(\rho),1], & n>3, \quad \text{或} \ n=3 \ \text{且} \ \rho>2, \end{cases} \tag{4.2}$$

$$\nu(\rho)=\begin{cases} \frac{n+1}{4}-\frac{1}{\rho-1}, & k_0(n)\le\rho\le 1+\frac{4}{n-1}, \\ \frac{n}{2}-\frac{2}{\rho-1}, & 1+\frac{4}{n-1}\le\rho<1+\frac{4}{n-2}, \end{cases} \tag{4.3}$$

$$k_0(n)=\frac{(n+1)^2}{(n-1)^2+4}, \quad n\ge 3. \tag{4.4}$$

则 Cauchy 问题 (4.1) 在 $[0,T_0)$ 是局部适定的，这里 $T_0=T_0(\|\phi\|_{H^s},\|\psi\|_{H^{s-1}})$, $s\in(\nu(\rho),1]$ (见 [LS],[So2]). 当 $n\ge 4$ 时，含端点 $s=\nu(\rho)$ 的情形 (见 [KT1]).

定理 4.1 $s\in(\alpha(\rho),1)$ 满足

$$\alpha(\rho)=\frac{2(\rho-1)^2+(n+2-\rho(n-2))\cdot(n\rho-n-\rho-1)}{2(\rho-1)^2+2(\rho-1)\,(n+2-\rho(n-2))},$$
$$n=3, 2<\rho<\frac{n+3}{n-1}, \text{或}\ n\ge 4,\ k_0(n)\le\rho<\frac{n-1}{n-3}, \tag{4.5}$$

$$\alpha(\rho)=\frac{4(\rho-1)+(n+2-\rho(n-2))\cdot(n\rho-n-4)}{2(\rho-1)\,(n+4-\rho(n-2))},$$
$$n=3, \quad \frac{n+3}{n-1}\le\rho<\frac{n+2}{n-2}. \tag{4.6}$$

则对任意的 $T>0$ 及 $(\phi(x),\psi(x))\in \dot{H}^s(\mathbb{R}^n)\cap L^{\rho+1}(\mathbb{R}^n)\otimes \dot{H}^{s-1}(\mathbb{R}^n)$, Cauchy 问题 (4.1) 在 $[0,T)$ 存在惟一的解 $u(t)$ 满足

$$u(t)=\dot{K}(t)\phi+K(t)\psi+z(t) \tag{4.7}$$

与估计

$$\sup_{[0,T)}\|z(t)\|_{H^1}\le CT^{\frac{1-s}{1-s-\eta}}, \tag{4.8}$$

这里 $K(t)=\sin(m^2-\Delta)^{\frac{1}{2}}t/(m^2-\Delta)^{\frac{1}{2}}$,

$$\begin{aligned}\eta&=\frac{2(\rho-1)^2(1-s)}{n+2-\rho(n-2)}+\frac{n\rho-(n+\rho-1)}{2}-\rho s,\\ n&=3, 2<\rho<\frac{n+3}{n-1}, \text{或 } n\ge 4,\ k_0(n)\le\rho<\frac{n-1}{n-3},\end{aligned} \tag{4.9}$$

$$\begin{aligned}\eta&=\frac{2(\rho-1)(1-s)}{n+2-\rho(n-2)}+\frac{n\rho-(n+2)}{2}-\rho s,\\ n&=3,\quad \frac{n+3}{n-1}\le\rho<\frac{n+2}{n-2}.\end{aligned} \tag{4.10}$$

注记 4.1 (i) 记 $k_1(n)=1+2/(n-2)$. 容易验证当 $n=3,4$ 时, $k_0(n)<k_1(n)$; 当 $n\ge 5$ 时, $k_0(n)>k_1(n)$. 易见 $1+\dfrac{2}{n-2}=\dfrac{n+3}{n-1}$, $n=3$. 进而还有

$$\begin{cases}\dfrac{n-1}{n-3}=\dfrac{n+2}{n-2}, & n=4,\\[2mm] \dfrac{n-1}{n-3}<\dfrac{n+2}{n-2}, & n\ge 5.\end{cases}$$

(ii) 当 $n\ge 5$ 时,由于技术的原因,我们仅考虑了 $k_0(n)\le\rho<(n-1)/(n-3)$ 的情形.

(iii) 当 $n=3$, $m=0$ 时, 从定理 4.1 就可推出 [KPV] 的结论.

在证明定理 4.1 之前, 先回忆一下 Strichartz 时空估计. 直接计算知

$$\begin{aligned}W(x,t)=&\dot{K}(t)\phi(x)+K(t)\psi(x)+\int_0^t K(t-\tau)f(x,\tau)d\tau\\ =&\dot{K}(t)\phi(x)+K(t)\psi(x)+(\mathcal{G}f)(x,t)\end{aligned} \tag{4.11}$$

是如下线性 Klein-Gordon 方程

$$\begin{cases}W_{tt}-\Delta W+m^2W=f(x,t), & (t,x)\in\mathbb{R}\times\mathbb{R}^n,\\ W(x,0)=\phi(x), & x\in\mathbb{R}^n,\\ W_t(x,0)=\psi(x), & x\in\mathbb{R}^n\end{cases} \tag{4.12}$$

的解. 由第十一章定理 4.5, 定理 4.6, 就推出

$$\|K(t)\psi(\cdot)\|_{B^s_{r,2}} \le C|t|^{-(n-1+\sigma)(\frac{1}{2}-\frac{1}{r})}\|\psi\|_{B^{\tilde{s}}_{r',2}}, \quad t \neq 0 \tag{4.13}$$

与

$$\|K(t)\psi(\cdot)\|_{B^s_{r,2}} \le C|t|^{-(n-1-\sigma)(\frac{1}{2}-\frac{1}{r})}\|\psi\|_{B^{\tilde{s}}_{r',2}}, \quad t \neq 0. \tag{4.14}$$

用 TT^* 方法，我们给出基于 (4.13) 的 Strichartz 时空估计. 至于基于 (4.14) 的 Strichartz 时空估计用注记形式给出. 为此, 对给定的 n, $2 \le r \le \infty$, $0 \le \sigma \le 1$, 定义

$$\frac{\delta(r,\sigma)}{n+\sigma} = \frac{2\beta(r,\sigma)}{n+1+\sigma} = \frac{\gamma(r,\sigma)}{n-1+\sigma} = \frac{1}{2} - \frac{1}{r}. \tag{4.15}$$

对于 $0 < s < 1$, $2 \le r \le \infty$, $0 \le \sigma \le 1$,

$$\left(\frac{1}{2} - \frac{1}{r}\right) = 2\beta(r,\sigma) = 1 + \tilde{s} - s,$$

(4.13) 就变成

$$\|K(t)\psi(\cdot)\|_{B^s_{r,2}} \le C|t|^{-\gamma(r,\sigma)}\|\psi\|_{B^{\tilde{s}}_{r',2}}, \quad t \neq 0.$$

特别，有

$$\|K(t)\psi(\cdot)\|_{B^{1-\beta(r,\sigma)}_{r,2}} \le C|t|^{-\gamma(r,\sigma)}\|\psi\|_{B^{\beta(r,\sigma)}_{r',2}}, \quad t \neq 0. \tag{4.16}$$

由 TT^* 方法， Hardy-Littlewood-Sobelev 不等式及 Sobolev 嵌入定理，就得如下 Strichartz 估计.

命题 4.2 令 ρ_1, ρ_2, $\mu \in \mathbb{R}$, $2 \le q_1$, q_2, r_1 与 $r_2 \le \infty$ 满足

$$0 \le \frac{2}{q_j} \le \min(\gamma(r_j,\sigma), 1), \quad n \ge 3, \quad j = 1, 2,$$

$$(q_j, r_j, n, \sigma) \neq (2, \infty, 3, 0), \quad j = 1, 2,$$

$$\rho_1 + \delta(r_1,\sigma) - \frac{1}{q_1} = \mu,$$

$$\rho_2 + \delta(r_2,\sigma) - \frac{1}{q_2} = 1 - \mu.$$

记 $Y^\mu = H^\mu \times H^{\mu-1}$. 则有如下结论:

(i) 对任意的 $(\phi,\psi) \in Y^\mu$, $(w, \partial_t w) \in \mathcal{C}(I; Y^\mu) \cap L^{q_1}(I; B^{\rho_1}_{r_1,2} \oplus B^{\rho_1-1}_{r_1,2})$ 且满足

$$\|w; L^{q_1}(I; B^{\rho_1}_{r_1,2})\| + \|\partial_t w; L^{q_1}(I; B^{\rho_1-1}_{r_1,2})\| \le C\|(\phi,\psi)\|_{Y^\mu}. \tag{4.17}$$

(ii) 对任意的 $f \in L^{q_2'}(I; B^{-\rho_2}_{r_2',2})$, $\mathcal{G}f \in C(I; Y^\mu) \cap L^{q_1}(I; B^{\rho_1}_{r_1,2})$ 且满足

$$\|\mathcal{G}f; L^{q_1}(I; B^{\rho_1}_{r_1,2})\| \le C\|f; L^{q_2'}(I; B^{-\rho_2}_{r_2',2})\|. \tag{4.18}$$

(iii) 记 $I = [0, T)$, $0 < T \le \infty$, 则

$$\begin{aligned} &\|W; L^{q_1}(I; B^{\rho_1}_{r_1,2})\| + \|\partial_t W; L^{q_1}(I; B^{\rho_1-1}_{r_1,2})\| \\ \le &C\left(\|(\phi,\psi)\|_{Y^\mu} + \|f; L^{q_2'}(I; \dot{B}^{-\rho_2}_{r_2',2})\|\right). \end{aligned} \tag{4.19}$$

定义 4.1　称 (q, r) 是最佳的容许对,如果 q, $r \ge 2$, $(q, r, n, \sigma) \neq (2, \infty, 3, 0)$ 且

$$\frac{2}{q} = (n - 1 + \sigma)\left(\frac{1}{2} - \frac{1}{r}\right) = \gamma(r, \sigma). \tag{4.20}$$

容易看出,如果 (q, r) 是一个最佳的容许对,则 q 可以被 r 与 σ 惟一确定,记为 $q = q(r, \sigma)$.

推论 4.3　(1) 设 $0 \le \sigma \le 1$, $(q(r,\sigma), r)$ 与 $(q_j(r_j,\sigma), r_j)$ $(j = 1, 2)$ 是最佳的容许对,若 $(\phi, \psi) \in H^s \times H^{s-1}$, 则 $w = \dot{K}(t)\phi + K(t)\psi \in L^{q(r,\sigma)}(I; B^{s-\beta(r,\sigma)}_{r,2}) \cap C(I; H^s)$ 且

$$\|w\|_{L^{q(r,\sigma)}(I; B^{s-\beta(r,\sigma)}_{r,2})} \le C\left(\|\phi\|_{H^s} + \|\psi\|_{H^{s-1}}\right). \tag{4.21}$$

(2) 设 $f \in L^{q_2'(r_2,\sigma)}(I; B^{s+\beta(r_2,\sigma)-1}_{r_2',2})$. 则

$$\mathcal{G}f \in L^{q_1(r_1,\sigma)}(I; B^{s-\beta(r_1,\sigma)}_{r_1,2})$$

且

$$\|\mathcal{G}f\|_{L^{q_1(r_1,\sigma)}(I; B^{s-\beta(r_1,\sigma)}_{r_1,2})} \le C\|f\|_{L^{q_2'(r_2,\sigma)}(I; B^{s+\beta(r_2,\sigma)-1}_{r_2',2})}. \tag{4.22}$$

特别,

$$\|\mathcal{G}f\|_{L^{q(r,\sigma)}(I; B^{s-\beta(r,\sigma)}_{r,2})} \le C\|f\|_{L^{q'(r,\sigma)}(I; B^{s+\beta(r,\sigma)-1}_{r',2})}. \tag{4.23}$$

推论 4.4　设 θ, σ 满足

$$0 \le \theta \le \frac{n+1+\sigma}{2(n-1+\sigma)} < 1, \quad n \ge 3, 0 \le \sigma \le 1,$$

$$0 \le \theta < 1, \quad n = 3, \quad \sigma = 0.$$

则

$$\|w\|_{L^{\frac{n+1+\sigma}{(n-1+\sigma)\theta}}(I; B^{l-\theta}_{\frac{2(n+1+\sigma)}{n+1+\sigma-4\theta},2})} \le C_\theta\left(\|\phi(x)\|_{H^l} + \|\psi(x)\|_{H^{l-1}}\right), \tag{4.24}$$

$$\|w\|_{L^{\frac{n+1+\sigma}{(n-1+\sigma)\theta}}(I;L^r)} \le C_\theta\left(\|\phi\|_{H^l}+\|\psi\|_{H^{l-1}}\right), \tag{4.25}$$

这里 $l\ge 1$,

$$\frac{2(n+1+\sigma)}{n+1+\sigma-4\theta}\le r\le \frac{2(n+1+\sigma)n}{(n-2l)(n+1+\sigma)-2(n-1-\sigma)\theta}. \tag{4.26}$$

推论 4.5 设 $w=\dot K(t)\phi+K(t)\psi$, 对 $q,r\ge 2$, $0\le\sigma\le 1$ 满足 $(q,r,n,\sigma)\neq(2,\infty,3,0)$, 则

$$\|w\|_{L^q(I;L^r)}\le C\left(\|\phi\|_{H^l}+\|\psi\|_{H^{l-1}}\right),\quad \delta(r,\sigma)-\frac{1}{q}\le l,\quad l\ge 1. \tag{4.27}$$

注记 4.2 (i) 当 $\sigma\equiv 0$ 时，记 $\delta(r,0)=\delta(r)$, $\beta(r,0)=\beta(r)$ $\gamma(r,0)=\gamma(r)$. 则 (4.15) 就变成

$$\frac{\delta(r)}{n}=\frac{2\beta(r)}{n+1}=\frac{\gamma(r)}{n-1}=\frac{1}{2}-\frac{1}{r},$$

此恰好对应着第十一章中所引进的关于线性波方程时空估计时的记号.

(ii) Marshall 所建立的混合时空估计

$$\|w\|_{L^q(\mathbb{R};B^a_{r,2})}\le C\left(\|\phi\|_{H^1}+\|\psi\|_{L^2}\right), \tag{4.28}$$

这里

$$\begin{cases}\dfrac{1}{2}-\dfrac{2}{(n-1)q}<\dfrac{1}{r}<\dfrac{1}{2}-\dfrac{2}{nq},\\[2mm] 0\le\dfrac{1}{q}\le\dfrac{1}{2},\quad a<\dfrac{1}{2}+\dfrac{1}{r}-\dfrac{1}{q}.\end{cases} \tag{4.29}$$

$$\|w\|_{L^q(\mathbb{R};L^r)}\le C\left(\|\phi\|_{H^1}+\|\psi\|_{L^2}\right), \tag{4.30}$$

其中

$$0\le\frac{1}{q}\le\frac{1}{2}\quad \frac{n-2}{2n}-\frac{1}{nq}\le\frac{1}{r}<\frac{1}{2}-\frac{1}{nq}. \tag{4.31}$$

容易验证 (4.29) 等价于

$$\begin{cases}\dfrac{2}{q}=(n-1+\sigma)\cdot\left(\dfrac{1}{2}-\dfrac{1}{r}\right)\quad 0<\sigma<1,\\[2mm] 0\le\dfrac{1}{q}\le\dfrac{1}{2},\quad a<1-\dfrac{n+1+\sigma}{2}\left(\dfrac{1}{2}-\dfrac{1}{r}\right),\end{cases} \tag{4.32}$$

因此，估计 (4.28) 就可从估计 (4.21) 推出.

(iii) 如果用 (4.14) 来代替 (4.13), 定义

$$\frac{\tilde\delta(r,\sigma)}{n}=\frac{2\tilde\beta(r,\sigma)}{n+1+\sigma}=\frac{\tilde\gamma(r,\sigma)}{n-1-\sigma}=\frac{1}{2}-\frac{1}{r},\quad 0\le\sigma\le 1, \tag{4.33}$$

可得类同于命题 4.2, 推论 4.3~ 推论 4.5 的结果. 特别有

$$\|w\|_{L^{\tilde{q}(r,\sigma)}(I;B^{s-\tilde{\beta}(r,\sigma)}_{r,2})} \le C\left(\|\phi\|_{H^s} + \|\psi\|_{H^{s-1}}\right), \tag{4.34}$$

$$\|\mathcal{G}f\|_{L^{\tilde{q}_1(r_1,\sigma)}(I;B^{s-\tilde{\beta}(r_1,\sigma)}_{r_1,2})} \le C\|f\|_{L^{\tilde{q}_2'(r_2,\sigma)}(I;\dot{B}^{s+\tilde{\beta}(r_2,\sigma)-1}_{r_2',2})}, \tag{4.35}$$

$$\|\mathcal{G}f\|_{L^{\tilde{q}(r,\sigma)}(I;B^{s-\tilde{\beta}(r,\sigma)}_{r,2})} \le C\|f\|_{L^{\tilde{q}'(r,\sigma)}(I;B^{s+\tilde{\beta}(r,\sigma)-1}_{r',2})}, \tag{4.36}$$

这里 $0<s<1$, $2\le r<\infty$, $0\le\sigma\le 1$, 及

$$\frac{2}{\tilde{q}(r,\sigma)} = (n-1-\sigma)\left(\frac{1}{2}-\frac{1}{r}\right) = \tilde{\gamma}(r,\sigma). \tag{4.37}$$

根据 (4.34)~(4.36) 与 Sobolev 嵌入定理推得, 对 $l\ge 1$, 有

$$\|w\|_{L^{\frac{n+1+\sigma}{(n-1-\sigma)\theta}}(I;B^{l-\theta}_{\frac{2(n+1+\sigma)}{n+1+\sigma-4\theta},2})} \le C_\theta\left(\|\phi\|_{H^l} + \|\psi\|_{H^{l-1}}\right), \tag{4.38}$$

$$\|w\|_{L^{\frac{n+1+\sigma}{(n-1-\sigma)\theta}}(I;L^r)} \le C_\theta\left(\|\phi\|_{H^l} + \|\psi\|_{H^{l-1}}\right), \tag{4.39}$$

这里

$$\begin{cases} 0\le\theta\le\frac{n+1+\sigma}{2(n-1-\sigma)}<1, \quad n\ge 4, \quad 0\le\sigma\le 1, \\ \quad 0\le\theta<1, \quad n=3, \quad \text{或} \quad (n,\sigma)=(4,1). \end{cases}$$

为证明定理 4.1, 需要进行一系列非线性估计. 采用 Bourgain 的方法来处理. 将初值函数 $(\phi(x),\psi(x))$ 分解成高频与低频 (正则部分). 令 $\varphi\in C_c^\infty(\mathbb{R}^n)$ 满足

$$\varphi(\xi)=\begin{cases} 1, & |\xi|\le 1, \\ 0, & |\xi|\ge 2. \end{cases}$$

定义

$$\phi(x)=\phi_1(x)+\phi_2(x), \quad \psi(x)=\psi_1(x)+\psi_2(x),$$

这里

$$\begin{cases} (\phi_1(x),\psi_1(x)) = \left(\mathcal{F}^{-1}(\varphi_N(\xi)\hat{\phi}(\xi)), \mathcal{F}^{-1}(\varphi_N(\xi)\hat{\psi}(\xi))\right), \\ (\phi_2(x),\psi_2(x)) = (\phi(x)-\phi_1(x), \psi(x)-\psi_1(x)), \end{cases}$$

$\varphi_N(\xi)=\varphi(\xi/N)$, $N>0$ 将在以后确定. 容易看出 ϕ_1, $\psi_1\in\mathcal{S}(\mathbb{R}^n)$ 且

$$\begin{aligned} \|(I-\Delta)^{\frac{l}{2}}\phi_1\|_2 &= \left(\int_{\mathbb{R}^n} \left|(1+|\xi|^2)^{\frac{l}{2}}\varphi_N(\xi)\hat{\phi}\right|^2 d\xi\right)^{\frac{1}{2}} \\ &\le \left(\int_{\mathbb{R}^n} (1+|\xi|^2)^{\frac{l}{2}-\frac{s}{2}}\left|(1+|\xi|^2)^{\frac{s}{2}}\varphi_N(\xi)\hat{\phi}\right|^2 d\xi\right)^{\frac{1}{2}} \\ &\le C(1+N)^{l-s}\|\phi\|_{H^s} \sim (1+N)^{l-s}, \quad l\ge s, \end{aligned} \tag{4.40}$$

$$\begin{aligned}\|(I-\Delta)^{\frac{l}{2}}\phi_2\|_2=&\left(\int_{\mathbb{R}^n}\left|(1+|\xi|^2)^{\frac{l}{2}}(1-\varphi_N(\xi))\hat{\phi}\right|^2d\xi\right)^{\frac{1}{2}}\\ \leq&\left(\int_{\mathbb{R}^n}(1+|\xi|^2)^{\frac{l}{2}-\frac{s}{2}}\left|(1+|\xi|^2)^{\frac{s}{2}}(1-\varphi_N(\xi))\hat{\phi}\right|^2d\xi\right)^{\frac{1}{2}}\\ \leq&C(1+N)^{l-s}\|\phi\|_{H^s}\sim(1+N)^{l-s},\quad l\in[0,s].\end{aligned}\tag{4.41}$$

因此， $f_N\sim g_N$ 意味着 $|f_N|\leq C|g_N|$, 这里 C 不依赖于 N. 类似地，有

$$\|(I-\Delta)^{\frac{l-1}{2}}\psi_1\|_2\sim(1+N)^{l-s},\quad l\geq s,\tag{4.42}$$

$$\|(I-\Delta)^{\frac{l-1}{2}}\psi_2\|_2\sim(1+N)^{l-s},\quad l\in[0,s].\tag{4.43}$$

先考虑具正则初值 (ϕ_1,ψ_1) 的 Cauchy 问题

$$\begin{cases}v_{tt}-\Delta v+m^2v=-|v|^{\rho-1}v,\quad \rho\in(1,\frac{n+2}{n-2}),\\ v(x,0)=\phi_1(x),\quad v_t(x,0)=\psi_1(x),\quad x\in\mathbb{R}^n\end{cases}\tag{4.44}$$

及其相应的积分形式

$$v(x,t)=\dot{K}(t)\phi_1(x)+K(t)\psi_1(x)-\int_0^tK(t-\tau)|v|^{\rho-1}vd\tau.\tag{4.45}$$

显然 $v(x,t)$ 满足如下守恒律：

$$\begin{aligned}E(v(\cdot,t),\partial_tv(\cdot,t))=&\left(\int_{\mathbb{R}^n}\left(|v_t|^2+|\nabla v|^2+m^2|v|^2+\frac{2|v|^{\rho+1}}{\rho+1}\right)dx\right)^{\frac{1}{2}}\\ =&E(\phi_1,\psi_1),\quad \forall t>0.\end{aligned}\tag{4.46}$$

利用 (4.40),(4.42) 及 Sobolev 嵌入定理就推出

$$\|\partial_tv(t)\|_2,\ \|v(t)\|_{H^1},\ \|v(t)\|_{\rho+1}^{\frac{\rho+1}{2}}\sim(1+N)^{1-s},\quad \forall t>0.\tag{4.47}$$

对于 $l\geq0$, $I\subset\mathbb{R}$ 满足 $0\in\bar{I}$, 定义

$$\begin{aligned}|||\cdot|||_l=&\sup_{0\leq\theta\leq\min(l,\frac{n+1}{2(n-1)})}\|\cdot\|_{L^{\frac{n+1}{(n-1)\theta}}(I;L^{\frac{2(n+1)n}{(n+1)(n-2l)-2(n-1)\theta}})}\\ &+\sup_{2\leq r\leq\frac{2(n-1)}{n-3},\,\gamma(r)=2/q}\|\cdot\|_{L^q(I;B^{l-\beta(r)}_{r,2})},\quad n\geq4,\end{aligned}\tag{4.48}$$

$$\begin{aligned}|||\cdot|||_l=&\sup_{0\leq\theta<\min(l,1)}\|\cdot\|_{L^{\frac{2}{\theta}}(I;L^{\frac{6}{3-2l-\theta}})}\\ &+\sup_{2\leq r<\infty,\,\gamma(r)=2/q}\|\cdot\|_{L^q(I;B^{l-\beta(r)}_{r,2})},\quad n=3.\end{aligned}\tag{4.49}$$

那么就有如下结果：

引理 4.6 设 v 是 (4.44) 或 (4.45) 的解. 令 $I=(0,\triangle T)$ 且 $\triangle T\sim(1+N)^{-\frac{2(1-s)(\rho-1)}{n+2-\rho(n-2)}}$, 若

$$\begin{cases} k_0(n)<\rho<(n+2)/(n-2), & n=3,\\ k_0(n)\le\rho<(n+2)/(n-2), & 4\le n\le 6,\\ k_0(n)\le\rho<n/(n-3), n\ge 7, \end{cases}$$

则 $|||v|||_1\sim(1+N)^{1-s}$.

证明 先考虑 $k_1(n)\le\rho<(n+2)/(n-2)$ 的情形. 令

$$\theta=\frac{\rho(n-2)-n}{2\rho}\cdot\frac{n+1}{n-1},\quad \frac{1}{\chi}=\frac{n+2-\rho(n-2)}{2}.$$

容易验证：

$$\frac{1}{2}=\rho\frac{(n+1)(n-2)-2(n-1)\theta}{2n(n+1)},$$

$$1=\rho\cdot\frac{(n-1)\theta}{n+1}+\frac{1}{\chi}.$$

因此，由估计 (4.40), (4.42),Strichartz 估计， Hölder 不等式，可得

$$\begin{aligned}|||v|||_1&\le C\left(\|\phi_1\|_{H^1}+\|\psi\|_{L^2}+\|v^\rho\|_{L^1(I;L^2)}\right)\\ &\le C\left[(1+N)^{1-s}+(\triangle T)^{\frac{n+2-\rho(n-2)}{2}}|||v|||_1^\rho\right].\end{aligned}$$

注意到 $\triangle T\sim(1+N)^{-\frac{2(\rho-1)(1-s)}{n+2-\rho(n-2)}}$, 就得

$$|||v|||_1\sim(1+N)^{1-s},\quad 对充分大的N.$$

由注记 4.1 的 (i), 当 $n=3$ 时，仅需考虑 $k_0(n)<\rho\le k_1(n)$ 的情形；当 $n=4$ 时，仅需考虑 $k_0(n)\le\rho\le k_1(n)$ 的情形. 取

$$\lambda=\frac{(\rho+1)(n-\rho(n-2))}{\rho[2n-(\rho+1)(n-2)]}.$$

易见 $\lambda\in(0,1)$, 注意到 $\rho+1<2\rho\le 2n/(n-2)$ 及插值定理就有

$$\begin{aligned}\|f(v)\|_{L^1(I;L^2)}&\le C\triangle T\|v\|^{\lambda\rho}_{L^\infty(I;L^{\rho+1})}\|v\|^{(1-\lambda)\rho}_{L^\infty(I;L^{\frac{2n}{n-2}})}\\ &\le C\triangle T(1+N)^{\frac{2n-2\rho(n-2)}{n+2-\rho(n-2)}(1-s)}N^{\frac{n(\rho-1)}{n+2-\rho(n-2)}(1-s)}\\ &\le C\triangle T(1+N)^{\frac{n-\rho n+4\rho}{n+2-\rho(n-2)}(1-s)}\\ &\sim(1+N)^{1-s},\end{aligned}$$

这里用到 (4.47) 与嵌入关系 $H^1 \subset L^{2n/(n-2)}$. 由此推出

$$|||v|||_1 \le C\left(\|\phi_1\|_{H^1} + \|\psi_1\|_2 + \|v^\rho\|_{L^1(I;L^2)}\right) \sim (1+N)^{1-s}.$$

注记 4.3 (i) 对任意 (κ, r, q) 满足 $\kappa + \delta(r) - \frac{1}{q} \le 1$, $2 \le r \le \infty$ 与

$$\begin{cases} 2 \le q \le \infty, & n \ge 4, \\ 2 < q \le \infty, & n = 3, \end{cases}$$

由命题 4.2 就推出：

$$\|v\|_{L^q(I;B^\kappa_{r,2})} \sim (1+N)^{1-s}, \quad \text{对充分大的}N, \tag{4.50}$$

这里 $I = [0, \triangle T)$ 且 $\triangle T \sim (1+N)^{-\frac{2(1-s)(\rho-1)}{n+2-\rho(n-2)}}$.

(ii) 对于三维的波方程，类似的估计可用如下范数

$$|||\cdot|||_l := \|(-\Delta)^{l/2}\cdot\|_{L^\infty(I;L^2)} + \|\cdot\|_{L^{2/l}(I;L^{2/(1-l)})}$$

推出，见 [KPV]. 这里的方法对于处理一般的情形似乎更简单.

下面考虑相差部分 $y(t) = u(t) - v(t)$ 所满足的的 Cauchy 问题：

$$\begin{cases} y_{tt} - \Delta y + m^2 y = -|y+v|^{\rho-1}(v+y) + |v|^{\rho-1}v, \\ y(x,0) = \phi_2(x), \quad y_t(x,0) = \psi_2(x) \end{cases} \tag{4.51}$$

及其相应的积分方程：

$$\begin{aligned} y(x,t) =& \dot{K}(t)\phi_2(x) + K(t)\psi_2(x) - \int_0^t K(t-\tau)F(\tau)d\tau \\ =& \dot{K}(t)\phi_2(x) + K(t)\psi_2(x) + z(t), \end{aligned} \tag{4.52}$$

这里 $F(t) = |y+v|^{\rho-1}(v+y) - |v|^{\rho-1}v$. 易见

$$|F(t)| \le C|y|^\rho + C|v|^{\rho-1}|y| := F_1 + F_2. \tag{4.53}$$

引理 4.7 设 $0 \le l \le s < 1$, ρ 满足

$$\begin{cases} k_0(n) < \rho < (n+2)/(n-2), & n = 3, \\ k_0(n) \le \rho < (n-1)/(n-3), & n \ge 4. \end{cases}$$

令 $I = [0, \triangle T]$ 满足 $\triangle T \sim (1+N)^{-\frac{2(1-s)(\rho-1)}{n+2-\rho(n-2)}}$. 那么 $|||y|||_l \sim (1+N)^{l-s}$.

证明　由注记 4.1 的 (i), 如果 $n\geq 5$, 仅需考虑 $\rho\geq k_1(n)(=1+2/(n-2))$ 的情形. 由 (4.41), (4.43), (4.53) 与命题 4.2 就得到:

$$\begin{aligned}|||y|||_l \leq & C\left[\|\phi_2\|_{\dot{H}^l}+\|\psi_2\|_{\dot{H}^{l-1}}+\|F\|_{L^1(I;L^{\frac{2n}{n+2-2l}})}\right]\\ \leq & C\left[N^{l-s}+\|y^\rho\|_{L^1(I;L^{\frac{2n}{n+2-2l}})}+\|yv^{\rho-1}\|_{L^1(I;L^{\frac{2n}{n+2-2l}})}\right].\end{aligned}\tag{4.54}$$

第一步. $\|yv^{\rho-1}\|_{L^1(I;L^{\frac{2n}{n+2-2l}})}$ 的估计.

我们首先考虑 $n=3$, $k_1(n)\leq\rho<(n+2)/(n-2)$ 与 $n\geq 4$, $k_1(n)\leq\rho<(n-1)/(n-3)$ 的情形. 令 $p=2n/(n+2-2l)$ 及 $\chi=2/[n+2-\rho(n-2)]$, 定义

$$\theta=\frac{(\rho-1)(n-2)-2}{2(\rho-1)}\cdot\frac{n+1}{n-1},$$

$$\frac{1}{r_1}=\frac{(n+1)(n-2)-2(n-1)\theta}{2n(n+1)},$$

$$\frac{1}{r_2}=\frac{n-2l}{2n}.$$

则 $1/p=(\rho-1)/r_1+1/r_2$, $1=(\rho-1)(n-1)\theta/(n+1)+1/\chi$. 根据广义的 Hölder 不等式 (见第十二章的引理 2.2), 就推得

$$\begin{aligned}\|v^{\rho-1}y\|_{L^1(I;L^{\frac{2n}{n+2-2l}})}\leq & C\int_I\|v\|_{r_1}^{\rho-1}\|y\|_{r_2}dt\\ \leq & C\|v\|^{\rho-1}_{L^{(n+1)/[(n-1)\theta]}(I;L^{r_1})}\left(\int_I\|y\|_{r_2}^{\chi}dt\right)^{1/\chi}\\ \leq & C|||v|||_1^{\rho-1}\|y\|_{L^\infty(I;L^{r_2})}(\triangle T)^{1/\chi}\\ \leq & C(\triangle T)^{\frac{n+2-\rho(n-2)}{2}}N^{(\rho-1)(1-s)}|||y|||_l,\end{aligned}\tag{4.55}$$

这里用到引理 4.6.

其次, 考虑 $n=3$, $k_0(n)<\rho\leq k_1(n)$ 和 $n=4$, $k_0(n)\leq\rho\leq k_1(n)$. 的情形. 令

$$\kappa=\frac{2(\rho-1)n-2(\rho+1)}{2n-(\rho+1)(n-2)},$$

则

$$\frac{n+2-2l}{2n}=\frac{\rho-1-\kappa}{\rho+1}+\kappa\frac{n-2}{2n}+\frac{n-2l}{2n}.$$

注意到 (4.50), 引理 4.6 及广义的 Hölder 不等式就推得

$$\begin{aligned}\|v^{\rho-1}y\|_{L^1(I;L^{\frac{2n}{n+2-2l}})}\leq & \int_I\|v\|_{r_1}^{\rho-1-\kappa}\|v\|_{r_2}^{\kappa}\|y\|_{r_3}dt\\ \leq & C(\triangle T)\|v\|^{\rho-1-\kappa}_{L^\infty(I;L^{\rho+1})}|||v|||_1^{\kappa}|||y|||_l\\ \leq & C(\triangle T)N^{\frac{(\rho-1)(2+\kappa)(1-s)}{\rho+1}}|||y|||_l.\end{aligned}\tag{4.56}$$

第二步. 在 $n=3$, $k_0(n)\le\rho\le k_1(n)$ 或 $n=4$, $k_0(n)\le\rho\le k_1(n)$ 的情形下证明估计

$$|||y|||_l\sim(1+N)^{l-s},\qquad \triangle T\sim(1+N)^{-\frac{2(1-s)(\rho-1)}{n+2-\rho(n-2)}}. \tag{4.57}$$

令 $l_0=[n\rho-(n+2)]/[2(\rho-1)]$. 则

$$\frac{n+2-2l}{2n}=(\rho-1)\frac{n-2l_0}{2n}+\frac{n-2l}{2n},$$

因此，由 $|||\cdot|||_l$ 的定义与广义的 Hölder 不等式就得

$$\|y^\rho\|_{L^1(I;L^{\frac{2n}{n+2-2l}})}\le C(\triangle T)|||y|||_{l_0}^{\rho-1}|||y|||_l. \tag{4.58}$$

注意到

$$\frac{n+2-2l_0}{2n}=\rho\frac{n-2l_0}{2n},$$

就得

$$\|y^\rho\|_{L^1(I;L^{\frac{2n}{n+2-2l_0}})}\le C(\triangle T)\|y\|^\rho_{L^\infty(I;L^{\frac{2n}{n-2l_0}})}\le C(\triangle T)|||y|||_{l_0}^\rho.$$

由此及 (4.54), (4.56), 对充分大的 N, 有估计:

$$|||y|||_{l_0}\le(1+N)^{l_0-s},\quad \triangle T\sim(1+N)^{-\frac{2(1-s)(\rho-1)}{n+2-\rho(n-2)}}. \tag{4.59}$$

结合 (4.54),(4.56), (4.58) 及 (4.59) 就得估计 (4.57).

第三步. 在 $n=3$, $k_1(n)\le\rho<(n+2)/(n-2)$ 或 $n=4$, $k_1(n)\le\rho<(n-1)/(n-3)$ 的情形下证明对任意的 $l_0\le l\le s<1$, 有估计:

$$|||y|||_l\sim(1+N)^{l-s},\qquad \triangle T\sim(1+N)^{-\frac{2(1-s)(\rho-1)}{n+2-\rho(n-2)}}, \tag{4.60}$$

这里

$$l_0=\max\left(\frac{\rho n-n-\rho-2}{2(\rho-1)},\frac{n}{2}-\frac{2}{\rho-1},\frac{(\rho n-n-2)(n+1)}{2(2\rho n-n-1)}\right).$$

容易验证：对于 $l_0\le l\le s<1$, 成立

$$\frac{n+2-2l}{2n}=\rho\frac{(n+1)(n-2l)-2(n-1)\theta}{2n(n+1)},$$

$$\frac{1}{\rho}-\frac{(n-1)\theta}{n+1}=\frac{(n+4-2l)-\rho(n-2l)}{2\rho}\ge 0,$$

这里

$$\theta=\frac{\rho(n-2l)-(n+2-2l)}{2\rho}\cdot\frac{n+1}{n-1}.$$

因此，由 $|||\cdot|||_l$ 的定义与广义的 Hölder 不等式就得：

$$\|y^\rho\|_{L^1(I;L^{\frac{2n}{n+2-2l}})}\le(\triangle T)^{\frac{(n+4-2l)-\rho(n-2l)}{2}}|||y|||_l^\rho. \tag{4.61}$$

故从 (4.54),(4.55),(4.56) 与 (4.61) 就推出估计 (4.60).

第四步. 对于 $0\le l\le l_0$, 当 $n=3$,$k_1(n)\le\rho<(n+2)/(n-2)$ 或 $n\ge 4$, $k_1(n)\le\rho<(n-1)/(n-3)$ 时，证明估计

$$|||y|||_l\sim(1+N)^{l-s},\qquad(\triangle T)\sim(1+N)^{\frac{-2(\rho-1)(1-s)}{n+2-\rho(n-2)}}, \tag{4.62}$$

这里 l_0 同第三步中的定义.

令

$$l_1=\max\left(\frac{\rho n-n-\rho-1}{2(\rho-1)},l_0\right)\ge l_0,$$

$$\theta=\frac{(\rho-1)(n-2l_1)-2}{2(\rho-1)}\cdot\frac{n+1}{n-1},$$

$$\chi=\frac{2}{n+4-2l_1-\rho(n-2l_1)},$$

则

$$\frac{n+2-2l}{2n}=(\rho-1)\frac{(n+1)(n-2l_1)-2(n-1)\theta}{2n(n+1)}+\frac{n-2l}{2n},$$

$$1=(\rho-1)\cdot\frac{(n-1)\theta}{n+1}+\frac{1}{\chi}.$$

类同于 (4.55) 的证明，由第十二章的引理 2.2, 对于 $0\le l\le l_0$, 有

$$\|y^\rho\|_{L^1(I;L^{\frac{2n}{n+2-2l}})}\le C(\triangle T)^{\frac{(n+4-2l_1)-\rho(n-2l_1)}{2}}|||y|||_l\cdot|||y|||_{l_1}^{\rho-1}.$$

借此与 (4.54),(4.55) 及第三步就推出估计 (4.62).

定理 4.1 的证明 采用 Bourgain 的方法 (可见 [KPV]). 其思想是首先在 $[0,\triangle T]$ 上求解 (4.44), 然后用 $v(t)$ 代入 (4.51) 并在 $[0,\triangle T]$ 上研究 $y(t)=u(t)-v(t)$. 并给出相应的估计. 利用 $y(t)$ 的非齐次部分 $z(t)$ (见 (4.52)) 属于 H^1. 因此，可以将 $z(\triangle T)$ 加到 $v(\triangle T)$ 上，作为下一步的正则化问题 (4.44) 的初值，在 $[\triangle T,2\triangle T]$ 上重复上面步骤，通过每一次的初始能量满足一个一致性估计，以确保上述过程一直可以进行，从而完成定理 4.1 的证明. 为了清楚起见，定理 4.1 的证明用以下几个引理来完成.

引理 4.8 设 $\triangle T \sim (1+N)^{-\frac{2(1-s)(\rho-1)}{n+2-\rho(n-2)}}$. 则有如下估计：

(1) 当 $n=3,(n+3)/(n-1)\le\rho<(n+2)/(n-2)$ 时，有估计：

$$\|(\partial_t z(\triangle T),\nabla z(\triangle T))\|_2 \sim (1+N)^{\frac{n\rho-(n+2)}{2}-\rho s}. \tag{4.63}$$

(2) 当 $n=3$, $k_0(n)<\rho\le(n+3)/(n-1)$ 或 $n\ge 4$, $k_0(n)\le\rho<(n-1)/(n-3)$ 时，有估计：

$$\|(\partial_t z(\triangle T),\nabla z(\triangle T))\|_2 \sim (1+N)^{-\frac{(3-\rho)(\rho-1)(1-s)}{n+2-\rho(n-2)}} N^{\frac{n\rho-(n+\rho-1)}{2}-\rho s}. \tag{4.64}$$

证明 记 $I=[0,\triangle T)$, 易见

$$\|(\partial_t z(\triangle T),\nabla z(\triangle T))\|_2 \le C\left(\|y^\rho\|_{L^1(I;L^2)}+\|v^{\rho-1}y\|_{L^1(I;L^2)}\right). \tag{4.65}$$

(I) $\|y^\rho\|_{L^1(I;L^2)}$ 的估计. 先来考虑 $n=3,(n+3)/(n-1)\le\rho<(n+2)/(n-2)$ 的情形. 令

$$\theta=\frac{n+1}{(n-1)\rho}=\frac{2}{\rho},\quad l=\frac{n\rho-(n+2)}{2\rho}.$$

则 $l\ge\theta$ 并且

$$\frac{1}{2}=\rho\frac{(n+1)(n-2l)-2(n-1)\theta}{2(n+1)n},\qquad n=3.$$

因此，据广义的 Hölder 不等式及引理 4.7 就有：

$$\|y^\rho\|_{L^1(I;L^2)}\le|||y|||_l^\rho\le C(1+N)^{\frac{n\rho-(n+2)}{2}-\rho s}. \tag{4.66}$$

其次，考虑 $n=3$, $k_0(n)<\rho\le(n+3)/(n-1)$ 及 $n\ge4$, $k_0(n)\le\rho<(n-1)/(n-3)$ 的情形. 定义 $l=(n\rho-n-\rho+1)/(2\rho)$, 就有

$$\frac{1}{2}=\frac{n-2l}{2n}+(\rho-1)\frac{n-2l-1}{2n},\quad 1=\frac{1}{\infty}+\frac{\rho-1}{2}+\frac{3-\rho}{2}.$$

故利用引理 4.7 得

$$\begin{aligned}\|y^\rho\|_{L^1(I;L^2)}\le& C(\triangle T)^{\frac{3-\rho}{2}}|||y|||_l^\rho\le C(\triangle T)^{\frac{3-\rho}{2}}N^{\rho(l-s)}\\ \le& CN^{-\frac{(3-\rho)(\rho-1)(1-s)}{n+2-\rho(n-2)}}N^{\frac{n\rho-(n+\rho-1)}{2}-\rho s}.\end{aligned} \tag{4.67}$$

(II) $\|yv^{\rho-1}\|_{L^1(I;L^2)}$ 的估计. 先来考虑 $n=3$, $k_0(n)<\rho\le(n+3)/(n-1)$ (i.e. $2<\rho\le 3$) 的情形. 对于任意的 $0\le\theta<1$, 令 $l=\dfrac{1-\theta}{2}(\rho-1)$. 则

$$\frac{1}{2}=\frac{1}{2}-\frac{l}{3}+(\rho-1)\frac{1-\theta}{6},$$

$$1=\frac{\theta}{2}(\rho-1)+\frac{1}{\chi}.$$

那么, 由引理 4.7, 引理 4.7 及广义的 Hölder 不等式就得

$$\begin{aligned}\|v^{\rho-1}y\|_{L^1(I;L^2)}\le&C(\triangle T)^{1-\frac{\theta(\rho-1)}{2}}|||y|||_l\cdot|||v|||_1^{\rho-1}\\ \le&C(\triangle T)^{1-\frac{\theta(\rho-1)}{2}}(1+N)^{l-s}\cdot(1+N)^{(\rho-1)(1-s)}\\ \le&(1+N)^{\frac{\theta(\rho-1)^2(1-s)}{5-\rho}-\frac{2(\rho-1)(1-s)}{5-\rho}+\frac{1-\theta}{2}(\rho-1)-\rho s+\rho-1},\end{aligned}\tag{4.68}$$

并且

$$\begin{aligned}&\lim_{\theta\to1}\left(\frac{(\theta(\rho-1)-2)(\rho-1)(1-s)}{5-\rho}+\frac{(1-\theta)(\rho-1)}{2}-\rho s+\rho-1\right)\\ =&\frac{-(3-\rho)(\rho-1)(1-s)}{n+2-\rho(n-2)}+\frac{n\rho-(n+\rho-1)}{2}-\rho s.\end{aligned}\tag{4.69}$$

其次, 考虑 $n=3$, $(n+3)/(n-1)\le\rho<(n+2)/(n-2)$ (i.e. $3\le\rho<5$) 的情形. 对于任意的 $0<\theta<1$, 令 $l=\dfrac{\rho-3}{2}+(1-\theta)$, 则 $0\le l<1$ 且

$$\frac{1}{2}=\frac{\rho-3}{6}+2\frac{1-\theta}{6}+\left(\frac{1}{2}-\frac{l}{3}\right),$$

$$1=2\cdot\frac{\theta}{2}+\frac{1}{\chi}.$$

那么, 由引理 4.6, 引理 4.7 及广义的 Hölder 不等式就得

$$\begin{aligned}&\|v^{\rho-1}y\|_{L^1(I;L^2)}\le C(\triangle T)^{1-\theta}|||y|||_l\cdot|||v|||_1^{\rho-1}\\ \le&(1+N)^{-(1-\theta)\frac{2(\rho-1)(1-s)}{5-\rho}+\frac{\rho-3}{2}+(1-\theta)-\rho s+\rho-1},\end{aligned}\tag{4.70}$$

并且

$$\begin{aligned}&\lim_{\theta\to1}\left(-(1-\theta)\frac{2(\rho-1)(1-s)}{5-\rho}+\frac{\rho-3}{2}+(1-\theta)-\rho s+\rho-1\right)\\ =&\frac{n\rho-(n+2)}{2}-\rho s.\end{aligned}\tag{4.71}$$

最后, 考虑 $n \geq 4, k_0(n) \leq \rho < (n-1)/(n-3)$ 的情形. 令 $l = (\rho-1)(n-3)/2$, 则

$$\frac{1}{2} = \frac{n-2l}{2n} + (\rho-1)\frac{n-3}{2n}, \quad 1 = \frac{\rho-1}{2} + \frac{3-\rho}{2},$$

由引理 4.6, 引理 4.7 及广义的 Hölder 不等式就得

$$\begin{aligned}\|v^{\rho-1}y\|_{L^1(I;L^2)} \leq & C(\triangle T)^{\frac{3-\rho}{2}}|||y|||_l|||v|||_1^{\rho-1} \\ \leq & C(\triangle T)^{\frac{3-\rho}{2}}(1+N)^{l-s}\cdot(1+N)^{(\rho-1)(1-s)} \\ \leq & C(1+N)^{-\frac{(3-\rho)(\rho-1)(1-s)}{n+2-\rho(n-2)}+\frac{n\rho-(n+\rho-1)}{2}-\rho s}.\end{aligned} \tag{4.72}$$

结合 (4.65)~(4.69) 及 (4.71) 就推出估计 (4.63),(4.64).

引理 4.9 设 $\triangle T \sim (1+N)^{-\frac{2(1-s)(\rho-1)}{n+2-\rho(n-2)}}$. 则有如下估计:

(1) 设 $n=3$, $(n+3)/(n-1) \leq \rho < (n+2)/(n-2)$, 则

$$\|z(\triangle T)\|_{\rho+1}^{\frac{\rho+1}{2}} \sim (1+N)^{\tau_1-\frac{\rho(\rho+1)s}{2}}, \tag{4.73}$$

$$\begin{aligned}\tau_1 = \max\Bigg(&\frac{2\rho^2+\rho-8}{6}, \frac{(\rho-2)(3\rho+5)}{4}, \\ &\frac{(\rho-1)(3\rho-4)-6}{4(\rho-1)}\cdot(\rho+1)\Bigg).\end{aligned}$$

(2) 当 $n=3$, $k_0(n) < \rho \leq (n+3)/(n-1)$ 时, 则

$$\|z(\triangle T)\|_{\rho+1}^{\frac{\rho+1}{2}} \sim \max\left[(1+N)^{\tau_2}, (1+N)^{\tau_3}\right], \tag{4.74}$$

这里

$$\begin{aligned}\tau_2 = & -\frac{(3-\rho)(\rho-1)(1-s)}{n+2-\rho(n-2)}\cdot\frac{\rho+1}{2} - \frac{\rho(\rho+1)s}{2} \\ & + \frac{n\rho(\rho+1)-2n-(\rho+1)^2}{4},\end{aligned}$$

$$\begin{aligned}\tau_3 = & -\left(1-\frac{\rho(\rho+1)-6}{2(\rho+1)}\right)\cdot\frac{(\rho+1)(\rho-1)(1-s)}{n+2-\rho(n-2)} \\ & + \frac{(\rho-1)(\rho+1)}{2} - \frac{\rho(\rho+1)s}{2}.\end{aligned}$$

(3) 当 $n \geq 4$, $k_0(n) \leq \rho < (n-1)/(n-3)$ 时, 有

$$\|z(\triangle T)\|_{\rho+1}^{\frac{\rho+1}{2}} \sim (1+N)^{\tau_2}, \quad \tau\text{同 (2)}. \tag{4.75}$$

证明　由 Minkowski's 不等式与 Sobolev 嵌入定理，可见

$$\|z(\triangle T)\|_{\rho+1}\leq C\left(\|y^{\rho}\|_{L^1(I;L^{\frac{n(\rho+1)}{\rho+n+1}})}+\|v^{\rho-1}y\|_{L^1(I;L^{\frac{n(\rho+1)}{\rho+n+1}})}\right),\tag{4.76}$$

这里 $I=[0,\triangle T)$.

(I)　$\|y^{\rho}\|_{L^1(I;L^{\frac{\rho(n+1)}{n+\rho+1}})}$ 的估计.

当 $n=3$, $(n+3)/(n-1)\leq\rho<(n+2)/(n-2)$ (i.e. $3\leq\rho<5$) 时，令

$$\begin{cases}l=1-\dfrac{2(4+\rho)}{3(\rho+1)\rho}, & \theta=l,\quad 3\rho^2-5\rho-14\leq 0,\\ l=\dfrac{(3\rho+5)(\rho-2)}{2(\rho+1)\rho}, & \theta=\dfrac{2}{\rho},\quad 3\rho^2-5\rho-14\geq 0.\end{cases}$$

则

$$\begin{cases}\dfrac{\rho+4}{3(\rho+1)}=\rho\dfrac{1-l}{2}, & \theta=l,\quad 3\rho^2-5\rho-14\leq 0,\\ \dfrac{\rho+4}{3(\rho+1)}=\rho\dfrac{3-2l-\theta}{6}, & \theta=\dfrac{2}{\rho},\quad 3\rho^2-5\rho-14\geq 0\end{cases}$$

及

$$\frac{1}{\chi}:=1-\frac{l\rho}{2}=1-\frac{3\rho^2+\rho-8}{6(\rho+1)},\quad 3\rho^2-5\rho-14\leq 0.$$

因此，由 Hölder 不等式与引理 4.7 就得：当 $3\rho^2-5\rho-14\leq 0$ 时，就有

$$\begin{aligned}&\|y^{\rho}\|_{L^1(I;L^{\frac{\rho(n+1)}{n+\rho+1}})}\leq C(\triangle T)^{\frac{1}{\chi}}|||y|||_l^{\rho}\\ \leq&(1+N)^{-\left(1-\frac{3\rho^2+\rho-8}{6(\rho+1)}\right)\frac{2(\rho-1)(1-s)}{n+2-\rho(n-2)}+\rho-\frac{2(\rho+4)}{3(\rho+1)}-\rho s}.\end{aligned}\tag{4.77}$$

当 $3\rho^2-5\rho-14\geq 0$ 时，就有

$$\|y^{\rho}\|_{L^1(I;L^{\frac{\rho(n+1)}{n+\rho+1}})}\leq C|||y|||_l^{\rho}\leq(1+N)^{\frac{(3\rho+5)(\rho-2)}{2(\rho+1)}-\rho s}.\tag{4.78}$$

另外，我们还有

$$\frac{2\rho^2+\rho-8}{3(\rho+1)}-\rho s\leq\frac{n\rho-(n+2)}{2}-\rho s,\tag{4.79}$$

$$\frac{(3\rho+5)(\rho-2)}{2(\rho+1)}-\rho s\leq\frac{n\rho-(n+2)}{2}-\rho s.\tag{4.80}$$

当 $n=3, k_0(n)<\rho\leq(n+3)/(n-1)$ (i.e. $2<\rho\leq 3$)，或 $n\geq 4$, $\rho\leq(n-1)/(n-3)$ 时，取 $l=[n\rho(\rho+1)-2n-(\rho+1)^2]/[2\rho(\rho+1)]$, 则

$$\frac{\rho+n+1}{n(\rho+1)}=\frac{n-2l}{2n}+(\rho-1)\frac{n-2l-1}{2n},\qquad 1=\frac{\rho-1}{2}+\frac{3-\rho}{2},$$

由广义的 Hölder 不等式与引理 4.7 就得

$$\begin{aligned}\|y^\rho\|_{L^1(I;L^{\frac{\rho(n+1)}{n+\rho+1}})} \leq & C(\triangle T)^{\frac{3-\rho}{2}}|||y|||_l^\rho \leq C(\triangle T)^{\frac{3-\rho}{2}}(1+N)^{\rho(l-s)} \\ \leq & C(1+N)^{-\frac{(3-\rho)(\rho-1)(1-s)}{n+2-\rho(n-2)}+\frac{n\rho(\rho+1)-2n-(\rho+1)^2}{2(\rho+1)}-\rho s}.\end{aligned} \tag{4.81}$$

(II) $\|v^{\rho-1}y\|_{L^1(I;L^{\frac{n(\rho+1)}{n+\rho+1}})}$ 的估计.

当 $n=3$, $k_0(n)<\rho\leq(n+3)/(n-1)$ (i.e. $2<\rho\leq 3$) 时，取 $l=\dfrac{\rho^2+\rho-6}{\rho^2-1}$.
则

$$\frac{1}{3}+\frac{1}{\rho+1}=\frac{1}{2}+(\rho-1)\frac{1-l}{6},$$

$$\frac{1}{\chi}=1-(\rho-1)\frac{l}{2}=1-\frac{\rho^2+\rho-6}{2(\rho+1)}.$$

故由引理 4.6, 引理 4.7 及广义的 Hölder 不等式就得

$$\begin{aligned}&\|v^{\rho-1}y\|_{L^1(I;L^{\frac{\rho(n+1)}{n+\rho+1}})} \leq C(\triangle T)^{1-\frac{\rho(\rho+1)-6}{2(\rho+1)}}|||y|||_0\cdot|||v|||_1^{\rho-1} \\ \leq & C(\triangle T)^{1-\frac{\rho(\rho+1)-6}{2(\rho+1)}}\cdot(1+N)^{(\rho-1)-\rho s} \\ \leq & (1+N)^{-\frac{2(\rho-1)(1-s)}{5-\rho}+\frac{\rho(\rho+1)-6}{\rho+1}\cdot\frac{(\rho-1)(1-s)}{5-\rho}+(\rho-1)-\rho s}.\end{aligned} \tag{4.82}$$

在此情形下，易见

$$\begin{aligned}&-\frac{2(\rho-1)(1-s)}{5-\rho}+\frac{\rho(\rho+1)-6}{\rho+1}\cdot\frac{(\rho-1)(1-s)}{5-\rho}+(\rho-1)-\rho s \\ &\leq \frac{-(3-\rho)(\rho-1)(1-s)}{n+2-\rho(n-2)}+\frac{n\rho-(n+\rho-1)}{2}-\rho s.\end{aligned} \tag{4.83}$$

对于 $n=3$, $(n+3)/(n-1)\leq\rho<(n+2)/(n-2)$ (i.e. $3\leq\rho<5$) 的情形，令

$$\theta=\frac{2}{\rho-2},\quad l=\frac{\rho-1}{2}-\frac{3}{\rho+1},$$

则

$$\frac{1}{3}+\frac{1}{\rho+1}=(\rho+1)\frac{1-\theta}{2}+\frac{3-2l}{6}.$$

故由引理 4.6, 引理 4.7 及广义的 Hölder 不等式就得

$$\|v^{\rho-1}y\|_{L^1(I;L^{\frac{\rho(n+1)}{n+\rho+1}})}\leq|||y|||_l\cdot|||v|||_1^{\rho-1}\leq(1+N)^{\frac{(\rho-1)(3\rho-4)-6}{2(\rho-1)}-\rho s}. \tag{4.84}$$

在此情形下，易验证

$$\frac{(\rho-1)(3\rho-4)-6}{2(\rho-1)}-\rho s\leq\frac{n\rho-(n+2)}{2}-\rho s. \tag{4.85}$$

最后，对于 $n\geq 4, k_0(n)\leq\rho<\dfrac{n-1}{n-3}$，定义

$$l=\frac{n\rho(\rho+1)-2n-(\rho+1)(3\rho-1)}{2(\rho+1)}.$$

容易看出

$$\frac{\rho+n+1}{n(\rho+1)}=\frac{n-2l}{2n}+(\rho-1)\frac{n-3}{2n},\quad 1=\frac{\rho-1}{2}+\frac{3-\rho}{2}.$$

故由引理 4.6, 引理 4.7 及广义的 Hölder 不等式就得

$$\begin{aligned}&\|v^{\rho-1}y\|_{L^1(I;L^{\frac{\rho(n+1)}{n+\rho+1}})}\leq C(\triangle T)^{\frac{3-\rho}{2}}|||y|||_l\cdot|||v|||_1^{\rho-1}\\ \leq&C(\triangle T)^{\frac{3-\rho}{2}}(1+N)^{l-s}\cdot(1+N)^{(\rho-1)(1-s)}\\ \leq&C(1+N)^{-\frac{(3-\rho)(\rho-1)(1-s)}{n+2-\rho(n-2)}+\frac{n\rho(\rho+1)-2n-(\rho+1)^2}{2(\rho+1)}-\rho s}.\end{aligned} \tag{4.86}$$

这样，结合 (4.76)~(4.78), (4.81)~(4.83), (4.85) 及 (4.86) 就得所要的估计 (4.73)~(4.75).

注记 4.4 下面比较 $\|(\partial_t z(\triangle T),\nabla z(\triangle T))\|_2$ 与 $\|z(\triangle T)\|_{\rho+1}^{\frac{\rho+1}{2}}$ 的增长率.

(i) 对于 $n=3$, $(n+3)/(n-1)\leq\rho<(n+2)/(n-2)$ (即 $3\leq\rho<5$) 的情形，根据 (4.79),(4.82) 及 (4.85) 可见

$$\tau_1\leq\frac{n\rho-(n+2)}{2}-\rho s.$$

(ii) 对于 $n=3$, $k_0(n)<\rho\leq(n+3)/(n-1)$ (i.e. $2<\rho\leq 3$) 的情形，根据 (4.83) 可见，

$$\max(\tau_2,\tau_3)\leq-\frac{(3-\rho)(\rho-1)(1-s)}{n+2-\rho(n-2)}+\frac{n\rho-(n+\rho-1)}{2}-\rho s.$$

(iii) 对于 $n\geq 4$, $k_0(n)\leq\rho<(n-1)/(n-3)$ 的情形，因 $s\geq\frac{n}{2}-\frac{2}{\rho-1}$，直接验证可见

$$\tau_2\leq-\frac{(3-\rho)(\rho-1)(1-s)}{n+2-\rho(n-2)}+\frac{n\rho-(n+\rho-1)}{2}-\rho s.$$

定理 4.1 的证明　如前所述，首先在 $[0,\triangle T]$ 上求解正则问题 (4.44), 而后将其代入 (4.51), 在 $[0,\triangle T]$ 上求解 (4.51), 并且证明了它们所满足引理 4.8, 引理 4.9 中的估计. 现在 $[\triangle T, 2\triangle T]$ 上研究正则问题 (4.44), 其中初值换成

$$(v(\triangle T)+z(\triangle T), \partial_t v(\triangle T)+\partial_t z(\triangle T)),$$

然后，将所得的 $v(t)$ 代入 (4.51), 在 $[\triangle T, 2\triangle T]$ 上研究，将 (4.51) 中的初值换成

$$\left(\dot{K}(\triangle T)\phi_2+K(\triangle T)\psi_2, -\Delta K(\triangle T)\psi_2+\dot{K}(\triangle T)\psi_2\right)$$

时的相差方程的 Cauchy 问题，重复引理 4.8, 引理 4.9 的证明，可得完全类似的估计.

对任意的 $T>0$, 为了将解延拓到 T, 需要重复上述步骤的次数是

$$\frac{T}{\triangle T}=T(1+N)^{\frac{2(\rho-1)(1-s)}{n+2-\rho(n-2)}}.$$

因此，由引理 4.8, 引理 4.9, $T/\triangle T$ 次之后能量 (见 (4.47)) 的增加为：

(a) $n=3$, $k_0(n)<\rho\leq(n+3)/(n-1)$ (i.e. $2<\rho\leq 3$).

$$CT(1+N)^{\frac{2(\rho-1)(1-s)}{n+2-\rho(n-2)}}(1+N)^{-\frac{(3-\rho)(\rho-1)(1-s)}{n+2-\rho(n-2)}+\frac{n\rho-(n+\rho-1)}{2}-\rho s}. \tag{4.87}$$

(b) $n=3$, and $3\leq\rho<(n+2)/(n-2)$.

$$CT(1+N)^{\frac{2(\rho-1)(1-s)}{n+2-\rho(n-2)}}\cdot(1+N)^{\frac{n\rho-(n+2)}{2}-\rho s}. \tag{4.88}$$

(c) $n\geq 4$, $k_0(n)\leq\rho<(n-1)/(n-3)$.

$$CT(1+N)^{\frac{2(\rho-1)(1-s)}{n+2-\rho(n-2)}}(1+N)^{-\frac{(3-\rho)(\rho-1)(1-s)}{n+2-\rho(n-2)}+\frac{n\rho-(n+\rho-1)}{2}-\rho s}. \tag{4.89}$$

为达到我们的目标，需要 (4.87), (4.88), (4.89) 中的增量不超过 $(1+N)^{1-s}$. 因此，在 $n=3$, $k_0(n)<\rho\leq(n+3)/(n-1)$ (i.e. $2<\rho\leq 3$) 的情形下， s 满足

$$s>\frac{2(\rho-1)^2+(n+2-\rho(n-2))\cdot(n\rho-n-\rho-1)}{2(\rho-1)^2+2(\rho-1)(n+2-\rho(n-2))}.$$

在 $n=3$, $3\leq\rho<(n+2)/(n-2)$, 的情形下， s 满足

$$s>\frac{4(\rho-1)+(n+2-\rho(n-2))\cdot(n\rho-n-4)}{2(\rho-1)(n+4-\rho(n-2))}.$$

在 $n\geq 4$, $k_0(n)\leq\rho<(n-1)/(n-3)$ 的情形下，s 应满足

$$s > \frac{2(\rho-1)^2 + (n+2-\rho(n-2)) \cdot (n\rho - n - \rho - 1)}{2(\rho-1)^2 + 2(\rho-1)(n+2-\rho(n-2))}.$$

取 N 充分大 ($N = T^{\frac{1}{1-s-\eta}}$, η 同定理 4.1 中所定义), 就完成了定理 4.1 的证明.

§13.5 经典量子场方程组的 Cauchy 问题

经典量子场方程组是现代数学及现代物理中最重要的课题之一. 局部适定性的研究有一般的结果, 参见 [Cr]. 然而, 由于非线性项的强耦合及长范围效应的特征, 在空间维数 $n \geq 3$ 时, 相应的定解问题的整体可解性一直没有很好的结果. 当然, 在特殊的情形下, 如: 对称解、零规范条件等有部分结果, 见 [Ba] 和 [CG2]. 对于 $n \leq 2$ 的情形, 耦合场方程的 Cauchy 问题, 诸如 Dirac-Klein-Gordon 方程, Maxwell-Klein-Gordon 方程, Maxwell-Schrödinger 方程, Klein-Gordon-Schrödinger 方程等都有一些很好结果, 可参见 [Ba], [CG1], [CG2], [CG3], [S2], [Ts2], [HW], [Mi3] 和 [Mi5] 等结果. 究其原因, 经典的研究方法对高维情形已不适用. 然而, 时空估计方法应用到非线性函数的估计, 使这一领域的研究有了新的突破, 从 Kleinerman 和 M. Machedon[KM3] 关于 Yang-Mills 方程的研究可见一般. 现以 Maxwell-Klein-Gordon 方程为例, 详细讨论 Maxwell-Klein-Gordon 方程在 Coulomb 规范及瞬时规范下, Cauchy 问题的能量整体解在 H^s 的适定性. 主要方法是线性波动方程解的时空估计及满足零形式的非线性项的时空估计. 读者可以从中体会到时空估计在量子场方程研究中的重要性. $\mathbb{R}^3$ 上 Maxwell-Klein-Gordon 方程对应的 Lagrangian 密度函数是

$$L = -\frac{1}{4}F_{\alpha\beta}F^{\alpha\beta} - \frac{1}{2}D_\mu\phi\overline{D^\mu\phi}, \tag{5.1}$$

这里重复出现的指标表示求和. 本节中希腊字母的求和范围均是 0, 1, 2, 3. 英文字母的求和范围是 1, 2, 3. ϕ 表示复的数量场, 而

$$F_{\alpha\beta} = \partial_\alpha A_\beta - \partial_\beta A_\alpha \tag{5.2}$$

表示电磁场, $A_\alpha(\alpha = 0, 1, 2, 3)$ 表示 4 维能量向量, 而

$$D_\mu\phi = \partial_\mu\phi + iA_\mu\phi, \tag{5.3}$$

表示由 $\{A_\alpha\}$ 诱导的协变导数. 对 Yang-Mills 方程而言, 相应的电磁场

$$F_{\alpha\beta} = \partial_\alpha A_\beta - \partial_\beta A_\alpha + [A_\alpha, A_\beta], \tag{5.4}$$

$[A_\alpha, A_\beta]$ 表示 Poisson 括号. 由 Lagrangian 原理 [BS], 由 L 决定的 Maxwell-Klein-Gordon 方程具有如下形式

$$\begin{cases} \partial_\alpha F^{\alpha\beta} = -\mathrm{Im}(\phi\overline{D^\beta\phi}), \\ D_\mu D^\mu\phi = 0. \end{cases} \tag{5.5}$$

它的能量 - 动量张量是

$$\mathcal{T}_{\alpha\beta} = \frac{1}{2}\left(F_{\alpha\mu}F^{\mu}_{\beta} + {}^*F_{\alpha\mu}{}^*F^{\mu}_{\beta}\right) + \mathrm{Re}(D^{\alpha}\phi\overline{D^{\beta}\phi}) - \frac{1}{2}m_{\alpha\beta}\cdot D_{\mu}\phi\overline{D^{\mu}\phi}, \tag{5.6}$$

这里 $(m_{\alpha\beta})$ 是以 $-1,1,1,1$ 为元素的对角矩阵所确定的 Minkowski 度量, ${}^*F_{\alpha\beta} = \frac{1}{2}\varepsilon_{\alpha\beta\gamma\delta}F^{\gamma\delta}$, $\varepsilon_{\alpha\beta\gamma\delta} = \pm 1$, 正负号取决于由 $(\alpha, \beta, \gamma, \delta)$ 的逆序数的奇偶性. 记 $t = x^0$, $x = (x^i)_{i=1,2,3}$. 将电磁场 $F_{\alpha\beta}$ 分解成电场与磁场两部分，就有

$$E_j = F_{0j}, \quad H_j = {}^*F_{0j} = \frac{1}{2}\varepsilon_{jkl}F^{kl}. \tag{5.7}$$

自然也可以将规范四维能量向量 A_μ 分解成 A_0 与 $A = (A_j)$ $(j = 1,2,3)$. 给定函数 $\phi(t,x)$, 用 $\nabla\phi = (\partial_j\phi)_{j=1,2,3}$ 表示空间梯度，用 $\partial\phi = (\partial_t\phi, \nabla\phi)$ 表示时空梯度. $\partial_t = \partial^0 = \partial_0$, $\partial_j = -\partial^j$. 用 $\Box = -\partial_t^2 + \Delta$ 表示通常的 D'Alembert 算子. Maxwell-Klein-Gordon 方程的守恒量均含在方程

$$\partial_\alpha T^{\alpha\beta} = 0 \tag{5.8}$$

中. 特别，取 $\beta = 0$, 上式就是 $\partial_t T^{00} + \partial_j T^{j0} = 0$. 因此就得能量守恒律

$$\begin{aligned}\mathcal{E}(t) &= \int T^{00}(t,x)dx = \frac{1}{2}\int_{\mathbb{R}^n}(E^2 + H^2 + |D_0\phi|^2 + \sum_{j=1}^{3}|D_j\phi|^2)dx \\ &= \mathcal{E}(0), \quad \forall t \in \mathbb{R}.\end{aligned} \tag{5.9}$$

我们的目的是证明，当 $\mathcal{E}(0) < \infty$ 时，证明 M-K-G 方程 (5.5) 的能量解的整体适定性.

由于 $F_{\alpha\beta}$ 并非惟一地依赖于 A_μ, Maxwell-Klein-Gordon 方程组也是依赖规范条件的量子场方程. 事实上，用 $A_\mu + \partial_\mu\chi$ 来代替 A_μ, $e^{-i\chi}\phi$ 来代替 ϕ,$D_\mu = \partial_\mu + iA_\mu$ 换成 $e^{-i\chi}D_\mu e^{i\chi}$, 则新的 A_μ, D_μ 及 ϕ 仍然满足 Maxwell-Klein-Gordon 方程. 因此，在具体的问题中均是在特定的规范下研究量子场方程. 本节我们在 Coulomb 规范条件

$$\nabla^j A_j = 0 \tag{5.10}$$

下研究 Maxwell-Klein-Gordon 方程 (5.5) 的 Cauchy 问题. 经典的规范条件还有 Lorentz 规范、瞬时规范等. Coulomb 规范的特点是具有椭圆型特征，确切的讲，由 F 和 ϕ, 通过求解椭圆型方程可以惟一地确定 A_j 与 A_0. 事实上，由 (5.2),(5.5) 及 (5.10), 可以看出

$$\begin{cases} \Delta A_0 = \partial^j F_{j0} = -\mathrm{Im}(\phi\overline{D_0\phi}), \\ \Delta A_j = \partial^l F_{lj}. \end{cases} \tag{5.11}$$

因此，由 $F_{\alpha\beta} \in L^2(\mathbb{R}^3)$, 存在惟一 $A_\alpha \in \dot{H}^1(\mathbb{R}^3)$ 满足 (5.10) 和 (5.11). 特别，有如下估计

$$\sum_j \sum_\alpha \|\nabla_j A_\alpha(t,\cdot)\|_2 \le \|E(t,\cdot)\|_2 + \|H(t,\cdot)\|_2. \tag{5.12}$$

此式就诱导出如下的逼近能量 $\mathcal{G}(A_0, A, \phi)$:

$$\mathcal{G}(A_0, A, \phi(t)) = \sum_{\alpha,\beta} \|\partial_\alpha A_\beta(t,\cdot)\|_2 + \|\phi(t,\cdot)\|_2 + \sum_\alpha \|\partial_\alpha \phi(t,\cdot)\|_2, \tag{5.13}$$

这里 $\|\cdot\|_2$ 表示对空间变量取 $L^2(\mathbb{R}^3)$ 模.

定义 5.1 如果函数 ϕ 与 A_α 光滑且满足 Maxwell-Klein-Gordon 方程 (5.5),(5.10), 称 (ϕ, A_α) 是 Maxwell-Klein-Gordon 方程在 Coulomb 规范下的光滑解. 若 $\phi \in C([0,T]; H^1) \cap C^1([0,T); L^2)$, $A_\alpha \in C([0,T]; H^1)$, $\partial A_\alpha \in C([0,T];\ L^2)$ 且在广义意义下满足 Maxwell-Klein-Gordon 方程 (5.5), (5.10), 则称 (ϕ, A_α) 是广义解.

命题 5.1 设 A_0, A, ϕ 是 Maxwell-Klein-Gordon 方程 (5.5) 在 Coulomb 规范下光滑解，如果

$$\mathcal{G}_0 = \mathcal{G}(0) < \infty, \tag{5.14}$$

则对 $\forall t \ge 0$, 存在仅依赖 $\mathcal{G}_0$ 的正常数 C, 使得

$$\mathcal{G}(t) \le C(1+t). \tag{5.15}$$

证明 显然，$\mathcal{E}(t) = \mathcal{E}(0) \le \mathcal{G}_0$. 由估计 (5.12) 可见

$$\sum_i \sum_\alpha \|D_i A_\alpha(t,\cdot)\|_2 \le C\mathcal{G}_0. \tag{5.16}$$

注意到

$$\begin{aligned}\frac{\partial}{\partial t}\int_{\mathbb{R}^3} |\phi|^2 dx =& 2\mathrm{Re}\int_{\mathbb{R}^3} \phi\overline{\partial_t \phi} dx = 2\mathrm{Re}\int_{\mathbb{R}^3} \phi\overline{D_0\phi} dx \\ \le& 2\|\phi\|_2 \|D_0\phi\|_2 \le C\mathcal{G}_0\|\phi\|_2,\end{aligned}$$

因此

$$\|\phi(t,\cdot)\|_2 \le C(1+t)\mathcal{G}_0. \tag{5.17}$$

利用插值不等式 $\|\phi\|_3 \le \|\phi\|_2^{\frac{1}{2}} \|\phi\|_6^{\frac{1}{2}}$ 及 Sobolev 不等式，容易看出

$$\|\phi\|_6 \le C\|\nabla\phi\|_2, \qquad \|A\|_6 \le C\|\nabla A\|_2 \le C\mathcal{G}_0. \tag{5.18}$$

注意到 $\|\nabla_i\phi\|_2 \le \|D_i\phi\|_2 + \|A_i\phi\|_2$, 因此,

$$\begin{aligned}\|\phi\|_3 \le& C\mathcal{G}_0^{\frac{1}{2}}(1+t)^{\frac{1}{2}}(\sum_i \|D_i\phi\|_2 + \|A_i\phi\|_2)^{\frac{1}{2}}\\ \le& C\mathcal{G}_0^{\frac{1}{2}}(1+t)^{\frac{1}{2}}(C\mathcal{G}_0 + \|A\|_6\|\phi\|_3)^{\frac{1}{2}}\\ \le& C(1+t)\mathcal{G}_0(1+\|\phi\|_3)^{\frac{1}{2}},\end{aligned}$$

此意味着

$$\|\phi(t,\cdot)\|_3 \le C(1+t)\mathcal{G}_0, \qquad \|\nabla_j\phi\|_2 \le C(1+t)\mathcal{G}_0. \tag{5.19}$$

同理，由 $D_0\phi$ 的定义及 (5.18), 容易看出

$$\|\partial_t\phi\|_2 \le \|D_0\phi\|_2 + \|A_0\phi\|_2 \le C(1+t)\mathcal{G}_0. \tag{5.20}$$

于是，由 (5.16)~(5.20) 就得估计 (5.15).

在 Coulomb 规范条件下， Maxwell-Klein-Gordon 方程 (5.5) 可以写成

$$\begin{cases}\Box A_j = \mathrm{Im}(\phi\overline{D_j\phi}) + \partial_j\partial^0 A_0,\\ D^\mu D_\mu\phi = 0,\\ \Delta A_0 = -\mathrm{Im}(\phi\overline{D_j\phi}),\\ \nabla^j A_j = 0.\end{cases} \tag{5.21}$$

注意到 $\nabla^j A_j = 0$ 及 $(\nabla\times A)_j = \varepsilon_{jkl}\nabla_k A_l$, 因此，$\nabla\times(\nabla\times A) = -\Delta A$. 现记 $\mathcal{P}$ 是管向量场到散度为 0 的管向量场上的投影，对任意向量 B, 就有

$$\mathcal{P}B = \Delta^{-1}(\nabla\times(\nabla\times B)). \tag{5.22}$$

这里用到 $(L^p)^n = \{u; u\in(L^p)^n, \mathrm{div}u = 0\}\oplus\{u; u = \nabla f, \nabla f\in(L^p)^n\}$. 显然，如果 $\nabla^j B_j = 0$, 则 $\mathcal{P}B = B$. 如果考虑 (5.21) 的 Cauchy 问题，从 (5.21) 的第 4 个方程可以看出初始条件亦应满足零散度条件. 现用 $\mathcal{P}$ 作用于 (5.21) 的第一个方程，注意到规范条件就知 (5.21) 等价于

$$\begin{cases}\Box A_j = \mathcal{P}\mathrm{Im}(\phi\overline{D_j\phi}),\\ D^\mu D_\mu\phi = 0,\\ \Delta A_0 = -\mathrm{Im}(\phi\overline{D_0\phi}).\end{cases} \tag{5.23}$$

现考虑 (5.23) 在 $t=0$ 处的 Cauchy 问题

$$\begin{cases}A(0,x) = a_{(0)}(x), & \partial_t A(0,x) = a_{(1)}(x),\\ \phi(0,x) = \varphi_{(0)}(x), & \partial_t\phi(0,x) = \varphi_{(1)}(x),\\ \mathrm{div}a_{(0)} = 0, & \mathrm{div}a_{(1)} = 0.\end{cases} \tag{5.24}$$

注意到，我们无需对 A_0 施加初始条件，仅需对 A 和 ϕ 施加初始条件. 由此推得控制 Maxwell-Klein-Gordon 方程 (5.24) 的基本模应该是仅含变量 A 和 ϕ. 这样，就诱导出如下约化能量

$$E(A,\phi)=\|\partial A(t,\cdot)\|_2+\|\phi(t,\cdot)\|_2+\|\partial\phi(t,\cdot)\|_2, \tag{5.25}$$

这里

$$|\partial\phi|^2\equiv|\partial_t\phi|^2+|\nabla\phi|^2,\qquad |\partial A|^2=\sum_\alpha\sum_j|D_\alpha A_j|^2.$$

定理 5.2 设 $a_{(0)}(x)\in\dot{H}^1(\mathbb{R}^3)$, $a_{(1)}(x)\in L^2(\mathbb{R}^3)$, $\varphi_{(0)}(x)\in H^1(\mathbb{R}^3)$, $\varphi_{(1)}(x)\in L^2(\mathbb{R}^3)$ 且

$$E_0=\|\nabla a_{(0)}\|_2+\|a_{(1)}\|_2+\|\varphi_{(0)}\|_2+\|\nabla\varphi_{(0)}\|_2+\|\varphi_{(1)}\|_2<\infty. \tag{5.26}$$

则 Maxwell-Klein-Gordon 方程在 Coulomb 规范下的 Cauchy 问题 (5.23),(5.24) 存在惟一广义解 (ϕ,A_0,A) 满足

$$\mathcal{E}(A_0,A,\phi)(t)\le E_0, \tag{5.27}$$

$$\mathcal{G}(A_0,A,\phi)(t)\le(1+t)E_0 \tag{5.28}$$

并对任意 $T<\infty$, 有

$$\int_0^T(\|\Box A(t,\cdot)\|_2+\|\Box\phi(t,\cdot)\|_2)dt<\infty. \tag{5.29}$$

进而，如果 $\nabla a_{(0)}\in H^s(\mathbb{R}^3)$, $a_{(1)}(x)\in H^s(\mathbb{R}^3)$, $\varphi_{(0)}(x)\in H^{s+1}(\mathbb{R}^3)$, $\varphi_{(1)}(x)\in H^s(\mathbb{R}^3)$, $s>0$, 那么, 对任意 $t>0$, 就有 $A_0(t,\cdot)$, $A(t,\cdot)\in H^{s+1}(\mathbb{R}^3)$ $\partial_tA_0(t,\cdot)\in H^s(\mathbb{R}^3)$, $\partial_tA(t,\cdot)\in H^s(\mathbb{R}^3)$, $\phi(t,\cdot)\in H^{s+1}(\mathbb{R}^3)$, $\partial_t\phi(t,\cdot)\in H^s(\mathbb{R}^3)$.

注记 5.1 估计 (5.28),(5.29) 是广义解惟一的保证. 由 (5.29) 可以看出，解在能量模意义下是连续的，本质上，这里所得的解就是能量解. 定理 5.2 的证明依赖于如下标准的局部存在性定理.

命题 5.3 设 s 是非负整数,

$$E_0^{(s)}=\|\nabla a_{(0)}\|_{H^s}+\|a_{(1)}\|_{H^s}+\|\varphi_{(0)}\|_{H^{s+1}}+\|\varphi_{(1)}\|_{H^s}<\infty. \tag{5.30}$$

则存在仅依赖于 $E_0^{(s)}$ 的 $T_0>0$ 及问题 (5.23),(5.24) 在 $[0,T_0]\times\mathbb{R}^3$ 上的光滑解 (A_0,A,ϕ). 进而，如果 $s>1$, 那么

$$\begin{cases}\nabla A_0(t,x),\nabla A(t,x),\partial_tA_0(t,x),\partial_tA(t,x)\in H^s(\mathbb{R}^3),\\ \phi(t,x)\in H^{s+1}(\mathbb{R}^3),\quad \nabla\phi,\ \partial_t\phi\in H^s(\mathbb{R}^3)\end{cases} \tag{5.31}$$

对 $t \in [0, T_0]$ 一致成立. 进而, 当 $E^{(1)}(t)$ 一致有界时, 解可以扩张到任意的时间区间 $[0, T]$ 上. 特别, 当 $E^{(1)}(t)$ 在任意的时间区间 $[0, T]$ 上一致有界时, 此解就可以扩充成整体解.

注记 5.2 如果在 Coulomb 规范下, Maxwell-Klein-Gordon 方程的有限能量解已经建立, 作

$$\tilde{A}_\alpha = A_\alpha - \partial_\alpha \chi, \quad \tilde{\phi} = e^{i\chi}\phi \tag{5.32}$$

使得

$$\tilde{A}_0 = 0. \tag{5.33}$$

这样就可建立瞬时规范下 Maxwell-Klein-Gordon 方程的 Cauchy 问题有有限能量解. 具体地讲, 有如下命题:

命题 5.4 设 (A_0, A, ϕ) 是方程 (5.23) 满足定理 5.2 中结论的解. 则存在规范变换 (5.32) 使得 (5.33) 成立, 并且对于 $\forall T \in [0, T_0]$, 有

$$\|\tilde{\varphi}(t,\cdot)\|_2 + \|\partial\tilde{\phi}(t,\cdot)\|_2 + \|\partial\tilde{A}(t,\cdot)\|_2 \le C, \tag{5.34}$$

这里 C 依赖于 E_0 与 T.

证明 容易看出, 仅需证明对 $t > 0, \chi(x,t)$ 的所有二阶导数属于 $L^2(\mathbb{R}^n)$ 就行了. 令

$$\chi(t,x) = \int_0^t A_0(s,x)ds. \tag{5.35}$$

由估计 (5.27) 就推知

$$\partial_t^2\chi = \partial_t A_0(t,x) \in L^2(\mathbb{R}^3), \quad \nabla\partial_t\chi = \nabla A_0(t,x) \in L^2(\mathbb{R}^3). \tag{5.36}$$

另一方面, 由方程 (5.23) 可得 $\Delta\chi = \int_0^t \Delta A_0 dt = \int_0^t \mathrm{Im}(\phi\overline{D_0\phi})ds$. 因此, 仅需证明

$$\left\|\int_0^T |\phi D_0\phi| dt\right\|_{L^2(\mathbb{R}^3)} < C, \tag{5.37}$$

这里 C 仅依赖于 E_0 及 T. 由 $D_0\phi = \partial_0\phi + iA_0\phi$, 可见

$$\begin{aligned}
&\left\|\int_0^T |\phi\overline{D_0\phi}| dt\right\|_2 \le \left\|\int_0^T |\phi\partial_t\phi| dt\right\|_2 + \left\|\int_0^T A_0|\phi|^2 dt\right\|_2 \\
\le& C\left\|\left(\int_0^T |\phi|^2 dt\right)^{\frac{1}{2}}\left(\int_0^T |\partial_t\phi|^2 dt\right)^{\frac{1}{2}}\right\|_2 + C\int_0^T \|A_0\|_6\|\phi^2\|_3 dt \\
\le& C\left\|\int_0^T |\phi|^2 dt\right\|_\infty + C\int_0^T \|\nabla A_0\|_2\|\phi\|_6^2 dt \\
\le& C\left\|\int_0^T |\phi|^2 dt\right\|_\infty + C.
\end{aligned} \tag{5.38}$$

因此，若能估计 $\| \int_0^T |\phi|^2 dt\|_\infty$, 就可推得 $\Delta\chi \in L^2(\mathbb{R}^n)$. 它是下面线性波方程的标准估计的一个直接结论.

引理 5.5　设 ϕ 是问题

$$\begin{cases} \Box\phi = \psi, \\ \phi(0,x) = f_0(x), \quad \phi_t(0,x) = f_1(x) \end{cases} \tag{5.39}$$

的解，则有估计

$$\left\| \int_0^T |\phi(t,\cdot)|^2 dt \right\|_\infty \le C\left[\|f_0\|_{H^1} + \|f_1\|_2 + \int_0^T \|\psi(t,\cdot)\|_2 dt \right]. \tag{5.40}$$

证明　由标准的 Duhamel 原理，仅需在 $\psi \equiv 0, f_0 \equiv 0$ 情形下证明 (5.40) 即可，此时

$$\phi(t,x) = -\frac{t}{4\pi}\int_{\Sigma^2} f_1(x+t\omega)d\omega, \tag{5.41}$$

这里 Σ^2 是 $\mathbb{R}^3$ 中单位球面，因此，对每一个固定的 $x \in \mathbb{R}^3$, 有

$$\begin{aligned} \left| \int_0^\infty |\phi(t,x)|^2 dt \right| \le & \frac{1}{4\pi}\int_0^\infty \int_{\Sigma^2} t^2 |f_1(x+t\omega)|^2 d\omega dt \\ = & \frac{1}{4\pi}\|f_1\|_2^2, \end{aligned}$$

因此引理 5.5 成立. 从而就得估计 (5.34).

注记 5.3　(i) 命题 5.4 对于解 (A_0, A, ϕ) 具有 $H^s(s \ge 1)$ 正则性的情形仍然成立. 这样就可得到瞬时规范下 Maxwell-Klein-Gordon 方程的 Cauchy 问题光滑解的存在性.

(ii) 证明定理 5.2 的主要困难是证明估计 (5.29), 它是保证解惟一的条件. 下面我们将利用具有零形式的非线性的时空估计来证明定理 5.2.

为了证明定理 5.2, 先做一系列的非线性估计. 记 ϕ, ϕ' 分别是

$$\begin{cases} \Box\phi = \psi, \\ \phi(0,x) = f_0(x), \quad \partial_t\phi(0,x) = f_1(x), \end{cases} \tag{5.42}$$

$$\begin{cases} \Box\phi' = \psi', \\ \phi'(0,x) = g_0(x), \quad \partial_t\phi'(0,x) = g_1(x) \end{cases} \tag{5.43}$$

的解，那么零形式 (见文献 [Kl3])

$$Q_{ij}(\phi,\phi') = \partial_i\phi\partial_j\phi' - \partial_j\phi\partial_i\phi', \quad 1 \le i < j \le 3 \tag{5.44}$$

满足如下标准估计:

命题 5.6 设 ϕ 和 ϕ' 分别是 (5.42),(5.43) 的解，则它对应的零形式有如下时空估计：

(1) 对任意 $f_0(x) \in \dot{H}^2(\mathbb{R}^3)$, $f_1(x)$, $g_0(x) \in \dot{H}^1(\mathbb{R}^3)$, $g_1(x) \in L^2(\mathbb{R}^3)$, $\psi(t,x) \in L^1(\mathbb{R}^+;\dot{H}^1(\mathbb{R}^3))$, $\psi'(t,x) \in L^1(\mathbb{R}^+;L^2(\mathbb{R}^3))$. 则对任意 $T>0$, 有

$$\begin{aligned}&\int_0^T\int_{\mathbb{R}^3}|Q(\phi,\phi')|^2dxdt\\ \le&C\big(\|\nabla^2 f_0\|_2+\|\nabla f_1\|_2+\int_0^T\|\nabla\psi(t,\cdot)\|_2dt\big)^2\\ &\times\big(\|\nabla g_0\|_2+\|g_1\|_2+\int_0^T\|\psi'(t,\cdot)\|_2dt\big)^2.\end{aligned} \tag{5.45}$$

(2) 对任意的 $f_0(x), g_0(x) \in \dot{H}^1(\mathbb{R}^3)$, $f_1(x), g_1(x) \in L^2(\mathbb{R}^3)$, $\psi(t,x) \in L^1(\mathbb{R}^+;L^2(\mathbb{R}^3))$, $\psi'(t,x) \in L^1(\mathbb{R}^+;L^2(\mathbb{R}^3))$. 则对任意 $T>0$, 有

$$\begin{aligned}&\int_0^T\int_{\mathbb{R}^3}|(-\Delta)^{-\frac{1}{2}}Q(\phi,\phi')|^2dxdt\le C(\|\nabla f_0\|_2+\|f_1\|_2\\ &+\int_0^T\|\psi(t,\cdot)\|_2dt)^2\cdot\big(\|\nabla g_0\|_2+\|g_1\|_2+\int_0^T\|\psi'(t,\cdot)\|_2dt\big)^2.\end{aligned} \tag{5.46}$$

证明 注意到

$$Q_{ij}(\phi,\phi')=\partial_j(\partial_i\phi\cdot\phi')-\partial_i(\partial_j\phi\cdot\phi'),$$

(5.46) 意味 (5.45). (5.46) 的证明可见 [KM2].

推论 5.7 设 (ϕ,ϕ') 满足命题 5.6 条件，$\mathcal{P}$ 是散度为零的管向量场上的投影算子. 那么有估计

$$\begin{aligned}&\int_0^T\int_{\mathbb{R}^3}|\mathcal{P}(\phi\nabla\phi')(t,x)|^2dxdt\le C\big(\|\nabla f_0\|_2+\|f_1\|_2\\ &+\int_0^T\|\psi(t,\cdot)\|_2dt\big)^2\cdot\big(\|\nabla g_0\|_2+\|g_1\|_2+\int_0^T\|\psi'(t,\cdot)\|_2dt\big)^2.\end{aligned} \tag{5.47}$$

证明 直接验证

$$\nabla\times(\phi\nabla\phi')_j=\varepsilon_{jkl}\partial_k(\phi\cdot\partial_l\phi')=\frac{1}{2}\varepsilon_{jkl}Q_{kl}(\phi,\phi').$$

因此

$$\|\mathcal{P}(\phi\cdot\nabla\phi')\|_{L^2}\le C\sum_{1\le k<l\le 3}\|(-\Delta)^{-\frac{1}{2}}Q_{kl}(\phi,\phi')\|_2^2, \tag{5.48}$$

由命题 5.6 就得估计 (5.47).

命题 5.8 设 $B=(B_j)_{j=1,2,3}$ 是散度为 0 的实值向量场，ψ 是 $\mathbb{R}^3$ 中的任一复值函数，考虑波动方程组的 Cauchy 问题

$$\begin{cases}\Box A_j = B_j, & \Box\phi=\psi,\\ A(0,\cdot)=a_{(0)}(x), & \partial_t A(0,\cdot)=a_{(1)}(x),\\ \phi(0,\cdot)=\varphi_0(x), & \partial_t\phi(0,\cdot)=\varphi_1(x).\end{cases}\tag{5.49}$$

假设 $\text{div}a_{(0)}(x)=\text{div}a_{(1)}(x)=0$, 则对任意 $T>0$, 有

$$\begin{aligned}\|(A\cdot\nabla)\phi\|_{L^2([0,T]\times\mathbb{R}^3)}\le{}& C(\|\nabla a_{(0)}(x)\|_2+\|a_{(1)}(x)\|_2\\ &+\int_0^T\|B(t,\cdot)\|_2dt)\cdot(\|\nabla\varphi_0\|_2+\|\varphi_1\|_2+\int_0^T\|\psi(t,\cdot)\|_2dt),\end{aligned}\tag{5.50}$$

这里要求 (5.50) 右边出现的范数有限.

证明 因为 $\nabla^jB_j=0$, 故存在一个散度为 0 的管向量 $\tilde B_j$ 满足

$$B_j=\varepsilon_{jkl}\partial_k\tilde B_l,\qquad \nabla^j\tilde B_j=0.\tag{5.51}$$

同理，存在 $\mathbb{R}^3$ 中的零散度的向量场 $\tilde a_{(0)}(x),\tilde a_{(1)}(x)$ 使得

$$a_{(0)}(x)=\nabla\times\tilde a_{(0)}(x),\qquad a_{(1)}(x)=\nabla\times\tilde a_{(1)}(x).\tag{5.52}$$

设 $\tilde A$ 是问题

$$\begin{cases}\Box\tilde A=\tilde B,\\ \tilde A(0)=\tilde a_{(0)}, \quad \tilde A_t(0)=\tilde a_{(1)}\end{cases}\tag{5.53}$$

的解. 由线性波动方程 Cauchy 问题的惟一性定理，就有 $A=\nabla\times\tilde A$. 因此，

$$\sum_j A_j\nabla_j\phi=\sum\varepsilon_{jkl}\partial_k\tilde A_l\partial_j\phi=\frac{1}{2}\varepsilon_{jkl}Q_{kj}(\tilde A_l,\phi').\tag{5.54}$$

故将命题 5.6 应用到 $\tilde A$ 和 ϕ 就得估计 (5.50). 作为 Strichartz 估计的特例，我们有

命题 5.9 设 $\varphi_0(x)\in\dot H^1$, $\varphi_1(x)\in L^2$, $\phi(t,x)$ 是线性波动方程 Cauchy 问题

$$\begin{cases}\Box\phi=\psi(t,x),\\ \phi(0)=\varphi_0(x), \qquad \phi_t(0)=\varphi_1(x)\end{cases}\tag{5.55}$$

的解. 则对 $\forall T>0$, 有

$$\left(\int_0^T\int_{\mathbb{R}^n}|\phi|^8dxdt\right)^{\frac{1}{8}}\le C\left(\|\nabla\varphi_0\|_2+\|\varphi_1\|_2+\int_0^T\|\psi\|_2dt\right),\tag{5.56}$$

这里 $\psi(t,x)\in L^2([0,T];L^2(\mathbb{R}^n))$.

利用上面的时空估计来建立 A_0, A, ϕ 的估计，首先来考虑 A_0 的估计. 注意到 A_0 满足

$$\Delta A_0 = -\mathrm{Im}(\phi\overline{D_0\phi}), \tag{5.57}$$

而 ϕ 是波动方程

$$D^\alpha D_\alpha\phi = 0, \quad D_\alpha = \partial_\alpha + iA_\alpha \tag{5.58}$$

的解. 由椭圆型方程的 L^p 估计及插值不等式，有如下标准估计:

命题 5.10 设 f 是具有紧支集的可积函数， ψ 是 $\mathbb{R}^3$ 中 Laplace 方程

$$\Delta\psi = f \tag{5.59}$$

满足 $\psi(x) = O(|x|^{-1})$, $|x|\to\infty$ 的惟一解，则

(1) $\|\nabla\psi\|_3 \le C\|f\|_{\frac{3}{2}}$, $\|\cdot\|_p \equiv \|\cdot\|_{L^p}$,

(2) $\|\psi\|_3 \le C\|(-\Delta)^{-\frac{1}{2}}f\|_{\frac{3}{2}}$,

(3) $\forall\varepsilon>0$, $\|\psi\|_\infty \le C_\varepsilon(\|f\|_{\frac{3}{2}+\varepsilon} + \|\psi\|_6)$.

注记 5.4 (5.58) 式意味着

$$\partial^\alpha\mathrm{Im}(\phi\overline{D_\alpha\phi}) = 0, \tag{5.60}$$

事实上，

$$\begin{aligned}\partial^\alpha\mathrm{Im}(\phi\overline{D_\alpha\phi}) =& \mathrm{Im}(\partial^\alpha\phi\overline{D_\alpha\phi}) + \mathrm{Im}(\phi\overline{\partial^\alpha D_\alpha\phi})\\ =& \mathrm{Im}(\partial^\alpha\phi\overline{iA_\alpha\phi}) - \mathrm{Im}(\phi\overline{iA^\alpha\partial_\alpha\phi}) + \mathrm{Im}(|\phi|^2A_\alpha A^\alpha) = 0.\end{aligned}$$

命题 5.11 设 A_0 是 (5.57) 的解， A, ϕ 满足

$$E(A,\phi) = \|\partial A(t,\cdot)\|_2 + \|\partial\phi(t,\cdot)\|_2 + \|\phi(t,\cdot)\|_2 < \infty, \tag{5.61}$$

这里 $\partial = (\partial_t,\partial_1,\partial_2,\partial_3)$. 那么，对任意 $T>0$, 有

(1) $\|\nabla A_0(t,\cdot)\|_2 + \|A_0\phi(t,\cdot)\|_2 \le CE(t)$,

(2) $\|\nabla A_0(t,\cdot)\|_3 + \|\partial_t A_0\phi(t,\cdot)\|_3 \le C(1+E(t))^3$,

(3) $\|A_0(t,\cdot)\|_\infty \le CE(t)(1+\|\phi(t,\cdot)\|_8)$, 这里 $E(t)=E(A,\phi)$.

证明 利用稠密性，无妨假设 $\phi(t,\cdot)$ 对每一个固定 t,$\phi(t,\cdot)\in C_c^\infty(\mathbb{R}^3)$. 改写方程 (5.57) 就是

$$\Delta A_0 - A_0|\phi|^2 = -\mathrm{Im}(\phi\partial_t\phi). \tag{5.62}$$

(1) 两边同乘以 A_0, 并在 $\mathbb{R}^3$ 积分，利用分部积分就得

$$\int_{\mathbb{R}^3}(|\nabla A_0|^2 + |A_0\phi|^2)dx \le \int_{\mathbb{R}^3}|A_0\phi\partial_t\phi|dx \le \|A_0\phi\|_2\|\partial_t\phi\|_2.$$

从而，由带 ε 的 Cauchy 不等式就得

$$\|\nabla A_0\|_2 + \|A_0\phi\|_2 \le C\|\partial_t\phi\|_2. \tag{5.63}$$

(2) 就 (5.62) 两边对 t 微分，并注意到 (5.60), 就有

$$\Delta\partial_t A_0 = -\partial^j \mathrm{Im}(\phi\overline{D_j\phi}). \tag{5.64}$$

由命题 5.10, 直接计算，就有

$$\begin{aligned}\|\partial_t A_0\|_3 \le & C\sum_j \|\phi D_j\phi\|_{\frac{3}{2}} \le C(\|\phi^2 A\|_{\frac{3}{2}} + \|\phi\nabla\phi\|_{\frac{3}{2}})\\ \le & C\|\phi\|_6\|\nabla\phi\|_2 + \|A\|_6\|\phi\|_4^2.\end{aligned}$$

注意到 $\dot{H}^1 \hookrightarrow L^6, \|\phi\|_4 \le \|\phi\|_2 + \|\phi\|_6$, 那么

$$\|\partial_t A_0\|_3 \le C(1+E(t))^3. \tag{5.65}$$

同理，利用命题 5.10 及 Sobolev 嵌入定理，有

$$\begin{aligned}\|\nabla A_0\|_3 \le & C\|\Delta A_0\|_{\frac{3}{2}} \le C(\|\phi\partial_t\phi\|_{\frac{3}{2}} + \|\phi^2 A\|_{\frac{3}{2}})\\ \le & C(\|\phi\|_6\|\partial_t\phi\|_2 + \|\phi\|_6\|A_0\phi\|_2) \le C(1+E(t))^2.\end{aligned} \tag{5.66}$$

(3) 取 $\varepsilon = \frac{1}{10}$, 利用命题 5.10 及 (5.62) 式，直接估计有

$$\begin{aligned}\|A_0\|_\infty \le & C(\|\Delta A_0\|_{\frac{3}{2}+\varepsilon} + \|A_0\|_6)\\ \le & C(\|\phi\|_8\|\partial_t\phi\|_2 + \|\phi\|_8 \cdot \|A_0\phi\|_2 + \|A_0\|_6)\\ \le & CE(t)(1+\|\phi\|_8).\end{aligned} \tag{5.67}$$

命题 5.12 设 (ϕ, A_0, A), (ϕ', A_0', A') 是方程 (5.57),(5.58) 的两个解且满足 $E(t) = E(A,\phi) < \infty$, $E'(t) = E(A',\phi') < \infty$, $t \in [0,T]$. 那么，存在仅依赖于 $E(t)$, $E'(t)$ 的常数 C, 使得如下结果成立：

(1) $\|\nabla(A_0 - A_0')(t,\cdot)\|_2 + \|A_0\phi - A_0'\phi'\|_2 \le CE(A-A', \phi-\phi')(t)$.

(2) $\|\partial_t(A_0 - A_0')(t,\cdot)\|_3 + \|\nabla(A_0 - A_0')(t,\cdot)\|_3 \le CE(A-A', \phi-\phi')(t)$.

(3) $\|(A_0 - A_0')(t,\cdot)\|_\infty \le CE(A-A', \phi-\phi')(t)\cdot(1+\|\phi(t,\cdot)\|_8)$.

证明 (1) 用 (ϕ, A_0, A) 与 (ϕ', A_0', A') 所满足的方程相差，就得

$$\Delta(A_0 - A_0') - (A_0\phi - A_0'\phi')\bar{\phi} - A_0'\phi'(\overline{\phi - \phi'}) = -\mathrm{Im}(\phi\overline{\partial_t\phi} - \phi'\overline{\partial_t\phi'}). \tag{5.68}$$

两边同乘以 A_0-A_0' 并在 $\mathbb{R}^3$ 积分，利用分部积分技巧就得

$$\begin{aligned}
&\|\nabla(A_0-A_0')\|_2^2+\|A_0\phi-A_0'\phi'\|_2^2\\
\le&\int_{\mathbb{R}^3}|(A_0\phi-A_0'\phi')A_0'(\bar\phi'-\bar\phi)|dx\\
&+\int_{\mathbb{R}^3}|A_0'\phi'(\phi-\phi')(A_0-A_0')|dx+\int_{\mathbb{R}^3}|(A_0-A_0')(\phi-\phi')\partial_t\phi|dx\\
&+\int_{\mathbb{R}^3}|(A_0-A_0')(\partial_t\phi-\partial_t\phi')|dx\\
\le&C(E(t)+E'(t))(\|\nabla(A_0-A_0')\|_2+\|A_0\phi-A_0'\phi'\|_2)\\
&\times E(A-A',\phi-\phi')(t).
\end{aligned}$$

由此及带 ε 的 Hölder 不等式即得命题 5.12 的 (1).

(2) 由方程 (5.64) 推得

$$\Delta\partial_t(A_0-A_0')=\partial^j(\mathrm{Im}\phi\overline{D_j\phi}-\phi'\overline{D_j'\phi'}),\tag{5.69}$$

类似于命题 5.11(2) 的证明，直接利用命题 5.10 及 Hölder 不等式就有

$$\|\partial_t(A_0-A_0')\|_3\le CE(A-A',\phi-\phi')(t).\tag{5.70}$$

同理，将命题 5.10 的 (1) 应用到 (A_0-A_0') 上，就有

$$\begin{aligned}
\|\nabla(A_0-A_0')\|_3\le&C\|(A_0\phi-A_0'\phi')\|_2\|\phi\|_6+C\|A_0'\phi'\|_2\|\phi-\phi'\|_6\\
&+C\|\partial_t\phi\|_2\|\phi-\phi'\|_6+C\|\phi'\|_6\cdot\|\partial_t(\phi-\phi')\|_2\\
\le&CE(A-A',\phi-\phi').
\end{aligned}\tag{5.71}$$

(3) 取 $\varepsilon=\frac{1}{10}$, 利用命题 5.10 的 (3) 就有

$$\begin{aligned}
\|(A_0-A_0')\|_\infty\le&C\|\Delta(A_0-A_0')\|_{\frac32+\varepsilon}+\|(A_0-A_0')\|_6\\
\le&E(A-A',\phi-\phi')(1+\|\phi\|_8).
\end{aligned}\tag{5.72}$$

下面来导出 (A,ϕ) 的相应估计．为方便起见，将方程 (5.23) 写成

$$\begin{cases}\Box A=\mathcal{P}\mathrm{Im}(\phi\overline{D\phi}),\\ \Box\phi=i(\partial_tA_0)\phi+2iA_0\partial_t\phi-2iA\cdot\nabla\phi-|A_0|^2\phi+|A|^2\phi.\end{cases}\tag{5.73}$$

用 $\mathcal{G}(A_0,A,\phi),E(A,\phi)$ 分别表示逼近能量及约化能量.

命题 5.13 设 $E_0=E(\phi,A)(0)<\infty,(A_0,A,\phi)$ 是方程 (5.23) 及 (5.24) 在 $[0,T^*]\times\mathbb{R}^3$ 上的解且满足定理 5.2 的条件，那么有如下结果：

(1) 存在 $0 < T \leq T^*$ 仅依赖于 E_0 使得

$$X(T) = \int_0^T \|\Box A(t,\cdot)\|_2 + \|\Box\phi(t,\cdot)\|_2 dt \leq 1. \tag{5.74}$$

(2) 存在仅依赖于 E_0 及 T^* 的常数，使得 $X(T^*) \leq C' < \infty$.

证明 (2) 是 (1) 的直接结果. 下面仅需证明 (1). 注意到对 $0 \leq t \leq T^*$, 由 (5.28) 可知 $E(t)$ 一致有界，我们断言：

$$X(T) \leq CT^{\frac{1}{2}}(1 + E_0 + X(T))^4, \quad 0 \leq T \leq T^*,\ T \leq 1 \tag{5.75}$$

(这里 C 仅依赖于 T^* 与 E_0) 意味着 (5.74) 成立，这里 C 仅依赖于 T^* 与 E_0. 事实上，由 $X(t)$ 连续且 $X(0) = 0$, 可取 T_0 充分小，使得

$$2^4 CT_0^{\frac{1}{2}}(1 + E_0)^4 \leq 1, \quad X(T) \leq 1 + E_0, \quad T \leq T_0. \tag{5.76}$$

由此即推得 (5.74) 成立. 仅需证明 (5.75). 由标准的能量估计，对任意 $T \in (0, T^*)$, 有

$$\begin{cases} \|\partial A(T,\cdot)\|_2 \leq \|\partial A(0,\cdot)\|_2 + \displaystyle\int_0^T \|\Box A(t,\cdot)\|_2 dt, \\ \|\partial\phi(T,\cdot)\|_2 \leq \|\partial\phi(0,\cdot)\|_2 + \displaystyle\int_0^T \|\Box\phi(t,\cdot)\|_2 dt. \end{cases} \tag{5.77}$$

从而

$$E(A,\phi)(T) \leq C(E_0 + X(T)). \tag{5.78}$$

由方程 (5.73), 容易看出

$$\begin{aligned} X(T) \leq & \int_0^T \|\mathcal{P}\mathrm{Im}(\phi\overline{D\phi})\|_2 dt + 2\int_0^T \|(\partial_t A_0)\phi(t,\cdot)\|_2 dt \\ & + 2\int_0^T \|A_0\partial_t\phi\|_2 dt + \int_0^T \|A\cdot\nabla\phi(t,\cdot)\|_2 dt \\ & + \int_0^T \|A_0^2\phi(t,\cdot)\|_2 dt + \int_0^T \||A|^2\phi(t,\cdot)\|_2 dt. \end{aligned} \tag{5.79}$$

注意到时空估计及 (5.78), 就得

$$\begin{aligned} \int_0^T \|\mathcal{P}\mathrm{Im}(\phi D\phi)\|_2 dt \leq & C\int_0^T \|\mathcal{P}\mathrm{Im}(\phi\overline{\nabla\phi})\|_2 + \|A\phi^2\|_2 dt \\ \leq & CT^{\frac{1}{2}}\|\mathcal{P}(\mathrm{Im}\phi\overline{\nabla\phi})\|_{L^2([0,T]\times\mathbb{R}^3)} + \|A\|_6\|\phi\|_6^2 \\ \leq & CT^{\frac{1}{2}}\left(E_0 + \int_0^T \|\Box\phi\|_2 dt\right)^2 + CE^3(A,\phi)(t) \\ \leq & CT^{\frac{1}{2}}(1 + E_0 + X(T))^3. \end{aligned} \tag{5.80}$$

由命题 5.12 及估计 (5.78), 并注意到用 Sobolev 不等式得

$$\begin{aligned}&\int_0^T \|(\partial_t A_0)\phi(t,\cdot)\|_2 dt \le \int_0^T \|\partial_t A_0\|_3 \|\phi\|_6 dt\\ \le& CE(A,\phi)(T)\int_0^T \|\partial_t A_0\|_3 dt \le CT(1+E(A,\phi)(T))^4\\ \le& CT(1+E_0+X(T))^4,\end{aligned} \tag{5.81}$$

$$\begin{aligned}\int_0^T \|A_0\partial_t\phi\|_2 dt \le& CE(A,\phi)(T)\int_0^T \|A_0\|_\infty dt\\ &\le C(1+E(A,\phi)(T))^2\cdot\int_0^T \|\phi(t,\cdot)\|_8 dt\\ &\le C(1+E(A,\phi)(T))^2 T^{\frac{7}{8}}\|\phi\|_{L^8([0,T]\times\mathbb{R}^3)}\\ &\le CT^{\frac{7}{8}}(1+E_0+X(T))^3,\end{aligned} \tag{5.82}$$

此处用到 Strichartz 估计.

同理, 直接利用命题 5.8, 命题 5.12, 就有

$$\begin{aligned}\int_0^T \|A\cdot\nabla\phi\|_2 dt \le& CT^{\frac{1}{2}}\|A\cdot\nabla\phi\|_{L^2([0,T]\times\mathbb{R}^3)}\\ \le& CT^{\frac{1}{2}}(E_0+\int_0^T \|\Box A\|_2 dt+\int_0^T \|\Box\phi\|_2 dt)^2\\ \le& CT^{\frac{1}{2}}(E_0+X(T))^2,\end{aligned} \tag{5.83}$$

$$\int_0^T \|A_0^2\phi\|_2 dt \le \int_0^T \|A_0\|_6^2\|\phi\|_6 dt \le CT(E_0+X(T))^3, \tag{5.84}$$

$$\int_0^T \|A^2\phi\|_2 dt \le CT(E_0+X(T))^3. \tag{5.85}$$

结合估计 (5.79)~(5.85) 就得估计 (5.75).

记 (A_0,A,ϕ) 及 (A_0',A',ϕ') 是问题 (5.23),(5.24) 的两个解. 记 $E=E(A,\phi)$, $E'=E(A',\phi')$, $E_0=E(0)$, $E_0'=E'(0)$. 我们有如下估计:

命题 5.14 记 (A_0,A,ϕ) 及 (A_0',A',ϕ') 是问题 (5.73) 在 $[0,T^*]\times\mathbb{R}^3$ 上的满足定理 5.2 结论的解, 那么有如下结果:

(1) 存在 $0\le T\le T^*$ 和仅依赖于 E_0 与 E_0',

$$X(T^*)=\int_0^{T^*} \|\Box A(t,\cdot)\|_2+\|\phi(t,\cdot)\|_2 dt,$$

$$X'(T^*) = \int_0^{T^*} \|\Box A'(t,\cdot)\|_2 + \|\phi'(t,\cdot)\|_2 dt$$

的常数 C 使得

$$\triangle(T) = \int_0^{T} \|\Box(A-A')\|_2 + \|\Box(\phi-\phi')\|_2 dt \le CE(A-A',\phi-\phi')(0). \quad (5.86)$$

(2) 存在仅依赖于 $T^*, E_0, E_0', X(T^*), X'(T^*)$ 的 C', 使得

$$\triangle(T^*) = \int_0^{T^*} \|\Box(A-A')\|_2 + \|\Box(\phi-\phi')\|_2 dt \le CE(A-A',\phi-\phi')(0). \quad (5.87)$$

证明　注意到 $E(t)$ 和 $E'(t)$ 在 $[0,T^*]$ 上有界性，重复利用 (1) 及下面估计 (5.88) 就推得 (2). 另一方面，易见 (1) 是估计

$$\triangle(T) = CT^{\frac{1}{2}}(E(A-A',\phi-\phi')(0) + \triangle(T)), \quad 0 < T \le T^*,\ T \le 1 \quad (5.88)$$

的直接推论，这里 C 仅依赖 E_0, E_0', $X(T^*)$, $X'(T^*)$. 类似于 (5.78), 我们有

$$E(A-A',\phi-\phi')(t) \le C\left[E(A-A',\phi-\phi')(0) + \Delta(t)\right]. \quad (5.89)$$

另一方面，直接利用方程 (5.73) 可见

$$\begin{aligned}\triangle(T) \le & \int_0^T \|\mathcal{P}\mathrm{Im}(\phi\overline{D\phi}) - \mathcal{P}\mathrm{Im}(\phi'\overline{D'\phi})\|_2 dt \\ & + 2\int_0^T \|(\partial_t A_0)\phi - (\partial_t A_0')\phi'\|_2 dt \\ & + 2\int_0^T \|A_0\partial_t\phi - A_0'\partial_t\phi'\|_2 dt + 2\int_0^T \|A\nabla\phi - A'\nabla\phi'\|_2 dt \\ & + \int_0^T \||A_0|^2\phi - |A_0'|^2\phi'\|_2 dt + \int_0^T \||A|^2\phi - |A'|^2\phi'\|_2 dt \\ = & I_1 + I_2 + I_3 + I_4 + I_5 + I_6. \end{aligned} \quad (5.90)$$

完全类似于命题 5.13 证明，利用非线性项的时空估计，可得

$$\begin{aligned} I_1 \le & \int_0^T \|\mathcal{P}\mathrm{Im}((\phi-\phi')\overline{\nabla\phi})\|_2 dt + \int_0^T \|\mathcal{P}\mathrm{Im}(\phi'\overline{\nabla(\phi-\phi')})\|_2 dt \\ \le & CT^{\frac{1}{2}}(E(\phi-\phi')(0) + \triangle(T)), \end{aligned} \quad (5.91)$$

$$\begin{aligned} I_2 \le & C\left(\int_0^T \|\partial_t A_0 - \partial_t A_0'\|_3 \|\phi\|_6 dt + \int_0^T \|\partial_t A_0'\|_3 \|\phi-\phi'\|_6 dt\right) \\ \le & CTE(A-A',\phi-\phi')(t) \\ \le & CT\left[E(A-A',\phi-\phi')(0) + \triangle(T)\right], \end{aligned} \quad (5.92)$$

这里用到估计 (5.89). 注意到 $\|\partial_t\phi'(t,\cdot)\|_2 \le E(A',\phi')(t) \le C$, $\|A_0'\|_2 \le C$, 那么

$$\begin{aligned}
I_3 &\le \int_0^T \|(A_0 - A_0')\partial_t\phi\|_2 dt + \int_0^T \|A_0'(\partial_t\phi - \partial_t\phi')\|_2 dt \\
&\le C\int_0^T \|(A_0 - A_0')\|_\infty dt + \sup_{0\le t\le T}\|\partial_t\phi - \partial_t\phi'\|_2 \int_0^T \|A_0'\|_\infty dt \\
&\le CT^{\frac{7}{8}} \max_{0\le t\le T} E(A-A',\phi-\phi')(t)\int_0^T (1+\|\phi(t,\cdot)\|_8)dt \\
&\quad + CT^{\frac{7}{8}}(\max_{0\le t\le T} E(A-A',\phi-\phi')(0) + \triangle(T)) \\
&\le CT^{\frac{7}{8}}(E(A-A',\phi-\phi')(0) + \triangle(T)).
\end{aligned} \tag{5.93}$$

I_4, I_5, I_6 同理可证. 从而估计 (5.88) 成立.

最后考虑 (5.23),(5.24) 在 $C^\infty([0,T^*]\times\mathbb{R}^3)$ 上且具有紧支集的解 ϕ, A, 这里 $0 < T^* < \infty$. 由命题 5.11 可见 $E(t)$ 在 $[0,T^*]$ 上一致有界, 定义高阶能量模

$$E^{(1)}(t) = \|\partial A(t,\cdot)\|_{H^1(\mathbb{R}^3)} + \|\partial\phi(t,\cdot)\|_{H^1(\mathbb{R}^3)}. \tag{5.94}$$

我们有如下结果:

命题 5.15 存在仅依赖 E_0 和 T^* 的常数使得

$$\int_0^{T^*} \|\Box\partial A\|_2 + \|\Box\partial\phi\|_2 dt \le CE^{(1)}(0). \tag{5.95}$$

证明 根据有限差分来逼近导数的思想, 直接利用命题 5.14 就得估计 (5.95).

命题 5.16 设 (5.23),(5.24) 的解 $(A_0, A, \phi) \in C^\infty([0,T^*]\times\mathbb{R}^3)$, 且 (A,ϕ) 是具有紧支集的解. 则 $E^{(1)}(t)$ 在 $[0,T^*]$ 上一致有界.

证明 将能量估计用到 A 和 ϕ 的导数上, 就有

$$\|\partial^2 A(T,\cdot)\|_2 \le \|\partial^2 A(0,\cdot)\|_2 + \int_0^T \|\Box\partial A(t,\cdot)\|_2 dt, \tag{5.96}$$

$$\|\partial^2 \phi(T,\cdot)\|_2 \le \|\partial^2 \phi(0,\cdot)\|_2 + \int_0^T \|\Box\partial \phi(t,\cdot)\|_2 dt. \tag{5.97}$$

上面两式相加, 利用命题 5.15 就知此命题成立.

定理 5.2 的证明 惟一性. 设 (A_0, A, ϕ) 与 (A_0', A', ϕ') 是问题 (5.23), (5.24) 的两个解且 $E_0 < \infty$, 那么由命题 5.14 及能量估计就得 $\phi = \phi'$, $A = A'$. 进而, 由命题 5.12 就得 $A_0 = A_0'$.

对光滑的且具有紧支集的初始函数，问题 (5.23), (5.24) 有整体解，即 $T^* = \infty$. 事实上，如果 $T^* < \infty$ 由经典的局部存在性理论，有 $T^* > 0$. 根据命题 5.16 知 $E^{(1)}(t)$ 在 $[0,\ T^*)$ 上有界. 另一方面，利用存在性命题 5.3, 就可推出解可以延拓到 $[0, T^*)$ 之外. 矛盾，从而 $T^* = \infty$.

具有限能量初始函数的整体存在性证明. 构造

$$\begin{cases} a_{(0)}^{(k)}(x), \quad a_{(1)}^{(k)}(x) \in C_c^\infty(\mathbb{R}^n), \quad \mathrm{div} a_{(0)}^{(k)} = \mathrm{div} a_{(1)}^{(k)} = 0, \\ \varphi_{(0)}^{(k)}(x), \qquad \varphi_{(1)}^{(k)}(x) \in C_c^\infty(\mathbb{R}^n), \end{cases} \tag{5.98}$$

使得

$$\begin{cases} \|a_{(0)}^{(k)}(x) - a_{(0)}(x)\|_{\dot{H}^1} \to 0, \\ \|\varphi_{(0)}^{(k)}(x) - \varphi_{(0)}(x)\|_{\dot{H}^1} \to 0, \\ \|a_{(1)}^{(k)}(x) - a_{(1)}(x)\|_2 \to 0, \\ \|\varphi_{(1)}^{(k)}(x) - \varphi_{(1)}(x)\|_2 \to 0. \end{cases} \tag{5.99}$$

记 $A_0^{(k)}$, $A^{(k)}$, $\varphi^{(k)}$ 是由初始函数 $a_0^{(k)}$, $a_{(1)}^{(k)}$, $\varphi_1^{(k)}$ 所决定的整体解，由命题 5.12, 命题 5.14 就推得它收敛于 (A_0, A, ϕ) 且 (A_0, A, ϕ) 是问题 (5.23),(5.24) 的整体能量解.

参 考 文 献

[A] Arnold V.I., Mathematical Methods of Classical Mechanics, Springer-Verlag, 1980.

[Ba] Bachelot A., Global existence of large amplitude solutions for Dirac-Klein-Gordon equations in Minkowski space, Lect. Note in Mathematics, Springer-Verlag, Vol. 1402, (1989), 387～422.

[BC] Baillon J. Chadam J,The Cauchy problem for coupled Klein-Gordon-Schrödinger equations, Contemporary Development in Continum Mechanics & PDEs, North-Holland, (1978) 37～44.

[Bar] Barab J.E., Nonexistence of asympotic free solutions for a nonlinear Schrödinger equation, Journal of Math. Phys., 25(1984), 3270～3273.

[BN] Barros-Neto, J., Introduction to the Theory of Distributions, Marcel Dekker Inc., 1973.

[BL] Bergh J. & Löfström J., Interpolation Spaces, Springer-Verlag, (1976).

[BS] Bogoliubov N.N. & Shirkov D.V., Quantum Fields, The Benjamin Cummings Publishing Company Inc., (1982).

[Bo1] Bourgain J., Scatering in energy space and below for 3D NLS equations, J.D'Analyse Mathematique, 75(1998), 267～297.

[Bo2] Bourgain J., The Global Solution of Nonlinear Schrödinger Equations American Mathematical Society, Providence Rhode Island (1999).

[Br1] Brenner P., On L_p-$L_{p'}$ estimates for the wave equation, Math. Z., 145(1975), 251～254.

[Br2] Brenner P., On L^p-decay and Scattering for nonlinear Klein-Gordon equations, Math. Scand., 51(1989), 333～360.

[Br3] Brenner P., On scattering and everywhere defined scattering operator for nonlinear Klein-Gordon equations, J. Diff. Equations, 56 (1985),310～344.

[Br4] Brenner P., On space-time means and strong global solutions of nonlinear hyperbolic equations, Math. Z., 201(1989),44～55.

[Ca] Carleson L., Some analytical problems related statistical mechanics, Lecture Note in Math. 779, Springer-Verlag, 5～45.

[CW1] Cazenave T. & Weissler F.B., The Cauchy problem for the critical nonlinear Schrödinger equation in H^s, Nonlinear Anal. T. M. A., 14(1990), 807～836.

[CW2] Cazenave T. & Weissler F.B., Rapidly decaying solution of nonlinear Schrödinger equation, Comm. Math. Phys., 147(1992), 75～100.

[CG1] Chadam J.M.& Glassey R.T., Global solution of the Cauchy problem for the Maxwell-Dirac equations in one dimension, J. Funct. Anal., 13(1973), 173～184.

[CG2] Chadam J.M. & Glassey R.T., On certain global solutions of the the Cauchy problem for the coupled Klein-Gordon-Dirac equations in one and three space dimensions, Arch. Rat. Mech. Anal., 54(1974), 223～237.

[CG3] Chadam J.M. & Glassey R.T., On the Maxwell- Dirac equations with with zero magnetic field and their solution in two dimensions, J. Math. Anal. and Appl.,

53(1976), 495～507.

[CS] Constantin P. & Saut J., Local smoothing properties of dispersive equations, J. Amer. Math. Society, 1(1988), 431～439.

[Cr] Cross L., The Cauchy problem for the coupled Maxwell and Dirac equations, Comm. Pure Appl. Math., 19(1960), 1～15.

[DK] Dahlberg B.& Kenig C.E., A note on the almost everywhere behavior of solution to the Schödinger equation, Lecture Note in Math. 908, Springer-Verlag, 205～208.

[Ed] Edwards R.E., Fourier Series I&II, Springer-Verlag, 1982.

[FJR] Fabes E.B., Jones B.F. & Riviere N.M., In initial value problem for Navier-Stokes equations with data in L^p, Arch. Rat. Mech. Anal., 45(1972), 222～240.

[Fe] Fefferman, C. Inequality for the strongly singluar convolution operators, Acta. Math., 124(1970) 9～36.

[FS] Fefferman, C. & Stein, E.M., H^p spaces of several variables, Acta. Math., 129 (1972) 137～193.

[Fo] Folland G.B., Introduction to the Partial Differential Equations, Princeton University Press, 1976.

[FK] Fujita H. & Kato T., On the Navier-Stokes initial value problem I, Arch. Rat. Mech. Anal., 16 (1964) 269～315.

[FM] Fujiwara D. & Morimoto H., An L_r-theorem of the Helmholtz decomposition of vector fields, J. Fac. Sci. Univ. Tokyo, Sec. I, 24(1977), 685～700.

[GS] Gelfand I.M.,& Shiov G.E., Generalized functions, Vol I-IV, Academic Press, 1964～1968.

[Ge1] Georgiev V., Small amplitude solutions of the Maxwell-Dirac equations, Univ. Math. J., 4 (1991), 845～883.

[Ge2] Georgiev V., Weight estimates for the wave equations, Proceedings of the Fourth MSJ International Research Institute, 1 (1994), 71～80.

[GLS] Georgiev V., Lindbland H.& Sogge C.D., Weight Strichartz estimates and global existience for semi-linear wave equations, Amer. J. Math., 119(1997), 1291～1319.

[G] Giga Y., Solutions for Semilinear parabolic equations in L^p and regularity of weak solutions of the Navier-Stokes System, J. of Diff. Equ., 61(1986), 186～212.

[GO] Ginibre J.& Ozawa T., Long range scattering for nonlinear Schrödinger equations and Hartree equations in the space dimensions $n \geq 2$, Comm. Math. Phys., 151(1993), 615～645.

[GOV] Ginibre J., Ozawa T. and Velo G., On the existence of the wave operators for a class of nonlinear Schrödinger equations, Ann. Inst. Henri. Poincaré Phys. Théorique, 60(1994), 211～239.

[GV1] Ginibre J.& Velo G., On the class of nonlinear Schrödinger equation I & II, J. Funct. Anal., 32(1979), 1～72.

[GV2] Ginibre J.& Velo G., On the global Cauchy problem for nonlinear Klein-Gordon equation, Math. Z., 189(1985), 487～505.

[GV3] Ginibre J.& Velo G., Scattering theory in energy space for a class nonlinear Schrödinger equations J. Math. Pure Appl., 64(1985), 363～401.

[GV4] Ginibre J.& Velo G., Time decay of finite energy solutions of nonlinear Klein-Gordon equation and nonlinear Schrödinger equations, Ann. Inst. Henri. Poincaré Phys. Théorique, 43(1985), 399～422.

[GV5] Ginibre J. & Velo G., The global Cauchy problem for nonlinear Schrödinger equations, II, Ann. Inst. Henri. Poincaré Analyse non linéaire, 2(1985), 309 ~ 327.

[GV6] Ginibre J.& Velo G., Conformal invariance and time decay for nonlinear wave equations I & II, Ann. Inst. Henri. Poincaré Phys. Théorique, 47(1987), 221~276.

[GV7] Ginibre J.& Velo G., Scattering theory in energy space for a class nonlinear wave equations, Comm. Math. Phys., 123 (1989), 535~573.

[GV8] Ginibre J.& Velo G., On the global Cauchy problem for nonlinear Klein-Gordon equation II, Ann. Inst. Henri. Poincaré Analyse non linéaire, 6(1989), 15~35.

[GV9] Ginibre J.& Velo G., Smoothing Properties and Retarded Estimates for Some Dispersive Equations, Comm. Math. Phys., 144(1992), 163~144.

[GV10] Ginibre J.& Velo G., Regularity of solution of critical and subcritial nonlinear wave equation, Nonlinear Analysis T.M.A., 22(1994),1~19.

[GV11] Ginibre J.& Velo G., Generalized Strichartz inequalities for the wave equations, J. Funct. Anal., 133(1995), 50~68.

[Gl1] Glassey R., On the blowing up of solution for nonlinear Schrödinger equations. J.Math. Phys., 18(1977), 1794~1797.

[Gl2] Glassey R., Finite time Blow-up for nonlinear wave equations, Math. Z., 177(1981), 323~340.

[GT] Glassey R. & Tsutsumi M., On uniqueness of weak solutions to semilinear wave equations, Comm. Partial Differtial Equations, 7(1981), 153~195.

[Gr1] Grillakis M., Regularity and asympotic behaviour of nonlinear wave equation with critical nonlinearity, Ann. Math., 132 (1990), 485~505.

[Gr2] Grillakis M., Regularity for nonlinear wave equation with critical nonlinearity, Comm. Pure Appl. Math., 45(1992), 749~774.

[HN1] Hayashi N.& Naumkin P.I., Aysmptotic behavior in time of solutions to the derivative nonlinear Schrödinger equations, Ann. Inst. H. Poincaré Phys. Thëorique, 68(1998),159~177.

[HN2] Hayashi N.& Naumkin P.I., Aysmptotic in large time of solutions to the nonlinear Schrödinger equations and Hartree equations, Amer. J. Math., 120(1998), 369~389.

[HO1] Hayashi N. & Ozawa T., The scattering theory in the weighted L^2 space for some Schrödinger equations Ann. Inst.H. Poincaré Phys. Théorique, 48,(1988), 17~37.

[HO2] Hayashi N. & Ozawa T., Modified wave operatos for the derivative nonlinear Schrödinger equations, Math. Annalen., 298 (1994), 453~576.

[HT] Hayashi N.& Tsutsumi Y., Scattering theory for the Hartree type equations, A.I.H. Poincaré Phys. Théorique, 61(1987),187~213.

[HW] Hayashi N., Wahl W., On the global strong solutions of coupled Klein-Gordon-Schrödinger equations, J. Math. Soc. Japan, 39(1987), 489 ~497.

[HMN] Hayashi N, Miao C.X. and Naumkin P., Global existence of small solutions to the generalized derivative nonlinear Schrödinger equation, Asymptotic Analysis 21(1999) 133~147.

[H1] Hörmander H., Estimates for translation invariant operator in L^p space, Acta.Math., 104(1960), 93 ~139.

[H2] Hörmander H., The Analysis of Linear Partial Diffential Operators, I-IV (1983-1985), Springer-Verlag.

[H3] Hörmander H., Lecture on Nonlinear Hyperbolic Partial Diffential Equations, Springer-Verlag. (1997).

[Hi] Hieber M., Integrated semigroups and differential operators on L^p spaces, Math. Ann., 291(1991), 1~16.

[Io] Iorio R. J., On the Cauchy problem for Benjamin-Ono equation, Comm. in PDEs., 11(1986), 1031~1081.

[J] Jörgen K., Das Anfangswert problem im Grossen für eine nichlineare Wellengleichungen, Math.Z., 77(1961), 295~308.

[Jo] John, F., Blow-up of solutions of nonlinear wave equations in three dimensions, Manu. Math., 28(1979), 235~268.

[Ka] Kapitanskii L.V., Weak and yet weaker solutions of semilinear wave equations, Comm. in PDE., 19(1994), 1629~1676.

[K1] Kato T., Blow-up of solutions of some nonlinear hyperbolic equations, Comm. on Pure & Appl. Math., 33(1980), 501~505.

[K2] Kato T., On Cauchy problem for the (generalized) KdV equations, Study in Appl. Math., Academic Press, (1983), 93~128.

[K3] Kato T., On nonlinear Schrödinger equations, Ann. Inst. Henri Poincaré Physique Théorique, 46(1987), 113~129.

[K4] Kato T., On nonlinear Schrödinger equations. Lecture Notes in Physics 345, 1989, 218~263.

[KT1] Keel M. & Tao T., The endpoint Strichartz estimates Amer. J. Math. 120 (1998), 955~ 980.

[KT2] Keel M. & Tao T., local and global well-posedness of wave maps on $\mathbb{R}^{1+1}$ for rough data, IRMN. 21(1998), 1117~1256.

[KT3] Keel M. & Tao T., Global well-posedness for nonlinear wave equation below the energy norm, preprint.

[KPV1] Kenig C.E., Ponce G. and Vega L., Oscillatory integral and regularity of dispersive equations, Indiana University Math. Journal, 40(1991), 33~69.

[KPV2] Kenig C.E., Ponce G. and Vega L., Well-posedness and scattering results for generalized KdV equation via contraction principles. Comm. on Pure and Appl. Math., 46(1993), 527~620.

[KPV3] Kenig C.E., Ponce G. and Vega L., Small solutions to nonlinear Schrödinger equations, Ann. Inst. Henri Poincaré, Anal. nonlinéaire, 10(1993), 255~288.

[KPV4] Kenig C.E., Ponce G. and Vega L., On the generalized BO equations, Trans. Amer. Math. Soc., 342(1994), 155~172.

[KPV5] Kenig C.E., Ponce G. and Vega L., Global well-posedness for nonlinear wave equations Comm. PDE. 25(2000) 683~695.

[KR] Kenig C.E. and Ruiz A., A strong type (2, 2) estimate for the maximal function associated to the Schrödinger equations, Trans. Amer. Math. Soc., 280(1983), 239~246.

[Kl1] Klainerman S., Global existence for nonlinear wave equations, Comm. Pure Appl Math. 33(1980),43~101.

[Kl2] Klainerman S., The uniformly decay estimates and the Lorentz invariance of classical nonlinear wave equations, Comm. Pure Appl. Math., 38(1985), 321~332.

[Kl3] Klainerman S., The null condition and global existence to nonlinear wave equations, Lect.in Appl. Math., 23(1986), 293~326.

[KM1] Klainerman S. & Machedon M., Space-time estimates for null-forms and the local existence theorem, Com. Pure Appl. Math., 46(1993), 1221~1268.

[KM2] Klainerman S. & Machedon M., On the Maxwell-Klein-Gordon equation with finite energy, Duke Math. J., 74(1994), 19~44.

[KM3] Klainerman S. & Machedon M., Finite energy solutions of the Yang-Mills equations, Ann. of Math., 142(1995), 39~119.

[KJF] Kufner A., John O. and Fućik S., Functional Spaces, Academia Press, Prague. (1977).

[LiS] Lin J.L.& Strauss W., Decay and scattering of nonlinear Schrödinger equation, J. Func. Anal., 30(1978), 245~426.

[LS] Lindbland H.& Sogge C.D., On the existence and scattering with minimal regularity for semilinear wave equation, J. Func. Anal., 130(1995), 357~426.

[Li1] Littman W., Wave operator and L^p-norms, J. Math. Mech., 12(1963), 55~68.

[Li2] Littman W., Fourier transforms of surface-carried measures & differentablity of surface averages, Bull. Amer. Math. Soc., 69(1963), 766~770.

[L] Lions J.L., Quelques méthodes de résolution des problémes aux limites nonlinéaires Dunod, Paris, (1969).

[M] Makhankov V.G., Dynamics of classical solitons, Phys Reports A, 35(1978), 1~120.

[Ma1] Marshall B., Mixed norm estimates for the Klein-Gordon equations, Zygmund Conf. Harm. Anal. Wadsworth. Publ. 1982, 614~625.

[MSW] Marshall B., Strauss W. & Wainger S., L^p-L^q estimates for the Klein-Gordon equation, J. Math. Pure Appl., 59(1980) 417~440.

[Mi1] 苗长兴，高阶波动方程的时空估计及低能量散射，数学学报，38(1995), 708~717.

[Mi2] Guo B. & Miao C., The global existence and asymptotic behavior of solutions for the Klein-Gordon-Schrödinger equation, Science in China A, 38(1995), 1444 ~1456.

[Mi3] 苗长兴，郭柏灵，一般耦合 Maxwell-Schrödinger 方程的 Cauchy 问题 (I). 数学学报，39(1996), 496~508.

[Mi4] Miao C., H^m-modified wave operator for nonlinear Hartree equation in the dimensions space $n \geq 2$, Acta. Math. Sinica (New series), 12(1997) 247~268.

[Mi5] Guo B. & Miao C., The well-posedness of Cauchy problem for the coupled system of Schrödinger-KdV equation, Acta. Math. Sinica (New series) Vol 15, 2(1999), 215~224, Springer-Verlag.

[Mi6] Miao C., Time-space estimates for parabolic type operator and application to nonlinear parabolic equations, J. PDE., 11(1998), 301~312.

[Mi7] Guo B.& Miao C., On space-time means and solutions to a class of nonlinear parabolic equations, Science in China, Ser. A, 41(1998), 682~693.

[Mi8] Miao C., The time-space estimates and nonlinear Parabolic equations, Tokyo Journal of Mathematics, 22(2001) 245~276.

[Mi9] Miao C., The Cauchy Problem of Semilinear Parabolic Equations with weak data in Homogenous Space and Application to the Navier-Stokes equations. Science in China, 33(2003)12~32.

[Mi10] Hirata H.& Miao C., The time-space estimates of linear flow and applications to some nonlinear integro-differential equations corresponding to fractional time derivative, Advance in Differential equations 7(2002)217~234.

[Mi11] Miao C. & Zhang B. The Cauchy problem for the semilinear parabolic equations in Besov spaces, to be appeared in Houston J.Math. 2004.

[Mi12] Miao C.& Zhang B. H^s-global well-posedness for semilinear wave equations, J. Math. Anal. Appl. 283(2003) 645-666.

[Mi13] Miao C., Zhang B. & Fang D., Global well-posedness for the Klein-Gondon equations below the energy norm, to be appeared in J.PDEs 17 (2004).

[Mi14] Miao C. & Zhang B., Global well-posedness of the Cauchy problem for the equations of Schrödinger type. Preprint(2001).

[Mi15] Miao C. & Zhang B., Harmonic Analysis methods to PDEs (偏微分方程的调和分析方法), Preprint(2001) and modified form (2002).

[MM1] Mochizuki K. & Motai T., The scattering theory of nonlinear wave equations with small data I, J.Math. Tyoto. University, 25(1985), 703~715.

[MM2] Mochizuki K. & Motai T., The scattering theory of nonlinear wave equations with small data II, Stud. Math. Appl, 18(1986), 543~560.

[Mo] Moncerief., Global existence of Maxwell-Klein-Gordon fields in 2+1-D space-time, J.Math.Phys., 21(1980), 2291~2296.

[Ms] Montgomery-Smith S.J., Time decay for the Bounded mean oscillation of solutions of the Schrödinger and wave equation, Duke Math. J. 91 (1998), 393~408.

[MS] Morawetz C. & Strauss W., Decay and Scattering of Solutions of a nonlinear relativistic wave equation, Comm. Pure Appl. Math., 25(1972), 1~31.

[NT] Nakamitsu K. & Tsutsumi M., The Cauchy problem for the copuled Maxwell-Schrödinger equations, J. Math. Phys., 27(1993), 211~216.

[NO] Nawa H.& Ozawa T., Nonlinear scattering with nonlocal interactions, Comm. Math. Phys., 146(1992), 259~275.

[O] Ozawa T., The long range scattering for nonlinear Schrödinger equations in one dimensions, Comm. Math. Phys., 139(1991), 479~493.

[Pa] Pazy A., Semigroups of Linear Operator and Applications to Partial Differential Equations, Springer-Verlag. 1983.

[P1] Pecher H., L^p Abschätzungen und klassische Lösungen fürnichr lineare wellengleichungen.I, Math. Z., 150(1976), 159~183.

[P2] Pecher H., Nonlinear small date scattering for the wave and Klein-Gordon equations, Math.Z., 185(1984), 261~270.

[PW] Pecher H. & Wahl W., Time dependent nonlinear Schödinger equation, Manscripta Math, 27(1979), 125~157.

[Per] Peral, J., L^p estimates for the wave equation, J. Funct.Anal., 36(1980), 125~157.

[Po] Ponce G., Smoothing properties of solutions to the BO equation, Lecture Notes in Pure and Appl. Math., 120(1989) 667~679.

[R] Reed M., Abstract nonlinear wave equations, Lecture Notes in Math. 507, Springer-Verlag, 1976.

[RS] Reed M. & Simon B., Methods of Mathematical Physics, four volumes, Academic Press, 1972~1979.

[Se1] Segal I.E., The global Cauchy problem for a relativistic scalar field with power interation, Bull. Soc. Math. Fr., 91(1963), 129~135.

[Se2] Segal I.E., Space-time decay for solutions of wave equations, Advance in Math., 22(1976), 302~311.

[Sh] Shatah J., Normal forms and quadratic nonlinear Klein-Gordon equations, Comm. Pure Appl. Math., 38(1972), 685~696.

[SS] Shatah J. & Struwn M., Regularity results for nonlinear wave equations, Ann.Math., 138(1993), 505~518.

[Si] Sideris T.C., Nonexistence of global solutions to semilinear wave equations in higher dimensions, Journal of Differential Equations, 52(1984), 378~406.

[Sj] Sjölin P., Regularity of solutions to the Schrödinger equation, Duke Math. J., 55(1987), 699~715.

[So1] Sogge, C.D. Fourier Integral in Classical Analysis, Cambridge Univ. Press, (1993).

[So2] Sogge C.D., Lecture on Nonlinear Wave Equations, International Press Publishcations (1995).

[Ste1] Stein E.M., Singular Integal and Differential Property of Functions, Princeton University Press, 1970.

[Ste2] Stein E.M., Harmonic Analysis, Real-Variable Methods, Orthogonality and Oscillatroy Integrals, Princeton University Press, 1993.

[SW] Stein E.M.& Weiss G., Introduction to Fourier Analysis in Euclidean Spaces, Princeton University Press, 1970.

[St1] Strichartz R., Multiplers in fractional Sobolev spaces. J. Math. Mech., 16(1967), 1031~1060.

[St2] Strichartz R., Convolutions with kernel having singularities, Trans. Amer. Math. Soc., 148(1970), 461~471.

[St3] Strichartz R., A priori estimates for the wave equations and some applications, J. Funct. Anal., 5(1970), 218~235.

[St4] Strichartz R., Restrictions of Fourier transforms to quadratic surface and decay of solutions of wave equations, Duke Math. J., 44(1977), 705~714.

[Str] Struwn M., Global Regular solution to the u^5 Klein-Gordon equations, Ann Scu. Norm Sup. Pisa., 15(1988), 495~513.

[S1] Strauss W.A., On the weak solutions of semilinear hyperbolic equations, An.Acad. Bras, Cienc., 42(1970), 645~651.

[S2] Strauss W.A., Mathematicl aspects of classical nonlinear field equations, Lecture Note in Physics 120, Springer-Verlag, 1979, 123~149.

[S3] Strauss W.A., Nonlinear scattering theory at low energy , J. Funct. Anal., 41(1981), 110 ~133, & 43(1981) 281~293.

[S4] Strauss W. A., Nonlinear Wave Equations, Reginal Conference Series in Mathematics, Vol 73. Providence RI. Am. Math. Soc., 1989.

[Ta] Tao T., Low regularity semilinear wave equations, Comm. PDE. 24(1999), 599~630.

[Tat] Tataru , On the equation $\Box u = |\nabla u|^2$ in $5+1$ dimensions. Math. Res. Lett. 6(1999), 469~485.

[To] Torchinsky A., Real-Variable Methods in Harmonic Analysis, Academic Press, Inc., 1986.

[Tr1] Triebel H., Interpolation Theory, Function Spaces, Differential Operators, North-Holland Publishing Company, 1978.

[Tr2] Triebel H., Theory of Function Spaces, Springer-Verlag, 1983.

[Ts1] Tsutsumi Y., The scattering problem for nonlinear Schrödinger equations, Ann. Inst. H. Poincaré Phys. Théorique, 43(1985), 321～347.

[Ts2] Tsutsumi Y., Global existence and asymptotic behavior of solutions for the Maxwell-Schrödinger equations in three dimensions, Comm. Math. Phys., 151(1993), 547～576.

[TY] Tsutsumi Y. & Yajima K., The asymptotic behavior of nonlinear Schrödinger equations, Bull (New series) Amer. Math. Soc., 11(1984), 186～188.

[Wa1] Wahl W., L^p decay rates for the homogeneous wave equations, Math. Z., 120(1971), 93～106.

[Wa2] Wahl W., Regularity questions for the Navier-Stokes problems, Lect. Notes in Math. Vol 771, Springer-Verlag, 1980, 538～542.

[Wa3] Wahl W., Regularity of weak solution of the Navier-Stokes equations, Proc. of Symp. in Pure Math. Vol 45, Part 2(1986), 497～503.

[We1] Weissler F.B., Semilinear evolution equations in Banach spaces, J. of Funct. Anal., 32(1979), 277～296.

[We2] Weissler F.B., Local existence and nonexistence for Semilinear parabolic equations in L^p, Indiana Math. J., 29(1980), 79～102.

[We3] Weissler F.B., Existence and nonexistence of global solutions for a semilinear heat equations, Isreal J. Math., 38(1981), 29～40.

名 词 索 引

其 它

《现代数学基础丛书》已出版书目

1 数理逻辑基础(上册) 1981.1 胡世华 陆钟万 著
2 数理逻辑基础(下册) 1982. 8 胡世华 陆钟万 著
3 紧黎曼曲面引论 1981.3 伍鸿熙 吕以辇 陈志华 著
4 组合论(上册) 1981.10 柯 召 魏万迪 著
5 组合论(下册) 1987.12 魏万迪 著
6 数理统计引论 1981.11 陈希孺 著
7 多元统计分析引论 1982.6 张尧庭 方开泰 著
8 有限群构造(上册) 1982.11 张远达 著
9 有限群构造(下册) 1982.12 张远达 著
10 测度论基础 1983.9 朱成熹 著
11 分析概率论 1984.4 胡迪鹤 著
12 微分方程定性理论 1985.5 张芷芬 丁同仁 黄文灶 董镇喜 著
13 傅里叶积分算子理论及其应用 1985.9 仇庆久 陈恕行 是嘉鸿 刘景麟 蒋鲁敏 编
14 辛几何引论 1986.3 J.柯歇尔 邹异明 著
15 概率论基础和随机过程 1986.6 王寿仁 编著
16 算子代数 1986.6 李炳仁 著
17 线性偏微分算子引论(上册) 1986.8 齐民友 编著
18 线性偏微分算子引论(下册) 1992.1 齐民友 徐超江 编著
19 实用微分几何引论 1986.11 苏步青 华宣积 忻元龙 著
20 微分动力系统原理 1987.2 张筑生 著
21 线性代数群表示导论(上册) 1987.2 曹锡华 王建磐 著
22 模型论基础 1987.8 王世强 著
23 递归论 1987.11 莫绍揆 著
24 拟共形映射及其在黎曼曲面论中的应用 1988.1 李 忠 著
25 代数体函数与常微分方程 1988.2 何育赞 萧修治 著
26 同调代数 1988.2 周伯壎 著
27 近代调和分析方法及其应用 1988.6 韩永生 著
28 带有时滞的动力系统的稳定性 1989.10 秦元勋 刘永清 王 联 郑祖庥 著
29 代数拓扑与示性类 1989.11 [丹麦] I. 马德森 著
30 非线性发展方程 1989.12 李大潜 陈韵梅 著

31　仿微分算子引论　1990.2　陈恕行　仇庆久　李成章　编
32　公理集合论导引　1991.1　张锦文　著
33　解析数论基础　1991.2　潘承洞　潘承彪　著
34　二阶椭圆型方程与椭圆型方程组　1991.4　陈亚浙　吴兰成　著
35　黎曼曲面　1991.4　吕以辇　张学莲　著
36　复变函数逼近论　1992.3　沈燮昌　著
37　Banach 代数　1992.11　李炳仁　著
38　随机点过程及其应用　1992.12　邓永录　梁之舜　著
39　丢番图逼近引论　1993.4　朱尧辰　王连祥　著
40　线性整数规划的数学基础　1995.2　马仲蕃　著
41　单复变函数论中的几个论题　1995.8　庄圻泰　杨重骏　何育赞　闻国椿　著
42　复解析动力系统　1995.10　吕以辇　著
43　组合矩阵论(第二版)　2005.1　柳柏濂　著
44　Banach 空间中的非线性逼近理论　1997.5　徐士英　李　冲　杨文善　著
45　实分析导论　1998.2　丁传松　李秉彝　布　伦　著
46　对称性分岔理论基础　1998.3　唐　云　著
47　Gel'fond-Baker 方法在丢番图方程中的应用　1998.10　乐茂华　著
48　随机模型的密度演化方法　1999.6　史定华　著
49　非线性偏微分复方程　1999.6　闻国椿　著
50　复合算子理论　1999.8　徐宪民　著
51　离散鞅及其应用　1999.9　史及民　编著
52　惯性流形与近似惯性流形　2000.1　戴正德　郭柏灵　著
53　数学规划导论　2000.6　徐增堃　著
54　拓扑空间中的反例　2000.6　汪　林　杨富春　编著
55　序半群引论　2001.1　谢祥云　著
56　动力系统的定性与分支理论　2001.2　罗定军　张　祥　董梅芳　著
57　随机分析学基础(第二版)　2001.3　黄志远　著
58　非线性动力系统分析引论　2001.9　盛昭瀚　马军海　著
59　高斯过程的样本轨道性质　2001.11　林正炎　陆传荣　张立新　著
60　光滑映射的奇点理论　2002.1　李养成　著
61　动力系统的周期解与分支理论　2002.4　韩茂安　著
62　神经动力学模型方法和应用　2002.4　阮　炯　顾凡及　蔡志杰　编著
63　同调论——代数拓扑之一　2002.7　沈信耀　著
64　金兹堡-朗道方程　2002.8　郭柏灵　黄海洋　蒋慕容　著

65 排队论基础 2002.10 孙荣恒 李建平 著
66 算子代数上线性映射引论 2002.12 侯晋川 崔建莲 著
67 微分方法中的变分方法 2003.2 陆文端 著
68 周期小波及其应用 2003.3 彭思龙 李登峰 谌秋辉 著
69 集值分析 2003.8 李 雷 吴从炘 著
70 强偏差定理与分析方法 2003.8 刘 文 著
71 椭圆与抛物型方程引论 2003.9 伍卓群 尹景学 王春朋 著
72 有限典型群子空间轨道生成的格(第二版) 2003.10 万哲先 霍元极 著
73 调和分析及其在偏微分方程中的应用(第二版) 2004.3 苗长兴 著
74 稳定性和单纯性理论 2004.6 史念东 著
75 发展方程数值计算方法 2004.6 黄明游 编著
76 传染病动力学的数学建模与研究 2004.8 马知恩 周义仓 王稳地 靳 祯 著
77 模李超代数 2004.9 张永正 刘文德 著
78 巴拿赫空间中算子广义逆理论及其应用 2005.1 王玉文 著
79 巴拿赫空间结构和算子理想 2005.3 钟怀杰 著
80 脉冲微分系统引论 2005.3 傅希林 闫宝强 刘衍胜 著
81 代数学中的 Frobenius 结构 2005.7 汪明义 著
82 生存数据统计分析 2005.12 王启华 著
83 数理逻辑引论与归结原理(第二版) 2006.3 王国俊 著
84 数据包络分析 2006.3 魏权龄 著
85 代数群引论 2006.9 黎景辉 陈志杰 赵春来 著
86 矩阵结合方案 2006.9 王仰贤 霍元极 麻常利 著
87 椭圆曲线公钥密码导引 2006.10 祝跃飞 张亚娟 著
88 椭圆与超椭圆曲线公钥密码的理论与实现 2006.12 王学理 裴定一 著
89 散乱数据拟合的模型、方法和理论 2007.1 吴宗敏 著
90 非线性演化方程的稳定性与分歧 2007.4 马 天 汪宁宏 著
91 正规族理论及其应用 2007.4 顾永兴 庞学诚 方明亮 著
92 组合网络理论 2007.5 徐俊明 著
93 矩阵的半张量积:理论与应用 2007.5 程代展 齐洪胜 著
94 鞅与 Banach 空间几何学 2007.5 刘培德 著
95 非线性常微分方程边值问题 2007.6 葛渭高 著
96 戴维-斯特瓦尔松方程 2007.5 戴正德 蒋慕蓉 李栋龙 著
97 广义哈密顿系统理论及其应用 2007.7 李继彬 赵晓华 刘正荣 著
98 Adams 谱序列和球面稳定同伦群 2007.7 林金坤 著

99 矩阵理论及其应用 2007.8 陈公宁 编著
100 集值随机过程引论 2007.8 张文修 李寿梅 汪振鹏 高 勇 著
101 偏微分方程的调和分析方法 2008.1 苗长兴 张 波 著
102 拓扑动力系统概论 2008.1 叶向东 黄 文 邵 松 著
103 线性微分方程的非线性扰动(第二版) 2008.3 徐登洲 马如云 著
104 数组合地图论(第二版) 2008.3 刘彦佩 著
105 半群的 S-系理论(第二版) 2008.3 刘仲奎 乔虎生 著
106 巴拿赫空间引论(第二版) 2008.4 定光桂 著
107 拓扑空间论(第二版) 2008.4 高国士 著
108 非经典数理逻辑与近似推理(第二版) 2008.5 王国俊 著
109 非参数蒙特卡罗检验及其应用 2008.8 朱力行 许王莉 著
110 Camassa-Holm 方程 2008.8 郭柏灵 田立新 杨灵娥 殷朝阳 著
111 环与代数(第二版) 2009.1 刘绍学 郭晋云 朱 彬 韩 阳 著
112 泛函微分方程的相空间理论及应用 2009.4 王 克 范 猛 著
113 概率论基础(第二版) 2009.8 严士健 王隽骧 刘秀芳 著
114 自相似集的结构 2010.1 周作领 瞿成勤 朱智伟 著
115 现代统计研究基础 2010.3 王启华 史宁中 耿 直 主编
116 图的可嵌入性理论(第二版) 2010.3 刘彦佩 著
117 非线性波动方程的现代方法(第二版) 2010.4 苗长兴 著
118 算子代数与非交换 L_p 空间引论 2010.5 许全华 吐尔德别克 陈泽乾 著
119 非线性椭圆型方程 2010.7 王明新 著
120 流形拓扑学 2010.8 马 天 著
121 局部域上的调和分析与分形分析及其应用 2011.4 苏维宜 著
122 Zakharov 方程及其孤立波解 2011.6 郭柏灵 甘在会 张景军 著
123 反应扩散方程引论(第二版) 2011.9 叶其孝 李正元 王明新 吴雅萍 著
124 代数模型论引论 2011.10 史念东 著
125 拓扑动力系统——从拓扑方法到遍历理论方法 2011.12 周作领 尹建东 许绍元 著
126 Littlewood-Paley 理论及其在流体动力学方程中的应用 2012.3 苗长兴 吴家宏 章志飞 著
127 有约束条件的统计推断及其应用 2012.3 王金德 著
128 混沌、Mel'nikov 方法及新发展 2012.6 李继彬 陈凤娟 著
129 现代统计模型 2012.6 薛留根 著
130 金融数学引论 2012.7 严加安 著
131 零过多数据的统计分析及其应用 2013.1 解锋昌 韦博成 林金官 著

132　分形分析引论　2013.6　胡家信　著
133　索伯列夫空间导论　2013.8　陈国旺　编著
134　广义估计方程估计方程　2013.8　周　勇　著
135　统计质量控制图理论与方法　2013.8　王兆军　邹长亮　李忠华　著
136　有限群初步　2014.1　徐明曜　著
137　拓扑群引论(第二版)　2014.3　黎景辉　冯绪宁　著
138　现代非参数统计　2015.1　薛留根　著